AF223994

L'ARITHMÉTIQUE

DES

ÉCOLES PRIMAIRES

OUVRAGE

CONFORME AUX DERNIERS PROGRAMMES OFFICIELS

PAR

M. Désiré ANDRÉ

ANCIEN ÉLÈVE DE L'ÉCOLE NORMALE SUPÉRIEURE
AGRÉGÉ DE L'UNIVERSITÉ
DOCTEUR ÈS SCIENCES, LAURÉAT DU MINISTÈRE DE L'INSTRUCTION PUBLIQUE

COURS SUPÉRIEUR

CONTENANT

Trois mille deux cent huit exercices ou problèmes

LIVRE DU MAITRE

PARIS

LIBRAIRIE CLASSIQUE EUGÈNE BELIN

BELIN FRÈRES

RUE DE VAUGIRARD, 52

SAINT-CLOUD. — IMPRIMERIE BELIN FRÈRES.

PRÉFACE

Ce *livre du maître* contient, en entier, le *livre de l'élève*, partie théorique et partie pratique.

Il reproduit toute la *partie théorique*, en faisant précéder chaque *alinéa* de la **question** dont cet alinéa forme la réponse.

Il reproduit toute la *partie pratique*, en faisant suivre chaque exercice de sa **solution**, *raisonnée* toutes les fois qu'elle doit l'être.

Il présente, en outre, sous la forme de **notes** se rapportant aux différents chapitres, une multitude de *développements*, d'*éclaircissements*, de *conseils*, de *remarques* et de *leçons de choses*.

L'ARITHMÉTIQUE
DES ÉCOLES PRIMAIRES

LIVRE PREMIER
CALCUL DES NOMBRES ENTIERS

CHAPITRE PREMIER
LA NUMÉRATION

---

1. — Préliminaires.

p. 5

Question. — Qu'est-ce que *un?* — **Réponse. Un** est le plus simple des **nombres**. On le nomme encore **l'unité.**

Q. Comment *forme*-t-on les *nombres* suivants ? — **R.** Pour *former* les *nombres* suivants, on dit : *un* et *un* font **deux;** *deux* et *un* font **trois;** etc., etc. [a]. On peut continuer ainsi indéfiniment : il y a une *infinité* de nombres.

Q. Comment a-t-on *nommé* les premiers nombres ? — **R.** Pour *nommer* les premiers nombres, on leur a donné à chacun un *nom* particulier. Ces noms sont : *un, deux, trois, quatre, cinq, six, sept, huit, neuf.*

Q. Comment a-t-on *écrit* les premiers nombres ? — **R.** Pour *écrire* les premiers nombres, on leur a attribué à chacun un *chiffre* particulier. Ces chiffres sont : 1, 2, 3, 4, 5, 6, 7, 8, 9.

Q. Aurait-on pu continuer ainsi ? — **R.** On n'aurait pas

---

[a] On forme donc chaque nombre en *ajoutant* une unité au nombre précédent. L'idée et l'opération de l'*addition* se présentent donc au début même de la numération.

pu continuer ainsi, vu qu'il aurait fallu inventer une multitude de noms et de chiffres[a]. On a dû établir des *règles spéciales* pour *nommer* et *écrire* les nombres.

p. 6   **Q.** Qu'est-ce que la *numération?* — **R.** La **numération** est l'ensemble des *règles* établies pour *former* les nombres, pour les *nommer* et pour les *écrire*.

Q. A quoi se réduisent les règles pour *former* les nombres ? — **R.** Les règles établies pour *former* les nombres se réduisent à ce qui précède.

Q. Que constituent les règles pour *nommer* les nombres ? — **R.** Les règles établies pour *nommer* les nombres constituent la *numération parlée*.

Q. Que constituent les règles pour *écrire* les nombres ? — **R.** Les règles établies pour *écrire* les nombres constituent la *numération écrite*[b].

Exercice 1. Comptez de *un* à *neuf*[c]. — **Solution.** *Un, deux, trois, ..., neuf.*

E. 2. Comptez à rebours de *neuf* à *un*. — **S.** *Neuf, huit, sept, ..., un.*

E. 3. Dites le *nombre* qui précède 8. — **S.** 7.

E. 4. Dites le *nombre* qui suit 2. — **S.** 3.

E. 5. Dites le *nombre* compris entre 4 et 6. — **S.** 5.

E. 6. Combien de lettres dans chacun des mots *un, quatre*[d], *sept* ? — **S.** 2 dans *un*, 6 dans *quatre*, 4 dans *sept*.

[a] Non seulement il eût fallu retenir une multitude de *noms* et de *chiffres*; mais il eût fallu les retenir dans un *ordre* déterminé : les meilleures mémoires n'y eussent point suffi.

[b] Il sera bon de donner des exemples de chacun des *neuf* premiers nombres : le *Cours élémentaire* (livre du maître) en contient une foule. Il sera bon aussi, pour intéresser les élèves, de leur faire compter tous les objets de la classe, dont le nombre ne dépasse pas 9. On leur adressera pour cela des questions analogues à celles-ci : *Combien y a-t-il d'horloges dans cette classe? Combien y a-t-il de cheminées? Combien y a-t-il de portes? de fenêtres? de tables?* etc., etc.

[c] Le mot *compter* a plusieurs sens. — *Compter* de 1 à 9, comme dans le présent exercice, c'est nommer, dans leur ordre, tous les nombres, depuis 1 jusqu'à 9. — *Compter* de 9 à 1, comme dans l'exercice suivant, c'est nommer ces mêmes nombres dans l'ordre renversé. — *Compter* des objets, c'est les désigner l'un après l'autre, en récitant, à mesure, la suite des nombres, *un, deux, trois...*

[d] Sauf *quatre*, les noms des neuf premiers nombres sont tous des

E. 7. Combien de lettres dans chacun des mots *deux*, *cinq*, *huit*? — **S**. 4, 4, 4.

E. 8. Combien de lettres dans chacun des mots *trois*, *six*, *neuf*[a]? — **S**. 5, 3, 4.

E. 9. A 6, on *ajoute* 1. Que trouve-t-on [b]? — **S**. 6 plus 1, c-à-d 7.

E. 10. De 8, on *retranche* 1. Que trouve-t-on? — **S**. 8 moins 1, c-à-d 7.

E. 11. On a 8 noix et 1 amande. Combien de fruits? — **S**. 8 plus 1, c-à-d 9.

E. 12. Sur 4 figues, j'en mange 1. Combien en reste-t-il? — **S**. 4 moins 1, c-à-d 3 [c].

2. — Numération parlée.

Question. De quels nombres savons-nous les *noms*? — **Réponse**. Nous savons les *noms* des *neuf* premiers *nombres*. Le nombre qui suit *neuf* se nomme **dix** ou **dizaine**.

Q. Que font *dix dizaines*? — **R**. *Dix dizaines* font une **centaine** ou **cent**; — *dix centaines* font un **mille**; — *dix mille*[d] font une **dizaine de mille**; etc., etc.

Q. Que savez-vous sur les *groupes* ainsi formés? — **R**. Les

monosyllabes. Comme ces noms reviennent à chaque instant, il est très heureux qu'il en soit ainsi.

[a] Dans beaucoup de langues, le nom de nombre *neuf* est identique ou analogue à l'adjectif *neuf*, *nouveau*. On ignore la raison de cette particularité.

[b] En résolvant le présent exercice, l'élève fait sa première *addition*, en résolvant le suivant, il fera sa première *soustraction* : le tout, en s'appuyant uniquement sur la manière de former les nombres.

[c] Les élèves qui suivent le *Cours supérieur* ont, pour la plupart, suivi déjà le *Cours moyen*. Ils sont donc en état de résoudre des problèmes un peu difficiles. On pourra, à chaque leçon, après qu'ils auront fait *tous* les *exercices*, leur proposer un ou deux des problèmes contenus dans l'*appendice*, en commençant par les plus simples, c-à-d en prenant ces problèmes dans l'ordre même où ils sont donnés.

[d] Il sera bon de rappeler aux élèves que le mot *mille*, signifiant un nombre, est toujours invariable. — On leur rappellera aussi que *vingt* et *cent* prennent un *s*, mais seulement lorsqu'ils sont répétés plusieurs fois et ne sont suivis d'aucun autre nombre. Dans *trois cents*, *cent* prend un *s*; dans *trois cent deux*, il n'en prend pas.

groupes ainsi formés sont de *dix* en *dix* fois plus grands et constituent les *unités* des différents **ordres**.

Q. De quel *ordre* sont les *unités simples* ? — **R.** Les *unités simples* sont les unités du 1er *ordre* ; — les *dizaines* sont les unités du 2e *ordre* ; — les *centaines* sont les unités du 3e *ordre* ; — et ainsi de suite.

Q. Comment se réunissent les différents *ordres* d'unités ? — **R.** Les différents *ordres* d'unités se réunissent *trois* par *trois* pour former les différentes **classes**.

Q. Que forment les trois premiers *ordres* ? — **R.** Les trois premiers ordres forment la *classe des unités* ; — les trois ordres suivants, la *classe des mille* ; — les trois suivants, celle des *millions* ; — etc., etc.

Q. Comment *nomme*-t-on un nombre ? — **R.** Pour *nommer* un nombre, on dit combien il contient d'unités de chaque *ordre* [a], en commençant par l'ordre le plus élevé.

Q. Donnez un exemple. — **R.** Si un nombre contient, par exemple, *trois mille, huit centaines, une dizaine et sept unités*, on le nomme en disant *trois mille huit cent dix-sept*.

Q. L'usage a-t-il introduit des *irrégularités* ? — **R.** L'usage a introduit, dans la numération parlée, des irrégularités de deux sortes : au lieu de dire *dix-un, dix-deux, dix-trois, ...*, on dit *onze, douze, treize, ...* [b] ; — au lieu de dire *deux dix, trois dix, quatre dix, ...*, on dit *vingt, trente, quarante, ...* [c].

[a] Un nombre ne peut jamais contenir plus de *neuf* unités d'un ordre quelconque. Si, en effet, il en contenait seulement *dix*, ces dix unités en formeraient *une* de l'ordre immédiatement supérieur.

[b] Dans les mots *onze, douze, treize, quatorze, quinze, seize*, la première partie rappelle nettement *un, deux, trois, quatre, cinq, six*. La finale *ze* signifierait donc *dix*?

[c] *Trente* veut dire 3 *dizaines* ; *quarante*, 4 *dizaines* ; *cinquante*, 5 *dizaines*, etc. Il semble que, dans tous ces mots, la terminaison *ente* ou *ante* signifie *dizaine*. On a proposé, sans succès, de dire *unante* pour 1 *dizaine*, c-à-d pour *dix*, et *duante* pour 2 *dizaines*, c-à-d pour *vingt*. — Pour 7 dizaines, 8 dizaines, 9 dizaines, les mots analogues à *trente, quarante, cinquante* sont *septante, octante, nonante*. On les remplace souvent par *soixante-dix, quatre-vingts, quatre-vingt-dix*. Ces locutions sont tout à fait irrégulières. Il est très fâcheux que l'usage en soit aussi répandu.

Exercice 1. Comptez de *dix* à *vingt*. — **Solution**. *Dix, onze, douze, ..., vingt* [a].

E. 2. Comptez à rebours de *trente* à *vingt*. — **S.** *Trente, vingt-neuf, vingt-huit, ..., vingt*.

E. 3. Combien de *lettres* pour écrire les noms des 9 premiers nombres? — **S.** *Trente-six*.

E. 4. Que font 4 unités du 2ᵉ *ordre?* — **S.** 4 dizaines, c-à-d *quarante* [b].

E. 5. Que font 8 unités du 3ᵉ *ordre?* — **S.** Huit *cents*.

E. 6. Que font 7 unités de la 3ᵉ *classe?* — **S.** Sept *millions* [c].

E. 7. Dites les *ordres* d'unités qui forment la 1ʳᵉ *classe?* — **S.** Les *unités simples*, les *dizaines* et les *centaines*.

E. 8. Dites les *ordres* d'unités qui forment la 2ᵉ *classe?* — **S.** Les *mille*, les *dizaines de mille* et les *centaines de mille*.

E. 9. Je vois *mille* soldats et *sept* officiers. Combien d'hommes? — **S.** Mille sept [d].

E. 10. Sur *huit mille six cents* pommes [e], j'en perds *mille*. Combien en ai-je encore? — **S.** Sept mille six cents.

E. 11. Que font *dix* billets de *cent* francs? — **S.** Mille francs.

E. 12. S'il n'y avait aucune irrégularité, combien faudrait-il de mots différents pour nommer tous les nombres inférieurs à un *million?* — **S.** *Douze*, savoir : les noms des neuf premiers nombres, le mot *dizaine*, le mot *centaine* et le mot *mille* [f].

---

[a] Faute de place, nous n'avons écrit, dans notre solution, que quelques-uns des nombres demandés. Il faudra les faire écrire tous. — Cette observation s'étend à la solution de l'exercice suivant, et, en général, à toutes les solutions qui présentent des omissions.

[b] En résolvant le présent exercice, l'élève fait, sans le savoir, sa première *multiplication;* et il ne s'appuie, pour la faire, que sur la définition du mot *quarante*.

[c] Le présent exercice, comme la plupart des précédents, peut, à la volonté du maître, être regardé comme un exercice *écrit* ou comme un exercice *oral*. Il en est de même d'une multitude d'autres exercices.

[d] Il faut exiger que l'élève, en répondant à cette question, dise : « j'en vois *mille* plus *sept*, c-à-d *mille sept*. » — Pour beaucoup d'exercices, afin d'abréger, nous donnons simplement le résultat final. L'élève doit toujours, comme nous venons de l'indiquer, faire les raisonnements qui conduisent à ce résultat.

[e] La *pomme* est le fruit du *pommier*, arbre très commun dans plusieurs parties de la France, notamment en Normandie. C'est avec le jus des pommes qu'on fabrique le *cidre*.

[f] Ici encore, on fera bien de faire résoudre, par les élèves bons, ou

3. — Numération écrite.

Question. Comment *écrit*-on les *neuf* premiers nombres ? — **Réponse.** On écrit les *neuf* premiers nombres chacun à l'aide du *chiffre* qui lui est attribué.

Q. Comment *écrit*-on les nombres suivants ? — **R.** Pour écrire l'un quelconque des nombres suivants, on marque par des *chiffres* combien ce nombre contient d'*unités* de chaque *ordre* [a].

n. 8 **Q.** Comment place-t-on ces *chiffres* ? — **R.** On place ces *chiffres* de telle sorte que chacun d'eux indique, par son *rang* à partir de la *droite* [b], l'*ordre* des *unités* qu'il représente.

Q. Donnez un exemple. — **R.** Ainsi, le chiffre des unités du 1er *ordre* ou *unités simples* se met au 1er *rang*, à partir de la *droite* ; — le chiffre des unités du 2e *ordre* ou *dizaines* se met au 2e *rang* ; — etc., etc. ; comme on le voit sur le nombre ci-contre.

3 2 8 2 5 9 4 7 6 2 8

- unités simples.
- dizaines.
- centaines.
- mille.
- dizaines de mille.
- centaines de mille.
- millions.
- dizaines de millions.
- centaines de millions.
- billions.
- dizaines de billions.

Q. Qu'arrive-t-il si l'on partage un nombre en *tranches* de trois chiffres à partir de la *droite?* — **R.** Il s'ensuit que, si l'on partage un nombre en *tranches* de trois chiffres à partir de la *droite*, la 1re *tranche*, à partir de la droite, correspond à la classe des unités ; — la 2e *tranche*, à la classe des *mille* ; — la 3e, à celle des *millions*, etc., — comme on le voit ci-dessus.

billions	millions	mille	unités
3 2	8 2 5	9 4 7	6 2 8

Q. Si un nombre ne contient pas d'unité de certains ordres,

même simplement passables, un ou deux des problèmes de l'*appendice*. Nous ne répéterons pas ce conseil, mais il sera bon de s'en souvenir en finissant de résoudre les exercices de chaque *paragraphe*.

[a] On voit que les nombres s'écrivent tantôt en *chiffres*, tantôt en toutes *lettres*. Les nombres écrits en *chiffres* sont bien préférables aux nombres écrits en toutes *lettres :* ils tiennent beaucoup moins de place ; ils se prêtent admirablement au *calcul*, à quoi les autres se refusent ; ils restent les mêmes dans tous les pays, tandis que les nombres écrits en toutes lettres varient, comme leurs noms parlés, d'un pays à un autre.

[b] Il faut faire remarquer aux élèves que la *droite* ou la *gauche* d'un

que fait-on ? — **R.** Si un nombre ne contient *aucune* unité de certains ordres, on met, à la place correspondante à chacun de ces ordres, le chiffre 0 qui se nomme **zéro.**

Q. Donnez un exemple. — **R.** Soit le nombre *vingt-sept mille deux,* qui ne contient ni *centaines,* ni *dizaines.* On met un zéro à la place des *centaines*; on en met un à la place des *dizaines*; et l'on écrit 27 002.

Q. Les *zéros* sont-ils nécessaires ? — **R.** On le voit, par ce exemple : les *zéros* sont indispensables pour forcer les chiffres de gauche à conserver leurs rangs [a].

Q. Que représente le *zéro?* — **R.** Le *zéro,* par lui-même, ne représente *rien :* aussi le nomme-t-on *chiffre non significatif.* Les autres chiffres se nomment, au contraire, *chiffres significatifs.*

Exercice 1. Combien de *mille* dans 3 525 ? — **Solution.** 3.

E. 2. Combien d'unités du 5ᵉ *ordre* dans 27 458 ? — **S.** 2.

E. 3. Combien d'unités de la 2ᵉ *classe* dans 32 507 ? — **S.** 32.

E. 4. Que devient 2 007, si l'on supprime les *zéros* ? — **S.** 27 [b].

E. 5. Combien de nombres d'*un* chiffre ? — **S.** 9.

E. 6. Combien de *chiffres significatifs* dans 30 104 ? — **S.** 3.

E. 7. Combien de *chiffres* pour écrire tous les nombres inférieurs à 20 ? — **S.** 29 [c].

nombre, c'est la *droite* ou la *gauche* de la personne qui lit ou écrit ce nombre. — On insistera beaucoup sur ce fait important, que les différents ordres d'unités se comptent à partir de la *droite.*

[a] Le zéro est tellement nécessaire que, dans certaines langues, on le regarde comme le *chiffre* par excellence. Si l'on cessait d'employer le zéro, le système de nos chiffres, qui est un système de signes *parfait,* perdrait toute sa perfection et deviendrait *détestable.*

[b] Cet exercice nous montre bien la nécessité du *zéro.* On ne manquera pas de le faire remarquer.

[c] Les 19 nombres inférieurs à 20 sont de deux sortes : les 9 premiers nombres, qui ont chacun *un* chiffre; les 10 suivants, qui en ont chacun *deux.* Pour écrire les 9 premiers nombres, il faut donc 9 chiffres; pour écrire les 10 suivants, il en faut donc 20 : en tout, 29 chiffres. — Nous savons, par la numération, que 2 fois 10 font 20, mais non pas que 10 fois

E. 8. Comptez de 50 à 60. — S. *Cinquante, cinquante-un, cinquante-deux, ..., soixante.*

p. 9   E. 9. Comptez à rebours de 75 à 65. — S. 75, 74, 73, ..., 65.

E. 10. Que font ensemble 1 billet [a] de 1000ᶠ et 2 de 100ᶠ? — S. 1200ᶠ.

E. 11. A un cours, sur 250 auditeurs [b], il y a 100 enfants. Combien de grandes personnes ? — S. 150.

E. 12. Combien de pommes dans 7 tas de 100 pommes ? — S. 700.

-----

4. — Règles pour lire et écrire les nombres.

Question. Comment *lit*-on un nombre n'ayant pas plus de *trois* chiffres ? — **Réponse.** Pour *lire* un nombre n'ayant pas plus de *trois chiffres*, on dit, en commençant par la *gauche*, combien ce nombre contient de *centaines*, de *dizaines* et d'*unités*.

Q. Donnez un exemple. — **R.** Soit à lire 429. On dit 4 *centaines*, 2 *dizaines*, 9 *unités*, ou bien, suivant l'usage, *quatre cent vingt-neuf.*

Q. Comment *lit*-on un nombre de plus de *trois* chiffres ? — **R.** Pour *lire* un nombre de plus de *trois* chiffres, on le partage d'abord en tranches de trois chiffres, à partir de la *droite;* ensuite, à partir de la *gauche*, on énonce chaque *tranche* comme si elle était seule, et, aussitôt qu'on l'a énoncée, on dit son nom [c].

Q. Donnez un exemple. — **R.** Soit à *lire* 37 428 936. On écrit ce nombre 37 428 936, et on lit 37 *millions* 428 *mille* 936 *unités* [d].

-----

2 font 20. Mais, si nous écrivons les 10 nombres de 2 chiffres les uns sous les autres, leurs chiffres forment 2 colonnes de 10 chiffres : le nombre de ces chiffres est donc 2 fois 10, c-à-d 20.

(a) On rappellera aux élèves ce que c'est qu'un *billet de banque*.

(b) *Auditeur* se dit surtout de celui qui *écoute; spectateur*, de celui qui *regarde; acteur*, de celui qui *agit*.

(c) On peut remarquer que c'est l'*ordre* des unités-simples de chaque *classe*, c-à-d l'*ordre* le moins élevé, qui donne son nom à la *classe*.

(d) Le plus souvent, en lisant un nombre, on omet ce dernier mot *unités*. Le nombre du présent exemple se lit, plus simplement, 37 *millions*, 428 *mille*, 936....

Q. Comment *écrit*-on un nombre *inférieur à mille?* — **R.** Pour *écrire* un nombre *inférieur à mille,* on écrit, en commençant par la *gauche,* combien ce nombre contient de *centaines,* de *dizaines* et d'*unités.*

Q. Donnez un exemple. — **R.** Soit à écrire *six cent trente-quatre.* Ce nombre contient 6 *centaines,* 3 *dizaines,* 4 *unités* : il s'écrit 634 [a].

Q. Comment *écrit*-on un nombre au moins *égal à mille?* — **R.** Un nombre énoncé, au moins égal à *mille,* est toujours partagé en *classes* : pour l'*écrire,* on écrit *tranche* par *tranche,* à partir de la *gauche,* combien il contient d'unités de chaque *classe.*

Q. Donnez un exemple. — **R.** Soit à écrire *trois millions cinq cent vingt-six mille sept cent trente-huit.* Ce nombre est partagé en *millions, mille* et *unités* : on l'écrit 3 526 738 [b].

Q. Où faut-il mettre des *zéros?* — **R.** En écrivant un nombre quelconque, il faut toujours mettre un *zéro* à la place de chaque *ordre* d'unités qui manquent.

Q. Que faut-il faire encore? — **R.** Il faut aussi laisser des p. 10 *vides* entre les différentes *tranches;* et se souvenir que les *tranches* qui suivent celle de gauche doivent toutes avoir *trois* chiffres, ni plus ni moins.

[a] Il faut s'exercer à former très bien les *chiffres* : des chiffres mal formés causent beaucoup d'erreurs. Les meilleurs chiffres sont ceux qui diffèrent le plus les uns des autres. Il ne faut point que deux chiffres aient jamais assez de ressemblance pour risquer d'être confondus. — Le chiffre 9 n'est autre chose que le chiffre 6 retourné. Quand ces deux chiffres sont écrits sur des cartons séparés, on peut les confondre. Pour empêcher cette confusion, on met un point au-dessous d'eux : 6, 9.

[b] Les *lettres* sont des *caractères* qui ont été inventés pour écrire les *mots;* les *chiffres* sont des *caractères* qui ont été inventés pour écrire les *nombres.* Il y a des *mots d'une lettre* comme *à,* et des *mots de plusieurs lettres* comme *arbre;* il y a de même des *nombres d'un chiffre* comme 7, et des *nombres de plusieurs chiffres* comme 35 469. — Lorsqu'on écrit un nombre de plusieurs chiffres, on place ces chiffres les uns à côté des autres. Il faut que tous ces chiffres soient bien *formés;* qu'ils soient bien *alignés;* et surtout qu'ils soient bien *distincts.* Deux chiffres voisins ne doivent jamais être *liés* l'un à l'autre. Ce serait une habitude très mauvaise, et qui causerait beaucoup d'erreurs, que de lier entre eux les *chiffres* d'un *nombre* comme on lie entre elles les *lettres* d'un *mot.*

Exercice 1. Ecrire en toutes lettres 729. — **Solution.** *Sept cent vingt-neuf* [a].

E. 2. Ecrire en toutes lettres 20 030 605. — **S.** *Vingt millions trente mille six cent cinq.*

E. 3. Ecrire en chiffres *neuf cent trente-huit.* — **S.** 938.

E. 4. Ecrire en chiffres *onze millions cent.* — **S.** 11 000 100.

E. 5. Combien de lettres pour écrire 79 ? — **S.** 15 [b].

E. 6. Combien de lettres pour écrire 994 ? — **S.** 27.

E. 7. Combien de *zéros* dans 7 009 000 020 ? — **S.** 7.

E. 8. Combien de *chiffres significatifs* dans 1 304 008 ? — **S.** 4.

E. 9. Combien de nombres de 2 *chiffres ?* — **S.** Le dernier nombre de 2 chiffres est 99. Sur les 99 premiers nombres, les 9 premiers n'ont qu'un chiffre. Il y a donc 99 moins 9, c-à-d 90 nombres de 2 chiffres [c].

E. 10. Que font ensemble 987^f et 111^f ? — **S.** 1 098^f.

E. 11. Sur 846^f, on en perd 130. Dites ce qui reste. — **S.** 716^f.

E. 12. Que font ensemble 11 pièces de 10^f ? — **S.** 110^f.

---

5. — Résumé.

Question. — Sur quoi repose la *numération parlée ?* — **Réponse.** — La *numération parlée* repose sur la considération des *unités* des divers *ordres.* La *numération écrite* repose sur la considération des *chiffres* et de leurs *positions.*

Q. A quoi correspondent les *chiffres* de rangs différents ? —

[a] Il suffit de 3 *chiffres* pour écrire ce nombre. En toutes *lettres*, il y faut 17 caractères ! Faites bien remarquer cette brièveté de l'écriture des nombres en *chiffres.*

[b] Les exercices 5, 6, …, 12 sont marqués d'un chiffre *gras,* parce qu'ils portent, non pas sur le paragraphe où ils se trouvent, mais sur les paragraphes précédents. Ce sont des exercices de *revision* et de *récapitulation.* Comme on l'a dit dans la préface du *livre de l'élève,* il en est ainsi d'un bout à l'autre de cet ouvrage, pour tous les exercices marqués d'un chiffre *gras.*

[c] Les nombres de 2 chiffres s'écrivent, en toutes lettres, tantôt en *un* mot, comme *trente,* tantôt en *plusieurs,* comme *soixante-dix-huit.* Toutes les fois qu'un nombre, non supérieur à 99, s'écrit, en toutes lettres, à l'aide de *plusieurs* mots, il faut que tous ces mots soient réunis par des *traits d'union.*

R. En tout nombre écrit en chiffres, les chiffres de *rangs* [a] différents correspondent aux unités des différents *ordres*; les différentes *tranches* [b] correspondent aux différentes *classes*.

Q. Combien chaque *chiffre* a-t-il de *valeurs?* — **R.** En tout nombre, chaque chiffre a deux *valeurs:* sa valeur *absolue*, sa valeur *relative*.

Q. Qu'est-ce que la *valeur absolue* d'un chiffre? — **R.** La valeur *absolue* d'un chiffre, c'est celle que ce chiffre doit à sa *forme*, celle qu'il aurait s'il était seul. Sa valeur *relative*, c'est celle qu'il doit à sa *position* dans le nombre.

Q. Donnez un exemple. — **R.** Dans 3 827, le chiffre 8 a : pour valeur absolue, 8 *unités;* pour valeur relative, 8 *centaines*.

Q. Quel est le principe fondamental de la *numération parlée?* — **R.** Le principe fondamental de la *numération parlée*, c'est qu'une unité d'un ordre quelconque vaut toujours *dix* unités de l'ordre immédiatement p. 11 inférieur [c]. Le principe fondamental de la *numération écrite*, c'est que tout chiffre placé à la gauche d'un autre représente des unités *dix* fois plus grandes [d].

Q. A quoi est subordonné notre système de numération? — **R.** Notre système de numération est subordonné tout entier au nombre *dix :* aussi dit-on que ce système est *décimal*, et qu'il a pour *base* le nombre *dix*.

(a) Il faut bien rappeler aux élèves que le *rang* soit d'un chiffre, soit d'une tranche de chiffres, se compte toujours à partir de la *droite* du nombre.

(b) Les *vides* qu'il faut laisser entre les différentes *tranches* facilitent beaucoup la lecture des nombres, à la condition surtout qu'on ne place absolument rien dans ces vides, ni *trait*, ni *point*, ni *virgule*. Certaines personnes y placent une *virgule :* c'est une grosse *faute*. La *virgule*, nous le verrons, doit toujours figurer dans les nombres *fractionnaires décimaux :* on ne doit jamais l'introduire dans les *nombres entiers*.

(c) Une unité d'une *classe* quelconque vaut toujours *mille* unités de la classe immédiatement inférieure. Il n'y a jamais plus de 999 unités d'une *classe* quelconque. S'il y en avait seulement 1 000, ces 1 000 unités formeraient, en effet, une unité de la classe immédiatement supérieure. Voilà pourquoi, pour écrire le nombre des unités de chaque *classe*, il ne faut jamais plus de 3 chiffres.

(d) C'est sur ce second *principe fondamental* que s'appuie, comme on le verra plus tard, toute la numération des *nombres fractionnaires décimaux*.

Exercice 1. Dites la *valeur absolue* du 8 de 1 807. — **Solution.** — *Huit* unités simples.

E. 2. Dites la *valeur relative* du 2 de 4 256. — **S.** *Deux* centaines.

E. 3. Dites la *valeur absolue* du 4 de 341. — **S.** *Quatre* unités simples.

E. 4. Dites la *valeur relative* du 3 de 53 825. — **S.** *Trois mille* [a].

E. 5. Comptez de 998 à 1 005. — **S.** 998, 999, 1 000, ..., 1 005.

E. 6. Comptez à rebours de 3 003 à 2 994. — **S.** 3 003, 3 002, 3 001, ..., 2 994.

E. 7. Combien de lettres dans *neuf cent quatre-vingt-dix-neuf?* — **S.** 26 [b].

E. 8. Dites les nombres composés de 3 chiffres pareils. — **S.** 111, 222, 333, ..., 999.

E. 9. Que représente chaque chiffre de 63 445? — **S.** 6 dizaines de mille, 3 mille, 4 centaines, 4 dizaines, 3 unités.

E. 10. On a 9 crayons, 1 porte-plume et 10 plumes. Combien d'objets? — **S.** 20.

E. 11. Sur 57 verres, on en a cassé 16. Combien en reste-t-il? — **S.** 41.

E. 12. Combien d'hommes dans 3 groupes de 100 hommes? — **S.** 300 [c].

CHAPITRE II

L'USAGE DES NOMBRES

6. — Grandeurs et quantités.

Question. Qu'appelle-t-on *grandeur?* — **Réponse.** On

---

[a] Chaque *tranche* a, comme chaque *chiffre*, sa valeur *absolue* et sa valeur *relative*. Pour la première *tranche* de droite, comme pour le premier *chiffre* à droite, la valeur absolue et la valeur relative se confondent.

[b] Faites bien remarquer encore qu'il faut 26 lettres, pour écrire, en toutes *lettres*, le nombre 999; et que, pour écrire ce même nombre en *chiffres*, il suffit de 3 *chiffres*.

[c] Les *chiffres arabes*, employés comme nous le faisons pour écrire les nombres entiers, constituent un système de signes *parfait*. On ne saurait citer, dans les sciences du moins, aucun autre système de signes qui puisse leur être comparé.

appelle **grandeur** ou **quantité** tout ce qui peut être augmenté ou diminué [a].

Q. Une *longueur* est-elle une *quantité?* — R. Une *longueur* est une *quantité;* un *poids* est une *quantité;* etc., etc. [b].

Q. Comment se fait-on une idée juste d'une *quantité?* — R. Pour se faire une idée juste d'une *quantité,* on la mesure.

Q. Qu'est-ce que *mesurer* une quantité? — R. **Mesurer** une *quantité,* c'est chercher combien de fois cette p. 12 quantité contient une autre quantité, de même nature, qu'on appelle **unité.**

Q. Quelles sont les *unités* pour les diverses sortes de quantités? — R. [c] L'*unité* dans une *collection d'objets,* c'est l'un quelconque des *objets;* — l'*unité de longueur* est le *mètre* (m); — l'*unité de surface* est l'*are* (a); — l'*unité de capacité* [d] est le *litre* (l); — l'*unité de poids* est le *kilogramme* (Kg); — l'*unité de monnaie* est le *franc* (f); — l'*unité de durée* est l'*heure* (h).

Q. A quoi servent les *nombres?* — R. Les *nombres* servent à *exprimer* combien une *quantité* contient de fois son *unité.*

Q. Donnez un exemple. — R. Dans cette phrase : « une *longueur* de 6m », le nombre 6 *exprime* combien la *longueur* considérée contient de fois son *unité.*

Exercice 1. Dans « un *poids* de 11Kg », qu'exprime le nombre 11 ? — **Solution.** Il exprime combien le *poids* donné contient de fois l'*unité de poids.*

[a] Si simple qu'elle paraisse, cette définition est fort abstraite. Nous pensons néanmoins que, dans le cours supérieur, elle peut, dès maintenant, être comprise par tous les élèves.

[b] Une *quantité,* telle qu'une *longueur,* qui peut s'accroître d'aussi peu qu'on veut, est une *quantité continue.* Une *quantité,* telle qu'un *troupeau* de moutons, qui ne peut pas s'augmenter de moins d'un mouton, est une *quantité discontinue.*

[c] Nous donnons ici un simple aperçu des mesures les plus usuelles. Nous le donnons dès à présent, afin de pouvoir introduire, dans la plupart de nos calculs, des nombres représentant des quantités réelles.

[d] Il faut rappeler, avec grand soin, aux élèves, ce que c'est qu'une *longueur,* une *surface,* un *volume.* Nous avons donné, dans notre *Cours élémentaire,* livre du maître, un grand nombre d'exemples propres à éclaircir ces diverses notions.

E. 2. Ecrivez en chiffres une longueur de *cent deux* mètres. — S. Une longueur de 102^m.

E. 3. Ecrivez de même une surface de *six cents* ares. — S. 600^a [a].

E. 4. Ecrivez en toutes lettres 9 013. — S. Neuf mille treize.

E. 5. Ecrivez en chiffres *onze millions onze mille*. — S. 11 011 000.

E. 6. Comptez de 999 997 à 1 000 005. — S. 999 997, 999 998, 999 999, ..., 1 000 005.

E. 7. Comptez à rebours de 7 002 à 6 996. — S. 7 002, 7 001, 7 000, ..., 6 996 [b].

E. 8. Dites le plus petit nombre de 3 chiffres. — S. 100.

E. 9. Dites le plus grand nombre de 3 chiffres. — S. 999.

E. 10. Il est 1^h. Dans 10^h quelle heure sera-t-il? — S. 1^h plus 10^h, c-à-d 11^h.

E. 11. D'un tonneau contenant 231^l de vin, on tire 110^l. Combien en reste-t-il? — S. 231^l moins 110^l, c-à-d 121^l [c].

E. 12. Quelle longueur font, bout à bout, 3 cordes de 10^m? — S. 3 fois 10^m, c-à-d 30^m.

———

7. — L'arithmétique et les nombres.

Question. Qu'est-ce que *calculer*? — **Réponse.** Calculer [d], c'est effectuer diverses *opérations* sur des nombres donnés pour en tirer d'autres nombres.

Q. Quelles sont les quatre *opérations* fondamentales? —

[a] Pour leur donner une idée de l'*are*, on dira aux élèves, sans y mêler aucune fraction, la valeur en *ares* de quelque surface qui leur soit bien connue : de telle *cour*, de tel *jardin*, de telle *place*.

[b] Compter à rebours, de 7 002 à 6 996, c'est faire une suite de *soustractions :* on retranche une *unité* à chaque fois.

[c] Il faudra montrer aux élèves des vases de formes et de contenances diverses, en leur disant combien chacun d'eux contient de litres. Avant tout, on leur montrera un *litre* en étain et une bouteille d'un *litre*. On leur dira aussi la *capacité*, évaluée en *litres*, des fûts communément employés dans le pays.

[d] Les Romains, n'ayant que de mauvais signes pour représenter les nombres, ne pouvaient pas *calculer*, comme nous le faisons, sur les nombres *écrits*. Pour se tirer des opérations qu'ils étaient forcés d'effectuer, ils se servaient de *petites pierres* ou *cailloux*. Petite pierre, en latin, se dit *calculus :* telle est l'origine de notre mot *calcul*.

R. Les *quatre opérations fondamentales* sont *l'addition, la soustraction,* la *multiplication,* la *division*[a].

Q. Quelle est la science qui nous apprend à *calculer?* — **R.** La *science* qui nous apprend à *calculer* est l'**arithmétique,** qui nous enseigne, en général, tout ce qui concerne les *nombres.*

Q. Qu'est-ce que *l'arithmétique?* — **R.** *L'arithmétique* est la *science des nombres*[b].

Q. Y a-t-il plusieurs sortes de *nombres?* — **R.** Il y a plu- p. 13 sieurs sortes de *nombres.*

Q. Quelles sont les diverses sortes de *nombres?* — **R.** D'abord les **nombres entiers,** qui ne sont que des *collections d'unités.* Ensuite, les nombres non entiers, qui sont, les uns **fractionnaires,** les autres **incommensurables.**

Q. De quoi traite l'arithmétique? — **R.** *L'arithmétique* traite des nombres *entiers,* des nombres *fractionnaires* et des nombres *incommensurables.* Dans les deux premiers livres de cet ouvrage, nous ne nous occuperons que des nombres *entiers*[c].

Q. Distingue-t-on les nombres *abstraits?* — **R.** On distingue aussi parfois les nombres *abstraits* et les nombres *concrets.*

Q. Dans quel cas un nombre est-il *abstrait?* — **R.** Enoncé sans aucune indication d'unité, le nombre est *abstrait;* suivi de l'indication d'une unité, il est *concret* : 15 est un nombre abstrait; 15^f un nombre concret.

Q. Que savez-vous sur ces expressions? — **R.** Ces expressions, nombres *abstraits,* nombres *concrets,* sont consacrées par l'usage; à proprement parler, 15^f n'est pas un *nombre,* c'est une *quantité.*

[a] Ces quatre *opérations* se nomment souvent les quatre *règles* de l'arithmétique.

[b] C'est pour nous conformer à l'usage que nous disons : « *L'arithmétique* est la *science des nombres.* » Elle n'en est en réalité que la partie la plus *élémentaire,* que le *commencement.* La partie supérieure de l'arithmétique est l'une des parties les plus étendues et les plus difficiles des mathématiques pures : on la nomme la *théorie des nombres.*

[c] Nous nous occuperons, par la suite, assez longuement des nombres *fractionnaires;* mais nous ne dirons qu'un mot des nombres *incommensurables.*

Exercice 1. Ecrivez en toutes lettres 3 030 303. — **Solution**. *Trois millions trente mille trois cent trois.*

E. 2. Ecrivez en chiffres *neuf millions onze cents*. — **S.** 9 001 100.

E. 3. Comptez, de 10 en 10, de 20 à 120. — **S.** 20, 30, 40, ..., 120.

E. 4. Comptez, à rebours, de 10 en 10, de 1 007 à 967. — **S.** 1 007, 997, 987, ..., 967 [a].

E. 5. Dites le plus petit nombre de 4 *chiffres*. — **S.** 1 000.

E. 6. Dites le plus grand nombre de 4 *chiffres*. — **S.** 9 999.

E. 7. Combien de nombres de 3 *chiffres?* — **S.** Le plus grand nombre de 3 chiffres est 999. Sur les 999 premiers nombres, les 99 premiers ont moins de 3 chiffres; tous les suivants en ont 3. Le nombre cherché est donc 999 moins 99, c-à-d 900 [b].

E. 8. Que font ensemble 57 809 et 1 020? — **S.** 57 809 plus 1 020, c-à-d 58 829.

E. 9. Que font 100 000 moins 100? — 99 900.

E. 10. Le poids [c] d'un enfant a augmenté de 3^{Kg}. Il était de 41^{Kg}. Quel est-il? — **S.** 41^{Kg} plus 3^{Kg}, c-à-d 44^{Kg}.

E. 11. J'ai parcouru le matin 5 137^m et le soir 1 810^m. Combien en tout? — **S.** 5 137^m plus 1 810^m, c-à-d 6 947^m.

E. 12. Que valent ensemble 13 billets de 1 000^f? — **S.** 13 000^f.

CHAPITRE III

L'ADDITION

—

8. — Définition et usage.

Question. Qu'est-ce que *additionner?* — **Réponse.** p. 14 **Additionner** ou *ajouter* plusieurs nombres, c'est

[a] *Compter* à rebours, de 10 en 10, c'est, comme nous l'avons déjà dit, faire une suite de *soustractions*.

[b] On a trouvé précédemment qu'il y a 9 nombres d'un chiffre et 90 nombres de 2 chiffres. On trouve présentement qu'il y a 900 nombres de 3 chiffres. Ces résultats 9, 90, 900 se suivent d'après une loi évidente: chacun d'eux est *décuple* du précédent.

[c] Il faudra montrer un *kilogramme* aux enfants et le leur faire *soupeser*. Puis on leur fera *soupeser* des objets divers, dont on leur dira les *poids* en kilogrammes, sans employer aucune fraction.

former un nombre nouveau contenant, à lui seul, autant d'unités que tous les nombres donnés *ensemble*[a].

Q. Donnez un exemple. — **R.** *Additionner* 42 et 118, c'est former un nombre contenant, à lui seul, autant d'unités qu'en contiennent, ensemble, 42 et 118.

Q. Quel est le *signe* de l'*addition?* — **R.** Le *signe* de l'*addition* est + qui s'énonce **plus.**

Q. Donnez un exemple. — **R.** 5 + 3 s'énonce 5 *plus* 3.

Q. Comment se nomme le *résultat* de l'*addition?* — **R.** Le *résultat* de l'*addition* se nomme **somme** ou **total**[b].

Q. A quoi sert l'*addition?* — **R.** L'*addition* sert à résoudre les *problèmes* analogues à celui-ci : *« Une école a trois classes : dans la première il y a 15 élèves; dans la deuxième 23; dans la troisième 38. Combien cette école a-t-elle d'élèves? »*

Q. Comment résout-on ce problème? — **R.** Pour trouver le nombre des élèves de toute cette école, on *additionne* les trois nombres 15, 23 et 38.

Q. En quoi consiste le procédé le plus naturel pour additionner? — **R.** Le procédé le plus naturel pour ajouter un nombre à un autre consiste à ajouter à ce second nombre, une à une, toutes les unités du premier. On n'opère pas ainsi : ce serait trop long[c].

Exercice 1. Ecrivez en toutes lettres 43 + 256. — **Solution.** Quarante-trois *plus* deux cent cinquante-six.

E. 2. Ecrivez en chiffres *six cent deux* plus *vingt-huit.* — **S.** 602 + 28.

E. 3. Ecrivez en chiffres *septante-un.* — **S.** 71.

---

[a] Cette *définition* de l'addition est plutôt une *explication* qu'une *définition* véritable. *Additionner* et *ajouter* sont des idées premières, c-à-d des idées qui ne peuvent se ramener à aucune idée plus simple.

[b] Pour donner aux élèves l'habitude de la *précision*, on exigera qu'ils *prononcent* toujours, en parlant du *résultat* de l'*addition*, l'un des mots *somme* ou *total.* Le mot *résultat* sera pour ainsi dire exclu, comme mot trop *vague*, s'appliquant non seulement à toutes les opérations, mais à tous les calculs.

[c] Nous ne parlons de ce *procédé naturel* que pour bien faire comprendre ce que c'est que l'*addition.* Il suffirait d'ailleurs de l'appliquer à des nombres un peu *grands* pour montrer combien il est *pénible* et long.

E. 4. Ecrivez en chiffres *octante-quatre*. — **S.** 84.[a]

E. 5. Ecrivez en chiffres *nonante-sept*. — **S.** 97.

E. 6. Ecrivez en chiffres *cinq milliards*[b] *cent*. — **S.** 5 000 000 100.

E. 7. Ecrivez en toutes lettres 60 060 060. — **S.** *Soixante millions soixante mille soixante.*

E. 8. Combien de nombres de 4 chiffres? — **S.** 9 999 moins 999, c-à-d 9 000.

E. 9. Dites le plus petit nombre de 6 chiffres. — **S.** 100 000.

E. 10. Comptez, de 100 en 100, de 7 827 à 8 527. — **S.** 7 827, 7 927, 8 027, ..., 8 527.

E. 11. Ajoutez 101^m à 248^m.[c] — **S.** Le total est 349^m.

E. 12. Un panier plein pèse 13^{Kg}. Vide, il pesait 1^{Kg}. Quel est le *poids* de son contenu[d]? — **S.** 13^{Kg} moins 1^{Kg}, c-à-d 12^{Kg}.

---

9. — La table d'addition.

Question. Que faut-il savoir pour *additionner* rapidement? — **Réponse.** Pour *additionner* rapidement, il faut savoir par cœur tous les *résultats* qu'on obtient en ajoutant *deux nombres d'un seul chiffre.*

Q. Où sont contenus ces résultats? — **R.** Ces *résultats* sont contenus dans le *tableau* ci-dessous, qu'on nomme la **table d'addition**[e].

(a) Rappelez bien aux élèves que les mots *septante, octante, nonante* sont les mots réguliers; que les locutions *soixante-dix, quatre-vingts, quatre-vingt-dix* sont des irrégularités très fâcheuses.

(b) *Milliard* est synonyme de *billion*. On l'emploie surtout en parlant de sommes d'argent. — Il ne faut pas confondre le nom de nombre *billion* avec le mot *billon*. Ce dernier représente non pas un nombre, mais un bas alliage de cuivre et d'argent.

(c) Dans la pratique de l'*addition*, on ajoute toujours des nombres *concrets*, tous de la même espèce, c-à-d représentant tous des *mètres*, tous des *litres*, etc... Le *total* est un nombre *concret*, encore de la même espèce. — Le *total* d'une *addition* est toujours *plus grand* que chacun des nombres additionnés. L'idée d'*addition* entraîne forcément avec elle l'idée d'*augmentation*.

(d) Le poids du contenu est égal, évidemment, au poids total moins le poids du panier. Ce poids du panier est ce qu'on appelle la *tare*.

(e) Il n'y a qu'une manière d'arriver à *additionner* vite et sans peine, c'est d'apprendre *par cœur*, admirablement, la *table d'addition*; et cette

0	1	2	3	4	5	6	7	8	9
1	2	3	4	5	6	7	8	9	10
2	3	4	5	6	7	8	9	10	11
3	4	5	6	7	8	9	10	11	12
4	5	6	7	8	9	10	11	12	13
5	6	7	8	9	10	11	12	13	14
6	7	8	9	10	11	12	13	14	15
7	8	9	10	11	12	13	14	15	16
8	9	10	11	12	13	14	15	16	17
9	10	11	12	13	14	15	16	17	18	(a)

Q. Comment *forme*-t-on ce tableau ? — **R.** La 1re ligne de ce tableau se compose des nombres 0, 1, 2, 3, 4, 5, 6, 7, 8, 9. On forme la 2e ligne en ajoutant l'unité à chacun des nombres de la 1re. On forme la 3e ligne en ajoutant l'unité à chacun des nombres de la 2e. Et ainsi de suite.

Q. Qu'en résulte-t-il ? — **R.** Il s'ensuit que chaque nombre, par exemple de la ligne commençant par 4, est égal au nombre correspondant de la première ligne, augmenté de 4 unités.

Q. Comment se sert-on de cette *table?* — **R.** Pour trou-p. 16

table ne peut s'apprendre que par la *mémoire* : aucun raisonnement, aucune remarque, aucun procédé n'y peut suppléer. — Il est évident, d'ailleurs, que cette table doit s'apprendre sous la forme que nous lui avons donnée soit dans notre *Cours élémentaire*, soit dans notre *Cours moyen*.

(a) On peut constater, dans le tableau ci-dessus, que les nombres placés symétriquement, par rapport à la diagonale partant du coin supérieur de gauche, sont toujours des nombres égaux. Cela tient à ce que la somme de deux nombres ne change point quand on change l'ordre où on les ajoute.

ver, sur cette table, la *somme* des deux nombres 7 et 4, par exemple, il suffit de prendre le nombre 11, placé à la *rencontre* [a] de la colonne commençant par 7 avec la ligne commençant par 4.

Q. Que sait-on faire dès qu'on possède la *table d'addition*? — **R.** Dès que l'on possède la *table d'addition*, on sait ajouter un *nombre d'un chiffre* à un *nombre quelconque*.

Q. Donnez un exemple. — **R.** Soit à ajouter 5 à 28. On sait que 8 et 5 font 13. Donc 28 et 5 font 20 et 13, c-à-d 33.

Exercice 1. Ajoutez 3 à 8. — **Solution.** 11.

E. 2. Ajoutez 7 à 29. — **S.** 36 [b].

E. 3. Additionnez 5 et 6. — **S.** 11.

E. 4. Additionnez 148 et 9. — **S.** 157.

E. 5. Calculez 6 $+$ 8. — **S.** 14.

E. 6. Calculez 1459 $+$ 5. — **S.** 1464.

E. 7. Comptez, de 2 en 2, de 1 à 31. — **S.** 1, 3, 5, ..., 31 [c].

E. 8. Comptez à rebours, de 2 en 2, de 32 à 2. — **S.** 32, 30, 28, ..., 2.

E. 9. Dites le plus grand nombre de 5 chiffres. — **S.** 99 999.

E. 10. Ecrivez en chiffres *nonante-un* kilogrammes [d]. — **S.** 91^{kg}.

E. 11. Ecrivez en chiffres *octante-six* litres. — **S.** 86^{l}.

[a] La *table d'addition* est le type le plus simple de ce qu'on appelle une table à *double entrée*. En général, une table de cette sorte fait connaître des nombres qui dépendent chacun de deux nombres donnés ou *arguments*. Sur la *ligne du haut* sont écrites les valeurs du premier *argument*; sur la *colonne de gauche*, les valeurs du second. Pour trouver le *nombre* correspondant à une couple de valeurs des deux arguments, on considère la *colonne* commençant par la valeur du premier argument, puis la *ligne* commençant par la valeur du second : le nombre cherché est à la rencontre de cette colonne et de cette ligne.

[b] Comme la *semaine* a sept jours, on est conduit fort souvent à ajouter le nombre 7. *C'est aujourd'hui dimanche 12 janvier 1890. Quel quantième sera-ce dimanche prochain?* Pour résoudre cette question, il suffit d'ajouter 7 à 12 : ce sera le 19. — Il en est de même pour tous les jours de la semaine.

[c] Les nombres qu'on obtient en comptant de 2 en 2, de 3 en 3, etc., constituent ce qu'on appelle des *progressions arithmétiques*. — Nous ferons, à la fin du présent cours, une étude succincte de ces progressions.

[d] Il importe beaucoup de familiariser les élèves avec les mots *septante, octante, nonante*.

E. 12. Il faut, pour lire un livre, 10 séances de 2ʰ. Combien d'heures en tout? — **S.** $2^h + 2^h + 2^h + ...,$ $+ 2^h$, c-à-d 20 [a].

10. — Addition de nombres quelconques.

Question. Comment place-t-on les nombres à *additionner?* — **Réponse.** Pour *additionner* des *nombres quelconques*, on les place les uns sous les autres, de façon que les unités soient sous les unités, les dizaines sous les dizaines, etc. [b].

Q. Que fait-on ensuite? — **R.** On ajoute ensuite les chiffres de la *colonne* des unités [c], puis ceux de la *colonne* des dizaines, puis ceux de la *colonne* des centaines, et ainsi de suite.

Q. Qu'écrit-on sous chaque colonne? — **R.** Si le total d'une colonne ne dépasse pas 9, on l'écrit tel quel au-dessous de cette colonne. S'il dépasse 9, on écrit sous cette colonne, non pas ce total lui-même, mais seulement le chiffre de ses unités : on *retient* les dizaines pour les ajouter à la colonne suivante.

Q. Donnez un exemple. — **R.** Soient à additionner les nombres ci-contre. La colonne des unités a pour somme 8 : on écrit 8 sous cette colonne. La colonne des dizaines a pour somme 14 : on écrit 4 et on retient 1. Ajoutant ce 1 à la colonne suivante, on trouve 23 : on écrit 3 et on retient 2. La colonne des mille ne donnant rien, on écrit simplement, au rang des mille, le 2 qu'on a retenu. La somme est 2 348.

$$\begin{array}{r} 895 \ \text{p. 17} \\ 230 \\ 321 \\ 902 \\ \hline 2\,348 \end{array}$$

[a] Il faut résoudre ce problème comme nous le faisons, par *l'addition* et non point par la *multiplication*, puisque nous sommes censés ignorer encore la manière de multiplier 2 par 10.

[b] Il faut exiger que les *nombres* à *additionner* soient placés les uns sous les autres avec beaucoup d'*ordre* et de *régularité*. Il faut que les chiffres des *unités*, que ceux des *dizaines*, que ceux des *centaines*, etc., forment des *colonnes* bien *droites*. Si les nombres ont plus de 3 chiffres, il faut que les *vides* qui en séparent les *tranches* soient exactement les uns sous les autres, de manière à former une *colonne* de *vides*. — On devra éviter d'allonger trop la queue du chiffre 7, celle du chiffre 9, ainsi que le trait supérieur du chiffre 6. En les allongeant outre mesure, on formerait des chiffres *dégingandés*, et les nombres à additionner empiéteraient les uns sur les autres.

[c] Dire qu'on commence ces calculs par la colonne des *unités*, c'est

Q. Le nombre trouvé est-il bien le *total* cherché? — **R.** Ce nombre 2 348 est bien le *total* cherché, car on l'a obtenu en réunissant toutes les parties des nombres donnés[a].

Exercice 1. Additionnez 3 528, 9 499, 45 468. — **Solution.** 58 495.

E. 2. Additionnez 8 253, 9 949, 86 454. — **S.** 104 656.

E. 3. Calculez 37 + 59 + 98. — **S.** 194.

E. 4. Calculez 123 + 345 + 567. — **S.** 1 035 [b].

E. 5. Calculez 2 019 + 628 + 97. — **S.** 2 744.

E. 6. Jean avait 19 billes. Il en gagne 7, puis 9, puis 3. Combien en a-t-il? — **S.** 19 + 7 + 9 + 3, c-à-d 38 [c].

E. 7. *Trois* champs contigus ont 16ᵃ, 28ᵃ, 30ᵃ. Dites l'étendue totale. — **S.** 16ᵃ + 28ᵃ + 30ᵃ, c-à-d 74ᵃ.

E. 8. On possède 950ᶠ en billets de banque, 875ᶠ en or et 47ᶠ en argent. Combien en tout? — **S.** 950ᶠ + 875ᶠ + 47ᶠ, c-à-d 1 872ᶠ.

E. 9. Ecrivez en toutes lettres 4 510 405. — **S.** *Quatre millions cinq cent dix mille quatre cent cinq.*

E. 10. Combien de nombres de 5 chiffres? — **S.** 99 999 moins 9 999, c-à-d 90 000 [d].

E. 11. Sur 38ᶠ, j'en dépense 17. Que me reste-t-il? — **S.** 38ᶠ moins 17ᶠ, c-à-d 21ᶠ.

E. 12. Que valent ensemble 4 pièces de 20ᶠ? — **S.** 4 fois 20ᶠ, c-à-d 80ᶠ [e].

dire qu'on commence l'addition par la *droite*. Si, dans une addition, il n'y avait aucune *retenue* à faire, on pourrait commencer indifféremment par la *droite* ou par la *gauche*. Dès qu'il y a des *retenues*, il convient de commencer par la droite.

[a] Une bonne habitude, lorsque l'on additionne, c'est de marquer les *retenues* à part. Grâce à cette précaution, on évite beaucoup d'erreurs, et l'on peut reprendre, où on les a laissées, les additions interrompues.

[b] Il est bon que les élèves se familiarisent avec les *signes* des opérations. Voilà pourquoi nous leur proposons souvent, comme exercices, d'effectuer des calculs indiqués à l'aide de ces *signes*.

[c] Avant d'effectuer les calculs qui donnent le *nombre demandé*, il convient, comme on le fait dans la solution du présent exercice, d'écrire l'expression même de ce nombre, à l'aide des *nombres donnés* et des signes d'opération. En opérant ainsi, on s'habitue à la considération des *expressions* mathématiques, on acquiert la notion de *formule*, et on se prépare, sans s'en douter, aux procédés de *l'algèbre*.

[d] La loi que nous avons indiquée déjà se continue : il y a 9 nombres d'un chiffre; 90 de deux chiffres; 900 de trois chiffres; 9 000 de quatre chiffres; 90 000 de cinq chiffres.

[e] Cet exercice exige une *multiplication*. Or cette multiplication se fait immédiatement, par la seule numération, grâce à la signification de la locution *quatre-vingts*.

11. — Principes et preuve.

Question. Que savez-vous sur la *somme* de plusieurs nombres ? — **Réponse.** *La somme de plusieurs nombres ne change pas quand on change l'ordre où on les ajoute* [a].

Q. Donnez un exemple. — **R.** Ainsi $5 + 4 + 8$ donnent la même *somme* que $8 + 5 + 4$.

Q. Comment *ajoute*-t-on une *somme* à un nombre ? — **R.** *Pour ajouter une somme à un nombre, il suffit d'ajouter successivement à ce nombre toutes les parties de cette somme* [b].

Q. Donnez un exemple. — **R.** Par exemple, pour ajouter à 27 la somme $2 + 3 + 4$, il suffit d'ajouter 2 à 27 ; puis 3 au résultat obtenu ; puis 4 à ce nouveau résultat.

Q. Qu'est-ce que la *preuve* d'une opération ? — **R.** La p. 18 **preuve** d'une opération est une seconde opération que l'on fait pour *vérifier* [c] la première.

Q. Comment fait-on la *preuve* de l'addition ? — **R.** Pour faire la *preuve de l'addition*, on additionne de nouveau, dans un *autre ordre* : on doit trouver le *même total*.

Q. Donnez un exemple. — **R.** Si, par exemple, on a additionné de *haut en bas*, pour faire la *preuve* on additionne de *bas en haut* [d].

[a] C'est là un principe *évident*, c-à-d un principe dont la vérité saute aux yeux et qui, par conséquent, n'a besoin ni d'explication ni de démonstration. — Il résulte de ce principe qu'on peut effectuer l'addition de plusieurs nombres en allant soit de *haut en bas*, soit de *bas en haut*. Certaines personnes, et nous sommes du nombre, trouvent qu'il est plus commode de commencer par le bas.

[b] Ce second *principe* n'est guère moins *évident* que le premier.

[c] Il est si facile de se tromper, même dans les opérations les plus simples, qu'il faut toujours *vérifier*, avec soin, tous les calculs que l'on fait.

[d] Lorsque la preuve *réussit*, c-à-d lorsque la nouvelle addition donne le même *total* que l'ancienne, il est probable que l'ancienne addition est exacte. Nous disons *probable* et non pas *certain*, parce qu'il se pourrait faire qu'on se fût trompé juste du même nombre dans les deux additions. Lorsque la preuve *ne réussit pas*, c-à-d lorsque les deux additions ne donnent pas le même *total*, il est *certain* que, de ces deux additions, l'une au moins est fausse.

Q. Sur quoi repose cette *preuve?* — **R.** Cette preuve repose évidemment sur le premier des principes précédents.

Exercice 1. A 516 ajoutez $18 + 37$. — **Solution.** Le total est $516 + 18 + 37$, c-à-d 571.

E. 2. A 329 ajoutez $15 + 7 + 9$. — **S.** Le total est $329 + 15 + 7 + 9$, c-à-d 360.

E. 3. Additionnez 3 528, 549, 9 078, et faites la *preuve* [a]. — **S.** 13 155.

E. 4. Trouvez la *somme* des neuf premiers nombres. — **S.** 45.

E. 5. Trouvez la *somme* des neuf suivants [b]. — **S.** 126.

E. 6. On achète 25^m de toile, puis 33^m, puis 19^m. Combien en tout? — **S.** $25^m + 33^m + 19^m$, c-à-d 77^m.

E. 7. Que pèsent ensemble *trois* colis [c] de 61^{Kg}, 73^{Kg} et 59^{Kg}? — **S.** $61^{Kg} + 73^{Kg} + 59^{Kg}$, c-à-d 193^{Kg}.

E. 8. Ecrivez en toutes lettres 90 807. — **S.** *Quatre-vingt-dix mille huit cent sept.*

E. 9. Sur 231^l de vin, on en a pris 120. Combien en reste-t-il? — **S.** 231^l moins 120^l, c-à-d 111^l.

E. 10. Comptez, de 3 en 3 [d], de 7 à 37. — **S.** 7, 10, 13, ..., 37.

E. 11. Comptez à rebours, de 3 en 3, de 49 à 19. — **S.** 49, 46, 43, ..., 19.

E. 12. *Trois* volumes ont chacun 526 pages. Combien en tout? — **S.** $526 + 526 + 526$, c-à-d 1 578 [e].

[a] Un conseil, bon à suivre dans tous les calculs possibles, c'est de calculer *lentement, méthodiquement.* Il n'y a que ce moyen d'éviter les erreurs et de s'épargner l'ennui de recommencer. — Maintenant qu'on sait faire la *preuve* de l'*addition*, on fera celles de toutes les additions qu'on rencontrera. Un bon calculateur n'effectue jamais, sans la *vérifier*, la moindre opération.

[b] Ces neuf nombres, comme les neuf précédents, forment une *progression arithmétique.* Nous verrons, à la fin du présent *cours*, un moyen très simple pour calculer la *somme* des nombres qui constituent une pareille *progression.*

[c] Ce mot *colis* est très général : il s'applique indifféremment aux caisses, malles, valises, ballots, sacs, paquets de toute sorte, destinés à être transportés, expédiés.

[d] En comptant de 3 en 3, on forme, comme on l'a déjà fait observer, une *progression arithmétique.*

[e] Arrivé à la fin du chapitre sur l'*addition*, on fera bien de jeter un coup d'œil sur l'ensemble de ce chapitre. On verra de combien de *paragraphes* il se compose; par les *titres* de ces paragraphes, on saura ce que contient chacun d'eux; on fera remarquer l'ordre suivi et on annoncera que, pour les autres opérations, on suivra le même ordre.

CHAPITRE IV

LA SOUSTRACTION

12. — Définition et usage.

Question. Qu'est-ce que *soustraire?* — **Réponse.** **Soustraire** ou **retrancher** un nombre d'un autre, c'est chercher ce qu'il reste quand on *ôte*, du *second* de ces nombres, toutes les unités qui composent le *premier* [a].

Q. Donnez un exemple. — **R.** *Soustraire* 8 de 15, c'est chercher ce qu'il reste quand on *ôte*, du nombre 15, toutes les unités du nombre 8.

Q. Quel est le *signe* de la soustraction? — **R.** Le *signe* p. 19 de la *soustraction* est — qui s'énonce **moins**.

Q. Donnez un exemple. — **R.** 15 — 8 s'énonce 15 *moins* 8.

Q. Comment se nomme le *résultat* de la soustraction? — **R.** Le *résultat* [b] de la *soustraction* se nomme **reste**, **excès** ou **différence**.

Q. A quoi sert la *soustraction?* — **R.** La *soustraction* sert à résoudre les *problèmes* analogues à celui-ci : « *Il y avait 23 moutons dans un troupeau; on en a vendu 7; combien en reste-t-il?* »

Q. Comment résout-on ce problème? — **R.** Pour résoudre ce problème, on dit : il y avait 23 moutons; on en a vendu 7; il en reste 23 — 7; et l'on soustrait 7 de 23.

---

[a] Cette *définition* est plutôt une *explication* qu'une *définition* véritable. De même qu'*ajouter*, *retrancher* est une *idée première*. Toutefois, ces deux idées premières, *ajouter*, *retrancher*, sont corrélatives : chacune d'elles entraine l'autre.

[b] Dans la pratique, les nombres sur lesquels on effectue la *soustraction* sont toujours des nombres *concrets*, de la *même* espèce : deux nombres d'élèves, deux nombres de lignes, deux nombres de boules. Le résultat de la soustraction est un nombre *concret*, encore de la *même* espèce. Ce résultat est toujours *moindre* que le *plus grand* des deux nombres donnés : on ne saurait séparer les deux idées de *soustraction* et de *diminution*.

Q. Quel est le *procédé* le plus naturel pour soustraire ? — **R.** Le procédé le plus naturel pour soustraire un nombre d'un autre consiste à retrancher de ce second nombre, une à une, toutes les unités du premier. On n'opère pas ainsi ; ce serait trop long [a].

Q. Que suffit-il de savoir pour soustraire rapidement ? — **R.** Pour *soustraire* rapidement, il suffit de savoir retrancher un *nombre d'un chiffre* d'un autre nombre qui ne le dépasse pas de 10 unités.

Q. Quand sait-on faire les *soustractions* de cette sorte ? — **R.** On sait faire toutes les soustractions de cette sorte dès qu'on possède la *table d'addition* [b]. On sait, par exemple, que 12 moins 3 font 9, dès que l'on sait que 9 et 3 font 12.

Exercice 1. Retranchez 7 de 14. — **Solution.** Le reste [c] est 7.

E. 2. Retranchez 9 de 15. — **S.** 6.

E. 3. Calculez 15 — 8. — **S.** 7.

E. 4. Calculez 12 — 6. — **S.** 6.

E. 5. Écrivez en toutes lettres 73 — 19. — **S.** Soixante-treize *moins* dix-neuf.

E. 6. Écrivez en chiffres *cent neuf* moins [d] *trente-sept.* — **S.** 109 — 37.

E. 7. Un champ a 13ᵃ. On en vend 6ᵃ. Qu'en reste-t-il ? — **S.** 13ᵃ — 6ᵃ, c-à-d 7ᵃ.

E. 8. Comptez, de 4 en 4, de 5 à 25. — **S.** 5, 9, 13, ..., 25.

E. 9. Additionnez 314727, 419648 et 73094. — **S.** 807469.

E. 10. Un piéton [e] a marché 5ʰ le dimanche, 4ʰ le lundi

[a] Pour montrer combien ce serait *pénible* et *long*, il suffirait de soustraire, de cette façon, par exemple, 31 de 49. — Cette manière d'opérer n'a été indiquée que pour faire mieux comprendre ce que c'est que la *soustraction.*

[b] On voit encore, par là, combien il est nécessaire de posséder la *table d'addition.*

[c] Pour désigner le résultat de la soustraction, les élèves devront se servir, non point du mot *résultat*, qui est trop vague, mais de l'un de ces mots précis : *reste, excès, différence.*

[d] Il importe de former très bien les signes d'opération. Le signe + et le signe — doivent être placés sur la ligne même de l'écriture. Il convient de leur donner, de gauche à droite, une assez grande longueur.

[e] Un *piéton* est un homme qui va à pied. Parfois on emploie ce mot,

et 3ʰ le mardi. Combien d'heures en ces *trois* jours ? —
S. 5ʰ + 4ʰ + 3ʰ, c-à-d 12ʰ.

E. **11.** Que contiennent ensemble 3 fûts de 228ˡ, 231ˡ et
115ˡ ? — S. 228ˡ + 231ˡ + 115ˡ, c-à-d 574ˡ.

E. **12.** On reçoit 25ᶠ, puis 31ᶠ, puis 79ᶠ. Dites le total. —
S. 25ᶠ + 31ᶠ + 79ᶠ, c-à-d 135ᶠ.

---

13. — Soustraction de deux nombres quelconques.   p. 20

Question. Comment place-t-on les nombres pour la *soustraction?* — **Réponse.** Pour faire la *soustraction* de
deux nombres *quelçonques*, on place le petit nombre
sous le grand, de façon que les unités soient sous les
unités, les dizaines sous les dizaines, etc. [a].

Q. Que fait-on ensuite ? — **R.** On retranche ensuite, en
commençant par la *droite* [b], chaque chiffre du petit
nombre du chiffre qui est placé au-dessus.

Q. Donnez un exemple. — **R.** Soit à effectuer la soustraction ci-contre. On dit, en commençant par la droite :
2 ôtés de 5, il reste 3 : on écrit 3. Puis, 4 ôtés de 9, il   795
reste 5 : on écrit 5. Puis, 6 ôtés de 7, il reste 1 : on   642
écrit 1.   ———
                                                                  153
Q. Le nombre trouvé est-il la *différence* cherchée ? —
R. Le nombre trouvé, 153, est bien la *différence* cherchée,
car on a retranché, du grand nombre, les unités, puis les
dizaines, puis les centaines du petit, c-à-d le petit nombre
tout entier.

Q. Que fait-on si un chiffre du bas *dépasse* celui qui est au-

dans un sens plus particulier, pour désigner un *facteur rural.* — La
promenade à pied est l'un des exercices les plus agréables et les
meilleurs pour la santé : on ne saurait trop la conseiller, la recommander.

(ᵃ) Dans la *soustraction*, comme dans l'*addition*, les nombres placés
les uns sous les autres doivent être disposés avec beaucoup d'*ordre* et
de *régularité*.

(ᵇ) Si aucun chiffre du petit nombre ne dépassait le chiffre correspondant du grand, on pourrait indifféremment commencer la soustraction par
la *droite* ou par la *gauche*. Mais, dès qu'un chiffre du petit nombre
dépasse le chiffre correspondant du grand, il devient nécessaire de commencer par la *droite*.

dessus? — **R.** Si un chiffre du bas *dépasse* le chiffre qui est au-dessus, on ajoute 10 à celui-ci ; on retranche le chiffre du bas ; puis on *retient* 1, qu'on ajoute au chiffre inférieur suivant.

Q. Donnez un exemple. — **R.** Soit à effectuer la soustraction ci-contre. On commence par la *droite*, et l'on dit : 6 ôtés, non pas de 5, mais de 15, il reste 9 : on écrit 9 et on retient 1. Puis, 1 et 3 font 4 ; 4 ôtés, non pas de 2, mais de 12, il reste 8 : on écrit 8 et on retient 1. Enfin, 1 et 4 font 5 ; 5 ôtés de 7, il reste 2 : on écrit 2. La différence est 289.

$$\begin{array}{r} 725 \\ 436 \\ \hline 289 \end{array}$$

Q. Justifiez ce procédé. — **R.** Dans cet exemple, pour retrancher 6, on a ajouté 10 unités au nombre supérieur. Celui-ci a donc été, à ce moment, augmenté de 10 unités. Mais, en ajoutant 1, qu'on avait retenu, au chiffre 3 du nombre inférieur, on a augmenté ce dernier d'une dizaine. Il y a *compensation*.

Q. Comment se nomme cette *méthode?* — **R.** Cette méthode d'effectuer la soustraction se nomme méthode de **compensation** [a].

Q. Sur quoi repose-t-elle? — **R.** Elle repose sur ce *principe* évident [b] : *la différence de deux nombres ne change pas, quand on les augmente tous les deux d'un même troisième nombre.*

p. 21 **Exercice 1.** Retranchez 2 827 de 5 949. — **Solution.** 3 122.

E. 2. Retranchez 9 999 de 12 000. — **S.** 2 001.

E. 3. Calculez 14 001 — 13 429. — **S.** 572.

E. 4. Calculez [c] 54 036 — 49 851. — **S.** 4 185.

E. 5. Otez 43 de 100 000. — **S.** 99 957.

E. 6. Trouvez l'*excès* de 1 000 000 sur 3 456. — **S.** 996 544.

[a] Le procédé de soustraction par *compensation* est le meilleur qui existe ; c'est le seul qu'indiquent les *programmes officiels* ; c'est le seul qu'il faille enseigner.

[b] Le mot *évident* se dit de toute vérité, de toute proposition tellement simple, tellement claire, qu'elle saute aux yeux d'elle-même, qu'il n'y ait nul besoin de l'expliquer, ni de la démontrer.

[c] Le substantif *calcul* et le verbe *calculer* sont deux mots ayant un sens extrêmement étendu : ils s'appliquent à toutes les opérations et à toutes les combinaisons possibles d'opérations.

E. 7. J'ai à parcourir une route de 51 214^m. J'ai fait déjà 39 480^m. Quel chemin ai-je encore à faire? — **S.** 51 214^m —39 480^m, c-à-d 11 734^m.

E. 8. On retire 27^l d'avoine d'un sac qui en contenait 62^l. Combien en reste-t-il? — **S.** 62^l — 27^l, c-à-d 35^l [a].

E. 9. Comptez à rebours, de 4 en 4, de 51 à 31. — **S.** 51, 47, 43, ..., 31.

E. 10. Additionnez 3 118, 4 950 et 329. — **S.** 8 397.

E. 11. Un âne [b] porte *deux* sacs, l'un de 25^{Kg}, l'autre de 37^{Kg}. Quelle est sa charge? — **S.** 25^{Kg} + 37^{Kg}, c-à-d 62^{Kg}.

E. 12. Combien d'heures en 6 journées [c] de 13^h. — **S.** 13^h + 13^h + 13^h + 13^h + 13^h + 13^h, c-à-d 78^h.

---

14. — Principes et preuve.

Question. Comment *retranche*-t-on une *somme* d'un nombre? — **Réponse.** *Pour retrancher une somme d'un nombre, il suffit de retrancher successivement de ce nombre toutes les parties de cette somme* [d].

Q. Donnez un exemple. — **R.** Soit à retrancher 2 + 3 + 4 de 39. Il suffit de retrancher 2 de 39; puis 3 du reste obtenu; puis 4 du nouveau reste.

Q. Comment *ajoute*-t-on une *différence* à un nombre? — **R.** *Pour ajouter une différence à un nombre, il suffit d'ajouter le premier terme de la différence, puis de retrancher le second.*

[a] Exigez toujours que l'élève réponde, non point 35^l tout court, mais « 62^l — 27^l, c-à-d 35^l ». Il ne faut point que l'élève, dans ses réponses, passe sous silence aucun intermédiaire. C'est à la condition de ne rien sous-entendre, que l'élève s'habituera à l'*analyse* et au *raisonnement*.

[b] L'*âne* est un brave animal, courageux, intelligent et sobre; mais que les mauvais traitements rendent souvent têtu, et comme stupide. C'est aux ânes rendus tels que l'on compare les ignorants et les paresseux.

[c] Le mot *journée*, dans les énoncés des problèmes, a un sens très différent de celui du mot *jour*. Il signifie, en général, le nombre d'heures pendant lesquelles un ouvrier travaille.

[d] Ce *principe* est de la plus grande importance. Il est en *arithmétique*, et encore plus en *algèbre*, d'un usage continuel. Il en est de même des deux *principes* suivants.

Q. Donnez un exemple. — **R**. Soit à ajouter 5 — 2 à 48. En ajoutant 5, j'ajoute 2 de trop. Donc la somme 48 + 5 est trop forte de 2 unités. La somme cherchée est donc 48 + 5 — 2.

Q. Comment *retranche*-t-on une *différence* d'un nombre? — **R**. *Pour retrancher une différence d'un nombre, il suffit de retrancher le premier terme de cette différence, puis d'ajouter le second.*

Q. Donnez un exemple. — **R**. Soit à retrancher 7 — 3 de 56. En retranchant 7, je retranche 3 de trop. Donc le reste 56 — 7 est trop faible de 3 unités. Le reste cherché est donc 56 — 7 + 3.

Q. Comment fait-on la *preuve* de la *soustraction?* — **R**. Pour faire la *preuve de la soustraction,* on ajoute le reste au petit nombre : on doit retrouver le grand[a].

p. 22 **Q**. Sur quoi repose ce procédé? — **R**. Cette manière de faire la *preuve*[b] repose sur cette remarque : puisque le reste n'est que l'excès du grand nombre sur le petit, en ajoutant le reste au petit nombre, on doit retrouver le grand[c].

Exercice 1. De 57 retranchez 18 + 19. — **Solution.**
57 — 18 — 19, c-à-d 39 — 19, ou 20[d].

E. 2. A 39 ajoutez 68 — 25. — **S**. 39 + 68 — 25, c-à-d 107 — 25, ou 82.

E. 3. De 102 retranchez 75 — 38. — **S**. 102 — 75 + 38, c-à-d 27 + 38, ou 65.

[a] Comme dans l'*addition*, quand la preuve *réussit*, il est *probable*, mais seulement probable, que la *soustraction* à vérifier est exacte. Quand la preuve *ne réussit pas*, il est *certain* que l'une, au moins, des deux opérations est *fausse*, et il faut recommencer les calculs.

[b] Cette *preuve* de la *soustraction* est la plus simple qu'on connaisse : elle a le grand avantage de montrer l'étroite relation qui existe entre la *soustraction* et l'*addition*. Ces deux opérations sont *inverses* l'une de l'autre. On dit parfois que la *soustraction* a pour objet de résoudre ce problème : « *Etant donnée la somme de deux nombres et l'un de ces nombres, trouver l'autre.* »

[c] Quand les deux nombres donnés, et leur différence, sont disposés suivant la règle de la soustraction, on a, les uns sous les autres, trois nombres tels, que celui du haut est la *somme* des deux autres : ce système de trois nombres représente une *addition* dont le *total* est en *haut*.

[d] En opérant comme nous le faisons, nous appliquons littéralement le premier des *principes* du présent paragraphe. Nous aurions pu aussi effectuer d'abord l'*addition* des nombres 18 et 19, puis retrancher le *total* 37 de cette opération du nombre donné 57. — Remarques analogues pour les deux exercices suivants.

E. 4. Retranchez 3 728 de 4 215 et faites la *preuve*. — **S.** 487. En ajoutant 487 à 3 728, on retrouve bien 4 215.

E. 5. Calculez 109 + 487 + 258. — **S.** 854.

E. 6. Calculez 6 000 — 428 + 73. — **S.** 5 572 + 73, c-à-d 5 645.

E. 7. Calculez 1 322 + 298 — 357. — **S.** 1 620 — 357, c-à-d 1 263 [a].

E. 8. Comptez, de 5 en 5, de 13 à 33. — **S.** 13, 18, 23, ..., 33.

E. 9. Additionnez 34 527, 34 528 et 34 529. — **S.** 103 584.

E. 10. Sur 711 poires, 88 sont gâtées. Combien sont bonnes ? — **S.** 711 — 88, c-à-d 623.

E. 11. Un pré avait 76^a. On l'agrandit d'un côté de 25^a; on le diminue de l'autre de 17^a. Dites son étendue finale [b]. — **S.** 76^a + 25^a — 17^a, c-à-d 84^a.

E. 12. J'avais 73^f. J'ai acheté une redingote de 43^f et un parapluie de 12^f. Combien me reste-t-il ? — **S.** [c] 73^f — 43^f — 12^f, c-à-d 18^f.

CHAPITRE V

LA MULTIPLICATION

—

15. — Définition et usage.

Question. Qu'est-ce que *multiplier* ? — **Réponse. Multiplier** un nombre par un autre, c'est *prendre* autant de fois le *premier* qu'il y a d'*unités* dans le *second*.

[a] Dans chacun des exercices 5, 6, 7, l'expression à calculer renferme deux *signes* d'opération. Nous donnerons très souvent, dans le présent cours, des expressions à calculer et des problèmes à résoudre exigeant chacun deux ou plusieurs opérations.

[b] Cet exercice présente un problème très simple exigeant une *addition* et une *soustraction*.

[c] Arrivé à la fin du chapitre relatif à la *soustraction*, il faudra jeter un coup d'œil d'ensemble sur ce chapitre, comme on l'a fait déjà pour le chapitre relatif à l'*addition*. On comparera ces deux chapitres; on fera remarquer que l'ordre général est le même; mais qu'il y a, dans le chapitre de l'*addition*, un *paragraphe* de plus.

Q. Donnez un exemple. — **R.** *Multiplier* 7 par 3, c'est prendre 3 fois 7 [a].

Q. Quel est le *signe* de la *multiplication?* — **R.** Le *signe* de la *multiplication* est $\times$ qui s'énonce **multiplié par.**

Q. Donnez un exemple. — **R.** 6×4 s'énonce 6 *multiplié par 4.*

Q. Que sont les *nombres* qu'on multiplie? — **R.** Les *nombres* qu'on *multiplie* l'un par l'autre sont les deux **facteurs** de la multiplication. Celui qu'on multiplie est le **multiplicande;** celui par lequel on multiplie est le **multiplicateur.**

p. 23   **Q.** Dans 6×4, quels sont les *facteurs?* — **R.** Dans 6×4, les nombres 6 et 4 sont les deux *facteurs* : 6 est le *multiplicande;* 4 est le *multiplicateur.*

Q. Comment se nomme le *résultat* de la *multiplication?* — **R.** Le *résultat* de la *multiplication* se nomme **produit** [b].

Q. A quoi sert la *multiplication?* — **R.** La *multiplication* sert à résoudre les *problèmes* analogues à celui-ci : « *Dans une classe, il y a 4 tables; à chacune de ces tables, il y a 6 élèves : combien cette classe contient-elle d'élèves ?* »

Q. Comment résout-on ce problème? — **R.** Pour résoudre ce problème, il faut prendre 4 fois 6 élèves, c-à-d *multiplier* 6 par 4.

R. Comment rend-on un nombre 2, 3, 4, ... fois *plus grand?* — **R.** Il suffit de *multiplier* un nombre par 2, 3, 4, ... pour rendre ce nombre 2, 3, 4, ... fois *plus grand*, c-à-d pour en obtenir le *double*, le *triple*, le *quadruple*, ... [c].

Q. Quel est le *procédé* le plus *naturel* pour multiplier? —

[a] D'après cette *définition*, multiplier un nombre par un autre, c'est faire la *somme* d'autant de nombres égaux au premier qu'il y a d'*unités* dans le second. Ainsi la *multiplication* n'est qu'un *cas particulier* de l'*addition* : le cas particulier où tous les nombres à additionner sont *égaux* entre eux.

[b] Il faut exiger que les élèves appellent toujours *produit* le résultat de la multiplication, et qu'ils ne désignent point ce nombre par le mot vague de *résultat*. — On rencontre des élèves qui donnent, au contraire, le nom de *produit* au résultat d'un calcul quelconque.

[c] Calculer le *double*, le *triple*, le *quadruple*,... d'un nombre, c'est *doubler*, *tripler*, *quadrupler*,... ce nombre.

R. Le procédé le plus naturel pour *multiplier* consiste à faire la *somme* d'autant de nombres égaux au multiplicande qu'il y a d'unités dans le multiplicateur [a]. On n'opère pas ainsi : ce serait trop long [b].

Exercice 1. Ecrivez en toutes lettres 729×38. — **Solution.** Sept cent vingt-neuf *multiplié par* trente-huit.

E. 2. Ecrivez en chiffres *mille huit* multiplié [c] par *cent trois*. — **S.** 1008×103.

E. 3. Calculez $34541 - 17 + 289$. — **S.** $34524 + 289$, c-à-d 34813.

E. 4. Calculez $76549 - 36824 - 37433$. — **S.** $39725 - 37433$, c-à-d 2292.

E. 5. Comptez à rebours, de 5 en 5, de 49 à 24. — **S.** 49, 44, 39, ..., 24.

E. 6. Additionnez 93208, 4526, 387. — **S.** 98121.

E. 7. A 3627 ajoutez $426 - 378$. — **S.** $3627 + 426 - 378$, c-à-d 3675.

E. 8. Trouvez l'*excès* de 20000 sur 12345. — **S.** 7655 [d].

E. 9. Une bonbonne [e] pleine contient 12^l. Dites la capacité d'une autre, qui contient 5^l de moins. — **S.** $12^l - 5^l$, c-à-d 7^l.

E. 10. Pour faire un certain ouvrage, on a travaillé 2^h, puis 3^h, puis 5^h. Combien d'heures en tout ? — **S.** $2^h + 3^h + 5^h$, c-à-d 10^h.

E. 11. Un panier contenant 6^{Kg} de fromage et 4^{Kg} de beurre pèse 11^{Kg}. Que pèse-t-il vide ? — **S.** $11^{Kg} - 6^{Kg} - 4^{Kg}$, c-à-d 1^{Kg}.

E. 12. Les tours de Notre-Dame de Paris ont 66^m de haut.

(a) Ce procédé *naturel* a cet avantage, *théorique*, de se déduire immédiatement de la *définition* de la *multiplication*, et de faire voir très bien que la *multiplication* n'est qu'un *cas particulier* de l'*addition*.

(b) Pour montrer que ce serait impraticable, il suffirait de calculer de cette façon le produit de 548 par 32. — On ne doit jamais permettre que des élèves suivant, soit le *Cours supérieur*, soit même le *Cours moyen*, multiplient par ce procédé.

(c) Pour familiariser les élèves avec le signe $\times$, on le leur fera employer constamment. Il est bon, dans l'écriture, que ce *signe* soit *assez petit*.

(d) Cet exercice peut se résoudre de deux façons : ou bien, on ajoute à 3627 la *différence* effectuée des nombres 426 et 378 ; ou bien, on ajoute à 3627 le nombre 426, puis, de la *somme* trouvée, on retranche 378.

(e) Une *bonbonne* est une grosse bouteille, contenue d'ordinaire dans une enveloppe d'osier.

Dites la hauteur de la flèche des Invalides [a], qui a 39^m de plus. — S. $66^m + 39^m$, c-à-d 105^m.

p. 24

16. — La table de multiplication.

Question. Que faut-il savoir pour *multiplier* rapidement ? — **Réponse.** Pour *multiplier* rapidement, il faut savoir par cœur tous les *résultats* qu'on obtient en multipliant un nombre *d'un seul chiffre* par un nombre *d'un seul chiffre.*

Q. Où se trouvent ces résultats ? — **R.** Ces résultats sont contenus dans le *tableau* suivant qu'on nomme la **table de multiplication** [b].

1	2	3	4	5	6	7	8	9
2	4	6	8	10	12	14	16	18
3	6	9	12	15	18	21	24	27
4	8	12	16	20	24	28	32	36
5	10	15	20	25	30	35	40	45
6	12	18	24	30	36	42	48	54
7	14	21	28	35	42	49	56	63
8	16	24	32	40	48	56	64	72
9	18	27	36	45	54	63	72	81	[c]

[a] *Notre-Dame* est la cathédrale de Paris : c'est l'une des plus belles églises gothiques qui existent. La flèche des Invalides surmonte le dôme de l'église des Invalides.

[b] Tout ce que nous avons dit à propos de la *table d'addition* peut se répéter pour la *table de multiplication*. Le seul moyen de *multiplier* vite et bien, c'est de savoir cette table *par cœur, admirablement.* — La table de multiplication se nomme parfois *Livret.* On lui donne aussi le nom de table de *Pythagore,* parce que c'est à Pythagore, célèbre philosophe de l'antiquité, qu'on a coutume d'en attribuer l'invention.

[c] Sous la forme où nous la donnons ici, la table de multiplication est

Q. De quoi se compose la 1ʳᵉ ligne de cette *table ?* — **R.** La 1ʳᵉ ligne de cette table se compose des neuf premiers nombres. On forme la 2ᵉ ligne, en ajoutant à lui-même chaque nombre de la 1ʳᵉ. On forme la 3ᵉ ligne, en ajoutant à chaque nombre de la 2ᵉ le nombre correspondant de la 1ʳᵉ. On forme la 4ᵉ ligne, en ajoutant à chaque nombre de la 3ᵉ le nombre correspondant de la 1ʳᵉ. Et ainsi de suite.

Q. Que résulte-t-il de ce mode de formation ? — **R.** Il suit de là que chaque nombre, par exemple de la ligne commençant par 4, est égal à 4 fois le nombre correspondant de la 1ʳᵉ ligne [a].

Q. Comment se sert-on de cette *table ?* — **R.** Pour trouver, sur cette *table,* le *produit* de 7 multiplié par 4, par exemple, il suffit de prendre le nombre 28 placé à la rencontre de la *colonne* commençant par 7 avec la *ligne* commençant par 4.

Exercice 1. Multipliez 7 par 4. — **Solution.** 28.
E. 2. Multipliez 8 par 6. — **S.** 48.
E. 3. Calculez 9×7. — **S.** 63 [b].
E. 4. Combien de lettres dans 4 mots de 5 lettres ? —
 S. 4 fois 5, c-à-d 5×4 ou 20.
E. 5. Combien de chiffres dans 3 nombres de 8 chiffres ? —
 S. 3 fois 8, c-à-d 8×3, ou 24.
E. 6. Combien de prunes [c] dans 7 tas de 6 prunes ? —
 S. 7 fois plus, c-à-d 6×7, ou 42.

une table, à *double entrée.* — Si l'on y considère la *diagonale* qui part du coin supérieur de gauche, on voit immédiatément que deux nombres du tableau, placés *symétriquement* par rapport à cette diagonale, sont toujours égaux. Cela tient à ce que le *produit* de deux facteurs ne change pas quand on change l'ordre où on les multiplie.

[a] On peut remarquer que les nombres du tableau, qui se trouvent placés sur la *diagonale* considérée déjà, sont chacun le *produit* de deux facteurs égaux. Ces nombres sont ce qu'on appelle des *carrés parfaits.*

[b] Le *produit* qu'on obtient en multipliant un nombre par 7 se nomme parfois le *septuple* de ce nombre. — Les substantifs *sextuple, septuple, octuple, nonuple,* et les verbes correspondants *sextupler, septupler, octupler, nonupler* existent en français et figurent dans nos dictionnaires ; mais ils sont, pour ainsi dire, *inusités.*

[c] L'expression *fois plus* indique d'elle-même la *multiplication.* Cet ouvrier fait 8ᵐ *d'ouvrage en* 1ʰ ; *combien en fait-il en* 3ʰ ? Il en fait 3 *fois plus,* c-à-d $8^m \times 3$, c-à-d 24ᵐ. Toutes les questions qui conduisent à des *multiplications* donnent lieu à des raisonnements analogues.

E. 7. Quelle étendue couvrent 8 champs [a] de 7ª ? — **S.** 8 fois 7ª, c-à-d 7ª $\times$ 8, ou 56ª.

E. 8. Que valent ensemble 9 pièces [b] de 5ᶠ ? — **S.** 9 fois 5ᶠ, c-à-d 5ᶠ $\times$ 9, ou 45ᶠ.

E. 9. De 3 395 retranchez 148 — 75. — **S.** 3 395 — 148 + 75, c-à-d 3 322.

E. 10. Calculez 73 452 + 642 — 127. — **S.** 74 094 — 127, c-à-d 73 967.

E. 11. D'une corde de 32ᵐ, on a coupé 5ᵐ. Qu'en reste-t-il ? — **S.** 32ᵐ — 5ᵐ, c-à-d 27ᵐ.

E. 12. Que pèsent ensemble une caisse de 86ᴷᵍ et un ballot [c] de 57ᴷᵍ ? — **S.** 86ᴷᵍ + 57ᴷᵍ, c-à-d 143ᴷᵍ.

---

17. — Cas où le multiplicateur n'a qu'un chiffre [d].

Question. — Comment *multiplie*-t-on dans ce cas ? — **Réponse.** On écrit le multiplicateur *sous* le multiplicande, puis on *multiplie* par le *chiffre unique* du multiplicateur, et en commençant par la *droite* [e], tous les chiffres du multiplicande.

[a] Dans la pratique de la *multiplication*, le *multiplicande* est toujours un nombre *concret*; le *multiplicateur* un nombre *abstrait*; et le *produit* un nombre *concret* de même *nature* que le *multiplicande*. Tout cela résulte immédiatement de ce que la *multiplication* n'est qu'un cas particulier de l'*addition*.

[b] Pour les calculs *écrits*, il est inutile que la table de multiplication se prolonge au delà de 9 fois 9, car, en écrivant, on n'opère jamais que sur des nombres inférieurs à 10. Mais, pour les calculs *oraux*, à cause de l'importance du nombre 12 dans les transactions commerciales, il est bon d'étendre cette table jusqu'à 12 fois 12. — On peut remarquer que les produits de 11 par les neuf premiers nombres s'écrivent chacun à l'aide de deux *chiffres pareils* : 2 fois 11 font 22; 3 fois 11 font 33; e c.

[c] On nomme *balle*, *ballot*, tout paquet de marchandises, enveloppé dans une *toile* grossière, qu'on nomme toile d'*emballage*. Le *ballot* est, en général, moins considérable que la *balle*. — C'est des mots *balle*, *ballot* que viennent les mots *emballer*, *emballage*, *déballer*, *déballage*, de même que du mot *paquet* viennent *empaqueter* et *empaquetage*.

[d] Ce premier cas est le plus important de la *multiplication*, car c'est, pour ainsi dire, celui auquel tout se ramène.

[e] S'il n'y avait aucune *retenue*, il serait indifférent de commencer par la *droite* ou par la *gauche*. Mais, dès qu'il y en a, il devient nécessaire de commencer par la *droite*.

Q. Donnez un exemple. — **R**. Soit à multiplier 341 par 2. On dit : 2 fois 1 [a]... 2 : on écrit 2. Puis, 2 fois 4... 8 : on écrit 8. Puis, 2 fois 3... 6 : on écrit 6. Le produit est 682.

$$\begin{array}{r} 341 \\ 2 \\ \hline 682 \end{array}$$

Q. Dans quel cas y a-t-il des *retenues*? — **R**. Si, en multipliant un chiffre du multiplicande, on trouve un produit *supérieur* à 9, on n'écrit que ses unités, *retenant* ses dizaines pour les ajouter au produit suivant.

Q. Donnez un exemple. — **R**. Soit à multiplier 247 par 3. On dit : 3 fois 7... 21 : on écrit 1 et on retient 2. Puis, 3 fois 4... 12; 12 et 2 qu'on a retenus... 14 : on écrit 4 et on *retient* 1. Enfin, 3 fois 2... 6; 6 et 1 qu'on a retenu... 7 : on écrit 7. Le produit est 741.

$$\begin{array}{r} 247 \\ 3 \\ \hline 741 \end{array}$$

Q. Cette *règle* diffère-t-elle du *procédé naturel*? — **R**. Cette règle n'est au fond que le procédé naturel, car si l'on *addi-* p. 26 *tionnait*, dans le premier exemple 2 nombres égaux à 341, dans le second 3 nombres égaux à 247, on referait précisément les calculs qu'on vient d'effectuer [b].

Exercice 1. Multipliez 3475 par 9. — **Solution**. 31275.

E. 2. Multipliez 648 par 7. — **S**. 4536 [c].

E. 3. Multipliez 37 par 3. — **S**. 111.

E. 4. Que coûtent 3 volumes à 15^f? — **S**. 3 fois 15^f, c-à-d 15$^f \times$ 3, ou 45^f.

E. 5. Que pèsent 6 pains de sucre de 14^{Kg}? — **S**. 6 fois 14^{Kg}, c-à-d 14$^{Kg} \times$ 6, ou 84^{Kg}.

E. 6. Combien d'heures dans 9 journées de 13^h? — **S**. 9 fois 13^h, c-à-d 13$^h \times$ 9, ou 117^h.

[a] Comme on le voit, nous supprimons le mot *font*, qui reviendrait à chaque instant. C'est là une *abréviation* utile, et dans la *multiplication*, et dans l'*addition*.

[b] On peut même remarquer, dans cette *multiplication* et dans cette *addition*, que les *retenues* sont exactement les mêmes.

[c] Lorsque, dans de pareilles *multiplications*, le multiplicateur n'est pas trop compliqué, le *produit* peut se calculer *de tête*. La manière la plus simple de le calculer ainsi, c'est de commencer la multiplication par les *plus hautes* unités du *multiplicande*. Reprenons la multiplication ci-dessus de 648 par 7. Pour l'effectuer *de tête*, on dira 7 fois 600... 4200; puis 7 fois 40... 280 qui, ajoutés aux 4200 déjà trouvés, donnent 4480; enfin, 7 fois 8... 56 qui, ajoutés à 4480, donnent 4536.

E. 7. Combien de serviettes dans 8 douzaines [a] ? — **S.** 8 fois 12, c-à-d 12×8, ou 96.

E. 8. A 6 928 ajoutez 543 — 427. — **S.** $6 928 + 543 - 427$, c-à-d 7 044.

E. 9. Calculez $10 000 - 345 - 678$. — **S.** 8 977.

E. 10. On a versé dans un tonneau vide 49ˡ, puis 127ˡ de vinaigre. On en a tiré 86ˡ. Qu'y reste-t-il ? — **S.** 49ˡ $+ 127ˡ - 86ˡ$, c-à-d 90ˡ.

E. 11. Comptez, de 6 en 6, de 12 à 48. — **S.** 12, 18, 24, ..., 48 [b].

E. 12. Une bibliothèque [c] possède 3 425 volumes reliés et 648 brochés. Combien en tout ? — **S.** $3 425 + 648$, c-à-d 4 073.

---

18. — Cas où le multiplicateur n'a qu'un chiffre significatif suivi de zéros.

Question. Dans ce cas, comment *multiplie*-t-on ? — **Réponse.** Lorsque le multiplicateur se compose du *chiffre* 1 suivi d'un ou plusieurs *zéros*, on écrit simplement tous ces *zéros* à la *droite* du multiplicande.

Q. Enoncez autrement cette *règle* ? — **R.** En d'autres termes, pour multiplier un nombre par 10, 100, 1 000, ..., il suffit d'écrire *un, deux, trois*, ..., *zéros* à la *droite* du multiplicande [d].

Q. Démontrez cette *règle*. — **R.** Pour démontrer cette règle, supposons qu'on ait à multiplier 36 par 100. En écrivant

[a] Une *douzaine* est une collection de *douze* objets. Dans le commerce, la *douzaine* s'emploie constamment. Les serviettes, les torchons, les couteaux, les œufs, etc., se vendent à la *douzaine*. — Dans le commerce, certaines choses aussi se vendent au *cent* : un *cent* d'œufs, de noix, de châtaignes. Le *quart* d'un *cent* s'appelle alors un *quarteron*.

[b] Cette suite 12, 18, 24,... 48 est encore une *progression arithmétique*.

[c] Le mot *bibliothèque* désigne tantôt une collection de livres, tantôt le meuble, la salle ou l'édifice qui la contient.

[d] *Décupler* un nombre, c'est le rendre 10 fois *plus grand*, c'est le *multiplier* par 10. Le *décuple* d'un nombre, c'est le *produit* qu'on obtient en multipliant ce nombre par 10. — *Centupler* un nombre, c'est le rendre 100 fois *plus grand*, c'est le *multiplier* par 100. Le *centuple* d'un nombre, c'est le *produit* qu'on obtient en multipliant ce nombre par 100.

deux 0 à la droite de 36, on trouve 3600. Or, 36 se composait de deux parties : 3 dizaines et 6 unités. La première de ces parties est devenue 3 mille ; la seconde est devenue 6 centaines. Ces deux parties sont devenues chacune 100 fois plus grandes. Le nombre lui-même est donc devenu 100 fois plus grand [a].

Q. Comment *multiplie*-t-on quand le multiplicateur ne commence pas par 1 ? — **R.** Lorsque le multiplicateur se compose d'*un chiffre significatif* autre que 1, suivi d'un ou plusieurs *zéros*, on multiplie par ce *chiffre significatif*, puis on écrit, à la *droite* du produit obtenu, autant de *zéros* qu'il y en a au multiplicateur. p. 27

Q. Donnez un exemple. — **R.** Soit à multiplier 5928 par 700. Le produit cherché est la somme de 700 nombres égaux à 5928. Supposons ces 700 nombres écrits les uns sous les autres. La longue colonne qu'ils forment peut être partagée en 100 tronçons contenant chacun 7 de ces nombres [b]. L'un de ces tronçons vaudra 5928×7 ; les 100 tronçons ensemble vaudront cent fois plus. Ainsi, on multipliera 5928 par 7, puis le produit obtenu par 100, en écrivant deux 0 à sa droite.

Exercice 1. Multipliez 7346 par 100. — **Solution.** 734600.

E. 2. Multipliez 4927 par 80. — **S.** 394160.

E. 3. Multipliez 6459 par 7000. — **S.** 45213000.

E. 4. La semaine a 7 jours. Combien de jours en 50 semaines ? — **S.** 50 fois 7, c-à-d 7×50 [c], ou 350.

E. 5. Une vigne [d] couvre 27ᵃ. Dites l'étendue d'une autre qui est 10 fois plus grande [e]. — **S.** $27ᵃ \times 10$, c-à-d 270ᵃ.

---

[a] Ce raisonnement s'appuie sur ce principe évident : *quand on rend un certain nombre de fois plus grandes toutes les parties d'une somme, on rend cette somme le même nombre de fois plus grande.*

[b] Il est bien évident, d'ailleurs, que l'on peut remplacer une *très longue addition* par un certain nombre d'*additions partielles.*

[c] Ne laissez pas dire qu'on multiplie par 50 *semaines ;* d'après la définition de la multiplication, le *multiplicateur* est toujours un nombre *abstrait.*

[d] La *vigne* est une plante sarmenteuse, une sorte de liane, qui se cultive dans la plupart des pays tempérés. C'est son fruit, le *raisin,* qui nous donne le *vin.* Par malheur, la vigne a beaucoup d'ennemis : entre autres l'*oïdium,* le *mildew,* le *phylloxera.*

[e] On dit qu'un nombre est dix fois *plus grand* qu'un autre, lorsqu'il est égal au *produit* qu'on obtient en multipliant cet autre par 10. Rendre un nombre 2, 3, 4... fois *plus grand,* c'est, comme on l'a déjà dit,

E. 6. Que coûtent 200 pièces de vin à 98^f la pièce ? — **S.** 200 fois 98^f, c-à-d 98$^f \times$ 200, ou 19 600^f.

E. 7. Un piéton fait 9 137^m par jour. Combien en 20^j ? — **S.** 20 fois plus, c-à-d 9 137$^m \times$ 20, ou 182 740^m.

E. 8. Additionnez 57 941, 46 839, 35 728. — **S.** 140 508[a].

E. 9. Retranchez 64 987 de 71 234. — **S.** 6 247.

E. 10. Comptez à rebours, de 6 en 6, de 70 à 10. — **S.** 70, 64, 58, ..., 10.

E. 11. Sur 2 345^{Kg} de vivres, on a consommé 798^{Kg}. Que reste-t-il ? — **S.** 2 345^{Kg} — 798^{Kg}, c-à-d 1 547^{Kg}.

E. 12. Le jour a 24^h. Combien d'heures en une semaine ? — **S.** 7 fois 24, c-à-d 24 $\times$ 7, ou 168 [b].

---

19. — Cas où le multiplicateur a plusieurs chiffres.

Question. Dans ce cas, comment fait-on la *multiplication* ? — **Réponse.** Quand le *multiplicateur* a plusieurs chiffres, on multiplie le multiplicande successivement par *tous* les chiffres du multiplicateur [c] ; — on place les *produits partiels* ainsi obtenus les uns sous les

multiplier ce nombre par 2, 3, 4... — Il ne faut pas dire rendre un nombre 1 *fois plus grand*, car rendre un nombre 1 *fois plus grand*, ce serait le multiplier par 1, ce qui ne le *changerait pas*. — Il faut dire non pas rendre un nombre 2, 3 4... fois *aussi grand*, mais bien rendre un nombre 2, 3, 4... *fois plus grand* : toutes les fois qu'on multiplie par un nombre *plus grand* que 1, on obtient un produit *plus grand* que le multiplicande.

(a) Il faudra que cette *addition* soit parfaitement disposée. — En général, on veillera à ce que les élèves donnent à tous leurs *calculs écrits* l'aspect de *tableaux* bien *réguliers*. C'est ainsi qu'on arrivera peu à peu à leur faire bien disposer un compte, une facture, etc., etc. — De cette manière, on leur donnera des *habitudes d'ordre* qui leur profiteront toute leur vie.

(b) Cette solution s'appuie sur ce fait, déjà vu, que la *semaine* se compose de 7 *jours*.

(c) Dans la pratique, on prend les chiffres du *multiplicateur* l'un après l'autre, en commençant par la *droite;* mais il n'y a dans cette habitude qu'un avantage de régularité. On pourrait prendre ces chiffres du multiplicateur dans un ordre quelconque. La seule règle qu'il faille toujours parfaitement observer, c'est de placer le chiffre des *unités simples* de chaque *produit partiel* juste au-dessous du *chiffre* du *multiplicateur* qui a fourni ce produit.

autres, en commençant à écrire chacun d'eux sous le chiffre correspondant du multiplicateur; — enfin, on ajoute tous ces produits partiels.

Q. Donnez un exemple. — **R.** Soit à multiplier 3467 par 285. Multipliant 3467 par 5, on trouve 17335 qu'on commence à écrire sous le 5 du multiplicateur. Multipliant 3467 par 8, on trouve 27736, qu'on commence à écrire sous le 8. Multipliant par 2, on trouve 6934, qu'on commence à écrire sous le 2. On additionne. Le produit est 988095 [a].

$$
\begin{array}{r}
3467 \text{ p. 28} \\
285 \\
\hline
17335 \\
27736 \\
6934 \\
\hline
988095
\end{array}
$$

Q. Ce nombre est-il bien le *produit* cherché? — **R.** Ce nombre est bien le produit cherché. Il n'est autre chose, en effet, que le total de l'addition ci-contre. Or, 17335 vaut 5 fois le multiplicande; 277360 le vaut 80 fois; et 693400 le vaut 200 fois. Le total vaut donc 285 fois le multiplicande.

$$
\begin{array}{r}
17335 \\
277360 \\
693400
\end{array}
$$

Exercice 1. Multipliez 74549 par 683. — **Solution.** 50916967.

E. 2. Multipliez 99765 par 787. — **S.** 78515055.

E. 3. Multipliez 729 par 729. — **S.** 531441.

E. 4. Que coûtent 27 paletots [b] de 36^f? — **S.** 27 fois 36^f, c-à-d 36$^f \times 27$, ou 972^f [c].

E. 5. Que coûtent 19^l de liqueur [d] à 4^f le litre? — **S.** 19 fois 4^f, c-à-d 4$^f \times 19$, ou 76^f.

E. 6. Calculez 100000 — 98741. — **S.** 1259.

E. 7. Calculez 349 $\times$ 4 + 375. — **S.** 1396 + 375 [e].

[a] Dans cet exemple, le *multiplicande* a 4 chiffres, le *multiplicateur* en a 3, le *produit* en a 6. — En général, le nombre des chiffres du produit est égal au nombre des chiffres du *multiplicande* plus le nombre des chiffres du *multiplicateur*, ou bien, comme dans notre exemple, à cette somme diminuée de 1.

[b] Il existe, dans la plupart des villes, des magasins de vêtements *confectionnés*, où l'on trouve, tout faits, pantalons, gilets, vestons, blouses, paletots, pardessus, redingotes, etc., etc. — Les prix de ces différents objets qui figurent dans nos exercices sont des prix exacts, copiés sur les prospectus de diverses *maisons de confection*.

[c] Ne laissez pas dire qu'on multiplie par 27 *paletots*. On ne saurait trop le répéter : dans toute multiplication, le *multiplicateur* est toujours un *nombre abstrait*.

[d] La plupart des liqueurs sont *alcooliques*, c-à-d contiennent une très grande quantité d'*alcool*. Il faut donc absolument en éviter l'abus.

[e] Faites-le bien remarquer, cette expression signifie qu'il faut multiplier 349 par 4, puis, au produit obtenu, ajouter 375. — Si l'on avait

E. 8. De 1 000, retranchez 302 — 123. — **S.** 1 000 — 302 + 123, c-à-d 821 [a].

E. 9. Comptez, de 7 en 7 [b], de 8 à 64. — **S.** 8, 15, 22, ..., 64.

E. 10. *Deux* bataillons [c] ont pour effectifs 917 hommes et 898 hommes. Combien d'hommes en tout ? — **S.** 1 815.

E. 11. On achète 8 prés de 27ᵃ et un de 59ᵃ. Combien d'ares ? — **S.** 27ᵃ × 8 + 59ᵃ, c-à-d 216ᵃ + 59ᵃ, ou 275ᵃ.

E. 12. J'ai brûlé pendant l'hiver [d] pour 95ᶠ de houille, pour 63ᶠ de coke [e] et pour 56ᶠ de bois. Faites le total. — **S.** 95ᶠ + 63ᶠ + 56ᶠ, c-à-d 214ᶠ.

---

20. — Des zéros dans la multiplication.

Question. Que fait-on quand le multiplicateur a des *zéros* intermédiaires ? — **Réponse.** Quand le multiplicateur a des *zéros intermédiaires*, on ne s'en occupe pas ; mais on a grand soin de *placer* convenablement les *produits partiels*.

eû, au contraire, l'expression 349 × (4 + 375), cette nouvelle expression eût indiqué la multiplication de 349 par la somme, supposée effectuée, des nombres 4 et 375.

(a) Cet exercice peut se résoudre de deux façons : ou bien, en retranchant de 1 000 la différence effectuée de 302 et 123 ; ou bien, en retranchant 302 de 1 000, puis ajoutant 123 à la différence obtenue.

(b) Si, à partir du *quantième* d'un certain jour du mois, on compte de 7 en 7, on obtient les *quantièmes* des autres jours du mois qui portent le même nom. C'est aujourd'hui le *vendredi 4 mai* ; en comptant de 7 en 7, on trouve les nombres 11, 18, 25 : ce sont les *quantièmes* des autres *vendredis* du mois. — Dans un mois quelconque, le 8, le 15, le 22 et le 29 portent le même nom que le 1ᵉʳ : si le 1ᵉʳ est un *dimanche*, le 8, le 15, le 22 et le 29 sont aussi des *dimanches*.

(c) On nomme *compagnie* une troupe de soldats. Plusieurs *compagnies* forment un *bataillon* ; plusieurs *bataillons*, un *régiment*. — On appelle *effectif* d'un régiment ou d'un bataillon le nombre réel des hommes disponibles, c-à-d des hommes présents et bien portants.

(d) L'*hiver* est la saison la plus froide de l'année ; elle commence le 21 décembre et finit le 20 mars.

(e) La *houille* ou *charbon de terre* est un combustible qu'on trouve dans le sol, par grandes masses, et à des profondeurs variables. — Le *coke* est un autre combustible, très léger, qu'on obtient en calcinant la houille en vases clos. On le fabrique surtout dans les usines à gaz.

Q. Donnez un exemple. — **R.** Soit à multiplier 2387 par 504. On multiplie 2387 par 4, en commençant à écrire le produit 9548 sous le 4 du multiplicateur. On multiplie ensuite par 5, en commençant à écrire le produit 11935 sous le 5. Enfin, on additionne [a] et l'on trouve 1203048.

$$\begin{array}{r} 2387 \\ 504 \\ \hline 9548 \\ 11935 \\ \hline 1203048 \end{array}$$

Q. Que fait-on quand les facteurs finissent par des *zéros* ? — **R.** Quand les *facteurs* finissent par des 0, on multiplie p. 29 d'abord sans s'occuper de ces 0; ensuite on écrit, à la *droite* du produit obtenu, autant de zéros qu'il y en a à la fin des deux facteurs [b].

Q. Donnez un exemple. — **R.** Soit à multiplier 247000 par 3400. On multiplie 247 par 34, ce qui donne 8398; et on écrit 5 zéros à la droite de ce résultat. On trouve ainsi 839800000.

$$\begin{array}{r} 247000 \\ 3400 \\ \hline 988 \\ 741 \\ \hline 839800000 \end{array}$$

Q. Le nombre trouvé ainsi est-il le *produit* cherché? — **R.** Ce nombre est bien le produit cherché. En effet, pour multiplier 247000 par 3400, il suffit de multiplier par 34, puis d'écrire 2 zéros à la droite du résultat. Or, 34 fois 247 unités donnant 8398 unités, 34 fois 247 mille donneront 8398 mille, c-à-d. 8398000. Ecrivant deux 0 à la droite de ce nombre, on trouve bien 839800000.

Exercice 1. Multipliez 1001 par 101. — **Solution.** 101101 [c].

E. 2. Multipliez 67458 par 30104. — **S.** 2030755632.

E. 3. Multipliez 96407 par 90408. — **S.** 8715964056.

E. 4. Multipliez 141328 par 90700. — **S.** 12818449600.

[a] D'après la présente *règle*, on n'a pas à s'occuper des *zéros intermédiaires* : quand on en rencontre, on les passe; seulement on doit placer très exactement chaque *produit partiel* sous le *chiffre correspondant* du *multiplicateur*, c-à-d sous le chiffre du multiplicateur qui l'a fourni. — Toutes les fois qu'ils multiplient par un multiplicateur de plusieurs chiffres, et lors même que ce multiplicateur ne contiendrait aucun zéro, les élèves doivent s'appliquer à placer très bien tous les *produits partiels*.

[b] Cette règle nous montre que, quand l'un des facteurs finit par un ou plusieurs *zéros*, il y a toujours, à la fin du *produit*, un nombre de *zéros* au moins *égal*.

[c] On peut remarquer, sur cet exemple, que, quand le *multiplicateur* ne contient pas d'autre chiffre significatif que l'unité, la pratique de la multiplication se réduit à l'addition.

E. 5. Calculez 457 × 968 — 3159. — **S.** 442 376 — 3159, c-à-d 439 217.

E. 6. Multipliez 999 999 par 8 888. — **S.** 8 887 991 112 [a].

E. 7. Calculez 3 764 × 8 275 — 3 824. — **S.** 31 147 100 — 3 824, c-à-d 31 143 276.

E. 8. Comptez à rebours, de 7 en 7, de 80 à 10. — **S.** 80, 73, 66, ..., 10.

E. 9. Combien de *chiffres* [b] pour écrire tous les nombres inférieurs à 100 ? — **S.** Pour écrire les 9 premiers nombres, il faut 9 chiffres. Pour écrire les 90 nombres suivants, il faut 90 fois 2 chiffres, c-à-d 180 chiffres. Pour écrire tous les nombres inférieurs à 100, il faut donc 9 + 180, c-à-d 189 chiffres.

E. 10. Une troupe doit parcourir 157 800^m. Elle a fait déjà 3 étapes [c] de 25 200^m. Quel chemin lui reste-t-il à faire ? — **S.** 157 800^m — 25 200^m × 3, c-à d 157 800^m — 75 600^m, ou 82 200^m.

E. 11. Un sac contient 79^{Kg} de farine [d]; on en tire 13^{Kg}, puis 20^{Kg}. Qu'y reste-t-il ? — **S.** 79^{Kg} — 13^{Kg} — 20^{Kg}, c-à-d 46^{Kg}.

E. 12. Je suis parti à *midi* [e], pour faire un voyage de 11^h. Il est 4^h. Dans combien d'heures arriverai-je ? — **S.** J'ai déjà marché pendant 4^h. J'arriverai donc dans 11^h — 4^h, c-à-d dans 7^h.

---

[a] Lorsque, comme dans le présent exercice, les chiffres significatifs du *multiplicateur* sont tous égaux entre eux, les différents produits partiels ont tous la même *valeur absolue* : il suffit de calculer le premier.

[b] Dans cette question, on n'établit aucune distinction entre le *zéro* et les *chiffres significatifs* ; il faut compter tous les chiffres, sans exception.

[c] Dire que la troupe a fait déjà trois étapes de 25 200^m, c'est dire qu'elle a déjà parcouru trois *distances*, trois *longueurs* chacune de 25 200^m.

[d] Le mot *farine* s'applique à toutes les poudres qu'on obtient par la *mouture* des céréales ; on dit ainsi *farine de seigle*, *farine d'orge*; mais, quand on dit simplement *farine*, il s'agit seulement de la *farine du blé*. La *mouture* s'opère d'ordinaire à l'aide de *meules* en pierre; parfois, et c'est un procédé récent, à l'aide de *cylindres* d'acier. Les établissements où s'opère la *mouture* se nomment, suivant leur importance, *moulins* ou *minoteries*, et leurs propriétaires *meuniers* ou *minotiers*.

[e] *Midi* signifie le milieu du jour, comme *minuit* signifie le milieu de la nuit. A chacun de ces instants, les horloges marquent 12^h.

21. — Principes et preuve.

Question. Comment multiplie-t-on une *somme*? — **Réponse.** *Pour multiplier une somme par un nombre, il suffit de multiplier toutes les parties de cette somme par ce nombre, puis d'ajouter les produits obtenus* [a].

Q. Donnez un exemple. — **R.** Ainsi, pour *multiplier* 5 + 2 + 3 par 4, il suffit de multiplier 5 par 4; 2 par 4; 3 par 4; puis d'*ajouter* les trois produits obtenus [b].

Q. Comment multiplie-t-on par une *somme*? — **R.** *Pour* p. 30 *multiplier un nombre par une somme, il suffit de le multiplier successivement par toutes les parties de cette somme, puis d'ajouter les produits obtenus.*

Q. Donnez un exemple. — **R.** Ainsi, pour multiplier 48 par 2 + 3 + 4, il suffit de multiplier 48 par 2; 48 par 3; 48 par 4; puis d'ajouter les trois produits obtenus [c].

Q. Que savez-vous sur le *produit de deux facteurs*? — **R.** *Le produit de deux facteurs ne change pas quand on change l'ordre où on les multiplie.*

Q. Donnez un exemple. — **R.** 3×4 et 4×3 donnent le *même produit.*

Q. Démontrez-le. — **R.** Considérons, en effet, le tableau ci-contre. Il nous présente 3 lignes allant de gauche à droite; chacune de ces lignes contient 4 points : les 3 lignes ensemble en contiennent 3 fois plus, c-à-d 4×3. Ce même tableau nous présente 4 colonnes allant de haut en bas; chacune de ces colonnes contient 3 points : les 4 colonnes ensemble en contiennent 4 fois plus, c-à-d 3×4. On trouve donc, pour le nombre des points du tableau, tantôt 4×3, tantôt 3×4.

[a] On pourrait dire aussi : pour rendre 2, 3, 4,... fois *plus grande* la somme de plusieurs nombres, il suffit de rendre chacun de ces nombres 2, 3, 4,..., fois *plus grand.*

[b] Cela revient à dire que, si l'on considère l'expression $(5 + 2 + 3) \times 4$ et l'expression $5 \times 4 + 2 \times 4 + 3 \times 4$, en effectuant les calculs indiqués dans ces deux expressions, on trouve des résultats *égaux.*

[c] Cela revient encore à dire que les deux expressions $48 \times (2 + 3 + 4)$ et $48 \times 2 + 48 \times 3 + 48 \times 4$ conduisent, tous calculs effectués, à des résultats *égaux.*

Comme ce nombre de points est toujours le même, ces deux
produits sont égaux.

Q. Quel nombre prend-on pour *multiplicateur?* — **R.** Dans
la *multiplication* de deux nombres, on peut prendre
celui qu'on veut pour *multiplicateur*. On prend d'ordinaire *le plus petit* [a].

Q. Comment fait-on la *preuve* de la multiplication? —
R. Pour faire la *preuve de la multiplication*, on recommence cette opération, en changeant l'*ordre* des facteurs : on doit retrouver le même *produit*.

Exercice 1. Multipliez 23 + 54 par 17. — **Solution.**
23 × 17 + 54 × 17, c-à-d 1309.

E. 2. Multipliez 540 par 45 + 76. — **S.** 540 × 45
+ 540 × 76, c-à-d 65340.

E. 3. Multipliez 3947 par 6718 et faites la *preuve* [b]. —
S. 26515945. En multipliant 6718 par 3947, on
retrouve le même produit.

E. 4. Calculez 134206 — 98097 + 36666. — **S.** 36109
+ 36666, c-à-d 72775.

E. 5. Calculez 372 + 62 × 34. — **S.** 372 + 2108, c-à-d
2480 [c].

E. 6. Additionnez 63925 et 52936. — **S.** 116861.

E. 7. Calculez 111 × 111 + 324. — **S.** 12321 + 324,
c-à-d 12645.

E. 8. Comptez, de 8 en 8, de 9 à 81. — **S.** 9, 17, 25,
..., 81.

E. 9. On a 823 pommes, 437 poires et 249 coings. Combien de fruits? — **S.** 823 + 437 + 249, c-à-d 1509.

[a] En opérant ainsi, on abrège un peu le calcul. Il y a des cas, toutefois,
où il est plus avantageux de prendre le *grand* nombre pour *multiplicateur* : c'est lorsque ce grand nombre présente soit plusieurs *zéros* comme
200030, soit plusieurs chiffres pareils comme 33323. — Lorsque, dans le
cours d'une multiplication, on trouve au multiplicateur un chiffre qu'on
y a *déjà* trouvé, on ne multiplie pas par ce chiffre : on écrit simplement,
à la place qui lui convient, le produit partiel déjà calculé.

[b] La *preuve* de la multiplication que nous venons d'indiquer a les
avantages et les inconvénients communs à toutes les preuves. Si elle
échoue, il est *certain* qu'il y a *erreur*, soit dans la multiplication, soit
dans la preuve, soit dans l'une et l'autre de ces opérations.

[c] Comparez devant les élèves les deux expressions 372 + 62 × 34
et (372 + 62) × 34, dites-leur-en les significations respectives et faites-
leur-en calculer les valeurs.

E. 10. On achète 24 terrains de 48ᵃ et on en revend 256ᵃ. Quelle étendue garde-t-on ? — **S.** 48ᵃ × 24 — 256ᵃ, c-à-d 1152ᵃ — 256ᵃ, ou 896ᵃ.

E. 11. Quelle somme dans 27 sacs contenant chacun 1258ᶠ. — **S**[a]. 27 fois 1258ᶠ, c-à-d 1258ᶠ × 27, ou 33966ᶠ.

E. 12. Un cheval[b] a parcouru 4520ᵐ, puis 7349ᵐ. En revenant par le même chemin, il a déjà fait 6783ᵐ. A quelle distance est-il de son point de départ ? — **S**[c]. A 4520ᵐ + 7349ᵐ — 6783ᵐ, c-à-d à 5086ᵐ.

p. 31

CHAPITRE VI

LA DIVISION

—

22. — Définition et usage.

Question. Qu'est-ce que *diviser* ? — **Réponse. Diviser** un nombre par un autre, c'est chercher combien le *premier* de ces nombres *contient* de fois le *second*[d].

Q. Donnez un exemple. — **R.** *Diviser* 37 par 8, c'est chercher combien 37 contient de fois 8.

Q. Quel est le *signe* de la division ? — **R.** Le *signe* de la *division* est : qui s'énonce **divisé par**[e].

---

[a] Si l'on peut, dans le *calcul*, changer l'ordre des facteurs d'un produit, on ne le peut pas dans le *raisonnement*. Nous disons 27 fois 1258ᶠ, c-à-d 1258 × 27. Ce serait une *très grosse faute* de dire 1258 fois 27 et d'écrire 27 × 1258.

[b] Il existe plusieurs races de chevaux : les chevaux arabes, les chevaux anglais, normands, percherons, etc., etc. Les uns sont propres à la *remonte* de la cavalerie, les autres ne sont que des *bêtes de trait*. Un cheval est *à deux fins*, quand il peut être, à volonté, *monté* ou *attelé*.

[c] Il faudra, en finissant ce chapitre relatif à la *multiplication*, jeter sur lui un coup d'œil d'ensemble, comme on l'a déjà fait pour les deux chapitres précédents.

[d] Cette définition de la division n'est point la seule ; mais c'est la plus simple. Voilà pourquoi nous la donnons en *commençant*.

[e] Ce *signe* de la division s'emploie très peu ; comme nous le verrons plus tard, on lui substitue, presque toujours, le signe des *rapports*.

Q. Donnez un exemple. — **R.** 43 : 9 s'énonce 43 *divisé par 9*.

Q. Qu'appelle-t-on *dividende* et *diviseur* ? — **R.** Le nombre qu'on divise est le **dividende**; celui par lequel on divise est le **diviseur**.

Q. Donnez un exemple. — **R.** Dans la division de 43 par 9, le nombre 43 est le *dividende*; le nombre 9 est le *diviseur*.

Q. Comment se nomme le *résultat* de la division ? — **R.** Le *résultat* de la *division* se nomme **quotient** [a].

Q. A quoi sert la *division* ? — **R.** La *division* sert à résoudre les *problèmes* analogues à celui-ci : « *Des chaises coûtent* 4^f; *j'ai* 21^f; *combien puis-je en acheter* ? »

Q. Résolvez ce problème. — **R.** Une chaise coûte 4^f; avec 21^f, je puis acheter autant de chaises qu'il y a de fois 4 dans 21. Je dois donc chercher combien il y a de fois 4 dans 21, c-à-d diviser 21 par 4.

Q. La *division* sert-elle à résoudre d'autres problèmes ? — **R.** La *division* sert aussi à résoudre les *problèmes* analogues à celui-ci : « *Un employé gagne* 1740^f *en un an, c-à-d en* 12 *mois; combien gagne-t-il par mois* ? »

Q. Résolvez ce problème. — **R.** Si cet employé gagnait 12^f par an, il gagnerait 1^f par mois; il gagnera donc par mois autant de fois 1^f qu'il y a de fois 12 dans 1740. Je dois donc chercher combien il y a de fois 12 dans 1740, c-à-d diviser 1740 par 12 [b].

Q. Que faut-il faire pour rendre un nombre 2, 3, 4, ... fois p. 32 *plus petit* ? — **R.** Il suffit de *diviser* un nombre par 2, 3, 4, 5, ..., pour rendre ce nombre 2, 3, 4, 5, ..., fois *plus petit*, c-à-d pour en obtenir la *moitié*, le *tiers*, le *quart*, le *cinquième*, ... [c].

[a] Les élèves doivent retenir très bien ce mot *quotient*. On ne leur permettra jamais d'en employer aucun autre pour désigner le *résultat* d'aucune *division*.

[b] Les *problèmes* conduisant à la division sont de deux sortes : les uns, comme le problème des *chaises*, se ramènent directement à la *définition* de la *division*; les autres, comme celui de l'employé, s'y ramènent par la voie détournée que nous venons de prendre.

[c] On peut dire aussi, en parlant, non plus des nombres, mais des

Exercice 1. Ecrivez en toutes lettres 375 : 18. — **Solution.** Trois cent soixante-quinze *divisé par* dix-huit.

E. 2. Ecrivez en chiffres *un million* divisé par *sept*. — **S.** 1 000 000 : 7.

E. 3. Dans 138 : 56, quel est le *dividende* [a] ? — **S.** 138.

E. 4. Dans 941 : 23, quel est le *diviseur* [b] ? — **S.** 23.

E. 5. Calculez 3 624 + 56 948 — 885. — **S.** 60 572 — 885, c-à-d 59 687.

E. 6. Calculez 7 777 — 83 × 52. — **S.** 7 777 — 4 316, c-à-d 3 461.

E. 7. Calculez 9 427 — 3 349 — 4 536. — **S.** 6 078 — 4 536, c-à-d 1 542.

E. 8. Comptez à rebours, de 8 en 8, de 100 à 12. — **S.** 100, 92, 84, ..., 12.

E. 9. *Trois* gros poissons [c] pèsent ensemble 9^{Kg}. Le 1er pèse 2^{Kg}, le 2e pèse 3^{Kg}. Que pèse le 3e ? — **S.** 9^{Kg} — 2^{Kg} — 3^{Kg}, c-à-d 4^{Kg}.

E. 10. Il y a 365^j dans l'année ; 287 sont écoulés : combien de jours encore pour qu'elle soit finie ? — **S.** 365 — 287, c-à-d 78 [d].

E. 11. Combien de vin sur 9 voitures portant chacune 4 barriques de 226^l ? — **S.** Sur chaque voiture, il y a $226^l × 4$, c-à-d 904^l. Sur les 9 voitures, il y a $904^l × 9$, c-à-d $8 136^l$.

E. 12. Un marchand avait 235^f en caisse [e]. Il donne 87^f

quantités *concrètes* : Quand une *quantité* est partagée en 2 *parties égales*, chacune de ces parties est une *moitié* ; quand une quantité est partagée en 3 *parties égales*, chacune de ces parties est un *tiers* ; et ainsi de suite.

[a] Pour que les élèves se rappellent très bien les mots *dividende*, *diviseur*, on leur fera, très souvent, des questions analogues à celles qui font l'objet des exercices 3 et 4.

[b] Dans les *divisions* qui se rencontrent dans la pratique, le *dividende* est toujours *concret* ; le *diviseur*, tantôt *concret*, tantôt *abstrait*. Pour ce qui est du *quotient*, il n'est jamais de même espèce que le *diviseur* : si le *diviseur* est concret, le *quotient* est *abstrait* ; et réciproquement.

[c] Certains poissons, même parmi ceux qu'on mange, atteignent parfois des poids bien plus considérables : tels sont les truites, les saumons, les esturgeons, les thons, etc., etc.

[d] Nous verrons plus tard qu'il y a deux sortes d'*années* : des années qui ont 365^j et qu'on appelle *années communes* ; des années, moins fréquentes, qui en ont 366, et qu'on nomme *années bissextiles*.

[e] La *caisse* d'un commerçant ou d'un banquier est l'endroit où il serre son numéraire et ses billets de banque. L'employé, chargé de tenir la caisse, se nomme *caissier*.

et en reçoit 106. Combien a-t-il ? — S. 235^f — 87^f + 106^f, c-à-d 254^f.

---

23. — Procédé naturel; reste.

Question. Quel est le *procédé naturel* pour diviser ? — **Réponse.** Le procédé naturel pour *diviser*, c'est de *retrancher*, autant de fois que possible, le diviseur du dividende.

Q. Donnez un exemple. — **R**. Soit à diviser 125 par 37. Retranchons 37 de 125 : il reste 88. Retranchons 37 de 88 : il reste 51. Retranchons 37 de 51 : il reste 14. On peut retrancher 3 fois, au plus, le diviseur 37. Le quotient est 3. — Ce procédé est, en général, trop long [a].

Q. Qu'appelle-t-on *reste* de la division ? — **R**. On appelle **reste** de la *division* le nombre qui reste après qu'on a *retranché*, autant de fois que possible, le diviseur du dividende [b].

Q. Donnez un exemple. — **R**. Dans l'exemple ci-dessus, le reste est 14.

Q. Que savez-vous sur la grandeur du *reste*? — **R**. En toute division, le *reste* est *moindre* que le *diviseur*.

Q. Démontrez-le. — **R**. Si, en effet, il lui était seulement égal, on en pourrait retrancher encore le diviseur.

Q. Que faut-il savoir pour *diviser* rapidement ? — **R**. Pour p. 33 *diviser* rapidement, il faut savoir trouver le *quotient* toutes les fois que le diviseur n'a qu'un chiffre et que le dividende ne contient pas 10 fois le diviseur.

Q. Comment trouve-t-on ce *quotient*? — **R**. Alors le

---

[a] Pour le bien montrer aux élèves, il suffirait de leur faire chercher de cette manière un quotient un peu grand, celui, par exemple, de 187 par 9. — D'ailleurs, l'indication du *procédé naturel* a pour nous un double avantage : elle rend tout à fait claire notre *définition* de la division, et elle montre que toute division revient à une suite de *soustractions*.

[b] Pour définir le *reste* de la division, nous nous appuyons sur le *procédé naturel*. C'est la manière la plus élémentaire de faire comprendre ce que c'est que ce *reste*.

quotient n'a qu'*un chiffre* : on le trouve à l'aide de la *table de multiplication.*

Q. Donnez un exemple. — **R.** Soit à diviser 36 par 8. On sait que 4 fois 8 font 32 et que 5 fois 8 font 40. Donc 36 contient 4 fois 8, mais ne le contient pas 5 fois : le quotient est 4.

Q. Dans quel cas le *quotient* n'a-t-il qu'un chiffre ? — **R.** Le *quotient* n'a qu'*un* chiffre, lorsque le dividende est *moindre* que 10 fois le diviseur. Il en a *plusieurs,* dans tous les autres cas [a].

Exercice 1. Divisez 41 par 9. — **Solution.** Le quotient est 4 et le reste 5.

E. 2. Divisez 52 par 8. — **S.** Le quotient est 6; le reste est 4.

E. 3. Divisez 64 par 7. — **S.** Le quotient est 9; le reste est 1.

E. 4. Divisez 24 par 6. — **S.** Le quotient est 4; le reste est nul [b].

E. 5. Avec 21^l d'acide [c], combien peut-on remplir de bonbonnes de 5^l chacune ? — **S.** Autant qu'il y a de fois 5^l dans 21^l, c-à-d 21 : 5, ou 4 [d].

E. 6. Avec 34 oranges, combien peut-on faire de tas de 4 oranges ? — **S.** Autant qu'il y a de fois 4 dans 34, c-à-d 34 : 4, ou 8.

E. 7. Dans un terrain de 28^a, combien peut-on trouver de terrains de 5^a ? — **S.** Autant qu'il y a de fois 5 dans 28, c-à-d 28 : 5, ou 5.

E. 8. Comptez, de 9 en 9, de 13 à 103. — **S.** 13, 22, 31, ..., 103.

E. 9. Calculez $758 + 342 \times 6$. — **S.** $758 + 2052$, c-à-d 2810.

E. 10. J'ai 5 tonneaux pleins d'une part et 7 de l'autre,

[a] Il suffit d'un peu d'habitude pour voir, du premier coup, si le quotient d'une division n'a qu'un chiffre, ou en a plusieurs.

[b] On peut dire, dès à présent, que la division est *exacte,* ou se fait *exactement,* lorsque son *reste* est *nul.*

[c] On donne le nom d'*acide* à des corps, liquides pour la plupart, dont le *vinaigre* est le type le plus commun. On peut citer, comme autres exemples, l'*acide sulfurique* ou *huile de vitriol* et l'*acide nitrique* ou *eau-forte.*

[d] Cet exercice, et les deux suivants, se ramènent immédiatement à la *définition* même de la *division.*

pesant chacun 267^{Kg}. Dites le poids total? — **S.** Le nombre des tonneaux est $5 + 7$. Le poids total est donc $267^{Kg} \times (5 + 7)$, c-à-d $267^{Kg} \times 12$, ou [a] $3\,204^{Kg}$.

E. 11. J'ai mis à un travail une semaine [b] moins 3 jours, à 8^h par jour. Combien d'heures? — **S.** Le nombre des jours employés est $7 - 3$. Le nombre total des heures est donc $8 \times (7 - 3)$, c-à-d 8×4, ou 32.

E. 12. Un réservoir vide reçoit $3\,624^l$ d'eau, puis $7\,635^l$. Combien en tout? — **S.** $11\,259^l$.

---

24. — Cas où le quotient n'a qu'un chiffre.

Question. Comment, dans ce cas, *dispose*-t-on l'opération? — **Réponse.** On écrit le diviseur à la *droite* du divïdende; on tire, entre ces nombres, une barre de *haut en bas*, puis, sous le diviseur, une barre de *gauche à droite*. C'est sous cette dernière qu'on écrira le *quotient* [c].

Q. Que sépare-t-on sur la *gauche* du *dividende*? — **R.** On sépare sur la *gauche* du dividende autant de *chiffres* qu'il en faut pour contenir le premier chiffre du diviseur au moins une fois, mais pas plus de neuf.

Q. Par quoi *divise*-t-on cette partie séparée? — **R.** On divise cette *partie séparée* par le premier *chiffre* du diviseur : on obtient ainsi un certain chiffre.

Q. Que fait-on ensuite? — **R.** On multiplie le diviseur par ce *chiffre* et on retranche le produit obtenu du dividende.

Q. Que savez-vous sur le chiffre trouvé? — **R.** Le *chiffre trouvé* est le *quotient* cherché; le résultat de la soustraction est le *reste* de la division.

(a) On aurait pu aussi calculer d'abord le poids des 5 premiers tonneaux, puis celui des 7 autres et ajouter ces deux poids; mais c'eût été un peu plus long.

(b) Il faut bien se le rappeler : la *semaine* contient 7 *jours*.

(c) Il faut que les élèves s'habituent à disposer très bien, non seulement les nombres donnés, mais tout le détail de la division. — Il faut d'ailleurs que les calculs soient toujours faits avec beaucoup d'ordre, de régularité, de propreté.

Q. Donnez un exemple. — **R.** Soit à diviser 2 599 par 728. Je sépare 25 sur la gauche
du dividende. Divisant 25 par 7, je trouve 3.
Je multiplie 728 par 3, et je retranche du dividende le produit obtenu 2184. Le chiffre 3 est le quotient
cherché ; 415 est le reste de la division [a].

$$\begin{array}{r|l} 2\,599 & 728 \\ 2\,184 & \overline{3} \\ \hline 415 & \end{array}$$

Q. Le chiffre trouvé est-il le *quotient* cherché ? — **R.** 3 est
bien le quotient. En effet [b] : 1° le dividende contient au moins
3 fois le diviseur, puisque le produit du diviseur par 3 peut
se retrancher du dividende ; — 2° le dividende ne contient
pas 4 fois le diviseur, car, 3 étant le quotient de 25 par 7, le
produit de 7 par 4 serait au moins 26 ; celui de 700 par 4
serait au moins 2 600 ; il dépasserait le dividende ; et il en
serait ainsi, à plus forte raison, du produit de 728 par 4.

Exercice 1. Divisez 89 par 11. — **Solution.** Le quotient est 8 ; le reste est 1.

E. 2. Divisez 458 par 64. — **S.** Le quotient est 7 ; le
reste est 10.

E. 3. Divisez 3 825 par 539. — **S.** Le quotient est 7 ; le
reste est 52 [c].

E. 4. Divisez 5 040 par 720. — **S.** Le quotient est 7 ; le
reste est 0.

E. 5. On partage 142 pêches [d] entre 34 élèves. Combien

(a) Comme nous l'avons vu, pour effectuer chacune des *quatre* opérations fondamentales, *addition, soustraction, multiplication, division,*
il existe un *procédé naturel* qui se déduit immédiatement de la *définition*
même de l'*opération.* Ce *procédé naturel* est parfait en *théorie ;* mais,
dans la *pratique,* on ne peut, pour ainsi dire, jamais l'employer. Il faut
le remplacer par un *procédé commode.* Faire la théorie d'une opération
fondamentale, c'est exposer et justifier ce nouveau procédé.

(b) La façon dont nous exposons les procédés usuels pour effectuer les
opérations fondamentales est la même pour les quatre opérations. D'abord
nous donnons les *règles* à suivre dans chaque cas ; ensuite, nous démontrons que le *résultat* qu'on obtient en appliquant cette règle est bien
exactement le *résultat* cherché.

(c) Rappelez bien aux élèves que le reste doit toujours être *moindre*
que le diviseur. — Si l'on trouvait un reste *égal* ou *supérieur* au diviseur, c'est qu'on se serait trompé. Le chiffre trouvé au quotient serait
trop faible, il faudrait l'augmenter d'une unité, au moins.

(d) La *pêche* est l'un des meilleurs fruits à noyau. Il en est de plusieurs
espèces, l'une des plus renommées est la pêche de Montreuil. — Quant
au *pêcher,* dont la pêche est le fruit, c'est un arbre originaire de *Perse,*
qu'on cultive surtout en *espalier,* et dont le bois s'emploie dans la
marqueterie et l'*ébénisterie.*

pour chacun ? — **S.** 34 fois moins [a], c-à-d 142 : 34, ou 4. Il restera 6 pêches.

E. 6. On divise un domaine de 120^a en 30 parts égales. Dites l'étendue de chaque part. — **S.** 30 fois moins, c-à-d 120^a : 30, ou 4^a, exactement [b].

E. 7. Comptez à rebours, de 9 en 9, de 107 à 17. — **S.** 107, 98, 89, ..., 17.

E. 8. Additionnez 365 647 et 498 309. — **S.** 863 956.

E. 9. Que trouve-t-on en ôtant de 26 le *quart* de 16 ? — **S.** Le *quart* de 16 est 16 : 4, c-à-d 4. On trouve donc 26 — 4, c-à-d 22.

E. 10. Avec 10^f, combien puis-je acheter de volumes coûtant chacun le *tiers* [c] de 6^f ? — **S.** Le *tiers* de 6^f est 6^f : 3, ou 2^f. Je puis acheter autant de volumes qu'il y a de fois 2^f dans 10^f, c-à-d 5 volumes.

E. 11. Dans la longueur d'une voiture attelée, on compte 3^m pour l'attelage et 2^m pour la voiture. Combien de voitures dans une file ayant 43^m de long ? — **S.** Chaque voiture occupe donc une longueur de 3^m + 2^m, c-à-d 5^m. Dans la file considérée, il y aura autant de voitures qu'il y a de fois 5^m dans 43^m, c-à-d 43 : 5, ou 8.

E. 12. J'avais 200^f en partant en voyage. J'ai dépensé 142^f à l'hôtel et 56^f de chemin de fer. Que me reste-t-il ? — **S.** 200^f — 142^f — 56^f, c-à-d 2^f.

---

25. — Remarques sur la division.

Question. Que fait-on quand on trouve un chiffre *trop fort* ? — **Réponse.** Si le *produit* du diviseur par le chiffre trouvé *dépasse* le dividende, c'est que le chiffre trouvé est *trop fort :* on *diminue* [d] ce chiffre, d'une

(a) Les locutions *4 fois moins, 5 fois moins*, etc., indiquent qu'il faut faire une *division*, comme les locutions *4 fois plus, 5 fois plus*, etc., indiquaient qu'il fallait faire une *multiplication*.

(b) Chacune de ces parties est *exactement* le *trentième* de 120^a.

(c) *Double* est l'opposé de *moitié; triple*, de *tiers: quadruple*, de *quart*. Pour obtenir le *double*, le *triple*, le *quadruple* d'un nombre, il faut *multiplier* ce nombre par 2, 3, 4. Pour en obtenir la *moitié*, le *tiers*, le *quart*, il faut le *diviser* par 2, 3, 4.

(d) On le voit, notre manière d'effectuer la *division* comporte parfois certains *tâtonnements*. Des quatre opérations fondamentales, la division est la seule dont la pratique soit entachée d'un pareil défaut.

unité à chaque fois, jusqu'à ce que la soustraction puisse s'effectuer [a].

Q. Donnez un exemple. — **R.** Soit à diviser 811 par 235. On sépare 8 qu'on divise par 2 : on trouve 4. On multiplie le diviseur 235 par 4; le produit 940 dépasse le dividende 811 : donc 4 est trop fort : on le remplace par 3. Le produit de 235 par 3 est 705; il ne dépasse pas 811. On retranche 705 de 811; on trouve 106. Le quotient de la division est 3; le reste est 106.

$$\begin{array}{c|c} 811 & 235 \\ 705 & \overline{3} \\ \hline 106 & \end{array}$$

Q. Le chiffre trouvé est-il le *quotient* cherché? — **R.** 3 est bien le quotient. En effet : 1° le dividende contient au moins 3 fois le diviseur, puisqu'on en peut retrancher 3 fois le diviseur; — 2° le dividende ne contient pas 4 fois le diviseur, puisque le produit du diviseur par 4 dépasse le dividende.

Q. Que fait-on dans ce qui précède? — **R.** Dans ce qui précède, on multiplie le diviseur par le chiffre trouvé, et l'on retranche le produit trouvé du dividende.

Q. Peut-on *simplifier* le calcul? — **R.** On *simplifie* [b] un peu le calcul en faisant à la fois cette multiplication et cette soustraction.

Q. Donnez un exemple. — **R.** Soit à diviser 2 559 par 728. En divisant 25 par 7, je trouve 3. Je dis 3 fois 8... 24; 24 ôtés de 29, il reste 5 et je retiens 2. Puis 3 fois 2... 6; 6 et 2 que j'ai retenus... 8; 8 ôtés de 9, il reste 1. Enfin, 3 fois 7... 21; 21 ôtés de 25, il reste 4. Le quotient est 3; le reste est 415.

$$\begin{array}{c|c} 2599 & 728 \\ 415 & \overline{3} \\ & \end{array}$$

Q. A quoi est *analogue* cette façon d'opérer? — **R.** Cette façon d'opérer est tout à fait analogue à celle qu'on emploie dans la soustraction; c'est une méthode de *compensation* [c].

[a] Il ne faut jamais diminuer le chiffre *trop fort* que d'*une seule* unité à chaque fois. En le diminuant de plus d'une unité, on pourrait tomber sur un chiffre *trop faible*.

[b] Ce procédé *simplifié* d'effectuer la division est, en réalité, lorsque le quotient a plusieurs chiffres, beaucoup moins avantageux qu'il ne semble l'être. En n'écrivant jamais les *produits* du diviseur par les différents chiffres du quotient, on se met souvent dans la nécessité de refaire des *multiplications* déjà faites.

[c] Chose singulière, à une époque où tout le monde faisait cette soustraction-là par la *méthode de compensation*, il se trouvait encore des maîtres qui enseignaient à faire la soustraction proprement dite par la *méthode d'emprunt!*

Exercice 1. Divisez 72 par 78. — **Solution.** Le quotient est 0 [a]; le reste est 72.

E. 2. Divisez 645 par 132. — **S.** Le quotient est 4 ; le reste est 117.

E. 3. Divisez 4328 par 276. — **S.** Le quotient est 15 ; le reste est 188.

E. 4. Multipliez 73496 par 39007. — **S.** 2866858472.

E. 5. Calculez 395 — (88 + 89) [b]. — **S.** 395 — 177, c-à-d 218.

E. 6. Calculez 4642 — (1976 — 798). — **S.** 4642 — 1178, c-à-d 3464.

E. 7. Calculez 437 × 548 + 3421. — **S.** 239476 + 3421, c-à-d 242897.

E. 8. Calculez 13673 + (45907 — 38097). — **S.** 13673 + 7810, c-à-d 21483.

E. 9. Je reçois 3822^f, puis 6024^f, puis 319^f. Combien en tout? — **S.** $3822^f + 6024^f + 319^f$, c-à-d 10165^f.

p. 36   **E. 10.** On achète 19^m de ruban [c], plus le *tiers* d'une pièce de 12^m. Combien de mètres? — **S.** Le *tiers* de 12^m est $12^m : 3$, c-à-d 4^m. On achète donc $19^m + 4^m$, c-à-d 23^m.

E. 11. Une domestique porte un jambon de 5^{Kg}, puis 6^{Kg} de beurre dans un panier [d] pesant vide 2^{Kg}. Dites le poids total? — **S.** $5^{Kg} + 6^{Kg} + 2^{Kg}$, c-à-d 13^{Kg}.

E. 12. Combien d'heures pour faire un travail tel que, s'il demandait 7^h de plus, il faudrait 3 journées de 8^h? — **S.** 3 journées de 8^h font 24^h. Il faudrait donc $24^h — 7^h$, c-à-d 17^h.

[a] Le *quotient* est 0 toutes les fois que le *diviseur* dépasse le *dividende*. Dans ce cas particulier, le *reste* est égal au *dividende* même.

[b] Expliquez-bien aux élèves ce que signifie cette *parenthèse* : elle signifie qu'il faut considérer comme *effectués* tous les calculs indiqués dans l'expression qu'elle contient.

[c] On donne le nom de *rubans* à des étoffes fort étroites, en laine, en soie, même en or ou en argent. Les rubans de Saint-Etienne et ceux de Lyon sont les plus renommés.

[d] On l'a déjà dit, le poids du panier vide est ce qu'on appelle la *tare*. On donne, en général, le nom de *tare* au poids des *tonneaux, récipients, toiles, papiers*, etc., qui enveloppent les marchandises. Le poids *brut* d'un colis, c'est le poids de la marchandise, augmenté de la *tare*. En déduisant la *tare*, on obtient le poids *net*.

26. — Cas où le quotient a plusieurs chiffres.

Question. Comment forme-t-on le premier *dividende partiel?* — **Réponse.** Quand le *quotient* a *plusieurs* chiffres, on forme le premier *dividende partiel* en séparant, sur la *gauche* du dividende donné, juste assez de chiffres pour contenir le diviseur.

Q. Comment obtient-on le *premier chiffre* du quotient? — **R.** On fait la division de ce premier dividende partiel par le diviseur comme une division isolée : on obtient ainsi le *premier chiffre* du quotient.

Q. Comment forme-t-on le deuxième *dividende partiel?* — **R.** A la droite du reste de cette première division, on abaisse le chiffre suivant du dividende donné : on forme ainsi le deuxième *dividende partiel*.

Q. Comment obtient-on le *deuxième chiffre* du quotient? — **R.** On divise ce deuxième dividende partiel par le diviseur, ce qui donne le *deuxième chiffre* du quotient, et ainsi de suite [a].

Q. Donnez un exemple. — **R.** Soit à diviser 38 627 par 49. Le premier dividende partiel est 386. Divisant 386 par 49, je trouve pour quotient 7 et pour reste 43. J'abaisse le chiffre 2 à la droite de 43, et je forme ainsi le deuxième dividende partiel qui est 432. Divisant 432 par 49, je

$$\begin{array}{r|l} 38\,627 & 49 \\ 4\,32 & \overline{788} \\ 407 & \\ 15 & \end{array}$$

trouve pour quotient 8 et pour reste 40. J'abaisse 7 à la droite de 40, et je forme ainsi le troisième dividende partiel qui est 407. Divisant 407 par 49, je trouve [b] pour quotient 8 et pour

[a] En toute division, il faut placer les *dividendes partiels* bien exactement les uns sous les autres. Ce n'est que quand ces dividendes partiels sont très bien disposés qu'on distingue nettement, au dividende donné, les chiffres déjà abaissés de ceux qui ne le sont pas encore. Quelques personnes, pour faciliter cette distinction, mettent un point au-dessus de chaque chiffre *abaissé*, à l'instant même où elles l'abaissent. C'est là une bonne précaution, qui prévient beaucoup d'erreurs.

[b] Pour *essayer* les chiffres du quotient, on peut opérer ainsi : *multiplier*, en commençant par la *gauche*, le diviseur par le chiffre qu'on essaye, puis retrancher, en commençant toujours par la *gauche*, les résultats obtenus du dividende partiel correspondant. Si l'on trouve une soustraction *impossible*, le chiffre essayé est *trop fort*. Si l'on trouve un reste *égal* ou *supérieur* à ce chiffre, ce chiffre est *exact*.

reste 15. Finalement, le quotient est 788 ; le reste de la division est 15.

Q. Le nombre trouvé est-il le *quotient* cherché ? — R. 788 est bien le quotient cherché. En effet, 1° le dividende contient au moins 788 fois le diviseur, puisqu'on a pu en retrancher ce diviseur 700 fois, puis 80 fois, puis 8 fois, c-à-d 788 fois ; — 2° le dividende ne contient pas 789 fois le diviseur, car, pour qu'il le contînt 789 fois, il faudrait que le reste de la division fût au moins égal à 49 ; or, d'après la méthode suivie, chacun des restes successifs est moindre que 49, et il en est ainsi du dernier d'entre eux, c-à-d du reste de la division[a].

p. 37　**Exercice 1.** Divisez 457 par 8. — **Solution.** Le quotient est 57 ; le reste est 1[b].

E. 2. Divisez 5349 par 24. — **S.** Le quotient est 222 ; le reste est 21.

E. 3. Divisez 74973 par 327. — **S.** Le quotient est 229 ; le reste est 90.

E. 4. Divisez 498238 par 1907. — **S.** Le quotient est 261 ; le reste est 511. •

E. 5. Multipliez 3622946 par 407009. — **S.** 1474571628514.

E. 6. Du *tiers*[c] de 27 on retranche 6. Que trouve-t-on ? — **S.** Le *tiers* de 27 est 27 : 3, c-à-d 9. On trouve donc 9 — 6, c-à-d 3.

E. 7. On divise 173 + 324 par 58. Dites le quotient. — **S.** C'est le quotient de 497 par 58, c-à-d 8. Il reste 33.

E. 8. Trouvez le 5e[d] de l'excès de 37 sur 22. — **S.** L'ex-

---

[a] La marche que nous suivons dans notre enseignement des opérations est toujours la même : 1° nous donnons la règle à suivre ; 2° nous montrons que le *résultat* auquel conduit cette règle est bien le résultat cherché. — A l'*école primaire*, cette marche est la seule bonne à suivre, vu qu'il y faut, avant tout, être *simple* et *pratique*.

[b] Comme nous le verrons plus tard, quand le diviseur n'a qu'*un chiffre*, le *quotient* peut s'obtenir par un procédé particulier, plus simple et plus rapide que le procédé ordinaire.

[c] Prendre le *tiers* d'un nombre, c'est, comme on l'a déjà dit, rendre ce nombre 3 fois *plus petit*, c'est le *diviser* par 3.

[d] Prendre le *cinquième* d'un nombre, c'est rendre ce nombre 5 fois *plus petit*, c'est le diviser par 5. — Bien qu'on dise *rendre* un nombre 2, 3, 4,... fois *plus petit*, on ne peut pas dire rendre un nombre 1 fois *plus petit*, car rendre un nombre 1 fois *plus petit*, ce serait diviser ce nombre par 1 ; ce qui ne le changerait pas.

cés de 37 sur 22 est 37 — 22 ou 15. Le 5e de 15 est
15 : 5, c-à-d 3.

E. 9. Un épicier[a] avait 328^l de vinaigre en fûts et 47^l en
bouteilles. Il en a vendu 97^l. Combien lui en reste-t-il?
— **S.** $328^l + 47^l — 97^l$, c-à-d 378^l.

E. 10. J'avais sur moi 103^f. J'ai acheté 4 couvertures de
laine[b] à 21^f. Combien ai-je encore? — **S.** $103^f — 21^f$
$\times 4$, c-à-d $103^f — 84^f$, ou 19^f.

E. 11. *Huit* champs égaux valent ensemble $7\,832^f$. Que
valent 5 d'entre eux? — **S.** Chacun d'eux vaut $7\,832 : 8$,
c-à-d 979^f. Cinq d'entre eux valent $979^f \times 5$, c-à-d $4\,895^f$.

E. 12. *Vingt-trois* voyageurs prennent le chemin de fer.
Chacun paie 46^f pour sa place et 2^f pour excédent de
bagages[c]. Combien paient-ils ensemble? — **S.** Chaque
voyageur paie $46^f + 2^f$, c-à-d 48^f. Tous ensemble
paient donc $48^f \times 23$, c-à-d $1\,104^f$.

---

27. — Des zéros à mettre au quotient.

Question. Dans quel cas écrit-on un *zéro* au quotient? —
Réponse. Quand un dividende partiel est *inférieur*
au diviseur, on met un *zéro* au quotient.

Q. Que fait-on ensuite? — **R.** Ensuite, à la droite de ce
même quotient partiel, on abaisse le chiffre suivant
du dividende donné; et l'on continue la division à
l'ordinaire[d].

[a] On donne le nom *d'épicier* à celui qui vend, au détail, les *épices*
et autres denrées *coloniales*. Les épiciers vendent aussi une multitude
de denrées qui ne viennent point des colonies, par exemple, du vin, du
vinaigre, du sel, du fromage, etc., etc.

[b] La *laine* nous est fournie par les *moutons*; la plus belle, par les
moutons mérinos. L'*alpaca* ou *alpaga* nous est fournie par les *alpacas*,
les *lamas* et les *vigognes*, animaux qui se ressemblent beaucoup entre
eux et qui sont originaires du Pérou. — On donne le nom de *lainages*
à toutes les étoffes de laine.

[c] Sur les chemins de fer français, chaque voyageur a droit au
transport *gratuit* de 30^{Kg} de bagages. Si le poids des bagages d'un
voyageur dépasse 30^{Kg}, l'*excès* de ce poids sur 30^{Kg} s'appelle l'*excédent*
et se paie à part.

[d] Dans les divisions de cette sorte, il est, s'il se peut, plus nécessaire
encore que dans les autres de disposer très bien les uns sous les autres
les différents *dividendes partiels*.

Q. Donnez un exemple. — **R.** Soit la division ci-contre. Le premier dividende partiel est 3166. En le divisant par 628, on trouve pour quotient 5 et pour reste 26. Le deuxième dividende partiel est 263 : il est inférieur au diviseur.

$$\begin{array}{r|l} 316639 & 628 \\ 2639 & \overline{504} \\ 127 & \end{array}$$

On met 0 au quotient et l'on abaisse le 9 à la droite de 263. Le troisième dividende partiel est 2639. Divisé par 628, il donne pour quotient 4 et pour reste 127. Le quotient cherché est 504 ; le reste de la division est 127.

Q. Que fût-il arrivé si l'on eût oublié le *zéro*? — **R.** Si l'on eût oublié d'écrire le zéro du quotient, on eût trouvé, à ce quotient, deux chiffres seulement au lieu de trois [a].

Q. Peut-on déterminer à l'avance le *nombre des chiffres* d'un quotient? — **R.** Etant donnés le dividende et le diviseur d'une division, on peut déterminer à l'avance le *nombre exact* des *chiffres* du quotient.

Q. A quoi ce *nombre* est-il égal? — **R.** Ce nombre est juste égal au nombre des *zéros* qu'il suffit d'écrire à la droite du diviseur pour former un nombre supérieur au dividende.

p. 38

Q. Donnez un exemple. — **R.** Soient 47968 le dividende, 239 le diviseur. Il suffit d'écrire trois zéros à la droite de 239 pour former un nombre supérieur à 47968 : le quotient a trois chiffres. En effet, 47968 contient 239 cent fois au moins, mais non pas mille fois ; donc le quotient est au moins égal à 100 et il n'atteint pas 1000 : c'est un nombre de trois chiffres [b].

Exercice 1. Divisez 10759 par 35. — **Solution.** Le quotient est 307 ; le reste est 14.

E. 2. Divisez 2007456 par 4917. — **S.** Le quotient est 408 ; le reste est 1320 [c].

[a] Dans l'exemple que nous donnons, si l'on oubliait le *zéro* du quotient, on trouverait 54 au lieu de 504. Quelle erreur!

[b] Il est toujours bon de déterminer, à l'avance, le nombre des chiffres du quotient d'une division quelconque. — Si l'on oubliait de mettre, quand il convient, des *zéros* au quotient, et que l'on eût déterminé, à l'avance, le nombre des chiffres de ce quotient, on serait averti de cet oubli, puisque l'on trouverait, au quotient, moins de chiffres qu'il n'y en doit avoir.

[c] Lorsque, dans une division, le quotient doit avoir beaucoup de chiffres, il est bon d'employer le procédé suivant, qui abrège le calcul, qui le simplifie, et qui supprime tout tâtonnement. Avant de commencer la

E. 3. Divisez 282166 par 47. — **S.** Le quotient est 6003; le reste est **25**.

E. 4. Combien de *chiffres* au quotient de 312 : 59? — **S.** *Un* seul, car il suffit d'écrire *un* zéro à la droite de 59 pour obtenir un nombre supérieur à 312.

E. 5. Combien de *chiffres* au quotient de 47852 : 413? — **S.** 3, car il suffit d'écrire 3 zéros à la droite de 413 pour obtenir un nombre supérieur à 47852.

E. 6. Combien de *chiffres* au quotient de 38234567 : 93? — **S.** 9, car... [a].

E. 7. Retranchez 236 de 1001001. — **S.** 1000765.

E. 8. Du 5ᵉ de 345, ôtez 38. — **S.** Le 5ᵉ de 345 est 345 : 5, c-à-d 69. Il reste donc 69 — 38, c-à-d 31.

E. 9. Calculez (3819 + 9183) — 1541. — **S.** 13002 — 1541; c-à-d 11461.

E. 10. Du velours valait 9^f le mètre[b]. On fait un rabais de 2^f par mètre. Que coûtent 32^m? — **S.** Chaque mètre coûte 9^f — 2^f, c-à-d 7^f. Les 32^m coûtent 7^f × 32, c-à-d 224^f.

E. 11. D'une provision de 327^{Kg} de lard fumé[c], on a consommé 56^{Kg}, puis 83^{Kg}. Que reste-t-il? — **S.** 327^{Kg} — 56^{Kg} — 83^{Kg}, c-à-d 188^{Kg}.

E. 12. Le jour contient 24 heures et la semaine 7 jours.

division, on forme le *tableau* des neuf *produits* qu'on obtient en multipliant le *diviseur* par les neuf premiers nombres. Ce tableau formé, on voit immédiatement combien de fois chaque dividende partiel contient le diviseur; en d'autres termes, on trouve, l'un après l'autre, sans aucun tâtonnement, tous les chiffres du quotient. La *division* revient à une série de *soustractions*.

[a] Les exercices du genre de celui-ci sont de purs exercices de calcul. Aussi y faisons-nous parfois figurer des nombres *très grands*. Dans les exercices qui sont des *problèmes*, il convient, au contraire, de ne mettre que des nombres *assez petits*. L'élève, embarrassé déjà par le problème, ne doit pas avoir à s'occuper trop des calculs.

[b] Dans les exercices tels que celui-ci, où figurent des nombres *concrets*, il ne faut point que ces nombres soient pris au hasard. On devra les choisir dans la réalité des choses. Les notes des fournisseurs, les prospectus des commerçants, les mercuriales des marchés sont d'excellents recueils de nombres concrets s'appliquant à des objets réels. Pour ce qui est de la population des villes et des États, de la longueur des fleuves, de la hauteur des monuments et des montagnes, des données statistiques relatives à la ville de Paris, le recueil le plus exact est l'*Annuaire du Bureau des longitudes.*

[c] *Fumer et saler* les viandes sont les deux procédés les plus employés pour les bien conserver. — Il se fait une consommation immense de *poisson* fumé ou salé, de viande de *porc* fumée ou salée.

Combien d'heures en 6 semaines ? — **S.** Dans 1 semaine, il y a $24^h \times 7$, c-à-d 168^h. Dans 6 semaines, il y a $168^h \times 6$, c-à-d $1\,008^{h}$[a].

---

28. — Remarques diverses; preuve.

Question. Qu'arrive-t-il quand le dividende est *moindre* que le diviseur ? — **Réponse.** *Quand le dividende est moindre que le diviseur, le quotient est 0, et le reste est égal au dividende.*

Q. Donnez un exemple. — **R.** Soit 35 : 68. Le quotient est 0 ; le reste est 35.

Q. Qu'arrive-t-il quand le dividende est *égal au diviseur*? — **R.** *Quand le dividende est égal au diviseur, le quotient est 1, et le reste est 0*[b].

Q. Donnez un exemple. — **R.** Soit 43 : 43. Le quotient est 1 ; le reste est 0.

Q. Et quand le *diviseur* est égal à 1 ? — **R.** *Quand le diviseur est 1, le quotient est égal au dividende, et le reste est 0.*

Q. Donnez un exemple. — **R.** Soit 728 : 1. Le quotient est 728 ; le reste est 0[c].

Q. Comment peut-on faire la division quand le diviseur n'a qu'*un* chiffre. — **R.** Quand le diviseur n'a qu'*un* chiffre, on peut faire la division d'une manière simple.

p. 39 **Q.** Donnez un exemple. — **R.** Soit à diviser 584 par 3. On dit : le tiers de 5 est 1 pour 3 et il reste 2 : on écrit 1 sous le 5 et l'on retient 2 dizaines qui, avec le 8 suivant, font 28 ; — le tiers de 28 est 9 pour 27 et il reste 1 : on

584
194

---

[a] Faites-le bien remarquer, dans toutes les multiplications de cet exercice, le *multiplicande* est un nombre *concret*, et le *multiplicateur* un nombre *abstrait*.

[b] On voit que les *divisions* de cette sorte se font toujours *exactement*. Il en est de même des *divisions* où le diviseur est 1.

[c] Quand d'un nombre on retranche *zéro*, on ne change pas ce nombre ; quand on divise un nombre par *un*, on ne le change pas non plus : il y a analogie entre la *soustraction* du *zéro* et la *division* par 1. — On verrait facilement qu'il existe la même analogie entre l'*addition* du *zéro* et la *multiplication* par 1.

écrit 9 sous le 8, et l'on retient une dizaine qui, avec le 4 suivant, fait 14 ; — le tiers de 14 est 4 pour 12, et il reste 2 : on écrit 4 sous le 4 : le reste 2 est le reste final de la division ; le quotient est 194 [a].

Q. Comment fait-on la *preuve* de la division ? — **R.** Pour faire la *preuve de la division*, on *multiplie* le diviseur par le quotient ; au produit obtenu, on ajoute le *reste* : on doit retrouver le *dividende* [b].

Q. Sur quoi s'appuie cette *preuve ?* — **R.** Cette *preuve* s'appuie uniquement sur la définition du reste de la division [c].

Q. Ne doit-on pas s'occuper du *reste ?* — **R.** Il faut toujours, avant de faire la preuve de la division, vérifier que le *reste* est *inférieur* au diviseur [d].

> **Exercice 1.** Dites le *quotient* et le *reste* de 238 : 247. — **Solution.** Le quotient est 0 ; le reste est 238.
>
> **E. 2.** Dites le *quotient* et le *reste* de 569 : 569. — **S.** Le quotient est 1 ; le reste est 0.
>
> **E. 3.** Dites le *quotient* et le *reste* de 4713 : 1. — **S.** Le quotient est 4713 ; le reste est 0.
>
> **E. 4.** Divisez *simplement* [e] 34945638 par 7. — **S.** Le quotient est 4992234.
>
> **E. 5.** Divisez *simplement* 456328903 par 9. — **S.** Le quotient est 50703211.
>
> **E. 6.** Divisez 4007018 par 37 et faites la *preuve*. — **S.** Le quotient est 108297 ; le reste est 29. La preuve réussit [f].

(a) Cette manière rapide de faire les divisions où le *diviseur* n'a qu'*un chiffre* ne saurait être trop recommandée. Elle figure dans plusieurs arithmétiques anglaises sous le nom de *the short division*, la courte division. La division où le diviseur a plusieurs chiffres se nomme alors *the long division*, la longue division.

(b) La *preuve* que nous donnons ici pour la *division* se fait par la *multiplication*. Elle montre bien l'étroite *relation* qui existe entre ces deux opérations. Nous reviendrons bientôt sur cette relation, en y insistant comme il convient.

(c) Il existe, pour les quatre opérations fondamentales, d'autres preuves que celles que nous avons données. Les principales sont les preuves dites *preuves par* 9. Nous les verrons bientôt.

(d) Si l'on négligeait cette précaution, il pourrait se faire que la preuve *réussit* sans que la division fût juste.

(e) Ce mot *simplement* signifie qu'on demande d'effectuer cette division par le procédé de *la courte division*.

(f) Lorsque cette preuve *réussit*, il est *probable* qu'on ne s'est *pas trompé*. Si elle *échoue*, il est *certain* qu'il y a *erreur*, soit dans la division, soit dans la preuve, soit dans ces deux opérations.

E. 7. Calculez $638\,925 - 47\,968 + 34\,833$. — **S.** $625\,790$.

E. 8. Au *huitième* de 56 ajoutez 243. — **S.** Le 8ᵉ de 56 est 56 : 8, c-à-d 7. En y ajoutant 243, on trouve 250.

E. 9. Additionnez $36\,441$, $47\,552$ et $58\,663$. — **S.** $142\,656$.

E. 10. Une barrique a une contenance [a] de 345ˡ. Il s'en faut de 139ˡ qu'elle soit pleine d'eau. On y en verse encore 62ˡ. Combien en contient-elle ? — **S.** $345^l - 139^l + 62^l$, c-à-d 268ʲ.

E. 11. Un marchand possède 3072 torchons. Combien de *douzaines* ? — **S.** Autant qu'il y a de fois 12 dans 3072, c-à-d 3.072 : 12, ou 256.

E. 12. On achète une vigne de 247ᵃ, plus 8 champs de 37ᵃ. Combien d'ares en tout ? — **S.** $247^a + 37^a \times 8$, c-à-d $247^a + 296^a$, ou 543ᵃ.

---

29. — Nouvelle définition de la division.

Question. Quelle est la meilleure *définition* de la division ? — **Réponse.** La meilleure *définition* de la *division* est celle-ci : Etant donnés deux nombres appelés, l'un *dividende*, l'autre *diviseur*, la *division* a pour but d'en trouver un troisième, appelé *quotient*, qui, *multiplié* par le *diviseur*, reproduise exactement le *dividende* [b].

p. 40   **Q.** Que savez-vous sur le *quotient* ainsi défini ? — **R.** Dans la plupart des cas, le *quotient* ainsi défini ne peut pas s'exprimer à l'aide des *nombres entiers*.

Donnez un exemple. — **R.** Soit à diviser 21 par 4. Le dividende 21 est compris entre 4×5 et 4×6 ; le quotient exact

[a] Rappelez aux élèves que la contenance d'un réservoir, d'une barrique, d'un vase, en un mot d'un récipient quelconque, se nomme *volume* ou *capacité*.

[b] Cette définition revient à ceci : la *division a pour objet, connaissant le produit de deux facteurs et l'un de ces facteurs, de déterminer l'autre*. Aussi dit-on que la *division* est l'*inverse* de la *multiplication*. — On peut faire, entre ces deux opérations, divers rapprochements : 1° la *multiplication* peut s'effectuer par une suite d'*additions*; la *division*, par une suite de *soustractions*; 2° rendre un nombre 2, 3, 4 fois *plus grand*, c'est le *multiplier* par 2, 3, 4; rendre un nombre 2, 3, 4 fois *plus petit*, c'est le *diviser* par 2, 3, 4; 3° on ne change pas un nombre quand on le *multiplie* par 1; on ne le change pas non plus quand on le *divise* par 1.

devrait donc être compris entre 5 et 6 : il ne saurait être un nombre entier[a].

Q. Dans quel cas obtient-on le *quotient exact?* — **R.** Quand la division se fait exactement, c-à-d *sans reste*, le quotient que nous obtenons est le *quotient exact*[b].

Q. Et quand la division a un *reste?* — **R.** Quand la division a *un reste*, le quotient que nous obtenons n'est pas le quotient exact : c'est seulement le *quotient approché* à moins d'une *unité*.

Q. Que savez-vous sur le *quotient approché?* — **R.** Le quotient approché à moins d'une unité est le *plus grand* nombre entier dont le produit par le diviseur soit contenu dans le dividende.

Q. Dans quel cas obtient-on exactement la *moitié* d'un nombre? — **R.** Quand la division d'un nombre par 2, 3, 4, ..., se fait exactement, elle donne exactement la *moitié*, le *tiers*, le *quart*, ..., de ce nombre. Quand elle a un reste, cette *moitié*, ce *tiers*, ce *quart*, ..., n'est pas un nombre entier : la division en donne seulement la valeur approchée à moins d'une unité.

> **Exercice 1.** En divisant 910 par 26 trouve-t-on un *quotient exact?* — **Solution.** On trouve un quotient *exact*, car le reste est *nul*. Ce quotient est 35.
>
> **E. 2.** Calculez, à moins d'une *unité*, le quotient de 700 par 23. — **S.** 30.
>
> **E. 3.** Dites le *tiers* de 346 à moins d'une *unité*. — **S.** 115[c].
>
> **E. 4.** Dites le *quart* de 729 à moins d'une *unité*. — **S.** 182.
>
> **E. 5.** Calculez $327 + 948 - 651$. — **S.** 624.
>
> **E. 6.** Calculez $(439 + 319) \times 647$. — **S.** 490 426.
>
> **E. 7.** Calculez $656 \times 345 - 99\,629$. — **S.** 226 320.
>
> **E. 8.** On divise par 6 tous les nombres inférieurs à 1 000.

[a] Les nombres entiers, comme on l'a déjà vu, ne sont autre chose que des *collections d'unités*. Ils forment la suite 1, 2, 3, 4,... qui est une *progression arithmétique*. — Tout nombre *non entier*, c-à-d tout nombre *fractionnaire* ou *incommensurable*, est toujours, ou bien *plus petit* que 1, ou bien compris entre deux nombres *entiers consécutifs*.

[b] Nous verrons plus tard que, grâce à l'introduction des *nombres fractionnaires* dans l'arithmétique, on peut toujours exprimer exactement le quotient de la division d'un nombre *entier* par un autre.

[c] Le véritable *tiers* de 346 n'est pas un *nombre entier*. Il en est de même, dans l'exercice suivant, du véritable *quart* de 729.

Quels sont les *restes* de ces divisions? — **S.** Ces restes, devant tous être inférieurs à 6, ne sont autres choses que les nombres 0, 1. 2, 3, 4, 5 [a].

E. 9. Un porc [b] pesait 165^{Kg}; il a maigri de 9^{Kg} : combien pèse-t-il à présent?— **S.** $165^{Kg} - 9^{Kg}$, c-à-d 156^{Kg}.

E. 10. On achète un fauteuil de bureau de 59^f et une glace de 115^f. Combien a-t-on à payer? — **S.** $59^f + 115^f$, c-à-d 174^f.

E. 11. Combien de litres de vin dans 7 feuillettes [c] de 115^l? — **S.** $115^l \times 7$, c-à-d 805^l.

E. 12. Un train de chemin de fer parcourt 108411^m en 3^h. Combien par heure? — **S.** 3 fois moins, c-à-d $108411 : 3$, ou 36137^m [d].

[a] Il en serait de même si l'on divisait par 6 soit le nombre 1 000, soit les nombres *supérieurs* à 1 000.

[b] Le *porc* est un animal précieux, dont on utilise toutes les parties. Il se fait un commerce et une consommation immense de viande de porc soit *salée*, soit *fumée*. Ce sont les *charcutiers* qui préparent et vendent la viande de porc. — *Charcutier* et *charcuterie* dérivent évidemment de *chair cuite*.

[c] Dans plusieurs parties de la France, on donne le nom de *feuillettes* à des fûts contenant chacun un peu plus de *cent* litres.

[d] Arrivé à la fin de ce chapitre sur la *division*, on fera bien de jeter sur lui un coup d'œil d'ensemble. Comme il est le dernier *chapitre* de notre premier *livre*, on pourra aussi résumer ce premier livre tout entier. C'est au calcul des *nombres entiers*, qui en fait l'objet principal, que se ramènent finalement tous les *calculs possibles*. Voilà pourquoi les quatre opérations que nous venons d'exposer se nomment opérations *fondamentales*. Pendant longtemps, on a donné à chacune d'elles le nom de *règle*. Enseigner, étudier, savoir les quatre opérations fondamentales, c'était enseigner, étudier, savoir les *quatre règles*. — On fera remarquer que, parmi les quatre opérations fondamentales, l'*addition* et la *multiplication* sont deux opérations *directes*, tandis que la *soustraction* et la *division* sont les deux opérations *inverses* de l'addition et de la multiplication.

LIVRE II

PROPRIÉTÉS DES NOMBRES ENTIERS

CHAPITRE PREMIER

PRODUITS ET PUISSANCES

---

30. — Produits de plusieurs facteurs.

Question. Qu'est-ce qu'un *produit* de plusieurs facteurs ? — **Réponse.** Un *produit de plusieurs facteurs* est un ensemble de *facteurs* réunis par des *signes* $\times$.

Q. Donnez un exemple. — **R.** $5 \times 7 \times 2 \times 11$ est un *produit de plusieurs facteurs* [a].

Q. Comment s'y prend-on pour effectuer un tel *produit ?* — **R.** Pour effectuer un produit de plusieurs facteurs, on *multiplie* le 1er facteur par le 2e ; puis le produit obtenu par le 3e facteur ; puis le nouveau produit par le 4e facteur ; et ainsi de suite [b].

Q. Donnez un exemple. — **R.** Soit $5 \times 7 \times 2 \times 11$. Multipliant 5 par 7, on trouve 35. Multipliant 35 par 2, on trouve 70. Multipliant 70 par 11, on trouve 770. Le produit cherché est 770.

Q. Que savez-vous sur le *produit* de plusieurs facteurs ? —

---

[a] Souvent, dans les expressions de cette sorte, on remplace le signe $\times$ par un simple *point*.

[b] Calculer un produit de *plusieurs facteurs* revient donc simplement à effectuer, l'une après l'autre, plusieurs multiplications, de *deux facteurs* chacune. Le nombre de ces *multiplications* est inférieur d'une unité au nombre total des *facteurs* donnés.

R. *Un produit de plusieurs facteurs ne change pas quand on change l'ordre de ses facteurs* [a].

Q. Donnez un exemple. — **R**. Ainsi $7 \times 3 \times 5$ est égal à $5 \times 7 \times 3$.

Q. Peut-on remplacer des facteurs par leur *produit*? — **R**. *Dans un produit de plusieurs facteurs, on peut remplacer tels facteurs qu'on veut par leur produit effectué.*

Q. Donnez un exemple. — **R**. Ainsi, dans $2 \times 3 \times 4 \times 7$, on peut remplacer les facteurs 3 et 7 par leur produit 21, et écrire $2 \times 21 \times 4$.

Q. Peut-on remplacer un *facteur* par d'autres? — **R**. *Dans un produit de plusieurs facteurs, on peut remplacer un facteur par d'autres, plus simples, dont il est le produit.*

p. 42

Q. Donnez un exemple. — **R**. Ainsi, dans $2 \times 15 \times 8$, on peut remplacer 15 par 5×3, et écrire $2 \times 5 \times 3 \times 8$.

Exercice 1. Calculez $7 \times 3 \times 2$. — **Solution**. 42.

E. 2. Calculez $8 \times 15 \times 25$. — **S**. 3 000 [b].

E. 3. Calculez $7 \times 4 \times 15 \times 35$. — **S**. 14 700.

E. 4. Retranchez de 4 000 le *sixième* de 8 574. — **S**. Le 6[e] de 8 574 est 1 429. On trouve donc 4 000 — 1 429, c-à-d 2 571.

E. 5. Calculez le *quotient* [c] de $3 625 : (63 + 62)$. — **S**. $3 625 : 125$, c-à-d 29.

E. 6. Calculez $4 357 \times (174 + 332)$. — **S**. $4 357 \times 506$, c-à-d 2 204 642.

E. 7. Calculez $13 227 — (6 438 + 749)$. — **S**. $13 227 — 7 097$, c-à-d 6 130.

E. 8. Calculez $738 \times 739 + 4 266$. — **S**. $545 382 + 4 266$, c-à-d 549 648.

(a) Ce n'est là qu'une *généralisation* de ce qu'on a vu déjà pour un produit de *deux* facteurs.

(b) Ce calcul se fait immédiatement, si l'on remarque que 8 fois 25 font 200. — Il en est de même, dans l'exercice suivant, si l'on remarque que, en y réunissant le facteur 4 qui est en évidence, le facteur 5 qui entre dans 15 et le facteur 5 qui entre dans 35, on obtient un produit égal à 100.

(c) Rappelez de temps en temps aux élèves la signification des *parenthèses*.

E. 9. On avait en caisse 12 543ᶠ. On paie 1 243ᶠ et l'on reçoit 1 528ᶠ. Dites ce qu'on a maintenant. — **S.** 12 543ᶠ — 1 243ᶠ + 1 528ᶠ, c-à-d 12 828ᶠ.

E. 10. Combien d'argent pour acheter 9 gilets à 6ᶠ et un pantalon de velours à 8ᶠ? — **S.** 6ᶠ × 9 + 8ᶠ, c-à-d 62ᶠ.

E. 11. Une voiture porte 159ᴷᵍ de farine [a], 325ᴷᵍ de blé et 749ᴷᵍ d'orge. Dites le poids total. — **S.** 159ᴷᵍ + 325ᴷᵍ + 749ᴷᵍ, c-à-d 1 233ᴷᵍ.

E. 12. Sur les 24 heures du jour, un paresseux [b] en passe 9 à dormir et 13 à ne rien faire. Combien lui en reste-t-il? — **S.** 24ʰ — 9ʰ — 13ʰ, c-à-d 2ʰ.

---

31. — Opérations sur les produits.

Question. Comment *multiplie-t-on* un produit par un nombre? — **Réponse.** *Pour multiplier un produit par un nombre, il suffit de multiplier par ce nombre l'un quelconque des facteurs de ce produit.*

Q. Donnez un exemple. — **R.** Ainsi, pour multiplier $7 \times 3 \times 5$ par 2, il suffit de multiplier le facteur 3 par 2. Le produit est $7 \times 6 \times 5$ [c].

Q. Comment *multiplie-t-on* un nombre par un produit? — **R.** *Pour multiplier un nombre par un produit, il suffit de multiplier successivement par tous les facteurs de ce produit.*

Q. Donnez un exemple. — **R.** Soit à multiplier un nombre par 30, c-à-d par le produit 6×5. Il suffit de multiplier ce nombre par 6; puis de multiplier le produit obtenu par 5 [d].

[a] Ce poids de 159ᴷᵍ est le *poids ordinaire* des sacs de farine. En général, dans les exercices que nous donnons, les nombres ne sont pas pris au hasard. Ce sont des nombres exacts, que nous avons puisés aux meilleures sources.

[b] Rien de plus dangereux que la *paresse* : c'est l'une de nos plus grandes ennemies. Elle nous empêche de profiter de nos bonnes qualités, de tirer parti de nos aptitudes, de développer nos talents, de réussir dans nos entreprises. C'est comme une rouille qui ronge tout, détruit tout.

[c] On aurait pu multiplier le facteur 5 par 2, ce qui eût donné le produit $7 \times 3 \times 10$, ou 210.

[d] De même, pour multiplier un nombre par 24, c-à-d par le produit $2 \times 3 \times 4$, il suffit de multiplier ce nombre par 2, puis le produit obtenu par 3, puis le nouveau produit par 4.

Q. Comment *divise-t-on* un produit par un nombre? — **R.** *Pour diviser, exactement, un produit par un nombre, il suffit de diviser exactement par ce nombre l'un des facteurs de ce produit.*

p. 43 **Q.** Donnez un exemple. — **R.** Ainsi, pour diviser $5 \times 12 \times 7$ par 3, il suffit de diviser 12 par 3. Le quotient cherché est $5 \times 4 \times 7$.

Q. Comment *divise*-t-on un nombre par un produit? — **R.** *Pour diviser, exactement ou non, un nombre par un produit, il suffit de diviser successivement par tous les facteurs de ce produit.*

Q. Donnez un exemple. — **R.** Soit à diviser 347 par 5×6. Divisant 347 par 5, je trouve 69. Divisant 69 par 6, je trouve 11. Le quotient cherché est 11 [a].

Exercice 1. Multipliez par 2 le *produit* $9 \times 5 \times 7$. — **Solution.** $9 \times 10 \times 7$, c-à-d 630.

E. 2. Multipliez, sans écrire, 50 par 18. — **S.** 900 [b].

E. 3. Divisez par 3 le *produit* $4 \times 75 \times 7$. — **S.** $4 \times 25 \times 7$, c-à-d 100×7, ou 700 [c].

E. 4. Divisez 924 par le *produit* $2 \times 3 \times 11$. — **S.** En divisant 924 par 2, on trouve 462. En divisant 462 par 3, on trouve 154. En divisant 154 par 11, on trouve 14, qui est le quotient demandé.

E. 5. Calculez $(3\,675 - 2\,713) - 627$. — **S.** $962 - 627$, c-à-d 1 589.

E. 6. Calculez $94\,833 + (35\,767 + 76\,753)$. — **S.** $94\,833 + 112\,520$, c-à-d 207 353.

E. 7. Calculez $43\,772 \times 23 - 51\,714$. — **S.** $1\,006\,756 - 51\,714$, c-à-d 955 042.

E. 8. Multipliez 427 par 73 824 012. — **S.** 31 523 237 424 [d].

[a] Grâce à cette *règle*, beaucoup de divisions où le diviseur a *plusieurs* chiffres peuvent se ramener à des divisions dans chacune desquelles le diviseur n'a qu'*un* chiffre. Ainsi, pour diviser par 72, qui est le produit de 8 par 9, il suffit de diviser par 8, puis par 9.

[b] Le calcul qu'on fait *de tête* revient à remplacer 50×18 par $50 \times 2 \times 9$, c-à-d par 100×9.

[c] Dans les mathématiques un peu élevées, on a souvent à considérer les produits des nombres entiers consécutifs, à partir de l'unité, par exemple les produits 1×2, $1 \times 2 \times 3$, $1 \times 2 \times 3 \times 4$,... Ces produits se nomment des *factorielles*. Leurs valeurs *croissent* très rapidement, quand le nombre de leurs facteurs augmente.

[d] Dans cet exercice, le multiplicateur donné est un *assez grand*

E. 9. On achète 142¹ de haricots blancs, 275¹ de lentilles et 336¹ de pois cassés[a]. Combien en tout? — **S.** 142¹ + 275¹ + 336¹, c-à-d 753¹.

E. 10. Un régiment compte 3 bataillons, chacun de 4 compagnies. L'effectif est de 2924 hommes. Combien par compagnie? — **S.** Le nombre des compagnies est 4×3, c-à-d 12. Il y a par compagnie un nombre d'hommes égal à 2924 : 12, c-à-d à 243.

E. 11. Dans un domaine de 3647ᵃ, on a planté 1429ᵃ en blé, 536ᵃ en vigne, et le reste en pommes de terre. Dites l'étendue de cette dernière partie. — **S.** 3647ᵃ — 1429ᵃ — 536ᵃ, c-à-d 1682ᵃ.

E. 12. Que coûtent 37 lits de fer à 23ᶠ? — **S.** 37 fois 23ᶠ, c-à-d $23^\mathrm{f} \times 37$, ou 851ᶠ.

---

32. — Carrés et cubes.

Question. Qu'appelle-t-on *carré* d'un nombre? — **Réponse.** On appelle **carré** d'un *nombre* le *produit* de *deux facteurs* égaux à ce *nombre*.

Q. Donnez un exemple. — **R.** Le *carré* de 5 est 5×5, c-à-d 25[b].

Q. Comment indique-t-on le *carré* d'un nombre? — **R.** Pour abréger, on indique le *carré* d'un nombre en écrivant, à la droite de ce nombre et un peu au-dessus, un petit *chiffre* 2.

Q. Donnez un exemple. — **R.** 5×5 s'écrit 5^2, et 5^2 s'énonce 5 *au carré*[c].

nombre. Il est bon de faire de temps en temps effectuer aux élèves des calculs où entrent des nombres pareils; mais il serait inutile d'en faire effectuer sur des nombres *très grands*. les nombres qui dépassent *un milliard* étant fort rares dans la *pratique*.

[a] Faites remarquer aux élèves que les légumes secs, les grains, les châtaignes, se mesurent au litre, comme les liquides.

[b] Lorsque la *table de multiplication* est mise sous la forme d'un tableau, la *diagonale* de ce tableau, qui part du coin supérieur de gauche, nous présente, comme nous l'avons fait remarquer déjà, la suite des *carrés* des *neuf* premiers nombres.

[c] On dit parfois que le *carré* d'un nombre n'est autre chose que le produit de ce nombre par lui-même. Cette définition est exacte ; mais elle a l'inconvénient d'être difficile à *généraliser*.

Q. Qu'appelle-t-on *cube* d'un nombre? — **R.** On appelle **cube**[a] d'un *nombre* le *produit* de *trois facteurs* égaux à ce *nombre*.

Q. Donnez un exemple. — **R.** Le *cube* de 5 est $5 \times 5 \times 5$, c-à-d 125.

p. 44   **Q.** Comment indique-t-on le *cube* d'un nombre? — **R.** Pour abréger, on indique le *cube* d'un nombre en écrivant, à la droite de ce nombre et un peu au-dessus, un petit *chiffre* 3.

Q. Donnez un exemple. — **R.** $5 \times 5 \times 5$ s'écrit 5^3, et 5^3 s'énonce 5 *au cube*[b].

Exercice 1. Quel est le *carré* de 11? — **Solution.** 11×11, c-à-d 121.

E. 2. Calculez 13^2. — **S.** 13×13, c-à-d 169.

E. 3. Quel est le *cube* de 17? — **S.** $17 \times 17 \times 17$, c-à-d 4913.

E. 4. Calculez 19^3. — **S.** $19 \times 19 \times 19$, c-à-d 6859[c].

E. 5. Trouvez le *tiers* de $325 + 458$. — **S.** $783 : 3$, c-à-d 261.

E. 6. Calculez $728 \times 943 - 2541$. — **S.** $686504 - 2541$, c-à-d 683963.

E. 7. A 3649, ajoutez le *quart* de 6536. — **S.** $3649 + 1634$, c-à-d 5283.

E. 8. Calculez $948 \times 847 + 13929$. — **S.** $802956 + 13929$, c-à-d 816885[d].

E. 9. On achète 26^m de drap, 34^m de flanelle et 17^m de

---

[a] Le mot *cube*, comme le mot *carré*, tire son origine de la géométrie.

[b] On dit parfois que le *cube* d'un nombre n'est autre chose que le produit qu'on obtient en multipliant ce nombre deux fois par lui-même. C'est là une définition incorrecte ; car, dans la seconde multiplication que l'on fait pour calculer le cube d'un nombre, ce n'est plus ce *nombre* même que l'on multiplie.

[c] Les élèves confondent souvent le *carré* d'un nombre avec le *double* de ce nombre, le *cube* d'un nombre avec son *triple*. On aura soin de leur montrer sur des exemples numériques que le *carré* et le *double* d'un nombre ne sont point égaux ; que le *cube* et le *triple* ne le sont pas davantage. Parmi tous les nombres possibles, il n'y a que 0 et 2 qui aient leur *carré* égal à leur *double*. Parmi les nombres commensurables, il n'y a que 0 qui ait son *cube* égal à son *triple*.

[d] Faites remarquer aux élèves, en revenant sur la signification des parenthèses, que l'expression contenue dans l'exercice 8 est identique à $(948 \times 847) + 13929$, et diffère totalement de $948 \times (847 + 13929)$.

molleton [a]. Combien de mètres en tout? — **S.** 26^m + 34^m + 17^m, c-à-d 77^m.

E. 10. On avait 97^{Kg} de saindoux [b]. On en consomme 29^{Kg} et on partage le reste en *deux* parts égales. Dites le poids de chaque part. — **S.** Il reste 97^{Kg} — 29^{Kg}, c-à-d 68^{Kg}, dont la moitié est 34^{Kg}.

E. 11. Un travail a demandé *un* mois. Ce mois comptait 31 jours, sur lesquels 4 dimanches que l'on a chômés [c]. La journée était de 12^h. Combien d'heures en tout? — **S.** Le nombre des jours de travail est 31 — 4, ou 27. Le nombre des heures est donc 12^h × 27, c-à-d 324^h.

E. 12. Que contiennent ensemble *deux* foudres [d], l'un de 7 829^l, l'autre de 8 637^l? — **S.** 7 829^l + 8 637^l, c-à-d 16 466^l.

---

33. — Les puissances.

Question. Qu'appelle-t-on *puissance* 2e, puissance 3e, etc.? — Réponse. On appelle **puissance** 2e, **puissance** 3e, **puissance** 4e d'un nombre, le *produit* de 2, de 3, de 4, ..., *facteurs* égaux à ce nombre.

Q. Donnez des exemples. — **R.** La 2e *puissance* de 7 est 7 × 7, c-à-d 49; — la 3e *puissance* de 7 est 7 × 7 × 7, c-à-d 343; — la 4e *puissance* de 7 est 7 × 7 × 7 × 7, c-à-d 2 401 [e].

Q. Comment indique-t-on une *puissance* d'un nombre? — **R.** On indique en abrégé une *puissance* d'un nombre en écrivant, en caractères plus petits, un peu à droite et en haut de ce nombre, le **degré** de cette *puissance*,

[a] Le *drap*, la *flanelle*, le *molleton* sont trois étoffes de laine.

[b] Le *saindoux* n'est autre chose que la graisse de porc fondue. On le désigne aussi sous le nom d'*axonge*.

[c] *Chômer* une *fête*, c'est la solenniser en ne travaillant pas. Dans ce sens, chômer est actif. — Le verbe neutre *chômer* signifie ne pas travailler faute d'ouvrage. *Les bons ouvriers chôment rarement.*

[d] Dans plusieurs pays vignobles, on donne le nom de *foudres* à de très grands tonneaux. Pris dans ce sens, le mot *foudre* est du genre masculin.

[e] Il est évident que toutes les *puissances* de *l'unité* sont égales à *l'unité*. Si l'on regarde *zéro* comme un nombre, toutes les puissances de *zéro* sont aussi égales à *zéro*.

c-à-d le *nombre* des facteurs égaux dont elle est le *produit*.

p. 45   **Q.** Donnez des exemples. — **R.** La 2ᵉ *puissance* de 8 s'indique par 8^2; la 3ᵉ par 8^3; la 4ᵉ par 8^4; et ainsi de suite.

Q. Comment s'appelle le nombre qui indique le *degré*? — **R.** Le nombre, écrit en petits chiffres, qui indique le *degré* de la puissance s'appelle l'**exposant** [a] de cette puissance.

Q. Que savez-vous sur la 2ᵉ *puissance* d'un nombre? — **R.** La 2ᵉ *puissance* d'un nombre n'est autre chose que le *carré* de ce nombre. La 3ᵉ *puissance* n'est autre chose que le *cube* [b].

Q. Qu'est-ce que la 1ʳᵉ *puissance*? — **R.** La 1ʳᵉ *puissance* d'un nombre n'est que ce *nombre* lui-même; 8^1 n'est autre chose que 8; un nombre qui n'est affecté d'aucun *exposant* peut donc être regardé comme ayant l'*exposant* 1.

Q. Comment *multiplie*-t-on deux *puissances*? — **R.** *Pour multiplier l'une par l'autre deux puissances d'un même nombre, il suffit d'en ajouter les exposants* [c].

Q. Donnez un exemple. — **R.** Le *produit* de 11^2 par 11^3 est 11^5.

Q. Comment *divise*-t-on une *puissance* par une autre? — **R.** *Pour diviser l'une par l'autre deux puissances d'un même nombre, il suffit de retrancher l'exposant du diviseur de l'exposant du dividende.*

Q. Donnez un exemple. — **R.** Le *quotient* de 12^7 par 12^3 est 12^4.

Exercice 1. Calculez la 2ᵉ *puissance* de 23. — **Solution.** 23×23, c-à-d 529.

E. 2. Calculez la 3ᵉ *puissance* de 12. — **S.** $12 \times 12 \times 12$, c-à-d 1 728.

(a) La notation des *exposants* est une notation abrégée de la plus haute importance : elle est due à *Descartes*, l'un des plus grands mathématiciens qui aient existé. — René Descartes est né en Touraine, en 1596; il est mort en Suède, en 1650.

(b) C'est l'habitude de dire *carré* et *cube* au lieu de *première* puissance, *deuxième* puissance.

(c) On voit par là que $5^2 \times 5^2$ donne 5^4. Comme il en est de même pour $6^2 \times 6^2$, $7^2 \times 7^2$, etc., on peut énoncer cette proposition : *la 4ᵉ puissance d'un nombre n'est autre chose que le carré du carré de ce nombre.*

E. 3. Calculez la 4ᵉ *puissance* de 6. — **S.** $6 \times 6 \times 6 \times 6$, c-à-d 1 296.

E. 4. Calculez la 3ᵉ *puissance* de 8. — **S.** $8 \times 8 \times 8$, c-à-d 512 [a].

E. 5. Calculez la 5ᵉ *puissance* de 2. — **S.** $2 \times 2 \times 2 \times 2 \times 2$, c-à-d 32 [b].

E. 6. Quelle est la 1ʳᵉ *puissance* de 337 ? — **S.** 337.

E. 7. Multipliez 5^3 par 5^4. — **S.** 5^7.

E. 8. Divisez 9^6 par 9^2. — **S.** 9^4.

E. 9. De 1 000, retranchez le *quart* [c] de 3 652. — **S.** $1\,000 - 913$, c-à-d 87.

E. 10. Effectuez $9\,873 \times (357 + 898)$. — **S.** $9\,873 \times 1\,255$, c-à-d 12 390 615.

E. 11. Un régiment de cavalerie comptait 457 chevaux. Il en reçoit 38 et en perd 17. Combien en a-t-il ? — **S.** $457 + 38 - 17$, c-à-d 478.

E. 12. On achète un terrain de 6 327ᵃ et la *moitié* d'un terrain de 8 456ᵃ. Combien d'ares en tout ? — **S.** La *moitié* du second terrain est de 4 228ᵃ. On achète donc en tout $6\,327^a + 4\,228^a$, c-à-d 10 555ᵃ [d].

[a] Comme 8 n'est autre chose que 2^3, la 3ᵉ puissance de 8 n'est autre chose que $2^3 \times 2^3 \times 2^3$, c-à-d que 2^9. En général, *la 9ᵉ puissance d'un nombre* n'est autre chose que le *cube du cube de ce nombre*.

[b] Les 10 premières puissances de 2 sont 2, 4, 8, 16, 32, 64, 128, 256, 512 et 1 024. On ne peut imaginer avec quelle rapidité croissent les puissances d'un nombre lorsque leur exposant augmente. La 10ᵉ puissance de 2 est 1 024. La 100ᵉ puissance de 2 serait un nombre de 31 chiffres, c-à-d un nombre énorme, de la grandeur duquel nous ne pouvons pas nous faire idée.

[c] Rappelez bien aux élèves ce qu'on appelle *moitié, tiers, quart* d'un nombre. Dites-leur que, quand on partage soit un *nombre*, soit une *quantité* en plusieurs *parties égales*, chacune de ces parties s'appelle *une partie aliquote* de cette quantité ou de ce nombre. Nous reviendrons bientôt sur la définition des *parties aliquotes*. Il n'est pas mauvais d'en dire dès à présent quelques mots. — Dire quelques mots, incidemment, des choses dont on s'occupera par la suite, c'est en cela que consiste la *méthode prénotionnelle*, l'une des plus fécondes de l'enseignement.

[d] En finissant ce chapitre, il sera bon de le résumer. On fera remarquer qu'il se rapporte, en entier, aux *produits* de plusieurs facteurs, car les *puissances* ne sont qu'un cas particulier de ces produits.

CHAPITRE II

DIVISIBILITÉ

—

34. — Multiples et diviseurs.

Question. Dans quel cas un nombre est-il *divisible* par un autre? — **Réponse.** Un nombre est **divisible** par un autre, lorsque la *division* du premier par le second se fait *exactement*.

Q. Donnez un exemple. — **R.** 35 est *divisible* par 7.

Q. Lorsqu'un nombre est *divisible* par un autre, que dites-vous de cet autre? — **R.** Lorsqu'un nombre est *divisible* par un autre, réciproquement le second nombre est un **diviseur** du premier [a].

Q. Donnez un exemple. — **R.** 7 est un *diviseur* de 35.

Q. Que sont les *multiples* d'un nombre? — **R.** Les **multiples** d'un nombre sont les *produits* qu'on obtient en multipliant ce nombre par les entiers consécutifs 1, 2, 3, ...

Q. Donnez des exemples. — **R.** Les premiers *multiples* de 9 sont 9×1, 9×2, 9×3, ..., c-à-d 9, 18, 27, ... [b].

Q. Que savez-vous sur tout *multiple* d'un nombre? — **R.** Il est évident que tout *multiple* d'un nombre est *divisible* par ce nombre.

Q. Que savez-vous sur la *somme* de plusieurs nombres? — **R.** *Lorsque plusieurs nombres sont tous divisibles par un autre, leur somme est divisible par cet autre.*

---

[a] Dire qu'un nombre est *divisible* par un autre, ou que cet autre est un *diviseur* du premier, c'est dire la même chose en termes différents. — On peut remarquer que tout nombre est *divisible* par l'*unité*, ou bien que l'*unité* est *diviseur* de tous les nombres. — On dit aussi parfois que 0 est *divisible* par tous les nombres.

[b] Les *multiples* d'un nombre quelconque forment une suite *illimitée*, qui est une *progression arithmétique*.

Q. Donnez un exemple. — **R**. Les nombres 21, 35, 49 étant tous *divisibles* par 7, leur *somme* 105 est *divisible* par 7.

Q. Lorsqu'un nombre est *divisible* par un autre, que savez-vous sur ses *multiples?* — **R**. *Lorsqu'un nombre est divisible par un autre, tous les multiples du premier nombre sont divisibles par le second.*

Q. Donnez un exemple. — **R**. 33 étant *divisible* par 11, tous les *multiples* de 33 sont *divisibles* par 11.

Q. Lorsque toutes les parties d'une *somme*, excepté une, sont divisibles par un nombre, que savez-vous sur cette somme? — **R**. *Lorsque toutes les parties d'une somme, excepté une, sont divisibles par un certain nombre, cette somme n'est pas divisible par ce nombre*[a].

Q. Donnez un exemple. — **R**. Soient 26, 39, 52, qui sont *divisibles* par 13, et 61 qui ne l'est pas. La somme 178 de ces quatre nombres n'est pas *divisible* par 13.

> **Exercice 1**. *Cent quatre* est-il *divisible* par 13? — **So-** p. 47
> **lution**. Oui.
>
> **E. 2**. *Soixante-deux* est-il *divisible* par 13? — **S**. Non.
>
> **E. 3**. Calculez les *cinq* premiers *multiples* de 12. — **S**. 12, 24, 36, 48, 60[b].
>
> **E. 4**. Calculez les *neuf* premiers *multiples* de 11. — **S**. 11, 22, 33, 44, 55, 66, 77, 88, 99[c].
>
> **E. 5**. Quelle est la 4e *puissance* de 4? — **S**. $4 \times 4 \times 4 \times 4$, c-à-d 256[d].
>
> **E. 6**. Effectuez $329 + 456 \times 537$. — **S**. $329 + 244872$, c-à-d 245201.
>
> **E. 7**. Calculez 53³. — **S**. $53 \times 53 \times 53$, c-à-d 148877.
>
> **E. 8**. Retranchez 25234 de 100003. — **S**. 74769.

[a] La *division* de cette *somme* par ce *nombre* présente alors un *reste*. Ce reste est le même que celui qu'on obtient en *divisant* par ce nombre la *partie* de la somme dont ce nombre n'est pas un *diviseur*.

[b] Nous avons fait remarquer déjà qu'il était bon, pour les calculs usuels, non écrits, d'étendre la *table de multiplication* jusqu'à 12 fois 12. Cela revient à *calculer* et à apprendre *par cœur* les 12 premiers *multiples* de 11 et les 12 premiers *multiples* de 12.

[c] Nous l'avons aussi fait remarquer déjà : les *neuf* premiers multiples de 11 s'écrivent chacun avec deux chiffres *pareils*.

[d] Comme la 4e *puissance* d'un nombre n'est autre chose que le *carré* du *carré* de ce nombre, on aurait pu, pour calculer 4⁴, multiplier simplement 16 par 16.

4.

E. 9. *Six* volumes coûtant 24^f, combien, pour 68^f, aurai-je de volumes pareils? — **S.** Chaque volume coûte 24^f : 6, c-à-d 4^f. Pour 68^f, on en aura autant qu'il y a de fois 4 dans 68, c-à-d 17.

E. 10. Combien de pelotes de fil de lin[a] dans 5 boîtes contenant chacune 4 *douzaines* de pelotes? — **S.** 12 $\times$ 4 $\times$ 5, c-à-d 240.

E. 11. On veut partager également un poids de 968^{Kg} entre 3 mulets[b] et 5 chevaux. Que portera chacun d'eux? — **S.** Le nombre de ces bêtes est de 8. Chacune portera 968^{Kg} : 8, c-à-d 121^{Kg}.

E. 12. *Huit* bonbonnes de 17^1 contiennent chacune 12^1 d'acide sulfurique[c]. Combien de litres d'acide pour achever de les remplir toutes? — **S.** Il faudra 5^1 par bonbonne et, par suite, 5^1 $\times$ 8, ou 40^1 en tout.

---

35. — Divisibilité par 10, 5, 2; 100, 25, 4.

Question. Qué faut-il pour qu'un nombre soit *divisible* par 10? — **Réponse.** Pour qu'un nombre soit *divisible* par 10, il faut et il suffit que son dernier *chiffre* soit un 0.

Q. Donnez un exemple. — **R.** 240 est *divisible* par 10; 173 ne l'est pas.

Q. Que faut-il pour qu'un nombre soit *divisible* par 5? — **R.** Pour qu'un nombre soit *divisible* par 5, il faut et il suffit que son dernier *chiffre* soit 0 ou 5.

[a] Le *lin* est, comme le *chanvre* et le *coton*, une plante *textile*, c-à-d une plante dont on tire des fils propres à la fabrication des tissus. On utilise aussi la *graine de lin* et l'*huile* qu'on en extrait. — Les mots *pelotes* et *pelotons* désignent des boules plus ou moins grosses formées de fil, de soie ou de laine enroulé.

[b] Le *mulet* tient de l'âne et du cheval. C'est un animal sobre, robuste, facile à nourrir. Il a le pied très sûr et résiste à de grandes fatigues. On l'emploie pour porter des fardeaux, surtout dans les pays de montagnes.

[c] L'*acide sulfurique* est un *acide*, c-à-d un corps analogue au *vinaigre*, mais beaucoup plus fort, plus énergique. C'est l'un des *produits chimiques* les plus employés dans l'industrie. On le nomme aussi parfois *huile de vitriol*, ou, plus simplement, *vitriol*.

Q. Donnez un exemple. — **R.** 15 est *divisible* par 5 ; 31 ne l'est pas.

Q. Que faut-il pour qu'un nombre soit *divisible* par 2 ? — **R.** Pour qu'un nombre soit *divisible* par 2, il faut et il suffit que son dernier *chiffre* soit un 0, ou soit un chiffre *divisible* par 2.

Q. Donnez un exemple. — **R.** 28 est *divisible* par 2, parce son dernier chiffre 8 est *divisible* par 2.

Q. Dans quel cas un nombre est-il *pair* ? — **R.** Un nombre est **pair**, s'il est *divisible* par 2 ; **impair**, s'il ne l'est pas [a].

Q. Que forment les nombres *impairs* ? — **R.** Les nombres *impairs* forment la suite illimitée 1, 3, 5, 7, ... Les nombres *pairs* forment la suite illimitée 2, 4, 6, 8, ... [b].

Q. Que faut-il pour qu'un nombre soit *divisible* par 100 ? — **R.** Pour qu'un nombre soit *divisible* par 100, il faut et il suffit que ses *deux* derniers *chiffres* soient *deux* 0.

Q. Donnez un exemple. — **R.** 2400 est *divisible* par 100 ; 2304 ne l'est pas [c].

Q. Que faut-il pour qu'un nombre soit *divisible* par 25 ? — **R.** Pour qu'un nombre soit *divisible* par 25, il faut et il suffit que ses *deux* derniers *chiffres* forment l'un des groupes 00, 25, 50, 75.

P. 48

Q. Donnez un exemple ? — **R.** 325 est *divisible* par 25 ; 156 ne l'est pas [d].

Q. Que faut-il pour qu'un nombre soit *divisible* par 4 ? —

---

[a] D'après ce qui précède, tout nombre *pair* est terminé par l'un des chiffres, 0, 2, 4, 6, 8 ; tout nombre *impair*, par l'un des chiffres 1, 3, 5, 7, 9. — La *somme* et la *différence* de deux nombres, tous deux *pairs* ou tous deux *impairs*, est toujours un nombre *pair*. La *somme* et la *différence* de deux nombres, l'un *pair* et l'autre *impair*, est toujours un nombre *impair*.

[b] Chacune de ces *suites* est une *progression arithmétique*.

[c] Pour qu'un nombre soit *divisible* par 1000, il faut et il suffit que ses *trois* derniers chiffres soient *trois* 0 ; pour qu'un nombre soit *divisible* par 10000, il faut et il suffit que ses *quatre* derniers chiffres soient *quatre* 0 ; et ainsi de suite. — Il est bon de remarquer que 10, 100, 1000, 10000, ... sont les *puissances* successives de 10.

[d] Pour qu'un nombre soit *divisible* par 125, il faut et il suffit que ses *trois* derniers chiffres forment un nombre *divisible* par 125 ; pour qu'un nombre soit *divisible* par 625, il faut et il suffit que ses *quatre*

R. Pour qu'un nombre soit *divisible* par 4, il faut et il suffit que ses *deux* derniers *chiffres* soient *deux* 0, ou forment un nombre *divisible* par 4.

Q. Donnez un exemple. — **R.** 736 est *divisible* par 4, parce que le nombre 36, formé par ses *deux* derniers *chiffres*, est *divisible* par 4 [a].

Exercice 1. Le nombre 121 est-il *divisible* par 10? — **Solution.** Non, parce qu'il n'est pas terminé par un zéro [b].

E. 2. Le nombre 326 est-il *divisible* par 2? — **S.** Oui, parce que son dernier chiffre est *divisible* par 2.

E. 3. Le nombre 548 est-il *divisible* par 5? — **S.** Non, parce que son dernier chiffre n'est ni 0, ni 5.

E. 4. Le nombre 4200 est-il *divisible* par 100? — **S.** Oui, parce qu'il est terminé par deux *zéros*.

E. 5. Le nombre 367 est-il *divisible* par 4? — **S.** Non, parce que 67 n'est pas *divisible* par 4.

E. 6. Le nombre 875 est-il *divisible* par 25? — **S.** Oui, parce qu'il est terminé par 75.

E. 7. Quels sont les nombres *pairs* compris entre 19 et 31? — **S.** 20, 22, 24, 26, 28, 30 [c].

E. 8. Quels sont les nombres *impairs* compris entre 20 et 32? — **S.** 21, 23, 25, 27, 29, 31 [d].

E. 9. Calculez 39^2. — **S.** 1521.

E. 10. Du *tiers* de 1824, retranchez 599. — **S.** 608 — 599, c-à-d 9.

E. 11. Combien de fruits dans 13 paniers [e] contenant

derniers chiffres forment un nombre *divisible* par 625; et ainsi de suite. — Il est bon de remarquer que 5, 25, 125, 625,... sont les *puissances successives* de 5.

[a] Pour qu'un nombre soit *divisible* par 8, il faut et il suffit que ses *trois* derniers chiffres forment un nombre *divisible* par 8; pour qu'un nombre soit *divisible* par 16, il faut et il suffit que ses *quatre* derniers chiffres forment un nombre divisible par 16; et ainsi de suite. — Il est bon de remaquer que 2, 4, 8, 16,... sont les *puissances* successives de 2.

[b] Les élèves doivent savoir que 121 est le *carré* de 11.

[c] En général, combien y a-t-il de nombres *pairs* compris entre deux nombres *impairs* quelconques? — Autant qu'il y a d'*unités* dans la *moitié* de la *différence* de ces deux nombres impairs.

[d] En général, combien y a-t-il de nombres *impairs* compris entre deux nombres *pairs* quelconques? — Autant qu'il y a d'*unités* dans la *moitié* de la *différence* de ces deux nombres pairs.

[e] Les fruits de toute sorte, dont il se fait un commerce immense,

chacun 36 abricots et 58 prunes [a]? — **S.** Dans chaque panier, il y a $36 + 58$, c-à-d 94 fruits. Dans les 13 paniers, il y en a 94×13, c-à-d 1222.

E. 12. Un pré, situé au bord d'un torrent, avait une étendue de 4223^a. Dans une inondation, le torrent [b] enlève 197^a. Que reste-t-il? — **S.** $4223^a — 197^a$, c-à-d 4026^a.

36. — Divisibilité par 9, 3, 11.

Question. Que faut-il pour qu'un nombre soit *divisible* par 9? — **Réponse.** Pour qu'un nombre soit *divisible* par 9, il faut et il suffit que la *somme* de ses *chiffres* soit *divisible* par 9.

Q. Donnez un exemple. — **R.** 1836 est *divisible* par 9, parce que la somme $1 + 8 + 3 + 6$ est *divisible* par 9 [c].

Q. Comment trouve-t-on le *reste* de la division par 9? — **R.** On peut, sans faire la division, trouver le *reste* de la *division* d'un nombre par 9. Pour cela, on fait la *somme* de tous les chiffres du nombre, en ôtant 9 chaque fois qu'on le peut.

Q. Donnez un exemple. — **R.** Soit à trouver le *reste* de la *division* de 586973 par 9. Considérant 586973, je dis : 5 et 8... p. 49 13; 13 moins 9... 4; — 4 et 6... 10; 10 moins 9... 1; — je passe le chiffre 9, et je continue : 1 et 7... 8; — 8 et 3... 11; 11 moins 9... 2. Le *reste* [d] cherché est 2.

s'expédient presque toujours en *paniers*. Il en est de même de la plupart des vins en bouteilles, par exemple des vins de Champagne.

[a] L'*abricot* est le fruit de l'*abricotier*, arbre originaire de l'Arménie, et très cultivé dans le midi de la France. On fait avec les abricots des compotes, des confitures et des pâtes. — La *prune* est le fruit du *prunier* : il y en a de bien des espèces, entre autres la mirabelle, la reine-claude, la prune de Monsieur. Les *pruneaux* ne sont que des prunes desséchées. — L'abricotier et le prunier laissent suinter de leur tronc une *gomme* fort analogue à la *gomme arabique*.

[b] Lors de la fonte des neiges, ou à la suite de grandes pluies, la plupart des torrents grossissent rapidement, remplissent leur lit, débordent même et emportent souvent une partie de leurs rives.

[c] Pour abréger, en calculant cette somme, on passera, sans s'en occuper, tous les chiffres 9, et tous les groupes de chiffres dont la *somme* sera divisible par 9.

[d] Il est très utile de s'exercer, sur beaucoup de nombres, à la recherche du *reste* de la division par 9.

Q. Que faut-il pour qu'un nombre soit *divisible* par 3 ? — **R.** Pour qu'un nombre soit *divisible* par 3, il faut et il suffit que la *somme* de ses *chiffres* soit *divisible* par 3.

Q. Donnez un exemple. — **R.** 4728 est *divisible* par 3, parce que la *somme* $4 + 7 + 2 + 8$ est *divisible* par 3. [a]

Q. Que faut-il pour qu'un nombre soit *divisible* par 11 ? — **R.** Pour qu'un nombre soit *divisible* par 11, il faut et il suffit que la *différence* entre la somme de ses *chiffres* de rangs *impairs* et la somme de ses *chiffres* de rangs *pairs* soit elle-même *divisible* par 11.

Q. Donnez un exemple. — **R.** Soit le nombre 846142. La somme de ses chiffres de rangs impairs, à partir de la droite, est $2 + 1 + 4$, c-à-d 7. La somme de ses chiffres de rangs pairs est $4 + 6 + 8$, c-à-d 18. La différence de ces deux sommes est divisible par 11. Donc 846142 est divisible par 11. [b]

Exercice 1. Le nombre 729 [c] est-il *divisible* par 9 ? — **Solution.** Oui, parce que la *somme* 18 de ses chiffres est *divisible* par 9.

E. 2. Le nombre 483 est-il *divisible* par 9 ? — **S.** Non, parce que la *somme* 15 de ses chiffres n'est pas *divisible* par 9.

E. 3. Le nombre 3624 est-il *divisible* par 3 ? — **S.** Oui, parce que la *somme* de ses chiffres est *divisible* par 3.

E. 4. Le nombre 544 est-il *divisible* par 3 ? — **S.** Non, parce que la *somme* de ses chiffres n'est pas *divisible* par 3.

E. 5. Le nombre 4879 est-il *divisible* par 11 ? — **S.** Non, parce que la différence $17 - 11$ n'est pas *divisible* par 11. [d]

(a) En calculant cette *somme*, on passera aussi, sans s'en occuper, tous les *chiffres* 3, 6 ou 9, et tous les *groupes* de chiffres ayant une somme *divisible* par 3.

(b) On peut, en toute *division* par 11, calculer le *reste* sans faire l'opération. Pour cela, on fait la somme des chiffres du dividende qui occupent dans ce nombre un rang *impair* à partir de la *droite*, puis la somme de ceux qui occupent un rang *pair*; on retranche la seconde de ces sommes de la première : la *différence*, divisée par 11, donne le *reste* cherché. Soit à trouver le reste de 853827 divisé par 11 : la première somme est 20, la seconde est 13; l'excès de 20 sur 13 est 7 : tel est le *reste* cherché.

(c) Nous verrons plus tard que 729 est le *cube* de 9.

(d) Cette *différence* est égale à 7 : tel est le *reste* de la division de 4879 par 11.

E. 6. Le nombre 9 273 est-il *divisible* par 11 ? — **S.** Oui, parce que la différence 16 — 5 est *divisible* par 11.

E. 7. Effectuez 747 — 658 + 479. — **S.** 568.

E. 8. Effectuez 100 000 — 37 428 — 43 826. — **S.** 18 746.

E. 9. Divisez 643 258 par la *différence* 210 — 73. — **S.** 643 258 : 137. Le quotient est 4 695.

E. 10. J'avais 351^f. J'en dépense le *tiers* plus 33^f. Combien ai-je à présent ? — **S.** Le *tiers* de 351^f est de 117^f. J'ai donc 351^f — 117^f — 33^f, c-à-d 201^f.

E. 11. On parcourt le *double* du *septième* d'une route [a] de 63 126^m. Combien de mètres ? — **S.** Le 7e de la route est 63 126^m : 7, c-à-d 9 018^m. Le double est 9 018^m $\times$ 2, c-à-d 18 036^m.

E. 12. Une personne dépense le *tiers* de 279^f en un mois de 31^j [b]. Combien par jour ? — **S.** Le *tiers* de 279^f est de 93^f. Cette personne dépense donc par jour 93^f : 31, c-à-d 3^f.

---

37. — Preuves par 9 de l'addition et de la soustraction.

Question. Que savez-vous sur les *sommes* qu'on obtient en ajoutant, d'une part des *nombres* donnés, de l'autre les *restes* de leur division par 9 ? — **Réponse.** Si l'on *ajoute*, d'une part des *nombres* donnés quelconques, de l'autre les *restes* des divisions de ces nombres par 9, les deux p. 5c *sommes* qu'on obtient, divisées par 9, donnent des *restes égaux* [c].

Q. Démontrez ce fait. — **R.** En effet, en remplaçant chacun des *nombres* donnés par son *reste*, on supprime simplement,

[a] On distingue, en France, plusieurs sortes de routes : les routes *nationales*, les routes *départementales*, les chemins de *grande vicinalité* et enfin les chemins *vicinaux* ou *communaux*. On appelle *sentier* un chemin très étroit, à peine tracé.

[b] Les mois ont les uns 30^j, les autres 31^j, à l'exception du mois de *février* qui en a tantôt 28, tantôt 29.

[c] C'est sur cette *proposition* que repose la *preuve par 9 de l'addition*. La *démonstration* que nous en donnons nous paraît assez simple pour être comprise de tous les élèves. — On appelle, en général, *démonstration* d'une *proposition* l'ensemble des *raisonnements* à l'aide desquels on établit que cette proposition est *vraie*.

à chaque fois, un *multiple* de 9. Donc les deux *sommes* considérées ne diffèrent que par un *multiple* de 9. Donc, divisées par 9, elles donnent des *restes égaux*.

Q. Comment fait-on la *preuve par* 9 de l'*addition?* — **R.** Pour effectuer la *preuve par* 9 de l'*addition*, on fait, d'une part, la *somme* de tous les *chiffres* des *nombres* donnés, en ôtant 9 chaque fois qu'on le peut; de l'autre, la *somme* des *chiffres* du *total*, en ôtant aussi les 9. Ces calculs conduisent à deux nombres inférieurs à 9 : ces deux nombres doivent être *égaux*.

Q. Donnez un exemple. — **R.** Soit l'addition ci-contre. En ajoutant les chiffres des nombres donnés et et ôtant les 9, je trouve 4. En ajoutant les chiffres du total, ôtant les 9, je trouve aussi 4. La *preuve* réussit.

$$\begin{array}{r} 428 \\ 647 \\ 513 \\ \hline 1\,588 \end{array}$$

Q. De quel *principe* cette preuve est-elle une *application?* — **R.** Cette *preuve* [a] n'est qu'une application du *principe* précédent, car, en l'effectuant, on remplace simplement chacun des nombres donnés par le reste de sa division par 9.

Q. Comment fait-on la *preuve par* 9 de la *soustraction?* — **R.** Une *soustraction* effectuée, peut être regardée comme une *addition* dont le *total* est en haut. On fait la *preuve par* 9 de cette addition-là [b].

Q. Donnez un exemple. — **R.** Soit la soustraction ci-contre. On fait la preuve par 9 pour vérifier que 4 527 est bien égal à 3 281 + 1 246.

$$\begin{array}{r} 4\,527 \\ 3\,281 \\ \hline 1\,246 \end{array}$$

Exercice. 1. Ajoutez 43 856 et 97 645 et faites la *preuve* [c] par 9. — **Solution.** Le total est 141 501. Ce nombre donne le même *reste* 3 que la somme des *restes*.

E. 2. Retranchez 328 641 de 412 325, et faites la *preuve* par 9. — **S.** 83 684.

E. 3. Quel est le *produit* de 6^4 par 6^5? — **S.** 6^9.

[a] Cette *preuve* de l'*addition* est la plus *rapide* qui existe. Les élèves feront bien de s'y exercer beaucoup.

[b] La *preuve* par 9 de la *soustraction* ne diffère donc pas de celle de l'addition. Cela tient à ce que, comme on l'a dit, ces deux *opérations* sont *inverses* l'une de l'autre.

[c] La *preuve par* 9 de l'*addition* étant très rapide et très simple, il sera bon de s'habituer, quelque *addition* que l'on effectue, à en faire aussitôt la *preuve* par 9.

E. 4. Trouvez la 2ᵉ *puissance* de 39. — **S.** 39 × 39, c-à-d 1 521.

E. 5. Trouvez la 3ᵉ *puissance* de 17. — **S.** 17 × 17 × 17, c-à-d 4913.

E. 6. Le nombre 555 est-il *divisible* par 2? — **S.** Non, parce que son dernier chiffre n'est pas *divisible* par 2.

E. 7. Multipliez 333 333 par 4578. — **S.** 1 525 998 474 [a].

E. 8. Dites le 6ᵉ de 427 857 + 45 939. — **S.** 473 796 : 6, c-à-d 78 966.

E. 9. On a versé dans un foudre le vin contenu dans 23 barriques [b] de 315^l. On en a retiré 1 256^l. Qu'y reste-t-il? — **S.** 315^l × 23 — 1 256^l, c-à-d 7 245^l — 1 256^l, ou 5 989^l.

E. 10. Un ouvrier travaille 9^h par jour. Combien d'heures en 7 journées et un *tiers*? — **S.** 9^h × 7 + 3^h, c-à-d 66^h.

E. 11. Combien d'argent pour acheter 3 blouses bleues de p. 51 6^f et un pantalon treillis [c] de 5^f? — **S.** 6^f × 3 + 5^f, c-à-d 23^f.

E. 12. *Trois* terrains à bâtir ont pour étendues respectives 4^a, 9^a, 13^a. Dites l'étendue totale. — **S.** 4^a + 9^a + 13^a, c-à-d 26^a.

---

38. — Preuves par 9 de la multiplication et de la division.

Question. Que savez-vous sur les *produits* qu'on obtient en multipliant, d'une part deux nombres donnés, de l'autre les restes de leur division par 9? — **Réponse.** Si l'on *multiplie*, d'une part deux *nombres* donnés quelconques, de l'autre les *restes* des divisions de ces nombres par 9, les deux *produits* qu'on obtient, divisés par 9, donnent des *restes égaux*.

Q. Démontrez ce fait. — **R.** En effet, en remplaçant chacun des *nombres* donnés par son *reste*, on supprime simplement un *multiple* de 9. Donc les deux *produits* considérés ne diffèrent que

[a] Comme le *multiplicande* donné a tous ses chiffres pareils, on fera bien, pour effectuer cette *multiplication*, de le prendre pour *multiplicateur*.

[b] Le mot *barrique* signifie, en général, *futaille* ou *tonneau*.

[c] Cette locution *pantalon treillis* désigne un pantalon de grosse toile.

d'un *multiple* de 9. Donc, divisés par 9, ils donnent des *restes égaux* [a].

Q. Comment fait-on la *preuve par* 9 de la *multiplication ?* — **R.** Pour faire la *preuve par* 9 de la *multiplication*, on cherche les *restes* de la division des deux *facteurs* par 9 ; on *multiplie* ces deux *restes* et on prend le *reste* de leur *produit :* il doit être le *même* que celui du *produit* à vérifier.

Q. Donnez un exemple. — **R.** Soit la multiplication ci-contre. Le multiplicande donne pour reste 5 ; le multiplicateur donne pour reste 6 : le produit 30 de ces deux nombres donne pour reste 3. Le produit à vérifier 50 934 donne aussi pour reste 3. La preuve réussit [b].

$$\begin{array}{r} 653 \\ 78 \\ \hline 5224 \\ 4571 \\ \hline 50934 \end{array}$$

Q. De quel *principe* cette *preuve* est-elle une *application ?* — **R.** Cette *preuve* n'est qu'une application immédiate du *principe* précédent [c].

Q. A quoi se ramène la *preuve par* 9 de la *division ?* — **R.** La *preuve par* 9 de la *division* se ramène à celle de la multiplication. En retranchant le reste du dividende, on obtient un nombre qui est juste le produit du diviseur par le quotient. On fait la *preuve par* 9 de cette multiplication-là [d].

Q. Donnez un exemple. — **R.** Soit la division ci-contre. En retranchant le reste du dividende, on trouve 3 224. On fait la preuve par 9 pour vérifier que 3 224 est bien égal à 124 $\times$ 26.

$$\begin{array}{r|l} 3241 & 124 \\ 761 & \overline{\quad 26} \\ 17 & \\ \hline 3224 & \end{array}$$

[a] On pourrait aussi *démontrer* la *proposition* précédente en s'appuyant sur ce que, d'après sa définition même, la *multiplication* n'est qu'un cas particulier de l'*addition*.

[b] On peut disposer de bien des manières la *preuve par* 9 de la *multiplication*. Le mieux, selon nous, est d'écrire, à la droite de chaque *facteur*, le *reste* correspondant, puis à la droite du produit, le *chiffre* qui se déduit de ces *restes*. Le *produit* de la multiplication doit conduire à ce même *chiffre*.

[c] La *preuve par* 9 de la multiplication est la plus *rapide* qui existe. C'est celle qu'il faut préférer.

[d] C'est parce que la *multiplication* et la *division* sont, comme nous l'avons dit, deux *opérations inverses* l'une de l'autre, que la *preuve de* la *divison* se ramène à celle de la *multiplication*.

Exercice 1. Multipliez 37 824 par 448 et faites la *preuve* p. 52 par 9 [a]. — **Solution**. Le produit est 16 945 152 [b].

E. 2. Divisez 458 643 par 673 et faites la *preuve par* 9. — **S**. Le quotient est 681 ; le reste est 330.

E. 3. Ajoutez 65 724 et 40 607 et faites la *preuve par* 9. — **S**. Le total est 106 331.

E. 4. Retranchez 35 487 de 60 102 et faites la *preuve par* 9. — **S**. La différence est 24 615.

E. 5. Le nombre 837 est-il *divisible* par 9 ? — **S**. Oui, car la somme 18 de ses chiffres est divisible par 9.

E. 6. Le nombre 946 est-il *divisible* par 25 ? — **S**. Non, parce que ce nombre n'est terminé ni par 00, ni par 25, ni par 50, ni par 75.

E. 7. Le nombre 3 496 est-il *divisible* par 4 ? — **S**. Oui, parce que 96 est divisible par 4.

E. 8. Le nombre 45 678 est-il *divisible* par 11 ? — **S**. Non, car la différence $(8 + 6 + 4) — (7 + 5)$ n'est pas divisible par 11 [c].

E. 9. Trouvez le 9e de l'*excès* de 645 sur 123. — **S**. $(645 — 123) : 9$, c-à-d $522 : 9$, ou 58.

E. 10. Un orfèvre possède 43 couverts d'argent [d] de 39f. Il les vend tous, excepté 17. Quelle somme lui paye-t-on ? — **S**. Le nombre des couverts vendus est $43 — 17$, c-à-d 26. On lui paye donc $39^f \times 26$, c-à-d $1 014^f$.

(a) Il est bon de s'habituer à faire la *preuve par* 9 de toutes les *multiplications* et de toutes les *divisions* qu'on effectue.

(b) La *preuve par* 9 d'une opération quelconque est comme toute autre preuve. Si elle *ne réussit pas*, il est *certain* qu'on s'est *trompé* quelque part. Si elle *réussit*, il est *probable* que l'opération est *exacte*. Il n'existe *aucune* preuve qui, dans ce dernier cas, donne une *certitude* au lieu d'une *probabilité*.

(c) Le *reste* de la division de ce nombre par 11 serait $18 — 12$, c-à-d 6. — Comme on sait trouver, sans effectuer l'opération, le *reste* de la division d'un nombre quelconque par 11, on peut employer des *preuves par* 11 pour *vérifier* les quatre *opérations* fondamentales. Ces *preuves par* 11 seraient presque identiques aux *preuves* par 9. On leur préfère les preuves par 9, parce que le calcul du *reste* d'une division par 9 est *plus simple* que le calcul du *reste* d'une division par 11. — Comme on sait aussi trouver directement le reste de la division d'un nombre par 7, par 13, par 37, etc., etc., on pourrait employer, pour chacune des quatre opérations, la *preuve par* 7, la *preuve par* 13, la *preuve par* 37, etc., etc.

(d) Un *couvert d'argent* se compose d'une *cuiller* et d'une *fourchette* en argent. — On appelle *orfèvre* celui qui fabrique ou vend des objets assez gros en or ou en *argent* ; *bijoutier*, celui qui fabrique ou vend des *bijoux* ; *joaillier*, celui qui fabrique ou vend des objets enrichis de *diamants* ou autres *pierres précieuses*.

E. 11. On achète *deux* pièces de toile, l'une de 18^m, l'autre de 16. Combien de mètres en tout? — **S.** $18^m + 16^m$, c-à-d 34^m.

E. 12. Un épicier a en magasin 48^{Kg} de café grillé et 236^{Kg} de café vert [a]. Il vend le *quart* du premier. Combien a-t-il encore de kilogrammes de café? — **S.** Le *quart* de 48^{Kg} est 12^{Kg}. Il a donc encore $48^{Kg} + 236^{Kg} - 12^{Kg}$, c-à-d 272^{Kg} [b].

CHAPITRE III

DIVISEURS ET MULTIPLES COMMUNS

39. — Définitions.

Question. Qu'appelle-t-on *diviseur commun?* — **Réponse.** On appelle **diviseur commun** de plusieurs *nombres* un *nombre* nouveau, qui est un *diviseur* de chacun des premiers.

Q. Donnez un exemple. — **R.** 7 est un *diviseur commun* de 28, 56, 91, parce qu'il est un *diviseur* de chacun de ces nombres [c].

Q. Des nombres étant donnés, combien admettent-ils de *diviseurs communs?* — **R.** Des *nombres* donnés n'admettent jamais qu'un *nombre limité* de *diviseurs communs*.

Q. A quoi est égal chacun de ces *diviseurs communs?* — **R.** Chacun de ces *diviseurs communs* est au plus égal au *plus petit* des nombres donnés [d].

[a] Le *café* n'est que le grain du *caféier*, arbrisseau originaire d'Arabie et cultivé aujourd'hui dans la plupart des pays chauds. La boisson qu'on en tire est agréable et salubre. Pour la préparer, on se sert de café *torréfié* et *moulu*. Le café vert est le café en grains, qui n'a pas encore été *torréfié*.

[b] Le chapitre que nous achevons a la plus grande importance, les *caractères de divisibilité* donnant le moyen d'effectuer, dans les calculs, de nombreuses simplifications; et les *preuves par 9* étant beaucoup plus rapides que toutes les autres preuves.

[c] L'*unité* est un *diviseur commun* de tous les nombres.

[d] Dans le cas où le *plus petit* des nombres donnés diviserait tous

Q. Qu'appelle-t-on *multiple commun*? — **R.** On appelle **multiple commun** de plusieurs *nombres* un *nombre* nouveau, qui est un *multiple* de chacun des premiers.

Q. Donnez un exemple. — **R.** 144 est un *multiple commun* p. 53 de 18, 24, 36 parce qu'il est un *multiple* de chacun de ces nombres[a].

Q. Des nombres étant donnés, combien admettent-ils de *multiples communs*? — **R.** Des *nombres* donnés admettent toujours une *infinité* de *multiples communs*.

Q. A quoi est égal chacun de ces *multiples communs* ? — **R.** Chacun de ces *multiples communs* est au moins égal au *plus grand* des nombres donnés[b].

Exercice 1. Le nombre 3 est-il un *diviseur commun*[c] de 9, 12 et 16 ? — **Solution.** Non, car il ne divise pas 16.

E. 2. Le nombre 8 est-il un *diviseur commun* de 24, 56, 96? — **S.** Oui, car il divise tous ces nombres.

E. 3. Le nombre 36 est-il un *multiple commun* de 4, 6, 9 ? — **S.** Oui, car il est un multiple de chacun de ces nombres.

E. 4. Le nombre 42 est-il un *multiple commun* de 6, 7, 11 ? — **S.** Non, car il n'est pas un multiple de 11.

E. 5. Multipliez 456 654 par 733 et faites la *preuve par 9.* — **S.** 334 727 382.

E. 6. Retranchez 56 827 de 63 451 et faites la *preuve par 9.* — **S.** 6 624[d].

E. 7. Le nombre 445 658 est-il *divisible* par 3 ? — **S.** Non,

les autres, comme il se *divise* lui même, il serait un *diviseur commun* de tous les nombres donnés. — En *divisant* un nombre par lui-même, on trouve, comme nous l'avons vu, pour *quotient* 1 et pour *reste* 0. Donc la division se fait *exactement.* On peut donc dire que tout nombre est *divisible* par lui-même, ou bien que tout nombre est un *multiple* de lui-même.

(a) Le *produit* de plusieurs nombres est un *multiple commun* de tous ces nombres.

(b) Dans le cas où le *plus grand* des nombres donnés serait un *multiple* de tous les autres, comme il est un *multiple* de lui-même, il serait un *multiple commun* de tous les nombres donnés.

(c) Il est très utile de savoir trouver les *diviseurs communs* de plusieurs nombres donnés. Nous verrons bientôt comment on peut les trouver *tous.*

(d) Il faut que les élèves s'habituent à faire la *preuve par* 9 de toutes les *opérations* qu'ils effectuent. Cette preuve est si *simple,* si *rapide,* que négliger de la faire serait perdre du temps plutôt qu'en gagner.

car la somme de ses chiffres n'est pas *divisible* par 3.

E. 8. Le nombre 13627 est-il *divisible* par 2? — **S.** Non, car son dernier chiffre 7 n'est pas *divisible* par 2.

E. 9. Calculez $657 \times (431 + 388)$. — **S.** 657×819, c-à-d 538083.

E. 10. On fait, en chemin de fer, sans s'arrêter, un trajet de 8^h, puis un de 9^h. On sera arrivé dans 3^h. Depuis combien d'heures est-on parti? — **S.** $8^h + 9^h - 3^h$, c-à-d 14^h.

E. 11. Combien de litres de vin dans le *triple* du *quart* d'une barrique de 228^l. — **S.** Le *quart* de 228^l est 57^l, dont le *triple* est $57^l \times 3$, c-à-d 171^l.

E. 12. On achète au marché 11 coings[a] et 3 *douzaines* d'œufs[b]. Combien d'objets? — **S.** $11 + 12 \times 3$, c-à-d $11 + 36$, ou 47.

------

40. — Plus grand commun diviseur.

Question. Qu'est-ce que le *plus grand commun diviseur* de plusieurs nombres? — **Réponse.** Le **plus grand commun diviseur** (pgcd)[c] de plusieurs *nombres* est le *plus grand* des *diviseurs communs* des ces *nombres*, c-à-d le *plus grand nombre* qui *divise* exactement chacun des *nombres* donnés.

Q. Donnez un exemple. — **R.** 8 est le *plus grand commun diviseur* des nombres 16, 24, 40.

Q. Comment obtient-on le plus grand commun diviseur de *deux* nombres? — **R.** Pour obtenir le *plus grand commun diviseur* de *deux nombres*, on *divise* le plus grand de ces nombres par le plus petit; le plus petit par le reste de la division; le premier reste par le deuxième;

[a] Le *coing* est le fruit du *cognassier* : il ressemble à une grosse poire jaune. On en fait des *pâtes* et des *confitures* excellentes, qui ont la réputation d'être *stomachiques*, c-à-d bonnes pour l'estomac.

[b] On ne saurait se faire une idée de l'énorme consommation d'*œufs* qui se fait en France. Rien qu'à Paris, on en consomme, annuellement, plus de *vingt millions!*

[c] Pour abréger, nous remplacerons souvent la locution *plus grand commun diviseur*, qui est formée de quatre mots, par le groupe *pgcd* de leurs quatre initiales. Nous ne ferons en cela que nous conformer à un usage des plus répandus.

et ainsi de suite, jusqu'à ce qu'on arrive à un reste nul. Le dernier *diviseur* employé est le *plus grand commun diviseur* cherché[a].

Q. Donnez un exemple. — **R.** Soit à trouver le *plus grand p. 54 commun diviseur* de 216 et 60. On divise 216 par 60 : le reste est 36. On divise 60 par 36 : le reste est 24. On divise 36 par 24 : le reste est 12. On divise 24 par 12 : le reste est 0. Donc 12 est le *plus grand commun diviseur* cherché[b].

Q. Dans la pratique, comment dispose-t-on ces calculs ? — **R.** Dans la pratique, on place les *diviseurs* les uns à côté des autres, et les *quotients* au-dessus des diviseurs correspondants. Les calculs précédents se disposent ainsi :

	3	1	1	2
216	60	36	24	12
36	24	12	0	

Q. Comment trouve-t-on le plus grand commun diviseur de *plusieurs* nombres ? — Pour trouver le *plus grand commun diviseur* de *plusieurs nombres*, on prend celui des deux premiers ; puis celui du nombre trouvé et du troisième nombre donné ; et ainsi de suite. Le dernier nombre obtenu est le *plus grand commun diviseur* cherché[c].

Q. Donnez un exemple. — **R.** Soit à trouver le *plus grand commun diviseur* de 16, 24, 28, 30. Le *plus grand commun diviseur* de 16 et 24 est 8 ; celui de 8 et 28 est 4 ; celui de 4 et 30 est 2. Tel est le *plus grand commun diviseur* cherché[d].

(a) S'il arrivait que le *plus petit* des deux nombres donnés divisât *exactement* le *plus grand*, il serait le *plus grand commun diviseur* cherché. En appliquant la méthode que nous indiquons, on l'obtiendrait par la première division.

(b) Dans la pratique, on peut abréger le calcul, en remplaçant le *reste* de chaque division, lorsqu'il dépasse la *moitié* du *diviseur*, par l'*excès* du diviseur sur ce reste. — Lorsqu'on opère ainsi, le nombre total des divisions nécessaires pour calculer le *pgcd* de deux nombres ne dépasse jamais le *quadruple du nombre des chiffres* du plus petit des deux nombres donnés.

(c) Les méthodes que nous venons de donner pour calculer le *pgcd* soit de *deux*, soit de *plusieurs* nombres, sont les *plus simples*, les *plus rapides* qui existent. Il n'en faut jamais employer d'autres, dès que les nombres donnés sont un peu grands.

(1) Etant donnés plusieurs nombres, si le *plus petit* d'entre eux divisait tous les autres, il serait le *pgcd* des nombres donnés.

Exercice 1. Trouvez le *pgcd* de 26 et 91 ; — **Solution.** 13.

E. 2. Trouvez le *pgcd* de 42 et 154. — **S.** 14.

E. 3. Trouvez le *pgcd* de 18, 24 et 66. — **S.** 6.

E. 4. Trouvez le *pgcd* de 45, 75 et 87 [a]. — **S.** 3.

E. 5. Le nombre 4270 est-il un *multiple commun* de 2, 5, 7 ? — **S.** Oui.

E. 6. Le nombre 8 est-il un *diviseur commun* de 40, 56, 216 ? — **S.** Oui [b].

E. 7. Le nombre 4398 est-il *divisible* par 17 ? — **S.** Non.

E. 8. Faites le *carré* de 35. — **S.** 1225.

E. 9. Retranchez 38254 de 45123 et faites la *preuve par 9*. — **S.** 6869.

E. 10. Combien de fois le 5e de 3675ª tiendrait-il dans 8429ª ? — **S.** Le 5e de 3675ª est 735ª. Le quotient de 8429 par 735 est 11. C'est le nombre de fois cherché.

E. 11. Un certain vin vaut 2^f la bouteille. Que valent 6 paniers de 16 bouteilles [c] ? — **S.** Le nombre des bouteilles est 16 $\times$ 6, c-à-d 96. Leur valeur totale est 2^f $\times$ 96, c-à-d 192^f.

E. 12. Combien de mètres de madapolam [d] dans 9 coupes de 21^m ? — **S.** 9 fois 21^m, c-à-d 21^m $\times$ 9, ou 189^m.

---

p. 55   ## 41. — Plus petit commun multiple.

Question. Qu'est-ce que le *plus petit commun multiple* de

[a] Pour calculer le *pgcd* de ces trois nombres, on applique littéralement la *règle* que nous avons donnée. On prend d'abord le *pgcd* de 45 et 75 : il est 15. On prend ensuite le *pgcd* de 15 et 87 : il est 3. Ce dernier nombre est le *pgcd* demandé.

[b] Tout nombre qui en divise plusieurs autres divise leur *pgcd*, et réciproquement. Il suffirait donc, si l'on connaissait le *pgcd* des trois nombres 40, 56, 216. de voir si ce *pgcd* est *divisible* par 8.

[c] Il arrive, parfois, surtout pour les vins fins, que la *bouteille* sert d'*unité*. — Le mot *bouteille* est un mot très général, qui désigne tous les récipients, en verre, en grès ou en métal, destinés à contenir un liquide et pouvant se fermer à l'aide d'un bouchon. Les *flacons* et *carafons* sont de petites bouteilles ; les *carafes*, des bouteilles destinées surtout à contenir de l'eau ; les *dames-jeanne* et les *bonbonnes*, des bouteilles très grandes.

[d] Le *madapolam* est une étoffe de coton, une sorte de calicot. Il doit son nom à une ville de l'Indoustan, d'où on le tirait jadis, et qui se nomme précisément *Madapolam*.

plusieurs nombres? — **Réponse.** Le **plus petit commun multiple** (ppcm)[a] de plusieurs *nombres* est le *plus petit* des *multiples communs* de ces *nombres*, c-à-d le *plus petit nombre* qui soit *divisible* par chacun des nombres donnés.

Q. Donnez un exemple. — **R.** 36 est le *plus petit commun multiple* des nombres 4, 6, 9.

Q. Comment obtient-on le plus petit commun multiple de *deux* nombres? — **R.** Pour obtenir le *plus petit commun multiple* de *deux nombres*, on fait le *produit* de ces deux nombres, et on le *divise* par leur *plus grand commun diviseur*[b].

Q. Donnez un exemple. — **R.** Soit à trouver le *plus petit commun multiple* de 36 et 42. Le *produit* de ces deux nombres est 1 512; leur *plus grand commun diviseur* est 6. En divisant 1 512 par 6, on trouve 252 : c'est le *plus petit commun multiple* cherché[c].

Q. Comment obtient-on le plus petit commun multiple de *plusieurs* nombres? — **R.** Pour obtenir le *plus petit commun multiple* de *plusieurs nombres*, on prend celui des deux premiers; puis celui du nombre trouvé et du deuxième nombre donné; et ainsi de suite. Le dernier *nombre* obtenu est le *plus petit commun multiple* cherché.

Q. Donnez un exemple. — **R.** Soit à trouver le *plus petit commun multiple* de 36, 42, 8. Le *plus petit commun multiple* de 36 et 42 est 252. Celui de 252 et 8 est 504. Tel est le *plus petit commun multiple* cherché[d].

(a) Pour abréger, nous remplacerons souvent la locution *plus petit commun multiple*, qui est formée de quatre mots, par le groupe *ppcm* de leurs quatre initiales. Nous ne ferons en cela que nous conformer à l'usage.

(b) Si le *pgcd* des deux nombres donnés était le *plus petit* d'entre eux, le *ppcm* serait le *plus grand*. Ainsi, étant donnés les deux nombres 12 et 4, leur *pgcd* est 4, leur *ppcm* est 12.

(c) Les méthodes que nous venons de donner pour calculer le *ppcm* soit de *deux* nombres, soit de *plusieurs*, sont les *plus simples* et les *plus rapides* qui existent. Ce sont les seules qu'on puisse employer lorsque les nombres donnés sont *un peu grands*.

(d) Etant donnés plusieurs nombres, si le *plus grand* d'entre eux était divisible par tous les autres, il serait le *ppcm* des nombres donnés.

Exercice 1. Trouvez le *ppcm* de 18 et 22. — **Solution.** 36.

E. 2. Trouvez le *ppcm* de 14 et 21. — **S.** 42.

E. 3. Trouvez le *ppcm* de 8, 12, 16. — **S.** 48.

E. 4. Trouvez le *ppcm* de 10, 15, 25. — **S.** 150[a].

E. 5. Calculez le *pgcd* de 66 et 121. — **S.** 11.

E. 6. Calculez le *pgcd* de 21, 35, 84. — **S.** 7[b].

E. 7. Le nombre 1 978 est-il *divisible* par 25? — **S.** Non, car il n'est pas terminé par l'un des groupes 00, 25, 50, 75.

E. 8. Quel est le *cube* de 13? — **S.** 2 197.

E. 9. Effectuez $(13\,624 - 9\,741) \times 78$. — **S.** 302 874[c].

E. 10. On achète le *tiers* d'un tas de blé pesant 64 761^{Kg}. On en revend 3 678^{Kg}. Combien en garde-t-on? — **S.** Le *tiers* du tas de blé pèse 21 587^{Kg}. On garde donc 21 587^{Kg} — 3 678^{Kg}, c-à-d 17 909^{Kg}.

E. 11. La présente année a 365^{j} dont 293 sont déjà écoulés. En commençant un ouvrage ce matin, je devrai y consacrer la fin de cette année, plus 137^{j} de l'année prochaine. En tout combien de jours? — **S.** 365 — 293 + 137, c-à-d 209.

E. 12. *Six* petits chars[d] portent chacun une pièce de vin de 229^{l} et une feuillette de 115^{l}. Combien de litres en tout? — **S.** Chaque char porte 229^{l} + 115^{l}, c-à-d 344^{l}. Le nombre total des litres est donc 344^{l} $\times$ 6, c-à-d 2 064^{l}.

———

42. — Nombres premiers entre eux.

Question. Dans quel cas deux nombres sont-ils *premiers entre eux?* — **Réponse.** *Deux nombres* sont **premiers**

[a] Tout *multiple commun* de plusieurs nombres est un *multiple* du *ppcm* de tous ces nombres. En particulier, le *produit* de plusieurs nombres est toujours *divisible* par leur *ppcm*.

[b] Tout *diviseur commun* de plusieurs nombres, comme nous l'avons déjà fait observer, *divise* leur *pgcd*. Donc tout diviseur commun à 21, 35 et 84 divise 7. Or, 7 n'a que deux diviseurs, 7 et 1. Donc les trois nombres donnés n'ont que deux *diviseurs communs*, 7 et 1.

[c] Rappelez aux élèves, à propos de cette expression, la signification des *parenthèses*.

[d] Les mots *chars*, *charrettes*, *chariots*, *carriole*, *carrosse* ont tous la même origine et désignent tous des voitures. Dans beaucoup de provinces, on réserve le mot de *char* à des véhicules légers, destinés au transport des marchandises ou denrées, et traînés par des bœufs.

entre eux lorsqu'ils n'admettent pas d'autre *diviseur commun* que l'*unité*.

Q. Donnez un exemple. — **R.** 15 et 28 sont *premiers entre eux*[a].

Q. Comment reconnaît-on si deux nombres sont *premiers entre eux?* — **R.** Pour reconnaître si *deux nombres* sont *premiers entre eux*, on cherche leur plus grand commun diviseur. Ces nombres sont premiers entre eux, si ce *plus grand commun diviseur* est égal à l'*unité*[b].

Q. Que savez-vous sur les *quotients* de deux nombres par leur *plus grand commun diviseur?* — **R.** *Lorsqu'on divise deux nombres par leur plus grand commun diviseur, les quotients qu'on obtient sont premiers entre eux.*

Q. Donnez un exemple. — **R.** 36 et 84 ont pour *plus grand commun diviseur* 12. En divisant ces deux nombres par 12, on obtient les *quotients* 3 et 7 qui sont *premiers entre eux.*

Q. Que savez-vous sur un nombre *divisible* séparément par deux nombres *premiers entre eux?* — **R.** *Si un nombre est divisible séparément par deux nombres premiers entre eux, il est divisible par le produit de ces deux nombres*[c].

Q. Donnez un exemple. — **R.** 1728 étant *divisible* séparément par 8 et par 9, qui sont *premiers entre eux*, est *divisible* par le *produit* 72 de ces deux nombres.

Exercice 1. Cherchez si 25 et 49 sont *premiers entre eux.* — **Solution.** Ces deux nombres sont *premiers entre eux*, car leur *pgcd* est 1.

E. 2. Cherchez si 156 et 966 sont *premiers entre eux.* —

(a) Lorsque *deux* nombres sont *premiers entre eux*, leur *ppcm* est juste égal à leur *produit.* Cela résulte immédiatement de la méthode que nous avons donnée pour calculer le *ppcm* de *deux* nombres.

(b) *Plusieurs* nombres sont *premiers entre eux*, lorsqu'ils n'ont pas d'autre *diviseur commun* que l'*unité.* Tels sont les nombres 8, 10, 13. Pour reconnaître si plusieurs nombres sont premiers entre eux, on cherche leur *pgcd.* Ces nombres sont *premiers entre eux*, si ce *pgcd* est égal à l'*unité.*

(c) Cette proposition a une importance capitale. Elle permet de donner les *caractères de divisibilité* par beaucoup de nombres. Par exemple, pour qu'un nombre soit divisible par 6, il faut et il suffit qu'il soit *divisible* séparément par 2 et par 3.

S. Ils ne le sont pas, car ils admettent 2 comme *diviseur commun.*

E. 3. Que savez-vous sur un nombre *divisible* séparément par 4 et par 17? — **S.** Comme 4 et 17 sont *premiers entre eux,* ce nombre est divisible par 17×4, c-à-d par 68[a].

E. 4. Pour qu'un nombre soit *divisible* par 56, suffit-il qu'il soit divisible par deux nombres moindres? — **S.** Il suffit qu'il soit divisible par 7 et 8 qui sont *premiers entre eux.*

E. 5. Trouvez le *ppcm* de 57 et 38. — **S.** 104[b].

E. 6. Trouvez le *ppcm* de 12, 16 et 20. — **S.** 240.

E. 7. Trouvez le *pgcd* de 405 et 729. — **S.** 81[c].

E. 8. Trouvez le *pgcd* de 1440, 5040 et 9135. — **S.** 45.

E. 9. Divisez 11^7 par 11^3. — **S.** 11^4.

E. 10. Une basse-cour[d] contenait 358 têtes de volaille. Le choléra des poules[e] en a tué 89. Combien en reste-t-il? — **S.** 358 — 89, c-à-d 269.

E. 11. La grêle[f] a ravagé une vigne de 743ᵃ, plus le 6ᵉ d'une vigne de 534ᵃ. En tout, combien d'ares? — **S.** Le 6ᵉ de 534ᵃ est 89ᵃ. La grêle a donc ravagé 743ᵃ + 89ᵃ, c-à-d 832ᵃ.

E. 12. La caisse d'un banquier[g] contenait 39628ᶠ. On en tire 23 sacs contenant chacun 375ᶠ en argent. Qu'y reste-t-il? — **S.** $39628^f - 375^f \times 23$, c-à-d 31003ᶠ[h].

[a] Aussi, pour qu'un nombre soit *divisible* par 68, il faut et il suffit qu'il soit *divisible* séparément par 4 et par 17.

[b] Comme 57 et 38 ne sont pas premiers entre eux, leur *ppcm* n'est pas égal à leur *produit :* il est *moindre.*

[c] On peut faire *vérifier* aux élèves que, si l'on divise 405, puis 729, chacun par leur *pgcd* 81, on trouve des *quotients premiers entre eux.*

[d] La *basse-cour* est l'endroit où l'on tient, où l'on élève la *volaille.* Les poules, poulets, dindons, oies et canards sont des animaux de *basse-cour.*

[e] Le *choléra des poules* est une maladie contagieuse qui exerce parfois de grands ravages dans nos basses-cours. C'est l'une des premières maladies dont notre illustre compatriote M. Pasteur ait étudié les causes et trouvé le préservatif.

[f] La *grêle* cause chaque année de grands ravages, tantôt en un lieu, tantôt en un autre. Comme nous le verrons plus tard, il existe des compagnies d'*assurances* contre la *grêle.*

[g] Un *banquier* est un commerçant dont les opérations portent sur les *espèces monétaires,* les *effets de commerce,* les *titres* et *valeurs.*

[h] C'est surtout dans le calcul des *fractions ordinaires* que les études faites dans ce chapitre trouveront leur *application.*

CHAPITRE IV

NOMBRES PREMIERS

—

43. — Définitions.

Question. Qu'appelle-t-on *nombre premier ?* — **Réponse.** On appelle **nombre premier** tout *nombre* qui n'est *divisible* que par *lui-même* et par *l'unité* [a].

Q. Donnez un exemple. — **R.** 7 est un *nombre premier*, car il n'est divisible que par 7 et par 1.

Q. Dites les nombres *premiers* inférieurs à *cent*. — **R.** Voici la liste des *nombres premiers* inférieurs à *cent* : 1, 2, 3, 5, 7, 11, 13, 17, 19, 23, 29, 31, 37, 41, 43, 47, 53, 59, 61, 67, 71, 73, 79, 83, 89, 97 [b].

Q. Comment reconnaît-on si un nombre est *premier ?* — **R.** Pour reconnaître si un nombre donné est *premier*, on le *divise* successivement par les *nombres premiers* 2, 3, 5, 7, 11, ..., jusqu'à ce qu'on arrive à un *reste nul*, ou à un *quotient inférieur au diviseur* correspondant.

Q. Si on arrive à un reste *nul*, le nombre est-il *premier ?* — **R.** Si l'on arrive à un *reste nul*, le nombre n'est pas premier. Si l'on arrive à un *quotient inférieur au diviseur*, le nombre est premier.

Q. Donnez un exemple. — **R.** On verrait ainsi que 127 est *premier* ; mais que 143 ne l'est pas [c].

[a] L'expression de *nombres premiers* est due probablement à ce que ces nombres peuvent être regardés comme les *éléments primordiaux* dont sont formés tous les autres.

[b] Tout nombre premier supérieur à 5 est forcément terminé par l'un des chiffres 1, 3, 7, 9.

[c] Cette méthode pour reconnaître si un nombre est premier est très défectueuse ; elle est plutôt un tâtonnement qu'une méthode véritable ; mais il n'en existe pas de meilleure. Lorsque le nombre donné est fort grand, elle conduit souvent à des calculs extrêmement longs.

Exercice 1. Le nombre 2117 est-il *premier?* — **Solution.** Non, car il est *divisible* par 29.

E. 2. Le nombre 1537 est-il *premier?* — **S.** Non, parce qu'il est aussi *divisible* par 29.

E. 3. Les nombres 7231 et 8323 sont-ils *premiers entre eux*[a]? — **S.** Non.

E. 4. Les nombres 8857 et 9469 sont-ils *premiers entre eux?* — **S.** Non.

E. 5. Que savez-vous sur un nombre *divisible* séparément par 6 et par 17? — **S.** Il est divisible par 17×6, c-à-d par 102, parce que 6 et 17 sont premiers entre eux.

E. 6. Calculez la 4e *puissance* de 5. — **S.** 625.

E. 7. Le nombre 3836 est-il *divisible* par 5? — **S.** Non, parce qu'il ne se termine pas par 0 ou 5.

E. 8. Trouvez le *pgcd* de 8947 et 10603. — **S.** 23[b].

E. 9. Effectuez $10123 - 3428 - 4537$. — **S.** 2158.

E. 10. Une maison a 21^{m} de haut. Une autre a 6^{m} de moins. Combien de fois, dans 300^{m}, la hauteur de cette dernière? — **S.** La seconde maison a 15^{m} de haut, et 15 entre 20 fois dans 300[c].

E. 11. On a des pierres de taille[d] toutes pareilles; 3 d'entre elles pèsent ensemble 924^{Kg}. Que pèsent 7 de ces pierres? — **S.** Une pierre pèse 924^{Kg} : 3, c-à-d 308^{Kg}. *Sept* pierres pèsent $308^{Kg} \times 7$, c-à-d 2156^{Kg}.

E. 12. Le jour a 24^{h}. Combien d'heures dans le *demi-quart* d'un jour? — **S.** Dans le *quart* d'un jour, 24^{h} : 4, c-à-d 6^{h}. Dans le *demi-quart*, 3^{h}.

(a) Plusieurs nombres sont premiers entre eux *deux à deux*, lorsque deux quelconques de ces nombres sont premiers entre eux. Les nombres 8, 9, 35 sont premiers entre eux *deux à deux*. Des nombres peuvent être premiers entre eux sans être premiers entre eux *deux à deux*. C'est ce qui arrive pour les nombres 6, 10, 25. — Lorsque plusieurs nombres sont premiers entre eux *deux à deux*, leur *ppcm* est juste égal à leur *produit*.

(b) Faites *vérifier* que les divisions de 8947 par 23 et de 10603 par 23 donnent des quotients *premiers entre eux*.

(c) Ce nombre de 300^{m} mesure la hauteur de la *tour Eiffel*, le monument le plus élevé que les hommes aient jamais construit. — A Paris, la hauteur des maisons ne peut pas dépasser certaines limites, qui dépendent de la largeur des rues où elles se trouvent. Dans les rues les plus larges, la hauteur totale ne peut pas dépasser $21^{m},55$.

(d) On nomme *pierres de taille* les pierres, assez grosses, que l'on emploie dans les constructions, après les avoir *taillées*. — L'ouvrier qui les *taille* se nomme un *tailleur de pierres*.

44. — Décomposition en facteurs premiers.

Question. Qu'est-ce que *décomposer* un nombre en *facteurs premiers*? — **Réponse.** *Décomposer* un nombre en *facteurs premiers*, c'est le mettre sous la forme d'un *produit* de *facteurs premiers* [a].

Q. Comment décompose-t-on un nombre en *facteurs premiers*? — **R.** Pour *décomposer* un nombre en *facteurs premiers*, on le divise par le plus petit nombre premier qui le divise exactement; puis on divise le quotient obtenu par le plus petit nombre premier qui le divise exactement; et ainsi de suite, jusqu'à ce qu'on arrive à un quotient égal à l'unité. Le nombre donné est le produit de tous les *facteurs premiers* qui ont servi de diviseurs [b].

Q. Donnez un exemple. — **R.** Soit à décomposer 90 [c]. Le plus petit nombre premier qui divise 90 est 2; on écrit 2 à la droite de 90; on fait la division; et on en place le quotient 45 au-dessous de 90. Le plus petit nombre premier qui divise 45 est 3; on écrit 3 à la droite de 45; on fait la division; et on en place le quotient 15 au-dessous de 45. Et ainsi de suite. Le nombre donné 90 est égal à $2 \times 3 \times 3 \times 5$, c-à-d à $2 \times 3^2 \times 5$.

90	2
45	3
15	3
5	5
1	

Q. La *décomposition* est-elle possible de plusieurs manières? — **R.** La *décomposition* d'un nombre en *facteurs premiers* n'est possible que *d'une manière*. En d'autres termes, par quelque méthode qu'on l'opère, on arrive toujours au même résultat.

[a] Tout nombre, qui n'est pas *premier*, se nomme *nombre composé*. — Il est évident que les *nombres composés* sont les seuls qu'on puisse *décomposer* en facteurs premiers.

[b] La *décomposition* d'un nombre en ses facteurs *premiers* est une opération, en général, très *laborieuse*, et qui, dans certains cas, devient pour ainsi dire *impossible*. Si la plupart des étudiants en mathématiques la regardent comme facile, c'est que les exemples qu'on leur en donne ordinairement ne portent que sur des nombres tels que 360 et 504, qui sont choisis exprès, et qui se décomposent aisément.

[c] 90 est encore un de ces nombres très faciles à *décomposer* en facteurs premiers, et que l'on donne toujours comme exemples de cette décomposition.

p. 59   **Exercice 1.** *Décomposez* 96 en *facteurs premiers.* — **Solution.** $2^5 \times 3$.

E. 2. *Décomposez* 720 en *facteurs premiers.* — **S.** $2^4 \times 3^2 \times 5$.

E. 3. *Décomposez* 64 en *facteurs premiers.* — **S.** 2^6 [a].

E. 4. *Décomposez* 5 040 en *facteurs premiers.* — **S.** $2^4 \times 3^2 \times 5 \times 7$.

E. 5. Cherchez si 9 017 est *premier.* — **S.** 9 017 n'est pas premier, car il est divisible par 71.

E. 6. Cherchez si 9 011 est *premier.* — **S.** Il est premier [b].

E. 7. Calculez 57^3. — **S.** 185 193.

E. 8. Dites les *cinq* premiers *multiples* de 13. — **S.** 13, 26, 39, 52, 65.

E. 9. Multipliez 9 427 836 par 600 703. **S.** 5 663 329 368 708 [c].

E. 10. On a dans un sac 123^l de haricots [d] et dans un autre 87^l. Quel est le *sixième* du tout ? — **S.** $(123^l + 87^l) : 6$, c-à-d 35^l.

E. 11. Sur 7 *douzaines* de serviettes, il y en a 38 d'usées. Combien en bon état ? — **S.** $12 \times 7 - 38$, c-à-d 46.

E. 12. On plante en vigne un terrain [e] de 326^a, plus le *tiers* d'un terrain de 423^a. En tout, combien d'ares ? — **S.** Le *tiers* de 423^a est 141^a. Donc, en tout, $423^a + 141^a$, c-à-d 564^a.

---

[a] 64 est un nombre remarquable : il est le *carré* de 8, le *cube* de 4 et la *sixième puissance* de 2. — Cette propriété d'être à la fois un *carré*, un *cube* et une *sixième puissance* appartient à toutes les *sixièmes puissances*.

[b] On a pu constater qu'il était assez long de reconnaitre que 9 017 n'est pas un *nombre premier*. Il l'est encore plus de reconnaitre que 9 011 en est un.

[c] Faites-le bien remarquer, si cette multiplication, qui porte sur de grands nombres, s'exécute assez vite, c'est que son *multiplicateur* ne présente que *trois* chiffres *significatifs*.

[d] On a déjà fait observer que les *haricots*, les *grains*, les *châtaignes* et autres *matières sèches* se mesurent au *litre*. — Les *haricots*, les *pois cassés*, les *lentilles* se désignent souvent sous le nom de *légumes secs*.

[e] Le mot *terrain* est un mot très général, désignant une portion quelconque de la surface du sol : il y a, à la campagne, des terrains incultes et des terrains cultivés ; à la ville, des terrains bâtis et des terrains non bâtis.

45. — Usages de la décomposition.

Question. Que peut-on faire par la *décomposition* en facteurs premiers? — **Réponse**. La *décomposition* en *facteurs premiers* permet de calculer le *plus grand commun diviseur* et le *plus petit commun multiple* de deux ou plusieurs nombres [a].

Q. Comment trouve-t-on le *pgcd?* — **R.** Pour trouver le *plus grand commun diviseur*, on décompose tous les nombres donnés en facteurs premiers; on prend les *facteurs premiers communs* à tous ces nombres, chacun avec son *plus faible exposant*; et on en fait le produit [b].

Q. Donnez un exemple. — **R.** Soient 84, 240 et 360. Décomposés en *facteurs premiers*, ces nombres deviennent $2^2 \times 3 \times 7$, $2^4 \times 3 \times 5$, $2^3 \times 3^2 \times 5$. Les *facteurs premiers communs*, pris avec *leurs plus faibles exposants*, sont 2^2 et 3. Donc le *plus grand commun diviseur* cherché est $2^2 \times 3$, c-à-d 12 [c].

Q. Comment trouve-t-on le *ppcm?* — **R.** Pour trouver le *plus petit commun multiple*, on décompose tous les nombres donnés en facteurs premiers; on prend *tous les facteurs premiers*, chacun avec *son plus fort exposant*; et on en fait le produit [d].

Q. Donnez un exemple. — **R.** Soient 84, 240 et 360, nombres décomposés ci-dessus. En prenant tous les *facteurs premiers*, avec leurs *plus forts exposants*, on trouve les nombres 2^4, 3^2, p. 60

(a) La *décomposition* en facteurs premiers étant une opération *longue* et *difficile*, tous les calculs qui la prennent pour base présentent le même inconvénient.

(b) Cette méthode, parfaite en *théorie*, est détestable en *pratique*. Il ne faut l'employer que quand les nombres donnés, dont on cherche le *pgcd*, sont tous assez petits.

(c) La méthode qu'on vient de donner réussit très bien sur cet exemple. Cela tient à ce que les nombres donnés, 84, 240 et 360, sont des nombres choisis exprès, qui se *décomposent* facilement en facteurs premiers.

(d) Cette méthode ne vaut rien non plus dans la *pratique*. Il ne faut l'employer que quand les nombres donnés, dont on cherche le *ppcm*, sont tous assez petits,

5.

5 et 7. Donc le *plus petit commun multiple* cherché est $2^4 \times 3^2 \times 5 \times 7$, c-à-d 5 040.

Exercice 1. Calculez, par la *décomposition* en facteurs premiers, le *pgcd* de 24, 36 et 60. — **Solution.** $2^2 \times 3$, c-à-d 12.

E. 2. Calculez, par la *décomposition* en facteurs premiers, le *ppcm* de 24, 36 et 60. — **S.** $2^3 \times 3^2 \times 3^5$, c-à-d 360 [a].

E. 3. Décomposez 3 696 en *facteurs premiers*. — **S.** $2^4 \times 3 \times 7 \times 11$.

E. 4. Décomposez 729 en *facteurs premiers* [b] — **S.** 3^6.

E. 5. Le nombre 7 087 est-il *premier ?* — **S.** Non, car il est divisible par 19.

E. 6. Cherchez la 5e *puissance* de 4. — **S.** 1.024 [c].

E. 7. Effectuez $366 \times 427 + 5 614$. — **S.** $156 282 + 5 614$, c-à-d 161 896.

E. 8. Divisez 94 748 513 par 2 976. — **S.** Le quotient est 31 837 ; le reste est 1 601.

E. 9. Je donne une pièce de 100^f pour payer 64^f. Dites le *quart* de ce qu'on me rend [d]. — **S.** On me rend 100^f — 64^f, c-à-d 36^f, dont le *quart* est 9^f.

E. 10. Quelle longueur obtient-on en nouant bout à bout 8 cordes de 17^m, les 7 nœuds nécessaires faisant perdre 1^m ? — **S.** $17^m \times 8 - 1^m$, c-à-d $136^m - 1^m$, ou 135^m.

E. 11. On partage une charge de 29 644^{Kg} entre 15 voitures. Combien sur chacune ? — **S.** 15 fois moins, c-à-d 29 644^{Kg} : 15, ou 1 976^{Kg}.

E. 12. En 26 jours, on a travaillé 182^h. Combien d'heures par jour ? — **S.** 182^h : 26, c-à-d 7^h, exactement [e].

[a] Dans cet exercice, comme dans le précédent, les nombres 24, 36 et 60 sont encore des nombres choisis exprès, qui se décomposent facilement en facteurs premiers.

[b] 729 est le *carré* de 27, le *cube* de 9 et la *sixième puissance* de 3.

[c] Nous avons déjà trouvé ce nombre 1 024 parmi les puissances de 2. Il en est la *dixième puissance*.

[d] Rendre la monnaie, c'est faire une *soustraction*. Dans la pratique, on opère d'ordinaire par *addition*. Dans le cas actuel, supposons que celui qui rend les 36^f les rende sous la forme d'une pièce de 1^f, d'une de 5^f, d'une de 10^f et d'une de 20^f. Il énoncera d'abord les 64^f qu'il garde et dira, en donnant les pièces l'une après l'autre : 64 et 1... 65 ; 65 et 5... 70 ; 70 et 10... 80 ; 80 et 20... 100.

[e] Il ne faut pas manquer, en finissant ce chapitre, d'en faire résumer les divers paragraphes.

LIVRE III

LES FRACTIONS

CHAPITRE PREMIER

NUMÉRATION DES NOMBRES DÉCIMAUX

46. — Les nombres décimaux.

Question. Définissez les *dixièmes, centièmes,* etc. ? — **Réponse.** Lorsque l'*unité* est partagée en *dix* parties *égales,* chacune de ces parties se nomme un **dixième** ; — lorsque l'*unité* est partagée en *cent* parties *égales,* chacune de ces parties se nomme un **centième** [a] ; — lorsque l'*unité* est partagée en *mille* parties *égales,* chacune de ces parties se nomme un **millième** ; — et ainsi de suite.

Q. Comment se nomment les *dixièmes, centièmes,* etc. ? — **R.** Les *dixièmes,* les *centièmes,* les *millièmes,* ..., se nomment des **fractions décimales** [b].

Q. Comment se nomme un nombre qui contient des *fractions décimales* ? — **R.** Un nombre qui contient des *fractions décimales* est un *nombre fractionnaire décimal,* ou plus simplement un *nombre décimal.*

[a] Pour familiariser les élèves avec les *dixièmes* et les *centièmes,* il sera bon de leur montrer une certaine quantité, une longueur, par exemple, partagée en 10 ou en 100 parties égales.

[b] Les *fractions* qu'on obtient en partageant l'unité en plusieurs parties égales sont des *fractions décimales,* lorsque le nombre des parties est 10, 100, 1 000,..., c-à-d est une puissance de 10.

Q. Dites un *nombre décimal* inférieur à 1. — **R.** *4 centièmes* est un *nombre décimal* inférieur à l'unité.

Q. Dites un *nombre décimal* supérieur à 1. — **R.** 3 *unités* 2 *dixièmes* est un *nombre décimal* supérieur à l'unité [a].

Exercice 1. Décomposez 511 en *facteurs premiers.* — **Solution.** 7×73.

E. 2. Le nombre 482 est-il *divisible* par 4 ? — **S.** Non, parce que 82 ne l'est pas.

E. 3. Quels sont les nombres *impairs* compris entre 90 et 100 ? — **S.** 91, 93, 95, 97, 99.

E. 4. Le nombre 72 est-il un *multiple commun* de 6, 8, 9 ? — **S.** Il en est un [b].

E. 5. Effectuez $548 \times (371 + 173)$. — **S.** 298112 [c].

E. 6. Effectuez $(4378 + 7646) : 89$. — **S.** Le quotient est 135; le reste est 9.

p. 62   **E. 7.** Quelle quantité de bière [d] dans une barrique de 317^l et 28 tonnelets [e] de 46^l ? — **S.** $317^l + 46^l \times 28$, c-à-d 1605^l.

E. 8. On partage 1287 poires entre 79 personnes. Combien pour chacune ? — **S.** 79 fois moins, c-à-d $1287 : 79$ ou 16. Il en restera 23.

E. 9. Combien d'ares dans le *tiers* de la *moitié* [f] de 954^a ? **S.** La *moitié* de 954^a est 477^a. Le *tiers* de 477^a est 159^a.

---

[a] Plusieurs auteurs distinguent minutieusement la *fraction décimale* proprement dite du *nombre fractionnaire décimal.* Ils appellent *fraction décimale* proprement dite un nombre décimal *moindre* que 1, et *nombre fractionnaire décimal* un nombre décimal *plus grand* que 1. Cette distinction est inutile, puisqu'il n'y a aucune différence, ni dans l'écriture, ni dans le calcul, entre ces deux sortes de *nombres décimaux;* elle est tout à fait contraire à l'esprit des sciences, où l'on généralise de plus en plus à mesure qu'on s'élève, et aux usages des mathématiques supérieures où l'on représente les nombres par des lettres sans s'occuper de leurs grandeurs. Dans ce cours, comme dans les précédents, nous emploierons, dans tous les cas, l'expression de *nombre décimal.*

[b] On peut même ajouter que 72 est le *ppcm* des trois nombres donnés.

[c] Rappelez souvent aux élèves la signification des parenthèses.

[d] La *bière* est une boisson rafraîchissante et nourrissante, qui tient lieu de vin dans la plupart des pays du nord, et dont l'usage se répand de plus en plus en France. Il y a beaucoup d'espèces de bières; toutes se fabriquent avec l'*orge* et le *houblon.* Bien que la fabrication de la bière soit une opération assez compliquée, la bière était connue dans l'antiquité, notamment par les anciens Egyptiens.

[e] *Tonnelet* signifie évidemment petit tonneau.

[f] Prendre la *moitié* d'un nombre, puis le *tiers* de cette moitié, c'est

E. 10. Combien de francs dans 27 sacs contenant chacun 123 pièces de 5^f ? — **S.** 5^f $\times$ 123 $\times$ 27, c-à-d 16 605^f.

E. 11. Pour parcourir 40 617^m, j'ai marché 5^h hier et 4^h aujourd'hui. Combien de mètres par heure ? — **S.** J'ai marché pendant 9^h. J'ai donc fait, par heure, 40 617^m : 9, c-à-d 4 533^m.

E. 12. *Treize* ballots pèsent chacun 57^{Kg} ; l'emballage [a] est de 4^{Kg} par ballot. Dites le poids total de leur contenu. — **S.** Le contenu de chaque ballot pèse 57^{Kg} — 4^{Kg}, ou 53^{Kg}. Le poids total du contenu est donc 53^{Kg} $\times$ 13, c-à-d 689^{Kg}.

---

47. — Partie entière, partie décimale.

Question. Que représente un chiffre placé à la *droite* d'un autre ? — **Réponse.** En tout *nombre décimal*, comme en tout *nombre entier*, le *chiffre* placé à la *droite* [b] d'un autre représente des *unités* 10 fois *plus petites*.

Q. Donnez un exemple. — **R.** Comme on le voit ci-contre, le chiffre placé à la *droite* du chiffre des *unités* représente des *dixièmes* ; le chiffre placé à la *droite* des *dixièmes* représente des *centièmes* ; le chiffre placé à la *droite* des *centièmes* représente des *millièmes* [c] ; et ainsi de suite.

Q. Où met-on une *virgule* dans un nombre décimal ? —

d'abord diviser ce nombre par 2, ensuite diviser le quotient obtenu par 3. Or diviser successivement par 2, puis par 3, c'est diviser par le produit 2 $\times$ 3, qui est 6. Le *tiers* de la *moitié* d'un nombre n'est donc autre chose que le sixième de ce nombre.

[a] Nous l'avons déjà dit et redit, le *poids* de l'emballage, c'est ce qu'on appelle la *tare*. — Le mot *emballage* désigne d'ailleurs l'enveloppe, quelle qu'elle soit, qui contient la marchandise.

[b] Nous avons déjà vu que tout *chiffre*, placé à la *gauche* d'un autre représente des unités 10 fois *plus grandes* : ces deux faits sont identiques. — C'est une chose très remarquable que ce principe si simple forme le fondement unique de la numération écrite soit des nombres *entiers*, soit des nombres *décimaux*.

[c] Le premier chiffre à la *droite* des unités simples représente des *dixièmes* ; le premier chiffre à la *gauche* représente des *dizaines*. Le deuxième chiffre à la *droite* des unités simples représente des *centièmes* ; le deuxième chiffre à la *gauche* représente des *centaines* ; et ainsi de suite. Il y a, dans tout *nombre décimal*, autour du chiffre des *unités simples*, une parfaite *symétrie*.

R. En tout *nombre décimal*, on met une **virgule** à la *droite* du *chiffre* des *unités simples* [a].

Q. Donnez un exemple. — **R.** Le nombre 3 *unités* 5 *dixièmes* s'écrit 3,5.

Q. Comment cette *virgule* partage-t-elle le nombre ? — **R.** Cette *virgule* partage le *nombre décimal* en deux parties : la **partie entière**, la **partie décimale**.

Q. Quelle est la *partie* placée à la gauche de la virgule ? — **R.** La partie placée à la *gauche* de la *virgule* est la *partie entière* ; la partie placée à la *droite* est la *partie décimale* [b].

Q. Donnez un exemple. — **R.** Dans 13,72, la *partie entière* est 13 *unités* ; la *partie décimale* est 72 *centièmes*.

Q. Comment se nomment les chiffres de la *partie décimale* ? — **R.** Les *chiffres* de la *partie décimale* se nomment des *chiffres décimaux*, ou, plus simplement, des **décimales**.

Q. Dans quel cas un nombre *décimal* est-il moindre que 1 ? — **R.** Un *nombre décimal* est *moindre* que l'*unité* lorsque sa *partie entière* est 0.

Q. Comment doit être regardé un nombre *entier* ? — **R.** Un *nombre entier* doit être regardé, dans les calculs, comme un *nombre décimal* dont la *partie décimale* est 0 [c].

Exercice 1. Quel est dans 23,285 le *chiffre* des *dixièmes* ? — **Solution.** 2.

E. 2. Combien de *décimales* dans 7,8245 ? — **S.** 4.

E. 3. Le nombre 0,456 est-il *supérieur* à l'*unité* ? — **S.** Il lui est inférieur.

E. 4. Que représente chaque *chiffre* de 14,5678 ? —

[a] L'usage de la *virgule*, c'est de marquer le chiffre des *unités simples* ; ce chiffre est celui qui est placé à la *gauche* de la *virgule*. — Il faut bien remarquer que, dans un *nombre décimal*, la symétrie que nous avons signalée autour du chiffre des unités n'existe pas autour de la virgule.

[b] La *partie entière* d'un nombre décimal n'a pas de nom particulier ; la *partie décimale* s'appelle parfois la *mantisse* ; mais ce mot *mantisse*, quoique très commode, est assez peu usité.

[c] Dans un nombre entier ainsi considéré, la virgule, si on l'écrivait, serait placée, comme d'habitude, à la droite du chiffre des unités simples et, par conséquent, à la *droite* de tout le nombre.

S. 1 dizaine, 4 unités, 5 dixièmes, 6 centièmes, 7 millièmes, 8 dix-millièmes [a].

E. 5. Divisez 7 983 856 par 4 798. — **S.** Le quotient est 1 663 ; le reste est 4 782.

E. 6. Otez 134 du *quart* [b] de 976. — **S.** 244 — 134, c-à-d 110.

E. 7. Effectuez 3 627 — 2 621 + 4 003. — **S.** 5 009.

E. 8. Décomposez 2 880 en *facteurs premiers.* — **S.** $2^6 \times 3^2 \times 5$.

E. 9. Des enfants passent à l'école [c] 4^h le matin et 3^h le soir. Combien d'heures en 5 jours ? — **S.** 7^h par jour. Donc, en 5 jours, $7^h \times 5$, c-à-d 35^h.

E. 10. Un réservoir contenait 548 637^l d'eau [d]. Il s'en est perdu par une fuite 17 488^l. Combien en reste-t-il ? — **S.** 548 637 — 17 488, c-à-d 531 149.

E. 11. Un jardinier avait 8 435 pommes et 1 723 poires. Il vend le 5e des pommes [e] et la totalité des poires. Combien de fruits ? — **S.** Le 5e de 8 435 est 1 687. Le jardinier vend donc 1 687 + 1 723, c-à-d 3 410 fruits.

E. 12. *Neuf* héritiers [f] se partagent un domaine de 5 382^a. Dites la part de chacun. — **S.** Le 9e du tout, c-à-d 5 382^a : 9, ou 598^a.

[a] Il est bon que les élèves s'exercent à répondre très bien à toutes les questions de ce genre. Ce n'est qu'à cette condition qu'ils pourront se servir utilement des *nombres décimaux.*

[b] On peut voir à l'avance que ce *quart* s'obtiendra exactement. En effet, 976 est divisible par 4, parce que 76 est divisible par 4.

[c] *Ecole* vient du latin *schola*, qui signifie *école.* Les mots *écolier, scolaire, scolarité, scolie, scoliaste, scolastique* ont la même origine.

[d] L'une des premières conditions, pour se bien porter, c'est de boire de la bonne eau. Certaines eaux suffisent à donner des maladies, et l'on sait à présent que ce sont les eaux qui constituent le principal véhicule des épidémies. Si l'on a des doutes sur l'eau qu'on boit, il faut la bien *filtrer,* ou la faire *bouillir.*

[e] On voit à l'avance que ce *cinquième* sera un nombre *entier.* En effet, le nombre 8 435 est divisible par 5, car il est terminé par le chiffre 5.

[f] Lorsqu'un homme meurt, ses biens passent à ses *héritiers :* ils constituent ce qu'on appelle un *héritage.* — Les héritiers sont *légitimes* ou *testamentaires: légitimes,* quand ils héritent comme étant les plus proches parents du défunt ; *testamentaires,* quand ils héritent en vertu d'un testament.

48. — Règles pour lire et écrire les nombres décimaux.

Question. Comment *lit*-on un nombre décimal ? — **Réponse.** Pour *lire* un *nombre décimal,* on énonce d'abord la *partie entière,* en la faisant suivre du mot *unité ;* on énonce ensuite la *partie décimale,* en la faisant suivre du nom correspondant au *dernier chiffre.*

Q. Donnez un exemple. — **R.** Soit à *lire* le nombre 325,6478 dont le dernier chiffre exprime des *dix-millièmes.* On dira 325 *unités,* 6478 *dix-millièmes* [a].

Q. Comment *écrit*-on un nombre décimal ? — **R.** Pour *écrire* un *nombre décimal,* on écrit la *partie entière,* puis la *partie décimale,* en les séparant par une *virgule.*

Q. Donnez un exemple. — **R.** Soit à *écrire* 29 *unités* 32 *centièmes.* On écrit 29,32 [b].

p. 64   **Q.** Où doit être placée la dernière *décimale ?* — **R.** Il faut que la *dernière décimale* occupe toujours, à la *droite* de la *virgule,* le *rang* qui lui convient.

Q. Donnez un exemple ? — **R.** Soit à écrire 7 *unités* 28 *millièmes.* Il faut que le 8 soit au rang des *millièmes,* c-à-d au *troisième rang* à la *droite* de la *virgule.* On écrira donc 7,028 [c].

Q. Qu'arriverait-il si l'on oubliait ce *zéro ?* — **R.** Si l'on oubliait d'écrire le 0 du nombre 7,028, on écrirait le nombre 7,28, dont la partie décimale serait 28 *centièmes,* et non pas 28 *millièmes* [d].

[a] Cette règle suppose que l'on sache trouver très facilement le nom des parties correspondant au *dernier chiffre.* Pour le trouver, on part du chiffre des *unités,* et, de chiffre en chiffre, en allant vers la *droite,* on dit : *unités, dixièmes, centièmes, millièmes, dix-millièmes,* etc.

[b] On voit que l'écriture d'un *nombre décimal* revient à celle de deux *nombres entiers.* On peut dire, d'une manière générale, que la *numération des nombres décimaux* n'est qu'une *extension* de celle des *nombres entiers.* — La *numération des nombres décimaux* a été imaginée par le mathématicien écossais *Néper,* qui l'a fait connaître en 1614.

[c] Le *zéro* remplit la même fonction dans les nombres *décimaux* que dans les nombres *entiers :* il tient la place des ordres d'unités qui *manquent,* afin d'en exclure les chiffres des autres ordres d'unités.

[d] On voit, sur cet exemple, combien il est nécessaire de mettre des *zéros* à la partie décimale de certains nombres.

Exercice 1. Lisez 32,7405. — **Solution.** 32 unités 7405 dix-millièmes.

E. 2. Lisez 0,328 736. — **S.** 0 unité, 328 736 millionièmes.

E. 3. Ecrivez 3 *unités*, 567 *millièmes*. — **S.** 3,567 [a].

E. 4. Ecrivez 0 *unité*, 3 *dix-millièmes*. — **S.** 0,0003.

E. 5. Que représente chaque *chiffre* de 27,456? — **S.** 2 dizaines, 7 unités, 4 dixièmes, 5 centièmes, 6 millièmes.

E. 6. Que représente chaque *chiffre significatif* de 0,0104? — **S.** 1 centième, 4 dix-millièmes.

E. 7. Le nombre 4807 est-il *divisible* par 11? — **S.** Oui, car la différence $(7 + 8) - 4$ est *divisible* par 11.

E. 8. Décomposez 7 303 en *facteurs premiers*. — **S.** 67 $\times$ 109 [b].

E. 9. On donne un billet de 100^f pour payer 4 *paires* [c] de souliers à 12^f. Combien le marchand doit-il rendre? — **S.** Ces 4 paires coûtent 12$^f \times$ 4, ou 48^f. Le marchand doit rendre 100^f — 48^f, c-à-d 52^f.

E. 10. D'une corde [d] de 40^m, on coupe 16^m, puis 17^m. Que reste-t-il? — **S.** 40^m — 16^m — 17^m, c-à-d 7^m.

E. 11. On achète 27 couvertures de laine; mais on en rend 8. On doit alors 133^f. Que coûte une couverture? — **S.** On garde 27 — 8, c-à-d 19 couvertures. Chacune d'elles coûte 133^f : 19, c-à-d 7^f.

E. 12. *Dix-neuf* kilogrammes de chocolat [e] valent 38^f.

(a) Dans un nombre décimal, comme dans un nombre entier, chaque chiffre a *deux valeurs* : sa *valeur absolue*, qui dépend de sa forme; sa *valeur relative*, qui dépend de sa place par rapport au chiffre des unités.

(b) La décomposition qu'on vient de faire est, on le voit, assez *laborieuse*. Il en est qui le sont infiniment plus. Il est bien regrettable qu'il n'existe aucune méthode sûre et rapide pour effectuer cette décomposition.

(c) Le mot *paire*, comme le mot *couple*, désigne un groupe de deux objets semblables. On dit un *couple* de pigeons; une *paire* de souliers, une *paire* de bas, une *paire* de gants. — Il est à remarquer que le mot *couple* s'emploie tantôt au masculin, tantôt au féminin : c'est à la grammaire d'enseigner, dans chaque cas, le genre qu'il faut choisir.

(d) Les *cordes* se fabriquent d'habitude avec le *chanvre*. On en distingue d'une foule d'espèces : les plus petites se nomment *fils* ou *ficelles*; les plus grosses, *câbles*. Dans la marine, on remplace souvent les *câbles* par des *chaînes* de fer.

(e) Le *chocolat* est un aliment sain et nourrissant. On le fabrique avec du *cacao* et du *sucre*. Le *cacao* nous arrive sous forme de fèves ou amandes rougeâtres. Il est produit par le *cacaoyer*, arbre qui ressemble au cerisier et qui croît dans toutes les parties chaudes de l'Amérique.

Combien 13^{Kg} valent-ils ? — **S.** 1^{Kg} vaut 38^f : 19, c-à-d 2^f. Donc 13^{Kg} valent 2^f × 13, c-à-d 26^f.

———

49. — Rendre un nombre 10, 100, 1 000, ... fois plus grand ou plus petit[a].

Question. Comment rend-on un nombre 10 fois, 100 fois *plus grand ?* — **Réponse.** Pour rendre un nombre 10, 100, 1 000, ... fois *plus grand*, on avance sa *virgule* de 1, 2, 3, ... rangs vers la *droite*.

Q. Donnez un exemple. — **R.** Soit le nombre 3,4567. Pour le rendre 100 fois *plus grand*, j'avance sa *virgule* de 2 rangs vers la *droite*, ce qui me donne 345,67.

Q. Le nombre est-il ainsi devenu 100 fois *plus grand ?* — **R.** Par ce changement, le nombre donné est devenu 100 fois *plus grand*, car chacun de ses *chiffres significatifs* a pris une *valeur relative* 100 fois *plus grande*.

Q. Comment rend-on un nombre 10 fois, 100 fois *plus petit ?* — **R.** Pour rendre un nombre 10, 100, 1 000, ... fois *plus petit*, on recule sa *virgule* de 1, 2, 3, ... rangs vers la *gauche*.

Q. Donnez un exemple. — **R.** Soit le nombre 4378,9. Pour le rendre 1 000 fois *plus petit*, je recule sa *virgule* de 3 rangs vers la *gauche*, ce qui me donne 4,3789.

Q. Le nombre est-il devenu ainsi 1 000 fois *plus petit ?* — **R.** Par ce changement, le nombre donné est devenu 1 000 fois *plus petit*, car chacun de ses *chiffres significatifs* a pris une *valeur relative* 1 000 fois *plus petite*[b].

Q. Que faudrait-il faire si le nombre n'avait pas assez de *chiffres* à droite ou à gauche ? — **R.** Si le nombre à rendre plus grand ou plus petit n'avait pas assez de chiffres

———

(a) Rien de plus important que de savoir rendre un nombre 10, 100, 1000, ... fois *plus grand* ou *plus petit*. — Les procédés que l'on suit pour ces deux opérations sont très simples et reposent, comme on va le voir, sur les principes mêmes de la *numération*.

(b) Ce raisonnement, comme celui qui précède, repose sur ce principe pour ainsi dire évident : « Quand on rend toutes les *parties* d'une *somme* un même nombre de fois *plus grandes* ou *plus petites*, on rend cette *somme* tout entière le même nombre de fois *plus grande* ou *plus petite*.

pour qu'on pût avancer ou reculer suffisamment sa virgule, on écrirait d'abord des *zéros* à sa droite ou à sa gauche.

Q. L'écriture de ces *zéros* changerait-elle la valeur du nombre? — **R.** L'écriture de ces *zéros* ne changerait point la valeur du nombre décimal donné, car elle ne changerait la *valeur relative* d'aucun de ses *chiffres significatifs* [a].

Q. Que faudrait-il faire avant d'écrire des *zéros* à la droite d'un nombre *entier*? — **R.** Si l'on avait à écrire des *zéros* à la *droite* d'un *nombre entier*, il faudrait placer auparavant une *virgule* à la *droite* de ce *nombre* [b].

Exercice 1. Rendez 10 fois *plus grand* le nombre 0,475. — **Solution.** 4,75.

E. 2. Rendez 100 fois *plus grand* le nombre 34,5672. — **S.** 3 456,72.

E. 3. Rendez 1 000 fois *plus grand* le nombre 13,4 [c]. — **S.** 13 400.

E. 4. Rendez 10 fois *plus petit* le nombre 4283,7. — **S.** 428,37.

E. 5. Rendez 100 fois *plus petit* le nombre 37,48. — **S.** 0,3748.

E. 6. Rendez 1 000 fois *plus petit* le nombre 0,457 86. — **S.** 0,000 457 86 [d].

E. 7. Que représente chaque *chiffre* de 3,7804. — **S.** 3 unités, 7 dixièmes, 8 centièmes, 4 dix-millièmes.

E. 8. Multipliez 7^5 par 7^3. — **S.** 7^8.

E. 9. Combien de jours dans le *demi-quart* [e] de 1 000?

(a) D'après ce raisonnement, on peut écrire autant de *zéros* que l'on veut, soit à la *gauche*, soit à la *droite* d'un nombre *décimal* : ce nombre ne change pas.

(b) A la *gauche* d'un nombre *entier*, on peut toujours écrire autant de *zéros* que l'on veut. — Certains appareils, appelés *numéroteurs*, écrivent les entiers consécutifs en leur donnant à tous le même nombre de chiffres ; quand un entier a moins de chiffres qu'ils n'en écrivent, ils mettent à sa *gauche* un ou plusieurs *zéros*.

(c) Avant de rendre ce nombre 1 000 fois *plus grand*, il faut, on le voit, écrire deux *zéros* sur sa *droite*. — A chaque instant, dans les calculs, on se trouve dans la nécessité d'écrire des zéros à la *droite* ou à la *gauche* des nombres donnés.

(d) Dans cet exemple, c'est à la *gauche* du nombre donné qu'il a fallu tout d'abord écrire des *zéros*.

(e) Prendre le *demi-quart* d'un nombre, revient à *diviser* ce nombre par 4, puis à *diviser* le quotient obtenu par 2. Diviser par 4, puis par 2,

— **S.** Le *quart* de 1 000ʲ est 250ʲ. Le *demi-quart* est 125ʲ.

E. 10. *Dix-sept* cruches [a] égales contiennent ensemble 289ˡ d'huile. Combien dans chacune? — **S.** 289ˡ : 17, c-à-d 17ˡ.

E. 11. Combien de volumes dans une bibliothèque [b] où il y a 13 rayons contenant chacun 47 volumes? — **S.** 47×13, ou 611 volumes.

E. 12. *Trois* héritiers se partagent un domaine formé de *deux* parties, l'une de 423ᵃ, l'autre de 714ᵃ. Dites la part de chacun. — **S.** $(423^a + 714^a) : 3$, c-à-d 379ᵃ [c].

CHAPITRE II

OPÉRATIONS SUR LES NOMBRES DÉCIMAUX

—

50. — Addition des nombres décimaux.

Question. Qu'est-ce que *additionner* plusieurs *nombres décimaux* ? — **Réponse.** *Additionner* plusieurs *nombres décimaux*, c'est trouver un nouveau nombre contenant à *lui seul* autant d'*unités* et *parties d'unité* qu'il y en a dans tous les nombres donnés *ensemble* [d].

Q. Donnez un exemple. — **R.** *Additionner* 2,4 et 23,75, c'est trouver un nombre contenant *à lui sèul* autant d'*unités*,

[a] On désigne sous le nom de *cruches* des vases, de formes très diverses, en terre ou en grès.

[b] La plupart des villes possèdent des *bibliothèques publiques*, plus ou moins riches. Paris en possède plusieurs, dont la plus importante est la *Bibliothèque nationale*, qui a été fondée par Charles V.

c'est diviser par 8. Le *demi-quart* d'un nombre n'est donc autre chose que le *huitième* de ce nombre.

[c] En résumant le chapitre que nous finissons, insistez beaucoup sur ce fait que la *numération* des nombres décimaux n'est qu'une extension, qu'une généralisation de celle des nombres entiers.

[d] L'*addition* des nombres *décimaux* est tout à fait analogue à celle des nombres *entiers* : elle se *définit* de la même manière; elle s'*indique* par le même signe +; et son *résultat* porte le même nom, *somme* ou *total*.

dixièmes et centièmes que 2,4 et 23,75 en contiennent ensemble [a].

Q. Comment *additionne-t-on* les nombres décimaux ? — **R.** Pour *additionner* plusieurs *nombres décimaux*, on les écrit les uns *sous* les autres, de façon que les *virgules* se correspondent ; — puis, on additionne, sans s'occuper des *virgules* ; — enfin, on place une *virgule* au *total*, juste *au-dessous* des *virgules* des nombres donnés [b].

Q. Démontrez cette *règle*. — **R.** En effectuant ainsi l'addition ci-contre, on trouve 15,866. Ce nombre est bien le *total* cherché [c]. En effet, les nombres donnés peuvent s'écrire 2,710 ; 8,200 ; 4,956. Ils représentent donc 2 710 *millièmes*, 8 200 *millièmes*, 4 956 *millièmes*. Leur *somme* est donc 15 866 *millièmes*, c-à-d 15,866.

$$\begin{array}{r} 2,71 \\ 8,2 \\ 4,956 \\ \hline 15,866 \end{array}$$

Q. Que savez-vous sur les *preuves* de l'addition ? — **R.** Les *preuves* de l'*addition* sont les mêmes pour les *nombres décimaux* que pour les *nombres entiers*.

> **Exercice 1.** Ajoutez 13,25 ; 18,076 ; 456,4. — **Solution.** 487,726.
> **E. 2.** Ajoutez 4^f,35 ; 38^f,40 ; 27^f,85. — **S.** 70^f,60.
> **E. 3.** Ajoutez 3^a,286 ; 56^a,9 ; 438^a,17. — **S.** 498^a,356.
> **E. 4.** Ajoutez 56^l,28 ; 196^l,137 ; 0^l,495. — **S.** 252^l,912 [d].

[a] Pour les nombres *décimaux*, comme pour les nombres *entiers*, l'idée d'*addition* entraine forcément celle d'*augmentation* ; le *total* de l'addition de plusieurs nombres est toujours *supérieur* à chacun des nombres *additionnés*.

[b] Cette *règle pratique* comprend deux parties : dans la première, les nombres étant bien placés, on opère *sans s'occuper des virgules*, comme s'il s'agissait de nombres *entiers* ; dans la seconde, on place, comme il convient, la *virgule* du résultat. — Nous retrouverons ces deux parties dans toutes les *opérations* sur les nombres *décimaux*.

[c] On le voit, nous agissons, pour faire la théorie des opérations sur les nombres *décimaux*, comme nous avons agi pour faire celle des opérations sur les nombres *entiers* : nous énonçons d'abord la *règle* à suivre ; nous *démontrons* ensuite que le *résultat* qu'on obtient en suivant cette règle est bien le résultat cherché. — Il en sera ainsi dans tout le *Cours supérieur*.

[d] Cet exercice, non plus que les deux précédents, ne suppose pas la connaissance du *système métrique*. L'expression 56^l,28 exprime 56 *litres* et 28 *centièmes de litre*. Il n'est pas nécessaire, pour en comprendre la

E. 5. Rendez 0,328 *cent* fois *plus petit.* — **S.** 0,00328 [a].

E. 6. Rendez 47,2 *mille* fois *plus grand.* — **S.** 47 200.

E. 7. Le nombre 1 328 est-il *divisible* par 3 ? — **S.** Non, car la somme de ses chiffres n'est pas *divisible* par 3.

E. 8. Le nombre 8 917 est-il *premier?* — **S.** Non, car il est divisible par 37.

p. 67

E. 9. Je reçois 100 sommes de 87^f et je paie 738^f. Que me reste-t-il ? — **S.** 8700^f — 738^f, c-à-d 7 962^f.

E. 10. A 3 846^m,7, on ajoute le *centième* de 7 655^m. Qu'obtient-on ? — **S.** 3 846^m,7 + 76^m,55, c-à-d 3 923^m,25.

E. 11. Que coûtent 10^{Kg} de lard de Bretagne [b] à 2^f,60 le kilogramme ? — **S.** 2^f,60 × 10, c-à-d 26^f,0, ou 26^f.

E. 12. *Cent* litres de blé [c] pèsent 76^{Kg}. Dites le poids du litre. — **S.** 100 fois moins, c-à-d 0^{Kg},76.

---

51. — Soustraction des nombres décimaux.

Question. Qu'est-ce que *soustraire* un nombre décimal d'un autre? — **Réponse.** *Soustraire* un *nombre décimal* d'un autre, c'est chercher ce qu'il reste quand on *ôte* du second toutes les *unités* et *parties d'unité* qui composent le premier [d].

Q. Donnez un exemple. — **R.** *Soustraire* 3,45 de 42,7, c'est chercher ce qu'il reste lorsque, de 42,7, on ôte 3 *unités* et 45 *centièmes* [e].

signification, de savoir que les *centièmes de litre* se nomment des *centilitres.* — Cette remarque s'applique à une foule de nos exercices.

[a] Voilà encore un exemple où, avant de rendre le nombre donné 100 fois plus petit, il est indispensable d'écrire des zéros à sa *gauche.*

[b] La *Bretagne* était une ancienne province de France, qui avait pour capitale *Rennes.* C'est d'elle qu'ont été formés les cinq départements d'*Ille-et-Vilaine*, des *Côtes-du-Nord*, du *Finistère*, du *Morbihan*, et de la *Loire-Inférieure*.

[c] Les *poids*, les *capacités*, les *prix*, les nombres en un mot qui figurent dans nos exercices ne sont jamais pris au hasard. Ce sont toujours des nombres *exacts* ou au moins *possibles.*

[d] La *soustraction* des nombres *décimaux* est tout à fait analogue à celle des nombres *entiers :* elle se *définit* de la même manière; elle s'indique par le même signe —; et son *résultat* porte le même nom, reste, excès ou *différence.*

[e] Pour les nombres *décimaux*, comme pour les nombres *entiers*, l'idée de *soustraction* entraine forcément celle de *diminution.* — La *différence* de deux nombres est toujours *inférieure* au plus grand de ces deux nombres.

Q. Comment fait-on la *soustraction* des nombres décimaux? — **R.** Pour faire la *soustraction* de deux *nombres décimaux*, on place le petit *sous* le grand, de façon que les *virgules* se correspondent ; — puis, on *soustrait*, sans s'occuper des *virgules ;* — enfin, on place une *virgule* au résultat, juste *au-dessous* des *virgules* des nombres donnés [a].

Q. Démontrez cette *règle*. — **R.** En effectuant ainsi la *soustraction* ci-contre, on trouve 3,722. Ce nombre est bien le *reste* cherché. En effet, les nombres donnés peuvent s'écrire 9,200 et 5,478. Ils représentent donc 9200 *millièmes* et 5478 *millièmes*. Leur *différence* est donc 3722 *millièmes*, c-à-d 3,722.

$$\begin{array}{r} 9,2 \\ 5,478 \\ \hline 3,722 \end{array}$$

Q. Que savez-vous sur les *preuves* de la soustraction ? — **R.** Les *preuves* de la *soustraction* sont les mêmes pour les *nombres décimaux* que pour les *nombres entiers* [b].

Exercice 1. Retranchez 7,68 de 8,3. — **Solution.** 0,62.

E. 2. Retranchez 25,496 de 31,6734. — **S.** 6,1774.

E. 3. Jean doit 16f,35 ; il paie 13f,20. Que redoit-il [c]? — **S.** 16f,35 — 13f,20, c-à-d 3f,15.

E. 4. D'un pain [d] de 2Kg,510, on consomme 1Kg,745. Que reste-t-il à présent ? — **S.** 2Kg,510 — 1Kg,745, c-à-d 0Kg,765.

E. 5. Ajoutez 13l,25 ; 55l,3 ; 84l,948. — **S.** 153l,498.

E. 6. Calculez (3265 — 1285) : 45. — **S.** 44 exactement.

E. 7. Cherchez le *ppcm* de 46 et 115. — **S.** 230.

(a) Cette *règle pratique* contient encore deux parties : dans la première, on opère comme pour les nombres *entiers, sans s'occuper des virgules ;* dans la seconde, on place, où il convient, la *virgule* du résultat.

(b) On voit que pour la *soustration*, comme pour l'*addition*, les *preuves* sont les mêmes, soit qu'il s'agisse de nombres *entiers*, soit qu'il s'agisse de nombres *décimaux*.

(c) Les problèmes conduisant à l'*addition* ou à la *soustraction* des nombres *décimaux* sont identiques à ceux qui conduisent à l'*addition* ou à la *soustraction* des nombres *entiers*. Ils se résolvent par les mêmes raisonnements.

(d) Le *pain* est le premier de nos aliments, celui que nous associons avec tous les autres. Le meilleur *pain* est celui qui se fait avec la farine de *froment ;* mais il s'en fait aussi avec l'*orge*, le *seigle*, etc., etc.

p. 68 **E. 8.** Il y a 7 *chiffres* dans un nombre *entier*. Combien dans un nombre 100 fois *plus grand?* — **S.** 7 + 2, ou 9 [a].

E. 9. Que coûtent 10^{Kg} de cristaux de soude [b], à 0^f,25 le kilogramme? — **S.** *Dix* fois plus, c-à-d 2^f,5.

E. 10. Que valent 10 *douzaines* d'œufs frais, à 0^f,95 la *douzaine?* — **S.** *Dix* fois plus, c-à-d 9^f,5.

E. 11. Que coûtent 100^m de toile à matelas, à 0^f,75 le mètre? — **S.** *Cent* fois plus, c-à-d 75^f.

E. 12. Le café de Malabar [c] vaut 335^f les 100^{Kg}. Combien le kilogramme? — **S.** *Cent* fois moins, c-à-d 3^f,35.

———

52. — Multiplication des nombres décimaux.

Question. Qu'est-ce que *multiplier* par un nombre décimal? — **Réponse.** *Multiplier* un *nombre quelconque* par un *nombre décimal*, c'est *prendre* plusieurs fois une certaine *fraction décimale* de ce *nombre quelconque.*

Q. Donnez un exemple. — **R.** *Multiplier* 382,4 par 5,3, c-à-d par 53 *dixièmes*, c'est *prendre* 53 fois le *dixième* de 382,4 [d].

Q. Comment fait-on la *multiplication* des nombres décimaux? — **R.** Pour *multiplier* l'un par l'autre deux *nombres décimaux*, on multiplie d'abord, sans s'occuper des *virgules;* — on sépare ensuite, par une *virgule*, sur la *droite* du produit obtenu, autant de

[a] Toutes les fois qu'on rend un nombre *entier* 100 fois *plus grand*, on écrit *deux* zéros sur sa droite. Par cette *opération*, le *nombre des chiffres* de l'entier donné augmente donc de 2 *unités*.

[b] *Cristal de soude* est le nom usuel du *carbonate de soude* qui est un sel composé de *soude* et d'*acide carbonique*. — Le *cristal de soude* s'emploie fréquemment, dans l'*économie domestique*, surtout au nettoyage.

[c] Le *Malabar*, ou *Côte de Malabar*, est une portion de la côte occidentale de l'*Indoustan*.

[d] *Multiplier* un nombre quelconque par un nombre *entier*, c'est prendre *plusieurs fois* ce *nombre*. *Multiplier* un nombre quelconque par un nombre *décimal*, c'est prendre *plusieurs fois* une certaine *fraction décimale* de ce nombre. On voit l'analogie de ces deux définitions.

chiffres décimaux qu'il y en a dans les *deux facteurs ensemble* [a].

Q. Démontrez cette *règle*. — **R.** En effectuant ainsi la multiplication ci-contre, on trouve 99,39456. Ce nombre est bien le *produit* cherché. En effet, *multiplier* 13,824 par 7,19, c'est *prendre* 719 fois le *centième* de 13,824. Ce *centième* est 0,13824; c-à-d 13824 *cent-millièmes*. En *prenant* 719 fois 13824 *cent-millièmes*, on trouve 9939456 *cent-millièmes*, c-à-d 99,39456 [b].

$$
\begin{array}{r}
13,824 \\
7,19 \\
\hline
124416 \\
13824 \\
96768 \\
\hline
99,39456
\end{array}
$$

Q. Ne doit-on pas parfois écrire des *zéros* au produit? — **R.** Si, au *produit entier* obtenu d'abord, on avait moins de *chiffres* qu'on ne doit séparer de *décimales*, on écrirait d'abord des *zéros* à la *gauche* de ce *produit*.

Q. Que savez-vous sur les *preuves* de la multiplication? — **R.** Les *preuves* de la *multiplication* sont les mêmes pour les *nombres décimaux* que pour les *nombres entiers* [c].

Exercice 1. Multipliez 3,54 par 4,68. — **Solution.** 16,5672.

E. 2. Multipliez 0,84 par 13,28. — **S.** 11,1552.

E. 3. Multipliez 47,5 par 0,237. — **S.** 11,2575 [d].

E. 4. Multipliez 0,06 par 0,008. — **S.** 0,00048.   p. 69

E. 5. Combien de *décimales* au *produit* de deux facteurs, ayant l'un 5 *décimales*, l'autre 4? — **S.** 5 + 4, c-à-d 9.

E. 6. Calculez la *seconde puissance* de 33 333. — **S.** 1 111 088 889.

(a) Cette *règle* comprend encore deux parties : dans la première, on opère *sans s'occuper des virgules;* dans la seconde, on place, où il convient, la *virgule* du résultat.

(b) La *multiplication* des nombres *décimaux* s'indique par le signe ×; le nombre qu'on multiplie est le *multiplicande;* celui par lequel on multiplie est le *multiplicateur;* ces deux nombres sont les deux *facteurs* de la multiplication; le résultat se nomme *produit*.

(c) Les problèmes qui conduisent à la *multiplication* des nombres *décimaux* sont identiques à ceux qui conduisent à la *multiplication* des nombres *entiers :* ils se résolvent par les mêmes raisonnements.

(d) Nous pouvons faire remarquer, dès à présent, que ce *produit* est *plus petit* que le *multiplicande.* Cela tient à ce que le *multiplicateur* est *plus petit* que l'*unité.* D'ailleurs, nous reviendrons bientôt sur ce fait important, en y insistant comme il convient.

E. 7. Les nombres 10 001 et 10 147 sont-ils *premiers entre eux?* — **S.** Non [a].

E. 8. Calculez 349 $\times$ (275 — 186). — **S.** 31 061.

E. 9. Calculez 34^a,56 + 77^a,287. — **S.** 111^a,847.

E. 10. Les 1 000^{Kg} de charbon de Charleroi [b] coûtent 49^f. Combien le kilogramme? — **S.** *Mille* fois moins, c-à-d 0^f,049. .

E. 11. On avait 190^m de fil glacé noir. On en a employé le *quart* de 72^m. Combien en reste-t-il? — **S.** Le *quart* de 72^m est 18^m. Il reste donc 190^m — 18^m, c-à-d 172^m.

E. 12. Un bateau [c] porte 12 tonneaux de vin et 9 de cidre [d], pesant chacun 283^{Kg}. Dites le poids total. — **S.** 283^{Kg} $\times$ (12 + 9), c-à-d 5 943^{Kg}.

---

53. — Division des nombres décimaux.

Question. Qu'est-ce que *diviser* un nombre décimal par un autre? — **Réponse.** *Diviser* un *nombre décimal* par un autre, c'est chercher un nouveau *nombre décimal* qui, *multiplié* par le second, *reproduise* le premier [e].

Q. Donnez un exemple. — **R.** *Diviser* 117,612 par 2,7, c'est chercher un *nombre* qui, *multiplié* par 2,7, *reproduise* 117,612.

[a] En cherchant leur *pgcd*, on trouve 73. Ce nombre 73 est le *plus petit* nombre *premier* qui divise chacun des nombres donnés. On voit par là qu'il serait un peu long de *décomposer* ces deux nombres en leurs *facteurs premiers*.

[b] *Charleroi* est une ville de Belgique d'où il nous vient beaucoup de houille.

[c] *Bateau* est le mot générique qui désigne toutes les *embarcations*, depuis les plus petits *canots* jusqu'aux plus grands *navires*. — On nomme *bateau à vapeur* un *bateau* mû par la *vapeur*. Le mot *pyroscaphe*, qui vient du grec, a la même signification, ainsi que les mots anglais *steamer* et *steam-boat*.

[d] Le *cidre* est une boisson saine et rafraîchissante qui se fabrique avec des *pommes*. Les pays de France qui en fournissent et en consomment le plus sont les anciennes provinces de Bretagne et de Normandie. — On fabrique avec les *poires* une boisson analogue qu'on appelle *poiré*.

[e] Cette *définition* est identique à celle que nous avons donnée, en dernier lieu, pour la *division* des nombres *entiers*. Dès que cette définition de la division est connue des élèves et bien comprise par eux, il ne faut plus parler des autres.

Q. Comment fait-on la *division* des nombres décimaux ? — **R.** Pour faire la *division* des *nombres décimaux*, on opère d'abord sans s'occuper des *virgules ;* — on sépare ensuite, par une *virgule*, sur la *droite* du quotient, autant de *décimales* qu'il y en a au *dividende* de *plus* qu'au *diviseur* [a].

Q. Démontrez cette règle. — **R.** En effectuant ainsi la division ci-contre, on trouve 43,56. Ce nombre est bien le *quotient* cherché. En effet, puisque cette division se fait sans *reste*, 117612 est juste le *produit* de 4356 par 27. Donc 117,612 est juste le *produit* de 43,56 par 2,7 [b].

$$
\begin{array}{r|l}
117,612 & 2,7 \\
\ \ \ 9\ 6 & \overline{\ \ 43,56} \\
\ \ 1\ 51 & \\
\ \ \ 162 & \\
\ \ \ \ 00 &
\end{array}
$$

Q. Si le dividende avait *moins* de décimales que le diviseur, que ferait-on ? — **R.** Si le *dividende* donné avait *moins* de *décimales* que le *diviseur*, on écrirait d'abord des *zéros* à sa *droite*.

Q. Et si le quotient entier avait moins de *chiffres* qu'on ne doit séparer de décimales ? — **R.** Si le *quotient entier* obtenu d'abord avait moins de *chiffres* qu'on ne doit séparer de *décimales* sur sa *droite*, on écrirait d'abord des *zéros* à sa *gauche* [c].

Q. Que savez-vous sur les *preuves* de la division ? — **R.** Les *preuves* de la *division* sont les mêmes pour les *nombres décimaux* que pour les *nombres entiers* [d].

p. 70

[a] Cette *règle* comprend deux parties : dans la première, on opère *sans s'occuper des virgules ;* dans la seconde, on place, où il convient, la *virgule* du résultat. A cet égard, elle est tout à fait analogue à celle des trois opérations précédentes. Elle est de plus, comme cela doit être, l'*inverse* de celle que nous avons donnée pour la *multiplication* des nombres *décimaux :* dans la *multiplication*, on trouve le nombre des *décimales* du produit en *ajoutant* les nombres de décimales des deux facteurs ; dans la *division*, on trouve le nombre des *décimales* du quotient en *retranchant* le nombre des décimales du diviseur du nombre des décimales du dividende.

[b] La *division* des nombres *décimaux* s'indique par le signe : ; le nombre qu'on divise est le *dividende ;* le nombre par lequel on divise est le *diviseur ;* le résultat se nomme *quotient*.

[c] La pratique montrera bien vite dans quels cas il faut écrire ces *zéros*.

[d] Les problèmes qui conduisent à la *division* des nombres *décimaux* sont identiques à ceux qui conduisent à la *division* des nombres *entiers :* ils présentent les mêmes variétés et se résolvent par les mêmes raisonnements.

Exercice 1. — Divisez 37,648 par 2,4. — **Solution. 15,68.**

E. 2. Divisez 48,5394 par 0,45. — **S.** 107,86 [a].

E. 3. Divisez 35,4768 par 2967,9. — **S.** 0,011.

E. 4. Calculez 368^l,7 + 65^l,89 — 135^l,28. — **S.** 299^l,31.

E. 5. Dites la *troisième puissance* de 55. — **S.** 166375.

E. 6. Combien de nombres *pairs* inférieurs à 100 ? — **S.** Ces nombres sont 2, 4, 6, ..., 98. Leurs moitiés sont 1, 2, 3, ..., 49. Il y en a donc 49.

E. 7. Rendez 0,37 *dix mille* fois *plus grand*. — **S.** 3700 [b].

E. 8. Trouvez le *pgcd* de 611, 2041 et 7891. — **S.** 13.

E. 9. La *grosse* vaut 12 *douzaines* [c]. Combien de plumes métalliques dans le *huitième* d'une grosse? — **S.** Dans une grosse, il y a 12 fois 12, ou 144 plumes. Le *huitième* de 144 est 18.

E. 10. Un propriétaire possède un terrain labourable [d] de 428^a,37, et 3 prés de 47^a,28. Combien d'ares en tout? — **S.** 428^a,37 + 47^a,28 × 3, c-à-d 570^a,21.

E. 11. Les 100^{kg} de blé coûtent 23^f. Combien le kilogramme? — **S.** *Cent* fois moins, c-à-d 0^f,23.

E. 12. Combien de mètres a parcourus un voyageur qui a fait déjà le *tiers* du *quart* de 57344^m? — **S.** Le *quart* de 57344^m est 14336^m, dont le *tiers* est 4778^m.

(a) Faites observer, dès à présent, que le *quotient* de cette division est *plus grand* que le *dividende*. Cela tient à ce que le *diviseur* est *plus petit* que l'*unité*. D'ailleurs, nous reviendrons bientôt sur ce fait important, en y insistant comme il convient.

(b) Voilà encore un exemple où, avant de rendre le nombre *dix mille* fois *plus grand*, il est nécessaire d'écrire des *zéros* sur sa *droite*.

(c) La *grosse* est donc égale à 12 fois 12, c-à-d à 144. Beaucoup d'objets se vendent à la *grosse*. — Les *plumes métalliques* dont nous nous servons à présent ont été inventées, au siècle passé, par le mécanicien français Arnoux. Les meilleures se fabriquent en France et en Angleterre. Il n'y a guère plus de 40 ans que l'usage en est devenu commun. Auparavant on se servait de *plumes d'oie*.

(d) Une terre *labourable* est une terre qui peut être *labourée*. On dit souvent, dans le même sens, une terre *arable*. Ce dernier adjectif vient du verbe latin *arare*, qui signifie précisément *labourer*.

54. — Quotient approché à moins de 0, 1, de 0, 01, ...

Question. Qu'appelle-t-on *quotient approché?* — **Réponse.** On appelle *quotient approché* à moins de 0,1, de 0,01, de 0,001, ..., le *plus grand nombre* de *dixièmes*, de *centièmes*, de *millièmes*, ..., qui, *multiplié* par le *diviseur*, donne un *produit* contenu dans le *dividende* [a].

Q. Qu'arrive-t-il quand une *division* de nombres décimaux présente un *reste?* — **R.** Quand une *division* de nombres décimaux présente un *reste*, le *quotient* trouvé est *approché* à moins de 0,1, de 0,01, de 0,001, ..., suivant que sa dernière *décimale* représente des *dixièmes*, des *centièmes*, des *millièmes*, ...

Q. Démontrez ce fait. — **R.** Soit la *division* de $32,4567$ par $9,2$. En l'effectuant suivant la règle, on trouve pour *quotient* $3,527$. Comme la division de 324567 par 92 a un *reste*, le *produit* de $3\,527$ par 92 ne donne pas 324567; mais 324567 est compris entre 3527×92 et 3528×92. De même $32,4567$ est compris entre $3,527 \times 9,2$ et $3,528 \times 9,2$. Par conséquent $3,527$ est le *plus grand nombre* de *millièmes* qui, *multiplié* par le *diviseur* $9,2$, donne un *produit* contenu dans le *dividende* [b].

Q. Peut-on obtenir au quotient autant de *décimales* qu'on veut? — **R.** On peut toujours obtenir au *quotient* autant p. 71 de *décimales* que l'on veut.

Q. Donnez un exemple. — **R.** Si, par exemple, on veut 4 *décimales* au quotient, on n'a qu'à faire en sorte que le dividende ait 4 *décimales* de *plus* que le *diviseur* [c].

---

[a] Cette définition rappelle immédiatement ce que nous avons dit, en parlant de la *division* des nombres *entiers*, sur le quotient *approché* à moins d'une *unité*. — Il faut bien le faire observer aux élèves, les *quotients* exprimés soit en nombres *entiers*, soit en nombres *décimaux*, ne sont, dans l'immense majorité des cas, que des *quotients approchés*.

[b] Cette démonstration nous paraît fort simple : tous les élèves qui suivent le *Cours supérieur* doivent être en état de la comprendre et de la retenir.

[c] On peut donc obtenir, dans tous les cas, un quotient approché à

Q. Que faut-il faire avant de commencer une *division* ? — **R.** Il convient, avant de commencer une *division*, de se fixer le nombre des *décimales* que l'on veut au *quotient* [a].

Exercice 1. Calculez, à moins de 0,01, le *quotient* de 2 473 par 37. — **Solution.** En divisant 2 473,00 par 37, on trouve 66,83.

E. 2. Calculez, à moins de 0,1, le *quotient* de 5 489,3678 par 45,7. — **S.** En divisant 5 489,36 par 45,7, on trouve 120,1.

E. 3. Calculez, avec 4 *décimales*, le *quotient* de 548,3 par 36,38. — **S.** En divisant 548,300000 par 36,38, on trouve 15,0714.

E. 4. Calculez, avec 3 *décimales*, le *quotient* de 2,2 par 7. — **S.** En divisant 2,200 par 7, on trouve 0,314 [b].

E. 5. Calculez, avec 2 *décimales*, le *quotient* de 0,006 par 37,8. — **S.** 0,00 [c].

E. 6. *Onze* petits garçons et *trois* petites filles pèsent tous le même poids. Ils pèsent ensemble 387^{Kg}. Dites le poids de chacun. — **S.** Ces 14 enfants pèsent chacun 387^{Kg} : 14, c-à-d 27^{Kg},64.

E. 7. Une barrique de 228^l de vin donne 263 bouteilles. Dites la capacité d'une bouteille. — **S.** 228^l : 263, c-à-d 0^l,86.

E. 8. Calculez 0,6 × 0,7 × 0,8. — **S.** 0,336.

E. 9. Le nombre 4 851 est-il *divisible* par 9 ? — **S.** Il l'est, car la somme de ses chiffres est divisible par 9.

E. 10. Trouvez le *pgcd* des *neuf* nombres qui s'écrivent

moins de 0,1, de 0,01 de 0,001, etc. — Si l'on voulait que le quotient n'eût pas de *décimales*, c-à-d qu'il fût approché à moins d'une *unité*, on ferait en sorte qu'il y eût juste autant de *décimales* au *dividende* qu'au *diviseur*.

[a] On évite ainsi le ridicule de calculer, avec une foule de *décimales*, des quotients dont la nature n'en comporte que 2 ou 3, au plus. Dans le calcul, par exemple, d'un nombre de *francs*, on doit, presque toujours, se borner à *deux décimales*.

[b] En toute *division* de nombres *décimaux*, on peut voir immédiatement si la *partie entière* du quotient est *nulle* ou ne l'est pas. Elle est *nulle*, si le diviseur *dépasse* le dividende ; elle n'est *pas nulle*, si le diviseur ne le *dépasse pas*.

[c] Ce résultat montre simplement que le quotient est *moindre* que 0,01.

chacun avec *deux* chiffres pareils. — **S.** Ces nombres sont 11, 22, 33, ..., 99. Leur *pgcd* est 11 [a].

E. 11. Sur les 24[h] du jour, il y en a 11 où un ouvrier ne travaille pas. Combien en 4 jours fait-il d'heures de travail ? — **S.** $(24 - 11) \times 4$, c-à-d 52.

E. 12. On a acheté le *tiers* d'un troupeau de 726 moutons [b]. On en a perdu 19. Combien en reste-t-il ? — **S.** Le *tiers* de 726 est 242. Il reste donc $242 - 19$, c-à-d 223 moutons.

---

55. — Puissances des nombres décimaux.

Question. Comment se définissent les *puissances* des nombres décimaux ? — **Réponse.** Les *puissances* des *nombres décimaux* se définissent comme celles des *nombres entiers* [c].

Q. Qu'est-ce que la 2e *puissance* ou *carré ?* — **R.** La 2e *puissance* ou *carré* d'un nombre décimal est le *produit* de *deux* facteurs égaux à ce nombre.

Q. Donnez un exemple. — **R.** La 2e puissance de 2,1 est $2,1 \times 2,1$, c-à-d 4,41. — La 2e puissance de 0,3 est $0,3 \times 0,3$, c-à-d 0,09.

Q. Qu'est-ce que la 3e *puissance ?* — **R.** La 3e *puissance* ou *cube* d'un nombre décimal est le *produit* de *trois* facteurs égaux à ce nombre.

Q. Donnez un exemple. — **R.** La 3e puissance de 2,1 est $2,1 \times 2,1 \times 2,1$, c-à-d 9,261. — La 3e puissance de 0,3 est $0,3 \times 0,3 \times 0,3$, c-à-d 0,027.

Q. Qu'est-ce que la 4e *puissance ?* — **R.** La 4e *puissance*

[a] Les nombres qui s'écrivent avec 2 *chiffres pareils* sont tous *divisibles* par 11 ; ceux qui s'écrivent avec 3 *chiffres pareils* sont tous *divisibles* par 111 ; ceux qui s'écrivent avec 4 *chiffres pareils* sont tous *divisibles* par 1111 ; et ainsi de suite.

[b] Les *moutons* sont des quadrupèdes très doux et très utiles. Ils nous donnent leur lait, leur chair, leur peau et leur laine. — Un *troupeau* de moutons n'est autre chose qu'un certain nombre de moutons, réunis sous la surveillance d'un *berger* et de quelques *chiens*.

[c] Elles s'indiquent aussi de la même manière, à l'aide des *exposants*. Ainsi la 3e puissance de 2,7 s'écrit $2,7^3$, ou avec une *parenthèse*, qui n'est pas indispensable, $(2,7)^3$.

d'un nombre décimal est le *produit* de *quatre* facteurs égaux à ce nombre ; la 5ᵉ *puissance* est le *produit* de *cinq* facteurs ; et ainsi de suite [a].

Exercice 1. Calculez le *carré* de 7,23. — **Solution.** 52,2729.

E. 2. Calculez le *cube* de 0,81. — **S.** 0,385 641 [b].

E. 3. Calculez la 4ᵉ *puissance* de 0,34. — **S.** 0,013 363 36.

E. 4. Calculez la 5ᵉ puissance de 0,2. — **S.** 0,000 32 [c].

E. 5. Calculez à moins de 0,01 le quotient de 83,6 par 4,82. — **S.** 17,34.

E. 6. Calculez avec 3 *décimales* le quotient de 71 par 7,8. — **S.** 9,102 [d].

E. 7. Calculez 629ᵃ,3 — 47ᵃ,56 + 385ᵃ,04. — **S.** 966ᵃ,78.

E. 8. Le nombre 746 est-il *divisible* par 25 ? — **S.** Il ne l'est pas, car il ne se termine pas par 00, 25, 50, ou 75.

E. 9. Deux nombres présentent les *mêmes chiffres* dans des ordres différents. Que savez-vous sur la *différence* de ces deux nombres ? — **S.** Puisque ces nombres présentent les mêmes chiffres, ils donnent, quand on les divise par 9, des restes égaux. Donc leur *différence* est divisible par 9 [e].

E. 10. On paie 0ᶠ,40 pour un litre de cidre, plus 0ᶠ,20

[a] Les calculs sur les *exposants* s'effectuent quand les nombres sont *décimaux* de la même manière que quand ils sont *entiers*. Pour obtenir le *produit* de deux puissances d'un même nombre *décimal*, il suffit donc d'*ajouter* les deux *exposants*. Pour obtenir le *quotient* d'une puissance d'un nombre *décimal* par une autre puissance du même nombre, il suffit donc de *retrancher* l'*exposant* du diviseur de l'*exposant* du dividende.

[b] On voit que le *cube* de 0,81 est *plus petit* que 0,81. Cela tient à ce que 0,81 est lui-même *plus petit* que 1.

[c] On voit combien cette *puissance* de 0,2 est un *petit nombre*. Nous parlerons bientôt, en y insistant comme il convient, de la grandeur des *produits*, *quotients* et *puissances* de nombres *décimaux*.

[d] Dans cette *division*, le *dividende* 71 est un nombre *entier*. Dans un calcul quelconque, lorsqu'un nombre *entier* se trouve parmi des nombres *décimaux*, on le traite comme un nombre *décimal* dont la *mantisse* serait *nulle*. Lorsque l'on expose les règles à suivre pour faire l'*addition*, la *soustraction*, la *multiplication* et la *division* des nombres *décimaux*, il est donc inutile de faire une étude spéciale des cas particuliers où, parmi les nombres donnés, il se trouverait un ou plusieurs nombres *entiers*.

[e] A plus forte raison, cette différence est-elle toujours *divisible* par 3.

pour le verre [a]. Que coûtent 12^l. — **S.** (0^f,40 + 0^f,20) × 12, c-à-d 7^f,20.

E. 11. Une montagne [b] s'élève à 1423^m. On est arrivé déjà à 826^m. Combien de mètres encore à gravir? — **S.** 1423^m — 826^m, c-à-d 597^m.

E. 12. Un bloc de marbre [c] pèse 2 814^{Kg}. Un autre pèse le *tiers* de ce poids, plus 49^{Kg}. Dites le poids de ce second bloc. — **S.** Le *tiers* de 2 814^{Kg} est de 938^{Kg}. Le poids du second bloc est donc 938^{Kg} + 49^{Kg}, c-à-d 987^{Kg}.

---

56. — Remarques diverses.

Question. Dans quel cas le *produit* d'une multiplication est-il supérieur au *multiplicande?* — **Réponse.** En toute *multiplication* de *nombres décimaux*, le *produit* est *supérieur*, *égal* ou *inférieur* au *multiplicande*, selon que le *multiplicateur* est *supérieur*, *égal* ou *inférieur* à l'*unité*.

Q. Donnez un exemple. — **R.** Le *produit* de 0,67 par 2,5 est *supérieur* à 0,67; — le *produit* de 0,67 par 1 est *égal* à 0,67; — le *produit* de 0,67 par 0,5 est *inférieur* à 0,67 [d].

Q. Dans quel cas le *quotient* d'une division est-il inférieur

[a] C-à-d pour la *bouteille* contenant le *cidre*.

[b] On donne le nom de *montagne* à toute élévation très considérable du sol. Une suite de *montagnes* forment une *chaîne*. — La montagne la plus haute du monde est le Gaorisankar, dans l'Himalaya, en Asie : sa hauteur est de 8840^m. La plus haute de l'Europe est le Mont-Blanc, en Savoie, dont la hauteur est de 4810^m.

[c] Le *marbre* est une pierre dure, susceptible de recevoir un beau poli. Chimiquement, c'est du *carbonate de chaux*, c-à-d un composé d'acide *carbonique* et de *chaux*. On l'emploie à la confection d'une foule d'objets d'ornement : montants de cheminées, dessus de meubles, vases, statues, etc., etc.

[d] Ainsi, toutes les fois que, dans une *multiplication*, le *multiplicateur* est *moindre* que l'*unité*, le produit est *moindre* que le *multiplicande*. Ce fait s'explique facilement. Dans l'exemple actuel, en effet, multiplier par 0,5, c'est prendre les 5 *dixièmes* du *multiplicande*; or, pour avoir seulement le *multiplicande* même, il en faudrait prendre les 10 *dixièmes*; puisqu'on n'en prend que les 5 *dixièmes*, on aura moins que le *multiplicande*. — Il suit de là que la *multiplication* n'entraîne pas forcément avec elle l'idée d'*augmentation*. — On insistera beaucoup sur ce fait : les élèves ont peine à s'y habituer.

6.

p. 73 au *dividende?* — **R.** En toute *division* de *nombres déci-maux*, le *quotient* est *inférieur, égal* ou *supérieur* au *dividende*, selon que le *diviseur* est *supérieur, égal* ou *inférieur* à l'*unité.*

Q. Donnez un exemple. — **R.** Le *quotient* de 0,43 par 1,2 est *inférieur* à 0,43 ; — le *quotient* de 0,43 par 1 est *égal* à 0,43 ; — le *quotient* de 0,43 par 0,8 est *supérieur* à 0,43 [a].

Q. Dans quel cas une *puissance* d'un nombre est-elle supé-rieure à ce *nombre?* — **R.** Une *puissance* quelconque d'un *nombre décimal* est *supérieure, égale* ou *infé-rieure* à ce *nombre*, selon que ce *nombre* est lui-même *supérieur, égal* ou *inférieur* à l'*unité.*

Q. Donnez un exemple. — **R.** Le *carré* de 3,2 est *supérieur* à 3,2 ; — le *cube* de 1 est *égal* à 1 ; — la 4e *puissance* de 0,3 est *inférieure* à 0,3 [b].

> **Exercice 1.** Le *produit* de 37,9 par 0,45 est-il plus *grand* que 37,9 ? — **Solution.** Il est *plus petit*, parce que le multiplicateur 0,45 est inférieur à 1.
>
> **E. 2.** Le *quotient* de 478,57 par 0,6 est-il *moindre* que 478,57 ? — **S.** Il est *plus grand*, parce que le diviseur 0,6 est inférieur à 1.
>
> **E. 3.** Le *carré* de 0,35 est-il *plus grand* que 0,35 ? — **S.** Il est *plus petit*, parce que 0,35 est inférieur à 1 [c].
>
> **E. 4.** Le *cube* de 7,2 est-il *moindre* que 7,2 ? — **S.** Il est *plus grand*, parce que 7,2 est supérieur à 1.
>
> **E. 5.** Trouvez, avec 2 *décimales*, le quotient de 3 par 0,28. — **S.** 10,71 [d].

[a] Ainsi, toutes les fois que, dans une *division*, le diviseur est *moindre* que l'unité, le quotient est *plus grand* que le dividende. C'est un fait *inverse* en quelque sorte de celui que nous venons de voir à propos de la multiplication. Il montre bien que la *division* n'entraîne pas forcément avec elle l'idée de *diminution*. L'expérience prouve que les élèves se familiarisent difficilement avec ce fait : il y faut insister beaucoup.

[b] Que les *puissances* d'un nombre *plus petit* que 1 soient toutes *plus petites* que ce nombre, c'est une conséquence immédiate de ce que nous avons vu sur la grandeur des *produits*. — Non seulement ces *puissances* sont toutes plus petites que le nombre, mais elles sont de *plus en plus petites*, à mesure que leur *exposant* augmente.

[c] Le *cube* de ce nombre serait encore moindre que son *carré;* sa *quatrième* puissance, moindre que son *cube;* et ainsi de suite.

[d] Voilà encore un exemple où le *dividende*, c-à-d l'un des nombres

E. 6. Trouvez, avec 5 *décimales*, le 7e de 48,764. — **S.** 6,966 28.

E. 7. Effectuez 5498,33 — 37,4 × 3,546. — **S.** 5365,7096.

E. 8. Faites le *cube* de 0,79. — **S.** 0,493 039.

E. 9. Un nombre s'écrit avec *trois* chiffres pareils. En connaissez-vous un *diviseur ?* — **S.** Tous les nombres composés de 3 chiffres identiques sont divisibles évidemment par 111 [a].

E. 10. Je donne un billet de 500^f pour payer une bibliothèque en chêne de 263^f et un bureau à casier de 148^f. Que doit-on me rendre ? — **S.** 500^f — 263^f — 148^f, c-à-d 89^f.

E. 11. Il faut 54^h pour faire un certain ouvrage. Combien de journées pour un ouvrier qui travaille de 8^h du matin à 6^h du soir, en prenant 1^h pour aller déjeuner ? — **S.** De 8^h du matin à 6^h du soir, il y a 10^h. La journée est donc de 9^h. Il faut donc autant de journées qu'il y a de fois 9 dans 54, c-à-d 6.

E. 12. *Trois* épiciers achètent ensemble 648^l de vinaigre [b] d'Orléans à 0^f,56 le litre. Que doit chacun d'eux ? — **S.** La dépense totale est 0^f,56 × 648, c-à-d 362^f,88. Chaque épicier en doit le *tiers*, c-à-d 120^f,96 [c].

---

donnés, est un nombre *entier*. On opère comme si c'était un nombre *décimal*. Puisqu'on demande 2 *décimales*, on divise 3,0000 par 0,28.

[a] Nous avons déjà fait cette remarque. Nous pouvons ajouter que, 111 étant le *triple* de 37, tous ces nombres sont divisibles par 3 et par 37.

[b] Le *vinaigre* est une sorte d'*acide* que l'on tire du vin aigri : de là l'étymologie *vin-aigre*. On fabrique le vinaigre avec du *vin*, de la *bière*, du *grain*, du *bois*, etc. — *Orléans* est une ville de France, où l'on fabrique, avec du vin, un vinaigre renommé.

[c] Faites résumer le présent chapitre et insistez 1º sur les *analogies* entre le calcul des nombres entiers et celui des nombres décimaux ; 2º sur ce que nous avons dit de la *grandeur* des produits, quotients et puissances.

CHAPITRE III

    GÉNÉRALITÉS SUR LES FRACTIONS ORDINAIRES

—

57. — Définition et numération.

Question. Qu'appelle-t-on une *moitié*, un *tiers*, etc. ? — **Réponse.** Lorsqu'une *unité* est partagée en 2, 3, 4, 5, … *parties égales*, chacune de ces parties se nomme une *moitié*[a], un *tiers*, un *quart*, un *cinquième*, …

Q. Comment se nomme encore chacune de ces *parties*? — **R.** Chacune de ces parties se nomme aussi une **partie aliquote** de l'unité[b].

Q. Qu'appelle-t-on *fraction ordinaire*? — **R.** On appelle **fraction ordinaire** une ou plusieurs *parties aliquotes égales* de l'unité.

Q. Donnez des exemples. — **R.** Un *tiers* est une *fraction ordinaire*; *trois quarts* forment une *fraction ordinaire*; *six cinquièmes* en forment une autre; etc., etc.

Q. Comment s'écrit une *fraction ordinaire*? — **R.** Toute *fraction ordinaire* s'écrit à l'aide de *deux nombres entiers* qui en sont les *deux* **termes**.

Q. Qu'expriment ces deux *termes*? — **R.** L'un de ces *termes* donne le *nom* des parties aliquotes qu'on a prises, c'est le **dénominateur**. L'autre en indique le *nombre*, c'est le **numérateur**[c].

Q. Comment *écrit*-on une fraction ordinaire? — **R.** Pour *écrire* une *fraction ordinaire*, on écrit le *dénomina-*

[a] Au lieu d'une *moitié*, on dit aussi une *demie*. La *moitié* d'une heure est une *demi-heure*. — Le mot *demi* précédant un substantif est toujours *invariable* : une *demi-heure*, des *demi-mesures*. Après un substantif, il peut varier : une heure et *demie*.

[b] Un *dixième*, un *centième*, un *millième*,… sont des *parties aliquotes décimales* de l'unité.

[c] *Dénominateur* rappelle *dénomination*; *numérateur* rappelle *nombre*.

teur sous le *numérateur* et, entre les deux, on tire un *trait*.

Q. Donnez un exemple. — **R.** Soit à écrire *trois septièmes.* Le *dénominateur* est 7, le *numérateur* est 3. On écrit $\frac{3}{7}$.

Q. Comment *lit*-on une fraction ordinaire ? — **R.** Pour *lire* une *fraction ordinaire*, on lit son *numérateur*, puis son *dénominateur*, en faisant suivre ce dernier de la terminaison *ième* [a].

Q. Donnez un exemple. — **R.** $\frac{2}{5}$ se lit *deux cinquièmes.*

Q. Ne peut-on pas *simplifier* ce mode de lecture ? — **R.** Parfois, on supprime la terminaison *ième*. On énonce alors le *numérateur*, puis le mot *sur*, puis le *dénominateur*.

Q. Donnez un exemple. — **R.** $\frac{4}{9}$ se lit *quatre* sur *neuf* [b].

Exercice 1. Lisez $\frac{17}{21}$. — **Solution.** 17 vingt-unièmes, ou 17 sur 21.

E. 2. Écrivez *trois vingtièmes.* — **S.** $\frac{3}{20}$.

E. 3. Écrivez *sept dix-huitièmes.* — **S.** $\frac{7}{18}$ [c].

E. 4. Dans $\frac{17}{66}$, quel est le *numérateur* ? le *dénominateur* ? — **S.** Le numérateur est 17 ; le dénominateur est 66.

E. 5. Dites le 7ᵉ du *quart* de 91,28. — **S.** Le *quart* de 91,28 est 22,82, dont le 7ᵉ est 3,26 exactement.

p. 75

---

[a] Il y a exception pour les *dénominateurs* 2, 3, 4. Par exemple, $\frac{1}{2}, \frac{2}{3}, \frac{3}{4}$ se lisent 1 *demi*, 2 *tiers*, 3 *quarts*.

[b] La terminaison *ième* prête parfois à des équivoques. Soient les deux fractions $\frac{33}{115}$ et $\frac{30}{315}$. Elles s'énonceraient toutes deux *trente trois cent quinzièmes*. On dira donc de préférence 33 *sur* 115 et 30 *sur* 315.

[c] Quelques personnes écrivent les fractions ordinaires en mettant la *barre* en *biais*. C'est une faute : la *barre* d'une fraction ordinaire doit toujours être absolument *horizontale*. Cette *barre* d'ailleurs doit se placer sur la ligne principale de l'écriture, ni au-dessus, ni au-dessous, et bien en face du *trait* horizontal de celui des *signes* + ou — qui pourrait précéder ou suivre la fraction.

E. 6. Calculez à moins de 0,001 le *quotient* de 352 par 8,3. — **S.** 42,409 [a].

E. 7. Trouvez le *quotient* de 13^6 par 13^3. — **S.** 13^3.

E. 8. Dites la 4e *puissance* de 0,8. — **S.** 0,4096.

E. 9. *Deux* nombres ne sont ni l'un ni l'autre *divisibles* par 3. Que savez-vous sur leur *somme* ou leur *différence?* — **S.** Elle est divisible par 3. En effet, si, dans la division par 3, ces deux nombres donnent des restes *égaux*, leur *différence* est divisible par 3 ; s'ils donnent des restes *inégaux*, l'un de ces restes est 1, l'autre est 2, et la *somme* des deux nombres est divisible par 3.

E. 10. Que coûtent 7^{Kg},8 de pain d'épice [b] à 1^f,25 le kilogramme? — **S.** 7,8 fois 1^f,25, c-à-d 1^f,25 $\times$ 7,8, ou 9^f,75.

E. 11. *Deux* amis, dans un voyage de *deux* jours, dépensent 28^f,35 le premier jour et 34^f,75 le second. Dites la dépense de chacun. — **S.** La dépense totale est 28^f,35 $+$ 34^f75, c-à-d 63^f,10. La dépense de chacun est de la *moitié*, c-à-d de 31^f,55.

E. 12. Sur 4 vignes de 423^a,8 chacune, le phylloxera [c] a ravagé 546^a,7. Combien d'ares épargnés ? — **S.** 423^a,8 $\times$ 4 — 546^a,7, c-à-d 1148^a,5.

---

58. — Grandeur des fractions.

Question. Dans quel cas une fraction est-elle *moindre* que 1? — **Réponse.** Une *fraction* est *moindre* que l'*unité* quand son *numérateur* est *moindre* que son *dénominateur*.

[a] Toutes les fois qu'on effectue une opération, il en faut faire la *preuve*. Dans les calculs sur les nombres *décimaux*, il faut de plus, avant même de faire la preuve, vérifier que la *virgule* du résultat est placée et bien placée. L'oubli de cette vérification conduit souvent, dans la pratique, aux plus absurdes résultats.

[b] Le *pain d'épice* est une sorte de pain au *miel* et aux *épices*. Le plus renommé est celui de Dijon.

[c] Le *phylloxera* est un insecte, presque invisible à l'œil nu, qui attaque la vigne par ses racines et la fait périr; il est originaire d'Amérique et a été importé, il n'y a pas longtemps, dans notre pays où il a détruit la plupart des vignobles et causé des pertes immenses.

Q. Donnez un exemple. — **R.** $\frac{3}{8}$ est *moindre* que 1, car il ne contient que 3 huitièmes tandis que l'unité en contient 8.

Q. Dans quel cas une fraction est-elle *égale* à 1 ? — **R.** Une *fraction* est *égale* à l'*unité* quand son *numérateur* est *égal* à son *dénominateur*.

Q. Donnez un exemple. — **R.** $\frac{7}{7}$ est *égal* à l'unité : c'est évident.

Q. Dans quel cas une fraction est-elle *supérieure* à 1 ? — **R.** Une *fraction* est *supérieure* à l'*unité* quand son *numérateur* est *supérieur* à son *dénominateur*.

Q. Donnez un exemple. — **R.** $\frac{11}{9}$ est *supérieur* à 1, car il contient 11 neuvièmes tandis que l'unité n'en contient que 9 [a].

Q. Deux fractions ayant le même *dénominateur*, quelle est la *plus grande?* — **R.** Si deux fractions ont le *même dénominateur*, c'est celle qui a le *plus grand numérateur* qui est la *plus grande*.

Q. Donnez un exemple. — **R.** $\frac{13}{18}$ est *plus grand* que $\frac{11}{18}$. En effet, ces fractions contiennent toutes deux des dix-huitièmes et la première en contient plus que la seconde.

p. 76

Q. Deux fractions ayant le même *numérateur*, quelle est la *plus grande?* — Si deux fractions ont le *même numérateur*, c'est celle qui a le *plus petit dénominateur* qui est la *plus grande*.

Q. Donnez un exemple. — **R.** $\frac{7}{5}$ est *plus grand* que $\frac{7}{6}$. En effet, $\frac{1}{5}$ est évidemment plus grand que $\frac{1}{6}$. Donc $\frac{7}{5}$ est plus grand que $\frac{7}{6}$ [b].

[a] Une fraction *moindre* que 1 se nomme parfois une fraction *proprement dite*. Une fraction *supérieure* à 1 se nomme parfois un *nombre fractionnaire*. — Comme nous l'avons dit déjà, à propos des fractions décimales, ce sont là des distinctions oiseuses, que nous ne ferons point.

[b] Il suffit, on le voit, que deux fractions aient un *terme* commun, pour qu'on puisse dire, à première vue, celle des deux qui est la *plus grande* ou la *plus petite*.

Exercice 1. La fraction $\frac{11}{17}$ est-elle *supérieure* à 1 ? — **Solution.** Elle est inférieure à 1, parce que son numérateur 11 est *inférieur* à son dénominateur 17 [a].

E. 2. La fraction $\frac{12}{12}$ *diffère*-t-elle de l'unité ? — **S.** Elle est égale à 1, parce que ses deux *termes* sont *égaux*.

E. 3. La fraction $\frac{13}{7}$ est-elle *moindre* que 1 ? — **S.** Elle est supérieure à 1, parce que son numérateur 13 est *supérieur* à son dénominateur 7 [b].

E. 4. Quelle est la *plus grande* des deux fractions $\frac{10}{33}$ et $\frac{11}{33}$? — **S.** La seconde.

E. 5. Quelle est la *plus petite* des deux fractions $\frac{8}{13}$ et $\frac{8}{12}$? — **S.** La première.

E. 6. Calculez $37,6 \times 842,07 + 4605,3$. — **S.** 36267,132.

E. 7. Calculez à moins de 0,0001 le *quotient* de 421,9 par 32,6. — **S.** 12,9417 [c].

E. 8. Le nombre 8947 est-il *divisible* par 5 ? — **S.** Non, car il n'est terminé ni par 0, ni par 5.

E. 9. Dites le *plus petit* nombre de noix [d] dont on puisse faire à volonté 24, ou 32, ou 36 tas égaux. — **S.** Il faut que ce nombre soit un *multiple commun* de 24, 32 et 36. Comme il doit être le plus petit, c'est le *plus petit commun multiple* de ces trois nombres, qui est 288 [e].

E. 10. Le petit flacon d'encre noire [f] coûte $0^f,15$. Com-

---

[a] On voit immédiatement qu'il s'en faut de 6 *dix-septièmes* qu'elle soit égale à l'*unité*.

[b] On voit immédiatement qu'elle dépasse l'*unité* de 6 *septièmes*.

[c] Pour calculer ce *quotient*, on prend le dividende sous la forme 421,900 00.

[d] La *noix* est le fruit du *noyer*. On en extrait une huile comestible excellente. — Quant au noyer, c'est l'un des plus beaux arbres de notre pays ; et son bois est très employé dans l'*ébénisterie*.

[e] Les problèmes qui conduisent à la recherche soit d'un *pgcd*, soit d'un *ppcm* diffèrent beaucoup des problèmes qu'on a coutume de poser dans les écoles primaires. Il est bon néanmoins d'en résoudre de temps en temps, et, dans ce *Cours supérieur*, nous en donnons quelques-uns.

[f] Il y a des encres *noires* de bien des espèces : l'encre de Chine, l'encre d'imprimerie, l'encre à écrire. Celle-ci se fabrique d'ordinaire avec de la noix de galle, du sulfate de fer et de la gomme. Depuis peu, on fabrique aussi, avec l'*aniline*, des encres de toutes les couleurs.

bien, pour 3^f,45, peut-on avoir de flacons pareils? —
S. Autant qu'il y a de fois 0,15 dans 3,45, c-à-d 23.

E. 11. On place bout à bout *trois* tapis dont les longueurs
sont 2^m,53 ; 3^m,26 et 4^m,59. Dites la longueur totale.
— **S.** 2^m,53 + 3^m,26 + 4^m,59, c-à-d 10^m,38.

E. 12. Un panier contient 6 pots de beurre fondu[a] et
pèse 22^{Kg},487 ; vide, il ne pèse que 2^{Kg},465. Dites le
poids de chaque pot. — **S.** Le poids des 6 pots est
22^{Kg},487 — 2^{Kg},465, c-à-d 20^{Kg},022. Un pot pèse
20^{Kg},022 : 6, c-à-d 3^{Kg},337.

---

59. — Premiers calculs sur les fractions.

Question. Comment remplace-t-on une fraction *supérieure*
à 1 par une somme? — **Réponse.** Pour remplacer une
fraction *supérieure* à 1 par la *somme* d'un *entier* et
d'une fraction *inférieure* à 1, il suffit de *diviser* le
numérateur donné par le *dénominateur* donné : l'entier est égal au *quotient* obtenu; la nouvelle *fraction* p. 77
a pour *dénominateur* le dénominateur donné, et pour
numérateur le *reste* de la division[b].

Q. Donnez un exemple. — **R.** Soit $\frac{25}{7}$. Divisant 25 par 7, je
trouve pour quotient 3 et pour reste 4. Donc 25 est égal à 3
fois 7, plus 4. Donc $\frac{25}{7}$ est égal à 3 fois $\frac{7}{7}$, plus $\frac{4}{7}$; c-à-d à
$3 + \frac{4}{7}$[c].

Q. Comment remplace-t-on certaines *sommes* par une
fraction unique? — **R.** Pour remplacer, par une fraction
unique, la *somme* d'un *entier* et d'une *fraction*, il

(a) Dans plusieurs parties de la France, les ménagères font provision
de *beurre fondu*. C'est un usage qui nous paraît excellent.

(b) On dit parfois que cette opération a pour but d'*extraire* les entiers
contenus dans la fraction.

(c) Dans le cours d'un calcul, il n'est jamais nécessaire, ni même utile,
de remplacer ainsi une fraction par une somme. On ne doit faire subir
cette opération qu'au *résultat final* du calcul, si ce résultat se présente
sous la forme d'une fraction *supérieure* à l'unité.

suffit de *multiplier* l'*entier* par le *dénominateur* de la fraction et d'*ajouter* le *produit* obtenu au *numérateur*.

Q. Donnez un exemple. — **R.** Soit $6 + \frac{2}{3}$. Puisqu'une unité vaut $\frac{3}{3}$, les 6 unités données valent $\frac{18}{3}$. La somme donnée vaut donc $\frac{18}{3} + \frac{2}{3}$, c-à-d $\frac{20}{3}$ [a].

Q. Comment rend-on une fraction 2 fois *plus grande?* — **R.** Pour rendre une fraction 2, 3, 4, ... fois *plus grande*, il suffit de *multiplier* son *numérateur* par 2, 3, 4, ..., sans toucher à son dénominateur [b].

Q. Donnez un exemple. — **R.** Pour rendre 3 fois *plus grande* la fraction $\frac{7}{11}$, je multiplie 7 par 3. Je trouve ainsi $\frac{21}{11}$. Or, les fractions $\frac{21}{11}$ et $\frac{7}{11}$ contiennent toutes deux des onzièmes; la première en contient 3 fois plus que la seconde; donc elle est 3 fois plus grande.

Q. Comment rend-on une fraction 2 fois *plus petite?* — **R.** Pour rendre une fraction 2, 3, 4, ... fois *plus petite*, il suffit de *multiplier* son *dénominateur* par 2, 3, 4, ..., sans toucher à son numérateur [c].

Q. Donnez un exemple. — **R.** Pour rendre 4 fois *plus petite* la fraction $\frac{5}{12}$, je multiplie 12 par 4. Je trouve ainsi $\frac{5}{48}$. Or $\frac{1}{48}$ est 4 fois plus petit que $\frac{1}{12}$. Donc la fraction $\frac{5}{48}$ est 4 fois plus petite que la fraction $\frac{5}{12}$.

Exercice 1. Mettez $3 + \frac{9}{11}$ sous la forme d'une *fraction unique*. — **Solution.** $\frac{42}{11}$.

[a] Cette opération, qui consiste à remplacer par une *fraction unique* la somme d'un entier et d'une fraction, est l'une des *plus utiles* de l'arithmétique. Chaque fois que, dans le cours d'un calcul, on rencontre une pareille somme, il est bon de la remplacer ainsi par une seule fraction.

[b] Pour rendre une fraction 2, 3, 4,... fois *plus grande*, on pourrait aussi *diviser* son *dénominateur* par 2, 3, 4,...; mais ce procédé ne peut s'employer que si cette *division* peut se faire *exactement*.

[c] Pour rendre une fraction 2, 3, 4,... fois *plus petite*, on pourrait

E. 2. Mettez $\frac{49}{13}$ sous la forme d'un *nombre entier* plus une *fraction* moindre que 1. — **S.** $3 + \frac{10}{13}$.

E. 3. Rendez $\frac{6}{11}$ *deux* fois *plus grand*. — **S.** $\frac{12}{11}$.

p. 78

E. 4. Rendez $\frac{7}{12}$ *trois* fois *plus petit*. — **S.** $\frac{7}{36}$ [a].

E. 5. Quelle est la *plus grande* des fractions $\frac{15}{17}$ et $\frac{15}{16}$? — **S.** La seconde.

E. 6. Effectuez $3,067 \times (42,57 - 28,398)$. **S.** $43,465\,524$.

E. 7. Que savez-vous sur les nombres *divisibles* séparément par 8 et par 15 ? — **S.** Ils sont divisibles par 8×15, c-à-d par 120, parce que 8 et 15 sont *premiers entre eux* [b].

E. 8. Trouvez le *pgcd* de 512 et 729. — **S.** 1. Ces deux nombres sont donc *premiers entre eux*.

E. 9. Un nombre entier a 5 chiffres, un autre en a 4. Combien de chiffres au *produit* de ces deux nombres ? — **S.** Le nombre de 4 chiffres est au moins égal à 1000, mais inférieur à 10000. Le produit cherché est donc au moins égal au multiplicande suivi de 3 zéros, c-à-d à un nombre de 8 chiffres. Il est inférieur à ce multiplicande suivi de 4 zéros, c-à-d à un nombre de 9 chiffres. Le nombre des chiffres de ce produit ne peut donc être que 8 ou 9 [c].

E. 10. Un journalier [d] a travaillé de 4^h à 10^h du matin, et de 2^h à 7^h du soir. Combien d'heures ? — **S.** De 4^h

aussi *diviser* son *numérateur* par 2, 3, 4,...; mais il faudrait pour cela que cette *division* pût se faire *exactement*.

[a] Dans cet exercice, pas plus que dans le précédent, on ne pourrait opérer par *division*. Le numérateur de $\frac{7}{12}$ n'est pas, en effet, *divisible* par 3, et le dénominateur de $\frac{6}{11}$ n'est pas *divisible* par 2.

[b] Ainsi, pour qu'un nombre soit *divisible* par 120, il faut et il suffit qu'il soit divisible séparément par 8 et par 15.

[c] En général, le *nombre* des chiffres du *produit* de deux *entiers* est égal à la *somme* des nombres de chiffres de ces deux entiers, ou à cette *somme*, diminuée de l'*unité*.

[d] On donne, à la campagne, le nom de *journalier* à tout ouvrier qui travaille à la journée, tantôt chez l'un, tantôt chez l'autre.

à 10^h du matin, il y a 6^h. De 2^h à 7^h du soir, il y en a 5. Donc, en tout, 6^h + 5^h, c-à-d 11^h.

E. 11. *Six* tonneaux contiennent ensemble 1329^l *de vin. Combien par tonneau?* — **S.** 6 fois moins, c-à-d 1329^l : 6, ou 221^l,5, exactement.

E. 12. La boîte de 48 pelotes de fil de lin [a] coûte 2^f,40. Que coûtent 16 pelotes? — **S.** Une pelote coûte 2^f,40 : 48, c-à-d 0^f,05. Donc 16 pelotes coûtent 0^f,05 $\times$ 16, c-à-d 0^f,80.

---

69. — Quotient exact de deux nombres entiers.

Question. Une fraction est-elle une partie de son *numérateur?* — **Réponse.** *Toute fraction est une partie aliquote de son numérateur marquée par son dénominateur.*

Q. Donnez un exemple. — **R.** $\frac{5}{7}$ est le septième de 5. En effet, le septième de 1 est $\frac{1}{7}$; le septième de 2 est $\frac{2}{7}$; celui de 3 est $\frac{3}{7}$; ... ; celui de 5 est $\frac{5}{7}$.

Q. Que trouve-t-on en multipliant une fraction par son *dénominateur?* — **R.** *Lorsqu'on multiplie une fraction par son dénominateur, on trouve juste son numérateur* [b].

Q. Donnez un exemple. — **R.** $\frac{8}{13}$ est le treizième de 8. En multipliant $\frac{8}{13}$ par 13, on obtient donc les 13 treizièmes de 8, c-à-d 8.

Q. Une fraction est-elle un *quotient?* — **R.** *Toute fraction ordinaire est le quotient exact de son numérateur par son dénominateur.*

Q. Donnez un exemple. — **R.** La fraction $\frac{26}{17}$ est le *quotient*

---

[a] Toutes les matières *textiles*, la soie, la laine, le lin, le chanvre, le coton, la ramie, peuvent être *filées*, c-à-d réduites en fil. Néanmoins, le mot *fil*, dans certains cas, ne s'applique qu'au fil du *lin* ou du *chanvre*. C'est ce qui arrive quand on dit d'une étoffe : c'est *fil* et *coton*, c'est *pur fil*, etc.

[b] Ce résultat est l'un des plus importants de la théorie des *fractions*. Il faut que les élèves l'apprennent et le retiennent parfaitement.

exact de 26 par 17. En effet, si on la multiplie par 17, on trouve *juste* 26.

Q. Comment trouve-t-on le *quotient exact* de la division de *deux nombres* entiers? — **R.** Lorsque la division de deux nombres entiers ne se fait pas exactement, il suffit, pour en obtenir le *quotient exact*, d'ajouter au *quo-* p. 79 *tient* trouvé une *fraction* ayant pour numérateur le *reste* et pour dénominateur le *diviseur*[a].

Q. Donnez un exemple. — **R.** Soit la division de 77 par 12, dont le quotient est 6 et le reste 5. Le quotient exact sera $6 + \frac{5}{12}$. En effet, ce *quotient exact* est $\frac{77}{12}$. Or $\frac{77}{12}$ est égal à $6 + \frac{5}{12}$.

Q. Sous quelle forme met-on souvent le *quotient* de la division de deux nombres entiers? — **R.** Au lieu d'indiquer par *le signe* : la *division* de deux nombres, on met le plus souvent le *quotient* de ces deux nombres sous la forme d'une *fraction*[b].

> **Exercice 1.** Dites le *quotient exact* de 36 par 7. — **So-lution.** $5 + \frac{1}{7}$.
>
> **E. 2.** Dites le *quotient exact* de 429 par 11. — **S.** 39.
>
> **E. 3.** Rendez $\frac{6}{17}$ *deux* fois *plus grand*. — **S.** $\frac{12}{17}$.
>
> **E. 4.** Rendez $\frac{12}{31}$ *cinq* fois *plus petit*. — **S.** $\frac{12}{155}$[c].

[a] Tant qu'on ne disposait que des nombres *entiers*, le *quotient* de la plupart des divisions ne pouvait s'exprimer que d'une manière *approchée*. Grâce aux *fractions ordinaires*, le *quotient* de deux nombres *entiers* s'exprime toujours *exactement*.

[b] Cette nouvelle manière d'écrire le *quotient* de deux nombres *entiers* est de beaucoup la meilleure. Néanmoins, nous emploierons très souvent, dans le présent ouvrage, la manière d'écrire où l'on se sert du signe : par la raison, purement *typographique*, que, de haut en bas, elle tient moins de place que la forme fractionnaire. Au tableau noir, on écrira toujours le *quotient* de deux nombres *entiers* sous la forme d'une *fraction*.

[c] Dans cet exercice encore, pas plus que dans le précédent, on ne peut opérer par la *division*, le *terme* qu'il faudrait diviser n'étant pas *divisible* par le *diviseur* à employer.

E. 5. Réduire $11 + \frac{3}{8}$ en une *seule fraction*. — **S.** $\frac{91}{8}$.

E. 6. Effectuez $36{,}475 \times (57{,}06 + 98{,}989)$.
S. $5\,691{,}887\,275$.

E. 7. Calculez le *cube* de $0{,}19$. — **S.** $0{,}006\,859$ [a].

E. 8. Ecrivez les *cinq* premiers *multiples* de 23. — **S.** 23, 46, 69, 92, 115.

E. 9. Il y a 8 chiffres dans un nombre entier. Combien à la partie entière d'un nombre *mille* fois *moindre?* — **S.** En rendant ce nombre 1000 fois plus petit, on lui donne 3 décimales; il ne reste donc que 5 chiffres à sa partie entière [b].

E. 10. Un propriétaire achète un domaine de $8\,247^{a}{,}68$. Il a déjà une terre de $1436^{a}{,}15$; mais il en vend $248^{a}{,}56$. Combien finalement possède-t-il d'ares? — **S.** $8\,247^{a}{,}68 + 1436^{a}{,}15 - 248^{a}{,}56$, c-à-d $9\,435^{a}{,}27$.

E. 11. Une chemise en madapolam coûte $6^{f}{,}75$. Que coûte une *demi-douzaine* de chemises pareilles? — **S.** $6^{f}{,}75 \times 6$, c-à-d $40^{f}{,}50$.

E. 12. Un train [c] de chemin de fer a déjà parcouru $16\,324^{m}$. Il parcourt 623^{m} par minute. A quelle distance, dans 47 minutes, sera-t-il de son point de départ? — **S.** $16\,324^{m} + 623^{m} \times 47$, c-à-d $45\,605^{m}$ [d].

[a] Faites bien remarquer que ce cube de $0{,}19$ est beaucoup *plus petit* que $0{,}19$; et rappelez aux élèves que les *puissances* d'un nombre donné, *moindre* que 1, sont toutes *moindres* que ce *nombre* donné.

[b] Toutes les fois qu'on rend *mille fois moindre* un nombre supérieur à 1 000, le nombre des chiffres de sa *partie entière* diminue de 3 *unités*.

[c] Un *train* de chemin de fer est une suite de voitures accrochées les unes aux autres et mises en mouvement par une *locomotive* placée en tête du train. Les voitures qui forment le train se nomment aussi *wagons*. — Comme les chemins de fer nous sont venus d'Angleterre, la plupart des mots qu'on y emploie sont d'origine anglaise : tels sont *locomotive*, *wagon*, *tender*, *rail*, *ballast*, *ticket*, etc., etc.

[d] Arrivé à la fin du présent chapitre, il sera bon de faire jeter sur lui un coup d'œil général, qui en fasse bien voir l'ensemble et l'unité.

CHAPITRE IV

p. 80

TRANSFORMATION DES FRACTIONS ORDINAIRES

—

61. — Principes fondamentaux.

Question. Une fraction change-t-elle quand on *multiplie* ses deux termes par un même nombre? — **Réponse.** *Une fraction ne change pas quand on multiplie ses deux termes par un même nombre* [a].

Q. Démontrez-le. — **R.** Soit $\frac{5}{7}$. En multipliant ses deux termes par 3, on trouve $\frac{15}{21}$. Ces deux fractions $\frac{5}{7}$ et $\frac{15}{21}$ sont égales, car chacune d'elles est 3 fois plus grande que $\frac{5}{21}$ [b].

Q. Une fraction change-t-elle quand on *divise* (exactement) ses deux termes par un même nombre? — **R.** *Une fraction ne change pas quand on divise (exactement) ses deux termes par un même nombre* [c].

Q. Démontrez-le. — **R.** Soit la fraction $\frac{12}{18}$. Divisant ses deux termes par 6, on trouve $\frac{2}{3}$. Ces deux fractions $\frac{12}{18}$ et $\frac{2}{3}$ sont égales, car chacune d'elles est 6 fois plus petite que $\frac{12}{3}$.

[a] Ce principe et le suivant sont l'un et l'autre d'une importance capitale. Voilà pourquoi nous les nommons *principes fondamentaux*.

[b] Montrez bien pourquoi. — La fraction $\frac{5}{7}$ est 3 fois *plus grande* que $\frac{5}{21}$ parce que son numérateur est le même et que son dénominateur est 3 fois *plus petit*. La fraction $\frac{15}{21}$ est 3 fois *plus grande* que $\frac{5}{21}$ parce que son dénominateur est le même et que son numérateur est trois fois *plus grand*.

[c] Faites bien observer aux élèves que, dans tout ce qui précède sur les fractions ordinaires, quand on *divise* un *terme* d'une fraction par un nombre, il faut toujours que cette *division* se fasse *exactement*.

Exercice 1. On multiplie les *deux* termes d'une *fraction* par 7. Que trouve-t-on ? — **Solution**. Une fraction *égale*.

E. 2. On *divise* exactement les *deux* termes d'une *fraction* par 8. Que trouve-t-on ? — **S**. Une fraction *égale*.

E. 3. Rendez $\frac{3}{19}$ *six* fois *plus grand*. — **S**. $\frac{18}{19}$.

E. 4. Dites le *quotient exact* de 49 par 12. — **S**. $4 + \frac{1}{12}$ [a].

E. 5. Réduisez $6 + \frac{3}{11}$ en une *seule fraction*. — **S**. $\frac{69}{11}$ [b].

E. 6. Calculez avec 4 *décimales* le quotient de 76,3 par 2,46. — **S**, 31,0162.

E. 7. Calculez la 5ᵉ *puissance* de 0,7. — **S**. 0,16807.

E. 8. Trouvez le *ppcm* de 9, 15, 24. — **S**. 360 [c]

E. 9. Il y a 4 *décimales* dans un nombre. Combien dans un nombre 10 fois *plus grand* ? — **S**. 3 seulement.

E. 10. Dites le poids de 3 *douzaines* de lapins [d] pesant chacun $2^{Kg},15$. — **S**. 3 douzaines de lapins font 36 lapins. Le poids cherché est donc $2^{Kg},15 \times 36$, c-à-d $77^{Kg},40$.

p. 81

E. 11. Le savon bleu de Marseille [e] et le savon noir en pâte coûtent le même prix. Pour $2^f,25$, on a $2^{Kg},150$ de savon bleu plus $1^{Kg},600$ de savon noir. Que coûte 1^{Kg} ? — **S**. On a en tout $3^{Kg},750$ de savon. Donc 1^{Kg} coûte $2^f,25 : 3,75$, c-à-d $0^f,60$.

E. 12. Des pardessus sont étiquetés [f] 47^f. On obtient

[a] On eût pu répondre, plus simplement, $\frac{49}{12}$.

[b] Ce calcul nous montre que $6 + \frac{3}{11}$ est le *quotient exact* de 69 par 11.

[c] 360 est l'un de ces nombres que l'on choisit de préférence pour montrer la décomposition des nombres en leurs facteurs premiers ; cela tient à ce qu'il se décompose facilement. Il a aussi cet avantage d'admettre beaucoup de *diviseurs* : nous verrons plus tard qu'il en admet 24.

[d] Les *lapins* sont très communs, soit à l'état domestique, soit à l'état sauvage. On mange leur chair, on fait avec leur peau des fourrures grossières et leur poil sert à la fabrication des chapeaux de feutre.

[e] *Marseille*, chef-lieu du département des *Bouches-du-Rhône*, est un grand port de mer et l'une des villes de France les plus industrieuses, les plus commerçantes et les plus peuplées.

[f] C'est-à-dire portent leur prix, marqués en chiffres, sur un papier appelé *étiquette*. On appelle aussi *étiquettes* les papiers collés sur les paquets de marchandises, les flacons et bouteilles contenant des médi-

sur chacun un rabais de $1^f,75$ et on en achète 7. Qu'a-t-on à payer? — **S.** $(47^f — 1^f,75) \times 7$, c-à-d $316^f,75$.

---

62. — Simplification des fractions.

Question. Qu'est-ce que *simplifier* une fraction? — **Réponse. Simplifier** une *fraction* donnée, c'est trouver une seconde *fraction* qui soit *égale* à la première, mais qui ait des *termes moindres*.

Q. Que suffit-il de faire pour *simplifier* une fraction? — **R.** Pour *simplifier* une fraction, il suffit de *diviser* (exactement) ses *deux termes* par un même nombre[a].

Q. Démontrez-le. — **R.** Soit $\frac{9}{15}$. Divisant les *deux* termes par 3, on trouve $\frac{3}{5}$. D'après ce qu'on a vu, $\frac{3}{5}$ est égal à $\frac{9}{15}$; et, comme $\frac{3}{5}$ a ses termes moindres que ceux de $\frac{9}{15}$, la fraction $\frac{9}{15}$ a été *simplifiée*[b].

Q. Dans quel cas une fraction est-elle *irréductible?* — **R.** Une *fraction* est **irréductible**, lorsqu'il est impossible de la *simplifier*.

Q. Que savez-vous sur une fraction qui a ses termes *premiers entre eux?* — **R.** Toute *fraction* qui a ses termes *premiers entre eux* est une fraction *irréductible*.

Q. Qu'est-ce que réduire une fraction à sa *plus simple expres-*

ments ou des liqueurs. — Le mot français *étiquette* est identique au mot anglais *ticket* qui tend à s'introduire chez nous. Les billets de *chemin de fer* se nomment des *tickets*. Il en était de même des billets d'entrée à l'*Exposition universelle* de 1889.

[a] Il est donc utile de regarder toujours si les deux termes d'une fraction ont un ou plusieurs *diviseurs communs*. Les caractères de *divisibilité* que nous avons donnés permettent, dans beaucoup de cas, d'apercevoir de tels diviseurs.

[b] *Si les deux termes d'une fraction se terminaient par des *zéros*, on pourrait supprimer un même nombre en haut et en bas. Cela reviendrait, en effet, à diviser les deux termes de cette fraction par 10, ou par 100, ou par 1 000, etc.

sion? — **R.** Réduire une *fraction* à sa **plus simple expression**[a], c'est trouver une *fraction* égale, qui soit *irréductible*.

Q. Comment réduit-on une fraction à sa *plus simple expression*? — **R.** Pour réduire une *fraction* à sa *plus simple expression*, il suffit de diviser ses *deux termes* par leur *plus grand commun diviseur*[b].

Q. Donnez un exemple. — **R.** Soit la fraction $\frac{60}{216}$. Le *plus grand commun diviseur*[c] de 60 et 216 est 12. En divisant par 12 les deux termes de la fraction donnée, j'obtiens $\frac{5}{18}$.

Exercice 1. *Simplifier* $\frac{14}{35}$. — **Solution.** En divisant les deux termes par 7, on trouve $\frac{2}{5}$.

E. 2. La fraction $\frac{14}{45}$ est-elle *irréductible?* — **S.** Elle l'est, car ses deux termes sont *premiers entre eux*.

p. 82   **E. 3.** Réduisez $\frac{49}{119}$ à sa *plus simple expression*. — **S.** En divisant les deux termes par leur *pgcd* 7, on trouve $\frac{7}{17}$.

E. 4. Réduisez à sa *plus simple expression* $\frac{961}{1891}$. — **S.** En divisant les deux termes par leur *pgcd* 31, on trouve $\frac{31}{61}$.

[a] Une même fraction peut se présenter sous une infinité de formes différentes. Les fractions $\frac{26}{39}, \frac{34}{51}, \frac{38}{57}$, par exemple, ne sont autre chose que la fraction $\frac{2}{3}$. Il y a grand avantage, lorsqu'on veut se faire une idée claire de la grandeur d'une fraction, à prendre cette fraction sous sa forme la plus simple. Il est donc très important de savoir *réduire* toutes les fractions à leur plus *simple expression*.

[b] On cherchera donc le *pgcd* des deux termes de la fraction donnée, puis on divisera ces deux termes par le nombre trouvé. — Si l'on obtenait pour *pgcd* l'unité, les deux termes de la fraction donnée seraient *premiers entre eux*, et cette fraction serait *irréductible*.

[c] La *réduction* des fractions à leur *plus simple expression* est l'usage le plus important du *pgcd* de deux nombres. Cette application du *pgcd* repose sur ce fait, déjà indiqué, que les *quotients* qu'on obtient en divisant deux nombres par leur *pgcd* sont deux quotients *premiers entre eux*.

E. 5. Dites le *quotient* de 7 par 11, à moins de 0,001. — **S.** 0,636.

E. 6. Calculez $\frac{91}{6}$ — 8. — **S.** 15 $+ \frac{1}{6}$ — 8, c-à-d 7 $+ \frac{1}{6}$.

E. 7. Le nombre 4542 est-il divisible par 4? — **S.** Non, car 42 ne l'est pas.

E. 8. Combien de nombres *impairs* inférieurs à 100? — **S.** 50 [a].

E. 9. Le nombre 64 est-il un *multiple commun* de 16 et 24? — **S.** Non, car il n'est pas divisible par 24.

E. 10. On possédait 9683ᵃ,8 de terres. On en vend 2187ᵃ,6 et on en achète 5436ᵃ,7. Combien en a-t-on? — **S.** 9683ᵃ,8 — 2187ᵃ,6 $+$ 5436ᵃ,7, c-à-d 12932ᵃ,9.

E. 11. On place bout à bout 8 épées [b] dont la lame a 0ᵐ,91 et la poignée 0ᵐ,16. Dites la longueur totale. — **S.** (0ᵐ,91 $+$ 0ᵐ,16) $\times$ 8, c-à-d 8ᵐ,56.

E. 12. Un ballot de marchandise pèse 214ᴷᵍ,4. L'emballage pèse 15ᴷᵍ,8. Dites le poids *net* [c] de la marchandise. — **S.** 214ᴷᵍ,4 — 15ᴷᵍ,8, c-à-d 198ᴷᵍ,6.

---

63. — Réduction au même dénominateur.

Question. Qu'est-ce que *réduire* plusieurs fractions au même dénominateur? — **Réponse.** Réduire plusieurs *fractions* au *même dénominateur*, c'est remplacer ces *fractions* par d'autres qui leur soient respectivement

[a] Pour trouver ce résultat, on peut raisonner ainsi : évidemment, si l'on augmentait les nombres *impairs*, inférieurs à 100, chacun d'une unité, on trouverait les nombres *pairs* 2, 4, 6,..., 98, 100. Ceux-ci ont respectivement pour *moitiés* les 50 premiers nombres 1, 2, 3,..., 50. Donc ils sont au nombre de 50. Donc il y a aussi 50 nombres *impairs* inférieurs à 100.

[b] On désigne présentement, sous le nom d'*épée*, les armes blanches, à lame *droite*, effilée et pointue. Le mot *sabre* désigne une arme à lame plus forte et ordinairement *courbe*. On appelle *fleurets* les épées très légères en usage dans les *salles d'armes*, pour l'enseignement de l'escrime.

[c] Comme on l'a déjà vu, le poids *net*, c'est le poids *brut* diminué de la tare. Certaines marchandises, que l'on vend en paquets faits à l'avance, portent toujours l'indication de leur *poids net*. C'est ce qui a lieu pour les bougies vendues en *paquets*.

égales et qui aient toutes le *même dénominateur* [a].

Q. Comment *réduit*-on plusieurs fractions au même dénominateur? — **R.** Pour réduire plusieurs fractions au même dénominateur, il suffit de *multiplier les deux termes* de chacune d'elles par les *dénominateurs* de toutes les autres [b].

Q. Donnez un exemple. — **R.** Soient à réduire au *même* dénominateur $\frac{3}{4}$, $\frac{2}{5}$ et $\frac{5}{6}$. Je multiplie les deux termes de $\frac{3}{4}$ par 5 et par 6, c-à-d par 30; — les deux termes de $\frac{2}{5}$ par 6 et par 4, c-à-d par 24; — les deux termes de $\frac{5}{6}$ par 4 et par 5, c-à-d par 20. J'obtiens ainsi $\frac{90}{120}$, $\frac{48}{120}$ et $\frac{100}{120}$, fractions qui sont bien égales aux fractions données et qui ont toutes le *même dénominateur*.

Q. Etant données plusieurs fractions, comment trouve-t-on la *plus grande*? — **R.** Etant données plusieurs fractions, pour savoir quelle est la *plus grande*, on les réduit au *même dénominateur*. La *plus grande* est celle qui, par cette réduction, prend le *plus grand* numérateur.

Q. Donnez un exemple. — **R.** Dans l'exemple précédent, c'est $\frac{5}{6}$ qui est la plus grande des trois fractions données [c].

Exercice 1. Réduisez $\frac{1}{2}$ et $\frac{3}{4}$ au *même dénominateur.* —

Solution. $\frac{4}{8}$, $\frac{6}{8}$.

(a) Nulle opération sur les fractions n'est plus importante que la *réduction au même dénominateur.* Elle est indispensable pour *comparer* les fractions entre elles, et aussi, comme nous le verrons, pour les *ajouter* et les *retrancher.*

(b) Ce procédé est le plus simple qui existe, mais il ne conduit pas ordinairement au *dénominateur commun le plus petit* possible. Nous verrons, dans le *paragraphe* suivant, la règle qui y conduit.

(c) On pourrait, par un procédé analogue à celui qu'on vient d'indiquer, réduire plusieurs fractions au même *numérateur.* Cette réduction permettrait aussi de *comparer* plusieurs fractions entre elles, mais elle ne serait, pour ainsi dire, d'aucun autre usage. On peut en parler, sans y insister.

E. 2. Réduisez au *même dénominateur* $\frac{1}{2}$, $\frac{2}{3}$ et $\frac{3}{8}$. — **S.** $\frac{24}{48}$, $\frac{32}{48}$, $\frac{18}{48}$.

E. 3. Des fractions $\frac{6}{7}$ et $\frac{7}{8}$, quelle est la *plus grande?* — **S.** La seconde [a].

E. 4. Dites la *plus petite* des fractions $\frac{1}{2}$ et $\frac{3}{7}$. — **S.** La seconde.

E. 5. Réduisez $\frac{924}{2772}$ à sa *plus simple expression*. — **S.** En divisant les deux termes par leur *pgcd* 924, on trouve $\frac{1}{3}$ [b].

E. 6. Réduisez en une *seule fraction* $\frac{6}{7} + 9$. — **S.** $\frac{69}{7}$.

E. 7. Rendez $\frac{4}{9}$ *deux* fois *plus grand*. — **S.** $\frac{8}{9}$.

E. 8. Le nombre 30 426 est-il *divisible* par 3? — **S.** Il l'est, car la somme de ses chiffres est *divisible* par 3.

E. 9. Quel est le *pgcd* de deux nombres entiers *consécutifs?* — **S.** 1 [c].

E. 10. Un ouvrier a fait 98^{h} de travail en 7 jours. Combien par jour? — **S.** 98^{h} : 7, c-à-d 14^{h} [d].

E. 11. Un tonneau contenait 231^{l},4 de vin. On en a déjà tiré 158 bouteilles de 0^{l},86. Qu'y reste-t-il? — **S.** 231^{l},4 — 0^{l},86 $\times$ 158, c-à-d 95^{l},52.

[a] Réduites au même *dénominateur*, ces fractions deviennent $\frac{48}{56}$ et $\frac{49}{56}$. Réduites au même *numérateur*, elles deviendraient $\frac{42}{49}$ et $\frac{42}{48}$. Sous chacune de ces formes, on voit que c'est la *seconde* qui est la *plus grande* des deux.

[b] Faites bien remarquer aux élèves tout l'avantage de cette réduction. L'expression $\frac{1}{3}$ n'est-elle pas infiniment plus claire que l'expression $\frac{924}{2772}$!

[c] Ce résultat est évident; mais c'est aussi celui qu'on trouve en appliquant *littéralement* la méthode que nous avons donnée pour la recherche du *pgcd* de deux nombres. En divisant, en effet, le *plus grand* des deux nombres par le *plus petit*, on trouve pour *reste* 1, et, comme la division du *plus petit* nombre par 1 se fait exactement, c'est 1 qui est le *pgcd* cherché. On en conclut que deux *entiers consécutifs* sont toujours *premiers entre eux*.

[d] Le nombre d'heures qu'un ouvrier travaille dans un jour, c'est ce qu'on appelle la *journée* de cet ouvrier.

E. 12. Une armée [a] de 28 647 hommes a eu, dans un combat, 57 tués de 2 196 blessés. Combien de soldats encore valides [b] ? — **S.** 28 647 — 57 — 2 196, c-à-d 26 394.

———

64. — Plus petit dénominateur commun.

Question. Qu'est-ce que *réduire* plusieurs fractions au *plus petit dénominateur commun* ? — **Réponse.** Réduire plusieurs fractions au *plus petit* dénominateur commun, c'est réduire toutes ces fractions à un même dénominateur, qui soit le *plus petit* possible [c].

Q. Comment opère-t-on cette *réduction* ? — **R.** Pour réduire plusieurs fractions au *plus petit* dénominateur commun, on les réduit toutes à leur *plus simple expression* [d] ; — on calcule le *plus petit commun multiple* [e] de tous les dénominateurs ainsi obtenus ; — on divise ce *plus petit commun multiple* par tous ces dénominateurs, ce qui donne autant de *quotients* qu'il y a de fractions ; — enfin, on multiplie les deux termes de chaque fraction réduite par le *quotient* correspondant.

Q. Donnez un exemple. — **R.** Soient les fractions $\frac{2}{24}$, $\frac{15}{54}$, $\frac{28}{96}$. En les réduisant à leur *plus simple expression*, je trouve $\frac{1}{12}$,

p. 84

[a] Le mot *armée* désigne une très nombreuse troupe de soldats. L'armée française tout entière se partage en *corps d'armée*, ceux-ci comprennent plusieurs *divisions* et chaque *division* plusieurs *brigades*.

[b] *Valide* est le contraire d'*invalide*. Un homme *valide* est un homme bien portant et dispos.

[c] Dans un grand nombre de cas, il est indispensable de *réduire* des fractions au même *dénominateur*. D'ailleurs, on a grand intérêt à prendre toujours les fractions sous les formes les plus simples. Il est donc très important de savoir *réduire* plusieurs fractions à leur *plus petit dénominateur commun*.

[d] Cette précaution est indispensable. Les élèves oublient trop souvent de la prendre.

[e] C'est dans la réduction des fractions à leur *plus petit dénominateur commun* que se trouve l'usage le plus fréquent, sinon le plus important, du *ppcm* de plusieurs nombres.

$\frac{5}{18}$, $\frac{7}{24}$. Le *plus petit commun multiple* des dénominateurs 12, 18, 24 est 72. En divisant 72 par les dénominateurs 12, 18, 24, j'obtiens les trois *quotients* 6, 4, 3. Il me suffit alors de multiplier les deux termes de chacune des fractions réduites par le *quotient* correspondant, ce qui me donne, pour résultat final, les trois fractions $\frac{6}{72}$, $\frac{20}{72}$ et $\frac{21}{72}$ [a].

Exercice 1. Réduisez $\frac{3}{4}$ et $\frac{7}{8}$ au *plus petit dénominateur commun.* — **Solution.** $\frac{6}{8}$ et $\frac{7}{8}$.

E. 2. Réduisez au *plus petit dénominateur commun* $\frac{1}{2}$, $\frac{13}{24}$ et $\frac{25}{26}$. — **S.** $\frac{156}{312}$, $\frac{169}{312}$, $\frac{300}{312}$.

E. 3. Quelle est la *plus grande* des fractions $\frac{1}{3}$ et $\frac{6}{15}$? — **S.** La seconde [b].

E. 4. Dites la *plus petite* des fractions $\frac{3}{13}$ et $\frac{4}{17}$. — **S.** La première [c].

E. 5. Réduisez $\frac{551}{1273}$ à sa *plus simple expression.* — **S.** $\frac{29}{67}$.

E. 6. Calculez à moins de 0,0001 le *quotient* de 36,8 par 13,6. — **S.** 2,7058.

E. 7. Décomposez 1871 en *facteurs premiers.* — **S.** Ce nombre est *premier* [d].

E. 8. Dites le *produit* de 9^6 par 9^2. — **S.** 9^8.

[a] Si l'on eût appliqué, pour la réduction des fractions au même dénominateur, la règle donnée dans le paragraphe précédent, on eût trouvé, pour le *dénominateur commun*, non pas 72, mais ce nombre beaucoup plus grand 124416.

[b] Ce résultat se voit sans aucun calcul. En effet, $\frac{1}{3}$ est égal à $\frac{5}{15}$; donc $\frac{6}{15}$ est *plus grand* que $\frac{1}{3}$.

[c] Comme on l'a fait remarquer déjà, pour *comparer* ces deux fractions on les réduit au *même dénominateur;* on pourrait tout aussi bien les réduire au *même numérateur.*

[d] Bien que 1871 ne soit pas un très grand nombre, il faut déjà des calculs assez longs pour reconnaitre qu'il est *premier.*

E. 9. Que représente chaque chiffre *significatif* de 0,04007 ?
— **S.** 4 centièmes, 7 cent millièmes.

E. 10. *Trois* lampes à pétrole [a] coûtent ensemble 20^f,25.
Que coûteraient *sept* lampes pareilles ? — **S.** 1 lampe
coûte 20^f,25 : 3, c-à-d 6^f,75. Donc 7 lampes coûtent
6^f,75 $\times$ 7, c-à-d 47^f,25.

E. 11. Combien d'ares dans le *tiers* du *cinquième* de
2 328^a,6 ? — **S.** Le 5e de 2 328^a,6 est 465^a,72, dont
le *tiers* est 155^a,24.

E. 12. *Sept* héritiers se partagent 4 568^f,55. Dites la part
de chacun d'eux. — **S.** 4 568^f,55 : 7, c-à-d 652^f,65,
exactement [b].

---

p. 85

CHAPITRE V

OPÉRATIONS SUR LES FRACTIONS ORDINAIRES

—

65. — Addition des fractions.

Question. Qu'est-ce que *additionner* plusieurs fractions ?
— **Réponse.** *Additionner* plusieurs *fractions*, c'est
trouver une *fraction* nouvelle contenant à *elle seule*
autant d'*unités* et *parties d'unité* qu'il y en a dans
toutes les *fractions* données *ensemble*.

Q. Donnez un exemple. — **R.** *Additionner* $\frac{2}{3}$ et $\frac{15}{7}$, c'est
trouver une nouvelle *fraction* contenant à *elle seule* autant d'*uni-*
tés et *parties d'unité* que $\frac{2}{3}$ et $\frac{15}{7}$ en contiennent *ensemble* [c].

(a) Le *pétrole* est une huile minérale, qui se trouve dans le sol, et dont
le nom signifie *huile de pierre*. On le tire surtout des États-Unis et des
provinces russes qui touchent la mer Caspienne. On en fait, pour l'éclairage et le chauffage, une énorme consommation.

(b) Rien de plus important que les propriétés fondamentales des fractions
ordinaires ; aussi faudra-t-il faire repasser, avec le plus grand soin, le
chapitre que nous venons d'y consacrer.

(c) Cette définition est identique à celles que nous avons données
déjà, soit pour les nombres *entiers*, soit pour les nombres *décimaux*.

Q. Si les fractions données ont le *même dénominateur*, comment les ajoute-t-on? — **R.** Si les fractions données ont le *même dénominateur*, il suffit, pour les ajouter, d'ajouter tous les *numérateurs* sans toucher au dénominateur commun.

Q. Justifiez cette règle. — **R.** Soient $\frac{2}{11}$, $\frac{3}{11}$, $\frac{7}{11}$. Il est bien évident que leur somme est $\frac{2+3+7}{11}$, c-à-d $\frac{12}{11}$[a].

Q. Et si elles ont des *dénominateurs différents?* — **R.** Si les *fractions* ont des *dénominateurs différents*, on les réduit d'abord au *même dénominateur*, puis on ajoute les nouveaux *numérateurs*, sans toucher au dénominateur commun.

Q. Donnez un exemple. — **R.** Soient $\frac{2}{3}$ et $\frac{3}{4}$. Réduites au même dénominateur[b], ces fractions deviennent $\frac{8}{12}$ et $\frac{9}{12}$, dont la somme est $\frac{17}{12}$.

Exercice 1. Ajoutez $\frac{2}{7}$ et $\frac{3}{7}$. — **Solution.** $\frac{5}{7}$.

E. 2. Ajoutez $\frac{2}{3}$ et $\frac{4}{7}$. — **S.** $\frac{26}{21}$, c-à-d $1+\frac{5}{21}$.

E. 3. Ajoutez $\frac{3}{8}$, $\frac{4}{8}$ et $\frac{7}{8}$. — **S.** $\frac{14}{8}$, c-à-d $\frac{7}{4}$, ou $1+\frac{3}{4}$[c].

E. 4. Additionnez $\frac{1}{4}$, $\frac{5}{6}$ et $\frac{7}{8}$. — **S.** $\frac{47}{24}$, c-à-d $1+\frac{23}{24}$. p. 86

[a] Cette *addition* revient, par conséquent, à une addition de nombres entiers. En dernière analyse, c'est sur les nombres *entiers* que s'effectuent tous les calculs.

[b] Dire qu'on réduit les fractions au *même dénominateur*, c'est dire qu'on ramène les nombres donnés à exprimer tous des quantités de *même nature*. Dans le présent exemple, on les ramène tous à exprimer des *douzièmes*.

[c] Dans cet exemple, la *somme* des fractions données est une fraction qui, réduite à sa plus simple expression, a un dénominateur *moindre* que celui des fractions données. Il pourrait même arriver que cette somme fût un nombre *entier* : la somme des 3 fractions $\frac{11}{6}$, $\frac{2}{6}$, $\frac{5}{6}$ est égale à 3.

E. 5. Réduisez au *plus petit dénominateur commun* $\frac{1}{4}$, $\frac{1}{8}$, $\frac{1}{36}$.
— **S.** $\frac{18}{72}$, $\frac{9}{72}$, $\frac{2}{72}$.

E. 6. Des fractions $\frac{5}{16}$ et $\frac{6}{20}$, quelle est la *plus grande ?* —
S. La première [a].

E. 7. Dites le *quotient exact* de 20 par 7. — **S.** $\frac{20}{7}$, c-à-d
$2 + \frac{6}{7}$.

E. 8. Le nombre 45 623 est-il *divisible* par 3 ? — **S.** Il ne
l'est pas, car la somme de ses chiffres ne l'est pas.

E. 9. Quel est le *pgcd* des *quatre* nombres *pairs* qui
s'écrivent chacun avec 3 chiffres *pareils ?* — **S.** Ces
nombres sont 222, 444, 666, 888. Leur *pgcd* est 222 [b].

E. 10. Une locomotive [c] a fait 328 fois un parcours de
65 643^m. Combien de mètres en tout ? — **S.** 65 643^m
$\times$ 328, c-à-d 21 530 904^m.

E. 11. On expédie 4 278^{Kg},6 de marchandises en 37 ballots pareils. Le poids total de l'emballage est de 222^{Kg},3.
Dites le poids *brut* de chaque ballot. — **S.** Le poids total est 4 278^{Kg},6 $+$ 222^{Kg},3, c-à-d 4 500^{Kg},9. Le poids
brut de chaque ballot est 4 500^{Kg},9 : 37, c-à-d 121^{Kg},6.

E. 12. Combien d'heures encore dans un mois de 31 jours,
dont 121^h sont déjà écoulées ? — **S.** 24^h $\times$ 31 — 121^h,
c-à-d 623^h.

[a] Pour comparer ces deux fractions, on fera bien de les réduire à
leur *plus petit dénominateur commun*, qui est 80.

[b] Pour le voir, il suffit de remarquer que, quand le *plus petit* des
nombres donnés divise tous les autres, il est le *pgcd* de tous les
nombres donnés. Or, ici, 222 *divise* évidemment les trois autres
nombres.

[c] On appelle *locomotive* la machine qui met en mouvement les
trains de chemin de fer. Le principe de la locomotive a été trouvé et la
première locomotive construite par *Stephenson*, en 1829. Depuis lors,
la locomotive a reçu de nombreux et importants perfectionnements. Présentement, elle marche avec la plus grande vitesse, grâce à la *chaudière
tubulaire* inventée par *Seguin*, et s'alimente d'eau elle-même, grâce à
l'*injecteur* imaginé par *Giffard*. — De ces trois ingénieurs de génie,
Stephenson, *Seguin* et *Giffard*, le premier est *Anglais*, les deux
autres sont *Français*.

66. — Soustraction des fractions.

Question. Qu'est-ce que *soustraire* une fraction d'une autre? — **Réponse.** *Soustraire* une *fraction* d'une autre, c'est chercher ce qu'il *reste* quand on *ôte* de la seconde toutes les *unités* et *parties d'unité* qui composent la première.

Q. Donnez un exemple. — **R.** Soustraire $\frac{2}{5}$ de $\frac{8}{9}$, c'est chercher ce qu'il *reste* lorsque de $\frac{8}{9}$ on *ôte* toutes les *parties d'unité* qui composent $\frac{2}{5}$ [a].

Q. Si les fractions ont le *même dénominateur*, comment opère-t-on? — **R.** Si les *fractions* données ont le *même dénominateur*, il suffit, pour *soustraire*, d'effectuer la soustraction sur les *numérateurs*, sans toucher au dénominateur commun.

Q. Justifiez cette règle. — **R.** Soit à *retrancher* $\frac{2}{15}$ de $\frac{11}{15}$. Il est bien évident que la différence est $\frac{11-2}{15}$, c-à-d $\frac{9}{15}$.

Q. *Et si les* fractions ont des *dénominateurs différents?* — **R.** Si les *fractions* ont des *dénominateurs différents*, on les réduit d'abord au *même dénominateur*, puis on fait la soustraction sur les nouveaux *numérateurs*, sans toucher au dénominateur commun [b].

Q. Donnez un exemple. — **R.** Soit à *retrancher* $\frac{2}{9}$ de $\frac{11}{5}$. p. 87 Réduites au même dénominateur, ces fractions deviennent $\frac{10}{45}$ et $\frac{99}{45}$, dont la différence est $\frac{99-10}{45}$, c-à-d $\frac{89}{45}$ [c].

---

[a] Cette *définition* est identique à celles que nous avons données déjà, soit pour les nombres *entiers*, soit pour les nombres *décimaux*.

[b] Ici, comme dans l'*addition des fractions*, si l'on réduit au *même dénominateur*, c'est pour n'avoir que des nombres exprimant des quantités de *même nature*.

[c] Les nombres *décimaux* n'étant autres choses que de véritables

Exercice 1. Retranchez $\frac{3}{11}$ de $\frac{9}{11}$. — **Solution.** $\frac{6}{11}$.

E. 2. Retranchez $\frac{5}{12}$ de $\frac{17}{18}$. — **S.** La différence est $\frac{19}{36}$.

E. 3. Ajoutez $\frac{2}{3}$, $\frac{3}{10}$ et $\frac{4}{15}$. — **S.** $\frac{29}{30}$.

E. 4. Réduisez à sa *plus simple expression* $\frac{3551}{8851}$ [a]. — **S.** $\frac{67}{167}$.

E. 5. Le nombre 10 573 est-il *premier?* — **S.** Non, car il est divisible par 97 [b].

E. 6. Trouvez le ppcm de 33 et 121. — **S.** 363.

E. 7. Réduisez $6 + \frac{8}{13}$ en une *seule fraction* [c]. — **S.** $\frac{86}{13}$.

E. 8. Effectuez $36,07 \times 50,283 + 138,037$ [d]. — **S.** 1951,74481.

E. 9. Combien de bonbonnes de 15^l pour contenir 4635^l d'acide sulfurique? — **S.** Autant qu'il y a de fois 15^l dans 4635^l, c-à-d $4635 : 15$, ou 309.

E. 10. Un fermier possède 27 bœufs [e], 34 chevaux et 287 moutons. Combien de bêtes? — **S.** $27 + 34 + 287$, c-à-d 348.

fractions, on doit, soit pour les *ajouter*, soit pour les *retrancher*, les réduire au *même dénominateur*. Il suffit, pour opérer cette réduction, de leur donner à tous le *même nombre* de *décimales*. Cela revient, au fond, à placer les nombres décimaux les uns sous les autres, de façon que leurs virgules se correspondent.

(a) Pour réduire cette fraction à sa *plus simple expression*, il en faut diviser les deux termes par leur *pgcd*. Ce *pgcd* s'obtient très facilement par la méthode des *divisions* successives; il serait très long à calculer à l'aide de la *décomposition* de 3551 et 8851 en leurs *facteurs premiers*. Un conseil bon à donner aux élèves, c'est de se servir le moins possible de *cette décomposition*.

(b) 10 573 n'est pas un bien grand nombre; et cependant il faut déjà un certain temps pour reconnaître qu'il n'est pas *premier*.

(c) Lorsqu'une fraction est précédée ou suivie du signe $+$, ou du signe $-$, il faut, en écrivant, placer exactement sur la même ligne le *trait* horizontal du *signe* et la *barre* de la *fraction*. — En d'autres termes, il ne faut jamais que ce *trait* soit ni au-dessus ni au-dessous de cette *barre*.

(d) Demandez aux élèves en quoi cette *expression* diffère de l'expression $36,07 \times (50,283 + 138,037)$.

(e) Les *bœufs* et les *vaches* sont de précieux animaux domestiques. Vivants, ils nous donnent du travail, du lait, de l'engrais; abattus, de la viande, du suif, du cuir, de la corne, des os.

E. 11. Le tracé d'un chemin de fer[a] coupe un domaine de 3 265ᵃ,8, en enlève 67ᵃ,9, et sépare le reste en deux parties égales. Dites l'étendue de ces parties. — **S.** L'étendue du reste est de 3 265ᵃ,8 — 67ᵃ,9, c-à-d de 3 197ᵃ,9. Chaque partie a donc 3 197ᵃ,9 : 2, c-à-d 1 598ᵃ,95.

E. 12. Un particulier gagne tous les mois, août, septembre et octobre[b] exceptés, 387ᶠ,25. Combien par an? — **S.** 387ᶠ,25 $\times$ (12 — 3), c-à-d 3 485ᶠ,25.

---

67. — Multiplication des fractions.

Question. Qu'est-ce que *multiplier* une fraction par un nombre entier? — **Réponse.** *Multiplier* une *fraction* par un nombre *entier*, c'est *prendre* plusieurs *fois* cette *fraction*.

Q. Donnez un exemple. — **R.** *Multiplier* $\frac{3}{14}$ par 8, c'est prendre 8 fois $\frac{3}{14}$[c].

*Q. Que suffit-il de faire pour *multiplier* une fraction par un nombre entier? — **R.** Pour *multiplier* une fraction par un nombre *entier*, il suffit de multiplier son *numérateur* par ce nombre entier, sans toucher à son dénominateur.

Q. Démontrez-le. — **R.** Soit $\frac{3}{14}$ à *multiplier* par 8. Le produit est bien $\frac{3 \times 8}{14}$, c-à-d $\frac{24}{14}$, car cette fraction est **8** fois plus grande que $\frac{3}{14}$[d].

(a) Les *locomotives* et les *wagons*, au lieu de rouler sur le sol, roulent sur des *rails*, c-à-d sur de longues barres de *fer* ou d'acier : de là le mot de *chemin de fer*.

(b) Un ensemble de *trois mois* consécutifs forme ce qu'on appelle un *trimestre*, de même qu'un ensemble de *six mois* forme ce qu'on appelle un *semestre*. Un *semestre* est la *moitié* d'une *année*, un *trimestre* en est le *quart*.

(c) Cette *définition* est identique à celle de la *multiplication* des nombres *entiers*.

(d) En entrant dans plus de détails, on pourrait dire que, d'après la

p. 88   **Q.** Qu'est-ce que *multiplier* un nombre quelconque par une fraction? — **R.** *Multiplier* un nombre *quelconque* par une *fraction*, c'est *prendre* plusieurs *fois* une certaine *partie aliquote* de ce *nombre* quelconque.

Q. Donnez un exemple. — **R.** *Multiplier* un nombre par $\frac{3}{7}$, c'est *prendre* 3 fois le *septième* de ce nombre [a].

Q. Que suffit-il de faire pour *multiplier* un nombre entier par une fraction? — **R.** Pour *multiplier* un nombre *entier* par une *fraction*, il suffit de multiplier ce nombre par le *numérateur*, et de conserver le dénominateur.

Q. Démontrez-le. — **R.** Le produit de 11 par $\frac{3}{7}$ est donc $\frac{11 \times 3}{7}$, c-à-d $\frac{33}{7}$. En effet, le septième de 11 est $\frac{11}{7}$; les trois septièmes sont donc $\frac{11 \times 3}{7}$.

Q. Comment *multiplie*-t-on une fraction par une fraction? — **R.** Pour *multiplier* une *fraction* par une *fraction*, on multiplie les *numérateurs* entre eux et les *dénominateurs* entre eux.

Q. Justifiez ce procédé. — **R.** Soit à multiplier $\frac{5}{6}$ par $\frac{3}{4}$. Le produit est $\frac{5 \times 3}{6 \times 4}$. En effet, le quart de $\frac{5}{6}$ est $\frac{5}{6 \times 4}$. Les 3 quarts de $\frac{5}{6}$ sont donc $\frac{5 \times 3}{6 \times 4}$ [b].

Exercice 1. Multipliez $\frac{3}{17}$ par 4. — **Solution.** $\frac{3 \times 4}{17}$, c-à-d $\frac{12}{17}$.

définition qui précède, le produit cherché est égal à la somme de 8 nombres égaux à $\frac{3}{14}$. Or, d'après la règle de l'*addition* des fractions, cette *somme* est égale à $\frac{3 + 3 + 3 + \ldots}{14}$, c-à-d à $\frac{3 \times 8}{14}$.

[a] Cette *définition* est tout à fait analogue à celle qu'on a donnée pour la *multiplication* d'un nombre quelconque par un nombre *décimal*.

[b] En toute *multiplication*, dont l'un au moins des facteurs est une *fraction ordinaire*, le *produit* se présente sous la forme d'une *fraction ordinaire*. Il faudra toujours réduire cette fraction à sa *plus simple expression*.

E. 2. Multipliez 9 par $\frac{13}{21}$. — **S.** $\frac{9\times13}{21}$, c-à-d $\frac{3\times13}{7}$, ou $\frac{39}{7}$, ou $5+\frac{4}{7}$.

E. 3. Multipliez $\frac{34}{35}$ par $\frac{18}{23}$. — **S.** $\frac{34\times18}{35\times23}$, c-à-d $\frac{612}{805}$.

E. 4. Multipliez $\frac{48}{13}$ par $\frac{26}{60}$. — **S.** $\frac{48\times26}{13\times60}$, c-à-d $\frac{4\times2}{1\times5}$ [a], ou $\frac{8}{5}$, ou $1+\frac{3}{5}$.

E. 5. Retranchez $\frac{6}{11}$ de $\frac{15}{16}$. — **S.** $\frac{69}{176}$.

E. 6. Effectuez $\frac{1}{2}+\frac{1}{6}+\frac{1}{12}$. — **S.** $\frac{3}{4}$.

E. 7. Les nombres 289 et 1728 sont-ils *premiers entre eux?* — **S.** Ils le sont [b].

E. 8. Deux nombres *entiers* précèdent immédiatement deux *multiples* de 17. Que savez-vous sur la *différence* de ces deux nombres? — **S.** En ajoutant 1 à chacun de ces nombres, on obtient un multiple de 17. La différence des deux nombres, après cette augmentation, est donc un multiple de 17. Mais, par cette augmentation des deux nombres, leur différence n'a pas changé : elle était donc un *multiple* de 17.

E. 9. Dites le *quadruple* d'un chemin de 4528^m. — **S.** $4528^m\times4$, c-à-d 18112^m.

E. 10. Que pèse le *huitième* d'un tas de blé de 36843^{Kg}? — **S.** $36843^{Kg}:8$, c-à-d $4605^{Kg},375$.

E. 11. Réduisez en une *seule fraction* $13-\frac{12}{7}$. — **S.** $\frac{79}{7}$.

E. 12. Un ouvrier [c] travaille chaque jour 4^h chez un pa- p. 89

[a] En comparant $\frac{4\times2}{1\times5}$ à $\frac{48\times26}{13\times60}$, on voit qu'on a passé de la seconde de ces fractions à la première en divisant 48 et 60 chacun par 12, et de même 26 et 13 chacun par 13. — En général, il y a avantage à indiquer d'abord les calculs, sans les effectuer : les simplifications s'aperçoivent beaucoup mieux.

[b] On peut faire remarquer que 289 est le *carré* de 17, et que 1728 est le *cube* de 12.

[c] On appelle *ouvrier* celui qui travaille de ses mains pour gagner sa vie. Ce mot *ouvrier* a la même origine que les mots *œuvre, ouvrage, ouvrer, ouvroir.* — Le mot *artisan* a, à très peu près, le même sens que le mot *ouvrier;* il a la même origine que les mots *art, artiste.* — On dit souvent, et avec raison, d'un *ouvrier,* très habile en son état, qu'il est un véritable *artiste.*

tron [a], et 5^h chez un autre. Combien d'heures de travail en 18 jours? — S. $(4^h + 5^h) \times 18$, c-à-d 162^h [b].

---

38. — Division des fractions.

Question. Qu'est-ce que *diviser* un nombre par un autre? — **Réponse.** *Diviser* un nombre par un autre, c'est trouver un nouveau nombre, appelé *quotient*, qui, multiplié par le second, reproduise le premier [c].

Q. Donnez un exemple. — **R.** Diviser $\frac{3}{8}$ par $\frac{5}{11}$, c'est trouver un nombre qui, multiplié par $\frac{5}{11}$, reproduise $\frac{3}{8}$.

Q. Que suffit-il de faire pour *diviser* une fraction par un nombre entier? — **R.** Pour *diviser* une fraction par un *nombre entier*, il suffit de *multiplier* le *dénominateur* par ce nombre, sans toucher au numérateur.

Q. Démontrez-le. — **R.** Soit $\frac{3}{7}$ à *diviser* par 5. La règle nous donne $\frac{3}{7 \times 5}$. Ce nombre est bien le *quotient*, car, multiplié par 5, il devient $\frac{3 \times 5}{7 \times 5}$, c-à-d $\frac{3}{7}$.

Q. Que suffit-il de faire pour *diviser* un nombre entier par une fraction? — **R.** Pour *diviser* un *nombre entier* par une *fraction*, il suffit de *multiplier* ce nombre par la fraction diviseur *renversée*.

Q. Démontrez-le. — **R.** Soit 11 à *diviser* par $\frac{2}{3}$. La règle nous donne $11 \times \frac{3}{2}$, c-à-d $\frac{11 \times 3}{2}$. Ce nombre est bien le *quo-*

---

[a] On nomme *patron* celui qui emploie un ou plusieurs *ouvriers*. — Beaucoup d'ouvriers, à force de travail, d'économie et de bonne conduite, en arrivent à s'établir et à devenir *patrons*.

[b] Rappelez toujours aux élèves la signification des *parenthèses*.

[c] C'est là la *définition générale* de la *division*. Elle est la même pour les nombres *entiers*, pour les nombres *décimaux* et pour les *fractions ordinaires*. Elle revient à dire, dans chaque cas, que la *division* est l'opération *inverse* de la *multiplication*.

tient, car, multiplié par $\frac{2}{3}$, il devient $\frac{11 \times 3 \times 2}{2 \times 3}$, c-à-d 11 [a].

Q. Que suffit-il de faire pour *diviser* une fraction par une autre? — **R.** Pour *diviser* une *fraction* par une autre, il suffit de *multiplier* la *fraction dividende* par la *fraction diviseur renversée*.

Q. Démontrez-le. — **R.** Soit $\frac{4}{7}$ à *diviser* par $\frac{11}{15}$. La règle nous donne $\frac{4}{7} \times \frac{15}{11}$, c-à-d $\frac{4 \times 15}{7 \times 11}$. Ce nombre est bien le *quotient*, car, multiplié par $\frac{11}{15}$, il devient $\frac{4 \times 15 \times 11}{7 \times 11 \times 15}$, c-à-d $\frac{4}{7}$ [b].

Exercice 1. Divisez $\frac{15}{28}$ par 3. — **Solution.** $\frac{15}{28 \times 3}$, p. 90 c-à-d $\frac{5}{28 \times 1}$, ou $\frac{5}{28}$.

E. 2. Divisez $\frac{35}{36}$ par 5. — **S.** $\frac{35}{36 \times 5}$, c-à-d $\frac{7}{36 \times 1}$, ou $\frac{7}{36}$.

E. 3. Divisez $\frac{46}{51}$ par $\frac{23}{34}$. — **S.** $\frac{46 \times 34}{51 \times 23}$, c-à-d $\frac{2 \times 2}{3 \times 1}$, ou $\frac{4}{3}$ [c].

E. 4. Divisez $\frac{38}{41}$ par $\frac{19}{82}$. — **S.** $\frac{38 \times 82}{41 \times 19}$, c-à-d $\frac{2 \times 2}{1 \times 1}$, ou 4 [d].

E. 5. Multipliez $\frac{56}{77}$ par $\frac{11}{28}$. — **S.** $\frac{2}{7}$.

E. 6. Retranchez $\frac{7}{8}$ de $\frac{8}{9}$. — **S.** $\frac{1}{72}$.

[a] Il faut que l'on comprenne bien, et c'est pour cela que nous y revenons sans cesse, il faut que l'on comprenne bien l'esprit des *démonstrations* que nous donnons dans tout le cours du présent ouvrage. Nous énonçons d'abord, pour chaque opération, la *règle* qu'on doit suivre; nous montrons ensuite que le *résultat* auquel cette règle conduit est exactement le *résultat cherché*. C'est, selon nous, la seule chose à faire dans l'enseignement primaire.

[b] Il existe, nous ne l'ignorons pas, un autre mode d'exposition de la *division des fractions*. Cet autre mode est excellent pour de grands jeunes gens; pour les enfants des écoles, pour ceux même qui en suivent le cours supérieur, il est beaucoup trop compliqué.

[c] Lorsque, dans une *division*, l'un des nombres donnés, au moins, est une *fraction ordinaire*, le *quotient* se présente toujours sous la forme d'une *fraction ordinaire*. Il faut toujours réduire cette fraction à sa *plus simple expression*.

[d] Ce dernier quotient est un nombre *entier*. On l'a obtenu par des *simplifications* successives, rendues faciles par le soin qu'on avait pris d'indiquer d'abord les calculs, sans les effectuer.

E. 7. Trouvez le *pgcd* de 5 617, 5 699 et 6 109. — **S.** 41[a].

E. 8. Combien de *chiffres* au *carré* d'un nombre de 5 *chiffres?* — **S.** Ce nombre est au moins égal à 10 000; mais il est inférieur à 100 000. Son carré est au moins égal au carré 100 000 000 de 10 000; mais il est inférieur au carré 10 000 000 000 de 100 000. Il a donc 9 ou 10 chiffres[b].

E. 9. Il y avait 8 723^l,4 d'eau dans un réservoir; on y verse 2 454^l,76 et on en tire 3 654^l,9. Qu'y reste-t-il? — **S.** 8 723^l,4 + 2 454^l,76 — 3 654^l,9, c-à-d 7 523^l,26.

E. 10. Combien d'hommes dans les *trois quarts* d'un régiment de 2 948 hommes? — **S.** $2948 \times \frac{3}{4}$, c-à-d $\frac{2948 \times 3}{4}$, ou 2 211 [c].

E. 11. Un grand hangar[d] couvre 3^a,27; *huit* autres couvrent chacun 0^a,72. Combien d'ares couverts? — **S.** 3^a,27 + 0^a,72 × 8, c-à-d 9^a,03.

E. 12. Une *paire* de gants[e] de peau coûte 1^f,45. Combien de *paires* pour 13^f,05? — **S.** Autant qu'il y a de fois 1^f,45 dans 13^f,05, c-à-d 9, exactement.

---

69. — Puissances des fractions.

Question. Comment se définissent les *puissances* des fractions ordinaires? — **Réponse.** Les *puissances* des

[a] Le calcul de ce *pgcd* deviendrait assez long, si l'on voulait décomposer d'abord, en leurs *facteurs premiers*, les trois nombres donnés.

[b] En général, étant donné un *entier* présentant un certain nombre de chiffres, il y a, dans son *carré*, un nombre de chiffres égal au *double* du premier, ou à ce *double* moins *un*.

[c] D'après la définition même de la *multiplication* des fractions, prendre les *trois quarts* d'un nombre, c'est *multiplier* ce nombre par $\frac{3}{4}$.

[d] Un *hangar* est une construction qui se réduit pour ainsi dire à un *toit* porté sur des *piliers*.

[e] Les *gants de peau* se fabriquent surtout avec des peaux d'agneaux ou de chevreaux. Ces peaux sont préparées exprès, par des ouvriers spéciaux, nommés *mégissiers*. — On fabrique aussi des gants de soie, de laine et de coton.

fractions ordinaires se définissent comme celles des *nombres entiers.*

Q. Qu'est-ce que la 2e *puissance* ou *carré?* — **R.** La 2e *puissance* ou *carré* d'une fraction ordinaire est le *produit* de *deux* facteurs égaux à cette fraction.

Q. Donnez des exemples. — **R.** La 2e *puissance* de $\frac{4}{3}$ est $\frac{4}{3} \times \frac{4}{3}$, c-à-d $\frac{16}{9}$. — La 2e *puissance* de $\frac{2}{5}$ est $\frac{2}{5} \times \frac{2}{5}$, c-à-d $\frac{4}{25}$ [a].

Q. Qu'est-ce que la 3e *puissance* ou *cube?* — **R.** La 3e *puissance* ou *cube* d'une fraction ordinaire est le *produit* de *trois* facteurs égaux à cette fraction.

Q. Donnez des exemples. — **R.** La 3e *puissance* de $\frac{4}{3}$ est $\frac{4}{3} \times \frac{4}{3} \times \frac{4}{3}$, c-à-d $\frac{64}{27}$. — La 3e *puissance* de $\frac{2}{5}$ est $\frac{2}{5} \times \frac{2}{5} \times \frac{2}{5}$, c-à-d $\frac{8}{125}$ [b].

Q. Qu'est-ce que la 4e *puissance?* — **R.** La 4e *puissance* d'une fraction ordinaire est le *produit* de *quatre* facteurs égaux à cette fraction; la 5e *puissance* est le *produit* de *cinq* facteurs; et ainsi de suite [c].

Exercice 1. Quel est le *carré* de $\frac{3}{4}$? — **Solution.** $\frac{3}{4} \times \frac{3}{4}$, c-à-d $\frac{9}{16}$.

E. 2. Quel est le *cube* de $\frac{2}{3}$? — **S.** $\frac{2}{3} \times \frac{2}{3} \times \frac{2}{3}$, c-à-d $\frac{8}{24}$.

[a] On voit que, pour obtenir le *carré* d'une fraction ordinaire, il suffit de remplacer ses deux *termes* par leurs *carrés.*

[b] On voit que, pour obtenir le *cube* d'une fraction ordinaire, il suffit de remplacer ses deux *termes* par leurs *cubes.*

[c] Les *puissances* des *fractions ordinaires* s'indiquent, comme celles des *nombres entiers* et celles des *nombres décimaux*, à l'aide des *exposants.* Le *carré*, le *cube*, la 4e *puissance* de $\frac{5}{7}$ s'écrivent $\left(\frac{5}{7}\right)^2$, $\left(\frac{5}{7}\right)^3$, $\left(\frac{5}{7}\right)^4$. — On met la fraction dans une *parenthèse*, pour que l'on ne croie point que l'*exposant* porte seulement sur le *numérateur.*

E. 3. Quelle est la 4e *puissance* de $\frac{1}{2}$? — **S.** $\frac{1}{2} \times \frac{1}{2} \times \frac{1}{2} \times \frac{1}{2}$, c-à-d $\frac{1}{16}$.

E. 4. Divisez $\frac{3}{7}$ par $\frac{2}{9}$. — **S.** $\frac{27}{14}$, c-à-d $1 + \frac{13}{14}$.

E. 5. Divisez $\frac{2}{11}$ par $\frac{4}{33}$. — **S.** $\frac{3}{2}$, c-à-d $1 + \frac{1}{2}$ [a].

E. 6. Le nombre 6 687 est-il *divisible* par 9? — **S.** Oui, car la somme de ses chiffres est divisible par 9.

E. 7. Faites le *carré* de 0,03. — **S.** 0,0009 [b].

E. 8. Trouvez le *plus petit nombre* qui, divisé séparément par 8 et par 6, donne toujours pour *reste* 1. — **S.** Ce nombre, diminué de 1, est un multiple commun de 8 et de 6. Il est donc égal, avant qu'on le diminue, au *ppcm* [c] de 8 et de 6 augmenté de 1, c-à-d à $24 + 1$, ou 25.

E. 9. Que coûtent 7 paniers de 16 bouteilles de vin [d] à $0^f,85$ la bouteille? — **S.** $0^f,85 \times 16 \times 7$, c-à-d $95^f,20$.

E. 10. Des volumes [e] se vendent $3^f,25$ plus $2^f,15$ pour la reliure. Combien a-t-on de ces volumes reliés pour

[a] $1 + \frac{1}{2}$ s'énonce *un et demi*. Ce serait une grosse faute, qui se fait d'ailleurs très souvent, d'écrire $1\frac{1}{2}$ à la place de $1 + \frac{1}{2}$.

[b] On voit encore, par cet exercice, que le *carré* d'un nombre décimal donné, *moindre que* 1, est toujours *moindre* que ce nombre donné. Nous verrons bientôt que le même fait se produirait pour le *carré* d'une fraction ordinaire *moindre* que 1.

[c] On donne assez rarement, dans les examens et concours, des problèmes exigeant par eux-mêmes la recherche d'un *ppcm*. Nous en donnons quelques-uns, afin que les élèves soient exercés sur toutes les parties de leur *cours*.

[d] Il y a des vins de bien des sortes : des vins rouges, des vins blancs, des vins rosats; des vins secs, des vins doux, des vins mousseux. Les vins français sont l'une des plus grandes richesses de notre pays. Les plus renommés sont les vins du Bordelais, ceux des Côtes du Rhône, ceux de la Bourgogne et ceux de la Champagne. Parmi les vins étrangers, on cite surtout les vins d'Espagne et ceux de Portugal.

[e] Lorsqu'un ouvrage a plusieurs *volumes*, on remplace souvent, en parlant de ces volumes, le mot *volume* par le mot *tome*. — Il faut aimer les *livres*, du moins ceux qui sont *bons*. Ce sont eux qui, dans la solitude, nous distraient, nous instruisent, nous conseillent, nous consolent. La *lecture* est l'un des meilleurs emplois qu'on puisse faire de ses loisirs. Mais il en faut craindre l'abus : trop lire détourne de l'action et déshabitue de penser.

43^f,20? — **S**. Un volume relié coûte 3^f,25 + 2^f,15, c-à-d 5^f,40. On a donc autant de volumes reliés qu'il y a de fois 5^f,40 dans 43^f,20, c-à-d 8, exactement.

E. 11. Dites le poids du liquide qui remplit 17 tonneaux, chaque tonneau pesant, plein 263^{Kg}, et vide 29^{Kg}. — **S**. (263^{Kg} — 29^{Kg}) × 17, c-à-d 3 978^{Kg}.

E. 12. L'année est de 365 jours. Calculez à moins de 0,01 le nombre de jours qu'aurait chaque mois, si les 12 mois étaient égaux. — **S**. 365^j : 12, c-à-d 30^j,41[a].

---

70. — Remarques diverses.

Question. Que savez-vous sur la grandeur d'un *produit*? — **Réponse**. En toute *multiplication* de *fractions ordinaires*, le *produit* est *supérieur*, *égal* ou *inférieur* au *multiplicande*, selon que le *multiplicateur* est *supérieur*, *égal* ou *inférieur* à l'*unité*.

Q. Donnez des exemples. — **R**. Le *produit* de $\frac{2}{3}$ par $\frac{5}{2}$ est supérieur à $\frac{2}{3}$; — le *produit* de $\frac{2}{3}$ par $\frac{2}{2}$ est *égal* à $\frac{2}{3}$; — le *produit* de $\frac{2}{3}$ par $\frac{1}{2}$ est *inférieur* à $\frac{2}{3}$[b].

Q. Que savez-vous sur la grandeur d'un *quotient*? — **R**. En toute *division* de *fractions ordinaires*, le *quotient* est *inférieur*, *égal* ou *supérieur* au *dividende*, selon que le *diviseur* est *supérieur*, *égal* ou *inférieur* à l'*unité*.

Q. Donnez des exemples. — **R**. Le *quotient* de $\frac{3}{7}$ par $\frac{6}{5}$ est p. 92 inférieur à $\frac{3}{7}$; — le *quotient* de $\frac{3}{7}$ par $\frac{5}{5}$ est *égal* à $\frac{3}{7}$; — le *quotient* de $\frac{3}{7}$ par $\frac{4}{5}$ est *supérieur* à $\frac{3}{7}$[c].

---

[a] On ne peut pas trouver un nombre *entier*, parce que 365 n'est pas divisible par 12.

[b] Ces faits sont analogues à ceux que nous avons vus déjà, à propos de la *multiplication* des nombres *décimaux*. Ils montrent que l'idée de multiplication n'entraine pas forcément l'idée *d'augmentation*.

[c] Ces faits sont encore analogues à ceux que nous a présentés la

Q. Que-savez-vous sur la grandeur d'une *puissance?* — **R.** Une *puissance* quelconque d'une *fraction ordinaire* est *supérieure*, *égale* ou *inférieure* à cette *fraction*, selon que cette *fraction* est elle-même *supérieure*, *égale* ou *inférieure* à l'*unité*.

Q. Donnez des exemples. — **R.** Le *carré* de $\frac{4}{3}$ est *supérieur* à $\frac{4}{3}$; — le *cube* de $\frac{3}{3}$ est *égal* à $\frac{3}{3}$; — le *cube* de $\frac{2}{3}$ est *inférieur* à $\frac{2}{3}$ [a].

Q. Les nombres *entiers* peuvent-ils être traités comme les *fractions?* — **R.** Les *nombres entiers* peuvent être soumis aux mêmes *règles de calcul* que les *fractions ordinaires* : il suffit de les regarder comme des *fractions* dont le *dénominateur* est 1 [b].

Q. Donnez des exemples. — **R.** *Multiplier* 13 par $\frac{5}{4}$, c'est *multiplier* $\frac{13}{1}$ par $\frac{5}{4}$; — *diviser* $\frac{2}{3}$ par 8, c'est *diviser* $\frac{2}{3}$ par $\frac{8}{1}$.

Q. Que fait-on quand un nombre est composé d'un *entier* plus une *fraction?* — **R.** Si, dans le cours d'un calcul, on trouve un nombre composé d'un entier plus une fraction, on met ce nombre sous la forme d'une *fraction unique*.

Q. Donnez un exemple. — **R.** Soit à *multiplier* par $\frac{4}{7}$ la *somme* $3 + \frac{5}{6}$ [c]. Réduite en une *seule fraction*, cette somme devient $\frac{23}{6}$. On multiplie $\frac{23}{6}$ par $\frac{4}{7}$.

---

division des nombres *décimaux.* Ils montrent que l'idée de *division* n'entraîne pas forcément l'idée de *diminution.*

[a] Ces faits résultent immédiatement de ceux que nous venons de voir à propos de la *multiplication* des *fractions* ordinaires. Il en devait être ainsi, puisque toute puissance se calcule par une ou plusieurs *multiplications.*

[b] Nous avons déjà vu que les nombres *entiers* se traitent, dans les calculs, comme les nombres *décimaux.*

[c] Nous l'avons fait remarquer déjà : ce serait une grosse faute d'écrire $3\frac{5}{6}$ à la place de $3 + \frac{5}{6}$.

Exercice 1. Le *produit* de 7 par $\frac{2}{3}$ est-il *plus grand* que 7? — **Solution**. Il est plus petit, parce que $\frac{2}{3}$ est moindre que 1.

E. 2. Le *quotient* de $\frac{4}{5}$ par $\frac{3}{4}$ est-il *plus petit* que $\frac{4}{5}$? — **S.** Il est plus grand, parce que $\frac{3}{4}$ est moindre que 1.

E. 3. Le *carré* de $\frac{8}{9}$ est-il *plus grand* que $\frac{8}{9}$? — **S.** Il est plus petit, parce que $\frac{8}{9}$ est moindre que 1.

E. 4. Le *cube* de $\frac{6}{5}$ est-il *plus petit* que $\frac{6}{5}$? — **S.** Il est plus grand, parce que $\frac{6}{5}$ est plus grand que 1.

E. 5. Multipliez $3 + \frac{2}{9}$ par $\frac{4}{5}$. — **S.** $\frac{29}{9} \times \frac{4}{5}$, c-à-d $\frac{116}{45}$, ou $2 + \frac{26}{45}$.

E. 6. Divisez $\frac{9}{11}$ par $6 + \frac{3}{4}$. — **S.** $\frac{9}{11} : \frac{27}{4}$, c-à-d $\frac{4}{33}$ [a].

E. 7. Calculez $\frac{5}{8} + \frac{3}{13}$. — **S.** $\frac{89}{104}$.

E. 8. Calculez $\frac{30}{7} - 3$. — **S.** $\frac{9}{7}$.

p. 93

E. 9. On avait $728^l,5$ de haricots. On en consomme $236^l,9$, et on en achète $83^l,8$. Combien en a-t-on? — **S.** $728,5 - 236^l,9 + 83^l,8$, c-à-d $575^l,4$.

E. 10. Un revolver [b] coûte $23^f,45$ et sa gaine $3^f,15$. Que paiera-t-on pour 27 revolvers avec leurs gaines? — **S.** $(23^f,45 + 3^f,15) \times 27$, c-à-d $718^f,20$.

E. 11. Un terrain inculte a une étendue de $2\,748^a,7$. On en défriche $956^a,5$. Combien en reste-t-il à défricher [c]? — **S.** $2748^a,7 - 956^a,5$, c-à-d $1\,792^a,2$.

[a] Pour résoudre cet exercice, il faut remplacer la somme $6 + \frac{3}{4}$ par une fraction unique. — Même remarque pour l'exercice précédent.

[b] On nomme *revolver* un *pistolet* à plusieurs coups, qui ne présente qu'un seul *canon*. C'est une arme d'invention *américaine* et dont le nom est *anglais*. S'il est toujours dangereux de jouer avec une arme à feu quelconque, ce danger n'est jamais plus grand que quand cette arme est un *revolver*.

[c] Un terrain *inculte*, un terrain *en friche*, c'est un terrain qui n'est point cultivé. *Défricher* un pareil terrain, c'est le rendre propre à la culture, le mettre en culture.

E. 12. *Deux* tas de blé valent 3 646[f] et 1 749[f]. On achète le *cinquième* du premier et la *totalité* du second. Combien à payer? — **S.** Le 5° du 1er tas vaut 729[f],20. On a donc à payer 729[f],20 + 1 749[f], c-à-d 2 478[f],20 [a].

CHAPITRE VI

CONVERSION DES FRACTIONS

—

71. — Conversion d'une fraction décimale en fraction ordinaire.

Question. Une fraction *décimale* peut-elle être regardée comme une fraction *ordinaire?* — **Réponse.** Une fraction *décimale* n'est autre chose qu'une fraction *ordinaire* dont le *dénominateur* est l'un des nombres 10, 100, 1000, ... [b].

Q. Donnez un exemple. — **R.** 0,4 n'est autre chose que $\frac{4}{10}$ [c].

Q. Comment *convertit*-on une fraction décimale en une frac-

(a) Il faudra repasser ce chapitre, comme on a repassé tous les précédents. Le calcul des fractions ordinaires est très important par lui-même. Il le devient encore plus, quand on remarque qu'il ne diffère point du calcul des rapports, et que c'est par la considération des rapports que se résolvent l'immense majorité des problèmes d'arithmétique.

(b) Ces dénominateurs 10, 100, 1000,... ne sont autres choses que les unités des *différents ordres,* que nous avons considérées dans la *numération.* Ils sont de 10 en 10 fois plus grands. Voilà pourquoi les *fractions décimales* sont si analogues aux *nombres entiers.*

(c) Il ne faut pas confondre la *transformation* avec la *conversion* des fractions. *Transformer* une fraction, c'est la remplacer par une autre, égale à la première et de *même* espèce qu'elle : c'est remplacer une fraction *décimale* par une fraction *décimale;* une fraction *ordinaire* par une fraction ordinaire. Convertir une fraction, c'est la remplacer par une fraction égale, mais d'espèce *différente:* c'est remplacer une fraction *décimale* par une fraction *ordinaire;* une fraction *ordinaire* par une fraction *décimale.*

tion ordinaire? — **R.** Pour **convertir** une fraction *décimale* en fraction *ordinaire*, on prend : pour *numérateur*, le nombre *entier* qu'on obtient en supprimant la *virgule*; pour *dénominateur*, l'*unité* suivie d'autant de *zéros* qu'il y avait de décimales.

Q. Donnez un exemple. — **R.** Soit à *convertir* 2,52. Le *numérateur* sera 252 et le *dénominateur* 100. On trouve $\frac{252}{100}$ [a].

Q. Que faut-il faire après la *conversion?* — **R.** Lorsque l'on a ainsi converti une fraction décimale en une fraction ordinaire, il est toujours bon de réduire cette fraction ordinaire à sa *plus simple expression* [b].

Exercice 1. Convertissez 0,8 en *fraction ordinaire*. — **Solution.** $\frac{8}{10}$, c-à-d $\frac{4}{5}$.

E. 2. Convertissez 3,04 en *fraction ordinaire*. — **S.** $\frac{304}{100}$, c-à-d $\frac{76}{25}$.

E. 3. Convertissez 0,005 en *fraction ordinaire*. — **S.** $\frac{5}{1000}$, p. 94 c-à-d $\frac{1}{200}$.

E. 4. Convertissez 0,1024 en *fraction ordinaire*. — **S.** $\frac{1024}{10000}$, c-à-d $\frac{64}{625}$ [c].

E. 5. Effectuez $\left(5+\frac{2}{3}\right)\times\left(4+\frac{1}{2}\right)$. — **S.** $\frac{17}{3}\times\frac{9}{2}$, c-à-d $\frac{51}{2}$, ou $25+\frac{1}{2}$.

E. 6. Divisez 19^9 par 19^4. — **S.** 19^5.

[a] La conversion des fractions *décimales* en fractions *ordinaires* se fait toujours *exactement* : c'est un simple changement d'écriture.

[b] Il est évident que cette fraction *ordinaire* se simplifie dans ces trois cas : quand la dernière décimale est un 0; quand elle est un 5; quand elle est l'un des chiffres 2, 4, 6, 8. — Lorsque la dernière décimale est l'un des chiffres 1, 3, 7, 9, la fraction ordinaire ne se simplifie point : elle est réduite à sa *plus simple expression*.

[c] Pour réduire à sa *plus simple expression* la fraction $\frac{1024}{10000}$, il suffit d'en diviser 4 fois de suite les deux termes par 2, parce que le pgcd de 1024 et 10000 est 16, c-à-d 2^4.

E. 7. Faites le *cube* de 1,05. — **S.** 1,157 625.

E. 8. Un nombre *divisible* séparément par 10 et par 12 est-il toujours *divisible* par 120? — **S.** Non, parce que 10 et 12 ne sont pas premiers entre eux. Par exemple, 60 est divisible par 10 et par 12, sans l'être par 120 [a].

E. 9. Un piéton [b] parcourt 12 624^m en 3^h. Combien par heure? — **S.** 12 624^m : 3, c-à-d 4 208^m.

E. 10. Un camion [c] portait 1 528^{Kg}. On en retire 26 colis de 19^{Kg} chacun. Dites le poids de ce qui reste. — **S.** 1 528^{Kg} — 19^{Kg} $\times$ 26, c-à-d 1 034^{Kg}.

E. 11. D'un réservoir contenant 23 456^l,5 d'eau, on tire 3 425^l,4, puis 6 859^l,7. Qu'y reste-t-il? — **S.** 23 456^l,5 — 3 425^l,4 — 6 859^l,7, c-à-d 13 171^l,4.

E. 12. On relie [d] 729 volumes, en un mois de 31 jours comptant 4 dimanches où l'on ne travaille pas. Combien de volumes par jour de travail? — **S.** On travaille 31^j — 4^j, c-à-d 27^j. On relie donc par jour 729 : 27, c-à-d 27 volumes.

---

72. — Conversion d'une fraction ordinaire en fraction décimale.

Question. Que suffit-il de faire pour *convertir* une fraction ordinaire en une fraction décimale? — **Réponse.** Pour *convertir* une fraction *ordinaire* en une fraction *décimale*, il suffit de calculer, avec le nombre de décimales

(a) Etant donnés plus de deux nombres, si ces nombres donnés sont *premiers entre eux* 2 à 2, tout nombre *divisible* séparément par *chacun* d'eux est *divisible* par leur *produit*. Lorsqu'il en est ainsi, le *ppcm* des nombres donnés est juste égal à leur *produit*.

(b) Les soldats qui vont *à pied*, malgré le sens du mot *piéton*, ne s'appellent pas des *piétons* : ils se nomment fantassins. Les soldats *à cheval* se nomment *cavaliers*. Les troupes *à pied* constituent l'*infanterie*; les troupes *à cheval*, la *cavalerie*.

(c) Les *camions* sont des espèces de *chariots* bas, à quatre roues, qui servent au transport des marchandises dans les villes. C'est à l'aide de *camions* que les compagnies de chemin de fer effectuent la plupart de leurs *livraisons à domicile*.

(d) *Relier* un volume, c'est lui adapter une couverture solide, en carton ou en cuir. Il existe des reliures de luxe, qui sont de véritables œuvres d'art. — Beaucoup de livres se vendent sans être reliés; ils sont simplement *brochés*.

que l'on veut, le *quotient* du *numérateur* par le *dénominateur*.

Q. Démontrez-le. — **R.** Soit à convertir $\frac{4}{7}$ en une fraction décimale. $\frac{4}{7}$ est le *quotient exact* de 4 par 7. Convertir $\frac{4}{7}$ en fraction décimale, c'est donc chercher, avec un certain nombre de décimales, le quotient de 4 par 7 [a].

Q. Que savez-vous sur une fraction ordinaire *irréductible* dont le dénominateur ne contient aucun facteur premier autre que 2 ou 5? — **R.** Lorsqu'une fraction ordinaire *irréductible* [b] ne renferme à son *dénominateur* aucun *facteur premier* autre que 2 ou 5, cette fraction ordinaire peut se convertir *exactement* en *décimales*.

p. 95

Q. Qu'est-ce que cela signifie? — **R.** En d'autres termes, on peut donner alors au quotient un nombre de décimales [c] tel que la division se fasse sans reste. Ainsi $\frac{7}{80}$ est juste égale à 0,0705.

Q. Que savez-vous sur une fraction ordinaire *irréductible* dont le dénominateur contient des facteurs premiers autres que 2 et 5? — **R.** Lorsqu'une fraction ordinaire *irréductible* renferme à son *dénominateur* un *facteur premier*, au moins, autre que 2 et 5, cette fraction ne *peut se convertir* exactement en *décimales*; et, en divisant son numérateur par son dénominateur, on obtient un quotient qui ne finit *jamais* et qui est **périodique** [d].

Q. Donnez un exemple. — **R.** Soit $\frac{7}{22}$. Cette fraction ne peut

(a) Il est très rare qu'une fraction *ordinaire* puisse se convertir exactement en une fraction *décimale*. En général, on n'arrive par le calcul qu'à une *valeur approchée* de la fraction ordinaire donnée.

(b) Insistez beaucoup auprès des élèves pour leur faire bien retenir que cet énoncé, ainsi que le suivant, suppose toujours la *fraction ordinaire* considérée rendue *irréductible*, c-a-d réduite à sa *plus simple expression*.

(c) Il suffit de prendre ce nombre égal au plus fort des exposants des facteurs 2 et 5 dans le *dénominateur* décomposé en ses facteurs premiers.

(d) C'est ce qui arrive dans la plupart des cas où l'on cherche à *convertir* une fraction *ordinaire* en une fraction *décimale*.

se convertir exactement en décimales. Le quotient de 7 par 22 est 0,3181818... Il ne finit jamais, il est *périodique*, car les mêmes chiffres s'y reproduisent constamment.

Q. Qu'est-ce que la *période?* — **R.** La **période** est l'*ensemble des chiffres* qui se reproduisent. Les chiffres **irréguliers** [a] sont les chiffres compris entre la *virgule* et la *première période*.

Q. Donnez un exemple. — **R.** Dans l'exemple ci-dessus, la *période* est 18, et il n'y a qu'un *chiffre irrégulier*, qui est 3.

Exercice 1. Convertissez $\frac{3}{11}$ en *fraction décimale*. — **Solution.** 0,272727... : la période est 27 [b].

E. 2. Convertissez $\frac{5}{8}$ en *fraction décimale*. — **S.** 0,625, exactement.

E. 3. Convertissez $\frac{4}{13}$ en *fraction décimale*.

S. 0, 307 692 307 692... : la période est 307 692.

E. 4. Convertissez $\frac{7}{12}$ en *fraction décimale*.

S. 0,583 333... : la période est 3 ; la partie irrégulière est 58 [c].

E. 5. Convertissez 3,56 en *fraction ordinaire* [d]. — **S.** $\frac{89}{25}$.

E. 6. Retranchez $\frac{5}{13}$ de $\frac{8}{15}$. — **S.** $\frac{29}{195}$.

E. 7. Calculez le *quart* de 0,3. — **S.** 0,075, exactement.

(a) Le nombre des chiffres irréguliers est juste égal au plus grand des exposants des facteurs 2 et 5 dans le dénominateur décomposé en ses facteurs premiers. On suppose, bien entendu, avant de faire cette *décomposition*, la fraction donnée réduite à sa *plus simple expression*. — Lorsque le dénominateur ne contient ni le facteur 2, ni le facteur 5, le nombre des chiffres irréguliers est *nul;* la *période* commence tout de suite après la *virgule.*

(b) On pourrait dire aussi que la période est 2727, ou bien 272727, etc. Il y a un avantage de *simplicité* à prendre pour la période le plus petit groupe possible de chiffres.

(c) Le dernier chiffre *irrégulier* ne peut jamais être égal au dernier chiffre de la *période*, car, s'il en était ainsi, ou pourrait prendre ce dernier chiffre irrégulier pour premier chiffre de la période, la période commencerait un chiffre plus tôt.

(d) La fraction ordinaire qu'on obtiendra pourra se simplifier, parce que la dernière *décimale* donnée est 6.

E. 8. Le nombre 7 549 est-il *divisible* par 5 ? — **S.** Non, parce que son dernier chiffre n'est ni 0, ni 5.

E. 9. *Trois* ares d'un terrain coûtent 98ᶠ,40. Que coûtent 7ᵃ,2 ? — **S.** 1ᵃ coûte 98ᶠ,40 : 3, c-à-d 32ᶠ,80. Donc 7ᵃ,2 coûtent 32ᶠ,80 × 7,2, c-à-d 236ᶠ,16.

E. 10. Combien de pièces de 5ᶠ pour payer le *neuvième* de 675ᶠ ? — **S.** Autant qu'il y a de fois 5 dans 675, c-à-d 675 : 5, ou 135 [a].

E. 11. La toile de coton [b] écru [c] coûte 13ᶠ la pièce de 20ᵐ. Combien le mètre ? — **S.** 13ᶠ : 20, c-à-d 0ᶠ,65.

E. 12. Que pèsent ensemble 38 sacs de farine de 159ᴷᵍ ? — **S.** 159ᴷᵍ × 38, c-à-d 6 042ᴷᵍ.

---

73. — Retour des fractions décimales périodiques aux fractions ordinaires.

Question. Quels sont les termes de la fraction ordinaire équivalente à une fraction décimale *illimitée* et *périodique* ? — **Réponse.** La fraction ordinaire *équivalente* à une fraction décimale *illimitée* et *périodique* a pour *numérateur* la *différence* des parties entières qu'on ob- p. 96 tient en portant la virgule à *droite*, puis à *gauche* de la *première période* ; et pour *dénominateur* un nombre représenté par autant de 9 qu'il y a de chiffres à la *période*, suivis d'autant de zéros qu'il y a de *chiffres irréguliers* [d].

[a] Il était bon, dans cet exercice, de remarquer que, 675 étant *divisible* par 9, son *neuvième* serait un nombre *entier* encore *divisible* par 5 ; et que, par suite, le paiement considéré pourrait se faire à l'aide d'un nombre entier de pièces de 5ᶠ.

[b] Le *coton* est une sorte de *duvet*, blanc ou jaune, produit par un arbrisseau des pays chauds, qui ressemble à une grande *mauve* et qu'on nomme *cotonnier*. Le *coton filé* sert à la fabrication d'une multitude d'étoffes, connues sous le nom générique de *cotonnades*. Le *coton cardé* s'emploie de plus en plus dans le *pansement* des plaies par la méthode *antiseptique*.

[c] Le mot *écru* se dit d'une toile qui n'a pas encore été *blanchie*, ni lavée.

[d] Lorsque la fraction décimale périodique ne présente *aucun* chiffre irrégulier, on dit parfois qu'elle est une fraction *périodique simple*. Lorsqu'elle en présente *un* ou *plusieurs*, on dit qu'elle est une fraction

Q. Donnez un exemple. — **R.** Soit 8,34157157157... La *période* 157 a trois chiffres, et il y a deux *chiffres irréguliers*. La fraction ordinaire équivalente a pour *numérateur* 834157 — 834, et pour *dénominateur* 99900.

Q. Comment s'appelle cette *fraction ordinaire?* — **R. La** fraction *ordinaire* équivalente à une fraction *décimale illimitée* et *périodique* s'appelle la fraction ordinaire **génératrice** [a] de cette fraction *décimale.*

Q. Que faut-il faire quand on a trouvé une fraction ordinaire *génératrice?* — **R.** Lorsque l'on a trouvé une fraction ordinaire *génératrice*, il est toujours bon de réduire cette fraction à sa *plus simple expression* [b].

Exercice 1. Trouvez la fraction ordinaire *génératrice* de 2,181818... — **Solution.** $\dfrac{218 - 2}{99}$, c-à-d $\dfrac{216}{99}$, ou $\dfrac{24}{11}$.

E. 2. Trouvez la fraction ordinaire *génératrice* de 3,7777... — **S.** $\dfrac{37 - 3}{9}$, c-à-d $\dfrac{34}{9}$ [c].

E. 3. Trouvez la fraction ordinaire *génératrice* de 0,287363636. — **S.** $\dfrac{28736 - 287}{99000}$, c-à-d $\dfrac{3161}{11000}$.

E. 4. Trouvez la fraction ordinaire *génératrice* de 2,9636363... — **S.** $\dfrac{2963 - 29}{990}$, c-à-d $\dfrac{163}{55}$ [d].

périodique mixte. — Cette distinction entre les fractions *périodiques simples* et les fractions *périodiques mixtes* est pour ainsi dire *inutile.* Nous ne la faisons pas; et les règles que nous donnons dans le présent paragraphe conviennent aux deux cas.

(a) Cette fraction *ordinaire* s'appelle fraction *génératrice*, parce que, si on la réduisait en *décimales*, elle redonnerait la fraction décimale d'où l'on est parti.

(b) Après cette réduction, le plus grand *nombre* de fois que l'un des facteurs 2 ou 5 entre encore au dénominateur est juste égal au *nombre* des chiffres *irréguliers* de la fraction *décimale* considérée.

(c) Le dénominateur de cette fraction *génératrice* ne contient ni le facteur 2, ni le facteur 5, parce qu'il n'y a aucun chiffre irrégulier dans la fraction décimale *périodique* donnée. — Même remarque pour l'exercice précédent.

(d) Le dénominateur de cette fraction *génératrice*, réduite à sa *plus simple expression*, contient encore *un* facteur 5, parce qu'il y avait *un* chiffre *irrégulier* dans la fraction décimale *périodique* donnée. — Dans l'exercice précédent, le dénominateur contenait *trois* fois chacun des facteurs 2 et 5, parce qu'il y avait *trois* chiffres *irréguliers.*

E. 5. Multipliez $\frac{3}{11}$ par $\frac{22}{69}$. — **S.** $\frac{2}{23}$ [a].

E. 6. Divisez $\frac{2}{5}$ par $\frac{2}{7}$. — **S.** $\frac{7}{5}$, c-à-d $1 + \frac{2}{5}$.

E. 7. Que savez-vous sur un nombre *divisible* séparément par 3 et par 7? — **S.** Il est divisible par le produit 21 de ces deux nombres, parce que 3 et 7 sont premiers entre eux.

E. 8. Réduisez à sa *plus simple expression* $\frac{168}{264}$. — **S.** $\frac{7}{11}$.

E. 9. Février a 29 jours en 1892. Mars en a toujours 31. Combien de jours dans le 5e de ces deux mois? — **S.** (29 + 31) : 5, c-à-d 12.

E. 10. On avait 7 bonbonnes, contenant chacune 17^l d'eau de javelle [b]. On en a déjà employé $37^l,8$. Combien en reste-t-il? — **S.** $17^l \times 7 - 37^l,8$, c-à-d $81^l,2$.

E. 11. Combien d'œufs dans 3 *douzaines* et *demie*? — **S.** $12 \times 3 + 6$, c-à-d 42.

E. 12. On a moissonné 9 champs [c] de $27^a,8$, plus un de $89^a,7$. Combien d'ares en tout? — **S.** $27^a,8 \times 9 + 89^a,7$, c-à-d $339^a,9$ [d].

[a] Pour obtenir le résultat sous la forme simple $\frac{2}{23}$, il est bon, comme nous avons conseillé de le faire, d'indiquer d'abord les calculs, sans les effectuer. On écrit $\frac{3 \times 22}{11 \times 69}$, puis on divise les nombres 3 et 69 par 3, les nombres 22 et 11 par 11.

[b] L'eau de *javelle* est un produit chimique qu'on emploie constamment dans le blanchissage du linge. Elle doit ses propriétés au *chlore* et à la *potasse* qu'elle contient. Elle tire son nom du village de Javelle, près de Paris, où on l'a d'abord préparée.

[c] On désigne, en général, sous le nom de *champs*, les terrains où l'on cultive des céréales. On dit un champ de *blé*, de *seigle*, de *sarrasin*. Il est vrai qu'on dit aussi un champ de *pommes de terre*, un champ de *betteraves*. — *Moissonner* le blé, c'est le couper et le mettre en gerbes. On moissonne avec des faucilles, des faux, même avec des machines.

[d] *La conversion des fractions*, comme nous venons de le voir, présente trois problèmes distincts. Ce sont ces trois problèmes qui forment les sujets respectifs des trois paragraphes du chapitre que nous finissons.

CHAPITRE VII

RAPPORTS ET PROPORTIONS

—

74. — Définition des rapports.

Question. — Qu'appelle-t-on *rapport?* — **Réponse.** On appelle **rapport** de *deux* nombres quelconques le *quotient exact*[a] de la division du premier de ces nombres par le second.

Q. Donnez des exemples. — **R.** Le *rapport* de 0,3 à 7,86, c'est le *quotient exact* de 0,3 par 7,86. — Le *rapport* de $\frac{2}{3}$ à $\frac{5}{7}$, c'est le *quotient exact* de $\frac{2}{3}$ par $\frac{5}{7}$.

Q. Que savez-vous sur le *rapport* de deux nombres entiers? — **R.** Le *rapport* de deux nombres *entiers* n'est autre chose que la *fraction* qui a pour *numérateur* le premier de ces nombres et pour *dénominateur* le second.

Q. Démontrez-le. — **R.** $\frac{9}{7}$ est le *rapport* de 9 à 7, car c'est le *quotient exact* de 9 par 7.

Q. Comment s'écrit un *rapport?* — **R.** Tout *rapport* s'écrit sous la forme d'une *fraction ordinaire* ayant pour *numérateur* le premier des deux nombres, c-à-d le *dividende*, et pour *dénominateur* le second, c-à-d le *diviseur*[b].

[a] Rappelez bien aux élèves que le *quotient exact* de deux nombres est un troisième nombre qui, multiplié par le second des nombres donnés, reproduit *exactement* le premier.

[b] La meilleure manière de représenter le *quotient* de deux nombres, c'est de l'écrire sous forme de *rapport*. C'est ainsi qu'on le représentera toujours et qu'on le fera toujours représenter, dans les exercices et problèmes qu'on résoudra au tableau noir. Dans le présent ouvrage, nous employons souvent, au lieu de la notation des *rapports*, le signe : de la division. L'unique raison de ce fait est une raison *typographique*, que nous avons déjà indiquée.

Q. Donnez un exemple. — **R.** Le *rapport* de 0,3 à 7,86 s'écrit $\dfrac{0,3}{7,86}$.

Q. Que sont les deux nombres dont on considère le *rapport?* — **R.** Les deux *nombres* dont on considère le rapport sont les deux *termes* du rapport. On les appelle aussi le *numérateur* et le *dénominateur* du rapport[a].

Q. Qu'appelle-t-on *inverse* d'un nombre? — **R.** On appelle **inverse** d'un *nombre* le *rapport* de *l'unité* à ce *nombre.*

Q. Donnez un exemple. — **R.** L'*inverse* de 3,7 est $\dfrac{1}{3,7}$.

Exercice 1. Calculez avec 3 décimales le *rapport* de 3,2 à 5,9. — **Solution.** En calculant avec 3 décimales le quotient de 3,2 par 5,9, on trouve 0,542 [b].

E. 2. Calculez le *rapport* de 2 *tiers* à 4 *neuvièmes.* — **S.** $\dfrac{2}{3} : \dfrac{4}{9}$, c-à-d $\dfrac{18}{12}$, ou $\dfrac{3}{2}$.

E. 3. Calculez le *rapport* de 0,8 à 3 *septièmes.* — **S.** $\dfrac{8}{10} : \dfrac{3}{7}$, c-à-d $\dfrac{56}{30}$, ou $\dfrac{28}{15}$.

E. 4. Dites l'*inverse* de 3,8. — **S.** $1 : \dfrac{38}{10}$, c-à-d $\dfrac{10}{38}$, ou $\dfrac{5}{19}$.

E. 5. Quel est l'*inverse* de 6 *septièmes?* — **S.** $1 : \dfrac{6}{7}$, c-à-d $\dfrac{7}{6}$ [c].

E. 6. Trouver la fraction ordinaire *génératrice* de 0,4383838... — **S.** $\dfrac{438 - 4}{990}$, c-à-d $\dfrac{217}{495}$.

p. 98

[a] La notation des rapports, l'usage des mots *numérateur* et *dénominateur*, montrent dès à présent une certaine *analogie* entre les *rapports* et les fractions *ordinaires*. Cette analogie paraîtra de plus en plus grande, à mesure qu'on avancera dans l'étude des *rapports.*

[b] Insistez beaucoup sur la définition du *rapport;* et faites remarquer qu'elle *est très* générale, s'étendant aux nombres *entiers*, aux nombres *décimaux*, aux fractions *ordinaires,* en un mot à tous les nombres possibles.

[c] On peut remarquer que l'*inverse* d'une fraction *ordinaire* est juste égal à cette fraction *renversée.* — Cette remarque s'étend aux nombres *entiers*, car 5, par exemple, peut s'écrire $\dfrac{5}{1}$, et a pour inverse $\dfrac{1}{5}$.

8.

E. 7. Divisez $\frac{3}{4}$ par $\frac{4}{3}$. — **S.** $\frac{9}{16}$.

E. 8. Trouvez le *pgcd* de 10841 et 8843. — **S.** 37.

E. 9. Les 100^{Kg} de café de Java[a] coûtent 325^f. Combien le kilogramme? — **S.** 100 fois moins, c-à-d 3^f,25.

E. 10. Combien de mètres de franges pour border un tapis ayant 2^m,25 de large et 3^m,36 de long? — **S.** 2^m,25 $\times$ 2 $+$ 3^m,36 $\times$ 2, c-à-d 11^m,22.

E. 11. Un vase plein d'alcool[b] pèse 2^{Kg},768. Vide, il pèse 0^{Kg},647. Dites le poids du *quart* de cet alcool. — **S.** (2^{Kg},768 — 0^{Kg},647) : 4, c-à-d 0^{Kg},530.

E. 12. Dans un mois de 31 jours, il y a 4 dimanches et 5 jeudis, où les enfants ne vont pas à l'école. Les autres jours, ils y vont 4^h le matin et 3^h le soir. Combien d'heures dans tout le mois? — **S.** (4^h $+$ 3^h) $\times$ (31 — 4 — 5), c-à-d 7^h $\times$ 22, ou 154^h.

---

75. — Propriétés des rapports.

Question. Dans quel cas un *rapport* est-il supérieur à 1? — **Réponse.** Un *rapport* est *supérieur*, *égal* ou *inférieur* à l'*unité* suivant que son *numérateur* est *supérieur*, *égal* ou *inférieur* à son *dénominateur*[c].

Q. Donnez des exemples. — **R.** $\frac{3,04}{2,171}$ est *supérieur* à 1 ; $\frac{2,171}{2,171}$ est *égal* à 1 ; $\frac{1,42}{2,171}$ est *inférieur* à 1.

Q. Que trouve-t-on lorsqu'on multiplie un rapport par son *dénominateur*? — **R.** *Lorsque l'on multiplie un rapport par son dénominateur, on trouve juste son numérateur.*

[a] *Java* est une grande île de la Malaisie, qui appartient à la *Hollande* et a pour capitade *Batavia*.

[b] L'*alcool* ou *esprit-de-vin* est un liquide qu'on obtient par la distillation du vin, du cidre, et d'une foule d'autres matières. Il forme la partie principale des *liqueurs* dites *alcooliques*. — L'abus des boissons alcooliques à des conséquences terribles : il affaiblit l'intelligence, ruine la santé et conduit très souvent à la folie et à la mort.

[c] C'est là, en d'autres termes, ce que nous avons dit déjà sur la grandeur des *quotients* et sur celle des *fractions*.

Q. Démontrez-le. — **R.** En effet, le rapport étant un *quotient exact*, en le multipliant par le diviseur, on trouve juste le dividende [a].

Q. Que savez-vous sur le rapport de deux nombres *fractionnaires?* — **R.** *Le rapport de deux nombres fractionnaires est toujours égal au rapport de deux nombres entiers.*

Q. Démontrez-le. — **R.** Un tel rapport, en effet, n'est autre chose que le quotient d'une fraction ordinaire par une fraction ordinaire. Or, on a vu que le quotient de deux fractions ordinaires est une fraction ordinaire, c-à-d est le *rapport* de deux nombres *entiers* [b].

Q. Comment met-on le rapport de deux nombres *décimaux* sous la forme du rapport de deux nombres entiers? — **R.** Pour mettre le *rapport* de deux nombres *décimaux* sous la forme du *rapport* de deux nombres *entiers*, il suffit de donner le même nombre de *décimales* aux deux termes de ce rapport; puis d'effacer les deux *virgules*.

Q. Donnez un exemple. — **R.** En appliquant cette règle au rapport $\frac{0,3}{2,98}$, on trouve $\frac{30}{298}$. Ce nouveau *rapport* est bien égal au précédent. En effet, $\frac{0,3}{2,98}$ est le quotient de $\frac{30}{100}$ par $\frac{298}{100}$, lequel est égal à $\frac{30}{100} \times \frac{100}{298}$, c-à-d à $\frac{30 \times 100}{100 \times 298}$, c-à-d à $\frac{30}{298}$ [c].

p. 99

Q. De quelles *propriétés* jouissent les rapports? — **R.** *Les rapports jouissent des mêmes propriétés que les fractions ordinaires* [d].

---

[a] Nous avons déjà vu ce même fait pour les fractions *ordinaires*. — L'idée de rapport, on le voit de plus en plus, ressemble beaucoup à l'idée de *fraction*. Mais elle est plus générale : les deux termes d'une *fraction* sont forcément des nombres *entiers;* ceux d'un *rapport* peuvent très bien être des nombres *décimaux*, des fractions *ordinaires*, ou même des nombres *incommensurables*.

[b] Comme on ne comprend, sous l'épithète de nombres *commensurables*, que les *entiers* et les *fractions* soit décimales, soit ordinaires, on peut dire, d'une façon générale : *le rapport de deux nombres commensurables est toujours égal au rapport de deux nombres entiers.*

[c] Après qu'on a ramené un *rapport* à la forme d'une *fraction ordinaire*, il faut toujours réduire cette fraction à sa *plus simple expression*.

[d] On fera bien de rappeler, à ce propos, tout ce qu'on a dit relati-

Q. A quelles *règles de calcul* sont soumis les rapports? — **R.** *Les rapports sont soumis aux mêmes règles de calcul que les fractions ordinaires*[a].

Exercice 1. Le *rapport* de 3,7 à 4,89 est-il *supérieur* à l'unité? — **Solution.** Il est plus petit que 1, parce que son dénominateur est supérieur à son numérateur.

E. 2. On multiplie $\frac{7,9}{4,31}$ par 4,31. Que trouve-t-on? — **S.** 7,9.

E. 3. Réduisez $\frac{3,8}{14,72}$ au rapport de deux nombres *entiers*. — **S.** $\frac{380}{1472}$[b], c-à-d $\frac{95}{368}$.

E. 4. Additionnez $\frac{0,2}{1,5}$ et $\frac{4}{0,45}$. — **S.** $\frac{2}{15} + \frac{400}{45}$, c-à-d $\frac{406}{45}$.

E. 5. Quel est l'*inverse* de $\frac{24}{41}$? — **S.** $\frac{41}{24}$.

E. 6. Ecrivez les 4 premiers *multiples* de 27. — **S.** 27, 54, 81, 108.

E. 7. Trouvez le *ppcm* de 6, 8, 9. — **S.** 72.

E. 8. A quoi est égal le *pgcd* de deux nombres *pairs consécutifs*? — **S.** 2[c].

E. 9. On reçoit 231^l,4 de vin, 147^l,8 de cidre et 39^l,7 de bière. Combien de litres en tout? — **S.** 231^l,4 $+$ 147^l,8 $+$ 39^l,7, c-à-d 418^l,9.

E. 10. Un livre de 424 pages contient 13 568 lignes. Combien par page? — **S.** 424 fois moins, c-à-d 13 568 : 424, ou 32.

E. 11. On a déjà labouré[d] les *deux septièmes* d'une *terre*

vement aux propriétés des *fractions ordinaires* et aux transformations qu'on peut leur faire subir.

[a] Faites redire aux élèves les règles des quatre opérations sur les fractions ordinaires.

[b] Au fond, mettre $\frac{3,8}{14,72}$ sous la forme $\frac{380}{1472}$, c'est en *multiplier* les deux *termes* par 100.

[c] C'est le résultat qu'on obtient en appliquant littéralement la règle générale pour trouver le *pgcd* de deux nombres. En effet, la première division donne pour *reste* 2, et la seconde division, qui a pour *diviseur* 2, se fait exactement.

[d] Ce n'est que par un *labourage* profond qu'on tire de la terre toute la *moisson* qu'elle peut donner : tant il est vrai que rien ne s'obtient que par le travail. La Fontaine l'a dit :

> Travaillez, prenez de la peine,
> C'est le fonds qui manque le moins.

de 324ª,8. Combien d'ares encore à labourer? — **S.** Les $\frac{5}{7}$ de 324ª,8, c-à-d 324ª,8 $\times \frac{5}{7}$, ou 232ª.

E. 12. Un miroitier vend 7 miroirs carrés et 9 miroirs ovales au prix unique de 3ᶠ,85 chacun. Combien reçoit-il? — **S.** 3ᶠ,85 $\times$ (7 $+$ 9), c-à-d 61ᶠ,60.

---

76. — Les égalités.

Question. Comment indique-t-on que deux nombres sont *égaux?* — **Réponse.** On indique que deux *nombres* sont *égaux*, en les plaçant de part et d'autre du *signe* =, qui s'énonce **égal**[a].

Q. Donnez un exemple. — **R.** 3 $+$ 7 est *égal* à 10, et p. 100 s'énonce 3 $+$ 7 *égalent* 10.

Q. Qu'appelle-t-on *égalité?* — **R.** On appelle **égalité** l'ensemble de deux expressions numériques réunies par le signe =.

Q. Que savez-vous sur l'expression qui précède le signe =? — **R.** L'expression qui précède le signe = est le *premier membre* de l'égalité. Celle qui le suit en est le *second*[b].

Q. Donnez un exemple. — **R.** 3 $+$ 7 $=$ 10 est une *égalité* dont le *premier membre* est 3 $+$ 7, et dont le *second membre* est 10[c].

Q. Qu'obtient-on en *ajoutant* un même nombre aux deux

[a] Il faut que ce signe, comme d'ailleurs tous les autres, soit toujours bien formé et placé bien horizontalement sur la ligne principale de l'écriture. Comme il est le signe le plus important des expressions où il entre, il convient de le rendre très visible et de lui donner toujours une certaine longueur.

[b] Il faudra que les élèves se familiarisent avec ces expressions *premier membre*, *second membre*. On les leur fera employer constamment.

[c] Pour écrire très bien en mathématiques, il ne faut jamais mélanger les *égalités* avec le texte ou les calculs voisins. Chaque égalité doit s'écrire sur une ligne de la page, y être seule et en occuper le milieu. Dans le présent ouvrage, nous contrevenons constamment à cette règle, obligé que nous y sommes par le peu de place dont nous disposons.

membres d'une égalité? — **R.** *Lorsqu'on ajoute un même nombre aux deux membres d'une égalité, on obtient une nouvelle égalité.*

Q. Donnez un exemple. — **R.** En ajoutant 4 aux deux membres de l'égalité précédente, on obtient l'égalité $3 + 7 + 4 = 10 + 4$.

Q. Qu'obtient-on en *retranchant* un même nombre aux deux membres d'une égalité? — **R.** *Lorsqu'on retranche un même nombre aux deux membres d'une égalité, on obtient une nouvelle égalité.*

Q. Donnez un exemple. — **R.** En retranchant 5 aux deux membres de notre première égalité, on obtient l'égalité $3 + 7 - 5 = 10 - 5$.

Q. Qu'obtient-on en *multipliant* par un même nombre les deux membres d'une égalité? — **R.** *Lorsqu'on multiplie par un même nombre les deux membres d'une égalité, on obtient une nouvelle égalité.*

Q. Donnez un exemple. — **R.** En multipliant par 4 les deux membres de notre première égalité, on obtient l'égalité $12 + 28 = 40$.

Q. Qu'obtient-on en *divisant* par un même nombre les deux membres d'une égalité? — **R.** *Lorsqu'on divise par un même nombre les deux membres d'une égalité, on obtient une nouvelle égalité* [a].

Q. Donnez un exemple. — **R.** En divisant par 5 les deux membres de notre première égalité, on obtient l'égalité $\frac{3}{5} + \frac{7}{5} = 2$.

Exercice 1. Dites le *premier membre* de $5 + 7 = 12$. — **Solution.** $5 + 7$.

E. 2. Dites le *second membre* de $0,28 - 0,06 = 0,14 + 0,08$. — **S.** $0,14 + 0,08$.

E. 3. Chassez les *dénominateurs* de $\frac{1}{2} + \frac{1}{4} = \frac{6}{8}$. — **S.** En

---

[a] Toutes ces propriétés des *égalités* numériques peuvent être regardées comme évidentes. Aussi ne les démontrons-nous pas et nous bornons-nous à en donner des exemples.

multipliant les deux membres par 8, on trouve $4 + 2 = 6$ [a].

E. 4. Evaluez à moins de 0,01 le *rapport* de 3 à 7,4. — **S.** 0,40.

E. 5. Ajoutez $\frac{6}{7}$ et $\frac{13}{21}$. — **S.** $\frac{18}{21} + \frac{13}{21}$, c-à-d $\frac{31}{21}$.

E. 6. Le nombre 2 374 est-il *divisible* par 4 ? — **S.** Non, parce que 74 n'est pas divisible par 4.

E. 7. Rendez $\frac{2}{11}$ *cinq* [b] fois *plus grand*. — **S.** $\frac{2 \times 5}{11}$, c-à-d $\frac{10}{11}$.

E. 8. Combien de chiffres au *cube* d'un nombre de 4 chiffres ? — **S.** Ce nombre est au moins égal à 1000, et forcément inférieur à 10 000. Son cube est donc au moins égal à 1 000 000 000, mais inférieur à 1 000 000 000 000. Il a donc 10, ou 11, ou 12 chiffres.

E. 9. On a *deux* pièces de toile, l'une de $23^m,56$, l'autre de $18^m,37$. Dans celle-ci $2^m,51$ sont mauvais. Combien a-t-on de mètres de bonne toile ? — **S.** $23^m,56 + 18^m,37 — 2^m,51$, c-à-d $39^m,42$.

E. 10. *Trois* kilogrammes de saumon fumé [c] coûtent $8^f,40$. Que coûtent $2^{Kg},250$? — **S.** 2,250 fois plus, c-à-d $8^f,40 \times 2,250$, ou $18^f,90$.

E. 11. On a mis, pour faire un ouvrage, 13 journées de 11^h, *plus* une de 14^h. Combien en tout ? — **S.** $11^h \times 13 + 14^h$, c-à-d 157^h.

E. 12. *Six* litres d'éther sulfurique [d] coûtent $29^f,40$.

p. 101

(a) Pour faire disparaître tous les dénominateurs qui se trouvent dans une *égalité*, il suffit de multiplier les deux membres de cette égalité par un *multiple commun* quelconque de ces dénominateurs, puis de réduire à sa plus *simple expression* chacune des fractions obtenues.

(b) Pour multiplier un entier par 5, il suffit de le multiplier par 10, puis de prendre la moitié du résultat obtenu. Cela provient de ce que 5 est égal à $\frac{10}{2}$. — De même, pour diviser par 5, il suffit de *doubler*, puis de prendre le *dixième*, parce que diviser par 5, c'est multiplier par $\frac{1}{5}$ ou par $\frac{2}{10}$.

(c) Le *saumon* est un gros poisson, qui atteint jusqu'à 1^m de long et pèse jusqu'à 10^{Kg}. Il vit dans les mers du Nord; mais, au printemps, remonte assez haut dans les fleuves. Il se mange soit *frais*, soit *fumé*. On en fait une énorme consommation.

(d) L'*éther sulfurique*, ou plus simplement l'*éther*, est un liquide incolore, très léger, très volatil, très odorant, employé assez souvent en

Combien coûte le litre? — **S.** 6 fois moins, c-à-d 29^f,40 : 6, ou 4^f,90.

———

77. — Les proportions.

Question. Qu'appelle-t-on *proportion?* — **Réponse.** On appelle **proportion** l'*égalité* de deux *rapports*.

Q. Donnez un exemple. — **R.** $\frac{2}{3} = \frac{14}{21}$ est une *proportion*.

Q. Quels sont les *extrêmes* et les *moyens?* — **R.** Le *numérateur* du premier rapport et le *dénominateur* du second sont les termes *extrêmes*, ou, plus simplement, les **extrêmes** de la *proportion*. Les deux autres nombres en sont les *termes moyens* ou, plus simplement, les **moyens** [a].

Q. Donnez un exemple. — **R.** Dans la *proportion* précédente, 2 et 21 sont les *extrêmes*; 3 et 14 sont les *moyens*.

Q. Que savez-vous sur le produit des *extrêmes?* — **R.** *En toute proportion, le produit des extrêmes est égal au produit des moyens* [b].

Q. Démontrez-le. — **R.** Dans la proportion précédente, $2 \times 21 = 14 \times 3$. En effet, en multipliant les deux membres de la proportion précédente par le produit 3×21 des dénominateurs, on trouve $\frac{2 \times 3 \times 21}{3} = \frac{14 \times 3 \times 21}{21}$, c-à-d $2 \times 21 = 14 \times 3$.

Q. A quoi est égal l'un quelconque des *extrêmes?* — **R.** *En toute proportion, l'un quelconque des extrêmes est égal au produit des moyens divisé par l'autre extrême.*

médecine. On l'obtient par l'action de l'*acide sulfurique* sur l'*alcool* ordinaire.

[a] Ces mots s'expliquent d'eux-mêmes : lorsqu'on énonce les quatre termes d'une proposition, ceux qu'on nomme les *extrêmes* s'énoncent l'un en premier, l'autre en dernier lieu; ceux qu'on nomme les *moyens* occupant l'intervalle entre les deux autres.

[b] Cette proposition, ou théorème, est aussi simple qu'importante. La démonstration que nous en donnons nous semble tout à fait à la portée des élèves.

Q. Donnez un exemple. — **R.** Ainsi, dans la proportion $\frac{2}{3} = \frac{14}{21}$, on a $21 = \frac{14 \times 3}{2}$. C'est là, en effet, ce qu'on trouve lorsque, dans l'égalité $2 \times 21 = 14 \times 3$, on divise les deux membres par 2.

Q. A quoi est égal l'un quelconque des moyens? — **R.** *En toute proportion, l'un quelconque des moyens est égal au produit des extrêmes divisé par l'autre moyen*[a].

Q. Donnez un exemple? — **R.** Ainsi, dans la proportion $\frac{2}{3} = \frac{14}{21}$, on a $14 = \frac{2 \times 21}{3}$. C'est là, en effet, ce qu'on trouve lorsque, dans l'égalité $2 \times 21 = 14 \times 3$, on divise les deux membres par 3.

Exercice 1. Dans $\frac{2}{3} = \frac{10}{15}$, quels sont les *extrêmes?* — p. 102. Solution. 2 et 15.

E. 2. Dans $\frac{3}{4} = \frac{12}{16}$, quels sont les *moyens?* — **S.** 4 et 12.

E. 3. Les 3 premiers termes d'une *proportion* sont 3, 4, 9. Quel est le dernier? — **S.** C'est l'un des extrêmes : il est égal à $\frac{4 \times 9}{3}$, c-à-d à 12.

E. 4. Les 3 derniers termes d'une *proportion* sont 4, 6, 8. Quel est le premier? — **S.** C'est l'un des extrêmes : il est égal à $\frac{4 \times 6}{8}$, c-à-d à 3 [b].

E. 5. Effectuez $\left(6 + \frac{3}{4}\right) \times 8$. — **S.** $\frac{27}{4} \times 8$, c-à-d 54.

E. 6. Convertissez 2 *treizièmes* en fraction *décimale*. — **S.** 0,153 846 153 846... La période est 153 846 [c].

[a] Cette proposition et la précédente permettent de résoudre un grand nombre de problèmes. Il importe que les élèves les comprennent toutes deux, les retiennent, et sachent bien les appliquer.

[b] Ces deux exercices rentrent, comme cas particulier, dans ce problème unique : *connaissant trois termes d'une proportion, trouver le quatrième.*

[c] On peut remarquer que cette période 153 846 se partage en deux moitiés 153 et 846. Considérons ces deux moitiés : la somme de leurs premiers chiffres est 1 + 8, ou 9 ; la somme de leurs seconds chiffres est 5 + 4, ou 9 ; la somme de leurs troisièmes chiffres est 3 + 6, ou 9. Il en est toujours ainsi lorsque le dénominateur de la fraction ordinaire est un nombre *premier*, autre que 2 ou 5, et que la période a un nombre pair de chiffres.

E. 7. Le nombre 4848 est-il *divisible* par 11 ? — **S.** Non, car $(8 + 8) - (4 + 4)$ n'est pas divisible par 11 [a].

E. 8. Il y a 7 *décimales* dans un nombre. Combien à son *carré?* — **S.** 2 fois plus, c-à-d 14.

E. 9. Les 2 *tiers* d'un régiment comptent 1856 hommes. Dites l'effectif total. — **S.** Le *tiers* est de 928 hommes. Le régiment est de 928×3, c-à-d de 2784 hommes [b].

E. 10. *Cent* ares d'un terrain valent 2985^f. Que valent 87^a,3 ? — **S.** 1^a vaut 29^f,85. Donc 87^a,3 valent 29^f,85 $\times$ 87,3, c-à-d 2605^f,90.

E. 11. Que coûtent 6 *douzaines* de serviettes à 0^f,85 la serviette? — **S.** 0^f,85 $\times$ 12 $\times$ 6, c-à-d 61^f,20.

E. 12. Pour monter à une hauteur de 6^m,30, on fait un escalier dont les marches ont 0^m,15 de haut. Combien l'escalier [c] aura-t-il de marches? — **S.** Autant qu'il y a de fois 0^m,15 dans 6^m,30, c-à-d 6,30 : 0,15, ou 42.

------

78. — Rapports ajoutés termes à termes.

Question. Qu'est-ce qu'ajouter plusieurs rapports *termes à termes?* — **Réponse.** Ajouter plusieurs rapports *termes à termes*, c'est former un rapport nouveau, ayant pour numérateur la *somme* des *numérateurs*, et pour dénominateur la *somme* des *dénominateurs* de tous les rapports donnés [d].

[a] Il est évident que ce nombre est divisible par 101, et qu'il est égal au produit de 101 par 48.

[b] On pourrait dire aussi : « si l'on connaissait l'effectif, en le multipliant par $\frac{2}{3}$, on trouverait 1856; donc cet effectif est le quotient de 1856 par $\frac{2}{3}$; donc il est égal à 1856 $\times$ $\frac{3}{2}$. » — Il est bon de montrer que la plupart des problèmes se peuvent résoudre par plusieurs méthodes différentes.

[c] *Escalier* a la même origine qu'*échelle*. Ces mots viennent l'un et l'autre du latin *scala*.

[d] Faites-le bien remarquer : ajouter plusieurs rapports et ajouter plusieurs rapports *termes à termes* sont deux opérations absolument différentes.

Q. Donnez un exemple. — **R.** En ajoutant *termes à termes* les rapports $\frac{2}{3}$, $\frac{4}{5}$, $\frac{7}{8}$, on forme le rapport $\frac{2+4+7}{3+4+8}$, c-à-d $\frac{13}{16}$.

Q. Qu'obtient-on en ajoutant termes à termes plusieurs rapports *égaux?* — **R.** *Lorsqu'on ajoute termes à termes plusieurs rapports égaux, on obtient un nouveau rapport égal à chacun des précédents.*

Q. Donnez un exemple. — **R.** Soient les rapports *égaux* $\frac{2}{3}$, $\frac{6}{9}$, $\frac{14}{21}$. En les ajoutant *termes à termes*, on obtient le rapport $\frac{2+6+14}{3+9+21}$, ou $\frac{22}{33}$, qui est *égal* à chacun des précédents [a].

Q. Qu'obtient-on en ajoutant termes à termes plusieurs rapports *inégaux?* — **R.** *Lorsqu'on ajoute termes à termes plusieurs rapports inégaux, on obtient un rapport nouveau, qui est compris entre le plus petit et le plus grand des rapports donnés* [b].

Q. Donnez un exemple. — **R.** Soient les rapports $\frac{1}{3}$, $\frac{2}{5}$, $\frac{3}{4}$, dont le *plus petit* est $\frac{1}{3}$, et le *plus grand* $\frac{3}{4}$. En les ajoutant *termes à termes,* on trouve le rapport $\frac{1+2+3}{3+5+4}$, ou $\frac{6}{12}$, qui est plus grand que $\frac{1}{3}$, mais plus petit que $\frac{3}{4}$.

Exercice 1. Que trouve-t-on en ajoutant *termes à termes* $\frac{1}{2}$ et $\frac{3}{4}$? — **Solution.** $\frac{4}{6}$, c-à-d $\frac{2}{3}$.

E. 2. Que savez-vous sur le rapport qu'on obtient en ajoutant *termes à termes* les rapports *égaux* $\frac{1}{3}$ et $\frac{5}{15}$? — **S.** Ce rapport, $\frac{6}{18}$, est *égal* à chacun des rapports donnés.

---

[a] Si l'on eût simplement *ajouté* les trois rapports donnés, puisqu'ils sont égaux, on eût obtenu pour leur *somme* un rapport *triple* de chacun d'eux, et, par conséquent, un rapport *triple* de celui qu'on obtient en les ajoutant *termes à termes.*

[b] Puisque le rapport qu'on obtient est moindre que le *plus grand* des rapports donnés, il est évidemment moindre que la *somme* de tous ces rapports.

E. 3. Que savez-vous sur le rapport qu'on obtient en ajoutant *termes à termes* les rapports *égaux* $\frac{1}{2}$, $\frac{2}{4}$, $\frac{5}{10}$? — **S.** Ce rapport, $\frac{8}{16}$, est *égal* à chacun des rapports donnés [a].

E. 4. Que savez-vous sur le rapport qu'on obtient en ajoutant *termes à termes* les rapports *inégaux* $\frac{2}{3}$ et $\frac{6}{7}$? — **S.** Ce rapport, $\frac{8}{10}$, est compris entre $\frac{2}{3}$ et $\frac{6}{7}$ [b].

E. 5. Multipliez $\frac{13}{18}$ par $\frac{9}{26}$. — **S.** $\frac{1}{4}$.

E. 6. Décomposez 1889 en *facteurs premiers*. — **S.** 1889 est un nombre *premier* [c].

E. 7. Que représente chaque chiffre *significatif* de 0,047. — **S.** 4 centièmes, 7 millièmes.

E. 8. Il y a 3 décimales dans un nombre. Combien à son *cube?* — **S.** 3 fois plus, c-à-d 9.

E. 9. Une bouteille pleine de bière pèse $1^{Kg},253$. Vide, elle pèse $0^{Kg},345$. Dites le poids de la bière contenue dans 7 bouteilles pareilles. — **S.** $(1^{Kg},253 — 0^{Kg},345) \times 7$, c-à-d $6^{Kg},356$.

E. 10. Les 4 *septièmes* d'une durée de 448^h sont déjà écoulés. Combien d'heures encore? — **S.** Les 3 septièmes de 448^h, c-à-d $448^h \times \frac{3}{7}$, ou 192^h.

E. 11. Un tonneau de 345^l n'est rempli qu'aux 3 *cinquièmes*. On en tire 39^l. Combien en reste-t-il? — **S.** Ce tonneau contenait $345^l \times \frac{3}{5}$, c-à-d 207^l. Il en reste donc $207^l — 39^l$, c-à-d 168^l.

E. 12. Dans un régiment de 2896 hommes, 24 sont à

---

[a] Si l'on ajoutait *termes à termes* ce nouveau **rapport** à l'un quelconque des rapports donnés, on trouverait encore un rapport *égal* à chacun des rapports donnés.

[b] Si l'on ajoutait termes à termes ce rapport $\frac{8}{10}$ à $\frac{2}{3}$ par exemple, on trouverait un nouveau rapport qui serait *compris* entre $\frac{2}{3}$ et $\frac{8}{10}$, et, par conséquent, entre $\frac{2}{3}$ et $\frac{6}{7}$.

[c] Il en est de même de 89 et de 1789.

l'hôpital [a] et 318 en congé temporaire [b]. Combien d'hommes présents? — **S.** 2896 — 24 — 318, c-à-d 2554 [c].

[a] Un *hôpital* est une maison où l'on reçoit et traite les malades. — Le mot *hospice* n'a pas tout à fait le même sens : il désigne tout endroit où l'on recueille les infirmes, les vieillards, les malheureux, en un mot, qui sont incapables de gagner leur vie.

[b] *Temporaire* est l'opposé de *définitif*. Le congé définitif est celui qu'on reçoit lorsque l'on a achevé entièrement son temps de service militaire.

[c] Le chapitre que nous achevons renferme, en apparence, des objets très différents les uns des autres. En réalité, comme il faudra le montrer aux élèves, ces objets forment un véritable ensemble, car tout s'y rapporte à la notion de *rapports*.

LIVRE IV

LE SYSTÈME MÉTRIQUE

CHAPITRE PREMIER

LES LONGUEURS

---

79. — Le mètre.

Question. Quelle est, pour les *longueurs*, l'unité principale? — **Réponse.** Pour les *longueurs*, l'unité principale est le **mètre**.

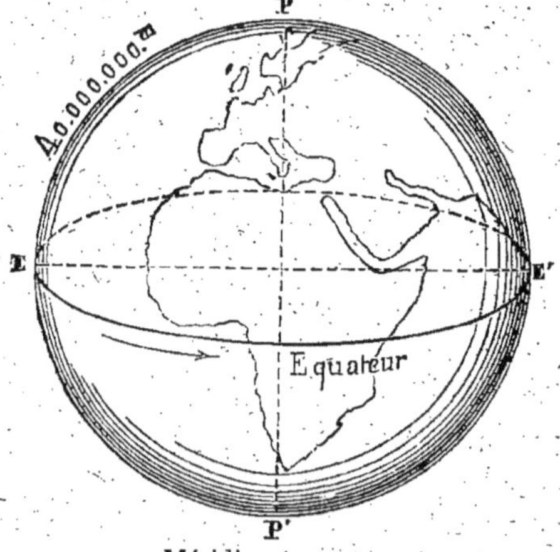

Méridien terrestre.

Q. Qu'est-ce que le *mètre?* — **R.** Le *mètre* est la *dix-millionième* partie du *quart* du **méridien** terrestre, c-à-d la *dix-millionième* partie du *quart* d'un *cercle* qui fait le tour entier de la terre [a].

Q. D'où vient le mot français *mètre?* — **R.** Le mot français *mètre* vient d'un mot grec qui signifie *mesure*.

---

[a] Il suffit de retenir la définition du *mètre* pour se rappeler la grandeur de la *terre*. Puisque le mètre est la *dix-millionième* partie

Q. Comment se nomme notre *système des poids et mesures?* — **R.** Notre **système des poids et mesures** se nomme **système métrique,** parce que les *poids* et *mesures* dont il se compose dérivent tous du *mètre* [a].

Q. Comment le nomme-t-on encore? — **R.** On le nomme encore : *système décimal,* parce que, comme dans la *numération,* tout y est subordonné [b] au nombre 10; p. 105 *système légal,* parce qu'il est le *seul* système de *poids et mesures* autorisé par la *loi.*

Q. Le *système métrique* est-il un bon système de poids et mesures? — **R.** Le *système métrique* est le meilleur système de *poids* et *mesures* qui existe. Il a été décrété le 8 mai 1790, promulgué le 6 mai 1799, rendu obligatoire, exclusivement à tout autre, à partir du 1er janvier 1840. Les nations étrangères l'adoptent peu à peu. Il finira, sans doute, par devenir universel.

Exercice 1. Divisez 5 *sixièmes* par 11 *douzièmes.* — **Solution.** $\frac{10}{11}$.

E. 2. Trouvez la fraction ordinaire *génératrice* de 9,2 87 87 87 ... — **S.** $\frac{613}{66}$ [c].

E. 3. Faites le *cube* de $\frac{1}{4}$. — **S.** $\frac{1}{4} \times \frac{1}{4} \times \frac{1}{4}$, c-à-d $\frac{1}{64}$.

E. 4. Evaluez avec 2 *décimales* le *rapport* de 3,4 à 4,56. — **S.** 0,74.

E. 5. Les fractions $\frac{7}{21}$ et $\frac{19}{57}$ sont-elles *égales* ou *inégales?* — **S.** Egales [d].

du quart du méridien terrestre, ce méridien tout entier vaut 40.000 000m : la terre a 40 000 000m de tour. — On voyait, à l'*Exposition universelle* de 1889, un globe terrestre ayant juste 40m de tour.

(a) Il résulte de là, comme nous le verrons, des relations simples très commodes entre les mesures des différentes espèces de quantités.

(b) C'est là une conformité des plus avantageuses entre notre système des poids et mesures et notre système de *numération.*

(c) Le *dénominateur* de cette dernière fraction contient *une* fois le *facteur* 2, parce que la fraction décimale *périodique* considérée présentait un chiffre irrégulier.

(d) Chacune d'elles est égale à $\frac{1}{3}$.

E. 6. Dites le *quotient exact* de 38 par 13. — **S.** $\dfrac{38}{13}$, c-à-d $2 + \dfrac{12}{13}$.

E. 7. Le nombre 45 651 est-il *divisible* par 3 ? — **S.** Il l'est, car la somme de ses chiffres est divisible par 3.

E. 8. Deux nombres divisés séparément par 127 donnent le *même reste*. Que savez-vous sur leur *différence* ? — **S.** Elle est divisible par 127 [a].

E. 9. Dans un domaine, les constructions couvrent $1^a,37$. Le reste a une étendue de $7^a,38$. Dites l'étendue totale de 3 domaines semblables. — **S.** $(1^a,37 + 7^a,38) \times 3$, c-à-d $26^a,25$.

E. 10. Je paie à l'aide d'un *billet* de 100^f une dette de $33^f,45$. Que doit-on me rendre ? — **S.** $100^f - 33^f,45$, c-à-d $66^f,55$.

E. 11. On achète les 2 *tiers* d'une pièce d'étoffe de 21^m, plus une pièce d'étoffe [b] de 18^m. Combien de mètres en tout ? — **S.** $21^m \times \dfrac{2}{3} + 18^m$, c-à-d $14^m + 18^m$, ou 32^m.

E. 12. Le sac de farine de 159^{Kg} coûte 42^f. Combien le kilogramme [c]. — **S.** 159 fois moins, c-à-d $\dfrac{42^f}{159}$, ou $0^f,26$.

---

80. — Les multiples et les sous-multiples du mètre.

Question. Quels sont les *multiples* du mètre ? — **Réponse.** Les *multiples* du *mètre* sont :

[a] On le voit facilement, en raisonnant ainsi : diminuons chacun de ces nombres du reste de sa division par 127 ; comme ces restes sont égaux, la *différence*, après ces soustractions, a la même valeur qu'auparavant ; mais, maintenant, elle est la différence de deux *multiples* de 127 : donc elle est *divisible* par 127.

[b] Le mot *étoffe* s'applique à tous les *tissus*, de quelque matière qu'ils soient formés : tissus de soie, tissus de laine, de lin, de chanvre, de coton, etc., etc. On a fabriqué au dix-huitième siècle, et on se remet à fabriquer présentement, des étoffes en *verre filé*.

[c] Beaucoup d'élèves, et même de grandes personnes, disent et *écrivent kilo* au lieu de *kilogramme*. Il faut éviter cette manière d'écrire et de parler, et empêcher que les élèves ne s'y habituent.

Le décamètre (Dm) qui vaut *dix* mètres ;
L'hectomètre (Hm)   —   *cent* mètres ;
Le kilomètre (Km)   —   *mille* mètres ;
Le myriamètre (Mm)   —   *dix mille* mètres [a].

Q. D'où viennent ces mots : *déca, hecto, kilo, myria?* — **R.** Ces mots *déca, hecto, kilo, myria,* viennent tous du grec : *déca* signifie *dix ;* — *hecto, cent ;* — *kilo, mille ;* — *myria, dix mille* [b].

Q. Quels sont les *sous-multiples* du mètre ? — **R.** Les *sous-multiples* du *mètre* sont :

Le décimètre (dm) qui est le *dixième* du mètre ;
Le centimètre (cm)   —   le *centième* du mètre ;
Le millimètre (mm)   —   le *millième* du mètre [c].

Q. D'où viennent ces mots : *déci, centi, milli?* — **R.** Ces mots *déci, centi, milli,* viennent tous du latin : *déci* signifie *dixième ;* — *centi, centième ;* — *milli, millième.*

Q. Qu'appelle-t-on *mesures itinéraires?* — **R.** On appelle **mesures itinéraires** [d] les mesures qui servent à évaluer la longueur des *chemins.*

Q. Donnez des exemples. — **R.** Le *kilomètre* et le *myriamètre* sont des mesures *itinéraires* [e].

Q. Qu'y a-t-il sur les *routes* de France ? — **R.** Il y a, sur les routes de France, des *bornes* numérotées de *kilomètre* en *kilomètre.*

(a) Il faut retenir très bien la manière abrégée dont nous représentons les *multiples* du mètre. Devant la lettre *minuscule* m, abréviation du mot *mètre*, nous plaçons, en caractères *majuscules*, les initiales D, H, K, M, des mots *déca, hecto, kilo, myria.* — Nous agirons de même dans tout le système *métrique.*

(b) Le mot *myriade*, que l'on rencontre quelquefois, a la même origine que *myria.* Il signifie, non pas exactement *dix mille*, mais un très grand nombre : des *myriades* d'étoiles.

(c) Les abréviations dont nous nous servons pour désigner les *sous-multiples* du mètre se composent toutes de la lettre *minuscule* m, abréviation du mot *mètre*, précédée, en caractères *minuscules*, des initiales d, c, m des mots *déci, centi, milli.* — Il en sera de même dans tout le système *métrique.*

(d) Le mot *itinéraire* vient du latin *iter, itineris,* chemin.

(e) Le *myriamètre* s'emploie beaucoup moins que le *kilomètre*, parce qu'il est trop long. Sur les chemins de fer, les distances s'expriment en *kilomètres.*

Q. Qu'est-ce que la *lieue?* — **R.** La **lieue** [a] est une ancienne *mesure itinéraire* qui vaut 4^{Km}.

Exercice 1. Ecrivez en abrégé 7 *décamètres.* — **Solution.** 7^{Dm}.

E. 2. Ecrivez en abrégé 8 *myriamètres.* — **S.** 8^{Mm}.

E. 3. Ecrivez en abrégé 3 *centimètres.* — **S.** 3^{cm}.

E. 4. Ecrivez en abrégé 5 *millimètres.* — **S.** 5^{mm}.

E. 5. Combien de *mètres* dans 8^{Hm}? — **S.** $100^m \times 8$, c-à-d 800^m.

E. 6. Combien de *mètres* dans $7^{Km},3$? — **S.** $1000^m \times 7,3$, c-à-d $7\,300^m$.

E. 7. Combien de *décimètres* dans $3^m,9$? — **S.** $10^{dm} \times 3,9$, c-à-d 39.

E. 8. Il y a de Paris [b] à Lyon [c] 512^{Km} [d]. Combien de *lieues?* — **S.** Autant qu'il y a de fois 4^{Km} dans 512^{Km}, c-à-d $512 : 4$, ou 128.

E. 9. Le nombre 1991 est-il *premier?* — **S.** Il ne l'est pas, car il est divisible par 11 [e].

E. 10. Il faut 183^h pour faire un certain ouvrage. On y a travaillé 38^h, puis 46^h. Combien y faut-il encore d'heures? — **S.** $183^h - 38^h - 46^h$, c-à-d 99^h.

E. 11. Un vaisseau porte 382 personnes et $47\,823^{Kg}$ de vivres. Combien par personne? — **S.** $47\,823^{Kg} : 382$, c-à-d $125^{Kg},191$.

E. 12. *Trois* berceaux coûtent ensemble $27^f,75$. Que coûtent 12 berceaux? — **S.** Un berceau coûte $\dfrac{27^f,75}{3}$. Douze berceaux coûtent $\dfrac{27^f,75 \times 12}{3}$, c-à-d 111^f.

[a] La *lieue* de 4^{Km} est à peu près le chemin qu'un homme, marchant d'un pas modéré, parcourt en 1^h. — Il y avait des *lieues* de différentes longueurs.

[b] Paris est la capitale de la France. C'est probablement, après Londres, la ville la plus étendue et la plus peuplée du monde. C'en est assurément la plus belle et la plus agréable à habiter.

[c] Lyon est la seconde ville de France, pour l'étendue et la population. C'est une ville très industrieuse, très commerçante, des mieux bâties et magnifiquement située au confluent du Rhône et de la Saône.

[d] Ce nombre de *kilomètres* est celui qu'on parcourt, en chemin de fer, pour aller de Paris à Lyon par la Bourgogne. En réalité, la distance la plus courte entre ces deux villes, la distance prise comme on dit à *vol d'oiseau* est inférieure à 512^{Km}.

[e] Il en est de même pour tous les nombres où les chiffres de rang *pair* et les chiffres de rang *impair* sont égaux chacun à chacun : tous ces nombres sont divisibles par 11.

81. — Grandeurs relatives des unités de longueur.

Question. Que savez-vous sur la grandeur des *multiples* du mètre? — **Réponse.** Les *multiples* du *mètre* sont de **dix** en **dix** fois *plus grands*.

Q. Donnez des exemples. — **R.** Le décamètre vaut *dix* mètres; — l'hectomètre, *dix* décamètres; — le kilomètre, *dix* hectomètres; — le myriamètre, *dix* kilomètres.

Q. Que savez-vous sur la grandeur des *sous-multiples?* — **R.** Les *sous-multiples* du *mètre* sont de **dix** en **dix** p. 107 fois *plus petits*.

Q. Donnez des exemples. — **R.** Le décimètre est le *dixième* du mètre; — le centimètre, le *dixième* du décimètre; — le millimètre, le *dixième* du centimètre [a].

Q. Comment se succèdent les *multiples* et *sous-multiples* dans les longueurs écrites en chiffres? — **R.** Dans les longueurs écrites en chiffres, ces *multiples* et *sous-multiples* se succèdent de *chiffre* en *chiffre* [b], parce qu'ils sont de *dix* en *dix* fois plus grands ou plus petits. C'est ce qu'on voit sur le nombre ci-contre.

$$1\,9\,6\,7\,8\,4^{m},3\,2\,5\,4$$

Myriamètre. Kilomètres. Hectomètres. Décamètres. mètres. décimètres. centimètres. millimètres.

Q. Comment change-t-on *d'unité?* — **R.** Dans les longueurs écrites en chiffres, pour changer *d'unité*, on met la *virgule* à la *droite* du chiffre qui correspond à la nouvelle *unité* [c].

Q. Donnez un exemple. — **R.** Soit $1367^{m},28$ à exprimer en *hectomètres*. On met la *virgule* à la *droite* du chiffre des *hectomètres*, et l'on écrit $13^{Hm},6728$ [d].

---

[a] Il faut se rappeler très bien l'*ordre* où se succèdent, à partir du chiffre des unités, les *multiples* et *sous-multiples* du mètre.

[b] Ces *multiples* et *sous-multiples* se succèdent de *chiffre* en *chiffre*, parce que les longueurs, au point de vue géométrique, ne présentent qu'une *dimension*.

[c] Il faut s'exercer beaucoup au *changement d'unité* : c'est une opération qui revient constamment.

[d] Dans un nombre *décimal*, il ne doit jamais y avoir qu'une seule

Q. Que savez-vous sur les *longueurs* considérées dans une même question? — **R.** Les longueurs considérées dans une même question doivent être exprimées toutes à l'aide de la *même unité* [a].

Exercice 1. Que représente chaque *chiffre* de $40^m,307$?
— **Solution.** 4 décamètres, 3 décimètres, 7 millimètres.

E. 2. Exprimez en *décimètres* $3^{Km},27$. — **S.** 32700^{dm}.

E. 3. Exprimez en *mètres* $61^{Dm},8$. — **S.** 618^m.

E. 4. Exprimez en *hectomètres* $41\,628^{cm},2$. — **S.** $4^{Hm},16282$ [b].

E. 5. Réduisez $0,348$ en *fraction ordinaire*. — **S.** $\frac{348}{1000}$, c-à-d $\frac{87}{250}$ [c].

E. 6. Chassez les *dénominateurs* de $\frac{1}{3} + \frac{1}{6} = \frac{1}{2}$. — **S.** En multipliant les deux nombres par 6, on trouve $2 + 1 = 3$.

E. 7. Trouvez le *pgcd* de 169, 221, 247. — **S.** 13.

E. 8. Le nombre 1993 est-il *premier*? — **S.** Il est *premier*.

E. 9. Peut-on mesurer 5^l de liquide, en n'ayant à sa disposition qu'une bonbonne de 11^l et une bouteille de 3^l?
— **S.** On remplit d'abord la bonbonne de 11^l, puis on en tire deux fois une pleine bouteille de 3^l : il reste 5^l dans la bonbonne.

E. 10. Dites le *quart* de $18^m,45$. — **S.** $4^m,61$.

E. 11. Trouvez le *tiers* du *huitième* de $7\,128^f$. — **S.** Le *huitième* de $7\,128^f$ est de 891^f, dont le *tiers* est de 297^f.

E. 12. De Paris au Havre [d], il y a 228^{Km}. On paie, en

virgule, que ce nombre décimal soit, d'ailleurs, abstrait ou concret. Dans un nombre décimal *concret*, on ne doit jamais indiquer qu'une seule *unité*, celle qui correspond à la *virgule* : on ne doit pas écrire $3^m,25^{cm}$; on doit écrire simplement $3^m,25$.

[a] En tout problème sur les longueurs, avant de faire aucun calcul, il faut donc voir si les longueurs sont exprimées toutes à l'aide de la même unité, par exemple, toutes à l'aide du *mètre*, toutes à l'aide du *centimètre*, etc. Si elles ne sont pas ramenées toutes à la même unité, on les y doit ramener.

[b] Ayez grand soin de ne pas écrire $41\,628^{cm},2^{mm}$.

[c] Comme on l'a déjà dit, la réduction d'une fraction *décimale* en une fraction *ordinaire* se fait toujours exactement.

[d] *Le Havre* est un grand port de mer, situé sur la Manche, à l'embouchure même de la Seine. C'est une ville grande, riche et très com-

3ᵉ classe [a], 15ᶠ,45. Combien par *kilomètre?* — S. 15ᶠ,45
: 228, c-à-d 0ᶠ,067.

---

82. — Les mesures effectives de longueur. p. 108

Question. Définissez les *mesures effectives* de longueur. —
Réponse. Les **mesures effectives** de longueur
sont celles qu'on emploie réellement pour mesurer les
longueurs [b].

Q. Combien y a-t-il de ces mesures? — **R.** Il y a huit
mesures effectives de longueur : le *double-décamètre,*
le *décamètre,* le *demi-décamètre;* — le *double-mètre,*
le *mètre,* le *demi-mètre;* — le *double-décimètre* et le
décimètre [c].

Q. Que sont le *double-décamètre,* le *décamètre,* etc.? —
R. Le *double-décamètre,* le *décamètre* et le *demi-décamètre* sont
des *chaînes* ou *rubans* métalliques. La **chaîne** d'arpenteur
vaut un décamètre.

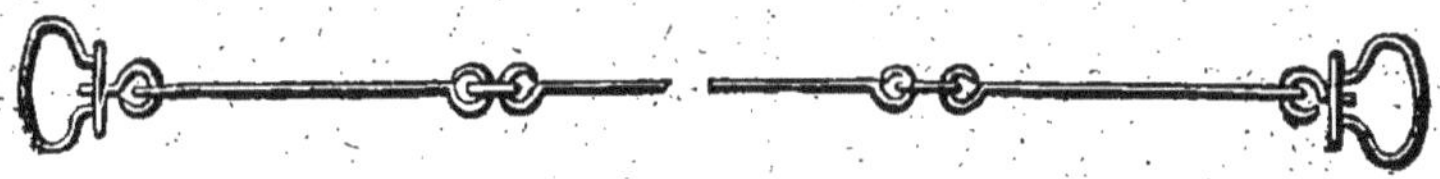

Chaîne d'arpenteur.

Q. Que sont le *double-mètre,* le *mètre,* etc.? — **R.** Le *double-
mètre,* le *mètre,* le *demi-mètre* sont des *barres* rigides, des tiges
articulées ou des *rubans* [d].

merçante. Le Havre et Marseille sont nos deux ports de commerce les plus
importants.

[a] Sur les chemins de fer français, il y a trois espèces de places :
ce sont ce qu'on appelle les trois classes. C'est en *troisième* classe qu'on
paie le moins; en *première,* qu'on paie le plus. Les *trains* dits *omnibus*
contiennent les trois classes. Les *trains express* n'ont pas de *troisièmes,*
quelquefois même pas de *secondes.* Les *trains rapides* ne contiennent
que des *premières.*

[b] Les mesures qui ne s'emploient pas réellement, qui ne se fabriquent
ni ne se vendent, s'appellent mesures *fictives* ou mesures de *compte.*

[c] D'après la loi, quand il est permis de fabriquer un *mètre,* un
multiple ou un *sous-multiple* du *mètre,* il est permis d'en fabriquer
aussi le *double* et la moitié.

[d] Dans les magasins de nouveauté, on se sert surtout de *mètres* en

Mètre articulé.

Q. Que sont le *double-décimètre* et le *décimètre?* — **R.** Le *double-décimètre* [a] et le *décimètre* sont des *règles* divisées.

Décimètre divisé (grandeur exacte).

Q. Comment mesure-t-on une *longueur?* — **R.** Pour *mesurer* une *longueur*, on porte le *mètre* sur elle autant de fois que possible. S'il y a un *reste*, on cherche combien il contient de *décimètres*, *centimètres* ou *millimètres* [b].

Q. A l'aide de quoi, sur le terrain, les grandes longueurs se mesurent-elles? — **R.** Sur le terrain, les grandes longueurs se mesurent au moyen de la *chaine d'arpenteur* [c].

p. 109
Exercice 1. Exprimez en *décimètres* 4523^{Dm},8. — **Solution.** 452380^{dm}.

E. 2. Exprimez en *mètres* 2648^{cm},7. — **S.** 26^{m},487 [d].

forme de *barres rigides*. Chez les *tailleurs* et les *couturières*, pour prendre les mesures nécessaires à la fabrication des vêtements, on emploie surtout des *mètres* ou *doubles-mètres* en forme de *rubans*.

[a] Le *double-décimètre* est surtout employé, par les *architectes* et les *ingénieurs*, dans la confection de leurs *plans* et *épures*.

[b] Il faut montrer aux élèves toutes les mesures *réelles*, et leur faire remarquer, parmi les longueurs qu'ils connaissent bien, celles qui s'en rapprochent. Une canne, un parapluie diffèrent peu du mètre; une maison a 10^{m} de *large* ou de *haut*; tel livre a 2^{dm} de *long*, 1^{dm} de *large*, 1^{cm} d'*épaisseur*.

[c] Dans les usages ordinaires, on ne parle presque jamais du *centimètre*, du *décimètre*, du *décamètre*, de l'*hectomètre* ni du *myriamètre*. On évalue : les *petites longueurs*, par exemple, l'épaisseur d'une plaque métallique, en *millimètres*; les *longueurs moyennes*, par exemple, la longueur d'une étoffe, en *mètres*; les *grandes longueurs*, en *kilomètres*.

[d] Il sera bon de mesurer devant les élèves, et de leur faire mesurer à eux-mêmes, une foule de *longueurs*. Après leur en avoir fait ainsi mesurer beaucoup, on les exercera à évaluer au *coup d'œil* sans instrument, une *longueur* qu'ils ont sous les yeux ou qu'ils connaissent bien.

E. 3. Exprimez en *myriamètres* 3 843^{Hm},6. — **S.** 38^{Mm},436.

E. 4. Exprimez en *kilomètres* 76 623^m. — **S.** 76^{Km},623.

E. 5. Ajoutez 4 *septièmes* et 5 *huitièmes*. — **S.** Le total est $\frac{67}{56}$.

E. 6. Trouvez le *pgcd* de 46,69 et 115. — **S.** 23.

E. 7. Quel est le *reste* de la division de 3 847 par 9? — **S.** 4 [a].

E. 8. Il y a 2 *décimales* dans un nombre. Combien dans un nombre 10 000 fois *plus petit?* — **S.** 6.

E. 9. Que pèsent ensemble 87 sacs de farine de 158^{Kg},7? — **S.** 158^{Kg},7 × 87, c-à-d 13 806^{Kg},9.

E. 10. En passant par Liège [b], le train express met 12^h pour aller de Paris à Cologne. Il y a 368^{Km} de Paris à Liège et 23^{Km} de Liège à Cologne [c]. Combien ce train fait-il de *kilomètres* à l'heure? — **S.** En 12^h, il fait 368^{Km} + 23^{Km}, c-à-d 391^{Km}. En 1^h, il fait 391^{Km} : 12, c-à-d 32^{Km},583.

E. 11. Un laitier avait 34 boîtes [d] renfermant chacune 23^l,8 de lait. Il en a déjà vendu 418^l,7. Combien lui en reste-t-il? — **S.** 23^l,8 × 34 — 418^l,7, c-à-d 390^l,5.

E. 12. Deux marchands de chevaux avaient l'un 83 chevaux, l'autre 56. Le premier achète les 3 *septièmes* des chevaux du second. Combien en a-t-il? — **S.** 83 + 56 × $\frac{3}{7}$, c-à-d 107 [e].

---

[a] Faites souvent chercher, sur les nombres qu'on rencontre, le *reste* de leur *division* par 9. Faites de même, très souvent, effectuer les preuves par 9 des *quatre opérations*.

[b] *Liège* est une ville de *Belgique*, célèbre par ses fabriques d'armes et par son école d'ingénieurs.

[c] *Cologne* est une ville de *Prusse*, sur le *Rhin*, qui possède une magnifique cathédrale.

[d] Le mot *boîte* désigne des objets très différents. Dans le présent exercice, ces *boîtes* ne sont que de grands vases fermants, en fer-blanc, ressemblant assez à certains arrosoirs.

[e] Faites résumer ce chapitre sur les *longueurs*.

CHAPITRE II

LES AIRES OU SUPERFICIES

—

83. — Le mètre carré, ses multiples et ses sous-multiples.

Question. Quelle est l'unité principale pour les *aires*? — **Réponse.** Pour les *aires* ou *superficies*, l'unité principale est le **mètre carré** (mq) [a].

Q. Qu'est-ce que le *mètre carré*? — **R.** Le *mètre carré* est un *carré*, c-à-d une figure semblable à la figure ci-contre, qui a un mètre de chaque *côté* [b].

Carré.

Q. Quels sont les *multiples* du mètre carré? — **R.** Les *multiples* du *mètre carré* sont : le **décamètre carré** (Dmq), l'**hectomètre carré** (Hmq), le **kilomètre carré** (Kmq), le **myriamètre carré** (Mmq).

p. 110   **Q.** Définissez chacun de ces *multiples*. — **R.** Le *décamètre carré* est un carré d'un *décamètre* de *côté* : il vaut *cent* mètres carrés ; — l'*hectomètre carré* est un carré d'un *hectomètre* de *côté* : il vaut *dix mille* mètres carrés ; — le *kilomètre carré* est un carré d'un *kilomètre* de *côté* : il vaut un *million* de mètres carrés ; — le *myriamètre carré* est un carré d'un *myriamètre* de *côté* : il vaut *cent millions* de mètres carrés

Q. Quels sont les *sous-multiples* du mètre carré? — **R.** Les

(a) Il semble que *mètre carré* devrait, en abrégé, s'écrire *mc* et non pas *mq*. On écrit *mq* parce qu'on réserve *mc* pour *mètre cube*. Au reste, la vraie orthographe du mot *carré*, celle qui rappellerait l'étymologie *quadratus*, et que l'on retrouve dans tous les vieux livres, serait *quarré* et non pas *carré*.

(b) Le *mètre carré* sert surtout à évaluer la surface du plancher, du plafond et des parois des chambres ; celle des murs et du toit des maisons ; celle des places, des cours, des terrains à bâtir.

sous-multiples du *mètre carré* sont : le **décimètre carré** (dmq), le **centimètre carré** (cmq), le **millimètre carré** (mmq) [a].

Q. Définissez ces *sous-multiples*. — **R.** Le *décimètre carré* est un carré d'un *décimètre* de *côté* : il est le *centième* du mètre carré ; — le *centimètre carré* est un carré d'un *centimètre* de *côté* : il est le *dix-millième* du mètre carré ; — le *millimètre carré* est un carré d'un *millimètre* de *côté* : il est le *millionième* du mètre carré [b].

Q. Qu'appelle-t-on mesures *topographiques?* — **R.** On appelle **mesures topographiques** celles qui servent à évaluer les *surfaces* de grande étendue : la surface d'un canton, d'une province, d'un État.

Q. Donnez des exemples. — **R.** Le *kilomètre carré* et le *myriamètre carré* sont des *mesures topographiques*.

Exercice 1. Ecrivez en abrégé 36 *centimètres carrés*. — **Solution.** 36^{cmq}.

E. 2. Ecrivez en abrégé 14 *myriamètres carrés* [c]. — **S.** 14^{Mmq}.

E. 3. Combien de *mètres carrés* dans $2^{Hmq},8$? — **S.** $10\,000 \times 2,8$, c-à-d 28 000.

E. 4. Combien de *centimètres carrés* dans $5^{mq},897$? — **S.** $10\,000 \times 5,897$, c-à-d 58 970.

E. 5. Dites le *cube* de $\frac{2}{5}$. — **S.** $\frac{8}{125}$.

E. 6. Multipliez 4 *cinquièmes* par 15 *seizièmes*. — **S.** $\frac{3}{4}$ [d].

<hr>

(a) Faites bien remarquer aux élèves la manière, toujours la même, dont nous indiquons, en abrégé, les *multiples* et *sous-multiples* de *l'unité principale*.

(b) Les élèves du cours supérieur ont déjà une idée de la grandeur soit du *mètre carré*, soit de ses *multiples* et *sous-multiples*. Quand on sera arrivé à la géométrie, on fera bien de leur faire mesurer des surfaces réelles, puis, quand ils auront acquis un certain *coup d'œil*, de leur en faire évaluer quelques-unes, sans instrument, rien qu'à la vue.

(c) Nous avons vu que le *myriamètre* et le *kilomètre carrés* sont des mesures *topographiques*. On ne les emploie, pour ainsi dire, qu'en géographie. Les étendues plus petites s'évaluent à l'aide des *mesures agraires* que nous verrons bientôt.

(d) Pour obtenir vite, sous la forme simple que nous donnons, le produit

E. 7. Que représente chaque chiffre *significatif* de $3^{Km},087$?
— **S.** $3^{Km},8^{Dm},7^{m}$.

E. 8. Exprimez en *centimètres* $0^{Hm},2896$. — **S.** 2896^{cm}.

E. 9. Combien d'ares dans 4 prés de $8^{a},5$ et un champ de $12^{a},26$? — **S.** $8^{a},5 \times 4 + 12^{a},26$, c-à-d $46^{a},26$.

E. 10. *Treize* mètres de velours [a] coûtent $96^{f},20$. Combien le mètre ? — **S.** $96^{f},20 : 13$, c-à-d $7^{f},40$.

E. 11. Il y a $10^{Mm},6$ de Lyon à Valence, 1250^{Hm} de Valence à Avignon et 12100^{Dm} d'Avignon [b] à Marseille [c]. Combien de kilomètres de Lyon à Marseille ? — **S.** $106^{Km} + 125^{Km} + 121^{Km}$, c-à-d 352^{Km}.

p. 111   **E. 12.** Quatre amis achètent 3856^{Kg} de marchandises emballées. L'emballage pèse 258^{Kg}. Quel poids *net* de marchandises revient-il à chacun ? — **S.** Le *quart* de $3856^{Kg} — 258^{Kg}$, c-à-d $899^{Kg},5$.

---

84. — Grandeurs relatives des unités de superficie.

Question. Que savez-vous sur la grandeur des *multiples* du mètre carré ? — **Réponse.** Les *multiples* du *mètre carré* sont de **cent** en **cent** fois *plus grands*.

Q. Que vaut le *décamètre carré*, l'*hectomètre carré*, etc.? — **R.** Le décamètre carré vaut *cent* mètres carrés ; — l'hectomètre carré vaut *cent* décamètres carrés ; — le kilomètre carré vaut *cent* hectomètres carrés ; — le myriamètre carré vaut *cent* kilomètres carrés.

de cette multiplication, il est bon d'indiquer d'abord tous les calculs, sans les effectuer. On écrit donc $\dfrac{4 \times 15}{5 \times 16}$, puis on divise les nombres 4 et 16 par 4, les nombres 15 et 5 par 5.

(a) Les *velours* sont des étoffes de luxe en coton, en laine ou en soie qui présentent, sur une de leurs faces, un poil abondant, court et serré. Le substantif *velours* a la même origine que l'adjectif *velu*. Les plus beaux velours de soie se fabriquent à Lyon.

(b) *Valence* et *Avignon* sont deux villes fort anciennes, situées sur la rive gauche du Rhône. Valence est le chef-lieu du département de la Drôme ; Avignon, celui du département de Vaucluse.

(c) Dans cet exercice, avant de faire aucun calcul, il faut ramener toutes les longueurs à la *même unité*, par exemple, comme nous le faisons, les ramener toutes à des nombres de *kilomètres*.

Q. Que savez-vous sur la grandeur des *sous-multiples?* —
R. Les *sous-multiples* du *mètre carré* sont de **cent** en
cent fois *plus petits* [a].

Q. Que vaut le *décimètre carré*, etc.? — **R.** Le décimètre carré
est le *centième* du mètre carré; —
le centimètre carré est le *centième*
du décimètre carré; — le millimètre carré est le *centième* du centimètre carré.

Q. Démontrez que le *décimètre
carré* contient cent *centimètres carrés*. — **R.** Pour montrer que le *dé-
cimètre carré*, par exemple, contient *cent centimètres carrés*,
supposons que le carré ci-contre soit un *décimètre carré* : les
droites qui le traversent le partagent évidemment en *cent centimètres carrés*.

Q. Comment se succèdent les *multiples* et *sous-multiples* du
mètre carré? — **R.** Dans les
aires écrites en chiffres, les *multiples* et *sous-multiples* du mètre
carré se succèdent de *deux* en
deux chiffres, parce qu'ils sont
de *cent* en *cent* fois plus grands
ou plus petits [b]. C'est ce que
l'on voit sur le nombre ci-
contre [c].

$$87\,54\,32\,00\,89^{mq},84\,79\,042$$

Myriamètres carrés. / Kilomètres carrés. / Hectomètres carrés. / Décamètres carrés. / mètres carrés. / décimètres carrés. / centimètres carrés. / millimètres carrés.

Q. Comment *change-t-on* d'*unité?* — **R.** Pour changer
d'*unité*, on met la *virgule* à la *droite* du chiffre qui
correspond à la nouvelle *unité* [d].

[a] Il faut que les élèves retiennent très bien que, pour les *surfaces*,
les *multiples* et *sous-multiples* de l'unité principale sont de *cent* en
cent fois *plus grands* ou *plus petits*. Pour le leur bien montrer, on
dessinera, au tableau, sous leurs yeux, la figure ci-dessus.

[b] Au fond, le *mètre carré*, ses *multiples* et *sous-multiples* se
succèdent de *deux* en *deux* chiffres, parce que les *aires* ou *superficies*
sont des étendues à *deux dimensions*.

[c] Si, dans une *aire* écrite en chiffres, il manque les *mètres carrés*,
ou quelqu'un de leurs *multiples* ou *sous-multiples*, il faudra, à la place
correspondante, écrire deux *zéros*. — Dans ces nombres, d'ailleurs, comme
dans tous les nombres *décimaux*, il ne faut écrire qu'une seule *virgule*,
et n'indiquer qu'une seule *unité* : celle qui correspond à la virgule.

[d] Lorsque plusieurs surfaces figurent dans un même problème, il

Q. Donnez un exemple. — **R.** Soit $27\,483^{mq},09$ à exprimer
p. 112 en *décamètres carrés*. On met la *virgule* à la *droite* du chiffre
des *décamètres carrés*, et l'on écrit $274^{Dmq},8309$.

Exercice 1. Que représente chaque chiffre *significatif* de
$305^{mq},0809$? — **Solution.** $3^{Dmq},5^{mq},8^{dmq},9^{cmq}$.

E. 2. Exprimez en *mètres carrés* $368^{dmq},5$. — **S.** $3^{mq},685$.

E. 3. Exprimez en *décamètres carrés* $6^{Hmq},8$. — **S.** 680^{Dmq}.

E. 4. Exprimez [a] en *mètres carrés* $7^{Dmq},956$. — **S.** $795^{mq},6$.

E. 5. Divisez 8 *neuvièmes* par 2 *tiers*. — **S.** $\frac{4}{3}$.

E. 6. Trouvez la fraction ordinaire *génératrice* de $2,57666\ldots$
— **S.** $\dfrac{2576-257}{900}$, c-à-d $\dfrac{773}{300}$.

E. 7. Le nombre 38657 est-il *divisible* par 11? — **S.** Il
ne l'est pas, car la différence $(7+6+3)-(5+8)$
n'est pas un multiple de 11.

E. 8. Dans la division de 2 nombres entiers, le dividende
a 8 chiffres et le diviseur 3. Combien de chiffres à la
partie entière du quotient? — **S.** Si les 3 premiers
chiffres à gauche du dividende forment un nombre égal
ou supérieur au diviseur, il y a 6 chiffres à la partie
entière du quotient. Dans le cas contraire, il n'y en a
que 5 [b].

E. 9. L'année a 365^{j}. Tous les jours, sauf les 52 dimanches,
un commerçant consacre 2 heures et demie à sa corres-
pondance. Combien d'heures par an? — **S.** $\left(2^{h}+\dfrac{1}{2}\right)$
$\times(365-52)$, c-à-d $\dfrac{5}{2}\times313$, c-à-d $782^{h}+\dfrac{1}{2}$.

E. 10. Combien de cidre dans 2 barriques, l'une de $226^{l},7$,
l'autre de $229^{l},3$. — **S.** $226^{l},7+229^{l},3$, c-à-d 456^{l}.

E. 11. Une loterie se compose de $21\,000$ billets et ne

faut, avant d'entamer aucun calcul, les ramener toutes à la *même unité*.
Il existe, d'ailleurs, une relation simple entre les *unités* qu'on doit
prendre, pour évaluer, dans une même question, les *longueurs* et les
surfaces. Si les *longueurs* sont exprimées en *mètres*, les *surfaces* le
seront en *mètres carrés*; si les *longueurs* sont exprimées en *décamètres*,
les *surfaces* le seront en *décamètres carrés*, etc., etc.

(a) Ces quatre premiers exercices reviennent tous à des *changements
d'unités*. Comme on l'a déjà dit, le *changement d'unité* est une opération
qui se présente à chaque instant : on ne saurait trop s'y exercer.

(b) Ce raisonnement peut se répéter pour toutes les divisions possibles
de deux nombres *entiers*.

donne que 70 lots. Combien de billets par lot? —
S. 21 000 : 70, c-à-d 3 000 [a].

E. 12. Un terrain a 256ᵐᑫ,28. On y construit une maison qui couvre 1ᴰᵐᑫ,2, et l'on fait un jardin [b] du reste. Dites l'étendue de ce jardin. — S. 256ᵐᑫ,28 — 120ᵐᑫ, c-à-d 136ᵐᑫ,28.

-----

85. — Mesures agraires.

Question. Que sont les mesures *agraires*? — **Réponse.** Les **mesures agraires** sont celles qui servent à évaluer l'*étendue* des *champs*.

Q. D'où vient le mot *agraire*? — **R.** Le mot français *agraire* vient d'un mot latin [c] qui signifie *champ*.

Q. Quelle est l'unité principale des mesures *agraires*? — **R.** L'*unité principale* des *mesures agraires* est l'**are** [d].

Q. Qu'est-ce que l'*are*? — **R.** L'*are* n'est autre chose que le *décamètre carré*, c-à-d qu'un carré de dix mètres de côté : il vaut *cent* mètres carrés [e].

Q. Combien l'are a-t-il de *multiples*? — **R.** L'*are* n'a qu'un *multiple* : l'**hectare** (Ha), qui vaut *cent* ares, et qui est juste égal à l'*hectomètre carré*.

Q. Combien l'are a-t-il de *sous-multiples*? — **R.** L'*are* n'a qu'un *sous-multiple* : le **centiare** (ca), qui est le *centième* de l'are, et qui est juste égal au *mètre carré* [f]. p. 113

(a) On voit par là combien, parmi ceux qui ont pris des billets, il en est peu de favorisés par le sort. En règle générale, il faut éviter d'engager son argent dans les loteries, jeux, spéculations de tous genres. L'expérience montre que, pour un qui s'y enrichit, une foule s'y ruinent.

(b) Un *jardin* est un terrain où l'on cultive surtout les fleurs. On appelle *jardins potagers* ceux où l'on cultive de préférence les *légumes*. Celui qui prend soin d'un jardin s'appelle un *jardinier*, et l'art de cultiver les jardins se nomme l'*horticulture*, du mot latin *hortus*, qui signifie jardin.

(c) Ce mot est *ager*, qui se retrouve dans l'étymologie des mots français *agriculteur, agronome, agreste*, etc.

(d) Le mot *are* vient du latin *area*, qui signifie *aire, surface*.

(e) On aurait pu évaluer l'étendue des champs à l'aide du *décamètre carré*. C'est, sans doute, pour éviter la longueur et la complication de ce mot qu'on l'a remplacé par le mot *are*.

(f) Le commencement du mot *hectare* n'est autre chose que le com

Q. Quelles sont les *grandeurs* relatives des mesures agraires? — **R.** L'*hectare*, l'*are* et le *centiare* sont de **cent** en **cent** fois *plus grands* ou *plus petits*.

Q. Comment se succèdent l'*are*, l'*hectare* et le *centiare*? — **R.** Dans les surfaces agraires écrites en chiffres, l'*hectare*, l'*are* et le *centiare* se succèdent de *deux* en *deux* chiffres, parce qu'ils sont de *cent* en *cent* fois plus grands ou plus petits. C'est ce qu'on voit sur le nombre ci-contre [a].

$$43872^{\mathrm{a}},495$$

Hectares. ares. centiares.

Q. Comment *change*-t-on d'unité? — **R.** Pour changer d'*unité*, on met la *virgule* à la *droite* du chiffre qui correspond à la nouvelle *unité* [b].

Q. Donnez un exemple. — **R.** Soit $3872^{\mathrm{a}},49$ à exprimer en *hectares*. On met la *virgule* à la *droite* du chiffre des *hectares*, et l'on écrit $38^{\mathrm{Ha}},7249$.

Q. Que savez-vous sur les *aires* considérées dans une même question? — **R.** Quelles qu'elles soient, les aires considérées dans une même question doivent être exprimées toutes à l'aide de la *même unité* [c].

Q. Existe-t-il des mesures *effectives* pour les aires? — **R.** Il n'existe aucune *mesure effective* pour les *aires* ou *superficies* [d].

Exercice 1. Combien de *décamètres carrés* dans $8^{\mathrm{a}},56$? — **Solution.** 8, puisque l'*are* n'est autre chose que le *décamètre carré*.

mencement de *hecto*, qui signifie *cent*; le commencement du mot *centiare* n'est autre chose que *centi*, qui signifie *centième*. — Il n'existe ni *décaare*, ni *déciare*.

[a] Tout cela résulte de ce que l'*hectare*, l'*are* et le *centiare* ne sont autres choses que l'*hectomètre carré*, le *décamètre carré* et le *mètre carré*.

[b] Il faut s'exercer beaucoup au changement d'*unité*. Pour savoir combien une surface agraire, exprimée en chiffres, contient, en tout, d'*hectares*, d'*ares* ou de *centiares*, il suffit de changer d'*unité*.

[c] La relation qui existe entre les unités de *longueur* et les unités de *superficie* subsiste pour les *mesures agraires* : on évalue les longueurs en *mètres*, en *décamètres* ou en *hectomètres*, selon qu'on veut évaluer les aires en *centiares*, en *ares* ou en *hectares*.

[d] Nous verrons, en géométrie, que, pour évaluer les *aires* ou *superficies*, il suffit de mesurer certaines *longueurs*, puis d'effectuer certains *calculs* sur les nombres obtenus.

E. 2. Combien de *mètres carrés* dans $39^{ca},6$? — **S.** 39, puisque le *centiare* est égal au *mètre carré*.

E. 3. Combien d'*hectomètres carrés* dans $49^{Ha},567$? — **S.** 49, puisque l'*hectare* est égal à l'*hectomètre carré* [a].

E. 4. Exprimez en *centiares* $0^{a},289$. — **S.** $28^{ca},9$.

E. 5. Calculez le *cube* de 3,1. — **S.** 29,791.

E. 6. Les nombres 1331 et 12321 sont-ils *premiers entre eux* ? — **S.** Ils le sont.

E. 7. Réduisez 0,75 en fraction *ordinaire*. — **S.** $\frac{75}{100}$, c-à-d $\frac{3}{4}$.

E. 8. Du *dividende* d'une division, on ôte le *reste*. Que devient le *dividende* par rapport au *diviseur* ? — **S.** Il devient un *multiple* du *diviseur* [b].

E. 9. On possède 38 pièces de 5^f en or et 19 en argent. Combien de francs en tout ? — **S.** $5^f \times (38 + 19)$, c-à-d 285^f.

E. 10. Calculez $0^{Mm},288 + 14^{Hm},5 - 1^{Km},56$. — **S.** $2^{Km},88 + 1^{Km},45 - 1^{Km},56$, c-à-d $2^{Km},77$.

E. 11. *Six* kilogrammes d'amidon [c] coûtent $4^f,20$. Que coûtent $3^{Kg},450$? — **S.** 1^{Kg} coûte $\frac{4^f,20}{6}$; donc $3^{Kg},450$ coûtent $\frac{4^f,20 \times 3,450}{6}$, c-à-d $2^f,415$.

E. 12. On a *trois* sacs contenant chacun 72^{Kg} d'avoine, et un qui en contient 37^{Kg}. Dites le poids total. — **S.** $72^{Kg} \times 3 + 37^{Kg}$, c-à-d 253^{Kg} [d].

---

[a] Pour répondre à ces trois premiers exercices, il suffit de se rappeler les valeurs de chacune des *mesures agraires*.

[b] En effet, dans toute division le *dividende* est égal au *produit* du diviseur par le quotient, plus le reste, et ce *produit* du diviseur par le quotient est un *multiple* du *diviseur*. — On suppose, bien entendu, que, dans cette *division*, tous les nombres sont *entiers*.

[c] L'*amidon* est une poudre blanche qu'on extrait d'une foule de plantes. On désigne plus particulièrement par le mot d'amidon celui que l'on tire du *blé*; on donne le nom de *fécule* à celui qu'on tire de la *pomme de terre*.

[d] En résumant ce chapitre, il ne faut pas manquer de faire remarquer que notre *système métrique* présente deux sortes d'unités de surfaces : celles qui dérivent du *mètre carré*; celles qui dérivent de l'*are*.

CHAPITRE III

LES VOLUMES

—

86. — Le mètre cube, ses multiples et ses sous-multiples.

Question. Pour les *volumes,* quelle est l'unité principale? — **Réponse.** Pour les *volumes, l'unité principale* est le *mètre cube* (mc)[a].

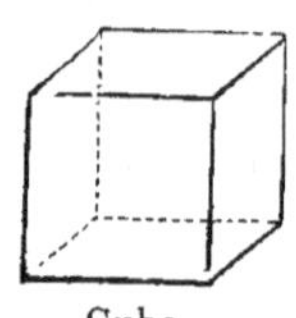

Cube.

Q. Qu'est-ce que le *mètre cube?* — **R.** Le *mètre cube* est un *cube,* c-à-d une figure semblable à la figure ci-contre, dont chaque arête est d'*un mètre*[b].

Q. Quels sont les *multiples* du mètre cube? — **R.** Les *multiples* du *mètre cube* sont le **décamètre cube** (Dmc), l'**hectomètre cube** (Hmc), le **kilomètre cube** (Kmc), le **myriamètre cube** (Mmc).

Q. Définissez tous ces *multiples.* — **R.** Le *décamètre cube* est un cube dont l'*arête* est d'un *décamètre :* il vaut *mille* mètres cubes; — l'*hectomètre cube* est un cube dont l'*arête* est d'un *hectomètre :* il vaut un *million* de mètres cubes; — le *kilomètre cube* est un cube dont l'*arête* est d'un *kilomètre :* il vaut un *billion* de mètres cubes; — le *myriamètre cube* est un cube dont l'arête est d'un *myriamètre :* il vaut un *trillion* de mètres cubes.

Q. Quels sont les *sous-multiples* du mètre cube? — **R.** Les

---

(a) Le *mètre cube* sert à évaluer les volumes de moyenne grandeur : le volume des pierres de taille, celui des tas de terre ou de sable, celui d'une maçonnerie; la contenance d'un tombereau, d'un fossé, d'un réservoir; etc.

(b) Le *dé à jouer,* que tout le monde connaît, est l'exemple le plus simple du cube. Il sera bon, en montrant un cube aux élèves, de leur expliquer ce qu'on appelle *faces, sommets, arêtes.* — Le mot *cube* vient du grec *kubos,* qui signifie *dé à jouer.*

sous-multiples du *mètre cube* sont : le **décimètre cube** (dmc), le **centimètre cube** (cmc), le **millimètre cube** (mmc)[a].

Q. Définissez tous ces *sous-multiples*. — R. Le *décimètre cube* est un cube dont l'*arête* est d'un *décimètre* : il est le *millième* du mètre cube ; — le *centimètre cube* est un cube dont l'*arête* est d'un *centimètre* : il est le *millionième* du mètre cube ; — le *millimètre cube* est un cube dont l'*arête* est d'un *millimètre* : il est le *billionième* du mètre cube[b].

Exercice 1. Combien de *mètres cubes* dans $8^{Dmc},5$? — **Solution.** $1000^{mc} \times 8,5$, c-à-d $8\,500^{mc}$.

E. 2. Combien de *mètres cubes* dans $13^{Kmc},67$? **S.** $1\,000\,000\,000^{mc} \times 13,67$, c-à-d $13\,670\,000\,000^{mc}$.

E. 3. Combien de *décimètres cubes* dans $3^{mc},6$? **S.** $1000^{dmc} \times 3,6$, c-à-d $3\,600^{dmc}$.

p. 113

E. 4. Combien de *millimètres cubes* dans $0^{mc},000\,007$? — **S.** $1\,000\,000\,000^{mmc} \times 0,000\,007$, c-à-d $7\,000^{mmc}$.

E. 5. Chassez les *dénominateurs* de $\frac{3}{4} + \frac{5}{8} = \frac{44}{32}$. — **S.** En multipliant les deux membres par 32, on trouve $24 + 20 = 44$.

E. 6. Réduisez $13 + \frac{6}{11}$ en une *seule fraction*. — **S.** $\frac{149}{11}$[c].

E. 7. Exprimez en *décimètres carrés* $11^{mq},89$. — **S.** 1189^{dmq}.

(a) Les abréviations ci-dessus sont analogues à celles que nous avons données déjà pour les *multiples* et *sous-multiples* soit du *mètre* linéaire, soit du *mètre carré*. Toutes celles qui se rapportent aux *multiples* commencent par une lettre *majuscule* ; toutes celles qui se rapportent aux *sous-multiples*, par une lettre *minuscule*.

(b) Les *multiples* du mètre cube sont assez peu employés parce qu'ils sont trop grands. On ne s'en sert guère que pour des volumes qui, à première vue, nous paraissent énormes : volume d'un rocher, d'une colline, d'une montagne, etc., etc. Une maison qui aurait 10^m de haut, 10^m de long et 10^m de profondeur mesurerait exactement 1^{Dmc}. — Quant aux *sous-multiples* du mètre cube, le plus employé est le *décimètre cube*, que nous retrouverons tout à l'heure sous le nom de *litre*. Le *centimètre* et le *millimètre cubes* sont peu usités parce qu'ils sont trop petits.

(c) On voit par là que $13 + \frac{6}{11}$ est le *quotient exact* de 149 par 11.

E. 8. On considère les 4 premiers *multiples* de 39. Quel est leur *plus grand commun diviseur?* — **S.** 39 [a].

E. 9. Un train rapide fait 860^{Km} en 15^h. Combien par heure? — **S.** 860^{Km} : 15, c-à-d 57^{Km},3 [b].

E. 10. Des couvertures pour chevaux coûtent 13^f,45. Combien en peut-on acheter pour 94^f,15? — **S.** Autant qu'il y a de fois 13^f,45 dans 94^f,15, c-à-d 94,15 : 13,45, ou 7.

E. 11. Quelle étendue occupent ensemble 27 terrains de 0^{Dmq},268 chacun? — **S.** 0^{Dmq},268 × 27, c-à-d 7^{Dmq},236.

E. 12. On paie en 3e classe, sur le chemin de fer du Nord, 20^f,05 pour parcourir les 296^{Km} qui séparent Paris de Calais [c]. Combien par kilomètre? — **S.** 20^f,05 : 296, c-à-d 0^f,067.

------

87. — Grandeurs relatives des unités de volume.

Question. Quelles sont les *grandeurs* relatives des *multiples* du mètre cube? —

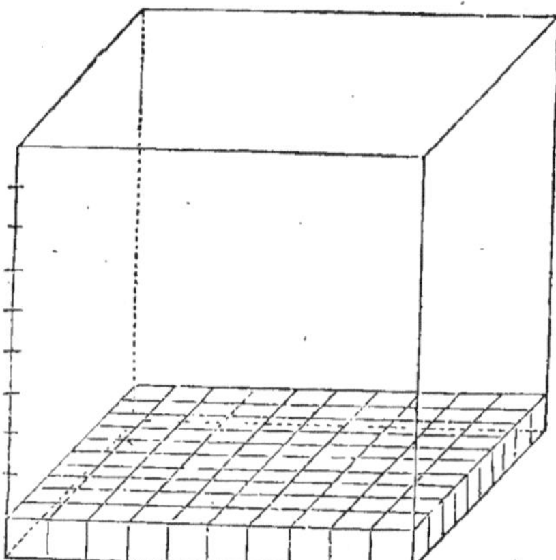

Réponse. Les *multiples* du *mètre cube* sont de **mille** en **mille** fois *plus grands*.

Q. Que vaut le *décamètre cube?* — **R.** Le décamètre cube vaut *mille* mètres cubes; — l'hectomètre cube vaut *mille* décamètres cubes; — le kilomètre cube vaut *mille* hectomètres cubes; — le myriamètre cube vaut *mille* kilomètres cubes.

Q. Quelles sont les *grandeurs* relatives des *sous-multiples?*

------

[a] Pour obtenir ce résultat, il suffit de remarquer que le *plus petit* de ces nombres, divisant tous les autres, est le *pgcd* des quatre nombres donnés.

[b] En réalité, le train parcourt davantage. Il faudrait, en effet, avant de faire la division, retrancher, de 15^h, la somme des durées de tous les arrêts du train.

[c] *Calais* est la ville de France qui donne son nom au détroit qui

— **R.** Les *sous-multiples* du *mètre cube* sont de **mille** en **mille** fois *plus petits* [a].

Q. Que vaut le *décimètre cube?* — **R.** Le décimètre cube est le *millième* du mètre cube; — le centimètre cube est le *millième* du décimètre cube; — le millimètre cube est le *millième* du centimètre cube.

Q. Montrez que le décimètre cube vaut *mille* centimètres cubes. — **R.** Pour montrer que le décimètre cube vaut *mille* p. 116 centimètres cubes, considérons la boîte, figurée à la page précédente, qui représente un *décimètre cube*. Son fond contient cent centimètres carrés. Si sur chacun d'eux on place un centimètre cube, ces cent petits cubes forment une couche d'un centimètre de haut. La boîte contient dix couches pareilles, c.-à-d *mille centimètres cubes*.

Q. Comment se succèdent les *multiples* et *sous-multiples* du mètre cube? — **R.**

Dans les volumes écrits en chiffres, les *multiples* et sous-*multiples* du mètre cube se succèdent de *trois* en *trois* chiffres, parce qu'ils sont de *mille* en *mille* fois plus grands ou plus petits [b]. C'est ce qu'on voit sur le nombre ci-contre.

$$37\,908\,246\,351\,600^{\text{mo}}, 325\,936\,6887$$

Myriamètres cubes. — Kilomètres cubes. — Hectomètres cubes. — Décamètres cubes. — mètres-cubes. — décimètres cubes. — centimètres cubes. — millimètres cubes.

Q. Comment *change*-t-on d'unité? — **R.** Pour changer *d'unité*, on met la *virgule* à la *droite* du chiffre qui correspond à la nouvelle *unité* [c].

sépare la *France* de l'*Angleterre*. La traversée entre Calais et Douvres, la ville d'Angleterre qui lui fait face, ne dure pas 2^{h}.

[a] Il est d'une importance capitale que les élèves retiennent très bien que les diverses unités sont, pour les *longueurs*, de 10 en 10 fois *plus grandes*; pour les *superficies*, de *cent* en *cent* fois; pour les *volumes*, de *mille* en *mille* fois.

[b] Si les unités de *volumes* sont de *mille* en *mille* fois *plus grandes* ou *plus petites*; si, dans les *volumes* écrits en *chiffres*, elles se succèdent de *trois* en *trois* chiffres, c'est parce que, comme nous le verrons en géométrie, les *volumes* sont des étendues à *trois* dimensions.

[c] S'il entre, dans une même question, un certain nombre de *volumes*, la première chose à faire, c'est de les exprimer tous à l'aide de la *même unité*. Il faut d'ailleurs, dans une même question, que les unités de longueur, de *surface* et de *volume* se correspondent. Si les *longueurs* sont exprimées en *mètres*, les *surfaces* le seront en *mètres carrés*, et

Q. Donnez un exemple. — **R.** Soit $2\,867^{mc},654\,901$ à exprimer en *décimètres cubes*. On met la *virgule* à la *droite* du chiffre des *décimètres cubes*, et l'on écrit $2\,867\,654^{dmc},901$.

Q. Y a-t-il des mesures *effectives* de volume. — **R.** Il n'y a pas de *mesures effectives* de volume [a].

Exercice 1. Exprimez en *décamètres cubes* $67^{mc},8$. — **Solution.** $0^{Dmc},0678$.

E. 2. Exprimez en *hectomètres cubes* $0^{Mmc},37$.
    S. $370\,000^{Hmc}$.

E. 3. Exprimez en *décimètres cubes* $0^{Dmc},682$.
    S. $682\,000^{dmc}$.

E. 4. Exprimez en *centimètres cubes* $1436^{mmc},7$.
    S. $1^{cmc},4367$.

E. 5. Trouvez le *ppcm* de 105 et 450. — **S.** 3150.

E. 6. Le nombre 56842 est-il *divisible* par 4? — **S.** Non, parce que 42 ne l'est pas.

E. 7. Calculez $3^7 \times 3^8$. — **S.** 3^{15}.

E. 8. Que représente chaque chiffre *significatif* de $3^{Ha},075$? — **S.** $3^{Ha},7^{a},50^{ca}$ [b].

E. 9. Un marchand avait une pièce de satin [c] de Lyon de $27^{m},48$. Il en a déjà vendu $9^{m},16$. Que retire-t-il du reste en le vendant au prix de $5^{f},45$ le mètre? — **S.** $5^{f},45 \times (27,48 - 9,16)$, c-à-d $99^{f},844$.

E. 10. Du café de Moka [d] coûte 215^{f} les 50^{Kg}. Quel poids de café pour 1^{f}. — **S.** 215 fois moins, c-à-d $50^{Kg} : 215$, ou $0^{Kg},232$.

E. 11. Evaluez en *ares* l'étendue du tiers d'un jardin de $0^{Ha},549$. — **S.** Le *tiers* de $54^{a},9$, c-à-d $18^{a},3$.

---

les *volumes* en *mètres cubes*. Si les *longueurs* sont exprimées en *décamètres*, les *surfaces* le seront en *décamètres carrés*, les *volumes* en *décamètres cubes*; et ainsi de suite.

[a] On verra, en *géométric*, les procédés à suivre pour mesurer les *volumes*.

[b] Très souvent, dans les actes relatifs aux achats et ventes de propriétés rurales, on écrit l'étendue de la propriété sous cette dernière forme. En mathématiques, on ne doit jamais employer cette manière d'écrire. Il faut que le nombre qui exprime une surface ne renferme qu'une seule *virgule* et ne présente que l'indication d'une seule *unité* : celle qui correspond à la *virgule*.

[c] On donne le nom de *satin* à une étoffe de soie souple, moelleuse et présentant un beau brillant.

[d] *Moka* est une ville d'Arabie, d'où on tire un café excellent.

E. 12. D'un fût[a] contenant 168¹,75 d'huile, on tire 38¹,49, puis 57¹,53. Qu'y reste-t-il? — **S.** 168¹,75 — 38¹,49 — 57¹,53, c-à-d 72¹,73.

---

88. — Mesures pour le bois de chauffage. p. 117

Question. Quelle est l'unité principale pour le bois de chauffage? — **Réponse.** Pour le *bois de chauffage*, *l'unité principale* est le **stère** (st), qui vaut juste *un mètre cube*[b].

Q. Combien le stère a-t-il de *multiples*? — **R.** Le *stère* n'a qu'un *multiple* : le **décastère** (Dst), qui vaut *dix* stères.

Q. Combien le stère a-t-il de *sous-multiples*? — **R.** Le *stère* n'a qu'un *sous-multiple* : le **décistère** (dst), qui est le *dixième* du stère[c].

Q. Quelles sont les valeurs relatives du *décastère*, du *stère* et du *décistère*? — **R.** Le *décastère*, le *stère* et le *décistère* sont de **dix** en **dix** fois *plus grands* ou *plus petits*.

Q. Comment se succèdent le *décastère*, le *stère* et le *décistère*? — **R.** Dans les quantités de bois écrites en chiffres, le *décastère*, le *stère* et le *décistère* se succèdent de *chiffre* en *chiffre*, parce qu'ils sont de *dix* en *dix* fois plus grands ou plus petits. C'est ce qu'on voit sur le nombre ci-contre.

32 5st,28 — stères. Décastères. décistères.

Q. Comment *change*-t-on d'unité? — **R.** Pour changer

[a] Les mots *fût, futaille, baril, barrique* s'appliquent à toutes sortes de tonneaux.

[b] Le mot *stère* vient du grec *stereos*, qui signifie *solide*. — Plusieurs mots français commencent par *stère* : la *stéréographie* est l'art de représenter les solides ; la *stéréométrie*, l'art de les mesurer ; la *stéréotomie*, l'art de les tailler. Le *stéréoscope* est un instrument d'optique qui fait voir certaines images en *relief*, c-à-d qui leur donne l'apparence de corps *solides*.

[c] Le *stère*, le *décastère* et le *décistère* se nomment parfois *mesures de solidité*. — Ces mesures ne s'emploient d'ailleurs que pour le bois de chauffage : on évalue, à l'aide du *mètre cube*, le volume des bois de construction.

d'*unité*, on met la *virgule* à la *droite* du chiffre qui correspond à la nouvelle *unité* [a].

Q. Donnez un exemple. — **R**. Soit $273^{st},49$ à exprimer en *décastères*. On met la *virgule* après le chiffre des *décastères*, et l'on écrit $27^{Dst},349$.

> **Exercice 1**. — Exprimez en *mètres cubes* $13^{st},29$. — **Solution**, $13^{mc},29$.
>
> **E. 2**. Exprimez en *décistères* $0^{st},249$. — **S**. $2^{dst},49$.
>
> **E. 3**. Réduisez à sa *plus simple expression* $\dfrac{9571}{10693}$. — **S**. $\dfrac{563}{629}$.
>
> **E. 4**. Réduisez au *plus petit dénominateur commun* $\dfrac{1}{3}, \dfrac{2}{9}, \dfrac{5}{6}$. — **S**. $\dfrac{6}{18}, \dfrac{4}{18}, \dfrac{15}{18}$ [b].
>
> **E. 5**. Le nombre 10129 est-il *premier*? — **S**. Non, car il est divisible par 7.
>
> **E. 6**. Rendez $\dfrac{2}{91}$ *sept* fois plus grand. — **S**. $\dfrac{2}{13}$ [c].
>
> **E. 7**. Le nombre 1234 est-il *divisible* par 3? — **S**. Non, car la somme de ses chiffres n'est pas divisible par 3.
>
> **E. 8**. Effectuez $(31,72 + 407,28) \times 4,009$. **S**. $1759,951$.
>
> **E. 9**. Le volume d'un rocher était de $7^{Dmc},849$. On en a fait sauter par la mine $57^{mc},8$. Dites le volume de ce qui reste. — **S**. $7^{Dmc},849 - 0^{Dmc},0578$, c-à-d $7^{Dmc},7912$.
>
> **E. 10**. En passant par Pontarlier, il y a $52^{Mm},7$ de Paris à Lausanne. De Pontarlier à Lausanne, il y a

(a) Si les quantités de bois qui se rencontrent dans une même question n'étaient pas ramenées toutes à la *même unité*, il faudrait, avant tout, les y ramener. S'il existe, dans une même question, des *longueurs* et des *volumes* exprimés en *stères*, *décastères* ou *décistères*, il faut prendre le *mètre* pour unité de longueur et le *stère* pour unité de volume, le *décastère* et le *décistère* ne correspondant à aucun *multiple* ou *sous-multiple* du mètre linéaire.

(b) Si, au lieu de chercher le *plus petit dénominateur commun*, on eût opéré par la première méthode indiquée pour la réduction au *même dénominateur*, on eût trouvé pour *dénominateur commun*, non pas le nombre 18, mais le nombre 162, qui est 9 fois *plus grand*.

(c) Voilà un exemple où, pour rendre une fraction 7 fois *plus grande*, on a divisé son *dénominateur* par 7. On peut opérer ainsi, parce que la division du dénominateur par 7 se fait exactement.

730^{Hm}. Combien de *kilomètres* de Paris à Pontarlier[a]? — S. 527^{Km} — 73^{Km}, c-à-d 454^{Km}.

E. 11. Un particulier possède 127.368^f. Il dépose dans une banque[b] les *7 onzièmes* de cette somme plus p. 118 3 641^f,25. A combien monte son dépôt?

S. $\dfrac{127\,368 \times 7}{11}$ + 3 641^f,25, c-à-d 84 693,61.

E. 12. *Deux* terrains ont pour étendue 23^{Dmq},627 et 548^{mq},4. Combien de fois le premier contiendrait-il le second? — **S.** Autant qu'il y a de fois 548^{mq},4 dans 2 362^{mq},7, c-à-d 2 362,7 : 548,4, ou 4,3 fois[c].

---

89. — Mesures effectives pour le bois de chauffage.

Question. — Quelles sont les mesures *effectives* pour le bois de chauffage? — **Réponse.** Les *mesures effectives* pour le *bois de chauffage* sont : le *stère*[d], le *double-stère*, le *demi-stère*[e].

Q. Décrivez le *stère*. — **R.** Le *stère* est un *cadre* en bois formé d'une *sole* à laquelle sont fixés des *montants*. La distance des montants est de 1^m; leur hauteur est variable : elle serait de 1^m, si les bûches avaient juste 1^m de long; comme les bûches sont plus longues, les montants sont moins hauts[f].

[a] Pontarlier est une petite ville du département du Doubs, située sur la frontière de la Suisse. Lausanne est en Suisse : c'est la capitale du canton de Vaud.

[b] C'est-à-dire chez un *banquier* ou dans un établissement *financier* quelconque. Une foule d'établissements de ce genre porte le nom de *banques*, entre autres la *Banque de France*, la *Banque d'escompte*, la *Banque d'Angleterre*, la *Banque de Belgique*.

[c] On voit que le mot *fois* n'implique pas forcément l'idée de *nombre entier*. On dit très bien, dans le langage courant, j'ai fait *deux* fois et *demie* le tour de cette place.

[d] Rappelez bien aux élèves que le *stère* n'est autre chose que le *mètre cube*, et que le *décastère* et le *décistère* ne sont égaux à aucun *multiple* ou *sous-multiple* du mètre cube.

[e] Ces trois *mesures effectives* pour le bois sont tout à fait conformes à la *loi* d'après laquelle, quand on fabrique une certaine mesure, on en peut fabriquer aussi le *double* et la *moitié*.

[f] Il faut que les bûches soient empilées bien régulièrement et placées toutes dans le même sens.

Q. Comment mesure-t-on le bois? — **R.** Pour mesurer le bois, on *empile* les bûches entre les *montants*, jusqu'à ce qu'elles arrivent à la hauteur de ceux-ci.

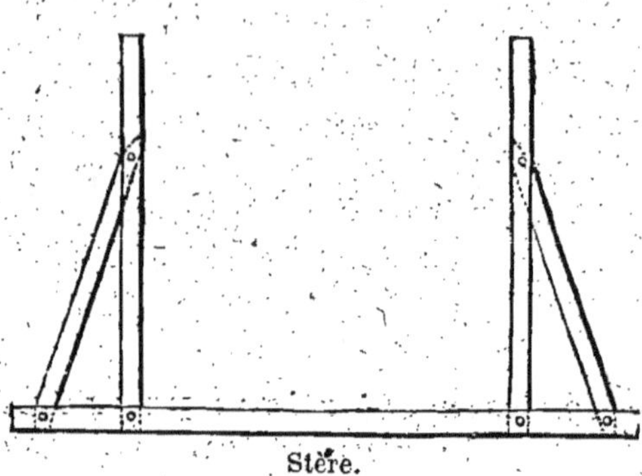

Stère.

Q. Mesure-t-on toujours le bois de chauffage? — **R.** Souvent, au lieu de *mesurer* le bois de chauffage, on le *pèse* [a].

Exercice 1. Exprimez en *décistères* $0^{Dst},629$. — **Solution.** $62^{dst},9$.

E. 2. Exprimez en *décamètres cubes* $3^{Dst},245$. — **S.** $3^{Dst},245 = 32^{mc},45$, c-à-d $0^{Dmc},03245$.

E. 3. Exprimez [b] en *décimètres cubes* $8^{dst},94$. — **S.** $8^{dst},94 = 0^{mc},894$, c-à-d 894^{dmc}.

E. 4. Les 1000^{Kg} de bois de chêne gris [c] à brûler coûtent 51^{f}. Que coûte 1^{Kg}? — **S.** 1000 fois moins, c-à-d $0^{f},051$.

E. 5. Calculez avec 4 *décimales* le quotient de 7,2 par 8,35. — **S.** 0,8622.

E. 6. Effectuez $356,47 — 2,3 \times 3,459$. — **S.** 348,3073.

E. 7. Divisez 20^{7} par 20^{3}. — **S.** 20^{4}.

E. 8. Dites la *plus grande* des fractions $\frac{13}{52}$ et $\frac{17}{68}$. —

[a] Un même *volume* de bois ne pèse pas toujours le même *poids*: le bois est d'autant *plus lourd* qu'il est *moins sec*.

[b] Comme dans tous les nombres *décimaux*, il faut, dans les quantités de bois écrites en chiffres, ne marquer qu'une seule *virgule*, et n'indiquer qu'une seule *unité*, celle qui correspond à la *virgule*.

[c] Le *chêne* est un arbre très répandu dans nos forêts. Il peut être regardé comme le type des *bois durs*. On l'emploie beaucoup dans l'ébénisterie, la menuiserie et la charpente. C'est l'un des meilleurs bois de chauffage. Son fruit est le *gland*, dont on nourrit les porcs; son écorce constitue le *tan*, qui sert au tannage des cuirs.

S. Ces fractions sont égales chacune à $\frac{1}{4}$, et par consé-quent égales entre elles.

E. 9. On achète un buffet de 33^f,75 et une table de 23^f,55. p. 119 On avait 82^f,85. Combien a-t-on encore? — **S.** 82^f,85 — 33^f,75 — 23^f,55, c-à-d 25^f,55.

E. 10. Un cheval a parcouru 10 lieues entre 7^h et 11^h du matin. Combien de *mètres* par heure? — **S.** Il a parcouru 40000^m en 4^h; donc 10000^m en 1^h.

E. 11. *Trois* kilogrammes de fromage de gruyère[a] coûtent 4^f,65. Que coûtent 6^{Kg},29? — **S.** 1^{Kg} coûte $\frac{4^f,65}{3}$;

donc 6^{Kg},29 coûtent $\frac{4^f,65 \times 6,29}{3}$, c-à-d 9^f,7495.

E. 12. Combien de mètres carrés dans le *tiers* du *huitième*[b] d'un pré de 14^a,28? — **S.** Le 8e est de $\frac{14^a,28}{8}$;

le tiers de ce 8e est de $\frac{14^a,28}{8 \times 3}$, c-à-d de 0^a,595.

---

90. — Mesures de capacité.

Question. Définissez les mesures de *capacité*. — **Réponse.** Les **mesures de capacité**[c] sont celles qui servent à mesurer les *liquides* et les *grains*.

Q. Quelle est l'unité principale? — **R.** Pour les *capacités*, l'unité *principale* est le **litre** (l).

Q. Qu'est-ce que le *litre?* — **R.** Le *litre*[d] n'est autre chose que le *décimètre cube*.

[a] Ce fromage tire son nom du petit pays de *Gruyère*, en Suisse, où l'on en fabrique beaucoup. On en fabrique aussi dans plusieurs parties de la France, notamment en Franche-Comté et dans le département de l'Ain.

[b] Le *tiers du huitième* est ce qu'on appelle une *fraction de fraction*. D'après la définition de la *multiplication* des fractions, le *tiers du huitième* est égal à $\frac{1}{8} \times \frac{1}{3}$, c-à-d à $\frac{1}{24}$. Il suffirait donc de prendre le *vingt-quatrième* du pré considéré.

[c] *Capacité* vient du latin *capacitas*, qui dérive lui-même de *capere*, contenir. Aussi le mot français *capacité* est-il synonyme de *contenance*.

[d] Le *litre* s'emploie pour les *liquides* et pour les *matières sèches*.

Q. Quels sont les *multiples* du litre? — **R.** Les *multiples* du *litre* sont : le **décalitre** (Dl), qui vaut *dix* litres; — l'**hectolitre** (Hl), qui en vaut *cent;* — le **kilolitre** (Kl), qui en vaut *mille;* — le **myrialitre** (Ml), qui en vaut *dix mille.*

Q. Que savez-vous sur le *kilolitre?* — **R.** Le *kilolitre* est juste égal au *mètre cube.*

Q. Quels sont les *sous-multiples* du litre? — **R.** Les *sous-multiples* du *litre* sont : le **décilitre** (dl), qui est le *dixième* du litre; — le **centilitre** (cl), qui en est le *centième;* — le **millilitre** (ml), qui en est le *millième*[a].

Q. Que savez-vous sur le *millilitre?* — **R.** Le *millilitre* est juste égal au *centimètre cube*[b].

Q. Quelles sont les *grandeurs relatives* de ces multiples et sous-multiples? — **R.** Tous ces *multiples* et *sous-multiples* du *litre* sont de **dix** en **dix** fois *plus grands* ou *plus petits.*

Q. Comment se succèdent-ils? — **R.** Dans les capacités écrites en chiffres, les *multiples* et *sous-multiples* du *litre* se succèdent de *chiffre en chiffre,* parce qu'ils sont de *dix* en *dix* fois plus grands ou plus petits. C'est ce qu'on voit sur le nombre ci-contre[c].

$$7\ 3\ 4\ 2\ 5\ 1^{l}{,}3\ 2\ 9\ 8$$

Myrialitres. Kilolitres. Hectolitres. Décalitres. litres. décilitres. centilitres. millilitres.

Q. Comment *change*-t-on d'unité? — **R.** Pour changer d'*unité,* on met la *virgule* à la *droite* du chiffre qui correspond à la nouvelle *unité.*

Q. Donnez un exemple. — **R.** Soit $358^{l}{,}27$ à exprimer en

---

Le vin, le vinaigre, les sirops, les liqueurs se vendent au *litre.* Il en est de même des petits pois, des lentilles, des fèves, des haricots.

(a) Les *multiples* du litre s'emploient dans le commerce en *gros* des liquides et des grains. Les *sous-multiples* sont peu usités, sauf dans les laboratoires, où l'on se sert souvent du *centilitre.* Un verre à boire ordinaire contient environ 2^{dl}, c-à-d un *cinquième* de litre.

(b) Il faut se rappeler très bien que le *kilolitre,* le *litre* et le *millilitre* sont identiques au *mètre cube,* au *décimètre cube* et au *centimètre cube.*

(c) Dans une *capacité* écrite en chiffres, on ne doit mettre qu'une seule *virgule* et n'indiquer qu'une seule *unité,* celle qui correspond à la virgule.

décalitres. On met la *virgule* après le chiffre des *décalitres,* et l'on écrit 35^{Dl},827.

Q. Que savez-vous sur les *volumes* considérés dans une même question ? — **R.** Les volumes ou capacités consi- p. 120 dérés dans une même question doivent être exprimés tous à l'aide de la *même unité* [a].

Exercice 1. Combien de *litres* dans 3^{Ill},756 ? — **Solution.** 375.

E. 2. Exprimez en *décalitres* 728^{dl},3. — **S.** 7^{Dl},283.

E. 3. Exprimez en *hectolitres* 368^{Kl},76. — **S.** 3 687^{Hl},6.

E. 4. Exprimez [b] en *décilitres* 428^{cl},25. — **S.** 42^{dl},825.

E. 5. Combien de *litres* dans 3^{mc},42 ? — **S.** 3420^{l}.

E. 6. Combien de *décalitres* dans 0^{Dmc},007 ? — **S.** 0^{Dmc},007 = 7^{mc}, c-à-d 7 000^{l} ou 700^{Dl}.

E. 7. Que représente chaque chiffre *significatif* de 30^{Hl},0708 ? — **S.** 3^{Kl}7^{l}8^{cl}.

E. 8. Un nombre s'écrit avec 3 chiffres *pareils.* En connaissez-vous un *diviseur ?* — **S.** 111 [c].

E. 9. Pour creuser un réservoir [d], on doit enlever 1^{Dmc},6498 de terre. Combien y faudra-t-il employer de tombereaux, contenant 3^{mc},59 chacun ? — **S.** Autant

[a] Quand il y a, dans un même problème, différentes *capacités,* il faut, avant tout, les ramener à la même unité. — Quand il y a à la fois des *longueurs* et des *capacités,* il faut que les *unités* de longueur et les *unités* de capacité se correspondent. Si les *longueurs* sont exprimées en *centimètres,* les *capacités* le seront en *millilitres;* si les *longueurs* sont exprimées en *décimètres,* les *capacités* le seront en *litres;* si les *longueurs* sont exprimées en *mètres,* les *capacités* le seront en *kilolitres.* Lorsqu'on a à considérer en même temps des *capacités* et des *longueurs,* il ne faut jamais prendre pour *unité* de *capacité* ni le *décalitre,* ni l'*hectolitre,* ni le *myrialitre* parmi les *multiples* du *litre,* ni le *décilitre,* ni le *centilitre* parmi les *sous-multiples,* parce que ces différentes capacités ne correspondent ni au *mètre* linéaire, ni à aucun de ses *multiples* ou *sous-multiples.*

[b] Il faut faire encore bien remarquer aux élèves la façon dont nous désignons, en abrégé, les *multiples* et *sous-multiples* du *litre.*

[c] Comme 111 est divisible par 37, tous les nombres considérés sont aussi des multiples de 37.

[d] Les *réservoirs* creusés de main d'homme ont, en général, la forme de *tas de pierres* renversés. Il en est de même des caisses des *tombereaux,* c-à-d des caisses de ces lourdes voitures, à 2 ou 4 roues, qui servent au transport du sable, de la terre, des moellons, des charbons, etc., etc. — Nous donnerons, en géométrie, le moyen d'évaluer le volume du tas de pierres.

qu'il y a de fois $3^{mc},59$ dans $1649^{mc},8$, c-à-d $1649,8$: $3,59$, ou 459.

E. 10. Un piéton parcourt tous les jours $11\,724^m,5$. Combien de *kilomètres* en 37 jours? — **S.** $11^{Km},7245 \times 37$, c-à-d $433^{Km},8065$.

E. 11. On partage 528 prunes et 183 abricots entre 92 enfants. Combien de fruits à chacun? — **S.** $(528 + 183) : 92$, c-à-d 7.

E. 12. Quelle étendue occupent ensemble 7 communes[a] ayant chacune $0^{Mmq},48$, sauf la dernière qui a $3^{Dmq},5$ de moins? — **S.** $48^{Kmq} \times 7 - 0^{Kmq},00035$, c-à-d $335^{Kmq},99965$.

---

91. — Mesures-effectives de capacité.

Question. Quelles sont les mesures *effectives* de capacité? — **Réponse.** Les *mesures effectives* de *capacité* sont : le *centilitre* et le *double centilitre*; — le *demi-décilitre*, le *décilitre* et le *double-décilitre*; — le *demi-litre*, le *litre* et le *double-litre*; — le *demi-décalitre*, le *décalitre* et le *double-décalitre*; — le *demi-hectolitre* et l'*hectolitre*.

Q. En quelle *matière* sont ces mesures? — **R.** Parmi ces mesures, certaines sont en étain, d'autres en fer-blanc, d'autres en tôle ou en cuivre, d'autres en bois.

Q. A quoi servent les mesures en *étain?* — **R.** Les mesures en *étain* [b] servent pour le vin et les spiritueux vendus en détail.

Q. A quoi servent les mesures en *tôle?* — **R.** Les mesures en *tôle* [c] ou en *cuivre* servent pour le vin et les spiritueux vendus en gros.

[a] Au point de vue administratif, la France est divisée en *départements*; chaque département, en *arrondissements*; chaque arrondissement, en *cantons*; et chaque canton, en *communes*. La *commune* est donc la moins étendue des divisions administratives de notre pays.

[b] Ces mesures en *étain* ont la forme de *cylindres*; leur *profondeur* est *double* de leur *diamètre* intérieur. Elles sont formées, non point d'*étain pur*, mais d'un alliage d'*étain* et de *plomb* qui, sur 100g, contient 82g d'étain et 18g de plomb.

[c] On donne le nom de *tôle* à des plaques de fer réduites, par le laminage, à une très faible épaisseur : les tuyaux de nos poêles sont d'ordinaire en *tôle*

Q. A quoi servent les mesures en *fer-blanc?* — **R.** Les mesures en *fer-blanc* [a] servent pour le lait.

Q. A quoi servent les mesures en *bois?* — **R.** Les mesures p. 121 en *bois* [b] servent pour les matières sèches ; grains, marrons, pommes de terre, etc. [c]...

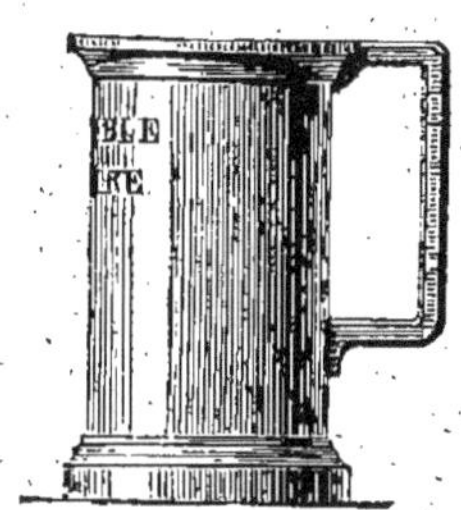

Mesure en étain.

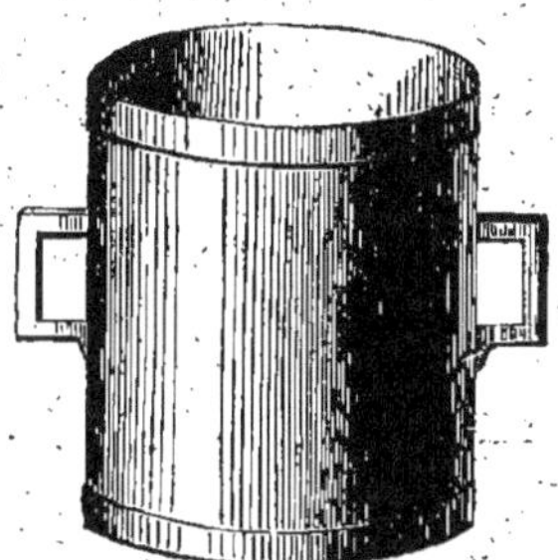

Mesure en cuivre.

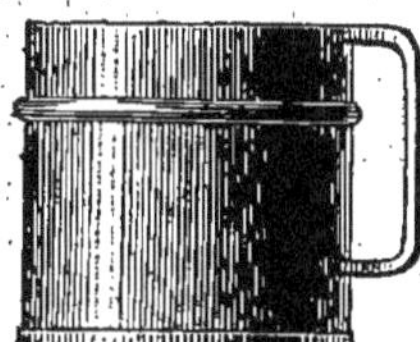

Mesure en fer-blanc.

Mesure en bois.

Q. Comment mesure-t-on la *capacité* d'un vase vide ? — **R.** Pour mesurer la *capacité* d'un vase vide, on y verse des litres d'eau, et l'on compte combien il en faut pour le remplir.

Q. Peut-on évaluer autrement la *capacité* des vases ? — **R.** On évalue aussi la capacité des vases à l'aide des procédés de la *géométrie.*

Exercice 1. Que représente chaque *chiffre* de $37^{st},2$?
— **Solution.** $3^{Dst} 7^{st} 2^{dst}$.

E. 2. Exprimez $4\,289^{mm},2$ en *décimètres.* — **S.** $42^{dm},892$.

[a] Le *fer-blanc* n'est qu'une tôle mince recouverte, sur ses deux faces, d'une couche d'étain qui la préserve de la rouille.

[b] Les mesures en *fer-blanc* et les mesures en *bois* ont la forme de *cylindres* : leur *profondeur* est juste *égale* à leur *diamètre* intérieur.

[c] Les mesures de *capacité,* celles surtout qui servent pour les liquides, doivent toujours être tenues dans un parfait état de *propreté.*

E. 3. Exprimez en *ares* $3^{Hmq},765$. — **S.** $376^{Dmq},5$, c-à-d $376^a,5$.

E. 4. Exprimez en *myriamètres* 243 lieues [a]. — **S.** $0^{Mm},4 \times 243$, c-à-d $97^{Mm},2$.

E. 5. Calculez le *pgcd* de 1 024 et 3 073. — **S.** Ces deux nombres sont premiers entre eux.

E. 6. Écrivez le *quotient exact* de 53 par 17. — **S.** $\dfrac{53}{17}$, c-à-d $3 + \dfrac{2}{17}$.

E. 7. On ajoute *termes à termes* $\dfrac{1}{2}$ et $\dfrac{5}{6}$. Qu'obtient-on? — **S.** $\dfrac{6}{8}$ ou $\dfrac{3}{4}$ [b].

E. 8. Que savez-vous sur un nombre *divisible* séparément par 7 et par 13? — **S.** Il est divisible par le produit 7×13, c-à-d par 91, vu que 7 et 13 sont premiers entre eux.

E. 9. Ma location est de $1728^f,20$; mes impôts sont de $139^f,48$. J'ai à payer le *quart* [c] de ma location et les 5 *douzièmes* de mes impôts. Combien en tout? — **S.** Le *quart* de la location est de $432^f,05$; les 5 *douzièmes* des impôts sont de $139^f,48 \times \dfrac{5}{12}$, c-à-d de $58^f,11$. J'ai donc à payer $432^f,05 + 58^f,11$, c-à-d $490^f,16$.

E. 10. Que valent ensemble $3^m,25$ d'un lainage croisé à $1^f,55$ le mètre, et $6^m,42$ d'un lainage écossais [d] à $0^f,95$? — **S.** $1^f,55 \times 3,25 + 0^f,95 \times 6,42$, c-à-d $11^f,1365$.

E. 11. *Neuf* kilogrammes de colle de poisson [e] coûtent

---

[a] La *lieue* vaut 4^{Km}, c-à-d $0^{Mm},4$. On voit par là qu'elle est *moindre* que la *moitié* du *myriamètre*. Le *myriamètre* est donc *plus grand* que le *double* de la *lieue* : il vaut, exactement, 2 *lieues* et *demie*.

[b] On fera bien remarquer que, les deux rapports $\dfrac{1}{2}$ et $\dfrac{5}{6}$ étant *inégaux*, le nombre $\dfrac{3}{4}$ qu'on obtient est compris entre $\dfrac{1}{2}$ et $\dfrac{5}{6}$.

[c] La *location* d'une maison ou d'un appartement se paie, suivant les localités, chaque *trimestre* ou chaque *semestre*, c-à-d par *quart* ou par *moitié*. — Les *impôts* ne sont exigibles que par *douzièmes* : on n'est forcé de payer que les *mois* déjà écoulés.

[d] On appelle lainage *écossais* une étoffe de laine à *carreaux multicolores*.

[e] La *colle de poisson* est de la *gélatine* presque pure. On l'emploie

2f34. Que coûte 1^{Kg}? — S. 2f,34 : 9, c-à-d 0f,26.

E. **12.** Dites l'étendue d'un domaine formé de 3 parties dont les étendues sont 27^a,36 ; 3^{Dmq},8 ; et 456^{mq},9 ? — S. 27^a,36 + 3^a,8 + 4^a,569, c-à-d 35^a,729 [a].

CHAPITRE IV

LES POIDS

—

92. — Le gramme, ses multiples et ses sous-multiples.

Question. Quelle est, pour les *poids*, l'unité principale ? — **Réponse.** Pour les *poids*, *l'unité principale* est le *gramme* [b].

Q. Qu'est-ce que le *gramme* ? — **R.** Le *gramme* est le *poids* d'un *centimètre cube* d'eau.

Q. Quels sont les *multiples* du gramme ? — **R.** Les *multiples* du *gramme* sont : le **décagramme (Dg)**, qui vaut *dix* grammes ; — l'**hectogramme (Hg)**, qui en vaut *cent* ; — le **kilogramme (Kg)**, qui en vaut *mille* ; — le **myriagramme (Mg)**, qui en vaut *dix mille* [c].

Q. Y a-t-il encore d'autres multiples ? — **R.** Il y a encore deux autres *multiples* : le **quintal métrique**, qui

pour apprêter et lustrer les étoffes, pour faire prendre les gelées et les crèmes, pour clarifier les vins et les bières. On la tire principalement de poissons vivant dans les fleuves de la Russie.

[a] En faisant revoir le chapitre que nous achevons, on fera remarquer qu'il comprend trois parties, se rapportant respectivement aux mesures proprement dites de volumes, aux mesures pour le bois de chauffage, et aux mesures de capacité.

[b] Le mot *gramme* vient du grec *gramma*, qui désignait un très petit poids.

[c] Le *gramme* et ses *multiples* s'emploient pour les poids moyens, ni trop forts, ni trop faibles. Ils servent dans la vente au détail de la plupart des denrées qui se *pèsent* : viande, beurre, fromage, sucre, farine, etc.

vaut *cent* kilogrammes; — la **tonne** ou **tonneau**, qui vaut *mille* kilogrammes [a].

Q. Quels sont les *sous-multiples* du gramme? — **R.** Les *sous-multiples* du *gramme* sont le **décigramme** (dg), qui est le *dixième* du gramme; — le **centigramme** (cg), qui en est le *centième*; — le **milligramme** (mg), qui en est le *millième* [b].

Q. Quelles sont les grandeurs relatives de ces *multiples* et *sous-multiples?* — **R.** Tous ces *multiples* et *sous-multiples* sont de **dix** en **dix** fois *plus grands* ou *plus petits*.

Q. Comment se succèdent-ils? — **R.** Dans les poids écrits en chiffres, les *multiples* et *sous-multiples* du gramme se succèdent de *chiffre* en *chiffre*, parce qu'ils sont de *dix* en *dix* fois plus grands ou plus petits. C'est ce qu'on voit sur le nombre ci-contre [c].

$$4\,8\,6\,3\,2\,4\,7^{g},0\,9\,7\,2$$

Myriagrammes. Kilogrammes. Hectogrammes. Décagrammes. grammes. décigrammes. centigrammes. milligrammes.

p. 123 — **Q.** Comment *change*-t-on d'unité? — **R.** Pour changer d'*unité*, on met la *virgule* à la *droite* du chiffre qui correspond à la nouvelle *unité*.

Q. Donnez un exemple. — **R.** Soit $419^{g},847$ à exprimer en *décigrammes*. On met la *virgule* après le chiffre des *décigrammes*, et l'on écrit $4198^{dg},17$.

Q. Que savez-vous sur les *poids* considérés dans une même question? — **R.** Les poids considérés dans une même

(a). Le *quintal* et la *tonne* s'emploient pour les poids les plus considérables. — *Quintal* est un vieux mot : il y faut toujours ajouter l'adjectif *métrique*, parce que *quintal*, employé seul, désigne non pas 100^{Kg}, mais seulement 50. — C'est en tonnes qu'on évalue le chargement des wagons et des navires.

(b) Les *sous-multiples* du gramme sont des poids très faibles, qui servent rarement. On les emploie pour les *médicaments* tels que l'opium qui ne s'ordonnent qu'à fort petites doses, et pour les matières *très précieuses*, telles que les diamants.

(c) En écrivant les *poids* en chiffres, on n'y doit mettre qu'une seule *virgule* et n'y indiquer qu'une seule *unité*, celle qui correspond à la *virgule*. Dans les usages ordinaires, on marque le *gramme* si le poids est faible, le *kilogramme* s'il est moyen, la *tonne* s'il est très considérable : dans l'écriture et le langage, les autres *multiples* du gramme, ainsi que ses *sous-multiples*, sont à peu près inusités.

question doivent être exprimés tous à l'aide de la *même unité* [a].

Exercice 1. — Combien de *kilogrammes* dans $3^T,6785$? — **Solution**. 3678.

E. 2. Combien de *grammes* dans $0^Q,632895$? **S.** 63289.

E. 3. Exprimez en *hectogrammes* $39^{Mg},86732$. **S.** $3986^{Hg},732$.

E. 4. Exprimez [b] en *centigrammes* $439^{dg},672$. **S.** $4396^{cg},72$.

E. 5. Que représente chaque chiffre *significatif* de $30^{Kg},8009$? — **S.** $3^{Mg}8^{Hg}9^{dg}$.

E. 6. Calculez la 4e *puissance* de 1,5. — **S.** 5,0625.

E. 7. Décomposez 2005 en *facteurs premiers*. — **S.** 5×401.

E. 8. Que devient un *rapport* moindre que 1, si l'on ajoute un *même nombre* à ses deux *termes* ? — **S.** Cette opération revient à ajouter termes à termes le rapport donné avec un rapport égal à 1. Le nouveau rapport est donc compris entre le rapport donné et l'unité. Le rapport donné devient donc *plus grand* [c].

E. 9. On avait $423^{Hl},75$ de blé. On en a consommé déjà $7^{Hl},38$. On partage ce qui reste entre 13 personnes. Qu'aura chacune d'elles ? — **S.** $(423^{Hl},75 - 7^{Hl},38) : 13$, c-à-d $32^{Hl},02$.

E. 10. Un voyageur [d] fait $5^{Km},348$ à l'heure. Il marche

(a) Lorsque, dans une même question, il y a des *volumes* et des *poids*, il faut que les *unités* de volume et de poids se correspondent. Si les *volumes* sont exprimés en *centimètres cubes*, les *poids* le seront en *grammes*; si les *volumes* sont exprimés en *décimètres cubes*, les *poids* le seront en *kilogrammes*; si les *volumes* sont exprimés en *mètres cubes*, les *poids* le seront en *tonnes*. Ces règles ne souffrent aucune exception, tant qu'il n'y a aucun *gaz* parmi les corps dont on considère les poids.

(b) Ces quatre premiers exercices reviennent tous à des changements d'unité.

(c) On dit quelquefois, et cela revient au même, que ce rapport se rapproche de l'*unité*.

(d) *Voyager*, c'est se transporter d'un lieu dans un autre, assez éloigné du premier. Les voyages sont très instructifs, mais fort coûteux. Le mot *voyageur* s'applique à tout individu qui voyage; mais on l'applique plus spécialement à ceux qui voyagent pour le commerce ou l'industrie. Celui qui voyage pour son agrément est un *touriste*; celui qui cherche à découvrir ou à parcourir des pays inconnus est un *explorateur*.

10.

de 7^h à 11^h du matin. Combien parcourt-il de mètres?
— S. 5348^m × (11 — 7), c-à-d 21 392^m.

E. 11. On achète pour un enfant : une blouse bleue de 4^f,75, un pantalon treillis de 3^f,50, une paire de bretelles de 1^f,35 et une ceinture de gymnastique[a] de 1^f,75. Faites le total de tous ces achats. — S. 11^f,35.

E. 12. Un *hectare* de bon terrain rapporte 112^f,50. Que rapporte 1^{Dmq} ? — S. 100 fois moins, c-à-d 1^f,125.

---

93. — Les mesures effectives de poids.

Question. Quelles sont les mesures *effectives* de poids. — **Réponse.** Pour les *poids*, les *mesures effectives* sont au nombre de *vingt-quatre*. La *plus petite* est le *milligramme*; la *plus grande* est le *demi-quintal métrique*[b].

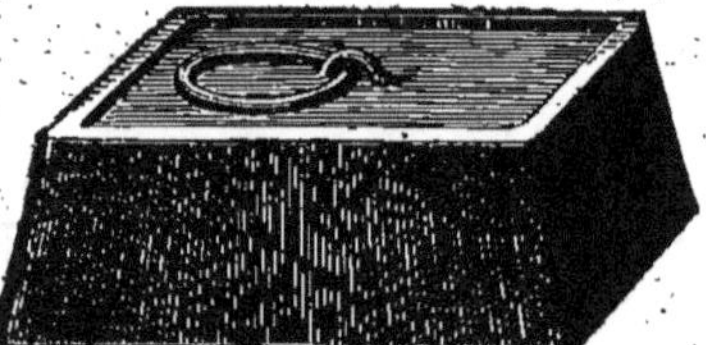
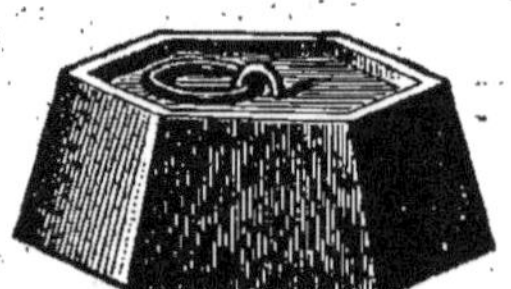

Poids en fonte.

Poids en cuivre.

[a] La *gymnastique*, pourvu qu'on n'en abuse point, est très favorable à la santé : elle assouplit le corps, elle le fortifie et contribue beaucoup à son développement.

[b] Ces mesures *effectives* de *poids* ne sont autres choses que le *gramme*, ses *multiples* et ses *sous-multiples*, accompagnés chacun de son *double* et de sa *moitié*.

Q. Y a-t-il des poids en *fer?* — **R.** Il y a des poids en *fonte* de fer.

Q. Y a-t-il des poids en *cuivre?* — **R.** Il y a des poids en *cuivre*, de l'une ou de l'autre des deux formes représentées à la page précédente [a].

Q. En quelle matière sont les poids très faibles? — **R.** Il p. 124 y a enfin des poids très faibles, qui ont la forme de plaques très minces [b], et qui sont en *cuivre*, en *argent* ou en *platine*.

Q. Qu'appelle-t-on *livre?* — **R.** On donne souvent le nom de **livre** au *demi-kilogramme* [c].

Exercice 1. Combien de *grammes* dans une *livre?* — **Solution.** 1000^g dans 1^{Kg}; donc 500^g dans une livre.

E. 2. Combien de *livres* dans un *myriagramme?* — **S** Autant qu'il y a de fois 500^g dans 10000^g, c-à-d 20.

E. 3. La *livre* de borax [d] coûte $1^f,40$. Que coûtent $3^{Kg},75$? — **S.** 1^{Kg} coûte $1^f,40 \times 2$, c-à-d $2^f,80$. Donc $3^{Kg},75$ coûtent $2^f,80 \times 3,75$, c-à-d $10^f,50$.

E. 4. L'huile d'olive [e] coûte $1^f,45$ la *livre*. Que coûtent $47^{Dg},9$? — **S.** 1^{Kg} coûte $1^f,45 \times 2$, c-à-d $2^f,90$. Donc $0^{Kg},479$ coûtent $2^f,90 \times 0,479$, c-à-d $1^f,3891$.

E. 5. Retranchez $\frac{3}{27}$ de $\frac{4}{19}$. — **S.** $\frac{17}{171}$.

E. 6. Calculez, avec 3 *décimales*, $327 - \frac{5}{8}$. — **S.** 326,375, exactement.

[a] Les poids en cuivre de forme *cylindrique* se retrouvent dans la plupart des magasins de détail, chez les bouchers, les boulangers, les épiciers, etc., etc. — Les poids en forme de *godets*, rentrant les uns dans les autres, sont toujours des poids assez faibles : on les rencontre surtout chez les horlogers, bijoutiers, pharmaciens, etc., etc.

[b] Ces plaques minces ont très souvent un de leurs *coins* relevé : on peut alors les saisir facilement, à l'aide de petites pinces nommées *brucelles*.

[c] Le mot *quintal* signifiait primitivement, et signifie encore pour bien des personnes, non pas 100^{Kg}, mais seulement 100 *livres*.

[d] Le *borax* n'est autre chose qu'un *borate de soude*, c-à-d qu'une combinaison d'*acide borique* et de *soude*. On l'emploie pour la fabrication de la porcelaine, pour la soudure des métaux, etc., etc. On s'en sert aussi, en médecine, notamment contre les *maux de gorge*, sous forme de *gargarismes*.

[e] L'*huile d'olive* est peut-être la meilleure des huiles comestibles. On la tire de l'*olive*, c-à-d du fruit de l'*olivier*, arbre très commun en Provence, en Espagne, en Italie et en Algérie.

E. 7. Exprimez en *décimètres cubes* 3st,1498. — **S.** 3st,1498 = 3^{mc},1498, c-à-d 3149^{dmc},8.

E. 8. En divisant 98 par un certain *nombre*, on trouve pour *reste* 3. En divisant 60 par ce même nombre, on trouve encore pour *reste* 3. Quel est ce *nombre?* — **S.** Le nombre cherché est un diviseur commun de 98 — 3 et de 60 — 3, c-à-d de 95 et de 57. Or ces deux nombres n'ont qu'un diviseur commun autre que 1 : c'est 19 [a].

E. 9. On achète *deux* prés, l'un de 32^a,28, l'autre de 6583^{mq}, à raison de 1928^f l'hectare. Qu'a-t-on à payer? — **S.** L'étendue des deux prés ensemble est 0^{Ha},3228 + 0^{Ha},6583, c-à-d 0^{Ha},9811. On a donc à payer 1928^f × 0,9811, c-à-d 1891^f,56.

E. 10. Un caissier [b] avait en caisse 3648^f,75. Il a reçu 1426^f,55 et payé 2945^f,40. Combien a-t-il? — **S.** 3648^f,75 + 1426^f,55 — 2945^f,40, c-à-d 2129^f,90.

E. 11. Une locomotive [c] parcourt 147^{Km},8 en 3^h. Combien en parcourt-elle en 5^h? — **S.** En 1^h, elle parcourt $\frac{147^{Km},8}{3}$; en 5^h, elle parcourt $\frac{147^{Km},8 \times 5}{3}$, c-à-d 246^{Km},333.

p. 125   **E. 12.** Un wagon porte une barrique de cidre pesant 247^{Kg},9 et 8 tonneaux de vin pesant chacun 238^{Kg},7. Exprimez le poids total en *quintaux métriques*. — **S.** 2^Q,479 + 2^Q,387 × 8, c-à-d 21^Q,575.

[a] Les problèmes de cette sorte ressemblent peu à ceux qu'on a coutume de proposer dans les *écoles primaires*. Nous en donnons de temps en temps, afin que les élèves s'habituent à toutes sortes de problèmes et de raisonnements.

[b] En toute maison de commerce, le *caissier* est l'employé qui reçoit et qui donne toutes les espèces monnayées et tous les billets de banque. Un caissier ne saurait *tenir* sa *caisse* avec trop de soin. Il doit aussi *vérifier* très souvent que la *caisse* contient exactement ce que les *écritures* indiquent qu'elle doit contenir.

[c] La *locomotive* est la machine à vapeur qui fait mouvoir les trains. Il en est de plusieurs types. Celles des trains de marchandises sont très puissantes, mais relativement lentes. Celles des trains de voyageurs, celles surtout des trains *express* et des trains *rapides*, marchent avec la plus grande vitesse.

94. — Comment on pèse.

Question. A l'aide de quel instrument *pèse-t-on* les corps? — **Réponse.** On **pèse** les corps à l'aide de la **balance.**

Balance ordinaire.

Q. Décrivez la *balance* ordinaire. — **R.** La *balance ordinaire* se compose d'une barre ou *fléau*, mobile autour d'un *couteau*, et portant deux *plateaux* à ses extrémités.

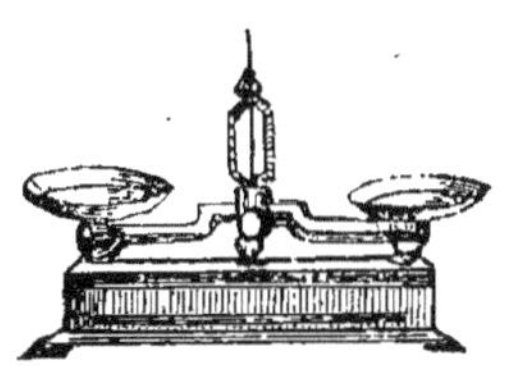

Balance à la Roberval.

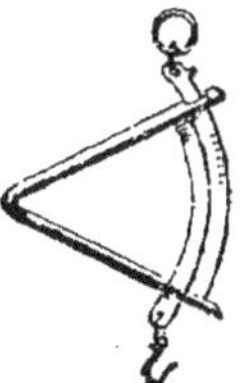

Peson.

Q. Que savez-vous sur la balance de *Roberval?* — **R.** La *balance de Roberval*[a], qui est très usitée, présente aussi deux *plateaux*, mais ceux-ci, au lieu d'être

[a] *Roberval* était un mathématicien français du dix-septième siècle. La *balance* qu'il a inventée n'est guère devenue commune que depuis une quarantaine d'années.

suspendus par des *chaînes*, sont soutenus par des *supports*.

p. 126 **Q**. *Pèse-t-on parfois à l'aide d'autres appareils?* — **R**. On pèse parfois à l'aide d'appareils autres que les balances, tels que le *peson*, la *romaine*, la *bascule* employée dans les gares [a].

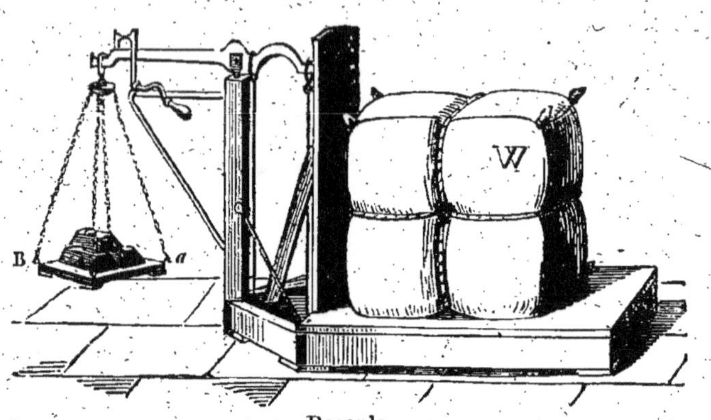

Bascule.

Q. Comment pèse-t-on un corps à l'aide de la *balance?* — **R**. Pour *peser* un corps à l'aide de la *balance*, on met ce *corps* dans l'un des plateaux, et, dans l'autre, on met des *poids marqués* jusqu'à ce que l'**équilibre** s'établisse [b].

Q. Comment pèse-t-on un *liquide?* — **R**. On pèse un *liquide* dans le *vase* qui le contient; mais, pour obtenir le poids du liquide seul, il faut du poids trouvé *retrancher* le poids du vase.

Q. Que faut-il pour qu'une balance soit *juste?* — **R**. Pour qu'une *balance* soit **juste**, il faut qu'elle se tienne en *équilibre* quand ses *plateaux* sont *vides;* il faut aussi que, quand deux corps, placés dans les deux plateaux, se font *équilibre*, ils se fassent équilibre encore si on les *change* de plateaux [c].

[a] Nous figurons le *peson* et la *bascule*. La *romaine* ou *crochet* remonte, comme son nom l'indique, au temps des *Romains*. C'est un appareil assez incommode, mais très répandu.

[b] Cette méthode de peser est la méthode ordinaire. Il en existe une autre, plus exacte, qu'on nomme méthode des *doubles pesées*. On ne l'emploie pas dans le commerce, parce qu'elle demande trop de temps.

[c] Les marchands doivent se servir de balances bien *justes* et de

Exercice 1, Que représente chaque chiffre *significatif* de $0^{Mg},7009$? — **Solution.** $7^{Kg}9^g$.

E. 2. Exprimez $49^{Hg},783$ en *décagrammes.* — **S.** $497^{Dg},83$.

E. 3. Exprimez en *hectogrammes* $5\,643^{cg},2$.
S. $0^{Hg},56432$.

E. 4. Exprimez[a] en *kilogrammes* $3\,827\,347^{mg}$.
S. $3^{Kg},827347$.

E. 5. Calculez à moins de $0,001$ le *quotient* de $723,2$ par $2,04$. — **S.** $354,509$.

E. 6. Effectuez $\left(4+\dfrac{2}{11}\right)\times\left(5+\dfrac{3}{8}\right)$. — **S.** $\dfrac{989}{44}$, c-à-d $22+\dfrac{21}{44}$.

E. 7. Réduisez $\dfrac{5}{6}$ en fraction *décimale.* — **S.** $0,8333\ldots$; la période est 3.

E. 8. Un nombre s'écrit avec 4 chiffres *pareils.* Est-il divisible par 11? — **S.** Oui, car il est un multiple de 1111, lequel est un multiple de 11[b]. p. 127

E. 9. Combien de *décimètres carrés* dans le *tiers* du *cinquième* de $38^a,1$? — **S.** Le 5e de $38^a,1$ est de $7^a,62$, dont le *tiers* est de $2^a,54$. Or $2^a,54 = 25\,400^{dmq}$.

E. 10. Dans un pensionnat[c], on consomme $37^l,8$ de vin par jour. Combien d'*hectolitres* dans un mois de 31 jours? — **S.** $0^{Hl},378\times 31$, c-à-d $11^{Hl},718$.

E. 11. En 2e classe, on paye $31^f,85$ pour aller de Paris à Bruxelles[d]. La distance est de $37^{Mm},5$. Combien de

poids bien *exacts.* Les *vérificateurs* des poids et mesures visitent de temps en temps les magasins, boutiques et ateliers, pour *vérifier* la *justesse* des balances et l'*exactitude* des poids. Celui qui pèse avec une balance *fausse* ou avec de *faux* poids commet un véritable *vol :* il est passible de l'*amende* et de l'*emprisonnement.*

[a] Il sera bon de *peser* des objets devant les élèves et de leur en faire *peser* à eux-mêmes. On leur fera aussi *soupeser* des objets pesant chacun un certain nombre de *grammes;* on leur en dira les *poids.* On leur demandera ensuite d'évaluer, en les *soupesant,* les poids de nouveaux objets.

[b] 1111 est aussi *divisible* par 101. Donc tout nombre, qui s'écrit avec 4 chiffres pareils, est un multiple de 101.

[c] On nomme pensionnats les établissements où les élèves reçoivent, en même temps que l'instruction, la nourriture et le logement. Ceux qui n'y reçoivent que l'instruction sont les *externes;* ceux qui y prennent, sans y coucher, un ou deux repas sont les *demi-pensionnaires;* ceux enfin qui y mangent et y couchent sont les *pensionnaires* ou *internes.*

[d] *Bruxelles* est la capitale de la *Belgique.* C'est une ville grande, belle et très florissante.

mètres pour 1^f? — **S.** 375000^m : 31,85, c-à-d 11773^m.

E. 12. *Six* régiments comptent chacun 2847 hommes. Dans chacun on envoie 149 hommes en congé temporaire. Combien reste-t-il d'hommes en tout dans ces *six* régiments? — **S.** (2847 — 149) $\times$ 6, c-à-d 16188.

---

95. — Densités ou poids spécifiques.

Question. Que pèse un *centimètre cube* d'eau? — **Réponse.** Un *centimètre cube* d'eau pèse un *gramme;* — un *décimètre cube* d'eau ou un *litre* pèse un *kilogramme;* — un *mètre cube* d'eau pèse *mille kilogrammes,* c-à-d une *tonne* [a].

Q. Qu'appelle-t-on *densité?* — **R.** On appelle **densité** [b] d'un corps solide ou liquide le *rapport* du poids d'un volume quelconque de ce *corps* au poids du même volume d'*eau.*

Q. Donnez un exemple. — **R.** Un certain volume de fer, par exemple, pèse 24^g,48. Le même volume d'eau pèse 3^g,4. La densité du fer est donc $\dfrac{24,48}{3,4}$, c-à-d 7,2.

Q. Que savez-vous sur la *densité* d'un corps? — **R.** La *densité* d'un corps est toujours un *nombre abstrait,* plus grand que 1 si le corps est plus lourd que l'eau, plus petit que 1 si le corps est moins lourd que l'eau.

Q. Définit-on autrement la *densité?* — **R.** On dit souvent que la *densité* d'un corps est le nombre qui exprime combien un volume quelconque de ce corps *pèse* de fois plus que le même volume d'eau.

Q. Comment se nomment encore les *densités?* — **R.** Les

---

[a] Il faut que les élèves retiennent admirablement ces trois résultats. On ne saurait trop souvent les leur redemander.

[b] Lorsqu'on fait *soupeser* à un élève des objets de natures très diverses : morceaux de bois, billes de terre, balles de plomb, si ces objets ont des *volumes* à peu près *égaux*, l'élève remarquera forcément la grande différence de leurs *poids*. Il sera conduit ainsi, tout naturellement, à l'idée de *densité.*

densités se nomment aussi **poids spécifiques** [a].

Q. Donnez les densités de quelques corps. — **R.** Voici les p. 128 *densités* [b] de quelques corps :

Or fondu.....	19,26	Fer fondu.....	7,20	Liège	0,24
Plomb	11,35	Etain.........	7,29	Mercure.......	13,59
Argent fondu..	10,47	Marbre.......	2,80	Alcool........	0,81
Cuivre fondu..	8,85	Peuplier.......	0,39	Ether	0,73

Q. Comment calcule-t-on le *poids* d'un corps? — **R.** Pour *obtenir* le *poids* d'un corps, il suffit de *multiplier* le poids du même volume d'eau par la *densité* du corps.

Q. Justifiez cette règle. — **R.** Par définition, en effet, le *poids* cherché est le *dividende* d'une *division* qui a pour *diviseur* le *poids* du même volume d'eau et pour *quotient* la *densité* du corps.

Q. Donnez un exemple. — **R.** Soit à trouver le poids de 2^{dmc} d'argent. Le poids de 2^{dmc} d'eau est de 2^{Kg}. La densité de l'argent est 10,47. Donc le poids cherché est de $2^{Kg} \times 10,47$, c-à-d de $20^{Kg},94$.

> **Exercice 1.** Que *pèsent* $3^{dmc},8$ d'eau? — **Solution.** $3^{Kg},8$.
>
> **E. 2.** Quel *volume* occupent $7\,825^{g},3$ d'eau?
>   **S.** $7\,825^{cmc},3$.
>
> **E. 3.** Que *pèsent* $0^{mc},0078$ de cuivre fondu? — **S.** $7^{Kg},8 \times 8,85$, c-à-d $69^{Kg},030$ [c].
>
> **E. 4.** Dites le *volume* de $2^{Q},68$ de fer [d] fondu. — **S.** 1^{dmc}

(a) Pour l'usage que nous en faisons, ces deux mots *densité, poids spécifique* sont tout à fait *synonymes*.

(b) De tous les corps solides, ce sont les métaux qui ont la plus grande *densité*; cette densité dépasse en général 7 : il n'y a guère, parmi les métaux usuels, que l'*aluminium* qui ait une densité beaucoup plus faible. Les marbres, les pierres à bâtir ont des densités variant entre 2 et 3 ; les bois des diverses sortes, des densités assez voisines de 1. — Parmi les liquides, le *mercure*, qui est un métal, a une densité énorme. La plupart des autres liquides ont des densités qui s'écartent peu de l'unité, c-à-d de la densité de l'eau.

(c) Si l'on prend le nombre *abstrait* qui représente la densité d'un corps, il suffit d'y placer, au-dessus de la *virgule*, l'indication abrégée des mots *gramme, kilogramme*, ou *tonne*, pour obtenir aussitôt le poids du *centimètre cube*, du *décimètre cube* ou du *mètre cube* de ce corps.

(d) Le *fer* est le plus répandu, le plus connu et le plus utile de tous les métaux. On le trouve, dans le commerce, sous trois formes distinctes :

de fer fondu pèse 7^{Kg},20. Il y a donc autant de décimètres cubes qu'il y a de fois 7^{Kg},20 dans 268^{Kg}, c-à-d 268 : 7,20, c-à-d 37^{dmc},222.

E. 5. Calculez, à moins de 0,01, le *quotient* de 7 par 0,6. — S. 11,66.

E. 6. Quel est le *ppcm* [a] de 12, 18 et 24? — S. 72.

E. 7. Dites, sans faire la division, le *reste* de la division de 8533 par le nombre 5. — S. $8533 = 8530 + 3$. Or 8530 est divisible par 5. Le reste est donc 3.

E. 8. Quel est le *carré* de $\frac{5}{13}$? — S. $\frac{25}{169}$.

E. 9. Il y a 168^{Km} de Paris à Dieppe par Pontoise [b]. Il s'en faut de 35^{Hm} qu'on ait fait les 3 *quarts* du chemin. Combien de mètres a-t-on déjà parcourus? — S. Les 3 *quarts* de 168^{Km} sont $168^{Km} \times \frac{3}{4}$, c-à-d 126^{Km}. On a donc déjà parcouru $126^{Km} - 3^{Km}$,5, c-à-d 122^{Km},5.

E. 10. Un particulier a fait un héritage de $107\,824^f$,50. Un procès [c] perdu lui a enlevé $24\,643^f$,55. Que lui reste-t-il? — S. $107\,824^f$,50 $- 24\,643^f$,55, c-à-d $83\,180^f$,95.

E. 11. *Sept* colis contiennent chacun une pièce de toile de 18^m,25 et une de 17^m,92. Combien de mètres de toile dans ces *sept* colis? — S. $(18^m,25 + 17^m,92) \times 7$, c-à-d 253^m,19.

E. 12. Un vaisseau contenait 152^T,35 de marchandises. Il en débarque 478^Q,6. Combien en porte-t-il encore? — S. 152^T,35 $- 47^T$,86, c-à-d 104^T,49 [d].

---

la *fonte*, le fer *battu* ou *forgé*, l'*acier*. La fonte et l'acier contiennent un peu de carbone ; le fer battu ou forgé, appelé aussi fer *doux*, est le fer le plus pur. Le fer est très ductile, très malléable, et, de tous les métaux, c'est celui qui a la plus grande ténacité. Les *minerais* de fer sont nombreux, et on en trouve dans presque tous les pays. Mais il est très difficile d'en extraire le fer qu'ils contiennent, aussi la découverte du fer a-t-elle dû être postérieure à celle de plusieurs autres métaux.

[a] Comme les nombres 12, 18 et 24 sont très petits, on pourra en calculer le *ppcm* à l'aide de la décomposition de ces nombres en facteurs premiers.

[b] *Dieppe* est un port de mer du département de la *Seine-Inférieure*; *Pontoise*, une petite ville du département de *Seine-et-Oise*.

[c] Les *procès*, même ceux que l'on gagne, entraînent beaucoup d'ennuis, de pertes de temps et d'argent. *Un mauvais accommodement vaut souvent mieux qu'un bon procès*.

[d] N'oubliez point, en finissant ce chapitre, de le faire revoir rapidement.

CHAPITRE V

p. 120

LES MONNAIES

—

96. — Les monnaies en général.

Question. Quelle est l'unité de *monnaie?* — **Réponse.** L'*unité* de *monnaie* est le **franc** [a].

Q. Qu'est-ce que le *franc?* — **R.** Le *franc* est une pièce d'**argent** qui pèse 5 *grammes.*

Q. Existe-t-il des *multiples* du franc? — **R.** Il existe des *multiples* du franc, mais ils n'ont pas de noms particuliers.

Q. Existe-t-il des *sous-multiples?* — **R.** Il existe deux *sous-multiples* : le *décime*, qui est le *dixième* du franc; — le *centime*, qui en est le *centième.*

Q. Emploie-t-on souvent le mot *décime?* — **R.** On remplace ordinairement le mot *décime* par la locution *dix centimes.*

Q. Où se placent les *décimes* et les *centimes?* — **R.** Dans une somme d'argent écrite en chiffres, les *décimes* et les *centimes* se placent comme on le voit ci-contre.

$$53^{f},45$$

francs. décimes. centimes.

Q. Quelle forme ont les *pièces* de monnaie? — **R.** Les *pièces de monnaie* ont la forme *ronde.* Sur l'une de leurs *faces* [b] est inscrite leur *valeur.*

Q. De combien de sortes sont les pièces *françaises?* — **R.** Les pièces *françaises* sont de *trois* sortes : les

[a] Le mot *franc* a une étymologie très simple : c'est la monnaie principale de la *France*, c-à-d du pays des *Francs.*

[b] La *face* où est inscrite la *valeur* de la pièce s'appelle *pile* ou *revers* : elle présente en même temps le *millésime*, c-à-d la date de la fabrication. L'autre *face* de la pièce présente ordinairement une *tête* et une *légende* : c'est la *face* proprement dite. On connaît l'expression *pile* ou *face.*

pièces de *bronze*, les pièces d'*argent* et les pièces d'*or* [a].

Q. Que savez-vous sur leur *poids?* — **R.** Chacune de ces pièces a un *poids* et un *diamètre* déterminés [b].

Exercice 1. Que *pèsent* 39 pièces de 1f? — **Solution.** 5g × 39, c-à-d 195g.

E. 2. Combien de *centimes* dans 3f,25? — **S.** 325c.

E. 3. Combien de *décimes* [c] dans 9f,40? — **S.** 94d.

E. 4. Que représente chaque *chiffre* de 7f,48? — **S.** 7f4d8c.

E. 5. Que pèse un *demi-décalitre* d'eau? — **S.** 1DL d'eau pèse 10Kg; un *demi-décalitre* pèse 5Kg.

E. 6. Calculez (3,27 × 5,49) : 8,17. — **S.** 2,19 [d].

E. 7. Quel est le *quotient exact* de 11 par 3? — **S.** $\frac{11}{3}$, c-à-d $3 + \frac{2}{3}$.

E. 8. Le nombre 6 077 est-il *premier?* — **S.** Non, car il est divisible par 59.

E. 9. On achète 1Dst,8 de bois de chauffage pour 488f. A combien revient le *mètre cube?* — **S.** 1Dst,8 = 18st, c-à-d 18mc. Donc 1mc revient à 488f : 18, c-à-d à 27f,11.

E. 10. Que pèsent 21dmc,6 d'étain, la *densité* étant 7,29? — **S.** 21Kg,6 × 7,29, c-à-d 157Kg,464.

p. 130   **E. 11.** La *densité* de l'alcool [e] est 0,81. Dites la capacité d'une bouteille qui en peut contenir 725g. — **S.** 1l d'alcool pèse 0Kg,81. La bouteille contient donc autant de

---

[a] Dans certains pays, la Suisse, par exemple, les pièces de monnaie de la moindre valeur sont, non pas en *bronze*, mais en *nickel*. — Le *nickel* est un métal d'un blanc d'argent, dont il y a des mines importantes dans la *Nouvelle-Calédonie*.

[b] Ce *poids* et ce *diamètre* sont déterminés par la *loi*, aussi les nomme-t-on *poids légal, diamètre légal*.

[c] Comme nous l'avons fait observer déjà, le mot *décime*, pour désigner le *dixième* du franc, est pour ainsi dire inusité. — Quelques personnes, pour désigner le *millième* du franc, se servent du mot *millime*. C'est là un mot inutile, qui n'est pas dans le dictionnaire de l'Académie, et qu'il ne faut pas employer.

[d] A propos du présent exercice, il sera bon de rappeler aux élèves la signification des *parenthèses*.

[e] L'*alcool*, l'*éther* et une foule d'autres liquides ont une densité moindre que 1; ils sont donc *plus légers* que l'eau. Il en est de même de l'huile ordinaire. Aussi, lorsqu'on verse de l'huile dans un verre où il y a déjà de l'eau, l'huile forme-t-elle une couche qui reste au-dessus de l'eau.

litres qu'il y a de fois $0^{Kg},81$ dans $0^{Kg},725$, c-à-d
0,725 : 0,81, ou $0^l,895$.

E. 12. Un lingot de platine pesant $68^{Kg},896$ a un volume
de $3^{dmc},2$. Quelle est la *densité du platine* [a]? — **S.** Ce
volume d'eau pèserait $3^{Kg},2$. La densité du platine est
donc $\dfrac{68,896}{3,2}$, c-à-d 21,53.

——

97. — Les monnaies de bronze, les monnaies d'argent.

Question. Quelles sont les monnaies de *bronze?* — **Ré-**
ponse. Les *monnaies* de **bronze** sont :

La pièce de 1 *centime*,   qui pèse 1 *gramme;*
La pièce de 2 *centimes*,   —   2 *grammes;*
La pièce de 5 *centimes* (le sou),—   5 *grammes* [b];
La pièce de 10 *centimes*,   —   10 *grammes* [c].

Q. Que vaut 1^g de *bronze* monnayé? — **R.** Le *gramme*
de bronze monnayé vaut juste 1 *centime*.

Q. Qu'y a-t-il dans 100^g de *bronze* monnayé? — **R.** Dans
100^g de *bronze monnayé*, il y a 95^g de *cuivre*,
4^g d'*étain*, 1^g de *zinc* [d].

Q. Quelles sont les monnaies d'*argent?* — **R.** Les *mon-*
naies d'**argent** sont :

La pièce de $0^f,20$, qui pèse 1^g;
La pièce de $0^f,50$, — $2^g,5$;

[a] Le *platine* et les *métaux* qui s'en rapprochent sont les corps les
plus *lourds* que l'on connaisse. — Le *platine* est un métal grisâtre,
difficile à fondre, qu'on tire surtout des mines de l'Oural.

[b] La pièce de 5 *centimes* se nomme souvent un *sou*, la pièce de 10
centimes, un *gros sou*.

[c] On peut remarquer, pour toutes les pièces de *bronze*, que leurs
poids en *grammes* et leurs *valeurs* en *centimes* sont exprimés par les
mêmes nombres. Aussi toutes ces pièces peuvent-elles servir de *poids*.

[d] Il ne faut pas dire que les monnaies de *bronze* sont des monnaies
de *cuivre* ou de *billon*. — Elles ne sont pas en *cuivre*, puisqu'elles
contiennent, en même temps que du cuivre, de l'étain et du zinc. Elles ne
sont pas en *billon*, car le mot *billon* exprime un bas alliage de cuivre
et d'argent.

La pièce de 1^f,   qui pèse   5^g;
La pièce[a] de 2^f,   —   10^g;
La pièce de 5^f,   —   25^g.

Q. Que vaut 1^g d'*argent* monnayé? — **R.** Le *gramme d'argent monnayé* vaut juste 20 *centimes* [b].

Q. De quoi sont formées les pièces d'*argent* de 5^f? — **R.** Les pièces d'argent de 5^f sont formées d'un **alliage**[c] d'*argent* et de *cuivre*. Sur 1000^g de cet *alliage*, il y a 900^g d'*argent pur* et 100^g de *cuivre*.

Q. Et les autres? — **R.** Les autres pièces d'argent sont formées aussi d'un *alliage d'argent* et de *cuivre*. Sur 1000^g de ce nouvel *alliage*, il y a 835^g d'*argent pur* et 165^g de *cuivre*.

Exercice 1. — Que pèsent 3^f,25 en monnaie de *bronze*? — **Solution.** 325^g.

E. 2. Combien de *cuivre pur* dans 13 *sous*? — **S.** 13 sous pèsent 5^g $\times$ 13, c-à-d 65^g. Sur 100^g de bronze monnayé, il y a 95^g de cuivre. Sur 1^g, il y en a 0^g,95. Sur 65^g, il y a 0^g,95 $\times$ 65, c-à-d 61^g,75.

p. 131
E. 3. Que valent 257^g d'*argent*[d] monnayé? — **S.** 0^f,20 $\times$ 257, c-à-d 51^f,40.

E. 4. Quel poids d'*argent pur* dans 23 pièces de 5^f? — **S.** 23 pièces de 5^f pèsent 25^g $\times$ 23, c-à-d 575^g. Sur 1000^g de l'alliage, il y a 900^g d'argent pur. Sur 1^g, il y en a 0^g,9. Sur 575^g, il y en a 0^g,9 $\times$ 575, c-à-d 517^g,5.

E. 5. Calculez avec 3 *décimales* le rapport de 3,57 à 0,9. — **S.** 3,966.

[a] Les pièces d'argent d'une valeur inférieure à 5^f se nomment souvent les pièces d'argent *divisionnaires*.

[b] C'est là un résultat qu'il importe de se rappeler admirablement. On en a constamment besoin.

[c] Le mot *alliage* désigne une combinaison ou un mélange de deux ou plusieurs métaux. On le remplace par le mot *amalgame* lorsque l'un de ces métaux est le *mercure*.

[d] On vient de voir que toutes les pièces d'argent ont un *poids* déterminé. Elles devraient avoir exactement ce poids-là, qu'on appelle le poids *droit*. On permet qu'elles pèsent un peu plus ou un peu moins. C'est ce qu'on appelle la *tolérance*. Cette tolérance varie d'ailleurs d'une pièce à l'autre et est toujours très faible. — Quant à leurs diamètres, les pièces d'argent de 5^f, 2^f, 1^f, 50^c et 20^c, ont pour *diamètres légaux* respectifs 37^{mm}, 27^{mm}, 23^{mm}, 18^{mm} et 16^{mm}.

E. 6. Chassez les *dénominateurs* de $\frac{2}{3} + \frac{5}{7} = \frac{58}{42}$. — **S.** $28 + 30 = 58$.

E. 7. Trouvez le *pgcd* de 323, 391, 493. — **S.** 17.

E. 8. Le nombre 7 878 est-il *divisible* par 11 ? — **S.** Non, car la différence $(8 + 8) - (7 + 7)$ ne l'est pas.

E. 9. Que pèsent $32^{cmc},8$ de bismuth [a], la *densité* étant 9,82 ? — **S.** $32^g,8 \times 9,82$, c-à-d $322^g,096$.

E. 10. Le savon blanc [b] de Marseille coûte $0^f,55$ la *livre*. Combien en a-t-on de grammes pour $1^f,65$? — **S.** $1\,000^g$ coûtent $0^f,55 \times 2$, c-à-d $1^f,10$. Donc 1^g coûte $0^f,0011$. On a donc pour $1^f,65$ autant de grammes qu'il y a de fois $0^f,0011$ dans $1^f,65$, c-à-d $1\,500^g$.

E. 11. Dites, en *centimètres cubes*, la capacité d'une bouteille contenant $7^{dl},82$. — **S.** $7^{dl},82 = 0^l,782$, c-à-d 782^{cmc}.

E. 12. On partage un domaine de $3^{Kmq},72$ en 24 lots égaux. Combien de *centiares* dans chacun ? — **S.** $3^{Kmq},72 = 3\,720\,000^{mq}$, c-à-d $3\,720\,000^{ca}$. Chaque lot contient donc $3\,720\,000^{ca} : 24$, c-à-d $155\,000^{ca}$.

---

28. — Les monnaies d'or, les billets de banque.

Question. Quelles sont les monnaies d'*or* ? — **Réponse.** Les *monnaies d'*or sont :

La pièce de 5^f,	qui pèse	$1^g,612$;
La pièce de 10^f,	—	$3^g,225$;
La pièce de 20^f,	—	$6^g,451$;
La pièce de 50^f,	—	$16^g,129$;
La pièce de 100^f,	—	$32^g,258$ [c].

[a] Le *bismuth* est un métal blanc, assez analogue au plomb et à l'étain, qui entre dans plusieurs alliages usuels. Certains sels de *bismuth*, le sous-azotate, par exemple, constituent des médicaments fort employés.

[b] Les savons résultent de la combinaison d'un *acide gras* avec la *soude* ou la *potasse*. On divise les savons en deux espèces : les savons *durs* et les savons *mous*. Les savons *mous*, tels que le savon *noir* et le savon *vert*, contiennent de la *potasse*. Les savons *durs*, tels que le savon *bleu* et le savon *blanc*, contiennent de la *soude* : les savons de toilette ne sont que des savons durs, parfois transparents et presque toujours parfumés. *Marseille* est renommée pour ses *savons*.

[c] Ces poids sont les *poids légaux*, les poids *droits*. On permet que

Q. Que vaut 1ᵍ d'*or* monnayé? — **R.** Le *gramme d'or monnayé* vaut juste 3ᶠ,10 [a].

Q. Que vaut un *poids* quelconque d'*or* monnayé? — **R.** Un *poids* quelconque d'*or monnayé* vaut 15,5 fois plus que le même *poids d'argent monnayé* [b].

Q. De quoi sont formées les pièces d'*or?* — **R.** Les *pièces d'or* sont formées d'un *alliage d'or* et de *cuivre.* Sur 1 000ᵍ de cet *alliage,* il y a 900ᵍ d'*or pur* et 100ᵍ de *cuivre* [c].

Q. Qu'est-ce qu'un *billet de banque?* — **R.** Un **billet de banque** est un *billet,* émis par la *Banque de France,* et portant l'indication d'une certaine *somme.*

Q. Que faut-il faire pour recevoir la valeur d'un *billet?* — **R.** Il suffit de présenter ce billet à la *Banque de France,* pour en recevoir la *valeur* en or ou en argent [d].

Q. De quelles valeurs sont les *billets de banque?* — **R.** Il y a des *billets de banque* [e] de 20ᶠ, de 50ᶠ, de 100ᶠ, de 200ᶠ, de 500ᶠ et de 1 000ᶠ.

---

les poids réels s'en écartent en plus ou en moins. C'est ce qu'on appelle la *tolérance.* Cette tolérance, comme pour les pièces d'argent, varie d'une pièce à l'autre et est toujours très faible. — Quant aux diamètres, les pièces de 100ᶠ, 50ᶠ, 20ᶠ, 10ᶠ et 5ᶠ ont pour *diamètres légaux* respectifs 35ᵐᵐ, 28ᵐᵐ, 21ᵐᵐ, 19ᵐᵐ et 17ᵐᵐ.

[a] Il faut retenir très bien cette *valeur* du *gramme d'or monnayé.*

[b] Voilà encore un exemple où le mot *fois* n'entraîne pas forcément l'idée d'un nombre *entier.*

[c] On rencontre parfois des pièces d'or ou d'argent qui sont fausses. Ceux qui les fabriquent, et qu'on appelle *faux monnayeurs,* sont passibles des *travaux forcés à perpétuité.* Il en est de même de ceux qui *contrefont* les *billets de banque.*

[d] Les billets de banque s'emploient pour payer les grosses sommes, de la même façon que les *espèces* d'or et d'argent : ils constituent ce qu'on appelle une monnaie fiduciaire. On emploie parfois, de la même manière, au paiement des très petites sommes, les *timbres-poste* destinés à l'affranchissement des lettres. — Pour envoyer de l'argent, on se sert des *mandats de poste* ordinaires, des *mandats-cartes* et des *bons de poste.* S'il ne s'agit que de petites sommes, on peut insérer des *timbres-poste* dans une lettre. S'il s'agit de sommes un peu fortes, on y peut insérer des *billets de banque;* mais, quand une lettre contient des *billets de banque,* il faut, sous peine d'*amende,* que cette lettre soit *recommandée.*

[e] Les monnaies de bronze, d'argent et d'or, sont, avec les billets de banque, les *mesures effectives* pour la *valeur* des objets. Ces mesures effectives sont conformes à la *loi* indiquée déjà. Elles se composent du

Exercice 1. Que pèsent 480^f en pièces d'*or?* — **Solu-** p. 132 **tion.** Autant de *grammes* qu'il y a de fois 3^f,10 dans 480^f, c-à-d 480 : 3,10, c-à-d 154^g,8.

E. 2. Que valent 2^{Kg} d'or *monnayé* [a]? — **S.** 3^f,10 $\times$ 2000, c-à-d 6200^f.

E. 3. Quel poids d'*or pur* dans 14965^f en *monnaie d'or?* — **S.** 14965^f en monnaie d'or pèsent 4827^g. Sur 1000^g d'or monnayé, il y a 900^g d'or pur. Sur 1^g, il y en a 0^g,9. Sur 4827^g, il y en a 0^g,9 $\times$ 4827, c-à-d 4344^g,3.

E. 4. Combien de *billets* de 50^f pour payer 1500000^f? — **S.** Autant qu'il y a de fois 50^f dans 1500000^f, c-à-d 1500000 : 50, ou 30000.

E. 5. Quel poids de *cuivre* dans 130 pièces de 2^f? — **S.** 130 pièces de 2^f pèsent 1300^g. Or, sur 1000^g de l'alliage de ces pièces, il y a 165^g de cuivre. Donc, sur 1^g, il y en a 0^g,165 ; et, sur 1300^g, il y en a 0^g,165 $\times$ 1300, c-à-d 214^g,5.

E. 6. Calculez 4^{12} $\times$ 4^3. — **S.** 4^{15}.

E. 7. Qu'obtient-on en ajoutant *termes à termes* $\frac{3}{5}$ et $\frac{69}{115}$? — **S.** $\frac{72}{120}$, c-à-d $\frac{3}{5}$.

E. 8. Trouvez le *pgcd* de 1349 et 7033. — **S.** 1. Ces deux nombres sont *premiers entre eux.*

E. 9. Le 1er janvier 1889, la distance [b] du soleil à la terre était de 22890 rayons terrestres, ou de 146003000^{Km}. Exprimez en *kilomètres* la longueur du *rayon* de la terre. — **S.** $\frac{146003000}{22890}$, c-à-d 6378^{Km}.

franc, de ses *sous-multiples* et *multiples* décimaux, c-à-d des *pièces* ou billets de 0^f,01 ; 0^f,1 ; 1^f ; 10^f ; 100^f ; 1000^f ; plus le *double* et la *moitié* de chacun d'eux. Par exception, n'existent point la *moitié* du *centime* ni le *double* de 1000^f. — Les anciennes pièces d'argent de 25^c, 75^c et 1^f,50 ont été retirées de la circulation, parce qu'elles ne sont pas conformes à la loi sur les *mesures effectives.* Il en est de même, et pour la même raison, de l'ancienne pièce d'or de 40^f, et du billet de banque de 25^f.

[a] Pour faire le poids de 1^{Kg}, il faut 31 pièces d'or de 100^f ; 62 de 50^f ; 155 de 20^f ; 310 de 10^f ; et 620 de 5^f. — Pour faire le même poids de 1^{Kg}, il faut 40 pièces d'argent de 5^f ; 100 de 2^f ; 200 de 1^f ; 400 de 50^c ; et 1000 de 20^c.

[b] La distance du soleil à la terre n'est pas *constante.* Elle varie, parce que la terre, dans son mouvement autour du soleil, décrit, non pas un *cercle,* mais une *ellipse.*

E. 10. De Gisors à Beauvais [a], il y a 35^{Km}. On paie en 1re classe $4^f,25$. Combien par kilomètre ? — **S.** $4^f,25$: 35, c-à-d $0^f,121$.

E. 11. La capacité d'un réservoir est de $38^{mc},289$. Evaluez en *quintaux métriques* le poids de l'eau qui le remplit. — **S.** $38^T,289$, c-à-d $382^Q,89$.

E. 12. L'hospice du grand Saint-Bernard est à $2\,472^m$ au-dessus du niveau de la mer ; la ville de Briançon [b], à $1\,326^m$. Dites la différence des altitudes de ces deux lieux. — **S.** $2\,472^m - 1\,326^m$, c-à-d $1\,146$ [c].

CHAPITRE VI

LES DURÉES

—

99. — Le jour, l'année, le siècle.

Question. Qu'est-ce que le *jour civil ?* — **Réponse.** Le **jour civil** (j) est, à très peu près, le temps de la *rotation de la terre* sur elle-même [d], ou le temps qui s'écoule entre deux passages consécutifs du *soleil* au *méridien.*

Q. Comment se nomme l'instant où le *soleil* passe au *méridien ?* — **R.** L'instant où le *soleil* passe au *méridien* [e] se

(a) *Gisors* est une petite ville du département de l'*Eure; Beauvais* est le chef-lieu du département de l'*Oise.*

(b) Le *grand Saint-Bernard* appartient à la portion des Alpes qui sépare la Suisse de l'Italie. — *Briançon*, dans le département des Hautes-Alpes, est la ville de France qui a la plus grande *altitude.* Comme lieu habité, et encore plus élevé, on ne peut citer dans notre pays que l'observatoire du Pic du Midi, à l'altitude de $2\,870^m$, et le village de Saint-Veran, à celle de $2\,010^m$.

(c) En repassant ce chapitre, on fera remarquer qu'il est très court, et qu'il renferme, touchant la composition des monnaies, plusieurs nombres à apprendre *par cœur.*

(d) La durée *exacte* de la rotation de la terre sur elle-même se nomme le *jour sidéral.*

(e) L'instant où le soleil passe au *méridien* est l'instant où il atteint sa *plus grande hauteur* dans le ciel. C'est aussi l'instant où l'ombre des objets se réduit à sa *plus petite longueur.*

nomme **midi**. On appelle **minuit** [a] *l'instant* qui partage en *deux* parties *égales* le temps qui s'écoule d'un *midi* au *midi* suivant.

Q. Comment se compte le *jour civil?* — **R.** Le *jour civil* se compte à partir de *minuit*, de ce *minuit-là* au *minuit suivant*.

Q. Qu'est-ce que l'*année civile?* — **R. L'année civile** p. 133 est une durée variable, à peu près égale au temps de la *révolution* de la *terre* autour du *soleil* [b].

Q. Combien a-t-elle de *jours?* — **R.** L'*année civile* [c] a, le plus souvent, 365^j; mais elle en a parfois 366 : elle est **commune** dans le premier cas, **bissextile** dans le second [d].

Q. Qu'est-ce que le *siècle?* — **R.** Le **siècle** [e] est une période de **cent années.**

    Exercice 1. Combien de jours dans 13 années *communes?* — **Solution.** 365^j × 13, c-à-d 4 745^j.

    E. 2. Combien de jours dans 27 années *bissextiles?* — **S.** 366^j × 27, c-à-d 9 882^j.

    E. 3. Sur 4 années *consécutives*, il y en a, en général,

[a] Ces deux mots, *midi, minuit*, signifient, au sens propre, le *milieu du jour*, le *milieu de la nuit*.

[b] La durée *exacte* de la révolution de la terre autour du soleil est de 365^j,2422; c'est un peu *moins* que 365^j et un *quart*. Cette durée *exacte* n'étant pas un nombre *entier* de jours, l'année *civile* ne peut pas lui être *égale*.

[c] On appelle *ère* l'époque à partir de laquelle on *compte* les années. L'*ère chrétienne* dont nous nous servons est l'époque de la naissance de Jésus-Christ. L'année qui a suivi immédiatement cette époque a été l'*an 1*, la suivante l'*an 2*, etc. J'écris cette note en 1890. — Ces nombres 1, 2, 3..., 1890, qui sont, comme les *numéros* des années, se nomment les *millésimes*. Les *millésimes* des années que nous traversons présentement sont tous des nombres de 4 chiffres. Quand on les écrit en *toutes lettres*, ils commencent tous par le mot *mille;* mais, dans les *millésimes*, le mot *mille* s'écrit simplement *mil*. On écrit ainsi l'an *mil huit cent six*.

[d] On donne le nom de *calendrier* à l'ensemble des *règles* qu'on a établies pour faire cadrer le mieux possible la durée *moyenne* de l'année civile avec la durée *exacte* de la révolution de la terre autour du soleil. Dans les premiers siècles de notre ère on se servait du calendrier *julien*. On l'a remplacé, en octobre 1582, par le calendrier *grégorien*, dont nous nous servons encore.

[e] Dans le premier *siècle* de notre ère, la *première* année a été l'an 1, la *dernière* l'an 100; dans le deuxième *siècle*, la *première* année a été l'an 101, la *dernière* l'an 200; et ainsi de suite. Le *dix-neuvième* siècle a commencé le 1er *janvier* 1801 et finira le 31 *décembre* 1900.

3 *communes* et 1 *bissextile* [a]. Combien de jours dans ces 4 années? — **S.** 365$^j \times$ 3 $+$ 366^j, c-à-d 1461^j.

E. 4. Quel poids de *cuivre* dans 500^f en or? — **S.** 500^f en or pèsent 165^g,2. Or, sur 1000^g de l'alliage, il y a 100^g de cuivre, c-à-d un *dixième* du poids total. Donc, sur 165^g,2 de l'alliage, il y a 16^g,52 de cuivre.

E. 5. Ajoutez 36,823 ; 194,9 ; 9 625,47. — **S.** 9 857,193.

E. 6. Réduisez 0,225 en fraction *ordinaire*. — **S.** $\dfrac{225}{1000}$, c-à-d $\dfrac{9}{40}$.

E. 7. On divise par 6 un nombre *premier* supérieur à 6. Quel *reste* trouve-t-on? — **S.** Ce reste doit être inférieur à 6. Il ne peut être 0, car le nombre serait divisible par 6 ; il ne peut être 2, car le nombre serait pair ; il ne peut être 3, car le nombre serait divisible par 3. Ce reste ne peut donc être que 1 ou 5 [b].

E. 8. Le nombre 9 727 est-il *divisible* par 9? — **S.** *Non*, car la somme de ses chiffres ne l'est pas.

E. 9. On vend 42^f,35 le *mètre cube* de hêtre [c]. Que coûteront 3^{Dst},7? — **S.** 3^{Dst},7 valent 37^{mc}. Donc ils coûteront 42^f,35 $\times$ 37, c-à-d 1566^f,95.

E. 10. Combien de *grammes* dans une *demi-livre?* — **S.** Dans une *livre*, 500^g. Dans une *demi-livre*, 250^g.

E. 11. Le département de l'Ain [d] occupe 1659^{Kmq}. Combien d'*hectares?* — **S.** 1659$^{Kmq} =$ 165 900^{Hmq}, c-à-d 165 900^{Ha}.

[a] Dans le *calendrier julien*, toutes les années dont le *millésime* est *divisible* par 4 sont *bissextiles ;* les autres sont *communes*. Dans le *calendrier grégorien*, il en est de même, sauf pour les années *séculaires*, c-à-d pour les années dont le *millésime* se termine par deux zéros. Dans le *calendrier julien*, ces années *séculaires* sont toutes *bissextiles ;* elles ne le sont, dans le *calendrier grégorien*, que si le nombre qui précède les deux zéros est lui-même *divisible* par 4. Ainsi, dans le *calendrier grégorien*, les années 1 600 et 2 000 sont *bissextiles ;* mais 1 700, 1 800 et 1 900 ne le sont pas.

[b] Il s'ensuit que tout nombre premier, supérieur à 3, est égal à un *multiple* de 6, augmenté ou diminué d'une *unité*.

[c] Le *hêtre*, appelé aussi *fayard*, est un arbre de nos pays, qui atteint parfois jusqu'à 30^m de hauteur. Son fruit se nomme *faîne*, il est bon à manger et fournit une huile comestible. Son bois est dur, sec, excellent pour le chauffage, et très employé dans l'ébénisterie.

[d] Le département de l'*Ain* doit son nom à une rivière qui se jette dans le *Rhône*. Il est situé à la frontière de *Suisse* et a pour chef lieu *Bourg*.

E. 12. La Belgique a 5520009 habitants, et la Hollande[a] 4012693. Exprimez avec 3 *décimales* le rapport du premier de ces nombres au second. — S. 1,375.

100. — Les autres unités de durée.

Question. Comment se partage l'*année?* — **Réponse.** L'*année* se partage en **12 mois**[b].

Q. Comment se nomment ces 12 *mois?* — **R.** Ces 12 *mois* se nomment : *janvier, février, mars, avril, mai, juin, juillet, août, septembre, octobre, novembre, décembre*[c].

Q. Combien de *jours* ont-ils? — **R.** *Janvier, mars, mai, juillet, août, octobre, décembre* ont chacun 31ʲ; *avril, juin, septembre, novembre* ont chacun 30ʲ; *février* a 28ʲ dans les années communes et 29ʲ dans les années *bissextiles*[d].

Q. Qu'est-ce que la *semaine?* — **R.** La **semaine**[e] est une période de 7 jours.

Q. Comment se nomment les jours de la *semaine?* — **R.** Les p. 134 7 jours de la *semaine* se nomment : *dimanche, lundi, mardi, mercredi, jeudi, vendredi, samedi*[f].

[a] La *Belgique* et la *Hollande* sont deux pays situés au nord de la France, et tous deux riches, industrieux et très commerçants.

[b] Dans les années *communes*, la durée moyenne des mois est de $30ʲ + \frac{5}{12}$. Dans les années *bissextiles*, elle est de 30ʲ et demi.

[c] Les noms des mois viennent du latin; les quatre derniers ne sont, d'ailleurs, que des numéros d'ordre et expriment les rangs qu'occuperaient les mois correspondants, si le mois de *mars* était le premier de l'année.

[d] Pour retenir ces nombres de jours, on a imaginé un procédé mnémonique simple : la main gauche étant fermée, on touche, avec l'index de la main droite, en commençant par une saillie, les *saillies* et les *creux* alternatifs qui se présentent à la naissance des 4 doigts autres que le pouce; on récite en même temps les mots *janvier, février, mars,* etc.; arrivé au mot *août*, on recommence : les mois qui correspondent aux saillies ont 31ʲ; les autres en ont moins de 31.

[e] Ce qui revient toutes les *semaines* se nomme *hebdomadaire*, du grec *hebdoma*, semaine. Ce qui revient tous les jours se nomme *quotidien*. — Ce qui revient tous les *mois*, tous les *deux mois*, tous les *trois mois*, tous les *six mois*, tous les *ans*, se nomme *mensuel, bi-mensuel, trimestriel, semestriel, annuel*. — Ce qui revient tous les *deux* ans, tous les *trois* ans, les *cinq* ans, les *dix* ans, les *cent* ans, se nomme *biennal, triennal, quinquennal, décennal, centennal*.

[f] Les noms des jours de la semaine rappellent les *astres* auxquels

Q. Comment se partage le *jour*? — **R.** Le *jour* se partage en **24 heures** ; — l'*heure*, en **60 minutes** ; — la *minute*, en **60 secondes** ; — la *seconde*, en dixièmes et centièmes [a].

Q. Comment écrit-on, en abrégé, *heure, minute, seconde*? — **R.** En écrivant, pour abréger, on représente les mots *heure, minute, seconde* par leurs initiales *h, m, s*. On écrit ainsi une durée de $3^h 12^m 57^s,2$.

Q. Comment se comptent les 24^h du *jour civil*? — **R.** Les 24^h qui composent le jour civil [b] ne se comptent pas sans interruption depuis 1 jusqu'à 24 ; elles se partagent en *deux* périodes de 12^h chacune.

Q. Quelles sont ces deux *périodes*? — **R.** Ces deux périodes sont : les 12^h du **matin**, de *minuit* à *midi* ; les 12^h du **soir** [c], de *midi* au *minuit* suivant.

> **Exercice 1.** Combien de *semaines* dans l'*année*? — **Solution.** Autant qu'il y a de fois 7 dans 365, c-à-d 52.
>
> **E. 2.** Combien de jours du 3 *juillet* inclusivement [d] au 8 *septembre* inclusivement? — **S.** 29 de juillet, 31 d'août et 8 de septembre : en tout 68^j.
>
> **E. 3.** Combien de *secondes* dans un *jour*? — **S.** 60^s dans 1^m ; donc $60^s \times 60$, c-à-d $3\,600^s$ dans 1^h ; donc $3\,600^s \times 24$, c-à-d $86\,400^s$ en 1^j.
>
> **E. 4.** Combien de *minutes* de 9^h du *matin* à 4^h du *soir*? —

ces jours étaient consacrés : *lundi*, la lune ; *mardi*, Mars ; *mercredi*, Mercure ; *jeudi*, Jupiter ; *vendredi*, Vénus ; *samedi*, Saturne. Le mot *dimanche* signifie le jour du Seigneur, *dies dominica*. — *Dimanche* est le premier jour de la semaine, *samedi* en est le dernier. *Mercredi* est donc juste le *milieu de la semaine*, c'est précisément ce que signifie le mot *Mittwoche*, qui est, en allemand, le nom du mercredi.

[a] Ne dites pas que la *seconde* se partage en 60 *tierces*. Ce mode de division est absolument inusité.

[b] Les 24^h du jour astronomique se comptent, au contraire, de 1 à 24.

[c] Les heures du soir se nomment aussi heures de l'*après-midi* ou *heures de relevée*. — Sur les chemins de fer, on distingue les heures de *jour*, de 6^h du matin à 6^h du soir, et les heures de *nuit*, de 6^h du soir à 6^h du matin. Afin qu'on puisse, d'un coup d'œil, distinguer les heures de jour des heures de nuit, les *indicateurs* présentent une longue *barre*, très marquée, le long des trajets qui s'effectuent pendant les heures de *nuit*.

[d] On profitera de cette occasion pour faire connaître aux élèves, d'une manière bien exacte, le sens des deux mots *inclusivement* et *exclusivement*. Ces deux adverbes s'emploient souvent en mathématiques et toujours avec cet avantage d'y rendre le discours plus *précis*.

S. De 9ʰ du matin à 4ʰ du soir, il y a 7ʰ; et, par conséquent, 60ᵐ × 7, c-à-d 420ᵐ.

E. 5. Quel poids d'*or pur* dans une pièce[a] de 20ᶠ? —
S. Une pièce de 20ᶠ pèse 6ᵍ,451. Or, sur 1000ᵍ d'alliage,
il y a 900ᵍ d'or pur; sur 1ᵍ d'alliage, il y a 0ᵍ,9 d'or
pur. Sur 6ᵍ,451, il y en a 0ᵍ,9 × 6,451, c-à-d 5ᵍ,8059.

E. 6. Divisez 18⁵ par 18². — **S.** 18³.

E. 7. Dites la fraction ordinaire *génératrice* de 0,475 69 69 69.
— **S.** $\dfrac{23547}{49500}$.

E. 8. Les nombres 1728 et 5005 sont-ils *premiers entre
eux?* — **S.** Ils le sont.

E. 9. Quel poids de *cuivre* dans une pièce d'argent de 5ᶠ?
— **S.** Cette pièce pèse 25ᵍ. Or, sur 1000ᵍ de l'alliage,
il y a 100ᵍ de cuivre. Sur 1ᵍ, il y a 0ᵍ,1. Donc, sur 25ᵍ,
il y a 0ᵍ,1 × 25, c-à-d 2ᵍ,5 de cuivre.

E. 10. Il y a 223ᴷᵐ de Rouen à Orléans[b]. Combien de
lieues? — **S.** 223 : 4, c-à-d 55 lieues $+\dfrac{3}{4}$.

E. 11. La *densité* de l'alcool est 0,81. Dites la capacité
d'une bonbonne qui en contient 13ᴷᵍ,2. — **S.** 1ˡ d'alcool pèse 0ᴷᵍ,81. Donc la bonbonne contient autant de
litres qu'il y a de fois 0ᴷᵍ,81 dans 13ᴷᵍ,2, c-à-d 13,2 :
0,81, ou 16ˡ,29.

E. 12. Que vaut une *livre* de monnaie d'argent? —
S. 0ᶠ,20 × 500, c-à-d 100ᶠ.

---

101. — Conversion des durées.

Question. Peut-on toujours convertir une *durée* en secondes? — **Réponse.** Une *durée* étant donnée en *jours,
heures, minutes* et *secondes*, on peut toujours la
convertir en *secondes*.

Q. Donnez un exemple. — **R.** Soit à convertir en *secondes*

---

[a] La pièce de 5ᶠ en argent s'appelle parfois un *écu*; la pièce de 20ᶠ,
un *louis*. Il y avait autrefois des écus de 3ᶠ et des louis de 24ᶠ. A la
campagne surtout, on dit encore 100 *écus*, pour 300ᶠ.

[b] Rouen et Orléans sont deux grandes et belles villes. Rouen, sur la
Seine, est le chef-lieu du département de la Seine-Inférieure; Orléans,
sur la Loire, est celui du département du Loiret.

3^j 16^h 37^m $28^s,6$. On dit : 3^j font 3 fois 24^h, c-à-d $24^h \times 3$ ou 72^h qui, avec les 16^h données, forment 88^h ; — 88^h font 88 fois 60^m, c-à-d $60^m \times 88$ ou 5280^m qui, avec les 37^m données, forment 5317^m ; — 5317^m font 5317 fois 60^s, c-à-d 60^s p. 135 $\times 5317$ ou 319020^s qui, avec les $28^s,6$ données, forment $319048^s,6$. Telle est, en *secondes*, la durée donnée [a].

Q. Peut-on convertir une *durée* en *jours, heures,* etc.? — **R.** Une *durée* étant donnée en *secondes*, on peut toujours la convertir en *jours, heures, minutes* et *secondes* [b].

Q. Donnez un exemple. — **R.** Soit à convertir $427643^s,18$ en *jours, heures, minutes* et *secondes*. Il faut 60^s pour faire 1^m ; il y a donc autant de minutes dans la durée donnée qu'il y a de fois 60^s dans $427643^s,18$: la division de $427643,18$ par 60 donne 7127^m et il reste $23^s,18$. — Il faut 60^m pour faire 1^h ; il y a donc autant d'heures qu'il y a de fois 60^m dans 7127^m : la division donne 118^h et il reste 47^m. — Il faut 24^h pour faire 1^j ; il y a donc autant de jours qu'il y a de fois 24^h dans 118^h : la division donne 4^j et il reste 22^h. — La durée donnée est donc égale à 4^j 22^h 47^m $23^s,18$.

> **Exercice 1.** Réduisez en *minutes* 4^j 3^h 28^m. — **Solution.** 5968^m.
>
> **E. 2.** Réduisez en *secondes* 7^h 16^m $29^s,6$. — **S.** $26189^s,6$.
>
> **E. 3.** Réduisez 100000^m en *jours, heures* et *minutes* [c]. — **S.** 69^j 10^h 40^m.
>
> **E. 4.** Réduisez $53647^s,9$ en *jours, heures,* etc. — **S.** 14^h 54^m $7^s,9$.
>
> **E. 5.** Combien de *jours* dans les *trois* premiers *mois* [d]

(a) Les deux *conversions* indiquées dans ce paragraphe se présentent à chaque instant ; elles peuvent servir de types pour toutes les conversions qu'on rencontre dans la théorie des nombres *complexes* : il faut les savoir effectuer très bien.

(b) Faites bien remarquer aux élèves que les *minutes* et *secondes* de *temps* s'indiquent toujours, en abrégé, par leurs initiales *m* et *s*. Nous trouverons, dans la mesure des *angles* et dans celle des *arcs*, d'autres *minutes* et d'autres *secondes* qui, en abrégé, s'écrivent différemment.

(c) Le présent exercice donne une idée de la *grandeur* du nombre 100000. *Une minute* est évidemment une *durée* très courte. *Cent mille minutes* forment néanmoins une durée assez longue, puisqu'elle dépasse 69j.

(d) Nous avons déjà dit que les *noms* de nos *mois* venaient du *latin*, et fait observer que les noms des quatre derniers n'étaient que des

d'une année commune ? — **S.** 31 + 28 + 31, c-à-d 90^j.

E. 6. Calculez 736,45 + 495,278 — 3,999.

S. 1227,729.

E. 7. Convertissez $\frac{3}{35}$ en fraction décimale.

S. 0,0857142857142... La période est 857142.

E. 8. Le nombre 4879 est-il *divisible* par 5 ? — **S.** Non, vu que son dernier chiffre n'est ni 0, ni 5.

E. 9. Il faut 13^{Hg},74 d'eau pour remplir une carafe. Dites-en la capacité. — **S.** 13^{Hg},74 = 1^{Kg},374. Donc la capacité est de 1^l,374.

E. 10. Quel poids de zinc dans 1^f en monnaie de bronze ? — **S.** 1^f en monnaie de bronze pèse 100^g, et sur 100^g de cette monnaie il y a 1^g de zinc [a].

E. 11. Combien de billets de 100^f pour payer 5 *milliards* ? — **S.** Autant qu'il y a de fois 100^f dans 5 000 000 000^f, c-à-d 50 000 000 [b].

E. 12. Un bloc de grès [c] a un volume de 4^{dmo},8. Il pèse 12^{Kg}. Quelle est la *densité* ? — **S.** Ce volume d'eau pèserait 4^{Kg},8. La densité est donc 12 : 4,8, c-à-d 2,5 [d].

---

numéros. — *Janvier, mars, mai, juin* rappellent *Janus, Mars, Maïa et Junon*, c-à-d les dieux ou déesses du paganisme auxquels, chez les Anciens, ils étaient consacrés. *Juillet* et *août* rappellent les noms que les Romains avaient donnés à ces mois en l'honneur de *Jules César* et *d'Auguste. Avril* se nommait en latin *aprilis*, mot qui vient d'*aperire*, ouvrir, parce que c'est l'époque où la terre semble ouvrir son sein pour en faire sortir la végétation. *Février* enfin vient du latin *februarius*, dérivé de *februare*, purifier, parce que les Romains célébraient en ce mois des fêtes religieuses expiatoires.

[a] Ainsi, en toute somme en monnaie de bronze, le *poids* du zinc en *grammes* et la valeur de la somme en *francs* s'expriment par le *même nombre.*

[b] On voit par là l'énormité de cette somme de 5 *milliards !*

[c] Le *grès* est une pierre très dure qu'on utilise de bien des manières, notamment comme *pierre à aiguiser*, comme pierre à *bâtir*, comme pierre à *paver* les rues et les routes.

[d] Arrivé à la fin d'un chapitre, il faut toujours le faire revoir et résumer. C'est une remarque que nous ne répéterons pas; mais qu'il sera bon de se bien rappeler.

p. 136

CHAPITRE VII

MESURES ANCIENNES OU ÉTRANGÈRES

—

102. — Anciennes mesures françaises.

Question. Quelle était l'unité de *longueur?* — **Réponse.** L'unité de *longueur* était la **toise**. La *toise* se partageait en **6 pieds**, le *pied* en **12 pouces**, le *pouce* en **12 lignes**.

Q. Dites la longueur de la *toise*. — **R.** La *toise* a une longueur de 1ᵐ,949 [a]. Le *mètre* vaut 3 pieds 0 pouces 11 lignes.

Q. Quelle était, pour les *superficies*, l'unité principale? — **R.** Pour les *superficies*, l'unité principale était la **toise carrée**, c-à-d un carré ayant une *toise* de côté [b].

Q. Pour les mesures *agraires*, quelle était l'unité? — **R.** Pour les *mesures agraires*, l'unité était un carré nommé **perche**. Il y avait deux *perches* différentes : la *perche* des *eaux et forêts*, qui avait 22 *pieds* de côté ; la *perche* de *Paris*, qui n'en avait que 18.

Q. Que valait l'*arpent?* — **R.** L'**arpent** [c] des *eaux et forêts* valait 100 perches des eaux et forêts ; l'*arpent* de *Paris*, 100 perches de Paris [d].

Q. Qu'employait-on pour les *volumes?* — **R.** Pour les *volumes*, on employait surtout le **pied cube** ou la

---

[a] On déduit de là que le *pied* vaut 0ᵐ,324 ; le *pouce*, 0ᵐ,027 ; la *ligne*, 2ᵐᵐ,2.

[b] La *toise carrée* vaut 3ᵐᵠ,7987.

[c] *Toise* et *arpent* nous ont donné les verbes *toiser* et *arpenter*, les substantifs *toiseur* et *arpenteur*. *Toiser*, c'est mesurer des travaux de construction ; *arpenter*, c'est mesurer l'étendue d'un terrain.

[d] On voit qu'il y avait deux *perches* différentes, deux *arpents* différents. Avant l'invention du *système métrique*, il y avait dans nos *poids et mesures* un véritable chaos. Pour une même sorte de quantités, les mesures changeaient d'une province à l'autre ; et très souvent, comme pour l'*arpent* et la *perche*, il y avait des mesures inégales portant le même nom.

toise cube, c-à-d un cube dont l'arête était d'un *pied* ou d'une *toise* [a].

Q. Quelle était l'unité de *capacité?* — **R.** L'unité de *capacité* était le **setier**, qui se partageait en **12 boisseaux** anciens. Le *boisseau* [b] ancien vaut 13 *litres* [c].

Q. Quelle était l'unité de *poids?* — **R.** L'unité de *poids* était la **livre**. La *livre* se partageait en **16 onces**; l'*once* en **8 gros**; le *gros* en **72 grains**.

Q. Que vaut la *livre ancienne?* — **R.** La *livre ancienne* vaut 489ᵍ,51.

Q. Quelle était l'unité de *monnaie?* — **R.** L'unité de *monnaie* était la **livre tournois**, qui valait 0ᶠ,9876. Elle se partageait en **20 sous**; et le *sou* en **4 liards** [d] ou en **12 deniers**.

Exercice 1. Exprimez en *centimètres* la longueur du *pied.*
— **Solution.** 1ᵗᵒⁱˢᵉ = 1ᵐ,949. Donc 1ᵖⁱᵉᵈ vaut le *sixième* de 194ᶜᵐ,9, c-à-d 32ᶜᵐ,4.

E. 2. Combien de *kilogrammes* dans 24 *livres anciennes* [e]?
— **S.** Une *livre ancienne* vaut 489ᵍ,51. Donc 24 *livres anciennes* font 489ᵍ,51 × 24, c-à-d 11748ᵍ,24, ou 11ᴷᵍ,74824.

E. 3. Évaluez l'*once* en *grammes?* — **S.** 489ᵍ,51 : 16, c-à-d 30ᵍ,59.

[a] La *toise cube* vaut 7ᵐᶜ,4039; le *pied cube* vaut 0ᵐᶜ,03428.

[b] De nos jours, on désigne souvent, quand il s'agit des matières sèches, le décalitre par le nom de *boisseau.*

[c] Outre les mesures que nous venons d'indiquer pour les *longueurs, surfaces et volumes*, il y en avait encore beaucoup d'autres. — Pour les *longueurs*, par exemple, l'*aune*, la *canne*, le *pan* ou *empan*. L'aune de Paris valait 1ᵐ,18. C'est du mot *aune* que sont venus *auner* et *aunage*, qui s'appliquent au mesurage des *étoffes.* — Pour les *surfaces*, on peut citer l'*acre*, le *journal*, l'*homme*, la *septrée*, la *vergée.* L'acre valait un *arpent* et *demi.* — Pour les *volumes*, on avait encore la *solive* qui servait pour les bois de charpente; la *corde* et la *voie*, pour les bois de chauffage; le *muid*, le *minot*, le *litron*, pour les grains; la *velte*, la *pinte*, la *chopine*, pour les liquides; etc., etc. La *solive* valait 0ᵐᶜ,1 environ; la *corde*, 4ˢᵗ; le *litron*, 0ˡ,813; la *pinte* de Paris, 0ˡ,931.

[d] C'est de *liard* que vient *liarder. Liarder*, c'est agir en avare, être regardant, lésiner.

[e] La *livre ancienne* était inférieure à ce que nous appelons présentement la *livre*. Lorsque, dans nos exercices, nous parlons simplement de la *livre*, sans ajouter l'épithète d'*ancienne*, il faut toujours entendre le *demi-kilogramme.*

E. 4. Combien de *deniers* dans la *livre tournois?* — **S.** 12 $\times$ 20, c-à-d 240 *deniers.*

p. 137 **E. 5.** Combien de *minutes* dans une *semaine?* **S.** 10080^m,

E. 6. Dites la 4e *puissance* de 0,06. — **S.** 0,00001296.

E. 7. Calculez le *cube* de $\frac{1}{11}$. — **S.** $\frac{1}{1331}$.

E. 8. Que devient un *rapport* moindre que 1, si l'on diminue ses deux termes d'un même nombre? — **S.** Il diminue; car, pour revenir du nouveau rapport à l'ancien, il faudrait ajouter un même nombre aux deux termes du nouveau rapport, ce qui, d'après ce qu'on a vu, l'augmenterait.

E. 9. Il faut 11^h pour faire un certain ouvrage. On l'a commencé à 7^h du matin. A quelle heure l'aura-t-on fini? — **S.** A 6^h de l'après-midi.

E. 10. Un tas de bois occupe un volume de 0^{Dmc},7598. Combien de *stères?* — **S.** 759^{mc},8, c-à-d 759st,8.

E. 11. Quel poids d'étain dans 12^f,55 en monnaie de bronze? — **S.** 12^f,55 en monnaie de bronze pèsent 1255^g. Or, sur 100^g de l'alliage, il y a 4^g d'étain. Donc, sur 1^g d'alliage, il y a 0^g,04 d'étain; et, sur 1255^g, il y a 0^g,04 $\times$ 1255, c-à-d 50^g,20.

E. 12. On vend 7452^{ca},3 d'un terrain de 19^{Ha},76. Que garde-t-on? — **S.** 1976^a — 74^a,523, c-à-d 1901^a,477.

---

103. — Monnaies étrangères.

Question. Quelle est, en *Allemagne*, l'unité de monnaie? — **Réponse.** En *Allemagne*, l'unité est le **reichsmark**[a], qui vaut 1^f,2345. Il se partage en 100 **pfennig**[b].

Q. Et en *Angleterre?* — **R.** En *Angleterre*, l'unité est la **livre sterling**, qui vaut 25^f,2213. Elle se par-

[a] Le *reichs-mark* est une monnaie de *compte*. Il en est de même de la *livre sterling.*

[b] Les valeurs que nous donnons ici pour les monnaies étrangères sont les *valeurs exactes*, celles qui figurent dans l'*Annuaire du Bureau des longitudes*, et qui ont été fournies à cet ouvrage par l'administration même de la *Monnaie de Paris.*

tage en **20 shillings**, et le *shilling* en **12 pence** [a].

Q. Et en *Autriche-Hongrie?* — **R.** En *Autriche-Hongrie*, l'unité est le **florin**, qui vaut 2^f,4691. Il se partage en **100 kreutzers**.

Q. Et en *Danemark?* — **R.** En *Danemark*, en *Suède* et en *Norvège*, l'unité est le **krone**, qui vaut 1^f,3888. Il se partage en **100 ores**.

Q. Et en *Turquie?* — **R.** En *Turquie*, l'unité est la **piastre**, qui vaut 0^f,2278.

Q. Et en *Hollande?* — **R.** En *Hollande*, l'unité est le **florin**, qui vaut 2^f,10. Il se partage en **100 cents**.

Q. Et en *Portugal?* — **R.** En *Portugal* et au *Brésil*, l'unité est le **milreïs**, qui vaut 5^f,60. Le *milreïs* se partage en **1000 reïs**.

Q. Et aux *Etats-Unis?* — **R.** Aux *Etats-Unis*, l'unité est le **dollar**, qui vaut 5^f,1825. Il se partage en **100 cents** [b].

Q. Et en *Russie?* — **R.** En *Russie*, l'unité est le **rouble**, qui vaut 4^f. Il se partage en **100 kopecks**.

Q. Certains pays n'ont-ils pas les mêmes monnaies d'*or* et d'*argent?* — **R.** La *France*, la *Belgique*, la *Grèce*, l'*Italie* et la *Suisse* ont les mêmes monnaies d'or et d'argent. Il en sera bientôt de même de l'*Espagne* [c].

Q. Quels sont les divers noms étrangers du *franc?* — **R.** Le *franc* se nomme *lire* en Italie, *drachme* en Grèce, et, en Espagne, *peseta* [d].

[a] *Pence* est le pluriel de *penny*. Le *penny* anglais se rencontre fréquemment en France : il semble identique à notre *gros sou*.

[b] Dans la conversation, quand on parle des *monnaies étrangères*, on remplace leurs *valeurs exactes* par les *nombres ronds* les plus voisins. On regarde, par exemple, le *marc* allemand, le *florin* de Hollande, le *dollar* des Etats-Unis comme valant respectivement 1^f,25; 2^f; 5^f.

[c] Certaines pièces d'argent, celles notamment de l'Espagne et du Chili, ont mêmes dimensions, même composition et même poids que les monnaies d'argent françaises. Néanmoins, elles ne sont point admises à circuler en France. Si on en reçoit une, il faut la porter à un changeur, qui rembourse, en monnaie française, la valeur du métal de la pièce. Présentement une pièce de 5^f du Chili ne vaut guère que 3^f,70. Ce prix est d'ailleurs essentiellement *variable*. — La France, la Belgique, la Grèce, l'Italie et la Suisse forment une *union monétaire*, qu'on appelle souvent l'*union latine*.

[d] Originairement, les mots *lire, drachme* et *peseta* désignaient tous

p. 138 **Exercice 1.** Que valent en *francs* 15 000 *marks* ? — **Solution.** 1^f,2345 $\times$ 15 000, c-à-d 18 517^f,50.

E. 2. Combien de *pence* dans 1 *livre sterling* [a] ? — **S.** 12 $\times$ 20, c-à-d 240 *pence*.

E. 3. Évaluez en *centimes* la valeur du *kreutzer*. — **S.** 2^f,4 : 100, c-à-d 0^f,024, ou 2^c,4.

E. 4. Combien de *dollars* pour payer 2 590^f ? — **S.** Autant qu'il y a de fois 5^f,1825 dans 2 590^f, c-à-d 499,75.

E. 5. Combien de *litres* dans un *setier*? — **S.** Le *boisseau* vaut 13^l; le *setier* vaut 12 boisseaux [b], c-à-d 13$^l \times$ 12, ou 156^l.

E. 6. Calculez (74,87 + 0,849) $\times$ 8,4. — **S.** 636,0396.

E. 7. Divisez $\frac{6}{11}$ par $\frac{3}{44}$. — **S.** Le *quotient* est 8.

E. 8. Trouvez le *ppcm* de 1073, 1247 et 1943. **S.** 3 091 313.

E. 9. Combien de *millimètres* dans 1 *pouce*? — **S.** La toise contient 1949^{mm}. Le pied en contient $\frac{1949}{6}$; et le pouce $\frac{1949}{6 \times 12}$, c-à-d 27^{mm},0.

E. 10. Que pèsent 7^f,45 en monnaie de *bronze*? — **S.** 745^g.

E. 11. *Six* cravates [c] coûtent 1^f,95. Que coûtent 23 cravates? — **S.** 1 cravate coûte $\frac{1^f,95}{6}$, et 23 cravates coûtent $\frac{1^f,95 \times 23}{6}$, c-à-d 7^f,475.

E. 12. Une caisse de pâtes d'Italie [d] pèse brut 0^Q,978.

des *poids*. — Chez nous, le mot *livre* désignait aussi tantôt un *poids*, tantôt une *monnaie*. Chacune de ces acceptions s'est conservée. On désigne encore le *demi-kilogramme* par le mot *livre*; et l'on dit très souvent 10 000 *livres* de rente pour 10 000 francs de rente.

[a] Nous avons dit que la *livre sterling* est une monnaie de *compte*. Elle est représentée comme monnaie *effective* par le *souverain*, pièce d'or qui pèse 7^g,988 et vaut 25^f,22.

[b] Le fabricant de *boisseaux*, c-à-d de mesures de capacité en *bois*, se nomme *boisselier*, et son métier, son commerce se nomment *boissellerie*. — Celui qui fabrique ou vend des *balances* et des *poids* se nomme *balancier*.

[c] Les *cravates* se vendent surtout dans les magasins de *nouveautés*. On désigne, sous ce nom, les magasins où l'on vend des étoffes de toute nature, du blanc, de la lingerie, etc., etc. La plupart de ces magasins tiennent aussi des vêtements de dames, tout confectionnés.

[d] On comprend, sous le nom de *pâtes d'Italie*, le macaroni, le vermicelle, les étoiles, les nouilles, les lazagnes, etc., etc. Ces pâtes se

La tare est de 13^{Kg},9. Dites le poids net des pâtes? —
S. 97^{Kg},8 — 13^{Kg},9, c-à-d 83^{Kg},9.

---

104. — Autres mesures étrangères.

Question. Que savez-vous sur le *système métrique* à l'étranger? — **Réponse.** Pour les mesures autres que les monnaies, le *système métrique* est soit obligatoire, soit facultatif[a] dans la plupart des Etats de l'Europe et de l'Amérique.

Q. Quelles sont, en *Angleterre*, les principales unités? — **R.** En *Angleterre*, où le système métrique n'est que facultatif, l'unité de longueur est le **yard impérial**, qui vaut 0^m,914 : il se partage en 3 *pieds* et le pied en *12 pouces;* — l'unité de superficie est le **yard carré**; — l'unité de capacité est le **gallon impérial**, qui vaut 4^l,543; — l'unité de poids est la **livre troy impériale**, qui vaut 373^g,241, et qui se partage en *12 onces*[b].

Q. Quelle est, en *Turquie*, l'unité de longueur? — **R.** En *Turquie*, où le système métrique n'est que facultatif, l'unité de longueur est l'**archinne**, qui vaut 0^m,757 et qui se partage en 24 *pouces;* — on emploie aussi, pour les étoffes, l'**endazé** ou **pic**, qui vaut 0^m,680.

Q. Quelle est, en *Russie*, l'unité de longueur? — **R.** En *Russie*, où le système métrique n'est pas admis[c],

fabriquent avec des œufs et de la farine. On en fait beaucoup en Italie, de là leur nom de *pâtes d'Italie*.

[a] Il finira, sans doute, par devenir *facultatif*, puis *obligatoire*, dans tous les pays du monde.

[b] Dans les mesures non décimales, la division par 12 revient constamment, et, il faut l'avouer, elle a de grands avantages : elle permet de prendre exactement la *moitié*, le *tiers*, le *quart*, le *sixième* de l'unité principale.

[c] La Russie n'a pas admis non plus le calendrier *grégorien*. On s'y sert encore du calendrier *julien*. Aussi nos *dates* sont-elles en *avance* de 12 jours sur celles du calendrier *russe*. Le jour qui s'appelle le 15 mars en France s'appelle le 3 mars en Russie. Le calendrier *julien* et le calendrier *grégorien* se nomment parfois le *vieux style* et le *nouveau style*.

l'unité de longueur est la **sagène**, qui vaut $2^m,133$: elle se partage en 3 *archinnes,* et l'archinne en 16 *verchocs.*

Q. Quelles sont les principales mesures *itinéraires* autres que le kilomètre? — **R**. Les principales *mesures itinéraires,* p. 139 autres que le kilomètre, sont : le **mille**[a] **anglais**, qui vaut 1760 *yards,* et la **werst russe**, qui vaut 500 *sagènes*[b].

Exercice 1. Combien de *mètres* dans 1945 *yards?* — **Solution**. $0^m,914 \times 1945$, c-à-d $1777^m,730$.

E. 2. Combien de *sagènes* dans 1^{Km}? — **S**. Autant qu'il y a de fois $2^m,133$ dans 1000^m, c-à-d 468,8.

E. 3. Combien de *litres* dans 96 *gallons?* — **S**. $4^l,543 \times 96$, c-à-d $436^l,128$.

E. 4. Faites le *cube* de 0,002. — **S**. 0,000 000 008[c].

E. 5. Multipliez $\frac{7}{8}$ par $\frac{4}{35}$. — **S**. $\frac{1}{10}$.

E. 6. Le nombre 9 946 est-il *divisible* par 4? — **S**. Non, parce que 46 n'est pas *divisible* par 4.

E. 7. Que valent $7^{Kg},34$ de monnaie de *bronze?* — **S**. 7340^c, c-à-d $73^f,40$.

E. 8. Un fonctionnaire portugais gagne par an 1 100 000 *reïs*[d]. Combien de *francs?* — **S**. 1 100 000 *reïs* font 1 100 milreïs, et valent $5^f,60 \times 1100$, c-à-d 6160^f.

E. 9. Que vaut 1^Q de monnaie d'*or?* — **S**. $1^Q = 100 000^g$.

[a] Parmi les mesures *itinéraires,* on retrouve fréquemment le mot *mille :* il y a le *mille* anglais, le *mille* allemand, le *mille* de Piémont, etc., etc. Le *mille marin* vaut 1852^m. Primitivement, le mot *mille* a désigné une longueur de *mille* pas. Les Romains comptaient par *milles;* sur leurs routes, de *mille* en *mille,* se trouvait une borne dite borne *milliaire.* — Dans l'acception de mesure *itinéraire,* le mot *mille* prend un *s* au pluriel.

[b] Les *mesures topographiques* les plus employées à l'étranger sont : la *lieue marine carrée,* de 20 au degré, qui vaut $30^{Kmq},8766$; le *mille marin carré,* de 60 au degré, qui vaut $3^{Kmq},4307$; le *mille anglais carré,* qui vaut $2^{Kmq},5899$.

[c] Cet exemple montre très bien que les puissances d'un nombre très petit sont beaucoup plus petites que ce nombre.

[d] Plus l'unité de monnaie est faible, plus il faut un grand nombre pour exprimer une même somme. Faites exprimer une même somme, $10 000^f$, par exemple, en *livres sterling,* en *dollars,* en *marks,* en *reïs,* vous obtiendrez des nombres de plus en plus grands.

Or 1^g de monnaie d'or vaut $3^f,10$. Donc 1^Q vaut $3^f,10$ $\times 100\,000$, c-à-d $310\,000^f$.

E. 10. Un bloc de marbre a un volume de $1^{mc},047$. Sa densité est 2,80. Trouvez son poids. — **S.** $1^T,047 \times 2,80$, c-à-d $2^T,9316$.

E. 11. Combien fallait-il de *liards* pour faire 58 *livres tournois?* — **S.** Il y a 80 liards dans une *livre tournois.* Dans 58 livres, il y a 80×58, c-à-d 4 640 liards.

E. 12. La livre de chicorée[a] vaut $0^f,26$. Combien en aura-t-on de kilogrammes pour $19^f,60$? — **S.** 1^{Kg} vaut $0^f,26 \times 2$, c-à-d $0^f,52$. On aura autant de kilogrammes qu'il y a de fois $0^f,52$ dans $19^f,60$, c-à-d $37^{Kg},692$.

CHAPITRE VIII

LES NOMBRES COMPLEXES

—

105. — Définition et conversion.

Question. Qu'appelle-t-on *nombres complexes?* — **Réponse.** On appelle **nombres complexes** les nombres dont les différentes parties ne sont pas de *dix* en *dix* fois plus grandes ou plus petites.

Q. Donnez des exemples. — **R.** $3^h 8^m 15^s$ est un *nombre complexe*. Il en est de même de $4^{toises} 5^{pieds} 9^{pouces}$.

Q. Autrefois, employait-on souvent les *nombres complexes?* — **R.** Avant le système métrique, les nombres complexes étaient d'un continuel usage. Présentement on les emploie quelquefois encore, principalement dans la mesure du temps[b].

Q. Peut-on exprimer un *nombre complexe* à l'aide de la plus petite unité? — **R.** Un *nombre complexe* étant exprimé

[a] La *chicorée* qu'on mêle au café n'est autre chose que la racine, torréfiée et pulvérisée, de la *petite chicorée* dont les feuilles se mangent en salade.

[b] Et aussi, comme nous le verrons en géométrie, dans la mesure des *angles* et des *arcs*.

à l'aide de plusieurs unités, on peut toujours l'exprimer à l'aide de la plus petite de ces unités.

p. 140 **Q.** Donnez un exemple. — **R.** Ainsi 4^{toises} 5^{pieds} 9^{pouces} 7^{lignes} peut s'exprimer en *lignes* [a].

Q. Comment se fait cette *conversion ?* — **R.** Cette conversion se fait par le procédé que nous avons indiqué pour convertir en *secondes* une durée exprimée en *heures, minutes* et *secondes*.

Q. Comment peut-on exprimer un *nombre complexe* qui ne présente qu'une seule unité? — **R.** Un *nombre complexe* étant exprimé à l'aide d'une seule unité, on peut toujours l'exprimer à l'aide de cette unité et des unités supérieures.

Q. Donnez un exemple. — **R.** Ainsi le nombre $10\,928^{lignes}$ peut s'exprimer en *toises, pieds, pouces* et *lignes*.

Q. Comment se fait cette *conversion ?* — **R.** Cette conversion se fait par le procédé que nous avons indiqué pour convertir, en *heures, minutes* et *secondes*, une durée quelconque exprimée en secondes [b].

Exercice 1. Réduisez en *pouces* 2^{toises} 3^{pieds} 4^{pouces}. — **Solution.** 184^{pouces}.

E. 2. Combien de *toises, pieds, pouces* et *lignes* dans 10 000 lignes? — **S.** 11^{toises} 3^{pieds} 5^{pouces} 4^{lignes}.

E. 3. Réduisez en *pence* $3^{livres\ st.}$ $2^{shillings}$ 6^{pence}. **S.** 750^{pence}.

E. 4. Combien de *livres* [c], *shillings* et *pence* dans 4628^{pence}? — **S.** $19^{l.\ st.}$ $5^{sh.}$ 8^{pence}.

E. 5. Combien d'*heures* dans le mois de février [d] d'une année *bissextile ?* — **S.** $24^{h} \times 29$, c-à-d 696^{h}.

[a] Dans un nombre *complexe*, on doit indiquer toutes les unités, et ne mettre de *virgule* que devant les *dixièmes*, s'il y en a, de la plus petite unité.

[b] Comme nous l'avons dit précédemment, les *conversions* que nous avons indiquées pour le *temps* sont les *types* de toutes les *conversions* qui se peuvent présenter dans les *nombres complexes*.

[c] Lorsque le mot *livre* est suivi soit du mot *shilling*, soit du mot *pence*, il s'agit toujours de la *livre sterling*.

[d] Le mois de février est le seul des 12 mois dont le nombre de jours varie. Il a 28ʲ dans les années *communes*, 29 dans les années *bissextiles*. Cet usage date des *Romains*. Ceux-ci, dans les années *bissextiles*, comptaient *deux fois* (*bis*) le jour de février qu'ils appelaient le *sixième* (*sextus*) avant les calendes de mars. De là le mot *bissextile*.

E. 6. Effectuez $(36,428 + 75,9) : 42,3.$ — **S.** 2,65.

E. 7. Retranchez 17 *vingtièmes* de 29 *trentièmes*. — **S.** $\frac{7}{60}$.

E. 8. Trouvez le *ppcm* de 570 et 760. — **S.** 2280.

E. 9. Combien le *kopeck* vaut-il de *centimes?* — **S.** $4^f : 100,$ c-à-d 4^c.

E. 10. Quel poids d'or pur dans une pièce de 100^f. — **S.** Une pièce de 100^f pèse $32^g,258$. Or, sur 1^g d'alliage, il y a $0^g,9$ d'or pur. Le poids de l'or pur est donc $0^g,9 \times 32,258$, c-à-d $29^g,0322$ [a].

E. 11. Un arrosoir a une capacité de $1^{Dl},92$. Dites le poids de l'eau qui le remplit. — **S.** Le volume de cette eau est de $19^l,2$; son poids, de $19^{Kg},2$.

E. 12. Combien de *jours* dans un *milliard* de *secondes?* — **S.** Ce problème revient à convertir $1.000.000.000^s$ en *jours, heures, minutes et secondes*. On trouve $11\,574^j$ $1^h\,46^m\,40^{s}$ [b].

---

106. — Addition et soustraction.

Question. Comment *additionne-t-on* les nombres complexes? — **Réponse.** Pour *additionner* plusieurs *nombres complexes*, on les écrit les uns sous les autres, de façon que les mêmes parties se correspondent, puis on additionne en faisant à chaque fois les retenues convenables.

Q. Donnez un exemple. — **R.** Soient les nombres ci-contre. Je dis 5 et 6... 11 : j'écris 1 et retiens 1 ; puis 4 et 5... 9, et 1... 10 : j'écris seulement 4 et retiens 6 dizaines de secondes, c-à-d 1^m; je continue : 5 et 8... 13, et 1... 14 : j'écris 4 et retiens 1 ; 2 et 4... 6, et 1... 7 : j'écris 1 et retiens 6 dizaines de minutes, c-à-d 1^h. Et ainsi de suite [c].

$$3^h\ 25^m\ 45^s$$
$$16^h\ 48^m\ 56^s$$
$$\overline{20^h\ 14^m\ 41^s}$$

p. 141

Q. Comment fait-on la *soustraction?* — **R.** Pour *retran-*

---

[a] On peut remarquer que, pour prendre les 9 *dixièmes* d'un nombre, il suffit de prendre ce nombre et d'en retrancher le *dixième*.

[b] Cette durée est de plus de 31 ans!

[c] On le voit bien sur cet exemple, cette *addition* ne diffère de l'*addition* ordinaire que par la nature des *retenues*.

cher un nombre complexe d'un autre, on écrit le premier sous le second, de façon que les mêmes parties se correspondent, puis on opère par la méthode de compensation.

Q. Donnez un exemple. — **R.** Soient les nombres ci-contre. Je dis 3 ôtés de 5... 2. Ne pouvant ôter 4 de 3, à ce 3 j'ajoute 6 dizaines de secondes, et je retranche 4 de 9 : il reste 5.

$$6^h \ 18^m \ 35^s$$
$$4^h \ 26^m \ 43^s$$
$$\overline{1^h \ 51^m \ 52^s}$$

Ayant ajouté en haut 6 dizaines de secondes, j'ajoute en bas, pour compenser, 1^m et je dis 7 de 8... 1. Et ainsi de suite [a].

Exercice 1. Ajoutez $3^h \ 9^m \ 13^s,8$ et $7^h \ 4^m \ 58^s,7$. — **Solution.** $10^h \ 14^m \ 12^s,5$.

E. 2. Retranchez $5^h \ 45^m \ 56^s$ de $6^h \ 8^m \ 9^s$. — **S.** $22^m 13^s$.

E. 3. Ajoutez $4^{toises} \ 5^{pieds} \ 9^{pouces}$ et $3^{toises} \ 2^{pieds} \ 7^{pouces}$. — **S.** $8^{toises} \ 2^{pieds} \ 4^{pouces}$.

E. 4. Retranchez $4^{pieds} \ 7^{pouces} \ 8^{lignes}$ de $2^{toises} \ 3^{pieds}$. — **S.** $1^{toise} \ 4^{pieds} \ 4^{pouces} \ 4^{lignes}$.

E. 5. Combien de *gros* dans $4^{livres} \ 6^{onces} \ 8^{gros}$? **S.** 568^{gros}.

E. 6. Dites le *carré* de 0,001. — **S.** 0,000 001 [b].

E. 7. Additionnez $\frac{1}{3}, \frac{2}{4}, \frac{3}{6}$. — **S.** $\frac{4}{3}$.

E. 8. Deux nombres entiers suivent immédiatement deux *multiples* de 19. Que savez-vous sur leur *différence* ? — **S.** Elle est un *multiple* de 19 [c].

E. 9. Une masse de plomb [d] pèse $42^{Kg},48$. La densité est 11,35. Trouvez le volume. — **S.** 1^{dmc} de plomb

[a] Cette *soustraction* ne diffère aussi de la *soustraction* ordinaire que par la nature des *retenues*. Comme ces *retenues* n'ont pas une grandeur constante, l'addition et la soustraction des nombres complexes demandent toujours une assez grande attention.

[b] Faites encore remarquer aux élèves que le carré de un *millième* est beaucoup plus petit que un *millième*.

[c] En effet, si l'on diminue chacun de ces nombres d'une *unité*, on n'en change pas la *différence* et on obtient deux *multiples* de 19. La *différence* des nombres donnés étant égale à la *différence* de deux *multiples* de 19 est elle-même un *multiple* de 19.

[d] Le *plomb* est un métal très lourd, qui se raie et se coupe facilement. Fraîchement coupé, il est très brillant et d'un blanc bleuâtre, mais il se ternit vite quand il est exposé à l'air. On l'emploie à des usages très variés, notamment à la couverture des maisons, à la fabrication des balles de fusil et à celle des tuyaux de conduite pour l'eau et pour le gaz.

pèse 11^{Kg},35. Le volume contient donc autant de *déci-mètres cubes* qu'il y a de fois 11^{Kg},35 dans 42^{Kg},48. Le volume est donc 3^{dmc},742.

E. 10. Combien de *semaines* dans un *mois?* — **S.** 4, plus un reste moindre que 4^{j}.

E. 11. Quel poids de cuivre[a] dans 67 pièces de 1^f? — **S.** Ces pièces pèsent 335^g. Sur 1^g de l'alliage, il y a 0^g,165 de cuivre. Donc, sur 335^g, il y en a 0^g,165 $\times$ 335, c-à-d 55^g,275.

E. 12. Exprimez en *myriamètres cubes*[b] le volume de la lune qui est de 22 105 740 000^{Kmc}. — **S.** 22 105 740^{Mmc}.

---

107. — Multiplication et division.

Question. Comment *multiplie*-t-on un nombre complexe par un multiplicateur d'un chiffre? — **Réponse.** Pour *multiplier* un nombre complexe par un multiplicateur d'un chiffre, on multiplie successivement par ce chiffre toutes les parties de ce nombre, en faisant les retenues convenables.

Q. Donnez un exemple? — **R.** Soit la multiplication ci-contre. Je dis : 3 fois 6... 18 : j'écris 8 et retiens 1. Puis, 3 fois 5... 15, et 1... 16 : j'écris 4 et retiens 12 dizaines de secondes, c-à-d 2^m. Puis 3 fois 3... 9, et 2... 11. Et ainsi de suite[c].

$$3^h\ 43^m\ 56^s\ \text{p. }142$$
$$3$$
$$\overline{11^h\ 11^m\ 48^s}$$

Q. Comment *divise*-t-on par un diviseur d'un chiffre? — **R.** Pour *diviser* un nombre complexe par un diviseur

[a] Le *cuivre* est un métal rougeâtre, très ductile et très malléable. C'est, après le fer, le plus utile de tous les métaux. On l'emploie *pur* à la fabrication des casseroles, des chaudières, des alambics, des fils électriques. *Allié* à d'autres métaux, il donne des alliages très connus, par exemple, le *bronze*, le *laiton* ou cuivre jaune, le *similor*, le *maillechort*.

[b] Le *myriamètre cube* est un volume énorme. Cet exercice nous montre cependant qu'il en faut un nombre immense pour représenter le volume de la *lune*.

[c] Cette *multiplication* ne diffère encore de la *multiplication* ordinaire que par la nature des *retenues*. Nous allons voir qu'il en est de même de la *division* des nombres complexes.

d'un chiffre, on prend la partie aliquote de ce nombre indiquée par ce chiffre [a].

Q. Donnez un exemple. — **R.** Soit à divi- $36^h\ 24^m\ 12^s$
ser par 5 le nombre ci-contre. Je dis le cin- $7^h\ 16^m\ 50^s$
quième de 36 est 7 pour 35 : j'écris 7 et retiens
1^h, qui vaut 6 dizaines de minutes. Puis, 6 et 2... 8 ; le cinquième de 8 est 1 pour 5 : j'écris 1 et retiens 3. Et ainsi de
suite [b].

Q. Que fait-on quand le calcul est trop difficile ? — **R.** Lorsqu'il est trop difficile d'opérer sur les nombres complexes eux-mêmes, on les convertit en leurs plus petites parties.

Q. Donnez un exemple. — **R.** Pour diviser $25^h\ 18^m$ par $13^h\ 27^m$, on réduit ces deux nombres en minutes, puis on fait la division : le quotient est un nombre abstrait [c].

Exercice 1. Dites le *triple* de $7^h\ 48^m\ 35^s,8$. — **Solution.** $23^h\ 25^m\ 47^s,4$.

E. 2. Dites le *quart* de $9^h\ 53^m\ 25^s,4$. — **S.** $2^h\ 28^m\ 21^s,35$.

E. 3. Dites le *double* de $2^{toises}\ 5^{pieds}\ 6^{pouces}$. — **S.** $5^{toises}\ 5^{pieds}$.

E. 4. Dites le *sixième* de $3^{toises}\ 4^{pieds}\ 3^{pouces}\ 6^{lignes}$. — **S.** $3^{pieds}\ 8^{pouces}\ 7^{lignes}$.

E. 5. Calculez $4\,924,7 - 28,35 - 4,946$. **S.** $4\,891,404$.

E. 6. Quelle est la plus grande des fractions $\frac{18}{51}$ et $\frac{29}{85}$? — **S.** La première.

E. 7. Que savez-vous sur les nombres *divisibles* séparément par 13 et par 17 ? — **S.** Ils sont *divisibles* par le produit 221 de ces deux nombres, parce que 13 et 17 sont premiers entre eux [d].

[a] La *multiplication* et la *division* sur les *nombres complexes* ne s'effectuent facilement que quand le *multiplicateur* ou le *diviseur* est un nombre entier d'un seul chiffre.

[b] Certains problèmes demandent à la fois une *multiplication* et une *division* analogues aux précédentes. Tel est celui-ci : *trouvez les trois cinquièmes d'une durée de* $13^h\ 28^m\ 42^s$.

[c] Ce nombre abstrait n'est autre chose que le *rapport* des deux durées données.

[d] Ainsi, pour qu'un nombre soit *divisible* par 221, il faut et il suffit qu'il soit *divisible* séparément par 13 et par 17.

E. 8. L'eau qui remplit un verre à boire pèse 18^{Dg},36. Dites la capacité de ce verre[a]. — **S.** 18^{Dg},36 = 183^{g},6. La capacité est donc de 183^{cmc},6.

E. 9. Combien de *jours* dans les 6 premiers mois[b] de l'année? — **S.** $31 + 28 + 31 + 30 + 31 + 30$, c-à-d 181 dans une année *commune*; 182 dans une année *bissextile*.

E. 10. Que pèsent ensemble 13 *livres anciennes?* — **S.** 489^{g},51 $\times$ 13, c-à-d 6363^{g},63, ou 6^{Kg},36363.

E. 11. Combien de *yards* dans 53^{m},57? — **S.** Autant qu'il y a de fois 0^{m},914 dans 53^{m},57, c-à-d 58,61.

E. 12. Un train part de Dijon à 9^{h} 20^{m} du matin et arrive à Belfort[c] à 5^{h} 10^{m} du soir. Combien dure le trajet? — **S.** $(12^{h} - 9^{h} 20^{m}) + 5^{h} 10^{m}$, ç-à-d 2^{h} 40^{m} $+ 5^{h} 10^{m}$, ou 7^{h} 50^{m}.

---

[a] Il faut rappeler aux élèves, toutes les fois qu'on en trouve l'occasion, la relation qui existe entre le *poids* et le *volume* de l'eau.

[b] Les *six* premiers mois de l'année composent ce qu'on appelle le *premier semestre* de l'année. Ce premier *semestre* est toujours moins long que le second, dont la durée constante est de 184j.

[c] *Dijon* est une grande et belle ville, autrefois capitale de la province de *Bourgogne*, présentement *chef-lieu* du département de la *Côte-d'Or*. *Belfort* est une petite ville, bien fortifiée, sur la frontière d'*Allemagne*. Elle est le *chef-lieu* de ce qu'on appelle le *territoire de Belfort*.

LIVRE V

LES PROBLÈMES USUELS

—

CHAPITRE PREMIER

RÈGLES DE TROIS

—

108. — Quantités proportionnelles.

Question. Dans quel cas deux quantités sont-elles *directement proportionnelles?* — **Réponse.** Deux *quantités* sont **directement proportionnelles** lorsque, l'une devenant 2, 3, 4, ... fois *plus grande* ou *plus petite*, l'autre devient en même temps 2, 3, 4, ... fois *plus grande* ou *plus petite*.

Q. Donnez un exemple. — **R.** Le prix et la longueur de la toile qu'on achète sont deux quantités *directement proportionnelles* : il faut payer 2, 3, 4 ... fois plus pour une longueur double, triple, quadruple [a], ...

Q. Que savez-vous sur les nombres *abstraits* qui expriment les valeurs correspondantes de ces quantités? — **R.** Les nombres *abstraits* qui expriment les valeurs correspondantes de deux quantités *directement proportionnelles* ont un *rapport constant* [b].

---

[a] Le *prix* d'un terrain est *proportionnel* à son *étendue;* le *prix* d'un tas de blé, à son *volume;* le *prix* du pain, à son *poids.* — On rencontre à chaque instant, dans la pratique, des quantités qui sont *directement proportionnelles* à d'autres.

[b] Cette propriété qu'a ce *rapport* d'être *constant* est de la plus haute importance : elle est, comme on le verra, le fondement d'une des méthodes qu'on emploie pour résoudre les *règles de trois* simples et directes.

Q. Démontrez-le. — **R.** En effet, si l'un de ces nombres devient, par exemple, 2 fois plus grand, l'autre devient aussi 2 fois plus grand : leur *rapport* n'est pas changé.

Q. Dans quel cas deux quantités sont-elles *inversement proportionnelles?* — **R.** Deux *quantités* sont **inversement proportionnelles** [a] lorsque, l'une devenant 2, 3, 4, ... fois *plus grande* ou *plus petite*, l'autre devient en même temps 2, 3, 4, ... fois *plus petite* ou *plus grande*.

Q. Donnez un exemple. — **R.** Le temps et le nombre d'ouvriers nécessaires pour moissonner un champ sont deux quantités *inversement proportionnelles*. Si l'on prend 2, 3, 4, ... fois plus d'ouvriers, il faudra 2, 3, 4, ... fois moins de temps[b].

Q. Que savez-vous sur les nombres *abstraits* qui expriment les valeurs correspondantes de ces quantités? — **R.** Les p. 144 nombres *abstraits* qui expriment les valeurs correspondantes de deux quantités *inversement proportionnelles* ont un *produit constant* [c].

Q. Démontrez-le. — **R.** En effet, si l'un de ces nombres devient, par exemple, 3 fois plus grand, l'autre devient, au contraire, 3 fois plus petit : leur *produit* n'est pas changé.

> **Exercice 1.** A quoi est *proportionnel* le poids du foin [d] que consomment plusieurs chevaux en un jour? — **Solution.** Au nombre de ces chevaux.
>
> **E. 2.** A quoi est *inversement proportionnel* le nombre des

(a) *Quand on parle de quantités directement proportionnelles,* on supprime souvent, sans inconvénient, l'adverbe *directement*. Quand on parle de quantités *inversement proportionnelles,* au contraire, il ne faut jamais oublier l'adverbe *inversement*.

(b) Lorsqu'on met en tonneaux le vin d'une récolte, il est évident que, si l'on prend des tonneaux 2, 3, 4,... fois *plus petits*, on devra prendre un nombre de tonneaux 2, 3, 4,... fois *plus grands*.

(c) Cette propriété qu'a ce produit d'être *constant* est encore de la plus haute importance : elle sert de fondement à l'une des méthodes qu'on emploie pour résoudre les *règles de trois* simples et inverses.

(d) On donne le nom de *foin* aux herbes fauchées et séchées qu'on emploie à la nourriture des chevaux et des bestiaux. Du mot *foin* sont venus *fanage, faner, faneur, fenaison, fanaison,* qui se rapportent tous à la récolte des foins. — Le *sainfoin* est un fourrage excellent, fourni par un genre particulier de *légumineuses papilionacées*.

moellons [a] tous de même poids, que peut porter un wagon [b] ? — **S.** Au poids d'un moellon.

E. 3. Les nombres 1, 3, 7 sont-ils *proportionnels* à 13, 39, 91 ? — **S.** Oui, car $\dfrac{13}{1} = \dfrac{39}{7} = \dfrac{91}{7}$.

E. 4. Les nombres 2, 3, 4 sont-ils *inversement proportionnels* à 18, 12, 9 ? — **S.** Oui, car on a $2 \times 18 = 3 \times 12 = 4 \times 9$.

E. 5. Calculez avec 4 décimales le *quotient* de 37,9 par 428,3. — **S.** 0,0884.

E. 6. Effectuez $(46,72 - 33,89) \times 4,256$.
S. 54,60448.

E. 7. Réduisez à sa *plus simple expression* $\dfrac{69115}{460230}$. —
S. $\dfrac{601}{4002}$.

E. 8. Le nombre 4369 est-il *divisible* par 3 ? — **S.** Non, car la somme de ses chiffres n'est pas divisible par 3 [c].

E. 9. Il faut pour lire un livre 3 séances de $2^h 57^m$. En tout, combien de *minutes* ? — **S.** $177^m \times 3$, c-à-d 531^m.

E. 10. Un lingot [d] d'or pur a un volume de $5^{cmc},2$ et pèse $1001^{dg},52$. Quelle est sa densité ? — **S.** Le même volume d'eau pèse $5^g,2$. La densité est donc $100^g,152 : 5,2$, c-à-d 19,26.

E. 11. Un train partant de Paris à $7^h 50^m$ du matin arrive à Valenciennes [e] à $1^h 24^m$ du soir. Dites la durée du trajet. — **S.** $(12^h - 7^h 50^m) + 1^h 24^m$, c-à-d $5^h 34^m$.

E. 12. Un tonneau vide pèse $14^{Kg},56$ et a une capacité de $22^{Dl},87$. Que pèse-t-il plein d'eau ? — **S.** $14^{Kg},56 + 228^{Kg},7$, c-à-d $243^{Kg},26$.

(a) On donne le nom de *moellons* aux pierres, autres que les *pierres de taille*, qu'on emploie dans les constructions.

(b) Le mot *wagon* désigne, sur les chemins de fer, tous les véhicules ou voitures employé au transport soit des voyageurs, soit des marchandises. *Wagon* est un mot d'origine anglaise, mais on le prononce à la française, comme si sa première était, non pas un *w*, mais simplement un *v*.

(c) 17 est le plus petit nombre *premier* qui divise 4369.

(d) On nomme *lingot* un bloc, petit ou gros, de métal fondu. On nomme *lingotière* le récipient, le moule, où on coule le métal fondu.

(e) *Valenciennes* est une ville du département du *Nord*.

109. — Règle de trois simple et directe.

Question. Donnez l'énoncé d'une *règle de trois* simple et directe. — **Réponse.** « 4^m *de toile coûtent* 6^f,60. *Combien* 13^m *coûteront-ils?* » — Ce problème est une **règle** [a] **de trois** *simple* et *directe.*

Q. Comment *résout*-on ce problème? — **R.** Pour le résoudre, on dit : 4^m de toile coûtent 6^f,60; 1^m coûte 4 fois moins, c-à-d $\frac{6,60}{4}$; 13^m coûtent 13 fois plus que 1^m, c-à-d $\frac{6.60 \times 13}{4}$. En effectuant le calcul, on trouve 21^f,45.

Q. Pourquoi ce problème se nomme-t-il *règle de trois?* — **R.** Ce problème se nomme *règle de trois*, parce que les données qui y figurent sont juste au nombre de *trois.* Cette règle p. 145 de trois est *simple*, parce qu'il ne s'y rencontre que *deux* espèces de quantités : des prix et des longueurs [b]. Elle est *directe*, parce que la longueur de la toile et le prix qu'on la paie sont deux quantités *directement proportionnelles.*

Q. Comment se nomme la *méthode* qu'on a suivie? — **R.** La *méthode* que nous avons suivie se nomme *méthode* **de réduction à l'unité** : elle consiste, dans le cas actuel, à déterminer d'abord le prix d'un seul mètre de toile [c].

Q. Peut-on résoudre ce même problème par une autre *méthode?* — **R.** On peut résoudre le même problème, en employant une seconde *méthode* fondée sur les propriétés des quantités *directement proportionnelles.*

Q. Appliquez cette seconde *méthode?* — **R.** Pour appliquer cette seconde méthode, appelons x le prix cherché. Comme les

---

[a] Dans *règle de trois*, le mot *règle* n'a plus son sens habituel, puisque cette expression *règle de trois* désigne un certain genre de problèmes. — Nous avons déjà dit qu'autrefois on désignait souvent les *opérations* sous le nom de *règles*, et que les quatre *opérations fondamentales* de l'arithmétique s'appelaient les quatre *règles.*

[b] Quand il y a plus de deux espèces de quantités, le problème se nomme *règle de trois composée.*

[c] Cette méthode est la plus simple et la plus naturelle qui existe. C'est celle que les enfants comprennent le mieux; aussi est-ce la seule que nous ayons donnée dans notre *Cours moyen.*

nombres abstraits qui expriment les valeurs correspondantes de deux quantités *directement proportionnelles* ont un *rapport* constant, $\dfrac{x}{13} = \dfrac{6,60}{4}$. En multipliant les deux membres de cette égalité par 13, nous trouvons $x = \dfrac{6,60 \times 13}{4}$ [a].

Exercice 1. *Deux* livres de jambon coûtent $2^f,55$. Que coûteront 6 *livres ?* — **Solution.** 1 livre coûte $\dfrac{2,55}{2}$; donc 6 livres coûtent $\dfrac{2,55 \times 6}{2}$, c-à-d $7^f,65$.

E. 2. L'alun [b] en poudre se paie $0^f,25$ les 125^g. Combien se paiera $1^{Kg},250$? — **S.** 1^g se paie $\dfrac{0^f,25}{125}$; donc 1250^g se paient $\dfrac{0,25 \times 1250}{125}$, c-à-d $2^f,50$.

E. 3. *Trois* tonnes de bois à brûler coûtent 147^f. Que coûtent $2^Q,75$? — **S.** 1^T coûte $\dfrac{147^f}{3}$; donc $0^T,275$ coûtent $\dfrac{147 \times 0,275}{3}$, c-à-d $13^f,475$.

E. 4. La *douzaine* de serviettes coûte $9^f,75$. Que coûteront 42 serviettes ? — **S.** 1 serviette coûte $\dfrac{9^f,75}{12}$; donc 42 serviettes coûteront $\dfrac{9,75 \times 42}{12}$, c-à-d $34^f,125$ [c].

E. 5. Les nombres 2, 3, 4, sont-ils *proportionnels* à 12, 8, 6 ? — **S.** Ils leur sont *inversement* proportionnels, car les 3 produits 2×12, 3×8, 4×6 sont égaux.

E. 6. Multipliez 0,003 par 0,0015. — **S.** 0,0000045.

[a] La *proportion* étant écrite, il suffirait, pour écrire la valeur de l'inconnue *x*, de nous rappeler que, dans toute *proportion*, chaque *extrême* est égal au produit des *moyens* divisé par le second *extrême*.

[b] Il existe plusieurs sortes d'*alun*. L'alun proprement dit est un *sulfate d'alumine et de potasse*. C'est un corps blanc, qui se dissout facilement dans l'eau, et cristallise en beaux *octaèdres*. On l'emploie, dans la *teinture*, comme *mordant;* en *médecine*, comme *astringent*. Il sert aussi à la conservation des peaux garnies de leurs poils et à une foule d'autres usages. — L'*alumine*, qui entre dans la composition de l'*alun*, n'est qu'une combinaison d'*oxygène* et d'*aluminium*.

[c] Dans l'expression finale à laquelle conduit la méthode de *réduction à l'unité*, il y a toujours une division à effectuer : il faut, quand on fait le calcul, que cette *division* soit effectuée en *dernier lieu*.

E. 7. Réduisez $\frac{3}{125}$ et $\frac{4}{175}$ au *plus petit dénominateur commun.* — **S.** $\frac{21}{875}$ et $\frac{20}{875}$.

E. 8. Décomposez 184800 en *facteurs premiers* [a]. — **S.** $2^5 \times 3 \times 5^2 \times 7 \times 11$.

E. 9. Combien de *minutes* dans le mois de mai? — **S.** Dans un 1ʲ, il y a 1440ᵐ. Dans le mois de mai, il y a 1440ᵐ × 31, c-à-d 44640ᵐ.

E. 10. Quel est le volume d'un lingot d'argent pur de 13ᴷᵍ,358, la densité étant 10,45? — **S.** Le poids du même volume d'eau serait 13ᴷᵍ,358 : 10,45, c-à-d 1ᴷᵍ,278. Donc le volume est de 1ᵈᵐᶜ,278.

E. 11. Que valent en *francs* 25ᵏʳᵒⁿᵉˢ 38ᵒʳᵉˢ? — **S.** 1ᶠ,3888 × 25,38, c-à-d 35ᶠ,247744.

E. 12. Quel poids d'argent [b] pur dans 4ᶠ,70 en pièces d'argent? — **S.** Ces 4ᶠ,70 pèsent 23ᵍ,5. Or, sur 1ᵍ de l'alliage, il y a 0ᵍ,835 d'argent pur. Sur 23ᵍ,5, il y en a 0ᵍ,835 × 23,5, c-à-d 19ᵍ,6225.

---

110. — Règle de trois simple et inverse.   p. 146

Question. Donnez un énoncé de *règle de trois* simple et inverse. — **Réponse.** « *5 ouvriers mettent* 14ʰ *pour moissonner un champ. Combien* 7ᵒᵘᵛ *mettront-ils?* » — Ce problème est une *règle de trois simple et inverse.*

Q. Comment *résout*-on ce problème. — **R.** Pour le résoudre, on dit : 5ᵒᵘᵛ moissonnent le champ en 14ʰ; 1ᵒᵘᵛ prendrait 5 fois plus de temps, c-à-d 14ʰ × 5; 7ᵒᵘᵛ en prendront 7 fois moins, c-à-d $\frac{14 \times 5}{7}$. En effectuant le calcul, on trouve 10ʰ.

[a] On peut écrire ce nombre 1848 × 100. Sous cette forme, on voit immédiatement que le nombre donné admet les facteurs premiers de 100, c-à-d 2² et 5².

[b] On donne le nom de métaux précieux au mercure, à l'or, à l'argent, au platine et aux métaux, assez rares d'ailleurs, qui accompagnent le platine. De tous ces métaux, l'*argent* est le moins lourd et celui dont on fait le plus grand usage. On en fabrique des monnaies, des bijoux, et la plus grande partie de l'orfèvrerie de table. On l'emploie aussi à ar-

Q. Pourquoi ce problème se nomme-t-il *règle de trois?* — **R.** Ce problème se nomme *règle de trois*, parce que les données [a] qui y figurent sont au nombre de *trois*. Cette règle de trois est *simple*, parce qu'il ne s'y rencontre que *deux* espèces de quantités : des nombres d'ouvriers et des nombres d'heures. Elle est *inverse*, parce que le nombre des ouvriers et le temps qu'il leur faut sont deux quantités *inversement proportionnelles*.

Q. Comment se nomme la *méthode* que nous avons suivie? — **R.** La *méthode* que nous avons suivie se nomme méthode de *réduction à l'unité* [b] : elle consiste, dans le cas actuel, à déterminer d'abord le nombre d'heures qu'il faudrait à un seul ouvrier.

Q. Peut-on résoudre le même problème par une autre *méthode?* — **R.** On peut résoudre le même problème en employant une seconde *méthode*, fondée sur les propriétés des quantités *inversement proportionnelles*.

Q. Comment applique-t-on cette seconde méthode? — **R.** Pour appliquer cette seconde méthode, appelons x le nombre d'heures [c] cherché. Comme les nombres abstraits qui expriment les valeurs correspondantes de deux quantités *inversement proportionnelles* ont un *produit constant*, $x \times 7 = 14 \times 5$. En divisant les deux membres de cette égalité par 7, nous trouvons $x = \dfrac{14 \times 5}{7}$.

Exercice 1. *Vingt* maçons [d] mettent 45ᴶ pour construire un mur. Combien de jours mettraient 25 maçons? —

genter une multitude d'objets. — L'argent doré constitue ce qu'on appelle le *vermeil*.

[a] Les *données* d'un problème sont les quantités que l'on connaît par l'énoncé même de ce problème. La quantité qu'on cherche se nomme *l'inconnue*.

[b] Cette méthode de *réduction à l'unité* ne repose que sur le raisonnement : elle ne demande, pour ainsi dire, rien à la mémoire. Nous l'avons employée, dans le paragraphe précédent, à la résolution des *règles de trois* simples et directes; mais nous l'avions employée auparavant, dès le commencement de ce cours, à la résolution d'une foule d'exercices.

[c] Quand on désigne l'*inconnue* par une *lettre*, il ne faut pas dire vaguement désignons l'*inconnue* par x, ni désignons le temps inconnu par x. Il faut dire nettement désignons par x le nombre d'*heures* que l'on cherche. Il faut, quand il s'agit de trouver un nombre *concret*, faire connaître à l'avance l'*unité* dont on se servira.

[d] On désigne par le nom de *maçons* les ouvriers qui élèvent les

Solution. 1 maçon mettrait $45^j \times 20$; donc 25 maçons mettraient $\dfrac{45 \times 20}{25}$, c-à-d 36^j.

E. 2. Un wagon peut porter 24 fûts de 125^{Kg}. Combien en porterait-il de 300^{Kg}? — **S.** Il porterait 24×125 fûts de 1^{Kg}; donc il porterait $\dfrac{24 \times 125}{300}$, c-à-d 10 fûts de 300^{Kg}.

E. 3. Dites le *tiers* de l'excès de 73,649 sur 45,38. — **S.** 9,423.

E. 4. Réduisez $16 + \dfrac{17}{28}$ en une *seule fraction*. — **S.** $\dfrac{465}{28}$ [a].

E. 5. Quel est le *plus petit nombre* de soldats [b] qu'on puisse placer, par files égales, sur 2 rangs, sur 3 rangs, sur 4 rangs de profondeur? — **S.** On ne peut placer des soldats ainsi, que si leur nombre est un multiple commun de 2, de 3 et de 4. Le nombre cherché est donc le *ppcm* de 2, 3 et 4, c-à-d 12 [c]. p. 147

E. 6. Exprimez en *décimètres carrés* 5^a,628.
S. 56280^{dmq}.

E. 7. Combien de cuivre dans 100^f en pièces d'argent de 5^f? — **S.** Ces 100^f pèsent 500^g; or, sur 1^g de l'alliage, il y a 0^g,1 de cuivre; donc le poids du cuivre est 0^g,1 $\times$ 500, c-à-d 50^g.

E. 8. Quelle longueur font 439 *sagènes?* — **S.** 2^m,133 $\times$ 439, c-à-d 936^m,387.

E. 9. Combien de *semaines* dans les 6 derniers mois de l'année? — **S.** Dans les 6 derniers mois de l'année, il y a 184^j. Donc, autant de semaines qu'il y a de fois 7 dans 184, c-à-d 26 [d].

murs de nos constructions. L'ouvrage que fait le maçon se nomme *maçonnerie*.

[a] Ce résultat nous montre que $16 + \dfrac{17}{28}$ est le *quotient exact* de 465 par 28.

[b] On nomme *soldats* ou *militaires* tous ceux qui servent dans l'armée. Les soldats qui n'ont pas de grade se nomment *simples soldats :* au-dessus d'eux sont les *caporaux* ou *brigadiers*, puis les *sous-officiers*, puis les *officiers*, puis les *officiers supérieurs*, enfin les *officiers généraux*, c-à-d les *généraux*.

[c] A ce propos, il sera bon de rappeler aux élèves quels sont les problèmes, déjà résolus, qui nous ont conduit à chercher le *ppcm* de deux ou plusieurs nombres. On verra immédiatement que ces problèmes ont entre eux une certaine ressemblance et, si l'on peut s'exprimer ainsi, comme un air de famille.

[d] Nous avons déjà fait remarquer que le second semestre de l'année

E. 10. Un cheval parcourt $17\,644^m$ en 2^h. Combien en 3^h ?
— **S.** En 1^h, il parcourt $\dfrac{17\,644^m}{2}$. En 3^h, il parcourt $\dfrac{17\,644 \times 3}{2}$, c-à-d $26\,466^m$.

E. 11. *Huit* sacs[a] égaux contiennent ensemble $2\,472^f$. Que contiennent 5 d'entre eux ? — **S.** Un sac contient $\dfrac{2\,472^f}{8}$; cinq sacs contiennent $\dfrac{2\,472 \times 5}{8}$, c-à-d $1\,545^f$.

E. 12. On paie, sur le chemin de fer, en 3ᵉ classe, $23^f,85$ pour parcourir 352^{Km}. Combien pour $49^{Mm},8$? — **S.** Pour 1^{Km}, on paie $\dfrac{23^f,85}{352}$. Pour 498^{Km}, on paie $\dfrac{23^f,85 \times 498}{352}$, c-à-d $33^f,74$.

---

111. — Règle de trois composée.

Question. Donnez l'énoncé d'une *règle de trois* composée. — Réponse. « *Il faut* 15^j *à* 7^{ouv} *pour faire* 250^m *d'un certain ouvrage. Combien faudra-t-il de jours à* 9^{ouv} *pour faire* 600^m *du même ouvrage ?* » — Ce problème est une *règle de trois composée.*

Q. Comment *résout*-on ce problème ? — **R.** Pour le résoudre, on dit : 7^{ouv}, pour faire 250^m, travaillent 15^j ; 1^{ouv}, pour faire 250^m, travaille 7 fois plus longtemps, c-à-d $15^j \times 7$; 1^{ouv}, pour faire 1^m, travaille 250 fois moins longtemps, c-à-d $\dfrac{15 \times 7}{250}$; 9^{ouv}, pour faire 1^m, mettront 9 fois moins de temps, c-à-d $\dfrac{15 \times 7}{250 \times 9}$; 9^{ouv}, pour faire 600^m, mettront 600 fois plus[b] de temps, c-à-d $\dfrac{15 \times 7 \times 600}{250 \times 9}$. En effectuant le calcul, on trouve 28^j.

contient un nombre de jours *constant*, c-à-d toujours le même, que l'année soit *commune* ou qu'elle soit *bissextile*. Ce nombre de jours nous donne 26 semaines, plus 2 jours.

[a] Il y a des *sacs* de bien des sortes : les sacs de grosse toile, qui servent au transport des grains et farines ; les sacs en papier, où les épiciers mettent le sucre, les biscuits, les pâtes vendues au détail ; les sacs ou sacoches en cuir qu'on emporte en voyage et qui, le plus souvent, ferment à clef.

[b] Cette suite de raisonnements est absolument analogue à celles que nous avons faites pour résoudre les *règles de trois* simples.

Q. Pourquoi ce problème se nomme-t-il *règle de trois?* — **R.** Ce problème se nomme *règle de trois composée* : *règle de trois*, parce qu'il est analogue aux problèmes précédents [a]; règle de trois *composée*, parce qu'il y figure plus de *deux* espèces de quantités [b].

Q. Quelle *méthode* avons-nous suivie pour le résoudre? — **R.** La méthode que nous avons suivie est encore la méthode de *réduction à l'unité* : nous avons cherché le temps qu'il faut à 1^{ouv} pour faire 1^m d'ouvrage.

Exercice 1. *Trois* mètres d'une certaine étoffe coûtent $13^f,05$. Que coûtent $7^m,20$ d'une autre étoffe, vendue 2 fois plus cher [c]? — **Solution.** 1^m de la première étoffe coûte $\dfrac{13^f,05}{3}$; donc $7^m,20$ de cette étoffe coûtent $\dfrac{13,05 \times 7,20}{3}$. Cette même longueur de la seconde étoffe coûtera $\dfrac{13,05 \times 7,20 \times 2}{3}$, c-à-d $62^f,64$.

E. 2. Il faut $17^h 30^m$ pour lire un livre dont les pages ont 33 lignes. Combien pour un autre qui a 3 fois moins de pages, mais dont les pages ont 37 lignes [d]? — **S.** $17^h 30^m = 1050^m$. Si le second livre avait des pages pareilles à celles du 1er, il faudrait, pour le lire, $\dfrac{1050^m}{3}$. Si chaque page, au lieu de 33 lignes, n'en avait qu'une, il faudrait $\dfrac{1050}{3 \times 33}$. Mais chaque page a 37 lignes, il faut donc $\dfrac{1050 \times 37}{3 \times 33}$, c-à-d 392^m, ou $6^h 32^m$.

p. 148

E. 3. Retranchez $0^{Dg},007$ de 35^{dg}. — **S.** $3^g,5 - 0^g,07$, c-à-d $3^g,43$.

[a] Ici, en effet, on ne peut plus dire que les données sont au nombre de *trois* : on voit immédiatement, sur l'énoncé, qu'elles sont au nombre de *cinq*.

[b] Il y a, dans cet exemple, *trois* espèces de quantités : des nombres de *jours*, des nombres d'*ouvriers* et des nombres de *mètres*. — On pourrait citer des exemples où il y en eût *quatre* espèces, *cinq* espèces, etc.

[c] Il y a, dans cet énoncé, *trois* espèces de quantités : les *longueurs* totales des étoffes, les *prix totaux* de ces longueurs d'étoffe, les *prix de vente* des deux étoffes.

[d] Dans cet énoncé encore, nous trouvons *trois* espèces de quantités : des *nombres d'heures*, des *nombres de pages*, des *nombres de lignes*. — C'est la grandeur des pages d'un livre qui en détermine le *format*.

E. 4. Divisez $5 + \dfrac{8}{9}$ par $7 + \dfrac{3}{8}$. — **S.** $\dfrac{424}{531}$.

E. 5. Le nombre 1997 est-il *premier*? — **S.** Il l'est [a].

E. 6. Combien de *grains* dans 7 *livres anciennes*? — **S.** Il y a 72grains dans 1gros; 72×8 ou 576grains dans 1once; 576×16 ou 9216grains dans 1livre; et enfin 9216×7 ou 64512grains dans 7livres.

E. 7. Combien de *piastres turques* pour payer 1000f? — **S.** Autant qu'il y a de fois $0^f,2278$ dans 1000f, c-à-d 4389.

E. 8. Multipliez 5toises 5pieds 7pouces 4lignes par 8. — **S.** 47toise 2pieds 10pouces 8lignes.

E. 9. Que pèse l'eau contenue dans une carafe de $1^l + \dfrac{3}{7}$. — **S.** $1^{Kg} + \dfrac{3}{7}$.

E. 10. Que pèsent 23dmc,7 d'étain [b], la densité étant 7,29? — **S.** $23^{Kg},7 \times 7,29$, c-à-d $172^{Kg},773$.

E. 11. A Paris, 53mc de gaz d'éclairage [c] coûtent $15^f,90$. Que coûtent 49mc? — **S.** 1mc coûte $\dfrac{15^f,90}{53}$; donc 49mc coûtent $\dfrac{15^f,90 \times 49}{53}$, c-à-d $14^f,70$.

E. 12. Le 182e jour d'une année tombe-t-il en *juin* ou en *juillet*? — **S.** Les 6 premiers mois de l'année contiennent 181j dans une année *commune*, et 182j dans une année *bissextile*. Donc, si l'année est commune, le 182e jour tombe en juillet; si elle est bissextile, il tombe en juin.

----

112. — Expression de l'inconnue.

Question. Peut-on exprimer immédiatement l'*inconnue* d'une *règle de trois*? — **Réponse.** En toute *règle de trois*,

[a] Bien que 1997 soit un nombre assez petit, c'est déjà une opération assez pénible que de reconnaître que ce nombre est premier.

[b] L'*étain* est un métal d'un blanc d'argent, très brillant, assez mou et fusible à une température peu élevée. On l'emploie à l'étamage des ustensiles de cuisine, et aussi à la fabrication de vases, d'assiettes et autres objets qui constituent ce qu'on appelle la *poterie d'étain*.

[c] Le *gaz d'éclairage* est un mélange de différents *carbures d'hydrogène*, c-à-d de différentes combinaisons d'hydrogène et de carbone. On

soit *simple*, soit *composée*, on peut exprimer immédiatement l'*inconnue* au moyen des *données*. Il suffit, pour cela, d'opérer comme il suit.

Q. Comment opère-t-on? — **R.** On *multiplie* la quantité de la même espèce que l'*inconnue* par le *rapport* des quantités de la 2ᵉ espèce, puis par le *rapport* des quantités de la 3ᵉ espèce, puis par celui des quantités de la 4ᵉ espèce, ..., chaque *rapport* étant pris *plus grand* ou *plus petit* que l'unité, suivant qu'il doit faire *augmenter* ou *diminuer* la valeur de l'*inconnue* [a].

Q. Donnez un exemple. — **R.** Considérons le problème du paragraphe précédent. La quantité de la *même espèce* que l'*inconnue* est 15ʲ. Les quantités de la *deuxième espèce* sont 7ᵒᵘᵛ et 9ᵒᵘᵛ; le nombre d'ouvriers *augmentant*, le nombre de jours *diminue* : on prend le rapport $\frac{7}{9}$, qui est *inférieur* [b] à 1.

Les quantités de la *troisième espèce* sont 250ᵐ et 600ᵐ; le nombre de mètres *augmentant*, le nombre de jours *augmente* : on prend le rapport $\frac{600}{250}$, qui est *supérieur* à 1. Multipliant 15ʲ p. 149 par $\frac{7}{9}$, puis par $\frac{600}{250}$, on trouve, pour expression [c] de l'inconnue, $15^j \times \frac{7}{9} \times \frac{600}{250}$.

l'obtient par la distillation de la houille. Il a été inventé, en 1785, par l'ingénieur français Lebon.

[a] Ne parlez pas aux élèves de rapports *directs* ou *inverses*. Nous savons, par expérience, que les enfants, et même la plupart des grandes personnes, oublient très vite la signification de ces termes. — La règle que nous donnons ne demande rien à la mémoire : il suffit d'un peu de *bon sens* pour la bien appliquer.

[b] On sait, par la méthode de *réduction à l'unité*, qu'il faut multiplier 15 par le rapport des *nombres d'ouvriers*. Mais, ces nombres étant 7 et 9, faut-il multiplier par $\frac{7}{9}$ ou par $\frac{9}{7}$? Le bon sens répond immédiatement que le nombre d'ouvriers *augmentant*, le nombre de jours doit *diminuer*. Si l'on multipliait par $\frac{9}{7}$, qui est plus grand que 1, ce nombre de jours augmenterait : donc, il faut multiplier par $\frac{7}{9}$.

[c] Il sera bon de faire apprendre *par cœur* aux élèves la règle, peut-être *nouvelle*, que nous venons d'indiquer pour écrire immédiatement

Exercice 1. Un corps pèse $3^{Kg},429$. Que pèse un autre corps qui a une densité double et un volume 7 fois moindre? — **Solution.** S'il avait même volume, son poids serait $3^{Kg},429 \times 2$. Son volume étant 7 fois moindre, son poids est $\dfrac{3,429 \times 2}{7}$, c-à-d $0^{Kg},979$.

E. 2. Effectuez $3,25 \times 3,26 \times 3,27$. — **S.** 34,645 650.

E. 3. Dites le *quotient exact* de 27 par 8. — **S.** $\dfrac{27}{8}$, ou 3,375.

E. 4. Trouvez le *pgcd* de 10 841, 10 471, 10 249. — **S.** 37 [a].

E. 5. Exprimez en *myriamètres* la distance moyenne [b] de la terre à la lune, qui est de $384\,454^{Km},5$. — **S.** $38\,445^{Mm},45$.

E. 6. Quel poids de cuivre dans une somme de $3\,625^{f}$ en monnaie d'or? — **S.** Cette somme pèse $1^{Kg},169\,35$. Or, sur 1^{Kg} d'or monnayé, il y a 100^{g} de cuivre. Donc, dans la somme donnée, il y en a $100^{g} \times 1,169\,35$, c-à-d $116^{g},935$.

E. 7. Combien un fût de 228^{l} contient-il de *gallons?* — **S.** Autant qu'il y a de fois $4^{l},543$ dans 228^{l}, c-à-d 50.

E. 8. Dites le nombre de pièces de 5^{f} qui contiennent ensemble $1^{Kg},170$ d'argent pur. — **S.** Pour contenir 9^{Kg} d'argent pur, il faut 10^{Kg} de pièces de 5^{f}. Pour contenir 1^{Kg}, il faut $\dfrac{10^{Kg}}{9}$ de pièces de 5^{f}. Pour contenir $1^{Kg},170$, il faut $\dfrac{10 \times 1,170}{9}$, c-à-d $1^{Kg},300$, ou 1300^{g} de pièces de 5^{f}. Le nombre de ces pièces est $1\,300 : 25$, c-à-d 52.

E. 9. Un morceau de soufre [c] a un volume de $0^{dmc},76$

---

l'expression de l'inconnue. Il sera bon aussi de la leur faire appliquer le plus souvent qu'on pourra.

(a) Il est à remarquer que 37 est le plus petit *nombre premier* qui divise chacun des trois nombres donnés.

(b) La distance de la *terre* à la *lune* n'est pas une longueur constante, elle varie dans le voisinage du nombre que nous donnons, tantôt inférieure, tantôt supérieure à ce nombre. Cela provient de ce que, dans son mouvement autour de la terre, la lune décrit, non pas un cercle, mais une ellipse. — La lune est l'astre le plus rapproché de nous. Sa distance moyenne à la terre est d'environ 60 rayons terrestres.

(c) Le *soufre* est un corps *simple*, c-à-d un corps impossible à décomposer en d'autres. C'est un corps solide, de couleur jaune citron, et pèse 1 580^g,8. Quelle est la densité? — **S.** Le même volume d'eau pèserait 0^{kg},76, c-à-d 760^g. La densité du soufre est donc $\frac{1580,8}{760}$, c-à-d 2,08.

E. 10. Pour obtenir une certaine longueur, il faut placer[a] bout à bout 36 règles de 0^m,35. Combien en faudrait-il si elles n'avaient que 0^m,28 ? — **S.** L'expression de l'inconnue est $36 \times \frac{35}{28}$. En faisant le calcul, on trouve 45 règles.

E. 11. Combien de *minutes* de 6^h 41^m du matin à 3^h 27^m du soir? — **S.** $(12^h - 6^h 41^m) + 3^h 27$, c-à-d 8^h 46^m.

E. 12. *Six* parapluies coûtent 43^f,20. Que coûtent 15 parapluies vendus 2 fois plus cher? — **S.** Si les 15 parapluies se vendaient au prix des 6 premiers, ils coûteraient $43^f,20 \times \frac{15}{6}$, c-à-d 108^f. Comme ils sont 2 fois plus cher, ils coûtent $108^f \times 2$, c-à-d 216^f.

CHAPITRE II

MÉLANGES ET ALLIAGES

—

113. — Règles de mélange (1re et 2e espèces).

Question. Quelles sont les *règles de mélange* de la 1re espèce? — Réponse. Les **règles de mélange**[b] de la

qui fond à une température peu élevée, et brûle à l'air en donnant une flamme bleuâtre. Le soufre en bâtons cylindriques se nomme *soufre en canons;* le soufre en poudre se nomme *fleur de soufre.* On tire le soufre des terrains volcaniques et on l'emploie à une foule d'usages, notamment dans la fabrication de la *poudre*, dans celle des *allumettes*, et dans le traitement de plusieurs maladies soit des animaux, soit des végétaux.

[a] Placer des règles *bout à bout*, c'est les placer en ligne *droite*, à la suite les unes des autres, de telle sorte qu'il ne reste nul vide entre chaque règle et la suivante.

[b] La locution *règle de mélange* est analogue à celle de *règle de trois :* elle désigne un certain genre de problèmes.

première espèce sont celles où l'on donne les *quantités* de *toutes* les choses qu'on mélange.

p. 150   **Q.** Donnez un exemple. — **R.** « *On mélange* 50^l *de vin à* 0^f,45 *le litre ;* 70^l *à* 0^f,65 ; *et* 80^l *à* 0^f,75. *Quel sera le prix du litre de mélange ?* » — Ce problème est une *règle de mélange* de la *première espèce.*

Q. Comment *résout*-on ce problème? — **R.** Pour le résoudre, on dit : les 50^l du premier vin coûtent 50 fois 0^f,45, c-à-d 0^f,45 $\times$ 50 ou 22^f,50 ; les 70^l du deuxième vin coûtent 70 fois 0^f,65, c-à-d 0^f,65 $\times$ 70 ou 45^f,50 ; les 80^l du troisième vin coûtent 80 fois 0^f,75, c-à-d 0^f,75 $\times$ 80 ou 60^f. Le mélange tout entier coûte donc 22^f,50 $+$ 45^f,50 $+$ 60^f, c-à-d 128^f. Or ce mélange contient 50^l $+$ 70^l $+$ 80^l, c-à-d 200^l. Donc les 200^l du mélange coûtent 128^f. Donc 1^l du mélange [a] coûte $\frac{128}{200}$, c-à-d 0^f,64.

Q. Quelles sont les *règles de mélange* de la 2e espèce? — **R.** Les *règles de mélange* de la *deuxième espèce* sont celles où l'on mélange *deux* choses et où l'on ne donne la *quantité* que de l'*une* des deux.

Q. Donnez un exemple. — **R.** « *On a* 120^l *de vin à* 0^f,55 *le litre. Combien faut-il y mélanger de vin à* 0^f,70, *pour que le litre du mélange revienne à* 0^f,62 ? » — Ce problème est une *règle de mélange* de la *deuxième espèce.*

Q. Comment *résout*-on ce problème? — **R.** Pour le résoudre, on dit : le prix d'un litre du premier vin est trop faible de 0^f,07. Le prix total des 120^l donnés est donc trop faible de 120 fois 0^f,07, c-à-d de 0^f,07 $\times$ 120, ou de 8^f,40. Le prix d'un litre du second vin est trop fort de 0^f,08. Pour compenser [b] ce que le premier prix a de trop faible, il faut donc ajouter autant de litres du second vin qu'il y a de fois 0^f,08 dans 8^f,40. Le nombre de litres cherché est donc $\frac{8,40}{0,08}$, c-à-d 105.

Exercice 1. On mélange 73^l,8 de vin à 0^f,42 le litre

[a] En faisant ce raisonnement, il faudra disposer les nombres qui y figurent en une sorte de tableau.
[b] Cette méthode est une méthode de *compensation.*

avec $96^l,9$ à $0^f,51$. Que vaut 1^l du mélange [a]? — **Solution**. Le nombre total des litres mélangés est $73^l,8$ $+ 96^l,9$, c-à-d $170^l,7$. Le prix total du mélange est $0^f,42 \times 73,8 + 0^f,51 \times 96,9$, c-à-d $80^f,415$. Donc 1^l du mélange vaut $80^f,415 : 170,7$, c-à-d $0^f,47$.

E. 2. On mélange $45^Q,8$ de blé à $43^f,25$ le *quintal* avec $56^Q,7$ à $42^f,05$. Dites le prix d'un *quintal* du mélange. — **S.** Le nombre des *quintaux* mélangés est $45^Q,8 +$ $56^Q,7$, c-à-d $102^Q,5$. Le prix total est $43^f,25 \times 45,8$ $+ 42^f,05 \times 56,7$, c-à-d $4365^f,085$. Donc 1^Q du mélange coûte $4365^f,085 : 102,5$, c-à-d $42^f,58$.

E. 3. Combien faut-il mélanger de vin à $0^f,45$ le litre avec $316^l,3$ de vin à $0^f,56$ pour obtenir du vin à $0^f,50$? — **S.** Le litre du second vin coûte 6^c de trop; les $316^l,3$ de ce vin coûtent $6^c \times 316,3$, c-à-d $1897^c,8$ de trop. Le prix du premier vin est trop faible de 5^c. Il faut donc mélanger autant de litres du premier vin qu'il y a de fois 5 dans $1897,8$, c-à-d $379^l,56$.

E. 4. Combien faut-il mettre d'eau [b] dans $1^{Hl},7$ de vin à $0^f,78$ le litre pour abaisser le prix du litre à $0^f,55$? — **S.** Le prix du litre du vin donné est trop fort de $0^f,78 — 0^f,55$, c-à-d de 23^c. Le prix des 170^l est donc trop fort de $23^c \times 170$, c-à-d de 3910^c. L'eau peut être regardée comme du vin dont le prix est nul, et par conséquent trop faible de 55^c par litre. Il faut donc mettre autant de litres d'eau qu'il y a de fois 55 dans 3910, c-à-d 71^l d'eau.

E. 5. Ajoutez $389^{Hmq},737$ et $4^{Kmq},56789$ [c]. **S.** $389^{Hmq},737 + 456^{Hmq},789$, c-à-d $846^{Hmq},526$.

E. 6. Chassez les *dénominateurs* de $\frac{3}{5} + \frac{9}{10} = 1 + \frac{1}{2}$. — **S.** $6 + 9 = 10 + 5$.

E. 7. Le nombre 4576 est-il *divisible* par 11? — **S.** Il p. 131 l'est, car la différence $(6 + 5) — (7 + 4)$ est égale à zéro.

---

[a] Dans le commerce, on fait souvent des mélanges de vin de divers prix et de diverses provenances. On donne souvent à ces mélanges le nom de *coupages*.

[b] On mélange parfois de l'*eau* avec le *vin* : cette opération se nomme *mouillage*. Vendre du vin ainsi *mouillé* pour du vin *pur*, ce serait tromper l'acheteur et commettre un véritable vol.

[c] La première chose à faire pour résoudre cette question, c'est de réduire les deux longueurs données à la *même unité*, soit au *kilomètre carré*, soit à l'*hectomètre carré*.

E. 8. Dites le *septième* de 29^h 17^m 36^s,4. — **S.** 4^h 11^m 5^s,2.

E. 9. Exprimez en *kilolitres* 49^{Ml},89. — **S.** 498^{Kl},9.

E. 10. Que pèsent 3^{Hl},75 d'eau? — **S.** 3^Q,75.

E. 11. *Treize* couverts d'argent, pour enfant, valent ensemble 377^f. Que valent 35 couverts? — **S.** 377$^f \times \dfrac{35\ ^{(a)}}{13}$, c-à-d 1015^f.

E. 12. Le 8 mai 1889, le soleil s'est levé à 4^h 30^m et couché à 7^h 23^m. Pendant combien de temps est-il resté levé[b]? — **S.** (12^h — 4^h 30^m) + 7^h 23^m, c-à-d 14^h 53^m.

---

114. — Règles de mélange (3ᵉ espèce).

Question. Quelles sont les *règles de mélange* de la 3ᵉ espèce? — **Réponse.** Les *règles de mélange* de la *troisième espèce* sont celles où l'on mélange *deux*[c] choses et où l'on ne donne la quantité d'*aucune* d'elles.

Q. Donnez un exemple. — **R.** « *Combien faut-il mélanger de litres d'un vin à* 0^f,60 *et de litres d'un vin à* 0^f,72, *pour obtenir* 300^l *d'un mélange revenant à* 0^f,68 *le litre?* » — Ce problème est une *règle de mélange* de la *troisième espèce*[d].

Q. Comment *résout*-on ce problème? — **R.** Pour le résoudre, on dit : le prix d'un litre du premier vin est trop faible de 8^c; le prix d'un litre du second est trop fort de 4^c. Si l'on prend 4^l du premier vin, leur prix sera trop faible de 8$^c \times$ 4; si l'on prend 8^l du second, leur prix sera trop fort de 4$^c \times$ 8.

(a) Nous écrivons immédiatement l'expression de l'*inconnue*.

(b) Le temps pendant lequel le soleil est *levé*, c'est le temps pendant lequel il est au-dessus de l'*horizon* : on le nomme le *jour*. Le temps pendant lequel le soleil est *couché*, c'est le temps pendant lequel il est au-dessous de l'*horizon* : on le nomme la *nuit*.

(c) Il n'y a pas lieu de considérer des *règles de mélange* de la *troisième* espèce où l'on mélangerait plus de *deux* choses : de pareils problèmes, lorsqu'ils sont possibles, étant toujours *indéterminés*, c-à-d admettant toujours une *infinité de solutions*.

(d) Dans les *règles de mélange* des deux premières espèces, il n'y avait qu'*une inconnue*. Dans les *règles de mélange* de la troisième espèce, il y en a toujours *deux*.

Or ces deux produits 8×4 et 4×8 sont égaux. Donc il y a compensation. — Ainsi, en prenant 4^l du premier vin et 8^l du second, on obtient 12^l du mélange demandé. Pour en obtenir 1^l, on prendra 12 fois moins, c-à-d $\frac{4}{12}$ du premier vin et $\frac{8}{12}$ du second. Pour obtenir 300^l du mélange demandé, on prendra 300 fois plus, c-à-d $\frac{4 \times 300}{12}$ du premier vin, et $\frac{8 \times 300}{12}$ du second. — En effectuant les calculs, on trouve 100^l du premier vin et 200^l du second [a].

Q. Que dites-vous de la *méthode* qu'on vient d'employer? — **R.** La *méthode* qu'on vient d'employer, comme celle qu'on a employée pour les *règles de mélange de* la deuxième espèce, est une *méthode de compensation* [b].

Exercice 1. Combien faut-il mélanger de blé à $38^f,50$ p. 152 l'hectolitre et de blé à $39^f,20$, pour obtenir 503^{Hl} de blé à $38^f,95$? — **Solution.** Le prix de l'hectolitre du premier blé est trop faible de 45^c; celui de l'hectolitre du second est trop fort de 25^c. Donc, si l'on prend 25^{Hl} du 1er blé et 45^{Hl} du second, il y a compensation. Ainsi, en prenant 25^{Hl} du 1er et 45^{Hl} du second, on obtient 70^{Hl} du mélange demandé. Pour en obtenir 1^{Hl}, il faut prendre $\frac{25}{70}$ du 1er et $\frac{45}{70}$ du 2e. Pour en obtenir 503^{Hl}, il faut prendre $\frac{25 \times 503}{70}$ et $\frac{45 \times 503}{70}$, c-à-d $179^{Hl},6$ du premier blé et $323^{Hl},3$ du second.

E. 2. Combien faut-il mélanger de thé [c] à $4^f,15$ la livre

[a] Il faudra ici encore disposer les calculs de façon à en former une sorte de tableau, bien régulier.

[b] Dans les problèmes de *mélange* où, comme dans ceux qui précèdent, on considère des litres de vin et les prix de ces vins, le *prix* du litre du mélange doit toujours être *intermédiaire* entre les différents *prix* donnés. — Si, dans une *règle de mélange* de la *première* espèce, on trouvait un prix qui ne fût pas intermédiaire entre les prix donnés, c'est que, en résolvant ce problème, on se serait trompé. Si, dans une *règle de mélange* de la *deuxième* ou de la *troisième* espèce, on demandait un prix qui ne fût pas intermédiaire entre les prix donnés, le problème proposé serait *impossible*.

[c] Le *thé* est un arbrisseau qui croît en Chine et au Japon. On prépare, avec ses feuilles desséchées, une boisson d'un arome agréable, qui

et de thé à $4^f,65$ pour obtenir 19 livres de thé à $4^f,25$?
— **S.** Le prix du 1er thé est trop faible de 10c; le prix du 2e est trop fort de 40c. En prenant 40livres du 1er et 10livres du second, il y a compensation, et l'on obtient 50livres du mélange demandé. Pour en obtenir 19livres, il faut donc prendre $40 \times \frac{19}{50}$, c-à-d 15livres,2 du 1er; et

$10 \times \frac{19}{50}$, c-à-d 3livres,8 du second.

E. 3. Combien faut-il mélanger de haricots blancs à $0^f,42$ le litre et de haricots blancs à $0^f,68$, pour obtenir 200l à $0^f,55$? — **S.** Le prix du litre des premiers haricots est trop faible de 13c; le prix du litre des seconds est trop fort de 13c. Si l'on prend autant des premiers que des seconds, il y a compensation. Pour obtenir les 200l du mélange demandé, on prendra donc 100l des premiers et 100l des seconds.

E. 4. Combien faut-il mettre d'eau dans 235l de vin à $0^f,75$ le litre pour abaisser le prix du litre du mélange à $0^f,50$? — **S.** 1l du vin donné coûte 25c de trop; 235l coûtent $25^c \times 235$, c-à-d 5875c de trop. Le prix du litre d'eau est trop faible de 50c. Il faudra donc ajouter autant de litres d'eau qu'il y a de fois 50c dans 5875c, c-à-d 117l,5 d'eau.

E. 5. On mélange 26l,7 de lentilles [a] à $0^f,65$ le litre avec 49l,5 à $0^f,69$. Que vaut le litre du mélange? — **S.** Le nombre des litres mélangés est $26^l,7 + 49^l,5$, c-à-d 76l,2. Le prix total est $0^f,65 \times 26,7 + 0^f,69 \times 49,5$, c-à-d 51f,51. Le prix du litre du mélange est donc $51^f,51 : 76,2$, c-à-d $0^f,675$ [b].

E. 6. Calculez $(43,9 \times 57,06) : 3,45$. — **S.** 726,0.

E. 7. Que trouve-t-on en ajoutant *termes à termes* $\frac{6}{11}$ et $\frac{7}{12}$? — **S.** On obtient le rapport $\frac{13}{23}$, qui est compris entre les deux rapports donnés.

---

est à la fois digestive, excitante et tonique. Il se fait, en Angleterre, en Hollande, en Russie, et autres pays froids ou humides, une énorme consommation de thé.

[a] Les *lentilles* constituent un aliment sain, nourrissant, mais un peu indigeste. La farine des lentilles *décortiquées*, c-à-d débarrassées de leur écorce, est, au contraire, très facile à digérer.

[b] Faites bien remarquer aux élèves que ce *prix* final est *intermédiaire* entre les *prix* donnés.

E. 8. Trouvez le *pgcd* de 10807 et 10403. — **S.** 101.

E. 9. Un tronc de peuplier [a], débarrassé de son écorce, pèse $653^{Kg},8$. La densité est 0,39. Dites le volume. — **S.** Le volume du même poids d'eau serait $653^{dmc},8$. Le volume demandé est donc $653^{dmc},8 : 0,39$, c-à-d $1676^{dmc},4$.

E. 10. Pour $0^{f},45$ on a $0^{l},198$ d'eau de fleurs d'oranger [b]. Que coûteront $45^{l},9$? — **S.** Le prix sera $0^{f},45 \times \dfrac{45,9}{0,198}$, c-à-d $104^{f},31$.

E. 11. Combien de *semaines* dans 20 années consécutives? — **S.** 20 années consécutives contiennent 15 années communes et 5 années bissextiles. Le nombre de leurs jours est donc $365^{j} \times 15 + 366^{j} \times 5$, c-à-d 7305^{j}. Il y a donc autant de semaines qu'il y a de fois 7^{j} dans 7305^{j}, c-à-d 1043 semaines.

E. 12. Un caillou, plongé dans un verre plein d'eau, en fait sortir $2^{g},7$. Quel est son volume? — **S.** Le volume de l'eau sortie, c-à-d $2^{cmc},7$.

---

115. — Alliages et titres.

Question. Qu'est-ce qu'un *alliage?* — **Réponse.** Un **alliage** est la combinaison ou le mélange [c] de *plusieurs métaux.*

Q. Qu'appelle-t-on *titre?* — **R.** Un *alliage* étant composé d'un *métal précieux* [d] uni à un *métal vulgaire,*

[a] Le *peuplier* est un bel arbre, très élevé et très élancé. On en distingue différentes variétés : le *peuplier blanc*, le *peuplier noir*, le *peuplier pyramidal*, le *tremble*, etc., etc. Le bois du peuplier est un bois blanc fort tendre, qui brûle facilement, mais donne peu de chaleur. On ne l'emploie guère, en dehors du chauffage, qu'à la fabrication d'objets communs tels que les malles, les boîtes et les caisses d'emballage.

[b] L'*eau de fleurs d'oranger* est une eau odorante, calmante, qui se tire des fleurs de l'oranger et qui, en France, se fabrique surtout à *Grasse*, dans le département du *Var*. — L'oranger est un arbre élégant, qui supporte mal le froid et qui ne peut vivre en pleine terre que dans les pays assez chauds, par exemple, en Provence et en Italie.

[c] Pour le chimiste, les mots *combinaison* et *mélange* ne sont point synonymes. Pour nous, la différence qui existe entre eux est sans importance, vu qu'elle n'influe point sur nos calculs.

[d] Les métaux précieux sont le *mercure*, l'*argent*, l'*or*, le *platine*

on appelle **titre** de cet alliage le *quotient* du poids du métal précieux par le poids total de l'alliage.

Q. Donnez des exemples. — **R.** Si un lingot d'or pèse 3 439^g et contient 3 025^g d'or pur, son titre est $\frac{3\,025}{3\,439}$, c-à-d 0,882.

Q. Que savez-vous sur le *titre?* — **R.** Le *titre* est toujours un *nombre abstrait* [a], *inférieur* à l'*unité.*

Q. Que suffit-il de faire pour calculer le poids du métal précieux contenu dans un *alliage?* — **R.** Pour obtenir le *poids* du *métal précieux* contenu dans un lingot, il suffit de *multiplier* le *poids total* par le *titre.*

p. 153

Q. Démontrez cette règle. — **R.** En effet, pour obtenir le *dividende* d'une *division,* il suffit de *multiplier* le *diviseur* par le *quotient.*

Q. A quels *titres* sont nos monnaies? — **R.** Nos pièces d'or sont au titre de 0,900; nos pièces d'argent de 5^f, au titre de 0,900; nos autres pièces d'argent, au titre [b] de 0,835.

Q. Les ouvrages d'or et d'argent ont-ils des *titres* déterminés? — **R.** Les ouvrages d'or et d'argent fabriqués en France sont à des titres déterminés par la loi, et portent la marque [c] des poinçons de l'Etat.

Q. Quels sont les *titres* pour les ouvrages d'*or?* — **R.** Il y a *trois titres* pour les ouvrages d'or : le *premier titre* est 0,920; le *deuxième,* 0,840; le *troisième,* 0,750.

Q. Quels sont les *titres* pour les ouvrages d'*argent?* — **R.** Il y a *deux titres* pour les ouvrages d'*argent* : le *premier titre* est 0,950; le *second,* 0,800.

et les *métaux* qui accompagnent le platine. Mais, dans les problèmes d'alliages, il n'est guère question que de l'*or* et de l'*argent.*

[a] Ce nombre *abstrait* est le *rapport* de deux nombres *concrets,* le *rapport* de deux *poids.*

[b] Il est presque impossible de fabriquer des alliages qui aient juste un titre donné. Aussi tolère-t-on, dans la fabrication des monnaies françaises, un léger écart du titre, soit en plus, soit en moins. La *tolérance* de titre est : pour les pièces d'*or,* de 1 millième; pour les pièces d'*argent* de 5^f, de 2 millièmes; pour les pièces d'*argent* divisionnaires, de 3 millièmes.

[c] Ces marques sont apposées par le *bureau de garantie.* Elles constituent ce qu'on nomme le *contrôle.* Tout objet d'or ou d'argent, avant d'être mis en vente, doit être *contrôlé.* Ceux qui contrefont le *contrôle* de l'Etat sont passibles des *travaux forcés.*

Exercice 1. Un lingot d'or pèse 426^g,7 et contient 408^g,5 d'or pur. Quel est son *titre?* — **Solution.** 408,5 : 426,7, c-à-d 0,957.

E. 2. Un lingot d'argent pèse 972^g,8 et contient 745^g,2 d'argent pur. Quel est son *titre?* — **S.** 745,2 : 972,8, c-à-d 0,766.

E. 3. Quel poids d'or pur dans un bracelet en or[a], au 1er *titre*, qui pèse 23^g,7? — **S.** 23^g,7 $\times$ 920, c-à-d 21^g,804.

E. 4. Quel poids d'argent pur dans une chaîne de montre en argent, au 2e *titre*[b], pesant 69^g,8? — **S.** 69^g,8 $\times$ 0,800, c-à-d 55^g,84.

E. 5. Combien faut-il mélanger d'huile d'olive à 1^f,25 la livre et d'huile à 1^f,45, pour obtenir 16 livres d'huile à 1^f,30? — **S.** 1^{livre} de la 1re a un prix trop faible de 5^c; et 1^{livre} de la seconde a un prix trop fort de 15^c. En prenant 15^{livres} de la 1re et 5^{livres} de la seconde, il y a compensation et l'on obtient 20^{livres} du mélange demandé.

Pour en avoir 16^{livres}, on prendra 15 $\times \frac{16}{20}$, c-à-d 12^{livres} de la première, et 5 $\times \frac{16}{20}$, c-à-d 4^{livres} de la seconde.

E. 6. Dites le *quart* du *cinquième*[c] de 3^j 8^h 26^m 13^s. — **S.** Le *cinquième* est 16^h 5^m 14^s,6, dont le *quart* est 4^h 1^m 18^s,65.

E. 7. Convertissez 0,75 en *fraction ordinaire.* — **S.** $\frac{75}{100}$, c-à-d $\frac{3}{4}$.

E. 8. Trouvez le *plus petit* nombre qui, divisé séparément par 16 et par 24, donne toujours pour *reste* 3. — **S.** Ce nombre, diminué de 3, sera exactement le ppcm de 16 et de 24, c-à-d 48. Le nombre demandé est donc 48 $+$ 3, c-à-d 51.

[a] L'*or* est le plus précieux des métaux. C'en est aussi le plus *malléable* et le plus *ductile*. Il se trouve à l'état *natif*, c-à-d pur, sous la forme de *paillettes*, de *grains* et de *pépites*. Les pays qui en donnent le plus sont la Californie, le Mexique, le Pérou, l'Australie et les monts Ourals.

[b] On peut remarquer que, pour les ouvrages d'or et d'argent, le *premier* titre seul est *supérieur* au titre des monnaies; tous les autres sont *inférieurs*.

[c] Rappelez aux élèves que le *quart* du *cinquième* est ce qu'on appelle une *fraction de fraction*.

E. 9. Que valent ensemble 57 *florins* de Hollande? — **S.** 2^f,10 $\times$ 57, c-à-d 119^f,70.

E. 10. Que pèse un bloc de liège[a] dont le volume est 0^{mc},156? La densité est 0,24. — **S.** Ce volume d'eau pèserait 0^T,156, c-à-d 156^{Kg}. Ce bloc de liège pèsera 156^{Kg} $\times$ 0,24, c-à-d 37^{Kg},44.

E. 11. Le camphre[b] raffiné coûte 0^f,50 les 125^g. Combien la *demi-livre*? — **S.** La demi-livre pèse 250^g. Elle coûtera donc 0^f,50 $\times \dfrac{250}{125}$, c-à-d 1^f.

E. 12. On est arrivé au soir du 24 septembre. Combien de jours encore pour que l'année soit finie? — **S.** 6^j de septembre, 31^j d'octobre, 30^j de novembre et 31 de décembre : total 98^j.

---

p. 154   **116. — Règles d'alliage (1re et 2e espèces).**

Question. Quelles sont les *règles d'alliage* de la 1re espèce? — **Réponse.** Les **règles d'alliage** de la *première espèce*[c] sont celles où l'on donne les poids de *tous*[d] les lingots qu'on allie.

Q. Donnez un exemple. — **R.** « *On fond*[e] *ensemble deux lingots d'or, le premier de* 5^{Kg} *au titre de* 0,811 ; *le second de* 6^{Kg} *au titre de* 0,843. *Quel sera le titre final?* » — Ce problème est une *règle d'alliage* de la *première espèce*.

(a) Le *liège* n'est autre chose que l'écorce de certains *chênes*, qu'on appelle précisément *chênes-liège*. C'est une sorte de bois très poreux et partant très léger. On l'emploie surtout à la fabrication des bouchons.

(b) Le *camphre* est une résine, produite par un arbre du Japon, le *camphrier*, qui a le port du *tilleul*. Le *camphre* s'emploie souvent en médecine. On fabrique du camphre artificiel, très inférieur, paraît-il, au camphre naturel.

(c) Les *règles d'alliage* ne sont, au fond, qu'un cas particulier des *règles de mélange*. Les *règles d'alliage* de la première espèce reviennent aux *règles de mélange* de la première espèce.

(d) Dans ces règles de la *première espèce*, le nombre des lingots qu'on allie peut dépasser *deux* : il est absolument quelconque.

(e) *Fondre* un lingot, c'est le faire passer de l'état solide à l'état liquide, à force de le chauffer. Certains métaux, tels que l'*étain*, sont très faciles à fondre; d'autres, le *platine*, par exemple, ne fondent qu'aux températures les plus élevées.

Q. Comment *résout*-on ce problème? — **R.** Pour le résoudre, on dit : dans le premier lingot, le poids de l'or pur est $5^{Kg} \times 0,811$, c-à-d $4^{Kg},055$; dans le second, il est $6^{Kg} \times 0,843$, c-à-d $5^{Kg},058$. Donc, dans le lingot final, le poids de l'or pur sera $4^{Kg},055 + 5^{Kg},058$, c-à-d $9^{Kg},113$. Le poids total est d'ailleurs $5^{Kg} + 6^{Kg}$, c-à-d 11^{Kg}. Donc, par définition, le titre cherché est $\frac{9,113}{11}$, c-à-d $0,828$.

Q. Quelles sont les *règles d'alliage* de la 2e espèce? — **R.** Les *règles d'alliage* de la *deuxième espèce*[a] sont celles où l'on allie *deux* lingots et où l'on ne donne le poids que de l'*un* des deux.

Q. Donnez un exemple. **R.** « *On a un lingot d'or pesant* 7^{Kg}, *au titre de* 0,850. *Combien faut-il y ajouter d'un lingot d'or au titre de* 0,925 *pour obtenir un lingot au titre de* 0,880? » — Ce problème est une *règle d'alliage* de la *deuxième espèce*.

Q. Comment *résout*-on ce problème? — **R.** Pour le résoudre, on dit : dans 1^{Kg} du premier lingot, il y a 850^g d'or pur, c-à-d 30^g de moins qu'il n'en faut : dans les 7^{Kg} du premier lingot, il manque donc $30^g \times 7$, c-à-d 210^g. Or, 1^{Kg} du second lingot contient, en trop, 45^g d'or pur. Pour compenser[b] ce qui manque au premier lingot, il faut donc y ajouter autant de kilogrammes du second qu'il y a de fois 45^g dans 210^g, c-à-d un nombre de kilogrammes égal à $\frac{210}{45}$. En effectuant le calcul, on trouve $4^{Kg},66$.

> **Exercice 1.** On fond ensemble $3^{Kg},72$ d'argent au titre de 0,815 et $7^{Kg},89$ au titre de 0,923. Dites le *titre final*. — **Solution.** Le poids de l'argent pur est $3^{Kg},72 \times 0,815 + 7^{Kg},89 \times 0,923$, c-à-d $10^{Kg},31427$. Le poids total est $3^{Kg},72 + 7^{Kg},89$, c-à-d $11^{Kg},61$. Le *titre* final est donc $10,31427 : 11,61$, c-à-d $0,888$[c].

[a] Ces *règles d'alliage* de la seconde espèce reviennent aux *règles de mélange* de la seconde espèce ; elles n'en sont qu'un cas particulier.

[b] Nous retrouvons ici la méthode de *compensation* qui nous a servi à résoudre les règles de mélange de la deuxième espèce.

[c] Il est évident que le *titre* final doit toujours être *intermédiaire* entre tous les *titres* donnés. Si l'on trouvait un titre final ne répondant pas à cette condition, c'est qu'on se serait trompé en résolvant le problème, soit dans les *raisonnements*, soit dans les *calculs*.

p. 155 **E. 2.** On a 2^{Kg},853 d'un lingot d'or au titre de 0,930. Quel poids faut-il y ajouter d'un lingot au titre de 0,850, pour obtenir le *titre* de 0,890? — **S.** Sur 1^{Kg} du premier lingot, il y a 40^g d'or pur en trop. Sur les 2^{Kg},853, il y a en trop $40^g \times 2,853$. A chaque kilogramme du deuxième lingot, il manque 40^g. Il faut donc ajouter autant de kilogrammes de ce deuxième lingot qu'il y a de fois 40 dans le produit $40 \times 2,853$, c-à-d 2^{Kg},853.

E. 3. Multipliez 9^3 par 9^5. — **S.** 9^8.

E. 4. Trouvez la fraction ordinaire *génératrice* de 0,42 42 42... — **S.** $\frac{42}{99}$, c-à-d $\frac{14}{33}$.

E. 5. Le nombre 3 645 est-il *divisible* par 9? — **S.** Il l'est, car la somme de ses chiffres est divisible par 9.

E. 6. Exprimez le *mille anglais* en *kilomètres*. — **S.** 0^m,914 $\times$ 1760, c-à-d 1608^m,640, ou 1^{Km},608640.

E. 7. Que pèse $1\,000\,000^f$ en pièces d'or[a]? — **S.** Autant de grammes qu'il y a de fois 3^f,10 dans $1\,000\,000^f$, c-à-d $322\,580^g$, ou 322^{Kg},580.

E. 8. Combien de *lignes* dans 4^{toises} 5^{pieds} 9^{lignes}? — **S.** $2\,469^{lignes}$.

E. 9. *Deux* litres d'essence de térébenthine [b] pèsent 1738^g. Quelle est la densité? — **S.** Le même volume d'eau pèse $2\,000^g$. La densité est donc 1738 : 2 000, c-à-d 0,869.

E. 10. Le liquide contenu dans un réservoir remplirait 164 bonbonnes de 15^l,2. Combien de bouteilles de 0^l,87? — **S.** $164 \times \frac{15,2}{0,87}$, c-à-d 2865 bouteilles.

E. 11. Un train parti de Paris à minuit et demi arrive à

---

[a] Nous avons dit que toutes les pièces de monnaie françaises ont un *poids déterminé* qu'on appelle indifféremment *poids droit* ou *poids légal*. Comme il est très difficile d'obtenir ce poids exactement, on *tolère* un écart léger soit en plus, soit en moins, sur le poids de chaque pièce. Cette *tolérance* de poids est de 32^{mg},2; 16^{mg},1; 12^{mg},9; 6^{mg},4; 4^{mg},8 pour les pièces d'or de 100^f, 50^f, 20^f, 10^f, 5^f. Elle est de 75^{mg}; 50^{mg}; 25^{mg}; 17^{mg},5; 10^{mg} pour les pièces d'argent de 5^f, 2^f, 1^f, 50^c, 20^c.

[b] La *térébenthine* est un suc résineux, qui découle du tronc de certains arbres tels que les pins, les sapins, les mélèzes. C'est de la térébenthine qu'on tire le *goudron* et la *poix noire*. En la distillant, on obtient l'*essence de térébenthine*, liquide blanc, visqueux, d'une odeur forte, très employé pour la peinture des boiseries de nos appartements. La *colophane* est l'un des résidus de cette distillation.

Cherbourg[a] à 2^h 50^m du soir. Dites la durée du trajet. — S. (12^h — 30^m) + 2^h 50^m, c-à-d 14^h 20^m.

E. 12. Il faut 56^h pour paver[b] une place de 48^m de large et 97^m de long. Combien pour un boulevard[c] ayant 39^m de large et 428^m de long? — S. $56^h \times \dfrac{39}{48} \times \dfrac{428}{97}$, c-à-d 199^h 20^m.

---

117. — Règles d'alliage (3e espèce).

Question. Quelles sont les *règles d'alliage* de la 3e espèce? — **Réponse.** Les *règles d'alliage* de la *troisième espèce*[d] sont celles où l'on allie *deux* lingots[e], et où l'on ne donne le poids d'*aucun* d'eux.

Q. Donnez un exemple. — **R.** « *Quels poids faut-il allier d'un lingot d'or au titre de* 0,750 *et d'un lingot d'or au titre de* 0,900, *pour obtenir un lingot de* 30^{Kg} *au titre de* 0,800? » — Ce problème est une *règle d'alliage* de la *troisième espèce*.

Q. Comment *résout*-on ce problème? — **R.** Pour le résoudre, on dit : à 1^{Kg} du premier lingot, il manque 50^g d'or pur; et, dans 1^{Kg} du second, il y en a 100^g de trop. A 100^{Kg} du premier, il manque 50^g × 100; dans 50^{Kg} du second, il y a de trop 100^g × 50. Or, ces deux produits 50 × 100 et 100 × 50 sont égaux. Donc, il y a compensation. — Ainsi, en prenant 100^{Kg} du premier lingot et 50^{Kg} du second, on ob-

[a] *Cherbourg* est un grand port militaire sur la Manche.

[b] On *pave* d'ordinaire les rues et les places avec des cailloux roulés ou de petits blocs de granit, de grès ou de porphyre. Depuis quelque temps, on emploie aussi le pavage en *bois*.

[c] Dans beaucoup de villes, et surtout à Paris, on donne le nom de *boulevards* à de grandes et larges rues, plantées d'arbres des deux côtés. On remplace souvent le mot de *boulevard* par celui d'*avenue*.

[d] Les *règles d'alliage* de la troisième espèce ne sont, au fond, que des *règles de mélange* de la troisième espèce : elles se résolvent par les mêmes raisonnements et donnent lieu aux mêmes calculs.

[e] Il ne faut jamais donner plus de deux lingots dans les problèmes de cette sorte. Si l'on en donnait plus de *deux*, les problèmes, lorsqu'ils seraient possibles, seraient *indéterminés*, c-à-d admettraient une *infinité* de solutions.

tient 150^{Kg} de l'alliage demandé. — Pour en obtenir 1^{Kg}, on prendra 150 fois moins, c-à-d $\frac{100}{150}$ du premier lingot et $\frac{50}{150}$ du second. Pour obtenir 30^{Kg} de l'alliage demandé, on prendra

p. 156 30 fois plus, c-à-d $\frac{100 \times 30}{150}$ du premier et $\frac{50 \times 30}{150}$ du second. En effectuant les calculs, on trouve 20^{Kg} du premier lingot et 10^{Kg} du second[a].

Q. Que dites-vous de la *méthode* qu'on vient de suivre? — **R.** La *méthode* qu'on vient de suivre, comme celle qu'on a suivie pour les règles d'alliage de la deuxième espèce, est une *méthode de compensation*[b].

Exercice 1. Quels poids de deux lingots, l'un au titre de 0,820, l'autre au titre de 0,930, faut-il allier pour obtenir 155^g d'or au titre de 0,900? — **Solution.** A 1^g du 1er lingot, il manque 80^{mg} d'or pur; sur 1^g du 2e, il y a 30^{mg} de trop. Si l'on prend 30^g du 1er et 80^g du 2e, il y a compensation et l'on obtient 110^g de l'alliage demandé. Pour en obtenir 155^g, on prendra $30 \times \frac{155}{110}$ et

$80 \times \frac{155}{110}$, c-à-d $42^g,2$ du 1er et $112^g,7$ du second.

E. 2. On fond 758^g d'argent au premier titre avec 35^g de cuivre[c]. Quel est le titre final? — **S.** Le poids de l'argent pur est $758^g \times 0,950$, c-à-d $720^g,100$. Le poids total est $758^g + 35^g$, c-à-d 793^g. Le titre est donc $720,100 : 793$, c-à-d $0,908$.

E. 3. Un bijou[d] en or, au 2e titre, pèse $48^g,5$. Quel poids

(a) Les règles d'alliage, soit de la *première*, soit de la *deuxième* espèce, sont des problèmes à *une* inconnue. Les règles d'alliage de la *troisième* espèce sont des problèmes à *deux* inconnues.

(b) Nous avons, jusqu'ici, rencontré plusieurs méthodes de *compensation*. D'abord, celle que nous avons donnée pour la *soustraction* des nombres entiers, des nombres *décimaux* et des nombres *complexes;* ensuite, celle que nous avons employée pour résoudre les règles de *mélange* et les règles d'*alliage* de la *deuxième* espèce; enfin, celle que nous donnons ici même, et qui nous a servi déjà pour les règles de *mélange* de la *troisième* espèce.

(c) On peut regarder soit l'*or* pur, soit l'*argent* pur comme un *alliage* dont le *titre* est 1. On peut de même regarder le *cuivre* comme un *alliage* dont le *titre* est 0. — Le *cuivre* est à l'égard d'un *métal précieux* ce que l'*eau* est à l'égard du *vin*.

(d) On appelle *bijoux* les menus objets d'or et d'argent, souvent

d'or pur contient-il ? — **S.** $48^g,5 \times 0,840$, c-à-d $40^g,740$.

E. 4. Ajoutez 37,009 ; 4,07 ; 80,9. — **S.** 124,979.

E. 5. Convertissez $\frac{1}{28}$ en *fraction décimale.*

S. 0,03 571 428 571 428... La période est 571 428 [a].

E. 6. Les nombres 128 et 2187 sont-ils *premiers entre eux ?* — **S.** Ils le sont.

E. 7. Que valent $10^{Kg},725$ de monnaie d'argent ? — **S.** $10^{Kg},725 = 10725^g$. Ils valent $0^f,20 \times 10725$, c-à-d 2145^f.

E. 8. Combien de *pfennig* pour faire $24^f,60$? — **S.** Le pfennig vaut $1^f,2345 : 100$, c-à-d $0^f,012345$. Il en faut donc autant qu'il y a de fois 0,012345 dans 24,60, c-à-d 1993.

E. 9. En 1887, il est entré dans Paris $182\,896\,000^{Kg}$ d'avoine [b]. Combien de *quintaux ?* — **S.** $1\,828\,960^Q$.

E. 10. Une bouteille pèse, vide 349^g, pleine d'eau 1258^g. Dites sa capacité ? — **S.** Le poids de l'eau qu'elle contient est $1258^g - 349^g$, c-à-d 909^g. Sa capacité est donc de 909^{cmc}, c-à-d de $0^l,909$.

E. 11. Le cachemire [c] de laine coûte $13^f,65$ les 7^m. Combien les 17^m ? — **S.** $13^f,65 \times \frac{17}{7}$, c-à-d $33^f,15$.

E. 12. L'éclipse totale de soleil [d] du 1er janvier 1889 a commencé à $7^h 12^m,8$ du soir, et fini à $11^h 39^m,6$. Com-

ornés de pierres précieuses, qui servent à la parure. Tels sont les colliers, bracelets, médaillons, épingles de cravate, bagues et anneaux, sautoirs, chaines de montre, etc., etc.

[a] Dans cette fraction décimale *périodique*, il y a deux chiffres *irréguliers*. Cela provient de ce que le *dénominateur* 28 contient *deux* fois le facteur *premier* 2.

[b] L'*avoine* est une *graminée*, c-à-d une plante analogue au blé, au seigle et à l'orge. On la cultive surtout dans les pays du Nord. On en peut faire du pain, mais ce pain est lourd et de digestion difficile. L'avoine est la nourriture préférée du cheval; on en donne aussi aux bestiaux et à la volaille.

[c] Le *Cachemire* est une province de l'*Indoustan*, où l'on fabrique des tissus très fins, très estimés, avec le poil des chèvres du Thibet. On donne souvent à ces tissus, et aux tissus analogues, le nom de *cachemires.*

[d] Les *éclipses* de soleil ont lieu lorsque la *lune*, dans son mouvement autour de la *terre*, nous cache le soleil en tout ou en partie. Dans le premier cas, l'éclipse est *totale*; dans le second, *partielle*. Les éclipses de soleil ne sont jamais visibles que pour certains points de la terre.

bien a-t-elle duré? — S. 11^h 39^m,6 — 7^h 12^m,8,
c-à-d 4^h 26^m,8.

———

118. — Moyenne arithmétique.

Question. Qu'est-ce que la *moyenne arithmétique* de plusieurs quantités? — **Réponse.** La **moyenne arithmétique** de plusieurs quantités, c'est la quantité qu'on obtient en *divisant* la *somme* de toutes ces quantités par leur *nombre*.

Q. Donnez un exemple.— **R.** Soient les longueurs 5^m, 6^m, 7^m, 11^m. Leur somme est 29^m; leur nombre est 4. Leur *moyenne arithmétique* est donc $\frac{29^m}{4}$, c-à-d 7^m,25 [a].

Q. Dans la pratique, dit-on *moyenne arithmétique?* — p. 157 **R.** Dans la pratique, on supprime souvent l'épithète d'*arithmétique*, et l'on dit, simplement, la *moyenne* de plusieurs quantités [b].

Q. Que savez-vous sur la *moyenne arithmétique* de plusieurs quantités? — **R.** La *moyenne arithmétique* de plusieurs quantités est toujours *inférieure* à la *plus grande* de ces quantités, mais *supérieure* à la *plus petite* [c].

Q. Comment se résolvent les questions où l'on parle de *poids moyen?* — **R.** Toutes les questions où l'on parle de poids *moyen*, de prix *moyen*, etc., se résolvent par le calcul d'une *moyenne arithmétique* [d].

Q. Donnez un exemple. — **R.** Pour trouver le poids *moyen* des moutons d'un troupeau, on cherche la *moyenne arithmétique* des poids de tous les moutons de ce troupeau.

[a] Si, dans cet exemple, les longueurs eussent été exprimées à l'aide d'unités différentes, il eût fallu, tout d'abord, les ramener à la *même unité*.

[b] Il est un cas où cette épithète ne saurait être supprimée, c'est celui où l'on risquerait de confondre la *moyenne arithmétique* avec une autre *moyenne*, dont nous parlerons plus tard, et que l'on nomme *moyenne géométrique*.

[c] C'est là une remarque de simple *bon sens*. En l'ayant toujours présente à l'esprit, on évite beaucoup d'*erreurs*.

[d] On trouve, dans certains recueils, livres ou journaux, le *poids moyen* des bestiaux amenés au marché, leur *prix moyen*, etc., etc.

Exercice 1. Dites la *moyenne arithmétique* des trois nombres 7,28; 7,56; 8,12. — **Solution.** 7,65.

E. 2. *Trois* amis se pèsent et trouvent pour leurs poids 65^{Kg},6; 68^{Kg},9 et 71^{Kg},8. Dites le poids *moyen*. — **S.** 68^{Kg},7.

E. 3. Divisez 17^8 par 17^6. — **S.** 17^2.

E. 4. Quel est le *cube* de 3 *septièmes?* — **S.** $\frac{27}{343}$ [a].

E. 5. Le nombre 3745 est-il *divisible* par 25? — **S.** Non, car il n'est pas terminé par 00, 25, 50 ou 75.

E. 6. Exprimez en *décastères* 7891^{dst}. — **S.** 78^{Dst},91.

E. 7. Que pèsent 5408^f,70 en pièces d'argent? — **S.** 5^g $\times$ 5408,70, c-à-d 27043^g,50.

E. 8. Convertissez 3^{livres} [b] 13^{sous} 3^{liards} en *deniers*. — **S.** 885^{deniers}.

E. 9. Dites le volume d'une cuve contenant 53^{Kg},258 de mercure [c]. — **S.** 1^l de mercure pèse 13^{Kg},59. La cuve contient donc autant de litres qu'il y a de fois 13,59 dans 53,258, c-à-d 3^l,91.

E. 10. Quel poids d'or pur dans un collier en or, au 3e titre, pesant 85^g,8? — **S.** 85^g,8 $\times$ 0,750, c-à-d 64^g,350.

E. 11. *Sept* stères de charme [d] coûtent 208^f,60. Qué coûtent 3st,8? — **S.** 208^f,60 $\times \frac{3,8}{7}$, c-à-d 113^f,24.

E. 12. Combien de *semaines* dans le 1er *trimestre* d'une année *bissextile?* — **S.** Ce 1er trimestre contient 31^j + 29^j + 31^j, c-à-d 91^j. Il contient donc autant de semaines qu'il y a de fois 7 dans 91, c-à-d 13 semaines, exactement.

[a] On peut remarquer que 27 est le *cube* de 3, et 343 le *cube* de 7.

[b] Lorsque le mot *livre* est suivi de l'un des mots *sou, liard, denier*, il s'agit évidemment de la *livre tournois*, notre ancienne *unité* de monnaie.

[c] Le *mercure* ou *vif-argent* est un métal précieux, aussi brillant que l'argent. Il est *liquide* à la température ordinaire, et ne se *solidifie* que par les plus grands froids. C'est l'un des métaux les plus lourds, et le plus lourd de tous les liquides. Allié à d'autres métaux, il forme avec eux des *amalgames*. Les glaces ou miroirs sont *étamés* avec un amalgame d'*étain*. Le mercure s'emploie beaucoup dans les laboratoires de physique et de chimie. C'est avec le *mercure* qu'on fabrique les *baromètres* et la plupart des *thermomètres*.

[d] Le *charme* est un arbre très commun dans nos forêts; son bois est excellent pour le chauffage, et, comme il est dur et compacte, on en fait grand usage dans la menuiserie et la charpente.

CHAPITRE III

PROBLÈMES SUR LES INTÉRÊTS

—

119. — De l'intérêt et du taux.

Question. — Que *rapporte* une somme d'argent placée ou prêtée? — **Réponse.** Une *somme* d'argent, placée ou prêtée, rapporte, en général, à son propriétaire un certain *bénéfice*.

Q. Comment s'appelle la *somme* placée? — **R.** La *somme* placée ou prêtée s'appelle le **capital**[a]; le *bénéfice* qu'elle rapporte s'appelle l'**intérêt**.

Q. Qu'est-ce que le *taux*? — **R.** Le **taux** est ce que rapportent 100^f en 1 an.

Q. Donnez un exemple. — **R.** Le *taux* est $4^f,50$, si 100^f rapportent $4^f,50$ en 1 an.

Q. Dit-on toujours que le *taux* est 4, 5, 6,...? — **R.** Au lieu de dire que le *taux* de l'intérêt est 4, 5, 6,..., on dit souvent que l'argent rapporte 4, 5, 6,..., **pour cent**[b].

Q. Par quel symbole se représentent les mots *pour cent*? — **R.** Ces mots *pour cent*[c] se remplacent habituellement par le symbole °/₀. Au lieu d'écrire 3,6 *pour cent*, on écrit 3,6 °/₀.

[a] La somme placée ou prêtée s'appelle aussi le *principal*.

> Je vous paierai, lui dit-elle,
> Avant l'oût, foi d'animal,
> Intérêt et principal. (LA FONTAINE.)

[b] D'après nos définitions, c'est un *pléonasme* de dire que le *taux* est de 4%, de 5%, etc. Mais ce pléonasme est passé dans les habitudes, il ne choque personne, et n'a, d'ailleurs, aucun inconvénient. On le rencontrera souvent dans ce livre.

[c] Nos pères parlaient souvent d'argent placé au *denier* 15, au *denier* 20, etc. Dire que de l'argent est placé au denier 15, au denier 20,... c'est dire qu'il faut 15^f, qu'il faut 20^f,... de *capital* pour produire, chaque année, 1^f d'*intérêt* :

Cent francs au denier cinq, combien font-ils? — Vingt livres. (BOILEAU.)

p. 158

Q. Quel est le *taux* ordinaire? — **R.** Dans les prêts ordinaires, le *taux* ne doit pas dépasser 5 %. Dans le commerce, il peut s'élever jusqu'à 6. Au delà de ces limites, l'intérêt est un gain illicite[a] : on l'appelle *usure*.

Q. Que savez-vous sur l'intérêt? — **R.** L'*intérêt* est *directement proportionnel* au *capital*; il est aussi *directement proportionnel* à la *durée*[b] du placement.

Q. A quoi reviennent les problèmes sur les *intérêts*? — **R.** Tous les problèmes sur les *intérêts* reviennent à des *règles de trois*, et peuvent se résoudre par la méthode de *réduction à l'unité*.

Exercice 1. Que signifie cette phrase : « le *taux* est de 5^f,25 »? — **Solution.** Elle signifie que 100^f rapportent 5^f,25 en 1 an.

E. 2. *Cent* francs rapportent 7^f,80. Quel est le *taux*? — **S.** 7^f,80[c].

E. 3. Calculez $3\,827,9 + 427,47 - 4\,201,756$. — **S.** 53,614.

E. 4. Divisez 6 *septièmes* par 2 *vingt-unièmes*. — **S.** 9.

E. 5. Que savez-vous sur les *puissances* d'un nombre entier terminé par un *zéro*? — **S.** Chacune d'elles est terminée par autant de *zéros* qu'il y a d'unités dans son *exposant*[d].

E. 6. Combien de *grammes* dans le *quart* de la *livre*? — **S.** La *livre* pèse 500^g. Son *quart* est de 125^g.

E. 7. Évaluez en *francs* et *centimes* 7^{shillings} 8^{pence}. — **S.** La livre sterling vaut 25^f,2213 et contient 240^{pence}. La somme considérée contient 92^{pence}. Donc elle vaut

$$25^f,2213 \times \frac{92}{240}, \text{ c-à-d } 9^f,66.$$

[a] *Illicite* se dit de ce qui n'est pas permis. L'*usure* est une pratique défendue, et les *usuriers* sont *punis* par la *loi*.

[b] Dans la pratique, il n'en est ainsi que quand la *durée* du placement n'est pas trop grande. Lorsque cette *durée* devient considérable, l'intérêt se calcule par la méthode des *intérêts composés*, et il n'est plus du tout proportionnel au temps.

[c] Pour répondre à ces deux premières questions, il suffit, on le voit, de se rappeler la *définition* du *taux*.

[d] En particulier, les *puissances* successives de 10 s'écrivent chacune à l'aide du chiffre 1, suivi d'autant de *zéros* qu'il y a d'unités dans l'*exposant* de cette *puissance*.

p. 159   **E. 8.** Combien de *mètres* dans 52 *archinnes turques?* — **S.** $0^m,757 \times 52$, c-à-d $39^m,364$.

E. 9. On allie 375^g d'argent au titre de 0,900 avec 23^g d'argent pur. Dites le *titre* de l'alliage formé. — **S.** Le poids de l'argent pur est $375^g \times 0,900 + 23^g$, c-à-d $360^g,5$. Le poids total de l'alliage est $375^g + 23^g$, c-à-d 398^g. Le titre cherché est donc $360,5 : 398$, c-à-d 0,905.

E. 10. Quel volume occupent $3^{Mg},78$ d'eau? — **S.** $3^{Mg},78 = 37^{Kg},8$. Le volume est donc de $37^l,8$.

E. 11. Combien d'argent pur dans une cuiller à café, au 1er titre, pesant $29^g,7$? — **S.** $29^g,7 \times 0,950$, c-à-d $28^g,215$.

E. 12. Trouvez le poids de $0^l,849$ d'éther [a]. — **S.** La densité de l'éther est 0,73. Le poids cherché est donc $0^{Kg},849 \times 0,73$, c-à-d $0^{Kg},61977$, ou $619^g,77$.

---

120. — Règles d'intérêt (1re et 2e espèces).

Question. Quelles sont les *règles d'intérêt* de la 1re espèce? — **Réponse.** Les **règles d'intérêt** de la *première espèce* sont celles où l'on cherche l'*intérêt*.

Q. Donnez un exemple. — **R.** « *Quel est l'intérêt produit par* 3628^f *placés pendant* 3 *ans, à* 4,5 °/₀? » — Ce problème est une *règle d'intérêt* de la *première espèce*.

Q. Comment *résout*-on ce problème? — **R.** Pour le résoudre, on dit : 100^f en 1^{an} rapportent $4^f,50$; 1^f en 1^{an} rapporte 100 fois moins, c-à-d $\dfrac{4,50}{100}$; 3628^f en 1^{an} rapportent 3628 fois plus, c-à-d $\dfrac{4,50 \times 3628}{100}$; 3628^f en 3^{ans} rapportent 3 fois plus [b], c-à-d $\dfrac{4,50 \times 3628 \times 3}{100}$. En effectuant les calculs, on trouve $489^f,78$.

[a] Nous avons déjà, dans une note, dit quelques mots de l'*éther*. Il sera bon de les rappeler.

[b] Ce problème, comme toutes les *règles d'intérêt*, revient à une *règle de trois* composée. Nous le résolvons par la méthode de *réduction à*

Q. Que suffit-il de faire pour calculer l'*intérêt?* — **R.** On voit que, pour calculer l'*intérêt*, il suffit de faire le *produit* du *taux*, du *capital* et du nombre d'*années*, puis de *diviser* ce produit par 100.

Q. Comment peut-on *écrire* ce résultat? — **R.** Si l'on représente l'*intérêt* par I, le *taux* par T, le *capital* par C, le nombre d'*années* par A, on peut donc écrire

$$I = \frac{T \times C \times A^{(a)}}{100}.$$

Q. Quelles sont les *règles d'intérêt* de la 2ᵉ espèce? — **R.** Les *règles d'intérêt* de la *deuxième espèce* sont celles où l'on cherche le *capital*.

Q. Donnez un exemple. — **R.** « *Quel capital faut-il placer à* 5,2 °/₀ *pour obtenir en* 4ᵃⁿˢ *un intérêt de* 826ᶠ? » — Ce problème est une *règle d'intérêt* de la *deuxième espèce* [b].

Q. Comment *résout*-on ce problème? — **R.** Pour le résoudre, on dit : si l'on veut 5ᶠ,2 d'intérêt en 1ᵃⁿ, il faut placer 100ᶠ; si l'on veut 1ᶠ d'intérêt en 1ᵃⁿ, il faut placer 5,2 fois moins, c-à-d $\frac{100}{5,2}$; si l'on veut 1ᶠ d'intérêt en 4ᵃⁿˢ, il faut placer 4 fois moins, c-à-d $\frac{100}{5,2 \times 4}$; si l'on veut 826ᶠ d'intérêt en 4ᵃⁿˢ, il faut placer 826 fois plus, c-à-d $\frac{100 \times 826^{(c)}}{5,2 \times 4}$. En effectuant les calculs, on trouve 3 971ᶠ,15.

Exercice 1. Que rapportent 47 829ᶠ,30, à 5,1 °/₀, en 3 ans ? — **Solution.** $\frac{5,1 \times 47829,30 \times 3}{100}$, c-à-d 7 317ᶠ,8829.

l'unité. On aurait pu aussi écrire immédiatement l'*expression* de l'*inconnue* à l'aide des *données*.

[a] Cette *égalité* constitue une véritable *formule algébrique*. Elle indique la suite des opérations qu'il faut effectuer sur les nombres *donnés* pour en déduire le nombre *inconnu*. — Il faudra faire remarquer que les lettres I, T, C, A sont précisément les *initiales* des mots *intérêt, taux, capital, années*.

[b] Ce problème n'est encore autre chose qu'une *règle de trois*. Nous le résolvons par la méthode de *réduction à l'unité*. Nous pourrions écrire aussi, immédiatement, l'*expression* de l'*inconnue* à l'aide des *données*.

[c] Comme on l'a fait remarquer plusieurs fois déjà, dans le calcul d'une pareille expression, il faut n'effectuer la *division* qu'en *dernier lieu*.

13.

E. 2. Que rapportent $68\,946^{f},25$, à $3,6\ ^{\circ}/_{\circ}$, en 5 ans? —
S. $\dfrac{3,6 \times 68\,946,25 \times 5}{100}$, c-à-d $12\,410^{f},3250^{(a)}$.

E. 3. Dites le *capital* qui, à $6\ ^{\circ}/_{\circ}$, rapporte $1\,251^{f},08$ en
4 ans? — **S.** Pour avoir 6^{f} d'intérêts en 1^{an}, il faut
placer 100^{f}. Pour avoir 1^{f}, il faut placer $\dfrac{100}{6}$. Pour
avoir 1^{f} en 4^{ans}, il faut placer $\dfrac{100}{6 \times 4}$. Enfin, pour avoir
$1\,251^{f},08$ en 4^{ans}, il faut placer $\dfrac{100 \times 1\,251,08}{6 \times 4}$, c-à-d
$5\,212^{f},83$.

E. 4. Dites le *capital* qui, en 2 ans, rapporte le triple du
taux$^{(b)}$. — **S.** Le capital qui, en un an, rapporte le taux
est 100^{f}. Celui qui, en 1^{an}, rapporte le *triple* du taux
est 300^{f}. Celui qui, en 2^{ans}, rapporte le *triple* du taux
est donc $300^{f} : 2$, c-à-d 150^{f}.

E. 5. Effectuez $(38,05 + 57,286) \times 0,025$. — **S.**
$2,383\,400$.

E. 6. Multipliez $\dfrac{3}{17}$ par $\dfrac{51}{124}$. — **S.** $\dfrac{9}{124}$.

E. 7. Quel poids de zinc$^{(c)}$ dans 48 *sous*? — **S.** 48 *sous*
pèsent 240^{g}. Or, sur 100^{g} de bronze des monnaies,
il y a 1^{g} de zinc. Donc sur 240^{g} il y en a $240^{g} : 100$,
c-à-d $2^{g},40$.

E. 8. Combien de *liards* dans $104^{livres}\ 17^{sous}\ 3^{liards}$? —
S. 8391^{liards}.

E. 9. On mélange $3^{Hl},78$ de vinaigre à $0^{f},62$ le litre avec
$5^{Hl},46$ à $0^{f},73$. Dites le prix d'un litre du mélange. —
S. Le prix total est $0^{f},62 \times 378 + 0^{f},73 \times 546$, c-à-d
$638^{f},52$. Le nombre des litres est $378^{l} + 546^{l}$, c-à-d

---

(a) Les exercices 1 et 2 sont des *règles d'intérêt* de la première
espèce. On peut y répondre soit en suivant la méthode de *réduction à
l'unité*, soit en écrivant immédiatement l'expression de l'*inconnue* à l'aide
des *données*, soit en appliquant la *formule générale* que nous avons
indiquée.

(b) Les exercices 3 et 4 sont simplement des *règles d'intérêt* de la
deuxième espèce.

(c) Le *zinc* est un métal blanchâtre, qui ressemble un peu à l'étain.
Allié au cuivre, il donne le *cuivre jaune* ou *laiton*, dont l'usage est si
répandu. Pur, ou à peu près, il sert à *couvrir* les toits, à fabriquer des
gouttières, des tuyaux de conduite, des baignoires, des seaux, des
clous, etc., etc. On l'applique parfois, en couche très mince, sur les fils
de fer, pour les préserver de la rouille.

924^l. Le prix d'un litre du mélange est donc 638^f,52 : 924, c-à-d 0^f,691.

E. 10. *Sept* livres de semoule [a] coûtent 2^f,87. Que coûtent 15 livres et demie? — **S,** 2^f,87 $\times \dfrac{15,5}{7}$, c-à-d 6^f,355.

E. 11. Combien d'argent pur dans un couvert d'argent, au 2e titre, pesant 158^g? — **S.** 158$^g \times$ 0,800, c-à-d 126^g,4.

E. 12. Dans quel mois tombe le 60e jour de l'année? — **S.** En mars, dans les années *communes*; en février, dans les années *bissextiles*.

---

121. — Règles d'intérêt (3e et 4e espèces).

Question. Quelles sont les *règles d'intérêt* de la 3e espèce? — **Réponse.** Les *règles intérêt* de la *troisième espèce* sont celles où l'on cherche le *taux* [b].

Q. Donnez un exemple. — **R.** « *A quel taux faut-il placer* 45000^f *pendant 3 ans pour obtenir un intérêt de* 6000^f? » — Ce problème est une *règle d'intérêt* de la *troisième espèce*.

Q. Comment *résout*-on ce problème? — **R.** Pour le résoudre, on dit : 45000^f en 3^{ans} rapportent 6000^f; 1^f en 3^{ans} rapporte 45000 fois moins, c-à d $\dfrac{6000}{45000}$; 1^f en 1^{an} rapporte 3 fois moins, c-à-d $\dfrac{6000}{45000 \times 3}$; 100^f en 1^{an} rapportent 100 fois plus, c-à-d $\dfrac{6000 \times 100}{45000 \times 3}$. En effectuant les calculs, on trouve 4,44. Tel est le taux cherché [c].

Q. Quelles sont les *règles d'intérêt* de la 4e espèce? —

---

[a] La *semoule* est une sorte de farine grossière, qu'on obtient par la mouture imparfaite du blé, particulièrement du *blé dur*.

[b] Les *taux* usités pour l'intérêt ne varient guère qu'entre 3 et 6. Si, en résolvant un problème, on obtenait un taux qui sortit de ces limites, il faudrait examiner avec soin si l'on ne s'est pas trompé.

[c] On ne saurait trop le répéter, les *règles d'intérêt* ne sont que des *règles de trois*. On peut les résoudre, soit par la méthode de *réduction à l'unité*, soit en écrivant immédiatement l'*expression de l'inconnue*.

p. 161 R. Les *règles d'intérêt* de la *quatrième espèce* sont celles où l'on cherche le *nombre d'années*.

Q. Donnez un exemple. — **R.** « *Pendant combien d'années faut-il placer* 82 000^f *à* 6 °/₀ *pour obtenir* 19 680^f *d'intérêts?* » — Ce problème est une *règle d'intérêt* de la *quatrième espèce* [a].

Q. Comment *résout*-on ce problème? — **R.** Pour le résoudre, on dit : pour que 100^f rapportent 6^f, il faut 1^{an}; pour que 100^f rapportent 1^f, il faut 6 fois moins de temps, c-à-d $\frac{1}{6}$; pour que 1^f rapporte 1^f, il faut 100 fois plus de temps, c-à-d $\frac{100}{6}$; pour que 82 000^f rapportent 1^f, il faut 82 000 fois moins de temps, c-à-d $\frac{100}{6 \times 82\,000}$; pour que 82 000^f rapportent 19 680^f, il faut 19 680 fois plus de temps, c-à-d $\frac{100 \times 19\,680}{6 \times 82\,000}$. En effectuant les calculs, on trouve 4 ans [b].

Q. Comment se résoudraient les problèmes précédents, si le temps était un nombre *fractionnaire* d'années? — **R.** Les problèmes précédents se résoudraient tous de la même façon, si le temps, au lieu d'être un nombre *entier* d'années, en était un nombre *fractionnaire*.

Exercice 1. Un *capital* de 11 867^f,50 rapporte 987^f,01 en 2 ans. Trouver le *taux*. — **Solution.** 11 867^f,50 rapportent 987^f,01 en 2 ans. En 1^{an}, ils rapportent $\frac{987,01}{2}$. Donc, en 1^{an}, 1^f rapporte $\frac{987,01}{2 \times 11\,867,50}$; et 100^f rapportent $\frac{987,01 \times 100}{2 \times 11\,867,50}$, c-à-d 4^f,15 : tel est le *taux*.

E. 2. A quel *taux* est placé un *capital* de 60 826^f,35, qui rapporte 12 326^f,23 en 4 ans? — **S.** En 1^{an}, ce capital

---

[a] Il y a *quatre* espèces de *règles d'intérêt*, parce que, dans les questions d'intérêt, il figure *quatre* quantités : l'*intérêt*, le *taux*, le *capital* et le *temps*.

[b] Si l'on trouvait un nombre fractionnaire *décimal* d'années, on le réduirait en *mois*, ou plutôt en *jours*, en regardant, conformément à l'usage, l'année comme composée de 360^j. — Supposons qu'on trouve 2^{ans},37. Ces 37 *centièmes* d'année sont aussi les 37 *centièmes* de 360^j. Donc ils valent 360$^j \times$ 0,37, c-à-d 133^j. Donc le temps est de 2^{ans} 133^j.

rapporte $\frac{12\,326,23}{4}$. En 1^{an}, 1^f rapporte $\frac{12\,326,23}{4\times60\,826,35}$; et 100^f rapportent $\frac{12\,326,23\times100}{4\times60\,826,35}$, c-à-d $5^f,06$: tel est le *taux.*

E. 3. Pendant combien de temps faut-il placer $326\,957^f,55$, à 5 %, pour obtenir un *intérêt* de $32\,695^f,75$? — **S.** Pour obtenir 5^f, il faut placer 100^f pendant 1^{an}. Pour obtenir 1^f, il faut placer 100^f pendant $\frac{1}{5}$ d'année. Pour obtenir 1^f, il faut placer 1^f pendant $\frac{100}{5}$. Pour obtenir 1^f, il faut placer $326\,957^f,55$ pendant $\frac{100}{5\times326\,957,55}$. Pour obtenir $32\,695^f,75$, il faut placer $326\,957^f,55$ pendant $\frac{100\times32\,695,75}{5\times326\,957,55}$, c-à-d pendant $1^{an},999$, ou 2^{ans}.

E. 4. Pendant combien de temps a été placé, à 3,5 %, un *capital* de $458\,647^f$, qui a rapporté $96\,315^f,96$? — **S.** 100^f rapportent $3^f,5$ au bout d'un an; 100^f rapportent 1^f au bout de $\frac{1}{3,5}$; 1^f rapporte 1^f au bout de $\frac{100}{3,5}$; $458\,647^f$ rapportent 1^f au bout de $\frac{100}{3,5\times458\,467}$; $458\,647^f$ rapportent $96\,315^f,96$ au bout de $\frac{100\times96\,315,96}{3,5\times458\,647}$, c-à-d au bout de $6^{ans\,(a)}$.

E. 5. Retranchez $\frac{3}{49}$ de $\frac{11}{63}$. — **S.** $\frac{50}{441}$.

E. 6. Exprimez en *hectomètres carrés* $0^{Mmq},765\,432$. — **S.** $7\,654^{Hmq},32$.

E. 7. Combien de billets de banque, au moins, pour payer $2\,650^f$? — **S.** *Cinq,* savoir : 2 de $1\,000^f$; 1 de 500^f; 1 de 100^f, et 1 de 50^f.

E. 8. Quel poids de cuivre dans 35 *gros sous*[b]? — **S.** Ces

***

[a] On peut remarquer que nous employons, pour ces premiers exercices sur les *règles d'intérêt*, la méthode de *réduction à l'unité*. Plus tard, nous nous bornerons à écrire l'*expression* de l'inconnue et à donner le résultat du calcul.

[b] Comme les monnaies d'or et d'argent, les monnaies de bronze ont une composition et un poids déterminés. On tolère des écarts pour cette composition et pour ce poids. La *tolérance de composition* est de 1 %, pour le cuivre, de $\frac{1}{2}$ % pour l'étain et le zinc. La *tolérance de poids* est de 100^{mg}, 50^{mg}, 30^{mg}, 15^{mg} pour les pièces de 10^c, 5^c, 2^c, 1^c.

35 *gros sous* pèsent 350^g. Or, sur 1^g du bronze des monnaies, il y a $0^g,95$ de cuivre. Sur 350^g, il y en a donc $0^g,95 \times 350$, c-à-d $332^g,50$.

E. 9. Combien faut-il allier de cuivre à $3^{Kg},527$ d'argent au titre de $0,915$ pour abaisser le titre à $0,875$? — **S.** 1^{Kg} de l'alliage donné contient 40^g d'argent pur de trop; $3^{Kg},527$ en contiennent donc $40^g \times 3,527$, c-à-d $141^g,080$ de trop. Or, à 1^{Kg} de cuivre, il manque 875^g d'argent pur. Donc, il faudra ajouter autant de kilogrammes de cuivre qu'il y a de fois 875^g dans $141^g,080$, c-à-d $0^{Kg},16123$, ou $161^g,23$.

E. 10. Trouvez la densité de la cire [a], sachant que $2^{dmc},5$ pèsent $2407^g,5$. — **S.** $2^{dmc},5$ d'eau pèsent $2^{Kg},5$, ou 2500^g. La densité est donc $2407,5 : 2500$, c-à-d $0,963$.

p. 162 **E. 11.** Combien faut-il mélanger de fécule de pomme de terre [b] à $0^f,85$ le kilogramme, et de fécule à $1^f,03$, pour obtenir $22^{Kg},4$ à $0^f,98$? — **S.** 1^{Kg} de la première a un prix trop faible de 13^c; et 1^{Kg} de la seconde a un prix trop fort de 5^c. Si l'on prend 5^{Kg} de la 1re et 13^{Kg} de la 2e, il y a compensation et l'on obtient 18^{Kg} du mélange demandé. Pour en obtenir $22^{Kg},4$, il faut prendre $5 \times \dfrac{22,4}{18}$ et $13 \times \dfrac{22,4}{18}$, c-à-d $6^{Kg},222$ de la première et $16^{Kg},177$ de la seconde.

E. 12. Un livre contient $15\,000$ lignes de 44 lettres. Combien ce livre contiendrait-il de lignes de 35 lettres? — **S.** $15\,000 \times \dfrac{44}{35}$, c-à-d $18\,857$.

---

122. — Cas où le temps est exprimé en jours.

Question. De combien de *jours* suppose-t-on l'année? — **Réponse.** Lorsque le *temps* est exprimé en *jours*, on regarde l'*année* [c] comme composée de 360^j.

[a] La *cire* est une matière grasse, dure, cassante qui est sécrétée par les *abeilles* et que donnent leurs *rayons* après qu'on en a enlevé le *miel*. On s'en sert pour frotter les parquets et les meubles, pour fabriquer des bougies et des cierges, pour confectionner les bustes et statues appelés précisément *figures de cire*. — La cire est naturellement *jaune* et *odorante*; le *blanchiment* lui enlève à la fois sa couleur et son odeur.

[b] La *fécule de pomme de terre* est une poudre blanche, qui n'est elle-même autre chose que l'*amidon* de la pomme de terre.

[c] L'*année*, comme on l'a vu, se compose, en réalité, tantôt de 365^j,

Q. Que savez-vous sur les *règles d'intérêt* qui précèdent ? — **R.** Toutes les *règles d'intérêt* qui précèdent peuvent se résoudre aussi, et de la même manière, lorsque le *temps* est exprimé en *jours* [a].

Q. Donnez un exemple. — **R.** « *Que rapporte, en* 256^j, *un capital de* 28936^f, *au taux de* 5,2 °/₀ ? »

Q. Comment *résout*-on ce problème ? — **R.** Pour résoudre ce problème, on dit : 100^f en 360^j rapportent 5^f,2 ; 1^f en 360^j rapporte 100 fois moins, c-à-d $\frac{5,2}{100}$; 1^f en 1^j rapporte 360 fois moins, c-à-d $\frac{5,2}{100 \times 360}$ ou $\frac{5,2}{36\,000}$; 28936^f en 1^j rapportent 28936 fois plus, c-à-d $\frac{5,2 \times 28\,936}{36\,000}$; 28936^f en 256^j rapportent 256 fois plus, c-à-d $\frac{5,2 \times 28\,936 \times 256}{36\,000}$. En effectuant le calcul, on trouve 1070^f,18.

Q. Quelle opération suffit-il de faire pour obtenir *l'intérêt*? — **R.** On voit que, pour obtenir *l'intérêt*, il suffit de faire le *produit* du *taux*, du *capital* et du nombre de *jours*, puis de *diviser* ce produit par 36000.

Q. Dites la *formule* qui donne l'intérêt? — **R.** Si l'on désigne l'*intérêt* par I, le *taux* par T, le *capital* par C et le nombre de *jours* par J, on peut écrire

$$I = \frac{T \times C \times J}{36\,000} \text{ [b]}.$$

Q. Comment se nomme le produit du *capital* par le *nombre de jours?* — **R.** Le *produit* du *capital* par le nombre de *jours* se nomme souvent le **nombre représentatif** des *intérêts*, ou plus simplement, le **nombre** [c].

---

tantôt de 366^j. Mais c'est l'usage, dans le commerce et la finance, de ne la considérer, le plus souvent, que comme une période de 360^j. Il en résulte, pour les calculs, une légère simplification.

[a] Si le *temps* était exprimé soit par une fraction ordinaire, soit par une fraction décimale de l'*année*, on se servirait des méthodes précédemment indiquées.

[b] C'est là encore une véritable *formule algébrique*. Elle résume la règle qui la précède et indique toutes les *opérations* à effectuer sur les *quantités données* pour en déduire la *quantité demandée*. Il faut faire observer que les lettres I, T, C et J sont les initiales des mots *intérêt*, *taux*, *capital* et *jours*.

[c] Il importe de se rappeler la signification très particulière de ce

Q. Comment se sert-on du *nombre?* — R. Pour obtenir l'intérêt, il suffit évidemment de calculer le *nombre*, puis de le multiplier par le *taux* et de *diviser* par 36 000; ou bien, ce p. 163 qui revient au même, de multiplier le nombre par une fraction ayant le taux pour numérateur et 36 000 pour dénominateur.

Exercice 1. Que rapportent 6 328^f,75, à 4,2 °/₀, en 35^j?
— **Solution.** $\dfrac{4,2 \times 6 328,75 \times 35}{36 000}$, c-à-d 25^f,84.

E. 2. Que rapportent 9 843^f,80, à 6,3 °/₀, en 256^j? —
S. $\dfrac{6,3 \times 9 843,80 \times 256}{36 000}$, c-à-d 441^f,00 [a].

E. 3. Calculez (73,256 + 4,809) : 7,2, avec 3 *décimales.*
— **S.** 10,842.

E. 4. Ajoutez $\dfrac{1}{17} + \dfrac{4}{51} + \dfrac{5}{68}$. — **S.** $\dfrac{43}{204}$.

E. 5. Trouvez le *ppcm* de 8 611 et 7 663 [b].—**S.** 835 267.

E. 6. Exprimez en *mètres cubes* 0^{Kmc},0000569.
S. 56.900^{mc}.

E. 7. Combien de *kreutzers* dans 54 *florins* d'Autriche? —
S. 5 400^{kreutzers}.

E. 8. Combien de *toises, pieds, pouces* et *lignes* dans 1 000 000^{lignes}? — **S.** 1157^{toises} 2^{pieds} 5^{pouces} 4^{lignes}.

E. 9. Un lingot d'or pèse 3 225^g et contient 256^g,7 de cuivre. Quel est son titre? — **S.** Le poids de l'or pur est 3 225^g — 256^g,7, c-à-d 2 968^g,3. Le titre est donc 2 968,3 : 3 225, c-à-d 0,920.

E. 10. Il faut 61^h 10^m pour aller de Paris à St-Pétersbourg [c]. Combien de *minutes?* — **S.** 3 670^m.

E. 11. Combien faut-il mélanger de farine de sarrasin [d]

mot *nombre.* Nous en ferons constamment usage, et il *résultera de cette* pratique une notable abréviation des calculs.

(a) Nous écrivons immédiatement, pour ces deux premiers exercices, l'expression de *l'inconnue* au moyen des *données.* Il sera bon d'exiger des élèves tous les raisonnements de la méthode de *réduction à l'unité.*

(b) Le plus petit facteur *premier* de chacun des nombres 8 611 et 7 663 est le nombre premier 79. Il serait donc assez laborieux de décomposer ces nombres en leurs facteurs *premiers.* — Nous conseillons de ne se servir de la décomposition en facteurs premiers, pour la recherche soit du *pgcd*, soit du *ppcm* de plusieurs nombres, que quand ces nombres sont très petits.

(c) *Saint-Pétersbourg* est la capitale de la Russie. C'est une grande et magnifique ville située au bord de la *Néva*, à peu de distance de la mer.

(d) Le *sarrasin*, nommé aussi *blé noir* ou *blé rouge*, est une plante

à $0^f,32$ la livre, avec $6^{Kg},78$ à $0^f,48$ la livre, pour abaisser le prix à $0^f,41$? — **S.** La livre de la seconde farine coûte 7^c de trop. Les $6^{Kg},78$, qui pèsent $13^{livres},56$, coûtent donc $7^c \times 13,56$, c-à-d $94^c,92$ de trop. Or 1^{livre} de la première farine a un prix trop faible de 9^c. Il faudra donc autant de livres de la première qu'il y a de fois 9 dans 94,92, c-à-d $10^{livres},54$.

E. 12. Un ouvrage a 349 pages, contenant chacune 35 lignes de 44 lettres. Combien aurait-il de pages, si chaque page contenait 41 lignes de 39 lettres ? — **S.** $349 \times \dfrac{35}{41} \times \dfrac{44}{39}$, c-à-d 336 pages.

---

123. — Calcul des intérêts pendant un certain nombre de jours.

Question. Existe-t-il des méthodes simples pour calculer les *intérêts* ? — **Réponse.** Pour calculer les *intérêts* pendant un certain nombre de *jours*, il existe deux *méthodes* simples [a] : celle des *diviseurs* et celle des *parties aliquotes*.

Q. Comment opère-t-on dans la méthode des *diviseurs* ? — **R.** Dans la *méthode des diviseurs*, on divise le *nombre* [b], préalablement calculé, par un *diviseur* qui est le *quotient* [c] de 36000 par le *taux*.

Q. Ce procédé donne-t-il bien l'intérêt ? — **R.** Ce procédé donne bien l'intérêt. En effet, on obtient celui-ci en multipliant le *nombre* par une fraction ayant le taux pour numérateur et 36000 pour dénominateur. Or, multiplier par une telle fraction, c'est diviser par une autre qui aurait 36000 pour numé- p. 164

qu'on cultive en grand, dans plusieurs parties de la France, notamment en Bretagne. Verte, elle donne un excellent fourrage. Son grain fournit une *farine blanche*, dont on fait du pain et des galettes. Le mot *sarrasin* rappelle que cette plante a été importée, au moyen âge, d'Asie en Europe, par les Arabes ou Sarrasins.

(a) Ces méthodes simples sont celles qu'on emploie, en général, chez les commerçants, les agents de change et les banquiers.

(b) C'est-à-dire le *nombre représentatif* des intérêts.

(c) Le nombre 36000 admet une foule de diviseurs ; aussi, dans la pratique, le *quotient* dont nous parlons est-il, presque toujours, un nombre entier. C'est là l'un des avantages qui résultent de l'habitude qu'on a prise de regarder l'année comme composée de 360j.

rateur et le taux pour dénominateur. Cette dernière fraction est juste égale au *diviseur* considéré.

Q. Quels *diviseurs* correspondent aux taux de 3, 4, 5, 6 °/₀ ? — **R.** Aux *taux* de 3, 4, 5, 6 °/₀, qui sont les plus usités, correspondent les *diviseurs* 12 000, 9 000, 7 200, 6 000.

Q. Comment opère-t-on dans la méthode des *parties aliquotes* ? — **R.** Dans la *méthode des parties aliquotes*, on ramène tout au calcul de l'*intérêt* à 6 °/₀ : On prend d'abord cet intérêt [a] à 6 °/₀ par la méthode des diviseurs ; on en déduit ensuite, par un calcul de *parties aliquotes* [b], l'intérêt au *taux* considéré.

Q. Comment opère-t-on si le *taux* est 3 °/₀, s'il est 4 °/₀,... etc. ? — **R.** Si le *taux* est 3 °/₀, on calcule l'intérêt à 6 °/₀ et l'on en prend la *moitié*.

Si le *taux* est 4 °/₀, on calcule l'intérêt à 6 °/₀ et l'on en retranche son *tiers*.

Si le *taux* est 7 °/₀, on calcule l'intérêt à 6 °/₀ et l'on y ajoute son *sixième*.

Si le *taux* est 12 °/₀, on calcule l'intérêt à 6 °/₀ et on en prend le *double*.

Q. Et dans les autres cas ? — **R.** Tous les cas qui peuvent se présenter sont analogues à l'un ou à l'autre des exemples qu'on vient de traiter.

Exercice 1. Que rapportent 4 628ᶠ,50, à 4 °/₀ en 21ʲ ? — **Solution.** 10ᶠ,79.

E. 2. Que rapportent 16 839ᶠ,25, à 5 °/₀, en 28ʲ ? — **S.** 65ᶠ,48.

E. 3. Que rapportent 107 904ᶠ, à 6 °/₀, en 13ʲ ? — **S.** 233ᶠ,79.

E. 4. Que rapportent 536 927ᶠ, à 7 °/₀, en 30ʲ ? — **S.** 3 132ᶠ,07 [c].

[a] Pour calculer cet intérêt à 6 °/₀, nous venons de voir qu'il suffit de diviser le *nombre* par 6 000. Pour faire cette *division*, on divise le *nombre* par 1 000, puis le *quotient* obtenu par 6.

[b] Rappelez aux élèves ce qu'on entend par *parties aliquotes* d'un nombre ou d'une quantité.

[c] Il sera bon de faire traiter chacun de ces quatre exercices d'abord par la méthode des *diviseurs*, ensuite par celle des *parties aliquotes*. — Lorsqu'il existe deux manières d'arriver à un résultat, il est bon de les employer successivement toutes deux : elles se servent mutuellement de *vérifications*.

E. 5. Quel est le *capital* qui, à 4,5 °/₀, rapporte 8 624^f,50 en 2 ans? — **S.** Pour rapporter 4^f,50 en 1^{an}, il faut 100^f. Pour rapporter 1^f, en 1^{an}, il faut $\dfrac{100}{4,5}$. Pour rapporter 8 624^f,50, en 1^{an}, il faut $\dfrac{100 \times 8\,624,50}{4,5}$. Enfin, pour rapporter 8 624^f,50, en 2^{ans}, il faut $\dfrac{100 \times 8\,624,50}{4,5 \times 2}$, c-à-d 95 827^f,77.

E. 6. Calculez 0^{Ha},763 — 15^a,6 — 427^{ca}. — **S.** 76^a,3 — 15^a,6 — 4^a,27, c-à-d 56^a,43 [a].

E. 7. Quelle est la *plus grande* des fractions $\dfrac{16}{49}$ et $\dfrac{19}{54}$? — **S.** La seconde.

E. 8. Que savez-vous sur les *puissances* d'un entier terminé par le chiffre 1? — **S.** Elles sont toutes terminées par 1.

E. 9. Le *rayon équatorial* [b] de la terre est de 6 378 253^{Km}. Combien de *lieues?* — **S.** 6 378 253^{Km} : 4, c-à-d 1 594 563^{lieues}.

E. 10. Quel poids d'or pur dans une broche en or, au 1er titre, pesant 19^g,7? — **S.** 19^g,7 $\times$ 0,920, c-à-d 18^g,124.

E. 11. Des boutons de nacre [c] pour lingerie coûtent 2^f,40 la *grosse*. Combien en a-t-on pour 6^f? — **S.** La *grosse* contient 12 *douzaines*, c-à-d 144 boutons. Pour 6^f, on a donc 144 $\times \dfrac{6}{2,4}$, c-à-d 360^{boutons} ou 30^{douzaines} de boutons.

E. 12. Combien faut-il allier d'argent au titre de 0,850 et d'argent au titre de 0,880, pour obtenir 12^{Kg},150 au titre de 0,865? — **S.** A 1^{Kg} du premier lingot, il

---

[a] Avant d'effectuer le calcul indiqué, il faut ramener toutes les *superficies* qui y figurent à la même *unité*. Nous les avons toutes exprimées en *ares;* on aurait pu les exprimer toutes en *hectares*, ou même en *centiares*.

[b] Le rayon *équatorial* de la terre est la distance du centre de la terre à un point de sa surface situé sur l'*équateur*. Le rayon *polaire* serait la distance du centre de la terre à l'un ou à l'autre des deux *pôles*. Comme la terre est très légèrement *aplatie* aux *pôles*, le rayon *équatorial* est *plus grand* que le rayon *polaire*.

[c] La *nacre* est une substance blanche, brillante, à reflets irisés. On la tire de différents coquillages. On s'en sert pour faire des boutons, des jetons et différents autres menus objets. On l'emploie aussi beaucoup en *incrustation.* — Quant aux *boutons*, on en fait en os, en corne, en papier, en étoffe, en verre, en porcelaine, etc., etc.

manque 15ᵍ d'argent pur. Sur 1ᴷᵍ du second, il y en a
15ᵍ de trop. Il suffit donc, pour qu'il y ait compensation, de prendre le même poids des deux lingots. On prendra donc, de chaque lingot, un poids égal à la moitié de 12ᴷᵍ,150, c-à-d à 6ᴷᵍ,075.

---

p. 165

124. — Intérêts composés.

Question. Dans quel cas un capital est-il placé à *intérêts composés?* — **Réponse.** Un *capital* est placé à **intérêts composés** lorsque, à la fin de chaque année, les *intérêts* produits s'ajoutent à ce *capital* pour produire de *nouveaux intérêts* [a].

Q. Et lorsque les *intérêts* ne s'ajoutent point au *capital?* — **R.** Lorsque les intérêts ne s'ajoutent point ainsi au capital, le capital est placé à **intérêts simples** [b]. Dans ce qui précède, il n'est question que d'*intérêts simples*.

Q. Enoncez un problème sur les *intérêts composés*. — **R.** « *On place à intérêts composés, au taux de* 5°/₀, *un capital de* 3000ᶠ. *Quelle somme aura-t-on, capital et intérêts réunis, à la fin de la* 4ᵐᵉ *année?* »

Q. Comment *résout-on* ce problème? — **R.** Pour résoudre ce problème, on dit : 3000ᶠ à 5 °/₀ en 1ᵃⁿ rapportent 150ᶠ : on a donc, au bout de la première année, 3000ᶠ + 150ᶠ, c-à-d 3150ᶠ. — Pendant la deuxième année, ces 3150ᶠ rapportent 157ᶠ,50 : on a donc, au bout de la deuxième année, 3150ᶠ + 157ᶠ,50, c-à-d 3307ᶠ,50. — Pendant la troisième année, ces 3307ᶠ,50 rapportent 165ᶠ,37 : on a donc, au bout de la troisième année, 3307ᶠ,50 + 165ᶠ,37, c-à-d 3472ᶠ,87. — Pendant la quatrième année, ces 3472ᶠ,87 rapportent 173ᶠ,64. Donc on a finalement [c], capital et intérêts compris, 3472ᶠ,87 + 173ᶠ,74, c-à-d 3646ᶠ,51.

---

[a] On dit souvent alors que ces intérêts se *capitalisent*.

[b] Nous avons déjà fait remarquer que les *intérêts simples* sont *directement proportionnels* au *temps*. Les *intérêts composés* ne le sont pas : ils croissent plus vite que le temps, c-à-d que, si le *temps* du *placement* devient, par exemple, *double*, *triple*, *quadruple*, les *intérêts composés* deviennent plus que *doubles*, *triples*, *quadruples*.

[c] Il existe, en *algèbre*, des *formules* qui permettent de faire directement tous les calculs relatifs aux *intérêts composés*. Mais ces formules

Q. Le placement à *intérêts composés* est-il avantageux? — **R.** Le placement à *intérêts composés* est beaucoup plus *avantageux* que le placement à *intérêts simples*.

Q. Donnez-en un exemple. — **R.** A intérêts composés, les 3 000^f du problème précédent ont rapporté 646^f,51. A intérêts simples, ils n'en auraient rapporté que 600 [a].

Exercice 1. Que rapportent 229 666^f en 3 ans, à 5°/$_o$, et à *intérêts composés?* — **Solution.** 36 201^f,10.

E. 2. Que rapportent 125 836^f,50. en 4 ans, à 3°/$_o$, et à *intérêts composés.* — **S.** 15 793^f,61.

E. 3. Un *million* est placé à *intérêts composés* [b], au taux de 5°/$_o$, que devient-il au bout de 6 ans? — **S.** 1 340 096^f.

E. 4. Calculez à moins de 0,001 le *rapport* de 8,73 à 7,865. — **S.** 1,109.

E. 5. Réduisez à *sa plus simple expression* $\dfrac{1\,728\,144}{729\,729\,729}$. — **S.** $\dfrac{192\,016}{81\,081\,081}$.

E. 6. Que savez-vous sur les nombres *divisibles* par 15 et par 16? — **S.** Ils sont divisibles par le produit 15×16, c-à-d par 240, vu que 15 et 16 sont premiers entre eux [c].

E. 7. Exprimez en *francs* 103 827 *dollars.* — **S.** 5^f,1825 p. 166 $\times$ 103 827, c-à-d 538 083^f,42.

exigent l'emploi des *logarithmes*, qu'on ne saurait enseigner à l'*école primaire*.

[a] Placée à *intérêts composés*, au taux de 5 °/o, une somme quelconque acquiert une valeur *double* au bout de 14 ans environ. — On ne peut se faire une idée de la rapidité avec laquelle augmentent les capitaux placés à *intérêts composés*. Une somme de 10 000^f placée ainsi au taux de 5 °/o, devient, au bout d'un *siècle*, capital et intérêts réunis, égale à 1 315 012^f.

[b] Il existe des *tables* soit pour le calcul des *intérêts simples*, soit pour le calcul des *intérêts composés*. Les premières donnent l'*intérêt* produit par une somme, placée pendant un certain nombre de *jours*, à l'un des *taux* les plus *usuels*. Les secondes donnent ce que devient, capital et intérêts réunis, 1^f placé à *intérêts composés*, à l'un des taux les plus usuels, après un certain nombre d'années. — Il existe beaucoup de livres, très divers, qui donnent les résultats de certains calculs, ou, comme on dit, des *comptes faits*. On les nomme souvent des *barèmes*, du nom du mathématicien lyonnais *Barème*, qui a publié le premier ouvrage de ce genre, il y a plus de deux cents ans.

[c] On peut faire remarquer aux élèves que deux nombres entiers *consécutifs* sont toujours *premiers entre eux*.

E. 8. Combien de *kilomètres* dans 68 *verstes?* — **S.** 1[sagène] vaut 2^m,133 ; 1[verste] vaut donc 2^m,133 $\times$ 500, c-à-d 1 066,5 et 68[verstes] valent 1 066^m,5 $\times$ 68, c-à-d 72 522^m, ou 72^{Km},522.

E. 9. *Dix mille* francs rapportent 46^f,25 en 33^j. Quel est le *taux?* — **S.** 1^f, en 33^j, rapporte $\dfrac{46,25}{10\,000}$; 1^f, en 1^j, rapporte $\dfrac{46,25}{10\,000 \times 33}$; 100^f, en 1^j, rapportent $\dfrac{46,25 \times 100}{10\,000 \times 33}$; donc 100^f, en 1^{an}, c-à-d en 360^j, rapportent $\dfrac{46,25 \times 100 \times 360}{10\,000 \times 33}$, ou 5^f,04. Tel est le taux [a].

E. 10. Dites le poids de l'eau qui remplirait un baquet de 2^{Dl}, 48. — **S.** 24^{Kg},8, car 2^{Dl}, 48 = 24^l,8 [b].

E. 11. Quel poids d'or pur dans un bijou en or, au 2e titre, pesant 287^{dg}? — **S.** 28^g,7 $\times$ 0,840, c-à-d 24^g,108.

E. 12. Des torchons en toile coûtent 6^f,75 la *douzaine*. Que coûtent 78 torchons? — **S.** 6^f,75 $\times \dfrac{78}{12}$, c-à-d 43^f,875.

---

125. — Les caisses d'épargne.

Question. Que sont les *caisses d'épargne?* — **Réponse.** Les **caisses d'épargne** sont des établissements où toute personne peut déposer ses moindres *économies*, pour les faire *fructifier* [c].

Q. Existe-t-il plusieurs *caisses d'épargne?* — **R.** Il existe, en France, un grand nombre de *caisses d'épargne*. La plus ancienne est celle de Paris, qui a été fondée, en 1818, par une réunion de philanthropes [d]. La plus

[a] En regardant ce problème comme une *règle de trois* composée, on pourrait écrire immédiatement l'expression de l'*inconnue* au moyen des *données*.

[b] Les mots *baquet, seille, cuvier, cuve*, etc., désignent des récipients en bois ayant à peu près la forme de *cylindres* ou de *troncs de cônes*.

[c] C'est-à-dire pour les *conserver*, en leur faisant rapporter des *intérêts*.

[d] On nomme ainsi ceux qui s'occupent d'être utiles à leurs semblables, d'améliorer leur condition. Le mot *philanthrope* est dérivé du grec, il signifie *ami des hommes*. Parmi les *philanthropes* les plus célèbres, on peut citer le baron de *Montyon*, magistrat français mort en 1820.

récente est la **caisse d'épargne postale,** qui a été établie par la loi du 9 avril 1881.

Q. Que savez-vous sur la *caisse d'épargne postale ?* — **R.** Tous les bureaux de poste un peu importants, non seulement de la France continentale, mais encore de la Corse, de l'Algérie et de la Tunisie, sont ouverts au service de la *caisse d'épargne postale.* En d'autres termes, on peut, dans tous ces bureaux, verser ou retirer[a] son argent.

Q. Peut-on *verser* moins de 1^f? — **R.** On ne peut pas verser moins de 1^f à la fois, et le *compte* d'aucune personne[b] ne peut dépasser 2000^f.

Q. Que produisent les sommes *déposées ?* — **R.** Les sommes déposées produisent un *intérêt* annuel de 3 °/₀. Cet intérêt se compte à partir du 1er ou du 15 de chaque mois qui suit le jour du versement.

Q. Comment est fait le *placement ?* — **R.** Le placement est fait à *intérêts composés,* car, à la fin de chaque année, on calcule les intérêts produits par le capital déposé, pour les ajouter à ce capital.

Q. Qu'arrive-t-il après le premier *versement ?* — **R.** Après le premier versement, il est remis gratuitement à l'intéressé un *livret national*[c].

> **Exercice 1.** Que rapportent 1816^f, en 2 ans, à la *caisse d'épargne ?* — **Solution.** 110^f,58.
>
> **E. 2.** Que rapportent 6827^f en 3 mois, à la *caisse d'épargne ?* p. 167 — **S.** 51^f,20.
>
> **E. 3.** Dites le *quintuple* de 7^{Dst},28 — 3st,6. — **S.** 69st,2 $\times$ 5, c-à-d 346st,0.
>
> **E. 4.** Réduisez au *plus petit dénominateur commun* $\frac{15}{16}$, $\frac{47}{48}$ et $\frac{11}{64}$. — **S.** $\frac{240}{192}$, $\frac{188}{192}$, $\frac{33}{192}$[d].

[a] Quand on verse de l'argent, on opère un *versement ;* quand on en retire, on effectue un *retrait.*

[b] C'est-à-dire que le *total* des sommes déposées par une même personne ne peut pas dépasser 2000^f.

[c] On ne saurait trop encourager l'*économie.* C'est une vertu qui peut être pratiquée par tous, et qui est une source de *richesses* pour les individus et pour les nations. — Il n'y a qu'un moyen sûr de devenir riche : *travailler et économiser.*

[d] Si l'on eût pris pour *dénominateur commun* le produit des trois dénominateurs donnés, on eût trouvé non plus 192, mais 49152.

E. 5. Quel poids d'étain dans 286 *sous?* — **S.** 286^{sons} pèsent 1430^{g}. Or, sur 100^{g} du bronze des monnaies, il y a 4^{g} d'étain. Donc, sur 1^{g} de bronze, il y a 0^{g},04 d'étain; et sur 1430^{g} de bronze, il y a 0^{g},04 $\times$ 1430, c-à-d 57^{g},2 d'étain.

E. 6. Combien de *secondes* dans 7^{h} 28^{m} 53^{s},7 ? **S.** 26 933^{s},7.

E. 7. Combien de *centimètres cubes* dans 3^{dst},78 ? — **S.** 0st,378 $=$ 378^{dmc}, c-à-d 378 000^{cmc}.

E. 8. Exprimez en *mètres* la taille d'un homme de 6^{pieds} 2^{pouces}. — **S.** 6^{pieds} 2^{pouces} $=$ 1^{toise} 2^{pouces}. Or 1^{toise} vaut 1^{m},949 et 1^{pouce} vaut 0^{m},027. La taille de cet homme est donc 1^{m},949 $+$ 0^{m},027 $\times$ 2, c-à-d 2^{m},003 [a].

E. 9. L'heure de Berne [b] avance de 35^{m} sur celle de Londres. Un Anglais a réglé sa montre à Londres et arrive à Berne à 9^{h} du matin, heure de Berne. Quelle heure marque sa montre ? — **S.** 9^{h} — 35^{m}, c-à-d 8^{h} 25^{m}.

E. 10. Un bloc de granit [c] pèse 5 247^{Kg}. Sa densité est 2,7. Dites son volume. — **S.** 1^{dmc} de granit pèse 2^{Kg},7. Le volume contient autant de décimètres cubes qu'il y a de fois 2^{Kg},7 dans 5 247^{Kg}, c-à-d 1943^{dmc}, c-à-d 1^{mc},943.

E. 11. En combien de jours, 79 943^{f},30, placés à 5,2 $^{\text{u}}/_{\text{o}}$, rapportent-ils 142^{f},15 ? — **S.** 100^{f} rapportent 5^{f},2 en 360^{j}; 100^{f} rapportent 1^{f} en $\frac{360}{5,2}$; 1^{f} rapporte 1^{f} en $\frac{360 \times 100}{5,2}$; 79 943^{f},30 rapportent 1^{f} en $\frac{360 \times 100}{5,2 \times 79\,943,30}$; et enfin 79 943^{f},30 rapportent 142^{f},15 en $\frac{360 \times 100 \times 142,15}{5,2 \times 79\,943,30}$, c-à-d en 12^{j}.

E. 12. Quel poids d'or pur dans un bijou en or, au 3e titre, pesant 3^{Dg},28 ? — **S.** 32^{g},8 $\times$ 0,750, c-à-d 24^{g},6.

---

[a] La *taille* des hommes, comme celle des animaux, ne varie qu'entre certaines limites. Les hommes extrêmement *petits* se nomment des *nains;* les hommes extrêmement *grands*, des *géants*. La taille moyenne varie un peu suivant les pays. Les *Patagons* sont, dit-on, très grands; les *Lapons* très petits.

[b] *Berne* est la capitale de la Suisse; c'est une ville ancienne, des plus intéressantes. *Londres* est la capitale de l'Angleterre; c'est une ville très florissante, très riche, qui est probablement, de toutes les villes du monde, la plus grande et la plus peuplée.

[c] Le *granit* est une roche fort dure, de couleur variable, dont le nom rappelle la texture *grenue*. Elle constitue des montagnes entières. On l'emploie dans les constructions. A Paris, les bordures de trottoir sont presque toutes en *granit*.

126. — Sociétés de secours mutuels.
Assurances.

Question. Que sont les sociétés de *secours mutuels ?* — **Réponse.** Les **sociétés de secours mutuels** sont des sociétés dont les membres paient une *cotisation* périodique [a]. Lorsqu'ils sont malades, ils sont soignés gratuitement et reçoivent chaque jour une certaine somme [b].

Q. Que demandent à leurs clients les *assurances en cas d'accidents ?* — **R.** Les **assurances en cas d'accidents** demandent à leurs clients une *prime annuelle.* S'ils sont victimes d'un accident, elles leur servent une *rente viagère ;* s'ils sont tués, elles donnent un *secours* à ceux qu'ils laissent dans le besoin.

Q. Que permettent de faire les *assurances sur la vie ?* — **R.** Les **assurances sur la vie** donnent le moyen : 1° de transformer le *capital* qu'on possède en une *rente viagère ;* 2° de se constituer une *retraite* pour le temps de la vieillesse ; 3° de laisser après soi un certain *capital* à une veuve, à de petits enfants ou à de vieux parents [c].

Q. Existe-t-il plusieurs compagnies d'*assurances sur la vie ?* — **R.** Il existe en France plusieurs *compagnies d'assurances sur la vie.* Il y existe, en outre, une institution nationale, qui

[a] Ces sociétés rendent les plus grands services. Il en existe maintenant sur tous les points de la France. Elles ont été constituées, en principe, par une loi de 1850, et organisées, en fait, par un décret de 1852.

[b] Parmi les sociétés analogues aux sociétés de secours mutuels, il ne faut pas oublier de citer les *sociétés amicales* qui existent entre les anciens élèves de beaucoup d'établissements d'instruction soit *secondaires,* soit *supérieurs.* Ces sociétés secourent les anciens élèves tombés dans le malheur, viennent en aide aux veuves de ceux qui meurent sans fortune, procurent à leurs enfants des bourses dans les lycées et collèges, etc., etc.

[c] Tout homme qui a souci de l'*avenir,* soit pour lui, soit pour les siens, devrait être assuré sur la vie. En Angleterre et aux États-Unis, ce genre d'assurances est très pratiqué ; en France, malheureusement, il l'est beaucoup moins.

p. 168 fait ces mêmes assurances : c'est la *caisse de retraites pour la vieillesse*, qui est gérée par l'Etat et placée sous sa garantie [a].

Q. Que savez-vous sur les assurances contre l'*incendie*? — **R.** En payant une *prime annuelle fixe* à une compagnie **d'assurances** contre **l'incendie**, contre la **grêle**, etc., on obtient le remboursement des pertes que l'on subit par le fait de l'*incendie*, de la *grêle*, etc. [b].

Exercice 1. Pour s'assurer 1^f par jour en cas d'incapacité de travail, il faut payer à une compagnie d'assurances contre les *accidents* une *prime annuelle* de $2^f,80$. Combien pour s'assurer $3^f,45$ par jour? — **Solution.** 3,45 fois plus, c-à-d $2^f,80 \times 3,45$, ou $9^f,66$.

E. 2. A 55 ans, en versant 100^f, on obtient une *rente viagère* [c] immédiate de $9^f,41$. Quelle rente obtient-on, en versant $42\,628^f$? — **S.** $9^f,41 \times \dfrac{42\,628}{100}$, c-à-d $4\,011^f,29$.

E. 3. Pour assurer à ses héritiers un *capital* de 100^f, payable à son décès, un homme de 16^{ans} doit payer une *prime annuelle* de $1^f,32$. Quelle *prime* pour un capital de $25\,000^f$? — **S.** $1^f,32 \times \dfrac{25\,000}{100}$, c-à-d 330^f.

E. 4. Un particulier assure contre l'*incendie* son mobilier, évalué à $11\,696^f,30$. Le tarif de la *prime annuelle* est de $0^f,75$ pour $1\,000^f$. Combien doit-il payer par an? — **S.** $0^f,75 \times \dfrac{11\,696,30}{1\,000}$, c-à-d $8^f,77$.

E. 5. Exprimez $228^a,37 \times 638$ en *hectomètres carrés*. — **S.** $2^{Hmq},2837 \times 638$, c-à-d $1457^{Hmq},0006$.

[a] Certaines sociétés assurent à leurs membres une retraite pour leur vieillesse. Telles sont les sociétés fondées par le baron Taylor, entre autres la *Société des membres de l'enseignement*. Grâce à la *Caisse des retraites pour la vieillesse*, grâce aussi aux *Compagnies d'assurances sur la vie*, toute personne économe, moyennant un sacrifice annuel assez léger, peut se créer elle-même une *retraite*, pour l'époque où elle aura 50 ans, 60 ans, etc.

[b] Ce serait une grave imprudence, pour un locataire comme pour un propriétaire, de ne point contracter une *assurance* contre l'*incendie*.

[c] Une rente *viagère* est une rente qui est payée, à époques fixes, pendant toute la *vie* du rentier et qui s'éteint à son décès. La rente viagère est *immédiate* si, étant payable par semestre, par exemple, elle se paie, pour la première fois, 6 mois juste après le versement. Elle est *différée* si elle se paie, pour la première fois, à une époque plus éloignée.

E. 6. Réduisez $11 + \frac{7}{13}$ en une *seule fraction*. — **S.** $\frac{150}{13}$ [a].

E. 7. Décomposez 10 829 en *facteurs premiers*. — **S.** $7^2 \times 13 \times 17$.

E. 8. Que pèsent 50^f en monnaie de bronze ? — **S.** $50^f = 5\,000^c$ et pèsent $5\,000^g$, c-à-d 5^{Kg}.

E. 9. Que rapportent $1246^f,50$, en 90^j, à la *caisse d'épargne* ? — **S.** $\frac{3 \times 1246,50 \times 90}{36\,000}$, c-à-d $9^f,34$.

E. 10. L'*hectolitre* de blé [b] pèse $75^{Kg},64$. Que pèsent $7^{mc},945$ de blé ? — **S.** $7^{mc},945 = 79^{Hl},45$ et pèsent $6\,009^{Kg},598$.

E. 11. *Trois* volumes ont 247 pages, 259 pages, 273 pages. Combien en moyenne ? — **S.** $259^{pages} + \frac{2}{3}$.

E. 12. Combien d'*années communes* dans 180 *semaines* ? — **S.** 180 semaines contiennent 1260^j, et, par conséquent, autant d'années communes qu'il y a de fois 365^j dans 1260^j, c-à-d 3 années communes, plus 165^j.

---

127. — Placements et emprunts hypothécaires.

Question. Qu'est-ce que l'*hypothèque* ? — **Réponse.** **L'hypothèque** est un *droit réel* sur les *immeubles* affectés à l'acquittement d'une dette [c].

Q. Que savez-vous sur les *immeubles hypothéqués* ? — **R.** Les *immeubles* [d] *hypothéqués* restent en la possession du *débiteur* ; mais, à défaut de paiement, le *créancier* peut les faire *vendre* en justice.

[a] On voit ainsi que $11 + \frac{7}{13}$ est le *quotient exact* de 150 par 13.

[b] Le mot *blé,* autrefois *bled,* s'applique vulgairement à toutes les céréales, c-à-d à toutes les plantes donnant une farine propre à la confection du *pain.* Au sens propre, le mot *blé* ne désigne que le pur froment.

[c] Cette définition de l'*hypothèque* est la définition juridique : c'est celle même qui figure dans le *code.*

[d] Le mot *immeuble* est l'opposé du mot *meuble.* Ce dernier a la même origine que *mobile* et se dit des biens qui peuvent être déplacés, tels que chaises, tables, lits. *Immeuble* se dit, au contraire, des biens essentiellement immobiles, tels que terrains, prés, maisons.

p. 169   **Q.** Que peut faire le *créancier?* — **R.** Le *créancier* peut les faire vendre, lors même qu'ils seraient passés en la possession d'un *tiers acquéreur* [a].

Q. Qu'est-ce que *prêter sur hypothèque?* — **R. Prêter sur hypothèque,** c'est *prêter* en prenant *hypothèque* sur les *immeubles* de celui à qui l'on prête.

Q. Que savez-vous sur le *prêt hypothécaire?* — **R.** Le *prêt hypothécaire* est l'une des plus sûres manières dont on puisse placer son argent.

Q. Qu'est-ce que *emprunter sur hypothèque?* — **R. Emprunter sur hypothèque,** c'est *emprunter* [b] en donnant *hypothèque* sur les *immeubles* qu'on possède.

Q. Qu'est-ce que le *Crédit foncier de France?* — **R.** Le *Crédit foncier de France* est une institution qui fonctionne sous la garantie de l'Etat et qui a pour but de faire des *prêts hypothécaires.*

Q. Quelles opérations fait le *Crédit foncier?* — **R.** Le *Crédit foncier* fait, en général, des prêts à longs termes. On rembourse ces prêts par *annuités*, c-à-d. en payant chaque année une somme fixe qui se nomme précisément *annuité* [c].

Exercice 1. On place 34 849^f,75 sur *hypothèques*. Le taux de l'intérêt est 4,7. Que touchera-t-on chaque année? — **Solution.** $\dfrac{4,7 \times 34\,849,75}{100}$, c-à-d 1 637^f,93.

E. 2. A 60 ans, le taux [d] des *rentes viagères* est de 10,64. Que rapporte un versement de 82 628^f,50 fait par un homme de cet âge? — **S.** $\dfrac{10,64 \times 82\,628,50}{100}$, c-à-d 8 791^f,67.

(a) Voilà pourquoi, lorsqu'on achète un *immeuble*, il faut toujours s'enquérir avec soin des *hypothèques* qui peuvent le grever.

(b) *Emprunter*, de quelque manière que ce soit, est presque toujours une *mauvaise* opération. Un emprunt conduit à un autre. D'emprunt en emprunt on arrive à la ruine.

(c) Eteindre une dette par annuités, c'est ce qu'on appelle *amortir* cette dette. On donne à cette opération le nom *d'amortissement.*

(d) Le *taux* des rentes viagères est d'autant plus fort, et, partant, d'autant plus *avantageux* que le rentier est plus âgé au moment où se paient les premiers *arrérages.*

E. 3. Multipliez $6 + \frac{7}{8}$ par $5 - \frac{1}{3}$. — **S.** $\frac{385}{12}$, c-à-d $32 + \frac{1}{12}$.

E. 4. On possède une balance, un poids de 5^{Kg}, un de 1^{Kg} et un de 20^{Kg}. Peut-on, dans ces conditions, peser 14^{Kg}? — **S.** On le peut, en mettant 20^{Kg} dans l'un des plateaux, et les deux autres poids dans l'autre.

E. 5. Combien de *litres* dans 4 *setiers* et 8 *boisseaux*? — **S.** 4 setiers et 8 boisseaux font 56 boisseaux. Or 1 boisseau vaut 13 litres. Donc le nombre des litres est $13^{l} \times 56$, c-à-d 728^{l}.

E. 6. Exprimez en *centiares* $0^{Ha},03789$. — **S.** $378^{ca},9$.

E. 7. Ajoutez $2^{toises} 3^{pieds} 9^{pouces}$ et $1^{toise} 4^{pieds} 11^{pouces}$. — **S.** $4^{toises} 2^{pieds} 8^{pouces}$.

E. 8. Que vaut 1^{Kg} de monnaie de bronze? — **S.** $1^{Kg} = 1\,000^{g}$ et vaut $1\,000^{c}$, c-à-d $10^{f\,(a)}$.

E. 9. A $7^{Kg},28$ d'argent au titre de 0,845, on ajoute 526^{g} d'argent pur. Que devient le titre? — **S.** Le poids total de l'argent pur est $7^{Kg},28 \times 0,845 + 0^{Kg},526$, c-à-d $6^{Kg},6776$. Le poids total de l'alliage est $7^{Kg},28 + 0^{Kg},526$, c-à-d $7^{Kg},806$. Le nouveau titre est donc $6,6776 : 7,806$, c-à-d $0,855$.

E. 10. Que rapportent $100\,000^{f}$, à 3 %, en 1^{j}? — **S.** $\frac{3 \times 100\,000 \times 1}{36\,000}$, c-à-d $8^{f},33$.

E. 11. Un flacon pèse $35^{Dg},25$ de plus quand il est plein d'eau que quand il est vide. Dites sa capacité. — **S.** $352^{cmc},5$, c-à-d $0^{l},3525$.

E. 12. En 1887, il est entré dans Paris $4\,288\,000$ hectolitres de vins en cercles [b] et en bouteilles. Combien par jour, en moyenne? — **S.** $4\,288\,000^{Hl} : 365$, c-à-d $11\,747^{Hl},94$.

---

[a] Comme nous l'avons déjà fait remarquer, toutes nos monnaies peuvent servir comme *poids*. A cet égard, les plus commodes sont les monnaies de bronze, puisque leurs *valeurs* en *centimes* et leurs *poids* en *grammes* sont exprimés par les *mêmes nombres*.

[b] L'expression *vins en cercles* signifie *vins en fûts*, en *tonneaux.* Elle est l'opposée de l'expression *vins en bouteilles.*

CHAPITRE IV

FONDS D'ÉTAT, ACTIONS, OBLIGATIONS

—

128. — Fonds d'État.

p. 170

Question. Lorsqu'un Etat *emprunte*, que remet-il à celui qui lui prête? — **Réponse.** Lorsqu'un *Etat* emprunte, il remet à celui qui lui prête, en échange de la somme prêtée, une **inscription** ou **titre de rente**, c-à-d une promesse faite par lui de payer chaque année, à époque fixe[a], une rente déterminée.

Q. Que constituent les *titres de rente* émis par l'Etat? — **R.** Les *titres de rente* émis par *l'Etat* constituent les **fonds d'Etat** ou **rentes sur l'Etat.**

Q. Quels sont les principaux *fonds d'Etat* français? — **R.** Les principaux[b] *fonds d'Etat* français sont le 3 °/₀ et le 4 1/2 °/₀[c].

Q. Où sont inscrits les *titres de rente?* — **R.** Les *titres de rente* sont inscrits au **grand livre** de la **dette publique** : ils sont **nominatifs**, lorsqu'ils indiquent le *nom* de leur propriétaire[d] ; **au porteur**, lorsqu'ils ne l'indiquent pas.

Q. Comment se nomment les propriétaires des *titres de rente?* — **R.** Les *propriétaires* des titres de rente se nomment **rentiers** : ce sont des *créanciers* de l'Etat.

Q. Les *titres de rente* mentionnent-ils la somme prêtée? —

[a] Pour le 3 °/₀ français, cette *rente annuelle* se paie par *quarts*, le 1ᵉʳ janvier, le 1ᵉʳ avril, le 1ᵉʳ juillet et le 1ᵉʳ octobre.

[b] Il a existé, jusqu'à ces dernières années, un 5 °/₀ français. Présentement, il existe deux 3 °/₀ français : le 3 °/₀ ancien ou *perpétuel*, et le 3 °/₀ nouveau ou *amortissable*.

[c] Parmi les fonds étrangers, on peut citer les *consolidés anglais*, qui sont du 3 °/₀ ; le 4 1/2 °/₀ belge ; le 4 °/₀ russe ; etc.

[d] Les titres *nominatifs* présentent beaucoup plus de sécurité que les titres au *porteur* et sont, par conséquent, de beaucoup préférables.

R. Les *titres de rente* ne mentionnent pas la somme prêtée : ils indiquent seulement la *rente promise*. Cette rente est constamment la même : les *fonds d'Etat* sont des **valeurs à revenu fixe**[a].

Q. Les *titres de rente* se vendent-ils ? — **R.** Les *titres de rente* se vendent et s'achètent[b] comme une marchandise, à un *marché* spécial qu'on appelle la **Bourse** : leur **cours**[c] y varie constamment.

Q. Que signifie « le *cours* de 82ᶠ,75 » pour le 3 %? — **R.** Dire que le 3 % est au *cours* de 82ᶠ,75, c'est dire qu'il faut payer 82ᶠ,75 pour acheter un *titre* rapportant 3ᶠ par an.

Q. Que signifie « le *cours* de 110ᶠ,25 » pour le 4 1/2 %? —**R.** Dire que le 4 1/2 % est au *cours* de 110ᶠ,25, c'est dire qu'il faut payer 110ᶠ,25 pour acheter un *titre* rapportant 4ᶠ,50 par an.

> **Exercice 1.** Que signifient ces mots : « le 3 % français est au *cours*[d] de 81ᶠ,95? » — **Solution.** Ils signifient qu'il faut payer 81ᶠ,95 pour acheter un *titre* rapportant 3ᶠ par an.
>
> **E. 2.** Que signifient ces mots : « le 4 1/2 % français est p. 171 au *cours* de 108ᶠ,25? » — **S.** Ils signifient qu'il faut payer 108ᶠ,25 pour acheter un *titre* rapportant 4ᶠ,50 par an.
>
> **E. 3.** Calculez $(365,2 - 47,003) : 9,75$, avec 4 décimales. — **S.** 32,6355.
>
> **E. 4.** Quel est le *quotient exact* de 196 par 19? — **S.** $10 + \dfrac{6}{19}$.

[a] Nous verrons bientôt qu'il existe des *valeurs à revenu variable* : le revenu de celles-ci augmente dans certains cas, diminue dans d'autres : on a vu trop d'exemples où il s'est réduit à rien.

[b] Ces ventes et achats se font par l'intermédiaire d'*officiers ministériels* nommés *agents de change*.

[c] La plupart des journaux publient chaque jour le tableau des *cours* des principales valeurs. C'est ce tableau qu'on appelle la *cote de la bourse*.

[d] Lorsque le 3 % aura atteint le cours de 100ᶠ, on dira qu'il est *au pair*. — De même, une *obligation* est au pair lorsqu'elle atteint juste le prix auquel elle sera remboursée. Certaines obligations, celles de la ville de Paris 1865, par exemple, ont, depuis longtemps, dépassé le *pair*. Leurs détenteurs perdront lorsqu'on les remboursera. On a créé des assurances contre ce remboursement.

E. 5. Le nombre 1 999 est-il *premier?* — **S.** Il est premier.

E. 6. Combien de *reis* pour faire 25 643^f,50? — **S.** Autant qu'il y a de fois 0^f,0056 dans 25 643^f,50, c-à-d 4 579 196^{reis}.

E. 7. Que valent 620^g d'or monnayé[a]? — **S.** 3^f,10 $\times$ 620, c-à-d 1 922^f.

E. 8. Exprimez en *hectogrammes* 0^Q,34987. — **S.** 349^{Hg},87.

E. 9. Un homme âgé de 40^{ans} veut se faire 1 200^f de *rente viagère.* Le taux est 6,19. Combien doit-il verser? — **S.** Pour se faire 6^f,19 de rente viagère, il doit verser 100^f. Pour se faire 1^f, il doit verser $\dfrac{100}{6,19}$. Pour se faire 1 200^f, il doit verser $\dfrac{100 \times 1\,200}{6,19}$, c-à-d 19 386^f,10.

E. 10. Quel poids d'argent pur dans un plat d'argent, au 1er titre, pesant 0^{Kg},758? — **S.** 0^{Kg},758 $\times$ 0,950, c-à-d 0^{Kg},7201.

E. 11. Que pèsent 17^l,3 d'acide sulfurique[b] concentré, la densité étant 1,841? — **S.** 17^l,3 d'eau pèsent 17^{Kg},3. Donc le poids cherché est 17^{Kg},3 $\times$ 1,841, c-à-d 31^{Kg},8493.

E. 12. On mélange 13^{Hl},2 d'orge[c], pesant 63^{Kg},7 l'hectolitre, avec 26^{Hl},8 pesant 65^{Kg},3. Dites le poids de 1^{Hl} du mélange. — **S.** Le poids total est 63^{Kg},7 $\times$ 13,2 $+$ 65^{Kg},3 $\times$ 26,8, c-à-d 2 590^{Kg},88. Le nombre total des hectolitres mélangés est 13^{Hl},2 $+$ 26^{Hl},8, c-à-d 40^{Hl}. Donc le poids de 1^{Hl} est 2 590^{Kg},88 : 40, c-à-d 64^{Kg},77.

---

129. — Problèmes sur les fonds d'État.

Question. Enoncez un problème sur les *fonds d'Etat?* — **Réponse.** « *Combien faut-il débourser pour acheter*

---

[a] On peut dire, en nombres ronds, avec une approximation grossière, que le nombre qui représente en *francs* la *valeur* d'une somme d'*or* est le *triple* du nombre qui en représente le *poids* en *grammes.*

[b] Nous avons déjà dit quelques mots de l'acide sulfurique. Il sera bon de les répéter.

[c] L'*orge* est une graminée, comme le blé, auquel elle ressemble. Verte, elle fournit un bon fourrage. Son *grain* peut donner un pain grossier; mais il est surtout employé, en quantités énormes, pour la fabrication de la *bière.*

500^f *de rente* 3 °/₀ *français au cours de* $82^f,75$? »

Q. Comment *résout*-on ce problème? — **R.** Pour résoudre ce problème, on dit : pour acheter 3^f de rente, il faut débourser $82^f,75$; pour acheter 1^f de rente, il faut débourser 3 fois moins, c-à-d $\dfrac{82,75}{3}$; pour acheter 500^f de rente, il faut débourser 500 fois plus, c-à-d $\dfrac{82,75 \times 500}{3}$. En effectuant les calculs, on trouve $13\,791^f,66$ [a].

Q. Enoncez un autre *problème*. — **R.** « *Quelle rente obtient-on en plaçant un capital de* $24\,930^f$ *en* 3 °/₀ *français au cours de* $83^f,10$? »

Q. Comment *résout*-on ce problème? — **R.** Pour résoudre ce problème, on dit : en plaçant $83^f,10$, on obtient 3^f de rente ; en plaçant 1^f, on obtient 83,10 fois moins, c-à-d $\dfrac{3}{83,10}$; en plaçant $24\,930^f$, on obtient 24 930 fois plus, c-à-d $\dfrac{3 \times 24\,930}{83,10}$. En effectuant les calculs, on trouve 900^f. Telle est la rente cherchée [b].

Q. Enoncez un problème sur les *fonds d'Etat* où l'on demande le *taux* du placement? — **R.** « *On achète du* 4 1/2 °/₀ *français, au cours de* $109^f,85$. *A quel taux place-t-on son argent?* »p. 172

Q. Comment *résout*-on ce problème? — **R.** On résout ce problème en disant : $109^f,85$ rapportent $4^f,50$; 1^f rapporte 109,85 fois moins, c-à-d $\dfrac{4,50}{109,85}$; 100^f rapportent 100 fois plus, c-à-d $\dfrac{4,50 \times 100}{109,85}$. En effectuant les calculs, on trouve $4^f,09$. Tel est le taux cherché.

Q. A quoi se réduisent les problèmes usuels sur les opérations de *Bourse*? — **R.** Les *problèmes usuels*, relatifs aux ventes et achats qui se font à la *Bourse*, sont tous ana-

---

[a] En réalité, pour acheter, à ce cours, ces 500^f de rente 3 °/₀, il faut débourser plus que nous ne trouvons, parce que les achats et les ventes qui s'effectuent à la Bourse sont grevés de divers *frais* qu'on nomme *frais de négociation*. Nous dirons, dans les compléments, de quelle nature sont ces frais et à quelle somme ils s'élèvent.

[b] En regardant ce problème comme une *règle de trois*, on eût pu écrire immédiatement l'expression de l'*inconnue* au moyen des *données*. — Mêmes remarques pour le problème précédent et pour le suivant.

logues aux précédents : ils se réduisent tous à des *règles de trois* [a].

Exercice 1. — Que coûtent 365^f de rente 3 °/₀ français au *cours* de 82^f,15 ? — **Solution.** 3^f de rente coûtent 82^f,15 ; donc 1^f coûte $\frac{82,15}{3}$; et 365^f coûtent $\frac{82,15 \times 365}{3}$, c-à-d 9994^f,91.

E. 2. Que rapportent 62980^f placés en 4 1/2 °/₀, le *cours* étant de 108^f,35 ? — **S.** 108^f,35 rapportent 4^f,50 ; donc 1^f rapporte $\frac{4,50}{108,35}$; et 62980^f rapportent $\frac{4,50 \times 62980}{108,35}$, c-à-d 2615^f,68.

E. 3. *Cent mille* francs, placés en 4 °/₀ autrichien [b], rapportent 4738^f,85. Quel est le *cours* ? — **S.** Pour rapporter 4738^f,85, il faut 100000^f. Pour rapporter 1^f, il faut $\frac{100000}{4738,85}$. Pour rapporter 4^f, il faut $\frac{100000 \times 4}{4738,85}$, c-à-d 84^f,40. Tel est le *cours*.

E. 4. Le 5 °/₀ italien est au *cours* de 94^f,45. Quel est le *taux* de l'intérêt ? — **S.** 94^f,45 rapportent 5^f. Donc 1^f rapporte $\frac{5}{94,45}$. Donc 100^f rapportent $\frac{5 \times 100}{94,45}$, c-à-d 5^f,29 : c'est le *taux* demandé [c].

E. 5. Faites le produit des 7 premiers *nombres entiers*. — **S.** 5040 [d].

E. 6. Chassez les *dénominateurs* de $\frac{3}{7} : \frac{1}{9} = \frac{40}{126}$. **S.** 54 — 14 = 40.

E. 7. Cherchez le *pgcd* de 10800, 99000 et 72625. — **S.** 25.

E. 8. Combien de *deniers* dans 13^{livres} 12^{sous} 3^{liards} ? — **S.** 3273^{deniers}.

(a) Dans la résolution de ces trois problèmes, nous employons la méthode de *réduction à l'unité*. On fera bien de la faire appliquer par les élèves le plus souvent qu'on pourra.

(b) Dans tous les pays, il existe des *fonds d'Etat*. On les distingue les uns des autres précisément par le nom du pays qui en paie les arrérages. Il y a ainsi le 4 °/₀ *autrichien*, le 4 °/₀ *russe*, etc.

(c) Une valeur quelconque rapporte, en général, d'autant moins qu'elle est plus *sûre*. Voilà pourquoi les fonds *français*, les fonds *anglais*, les fonds *belges* rapportent moins que les fonds de beaucoup d'autres États.

(d) On donne le nom de *factorielle* 7 au produit des 7 premiers nombres entiers. Le produit des 8, des 9, des 10 premiers nombres entiers serait *factorielle* 8, *factorielle* 9, *factorielle* 10.

E. 9. Que rapportent chaque année 25 438^f,35 placés sur *hypothéques*, au taux de 4^f,75? — **S.** $\dfrac{4,75 \times 25\,438,35 \times 1}{100}$, c-à-d 1208^f,32.

E. 10. Un tapis de 2^{mq},38 coûte 27^f,80. Que coûte un tapis de 11^{mq},46? — **S.** 27^f,80 $\times \dfrac{11,46}{2,38}$, c-à-d 133^f,86 [a].

E. 11. Quel est le capital qui, à 3,8 °/$_0$, rapporte 5^f par jour? — **S.** En 1^{an}, ce capital rapporte 5$^f \times$ 365, c-à-d 1825^f. Or, pour rapporter 3^f,8, il faut 100^f. Donc, pour rapporter 1^f, il faut $\dfrac{100}{3,8}$, et, pour rapporter 1825^f, il faut $\dfrac{100 \times 1825}{3,8}$, c-à-d 48 026^f.

E. 12. Quel poids d'argent pur dans un petit couvert d'argent, au 2e titre, pesant 98^g,5? — **S.** 98^g,5 $\times$ 0,800, c-à-d 78^g,80.

---

130. — Les obligations.

Question. Qu'émet d'ordinaire une compagnie qui *emprunte?* — **Réponse.** Lorsqu'une compagnie *emprunte*, elle le fait d'ordinaire en émettant des **obligations**.

Q. Qu'est-ce qu'une *obligation?* — **R.** Une obligation est une *promesse* faite par la compagnie de payer une *rente annuelle fixe* [b].

Q. Quelles sont les *obligations* les plus répandues? — **R.** Les p. 173

(a) Dans ce problème, comme dans le précédent, comme dans une foule d'autres qui précèdent ou qui suivent, nous avons, pour abréger, écrit immédiatement l'expression de l'*inconnue* à l'aide des *données*. En faisant résoudre ces problèmes par les élèves, il sera bon d'exiger d'eux d'abord qu'ils écrivent immédiatement cette expression de l'*inconnue*, ensuite qu'ils retrouvent cette même expression par la méthode de *réduction à l'unité*.

(b) Cette rente annuelle fixe se paie d'ordinaire en deux moitiés, à deux époques différentes de l'année. Les *obligations* présentent le plus souvent, sur une partie du papier dont elles sont formées, de petits compartiments rectangulaires portant chacun la date d'un de ces payements et la somme qui sera payée. Ces petits compartiments se nomment *coupons*. Lorsque l'un d'eux arrive à échéance, on le *détache* de l'obligation; on le présente à la *compagnie;* et on reçoit, en échange, non pas exactement la somme qu'il indique, mais cette somme diminuée d'un *impôt* spécial, perçu par l'État.

obligations les plus répandues en France sont celles des grandes compagnies de *chemins de fer* [a], celles du *Crédit foncier* et celles de la *Ville de Paris*.

Q. Les obligations sont-elles toujours *nominatives?* — R. Les *obligations* sont *nominatives* ou *au porteur*.

Q. Comment se nomment les propriétaires d'*obligations?* — R. Les propriétaires d'obligations se nomment **obligataires** : ce sont des *créanciers* de la *compagnie*.

Q. Quelle *valeur* est inscrite sur l'obligation? — R. Sur toute *obligation* est inscrite sa *valeur nominale*, c-à-d le prix auquel on la remboursera lorsqu'on rendra l'argent emprunté.

Q. La *compagnie* rembourse-t-elle souvent? — R. En général, la compagnie *rembourse* [b] chaque année un certain nombre de ses *obligations*. Les *numéros* des *obligations* à rembourser sont déterminés par la voie du *sort* [c].

Q. L'*intérêt* est-il inscrit sur l'obligation? — R. Sur toute *obligation* aussi est inscrit l'*intérêt* qu'elle rapporte. Cet intérêt est constamment le même : les *obligations* sont des *valeurs à revenu fixe*.

Q. Où se vendent les *obligations?* — R. Les *obligations* se vendent et s'achètent à la *Bourse* : leur *cours* y varie constamment.

[a] Il existe, en France, *six* grandes *compagnies* de chemins de fer, qui exploitent les six *lignes* ou *réseaux* suivants : la ligne de *Paris* à *Orléans*, celle du *Nord*, celle de l'*Est*, celle du *Midi*, celle de l'*Ouest*, celle enfin de *Paris* à *Lyon* et à la *Méditerranée*.

[b] A l'époque où la compagnie a *émis* ses obligations, elle les a offertes au public à un prix appelé *prix d'émission*, assez inférieur à leur *valeur nominale*. Celui qui les aurait achetées au moment de l'*émission* gagnerait sur chacune d'elles, au moment du *remboursement*, une somme égale à l'*excès* de la *valeur nominale* sur le *prix d'émission*. Cet excès est ce qu'on appelle souvent la *prime* de remboursement. — En général, le *cours* des obligations est *inférieur* à leur *valeur nominale*, de façon que, même quand on ne les achète pas au moment de l'émission, on peut profiter d'une *prime* de remboursement.

[c] Certaines obligations, celles, par exemple, du Crédit foncier et de la Ville de Paris, sont des obligations à *lots*. Cela signifie qu'aux époques de remboursement, celles des obligations dont les numéros sortent les premiers au *tirage* reçoivent un *lot*, souvent considérable. — Les obligations à *lots* rapportent moins que les autres, et la probabilité d'y gagner un *lot* est extrêmement *faible*.

Q. Que signifie « le *cours* d'une obligation » ? — **R.** Dire que les *obligations* du chemin de fer du Nord sont au *cours* de 402^f,50, c'est dire qu'il faut payer 402^f,50 pour acheter *une* de ces *obligations*.

Exercice 1. Que signifient ces mots : « *les obligations du chemin de fer de l'Ouest sont au cours de* 398^f,75 ? » — **Solution.** Ils signifient qu'il faut payer 398^f,75 pour acheter une de ces obligations.

E. 2. Que signifient ces mots : « *les obligations du chemin de fer de Bône à Guelma* [a] *sont au cours de* 391^f,50 ? » — **S.** Ils signifient qu'il faut payer 391^f,50 pour acheter une de ces obligations.

E. 3. Il faut 1566^f pour acheter 3 *obligations* de la Ville de Paris, 1865 [b]. Quel en est le *cours* ? — **S.** Le *tiers* de 1566^f, c-à-d 522^f.

E. 4. Il faut 1952^f pour acheter 4 obligations du département [c] de *Loir-et-Cher* [d]. Quel en est le *cours* ? — **S.** Le *quart* de 1952^f, c-à-d 488^f.

E. 5. Ajoutez 9999^{Hl},99 et 100001^l. — **S.** 1100000^l.

E. 6. Que trouve-t-on en ajoutant *termes à termes* les rapports égaux $\frac{4}{9}$ et $\frac{28}{63}$? — **S.** $\frac{32}{72}$, rapport égal à chacun des rapports donnés.

E. 7. Le nombre 678876 est-il *divisible* par 11 ? — **S.** Il l'est, car la différence $(6 + 8 + 7) - (7 + 8 + 6)$ est nulle.

E. 8. Combien de *jours, heures, minutes* et *secondes* dans *cinq milliards* de *secondes* ? — **S.** 158^{ans} 200^j 8^h 53^m 20^s, l'année [e] étant comptée de 365^j.

E. 9. Combien de *jours* du 13 mars exclusivement au

[a] *Bône* et *Guelma* sont deux villes d'Algérie, dans la province ou département de Constantine.

[b] Il existe diverses espèces d'obligations de la ville de Paris, on les distingue par l'époque de leur *émission*. Les obligations 1865 sont celles qui ont été *émises* en 1865.

[c] Lorsque les villes et les départements empruntent, ils le font en émettant des obligations. Ces *obligations* présentent une certaine analogie avec les *fonds d'État*.

[d] Le département de Loir-et-Cher est situé au centre de la France. Il a pour chef-lieu *Blois*. Il tire son nom de deux rivières : le Loir qui se jette dans la Sarthe, et le Cher qui se jette dans la Loire.

[e] Quel nombre énorme que *cinq milliards!* Une *seconde* dure bien peu, ce n'est qu'un instant, et *cinq milliards de secondes* forment plus

16 septembre inclusivement? — **S.** 18^j de mars, 30^j d'avril, 31^j de mai, 30^j de juin, 31^j de juillet, 31^j d'août, et 16^j de septembre. En tout, 187^j.

E. 10. Quel poids d'argent pur faut-il allier à 6^{Kg} d'argent au titre de 0,845, pour élever le titre à 0,920? — **S.** A 1^{Kg} de l'alliage donné, il manque 75^g d'argent pur; sur 6^{Kg}, il en manque 75$^g \times$6, c-à-d 450^g. Or, sur 1^{Kg} d'argent pur, il y a 80^g d'argent pur de trop. Il faut donc prendre autant de kilogrammes d'argent pur qu'il y a de fois 80 dans 450, c-à-d 5^{Kg},625.

p. 174.   **E. 11.** Trouvez la densité de l'eau de mer, sachant que 4me,7 pèsent 4822^{Kg},2. — **S.** 4me,7 d'eau douce pèsent 4700^{Kg}. La densité cherchée est donc 4822,2 : 4700, c-à-d 1,026 [a].

E. 12. Une compagnie d'assurances contre les *accidents* demande une *prime annuelle* de 2^f,85 pour payer 100^f en cas de mort de l'assuré. Combien pour payer 3420^f? — **S.** 2^f,85 $\times \dfrac{3420}{100}$, c-à-d 97^f,47.

---

131. — Les actions.

Question. Qu'est-ce qu'une *action*? — **Réponse.** Une **action** est un *titre* représentant une partie du *capital* qui a servi à fonder une *compagnie*.

Q. Quelles sont les *actions* les plus répandues? — **R.** Les *actions* les plus répandues en France sont celles des *compagnies de chemin de fer*, celles des *grandes sociétés financières* [b], et celles des *grandes sociétés industrielles* [c].

---

d'un *siècle et demi!* Pour compter, franc par franc, une somme de cinq milliards, en comptant 1^f par seconde, ne s'arrêtant ni jour ni nuit, il faudrait plus de 158^{ans}!

[a] La *densité* de l'*eau de mer* est *supérieure* à celle de l'*eau douce*. Cela provient du sel et autres substances que l'eau de mer tient en dissolution et qui la rendent impropre à la boisson.

[b] Les sociétés financières les plus importantes de notre pays sont : la *Banque de France*, le *Crédit foncier*, le *Comptoir national d'Escompte*, la Société générale de *crédit industriel et commercial*, la *Société générale* pour favoriser le développement du commerce et de l'industrie, le *Crédit Lyonnais*, etc., etc.

[c] Parmi les grandes sociétés industrielles, on peut citer la *Com-*

Q. Quelle est la *valeur* inscrite sur chaque action ? — **R.** Sur chaque *action* est inscrite sa *valeur nominale*, c-à-d la *part* du *capital primitif* qu'elle représente.

Q. Les actions sont-elles toujours *nominatives* ? — **R.** Les *actions* sont *nominatives* ou *au porteur*.

Q. Comment se nomment les propriétaires d'*actions* ? — **R.** Les *propriétaires d'actions* se nomment **actionnaires** : ce sont des *associés*.

Q. Qu'arrive-t-il lorsque la compagnie fait des *bénéfices* ? — **R.** Lorsque la compagnie fait des *bénéfices*, ces bénéfices sont partagés au bout de l'année en autant de parties égales qu'il y a d'actions.

Q. Comment se nomme chacune de ces *parties* ? — **R.** Chacune de ces parties se nomme **dividende** [a].

Q. Le *dividende* est-il fixe ? — **R.** Le *dividende* varie d'une année à l'autre : les *actions* sont des **valeurs à revenu variable** [b].

Q. Où se vendent les *actions* ? — **R.** Les *actions* se vendent et s'achètent à la *Bourse* : leur *cours* y varie constamment.

Q. Qu'est-ce que le *cours* d'une action ? — **R.** Dire que les *actions* de la *Banque de France* sont au *cours* de 5 300[f], c'est dire qu'il faut payer 5 300[f] pour acheter *une* de ces *actions*.

Exercice 1. Les *actions* du Crédit foncier sont au *cours* de 1 337[f],55. Que coûtent 7 de ces actions ? — **Solution.** 1 337[f],55 × 7, c-à-d 9 362[f],85.

E. 2. *Neuf* actions de la Banque d'Escompte [c] valent au-

pagnie parisienne du gaz, la *Compagnie générale des eaux*, la *Compagnie transatlantique*, les *Messageries maritimes*, les sociétés *minières*, les *grandes fonderies*, etc., etc.

[a] Le *dividende* annuel se paie d'ordinaire en deux parties, le plus souvent inégales, à deux époques différentes de l'année.

[b] Lorsque la Compagnie qui a émis les actions fait de brillantes affaires, les *dividendes* augmentent ; les *cours* s'élèvent : il y a *hausse*. Lorsque les *bénéfices* diminuent, les *dividendes* décroissent ; les *cours* fléchissent : il y a *baisse*. En général, les valeurs à *revenu variable* présentent beaucoup moins de sécurité que les valeurs à *revenu fixe*.

[c] La *Banque d'Escompte* est un grand établissement financier qui a son siège à Paris.

jourd'hui 4770^f. Quel est le *cours?* — S. 4770^f: 9, c-à-d 530^f.

E. 3. Une *action* de la Compagnie Algérienne coûte 407^f,50 et rapporte cette année 27^f,50. Dites le *taux* de l'intérêt. — S. 407^f,50 rapportent 27^f,50. Donc 1^f rapporte $\frac{27,50}{407,50}$; et 100^f rapportent $\frac{27,50 \times 100}{407,50}$, c-à-d 6^f,74.

E. 4. Une *action* rapporte cette année 48^f. Que rapportent 17 *actions?* — S. 48$^f \times$ 17; c-à-d 816^f.

p. 175 **E. 5.** Calculez (34,8 $\times$ 35,9) : 14,567, avec 2 décimales. — S. 85,76 [a].

E. 6. Réduisez 0,875 en *fraction ordinaire.* — S. $\frac{7}{8}$.

E. 7. Cherchez le *pgcd* de 10841 et 1591. — S. 37.

E. 8. Combien de *kopecks* dans 7^{roubles} 58^{kopecks}. — S. 758^{kopecks}.

E. 9. Combien faut-il allier d'or au 1er titre et d'or au 3e titre, pour obtenir 352^g,7 d'or au 2e titre? — S. Sur 1^{Kg} du 1er lingot, il y a 80^g d'or pur de trop; sur 1^{Kg} du second, il en manque 90^g. Si l'on prend 90^{Kg} du 1er et 80^{Kg} du second, il y a compensation, et l'on obtient 170^{Kg} d'or au 2e titre. Pour en obtenir 352^g,7, il faut prendre $90 \times \frac{0,3527}{170}$ et $80 \times \frac{0,3527}{170}$, c-à-d 0^{Kg},1867 du premier et 0^{Kg},1659 du second; ou enfin 186^g,7 du premier et 165^g,9 du second [b].

E. 10. Que rapportent 57986^f,30 en 5 ans à *intérêts composés*, au taux de 4,2 %? — S. 13243^f,68.

E. 11. Il faut 35 jours à 13 ouvriers pour creuser un fossé. Combien en faudrait-il à 29 ouvriers? — S. 35$^j \times \frac{13}{29}$, c-à-d 15$^j + \frac{20}{29}$.

E. 12. Un lingot contient 7813^g d'or pur et 92^{Dg},8 de cuivre. Trouvez son titre. — S. Le poids total du lingot est 7813^g + 928^g, c-à-d 8741^g. Le titre est donc 7813 : 8741, c-à-d 0,893.

[a] Rappelez aux élèves la signification des *parenthèses.*
[b] Le titre demandé, c-à-d le deuxième titre, est plus rapproché du premier titre que du second. Voilà pourquoi il faut prendre plus du premier lingot que du second.

CHAPITRE V

PROBLÈMES RELATIFS AU COMMERCE

—

132. — Bénéfices, pertes.

Question. A quoi reviennent les opérations de *commerce?* — **Réponse.** Les *opérations de commerce* reviennent presque toutes à des **achats** ou à des **ventes**.

Q. Dans quel cas y a-t-il *bénéfice?* — **R.** Lorsqu'on revend une marchandise plus cher qu'on ne l'a achetée, il y a **bénéfice**; lorsqu'on la revend moins cher, il y a **perte**.

Q. Que signifient ces mots : « le *bénéfice* est de 7 $^o/_o$? » — **R.** Le *bénéfice* ou la *perte* est de 7, 8, 9,... $^o/_o$ selon que l'on gagne ou que l'on perd 7^f, 8^f, 9^f,... sur chaque 100^f du *prix d'achat* [a].

Q. Enoncez un problème sur les *bénéfices*. — **R.** « *On gagne* 15 $^o/_o$ *en revendant un objet acheté* 2000^f. *Quel est le bénéfice?* »

Q. Comment *résout*-on ce problème? — **R.** Sur 100^f, on gagnerait 15^f; sur 1^f, on gagnerait 100 fois moins, c-à-d $\frac{15}{100}$; sur 2000^f, on gagne 2 000 fois plus, c-à-d $\frac{15 \times 2\,000}{100}$ ou 300^f [b].

Q. Qu'est-ce que *prendre* les 7 $^o/_o$ d'un nombre? — **R.** *Prendre* les 7 $^o/_o$, les 8 $^o/_o$,... d'un nombre, c'est p. 176 *multiplier* ce nombre par 0,07, par 0,08,... [c].

Q. Comment eût-on pu *résoudre* le problème précédent? — **R.** Pour résoudre le problème précédent, il eût suffi de prendre les 15 $^o/_o$ de 2 000 ^{f}, c-à-d de multiplier $2\,000^f$ par 0,15.

---

[a] A moins que l'on ne dise formellement le contraire, le *bénéfice* ou la *perte* est toujours regardé comme une fraction du prix d'*achat*.

[b] Ce problème n'est qu'une *règle de trois*. On pourrait écrire immédiatement l'expression de l'*inconnue*.

[c] Cela résulte de la définition même de la *multiplication* par un nombre *décimal*.

Q. Enoncez un autre problème sur les *bénéfices.* — **R.** « *En vendant une marchandise* 258^f, *on fait un bénéfice de* 20 °/₀ *sur le prix d'achat. Quel est ce prix d'achat?* »

Q. Comment *résout-*on ce problème? — **R.** 258^f représentent le prix d'achat, plus 20 centièmes de ce prix, c-à-d 120 centièmes de ce prix [a]. Le centième du prix d'achat est donc $\frac{258}{120}$ et les 100 centièmes $\frac{258 \times 100}{120}$. En effectuant le calcul, on trouve 215^f. Tel est le prix d'achat.

Exercice 1. En revendant une propriété 65 649^f,20, on gagne 7 238^f,50. Combien °/₀ du *prix d'achat?* — **Solution.** Le prix d'achat était 65 649^f,20 — 7 238^f,50, c-à-d 58 410^f,70. Sur 1^f du prix d'achat, on gagne $\frac{7 238^f,50}{58 410,70}$. Sur 100^f du prix d'achat, on gagne $\frac{7 238,50 \times 100}{58 410,70}$, c-à-d 12^f,39. Le bénéfice est donc de 12,39 °/₀.

E. 2. En revendant un cheval 1 324^f,30, on *gagne* 15 °/₀ du prix de vente [b]. Quel est le *bénéfice?* — **S.** 1 324^f,30 $\times$ 0,15, c-à-d 198^f,64.

E. 3. Un mobilier [c] a coûté 3 627^f,90. On le revend, en perdant 13 °/₀ du *prix d'achat.* Quel est le *prix de vente?* — **S.** On perd 3627^f,90 $\times$ 0,13, c-à-d 471^f,62. Le prix de vente est donc 3 627^f,90 — 471^f,62, c-à-d 3 156^f,28.

E. 4. Les livres composant une bibliothèque ont coûté 2 438^f,35. En les revendant on perd 1 156^f,25. Combien pour cent du *prix d'achat?* — **S.** Sur 1^f du prix d'achat, on perd $\frac{1 156^f,25}{2 438,35}$. Sur 100^f du prix d'achat, on perd $\frac{1 156^f,25 \times 100}{2 438,35}$, c-à-d 47^f,41.

E. 5. Prenez le *septième* du *quinzième* de 487^{Ha},987. —

---

[a] Faites bien remarquer ce mode de raisonnement : nous l'emploierons fréquemment.

[b] Voilà un exemple où l'on demande formellement de comparer le *bénéfice* au prix de *vente.*

[c] Le *mobilier* d'une maison, d'un appartement est l'ensemble de tous les objets, susceptibles d'être déplacés, dont cette maison ou cet appartement sont garnis : tels sont les lits avec leurs matelas, draps et couvertures; les tentures et rideaux; les berceaux; les tableaux et miroirs; les tables; les chaises, les fauteuils, les canapés; les buffets, les armoires, les commodes, les bureaux, les bibliothèques; etc., etc.

S. Le *quinzième* de 487^{Ha},987 est 32^{Ha},532, dont le *septième* est 4^{Ha},647.

E. 6. Trouvez la fraction *génératrice* de 1,3 96 96 96...
— **S.** $\frac{461}{330}$.

E. 7. Les degrés d'un escalier ont 16^{cm} de haut; ceux d'un autre en ont 18. Ces escaliers reposent sur un même sol. A quelle hauteur, au moins, faut-il monter pour trouver deux marches de *niveau?* — **S.** Le nombre de centimètres auquel il faudra s'élever devra être le plus petit nombre divisible à la fois par 16 et par 18, c-à-d le *ppcm* de ces deux nombres [a]. Ce *ppcm* est 144^{cm}, c-à-d 1^{m},44.

E. 8. Quel poids d'or pur dans 8 pièces de 50^f? — **S.** Ces 8 pièces valent 400^f et pèsent 129^g,03. Elles sont au titre de 0,900. Le poids d'or pur est donc 129^g,03 × 0,900, c-à-d 116^g,127.

E. 9. Une *action* du chemin de fer d'Orléans [b] coûte 1 355^f,25 et rapporte 57^f,50. Quel est le *taux* de l'intérêt? — **S.** 57^f,50 × $\frac{100}{1\,355,25}$, c-à-d 4^f,24.

E. 10. L'heure de Rome avance de 55^m sur celle de Londres. Il est à présent 12^h 10^m à Rome [c]. Quelle heure est-il à Londres? — **S.** 12^h 10^m — 55^m, c-à-d 11^h 15^m.

E. 11. Un bloc d'aluminium [d] fondu pèse 47^{Hg},38. La densité est 2,56. Trouvez le volume. — **S.** 1^{dmc} d'aluminium pèse 2^{Kg},56. Le volume contient donc autant de *décimètres cubes* qu'il y a de fois 2,56 dans 4,738, c-à-d 1^{dmc},850.

[a] Il sera bon de comparer ce problème, qui conduit à la recherche du *ppcm* de deux nombres, aux problèmes déjà vus qui conduisent à cette même recherche.

[b] On nomme souvent chemin de fer d'Orléans le grand réseau de chemins de fer qui couvre le centre de la France entre Paris, Orléans, Tours et Bordeaux.

[c] Rome est la capitale de l'Italie et la résidence du pape. Elle a été ffondée par Romulus, 753 ans avant notre ère. C'est, de toutes les villes du monde, l'une des plus riches en souvenirs, en antiquités, en œuvres d'art, en monuments de toutes sortes.

[d] *L'aluminium* est un métal d'un blanc d'argent, qu'on tire de l'*alumine.* Il est surtout remarquable par sa grande légèreté, sa densité n'étant que de 2,56. Ce n'est guère que vers 1855 qu'on a commencé à le préparer industriellement.

E. 12. Un particulier, âgé de 50 ans, se crée une *rente viagère* de 3 650^f. Le taux est 7,14 $^o/_o$. Quelle somme verse-t-il? — **S.** Pour avoir 7^f,14, il verserait 100^f. Pour avoir 1^f, il verserait $\dfrac{100}{7,14}$. Pour avoir 3 650^f, il verse $\dfrac{100 \times 3650}{7,14}$, c-à-d 51 120^f,44.

p. 177

133. — Factures.

Question. Qu'est-ce qu'une *facture?* — **Réponse.** La **facture** d'un *achat* ou d'une *vente* de marchandises est la *note détaillée* des marchandises achetées ou vendues.

Q. Donnez un exemple. — **R.** Voici la *facture*[a] des marchandises que Pierre achète à Durand :

DURAND

MARCHAND DE BLANC[b] A ÉTAMPES

M. *Pierre*		Doit	
10^m toile à	1,85	18,50	
1^{dz} serviettes à	6,90	6,90	
2 nappes à	2,95	5,90	
TOTAL.		31,30	

Q. Que fait le *vendeur* lorsque l'acheteur paie? — **R.** Lorsque l'acheteur *paie*[c], le vendeur **acquitte** la facture, c-à-d écrit au bas ces mots *pour acquit*, qu'il fait suivre de la *date* et de sa *signature*.

Q. Et quand le *montant* de la facture dépasse 10^f? — **R.** Quand le montant de la facture atteint ou dépasse 10^f, le vendeur, en l'acquittant, y appose un *timbre* spécial, dit *timbre de quittance*, qu'il oblitère aussitôt.

---

[a] Les *factures* doivent toujours être écrites bien proprement, bien lisiblement. Il faut, d'ailleurs, exercer les élèves à rédiger très bien leurs devoirs et à disposer très bien leurs calculs.

[b] On appelle marchand de *blanc* celui qui vend surtout des objets fabriqués avec des tissus de couleur *blanche* : de la toile de fil ou de coton, du madapolam, des essuie-mains, des serviettes, des torchons, etc., etc.

[c] Avant de payer une facture, il faut toujours la *vérifier* avec soin.

Q. Combien coûte ce *timbre?* — **R.** Ce *timbre* coûte 10°, et ces 10° doivent être, d'après la loi, payés par l'*acheteur* [a].

Q. Qu'arrive-t-il quand l'acheteur paie *comptant?* — **R.** Lorsque l'acheteur paie **comptant**, c-à-d *tout de suite*, on lui fait parfois une *diminution* [b] nommée **bonification, escompte** [c], ou **remise**.

Q. Comment s'évalue cette *diminution?* — **R.** Cette diminution est de *tant pour cent* du prix *total*.

Q. Comment calcule-t-on une *bonification* de 4 %? — **R.** Pour calculer une *bonification* de 4 %, de 5 %, ..., il suffit de prendre les 4 %, les 5 %, ... du prix total, c-à-d de multiplier ce prix par 0,04, par 0,05, ...

Exercice 1. On achète une commode de $33^f,75$; une armoire pleine de $42^f,25$; et 4 chaises de $8^f,15$ chacune. Faites la *facture.* — **Solution.** On disposera la *facture* comme on l'a vu. Le montant est de $108^f,60$.

E. 2. On achète en métal argenté [d] 6 couverts à $3^f,75$ chacun; une cafetière de $34^f,25$; et un sucrier de $31^f,45$. Faites la *facture.* — **S.** On disposera encore la facture comme ci-dessus. Le montant est de $88^f,40$.

E. 3. Sur une *facture* de $987^f,25$, on obtient une *remise* p. 178 de 4,5 %. Qu'aura-t-on à payer? — **S.** $987^f,25 - 987^f,25 \times 0,045$, c-à-d $942^f,83$.

E. 4. A quel *rabais* équivaut une *bonification* de 7,8 % sur une facture de $532^f,50$? — **S.** A un rabais de $532^f,50 \times 0,078$, c-à-d de $41^f,53$.

E. 5. Calculez $0^T,756 + 3^Q,49 + 63^{Kg},5$. **S.** $1168^{Kg},5$.

E. 6. Convertissez $\dfrac{5}{16}$ en *fraction décimale.* — **S.** $0,3125$, exactement.

[a] Quand on paie une somme quelconque, il faut exiger un reçu acquitté et signé. De pareils reçus prennent le nom de *quittances*. On doit les conserver soigneusement, car il n'est pas rare de voir des créanciers réclamer, le plus souvent par erreur, des sommes qu'on leur déjà payées.

[b] On voit par là qu'il est très avantageux de payer *comptant*.

[c] Le mot *escompte*, comme nous le verrons bientôt, a un second sens, différent de celui que nous considérons ici.

[d] Les objets *dorés* ou *argentés* se répandent de plus en plus. La *dorure* et l'*argenture* s'effectuent presque toujours, présentement, par la *galvanoplastie*, c-à-d par un procédé électrique, imaginé, vers 1837, par le physicien russe *Jacobi*.

E. 7. Le nombre 72 945 est-il *divisible* par 9? — **S.** Il l'est, car la somme de ses chiffres est divisible par 9.

E. 8. Quel poids de cuivre dans 500 pièces[a] de 0^f,50? — **S.** Ces pièces pèsent 2^g,5 $\times$ 500, c-à-d 1250^g, ou 1^{Kg},250. Or, sur 1^{Kg} de l'alliage, il y a 165^g de cuivre. Le poids du cuivre sera donc 165^g $\times$ 1,250, c-à-d 206^g,25.

E. 9. Combien faut-il mélanger d'avoine pesant 46^{Kg},2 l'hectolitre[b] et d'avoine pesant 48^{Kg}, pour obtenir 28^{Hl} d'avoine pesant 47^{Kg} l'hectolitre? — **S.** 1^{Hl} de la première avoine a un poids trop faible de 8^{Hg}; et 1^{Hl} de la seconde a un poids trop fort de 10^{Hg}. Si l'on prenait 10^{Hl} de la première et 8^{Hl} de la seconde, il y aurait compensation et l'on aurait 18^{Hl} du poids demandé. Pour en avoir 28, il faut prendre $10^{Hl} \times \dfrac{28}{18}$, c-à-d 15^{Hl},55 de la première, avec $8^{Hl} \times \dfrac{28}{18}$, c-à-d 12^{Hl},44 de la seconde.

E. 10. Les *obligations* du chemin de fer du Nord rapportent 15^f par an. Que rapportent 97 de ces obligations? — **S.** 15^f $\times$ 97, c-à-d 1455^f.

E. 11. Combien faut-il mélanger de vin à 0^f,45 le litre avec 258^l de vin à 0^f,65 pour obtenir du vin à 0^f,56? — **S.** 1^l du second vin a un prix trop fort de 9^c; donc les 258^l de ce vin coûtent 9^c $\times$ 258, c-à-d 2 322^c de trop. Chaque litre du premier vin a un prix trop faible de 11^c. Il faut donc prendre autant de litres de ce premier vin qu'il y a de fois 11 dans 2 322, c-à-d 211^l.

E. 12. Pendant combien de *jours* faut-il placer, à 4,6 %, un capital de 57 849^f,75 pour obtenir 832^f,15 d'intérêts? — **S.** $360^j \times \dfrac{832,15}{4,6} \times \dfrac{100}{57\,849,75}$, c-à-d 112^j.

---

[a] Nous avons vu que les pièces françaises ont chacune un poids déterminé. Ces pièces sont refondues par le gouvernement lorsqu'elles sont réduites par le *frai*, c-à-d par l'usage, à un poids inférieur de 5 % à celui qu'on tolère; et aussi lorsque par une cause quelconque leurs *empreintes* ont disparu.

[b] Les poids moyens de l'hectolitre sont : pour le *froment*, de 76^{Kg}; pour l'*orge*, de 64^{Kg}; pour l'*avoine*, de 47^{Kg}.

134. — Billets à ordre.

Question. Qu'est-ce que le *billet à ordre?* — **Réponse.** Le **billet à ordre** est l'*engagement* pris par un *débiteur* de payer une certaine somme à une époque déterminée.

Q. A qui cette *somme* devra-t-elle être payée? — **R.** Cette somme devra être payée soit à la *personne* nommée dans le billet, soit à *son ordre,* c-à-d à toute autre *personne* à laquelle le billet aura été régulièrement *transmis*[a].

Q. Que savez-vous sur le *texte* du *billet à ordre?* — **R.** Le *billet à ordre*[b] est *daté.* — Il énonce : la *somme* à payer ; le *nom* de celui à l'ordre de qui il est souscrit ; l'*époque*[c] à laquelle le paiement doit s'effectuer ; la *valeur* qui a été fournie en espèces, en marchandises, en compte, ou de toute autre manière.

Q. Donnez un exemple. — **R.** Si, aujourd'hui 12 mars, Pierre achète à Jacques pour 2300ᶠ de marchandises, et obtient de se libérer par un billet payable le 31 mai prochain, il rédigera son billet de cette manière :

Melun, ce 12 mars 1887.   B. P. F. 2300.   p. 179

Au 31 mai prochain, je paierai à M. Jacques ou à son ordre la somme de deux mille trois cents francs, valeur reçue en marchandises.

Pierre,
Négociant à Melun [d].

Q. Comment se nomme celui qui *signe* le billet? — **R.** Celui qui *signe* le billet en est le **souscripteur** ;

[a] Nous verrons bientôt comment cette *transmission* s'effectue.
[b] Les *billets à ordre,* les *lettres de change,* les *traites* et *mandat* constituent ce qu'on appelle les *effets de commerce.* On nomme *broches* les effets de commerce au-dessous de 100ᶠ.
[c] Cette *époque* se nomme le jour de l'*échéance,* ou, plus simplement, l'*échéance.* La plupart des échéances tombent le 1ᵉʳ ou le 15 du mois.
[d] Le *billet à ordre* s'écrit sur un papier spécial, fabriqué et vendu par l'État, qu'on nomme *papier timbré.*

celui au profit duquel le billet est *souscrit* en est le **preneur**.

Q. Dans l'exemple ci-dessus quel est le *souscripteur*? — R. Dans l'exemple ci-dessus, le *souscripteur* est Pierre; le *preneur* est Jacques.

Exercice 1. Georges doit à Lucien 187^f pour achat de marchandises. Il obtient de se libérer par un *billet*[a] payable le 31 juillet prochain. Rédigez son billet. — **Solution.** Au 31 juillet prochain, je paierai à M. Lucien ou à son ordre la somme de 187^f, valeur reçue en marchandises. — Georges.

E. 2. Calculez la 4e *puissance de* $\frac{1}{3}$. — **S.** $\frac{1}{81}$.

E. 3. Le nombre 4 965 est-il *divisible* par 25? — **S.** Il ne l'est pas, car il n'est pas terminé par l'un des groupes 00, 25, 50 ou 75.

E. 4. Exprimez 0^{Hmc},057 949 en *décimètres cubes*. **S.** 57 949 000^{dmc}.

E. 5. Combien de *grammes* dans 37^{livres} 8^{onces}? **S.** 37^{livres} 8^{onces} valent 600^{onces}. Or, une *livre ancienne* pèse 489^g,51. Donc ces 600^{onces} pèsent $489^g,51 \times \frac{600}{16}$, c-à-d 18 356^g,62.

E. 6. Retranchez 3^h 8^m 16^s,4 de 7^h 15^m 2^s,6. **S.** 4^h 6^m 46^s,2.

E. 7. Dites en *mètres* la longueur d'un fil[b] de 109 *yards*. — **S.** 0^m,914 $\times$ 109, c-à-d 99^m,626.

E. 8. En revendant un pré[c] 457^f,50, on perd 88^f,95. Combien pour cent du *prix d'achat*? — **S.** Le *prix d'achat* était 457^f,50 + 88^f,95, c-à-d 546^f,45. Donc, sur 1^f du prix d'achat, on perd $\frac{88,95}{546,45}$; et, sur 100^f, on perd $\frac{88,95 \times 100}{546,45}$, c-à-d 16^f,27 °/$_0$ du *prix d'achat*.

(a) Dans le grand commerce, entre gens bien *solvables*, il ne se fait, pour ainsi dire, aucun *billet à ordre*. Le billet à ordre est remplacé par la *lettre de change*.

(b) Il se vend en France beaucoup de *pelotes de fil* venant d'Angleterre. La longueur du fil qui forme ces pelotes est indiquée, non pas en *mètres*, mais en *yards*.

(c) Le mot *pré* a, pour ainsi dire, le même sens que le mot *prairie*. Tous deux désignent un *terrain* produisant de l'herbe pour la nourriture des bestiaux.

E. 9. Quel poids d'argent pur dans 3^{Kg},258 d'argenterie[a] au 1er titre? — **S.** 3^{Kg},258 $\times$ 0,950, c-à-d 3^{Kg},0951.

E. 10. A *intérêts composés*, au taux de 3,5 %, et au bout de 12 ans, 1^f devient 1^f,563956. Que deviendraient 46968^f,50? — **S.** 1^f,563956 $\times$ 46968,50, c-à-d 73456^f,66.

E. 11. Quel *capital* faut-il pour acheter 1500^f de rente 3 % français, au cours de 82^f,85? — **S.** Pour acheter 3^f de rente, il faut 82^f,85. Pour en acheter 1^f, il faut $\dfrac{82,85}{3}$.

Pour en acheter 1500^f, il faut $\dfrac{82.85 \times 1500}{3}$, c-à-d 41425^f,00.

E. 12. Il faut 9^j pour crépir[b] un mur ayant 2^m,27 de haut et 158^m de long. Combien pour un mur ayant 1^m,85 de haut et 97^m de long? — **S.** 9^j $\times$ $\dfrac{1,85}{2,27}$ $\times$ $\dfrac{97}{158}$, c-à-d 4^j $+ \dfrac{1}{2}$, environ.[c]

---

135. — Lettres de change.

Question. Qu'est-ce que la *lettre de change?* — **Réponse.** La **lettre de change** est l'*invitation* adressée par un *créancier* à son *débiteur* d'avoir à *payer* une certaine somme à une époque déterminée.

Q. A qui cette *somme* devra-t-elle être payée? — **R.** Cette *somme* devra être payée soit au *créancier* ou à *son ordre*, soit à un *tiers*[d], nommé dans la lettre de change, ou à *son ordre*.[e]

p. 180

[a] On donne le nom d'*argenterie* aux pièces d'*orfèvrerie* en argent, tels que couverts, plats, cafetières, sucriers, timbales, etc., etc. La vaisselle d'argent, aujourd'hui fort rare, se nommait aussi *vaisselle plate*, du mot espagnol *plata*, qui signifie *argent.*

[b] Pour cet exercice, nous écrivons immédiatement l'expression de l'inconnue. Il sera bon de faire retrouver cette expression par la méthode de *réduction à l'unité.*

[c] *Crépir* un mur, c'est, en général, le peindre en blanc, avec un *lait de chaux.*

[d] C'est-à-dire à une *troisième* personne qui n'est pas le créancier lui-même.

[e] Le mot *ordre* a ici le même sens que dans *billet à ordre.*

Q. Que savez-vous sur le texte de la *lettre de change?* — **R.** La *lettre de change* est *datée.* — Elle énonce : la *somme* [a] à payer ; le *nom* de celui qui doit payer ; l'*époque* et le *lieu* où le payement doit s'effectuer ; la *valeur* fournie en espèces, en marchandises, en compte, ou de toute autre manière.

Q. Donnez un exemple. — **R.** Pour obtenir le paiement des 3 200ᶠ de marchandises que Pierre lui a achetées, Jacques peut faire la lettre de change suivante :

Paris, ce 12 mars 1887.　　　　　　　　　B. P. F. 3200.

Au 31 mai prochain, il vous plaira payer, par cette seule de change, à Monsieur Jacques ou à son ordre, la somme de trois mille deux cents francs, valeur reçue en marchandises.

　　　　　　　　　　　　　　　　　　Jacques.

Monsieur Pierre, négociant à Melun.

Q. Comment se nomme celui qui signe la *lettre de change?* — **R.** Celui qui *signe* [b] la *lettre de change* en est le **tireur** ; celui qui la doit *payer* est le **tiré** ; celui à l'*ordre* duquel elle doit être payée est le **preneur**.

Q. Donnez un exemple. — **R.** Dans l'exemple ci-dessus, le *tireur* est Jacques ; le *tiré* est Pierre ; le *preneur* est encore Jacques ; mais, dans beaucoup de cas, le preneur est une *tierce* [c] personne.

Q. Dans quel cas le *tiré* devient-il *accepteur?* — **R.** Quand le tiré *accepte* la lettre de change, c-à-d prend l'*engagement* de la payer, il devient **accepteur**.

Q. Que fait alors le *tiré?* — **R.** Dans ce cas, il écrit, en travers de la lettre de change, le mot *acceptée* [d], qu'il fait suivre de sa signature [e].

(a) Cette *somme* doit toujours être spécifiée en *toutes lettres*, dans le corps de la *lettre de change*.

(b) Faites-le bien remarquer aux élèves : c'est le *débiteur* qui signe le *billet à ordre;* c'est, au contraire, le *créancier* qui signe la *lettre de change*.

(c) Le féminin de *tiers* est *tierce*.

(d) Une lettre de change *acceptée* impose à l'*accepteur* les mêmes obligations que le *billet à ordre*.

(e) La lettre de change est un moyen très ingénieux d'éviter les déplacements de capitaux. Elle a été inventée au moyen âge, selon les uns par

Exercice 1. Henri veut se faire payer le 15 juin prochain 528^f,95 qui lui sont dus par Louis. Écrivez la *lettre de change* qu'il tirera sur Louis. — **Solution.** Au 15 juin prochain, il vous plaira payer à M. Henri ou à son ordre la somme de 528^f,95, valeur reçue en marchandises. — Henri.

E. 2. Divisez $\frac{6}{7}$ par $\frac{12}{35}$. — **S.** Le quotient est $\frac{5}{2}$.

E. 3. Que savez-vous sur les *puissances* des entiers terminés par 5 ? — **S.** Elles sont toutes terminées par 5 [a].

E. 4. Combien de *krones* de Suède pour faire 1000^f ? — **S.** Autant qu'il y a de fois 1^f,3888 dans 1000^f, c-à-d 720^{krones}.

E. 5. Quel poids d'argent pur dans 48 pièces de 0^f,20 ? — **S.** Ces 48 pièces pèsent 48^g. Leur titre est 0,835. Le poids d'argent pur est donc 48$^g \times$ 0,835, c-à-d 40^g,080.

E. 6. Exprimez en *centimètres carrés* 0^{ca},7862. **S.** 0^{ca},7862 = 0^{mq},7862, c-à-d 7862^{cmq}.

E. 7. Quel poids de cuivre dans 125 pièces d'argent de 5^f ? p. 181 — **S.** Ces 125 pièces pèsent 3125^g. Or, sur 1000^g de de l'alliage, il y a 100^g de cuivre, c-à-d un *dixième* du poids total. Donc le poids du cuivre est le *dixième* de 3125^g, c-à-d est 312^g,5.

E. 8. Le 21 juin 1889, à Paris, le soleil s'est levé à 3^h 58^m et couché à 8^h 5^m. Dites la durée de ce jour, le plus long de l'année [b]. — **S.** (12^h — 3^h 58^m) + 8^h 5^m, c-à-d 16^h 7^m.

E. 9. Trouvez le poids d'un bijou en or, au 3e titre, qui contient 3^g,5 d'or pur. — **S.** Le titre est 0,750. Donc, pour avoir 750^g d'or pur, il faut prendre 1000^g d'alliage.

Pour en avoir 3^g,5, il faut prendre 1000$^g \times \dfrac{3,5}{750}$, c-à-d 4^g,6. Tel est le poids de ce bijou.

E. 10. Que pèse une pierre de taille ayant un volume

---

les Juifs chassés de France et réfugiés en Lombardie, selon les autres par les Gibelins chassés de Florence et réfugiés en France.

[a] Si deux nombres sont terminés par le même chiffre, leurs puissances de même exposant sont terminées par le même chiffre. Si deux nombres sont terminés par les deux mêmes chiffres, leurs puissances de même exposant sont terminées par les deux mêmes chiffres. Et ainsi de suite.

[b] Le temps que le soleil demeure au-dessus de l'horizon, c-à-d le jour proprement dit a une durée variable. Il est le plus long possible le 21 juin et le plus petit possible le 21 décembre.

de 2^{mc},76 et une densité de 1,8. — **S.** Le même volume d'eau pèserait 2^{T},76. La pierre pèse donc 2^{T},76 $\times$ 1,8, c-à-d 4^{T},968.

E. 11. Un commerçant consacre chaque mois, à sa correspondance, 24 séances de $1^h 15^m$. Combien y devrait-il consacrer de séances de 2^h? — **S.** $1^h 15^m = 75^m$; $2^h = 120^m$. Le nombre des séances de 2^h sera $24 \times \dfrac{75}{120}$, c-à-d 15.

E. 12. Que valent 18 *actions* du gaz de Bordeaux[a], au cours de 1530^f? — **S.** $1530^f \times 18$, c-à-d $27\,540^f$.

---

136. — Circulation des effets de commerce.

Question. Que constituent les *lettres de change* et les *billets à ordre?* — **Réponse.** Les *lettres de change* et les *billets à ordre* constituent ce qu'on appelle les **effets de commerce**[b].

Q. Les *effets de commerce* peuvent-ils *circuler?* — **R.** Les *effets de commerce* peuvent *circuler*, c-à-d passer de mains en mains, car le *preneur* d'un billet à ordre ou d'une lettre de change peut céder ce billet ou cette lettre à une *deuxième* personne, celle-ci à une *troisième*, et ainsi de suite.

Q. Comment se fait cette *cession?* — **R.** Cette *cession* se fait par la voie de l'**endossement**[c]. Le *cédant* devient alors **endosseur**; le *cessionnaire*, **preneur**.

Q. Qu'est-ce que l'*endossement?* — **R.** L'*endossement* est l'*ordre*[d], écrit au dos du billet ou de la lettre, par

(a) *Bordeaux* est une grande et belle ville, sur la Gironde. Elle était autrefois la capitale de la province de Guyenne; elle est aujourd'hui le chef-lieu du département de la Gironde.

(b) Tout commerçant a dans son portefeuille un certain nombre d'*effets à recevoir*. En même temps, d'autres effets sont en circulation qu'il aura à payer quand en viendra l'échéance : ce sont pour lui les *effets à payer*.

(c) Bien des valeurs sont transmissibles par endossement. D'autres ne le sont pas. Les *récépissés*, par exemple, que délivre la Banque de France pour les *dépôts* qu'elle reçoit, ne sont pas transmissibles par endossement.

(d) C'est même de là que vient le mot de *billet à ordre*.

lequel l'*endosseur* en transmet la propriété au nouveau *preneur*.

Q. Donnez un exemple. — **R.** Si, le 22 mars, Jacques cède à Louis le billet à ordre que Pierre lui a souscrit, il écrit son endossement au dos du billet sous la forme suivante :

> *Paris, le 22 mars 1887.*
>
> *Payez à l'ordre de Monsieur Louis, valeur reçue en espèces.*
>
> *Jacques.*

Q. Que savez-vous touchant la *somme* énoncée sur un *billet à ordre?* — **R.** La *somme* énoncée sur un billet à ordre ou une lettre de change est la **valeur nominale**[a] de ce billet ou de cette lettre.

Q. Comment s'appelle l'*époque* où le paiement doit s'effectuer? — **R.** L'*époque* déterminée où le paiement doit s'effectuer s'appelle l'**échéance**. p. 182

Q. Qui nomme-t-on *porteur?* — **R.** On nomme **porteur** le dernier *preneur*, c-à-d celui qui est nanti de l'effet lors de son *échéance*, celui qui en réclame le *paiement*.

Q. Qu'arrive-t-il si un *billet à ordre* n'est pas payé? — **R.** Si un billet à ordre, ou une lettre de change acceptée[b], n'est pas payé à l'échéance, il est immédiatement **protesté**.

Q. Qu'est-ce que le *protêt?* — **R.** Le **protêt** est un *acte* dressé par un *huissier*[c] et constatant le *défaut de paiement*.

Exercice 1. Multipliez $\frac{5}{6}$ par $\frac{24}{25}$. — **Solution.** $\frac{4}{5}$.

E. 2. Trouvez le *ppcm* de 10117 et 8777. **S.** 1325327.

E. 3. Combien de *sagènes russes* dans 33^{m},25? — **S.** Au-

[a] Le billet ou la lettre ne vaudra cette somme qu'au jour même de l'échéance.

[b] C'est ce qui rend la *lettre de change acceptée* tout à fait analogue au *billet à ordre*.

[c] Les *huissiers* sont les officiers ministériels qui font tous les *actes* ou *exploits* nécessaires à l'instruction des procès et à l'exécution des jugements.

tant qu'il y a de fois 2^m,133 dans 33^m,25, c-à-d 15^{sagènes},588.

E. 4. Combien de *grains* dans 4^{livres} [a] 15^{onces} 7^{gros} 71^{grains}? — **S.** 46079^{grains}.

E. 5. Combien de *piastres turques* pour faire 1 000 000^f? — **S.** Autant qu'il y a de fois 0^f,2278 dans 1 000 000^f, c-à-d 4 389 816^{piastres}.

E. 6. Dites le *quintuple* de 1^h 57^m 51^s. — **S.** 9^h 49^m 15^s.

E. 7. Exprimez en *myriamètres* 5 905 847^{dm},5. — **S.** 59^{Mm},058 475.

E. 8. Quel poids de cuivre dans 153 pièces [b] de 20^f? — **S.** Ces 153 pièces valent 3 060^f et pèsent 987^g,09. Le poids du cuivre est le *dixième* du poids total; il est donc de 98^g,709.

E. 9. Que rapportent 325 647^f,15, à 6 $^0/_0$, en 30^j? — **S.** $\dfrac{6 \times 325\,647,15 \times 30}{36.000}$, c-à-d 1628^f,23.

E. 10. Pour payer 100^f au *décès* de l'assuré, une compagnie *d'assurance sur la vie* demande à un homme âgé de 35^{ans} une *prime annuelle* [c] de 2^f,02. Quelle *prime* pour payer 12 250^f? — **S.** 2^f,02 $\times \dfrac{12\,250^f}{100}$, c-à-d 247^f,45.

E. 11. On mélange 75^{livres} d'huile d'olive à 1^f,20 la livre, avec 36^{livres} d'huile à 1^f,50. Que vaudra la livre du mélange? — **S.** Le prix total est 1^f,20 $\times$ 75 $+$ 1^f,50 $\times$ 36, c-à-d 144^f. Le poids total est 75 $+$ 36, c-à-d 111^{livres}. Donc la livre du mélange vaudra 144^f : 111, c-à-d 1^f,29.

E. 12. On fond ensemble 95^g,7 d'or pur et 8^g,5 de cuivre. Trouvez le titre de l'alliage formé. — **S.** Le poids total de l'alliage est 95^g,7 $+$ 8^g,5, c-à-d 104^g,2. Le titre est donc 95^g,7 : 104^g,2, c-à-d 0,918.

---

[a] Lorsque le mot *livre* est suivi de l'un des mots *once*, *gros* ou *grain*, il désigne toujours la *livre ancienne*.

[b] L'Autriche-Hongrie, le grand-duché de Finlande, la Russie depuis 1886, fabriquent des pièces d'or au même poids et au même titre que nos pièces de 20^f. Il y a déjà en France, dans la circulation, beaucoup de pièces de 20^f d'Autriche-Hongrie, et quelques-unes de Russie.

[c] Ces sortes d'assurances se nomment assurances *en cas de décès*. Ce sont des assurances pour la *vie entière*, lorsque l'assuré doit payer, tant qu'il vit, la *prime annuelle* convenue. Cette *prime* est d'autant plus faible que l'assuré est *plus jeune* à l'époque où il contracte l'assurance.

137. — Escompte commercial.

Question. Que fait le *preneur* d'un *effet* lorsqu'il veut se procurer de l'argent? — **Réponse.** Lorsque le *preneur* d'un effet de commerce veut se procurer de l'argent avant l'échéance, il cède cet effet à un **banquier**[a].

Q. Quelle somme le *banquier* lui remet-il? — **R.** Le *banquier* lui remet alors, en espèces, une somme égale à la *valeur nominale* de l'effet, diminuée d'une certaine p. 183 *retenue* qui se nomme **escompte commercial**, ou, plus simplement, **escompte**[b].

Q. Qu'est-ce que l'*escompte commercial*? — **R.** L'*escompte commercial*[c] est l'*intérêt* de la *valeur nominale* de l'effet, à un *taux* déterminé, pendant le nombre de *jours* qui restent à courir jusqu'à l'*échéance*[d].

Q. Comment compte-t-on le nombre de *jours*? — **R.** On ne compte pas le jour d'où l'on part; mais on compte celui de l'échéance.

Q. Comment se calcule l'*escompte commercial*? — **R.** L'*escompte commercial* se calcule, comme l'*intérêt* pendant un certain nombre de *jours*, soit par la méthode des *diviseurs*, soit par celle des *parties aliquotes*.

Q. Que sont les problèmes relatifs à l'*escompte*? — **R.** Les

[a] Un banquier, comme nous l'avons dit dans une note antérieure, est un commerçant dont les opérations portent, non pas sur des marchandises quelconques, mais sur les espèces monnayées, les billets à ordre, les lettres de change, etc., etc.

[b] Du substantif *escompte*, on a fait le verbe *escompter* : le banquier *escompte* le billet.

[c] L'escompte ainsi défini se nomme aussi parfois *escompte en dehors* : c'est le seul usité. — Ce mot escompte *en dehors* est l'opposé du mot escompte *en dedans*. L'escompte *en dedans* est pour ainsi dire inusité. Nous verrons dans les compléments la définition qu'on en donne, et le procédé qu'on emploie pour le calculer.

[d] Dans ce compte des jours, on prend les différents mois avec leurs durées véritables de 28, 29, 30 ou 31 jours. Dans certains *agendas*, les jours de l'année sont numérotés, de 1 à 365 ou 366. A l'aide d'un pareil agenda, le compte des jours se fait immédiatement. On prend le numéro correspondant au jour de l'échéance, le numéro correspondant au jour de l'escompte, et l'on retranche celui-ci de celui-là.

problèmes sur l'*escompte commercial* ne sont autres choses que des *règles d'intérêt* [a].

Q. Qu'est-ce que la *valeur actuelle* d'un effet? — **R.** La **valeur actuelle** d'un effet, c'est *sa valeur nominale*, diminuée de l'*escompte*.

Q. Dans la pratique, que retient le *banquier*? — **R.** Dans la pratique, le banquier retient non seulement l'*escompte*, mais différentes petites sommes, pour *commission, bonification, change de place*, etc., etc.

Q. Comment se *calculent* ces différentes sommes? — **R.** Ces différentes *sommes* se calculent sans tenir compte du *temps* : chacune d'elles est un *tant pour cent* de la *valeur nominale* de l'effet [b].

Exercice 1. Une *lettre de change* de $3648^f,50$ est payable dans 36^j. Calculez l'*escompte* [c] à $3,5$ %. — **Solution.** C'est l'intérêt de $3648^f,50$, à $3,5$ %, pendant 36^j, c-à-d $\dfrac{3,5 \times 3648,50 \times 36}{36\,000}$, c-à-d $12^f,76$.

E. 2. Sur un billet à ordre de $1529^f,35$, payable dans 90^j, on retient un escompte de $12^f,15$. Quel est le taux? — **S.** $1529^f,35$ en 90^j rapportent $12^f,15$; donc 1^f, en 1^j, rapporte $\dfrac{12,15}{1529,35 \times 90}$; et 100^f, en 360^j, rapportent $\dfrac{12,15 \times 100 \times 360}{1529,35 \times 90}$, c-à-d $3^f,17$: tel est le *taux*.

E. 3. Trouvez la *valeur actuelle* d'une lettre de change de $5643^f,10$, payable dans 33^j, le taux de l'*escompte* [d] étant de $6,2$. — **S.** L'escompte est $\dfrac{6,2 \times 5643,10 \times 33}{36\,000}$, c-à-d $32^f,07$. La valeur actuelle est donc $5643^f,10 - 32^f,07$, c-à-d $5611^f,03$.

[a] Il s'ensuit qu'on peut se proposer sur l'escompte toutes les espèces de problèmes que nous nous sommes proposées sur les *intérêts*.

[b] Ces différentes sommes se calculent, par conséquent, beaucoup plus simplement que l'escompte. Elles forment un total souvent égal à l'escompte, parfois même supérieur.

[c] Les banquiers n'escomptent que les billets dont les *souscripteurs* ou *endosseurs* leur inspirent confiance. La Banque de France n'escompte que les effets revêtus, pour le moins, de *trois* signatures honorablement connues.

[d] Le *taux* de l'escompte est un nombre essentiellement *variable*. La Banque de France, suivant l'état de son *encaisse métallique*, tantôt abaisse, tantôt élève le *taux de son escompte*.

E. 4. Sur un billet à ordre de 936^f,20, on retient, à 3,7 $^o/_o$, un *escompte* de 8^f,25. Dans combien de jours l'*échéance?* — **S.** Si l'on retenait 936^f,20 $\times$ 0,037, c-à-d 34^r,6394, l'échéance arriverait dans 360^j. Puisqu'on ne retient que 8^f,35, elle arrive dans un nombre de jours égal[a] à 360 $\times \dfrac{8,35}{34,6394}$, c-à-d dans 86^j.

E. 5. Une lettre de change est payable dans 49^j. Le taux de l'*escompte* est 5,4 ; la *valeur actuelle*, 2533^f,90. Dites la *valeur nominale.* — **S.** Si la valeur *nominale* était de 36000^f, l'escompte à 5,4 $^o/_o$, pour 49^j, serait $\dfrac{5,4 \times 36\,000 \times 49}{36\,000}$, c-à-d 5,4 $\times$ 49, ou 264^f,60 et la valeur *actuelle* serait 36000^f — 264^f,60, c-à-d 35735^f,40. Comme la valeur *actuelle* est 2533^f,90, la valeur *nominale* est 36000$^f \times \dfrac{2\,533,90}{35\,735,40}$, c-à-d 2552^f,66.

E. 6. Retranchez 7 *tiers* de 35 *quarts.* — **S.** $\dfrac{77}{12}$, c-à-d 6 $+ \dfrac{5}{12}$.

E. 7. En *divisant* 55 par un certain nombre, on trouve pour *reste* 4. En *divisant* 341 par ce même nombre, on trouve pour reste 1. Quel est ce nombre? — **S.** 55 — 4, c-à-d 51, et 341 — 1, c-à-d 340, sont divisibles par le nombre cherché. Or le seul diviseur commun à 51 et 340, autre que l'unité, est leur *pgcd* 17 : c'est le nombre cherché [b].

E. 8. Exprimez en *mètres cubes* la capacité de 258 *gallons.* — **S.** 4^l,543 $\times$ 258, c-à-d 1172^l,094, ou 1172^{dmc},094, ou 1^{mc},172094.

E. 9. Quel poids d'or pur dans un bijou en or, au 1er titre, pesant 34^g,7? — **S.** 34^g,7 $\times$ 0,920, c-à-d 31^g,924.

E. 10. La cire jaune coûte 1^f,95 la livre. Que coûtent 3^{Kg},127? — **S.** 1^{Kg} coûte 1^f,95 $\times$ 2; et 3^{Kg},127 coûtent 1^f,95 $\times$ 2 $\times$ 3,127, c-à-d 12^f,19. p. 184

---

[a] Faites remarquer que tous ces raisonnements ne sont autres choses que ceux à l'aide desquels se résolvent les *règles de trois.*

[b] Si 51 et 341 eussent admis d'autres diviseurs communs que 17, on eût pu prendre l'un quelconque d'entre eux pour répondre à la question, à la condition, bien entendu, qu'il fût supérieur à 4, c-à-d au plus grand des deux restes donnés.

E. 11. Les *obligations* de l'Est-Algérien [a] sont au *cours* de 377^f,75 et rapportent 15^f par an. Dites le *taux* de l'intérêt. — **S.** 377^f,75 rapportent 15^f. Donc 100^f rapportent $15^f \times \dfrac{100}{377,75}$, c-à-d 3^f,97 : tel est le *taux*.

E. 12. On achète chez l'épicier 3 paquets de bougie [b] à 1^f,15 ; 4 morceaux de savon de Paris à 0^f,35 ; et 3 livres de sel blanc à 0^f,15. Faites la *facture*. — **S.** On disposera la facture d'après le modèle. Elle se monte à 5^f,30.

---

138. — Echéance moyenne.

Question. Enoncez un problème d'échéance moyenne où l'on demande un *nombre de jours*. — **Réponse.** « *Je dois deux billets, l'un de* 1200^f *payable dans* 60^j ; *l'autre de* 2100^f, *payable dans* 90^j. *Je veux les remplacer par un seul, d'une valeur égale à leur somme. Dans combien de jours l'échéance ?* » — Cette question est un problème **d'échéance moyenne** [c].

Q. Comment *résout-on* ce problème ? — **R.** Il suffit évidemment que la valeur actuelle du troisième billet soit égale à la somme des valeurs actuelles des deux premiers. Comme sa valeur nominale est la somme des valeurs nominales des deux premiers, il suffit que l'escompte du troisième billet soit égal à la somme des escomptes des deux premiers ; et, par suite, que le nombre [d] correspondant à ce troisième escompte soit égal à la somme des nombres correspondant aux deux premiers, c-à-d soit égal à $1200 \times 60 + 2100 \times 90$, ou à 261 000. En multipliant 3 300, valeur nominale du troisième billet, par

<hr>

(a) L'*Est-Algérien* est une ligne de chemin de fer qui réunit Constantine à Sétif.

(b) Les *bougies* sont très anciennement connues ; les *cierges* ne sont que de très grandes bougies. — Les bougies en *cire* sont les plus belles, les bougies en *acide stéarique* les plus communes, les bougies en *paraffine*, qui commencent à se répandre, sont translucides, c-à-d à moitié transparentes. — Les *chandelles* sont des bougies grossières, fabriquées avec du suif. C'est de *chandelle* que vient *chandelier*.

(c) Il existe plusieurs autres types de problèmes qu'on nomme aussi problèmes d'*échéance moyenne*. Nous en donnons un ci-après. Nous en donnerons d'autres, à titre d'exercices.

(d) Il s'agit ici des *nombres représentatifs* des intérêts.

le nombre de jours cherché, on trouve donc 261 000. Ce nombre de jours [a] est donc le quotient de 261 000 par 3 300, c-à-d 79.

Q. Énoncez un problème d'*échéance moyenne*, où l'on demande une *valeur nominale*. — **R.** « *Je dois deux billets, l'un de* 2000^f *payable dans* 30^j, *l'autre de* 3000^f *payable dans* 50^j. *Je veux les remplacer par un seul, payable dans* 45^j. *Le taux de l'escompte est* 6 °/₀. *Quelle devra être la valeur nominale du billet unique ?* »

Q. Comment *résout*-on ce problème ? — **R.** Pour résoudre ce problème, je calcule les valeurs actuelles des deux premiers billets : elles sont 1985^f et 2975^f. La valeur actuelle du billet unique sera donc 1985^f + 2975^f, c-à-d 4 960^f. Or, un billet de 36 000^f, payable dans 45^j, subit un escompte de 270^f et n'a qu'une valeur actuelle [b] de 35 730^f. De là ce raisonnement : pour que la valeur actuelle fût de 35 730^f, il faudrait que la valeur nominale fût de 36 000^f. Pour que la valeur actuelle p. 185 fût de 1^f, il faudrait que la valeur nominale fût $\frac{36\,000}{35\,730}$. Pour que la valeur actuelle soit de 4 960^f, il faut que la valeur nominale soit $\frac{36\,000 \times 4\,960}{35\,730}$. En effectuant le calcul, on trouve 4997^f,48.

> **Exercice 1.** On a deux billets, l'un de 356^f,25 payable dans 45^j ; l'autre de 728^f,40 payable dans 57^j. On les remplace par un seul billet égal à leur somme. Dans combien de jours l'*échéance* de ce dernier ? — **Solution.** En raisonnant comme dans le premier problème du présent paragraphe [c], on trouve 53^j.
>
> **E. 2.** On a deux billets, l'un de 708^f,10 payable dans 41^j ;

(a) Nous avons pu résoudre ce problème sans avoir à nous occuper du *taux* de l'escompte. Cela tient à ce que la valeur nominale du troisième billet est juste égale à la somme des valeurs nominales des deux premiers. S'il n'en était pas ainsi, la connaissance du *taux* serait indispensable.

(b) Il est très commode, non seulement dans le cas présent, mais dans beaucoup d'autres, de considérer un capital de 36 000^f, vu que, pour un tel capital, l'*intérêt* pendant *un jour* est juste égal aux *taux*.

(c) Il faudra que l'élève refasse, sur les nouveaux nombres, tous les raisonnements indiqués. — Même remarque pour l'exercice suivant.

l'autre de 946^f,30 payable dans 60^j. Quelle doit être la valeur nominale du billet payable dans 50^j, qui les remplace, l'escompte étant à 5,6 $^o/_o$? — **S.** En raisonnant comme dans le second problème du présent paragraphe, on trouve que la valeur actuelle du 3e billet doit être de 1641^f,06 ; et, par suite, que sa valeur nominale doit être 1653^f,92.

E. 3. Ajoutez 2 *tiers*, 3 *quarts* et 5 *sixièmes*. — **S.** Le total est $\frac{9}{4}$.

E. 4. Que savez-vous sur les nombres *divisibles* par 19 et par 29 ? — **S.** Ils sont divisibles par 19 × 29, c-à-d par 551, vu que 19 et 29 sont premiers entre eux.

E. 5. Quel poids d'argent pur dans 56 pièces de 5^f ? — **S.** Ces 56 pièces pèsent 25^g × 56, c-à-d 1400^g, et sont au titre de 0,900. Le poids d'argent pur est donc 1400^g × 0,900, c-à-d 1260^g.

E. 6. Combien de *perches* dans 17^{arpents} 19^{perches} ? — **S.** 1719.

E. 7. Dites le *tiers* de 13^h 28^m 36^s. — **S.** 4^h 29^m 32^s.

E. 8. Exprimez en *myrialitres* 4689^{Dl},7. — **S.** 4^{Ml},6897.

E. 9. La Belgique[a] a une superficie de 29457^{Kmq} et une population de 5520000$^{hab.}$. Combien d'habitants, en moyenne, par *kilomètre carré* ? — **S.** 187.

E. 10. *Treize* mètres en buis[b] coûtent 8^f,45. Que coûtent 29 mètres ? — **S.** 8^f,45 × $\frac{29}{13}$, c-à-d 18^f,85.

E. 11. Une *traite* de 758^f,95 est payable dans 46^j. Calculez l'escompte à 6,2 $^o/_o$. — **S.** $\frac{6,2 \times 758,95 \times 46}{36000}$, c-à-d 6^f,01.

E. 12. Que rapportent par an 152639^f,40, placés sur *hypothèque*, au taux de 4,7 ? — **S.** 152639^f,40 × 0,047, c-à-d 7174^f,05.

---

[a] La *Belgique* est un pays d'une faible étendue, mais très industrieux, très commerçant et très florissant.

[b] Le *buis* est un arbrisseau souvent utilisé comme bordure dans nos jardins et parterres. Dans le midi de l'Europe et dans les pays chauds, il devient arborescent, c-à-d atteint plusieurs mètres de hauteur. Le tronc et la racine du *buis arborescent* fournissent un bois dur, compact, pesant, tantôt jaune, tantôt veiné, susceptible de recevoir un beau poli, et très employé par les tourneurs, tabletiers et graveurs.

139. — Partages proportionnels.

Question. Enoncez un *partage proportionnel.* — **Réponse.** « *Partager* 500[f] *en trois parties proportionnelles* [a] *aux nombres* 4, 7, 9. » — Ce problème est un **partage proportionnel.**

Q. Comment *résout*-on ce problème ? — **R.** Pour le résoudre, on dit : Si la somme à partager était de $4^f + 7^f + 9^f$, c-à-d de 20^f, les parts seraient de 4^f, 7^f, 9^f. Si la somme à partager était de 1^f, les parts seraient 20 fois moindres, c-à-d $\frac{4}{20}$, $\frac{7}{20}$, [**. 186**] $\frac{9}{20}$. La somme étant 500[f], les parts seront 500 fois plus grandes, c-à-d seront $\frac{4\times 500}{20}$, $\frac{7\times 500}{20}$, $\frac{9\times 500}{20}$. En effectuant les calculs, on trouve 100[f], 175[f], 225[f] [b].

Q. Peut-on *résoudre* autrement le même problème ? — **R.** On peut encore résoudre ce problème en s'appuyant sur les propriétés des *rapports égaux.*

Q. Dites comment. — **R.** Appelons x, y, z les trois parts inconnues. Puisqu'elles sont proportionnelles à 4, 7, 9, les rapports $\frac{x}{4}$, $\frac{y}{7}$, $\frac{z}{9}$ sont égaux [c]. En les ajoutant termes à termes, on obtient le rapport $\frac{x+y+z}{20}$ qui leur est égal et qui est égal aussi à $\frac{500}{20}$ puisque $x+y+z=500$. Donc $\frac{x}{4}=\frac{500}{20}$, $\frac{y}{7}=\frac{500}{20}$, $\frac{z}{9}=\frac{500}{20}$. On tire de là, pour x, y, z, les valeurs déjà trouvées.

Q. Enoncez un deuxième *partage*. — **R.** « *Partager* 400[f] *en trois parties proportionnelles aux fractions* $\frac{1}{2}$, $\frac{2}{3}$, $\frac{3}{4}$. »

Q. Comment *résout*-on ce problème ? — **R.** Pour résoudre

[a] Rappelez à ce propos aux élèves la signification du mot *proportionnel*, et aussi, en même temps, celle de la locution *inversement proportionnel.*

[b] Ce procédé n'est qu'une application nouvelle de la méthode de *réduction à l'unité.*

[c] Nous l'avons déjà vu dans le Cours, les nombres *abstraits* qui expriment les valeurs correspondantes de deux quantités *directement proportionnelles* ont un *rapport constant.*

ce problème, on réduit les fractions au même dénominateur. On trouve ainsi $\frac{6}{12}$, $\frac{8}{12}$, $\frac{9}{12}$ et l'on partage 400 en parties proportionnelles aux nouveaux numérateurs 6, 8, 9 [a].

Q. Enoncez un troisième *partage*. — **R.** « *Partager* 600^f *en parties inversement proportionnelles à* 7, 8, 11. »

Q. Comment *résout-on* ce problème ? — **R.** Pour résoudre ce problème, il suffit de partager 600^f en parties *directement proportionnelles* aux *inverses* [b] des nombres donnés, c-à-d aux fractions $\frac{1}{7}$, $\frac{1}{8}$, $\frac{1}{11}$.

Exercice 1. Partagez 648^f *proportionnellement* à 2, 7, 9. — **Solution.** 72, 252, 324.

E. 2. Partagez 759^f en parties *proportionnelles* à $\frac{1}{2}$, $\frac{1}{5}$, $\frac{3}{7}$. — **S.** Si l'on réduit ces fractions au même dénominateur 70, on leur trouve pour numérateurs 35, 14, 30. Il suffit de partager 759^f proportionnellement à ces nombres. On trouve ainsi, pour les trois parties : 336^f,26 ; 134^f,50 ; 288^f,22.

E. 3. Partagez 4580^f,95 en parties *inversement proportionnelles* à 2, 3, 6. — **S.** On partage en parties proportionnelles aux *inverses* de ces nombres [c] et l'on trouve 2290^f,47 ; 1526^f, 98 ; 763^f,49.

E. 4. Quelle est la *plus grande* des deux fractions $\frac{7}{16}$ et $\frac{21}{48}$? — **S.** Ces deux fractions sont égales.

E. 5. Décomposez 2653000 en *facteurs premiers* [d]. — **S.** $2^3 \times 5^3 \times 7 \times 379$.

E. 6. Combien de *florins* de Hollande pour faire 1523^f ? — **S.** Autant qu'il y a de fois 2^f,10 dans 1523^f, c-à-d 725^{florins},23.

(a) En opérant ainsi, on ramène le cas où les nombres donnés sont *fractionnaires* à celui où ces nombres sont *entiers*.

(b) Il sera bon de rappeler aux élèves ce qu'on entend par *inverse* d'un nombre.

(c) C'est-à-dire à $\frac{1}{2}$, $\frac{1}{3}$, $\frac{1}{6}$.

(d) $2653000 = 2653 \times 1000$, or $1000 = 10^3 = 2^3 \times 5^3$. On trouve ainsi, sans calcul, plusieurs facteurs *premiers* du nombre donné. Pour trouver tous les autres, il suffit de décomposer le nombre 2653. — Cette façon de procéder peut s'employer dans tous les cas où le nombre donné se termine par plusieurs *zéros*.

E. 7. Combien de *yards* dans 7^{milles} 1 523^{yards} ? — p. 187. **S.** 13 843^{yards}.

E. 8. Le 1er mars 1889, le jour a duré 10^{h} 58^{m} ; le 31, il a duré 12^{h} 46^{m}. De combien a-t-il augmenté pendant le mois ? — **S.** De 12^{h} 46^{m} — 10^{h} 58^{m}, c-à-d de 1^{h} 48^{m}.

E. 9. Combien faut-il allier d'or pur et de cuivre pour former 756^{g},5 d'un alliage au titre de 0,925 ? — **S.** Le poids de l'or pur sera 756^{g},5 $\times$ 0,925, c-à-d 699^{g},7625. Celui du cuivre sera 756^{g},5 — 699^{g},7625, c-à-d 56^{g},7375.

E. 10. Le 1er janvier[a] d'une année commune tombe un dimanche. Quel jour tombera le 1er janvier de l'année suivante ? — **S.** 364 est un multiple de 7. Donc en ajoutant 364^{j} au 1er, on obtiendra encore un dimanche. Donc le 365e jour de cette année sera un *dimanche*. Par conséquent, le 1er jour de l'année suivante sera un *lundi*.

E. 11. On remplace deux billets de 500^{f} payables l'un dans 80^{j}, l'autre dans 90^{j}, par un billet de 1 000^{f}. Dans combien de jours l'*échéance* ? — **S.** La somme des nombres représentatifs des intérêts pour les deux premiers billets est 500 $\times$ 80 + 500 $\times$ 90, c-à-d 85 000. Le nombre correspondant au 3e billet est donc 85 000. En le divisant par la valeur 1 000 de ce dernier billet, on trouve que l'échéance arrivera dans 85^{j}[b].

E. 12. Que rapportent 56 923^{f} placés en 4 1/2 °/₀ français, au cours de 108^{f},90 ? — **S.** 108^{f},90 rapportent 4^{f},50. Donc 56 923^{f} rapportent $4^{\text{f}},50 \times \dfrac{56\,923}{108,90}$, c-à-d 2 352^{f},19.

---

140. — Règles de société, de répartition.

Question. Énoncez une *règle de société*. — **Réponse.** « *Trois personnes ont fait une entreprise en société.*

[a] L'année commence présentement au 1er janvier. Elle a commencé, soit à l'étranger, soit en France, à des époques très diverses. Pour nous borner à notre pays, elle y a commencé au 1er mai, puis à la fête de Noël, puis à la fête de Pâques. C'est un *édit* de 1564 qui en a fixé le commencement au 1er janvier.

[b] On peut remarquer que 85 est juste la *moyenne arithmétique* entre 80 et 90. Cela provient de ce que, les deux premiers billets ayant la même valeur nominale, le troisième a une valeur nominale juste égale à la somme des valeurs nominales des deux premiers.

La première a apporté 2 000^f, *la deuxième* 3 000^f, *et la troisième* 4 000^f. *Elles ont réalisé un bénéfice de* 3 600^f. *Quelle sera la part de chaque personne ?* » — Cette question est une **règle de société** [a].

Q. Comment *résout*-on cette question ? — **R.** Pour la résoudre, on partage le bénéfice total 3 600^f en *parties proportionnelles* [b] aux *apports* 2 000, 3 000 et 4 000. On trouve 800^f, 1 200^f, 1 600^f.

Q. Enoncez un autre *problème*. — **R.** « *Partager un bénéfice de* 4 825^f *entre deux associés qui ont mis dans l'entreprise : le premier* 16 000^f *pendant* 2 *ans, le second* 9 000^f *pendant* 3 *ans.* » Cette question est encore une *règle de société*.

Q. Comment *résout*-on cette question ? — **R.** Pour la résoudre, on multiplie les *apports* par les *temps*, ce qui donne 16 000 $\times$ 2 et 9 000 $\times$ 3, c-à-d 32 000 et 27 000 ; puis on partage 4 825^f en *parties proportionnelles* aux deux nombres 32 000 et 27 000. On trouve ainsi 2 616^f,94 et 2 208^f,05.

Q. Que fait-on quand les *apports* ne restent pas tous le même temps dans l'entreprise ? — **R.** En général, lorsque les différents apports ne restent pas tous le même temps dans l'entreprise, on partage les bénéfices [c] *proportionnellement* aux *produits* des *apports* par les *temps*.

p. 188 **Q.** Qu'appelle-t-on *répartir* ? — **R.** Partager un nombre en différentes *parts*, proportionnelles à d'autres nombres, c'est ce qu'on appelle *répartir*. Aussi les *règles de société* se nomment-elles parfois *règles de répartition*. On fait la *répartition* des impôts, la *répartition* du contingent militaire, etc., etc [d].

(a) Dans les livres anciens, on trouve souvent, pour désigner les *règles de société*, la locution *règles de compagnie*.

(b) On voit par là que les *règles de société* rentrent, comme cas particulier, dans les *partages proportionnels*.

(c) Si la société, au lieu de réaliser un *bénéfice*, eût fait des *pertes*, ces pertes se fussent partagées aussi proportionnellement aux *mises* ou *apports* des associés.

(d) Dans les sociétés par *actions*, la répartition des bénéfices se fait très simplement : la *mise* de chaque actionnaire est évidemment représentée par le *nombre d'actions* qu'il possède ; les actions recevant toutes le même dividende, chaque actionnaire reçoit donc une *part* de bénéfice *proportionnelle* à sa mise.

Exercice 1. Les *apports* de deux associés sont de 25 000^f et 30 000^f. Le bénéfice est de 11 660^f. Que revient-il à chacun? — **Solution.** En partageant 11 660^f proportionnellement à 25 000^f et 30 000^f, on trouve qu'il revient 5 300^f au premier et 6 360^f au second.

E. 2. Deux personnes ont mis dans une entreprise, l'une 4 268^f pendant 2^{mois}, l'autre 3 506^f pendant 5^{mois}. Le bénéfice est de 1 568^f. Que revient-il à chaque personne? — **S.** Les produits des *apports* par les *temps* sont 8 536 et 17 530. En partageant 1 568^f proportionnellement à ces nombres, on trouve qu'il revient 513^f,48 à la première personne, et 1 054^f,51 à la seconde.

E. 3. *Répartissez* 5 733^f,15 entre 4 personnes, *proportionnellement* à 2, 3, 4, 5. — **S.** En partageant 5 733^f,15 proportionnellement à 2, 3, 4, 5, on trouve : 819^f,02; 1 228^f,53; 1 638^f,04; 2 047^f,55.

E. 4. Réduisez à sa *plus simple expression* $\dfrac{10\,201}{10\,403}$. — **S.** En divisant les deux termes par leur *pgcd* 101, on trouve $\dfrac{101\,^{(a)}}{103}$.

E. 5. Quel *reste* trouve-t-on en divisant un nombre *impair* par 2? — **S.** 1.

E. 6. Que pèsent 3 625^f en pièces d'or? — **S.** Autant de *grammes* qu'il y a de fois 3^f,10 dans 3 625^f, c-à-d 1 169^g,3.

E. 7. Combien de *yards* dans 56^{milles} 1 512^{yards}? **S.** 100 072^{yards}.

E. 8. Pendant le mois de septembre les jours ont diminué$^{(b)}$ de 1^h 4^m. Combien de *minutes* par jour, en moyenne? — **S.** 1^h 4^m = 64^m. La diminution moyenne, par jour, est donc le trentième de 64^m, c-à-d 2^m 8^s.

E. 9. Quel poids d'argent pur dans 1 739^g,7 d'argenterie au 2e titre? — **S.** 1 739^g,7 × 0,800, c-à-d 1 391^g,76.

E. 10. Une bouteille contient 0^l,85 d'eau. Combien pèse-

<hr>

(a) Dans cet exemple, il eût été très maladroit, pour trouver le *pgcd* des deux termes de la fraction donnée, de décomposer chacun de ces deux termes en ses facteurs premiers.

(b) Les jours diminuent depuis le *solstice d'été*, qui arrive le 21 juin, jusqu'au *solstice d'hiver* qui arrive le 21 décembre. Ils croissent, au contraire, depuis le solstice d'hiver jusqu'au solstice d'été suivant. C'est, par conséquent, au solstice d'été que les jours sont le plus longs, au solstice d'hiver qu'ils sont le plus courts.

t-elle de plus que quand elle est vide? — **S.** $0^{Kg},85$, c-à-d 850^g.

E. 11. On paie par an, pour assurance sur *risques loca-tifs* [a] en cas d'*incendie*, $0^f,31$ pour 1000^f. Quelle sera la prime annuelle pour 57900^f? — **S.** $0^f,31 \times \dfrac{57\,900}{1\,000}$, c-à-d $17^f,94$.

E. 12. Que coûtent ensemble 27 *actions* des Omnibus [b] de Paris, au *cours* de 1245^f? — **S.** $1245^f \times 27$, c-à-d $33\,615^f$.

CHAPITRE VI

TENUE DES LIVRES

—

141. — Les livres de commerce.

Question. Que faut-il pour qu'un commerce *prospère?* — **Réponse.** Pour qu'un commerce prospère, il y faut beaucoup d'*activité*, d'*économie* et d'*ordre* [c] : tout commerçant qui a de l'ordre tient exactement ses **livres de commerce.**

Q. Combien y a-t-il de *livres de commerce* exigés par la loi? — **R.** Il y a trois *livres de commerce* qui sont exigés [d] par la loi : le **livre journal,** le **copie de lettres** et le **livre des inventaires.**

Q. Y a-t-il d'autres *livres?* — **R.** Il y a d'autres livres qui

---

(a) On nomme *risques locatifs* en cas d'incendie les responsabilités qu'encourt le *locataire* à l'égard de son *propriétaire*, pour les dommages que l'incendie peut causer à l'immeuble.

(b) Les *omnibus* sont de grandes voitures, où l'on peut faire, pour une somme modique, un trajet déterminé. Il existe des omnibus dans la plupart des grandes villes. — Le mot *omnibus* est du genre masculin.

(c) L'*activité*, l'*économie* et l'*ordre* sont d'ailleurs des qualités nécessaires à tous, et sans lesquelles il est impossible soit de maintenir, soit d'améliorer sa position.

(d) Le commerçant qui ne possède pas ces trois livres et ne les tient pas exactement à jour est en faute et peut être puni.

sont très utiles sans être indispensables : le *brouillard*, le *grand-livre* et les *livres auxiliaires*.

Q. Comment se nomme l'*art* de bien *tenir* les livres ? — **R.** L'*art* de bien tenir les livres se nomme la **tenue des livres** ou la **comptabilité** [a] ; il repose sur ce principe : celui qui *reçoit* est *débiteur*, celui qui *donne* est *créditeur* ou *créancier* [b].

Q. Qu'y a-t-il en toute opération de *commerce* ? — **R.** En toute *opération de commerce*, il y a une personne qui *reçoit* et une qui *donne*, c-à-d un *débiteur* et un *créditeur*.

Q. Combien existe-t-il de systèmes principaux de *comptabilité* ? — **R.** Il existe deux *systèmes* principaux de *comptabilité* : la **partie simple**, la **partie double**.

Q. Présentement, duquel parlerons-nous ? — **R.** Présentement, nous ne parlerons que de la *partie simple* [c]. Dans les *compléments*, nous nous occuperons de la *partie double*.

Exercice 1. Réduisez au *plus petit dénominateur commun* $\frac{1}{5}, \frac{2}{15}, \frac{3}{25}$. — **Solution.** $\frac{15}{75}, \frac{10}{75}, \frac{9}{75}$.

E. 2. Réduisez $7 - \frac{4}{11}$ en une *seule fraction*. — **S.** $\frac{73}{11}$.

E. 3. Le nombre 10201 est-il *premier* ? — **S.** Ce nombre n'est pas premier, car il est divisible par 101 [d].

E. 4. Trouvez le *pgcd* de 4429, 4859, 5977. — **S.** 43.

E. 5. Que valent $122^{Dg},5$ de monnaie d'argent ? — **S.** $122^{Dg},5$ pèsent 1225^{g} et valent $0^f,20 \times 1225$, c-à-d 245^f.

E. 6. Combien de *marks* et *pfennigs* dans $125^f,50$? — **S.** Autant de *marks* qu'il y a de fois $1^f,2345$ dans $125^f,50$, c-à-d $101^{marks},66$, ou $101^{marks} 66^{pfennigs}$.

E. 7. Exprimez en *stères* $68^{Dst},97$. — **S.** $689^{st},7$.

E. 8. Combien de jours en tout dans les *trois* mois de juin, juillet et août ? — **S.** $30^j + 31^j + 31^j$, c-à-d 92^{j} [e].

[a] A proprement parler, la *comptabilité* est la *science* des comptes ; la *tenue des livres* n'est que la *partie pratique* de cette science.

[b] Ces deux mots *créditeur* et *créancier* sont tout à fait *synonymes*.

[c] La *partie simple* est très facile à apprendre et à pratiquer. Toutefois, la *partie double* présente tant d'avantages qu'on a, presque partout, renoncé à la *partie simple*.

[d] 101 est même son plus petit diviseur premier autre que l'unité.

[e] Ce nombre de jours est juste égal à 13 semaines et 1 jour.

E. 9. Quel poids d'or pur dans un bijou en or, au 2ᵉ titre, pesant 2^{Dg},87? — **S.** 2^{Dg},87 $\times$ 0,840, c-à-d 2^{Dg},4108.

E. 10. Partagez 63 042^{f} *proportionnellement* à 3, 7, 11. — **S.** On trouve 9 006^{f}; 21 014^{f}; 33 022^{f}.

E. 11. Placé à 5 1/2 % et à *intérêts composés*, 1^{f}, au bout de 13^{ans}, devient 2^{f},005774. Que deviendraient 10 624^{f},30? — **S.** 2^{f},005774 $\times$ 10 624,30, c-à-d 21 309^{f},94.

E. 12. Le 1ᵉʳ septembre 1889, la lune s'est levée à 11^{h} 51^{m} du matin et couchée à 9^{h} 39^{m} du soir. Combien de temps est-elle restée visible [a]? — **S.** (12^{h} — 11^{h} 51^{m}) + 9^{h} 39^{m}, c-à-d 9^{h} 48^{m}.

---

p. 190   ## 142. — Le brouillard.

Question. Qu'est-ce que le *brouillard?* — **Réponse.** Le **brouillard** [b] ou *main courante* est un livre où le commerçant inscrit *jour* par *jour* toutes [c] les *opérations* de son commerce. Il y inscrit aussi tous les *mois* les sommes qu'il prend pour son *usage personnel*.

Q. Comment ces inscriptions sont-elles *rédigées?* — **R.** Ces inscriptions sont rédigées en langage ordinaire. Il importe qu'elles soient *courtes, claires* et *précises* [d].

Q. Donnez un exemple. — **R.** Voici une page du brouillard [e] :

[a] Le temps que la lune reste au-dessus de l'horizon, c-à-d reste visible, est un temps essentiellement variable, et qui varie suivant une loi compliquée.

[b] Le mot *brouillard* rappelle le mot *brouillon*. Ce livre n'est, en effet, qu'une sorte de brouillon d'après lequel on rédige ensuite le *livre-journal*.

[c] En rédigeant le brouillard, on n'y doit rien omettre. Aussi est-il bon d'y inscrire toutes les opérations que l'on fait au moment même où on les fait.

[d] Et l'on peut ajouter : aussi *simples* que possible.

[e] On voit, dans cette page, qu'à chaque *opération* correspond un *article* du brouillard. Quand on vise à la clarté, on ne met jamais, dans un même article, que ce qui se rapporte à une seule opération.

———————— *du 27 avril* ————————	
Vendu à Jean 15 pièces cotonnade à 21ᶠ la pièce.	315 »»
———————— *du 29 avril* ————————	
Acheté à Simon 1ᵈᵒᵘᶻ parapluies à 5ᶠ. . .	60 »»
———————— *du 1ᵉʳ mai* ————————	
Pris pour mes dépenses du mois.	210 »»
———————— *du 3 mai* ————————	
Vendu à Simon 8 pièces mérinos à 50ᶠ. . .	400. »»
———————— *du 4 mai* ————————	
Reçu de Simon, à valoir sur ce qu'il me doit.	200 »»

Exercice 1. Multipliez $11 - \frac{3}{8}$ par $5 - \frac{2}{7}$. — **Solution.** $\frac{85}{8} \times \frac{33}{7}$, c-à-d $\frac{2805}{56}$, ou $50 + \frac{5}{56}$.

E. 2. Dites le *quotient exact* de 43 par 9. — **S.** $\frac{43}{9}$, c-à-d $4 + \frac{7}{9}$.

E. 3. Le nombre 53 839 est-il *divisible* par 11 ? — **S.** Il ne l'est pas, car la différence $(9 + 8 + 5) - (3 + 3)$ n'est pas divisible par 11.

E. 4. Trouvez le *pgcd* de 91 690 et 95 930. — **S.** 530 [a].

E. 5. Que pèsent 49 pièces de 5ᶠ en argent ? — **S.** 25ᵍ $\times$ 49, c-à-d 1225ᵍ.

E. 6. Réduisez 56 947ᵖᵉⁿᶜᵉ en *livres sterlings, shillings* et *pence* ? — 237ˡⁱᵛʳᵉˢ ˢᵗ· 5ˢʰⁱˡˡ· 7ᵖᵉⁿᶜᵉ.

E. 7. Combien de *livres anciennes* dans un *quintal métrique* ? — **S.** Autant qu'il y a de fois 489ᵍ,51 dans 100 000ᵍ, c-à-d 204ˡⁱᵛʳᵉˢ ᵃⁿᶜ·.

E. 8. Il y a eu *nouvelle lune* le 25 septembre 1889 à 2ʰ 51ᵐ du matin, et *pleine lune* [b] le 9 octobre suivant à 1ʰ 35ᵐ

[a] On voyait immédiatement que ces deux nombres étaient divisibles par 10. Il suffisait donc, pour en trouver le *pgcd*, de chercher le *pgcd* de 9169 et 9593, puis de multiplier le nombre trouvé par 10.

[b] La *nouvelle lune* arrive quand la lune se trouve en ligne droite avec le soleil et la terre, mais entre ces deux astres : à ce moment, la lune est pour ainsi dire invisible, parce que nous n'en voyons que la partie non éclairée. — La *pleine lune* arrive quand la lune se trouve en ligne droite avec le soleil et la terre, mais sans être entre ces deux astres : à ce moment, elle nous apparait sous forme d'un disque lumineux, parce que nous en voyons toute la partie éclairée. — C'est à la *nouvelle lune*

du matin. Combien de *jours, heures et minutes* entre ces deux instants? — **S.** 24^h — 2^h 51^m pour le 25 septembre ; plus les 5 derniers jours de septembre ; plus les 8 premiers jours d'octobre ; et enfin 1^h 35^m pour le 9 octobre. En tout 13^j 22^h 44^m.

E. 9. On fond ensemble 387^g,8 d'or au titre de 0,921, et 428^g,7 d'or au titre de 0,873. Quel sera le titre de l'alliage formé? — **S.** Le poids du métal précieux est 387^g,8 × 0,921 + 428^g,7 × 0,873, c-à-d 731^g,4189. Le poids total de l'alliage est 387^g,8 + 428^g,7, c-à-d 816^g,5. Le titre sera donc 731,4189 : 816,5, c-à-d 0,895.

E. 10. *Trois* règles à dessin, en poirier[a], coûtent 0^f,75. Que coûtent une *douzaine* et *demie?* — **S.** Dans une *douzaine* et *demie* de règles, il y en a 18. Ces 18 règles coûteront $0^f,75 \times \frac{18}{3}$, c-à-d 4^f,50.

p. 101

E. 11. Trouvez le capital qui, à 4,3 %, rapporte 72^f,45 en 12^j ? — **S.** Pour rapporter 4^f,30 en 360^j, il faut 100^f. Pour rapporter 72^f,45 en 360^j, il faut $100^f \times \frac{72,45}{4,30}$. Pour rapporter enfin 72^f,45 en 12^j, il faut $100^f \times \frac{72,45}{4,30} \times \frac{360}{12}$, c-à-d 50546^f,51.

E. 12. Sur un billet payable dans 90^j, on retient un escompte égal au *centième* de la valeur nominale. *Quel est le taux?* — **S.** L'année commerciale étant le quadruple de 90^j, pour 1^an on retiendrait les 4 centièmes de la valeur nominale. Le taux est donc 4 %.

---

qu'ont lieu les *éclipses de soleil;* à la *pleine lune* qu'ont lieu les *éclipses de lune.*

[a] Le *poirier* est l'un de nos arbres les plus communs et les plus précieux. Tout le monde connaît ses fruits, qui sont excellents et dont on fabrique une boisson, analogue au cidre, nommée *poiré.* Son bois, très bon pour le chauffage, est dur, pesant, d'une couleur rougeâtre et susceptible de recevoir un beau poli ; teint en noir, il ressemble à l'ébène ; on l'utilise pour les travaux du tourneur et de l'ébéniste, pour la fabrication des règles et des équerres, et pour celle des instruments de musique. — Les *règles à dessin* sont ordinairement des règles plates, très minces. On se sert, pour rayer le papier, de règles dont la *section* est exactement un *carré.*

143. — Le livre-journal ou journal.

Question. Qu'est-ce que le *livre-journal*? — **Réponse** Le **livre-journal** ou *journal* est l'un des trois livres exigés par la loi.

Q. Que doit inscrire le commerçant sur le *livre-journal*? — **R.** Le commerçant doit inscrire au journal toutes les opérations qu'il fait et toutes les sommes qu'il dépense pour son usage personnel.

Q. Comment le *journal* doit-il être tenu? — **R.** Le *journal* doit être tenu sans *blanc*, ni *rature*, ni transport *en marge*[a].

Q. Que suffit-il de faire pour bien *tenir* le journal? — **R.** Pour bien tenir le journal, il suffit de copier le brouillard, en modifiant légèrement la rédaction des articles.

Q. Si, dans un article, Simon est *débiteur*, comment commence cet article? — **R.** Si, dans un article, Simon est *débiteur*, cet article commence ainsi : *Doit Simon*. — Si, dans un autre article, Simon est *créditeur*, cet autre article commence ainsi : *Avoir*[b] *Simon*.

Q. Donnez un exemple. — **R.** Voici la page du *journal* correspondant à la page du *brouillard* donnée précédemment :

[a] C'est cette obligation de tenir le *journal* d'une façon tout à fait correcte qui rend indispensable le *brouillard* ou *main-courante*. — Dans quelques maisons, avant d'écrire sur le livre *brouillard*, on écrit sur une sorte de cahier nommé livre d'*annotations*; de telle sorte que chaque opération est indiquée sur trois livres, et que le texte du journal est le résultat de *trois rédactions* successives.

[b] Dans toute comptabilité, le mot *avoir* est l'opposé du mot *doit*. — Chaque article du journal commençant ainsi, soit par le mot *doit*, soit par le mot *avoir*, on voit immédiatement si la personne qui figure dans l'article est *débitrice* ou *créancière*. — Nous dirons plus tard, en parlant du *grand-livre* et des *comptes* dont il est formé, que le compte de chaque personne se compose de deux parties, le *débit* et le *crédit*. La première de ces parties est surmontée du mot *doit;* la seconde, du mot *avoir;* de telle sorte que les mots *doit* et *avoir* correspondent exactement aux mots *débit* et *crédit*, lesquels, en nous rappelant les mots *débiteur* et *créditeur*, nous font connaître d'eux-mêmes leurs significations respectives.

———————————— *du 27 avril* ————————————

Doit Jean[a]

15 pièces cotonnade à 21[f] la pièce. . . . . | 315 »»

———————————— *du 29 avril* ————————————

Avoir Simon

1 douzaine parapluies à 5[f]. . . . . | 60 »»

———————————— *du 1er mai* ————————————

Doit mon compte personnel

Pour mes dépenses du mois. . . . . . | 210 »»

———————————— *du 3 mai* ————————————

Doit Simon

8 pièces mérinos à 50[f] la pièce. . . . . | 400 »»

———————————— *du 4 mai* ————————————

Avoir Simon

Son versement[b] de ce jour . . . . . . | 200 »»

p. 192   **Exercice 1.** Le 3 juillet, Jean achète $47^m,50$ de cretonne à $0^f,65$ le mètre. Comment le marchand inscrit-il cette vente à son *journal?* — **Solution.** Du 3 juillet; — Doit Jean; — $47^m,50$ cretonne à $0^f,65$ le mètre... $30^f,87$.

E. 2. Le 5 août, Jean paie la cretonne achetée[c]. Comment le marchand inscrit-il[d] ce paiement à son *journal?* — **S.** Du 5 août; — Avoir Jean; — paiement de ma facture du 3 juillet... $30^f,87$ [e].

E. 3. Que devient l'égalité $3 + 17 = 20$, lorsqu'on retranche 3 de ses deux *membres?* — **S.** $17 = 20 - 3$.

[a] Ce titre *Doit Jean* doit être écrit seul, au milieu de sa ligne, en caractères très gros et très lisibles. Il en est de même du titre par lequel commence chaque article.

[b] Donner une somme en espèces ou en billets de banque, la porter à une caisse, c'est ce qu'on nomme *verser* cette somme. De là le mot *versement*.

[c] On donne le nom de *cretonnes* à des toiles, blanches ou peintes, qu'on emploie à des usages très variés. Elles tirent leur nom de *Creton*, industriel normand du dix-septième siècle, qui les fabriqua le premier.

[d] Pour reconnaître, en *passant* cet article, si Jean est *débiteur* ou *créditeur*, il suffit de voir s'il *reçoit* ou s'il *donne*. S'il *reçoit*, il est *débiteur*; s'il *donne*, il est *créditeur*. Evidemment, il *donne*; nous écrivons donc : *Avoir Jean.*

[e] Il faut exiger des élèves qu'ils donnent bien, à ces différents articles, la forme et la disposition indiquées ci-dessus.

E. 4. Sans faire la *division*, trouvez le *reste* de 3748 divisé par 9. — **S.** Ce reste est 4.

E. 5. Exprimez en *francs* 13$^{\text{livres st.}}$ 7^{shillings} 11^{pence}. — **S.** 13$^{\text{livres st.}}$ 7$^{\text{sbill.}}$ 11^{pence} = 3215^{pence}. Or 1$^{\text{livre st.}}$ contient 240^{pence} et vaut 25^f,2213. Donc 13$^{\text{liv. st.}}$ 7$^{\text{sh.}}$ 11^{pence} valent 25^f,2213 $\times \dfrac{3215}{240}$, c-à-d 337^f,86.

E. 6. Combien d'*archinnes turques* dans 9^{Km},783? — **S.** Autant qu'il y a de fois 0^{m},757 dans 9783^{m}, c-à-d 12923,38.

E. 7. Quel poids de zinc dans 1^{Kg},7 de monnaie de bronze? — **S.** Sur 100^{g} de bronze, il y a 1^{g} de zinc. Sur 1700^{g}, il y en a 1$^{\text{g}} \times$ 17, c-à-d 17^{g}.

E. 8. Le plus petit jour de 1889 a été le 21 décembre. Il a duré à Paris de 7^{h} 53^{m} du matin à 4^{h} 4^{m} du soir [a]. Combien d'*heures* et *minutes*? — **S.** (12^{h} — 7^{h} 53^{m}) + 4^{h} 4^{m}, c-à-d 8^{h} 11^{m}.

E. 9. Une poutre [b] en chêne a un volume de 1^{mc},745 et pèse 16^{Q},38. Quelle est la densité? — **S.** Le même volume d'eau pèse 1^{T},745, c-à-d 17^{Q},45. La densité est donc 16,38 : 17,45, c-à-d 0,938.

E. 10. Quel poids d'or pur faut-il allier à 728^{g},9 d'or au titre de 0,876, pour élever le titre à 0,950? — **S.** A 1^{Kg} de l'alliage donné, il manque 74^{g} d'or pur. Aux 0^{Kg},7289, il manque 74$^{\text{g}} \times$ 0,7289, c-à-d 53^{g},9386. Or, 1^{Kg} d'or pur contient 50^{g} d'or pur de trop. Donc, il faut prendre autant de kilogrammes d'or pur qu'il y a de fois 50^{g} dans 53^{g},9386, c-à-d 1^{Kg},0787, ou 1078^{g},7.

E. 11. *Vingt-neuf* obligations du département de Loir-et-Cher [c] coûtent ensemble 14152^f. Quel en est le cours? — **S.** 14152^f : 29, c-à-d 488^f.

E. 12. Un capital de 60654^f,50 rapporte 1224^f en 7^{mois}.

[a] La durée du plus petit jour de l'année, comme celle du plus grand, n'est pas la même en tous les points de la terre. A l'*équateur*, cette durée s'écarte peu de 12^{h}. Au *pôle*, il n'y a, dans l'année, qu'un jour et qu'une nuit, qui durent chacun six mois.

[b] On donne le nom général de *poutres* aux grosses pièces de bois équarries. Les *poutrelles, lambourdes, solives* ne sont que des poutres moins grosses. Les *madriers* et les *planches* ne sont que des poutres d'une faible épaisseur.

[c] On a déjà vu, en note, que les départements et les villes émettaient souvent des *obligations*, et que ces sortes de titres étaient fort analogues aux *fonds d'Etat*.

Dites le taux. — **S.** En 1^{an}, ce capital rapporte 1224^f $\times \dfrac{12}{7}$. Donc 100^f, en 1^{an}, rapportent 1224 $\times \dfrac{12}{7} \times \dfrac{100}{60\,654,50}$, c-à-d 3^f,45. Tel est le taux.

---

144. — Le grand-livre.

Question. Qu'est-ce que le *grand-livre*? — **Réponse.** Le **grand-livre** n'est qu'un recueil de **comptes**.

Q. Qu'est-ce qu'un *compte*? — **R.** Un *compte* est un tableau qui nous présente tout ce qu'une personne nous *doit* et tout ce que nous lui *devons*.

Q. De quoi se compose ce *tableau*? — **R.** Ce tableau se compose de deux parties : à gauche, le **débit**; à droite, le **crédit**.

Q. Qu'y a-t-il au-dessus du *débit*? — **R.** Au-dessus du *débit* est écrit le mot **doit**; au-dessus du *crédit* est écrit le mot **avoir** [a].

Q. Qu'écrit-on au *débit*? — **R.** On écrit : au *débit*, tout ce dont le titulaire du compte est *débiteur*; au *crédit*, tout ce dont il est *créditeur*.

Q. Où se portent les *articles* du journal? — **R.** Chaque article du *journal* se porte : au *débit*, s'il commence par le mot *doit*; au *crédit*, s'il commence par le mot *avoir* [b].

p. 193 **Q.** Donnez un exemple. — **R.** Voici le compte de Simon :

Doit			SIMON, EN VILLE		Avoir
3 mai	ma facture	400 »»	29 avril	sa facture	60 »»
			4 mai	son versement	200 »»

[a] Faites encore remarquer aux élèves que les mots *doit* et *avoir* correspondent toujours aux mots *débiteur* et *créditeur*.

[b] Des substantifs *débit* et *crédit*, on a fait les verbes *débiter* et *créditer*. Débiter d'une certaine somme le titulaire d'un compte, c'est porter cette somme au *débit* de son compte; l'en *créditer*, ce serait la porter au *crédit*.

Q. Comment *arrête*-t-on un compte? — **R.** Pour *arrêter* [a] un compte, on fait la somme du *débit* et celle du *crédit*. La différence de ces deux sommes est le **solde du compte.**

Q. Dans quel cas ce *solde* est-il *débiteur?* — **R.** Ce *solde* est : *débiteur*, si c'est le *débit* qui donne la plus forte somme ; *créditeur*, si c'est le *crédit* [b].

Q. Donnez un exemple. — **R.** Le compte de Simon a un *solde débiteur* [c].

Q. De quel côté écrit-on le *solde?* — **R.** On écrit le *solde* du côté le plus faible. De cette façon, les deux parties du compte donnent la même somme : il y a **balance.**

Exercice 1. Un article du *journal* commence par « *Doit Joseph* ». A quelle partie du *grand-livre* doit-on le porter? — **Solution.** Au *débit* du compte de Joseph.

E. 2. Un article du *journal* commence par « *Avoir Durand* ». A quelle partie du *grand-livre* doit-on le porter? — **S.** Au *crédit* du compte de Durand.

E. 3. Au *compte* de Martin, le total du crédit est de 7548^f,15 ; le total du débit, de 9447^f,25. Dites la nature et le montant du *solde.* — **S.** Le solde est *débiteur* ; il se monte à 1899^f,10.

E. 4. Au *compte* de Bernard, le total du crédit est de 1328^f,50 ; le total du débit, de 936^f,45. Dites la nature et le montant du *solde.* — **S.** Le solde est *créditeur* ; il se monte à 392^f,05.

E. 5. Que trouve-t-on en ajoutant *termes à termes* $\frac{5}{6}$ et $\frac{66}{78}$? — **S.** $\frac{71}{84}$.

E. 6. Trouvez, sans *division*, le *reste* de 1727 divisé par 3. — **S.** 1727 = 1725 + 2 ; or, 1725 est divisible par 3 ; donc le reste est 2.

[a] On dit aussi *régler* un compte. De là l'expression *règlements* de compte.

[b] Si le *solde* est *débiteur*, le titulaire du compte nous *doit* ce solde : il est notre *débiteur*. Si le *solde* est *créditeur*, c'est nous, au contraire, qui devons au titulaire du compte : il est notre *créditeur* ou *créancier*.

[c] Ce *solde débiteur* est de 140^f, puisque le *débit* s'élève à 400^f, et le *crédit* seulement à 260. Simon, si nous arrêtions aujourd'hui son compte, resterait donc notre *débiteur* pour la somme de 140^f.

E. 7. Combien de *liards* dans 7^livres 11^sous 3^liards? — **S.** 607^liards.

E. 8. Le 15 octobre 1889, la lune s'est levée à $9^h 11^m$ du soir. Elle s'est couchée le 16 à $1^h 34^m$ du soir. A quel instant [a] était-elle au milieu de son cours? — **S.** Elle est restée levée de $9^h 11^m$ à minuit, c-à-d $2^h 49^m$; de minuit à midi, c-à-d 12^h; de midi à $1^h 34^m$, c-à-d $1^h 34^m$: en tout, $16^h 23^m$; dont la moitié est de $8^h 11^m 30^s$. Donc elle était au milieu de son cours à $9^h 11^m + 8^h 11^m 30^s - 12^h$, c-à-d à $5^h 22^m 30^s$ du matin.

E. 9. Dites le volume d'eau qui pèse autant que $0^{dmc},782$ de mercure. — **S.** Le poids de ce mercure est $13^{Kg},59 \times 0,782$, c-à-d $10^{Kg},627$. L'eau qui aurait ce même poids aurait un volume de $10^{dmc},627$.

E. 10. Quel poids faut-il mélanger d'un liquide dont la densité est $0,87$ et d'un autre dont la densité est $0,98$, pour obtenir $2^{Kg},78$ d'un liquide dont la densité soit $0,94$? — **S.** 1^l du premier liquide a un poids trop faible de 70^g; 1^l du second a un poids trop fort de 40^g. Si donc on prenait 40^l du premier et 70^l du second, il y aurait compensation. Or, 40^l du premier pèsent $0^{Kg},87 \times 40$, c-à-d $34^{Kg},8$; et 70^l du second pèsent $0^{Kg},98 \times 70$, c-à-d $68^{Kg},6$. Donc, pour avoir $34^{Kg},8 + 68^{Kg},6$, c-à-d $103^{Kg},4$ du liquide cherché, il suffit de prendre $34^{Kg},8$ du premier et $68^{Kg},6$ du second. Pour en avoir $2^{Kg},78$, il suffira de prendre $34^{Kg},8 \times \dfrac{2,78}{103,4}$ et $68^{Kg},6 \times \dfrac{2,78}{103,4}$, c-à-d $0^{Kg},93$ du premier et $1^{Kg},84$ du second.

E. 11. *Répartissez* 2 890 volumes entre 3 bibliothèques, *proportionnellement* aux nombres 2, 5 et 10. — **S.** En partageant 2 890 proportionnellement à 2, 5 et 10, on trouve 340, 850 et 1700.

p. 194

E. 12. En revendant une maison $27\,846^f,15$, on fait un bénéfice de 13 °/₀ sur le prix d'achat. Trouvez ce prix. — **S.** $27\,846^f,15$ vaut le prix d'achat plus les 13 cen-

(a) L'instant où un astre est au milieu de son cours, c-à-d au milieu du chemin qu'il décrit dans le ciel depuis son *lever* jusqu'à son *coucher*, est celui où cet astre atteint sa plus grande hauteur au-dessus de l'*horizon*, sa *culmination*. C'est aussi l'instant où cet astre passe au *méridien*. Pour trouver l'*heure* qui lui correspond, il suffit de prendre la *moyenne arithmétique* des heures du *lever* et du *coucher*.

tièmes de ce prix [a], c-à-d les 113 centièmes de ce prix.

Le centième du prix d'achat est donc $\frac{27846,15}{113}$, et le prix d'achat lui-même est de $\frac{27846,15 \times 100}{113}$, c-à-d de 24642f,61.

---

145. — Les livres auxiliaires, le copie de lettres.

Question. Quels sont les principaux *livres auxiliaires?* — **Réponse**. Les principaux **livres auxiliaires** [b] sont le *livre* de **caisse** et le *livre* de **magasin**.

Q. De quoi se compose le *livre de caisse?* — **R**. Le *livre de caisse* se compose de deux parties placées en regard : les *recettes*, les *dépenses*.

Q. Qu'écrit-on aux *recettes?* — **R**. On écrit : aux *recettes*, toutes les sommes *reçues;* aux *dépenses*, toutes les sommes payées [c].

Q. De quoi se compose le *livre de magasin?* — **R**. Le *livre de magasin* se compose aussi de deux parties placées en regard : les *entrées*, les *sorties*.

Q. Qu'écrit-on aux *entrées?* — **R**. On écrit : aux *entrées*, toutes les marchandises *reçues;* aux *sorties*, toutes les marchandises *livrées* [d].

Q. Qu'est-ce que le *copie de lettres?* — **R**. Le **copie de lettres** est un livre, exigé par la loi, où le commerçant copie toutes les *lettres* qu'il envoie [e].

Q. Par quoi se complète le *copie de lettres?* — **R**. Le *copie*

---

[a] Nous avons rencontré plusieurs fois déjà ce mode de raisonnement.

[b] *Livres auxiliaires*, c-à-d livres dont on tire une *aide*, un *secours* pour tenir les autres livres. C'est là le sens habituel de l'adjectif *auxiliaire*.

[c] Le *livre de caisse* est en quelque sorte un *compte*, dont les *recettes* constituent le *débit*, et les *dépenses* le *crédit*.

[d] Le *livre de magasin* peut, lui aussi, être regardé comme un *compte*, dont les *entrées* constituent le *débit*, et les *sorties* le *crédit*.

[e] Autrefois, cette *copie* se faisait à la *main*. Présentement, elle se fait, d'une façon beaucoup plus rapide, à l'aide d'appareils assez divers, nommés *presses à copier*

de lettres se complète par la mise en *liasses de toutes les lettres reçues.*

Q. Qu'est-ce que le commerçant doit encore *conserver?* — **R.** Le commerçant doit encore conserver, bien en ordre, les *factures acquittées,* les *traites* et *billets payés,* les *comptes d'achat et de vente,* en un mot toutes les *pièces* qui se rapportent à son commerce [a].

Exercice 1. Convertissez 0,625 en *fraction ordinaire.* — **Solution.** $\frac{625}{1000}$, c-à-d $\frac{5}{8}$.

E. 2. Trouvez le *ppcm* de 1739 et 2479. — **S.** 116 543.

E. 3. Trouvez, sans *division,* le *reste* de 37 873 par 25. — **S.** 37 873 = 37 850 + 23. Or, 37 850 est divisible par 25. Donc le reste de la division est 23 [b].

E. 4. Exprimez en *mètres carrés* 0^{Kmq},879 642. **S.** 879 642^{mq}.

E. 5. Combien de billets de banque de 500^f pour payer 445 500^f? — **S.** Autant qu'il y a de fois 500^f dans 445 500^f, c-à-d 891.

E. 6. Quel poids de cuivre dans 2^{Kg},755 de monnaie de bronze? — **S.** Dans 100^g de monnaie de bronze, il y a 95^g de cuivre. Dans 1^{Kg}, il y en a 950^g. Donc, dans 2^{Kg},755, il y en a 950$^g \times$ 2,755, c-à-d 2 617^g,25, c-à-d 2^{Kg},617 25.

E. 7. Dites le volume d'un bloc d'ardoise [c] pesant 43^{Mg},57.

(a) Tout particulier, même non commerçant, doit conserver avec soin les *factures acquittées,* les *traites* et *billets payés :* en négligeant cette précaution, on s'expose à payer deux fois. — Cependant, après un certain laps de temps, déterminé par la loi, il y a *prescription,* et celui qui affirme avoir payé en est cru *sur parole,* sans avoir besoin de produire un *reçu.*

(b) Pour obtenir le *reste* de la division d'un nombre par 4 ou par 25, il est inutile d'effectuer cette division elle-même; il suffit de diviser, par 4 ou par 25, le nombre que forment les *deux* derniers chiffres du nombre donné. — De même, pour obtenir le *reste* de la division d'un nombre par 8 ou par 125, il suffit de diviser, par 8 ou par 125, le nombre que forment les *trois* derniers chiffres du nombre donné. — Et ainsi de suite.

(c) L'*ardoise* est une pierre, généralement bleuâtre, qui se divise facilement en feuillets. On s'en sert pour couvrir les maisons; on s'en sert aussi dans les classes comme tablettes sur lesquelles on peut facilement écrire et effacer. Les carrières d'où on extrait l'*ardoise* se nomment *ardoisières.* Il en existe en France de fort importantes, notamment dans les Ardennes et dans le voisinage d'Angers. — On fabrique, depuis quelques années, des planches et cartons *ardoisés,* qui possèdent certaines propriétés des *ardoises* et peuvent, jusqu'à un certain point, les remplacer.

La densité est 2,14. — **S.** 1^{mc} pèse 2^T,14, c-à-d 2140^{Kg}. Le bloc contient donc autant de mètres cubes qu'il y a de fois 2140^{Kg} dans 435^{Kg},7, c-à-d 0^{mc},203.

E. 8. Combien faut-il mettre d'eau dans 3^{Hl},15 d'un vin à 0^f,73 le litre, pour abaisser le prix du litre à 0^f,64? — **S.** 1^l du vin donné coûte 9^c de trop. Les 315^l coûtent 9^c × 415, c-à-d 2835^c de trop. Or chaque litre d'eau est d'un prix trop faible de 64^c. Donc il faut mettre autant de litres d'eau qu'il y a de fois 64 dans 2835, c-à-d 44^l,2.

E. 9. Que pèse de l'argenterie au 1er titre, qui contient 6^{Kg},650 d'argent pur? — **S.** Le titre étant 0,950, le poids d'argenterie qui contient 0^{Kg},950 d'argent pur est 1^{Kg}. Celui qui en contient 6^{Kg},650 est donc 1^{Kg} × $\frac{6,650}{0,950}$, c-à-d 7^{Kg}. p. 195

E. 10. Un bonnetier [a] vend à François 18 paires de chaussettes de laine, à 1^f,45 la paire. Comment inscrit-il cette vente à son *journal?* — **S.** Doit François; — 18 paires chaussettes de laine à 1^f,45 la paire... 26^f,10.

E. 11. Le 5.% italien est au cours de 97^f,30. Dites le taux de l'intérêt. — **S.** 97^f,30 rapportent 5^f; donc 100^f rapportent 5^f × $\frac{100}{97,30}$, c-à-d 5^f,13. Tel est le taux.

E. 12. Que rapportent 1527^f,35, à la caisse d'épargne, en 4^{mois}? — **S.** En 1^{an}, un capital, à la caisse d'épargne, rapporte 3 %. En 4^{mois}, c-à-d en un *tiers* d'année, il rapporte 1 %. Donc, en 4^{mois}, 1527^f,35 rapportent le *centième* de 1527^f,35, c-à-d 15^f,27.

---

146. — L'inventaire, la faillite.

Question. Qu'est-ce que l'*inventaire?* — **Réponse.** L'**inventaire** est un *tableau* présentant, à une époque déterminée, la situation exacte d'un commerçant.

---

[a] On donne le nom de *bonnetier* à celui qui fabrique ou vend de la *bonneterie*, c-à-d des bas, chaussettes, tricots, bonnets, etc., etc., de laine ou de coton. La plupart de ces articles sont faits par des machines : les objets *tricotés* à la main deviennent de plus en plus rares.

Q. De quoi se compose ce *tableau?* — **R.** Ce *tableau* se compose de deux parties : l'**actif**, c-à-d ce que le commerçant possède ; le **passif**, c-à-d ce qu'il doit.

Q. De quoi l'*actif* se compose-t-il? — **R.** L'*actif* se compose : des soldes débiteurs du grand-livre; des espèces en caisse; des marchandises en magasin; des effets à recevoir; du matériel; enfin des immeubles. — Le *passif* se compose : des soldes créditeurs du grand-livre; des billets, traites ou promesses à payer; enfin des fonds que l'on a mis dans le commerce.

Q. Que constitue la *différence* entre l'actif et le passif? — **R.** La différence entre l'actif et le passif constitue le *bénéfice* ou la *perte* : il y a bénéfice, si c'est l'actif qui l'emporte; perte, si c'est le passif [a].

Q. Un commerçant doit-il dresser souvent son *inventaire?* — **R.** Tout commerçant doit dresser son *inventaire* une fois par *an*, et porter cet inventaire sur un registre spécial, nommé **livre des inventaires**, qui est l'un des trois livres exigés par la loi [b].

Q. Que savez-vous sur le commerçant qui *cesse* ses paiements? — **R.** Tout commerçant qui cesse ses *paiements* est en état de **faillite** [c].

Q. Qu'appelle-t-on *bilan?* — **R.** On donne le nom de **bilan** au *tableau*, dressé par le failli, de son *actif* et de son *passif* [d].

Q. Qu'est-ce que le *concordat?* — **R.** Le **concordat** est un arrangement entre le failli et ses créanciers, grâce auquel le failli peut continuer son commerce.

(a) On dit familièrement qu'une personne est *au-dessus* ou *au-dessous* de ses affaires, suivant que son *actif* est *supérieur* ou *inférieur* à son *passif*.

(b) Tout particulier, même non commerçant, devrait dresser son *inventaire*, une fois au moins chaque année. Il est très important de savoir au juste ce qu'on possède et ce qu'on doit. — La *fortune* d'une personne est l'*excès* de son *actif* sur son *passif*. Si cet excès va en *croissant* d'année en année, cette personne s'*enrichit;* dans le cas contraire, elle se *ruine :* il est très rare qu'on demeure stationnaire.

(c) Ou bien, en certains cas, non pas de *faillite*, mais de *liquidation judiciaire*.

(d) Le *bilan* n'est, on le voit, qu'une sorte d'*inventaire*. Tout commerçant qui cesse ses paiements est tenu de *déposer son bilan.*

Q. Que savez-vous sur le *failli* qui a payé toutes ses dettes? — **R.** Lorsqu'un *failli* a acquitté toutes ses *dettes*, il p. 196 peut obtenir sa **réhabilitation**.

Q. Dans quel cas la *faillite* prend-elle le nom de *banqueroute?* — **R.** La *faillite* prend le nom de **banqueroute** lorsque le failli est dans l'un des cas de faute grave ou de fraude que la loi a prévus [a].

Q. Que savez-vous sur la *banqueroute?* — **R.** La *banqueroute* est jugée par les tribunaux.

Exercice 1. Trouvez la fraction *génératrice* de 0,7454545... — **Solution.** $\frac{41}{55}$.

E. 2. Que savez-vous sur les nombres *divisibles* par 17 et 37? — **S.** Ils sont divisibles par le produit 629 de ces deux nombres, vu que 17 et 37 sont premiers entre eux.

E. 3. Décomposez 10573 en *facteurs premiers.* — **S.** 97 $\times$ 109 [b].

E. 4. Exprimez 0^{Hmq},0007899 en *décimètres carrés.* — **S.** 789^{dmq},9.

E. 5. Combien de *kreutzers* dans 58 *florins* d'Autriche? — **S.** Le florin vaut $100^{kreutzers}$. Donc $58^{florins}$ valent $5800^{kreutzers}$.

E. 6. Sur 22^g d'acide carbonique, il y a 6^g de carbone et 16^g d'oxygène. Dites la composition de 784^g,3 d'acide carbonique [c]. — **S.** En partageant 783^g,4 proportion-

---

(a) La *banqueroute* est *simple* ou *frauduleuse*, suivant la gravité des fautes commises. La *banqueroute simple* est un *délit* qui entraîne la prison; la *banqueroute frauduleuse* est un *crime* qui entraîne les *travaux forcés*. — La *faillite* est, dans bien des cas, excusable; la *banqueroute* ne l'est jamais.

(b) Ce nombre 10573 n'est pas fort grand; il faut cependant un certain temps, une certaine patience, pour le décomposer en ses *facteurs premiers*.

(c) L'*acide carbonique* est un *gaz* incolore et d'une saveur piquante. Il se produit dans la combustion vive du charbon. Le charbon se combine alors avec l'*oxygène*, c-à-d avec l'un des deux gaz dont le mélange constitue l'air, et forme justement ainsi l'*acide carbonique*. — En certains endroits, l'acide carbonique se dégage du sol. Il s'en produit beaucoup dans la fermentation du vin. C'est à la présence d'une certaine quantité d'acide carbonique que les vins, tels que le vin de Champagne, doivent d'être *mousseux*.

nellement à 6 et à 16, on trouve 213^g,9 de carbone et 570^g,4 d'oxygène.

E. 7. La lune tourne sur elle-même [a] en 27^j 7^h 43^m 11^s. Réduisez cette durée en *secondes.* — **S.** 2 360 591^s.

E. 8. On prend 26^f,15 pour peindre une muraille. Combien pour une autre qui serait 2 fois moins haute, mais 3 fois plus longue ? — **S.** 26^f,15 $\times \frac{1}{2} \times$ 3, c-à-d 39^f,22.

E. 9. Quel poids d'or pur dans une pièce d'orfèvrerie, au 3e titre, pesant 42^{Dg},3 ? — **S.** 423$^g \times$ 0,750, c-à-d 317^g,25.

E. 10. Que pèse un presse-papier [b] en cristal [c], dont le volume est de 0^{dmc},256, et la densité de 3,330 ? — **S.** Ce même volume d'eau pèserait 0^{Kg},256. Ce volume de cristal pèse donc 0^{Kg},256 $\times$ 3,330, c-à-d 0^{Kg},85248.

E. 11. Les actions de la Compagnie des Omnibus coûtent 1150^f et rapportent cette année 55^f. Que rapporteraient 10 350^f placés en pareilles actions ? — **S.** 55$^f \times \frac{10\,350}{1\,150}$, c-à-d 495^f.

E. 12. Dites la *valeur actuelle* d'un billet de 956^f,35, payable dans 38^j, l'escompte étant à 5,3 $^o/_o$. — **S.** L'escompte s'élève à 5^f,35. Donc la valeur actuelle est 956^f,35 — 5^f,35, c-à-d 951^f.

[a] Bien que la *lune* tourne sur elle-même, nous n'en voyons jamais que la même face. Cela tient à ce que cet astre tourne autour de la terre en un temps juste égal à celui de sa rotation sur lui-même.

[b] Ce sont les *papetiers* qui vendent le papier, les enveloppes, les cahiers, les crayons, les porte-plumes, les portefeuilles, les encriers, les presse-papiers, les couteaux à papier, et, en général, toutes les *fournitures de bureau.*

[c] Le type du *cristal* est le *cristal de roche,* pierre naturelle, d'une transparence admirable. Le cristal artificiel n'est autre chose qu'un verre très transparent et très lourd, dans la composition duquel il entre une certaine quantité de *plomb.* C'est avec le cristal artificiel qu'on imite le *diamant.*

LIVRE VI

LES RACINES

CHAPITRE PREMIER

LA RACINE CARRÉE

—

147. — Définitions.

Question. Qu'appelle-t-on *racine carrée?* — **Réponse.** On appelle **racine carrée** d'un nombre un second nombre qui, élevé au *carré*, reproduise le premier [a].

Q. Donnez un exemple. — **R.** La *racine carrée* de 64 est 8, car $8^2 = 64$.

Q. Comment indique-t-on la *racine carrée?* — **R.** On indique la *racine carrée* par le signe $\sqrt[2]{}$ qui s'énonce **racine carrée de** [b].

Q. Donnez un exemple. — **R.** $\sqrt[2]{64}$ s'énonce *racine carrée de 64.*

Q. Comment se nomme le petit *chiffre 2?* — **R.** Le petit

[a] Si l'on considère l'élévation d'un nombre au *carré* comme une *opération* particulière, l'*extraction* de la *racine carrée* d'un nombre est l'*inverse* de cette opération-là.

[b] Le signe $\sqrt{}$ se nomme le *radical.* Primitivement, ce signe n'était que la lettre **r**, initiale de radical, que l'on faisait suivre d'un trait horizontal. — On emploie quelquefois à présent, et l'on employait beaucoup autrefois, le *trait horizontal* en guise de *parenthèses :* l'expression $\overline{5 \times 7 + 3}$, surmontée d'un *trait horizontal*, équivaut à la même expression mise entre *parenthèses.*

chiffre 2 du signe $\sqrt[2]{}$ se nomme l'*indice* de la racine carrée : on le supprime souvent [a].

Q. Un nombre a-t-il toujours une *racine carrée?* — **R.** Un nombre étant donné, il n'existe, le plus souvent, ni *entier*, ni *fraction* qui, élevé au carré, reproduise ce nombre ; en d'autres termes, ce nombre n'a pas de *racine carrée*, ni entière, ni fractionnaire.

Q. Ne dit-on pas néanmoins que ce nombre a une *racine?* —**R.** On dit parfois néanmoins que ce nombre a une *racine carrée exacte;* mais on ajoute alors que cette racine est un **nombre incommensurable** [b].

Q. Qu'appelle-t-on *racine carrée* à moins d'une *unité?* — **R.** On appelle *racine carrée* d'un nombre *à moins d'une unité* le *plus grand nombre entier* dont le *carré* soit *contenu* dans le nombre donné.

Q. Qu'appelle-t-on *racine carrée* à moins d'un *dixième?* — **R.** On appelle *racine carrée* d'un nombre *à moins d'un dixième, d'un centième,* ..., le *plus grand nombre de dixièmes, de centièmes,* ... dont le *carré* soit *contenu* dans le nombre donné [c].

p. 198 **Exercice I.** Convertissez $\dfrac{3}{125}$ en *fraction décimale.* —
Solution. 0,024, exactement [d].

E. 2. Convertissez 5 *quatorzièmes* en *fraction décimale.* — **S.** 0,3 571428 571428... La période est 571428 [e].

E. 3. Trouvez, sans *division,* le *reste* de 647973 par 11.

[a] Cette suppression se fait presque toujours : elle abrège l'écriture et ne présente aucun inconvénient.

[b] La définition générale des *nombres incommensurables,* leur théorie et leur calcul sont des questions difficiles, qui touchent à la philosophie des *mathématiques* et sur lesquelles les mathématiciens sont loin d'être d'accord. A l'école primaire, il n'y faut même pas faire allusion.

[c] Cette définition de la *racine carrée* d'un nombre *à moins d'une unité, d'un dixième, d'un centième,*... est tout à fait analogue à la définition du *quotient approché* de deux nombres.

[d] Cette fraction *ordinaire* se réduit exactement en une fraction *décimale,* parce que son dénominateur ne contient pas d'autre facteur premier que 5.

[e] La fraction *décimale* trouvée présente *un* chiffre irrégulier, parce que le *dénominateur* 14 de la fraction *ordinaire* donnée renferme le facteur 2 à la première puissance.

— **S.** 647 973 = 647 966 + 7. Or 647 966 est divisible par 11. Donc le reste est 7.

E. 4. Le nombre 2 003 est-il *premier?* — **S.** Il l'est.

E. 5. Combien de *toises, pieds, pouces* et *lignes* dans 100 000[lignes]? — **S.** 115[toises] 4[pieds] 5[pouces] 4[lignes]

E. 6. Il y a 61[Mm] de Paris à Brest[a]. Combien de *lieues?* — **S.** 61[Mm] = 610[Km]. Le nombre de lieues est donc 610 : 4, c-à-d 152,5.

E. 7. La haute mer[b] arrive chaque jour 50[m] 30[s] plus tard que la veille. Elle arrive aujourd'hui à 8[h] 54[m] 45[s]. A quelle heure demain? — **S.** A 8[h] 54[m] 45[s] + 50[m] 30[s], c-à-d à 9[h] 45[m] 15[s].

E. 8. Il faut 8[h] 20[m] à 27 ouvriers pour bitumer[c] une place. Combien faudrait-il à 15 ouvriers? — **S.** 8[h] 20[m] = 500[m]. Il faudra donc aux 15 ouvriers $500^{m} \times \frac{27}{15}$, c-à-d 900[m], ou 15[h].

E. 9. On mélange 83[l],15 de vin à 0[f],72 le litre avec 98[l],16 de vin à 0[f],53. Quel sera le prix final du litre? — **S.** Le prix total du mélange est $0^{f},72 \times 83,15 + 0^{f},53 \times 98,16$, c-à-d 111[f],8928. Le nombre total des litres est 83[l],15 + 98[l],16, c-à-d 181[l],31. Le prix final du litre sera donc 111[f],8928 : 181,31, c-à-d 0[f],61.

E. 10. Dites le titre d'un alliage d'argent et de cuivre pesant 152[Dg],8 et contenant 187[g] de cuivre. — **S.** Le poids de l'argent pur est 1528[g] — 187[g], c-à-d 1341[g]. Ce titre est donc 1341 : 1528, c-à-d 0,877.

E. 11. En revendant un pré 1624[f],35, on perd 14 % du

(a) *Brest* est un grand port militaire, situé sur l'Océan, et appartenant au département du Finistère.

(b) L'Océan et la Manche, comme la plupart des grandes mers, sont sans cesse en mouvement, montant pendant 6[h] environ, puis descendant pendant 6[h], puis remontant pendant 6[h], et ainsi de suite. Quand la mer monte, c'est le *flux;* quand elle descend, le *reflux :* ces deux mouvements constituent le phénomène des *marées.* Au moment où la mer est le plus haut, c'est la *haute mer;* au moment où elle est le plus bas, la *basse mer.* Les marées sont dues principalement à l'attraction de la *lune* sur les eaux de l'Océan : c'est parce que la lune passe chaque jour au méridien 50[m] 30[s] plus tard que la veille, que l'heure de la haute mer retarde de 50[m] 30[s] par jour. — Dans la Méditerranée, les marées sont insensibles.

(c) *Bitumer* une place, c'est en recouvrir le sol d'*asphalte* ou de *bitume.*

prix de vente. Trouvez le prix d'achat. — **S.** La perte est $1624^f,35 \times 0,14$, c-à-d $227^f,40$. Le prix d'achat était donc de $1624^f,35 + 227^f,40$, c-à-d de $1851^f,75$.

E. 12. Les obligations du chemin de fer du Midi[a] coûtent 401^f et rapportent 15^f par an. Pour combien faut-il en acheter, si l'on veut se faire un revenu de 2250^f ? — **S.** Le capital nécessaire est $401^f \times \dfrac{2250}{15}$, c-à-d 60150^f.

---

148. — Racine carrée d'un nombre entier inférieur à 100.

Question. Un nombre est inférieur à 100. Que savez-vous sur sa *racine carrée* ? — **Réponse.** Lorsqu'un nombre *entier* est *inférieur* à 100, sa *racine carrée* est *inférieure* à 10, c-à-d n'a qu'*un chiffre*.

Q. Comment trouve-t-on cette *racine carrée* ? — **R.** Pour trouver la *racine carrée* d'un nombre entier *inférieur* à 100, on cherche ce nombre dans le *tableau* des *carrés* des dix premiers nombres.

Q. Récitez ce *tableau*. — **R.** Ce tableau est le suivant :

Le carré de 1 est 1	le carré de 6 est 36
Le carré de 2 — 4	le carré de 7 — 49
Le carré de 3 — 9	le carré de 8 — 64
Le carré de 4 — 16	le carré de 9 — 81
Le carré de 5 — 25	le carré de 10 — 100[b]

p. 199   **Q.** Si le nombre donné *figure* dans ce tableau, comment a-t-on sa *racine carrée* ? — **R.** Si le nombre donné *figure* dans ce tableau, il est le *carré* de l'un des neuf pre-

---

(a) On appelle *chemin de fer du Midi* le grand réseau de chemins de fer qui s'étend au midi de la France sur toute la région comprise entre *Montpellier* et *Bordeaux*.

(b) Il faut que les élèves sachent admirablement les *carrés* des dix premiers nombres. Ces *carrés*, d'ailleurs, se trouvent déjà dans la *table de multiplication*. Lorsque cette *table* est disposée, comme dans le présent volume, en forme de *tableau*, les *carrés* des dix premiers nombres ne sont autres choses que les nombres placés sur la *diagonale* descendante.

miers nombres : on a immédiatement sa *racine carrée exacte*.

Q. Donnez un exemple. — **R.** Soit 64 le nombre donné. Il figure dans le tableau comme carré de 8. Sa *racine carrée* est *exactement* 8.

Q. Et si le nombre donné ne *figure pas* dans le tableau? — **R.** Si le nombre donné *ne figure pas* dans le tableau, il est compris entre deux carrés consécutifs qui y figurent : le *plus petit* de ces deux carrés donne la *racine carrée* cherchée, *à moins d'une unité*.

Q. Donnez un exemple. — **R.** Soit 41 le nombre donné. Il est compris entre les deux *carrés* consécutifs 36 et 49. Le plus petit de ces deux carrés nous donne 6 pour la *racine carrée* de 41, *à moins d'une unité* [a].

Exercice 1. Dites la *racine carrée* de 81. — **Solution.** 9, exactement.

E. 2. Dites la *racine carrée* de 37, *à moins d'une unité.* — **S.** 6.

E. 3. Quel est le *carré* de 15 *seizièmes?* — **S.** $\dfrac{225}{256}$ [b].

E. 4. Trouvez le *pgcd* de 289, 1700 et 3434. — **S.** 17 [c].

E. 5. Combien de *dollars* pour faire 35628^f,15? — **S.** Autant qu'il y a de fois 5^f,1825 dans 35628^f,15, c-à-d 6874,70.

E. 6. Combien de *sagènes* dans 158 *wersts?* — **S.** 500 × 158, c-à-d 79000 sagènes.

E. 7. Le soleil tourne sur lui-même en 25^h 4^h 29^m [d]. Combien de *minutes* dans cette durée? — **S.** 36269^m.

E. 8. Sur 54^g d'acide azotique [e], il y a 14^g d'azote et 10^g

[a] Un nombre *entier*, qui n'est pas le *carré* d'un nombre *entier*, n'est pas non plus celui d'un nombre *fractionnaire*. Sa *racine carrée* exacte n'est donc ni un nombre *entier*, ni un nombre *fractionnaire :* elle est un nombre *incommensurable*. Tel est le cas du nombre 41.

[b] Pour obtenir le *carré* d'une *fraction*, il suffit d'en élever les *deux termes* au *carré*. Cela résulte immédiatement de la *définition* du carré d'une fraction et de la *règle* de multiplication des fractions.

[c] Il est presque évident que 1700 et 3434 sont divisibles par 17. Quant au nombre 289, il est le *carré* de 17.

[d] Le soleil présente des *taches*. C'est en observant ces taches, et en suivant leur mouvement qu'on a vu que le soleil tourne sur lui-même et qu'on a calculé la *durée* de cette rotation.

[e] L'*acide azotique* est un liquide résultant de la *combinaison* de

d'oxygène. Que contiennent $8^{Kg},359$ de cet acide? —
S. En partageant $8^{Kg},359$ proportionnellement à 14 et
40, on trouve $2^{Kg},167$ d'azote et $6^{Kg},191$ d'oxygène.

E. 9. Quel poids d'or pur dans un anneau pesant 17^g, au
1er titre? — **S.** $17^g \times 0,920$, c-à-d $15^g,64$.

E. 10. *Treize* couvertures de voyage [a] coûtent $189^f,15$.
Que coûteraient 23 couvertures? — **S.** $189^f,15 \times \frac{23}{13}$,
c-à-d $334^f,65$.

E. 11. Un article du journal commence par « *Avoir Antoine* ». A quelle partie du grand-livre faut-il le reporter? — **S.** Au *crédit* du compte d'Antoine.

E. 12. Que rapportent $35\,624^f$ en 36^j, à 5,2 °/₀? —
S. En 1^{au}, l'intérêt de $35\,624^f$ est $35\,624^f \times 0,052$,
c-à-d $1852^f,44$. En 36^j, c-à-d dans le dixième [b] de
l'année commerciale, l'intérêt est dix fois moindre. Il
est donc de $185^f,24$.

---

149. — Remarque sur les carrés des nombres entiers.

Question. De quoi se compose le *carré* d'un nombre de
plusieurs chiffres? — **Réponse.** Le *carré* d'un nombre
de *plusieurs chiffres* se compose du **carré des dizaines**, plus une **partie complémentaire.**

Q. Donnez un exemple. — **R.** $176^2 = 170^2 + 2 \times 170$

l'oxygène et de *l'azote*, c-à-d des deux gaz dont le *mélange* constitue
l'air atmosphérique. On le nomme aussi *acide nitrique* et *eau-forte*.
C'est un produit chimique, constamment employé dans l'industrie et les
laboratoires. On s'en sert pour dissoudre les métaux, graver sur cuivre,
essayer les matières d'or et d'argent, teindre la soie en jaune, détruire
les verrues, etc., etc.

[a] Les *couvertures de voyage* sont absolument nécessaires lorsque le
voyage est long et s'effectue pendant la nuit. Sur certaines lignes de chemin de fer, on loue aux voyageurs, moyennant une rétribution modique,
des *couvertures de laine* qu'ils reçoivent au départ, et qu'ils laissent à
l'arrivée dans le wagon qu'ils quittent.

[b] Lorsqu'un problème présente une particularité qui en peut abréger
la solution, il est bon de faire remarquer cette particularité aux élèves.
Dans l'exercice actuel, 36^j est le *dixième* de l'année; dans un exercice
antérieur, figurait 90^j qui en est le *quart*. Nous avons profité de ces deux
particularités pour simplifier la solution de ces deux exercices.

$\times 6 + 6^2$. Le nombre 170^2 est le *carré des dizaines*, ce qui le suit est la *partie complémentaire* [a].

Q. Que savez-vous sur le *carré* des *dizaines?* — **R.** Le *carré des dizaines* est un nombre exact de *centaines*. p. 200

Q. Donnez un exemple. — **R.** 170^2 vaut $28\,900$, c-à-d 289 *centaines* [b].

Q. Comment calcule-t-on la partie *complémentaire?* — **R.** Pour calculer la *partie complémentaire*, on forme le *double des dizaines*, on y *ajoute* les *unités*, et l'on *multiplie* le total par le *chiffre des unités*.

Q. Donnez un exemple. — **R.** Soit à calculer la *partie complémentaire* de 176^2. J'écris le double 340 des dizaines; j'y ajoute le chiffre 6 des unités; puis je multiplie le total 346 par 6.

$$\begin{array}{r} 340 \\ 6 \\ \hline 346 \end{array}$$

Q. Fait-on cette *addition?* — **R.** On se dispense de l'addition ci-dessus en remarquant que le nombre du haut finit toujours par un *zéro* et en remplaçant ce zéro par le *chiffre* des unités [c].

Exercice 1. Dans 278^2, quel est le *carré des dizaines?* — **Solution.** 270^2, c-à-d $72\,900$.

E. 2. Dans 382^2, quelle est la *partie complémentaire* [d]? — **S.** 1524.

E. 3. D'où provient le *dernier chiffre* du carré d'un entier? — **S.** Du carré du chiffre des unités, car toutes les autres parties du carré du nombre sont terminées chacune par un zéro, au moins [e].

---

[a] Pour obtenir l'*égalité* qui commence cet alinéa, il suffit de multiplier $170 + 6$ par $170 + 6$. En multipliant $170 + 6$ par 170, on trouve $170^2 + 6 \times 170$. En multipliant $170 + 6$ par 6, on trouve $170 \times 6 + 6^2$.

[b] Cela provient de ce que, si un nombre est terminé par *un zéro*, son carré est terminé par *deux* zéros. En général, si un nombre présente plusieurs zéros sur sa droite, son carré en présente *deux* fois plus.

[c] Il faut s'exercer à calculer très bien la *partie complémentaire* du carré d'un nombre. Ce n'est qu'à cette condition qu'on peut arriver à extraire facilement les *racines carrées*.

[d] Il faut, dans ces calculs de *parties complémentaires*, veiller à ce que les élèves opèrent bien méthodiquement, d'une manière tout à fait conforme à la règle qu'on a donnée.

[e] Si donc un entier est terminé par 0, 1, 2, 3, 4, 5, 6, 7, 8 ou 9, son carré sera terminé par 0, 1, 4, 9, 6, 5, 6, 9, 4 ou 1. Aucun entier n'a son carré terminé par l'un des chiffres 2, 3, 7, 8.

E. 4. Divisez $3 + \frac{2}{7}$ par $\frac{5}{6}$. — **S.** $\frac{23}{7} : \frac{5}{6}$, c-à-d $\frac{138}{35}$; ou $3 + \frac{33}{35}$.

E. 5. Trouvez le *pgcd* de 18 720 et 18 630. — **S.** 90.

E. 6. Quelle est la somme, en monnaie de bronze, qui contient 28^g de zinc? — **S.** Pour avoir 1^g de zinc, il suffit de prendre 100^g de bronze monnayé. Pour en avoir 28^g, il suffit de prendre 100$^g \times 28$, c-à-d 2 800^g de bronze monnayé. Or 2 800^g de cette monnaie valent 2 800^c, c-à-d 28^f. Telle est la somme cherchée.

E. 7. Le *jour sidéral* est la durée exacte de la rotation de la terre sur elle-même. Il dure 23^h 56^m 4^s,09 [a]. Combien de *secondes?* — **S.** 86 164^s,09.

E. 8. Sur 17^g d'ammoniaque [b] pure, il y a 14^g d'azote et 3^g d'hydrogène. Quel poids d'hydrogène dans 4^{Hg},48 d'ammoniaque? — **S.** $3^g \times \frac{448}{17}$, c-à-d 79^g,05.

E. 9. En 1887, il est entré dans Paris 176 000^{Hl} de cidres, poirés et hydromels [c]. Combien, en moyenne, de litres par mois? — **S.** 176 000^{Hl} = 17 600 000^l. Donc par mois, en moyenne, 17 600 000^l : 12, c-à-d 1 466 666^l.

E. 10. *Cinq* vestons en coutil [d] coûtent 41^f,35. Que coûteraient 14 vestons? — **S.** $41^f,35 \times \frac{14}{5}$, c-à-d 115^f,78.

E. 11. Une ferme achetée 35 274^f est revendue 41 639^f,50. A combien $^o/_o$ du prix d'achat s'élève le bénéfice? — **S.** Le bénéfice est de 41 639^f,50 — 35 274^f, c-à-d de 6 365^f,50. Ainsi le prix d'achat a rapporté 6 365^f,50.

(a) On peut dire aussi que le *jour sidéral* est le temps qui s'écoule entre deux *passages supérieurs consécutifs* d'une même *étoile* au *méridien*. Il est, on le voit, un peu plus court que le *jour solaire*. — L'adjectif *sidéral* vient du latin *sidera*, qui signifie *astres*.

(b) L'*ammoniaque* ou *alcali volatil* est un gaz à odeur piquante, qui provoque le larmoiement. Il se dissout en grande quantité dans l'eau, et sa dissolution se nomme souvent *ammoniaque liquide*. L'ammoniaque s'emploie constamment dans les laboratoires et dans l'industrie, notamment dans la teinture. On s'en sert aussi contre les morsures des serpents et les piqûres des insectes tels que les *guêpes*.

(c) L'*hydromel* est une boisson agréable, faite d'eau et de miel.

(d) On donne le nom de *coutils* aux toiles, plus ou moins fines, de chanvre ou de coton, qu'on emploie à la confection des matelas, des traversins, des tentes, des guêtres et de certains vêtements d'été. Il s'en fabrique de grandes quantités dans plusieurs villes de France, notamment à Lille et à Roubaix.

Donc 100^f rapporteraient 6365^f,50 $\times \dfrac{100}{35274}$, c-à-d 18^f,04.

E. 12. On remplace un billet de 534^f, payable dans 45^j, et un de 829^f, payable dans 36^j, par un billet unique de 1362^f, payable dans 35^j. Quel est le taux de l'escompte ?

— **S.** La somme des valeurs *nominales* des deux premiers billets dépasse de 1^f la valeur *nominale* du troisième. Pour que la somme des deux premières valeurs *actuelles* vaille la troisième, il faut donc que la somme des deux premiers escomptes dépasse le troisième de 1^f. Or les nombres représentatifs des escomptes sont 534$\times$45, 829$\times$36 et 1362$\times$35, c-à-d 24030, 29844 et 47670. Il faut donc que l'escompte correspondant à l'excès de la somme des deux premiers de ces nombres sur le troisième, c-à-d à 6204, soit juste égal à 1^f. Pour avoir cet escompte, il faudrait multiplier 6204 par le taux, puis diviser par 36000. Donc le produit de 6204 par le taux est égal à 36000. Donc le taux de l'escompte est 36000 : 6204, c-à-d 5^f,80 [a].

---

150. — Racine carrée d'un nombre entier au moins égal à 100.

p. 201

Question. Un nombre entier est au moins égal à 100. Que savez-vous sur sa *racine* ? — **Réponse.** Lorsqu'un nombre *entier* est *au moins égal* à 100, sa *racine carrée* est *au moins égale* à 10, c-à-d a *plusieurs chiffres*.

Q. Comment calcule-t-on le premier *chiffre* ? — **R.** Pour calculer le *premier chiffre*, on partage le nombre donné en *tranches de deux chiffres* [b], à partir de la droite, et l'on extrait la *racine carrée* de la *dernière tranche* à gauche.

[a] Cette question était un peu difficile ; il faudra en faire redire plusieurs fois la solution, afin qu'on la puisse comprendre et retenir.

[b] Dans la pratique, on marque souvent cette division en *tranches* par des *points* placés entre les tranches et un peu en haut. Ainsi 25307, divisé en tranches, s'écrirait 2·53·07. On peut aussi se borner à laisser des *vides* entre les différentes *tranches*.

Q. Comment obtient-on le *reste* correspondant? — R. On obtient le *reste* correspondant en retranchant de cette dernière tranche le *carré* du chiffre trouvé.

Q. Comment calcule-t-on les autres *chiffres?* — R. Pour calculer l'un quelconque des autres chiffres, on abaisse, à la droite du dernier *reste*, la *tranche* suivante [a] du nombre donné, puis l'on divise les *dizaines* du nombre ainsi formé par le *double* de la partie déjà trouvée de la racine.

Q. Comment obtient-on le *reste* correspondant? — R. On obtient le *reste* correspondant en retranchant du nombre formé ci-dessus la *partie complémentaire* du *carré* de la racine trouvée.

Q. Donnez un exemple. — R. Soit à extraire [b] la *racine carrée* de 403528. Je partage ce nombre en tranches de *deux chiffres* à partir de la droite; j'extrais la racine de la tranche de gauche, c-à-d de 40; je trouve 6; c'est le premier chiffre de la racine cherchée. — De 40 je retranche le carré de 6; je trouve 4, qui est le premier reste.

403528	635	
435	123	1 265
6628	3	5
303		

A la droite de 4, j'abaisse la tranche suivante 35, et je divise les 43 dizaines de 435 par le double 12 du chiffre déjà obtenu. Je trouve 3, qui est le deuxième chiffre de la racine cherchée. — De 435, je retranche la partie complémentaire du carré de 63; je trouve 66, qui est le deuxième reste.

A la droite de 66, j'abaisse la tranche suivante 28, et je divise les 662 dizaines de 6628 par le double 126 de 63. Je trouve 5, qui est le troisième chiffre de la racine cherchée; puis, de 6628, je retranche la partie complémentaire du carré de 635. — La racine cherchée est 635; le reste final est 303.

p. 202 Q. Comment le *calcul* se dispose-t-il? — R. Le calcul se

---

[a] Dans la *division*, on n'abaissait qu'*un* chiffre à la fois; dans la *racine carrée*, on en abaisse *deux*.

[b] On ne dit guère *calculer* une racine : l'usage est de dire *extraire* une racine. L'opération par laquelle on forme le *carré* d'un nombre se nomme l'*élévation au carré*; l'opération *inverse*, par laquelle on calcule la *racine carrée* d'un nombre, se nomme l'*extraction de la racine carrée*.

dispose [a] à peu près comme dans la division : la racine s'écrit à la place où, dans la division, se met le diviseur ; les parties complémentaires, à la place où se met le quotient.

Exercice 1. Extrayez [b] la *racine carrée* de 6724. — **Solution.** On trouve 82, exactement.

E. 2. Extrayez la *racine carrée* de 12321. — **S.** 111, exactement.

E. 3. Extrayez la *racine carrée* de 399807. — **S.** 632, à moins d'une unité.

E. 4. Prenez les 4 *neuvièmes* de 11 *treizièmes*. — **S.** Prendre les $\frac{4}{9}$ de $\frac{11}{13}$, c'est multiplier $\frac{11}{13}$ par $\frac{4}{9}$. On trouve pour produit $\frac{44}{117}$.

E. 5. Le *carré* d'un *entier* peut-il être terminé par 2 ? — **S.** *Non*, car le dernier chiffre du carré du nombre est égal au dernier chiffre du carré du chiffre des unités, et que le carré d'un nombre entier inférieur à 10 n'est jamais terminé par 2.

E. 6. Combien de *stères* dans un tas de bois de $0^{llmc}{,}003849$? — **S.** 3849st.

E. 7. Dites en *mètres* une longueur de $9^{toises}\ 5^{pieds}\ 11^{pouces}$ [c]. — **S.** $9^{toises}\ 5^{pieds}\ 11^{pouces} = 719^{pouces}$, c-à-d les $\frac{719}{72}$ d'une toise. Or $1^{toise} = 1^{m}{,}949$. Donc la longueur cherchée est $1^{m}{,}949 = \frac{719}{72}$, c-à-d $19^{m}{,}462$.

E. 8. Que pèsent $6^{f}{,}35$ en *gros sous* ? — **S.** $6^{f}{,}35$ valent 635^{c} et pèsent 635^{g}, c-à-d $0^{Kg}{,}635$.

E. 9. Combien d'argent au titre de 0,790 et d'argent au titre de 0,923 faut-il allier, pour obtenir $7^{Kg}{,}458$ d'argent au titre de 0,850 ? — **S.** A 1^{Kg} du premier lingot, il manque 60^{g} d'argent pur. Sur 1^{Kg} du second, il y en a 73^{g} de trop. Si l'on prend 73^{Kg} du premier et 60^{Kg} du second, il y a compensation et l'on obtient 133^{Kg} de l'alliage demandé. Pour en obtenir seulement $7^{Kg}{,}458$,

[a] Il faut que les élèves disposent toujours ce calcul avec le plus grand soin.

[b] Beaucoup d'élèves conjuguent mal le verbe *extraire* et le verbe *soustraire*. Ces verbes se conjuguent tous les deux de la même façon. Il sera bon de redresser les élèves qui les conjugueront mal.

[c] On peut remarquer que cette longueur est exactement de 10^{toises} moins 1^{pouce}.

il faut prendre $7^{Kg},458 \times \frac{73}{133}$ et $7^{Kg},458 \times \frac{60}{133}$, c-à-d $4^{Kg},093$ du premier lingot et $3^{Kg},364$ du second.

E. 10. L'été [a] commence le 21 juin et finit le 22 septembre. Combien contient-il de *semaines ?* — **S.** Du 21 juin au 22 septembre, si l'on ne compte pas le 21 juin, mais que l'on compte le 22 septembre, il y a 93^j. Le nombre des semaines est donc $\frac{93}{7}$, c-à-d $13 + \frac{2}{7}$.

E. 11. A quel cours est le 3 °/₀ français, quand 105^f de rente coûtent $2\,938^f,15$? — **S.** La somme qui rapporte 3^f est $2\,938^f,15 \times \frac{3}{105}$, c-à-d $83^f,94$.

E. 12. Jean tire sur Pierre une lettre de change de $948^f,50$, payable le 23 mai. Rédigez cette lettre de change. — **S.** B. P. F. 948,50. — Au 23 mai prochain, il vous plaira payer, par cette seule lettre de change, à M. Jean ou à son ordre, la somme de neuf cent quarante-huit francs cinquante centimes, valeur reçue en marchandises. — Jean.

151. — Remarques sur l'extraction de la racine carrée.

Question. Qu'arrive-t-il lorsqu'on rencontre une *soustraction* impossible? — **Réponse.** Lorsque, dans l'extraction d'une *racine carrée*, on rencontre une *soustraction impossible*, c'est que le dernier chiffre trouvé est *trop fort :* on le *diminue* d'une *unité* à la fois [b], jusqu'à ce qu'on arrive à une *soustraction possible*.

Q. Donnez un exemple. — **R.** Dans l'opération ci-contre, on doit diviser les 39 dizaines de 392 par le double du premier chiffre trouvé. Le quotient est 9 ; mais la partie complémentaire

7 92 35	281	
3 92		
8 35	48	561
274	8	1

---

[a] L'année se partage en 4 *saisons :* le *printemps,* l'*été,* l'*automne* et l'*hiver.* Le *printemps* dure du 20 mars au 21 juin ; l'*été,* du 21 juin au 22 septembre ; l'*automne,* du 22 septembre au 21 décembre ; l'*hiver* enfin, du 21 décembre au 20 mars suivant. — Le 20 mars est le jour de l'*équinoxe* du printemps ; le 22 septembre, celui de l'*équinoxe* d'automne. Le 21 juin est le jour du *solstice* d'été ; le 21 décembre celui du *solstice* d'hiver.

[b] Si on le diminuait de plus d'*une* unité, il se pourrait faire qu'on

du carré de 29 ne peut se retrancher de 392 ; donc 9 est *trop fort* : on le remplace par 8.

Q. Que fait-on lorsqu'on rencontre une division où le dividende est *inférieur* au diviseur ? — **R.** Lorsqu'on rencontre une *division* où le dividende est inférieur au diviseur, on écrit un *zéro* à la racine, et l'on continue comme à l'ordinaire.

Q. Donnez un exemple. — **R.** C'est ce qui arrive dans le calcul ci-contre où l'on a à diviser les 6 dizaines de 62 par le double 8 du premier chiffre de la racine [a].

1 66 26 4	407 p. 203
62 64	807
6 15	7

Q. Que savez-vous sur le *reste* dans la racine carrée ? — **R.** Le *reste* de l'extraction de la racine carrée ne peut jamais dépasser le *double* de la racine trouvée [b].

Q. Qu'arrive-t-il quand le *reste* final est nul ? — **R.** Lorsque le *reste final* est *nul*, le nombre trouvé est la *racine carrée exacte* du nombre donné. Lorsque ce reste n'est pas nul, le nombre trouvé n'est que cette *racine* approchée, *à moins d'une unité*.

Q. Comment fait-on la *preuve* de la racine carrée ? — **R.** Pour faire la *preuve* de la *racine carrée*, on forme le *carré* de la racine trouvée ; on y ajoute le *reste* final de l'opération : on doit retrouver le nombre donné [c].

Exercice 1. Extrayez la *racine carrée* de 78 344. — **Solution.** 279, à moins d'une unité.

---

ttombât sur un chiffre *trop faible*. Il ne faut donc jamais diminuer un chiffre *trop fort* que d'*une seule* unité à la fois.

[a] Si l'on oubliait d'écrire ce zéro, on trouverait, à la racine donnée comme exemple, *deux* chiffres seulement au lieu de *trois*. Pour éviter pareille erreur, il est bon de déterminer à l'avance le nombre des chiffres de la racine. Cette détermination est facile : il y a juste autant de *chiffres* à la racine qu'il y a de *tranches* de deux chiffres dans le nombre donné.

[b] Il faut toujours, à l'instant où l'on achève d'extraire une racine, et avant de faire la preuve de cette opération, vérifier que le *reste* ne dépasse pas la *limite* que nous indiquons. S'il la dépassait, la racine trouvée serait trop faible : on se serait trompé.

[c] On peut aussi, pour la *racine carrée*, faire la *preuve par 9*. Cette *preuve* est celle d'une *multiplication*, car l'excès du *nombre donné* sur le *reste* est juste le *carré* de la *racine trouvée*, c-à-d le *produit* de deux *facteurs* égaux à cette racine.

E. 2. Extrayez la *racine carrée* de 429547. — **S.** 655, à moins d'une unité.

E. 3. Extrayez la *racine carrée* de 5378402. — **S.** 2319, à moins d'une unité.

E. 4. Extrayez la *racine carrée* de 64749811. — **S.** 8046, à moins d'une unité [a].

E. 5. Retranchez $\frac{3}{78}$ de $\frac{7}{52}$. — **S.** $\frac{5}{52}$.

E. 6. Que savez-vous sur les *entiers* finissant par 1 ou 5? — **S.** Toutes leurs puissances finissent par 1 ou 5 [b].

E. 7. Combien de *setiers* et *boisseaux* dans $2^{Ml},7683$? — **S.** Le *boisseau* vaut 13^{l}. Donc autant de *boisseaux* qu'il y a de fois 13^{l} dans 27683^{l}, c-à-d $2129^{boisseaux}$ ou $177^{setiers} 5^{boisseaux}$.

E. 8. Exprimez en *ares* $57^{Ha},873$. — **S.** $5787^{a},3$.

E. 9. De l'argenterie au 2e titre contient $4^{Kg},758$ d'argent pur. Quel est son poids? — **S.** Le 2e *titre* est 0,800. Donc le poids d'argenterie qui contient $0^{Kg},800$ d'argent pur est 1^{Kg}. Donc le poids d'argenterie qui contient $4^{Kg},758$ d'argent pur est $1^{Kg} \times \frac{4,758}{0,800}$, c-à-d $5^{Kg},947$.

E. 10. Une bonbonne de $14^{l},53$ pèse vide $3^{Kg},7$. Que pèse-t-elle pleine d'eau? — **S.** $3^{Kg},7 + 14^{Kg},53$, c-à-d $18^{Kg},23$.

E. 11. Il y a 3 décimales à un nombre. Combien à son *carré?* — **S.** 2 fois plus, c-à-d 6.

E. 12. Sur une lettre de change de $1234^{f},25$, on retient, à $5,7°/_{0}$, un escompte de $7^{f},25$. Dans combien de jours l'échéance? — **S.** Si l'on retenait $1234^{f},25 \times 0,057$, c-à-d $70^{f},35$, l'échéance arriverait dans 360^{j}. Puisqu'on retient $7^{f},25$, l'échéance arrive dans $360^{j} \times \frac{7,25}{70,35}$, c-à-d dans 37^{j} [c].

---

[a] Dans ce dernier exemple, il a fallu mettre un *zéro* à la racine trouvée.

[b] On peut remarquer aussi que, quand un nombre finit par 5, son *carré* finit toujours par 25. Il s'ensuit que, si un entier est terminé par le chiffre 5, sans que ce chiffre soit précédé du chiffre 2, cet entier n'est pas un *carré parfait*.

[c] Remarquez bien le genre de raisonnement qu'on a employé et l'usage que l'on a fait du nombre de 360j.

152. — Racine carrée à moins d'un dixième, d'un centième, etc.

Question. Comment extrait-on une *racine carrée* à moins d'un *dixième?* — **Réponse.** Pour extraire la *racine carrée* d'un nombre, entier ou décimal, à moins d'un *dixième*, on prend ce nombre avec *deux décimales;* puis on extrait la racine du nombre ainsi formé, sans s'occuper de sa *virgule;* enfin on sépare *une décimale* sur la droite de la racine trouvée[a]. p. 204

Q. Donnez un exemple. — **R.** Soit à extraire la *racine carrée* de 527,8 à moins de 0,1. Je prends ce nombre avec *deux décimales*, en l'écrivant 527,80. Extrayant la racine carrée de 527,80 sans m'occuper de la *virgule*, je trouve 229. Sur la droite de 229, je sépare une *décimale*, et j'ai finalement 22,9.

Q. Comment extrait-on une *racine carrée* à moins d'un *centième?* — **R.** Pour extraire la *racine carrée* d'un nombre, entier ou décimal, à moins d'un *centième*, on prend ce nombre avec *quatre décimales;* puis on extrait la racine du nombre ainsi formé, sans s'occuper de sa *virgule;* enfin, on sépare *deux décimales* sur la droite de la racine trouvée.

Q. Avec combien de *décimales* faut-il prendre le nombre? — **R.** En général, le nombre donné doit être pris avec *deux fois* plus de *décimales* qu'on n'en veut à sa racine[b].

Q. Comment extrait-on la *racine carrée* d'une *fraction ordinaire?* — **R.** Pour extraire la *racine carrée* d'une *frac-*

[a] Cette *règle* est absolument analogue à toutes celles que nous avons données pour les *opérations* sur les nombres *décimaux*. Elle se compose aussi de deux parties : dans la première, on opère sans s'occuper de la *virgule*, comme si le nombre considéré était *entier;* dans la seconde, on place où il convient la *virgule* du résultat.

[b] On peut obtenir ainsi, à la racine, autant de décimales que l'on veut. Lorsque le nombre donné n'est pas un *carré parfait*, on n'arrive jamais à un reste nul; la suite des décimales ne s'arrête jamais; et il est à remarquer que, dans ce cas, cette suite indéfinie ne peut pas être *périodique*.

tion ordinaire, on la convertit[a] d'abord en une *fraction décimale*, puis l'on extrait la racine de cette nouvelle fraction.

Q. Donnez un exemple. — **R.** Soit à extraire la *racine carrée* de $\frac{4}{7}$. En convertissant cette fraction en décimales, on trouve 0,5714… En extrayant la racine carrée de 0,5714, on obtient 0,75, qui est la racine cherchée, approchée à moins d'un centième.

Q. Que savez-vous sur les fractions ordinaires dont les deux termes sont des *carrés parfaits* ? — **R.** Lorsqu'une *fraction ordinaire* a pour termes *deux carrés parfaits*, il suffit, pour en extraire la racine, d'extraire les *racines* de ces *deux carrés*.

Q. Donnez un exemple. — **R.** Ainsi, la *racine carrée* de $\frac{4}{9}$ est $\frac{2}{3}$[b].

Exercice 1. Extrayez à moins de 0,01 la *racine carrée* de 394,7. — **Solution.** 19,86.

E. 2. Extrayez à moins de 0,001 la *racine carrée* de 8 493,748. — **S.** 92,161.

E. 3. Extrayez à moins de 0,1 la *racine carrée* de 3 onzièmes. — **S.** 0,5.

E. 4. Extrayez la *racine carrée* de 25 *trente-sixièmes*[c]. — **S.** $\frac{5}{6}$, puisque les deux termes de la fraction donnée sont deux carrés parfaits[d].

E. 5. Des fractions $\frac{8}{25}$ et $\frac{9}{28}$, quelle est la *plus grande* ? — **S.** La seconde.

E. 6. Trouvez le *ppcm* de 57 670 et 53 290. — **S.** 4 209 910.

[a] On se bornera, en faisant cette conversion, à calculer *deux fois* plus de décimales qu'on n'en veut à la racine.

[b] Dans tous les cas, lors même que les termes de la fraction ne seraient ni l'un ni l'autre des *carrés parfaits*, on pourrait, pour extraire la *racine carrée* de la fraction, extraire celle du numérateur, extraire celle du dénominateur, puis diviser la première par la seconde.

[c] Lorsqu'une fraction qui a ses deux termes *carrés parfaits* est *irréductible*, sa *racine carrée*, qui s'extrait exactement, est aussi une fraction *irréductible*.

[d] $\frac{5}{6}$ est plus grand que $\frac{25}{36}$. On voit, sur cet exemple, que la *racine*

E. 7. On place bout à bout deux mâts [a], l'un de 4^{toises} 4^{pieds} 5^{pouces} 7^{lignes}, l'autre de 5^{toises} 3^{pieds} 10^{pouces} 11^{lignes}. Dites la longueur totale. — **S.** 10^{toises} 2^{pieds} 4^{pouces} 6^{lignes}. p. 205

E. 8. Un *entier* terminé par 3 peut-il être un *carré parfait?* — **S.** Non, parce que aucun des neuf premiers nombres n'a son carré terminé par 3 [b].

E. 9. Combien de jours du 16 février inclusivement au 5 avril exclusivement? — **S.** 28^{j} — 15^{j}, ou 13^{j} de février; 31^{j} de mars; et 4^{j} d'avril : en tout, 48^{j}, si l'année est *commune*; 1^{j} de plus, si elle est bissextile.

E. 10. Quel poids d'or pur dans un bracelet en or, au 2$^\text{e}$ titre, pesant 2^{Dg},73? — **S.** 27$^\text{g}$,3 $\times$ 0,840, c-à-d 22$^\text{g}$,932.

E. 11. Pour obtenir une rente viagère de 100$^\text{f}$ en cas d'infirmité durable, il suffit de payer une *prime* [c] *annuelle* de 2$^\text{f}$,85. Quelle *prime*, pour une rente viagère de 365$^\text{f}$? — **S.** 2$^\text{f}$,85 $\times \frac{365}{100}$, c-à-d 10$^\text{f}$,40.

E. 12. En arrêtant le compte de Félix, on trouve pour total du *débit* 2 638$^\text{f}$,45, et pour total du *crédit* 3 147$^\text{f}$,15. Dites la nature et le montant du solde. — **S.** Le solde est *créditeur*. Il se monte à 3 147$^\text{f}$,15 — 2 638$^\text{f}$,45, c-à-d à 508$^\text{f}$,70.

---

carrée d'un nombre plus petit que 1 est *plus grande* que ce nombre! — Au contraire, lorsque le nombre est plus grand que 1, sa racine est *plus petite* que lui.

[a] Les mâts des vaisseaux sont de longues pièces de bois, presque verticales, qui servent à porter les voiles. Sur un vaisseau à trois mâts, les trois mâts se nomment, de l'avant à l'arrière, le mât de *misaine*, le *grand mât* et le mât d'*artimon*. Les navires à vapeur portent aussi des mâts et des voiles, pour le cas où un accident, arrivé à leur machine, l'empêcherait de fonctionner.

[b] Voici trois cas, où l'on peut affirmer, sans calcul, qu'un *entier* n'est pas un *carré parfait* : 1° si cet entier est terminé par l'un des chiffres 2, 3, 7, 8; — 2° s'il est terminé par un 5, sans que ce 5 soit précédé d'un 2; — 3° s'il est terminé par un nombre *impair* de zéros.

[c] On voit, par la petitesse de cette *prime annuelle*, combien il est avantageux de s'*assurer* contre les accidents, maladies et infirmités.

CHAPITRE II

LA RACINE CUBIQUE

—

153. — Définitions.

Question. Qu'appelle-t-on *racine cubique?* — **Réponse.** On appelle **racine cubique** d'un nombre un second nombre qui, élevé au *cube*, reproduise le premier [a].

Q. Donnez un exemple. — **R.** La *racine cubique* de 125 est 5, car $5^3 = 125$.

Q. Par quoi indique-t-on la *racine cubique?* — **R.** On indique la *racine cubique* par le signe $\sqrt[3]{}$ qui s'énonce **racine cubique de** [b].

Q. Donnez un exemple. — **R.** $\sqrt[3]{125}$ s'énonce *racine cubique de* 125.

Q. Comment se nomme le petit *chiffre* 3? — **R.** Le petit chiffre 3 du signe $\sqrt[3]{}$ se nomme l'*indice* de la racine cubique : il ne faut jamais le supprimer [c].

Q. Un nombre a-t-il toujours une *racine cubique?* — **R.** Un nombre étant donné, il n'existe, le plus souvent, ni *entier*, ni *fraction* qui, élevé au cube, reproduise ce nombre ; en d'autres termes, ce nombre n'a pas de *racine cubique*, ni entière, ni fractionnaire.

Q. Ne dit-on pas néanmoins que ce nombre a une *racine cubique?* — **R.** On dit parfois néanmoins que ce nombre a une *racine cubique exacte ;* mais on ajoute alors que cette racine est un **nombre incommensurable** [d].

p 206

(a) L'extraction de la *racine cubique* est l'*inverse* de l'*élévation au cube*. C'est une opération tout à fait analogue à l'extraction de la *racine carrée*, mais beaucoup plus compliquée.

(b) Le signe $\sqrt{}$ se nomme toujours *radical*.

(c) Si, en effet, au lieu d'écrire $\sqrt[3]{8}$, on écrivait $\sqrt{8}$, on indiquerait, non plus la *racine cubique* de 8, mais seulement sa *racine carrée*.

(d) Ce que nous avons dit déjà des racines carrées *incommensurables*,

Q. Qu'appelle-t-on racine cubique à moins d'une *unité?* — **R.** On appelle *racine cubique* d'un nombre *à moins d'une unité* le *plus grand nombre entier* dont le *cube* soit *contenu* dans le nombre donné.

Q. Qu'appelle-t-on racine cubique à moins d'un *dixième?* — **R.** On appelle *racine cubique* d'un nombre *à moins d'un dixième, d'un centième,...,* le *plus grand nombre de dixièmes, de centièmes, ...,* dont le *cube* soit *contenu* dans le nombre donné [a].

Exercice 1. Extrayez [b] à moins de 0,01 la *racine carrée* de 0,33. — **Solution.** 0,57.

E. 2. Extrayez à moins de 0,001 la *racine carrée* de 54,2. — **S.** 7,362.

E. 3. Extrayez à moins de 0,1 la *racine carrée* de $\frac{3}{19}$. — **S.** 0,3.

E. 4. Réduisez $\frac{90470}{263525}$ à sa *plus simple expression.* — **S.** En divisant les deux termes par leur *pgcd* 415, on trouve $\frac{218}{635}$.

E. 5. Par quel chiffre finit le *produit* de deux nombres entiers? — **S.** Par le même chiffre que le produit qu'on obtient en multipliant entre eux les chiffres des unités de ces deux nombres.

E. 6. Dites la somme en monnaie de bronze [c] qui pèse

ce que nous disons à présent des racines cubiques *incommensurables,* est tout ce qu'on peut dire des nombres *incommensurables* dans une école primaire. On ajoute parfois, néanmoins, qu'on appelle nombre *incommensurable* un nombre qui n'est ni entier, ni fractionnaire; et, par opposition, qu'on appelle nombres *commensurables* les entiers et les fractions.

[a] Ces *définitions des racines cubiques approchées* sont tout à fait pareilles à celles que nous avons données déjà des *quotients approchés* et des *racines carrés approchées.*

[b] On ne dit guère *calculer* une *racine cubique* : c'est l'usage de remplacer le mot *calculer* par le mot *extraire.*

[c] Le mot *bronze* s'applique à tous les alliages de cuivre et d'étain, qui contiennent une grande quantité de cuivre. Ces alliages diffèrent les uns des autres par les proportions de ces deux métaux. On distingue le *bronze* des statues, celui des médailles, celui des cloches, celui des cymbales et tams-tams. Certains bronzes renferment une petite quantité d'un troisième métal : dans le bronze des monnaies, il entre un peu de zinc; et un peu de fer, dans celui des timbres de pendules.

autant que 125^f,50 en monnaie d'argent? — **S.** 125^f,50 en monnaie d'argent pèsent 5$^g \times$ 125,50, c-à-d 627^g,50. Or 627^g, en monnaie de bronze, valent 627^c ou 6^f,27. Telle est la somme demandée, avec une erreur d'un demi-centime.

E. 7. Combien de *milreis* pour faire 100 000^f? — **S.** Autant qu'il y a de fois 5^f,60 dans 100 000^f, c-à-d 17 857,142, ou 17 857 142 rëis.

E. 8. Le département du Cher [a] a une superficie de 7199^{Kmq} et une population de 355 349^{hab}. Combien par *kilomètre carré?*— **S.** 355 349 : 7199, c-à-d 49 environ.

E. 9. On fond ensemble 2^{Kg},25 d'argent au titre de 0,843, et 44^{Hg},7 au titre de 0,878. Quel sera le titre final? — **S.** Le poids total de l'argent pur est 2^{Kg},25 $\times$ 0,843 $+$ 4^{Kg},47 $\times$ 0,878, c-à-d 5^{Kg},82141. Le poids total de l'alliage est 2^{Kg},25 $+$ 4^{Kg},47, c-à-d 6^{Kg},72. Le titre final est donc 5,82141 : 6,72, c-à-d 0,866.

E. 10. La *livre* de poivre gris en poudre [b] coûte 2^f,05. Que coûtent 235^g? — **S** 1^{livre} = 500^g. Donc 235^g coûtent 2^f,05 $\times \dfrac{235}{500}$, c-à-d 0^f,96.

E. 11. Les actions des Messageries maritimes [c] coûtent 625^f et rapportent cette année 30^f. Dites le taux de l'intérêt. — **S.** Le *taux*, c-à-d l'intérêt de 100^f, est égal à 30$^f \times \dfrac{100}{625}$. En faisant le calcul, on trouve 4^f,80.

E. 12. Partagez 53 882^f,40 en 3 parties *inversement proportionnelles* à 2, 3, 5. — **S.** En partageant proportionnellement à $\dfrac{1}{3}, \dfrac{2}{1}, \dfrac{1}{5}$, on trouve 26 072^f,12; 17 381^f,41; 10 428^f,85.

---

[a] Le département du *Cher* est situé à peu près au centre de la France. Il doit son nom à une rivière qui se jette dans la Loire; et il a pour chef-lieu *Bourges*, ville importante qui a joué, au quinzième siècle, un grand rôle dans notre histoire.

[b] Le *poivre* est l'un des produits des pays chauds que l'on désigne sous le nom d'*épices*. C'est le fruit du *poivrier*, plante sarmenteuse, qui croît abondamment à Java et à Sumatra. On l'emploie comme *condiment* et il s'en fait, dans tous les pays du monde, une énorme consommation.

[c] La compagnie des *Messageries maritimes* est une compagnie française qui s'occupe, comme son nom l'indique, de toutes sortes de transports par mer.

154. — Racine cubique d'un nombre entier inférieur à 1000.

Question. Que savez-vous sur la *racine cubique* d'un nombre entier inférieur à 1000? — **Réponse.** Lorsqu'un nombre *entier* est *inférieur* à 1000, sa *racine cubique* est *inférieure* à 10, c-à-d n'a qu'*un chiffre*.

Q. Comment trouve-t-on cette *racine?* — **R.** Pour trouver la *racine cubique* d'un nombre entier *inférieur* à 1000, on cherche ce nombre dans le *tableau des cubes* des dix premiers nombres [a].

Q. Récitez ce *tableau.* — **R.** Ce tableau est le suivant :

Le cube de 1 est 1	Le cube de 6 est 216
Le cube de 2 — 8	Le cube de 7 — 343
Le cube de 3 — 27	Le cube de 8 — 512
Le cube de 4 — 64	Le cube de 9 — 729
Le cube de 5 — 125	Le cube de 10 — 1000 [b]

Q. Qu'arrive-t-il si le nombre donné *figure* dans ce tableau? — **R.** Si le nombre donné *figure* dans ce tableau, il est le *cube* de l'un des neuf premiers nombres : on a immédiatement sa *racine cubique exacte.*

Q. Donnez un exemple. — **R.** Soit 512 le nombre donné. Il figure dans le tableau comme cube de 8. Sa *racine cubique* est *exactement* 8 [c].

Q. Et si le nombre donné n'y *figure pas?* — **R.** Si le nombre donné ne *figure pas* dans le tableau, il est compris entre deux cubes consécutifs qui y figurent : le *plus petit* de ces deux cubes donne la *racine cubique* cherchée, *à moins d'une unité.*

Q. Donnez un exemple. — **R.** Soit 271 le nombre donné. Il est compris entre les deux *cubes* consécutifs 216 et 343. Le

[a] On voit par là combien il est nécessaire de savoir *par cœur* la table des *cubes* des dix premiers nombres.

[b] On peut ajouter que le *cube* de 11 est 1331, et que le *cube* de 12 est 1728.

[c] Le nombre donné ayant alors une racine cubique *exacte* est ce qu'on appelle un *cube parfait.*

plus petit de ces deux cubes nous donne 6 pour la *racine cubique* de 271, *à moins d'une unité* [a].

Exercice 1. Dites la *racine cubique* de 343. — **Solution.** 7, exactement.

E. 2. Dites la *racine cubique* de 642. — **S.** 8, à moins d'une unité.

E. 3. Dites la *racine cubique* de 228. — **S.** 6, à moins d'une unité [b].

E. 4. Réduisez au *plus petit dénominateur commun* $\frac{1}{4}$, $\frac{1}{6}$, $\frac{1}{9}$. — **S.** $\frac{9}{36}$, $\frac{6}{36}$, $\frac{4}{36}$.

E. 5. Un nombre *divisible* par 14 et par 21 est-il *divisible* par le produit de ces deux diviseurs? — **S.** Pas toujours, parce que 14 et 21 ne sont pas premiers entre eux. Ainsi 42 est divisible par 14 et par 21, sans l'être par leur produit.

E. 6. Décomposez 1 728 000 en *facteurs premiers* [c]. — **S.** $2^9 \times 3^3 \times 5^3$.

E. 7. Dites la somme en or monnayé qui pèse autant que 22^f en argent. — **S.** Elle a une valeur 15,5 fois plus grande. Elle est donc $22^f \times 15,5$, c-à-d 341^f.

E. 8. Réduisez $0^{Kg},786934$ en *décigrammes*. — **S.** $7\,869^{dg},34$.

E. 9. Un *litre et demi* de lait pèse $15^{Hg},45$. Quelle est la densité de ce lait [d]? — **S.** $1^l,5$ d'eau pèse $1^{Kg},5$. Donc la densité est $1^{Kg},545 : 1^{Kg},5$, c-à-d 1,03.

E. 10. Quel poids de cuivre faut-il ajouter à $365^{Dg},7$ d'argent au titre de 0,927, pour abaisser le titre

(a) Un nombre *entier*, tel que 271, qui n'est pas le cube exact d'un autre nombre entier, n'est pas non plus le cube exact d'une fraction. En d'autres termes, il n'a pas de racine cubique exacte numériquement assignable. Aussi dit-on que sa racine cubique exacte est un nombre *incommensurable*.

(b) Sur les 1 000 premiers nombres entiers, il n'y en a que 10 qui soient des *cubes parfaits* : les 990 autres ont donc des racines cubiques *incommensurables*.

(c) Cette décomposition s'effectue immédiatement, si l'on remarque que 1000, étant le cube de 10, est égal à $2^3 \times 5^3$, et que 1728, étant le cube de 12, est égal à $2^6 \times 3^3$.

(d) Certains instruments nommés *aréomètres* permettent de trouver facilement la densité des liquides. Il y a des aréomètres de bien des sortes : l'un d'eux nommé *pèse-lait* permet de reconnaître si le lait a bien la densité qu'il doit avoir, c-à-d si le lait est pur.

à 0,885? — **S.** 1^{Kg} du lingot donné contient 42^g d'argent pur de trop. Le lingot donné en contient donc en trop 42^g × 3,657, c-à-d 153^g,594. Or, à chaque kilogramme de cuivre, il manque 885^g d'argent pur pour arriver au titre demandé. Il faut donc ajouter autant de kilogrammes de cuivre qu'il y a de fois 885^g dans 153^g,594, c-à-d 0^{Kg},173.

E. 11. Une pendule [a] avance de 3^m 15^s,2 par jour. De p. 208 combien par semaine? — **S.** De (3^m 15^s,2) × 7, c-à-d de 22^m 46^s,4.

E. 12. Un tonneau plein d'eau pèse 43^{Mg},75 de plus que vide. Quelle en est la capacité? — **S.** Le *poids* de l'eau est 437^{Kg},75. La *capacité* est donc 437^l,75.

———

155. — Remarque sur les cubes des nombres entiers.

Question. De quoi se compose le *cube* d'un nombre de plusieurs chiffres? — **Réponse.** Le *cube* d'un nombre de *plusieurs chiffres* se compose du **cube des dizaines,** plus une **partie complémentaire.**

Q. Donnez un exemple. — **R.** $257^3 = 250^3 + 3 × 250^2 × 7 + 3 × 250 × 7^2 + 7^3$. Le nombre 250^3 est le *cube des dizaines* ; ce qui suit est la *partie complémentaire* [b].

Q. Que savez-vous sur le *cube des dizaines?* — **R.** Le *cube des dizaines* est un nombre exact de *mille* [c].

---

[a] Les principaux instruments destinés à nous donner l'heure sont les *horloges*, les *pendules* et les *montres*. On donne le nom de *chronomètres*, et quelquefois de *chronographes* aux montres de précision. — Il ne faut pas confondre le mot féminin *pendule* qui désigne les horloges placées sur nos cheminées avec le mot masculin *pendule* qui n'en désigne que le balancier. En général, on appelle *pendule* (au masculin) un corps solide quelconque oscillant autour d'un point fixe.

[b] Le carré de 257 est égal à $250^2 + 2 × 250 × 7 + 7^2$. Pour en déduire le cube de 257, sous la forme où nous le donnons ici, il suffit de multiplier le carré de 257, sous la forme où nous venons de l'écrire par 250 + 7.

[c] Cela provient de ce que, si un nombre est terminé par *un* zéro, son cube est terminé par *trois* zéros. En général, si un nombre présente plusieurs zéros sur sa droite, son cube en présente *trois* fois plus.

Q. Donnez un exemple. — **R.** 250³ vaut 15 625 000, c-à-d 15 625 mille.

Q. Comment calcule-t-on la *partie complémentaire ?* — **R.** Pour calculer la *partie complémentaire*, on forme le *triple du carré des dizaines*, puis le *carré des unités*, puis le *triple du produit des dizaines par les unités*; on *ajoute* ces trois nombres, et l'on *multiplie* le total par le *chiffre des unités* [a].

Q. Donnez un exemple. — **R.** Soit à calculer la *partie complémentaire* de 257³. On forme le triple de 250² : c'est 187 500; puis le carré de 7 : c'est 49 ; puis le triple de 250 × 7 : c'est 5 250. On ajoute ces trois nombres, et l'on trouve pour total le nombre 192 799 que l'on multiplie par 7.

$$\begin{array}{r} 187\,500 \\ 49 \\ 5\,250 \\ \hline 192\,799 \end{array}$$

Q. *Simplifie*-t-on ce calcul ? — **R.** On simplifie l'addition ci-dessus, en remarquant que le nombre du haut s'y termine toujours par deux *zéros*. Si le carré des unités a deux chiffres, on l'écrit à la place de ces zéros; s'il n'en a qu'un, on l'écrit à la place du dernier [b].

Exercice 1. Cherchez le *cube des dizaines* dans 489³. — **Solution.** — 110 592 000.

E. 2. Cherchez la *partie complémentaire* [c] dans 536³. — **S.** 5 113 656.

E. 3. Extrayez *à moins d'une unité* la *racine carrée* de 4 623 947. — **S.** 166.

E. 4. Réduisez $37 - \dfrac{3}{19}$ en une *seule fraction*. — **S.** $\dfrac{700}{19}$.

E. 5. Un entier terminé par 7 est-il un *carré parfait ?* —

[a] Il faut s'exercer à calculer très bien la *partie complémentaire* du cube d'un nombre. Ce n'est qu'à cette condition qu'on peut arriver à extraire facilement les *racines cubiques*.

[b] Il faut veiller à ce que les élèves calculent ces *parties complémentaires* bien méthodiquement, d'une manière tout à fait conforme à la règle que nous avons donnée.

[c] Le dernier chiffre du cube d'un nombre n'est autre que le dernier chiffre du cube du dernier chiffre de ce nombre. Cela résulte immédiatement, pour 257, par exemple, de la forme sous laquelle nous avons mis le *cube* de ce nombre. — Il s'ensuit que, si un nombre est terminé par 0, 1, 2, 3, 4, 5, 6, 7. 8 ou 9, son cube est terminé par 0, 1, 8, 7, 4, 5, 6, 3, 2 ou 9. Un *cube parfait* peut être terminé par un chiffre *quelconque*.

S. Non, vu qu'aucun des neuf premiers nombres n'a son carré terminé par 7.

E. 6. Combien de *liards* dans 17^{livres} 8^{sous}? — **S.** p. 209 1392^{liards}.

E. 7. Combien de *secondes* dans $0^j,175$? — **S.** $1^j = 86400^s$. Donc le nombre des secondes contenues dans $0^j,175$ est $86400^s \times 0,175$, c-à-d 15120^s.

E. 8. Le département du Nord [a] a une superficie de $56^{Mmq},81$, et en moyenne 294^{hab} par *kilomètre carré*. Quelle est sa population? — **S.** 294×5681, c-à-d 1670214^{hab}.

E. 9. Combien faut-il mélanger de vinaigre à $0^f,75$ le litre et de vinaigre à $0^f,49$, pour obtenir $2^{Hl},75$ à $0^f,55$ le litre? — **S.** 1^l du premier vinaigre coûte 20^c de trop; et 1^l du second a un prix trop faible de 6^c. En mélangeant 6^l du premier avec 20^l du second, on trouverait 26^l au prix demandé. Pour en avoir 275^l, il faut mélanger $275^l \times \dfrac{6}{26}$ et $275^l \times \dfrac{20}{26}$, c-à-d $63^l,4$ du premier vinaigre et $211^l,5$ du second.

E. 10. La densité de la houille compacte [b] est de $1,33$. Quel est le volume d'un bloc pesant $264^{Mg},5$? — **S.** 1^{dmc} de houille pèse $1^{Kg},33$. Le bloc de houille donné contient donc autant de décimètres cubes qu'il y a de fois $1^{Kg},33$ dans 2645^{Kg}, c-à-d 1988^{dmc}, ou $1^{mc},988$.

E. 11. Jules doit à Martin $749^f,25$, pour marchandises achetées. Il se libère par un billet à ordre payable le 13 mars prochain. Rédigez ce billet. — **S.** B. P. F. $749,25$. — Au 13 mars prochain, je paierai à M. Martin ou à son ordre la somme de sept cent quarante-neuf francs vingt-cinq centimes, valeur reçue en marchandises. — Jules.

E. 12. En payant comptant une facture de $1247^f,60$, j'obtiens $3\ ^o/_o$ d'escompte. Combien ai-je à payer? —

(a) Le département du *Nord* est l'un des plus riches de la France, et, après le département de la *Seine*, qui contient Paris, c'est de beaucoup le plus peuplé.

(b) La *houille*, nous l'avons dit, n'est autre chose que le charbon de terre. La *houille compacte* est la moins poreuse de toutes les houilles, et, par conséquent, la plus lourde. — Nous ferons remarquer à ce sujet que les nombres qui figurent dans nos exercices ne sont jamais des nombres pris au hasard : ce sont des nombres *exacts* puisés aux meilleures sources.

S. L'escompte ou rabais que j'obtiens est de $1247^f,60$ $\times 0,03$, c-à-d de $37^f,42$. J'ai donc à payer $1247^f,60$ — $37^f,42$, c-à-d $1210^f,18$.

---

156. Racine cubique d'un nombre entier au moins égal à 1000.

Question. Que savez-vous sur la *racine cubique* d'un nombre entier au moins égal à 1 000? — **Réponse.** Lorsqu'un nombre entier est *au moins égal* à 1 000, sa *racine cubique* est *au moins égale* à 10, c-à-d a *plusieurs chiffres.*

Q. Comment calcule-t-on le *premier chiffre?* — **R.** Pour calculer le *premier chiffre*, on partage le nombre donné en *tranches* de *trois chiffres*[a], à partir de la droite, et l'on extrait la *racine cubique* de la *dernière tranche* à gauche.

Q. Comment obtient-on le *reste* correspondant? — **R.** On obtient le *reste* correspondant en retranchant de cette dernière tranche le *cube* du chiffre trouvé.

Q. Comment calcule-t-on l'un quelconque des *chiffres* suivants? — **R.** Pour calculer l'un quelconque des autres chiffres, on abaisse, à la droite du dernier *reste*, la *tranche* suivante du nombre donné[b], puis l'on divise les *centaines* du nombre ainsi formé par le *triple carré* de la partie déjà trouvée de la racine.

Q. Comment obtient-on le *reste* correspondant? — **R.** On obtient le *reste* correspondant en retranchant du nombre formé ci-dessus la *partie complémentaire* du *cube* de la racine trouvée.

p. 210 **Q.** Donnez un exemple. — **R.** Soit à extraire la *racine cubique* de 72 328 753. Je partage ce nombre en tranches de

---

[a] Il n'est pas mauvais de séparer ces *tranches* par des *points* placés en haut, ou par des *vides* laissés entre elles.

[b] Dans la *division*, on abaisse *un* chiffre à chaque fois; dans la *racine carrée*, on en abaisse *deux;* dans la *racine cubique, trois.*

trois chiffres à partir de la droite; j'extrais la racine de la tranche de gauche, c-à-d de 72; je trouve 4 : c'est le premier chiffre de la racine cherchée. — De 72, je retranche le cube de 4; je trouve 8, qui est le premier reste.

72 328 753	416	
8 328	4801	504 336
3 407 753	120	7 380
337 457	4921	511 716
	1	6

A la droite de 8, j'abaisse la tranche 328, et je divise les 83 centaines de 8 328 par le triple carré 48 du chiffre déjà obtenu. Je trouve 1, qui est le deuxième chiffre de la racine cherchée. — De 8 328, je retranche la partie complémentaire du cube de 41; je trouve 3 407, qui est le deuxième reste.

A la droite de 3 407, j'abaisse la tranche 753, et je divise les 34 077 centaines de 3 407 753 par le triple carré 5 043 de 41. Je trouve 6, qui est le troisième chiffre de la racine cherchée; puis, de 3 407 753, je retranche la partie complémentaire du cube de 416. — La racine cherchée est 416; le reste final est 337 457.

Q. Comment l'opération se dispose-t-elle? — **R.** L'opération se dispose comme la racine carrée. On n'écrit que les résultats dont l'addition donne les parties complémentaires : ces résultats se calculent à part [a].

Exercice 1. Trouvez la *racine cubique* de 1331. — **Solution.** 11, exactement.

E. 2. Trouvez la *racine cubique* de 12 169. — **S.** 23, à moins d'une unité.

E. 3. Trouvez la *racine cubique* de 1 860 892. — **S.** 123, à moins d'une unité.

E. 4. Calculez, avec 2 décimales, la *racine carrée* de 7 439,3. — **S.** 86,25 [b].

E. 5. Effectuez $\left(16 - \frac{2}{3}\right) \times \left(16 + \frac{2}{3}\right)$. — **S.** $254 + \frac{2}{3}$.

E. 6. Le nombre 10 789 est-il *premier*? — **S.** Il l'est [c].

[a] L'extraction de la *racine cubique* d'un nombre est une opération longue et compliquée. Il faut que les élèves y soient souvent exercés et qu'ils prennent l'habitude de l'effectuer lentement, méthodiquement, en disposant leurs calculs avec le plus grand soin.

[b] Pour extraire cette *racine carrée*, on prend le nombre donné sous la forme 7 439,30 00.

[c] 89 est premier; 1789 et 1889 le sont aussi.

E. 7. Combien de *kopecks* dans 11^{roubles} 67^{kopecks} ? — **S.** 1167^{kopecks}.

E. 8. Que pèse un lingot d'or, au titre de 0,900, qui contient 7^{g},2 d'or pur? — **S.** Le poids de ce lingot qui contient 900^{g} d'or pur est de 1000^{g}. Le poids qui en contient 7^{g},2 est donc 1000$^{\text{g}} \times \dfrac{7,2}{900}$, c-à-d 8^{g}.

E. 9. Quelle quantité d'eau faut-il mettre dans 7^{Dl},85 de vin à 0^{f},73 le litre, pour abaisser le prix du litre à 0^{f},55 ? — **S.** Le prix d'un litre du vin donné est trop fort de 18^{c}. Le prix des 78^{l},5 est trop fort de 18$^{\text{c}} \times$ 78,5, c-à-d de 1413^{c}. Le prix du litre d'eau est trop faible de 55^{c}. Donc il faut ajouter autant de litres d'eau qu'il y a de fois 55 dans 1413, c-à-d 25^{l},6.

E. 10. Il faut 78^{Mg},28 de vivres pour nourrir 18 hommes pendant 15^{j}. Combien pour 27 hommes pendant 12^{j} ? — **S.** 78^{Mg},28 $\times \dfrac{27}{18} \times \dfrac{12}{15}$, c-à-d 93^{Mg},936.

E. 11. Un homme âgé de 65^{ans} veut se créer une rente viagère immédiate [a] de 730^{f}. Le taux est de 11,58. Combien doit-il verser? — **S.** Pour se créer une rente de 11^{f},58, il faut verser 100^{f}. Pour une rente de 730^{f}, il doit verser 100$^{\text{f}} \times \dfrac{730}{11,58}$, c-à-d 6303^{f},97.

p. 211 **E. 12.** Trois personnes ont mis dans une entreprise, la première 4923^{f},50 pendant 5^{mois}; la deuxième, 4256^{f},25 pendant 6^{mois}; et la troisième, 3881^{f},75 pendant 7^{mois}. Partagez entre elles le bénéfice obtenu, qui est de 2524^{f},30. — **S.** Il faut partager le bénéfice proportionnellement à 4923,50 $\times$ 5; 4256,25 $\times$ 6; 3881,75 $\times$ 7; c-à-d proportionnellement aux nombres 24617,50; 25537,50; 27172,25. On trouve 803^{f},62; 833^{f},68; et 887^{f},02.

---

157. — Remarques sur l'extraction de la racine cubique.

Question. Dans quel cas rencontre-t-on une *soustraction* impossible? — **Réponse.** Lorsque, dans l'extraction

---

[a] On l'a déjà dit, les rentes viagères sont *immédiates*, lorsqu'on commence à en toucher les *arrérages* une année, au plus tard, après le versement du *capital*. Dans le cas contraire, elles sont *différées*.

d'une *racine cubique*, on rencontre une *soustraction impossible*, c'est que le dernier chiffre trouvé est *trop fort* : on le *diminue*, d'une *unité* à la fois [a], jusqu'à ce qu'on arrive à une *soustraction possible*.

Q. Que fait-on quand on rencontre une division dont le dividende est *inférieur* au diviseur? — **R.** Lorsqu'on rencontre une *division* où le dividende est inférieur au diviseur, on écrit un *zéro* à la racine [b], et l'on continue comme à l'ordinaire [c].

Q. Que savez-vous sur le *reste* de l'extraction de la racine cubique? — **R.** Le *reste* de l'extraction de la racine cubique ne peut jamais dépasser le *triple* du *carré* de la racine trouvée, augmenté du *triple* de cette racine [d].

Q. Qu'arrive-t-il lorsque le *reste* final est *nul*? — **R.** Lorsque le *reste final* est *nul*, le nombre trouvé est la *racine cubique exacte* du nombre donné. Lorsque ce reste n'est pas nul, le nombre trouvé n'est que cette *racine* approchée, *à moins d'une unité*.

Q. Comment fait-on la *preuve* de la racine cubique? — **R.** Pour faire la *preuve* de la *racine cubique*, on forme le *cube* de la racine trouvée; on y ajoute le *reste* final de l'opération : on doit retrouver le nombre donné [e].

[a] *Comme dans la *division*, comme dans l'extraction de la *racine carrée*, on ne doit jamais diminuer le chiffre *trop fort* de plus d'une unité à la fois. En le diminuant de plus d'une unité, on risquerait de tomber sur un chiffre *trop faible*.

[b] On procède donc, dans ce cas particulier de la *racine cubique*, de la même manière que dans la *division* et que dans l'extraction de la racine carrée.

[c] Si l'on oubliait d'écrire ce *zéro*, on trouverait à cette racine moins de chiffres qu'il n'en faut. Pour éviter pareille erreur, il est bon de déterminer à l'avance le nombre des chiffres de la racine cherchée : il y a juste autant de *chiffres* à la *racine* qu'il y a de *tranches* de trois chiffres dans le nombre donné.

[d] Il faut toujours, à l'instant où l'on achève d'extraire une *racine cubique*, vérifier que le *reste* ne dépasse pas la *limite* que nous indiquons.

[e] On peut aussi, pour la *racine cubique*, faire la *preuve par 9*. Cette *preuve* est celle d'une *multiplication*, car l'*excès* du nombre donné sur le reste est juste le *cube* de la racine trouvée, c-à-d le *produit* de trois facteurs égaux à cette racine.

Exercice 1. Extrayez la *racine cubique* de 1 728 000. — **Solution.** 120, exactement [a].

E. 2. Extrayez la *racine cubique* de 42 729 352 à moins d'une unité. — **S.** 349.

E. 3. Extrayez la *racine cubique* de 557 498 962 à moins d'une unité. — **S.** 823.

E. 4. Calculez avec 2 décimales la *racine carrée* de 5 onzièmes. — **S.** 0,67.

E. 5. Dites le *quotient exact* de 29 par 6. — **S.** $\frac{29}{6}$, c-à-d $4 + \frac{5}{6}$.

E. 6. Formez le *pgcd* de $2^3 \times 5^3 \times 7$ et $2^2 \times 5^2 \times 7^2$. — **S.** $2^2 \times 5 \times 7$, c-à-d 140.

E. 7. Quel poids de cuivre dans $4^f,50$ en monnaie d'argent? — **S.** $4^f,50$ pèsent $5^g \times 4,50$, c-à-d $22^g,50$. Le poids de l'argent pur est $22^g,50 \times 0,835$, c-à-d $18^g,7875$. Le poids du cuivre est $22^g,50 - 18^g,7875$, c-à-d $3^g,7125$.

E. 8. En 1887, il est entré dans Paris 40 000^{Hl} de vinaigre. Combien de myrialitres? — **S.** 400^{Ml}.

p. 212 **E. 9.** Quel poids d'argent pur dans $2^{Kg},758$ d'argenterie au 1er titre? — **S.** $2^{Kg},758 \times 0,950$, c-à-d $2^{Kg},620$.

E. 10. La densité du sel marin [b] est 2,207. Que pèsent $0^{dmc},074$ de ce sel? — **S.** $2^{Kg},207 \times 0,074$, c-à-d $0^{Kg},163$.

E. 11. Les obligations du chemin de fer de l'Ouest sont au cours de $401^f,25$ et rapportent 15^f par an. Quel revenu se fera-t-on en achetant pour $2 808^f,75$ de ces obligations? — **S.** $15^f \times \frac{2808,75}{401,25}$, c-à-d 105^f.

E. 12. L'escompte étant à 5,2 %, quelle doit être la valeur nominale du billet, payable dans 35^j, qui remplace deux billets, l'un de $698^f,95$ payable dans 29^j, et l'autre de $777^f,30$ payable dans 38^j? — **S.** Les valeurs *actuelles*

---

[a] 1 728 000 est un *cube parfait*. Pour qu'un nombre terminé par des zéros soit un cube parfait, il faut absolument que le nombre de ces zéros soit un *multiple* de 3.

[b] Le *sel marin*, ou *sel de cuisine*, n'est autre chose qu'un *chlorure de sodium*, c-à-d qu'une combinaison de *chlore* et de *sodium*. Il est tantôt blanc, tantôt gris, tantôt en grains, tantôt en poudre. Les hommes en consomment énormément et en donnent à leurs bestiaux. On l'extrait surtout de l'eau de mer, d'où son nom de *sel marin*; mais il en existe aussi des mines, appelées *salines*. Ces mines s'exploitent comme des carrières et le sel qu'on en tire se nomme *sel gemme*.

des deux billets donnés sont 696^f,03 et 773^f,04. La valeur *actuelle* du billet cherché en est la somme 1469^f,07. Or, un billet de 36 000$^{f\,(a)}$ payable dans 35^j à une valeur *actuelle* de 35 818^f. Donc, si la valeur *actuelle* était de 35 818^f, la valeur *nominale* serait de 36 000^f. Mais la valeur *actuelle* est de 1469^f,07. Donc la valeur *nominale* cherchée est de 36 000$^f \times \dfrac{1469,07}{35\,818}$, c-à-d de 1476,53.

---

158. — Racine cubique à moins d'un dixième, d'un centième, etc.

Question. Comment extrait-on la *racine cubique* d'un nombre à moins d'un *dixième?* — **Réponse.** Pour extraire la *racine cubique* d'un nombre, entier ou décimal, à moins d'un *dixième*, on prend ce nombre avec *trois décimales;* puis on extrait la racine du nombre ainsi formé, sans s'occuper de sa *virgule;* enfin, on sépare *une décimale* sur la droite de la racine trouvée [b].

Q. Donnez un exemple. — **R.** Soit à extraire la *racine cubique* de 74,21 à moins de 0,1. Je prends ce nombre avec *trois décimales*, en l'écrivant 74,210. Extrayant la racine de 74,210 sans m'occuper de la *virgule*, je trouve 42. Sur la droite de 42, je sépare *une décimale*, et j'ai finalement 4,2.

Q. Comment extrait-on la *racine cubique* à moins d'un centième? — **R.** Pour extraire la racine cubique d'un nombre, entier ou décimal, à moins d'un *centième*, on prend ce nombre avec *six décimales;* puis on extrait la racine du nombre ainsi formé, sans s'occuper de sa *virgule;* enfin, on sépare *deux décimales* sur la droite de la racine trouvée.

Q. Avec combien de *décimales* le nombre donné doit-il être pris? — **R.** En général, le nombre donné doit être pris

---

[a] Faites remarquer, ici encore, l'avantage qu'il y a à considérer cette valeur nominale de 36 000^f.

[b] Cette *règle* contient encore deux parties : dans la première, on opère sans s'occuper de la virgule, comme si le nombre donné était *entier;* dans la seconde, on place, où il le faut, la *virgule* du résultat.

avec *trois fois* plus de *décimales* qu'on n'en veut à sa racine [a].

Q. Comment extrait-on la racine cubique d'une *fraction ordinaire*? — **R.** Pour extraire la *racine cubique* d'une *fraction ordinaire*, on la convertit d'abord [b] en une *fraction décimale*; puis l'on extrait la racine de cette nouvelle fraction.

p. 213   **Q.** Donnez un exemple. — **R.** Soit à extraire la *racine cubique* de $\frac{2}{3}$. En convertissant cette fraction en décimales, on trouve 0,666... En extrayant la racine cubique de 0,666, on obtient 0,8, qui est la racine cherchée, à moins d'un dixième.

Q. Et lorsque la fraction a pour termes deux *cubes parfaits*? — **R.** Lorsqu'une *fraction ordinaire* a pour termes *deux cubes parfaits*, il suffit, pour en extraire la racine, d'extraire les *racines* de ces *deux cubes*.

Q. Donnez un exemple. — **R.** Ainsi, la *racine cubique* de $\frac{27}{64}$ est $\frac{3}{4}$ [c].

Exercice 1. Calculez *à moins d'une unité* la *racine cubique* de 4362937. — **Solution.** 163.

E. 2. Calculez avec 3 *décimales* la *racine cubique* de 32,7. — **S.** 3,197.

E. 3. Calculez avec 2 *décimales* la *racine cubique* de $\frac{4}{21}$. — **S.** 0,57.

E. 4. Dites la *racine cubique* [d] de $\frac{27}{64}$. — **S.** Les deux

[a] On peut obtenir ainsi, à la racine, autant de décimales que l'on veut. Lorsque le nombre donné n'est pas un *cube parfait*, on n'arrive jamais à un reste nul; la suite des décimales ne s'arrête jamais; et il est à remarquer que, dans ce cas, cette suite indéfinie ne peut pas être *périodique*.

[b] On se contente, en faisant cette conversion, de calculer *trois* fois plus de décimales qu'on n'en veut à la racine.

[c] $\frac{3}{4}$ est *plus grand* que $\frac{27}{64}$. La racine cubique d'un nombre donné *plus petit* que 1 est toujours *plus grande* que ce nombre donné. Au contraire, celle d'un nombre donné *plus grand* que 1 est toujours *plus petite* que ce nombre donné.

[d] L'extraction de la *racine carrée* et surtout celle de la *racine*

termes de cette fraction sont deux cubes parfaits. La racine cubique est $\frac{3}{4}$.

E. 5. Que trouve-t-on en ajoutant 7 aux deux membres de l'égalité $15 - 7 = 8$. — **S.** $15 = 8 + 7$.

E. 6. Trouvez le *pgcd* de 3361 et 3362. — **S.** 1. Ces deux nombres sont *premiers entre eux*.

E. 7. Exprimez en *grammes* 7^livres 8^onces 3^gros. — **S.** 7^livres 8^onces 3^gros $= 963^{gros}$, c-à-d $\frac{963}{128}$ de livre. Or 1^livre ancienne pèse 489^g,51. Le poids cherché est donc $489^g,51 \times \frac{963}{128}$, c-à-d 3682^g,79.

E. 8. L'éclipse de soleil du 22 décembre 1889 a commencé à 10^h 25^m 54^s du matin [a] et fini à 3^h 41^m 24^s du soir. Dites sa durée. — **S.** $(12^h - 10^h 25^m 54^s) + 3^h 41^m 24^s$, c-à-d 5^h 15^m 30^s.

E. 9. Quel poids d'or pur dans 38^g,86 d'or au 3e titre? — **S.** $38^g,86 \times 0,750$, c-à-d 29^g,145.

E. 10. Les vivres que possède un vaisseau [b] pourraient nourrir pendant 158^j les 283 personnes qu'il porte. Pendant combien de jours pourraient-ils nourrir 439 personnes? — **S.** $158^j \times \frac{283}{439}$, c-à-d 101^j,2.

E. 11. Le 7 juillet, Durand paye à Jacques les 255^f,75 qu'il lui doit. Comment Jacques mentionne-t-il cette opération à son *journal?* — **S.** Du 7 juillet. — Avoir Durand [c], — paiement de ce qu'il me doit... 255^f,75.

E. 12. Pendant combien de jours faut-il placer 76935^f,25, à 4,7 °/₀, pour en tirer 59^f,30 d'intérêts? — **S.** Pour que 100^f rapportent 4^f,70, il faut les placer pendant 360^j.

cubique sont deux opérations longues et compliquées. Il existe une théorie qui ramène l'extraction de la *racine carrée* à une simple *division par 2*, et celle de la *racine cubique* à une simple *division* par 3. Cette théorie est celle des *logarithmes*, qui appartient à l'*algèbre*.

(ᵃ) Nous avons déjà dit que les *éclipses de soleil* arrivent, à l'époque de la nouvelle lune, lorsque la lune, placée alors entre le soleil et la terre, nous cache soit en totalité, soit en partie, le disque du soleil.

(ᵇ) Le mot *vaisseau* s'applique surtout aux plus gros navires soit de guerre, soit de commerce. Les vaisseaux de guerre de premier rang sont présentement des *vaisseaux cuirassés*, c-à-d des vaisseaux dont la partie hors de l'eau est presque entièrement revêtue d'un épais *blindage*, composé de plaques de fer ou d'acier.

(ᶜ) Dans cette opération, Jacques *reçoit*, Durand *donne*. Durand est créditeur. De là ce titre : *Avoir Durand*.

Pour que 1^f rapporte $4^f,70$, il faut le placer pendant $360^j \times 100$. Pour que 1^f rapporte 1^f, il faut le placer pendant $\dfrac{360^j \times 100}{4,7}$. Pour que $76\,935^f,25$ rapportent 1^f, il faut les placer pendant $\dfrac{360 \times 100}{4,7 \times 76\,935,25}$. Pour qu'ils rapportent $59^f,30$, il faut les placer pendant $\dfrac{360 \times 100 \times 59,30}{4,7 \times 76\,935,25}$, c-à-d pendant $5^j,9$.

LIVRE VII

NOTIONS DE GÉOMÉTRIE

CHAPITRE PREMIER

LA LIGNE DROITE

---

159. — Les lignes.

Question. De quoi un *fil* très fin nous donne-t-il l'idée ? — Réponse. Un *fil* très fin nous donne l'idée d'une **ligne**.

Q. Combien une ligne a-t-elle de dimensions ? — R. Une ligne n'a qu'une *dimension*, la *longueur* ; elle n'a ni *largeur*, ni *épaisseur*.

Q. Y a-t-il plusieurs sortes de *lignes* ? — R. Il y a plusieurs sortes de *lignes*.

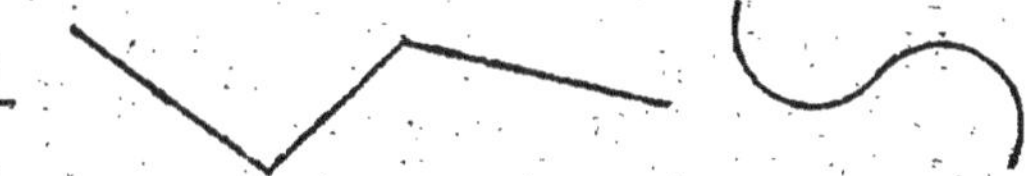

Ligne droite.   Ligne brisée.   Ligne courbe.

Q. Qu'est-ce que la *ligne droite* ? — R. La **ligne droite**[a] est celle que nous présente un fil bien tendu.

Q. De quoi une *ligne brisée* est-elle formée ? — R. Une **ligne brisée** est formée de *lignes droites* placées bout à bout.

Q. Dans quel cas une ligne est-elle *courbe* ? — R. Une

---

[a] Dans le langage, pour abréger, au lieu de dire une *ligne droite*, on dit simplement une *droite*.

ligne est **courbe** lorsqu'elle n'est ni *droite*, ni *brisée*. [a].

Q. Que sont les extrémités d'une ligne? — **R.** Les extrémités d'une *ligne* sont des **points.** Le *milieu* d'une ligne est un *point.* Lorsque *deux* lignes se coupent, elles se coupent en un *point* appelé *point d'intersection* [b].

Q. D'un *point* à un autre, combien peut-on mener de lignes droites? — **R.** D'un *point* à un autre, on ne peut mener qu'*une* ligne droite.

p. 215 **Q.** Que savez-vous sur la *droite* AB? — **R.** La *droite* AB est *le plus court chemin* pour aller de A en B : c'est la **distance** du A———————B point A au point B.

Q. Comment trace-t-on la *ligne droite?* — **R.** On trace la *ligne droite* : sur le papier, au moyen de la règle; sur une planche ou un mur, au moyen d'un fil; dans un jardin, à l'aide d'un cordeau; sur le terrain, à l'aide de jalons alignés [c].

Exercice 1. Extrayez avec 2 *décimales* la *racine cubique* de $\frac{22}{7}$. — **Solution.** 1,46.

E. 2. Que savez-vous sur le rapport qu'on obtient en ajoutant *termes à termes* les deux rapports égaux $\frac{17}{18}$ et $\frac{51}{54}$? — **S.** Il est égal à chacun d'eux.

E. 3. Un peloton de fil anglais en contient 100^{yards}. Combien de mètres? — **S.** $0^m,914 \times 100$, c-à-d $91^m,4$.

E. 4. Dites la pièce d'argent qui contient $4^g,175$ d'argent pur. — **S.** Cette pièce est au *titre* de 0,835. A ce titre le lingot qui contient 835^g d'argent pur pèse $1\,000^g$. Celui qui en contient $4^g,175$ pèse $1\,000^g \times \frac{4,175}{835}$, c-à-d 5^g. La pièce est donc une pièce de 1^f.

[a] Il faut que les élèves sachent très bien reconnaître ces différentes sortes de lignes : un rayon de lumière, arrivant par un petit trou dans une chambre obscure, nous montre une *ligne droite;* un mètre articulé, suivant la façon dont on le plie, une multitude de *lignes brisées;* un fil non tendu, une *ligne courbe;* etc., etc.

[b] On dit aussi *point de rencontre.*

[c] On exercera les élèves à ces différents tracés et on leur apprendra à reconnaître si une *règle* est bien droite ou si elle ne l'est pas.

E. 5. Convertissez 1 *douzième* en *fraction décimale*. — **S.** 0,083333..... (a).

E. 6. Le 1er avril 1889, le jour a duré 12^h 49^m; le 30, il a duré 14^h 29^m. De combien a-t-il augmenté pendant ce mois (b)? — **S.** De 1^h 40^m.

E. 7. L'acide sulfureux (c) est composé de poids égaux de soufre et d'oxygène. Dites la composition de 4^{Dg},78 de de cet acide. — **S.** La moitié de 4^{Dg},78 est 2^{Dg},39. Il y aura donc, sur ces 4^{Dg},78 d'acide, 2^{Dg},39 de soufre et 2^{Dg},39 d'oxygène.

E. 8. On mélange 364^l de vin à 0^f,65 le litre avec 28^{Dl},7 à 0^f,48 et 1^{Hl},66 à 0^f,73. Quel est le prix du litre du mélange? — **S.** Le prix total du mélange est 0^f,65 $\times$ 364 $+$ 0^f,48 $\times$ 287 $+$ 0^f,73 $\times$ 166, c-à-d 495^f,54. Le nombre total de litres est 364 $+$ 287 $+$ 166, c-à-d 817^l. Donc 1^l du mélange coûte 495^f,54 : 817, c-à-d 0^f,606.

E. 9. Un alliage d'or et de cuivre pèse 0^{Kg},975 et contient 10^{Dg},2 de cuivre. Trouvez son titre. — **S.** Le poids de l'or pur est 0^{Kg},975 — 0^{Kg},102, c-à-d 0^{Kg},873. Le titre est donc 0,873 : 0,975, c-à-d 0,895.

E. 10. On revend 238^f,25 un meuble qui a coûté 257^f,45. A combien pour cent du prix de vente s'élève la perte éprouvée? — **S.** Sur 238^f,25, on perd 257^f,45 — 238^f,25, c-à-d 19^f,20. Sur 100^f, on perdrait 19^f,20 $\times \dfrac{100}{238,25}$, c-à-d 8^f,05.

(a) Cette fraction décimale périodique présente *deux* chiffres *irréguliers*, parce que le *dénominateur* 12 de la fraction ordinaire donnée contient 2 fois le facteur premier 2.

(b) Nous avons dit l'origine du mot *avril* : dans le *calendrier républicain*, la première partie d'*avril* appartient au mois de *germinal*. — Le *calendrier républicain* n'est autre chose que le calendrier grégorien, où le commencement et les divisions de l'année ont été changés. L'année commence le jour de l'équinoxe d'automne (22 septembre dans le calendrier ordinaire); elle contient 12 mois, plus 5 ou 6 *jours complémentaires;* et ces mois, tous de 30^j, se partagent chacun en 3 *décades* de 10^j. Les mois d'automne se nomment *vendémiaire, brumaire, frimaire;* les mois d'hiver, *nivôse, pluviôse, ventôse;* les mois de printemps, *germinal, floréal, prairial;* les mois d'été, *messidor, thermidor, fructidor.* On voit immédiatement les étymologies de tous ces mots.

(c) L'*acide sulfureux* est le gaz qui se forme lorsque du *soufre* brûle dans l'air. Il a une odeur forte qui provoque la toux. On l'emploie pour blanchir les matières végétales; pour détruire les insectes; pour désinfecter les hardes; etc., etc.

— **E 11.** Que rapportent 34000^f,20, à intérêts composés, au taux de 5,5, en 6 ans? — **S.** 12880^f,73 [a].

E. 12. Deux officiers habitent, l'un Versailles [b], l'autre Fontainebleau [c]. Ils viennent à Paris, l'un tous les 8ʲ, l'autre tous les 12ʲ. Ils s'y sont rencontrés aujourd'hui. Dans combien de jours, au plus tôt, pourront-ils s'y rencontrer? — **S.** Ce nombre de jours sera le plus *petit commun multiple* de 8 et 12. Ce sera donc 24ʲ.

----

p. 216

160. — Les angles.

Question. Qu'appelle-t-on *angle?* — **Réponse.** On appelle **angle** la *figure* formée par *deux droites* qui partent d'un même *point*.

Q. Comment nomme-t-on le *point* d'où partent les droites? — **R.** Le *point* d'où partent les droites est le *sommet* de l'angle; les deux *droites* en sont les *côtés*.

Angle.

Q. De quoi dépend la *grandeur* d'un angle? — **R.** La *grandeur* d'un angle ne dépend pas de la *longueur* de ses côtés : elle dépend seulement de leur *écartement* [d].

Q. Dans quel cas deux angles sont-ils *égaux?* — **R.** Deux *angles* sont *égaux* lorsque, portés l'un sur l'autre, ils **coïncident** [e], c-à-d se confondent.

[a] Dans cet exercice, comme dans le précédent, nous ne gardons que deux décimales au résultat. Il serait absurde d'en conserver davantage, les fractions de centimes ne correspondant à aucune monnaie existante.

[b] *Versailles* est une ville, très voisine de Paris, et chef-lieu du département de *Seine-et-Oise*. Elle est célèbre par son magnifique palais et elle a été, à plusieurs reprises, le siège du gouvernement de notre pays.

[c] *Fontainebleau* est un chef-lieu d'arrondissement du département de *Seine-et-Marne*, qui possède l'un des plus beaux châteaux de France et donne son nom à une magnifique forêt. C'est à Fontainebleau qu'est établie présentement l'école d'application de l'artillerie.

[d] En ouvrant ou fermant un compas, on montre facilement comment la *grandeur* d'un angle *augmente* ou *diminue*. Les deux aiguilles d'une horloge en mouvement forment un angle dont la *grandeur* varie constamment.

[e] *Coïncider* est un verbe *neutre*. On dit coïncider *avec :* une figure

Q. Dans quel cas une droite est-elle *perpendiculaire* à une autre? — **R.** Une *droite* qui tombe sur une autre lui est **perpendiculaire,** si elle forme avec elle deux *angles égaux;* **oblique,** si elle forme avec elle deux angles *inégaux.*

Perpendiculaire.   Oblique.

Q. Dans quel cas un angle est-il *droit?* — **R.** Un *angle* est **droit** si l'un de ses côtés est *perpendiculaire* sur l'autre : *tous les angles droits sont égaux.* Un *angle* est **aigu,** s'il est plus petit qu'un *angle droit;* **obtus,** s'il est plus grand [a].

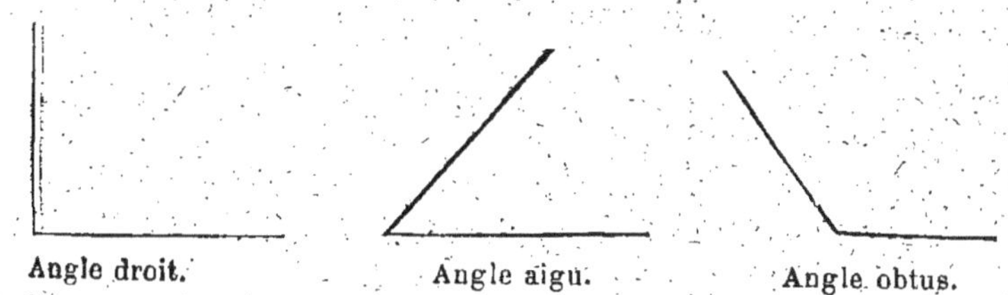

Angle droit.   Angle aigu.   Angle obtus.

Q. Que savez-vous sur les angles formés d'un même côté d'une *droite?* — **R.** *Les angles a, b, c, d, formés autour du point I de la droite GH, d'un même côté de cette droite, valent ensemble deux angles droits.*

Q. Que savez-vous sur les angles formés tout autour d'un *point?* — **R.** *Les angles p, q, r, s, t, formés tout au-* p. 217

égale à une autre est une figure qu'on peut amener à coïncider avec cette autre.

(a) *Aigu* signifie *pointu,* comme on le voit dans *aiguille; obtus* a le sens opposé. — Des *angles droits* se présentent sans cesse à nos regards : les coins des portes, des fenêtres, des tables, des couvertures de nos livres, des pages qui les composent sont presque toujours des angles *droits.* Les angles *aigus* ou *obtus* sont beaucoup moins communs. On montrera aux élèves des angles de ces différentes sortes; on en tracera devant eux; on leur en fera tracer.

tour d'un point O, *valent ensemble quatre angles droits.*

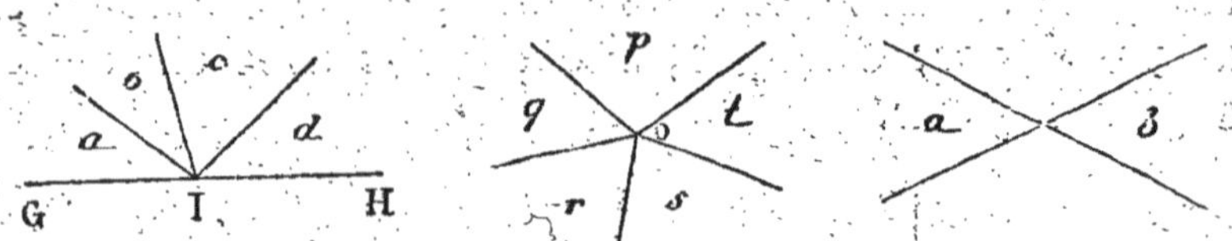

Q. Qu'appelle-t-on angles *opposés* par le *sommet?* — R. Deux *angles a* et *b*, tels que les *côtés* de l'un soient les *prolongements* des côtés de l'autre, sont dits **opposés par le sommet** : ils sont toujours *égaux* [a].

Exercice 1. Convertissez 0,375 en *fraction ordinaire*. — **Solution.** $\frac{3}{8}$.

E. 2. Calculez *à moins d'une unité* la *racine cubique* de 37 649 523. — **S.** 335.

E. 3. Quel est le *carré* de 117^3? — **S.** $117^3 \times 117^3$, c-à-d 117^6.

E. 4. Dites le *ppcm* de $2 \times 3 \times 7$ et $2^2 \times 5 \times 7$. — **S.** $2^2 \times 3 \times 5 \times 7$ [b].

E. 5. Combien de *krones* et d'*ores* de Suède [c] pour faire 50^f? — **S.** Autant de *krones* qu'il y a de fois $1^f,3888$ dans 50^f, c-à-d $36^{kr},00$, c-à-d $36^{krones}\ 0^{ores}$.

E. 6. Exprimez en *hectares* l'étendue d'une forêt de $12^{Kmq},786$. — **S.** $12^{Kmq},786 = 1278^{Hmq},6$, c-à-d $1278^{Ha},6$.

E. 7. Dites le *rapport* des poids de cuivre contenu dans une pièce de 5^f en argent et dans une pièce de $0^f,10$. — **S.** Une pièce de 5^f en argent pèse 25^g et contient $2^g,5$ de cuivre. Une pièce de $0^f,10$ pèse 10^g et contient $9^g,5$ de cuivre. Le rapport cherché est donc $\frac{2,5}{9,5}$, c-à-d $\frac{5}{19}$.

(a) Les trois derniers alinéas de ce paragraphe contiennent les énoncés de trois *théorèmes* importants. — On appelle *théorème* une proposition vraie, mais non évidente, dont la vérité s'établit par une suite de raisonnements appelée *démonstration*.

(b) Lorsque des nombres sont donnés tout décomposés en leurs facteurs premiers, on en peut trouver immédiatement le *ppcm* et le *pgcd*. Mais, dans la pratique, les nombres ne sont jamais donnés en cet état.

(c) La *Suède* est une contrée, située au nord de l'Europe, où elle occupe la plus grande partie de la *péninsule scandinave*.

E. 8. Calculez avec 5 *décimales* la *racine carrée* de 2. — S. 1,41421.

E. 9. Un train express [a] met 5ʰ 30ᵐ pour parcourir 29ᴹᵐ,7. Combien pour parcourir 428ᴷᵐ? — S. 5ʰ 30ᵐ = 330ᵐ. Pour parcourir 428ᴷᵐ, le train met donc 330ᵐ × $\frac{428}{297}$, c-à-d 475ᵐ, ou 7ʰ 55ᵐ.

E. 10. Un employé [b] gagne 1 896ᶠ,50 par an. Combien par jour? — S. 1 896ᶠ,50 : 365, c-à-d 5ᶠ,19.

E. 11. Que valent 455ᶠ de rentes 3 °/₀ français au cours de 82ᶠ,25? — S. 3ᶠ de rentes valent 82ᶠ,25. Donc 455ᶠ de rentes valent 82ᶠ,25 × $\frac{455}{3}$, c-à-d 12 474ᶠ,58.

E. 12. Trois personnes ont apporté dans une société 7 128ᶠ, 8 439ᶠ, 9 647ᶠ. Le bénéfice à partager est de 5 728ᶠ,15. Calculez leurs trois parts. — S. En partageant 5 728ᶠ,15 proportionnellement à 7 128ᶠ, 8 439ᶠ, 9 647ᶠ, on trouve 1 619ᶠ,34; 1 917ᶠ,18; 2 191ᶠ,61.

---

161. — Les perpendiculaires.

Question. Par un point peut-on mener une *perpendiculaire* à une droite? — **Réponse.** Par un *point* donné, on peut toujours mener une *perpendiculaire* à une *droite*; mais on n'en peut mener qu'*une*.

Q. Que savez-vous sur cette *perpendiculaire?* — **R.** La *perpendiculaire* OP abaissée [c] d'un *point* O sur une *droite* AB est p. 213

[a] Sur les chemins de fer français, il y a trois sortes de *trains* de voyageurs, savoir : les trains *omnibus* qui ne vont pas très vite, qui s'arrêtent à la plupart des stations et qui contiennent des voitures des *trois classes;* les trains *express* qui vont plus vite, ne s'arrêtent pas partout et ne contiennent jamais de voitures de *troisième classe;* enfin les trains *rapides*, qui marchent avec la plus grande vitesse, ne s'arrêtent que très rarement, et ne contiennent que des voitures de *première classe.*

[b] On nomme *employé* celui qui a un *emploi* quelconque dans une administration, une maison de banque ou de commerce. Un *employé* n'est pas un *ouvrier*. Il est payé non pas à la journée ou à la pièce, mais au *mois* ou à l'*année.*

[c] Lorsque le point d'où la perpendiculaire est menée est en dehors de la droite donnée, la perpendiculaire est dite *abaissée.* Lorsque ce point est sur cette droite même, la perpendiculaire est dite élevée.

la *plus courte ligne* que l'on puisse mener de ce point à cette droite : c'est la *distance* de ce point à cette droite.

Q. A l'aide de quel instrument trace-t-on les *perpendiculaires?* — **R.** On *trace* le plus souvent les *perpendiculaires* à l'aide de **l'équerre**[a].

Q. Qu'est-ce que l'*équerre?* — **R.** L'*équerre* est une **planchette**[b] qui a trois *côtés,* dont deux forment un *angle droit.*

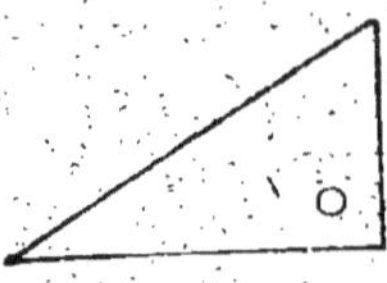 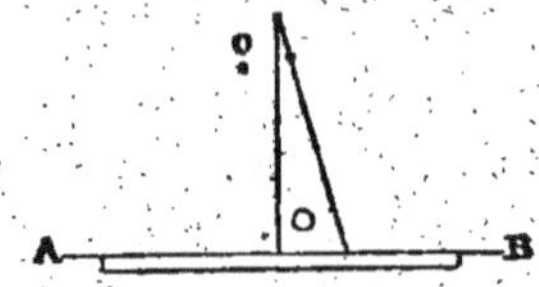

Équerre.

Q. Comment mène-t-on par un point une *perpendiculaire* à une droite? — **R.** Pour mener par un *point* O une *perpendiculaire* à la *droite* AB, on place une *règle* le long de AB, et, contre cette règle, l'un des côtés de l'angle droit de l'*équerre*; puis on fait glisser l'équerre jusqu'à ce que l'autre côté de l'angle droit vienne toucher le point O : on tire alors un trait le long de ce côté [c].

Exercice 1. La *perpendiculaire* abaissée d'un point sur une droite a 0^m,36 de long. Dites la *distance*[d] de ce point à cette droite. — **Solution.** 0^m,36.

E. 2. Trouvez la fraction *génératrice* de 0,459 459 459... — **S.** $\frac{17}{37}$.

E. 3. Convertissez $\frac{3}{88}$ en *fraction décimale.*

S. 0,034 09 09 09... La période est 09 [e].

(a) Il ne sera pas inutile de faire remarquer que ce mot *équerre* est du genre *féminin.*

(b) Cette planchette est ordinairement percée d'un trou circulaire, appelé *œil* de l'équerre, et qui sert à la suspendre.

(c) L'idée de l'*équerre* est tellement liée à celle de l'*angle droit,* que beaucoup de personnes disent que deux droites *sont d'équerre* pour dire que ces droites se rencontrent en formant un *angle droit.*

(d) On peut remarquer que ce mot *distance* signifie toujours *plus court chemin.*

(e) Cette fraction décimale périodique présente 3 chiffres *irréguliers*

E. 4. Un *entier* terminé par 8 peut-il être un *carré parfait ?*
— **S.** Non, parce qu'aucun des neuf premiers nombres n'a son carré terminé par 8.

E. 5. Décomposez 108 010 en *facteurs premiers.* — **S.** 2 $\times 5 \times 7 \times 1543$.

E. 6. Evaluez en mètres 47 *sagènes russes.* — **S.** $2^m,133 \times 47$, c-à-d $100^m,251$.

E. 7. Evaluez en *décigrammes* $3^{gros} 59^{grains}$. — **S.** $3^{gros} 59^{grains} = 275^{grains}$. Or, il y a 9216^{grains} dans 1^{livre}. Donc le poids cherché est $489^g,51 \times \dfrac{275}{9216}$, c-à-d $14^g,60$, ou $146^{dg},0$.

E. 8. Le mois lunaire [a], c-à-d le temps qui s'écoule entre deux pleines lunes consécutives, est de $29^j 12^h 44^m 2^s,9$. Combien de *secondes ?* — **S.** $2551442^s,9$.

E. 9. *Sept* litres de sirops [b] assortis coûtent $12^f,25$. Que coûtent $11^l,7$? — **S.** $12^f,25 \times \dfrac{11,7}{7}$, c-à-d $20^f,47$.

E. 10. Quels poids faut-il allier d'argent au titre de 0,795 et d'argent au titre de 0,859, pour obtenir $56^{Hg},3$ au titre de 0,822 ? — **S.** A 1^{Kg} du 1er lingot, il manque 27^g d'argent pur. Sur 1^{Kg} du second, il y en a 37^g de trop. Si l'on prenait 37^{Kg} du 1er lingot et 27^{Kg} du second, il y aurait compensation, et l'on obtiendrait 64^{Kg} au titre demandé. Pour obtenir $56^{Hg},3$, on prendra $56^{Hg},3 \times \dfrac{37}{64}$ et $56^{Hg},3 \times \dfrac{27}{64}$, c-à-d $32^{Hg},54$ du premier lingot et $23^{Hg},75$ du second.

E. 11. Un article du *journal* commence par « *Doit Simon* ». p. 219

---

parce que le dénominateur 88 de la fraction ordinaire donnée contient le facteur 2 à la 3e puissance.

[a] Les *phases* de la lune, c-à-d les différents aspects qu'elle nous présente, constituent évidemment un phénomène céleste qui a dû frapper les premiers hommes. Il est probable que nos mois tirent leur origine du mois *lunaire*. — Le calendrier *grégorien* dont nous nous servons est un calendrier purement *solaire ;* le calendrier *musulman* est un calendrier purement *lunaire*, vu que l'on n'y tient compte que des phases de la lune ; le calendrier *israélite* est un calendrier *luni-solaire*, où l'on tient compte en même temps des *phases* de la *lune* et du *mouvement* de la terre autour du *soleil.*

[b] Les *sirops* se fabriquent avec des *fruits* et du *sucre.* Ils portent le nom des fruits qui y entrent. Beaucoup s'emploient avec de l'eau, comme boissons d'agrément. D'autres sont de véritables médicaments qu'on n'administre qu'aux malades.

A quelle partie du *grand livre* faut-il le reporter? —
S. Au *débit* du compte de Simon.

E. 12. Que valent 17 actions de la Compagnie transatlantique[a] au cours de 548f,75? — **S.** 548f,75 $\times$ 17,
c-à-d 9 328f,75.

---

162. — Les parallèles.

Question. Dans quel cas deux droites sont-elles *parallèles?*
— **Réponse.** Deux *droites* sont **parallèles**[b] lorsque,
tracées sur un même dessin, elles ne peuvent *jamais*
se rencontrer[c].

Droites parallèles.

Perp. com.

Q. Deux droites étant *parallèles,* que savez-vous sur une
perpendiculaire à l'une d'elles? — **R.** Deux *droites* étant
parallèles, toute droite qui est *perpendiculaire* à l'une
est aussi *perpendiculaire* à l'autre : c'est une **perpendiculaire commune.**

Q. Que savez-vous sur la *distance* de deux droites parallèles?
— **R.** Deux droites *parallèles* sont partout à la même *distance*
l'une de l'autre. Cette *distance* est mesurée par leur *perpendiculaire commune*[d].

---

[a] La Compagnie transatlantique est la Compagnie maritime française
à laquelle appartiennent les magnifiques navires à vapeur qui font, d'une
manière régulière, la traversée de l'océan Atlantique, entre le Havre et
New-York. Ces navires ont des dimensions extraordinaires : l'un des
derniers lancés, *la Touraine,* mesure 165m de long. —

[b] Les exemples de *droites parallèles* se présentent à chaque instant.
Les lignes tracées sur une feuille de papier réglé, les cinq lignes qui
composent la portée musicale sont des *droites parallèles.*

[c] On dit parfois que deux *droites parallèles* se rencontrent à
l'*infini.* Cette façon de parler n'est pas fausse, mais elle exige beaucoup
d'explications : à l'école primaire, il ne faut jamais l'employer.

[d] Deux *rails* opposés de la voie d'un chemin de fer sont deux *droites
parallèles.* La distance qui les sépare, c-à-d leur *perpendiculaire
commune,* est ce que l'on nomme la largeur de la voie.

Q. Par un point peut-on mener une *parallèle* à une droite? — **R.** Par un *point* donné, on peut toujours mener une *parallèle* à une *droite* donnée; mais on n'en peut mener qu'*une*.

Q. Comment s'y prend-on pour mener cette *parallèle*? — **R.** Pour mener par le *point* O une *parallèle* à la *droite* AB, on place, le long de cette droite, l'un des côtés d'une *équerre*; contre un autre côté de cette équerre, on applique une *règle*; puis on fait glisser l'équerre le long de la règle, jusqu'à ce que le côté placé d'abord suivant AB vienne toucher le point O : on tire alors un trait le long de ce côté[a].

Q. Que savez-vous sur deux *parallèles* coupées par une droite? — **R.** Quand deux *parallèles* sont *coupées* [b] par une droite AB, les *angles aigus* formés en A et en B sont tous *égaux* entre eux; et il en est de même des *angles obtus* [c].

Q. Que savez-vous sur deux *angles* qui ont leurs côtés parallèles ou perpendiculaires? — **R.** Lorsque *deux angles*, tous deux *aigus* ou tous deux *obtus*, ont leurs côtés *parallèles* ou *perpendiculaires*, ces deux angles sont *égaux*. p. 220

Exercice 1. Un canal [d] a $11^m,56$ de large. Quelle est la longueur de la *perpendiculaire* commune à ses deux bords? — **Solution.** $11^m,56.$

---

[a] Pour familiariser les élèves avec l'usage de l'*équerre*, il sera bon de leur faire tracer souvent, au tableau noir ou sur le papier, soit des *perpendiculaires*, soit des *parallèles*.

[b] Cet alinéa et le suivant contiennent chacun l'énoncé d'un *théorème* important.

[c] Les couples d'angles formés chacun d'un des angles en A associé à l'un des angles en B ont, presque tous, des noms particuliers. Mais ces noms ne serviraient, à l'école primaire du moins, qu'à charger inutilement la mémoire des élèves.

[d] On donne le nom de *canal* à une sorte de rivière, creusée de main d'homme. Il existe, dans tous les pays civilisés, nombre de canaux destinés à relier deux fleuves ou rivières. En France, on en compte plus de cent. Les canaux dont nous venons de parler sont des canaux de *navigation*; il existe des canaux d'*irrigation*, des canaux de *desséchement*, etc., etc.

E. 2. Extrayez avec 3 décimales la *racine carrée* de 5 *treizièmes*. — **S.** 0,620 [a].

E. 3. Quel est l'*inverse* de 8 *neuvièmes*. — **S.** $1 : \frac{8}{9}$, c-à-d $\frac{9}{8}$.

E. 4. Que devient un *rapport* supérieur à 1, si l'on ajoute un même nombre à ses deux *termes?* — **S.** Il diminue. En effet, le résultat de l'opération est le même que si l'on ajoutait termes à termes le rapport donné avec un rapport dont les deux termes seraient égaux, c-à-d avec un rapport égal à l'unité. Le rapport final est donc compris entre le rapport donné et l'unité; il est donc plus petit que le rapport donné.

E. 5. Le nombre 9 511 est-il *premier?* — **S.** Il est premier.

E. 6. Combien de *piastres turques* pour payer 928^f,50? — **S.** Autant qu'il y a de fois 0^f,2278 dans 928^f,50, c-à-d 4 075^{piastres},9.

E. 7. Un ouvrier passe tous les jours 1^h 23^m au cabaret. Combien de journées de 11^h perdues dans toute l'année? — **S.** 1^h 23^m = 83^m. Le temps perdu dans l'année est donc 83^m $\times$ 365, c-à-d 30 295^m, ou 504^h 55^m. Le nombre de journées perdues est 504 : 11, c-à-d supérieur à 45 [b].

E. 8. Réduisez en *mètres* 89^{Mia},847. — **S.** 898 470^m.

E. 9. L'acide sulfurique anhydre [c] est formé d'oxygène et de soufre, dont les poids sont dans le rapport de 3 à 2. Dites la composition de 3^{Kg},56 de cet acide. —

---

[a] 0,620 est égal à 0,62. Cependant il ne faut pas, en supprimant le zéro final, écrire simplement 0,62, parce que, sous cette dernière forme 0,62, on ne verrait pas que la racine carrée demandée est calculée avec *trois décimales*, c-à-d à moins de 1 *millième*.

[b] On voit par là combien les mauvaises habitudes ont de graves conséquences. Au premier abord, 1^h 23^m est un temps assez court : si l'on fait le calcul, on trouve plus de 45 journées perdues chaque année; et ces 45 journées perdues, à 3^f chacune seulement, représentent une perte de 135^f, sans compter l'argent dépensé au cabaret ! — Un homme sérieux, intelligent, est économe de son temps, non moins que de son argent. *Time is money* est un proverbe anglais qui se traduit ainsi : *le temps, c'est de l'argent.*

[c] Nous avons dit déjà ce que c'est que l'*acide sulfurique*, nommé autrefois *huile de vitriol.* L'acide sulfurique *anhydre* est ce même acide privé complètement de toute l'eau qu'il pourrait contenir. *Anhydre* est un adjectif, dérivé du grec, qui signifie *sans eau.*

S. En partageant 3^{Kg},56 proportionnellement à 3 et 2, on trouve 2^{Kg},136 d'oxygène et 1^{Kg},424 de soufre.

E. 10. Combien de dimanches dans une année commençant un dimanche? — **S.** 365^j font 52 semaines et 1^j. Donc, après le premier dimanche, l'année considérée contient encore 52 semaines exactement, et, par conséquent, 52 dimanches. Donc, en tout, 53 dimanches.

E. 11. Que rapportent 57 893^f,30, à 3,65 %, en 16^{mois}? — **S.** En 1^{an} ce capital rapporte 57 893^f,30 $\times$ 0,0365, c-à-d 2 113^f,10. En 16^{mois}, c-à-d en 16 douzièmes d'année, il rapporte 2 113^f,10 $\times \dfrac{16}{12}$, c-à-d 2 817^f,47.

E. 12. Pour assurer lors de son décès 100^f à ses héritiers, un homme âgé de 50^{ans} doit payer une prime annuelle de 3^f,57. Quelle prime pour assurer 25 629^f? — **S.** 3^f,57 $\times \dfrac{25\,629}{100}$, c-à-d 914^f,95.

---

163. — Les polygones.

Question. Qu'appelle-t-on *polygone?* — **Réponse.** On donne le nom de **polygone** à toute *ligne brisée* fermée. Les portions de *droites* qui forment cette *ligne brisée* sont les *côtés* du *polygone*[a].

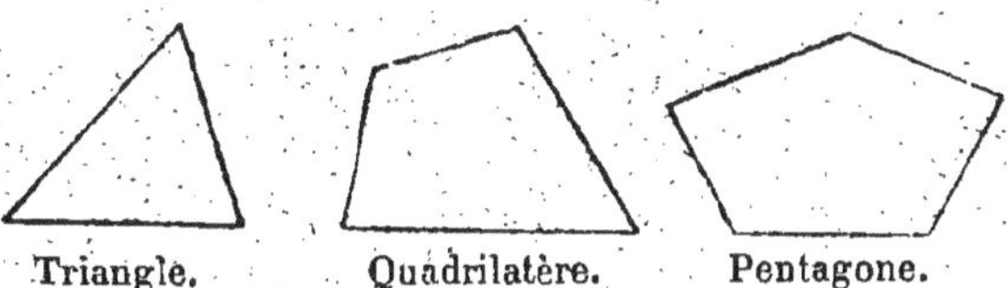

Q. Qu'appelle-t-on *triangle?* — **R.** On appelle **triangle** un *polygone* de 3 côtés; **quadrilatère,** un *polygone* de 4 côtés; **pentagone,** un *polygone* de 5 côtés; etc.[b].

[a] Un polygone est *convexe* quand il ne peut être coupé en plus de *deux* points par une droite indéfinie quelconque. — Lorsqu'un polygone n'est pas convexe, il présente forcément des *angles rentrants.*

[b] Le *polygone* de 6 côtés se nomme *hexagone;* celui de 7 côtés, *heptagone;* celui de 8, *octogone;* celui de 9, *ennéagone;* celui de 10, *décagone;* celui de 12, *dodécagone.* Les autres polygones n'ont pas de noms particuliers.

Q. Quelles figures distingue-t-on parmi les *triangles?* —
p. 221 **R.** Parmi les *triangles*, on distingue le triangle *équilatéral* qui
a les 3 côtés *égaux*; le triangle *isocèle* qui a deux côtés *égaux*;
le triangle *rectangle*[a] qui a un *angle droit*; etc.

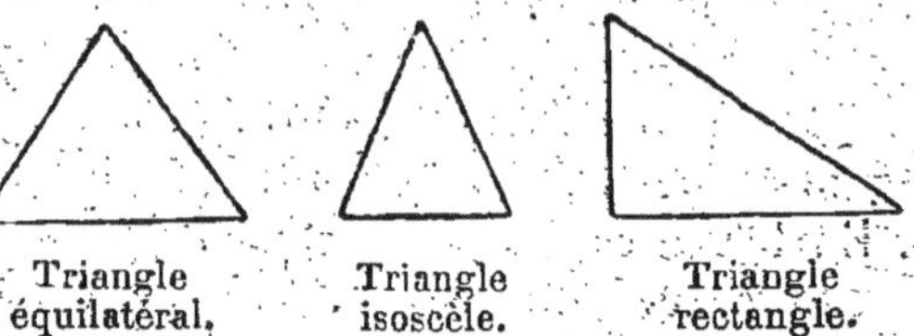

Triangle
équilatéral.

Triangle
isocèle.

Triangle
rectangle.

Q. Dans quel cas deux *triangles* sont-ils *égaux?* — **R.** Deux
triangles sont *égaux* : lorsqu'ils ont un *côté égal* adjacent à *deux
angles égaux*; lorsqu'ils ont un *angle égal* compris entre *deux
côtés égaux*; lorsqu'ils ont les *trois côtés égaux*.

Q. Qu'appelle-t-on *parallélogramme?* — **R.** On appelle
parallélogramme un *quadrilatère* qui a ses côtés
parallèles deux à deux.

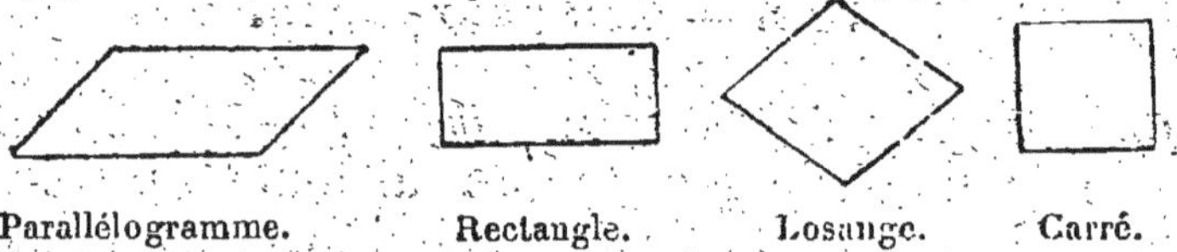

Parallélogramme.   Rectangle.   Losange.   Carré.

Q. Quelles figures distingue-t-on parmi les *parallélogrammes?*
— **R.** Parmi les *parallélogrammes*, on distingue le *rectangle*
qui a ses 4 angles *droits*; le losange qui a ses 4 côtés *égaux*;
le *carré* qui a ses 4 angles *droits* et ses 4 côtés *égaux*[b].

Q. Qu'appelle-t-on *trapèze?* — **R.** On appelle **trapèze** [c]
un *quadrilatère* qui a seulement *deux* côtés
parallèles.

Trapèze.

Q. À quoi est égale la *somme des angles* d'un
triangle? — **R.** *La somme des angles d'un
triangle est toujours égale à deux angles droits.*

[a] L'*équerre* ordinaire n'est autre chose qu'un *triangle rectangle.*
[b] Les exemples de *carrés*, et surtout de *rectangles*, sont des plus
communs. La plupart des tables sont *rectangulaires.* Il en est de même
des livres, des cahiers, des feuilles de papier, des feuilles de cartons, des
tableaux, des cartes géographiques, etc., etc. Le *losange* se nomme aussi
rhombe.
[c] *Trapèze* vient du grec *trapeza*, qui signifie *table.* Les noms des

Q. A quoi est égale la *somme des angles* d'un *polygone*? — **R.** *La somme des angles d'un polygone quelconque est égale à autant de fois deux angles droits qu'il y a de côtés, moins deux, dans ce polygone* [a].

Exercice 1. Deux *angles* d'un triangle valent l'un 1 *tiers*, l'autre 4 *cinquièmes* d'un *droit*. Que vaut le troisième? — **Solution.** $2 - \frac{1}{3} - \frac{4}{5}$, c-à-d $\frac{12}{15}$ d'angle droit.

E. 2. Dites la *somme* des angles d'un *quadrilatère*. — **S.** Le nombre des côtés, moins deux, est 2. Donc la somme des angles est $2^d \times 2$, c-à-d 4^{droits}.

E. 3. Extrayez à moins de 0,1 la *racine cubique* de $\frac{3}{13}$. — p. 222 **S.** $0,6$ [b].

E. 4. Ecrivez le *pgcd* de $2^2 \times 3^3 \times 5^5$ et $2^4 \times 3^8 \times 5^2$. — **S.** $2^2 \times 3^3 \times 5^2$.

E. 5. Un *entier* est terminé par 6. Que savez-vous sur ses *puissances?* — **S.** Toutes ses puissances sont terminées par 6.

E. 6. Quel poids de cuivre dans $943^g,5$ d'or au titre de $0,900$? — **S.** Le poids d'or pur est $943^g,5 \times 0,900$, c-à-d $849^g,15$. Le poids de cuivre est donc $943^g,5 - 849^g,15$, c-à-d $94^g,35$.

E. 7. Trouvez le *huitième* de $11^h 39^m 56^s,7$. **S.** $1^h 27^m 29^s,5$.

E. 8. L'acide phosphorique anhydre est formé de phosphore et d'oxygène [c], dont les poids sont proportionnels à 4 et 5. Dites la composition de $432^g,9$ de cet acide. — **S.** En partageant $432^g,9$ proportionnellement à 4 et 5,

polygones viennent aussi presque tous du grec. Il en est de même d'une multitude de termes scientifiques. Ce sont les Grecs anciens qui ont fondé la *géométrie*, plus de cinq siècles avant notre ère.

[a] Il faut que les élèves retiennent très bien et ce *théorème* et le précédent. Nous en ferons beaucoup d'applications.

[b] 0,6 est plus grand que 3 treizièmes. Rappelez aux élèves que la racine, soit carrée, soit cubique, d'un nombre donné, plus petit que 1, est toujours *plus grande* que ce nombre donné.

[c] Le *phosphore* est un corps solide, mou, très inflammable, qui répand une forte odeur d'ail. On le tire des os des animaux et on l'emploie en grande quantité pour la fabrication des allumettes. Lorsqu'il brûle, il se combine avec l'oxygène de l'air, et forme l'*acide phosphorique*, qui est un corps solide blanc. — Le mot *anhydre*, on l'a vu, signifie *sans eau*.

on trouve $192^g,4$ de phosphore et $240^g,5$ d'oxygène.

E. 9. Les obligations du chemin de fer du Nord [a] rapportent 15^f par an et coûtent $408^f,75$. Dites le taux de l'intérêt. — **S.** $408^f,75$ rapportent 15^f. Donc 100^f rapportent $15^f \times \dfrac{100}{408,75}$, c-à-d $3^f,66$: tel est le taux.

E. 10. Un ballon en verre [b] a une capacité de $49^{dl},35$. Dites le poids de l'eau qui le remplit. — **S.** $49^{dl},35 = 4^l,935$. Le poids cherché est donc $4^{Kg},935$.

E. 11. Louis achète chez un épicier 2 *livres* de fromage [c] de Gruyère à $1^f,05$ la livre; 2^l de haricots rouges à $0^f,40$ le litre; et $4^l,5$ de pois cassés à $0^f,50$ le litre. Faites la facture. — **S.** On disposera la facture conformément au modèle. Le montant est de $5^f,15$.

E. 12. Combien de jours dans le 2e *trimestre* de l'année? — **S.** Ce trimestre contient les 30^j d'avril, les 31^j de mai et les 30^j de juin; en tout, 91^{j} [d].

CHAPITRE II

LA CIRCONFÉRENCE

—

164. — Définitions.

Question. Qu'est-ce que la *circonférence*? — **Réponse.** La **circonférence** [e] est une *ligne courbe* dont tous les *points* sont à égales *distances* d'un *point intérieur* appelé **centre**.

(a) On nomme chemin de fer du Nord le grand réseau de chemins de fer qui couvre tout le nord de la France, entre Paris et la Belgique.

(b) Les *ballons* en verre s'emploient constamment dans les laboratoires de physique et de chimie. — Le mot *ballon* désigne aussi les *aérostats* et surtout les très petits aérostats en baudruche ou en caoutchouc.

(c) Le *lait* contient du *sucre de lait*, du *beurre*, certains *sels* et une matière particulière nommée *caseum*, du nom latin du *fromage*, parce que c'est de cette matière que les fromages sont surtout composés.

(d) Exactement 13 semaines.

(e) La circonférence n'est autre chose que ce que les enfants nomment un *rond*.

Q. Comment trace-t-on la *circonférence?* — **R.** On trace la circonférence : sur le papier, à l'aide du compas; sur le terrain, à l'aide d'un cordeau [a].

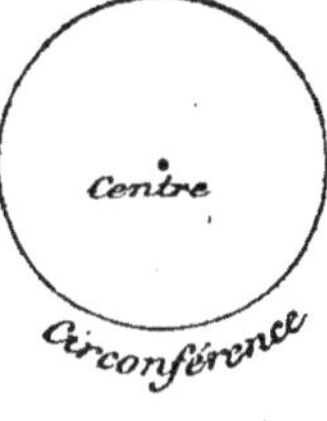

p. 223

Q. Qu'appelle-t-on *rayon?* — **R.** On appelle **rayon** une droite quelconque qui joint le *centre* à un point de la *circonférence*. Dans une même circonférence, tous les *rayons* sont *égaux*.

Q. Qu'appelle-t-on *arc?* — **R.** On appelle **arc** toute

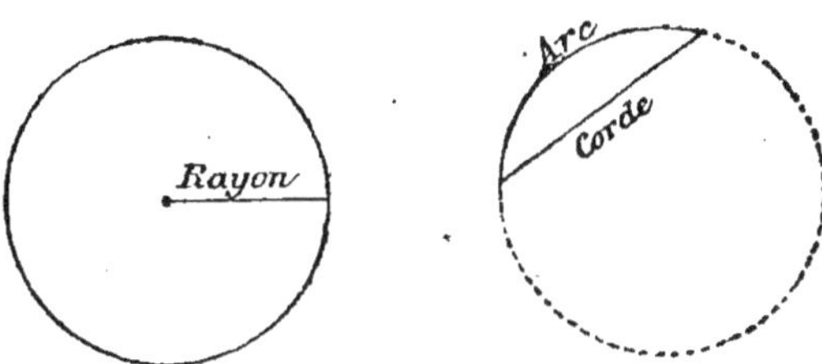

portion de la *circonférence;* **corde**, la *droite* qui joint les extrémités de l'arc.

Q. Qu'appelle-t-on *diamètre?* — **R.** On appelle **diamètre** une *corde* qui passe par le *centre*. Un *diamètre* vaut *deux rayons*. Dans une même circonférence, tous les *diamètres* sont *égaux*.

Q. Qu'est-ce qu'une *sécante?* — **R.** Une **sécante** est une *droite* qui coupe une *circonférence* en *deux points*. Une **tangente** est une *droite* qui *touche* seulement la *circonférence* : une *tangente* n'a qu'un *point commun* avec la *circonférence* [b].

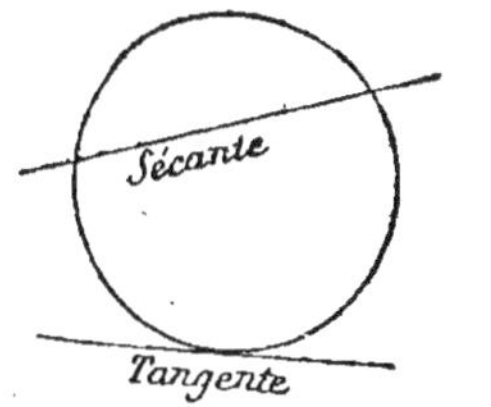

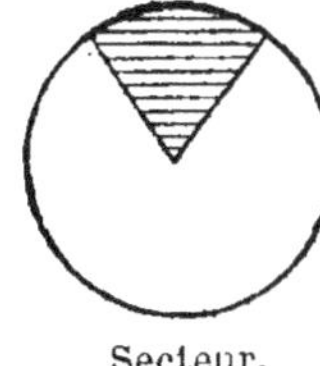
Secteur.

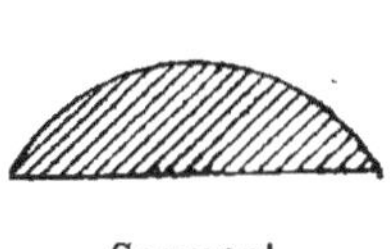
Segment.

(a) Il sera bon, pour familiariser les élèves avec l'usage du *compas*, de leur faire tracer de nombreuses *circonférences*.

(b) On fera remarquer aux élèves que les mots *arc* et *corde* sont

Q. Qu'est-ce que le *cercle?* — **R. Le cercle** est la portion du tableau comprise à l'*intérieur* de la *circonférence* [a]. Un **secteur** [b] est la portion du *cercle* comprise entre un *arc* et les *rayons* qui aboutissent à ses extrémités. Un **segment** [c] est la portion du *cercle* comprise entre un *arc* et sa *corde*.

Exercice 1. Trouvez le *diamètre* [d] d'un cercle de 0ᵐ,072 de rayon. — **Solution.** 0ᵐ,072 × 2, c-à-d 0ᵐ,144.

E. 2. Trouvez le *rayon* d'une circonférence de 0ᵈᵐ,284 de *diamètre*. — **S.** 0ᵈᵐ,284 : 2, c-à-d 0ᵈᵐ,142.

p. 224 — **E. 3.** Les angles autres que l'angle *droit* d'un triangle *rectangle* sont-ils *aigus* ou *obtus?* — **S.** Ces deux angles valent ensemble 1ᵈʳᵒⁱᵗ. Chacun d'eux est donc inférieur à 1ᵈʳᵒⁱᵗ, c-à-d *aigu*.

E. 4. Un *triangle* peut-il avoir *deux* angles *obtus?* — **S.** Jamais, car, s'il en avait deux, la somme de ces deux angles-là dépasserait 2ᵈʳᵒⁱᵗˢ. Il en serait de même à *fortiori* [e] de la somme des trois angles du triangle : ce qui est impossible.

E. 5. Multipliez $\frac{5}{7}$ par $\frac{168}{625}$. — **S.** $\frac{24}{125}$.

E. 6. Dites le *cube* de 19². — **S.** 19² × 19² × 19², c-à-d 19⁶ [f].

E. 7. Exprimez en *décalitres* 0ᴹˡ,7 389. — **S.** 738ᴰˡ,9.

E. 8. Que valent 99 *florins* de Hollande? — **S.** 2ᶠ,10 × 99, c-à-d 307ᶠ,90.

E. 9. Il y a 1380ᴴᵐ de Lyon à Chambéry, et 34ᴹᵐ,4 de

empruntés à une arme ancienne, employée encore par les sauvages. On pourra leur dire que *sécante* vient d'un verbe latin qui signifie *couper*, et *tangente* d'un autre verbe, latin encore, qui signifie *toucher*.

[a] Le *cercle* est une certaine étendue, une certaine *surface*. La *circonférence*, au contraire, est une simple *ligne*.

[b] Lorsqu'on partage un fromage, une galette, une tarte de forme circulaire, les morceaux qu'on en découpe sont, en général, des *secteurs*.

[c] *Segment* est un mot très général, qui a le même sens que le mot vulgaire *portion*.

[d] On a employé le mot *diamètre* bien longtemps avant de le définir géométriquement, à propos des pièces de monnaie.

[e] *A fortiori* est une locution latine, qui signifie *à plus forte raison*.

[f] On l'a déjà fait remarquer : le *cube* du *carré* d'un nombre n'est autre chose que la *sixième puissance* de ce nombre. Il en est de même du *carré* du *cube* d'un nombre.

Lyon à Turin. Combien de *kilomètres* de Chambéry à Turin[a]? — **S.** 344^{Km} — 138^{Km}, c-à-d 206^{Km}.

E. 10. Dites l'escompte à 4,2 °/₀ que subit un billet à ordre de 748^f,55, payable dans 49^j. — **S.** $\dfrac{4,2 \times 748,55 \times 49}{36\,000}$, c-à-d 4^f,27.

E. 11. Que rapportent par an 524 633^f, placés sur hypothèques, au taux de 3,85? — **S.** 524 633^f $\times$ 0,0385, c-à-d 20 198^f,37.

E. 12. Quel poids d'or pur dans un médaillon en or, au 2e titre, pesant 275^{dg}? — **S.** 275^{dg} $\times$ 0,840, c-à-d 231^{dg}.

---

165. — Degrés, minutes, secondes.

Question. Comment se partage la *circonférence*? — **Réponse.** La *circonférence* se partage en 360 petits *arcs égaux* [b] qu'on appelle **degrés.** Chaque *degré* se partage en 60 **minutes**; chaque *minute* en 60 **secondes**; chaque *seconde* en *dixièmes* et en *centièmes* [c].

Q. A quoi ces subdivisions du *degré* sont-elles analogues? — **R.** Ces subdivisions du *degré* sont analogues à celles de l'*heure*; mais, en abrégé, elles s'indiquent autrement [d] : 3^{degrés} 15^{minutes} 38^{secondes} s'écrivent 3° 15′ 38″.

Q. Comment se calculent-elles? — **R.** Les divisions et subdivisions de la *circonférence* se calculent comme les divisions et subdivisions du *jour* [e].

---

[a] *Chambéry*, jadis capitale de la province de Savoie, est à présent le chef-lieu du département de la Savoie : elle appartient à la France depuis 1860. — Turin est l'une des principales villes de l'Italie. Elle était autrefois la capitale de la province de Piémont et de ce qu'on appelait alors le royaume de Sardaigne.

[b] Ces nombres 360 et 60 ont été vraisemblablement choisis parce qu'ils possèdent chacun beaucoup de *diviseurs*.

[c] On dit parfois que la *seconde* se partage en 60 *tierces* et la *tierce* en 60 *quartes*. En réalité, la *seconde* se partage, comme nous le disons, en *dixièmes* et en *centièmes* : la *tierce* et la *quarte* sont absolument inusitées.

[d] Il faut bien s'habituer à cette différence de notations : ce serait une grosse faute d'écrire 3^h 4′ 28″, ou 3° 4^m 28^s.

[e] Il est indispensable, pour l'astronomie et la navigation, que les di-

Q. Comment les *angles* s'évaluent-ils? — **R.** Les *angles* s'évaluent aussi en *degrés, minutes* et *secondes*.

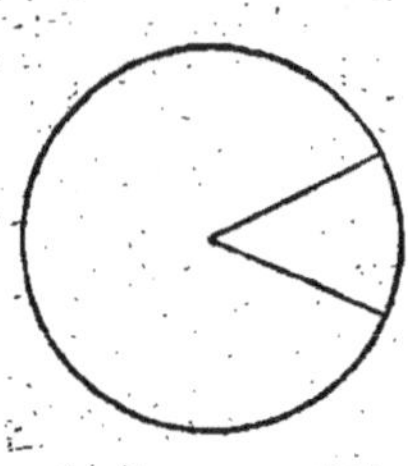

Angle au centre.

Q. Qu'appelle-t-on *angle au centre?* — **R.** Dans un *cercle*, on appelle **angle au centre** l'*angle* formé par *deux rayons*. Un tel angle a le même nombre de *degrés, minutes* et *secondes* que l'*arc* compris entre ses côtés.

Q. Combien l'*angle droit* vaut-il de degrés? — **R.** L'*angle droit* comprenant le *quart* de la circonférence vaut 90°. Les *angles obtus* valent plus; les *angles aigus* valent moins.

p. 225   **Q.** Qu'appelle-t-on *angle inscrit?* — **R.** Dans un *cercle*, on appelle **angle inscrit** un *angle* formé par *deux cordes* qui ont une *extrémité commune*. Un tel *angle* a *moitié* moins de *degrés, minutes* et *secondes* que l'*arc* compris entre ses côtés.

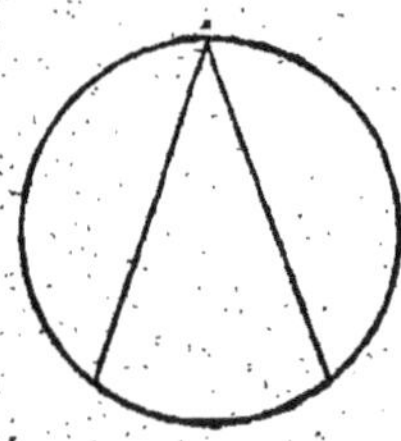

Angle inscrit.

Q. Qu'arriverait-il si le *sommet* de l'angle inscrit se mouvait? — **R.** Si le *sommet* de l'angle *inscrit* se *mouvait* sur la circonférence, les autres extrémités des *deux cordes* restant *fixes*, la *grandeur* de cet angle ne changerait point [a].

Q. A l'aide de quel instrument mesure-t-on les *angles?* — **R.** On mesure les angles à l'aide du **rapporteur**, qui se compose d'un *demi-cercle* [b], dont le bord est partagé en 180°.

visions du *temps* s'accordent avec celles de la *circonférence*; mais il est vraiment fâcheux que le mot *minute* et le mot *seconde* figurent chacun dans ces deux genres de divisions.

(a) Si l'on traçait la corde joignant les deux extrémités fixes, cette corde partagerait le cercle en deux segments. Celui qui contiendrait le sommet de l'angle donné s'appellerait le *segment capable* de cet angle. Le *demi-cercle* est le *segment capable* de l'*angle droit*.

(b) Les *rapporteurs* qu'on trouve dans les boîtes de compas sont : ou bien en *corne*, et alors ils sont *transparents;* ou bien en *cuivre*, et alors ils sont *évidés*.

Q. Comment s'y prend-on ? —
R. Pour *mesurer* un angle, on met le
centre du *rapporteur* au *sommet* de cet
angle, en plaçant le *diamètre* sur l'un
des *côtés*. Il suffit de lire la *division* qui
correspond à l'autre *côté*.

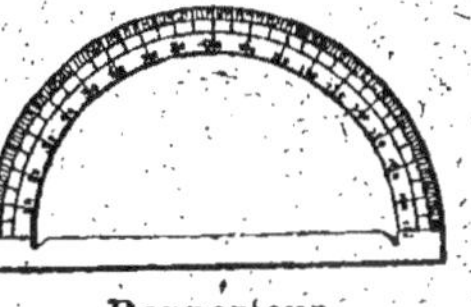

Rapporteur.

Exercice 1. Retranchez 13° 47' 56'',28 de 65°. —
　　Solution. 51° 12' 3'',72 [a].

E. 2. Ajoutez 33° 26' 16'',17 et 56° 38' 18'',09. —
　　S. 90° 4' 34'',26.

E. 3. Prenez le *cinquième* de 146° 36' 49'',8. —
　　S. 29° 19' 21'',96.

E. 4. Multipliez 26° 48' 49'',5 par 7. — **S.** 187° 41' 46'',5.

E. 5. Combien de *secondes* dans 16° 17' 18'' ? — **S.** 58638''.

E. 6. Combien de *degrés*, *minutes* et *secondes* dans 523426'' ?
　　— **S.** 145° 23' 46''.

E. 7. Retranchez $\frac{16}{25}$ de 0,64. — **S.** $\frac{16}{25}$ = 0,64. La différence cherchée est donc *nulle* [b].

E. 8. Dites le *ppcm* de $5^2 \times 7^3 \times 11$ et $5^3 \times 7^2 \times 11$.
　　— **S.** $5^3 \times 7^3 \times 11$.

E. 9. Combien de *milles anglais* dans 25647 yards ? —
　　S. Autant qu'il y a de fois 1760 dans 25647, c-à-d
　　14 milles. Il reste 1007 yards.

E. 10. Calculez avec 5 décimales la *racine carrée* de 3. —
　　S. 1,73205 [c].

E. 11. On allie 3 Kg,78 d'argent au titre de 0,870 avec
　　49 Hg,5 au titre de 0,836. Dites le titre de l'alliage
　　formé. — **S.** Le poids de l'argent pur est 3 Kg,78
　　$\times$ 0,870 + 4 Kg,95 $\times$ 0,836, c-à-d 7 Kg,4268. Le poids
　　total est 3 Kg,78 + 4 Kg,95, c-à-d 8 Kg,73. Le titre est
　　donc 7,4268 : 8,73, c-à-d 0,850.

E. 12. On remplace deux billets, l'un de 5649 f,50
　　payable dans 48 j, l'autre de 4938 f,25 payable dans 63 j,

(a) Tous ces calculs sur les divisions et subdivisions de la *circonférence*
sont identiques à ceux que nous avons effectués déjà sur les divisions et
subdivisions du *temps*.

(b) Il suffirait de *multiplier* par 4 les deux termes de $\frac{16}{25}$ pour obtenir
64 *centièmes*.

(c) 2 et 3 sont des nombres dont les racines, soit *carrées*, soit
cubiques, se présentent à chaque instant dans les calculs de la *géométrie*.

par un billet unique égal à leur somme. Dans combien de jours l'échéance de ce billet unique? — **S.** Les nombres représentatifs des *escomptes* des deux billets sont $5\,649,50 \times 48$ et $4\,938,25 \times 63$, c-à-d. $271\,176,00$ et $311\,109,75$. Leur somme est $582\,285,75$. C'est le nombre représentatif de l'escompte du 3e billet. En le divisant par la valeur nominale, qui est $5\,649,50 + 4\,938,25$, on trouve un nombre de jours compris entre 54 et 55, mais beaucoup plus rapproché de 55.

---

p. 226   **166. — Longueur de la circonférence.**

Question. Comment calcule-t-on la longueur d'une *circonférence?* — **Réponse.** Pour calculer la *longueur* d'une *circonférence*, on en mesure le *diamètre*, puis on *multiplie* le résultat obtenu par le nombre $3,1416$ [a].

Q. Donnez la *formule* qui exprime cette longueur. — **R.** Si l'on désigne par L la *longueur* de la *circonférence*, par R son rayon, et par la lettre [b] grecque π le nombre $3,1416$, on a $L = 2 \times \pi \times R$ [c].

Q. Comment obtient-on le *diamètre*, connaissant la *circonférence?* — **R.** Quand on connaît la *longueur* d'une *circonférence*, il suffit de *diviser* par π pour en obtenir le *diamètre*.

Q. Comment calcule-t-on la longueur d'un *arc?* — **R.** Connaissant le *rayon*, pour calculer la *longueur* d'un *arc*, donné en *degrés, minutes* et *secondes*, il suffit de résoudre une *règle de trois*.

Q. Donnez un exemple. — **R.** Soit à trouver la *longueur* d'un arc de $27° 18' 37''$ dans un cercle de 12^m de rayon. On

---

[a] Le rapport de la *circonférence* au *diamètre* est, comme on le démontre rigoureusement, un nombre *incommensurable*. On n'en peut donc pas donner d'expression numérique exacte. Le nombre $3,1416$ en est une valeur *approchée*, à moins d'*un demi-dix-millième*. Cette valeur approchée suffit dans tous les cas.

[b] La lettre grecque π correspond à notre *p* et se prononce *pi*.

[c] En algèbre, on supprime d'ordinaire le signe $\times$ soit entre deux lettres, soit entre un nombre et une lettre. On écrit alors la formule sous cette forme $L = 2\pi R$. Mais il faut bien se rappeler que, dans cette formule, les nombres et lettres juxtaposés doivent être multipliés entre eux.

dira : la longueur de la circonférence, c-à-d la longueur d'un arc de 1 296 000″ est $2 \times \pi \times 12$; la longueur de l'arc de 1″ est $\dfrac{2 \times \pi \times 12}{1\,296\,000}$; la longueur d'un arc de 27° 18′ 37″, c-à-d d'un arc de 98 317″, est $\dfrac{2 \times \pi \times 12 \times 98\,317}{1\,296\,000}$.

Q. Comment calcule-t-on combien un arc a de *degrés, minutes* et *secondes* ? — **R.** Connaissant le *rayon*, pour calculer le nombre de *degrés, minutes* et *secondes* d'un *arc* de *longueur* donnée, il suffit de résoudre une *règle de trois*.

Q. Donnez un exemple. — **R.** Soit à trouver le nombre de *degrés, minutes* et *secondes* d'un arc de 34^m de longueur dans un cercle de 16^m de rayon. On dira : la circonférence dont la longueur est $2 \times \pi \times 16$ est un arc de 1 296 000″ ; l'arc de 1^m vaut $\dfrac{1\,296\,000''}{2 \times \pi \times 16}$; l'arc de 34^m vaut $\dfrac{1\,296\,000'' \times 34}{2 \times \pi \times 16}$. En effectuant les calculs, on trouve un certain nombre de secondes, qu'on réduit en degrés, minutes et secondes [a].

Exercice 1. Quelle est la *longueur* [b] d'une *circonférence* ayant 0^m,25 de *rayon* ? — **Solution.** $2 \times \pi \times 0,25$, c-à-d 1^m,570.

E. 2. Trouvez le *rayon* d'une *circonférence* ayant 1^m,63 de longueur. — **S.** Le *diamètre* est 1^m,63 : π, c-à-d 0^m,518. Le *rayon* en est la *moitié*, c-à-d 0^m,259.

E. 3. Dans une circonférence de 0^m,78 de *rayon*, trouvez la longueur de l'*arc* de 17° 19′ 21″. — **S.** La longueur de la *circonférence* est 4^m,900. Or, 17° 19′ 21″ = 62 361″ et 360° = 1 296 000″. La longueur de l'arc cherché est donc 4^m,900 $\times \dfrac{62\,361}{1\,296\,000}$, c-à-d 0^m,235.

E. 4. A combien de *degrés, minutes* et *secondes* correspond un *arc* de 12^{dm},7 dans une circonférence de 9^{dm},28 de

---

(a) Soit pour ce dernier problème, soit pour le précédent, nous n'avons employé que la méthode de *réduction à l'unité*.

(b) Il est toujours bon, lorsqu'on résout un problème, de se faire, à l'avance, une idée approximative du résultat qu'on doit trouver : par là, on évite des fautes grossières. A propos de cet exercice et du suivant, il sera bon de remarquer que, dans un cercle quelconque, le nombre π étant un peu plus grand que 3, la *circonférence* est un peu *supérieure* au *triple* du *diamètre*, et, réciproquement, le *diamètre* un peu *inférieur* au *tiers* de la *circonférence*.

rayon? — **S.** Cette *circonférence* a une longueur de 58^{dm},308. Le nombre de secondes de l'arc cherché est donc 1 296 000″ $\times \dfrac{12,7}{58,308}$, c-à-d 282 280″,3, ou 78° 24′ 40″,3.

E. 5. Quel est le *rayon* de la circonférence où l'arc de 46° 28′ 9″ a une longueur de 2^{m},27? — **S.** 46° 28′ 9″ = 167 289″. La longueur de la circonférence est donc 2^{m},27 $\times \dfrac{1\,296\,000}{167\,289}$, c-à-d 17^{m},58 585. Le diamètre est donc 17^{m},58585 : 3,1416, c-à-d 5^{m},597. Le rayon en est la *moitié*, c-à-d 2^{m},798.

E. 6. Combien de *degrés* valent ensemble les *angles aigus* d'un triangle *rectangle*? — **S.** Ils valent ensemble 1$^{droit\,(a)}$, c-à-d 90°.

E. 7. Exprimez en *degrés* la somme des angles d'un *pentagone*. — **S.** Dans un *pentagone*, la somme des angles vaut 2$^{droits} \times$ (5 —2), c-à-d 6^{droits}. Or, en degrés, 6^{droits} valent 90° $\times$ 6, c-à-d 540°.

E. 8. Un *entier* terminé par 3 *zéros* peut-il être un *carré parfait?* — **S.** Non, parce que le carré d'un nombre terminé par des zéros est toujours terminé par un nombre *pair* de zéros.

E. 9. Que pèsent 310 pièces de 20^{f}? — **S.** Elles valent 20$^{f} \times$ 310, c-à-d 6 200^{f}; et pèsent autant de grammes qu'il y a de fois 3^{f},10 dans 6 200^{f}, c-à-d 2 000^{g}, ou 2^{Kg}.

E. 10. *Onze mètres* d'une étoffe de laine coûtent 26^{f},95. Que coûtent 53^{m},8 de cette étoffe? — **S.** 26^{f},95 $\times \dfrac{53,8}{11}$, c-à-d 131^{f},81.

E. 11. Que rapportent 11 687^{f},50, placés en 4 1/2 °/₀ français, au cours de 106^{f},25? — **S.** 106^{f},25 rapportent 4^{f},50. Donc 11 687^{f},50 rapportent 4^{f},50 $\times \dfrac{11\,687,50}{106,25}$, c-à-d 495^{f}.

E. 12. La planète *Mars* [b] tourne sur elle-même

(a) Deux angles sont dits : *complémentaires*, lorsque leur *somme* est égale à 1^{droit}; *supplémentaires*, lorsqu'elle est égale à 2^{droits}. Les deux angles *aigus* d'un triangle *rectangle* sont toujours *complémentaires*.

(b) Les *planètes* sont les astres, analogues à la terre, qui tournent autour du soleil. Il existe *huit* grosses planètes qui sont *Mercure, Vénus, la Terre, Mars, Jupiter, Saturne, Uranus* et *Neptune*. Mercure est la plus voisine du soleil, Neptune la plus éloignée. — Outre ces huit grosses

en 24^h 37^m 23^s. Combien met-elle pour faire 3 tours et demi? — **S.** 3 tours demandent 73^h 52^m 9^s; un demi-tour exige 12^h 18^m 41^s,5. Donc, en tout, 86^h 10^m 50^s,5.

---

167. — Partage en parties égales.

Question. Comment partage-t-on une *droite* en deux parties égales? — **Réponse.** Pour partager une *droite* AB en *deux* parties égales, de ses extrémités comme centres, et avec un même rayon [a], on décrit des arcs qui se coupent en P et en Q. La droite PQ coupe la droite AB en son *milieu* M.

Q. Comment partage-t-on un *arc* en deux parties égales? — **R.** Pour partager un *arc* CD en *deux* parties égales, de ses extrémités comme centres, et avec un même rayon, on décrit des arcs qui se coupent en S et en T. La droite ST coupe l'arc CD en son *milieu* N.

Q. Comment partage-t-on un *angle* en deux parties égales? — **R.** Pour partager un *angle* en *deux* parties égales, on décrit d'abord, entre ses côtés, et de son sommet comme centre, un arc AB; puis on fait, sur cet arc, la construction précé-

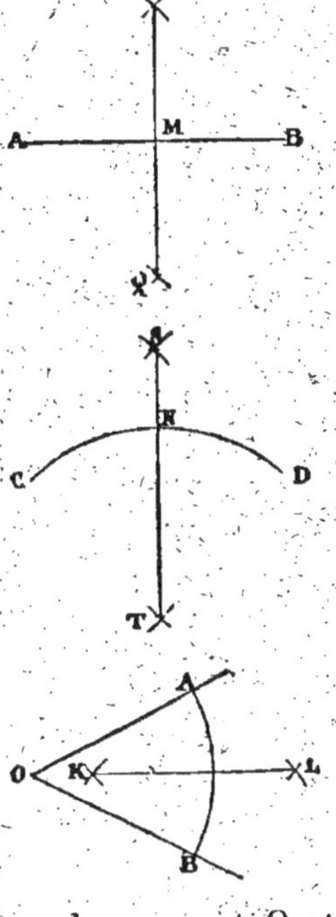

dente. La droite KL que l'on obtient passe par le sommet O et partage l'angle en deux parties égales : elle en est la *bissectrice* [b].

planètes, il en existe une multitude de petites, qui sont comprises entre Mars et Jupiter. — La *lune* n'est pas une planète. Comme elle tourne autour de la terre, on dit qu'elle en est un *satellite*.

[a] Il faut évidemment que ce rayon soit *plus grand* que la *moitié* de la droite AB. La construction se fait très bien si on le prend égal à cette droite elle-même. — La présente observation s'applique également au problème qui suit.

[b] Lorsque deux droites se coupent, elles forment quatre angles. Les quatre bissectrices de ces angles sont deux à deux dans le prolongement l'une de l'autre et, par conséquent, ne donnent que deux droites indéfinies. On démontre que ces deux droites sont *perpendiculaires* l'une sur l'autre.

Q. Que peut-on faire en répétant plusieurs fois la même *construction?* — **R.** En répétant plusieurs fois la même construction, on peut partager une *droite,* un *arc* ou un *angle* en 4, 8, 16, … [a] parties égales.

Q. Comment partage-t-on une *droite* en un nombre quelconque de parties égales? — **R.** Pour partager une droite AB en un nombre quelconque de parties égales, par exemple en 3, on mène par le point A une droite AX faisant un angle avec la droite AB. On porte sur AX, à partir de A, trois longueurs égales AP, PQ, QR; on tire la droite RB, et par les points P et Q on lui mène des parallèles [b].

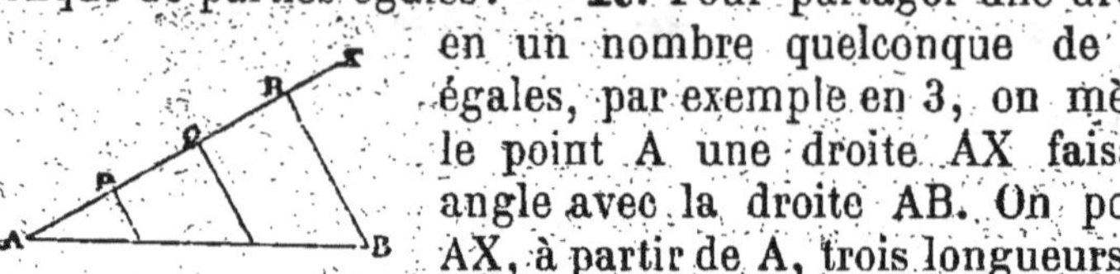

p. 228

Exercice 1. Trouvez la *longueur* d'une *circonférence* ayant 0ᵐ,47 de *diamètre.* — **Solution.** 0ᵐ,47 × 3,1416, c-à-d 1ᵐ,476.

E. 2. Combien de *degrés, minutes* et *secondes* dans le *triple* d'un arc de 128° 39′ 57″,8? — **S.** 385° 59′ 53″,4.

E. 3. Dites le *rayon* du cercle où l'arc de 60° 27′ 36″ a une *longueur* de 2ᵐ,283. — **S.** 60° 27′ 36″ = 217 656″. La longueur de la circonférence est donc $2^m,283 \times \frac{1\,296\,000}{217\,656}$, c-à-d 13ᵐ,593. Le diamètre est donc 13ᵐ,593 : 3,1416, c-à-d 4ᵐ,327. Le rayon est donc 2ᵐ,163 [c].

E. 4. Combien de *secondes* dans la *demi-circonférence?* — **S.** 648 000″.

E. 5. Extrayez avec 3 décimales la *racine carrée* de 276. — **S.** 16,613.

E. 6. Décomposez 9 313 920 en *facteurs premiers.* — **S.** $2^7 \times 3^3 \times 5 \times 7^2 \times 11$.

[a] Faites remarquer que ces nombres 4, 8, 16,… ne sont autres choses que les puissances successives de 2. — Il est impossible, à l'aide seulement de la *règle* et du *compas,* de partager un *arc* ou un *angle* en 3 parties égales.

[b] Il est bon d'exercer beaucoup les élèves à la résolution des problèmes *graphiques* qui font l'objet du présent paragraphe. On les familiarisera ainsi avec l'usage de la *règle,* de l'*équerre* et du *compas.*

[c] Le *rayon* d'un *cercle* est un peu moindre que le *sixième* de sa circonférence. Or, l'arc de 60° 27′ 36″ est un peu supérieur à ce sixième, qui serait l'arc de 60°. Donc le rayon cherché doit être un peu moindre que 2ᵐ,283. Voilà un résultat obtenu sans calcul.

E. 7. Combien de *pouces* dans la taille d'un homme de 5pieds 9pouces? — **S.** 69pouces.

E. 8. Les mesures pour les liquides sont formées d'un alliage de plomb et d'étain[a], dont 100g contiennent 82g d'étain et 18g de plomb. Quel poids d'étain dans 0Kg,728 de cet alliage? — **S.** Sur 100g d'alliage, il y a 82g d'étain. Sur 728g d'alliage, il y en a $82^g \times \dfrac{728}{100}$, c-à-d 596g,96.

E. 9. Un diamant[b] pèse 0g,603 et a un volume de 0cmc,17. Trouvez sa densité. — **S.** Ce volume d'eau pèserait 0g,17. La densité est donc 0,603 : 0,17, c-à-d 3,547.

E. 10. Combien faut-il ajouter de cuivre à 3Kg,129 d'argent au titre de 0,765, pour abaisser ce titre à 0,750? — **S.** 1Kg du lingot donné contient 15g d'argent pur en trop. Les 3Kg,129 contiennent donc en trop $15^g \times 3,129$, c-à-d 46g,935. A 1Kg de cuivre, il manque 750g d'argent pur. Il faut donc ajouter autant de kilogrammes de cuivre qu'il y a de fois 750g dans 46g,935, c-à-d 0Kg,062.

E. 11. Le compte de Jean présente au *débit* un total de 7835f,45, et au *crédit* un total de 5439f,10. Dites la nature et le montant du *solde*. — **S.** Le solde est *débiteur* et s'élève à 7835f,45 — 5439f,10, c-à-d à 2396f,35.

E. 12. Pour s'assurer, en cas d'incendie, contre le recours des voisins [c], il faut payer une prime annuelle de 0f,20 pour 1000f. Quelle prime pour 55320f? — **S.** $0^f,20 \times \dfrac{55320}{1000}$, c-à-d 110f,64.

---

[a] On emploie rarement les métaux purs, très fréquemment leurs alliages. Cela tient à ce que les alliages sont, en général, plus durs, plus résistants que les métaux dont ils sont formés.

[b] Le *diamant* est la plus belle des pierres précieuses et celle qui possède la plus grande valeur. Sans défaut, il est incolore et d'une transparence admirable; il *réfracte* et *disperse* la lumière en produisant, comme on dit, mille feux. Il existe des mines de diamants aux Indes, au Brésil et au sud de l'Afrique, non loin du Cap. Chose remarquable, le diamant n'est que du *carbone*, c-à-d du *charbon*, dans un état particulier!

[c] On appelle *recours des voisins* les demandes de *dommages-intérêts* que les voisins peuvent faire pour compenser les *dégâts et les pertes* que leur aurait causés l'incendie.

p. 229 168. — Construction des angles et des triangles.
Tracé des perpendiculaires.

Question. Comment construit-on un *angle* égal à un angle donné? — **Réponse.** Pour construire, en un point O d'une

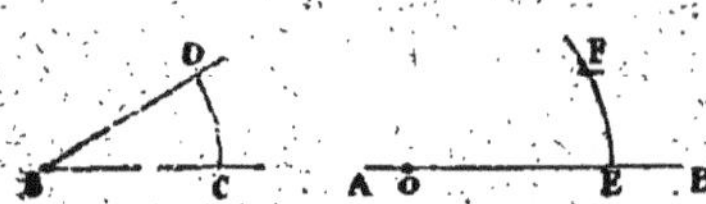

droite AB, un *angle* égal à un angle donné S, on décrit des arcs de cercle, avec le même rayon, des points S et O comme cen-tres. De E comme centre, avec une ouverture de compas égale à la distance CD, on décrit un nouvel arc qui coupe l'arc EF au point F. On n'a plus qu'à tirer la droite OF.

Q. Comment construit-on un *triangle* dont on connaît un côté et les deux angles adjacents? —

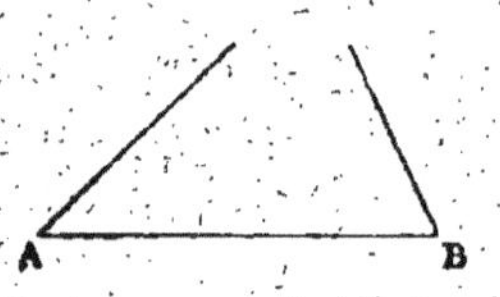

R. Pour construire un *triangle* dont on connaît un côté et les deux angles adja-cents [a], on trace une droite AB égale au côté donné; en A, on fait avec AB un angle égal au premier angle donné, et, en B, un angle égal au second. On n'a plus qu'à prolonger, jusqu'à leur rencontre, les côtés de ces deux angles [b].

Q. Comment construit-on un *triangle*, connaissant deux côtés et l'angle qu'ils comprennent? — **R.** Pour construire un *triangle* dont on connaît deux côtés et l'angle qu'ils comprennent, on fait un angle A égal à cet angle; on prend les lon-gueurs AB, AC égales aux côtés donnés. On n'a plus [c] qu'à tirer la droite BC.

Q. Comment construit-on un *triangle*, connaissant les trois côtés? — **R.** Pour construire un *triangle* dont on connaît les trois côtés, on trace la droite AB égale au premier côté; de A comme centre, avec un rayon égal au deuxième côté, on trace un arc de cercle; de B comme centre, deuxième côté, on trace un arc de cercle; de B comme centre,

---

(a) Deux angles d'un triangle sont *adjacents* à un côté de ce triangle, lorsqu'ils ont, l'un et l'autre, leur sommet sur ce côté.

(b) Pour que cette construction réussisse, il faut et il suffit que les deux angles donnés aient une somme inférieure à *deux* angles droits.

(c) Il est bon de remarquer que, dans ce cas, la construction réussit toujours.

avec un rayon égal au troisième côté, on en trace un autre, qui coupe [a] le précédent au point C; il suffit de tirer les droites CA, CB.

Q. Comment *élève*-t-on une *perpendiculaire* à une droite? — R. Pour *élever*, par un point O d'une droite donnée, la *perpendiculaire* à cette droite, on prend de part et d'autre de O deux longueurs égales OA, OB. Des points A et B comme centres, avec le même rayon, on décrit des arcs qui se coupent en K. Il suffit de tirer OK.

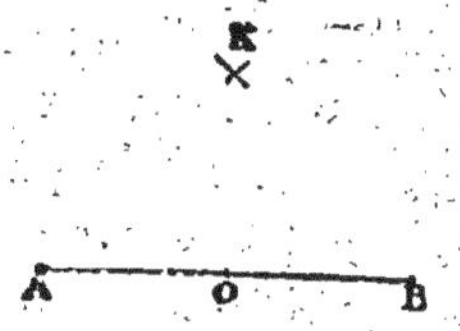

Q. Comment *abaisse*-t-on une *perpendiculaire* sur une droite? — R. Pour *abaisser* [b] du point O la *perpendiculaire* sur une droite donnée, de O comme centre, avec un rayon suffisant [c], on décrit un arc qui coupe cette droite aux points A et B. De ces points comme centres, avec le même rayon, on décrit des arcs qui se coupent en K. Il suffit de tirer OK.

p. 230

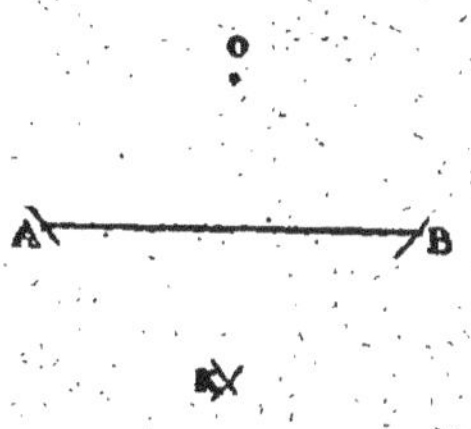

Exercice 1. Combien de *degrés* dans la *somme* des *angles* d'un *triangle?* — **Solution.** 180°; puisque cette somme vaut deux *angles droits*.

E. 2. Evaluez en *degrés*, *minutes* et *secondes* l'arc de 5^m de long, dans une circonférence de 10^m de rayon [d]. — **S.** La longueur de cette circonférence est de 62^m,832. Le nombre de secondes de l'arc de 5^m est donc 1296000″ $\times \dfrac{5}{62,832}$, c-à-d 103132″, ou 28° 38′ 52″.

[a] Si ces deux cercles ne se coupaient pas, la construction serait impossible; on ne pourrait construire aucun triangle avec les trois côtés donnés.

[b] Comme nous l'avons déjà fait remarquer dans une note, on *élève* une perpendiculaire sur une droite, quand on part d'un point situé sur cette droite. — Au contraire, on *abaisse* la perpendiculaire, quand on part d'un point extérieur.

[c] Il suffit que ce rayon coupe la droite en deux points distincts, c-à-d qu'il soit *plus grand* que la *distance* du point O à la droite donnée.

[d] Pour se faire, à l'avance, une idée approximative de la longueur d'un arc, il suffit de se rappeler que l'arc de 57° 17′ est, à très peu près, égal au rayon. Dans l'exercice actuel, la longueur de l'arc est la moitié du rayon; donc son nombre de degrés, minutes et secondes est, à très peu près, la moitié de 57° 17′.

E. 3. Un angle a 58° 19′ 13″,28 et un autre 37° 36′ 47″,11. Trouvez la différence. — **S.** 20° 42′ 26″,17.

E. 4. Additionnez 5 *septièmes*, 7 *neuvièmes*, 9 *onzièmes*. — **S.** $\frac{1601}{693}$.

E. 5. Deux nombres *entiers* finissent par 1 ou 6. Que savez-vous sur leur *différence?* — **S.** Elle est toujours divisible par 5, car elle se termine toujours par 5 ou par 0 [a].

E. 6. Que vaut une *demi-livre* de monnaie d'argent? — **S.** 0^f,20 × 250, c-à-d 50^f.

E. 7. Un train direct [b] part de Paris à 8^h 2^m du soir et arrive à Brest le lendemain matin à 9^h 33^m. La distance est de 610^{Km}. Combien de *kilomètres* par *minute?* — **S.** La durée du trajet est de 12^h 31^m, c-à-d de 811^m. Le train parcourt donc par minute 610^{Km} : 811, c-à-d 0^{Km},752.

E. 8. Calculez la *racine carrée* de 6 avec 5 décimales. — **S.** 2,44949.

E. 9. Combien de *secondes* dans une semaine? **S.** 604 800^s.

E. 10. Dites la capacité d'un flacon qui peut contenir 25^{Dg},37 d'eau. — **S.** 25^{Dg},37 = 253^g,7. La capacité est donc de 253^{cmc},7.

E. 11. Que valent 36 actions du Canal de Suez [c], au cours de 2237^f,50? — **S.** 2237^f,50 × 36, c-à-d 80 550^f,00.

E. 12. Partagez 123 847^f proportionnellement à $\frac{1}{2}$, $\frac{2}{3}$, $\frac{7}{8}$. — **S.** Ces fractions sont égales à $\frac{12}{24}$, $\frac{16}{24}$, $\frac{21}{24}$. En partageant 123 847^f proportionnellement à 12, 16, 21, on trouve 30 329^f,87 ; 40 439^f,84 ; 53 077^f,28.

---

[a] On pouvait dire aussi : en diminuant les deux entiers donnés chacun d'une unité, on ne change pas leur *différence;* mais, par cette opération, on trouve deux *multiples* de 5 : donc leur différence est un multiple de 5.

[b] On nomme *train direct* un train omnibus qui ne s'arrête qu'à un petit nombre de stations.

[c] Le Canal de Suez unit la Méditerranée à la mer Rouge, à travers l'isthme de Suez qui joignait l'Afrique à l'Asie. Il abrège de beaucoup le voyage de l'Europe aux Indes, à l'Indo-Chine, à la Chine et au Japon. Il a été creusé, à l'aide de capitaux français, par des ingénieurs français, sous la direction de M. F. de Lesseps.

169. — Tracé des parallèles et des tangentes.

Question. Comment mène-t-on une *parallèle* à une droite?
— **Réponse.** Pour mener, par un point O, la *parallèle* à une droite donnée [a], on décrit, de O comme centre, avec un rayon quelconque, un arc AB qui coupe la droite au point A; de A comme centre, avec le même rayon, on décrit un arc OC qui coupe la droite au point C; puis de A comme centre, avec une ouverture de compas égale à la distance CO, on décrit un nouvel arc qui coupe l'arc AB au point B : il suffit alors de p. 231 tirer la droite OB.

Q. Comment mène-t-on une *tangente* à une circonférence en un point de cette circonférence? — **R.** Pour mener la *tangente* à une circonférence O par un point A de cette circonférence, on tire le rayon OA et, par le point A, on lui mène la perpendiculaire AT.

Q. Comment mène-t-on des *tangentes* à une circonférence par un point extérieur? — **R.** Pour mener des *tangentes* à une circonférence O par un point extérieur A, on tire la droite OA; sur OA comme diamètre on décrit une circonférence qui coupe la précédente en P et en Q; les tangentes [b] sont les droites AP, AQ.

Q. Comment mène-t-on une *tangente commune extérieure* à deux circonférences? — **R.** Pour mener une *tangente commune extérieure* aux deux circonférences A et B, on mène d'abord deux rayons parallèles et de même sens AC, BD; on tire ensuite les droites AB, CD qui se coupent en O; enfin

[a] Ce *problème graphique* a été résolu déjà, dans le présent cours, à l'aide de la *règle* et de l'*équerre*. Il importe que les élèves s'exercent à le résoudre, comme nous le faisons ici, à l'aide de la *règle* et du *compas*.

[b] D'un point *extérieur* à une *circonférence*, on lui peut mener *deux tangentes*; d'un point pris *sur* la circonférence, on ne lui en peut mener *qu'une*; et il est évident que, d'un point *intérieur*, on ne lui en peut mener *aucune*.

par le point O [a] on mène la tangente à la circonférence A : c'est une tangente commune extérieure [b]; il y en a une seconde, en dessous.

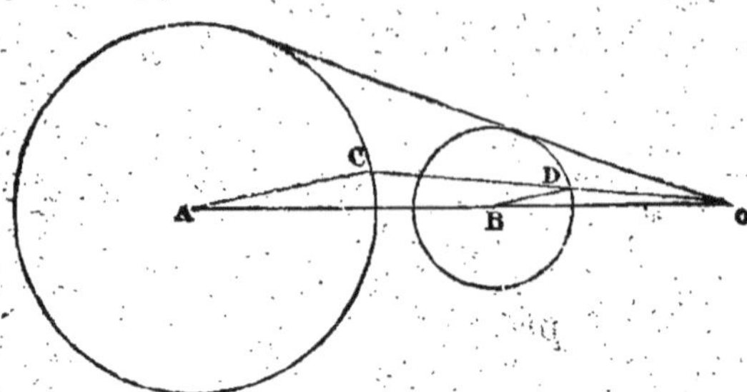

Q. Comment leur mène-t-on une *tangente commune intérieure* ?

— **R.** Pour mener une *tangente commune intérieure* aux deux circonférences A et B, on mène d'abord deux rayons parallèles et de sens contraires AC, BD; on tire ensuite les droites AB, CD qui se coupent en O; enfin par le point O [c] on

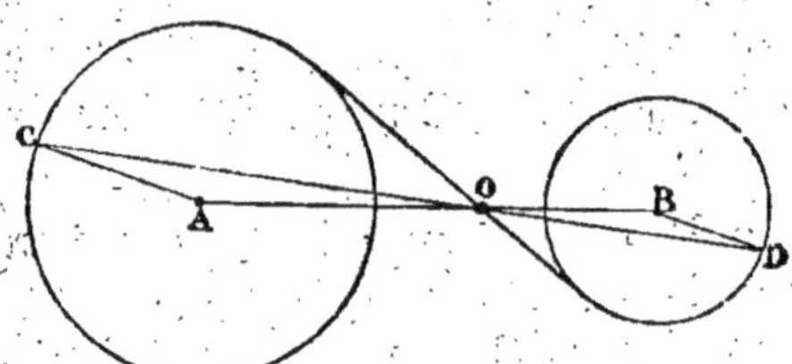

mène la tangente à la circonférence A : c'est une tangente commune intérieure [d]; il y en a une seconde.

Exercice 1. Quelle est, dans un cercle de $1^m,36$ de rayon, la longueur d'un arc de 63° 28′ 55″? — **Solution.** La longueur de la circonférence est $8^m,670$. Or 63° 28′ 55″ $= 228\,535″$. Donc la longueur de cet arc est de $8^m,670 \times \dfrac{228\,535}{1\,296\,000}$, c-à-d de $1^m,528$.

E. 2. Trouvez le *cinquième* d'un angle de 72° 28′ 18″. — **S.** 14° 29′ 39″,6.

E. 3. Trouvez le rayon de la terre, dont la circonférence est de $40\,000^{Km}$. — **S.** Le diamètre est 40 000 : 3,1416, c-à-d $12\,731^{Km},39$. Le rayon est donc $6\,365^{Km},69$ [e].

p. 232

(a) Ce point O est un point fort important : on le nomme le *centre de similitude directe* des deux circonférences.

(b) Cette tangente commune est dite *extérieure*, parce qu'elle laisse les deux circonférences du même côté. Si les circonférences considérées étaient *égales*, cette tangente commune serait *parallèle* à la ligne AB qui en joint les deux *centres*.

(c) Ce nouveau point O est fort important aussi : on le nomme le *centre de similitude inverse* des deux circonférences.

(d) Cette tangente commune est dite *intérieure*, parce qu'elle passe entre les deux circonférences.

(e) Le quart de 6 365 est presque 1 600. Le rayon de la terre est donc, en nombre rond, de 1 600 lieues.

E. 4. Évaluez l'angle *inscrit* qui comprend entre ses côtés un arc de 37° 35′ 33″. — **S.** Il vaut la moitié de 37° 35′ 33″, c-à-d 18° 47′ 46″,5.

E. 5. Quelle est la plus grande des fractions $\frac{2}{3}$ et 0,67?

— **S.** La seconde, car $\frac{2}{3} = 0,6666…$

E. 6. Le nombre 2 309 est-il *premier?* — **S.** Il est premier.

E. 7. Combien de *reichsmarks* pour faire 1200^f? — **S.** Autant qu'il y a de fois 1^f,2345 dans 1200^f, c-à-d 972^{marks}.

E. 8. Combien de *stères* dans un tas de bois de 0^{Dmc},173? — **S.** 0^{Dmc},173 = 173^{mc}, c-à-d 173st.

E. 9. Quel poids faut-il allier d'argent au titre de 0,729 et d'argent au titre de 0,873, pour obtenir 1^{Kg},650 au titre de 0,803? — **S.** A 1^{Kg} du premier lingot, il manque 74^g d'argent pur. Sur 1^{Kg} du second, il y en a 70^g de trop. Si l'on prenait 70^{Kg} du premier et 74^{Kg} du second, il y aurait compensation, et l'on obtiendrait 144^{Kg} du lingot demandé. Pour en obtenir 1^{Kg},650, il faut prendre 1^{Kg},650 $\times \frac{70}{144}$ et 1^{Kg},650 $\times \frac{74}{144}$, c-à-d 0^{Kg},802 du premier lingot et 0^{Kg},847 du second.

E. 10. Dites le volume d'un morceau de zinc qui pèse 72^{Dg},4, la densité étant 7,19. — **S.** 1^{cmc} de zinc pèse 7^g,19. Le volume contient autant de centimètres cubes qu'il y a de fois 7^g,19 dans 724^g, c-à-d 100^{cmc},69.

E. 11. A 4,5 % et à intérêts composés, 1^f, au bout de 18^{ans}, devient 2^f,208479. Que deviennent 45 968^f,50? — **S.** 2^f,208479 $\times$ 45 968,50, c-à-d 101 520^f,4 [a].

E. 12. Trouvez le capital qui, à 3,9 %, rapporte 57^f,55 en 13^j. — **S.** 36 000^f, à 3,9 %, en 13^j, rapportent $\frac{3,9 \times 36\,000 \times 13}{36\,000}$, c-à-d 3,9 $\times$ 13, ou 50^f,70. Le capital cherché est donc 36 000^f $\times \frac{57,55}{50,70}$, c-à-d 40 863^f,90.

[a] A 4,5 %, un capital double en 16^{ans} environ.

170. — Polygones inscrits et circonscrits.

Question. Dans quel cas un polygone est-il *inscrit* dans une circonférence? — **Réponse.** Un *polygone* est **inscrit** dans une *circonférence* lorsque tous ses *sommets* sont situés sur cette circonférence.

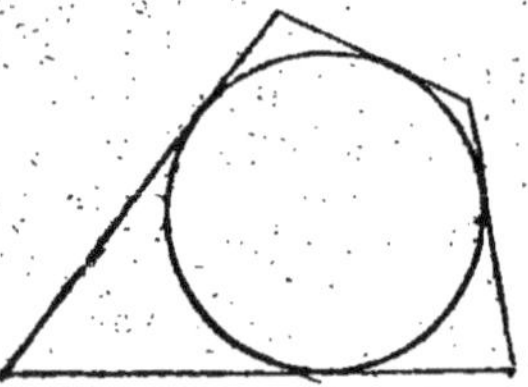
Polygone inscrit.

Q. Que dit-on alors de la *circonférence?* — **R.** On dit alors que la circonférence est *circonscrite* au polygone.

Q. Dans quel cas un polygone est-il *circonscrit* à une circonférence? — **R.** Un *polygone* est **circonscrit** à une *circonférence* lorsque tous ses *côtés* sont *tangents* à cette circonférence.

Polygone circonscrit.

Q. Que dit-on alors de la circonférence? — **R.** On dit alors que la circonférence est *inscrite* dans le polygone.

Q. Que savez-vous sur un *triangle quelconque?* — **R.** Etant donné un *triangle* quelconque, on peut toujours lui *inscrire* et lui *circonscrire* une *circonférence* [a].

Q. Comment obtient-on le *centre* de la circonférence inscrite dans un triangle? — **R.** Pour obtenir le centre de la *circonférence inscrite* dans un triangle, il suffit de prendre le point d'intersection des bissectrices de deux angles de ce triangle [b].

Q. Comment obtient-on le *centre* de la circonférence circonscrite à un triangle? — **R.** Pour obtenir le *centre* de la *circonférence circonscrite* à un triangle, il suffit de prendre le point d'intersection des perpendiculaires élevées à deux côtés de ce triangle, par les milieux de ces côtés [c].

p. 233

[a] On exprime parfois ce même fait en disant que tout *triangle* est *inscriptible* et *circonscriptible* à la circonférence.

[b] Il n'y a qu'*une* circonférence, située à l'*intérieur* d'un triangle, qui soit tangente à ses trois côtés : c'est la circonférence *inscrite*. Mais il y a, à l'*extérieur* du triangle, *trois* autres circonférences tangentes chacune aux trois côtés du triangle : ce sont les trois circonférences *exinscrites*.

[c] Il sera bon d'exercer les élèves à *inscrire* et à *circonscrire* des cercles à des triangles donnés.

Q. Un *polygone* de plus de trois côtés peut-il être *inscrit* dans une circonférence? — **R.** En général, un *polygone* donné, de plus de *trois* côtés, ne peut être ni *inscrit*, ni *circonscrit* à une *circonférence* [a].

Q. Que savez-vous sur les *angles* opposés d'un *quadrilatère inscrit*? — **R.** *En tout quadrilatère inscrit dans une circonférence, la somme des angles opposés est égale à deux angles droits* [b].

Q. Que savez-vous sur les *côtés* opposés d'un *quadrilatère circonscrit*? — **R.** *En tout quadrilatère circonscrit à une circonférence, la somme de deux côtés opposés est égale à la somme des deux autres* [c].

Exercice 1. Un *quadrilatère inscrit* dans une circonférence a un angle de 79° 28′ 13″. Evaluez l'angle opposé. — **Solution.** 180° — 79° 28′ 13″, c-à-d 100° 31′ 47″.

E. 2. Un *quadrilatère* est *circonscrit* à une circonférence. La somme des longueurs de deux côtés opposés est 11^m,873. Un 3e côté a 6^m,328. Dites la longueur du 4e. — **S.** 11^m,873 — 6^m,328, c-à-d 5^m,545.

E. 3. Réduisez 11 000″ en *degrés, minutes* et *secondes* [d]. — **S.** 3° 3′ 20″.

E. 4. Evaluez en *degrés* la somme des angles d'un *quadrilatère*. — **S.** Cette somme est égale à 4^{droits}, c-à-d à 90° $\times$ 4, ou 360°.

E. 5. Calculez à moins d'une unité la *racine carrée* de 327 439. — **S.** 572.

[a] Parmi les polygones de plus de *trois* côtés, il n'y a que des polygones particuliers qu'on puisse soit *inscrire*, soit *circonscrire* à la circonférence. A plus forte raison, n'y a-t-il que des polygones encore plus particuliers qui possèdent la propriété d'être à la fois *inscriptibles et circonscriptibles*.

[b] Et réciproquement, si cette relation existe entre les angles opposés d'un *quadrilatère*, ce quadrilatère est *inscriptible*.

[c] Et réciproquement encore, si cette relation existe entre les couples de côtés opposés d'un *quadrilatère*, ce quadrilatère est *circonscriptible*.

[d] Lors de la création du système métrique, on avait imaginé un nouveau mode de division de la circonférence. On partageait le *quadrant*, c-à-d le *quart* de la circonférence en 100 parties égales appelées *grades*; le *grade* en 100 parties égales appelées *minutes*; la *minute* en 100 parties égales appelées *secondes*. — Ce mode de division de la circonférence, ne s'accordant pas avec le mode de division du temps, n'a été adopté ni par les astronomes, ni par les marins.

E. 6. Trouvez le *pgcd* de 108 230, 103 490 et 100 330.
— **S.** 790.

E. 7. Que pèsent 3 545^f,20 en monnaie d'argent? —
S. 5^g $\times$ 3 545,20, c-à-d 17 726^g, ou 17^{Kg},726.

E. 8. Calculez la *racine carrée* de 5 avec cinq décimales.
— **S.** 2,23607.

E. 9. La superficie de la France est de 528 400^{Kmq}. Sa
population en 1886 était de 38 218 903^{hab}. Combien par
kilomètre carré? — **S.** 38 218 903 : 528 400, c-à-d
72^{hab} [a].

E. 10. Un billet de 657^f,25, payable dans 89^j, subit une
retenue de 8^f,15. Trouvez le taux de l'escompte. —
— **S.** 100^f en 1^{an} subiraient une retenue de 8^f,15
$\times \dfrac{100}{657,25} \times \dfrac{360}{89}$, c-à-d 5^f,01. Tel est le taux.

E. 11. *Huit* obligations du chemin de fer de Paris à Lyon
et à la Méditerranée [b] valent ensemble 3 214^f. Quel est
le cours? — **S.** 3 214^f : 8, c-à-d 401^f,75.

E. 12. Combien de vin à 0^f,65 le litre faut-il mélanger
avec 73^l,2 à 0^f,52, pour obtenir un mélange à 0^f,67 le
litre? — **S.** Problème impossible. En effet, de quelque
manière qu'on s'y prenne, en mélangeant des vins à
0^f,65 et à 0^f,52, le litre du mélange aura un prix intermédiaire entre 0^f,65 et 0^f,52. Ce prix ne pourra donc
jamais atteindre 0^f,67 [c].

---

171. — Polygones réguliers.

Question. Qu'est-ce qu'un *polygone régulier?* — Réponse. Un **polygone régulier** est un *polygone*

(a) Dans les ouvrages de *statistique*, le nombre moyen d'habitants par
kilomètre carré se nomme souvent la *densité de la population*. En Angleterre, en Hollande, en Belgique, en Allemagne, en Suisse, en Italie,
cette densité est *plus grande* qu'en France. En Autriche-Hongrie, en
Russie, en Suède, en Danemark, en Turquie, en Grèce, en Espagne, en
Portugal, elle est beaucoup *moindre*.

(b) Le réseau des chemins de fer de *Paris à Lyon* et à la *Méditerranée*
est le plus considérable de la France. Sa plus grande ligne est celle qui
va de Paris à Lyon, à Marseille et à Nice.

(c) Il est bon de donner aux élèves quelques problèmes impossibles,
ne fût-ce que pour les empêcher de croire que toute question a une
solution.

qui a tous ses *angles égaux* et tous ses *côtés égaux*.

Q. Donnez des exemples. — **R.** Le *polygone régulier* de 3 côtés est le *triangle équilatéral*; le *polygone régulier* de 4 côtés est le *carré*.

Q. Comment construit-on un *carré*? — **R.** Pour con- p. 234 struire un *carré*, on trace une circonférence; on y mène deux diamètres rectangulaires; et l'on joint les extrémités de ces diamètres [a].

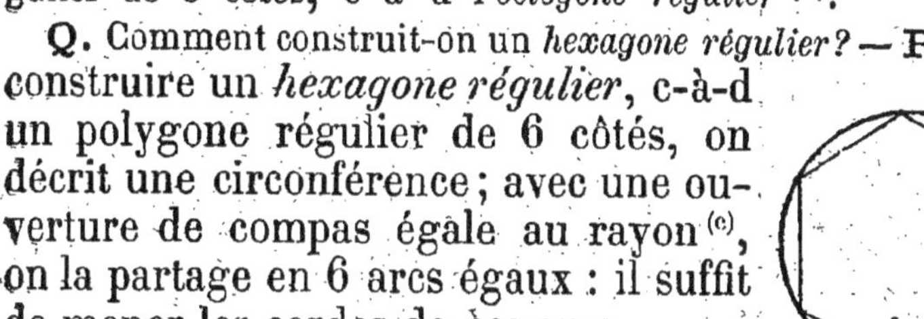
Carré.

Q. Quel *polygone régulier* peut-on déduire de là? — **R.** Si l'on marquait les milieux des 4 arcs correspondants, en les joignant deux à deux on formerait le polygone régulier de 8 côtés, c-à-d l'*octogone régulier* [b].

Q. Comment construit-on un *hexagone régulier?* — **R.** Pour construire un *hexagone régulier*, c-à-d un polygone régulier de 6 côtés, on décrit une circonférence; avec une ouverture de compas égale au rayon [c], on la partage en 6 arcs égaux : il suffit de mener les cordes de ces arcs.

Hexagone régulier.

Q. Quels autres *polygones réguliers* peut-on déduire de là? — **R.** Lorsque la circonférence est ainsi partagée, si l'on joignait les points de division de deux en deux, on formerait un *triangle équilatéral* [d]; si, au contraire, on marquait les milieux des six arcs, on formerait, en les joignant, un *polygone régulier* de 12 côtés [e].

[a] C'est là le moyen de construire un *carré inscrit* dans un cercle donné. Si l'on voulait construire un *carré* ayant son *côté* d'une *longueur* donnée, on tracerait une droite AB de cette *longueur;* aux extrémités A et B de cette droite, on élèverait des perpendiculaires AC, BD de cette même longueur; on joindrait enfin les points C et D.

[b] En marquant les milieux des 8 nouveaux arcs et les joignant deux à deux, on formerait le *polygone régulier* de 16 côtés; et ainsi de suite.

[c] C'est un fait très remarquable que le *côté* de l'*hexagone régulier* inscrit dans un cercle soit juste *égal* au *rayon* de ce cercle.

[d] Pour construire un *triangle équilatéral* ayant son *côté* d'une *longueur* donnée, on trace une droite AB de cette longueur; des extrémités de cette droite comme *centres*, avec la *longueur* donnée pour *rayon*, on décrit des arcs de cercle qui se coupent en C; on joint enfin, au point C, le point A et le point B.

[e] En marquant les milieux des 12 nouveaux arcs, et les joignant deux à deux, on formerait le *polygone régulier* de 24 côtés; et ainsi de suite.

19.

Q. Comment construit-on un *polygone régulier* d'un nombre quelconque de côtés? — **R.** En général, pour construire un *polygone régulier* d'un certain nombre de côtés, on partage une *circonférence* en ce même nombre d'*arcs égaux*, et l'on tire les *cordes* de tous ces arcs [a].

Q. A quoi s'emploient les *polygones réguliers*? — **R.** Les *polygones réguliers* s'emploient souvent au **carrelage**.

Carrelages.

Q. Quels *polygones* peut-on employer? — **R.** Lorsqu'on ne veut employer au *carrelage* que des polygones réguliers d'une même espèce [b], on ne peut prendre que le *triangle équilatéral*, le *carré* ou l'*hexagone régulier*, vu que ce sont les seuls polygones réguliers dont l'angle soit une partie aliquote de 360°.

p. 235 **Exercice 1.** Deux angles *opposés* d'un quadrilatère sont l'un de 56° 57′ 13″,2, l'autre de 123° 19′ 58″,7. Ce quadrilatère est-il *inscriptible* dans un cercle? — **Solution.** Il ne l'est pas, car la somme des deux angles opposés n'est pas juste égale à 180°.

E. 2. Dites la longueur de la circonférence qui a 1^m de rayon. — **S.** 2^m × 3,1416, c-à-d 6^m,2832.

E. 3. Une roue [c] tourne de 86° 18′ 13″ en 1^s. De com-

(a) Supposons une circonférence partagée en 5 parties égales. Si l'on joint chaque point de division au suivant, on forme le *pentagone régulier inscrit*. Si l'on joignait les 5 points de division de *deux en deux*, on formerait un *pentagone régulier inscrit* non convexe, qu'on appelle *pentagone étoilé*, et qui est le type le plus simple des *polygones étoilés*.

(b) On peut faire des *carrelages* en employant en même temps des *polygones* de deux ou plusieurs espèces. Par exemple, on emploie fréquemment des *octogones réguliers* en même temps que des *carrés*.

(c) Nulle invention n'est plus admirable que celle de la *roue* : sans roue, pas de voiture et presque pas de machines. Cette invention remonte à la plus haute antiquité, dans l'ancien continent du moins; lorsque les Espagnols découvrirent l'Amérique, les indigènes ne connaissaient pas la roue. — Il y a des roues de bien des espèces : les roues à bord *lisse*, les

bien en 9ˢ? — **S.** D'un arc 9 fois plus grand, c-à-d de 776° 43′ 57″.

E. 4. Réduisez à sa *plus simple expression* $\frac{10\,579}{10\,721}$. — **S.** En divisant les deux termes par leur *pgcd* 71 [a], on trouve $\frac{149}{151}$.

E. 5. Formez le *carré* de $2 \times 3^2 \times 5^3$. — **S.** $2^2 \times 3^4 \times 5^6$.

E. 6. Combien de *livres*, *sous* et *liards* dans 327ˡⁱᵃʳᵈˢ? — **S.** 4ˡⁱᵛʳᵉˢ 1ˢᵒᵘ 3ˡⁱᵃʳᵈˢ.

E. 7. Calculez avec 5 décimales la *racine carrée* de 10. — **S.** 3,16228.

E. 8. Le département de la Côte-d'Or [b] couvre 8761ᴷᵐq et compte 381574ʰᵃᵇ. Combien par *kilomètre carré*? — **S.** 381574 : 8761, c-à-d 43ʰᵃᵇ.

E. 9. A quel taux faut-il placer 104628ᶠ pour obtenir 462ᶠ,50 d'intérêts en 31ʲ? — **S.** 104628ᶠ doivent rapporter 462ᶠ,50 en 31ʲ. Donc 100ᶠ, en 360ʲ, rapportent $462^f,50 \times \frac{100}{104\,628} \times \frac{360}{31}$, c-à-d 5ᶠ,13. Tel est le taux.

E. 10. Répartissez 7348ᶠ,05 proportionnellement à 7, 8, 9. — **S.** Les trois parts sont 2143ᶠ,18; 2449ᶠ,35; 2755ᶠ,51.

E. 11. Un orfèvre vend l'argenterie au poids. Trois couverts de 160ᵍ chacun coûtent 117ᶠ,30. Que coûtent 13 couverts de 153ᵍ? — **S.** $117^f,30 \times \frac{13}{3} \times \frac{153}{160}$, c-à-d 486ᶠ,06.

E. 12. Que pèse une boule [c] en buis, dont le volume est de 0ᵈᵐᶜ,327, la densité étant 0,91? — **S.** $0^{Kg},91 \times 0,327$, c-à-d 0ᴷᵍ,29757.

---

roues *dentées* ou roues d'*engrenage*, les grandes roues nommées *volants* qui servent à régulariser le jeu des machines, les roues *hydrauliques* qui mettent en mouvement les meules des moulins, etc., etc.

(a) 71 est le plus petit nombre premier qui divise chacun des termes de la fraction donnée. Ces deux termes auraient donc été difficiles à décomposer en leurs facteurs premiers.

(b) Le département de la Côte-d'Or est, par ses vins surtout, l'un des plus riches de France. Il a pour chef-lieu Dijon, qui était autrefois la capitale de la province de Bourgogne.

(c) Nous rencontrerons bientôt, en géométrie, le mot *sphère* qui est tout à fait synonyme du mot *boule*. Il en est souvent de même du mot *globe*.

172. — Arcs qui se raccordent.

Question. Dans quel cas dit-on que deux lignes se *raccordent?* — **Réponse.** On dit que deux *lignes* se **raccordent** lorsqu'elles se suivent sans former de *coude* [a].

Q. Comment trace-t-on un *arc* de cercle qui se *raccorde* avec une *droite?* — **R.** Pour tracer un *arc* de cercle qui se *raccorde* en B avec la *droite* AB, il suffit de prendre pour centre un point P de la perpendiculaire BP, et pour rayon la longueur BP [b].

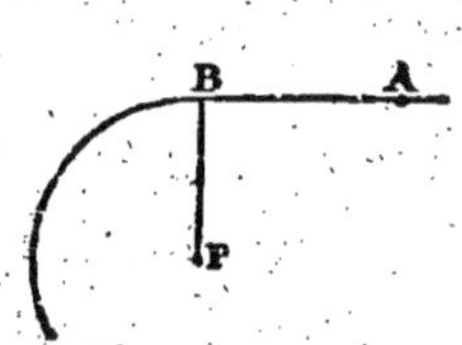
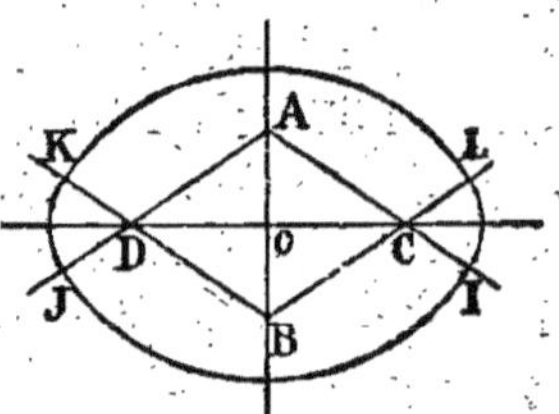

Q. Comment trace-t-on un *arc* de cercle qui se *raccorde* avec un autre? — **R.** Pour tracer un *arc* de cercle qui se *raccorde* en B avec l'*arc* AB, dont le centre est P, il suffit de prendre pour centre un point quelconque Q de la *droite* PB, et pour rayon la longueur QB [c].

Q. Peut-on tracer des courbes formées d'*arcs* de cercle? — **R.** On peut tracer une foule de *courbes* formées d'*arcs de cercle* qui se *raccordent.*

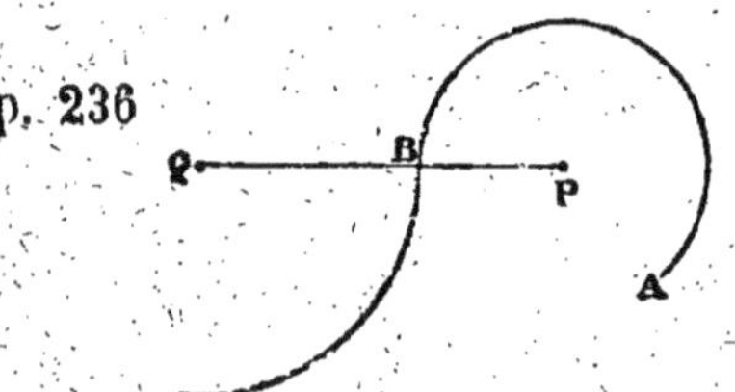

Q. Donnez un exemple. — **R.** Etant données, par exemple, deux droites rectangulaires qui se coupent en O, si l'on prend sur la première deux points A et B équidistants de O et sur la seconde deux points C et D équidistants aussi de O, que de A et B comme centres avec un même rayon

p. 236

---

[a] Lorsque deux courbes *se raccordent*, il est très difficile de voir le point précis où finit l'une et où commence l'autre.

[b] Lorsqu'une *droite* et un *arc* de courbe se *raccordent* en un point, la droite, en ce point-là, est *tangente* à l'arc.

[c] Lorsque deux *arcs* de courbes se raccordent en un point, ils admettent la même *tangente* en ce point.

on décrive les arcs IJ, KL, enfin que de C et D comme centres on décrive les arcs LI, KJ, on obtient une courbe fermée, *ovale*, composée uniquement d'arcs de cercle qui se raccordent[a].

Q. Toutes les courbes sont-elles composées d'*arcs* de cercle? — **R.** Il existe une infinité de *courbes* qui ne sont pas composées d'*arcs de cercle*[b].

Exercice 1. Trouvez le rayon de la circonférence où un arc de 37° 38′ 5″ a une longueur de $13^m,4$. — **Solution.** 37° 38′ 5″ $= 135485''$. La longueur de la circonférence est donc $13^m,4 \times \dfrac{1296000}{135485}$, c-à-d $128^m,179$.

Le diamètre est $128^m,179 : 3,1416$, c-à-d $40^m,800$. Le rayon est donc $20^m,400$.

E. 2. Combien de *secondes* dans un arc de 90°[c]? — **S.** 324000″.

E. 3. Réduisez $\dfrac{3}{4}$, $\dfrac{5}{6}$, $\dfrac{7}{8}$ au *plus petit dénominateur commun.* — **S.** $\dfrac{18}{24}$, $\dfrac{20}{24}$, $\dfrac{21}{24}$.

E. 4. Formez le *pgcd* de $3^4 \times 7 \times 11$ et $2^4 \times 3^3 \times 7^2$. — **S.** $3^3 \times 7$.

E. 5. Un *entier* est terminé par 5. Quel est le nombre formé par les deux derniers chiffres de son *carré?* — **S.** 25. En effet, dans le carré de ce nombre, toutes les parties autres que le carré des unités se terminant par deux zéros, les deux derniers chiffres proviennent uniquement du carré 25 de ces unités.

E. 6. Convertissez un *tiers* en *fraction décimale.* **S.** 0,3333...

E. 7. Sur 100^g de poterie d'étain, il y a 90^g d'étain, 9^g d'antimoine[d] et 1^g de cuivre. Combien d'antimoine dans

---

[a] La courbe ainsi tracée ressemble à l'*ellipse* que nous verrons plus tard, mais n'en est pas une, Il est *impossible*, en traçant des *arcs de cercles* qui se raccordent, d'obtenir jamais une *ellipse*.

[b] Les *courbes* proprement dites, celles qui sont susceptibles d'une définition géométrique convenant à tous leurs points, celles, en un mot, qu'on étudie dans la *géométrie analytique*, ne sont jamais composées d'une suite d'arcs de cercle.

[c] Rappelez aux élèves que l'arc de 90° est le *quart* de la circonférence, et qu'on lui donne souvent le nom de *quadrant*.

[d] L'*antimoine* est un métal bleuâtre, brillant, qui semble formé de lamelles. On ne l'emploie pas seul, mais on l'allie très souvent à l'étain, au plomb, au bismuth : il rend les alliages où il entre durs et même

2^{Kg},768 de cette poterie? — **S.** Sur 100^g de poterie, il y a 9^g d'antimoine. Sur 2768^g de poterie, le poids de l'antimoine est $9^g \times \dfrac{2768}{100}$, c-à-d 249^g,12.

E. 8. Les trains tramways [a] prennent 1^f,35 en 1re classe et 0^f,75 en 3e pour le voyage de Lille à Tourcoing [b]. Dites le *rapport* de ces deux prix. — **S.** $\dfrac{1,35}{0,65}$, c-à-d 1, 8.

E. 9. Des couteaux reviennent au marchand à 9^f,75 la douzaine. Il les revend 1^f,45 pièce. Combien gagne-t-il pour cent du prix de vente? — **S.** Il vend la douzaine 1^f,45 $\times$ 12, c-à-d 17^f,40, gagnant ainsi 7^f,65 par douzaine. Ainsi, sur 17^f,40, il gagne 7^f,65. Sur 100^f, il gagnerait 7^f,65 $\times \dfrac{100}{17,40}$, c-à-d 43,96 °/₀.

E. 10. Martin achète à un opticien [c] une lorgnette de 12^f,50 et une loupe de 28^f,75. En quels termes l'opticien inscrit-il cette vente à son *journal?* — **S.** *Doit* Martin. — 1 lorgnette... 12^f,50; 1 loupe... 28^f,75. Total 41^f,25.

E. 11. Quel poids d'argent pur dans 2^{Kg},76 d'argenterie au 1er titre? — **S.** 2^{Kg},76 $\times$ 0,950, c-à-d 2^{Kg},622.

p. 237 **E. 12.** Les vivres d'une citadelle [d] peuvent durer 260^j, si la garnison n'est que de 648 hommes. Combien dureraient-ils, si elle s'élevait à 975 hommes? — **S.** 260^j $\times \dfrac{648}{975}$, c-à-d 172^j.

cassants. Combiné avec d'autres corps, l'antimoine fait partie de plusieurs médicaments, notamment de l'*émétique*.

[a] Les *trains-tramways* sont des trains omnibus qui s'arrêtent très fréquemment. Ils contiennent des wagons des trois classes; mais ne prennent ni bagages, ni chiens, ni voitures, ni chevaux. — Il n'y a de *trains-tramways* que sur un petit nombre de *lignes* de chemins de fer.

[b] *Lille* et *Tourcoing* sont deux villes très industrieuses et très florissantes du département du Nord. *Lille* est le chef-lieu de ce département et l'ancienne capitale de la *Flandre* française.

[c] L'*optique* est la partie de la physique qui s'occupe de la *lumière*. On donne le nom d'*opticien* à celui qui fabrique ou qui vend des instruments d'*optique*, tels que *télescopes, lunettes d'approche, lorgnettes, besicles, binocles, loupes, microscopes*, etc., etc. En général, les opticiens fabriquent ou vendent aussi la plupart des instruments de mathématiques, et divers appareils de physique.

[d] On donne, en général, le nom de *citadelle* au plus important, au plus difficile à prendre de tous les *forts* qui protègent une ville.

CHAPITRE III

MESURE DES AIRES

—

173. — Aire du rectangle, du parallélogramme, du trapèze.

Question. Qu'est-ce que l'*aire* d'un polygone ? — **Réponse.** L'**aire**[a] d'un *polygone* est la portion du tableau comprise à l'*intérieur* de ce *polygone*.

Q. Qu'appelle-t-on *base* d'un rectangle ? — **R.** On appelle **base** d'un *rectangle* l'un quelconque de ses *côtés*. Sa **hauteur** est le *côté* perpendiculaire.

Q. Comment évalue-t-on l'aire d'un *rectangle ?* — **R.** Pour évaluer l'*aire* d'un *rectangle*, on *multiplie* sa *base* par sa *hauteur*, c-à-d qu'on fait le *produit* des *nombres*[b] qu'on obtient en *mesurant* ces deux *lignes*.

Q. Justifiez cette *règle*. — **R.** Dans le rectangle ci-dessus, la base[c] est de 5^m, la hauteur de 3^m. Si, par les points de division, on mène des parallèles aux côtés, on partage le rectangle en **3** bandes contenant chacune 5^{mq}. Le rectangle en contient donc 5×3, c-à-d 15[d].

Q. Comment s'évalue l'aire du *carré ?* — **R.** L'*aire* du *carré* s'évalue comme celle du *rectangle*[e].

Q. Qu'appelle-t-on *base* d'un *parallélogramme ?* — **R.** On

[a] Comme le mot *are*, le mot *aire* vient du latin *area*, qui signifie précisément superficie, surface, aire.

[b] Ces nombres doivent être regardés comme des nombres *abstraits*. Il serait *absurde* de dire qu'on multiplie un nombre de mètres par un nombre de mètres.

[c] La *base* et la *hauteur* d'un *rectangle* se nomment parfois les *deux dimensions* du *rectangle*. On les appelle souvent aussi la *longueur* et la *largeur* du rectangle.

[d] La figure ci-dessus, qu'il ne faut pas manquer de tracer ou de faire tracer, rend ce résultat tout à fait évident.

[e] Dans le *carré*, la *base* et la *hauteur*, étant des longueurs égales,

appelle *base* d'un *parallélogramme* l'un quelconque de ses côtés. La *hauteur* est la perpendiculaire qui va de cette base au côté opposé.

Q. Comment évalue-t-on l'*aire* du *parallélogramme?* — **R.** Pour évaluer l'*aire* d'un *parallélogramme*, on *multiplie* sa *base* par sa *hauteur*.

Q. Dans un *trapèze*, quelles sont les *bases?* — **R.** Dans un *trapèze*, les *bases* sont les *côtés parallèles*. La *hauteur* est la *perpendiculaire commune* aux deux *bases*.

p. 238

Q. Comment évalue-t-on l'*aire* d'un *trapèze?* — **R.** Pour évaluer l'*aire* d'un *trapèze*, on calcule la *demi-somme* de ses *bases*, puis on la *multiplie* par sa *hauteur* [a].

Exercice 1. Dites l'*aire* d'un *carré* de 3^m de côté. — **Solution.** 3 $\times$ 3, c-à-d 9^{mq}.

E. 2. Dites l'*aire* du *rectangle* qui a pour *dimensions* 7^{cm} et 8^{cm}. — **S.** 7 $\times$ 8, c-à-d 56^{cmq}.

E. 3. Dites l'*aire* d'un *parallélogramme* dont la *base* est de 4^{dm},1 et la *hauteur* de 2^{dm},3. — **S.** 4,1 $\times$ 2,3, c-à-d 9^{dmq},43.

E. 4. Dites l'*aire* d'un *trapèze* dont la *hauteur* est de 0^m,75 et dont les *bases* sont de 1^m,33 et 1^m,57. — **S.** La demi-somme des bases est 1^m,45. L'aire [b] est donc 1,45 $\times$ 0,75, c-à-d 1^{mq},0875.

E. 5. Quelle est la longueur d'un arc de 30° dans un cercle de 3^m,5 de rayon? — **S.** La longueur de la circonférence est 21^m,9912. Celle de l'arc de 30° est donc 21^m,9912 $\times \dfrac{30}{360}$, c-à-d 1^m,8326 [c].

sont représentées par le même *nombre*. L'*aire* est représentée par la *deuxième puissance* de ce nombre. Voilà pourquoi la *deuxième puissance* d'un nombre se nomme le *carré* de ce nombre.

[a] Pour obtenir chacune des *aires* considérées, il suffit, on le voit, de faire le *produit* des *nombres* qui représentent les longueurs de deux *lignes*. Dans l'évaluation des *aires*, il en est toujours ainsi.

[b] Pour nous, dans le présent paragraphe, les mots *aire*, *surface*, *superficie*, sont tout à fait *synonymes*.

[c] L'arc de 30° est un peu plus grand que la *moitié* de l'arc de

E. 6. Calculez à moins d'une unité la *racine carrée* de 325 636. — **S.** 570.

E. 7. Trouvez le *ppcm* de 9 061 et 9 607. — **S.** 6 696 079.

E. 8. Combien de *livres anciennes* dans une *tonne?* — **S.** Autant qu'il y a de fois 489^g,51 dans 1 000 000^g, c-à-d 2 042^{livres},8.

E. 9. Convertissez 2 *tiers* en fraction décimale. **S.** 0,666…

E. 10. L'heure de Berne avance[a] de 26^m sur celle de Paris. Quelle heure est-il à Paris quand il est 12^h 15^m à Berne? — **S.** 12^h 15^m — 26^m, c-à-d 11^h 49^m.

E. 11. Le 3 % français *amortissable*[b] est au cours de 86^f,55. Quel est le taux de l'intérêt? — **S.** 86^f,55 rapportent 3^f. Donc 100^f rapportent $3^f \times \dfrac{100}{86,55}$, c-à-d 3^f,46.

E. 12. Trouvez le poids d'un bijou en or, au 3e titre, qui contient 1^{Dg},5 d'or pur. — **S.** A ce titre, un lingot qui contiendrait 750^g d'or pur pèserait 1000^g. Un bijou qui en contient 15^g pèse donc $1000^g \times \dfrac{15}{750}$, c-à-d 20^g.

---

174. — Aire du triangle.

Question. Qu'appelle-t-on *base* d'un triangle? — **Réponse.** On appelle *base* d'un *triangle* l'un quelconque de ses *côtés*. La *hauteur* est la *perpendiculaire* qui mesure la *distance* de la *base*[c] au *sommet* opposé.

57° 17′, lequel est à très peu près égal au rayon. Donc la longueur de cet arc de 30° devait être un peu plus grande que la moitié du rayon : c'est ce qui a lieu.

[a] Dans les villes comme *Berne*, situées à l'est de Paris, l'heure est en avance sur celle de Paris. Dans les villes comme Brest, situées à l'ouest de Paris, l'heure est en retard sur celle de Paris. — Dans toutes les stations de chemins de fer français, les horloges marquent l'heure de Paris.

[b] Le 3 % français *amortissable* est ainsi nommé, parce que ses titres seront remboursés, c-à-d *amortis*, dans un nombre d'années déterminé. Le 3 % non amortissable s'appelle aussi 3 % *ancien*, ou 3 % *perpétuel*.

[c] Quand le triangle est *isoscèle*, c-à-d a deux côtés égaux, on prend

Q. Comment évalue-t-on l'*aire* d'un *triangle?* — **R.** Pour évaluer l'*aire* d'un *triangle*, on *multiplie* sa *base* par sa *hauteur;* puis on prend la *moitié* du *produit* obtenu.

Q. Sur quoi cette *règle* est-elle *fondée?* — **R.** Cette règle est fondée sur ce que tout *triangle* est la *moitié* d'un *parallélogramme* de même base et de même hauteur. Ainsi le triangle ABC [a] est la *moitié* du parallélogramme ABCD.

p. 239 **Q.** Peut-on évaluer l'*aire* d'un triangle, connaissant les trois côtés? — **R.** On peut évaluer l'*aire* d'un *triangle* dès qu'on connaît les *longueurs* de ses *trois côtés*.

Q. Comment s'y prend-on? — **R.** Pour cela, on prend la *demi-somme* des trois côtés; puis l'*excès* [b] de cette demi-somme sur chaque côté. On obtient ainsi *quatre nombres;* on en fait le *produit*, et l'on extrait la *racine carrée* de ce produit.

Q. Donnez un exemple. — **R.** Soient 7^m, 8^m, 9^m les longueurs des trois côtés; leur demi-somme est 12^m; et les excès sont 5^m, 4^m, 3^m. On fait le produit $12 \times 5 \times 4 \times 3$; on trouve 720, dont la racine carrée est 26,83. Donc la surface [c] du triangle considéré est de 26^{mq},83.

Q. Comment évalue-t-on la surface d'un *polygone* quelconque? — **R.** Pour évaluer la *surface* d'un *polygone* quelconque, il suffit de partager ce polygone en *triangles;* d'évaluer la *surface* de chacun de ces *triangles*, et de faire la *somme* de tous les nombres obtenus [d].

---

d'ordinaire pour *base* celui des trois côtés qui n'est égal à aucun des deux autres. — La hauteur d'un pareil triangle tombe alors au milieu de la base : elle est une *médiane*.

[a] Le triangle ABC et le triangle ACD sont égaux : ils ont un côté égal (la *diagonale*), adjacent à deux angles égaux chacun à chacun.

[b] Les trois *excès* ainsi calculés ne sont autres choses que les distances des trois *sommets* du triangle aux points de contact des *côtés* avec le *cercle inscrit*.

[c] Il est indispensable que les élèves sachent calculer la *surface* d'un triangle dès qu'ils en connaissent les *trois côtés*, et qu'ils s'exercent fréquemment à ce calcul.

[d] Comme on sait calculer l'*aire* d'un triangle dès qu'on en connaît les *trois* côtés, il suffit, pour évaluer la surface d'un polygone quelconque,

Exercice 1. Dites l'aire d'un *triangle* dont la base est de $5^m,2$ et la hauteur de $1^m,3$. — **Solution.** $\dfrac{5,2 \times 1,3}{2}$, c-à-d $3^{mq},38$.

E. 2. Dites l'aire d'un *triangle* dont les côtés [a] ont 3^{cm}, 4^{cm}, 5^{cm}. — **S.** Le demi-périmètre est 6^{cm}; les excès de ce nombre sur les longueurs des côtés sont 3^{cm}, 2^{cm}, 1^{cm}. Le produit $6 \times 3 \times 2 \times 1$ est 36. La surface en est la *racine carrée*, c-à-d 6^{cmq}.

E. 3. L'aire d'un *rectangle* est de 72^{mq}; sa base est de 18^m. Trouvez sa hauteur. — **S.** 72 : 18, c-à-d 4^m.

E. 4. Un *carré* a une aire de $4^{dmq},41$. Quel est son côté? — **S.** La *racine carrée* de 4,41, c-à-d $2^{dm},1$.

E. 5. L'un des angles d'un *triangle* est de $86° 7' 18''$. Les deux autres sont égaux. Évaluez chacun d'eux. — **S.** Les deux autres angles valent ensemble $180°$ — $86° 7' 18''$, c-à-d $93° 52' 42''$. Chacun d'eux vaut la *moitié* de cette somme, c-à-d $46° 56' 21''$.

E. 6. Réduisez $36 + \dfrac{8}{9}$ en une *seule fraction*. — **S.** $\dfrac{332}{9}$ [b].

E. 7. Que devient un *rapport* plus grand que 1, si l'on retranche un même nombre de ses deux termes? — **S.** Il augmente. En effet, en ajoutant ce même nombre aux deux termes du rapport obtenu, on diminuerait celui-ci et l'on retrouverait le rapport donné.

E. 8. Combien de *pieds carrés* dans la *perche* des Eaux et Forêts? — **S.** La *perche* des Eaux et Forêts était un carré de 22^{pieds} de côté. Donc elle contenait 22×22, c-à-d $484^{pieds\ carrés}$.

E. 9. Calculez avez 5 décimales la *racine carrée* de $\dfrac{1}{2}$? — **S.** 0,70711.

E. 10. Les caractères d'imprimerie sont formés d'un alliage [c] de plomb et d'antimoine, dans la proportion,

---

de décomposer ce polygone en triangles, puis de mesurer les *longueurs* des *côtés* de tous ces triangles.

[a] Le triangle dont les côtés sont proportionnels aux nombres 3, 4, 5 est un triangle *rectangle* célèbre, qu'on nomme parfois triangle de Pythagore.

[b] On voit par là que $36 \times \dfrac{8}{9}$ est le quotient exact de 332 par 9.

[c] Le *plomb* seul eût été trop mou, l'*antimoine* seul trop cassant. L'alliage formé réunit toutes les qualités de dureté et de résistance : il ne s'écrase pas et ne se casse pas.

en poids, de 4 à 1. Dites la composition de 7^{Kg},830 de cet alliage. — **S.** En partageant 7^{Kg},830 proportionnellement à 4 et 1, on trouve 6^{Kg},264 de plomb et 1^{Kg},566 d'antimoine.

E. 11. Que rapportent, à la Caisse d'épargne, 1128^f,50 en 7^{mois}? — **S.** 1128^f,50 $\times$ 0,03 $\times \frac{7}{12}$, c-à-d 19^f,74.

E. 12. On mélange 93^l,2 de vin à 0^f,56 le litre avec 87^l,8 de vin à 0^f,63. Que vaut 1^l du mélange? — **S.** Le prix total du mélange est 0^f,56 $\times$ 93,2 $+ 0^f$,63 $\times$ 87,8, c-à-d 107^f,506. Le nombre total des litres est 93^l,2 $+ 87^l$,8, c-à-d 181^l. Le prix du litre du mélange est donc 107^f,50 : 181, c-à-d 0^f,59 [a].

---

p. 240   **175. — Aire des polygones réguliers, aire du cercle, du secteur, du segment.**

Question. Qu'appelle-t-on *périmètre* d'un polygone? — **Réponse.** On appelle **périmètre** [b] d'un *polygone* la *longueur totale* de la *ligne brisée* qui le forme.

Q. Comment évalue-t-on l'aire d'un *polygone régulier?* — **R.** Pour évaluer *l'aire* d'un *polygone réguliers* on *multiplie* le *périmètre* par le *rayon* du *cercle inscrit*, et l'on prend la *moitié* du *produit* obtenu [c].

Q. Comment évalue-t-on l'aire du *cercle?* — **R.** Pour évaluer *l'aire* d'un *cercle*, on *multiplie* sa *circonférence* par son *rayon*, et l'on prend la *moitié* du *produit* obtenu.

Q. Peut-on employer un autre *moyen?* — **R.** On peut aussi

[a] Dans cet exercice, on mélange des quantités presque égales des deux vins. Le prix d'un litre du mélange devait donc être à très peu près la moyenne arithmétique des deux prix donnés : c'est bien ce qui a lieu. — Lorsque l'on peut se faire, à l'avance, une idée approximative du résultat d'un problème, il n'y faut jamais manquer.

[b] Le mot *périmètre* vient du grec : il a le même sens que notre mot *contour.*

[c] Ce procédé revient à faire la somme des *aires* de tous les *triangles* qu'on obtient en joignant, par des droites, le *centre* du cercle *inscrit* à tous les *sommets* du polygone.

faire le *carré* de la *circonférence* et le *diviser* par 4, puis par π [a].

Q. Dites la *formule* qui donne l'aire du cercle. — **R.** Si l'on appelle S la *surface* du cercle et R le *rayon*, on a $S = \pi \times R^2$ [b].

Q. Comment évalue-t-on l'aire d'un *secteur?* — **R.** Pour évaluer l'*aire* d'un *secteur*, on *multiplie* son *arc* par son *rayon*, et l'on prend la *moitié* du *produit* obtenu.

Q. Comment évalue-t-on l'aire d'un *segment* moindre qu'un demi-cercle? — **R.** Pour évaluer l'*aire* d'un *segment* AMB, *moindre* qu'un demi-cercle, on évalue l'*aire* du *secteur* OAMB, et l'on en *retranche* celle du *triangle* OAB.

Q. Comment évalue-t-on l'aire d'un *segment* plus grand qu'un demi-cercle? — **R.** Pour évaluer l'*aire* d'un *segment* AMB, *plus grand* qu'un demi-cercle, on évalue l'*aire* du *secteur* OAMB, et l'on y *ajoute* celle du *triangle* OAB [c].

Exercice 1. Trouvez l'aire d'un *cercle* de $0^m,5$ de rayon. — **Solution.** $3,1416 \times 0,5^2$, c-à-d $0^{mq},7854$.

E. 2. Trouvez dans un cercle de 15^{cm} de rayon l'aire du *secteur* de 36°. — **S.** L'aire du cercle est $3,1416 \times 15^2$, c-à-d $706^{cmq},86$. Le secteur de 36° en est le dixième [d]. Son aire est donc $70^{cmq},686$.

E. 3. Quel est le rayon du cercle qui couvre 1^{mq}? — **S.** En divisant l'aire par π, on trouve le carré du rayon. Ce carré est donc $0,31831$. Sa racine, c-à-d le rayon, est de $0^m,564$.

[a] Cette nouvelle manière d'opérer est surtout commode lorsque l'on connaît, non pas le *rayon* du cercle, mais la longueur de sa *circonférence*.

[b] En algèbre, on supprime le signe $\times$, et l'on écrit simplement $S = \pi R^2$.

[c] On voit encore que l'évaluation des *aires* considérées dans le présent paragraphe revient toujours à effectuer le *produit* de deux nombres représentant les longueurs de *deux lignes*.

[d] La corde de l'arc de 36° est donc le *côté* du *décagone régulier* inscrit dans le cercle. Le *côté* du *pentagone régulier* inscrit est la corde de l'arc double, c-à-d de l'arc de 72°.

E. 4. Trouvez le rayon du cercle où le secteur de $48°\,25'$ a une aire de $0^{mq},278$. — **S.** $48°\,25' = 2905'$. Or $360° = 21\,600'$. Donc l'aire du cercle est $0^{mq},278 \times \frac{21\,600}{2905}$, c-à-d $2^{mq},0521$. En divisant par π, on trouve $0,653203$ qui est le carré du rayon. En extrayant la racine carrée de ce nombre, on trouve que le rayon est $0^{m},808$.

p. 244

E. 5. L'aire d'un parallélogramme est de $13^{mq},25$. La base est de $6^{m},18$. Quelle est la hauteur? — **S.** $13,25 : 6,18$, c-à-d $2^{m},14$.

E. 6. Multipliez $7 + \frac{1}{12}$ par $7 - \frac{1}{12}$. — **S.** $48 + \frac{143}{144}$.

E. 7. Décomposez 1081900 en *facteurs premiers*. **S.** $2^2 \times 5^2 \times 31 \times 349$ [a].

E. 8. Réduisez en *pence* $17^{\text{livres st.}}\ 19^{\text{shill.}}\ 11^{\text{pence}}$. **S.** 4319^{pence}.

E. 9. Convertissez 1 *sixième* en fraction décimale. **S.** $0,16666\ldots$ [b].

E. 10. Le laiton [c] est un alliage de cuivre et de zinc, où il y a 13^{g} de cuivre pour 7^{g} de zinc. Dites la composition de $72^{Hg},27$ de laiton. — **S.** En partageant 7227^{g} proportionnellement à 13 et 7, on trouve $4697^{g},55$ de cuivre et $2529^{g},45$ de zinc.

E. 11. Des actions rapportent cette année 48^{f} et sont au cours de 1050^{f}. On en achète pour 73500^{f}. Quel sera le revenu annuel? — **S.** $48^{f} \times \frac{73\,500}{1\,050}$, c-à-d 3360^{f}.

E. 12. Trouvez le titre d'un alliage d'or et de cuivre, où il y a, en poids, 8 fois plus d'or que de cuivre. — **S.** En prenant 1^{g} de cuivre et 8^{g} d'or, on forme 9^{g} de cet alliage. Le titre est donc $\frac{8}{9}$, c-à-d $0,888$.

(a) Les facteurs 2^2 et 5^2 étant les facteurs de 100, on eût pu les obtenir immédiatement, en mettant le nombre donné sous la forme 10819×100.

(b) Cette fraction décimale *périodique* présente *un* chiffre *irrégulier*, parce que le *dénominateur* 6 de la fraction *ordinaire* donnée contient *une* fois le facteur 2.

(c) Le *laiton* est aussi connu sous le nom de *cuivre jaune*. C'est l'un des *alliages* les plus employés.

176. — Equivalence et similitude dans le plan.

Question. Dans quel cas deux figures sont elles *équivalentes?* — **Réponse.** Deux *figures* sont **équivalentes,** lorsqu'elles ont la même *éten-due* sans avoir la même *forme.*

Q. Donnez un exemple. — **R.** Le *rectangle* et le *triangle* ci-contre sont *équivalents* parce qu'ils ont la même *aire* [a].

Q. Dans quel cas deux figures sont-elles *semblables?* — **R.** Deux *figures* sont **semblables,** lorsqu'elles ont la même *forme* sans avoir la même *étendue.*

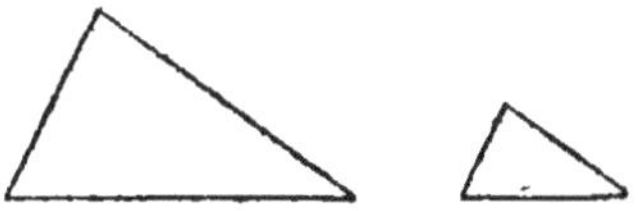

Q. Donnez un exemple. — **R.** Les deux *triangles* ci-contre sont deux figures *semblables* [b].

Q. Que savez-vous sur les angles et les côtés de deux *polygones semblables?* — **R.** Lorsque deux *polygones* sont *semblables,* leurs *angles* correspondants sont *égaux* et leurs *côtés* correspondants sont *proportionnels.*

Q. Donnez un exemple. — **R.** Dans les deux *triangles* ci-dessus, les angles sont *égaux* chacun à chacun, et chaque *côté* du petit triangle est la *moitié* du *côté* correspondant du grand.

Q. Dites une condition suffisante pour que deux *triangles* soient *semblables?* — **R.** Pour que deux *triangles* soient *semblables,* il suffit qu'ils aient *deux* [c] angles *égaux* chacun à chacun.

[a] Faire la *quadrature* d'une figure, c'est construire un *carré équivalent* à cette figure. Faire la *quadrature* du *cercle,* c'est construire un *carré équivalent* à un *cercle* donné. Ce problème célèbre est *impossible* à résoudre à l'aide de la *règle* et du *compas.*

[b] La comparaison de deux figures conduit à trois notions différentes : l'*équivalence,* la *similitude,* l'*égalité.* Deux figures sont *équivalentes* lorsqu'elles ont la même *étendue* sans avoir la même forme. Deux figures sont *semblables,* lorsqu'elles ont la même *forme* sans avoir la même étendue. Deux figures sont *égales,* lorsqu'elles ont à la fois la même *étendue* et la même *forme :* deux figures *égales* sont deux figures qui peuvent se *superposer,* qui peuvent *coïncider.*

[c] Comme, dans tout triangle, la somme des trois angles est la même,

Q. Et pour que deux *polygones* soient semblables? —
p. 242 **R.** Pour que deux *polygones* soient *semblables*, il suffit qu'ils
soient composés d'un même nombre de *triangles semblables*,
placés de la même manière.

Q. Dans quel rapport sont les *aires* de deux *polygones semblables?* — **R.** Les *aires* de deux *polygones semblables*
sont entre elles comme les *carrés* des *côtés* correspondants.

Q. Qu'est-ce que cela *signifie?* — **R.** Cela signifie que, si
les *côtés* du premier polygone sont 2, 3, 4, ... fois *plus grands*
que ceux du second, l'aire du premier est 4, 9, 16, ... fois *plus
grande* que celle du second.

Q. Deux cercles sont-ils *semblables?* — **R.** Deux *cercles*
inégaux sont toujours deux figures *semblables.*

Q. Dans quel rapport sont les *aires* de deux *cercles?* —
R. Les aires de deux cercles *inégaux* sont entre elles comme
les *carrés* des *rayons* de ces cercles.

Q. Dans quel cas deux *secteurs* sont-ils *semblables?* —
R. Deux *secteurs*, deux *segments* sont *semblables*
lorsque leurs *arcs* correspondent à des *angles* au
centre *égaux* entre eux.

Q. Dans quel rapport sont les *aires* de deux *secteurs semblables?* — **R.** Les *aires* de deux *secteurs semblables*, les *aires*
de deux *segments semblables* sont entre elles comme les *carrés*
des *rayons* [a] des cercles dont ces figures font partie [b].

    Exercice 1. Deux rectangles sont *semblables.* La base
du 1er est de 2m,37 et sa hauteur de 1m,19. La base
du 2e est de 0m,97. Quelle est sa hauteur? — **Solution.** $1^m,19 \times \dfrac{0,97}{2,37}$, c-à-d $0^m,48$.

il est évident que si, dans deux triangles, *deux angles* sont égaux
chacun à chacun, les *troisièmes angles* de ces deux triangles sont aussi
égaux.

[a] On peut donc dire, d'une manière générale, que les *aires* de deux
figures *semblables* quelconques sont *proportionnelles* aux *carrés* de
deux longueurs *homologues*, c-à-d de deux longueurs *correspondantes*
prises dans les deux figures.

[b] C'est parce que les *aires* sont proportionnelles aux *carrés* des
dimensions homologues, que les *unités* de *surface* que nous présente le
système métrique sont de *cent* en *cent* fois plus grandes ou plus petites.

E. 2. Un cercle a une aire de $19^{mq},28$. Trouvez l'aire du cercle d'un rayon 5 fois plus grand. — **S.** $19^{mq},28 \times 5^2$, c-à-d $482^{mq},00$.

E. 3. Trouvez l'aire de l'*hexagone régulier* ayant $23^{cm},5$ de côté. — **S.** Cet hexagone, si l'on en joint le centre [a] à tous les sommets par des droites, se décompose en 6 triangles équilatéraux ayant tous leurs côtés de $23^{cm},5$. L'aire de chacun d'eux est $239^{cmq},13$. L'aire de l'hexagone est donc $239^{cmq},13 \times 6$, c-à-d $1434^{cmq},78$.

E. 4. L'aire d'un trapèze est de $29^{mq},58$. La demi-somme des bases est de $16^{m},33$. Quelle est la hauteur? — **S.** $29,58 : 16,33$, c-à-d $1^{m},81$.

E. 5. Trouvez l'aire du segment de 60° dans le cercle de 3^{dm} de rayon. — **S.** Ce segment est égal au secteur de 60°, c-à-d au sixième du cercle, moins le triangle équilatéral ayant le rayon pour côté. L'aire du sixième du cercle est $4^{dmq},7124$. Le triangle équilatéral considéré a une aire de $3^{dmq},8971$. L'aire du segment est donc $4^{dmq},7124 - 3^{dmq},8971$, c-à-d $0^{dmq},8153$.

E. 6. Dites le *quotient exact* de 27 par 11. — **S.** $\frac{27}{11}$, c-à-d $2 + \frac{5}{11}$.

E. 7. Le produit de deux entiers *consécutifs* peut-il être un *carré parfait?* — **S.** Ce produit est supérieur au carré du plus petit des deux entiers; il est inférieur au carré du plus grand. Donc, il est compris entre les carrés de deux entiers consécutifs. Donc, il n'est pas un *carré parfait* [b].

E. 8. Combien d'*archinnes turques* dans $103^{m},448?$ — **S.** Autant qu'il y a de fois $0^{m},757$ dans $103^{m},448$, c-à-d $103,448 : 0,757$, ou 136.

E. 9. Calculez la racine carrée de 1 *tiers* avec 5 décimales. — **S.** $0,57735$ [c].

E. 10. On paye pour aller de Paris à Brest $75^{f},10$ en

(a) A tout polygone régulier, on peut soit *inscrire*, soit *circonscrire* une *circonférence*. Ces deux circonférences sont *concentriques*, c-à-d ont le même *centre*. Le centre commun de ces deux circonférences se nomme aussi le *centre du polygone*.

(b) Ce produit, par conséquent, a une racine carrée *incommensurable*.

(c) On pourrait calculer cette *racine carrée* avec autant de *décimales* qu'on voudrait. La suite de décimales qu'on obtiendrait ainsi ne serait *jamais*, si loin qu'on la prolongeât, une suite *périodique*.

1re classe, 56f,35 en 2e, et 41f,35 en 3e. Trouvez des nombres *entiers* auxquels ces prix soient proportionnels.

— **S.** On a immédiatement les nombres entiers 7510, 5635 et 4135. En les divisant par leur *pgcd* qui est 5, on trouve 1502, 1127 et 827.

p. 243   **E. 11.** L'escompte étant à 4,8 %, dites la *valeur actuelle* d'une lettre de change de 749f,35, payable dans 47j.

— **S.** L'escompte est $\dfrac{4,8 \times 749,35 \times 47}{36\,000}$, c-à-d 4f,69. La valeur actuelle est donc 749f,35 — 4f,69, c-à-d 744f,66.

E. 12. Quel poids d'or pur dans une chaîne de montre, au 1er titre, pesant 2Dg,97. — **S.** 2Dg,97 $\times$ 0,920, c-à-d 2Dg,7324, ou 27g,324.

---

177. — Propositions diverses.

Question. Que savez-vous sur les *sécantes* menées d'un point *extérieur* à une circonférence? — **Réponse.** Si d'un

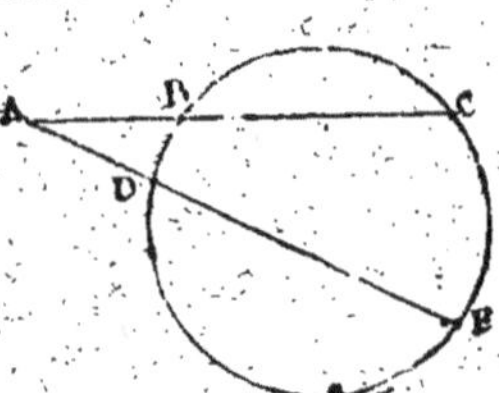

point A on mène deux *sécantes* ABC, ADE à un *cercle*, le *produit* AB $\times$ AC des deux *segments*.[a] de la première sécante est égal au *produit* AD $\times$ AE des deux *segments* de la seconde.[b]

Q. Et si le point est *intérieur?* — **R.** Cette propriété subsiste lorsque le *point* A est à l'*intérieur* du cercle [c].

Q. Que savez-vous sur la *tangente* et la *sécante* menées d'un point à une circonférence? — **R.** Si d'un *point* A, pris hors d'un *cercle*, on lui mène une *tangente* et une

---

(a) Le *produit* de deux lignes, c'est le *produit* des *nombres* qu'on obtient en mesurant ces deux lignes avec la même unité de longueur. Le carré d'une ligne, c'est le *carré* du *nombre* qu'on obtient en mesurant cette ligne.

(b) Le *produit constant* des deux segments d'une sécante quelconque menée d'un *point* à un *cercle* se nomme parfois la *puissance* de ce *point* par rapport à ce *cercle*.

(c) Il faut le faire remarquer bien soigneusement, dans ce *théorème* sur les *sécantes* issues d'un même *point*, tous les *segments* doivent être, dans tous les cas, comptés à partir de ce *point*.

sécante, le *carré* $\overline{AT}^2$ de la *tangente* est égal au *produit* $AB \times AC$ des deux *segments* de la *sécante* [a].

Q. Que dit-on alors de la *tangente?* — **R.** On dit alors que AT est *moyenne proportionnelle* entre les deux *segments* AB, AC. En général, la *moyenne proportionnelle* entre deux nombres est la *racine carrée* du *produit* de ces deux nombres [b].

Q. Que savez-vous sur le *carré* de l'*hypoténuse* d'un triangle rectangle? — **R.** En tout *triangle rectangle* ABC, le *carré* $\overline{BC}^2$ de l'*hypoténuse*, c-à-d du *côté* opposé à l'*angle droit*, est égal à la *somme* des *carrés* $\overline{AB}^2$, $\overline{AC}^2$ des deux autres côtés [c].

Q. Qu'en résulte-t-il pour les *carrés* construits sur les trois côtés d'un triangle rectangle? — **R.** Si l'on construit un *carré* sur chacun des *côtés* d'un triangle *rectangle*, le *carré* construit sur l'*hypoténuse* est équivalent à la *somme* des *carrés* construits sur les autres *côtés*.

Exercice 1. Une *circonférence* coupe en 2 points chaque côté d'un *angle.* Les 2 *segments* du 1er côté, mesurés à partir du sommet, ont pour longueurs 8^{cm} et 9^{cm}. L'un des *segments* du 2° côté a 6^{cm}. Dites la longueur de l'autre. — **Solution.** $\dfrac{8 \times 9}{6}$, c-à-d 12^{cm}.

p. 244

E. 2. On mène, d'un *point* extérieur à un *cercle*, une *tangente* et une *sécante*. Les *segments* de la *sécante* ont 28^{cm} et 63^{cm}. Trouvez la longueur de la *tangente*. — **S.** Le

---

[a] Ce théorème n'est évidemment qu'un cas particulier du précédent : le cas où, l'une des *sécantes* devenant *tangente*, les deux segments de cette sécante deviennent *égaux* entre eux.

[b] Au lieu de *moyenne proportionnelle*, on dit souvent *moyenne géométrique*. Cette locution nouvelle est, pour ainsi dire, l'opposée de *moyenne arithmétique*. — La *moyenne géométrique* de deux nombres inégaux est toujours *moindre* que leur *moyenne arithmétique*.

[c] Cette propriété de l'*hypoténuse* du triangle rectangle constitue le plus important peut-être de tous les théorèmes de la géométrie. On le nomme, à volonté, le théorème du *carré de l'hypoténuse* ou le théorème de *Pythagore*, du nom du grand géomètre grec Pythagore, qui vivait 500 ans environ avant notre ère, et à qui la découverte en est due.

carré de la tangente est égal à 28×63, c-à-d à 1764. Or la *racine carrée* de ce nombre est juste 42. La longueur de la tangente est donc de 42^{cm}.

E. 3. Quelle est la *moyenne proportionnelle* entre 8 et 18? — **S.** $\sqrt{8 \times 18}$, c-à-d 12.

E. 4. Dans un *triangle rectangle*, les côtés de l'angle droit ont 5^{cm} et 12^{cm}. Calculez l'*hypoténuse*[a]. — **S.** Le carré de l'hypoténuse est égal à $5^2 + 12^2$, c-à-d à 169. En extrayant la *racine carrée* de 169, on trouve juste 13[b]. La longueur de l'hypoténuse est donc de 13^{cm}.

E. 5. L'aire d'un parallélogramme est de $42^{dmq},8$. La hauteur est de $0^{dm},9$. Trouvez la base. — **S.** 42,8 : 0,9, c-à-d $47^{dm},5$.

E. 6. Chassez les dénominateurs de $\dfrac{3}{8} + \dfrac{5}{6} = \dfrac{116}{96}$. — **S.** En multipliant tout par 96, on trouve $36 + 80 = 116$.

E. 7. Le nombre 9647 est-il *premier?* — **S.** Non, car il est divisible par 13.

E. 8. Quel poids de zinc dans $3^f,25$ en monnaie de bronze? — **S.** $3^f,25$ en monnaie de bronze pèsent 325^g. Or, sur 100^g de bronze, il y a 1^g de zinc, c-à-d 100 fois moins. Sur 325^g de bronze, il y a donc $3^g,25$ de zinc.

E. 9. Convertissez 4 *tiers* en fraction décimale. **S.** 1,3333...

E. 10. En 1887, dans l'Aisne[c], il y a eu 12347 naissances et 11847 décès. Dites le rapport de ces 2 nombres. — **S.** $\dfrac{12347}{11847}$, c-à-d 1,04.

E. 11. Une étoffe a coûté $6^f,75$ le mètre. En la revendant, on perd 7 % du prix de vente. Trouvez ce prix. — **S.** $6^f,75$ représentent les 107 centièmes du prix de vente.

[a] Faites bien remarquer aux élèves que le mot *hypoténuse* ne prend pas d'*h* après le *t*.

[b] Les trois côtés de ce triangle *rectangle* sont exprimés par trois nombres *entiers*. C'est ce qui arrive aussi dans le triangle *rectangle* qui a pour côtés 3^m, 4^m et 5^m. Si, sur le terrain, on tend trois cordes, de manière à en former un triangle, et que les longueurs de ces cordes soient justement 3^m, 4^m et 5^m, ce triangle est *rectangle* : on lui donne parfois le nom d'*équerre de cordes*.

[c] L'*Aisne* est un département du nord de la France, qui a pour chef-lieu *Laon*. Il doit son nom à une rivière, l'*Aisne*, qui prend sa source dans le département de la *Meuse*, et qui se jette dans l'*Oise*, l'un des affluents de la *Seine*.

Le centième de ce prix est donc $\frac{6.75}{107}$; et ce prix lui-même est $\frac{6,75 \times 100}{107}$, c-à-d $6^f,30$.

E. 12. *Trente-trois* mètres de ruban coûtent $24^f,75$. Que coûteraient $56^m,42$? — **S.** $24^f,75 \times \frac{56,42}{33}$, c-à-d $42^f,31$.

CHAPITRE IV

LES POLYÈDRES

—

178. — Premières définitions.

Question. Qu'appelle-t-on *volume?* — **Réponse.** On appelle **volume** une portion limitée de *l'espace.*

Q. Qu'appelle-t-on *surface?* — **R.** On appelle **surface** ce qui limite un *volume,* ce qui sépare ce volume de l'espace environnant [a].

Q. Qu'appelle-t-on *surface plane?* — **R.** On appelle **surface plane** ou **plan** une *surface* telle qu'une *règle* p. 245 s'y applique exactement dans tous les sens.

Q. Donnez des exemples de *surfaces planes.* — **R.** Les surfaces des tableaux, des miroirs, des planchers, des murailles sont ordinairement des *surfaces planes* ou *plans.*

Q. Qu'appelle-t-on *surface courbe?* — **R.** On appelle **surface courbe** une surface qui n'est ni *plane,* ni composée de *surfaces planes.*

Q. Donnez des exemples. — **R.** Telle est la *surface* d'un œuf, celle d'une boule, etc. [b].

Q. Par *trois* points peut-on faire passer un *plan?* — **R.** Par

[a] Un *volume* a *trois* dimensions, la *longueur,* la *largeur,* l'*épaisseur.* Une *surface* n'en a que *deux,* la *longueur,* la *largeur.* Une *ligne* n'en a qu'*une,* la *longueur.* Un *point* n'en a *aucune.*

[b] Certains *volumes* sont enveloppés en partie par des surfaces *planes,* en partie par des surfaces *courbes.*

trois *points*, non en ligne droite, on peut toujours faire passer un *plan*, mais on n'en peut faire passer qu'un.

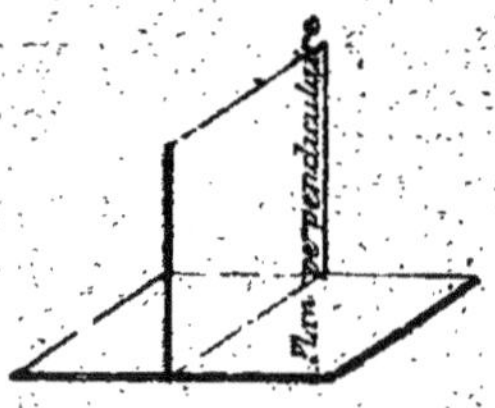

Angle dièdre.

Q. Comment deux *plans* se coupent-ils? — **R.** Lorsque deux *plans* se rencontrent, ils se coupent suivant une *ligne droite*, et ils forment une figure, analogue à un livre ouvert, qu'on appelle un **angle dièdre** [a].

Q. Dans quel cas deux *angles dièdres* sont-ils égaux? — **R.** Deux *angles dièdres* sont *égaux* lorsque, portés l'un sur l'autre, ils *coïncident*.

Q. Dans quel cas un plan est-il *perpendiculaire* sur un autre? — **R.** Lorsqu'un *plan* forme avec un autre deux *dièdres égaux*, le premier de ces plans est **perpendiculaire** sur le second [b].

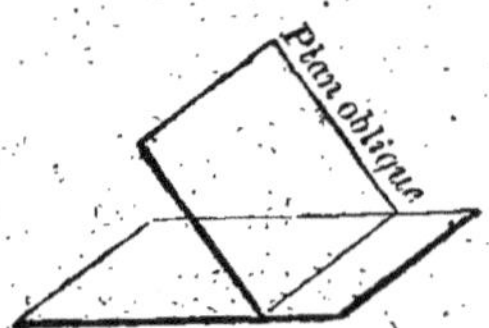

Q. Dans quel cas un plan est-il *oblique* sur un autre? — **R.** Lorsqu'un *plan* forme avec un autre deux *dièdres inégaux*, le premier de ces plans est **oblique** sur le second [c].

Q. Dans quel cas une droite et un plan sont-ils *parallèles*? — **R.** Une *droite* et un *plan* sont **parallèles** lors-

[a] La *grandeur* d'un *dièdre*, c'est l'*écart* plus ou moins grand de ses *faces*, c-à-d des *plans* qui le forment. En ouvrant ou fermant un livre, on montre très bien comment la *grandeur* d'un *dièdre* peut augmenter ou diminuer.

[b] Dans un *cube*, deux faces voisines ont leurs plans *perpendiculaires* l'un sur l'autre. Il en est de même des faces voisines de la plupart des caisses. De même encore des parois consécutives de la plupart de nos chambres.

[c] Un dièdre est *droit*, lorsque l'une de ses faces est *perpendiculaire* sur l'autre. Tous les dièdres *droits* sont *égaux*. On nomme dièdre *aigu* tout dièdre *plus petit* qu'un dièdre *droit*; dièdre *obtus*, tout dièdre *plus grand*.

qu'ils ne peuvent *jamais* se rencontrer, si loin qu'on les prolonge.

Q. Dans quel cas deux plans sont-ils *parallèles* entre eux? — R. Deux *plans* sont *parallèles* entre eux, lorsqu'ils p. 246

Droite et plan parallèles.   Plans parallèles.

ne peuvent *jamais* se rencontrer, si loin qu'on les prolonge [a].

Q. Qu'appelle-t-on *polyèdre?* — R. On appelle **polyèdre** un *volume* compris sous plusieurs **faces** qui toutes sont *planes* [b].

Exercice 1. Un terrain a la forme d'un parallélogramme ayant 437^m,8 de base et 122^m,5 de hauteur. Trouvez sa superficie. — **Solution.** 53630^{mq},50.

E. **2.** Une étoffe de soie [c] a 0^m,56 de largeur. Combien faut-il en prendre pour couvrir une surface de 7^{mq},4925? — **S.** Cette étoffe forme un rectangle de 7^{mq},4925 de surface et de 0^m,56 de hauteur. La longueur de l'étoffe, c-à-d la base du rectangle, sera 7,4925 : 0,56, c-à-d 13^m,37.

[a] Dans un cube, deux faces opposées ont leurs plans *parallèles*. Dans la plupart des chambres, le plancher et le plafond sont deux plans parallèles. — Lorsque deux *plans* sont parallèles entre eux, toute droite, située dans l'un, est évidemment *parallèle à* l'autre.

[b] Les dés à jouer, les poutres équarries, les cristaux naturels, les corps taillés à facettes ont la forme de *polyèdres.* — Le mot *polyèdre* vient de deux mots grecs, qui signifient *plusieurs faces.*

[c] La *soie* est produite par un insecte, chenille d'abord, papillon ensuite, qui est originaire de la Chine et qu'on nomme *ver à soie.* L'élevage des vers à soie est d'un grand produit, mais demande de grands soins. On s'y livre avec succès dans presque tout le midi de la France. — Il existe plusieurs espèces de vers à soie. Celui qui donne la plus belle soie et le seul d'ailleurs qu'on élève en France est le *ver à soie* du *mûrier.*

E. 3. En 1^h l'aiguille des minutes d'une horloge parcourt 360°, et celle des heures le *douzième* de la circonférence. Combien de degrés de moins? — **S.** En 1^h, la petite aiguille parcourt 360° : 12, c-à-d 30°. La grande en parcourt 360°. La différence est 330°.

E. 4. Une place [a] carrée a une étendue de 39 628^{mq}. Dites son côté. — **S.** C'est la racine carrée de 39 628, c-à-d 199^m,50 [b].

E. 5. Dans un triangle rectangle, l'*hypoténuse* a 18^m,95 et l'un des côtés de l'angle droit 12^m,28. Trouvez l'autre. — **S.** Le *carré* du côté inconnu est $(18,95)^2 - (12,28)^2$, c-à-d 208,3041. En extrayant la racine carrée, on trouve, pour la longueur cherchée, 14^m,43 [c].

E. 6. Calculez avec 2 décimales la *racine cubique* de $\frac{5}{7}$. — **S.** 0,89.

E. 7. Formez le *pgcd* de $2 \times 3^4 \times 5^2$, $2^2 \times 3^2 \times 5$, $2^3 \times 3^2 \times 5^2$. — **S.** $2 \times 3^2 \times 5$.

E. 8. Exprimez 1000^{deniers} en *livres, sous, liards* et *deniers*. — **S.** 4^{livres} 3^{sous} 1^{liard} 1^{denier}.

E. 9. Convertissez 1 *neuvième* en fraction décimale. **S.** 0,1111...

E. 10. L'arrondissement [d] du Panthéon [e] à Paris couvre 249^{Ha} et avait 455$^{hab.}$ par hectare, en 1886. Quelle était alors sa population? — **S.** 455$^{hab.}$ × 249, c-à-d 113295$^{hab.}$

E. 11. Que coûtent 38 obligations de la Ville de Paris, 1865, au cours de 523^f,75? — **S.** 523^f,75 × 38, c-à-d 19902^f,50.

(a) Le plus souvent, et c'est ce qui arrive ici, le mot *place* désigne une sorte de rue courte et large. Mais, parfois, il prend le sens de *ville* : on dit ainsi une *place forte*, pour une *ville* fortifiée; une lettre de change tirée d'une *place* sur une autre, pour une lettre de change tirée d'une *ville* sur une autre.

(b) 199^m,50 = 199^m,5. Cependant, ici, il faut conserver le *zéro* final. Si on le supprimait, en effet, on pourrait croire que le nombre trouvé n'est approché qu'à moins d'un *dixième*, tandis que, en réalité, il l'est à moins d'un *centième*.

(c) On le voit, pour résoudre ce problème, il suffit de s'appuyer sur le théorème de *Pythagore*.

(d) La ville de Paris est partagée en 20 arrondissements, qui ont chacun leur *maire* et leur *juge de paix*. Chaque arrondissement se partage à son tour en 4 *quartiers*, et les 80 quartiers de Paris ont chacun leur *commissaire de police*.

(e) Le *Panthéon* est un grand édifice construit, au haut de la montagne Sainte-Geneviève, vers la fin du dix-huitième siècle.

E. 12. En 1887, il s'est consommé dans Paris 263 000^{lit} de bière. Le nombre des habitants était de 2 260 945. Combien de litres par habitant, en moyenne ? — **S.** 11^l,63.

---

179. — Droites et plans perpendiculaires, verticale, horizontale, niveau.

Question. Dans quel cas une droite est-elle *perpendiculaire* à un plan ? — **Réponse.** Une *droite* est *perpendiculaire* [a] à un *plan*, lorsqu'elle est *perpendiculaire* à toutes les *droites* de ce *plan* qui passent par son *pied*.

Q. Dans quel cas une droite est-elle *oblique* à un plan ? — **R.** Une droite est *oblique* à un *plan*, lorsqu'elle rencontre ce plan sans lui être *perpendiculaire* [b].

p. 247

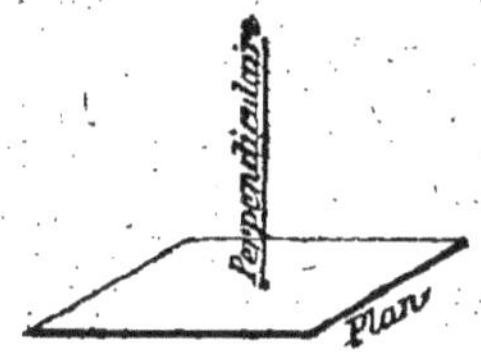

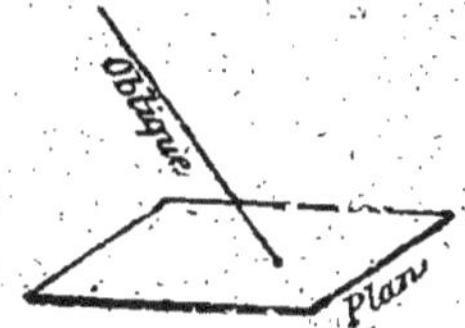

Q. Que savez-vous sur la *perpendiculaire* abaissée d'un point sur un plan ? — **R.** La *perpendiculaire* abaissée d'un point sur un *plan* est le *plus court chemin* pour aller de ce point à ce plan ; c'est la *distance* du point au plan.

Q. Qu'est-ce qu'une *verticale* ? — **R.** Une **verticale** es' une *droite* qui a la direction du **fil à plomb**.

Q. Qu'est-ce que le *fil à plomb* ? — **R.** Le *fil à plomb* est un cordon tendu par un poids [c].

---

[a] On remplace souvent ce mot *perpendiculaire* par le mot *normale*. On dit alors que la droite considérée est *normale* au plan. — Dans un cube, les *arêtes* qui rencontrent une face sont toutes *perpendiculaires* à cette face.

[b] Un piquet, planté dans le sol, donne fort bien, suivant sa position, l'idée d'une droite *oblique* ou d'une droite *perpendiculaire* à un plan.

[c] Un corps qui tombe en *chute libre*, c-à-d sans impulsion initiale, décrit une *verticale*. La plupart des plantes, des arbres, en s'élevant dans l'air, suivent aussi une *verticale*.

Q. Dans quel cas un plan est-il *vertical?* — **R.** Un *plan* est **vertical** dès qu'il contient une *verticale.*

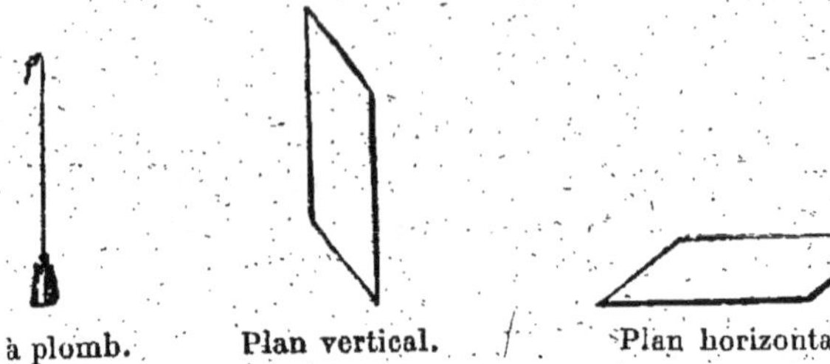

Q. Donnez des exemples de *plans verticaux.* — **R.** Les portes, les fenêtres, les murs de nos chambres nous présentent, en général, des *plans verticaux.*

Q. Qu'est-ce qu'un plan *horizontal?* — **R.** Un *plan* **horizontal** est un plan *perpendiculaire* au *fil à plomb.*

Q. Donnez un exemple. — **R.** La *surface* des eaux tranquilles nous présente un *plan horizontal* [a].

Q. Que savez-vous sur les droites tracées dans un plan *horizontal?* — **R.** Toute *droite* tracée dans un *plan horizontal* est une **horizontale.**

Q. A l'aide de quel instrument vérifie-t-on qu'un plan est *horizontal?* — **R.** On vérifie qu'un *plan* est *horizontal* ou qu'une *droite* est *horizontale* à l'aide du **niveau.**

p. 248

Q. Décrivez le *niveau de maçon.* — **R.** Le *niveau* le plus simple est le *niveau de maçon.* Il a la forme d'un A majuscule, dont le sommet porte un fil à plomb, et dont la traverse est marquée d'un trait [b].

Niveau.

Q. Comment vérifie-t-on qu'une droite est *horizontale?* — **R.** Pour vérifier qu'une *droite* est *horizontale,* on place sur elle les deux pieds du ni-

[a] Une droite *verticale* et un plan *horizontal* nous donnent ainsi un exemple d'un *plan* et d'une *droite perpendiculaires* entre eux. Mais, il faut bien le remarquer, une *droite* et un *plan* peuvent être *perpendiculaires* entre eux, sans que la droite soit *verticale,* ni le plan *horizontal.*

[b] Les principaux *niveaux,* autres que le *niveau de maçon,* sont le *niveau d'eau* et le *niveau à bulle d'air :* ce dernier est un véritable instrument de précision.

veau; le fil à plomb doit passer par le trait de la traverse.

Q. Comment vérifie-t-on qu'un plan est *horizontal?* — **R.** Pour vérifier qu'un *plan* est *horizontal*, il suffit de vérifier que deux *droites* prises dans ce plan, et perpendiculaires entre elles, sont toutes deux *horizontales* [a].

Exercice 1. Quelle est, dans un cercle de $3^{dm},15$ de rayon, la longueur d'un arc de $78°\ 13'\ 15''$? — **Solution.** La longueur de la circonférence est de $19^{dm},79$. Or $78°\ 13'\ 15'' = 281\ 595''$. La longueur de l'arc considéré est donc de $19^{dm},79 \times \dfrac{281\ 595}{1\ 296\ 000}$, c-à-d $4^m,29$.

E. 2. Evaluez l'angle *inscrit* qui comprend entre ses côtés un arc de $49°\ 17'\ 18''$. — **S.** Il vaut la moitié de l'arc, c-à-d $24°\ 38'\ 39''$.

E. 3. La pente gazonnée [b] d'un talus [c] a la forme d'un trapèze dont les bases ont $53^m,8$ et $37^m,9$, la hauteur étant de $8^m,9$. Trouvez la superficie. — **S.** $\dfrac{53,8 + 37,9}{2} \times 8,9$, c-à-d $408^{mq},065$.

E. 4. Quelle est la *moyenne proportionnelle* entre 13 et 21? — **S.** $\sqrt{13 \times 21}$, c-à-d $16,522$.

E. 5. Dites le rayon de la circonférence qui a 1^m de long. — **S.** Le diamètre est $1 : 3,1416$, c-à-d $0^m,318$. Le rayon en est la moitié, c-à-d $0^m,159$.

E. 6. Convertissez $0,9675$ en fraction ordinaire. **S.** $\dfrac{9675}{10000}$, c-à-d $\dfrac{387}{400}$.

E. 7. Une cloche [d] sonne un coup toutes les 30^m; une autre, toutes les 42^m. Elles viennent de sonner au même instant. Dans combien de temps sonneront-elles de nou-

[a] Pour vérifier qu'un *plan* est *horizontal*, on peut aussi y répandre un peu d'eau, ou y laisser tomber une bille : si le plan est exactement *horizontal*, l'eau ne s'écoule d'aucun côté, et la bille reste à la place où elle est tombée.

[b] *Gazonnée* signifie recouverte d'un *gazon*, c-à-d d'une herbe courte et menue.

[c] Un *talus* est une surface inclinée, le plus souvent plane. Les bords des réservoirs, des fossés, des canaux et des rivières sont souvent disposés en talus. Les ouvrages en terre employés dans les fortifications consistent surtout en talus.

[d] Les *cloches* remontent à la plus haute antiquité; elles sont formées d'un bronze composé de cuivre et d'étain. La plus grosse cloche connue est à Moscou : elle pèse, dit-on, $66\ 000^{Kg}$.

veau ensemble? — **S.** Dans un nombre de *minutes* qui sera le *ppcm* de 30 et de 42, c-à-d dans 210^m, ou 3^h 30^m.

E. 8. Exprimez 0^{mq},36912 en *centimètres carrés*. **S.** 3 691^{cmq},2.

E. 9. Calculez avec 3 décimales $\frac{1}{2}\sqrt{2-\sqrt{2}}$. **S.** 0,382.

E. 10. Le bronze des statues [a] est un alliage de cuivre et d'étain, où le poids du cuivre est 9 fois plus grand que celui de l'étain. Dites la composition du bronze d'une statue pesant 54^{Mg},87. — **S.** En partageant 54^{Mg},87 proportionnellement à 9 et 1, on trouve 49^{Mg},383 de cuivre et 5^{Mg},487 d'étain.

E. 11. A quelle partie du *grand-livre* portez-vous un article du *journal* commençant par *Avoir Jacques?* — **S.** Au crédit de compte de Jacques.

E. 12. Un terrain carré coûte 3 648^f,50. Que coûtera un second terrain, carré aussi, mais d'un côté double? — **S.** Il coûtera 4 fois plus, c-à-d 14 594^f.

———

p. 249 **180. — Droites non situées dans un même plan.**

Question. Deux droites sont-elles toujours dans un même plan? — **Réponse.** Deux *droites*, prises au hasard dans l'espace, ne sont pas, en général, dans un même *plan*. Elles ne se rencontrent pas, et ne sont pas parallèles [b].

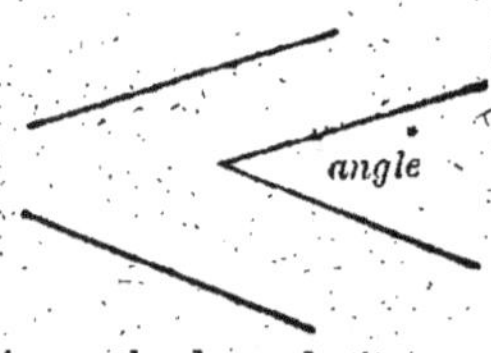

Angle de deux droites non situées dans un même plan.

Q. Qu'appelle-t-on angle de deux

[a] On nomme *statue* la représentation, en terre, en plâtre, en marbre ou en bronze, d'une personne tout entière. La plupart des statues dépassent un peu la grandeur naturelle; il en est de gigantesques; il en est aussi de très petites, qu'on appelle *statuettes.* On nomme *statuaires* les *sculpteurs* qui font des *statues.* Dès la plus haute antiquité, on a élevé des statues aux hommes célèbres qui ont illustré ou bien servi leur pays.

[b] Faites bien remarquer que la définition des droites *parallèles*

droites non situées dans un même plan? — **R.** On appelle *angle* de deux *droites*, non situées dans un même plan, l'angle qu'on obtient en menant par un *point* quelconque des *parallèles* à ces deux *droites* [a].

Q. Peut-on toujours mener une *perpendiculaire commune* à deux droites? — **R.** Lorsque deux *droites* ne sont pas situées dans un même *plan*, on peut toujours leur mener une *perpendiculaire commune*, mais on n'en peut mener qu'*une* [b].

Q. Que savez-vous sur cette *perpendiculaire commune*? — **R.** La *perpendiculaire commune* à deux droites non situées dans un même plan mesure la plus courte *distance* entre ces deux droites [c].

Exercice 1. Combien de *degrés*, *minutes* et *secondes* dans un arc de 10 000″? — **Solution.** 2° 46′ 40″.

E. 2. Trouvez l'aire d'un carré ayant 23^{Dm},37 de côté. — **S.** 546^{Dmq},1569.

E. 3. D'un point extérieur, on mène à un cercle une *tangente* et une *sécante*. La tangente est de 12^{cm}; l'un des segments de la sécante de 36^{cm}. Calculez l'autre [d]. — **S.** $\dfrac{12 \times 12}{36}$, c-à-d 4^{cm}.

E. 4. Combien de *degrés* dans la *somme* des angles d'un *décagone* [e]? — **S.** La somme des angles d'un *décagone* est égale à 2$^{\text{droits}} \times (10 - 2)$, c-à-d à 16^{droits}, ou à 1440°.

contient deux conditions : 1° que ces droites soient situées dans un même plan; 2° qu'elles ne puissent jamais se rencontrer.

[a] Il n'est donc pas nécessaire, pour qu'on puisse parler de l'*angle* de deux droites, que ces droites se *rencontrent*.

[b] Tout plan *perpendiculaire* à cette *perpendiculaire commune* est, en même temps, *parallèle* à chacune des *droites données*. — Deux *droites* placées n'importe comment dans l'espace sont toujours *parallèles* à un *même plan*.

[c] Lorsque les deux droites se *rencontrent*, cette distance devient *nulle*.

[d] Il sera bon, à ce propos, de rappeler aux élèves sur quel théorème on s'appuie pour répondre à cette question. On pourra leur rappeler aussi ce que c'est qu'une *moyenne proportionnelle*.

[e] Lorsqu'une circonférence est partagée en 10 parties égales, si l'on joint par une droite chaque point de division au suivant, on forme le *décagone régulier* proprement dit, celui dont nous parlons dans cet exercice. Si l'on joint ces points de division de *trois en trois*, on forme le *décagone régulier étoilé*.

E. 5. Dites l'aire d'un tapis [a] ayant $3^m,25$ de long et $2^m,83$ de large. — **S.** $3,25 \times 2,83$, c-à-d $9^{mq},1975$.

E. 6. Extrayez la racine cubique de 768944, à moins d'une unité. — **S.** 91.

E. 7. Calculez le *pgcd* de 83570 et 90890. — **S.** 610.

E. 8. Quel poids de cuivre dans 10^{Kg} de gros sous? — **S.** Sur 100^g du bronze des monnaies, il y a 95^g de cuivre. Sur 10000^g, il y en a $95^g \times \dfrac{10000}{100}$, c-à-d 9500^g, ou $9^{Kg},5$.

E. 9. Trouvez l'aire du cercle qui a 1^m de rayon. **S.** $3,1416 \times 1 \times 1$, c-à-d $3^{mq},1416$.

E. 10. De Paris au Tréport [b], il y a 192^{Km}. Combien de *lieues?* — **S.** $192 : 4$, c-à-d 48.

E. 11. Que rapportent 100000^f, à $3,72^o/_o$, en 1^j? **S.** $\dfrac{3,72 \times 100000 \times 1}{36000}$, c-à-d $10^f,41$.

P. 260　　**E. 12.** Quel poids faut-il allier d'or au titre de 0,923 et d'or au titre de 0,836, pour obtenir $0^{Kg},357$ au titre de 0,849? — **S.** Sur 1^{Kg} du premier lingot, il y a, en trop, 74^g d'or pur. A 1^{Kg} du second lingot, il en manque 13^g. Si l'on prenait 13^{Kg} du premier et 74^{Kg} du second lingot, il y aurait compensation, et l'on obtiendrait 87^{Kg} du lingot demandé. Pour obtenir $0^{Kg},357$, on prendra $0^{Kg},357 \times \dfrac{13}{87}$ et $0^{Kg},357 \times \dfrac{74}{87}$, c-à-d $0^{Kg},053$ du premier lingot et $0^{Kg},303$ du second.

------

181. — Les prismes, les parallélépipèdes.

Question. Qu'est-ce qu'un *prisme?* — **Réponse.** Un **prisme** est un *polyèdre* compris sous deux *polygones* égaux et parallèles, qui en sont les *bases*, et sous une

<hr>

[a] On suppose évidemment ce tapis *rectangulaire*. — Il y a beaucoup d'espèces de *tapis*, différant les uns des autres par la matière et la façon. On nomme *tapisseries* les tapis qu'on emploie comme *tentures* pour garnir les murailles : les plus belles *tapisseries* sont celles que fabriquent les manufactures nationales de *Beauvais* et des *Gobelins*.

[b] *Le Tréport* est un petit port sur la Manche, non loin de la ville d'Eu.

suite de *parallélogrammes*, qui en sont les *faces latérales* [a].

Q. Qu'est-ce que la *hauteur* d'un prisme? — **R**. La *hauteur* d'un *prisme* est la *perpendiculaire* qui mesure la distance des deux *bases*.

Q. Dans quel cas un prisme est-il *droit?* — **R**. Un *prisme* est *droit* [b] ou *oblique* selon que ses *faces latérales* sont perpendiculaires ou *obliques* sur ses *bases*.

Q. Dans quel cas un prisme est-il *triangulaire?* — **R**. Un *prisme* est *triangulaire* [c], *quadrangulaire*, *pentagonal*, etc., suivant que ses *bases* sont des *triangles*, des *quadrilatères*, des *pentagones*, etc.

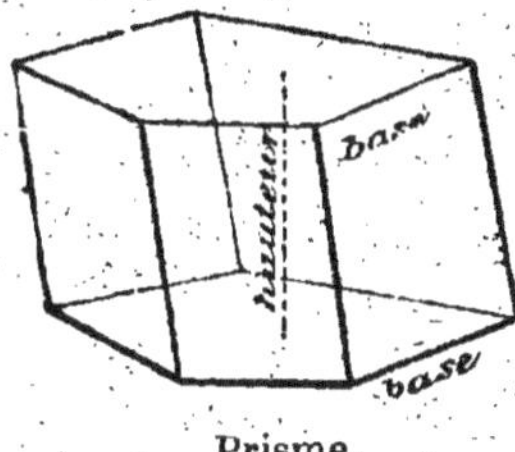

Prisme.

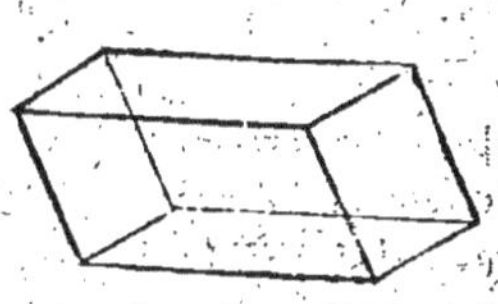
Parallélépipède.

Q. Qu'est-ce qu'un *parallélépipède?* — **R**. **Un parallélépipède** [d] n'est qu'un *prisme* dont les *bases* sont des *parallélogrammes*.

Q. Dans quel cas un parallélépipède est-il *rectangle?* — **R**. Un *parallélépipède* est *rectangle* lorsque toutes ses *faces* sont des *rectangles* [e]. Le *cube* est un *parallélépipède* dont toutes les faces sont des *carrés*.

[a] Les *droites* qui joignent les sommets correspondants des deux bases d'un *prisme*, se nomment les *arêtes latérales* de ce prisme.

[b] Dans les *prismes droits*, les *arêtes latérales* sont juste égales à la *hauteur*. — Un *prisme droit* est régulier quand sa *base* est un *polygone régulier*.

[c] En physique, on désigne souvent, sous le simple nom de *prismes*, les morceaux de cristal, taillés en forme de *prismes triangulaires*, dont on se sert pour montrer la *décomposition de la lumière* et la formation du *spectre solaire*.

[d] On peut employer indifféremment *parallélipipède*, ou *parallélépipède*. Avec la plupart des lexicographes, nous préférons ce dernier, comme plus conforme à l'étymologie.

[e] Une multitude de volumes affectent la forme de *parallélépipèdes rectangles :* telles sont les poutres, les briques, les pierres de taille,

Q. Comment évalue-t-on la *surface totale* d'un prisme? — **R.** Pour évaluer la *surface totale* d'un *prisme*, on mesure les *aires* de toutes ses *faces*, et on fait la *somme* de tous les nombres obtenus.

Q. Comment évalue-t-on le *volume* d'un prisme? — **R.** Pour évaluer le *volume* d'un *prisme*, on évalue la *surface* de l'une de ses *bases*, on mesure sa *hauteur*, et l'on fait le *produit* des deux nombres obtenus [a].

p. 251 — **Exercice 1.** Dites le volume d'un prisme dont la base a $0^{dmq},37$ et la hauteur 8^{cm}. — **Solution.** $0,37 \times 0,8$, c-à-d $0^{dmc},296$, ou 296^{cmc}.

E. 2. Trouvez le volume d'un parallélépipède rectangle qui a 11^{m} de large, 15^{m} de long et 7^{m} de haut. — **S.** $11 \times 15 \times 7$, c-à-d 1155^{mc}.

E. 3. Trouvez la surface totale de ce même parallélépipède [b]. — **S.** Deux faces ont chacune pour aire 11×15, c-à-d 165^{mq}; deux autres ont chacune pour aire 15×7, c-à-d 105^{mq}; les deux dernières ont chacune pour aire 7×11, c-à-d 77^{mq}. La surface totale est donc le double de $165^{mq} + 105^{mq} + 77^{mq}$, c-à-d le double de 347^{mq}, ou 694^{mq}.

E. 4. Quel est le volume d'un dé à jouer qui a $0^{cm},9$ de côté [c]? — **S.** $0,9 \times 0,9 \times 0,9$, c-à-d $0^{cmc},729$, ou 729^{mmc}.

E. 5. Une colline [d] a un volume de $2^{kmc},847$. Combien de décamètres cubes? — **S.** 2847000^{Dmc}.

ainsi que la plupart des caisses, des boîtes, des chambres et des salles. — On considère souvent, en minéralogie, des *parallélépipèdes* dont les six faces sont des *losanges égaux*; ces volumes sont des *rhomboèdres*.

[a] Pour évaluer le volume du parallélépipède *rectangle*, on peut opérer plus simplement, car il suffit de faire le *produit* des trois nombres qui mesurent la *longueur*, la *largeur*, la *hauteur*, c-à-d les *trois dimensions* de la figure. Dans un pareil *produit*, on doit regarder les trois *facteurs* comme des nombres *abstraits*. Il ne faut jamais dire, ni permettre de dire, qu'on multiplie des *mètres* par des *mètres*.

[b] Cette *surface totale* se compose de 6 rectangles égaux deux à deux, et que nous savons tous évaluer, puisque, pour chacun d'eux, les deux dimensions nous sont connues.

[c] Le nombre qui mesure le volume d'un cube est le produit de trois facteurs égaux au nombre qui en mesure l'arête. Ce volume s'exprime donc par la troisième puissance de ce dernier nombre. Voilà pourquoi la *troisième puissance* d'un nombre se nomme le *cube* de ce nombre.

[d] Une *colline* est une élévation du sol, qui ne présente que des

E. 6. D'un même point on mène 2 sécantes à un cercle. Les segments de la 1re sont de 7^{cm}, 8 et 92^{mm}. L'un des segments de la 2e est de 0^{dm},48. Trouvez l'autre [a]. — **S.** $\dfrac{78 \times 92}{38}$, c-à-d 149^{mm},5.

E. 7. Formez la fraction génératrice de 0,781 81 81 ... — **S.** $\dfrac{43}{55}$.

E. 8. En divisant 67 par un nombre, on trouve pour reste 2. En divisant 43 par ce même nombre, on trouve pour reste 4. Quel est ce nombre? — **S.** Ce nombre divise exactement 67 — 2, c-à-d 65 ; et 43 — 4, c-à-d 39. C'est donc un diviseur commun de 65 et 39. Or, 65 et 39 n'admettent, comme diviseur commun autre que l'unité, que le nombre 13 : tel est le nombre cherché.

E. 9. Calculez avec 3 décimales l'inverse de 2π. **S.** 0,159.

E. 10. Combien de jours du 25 février inclusivement au 27 mai exclusivement? — **S.** Si l'année est commune : 4^j de février, 31^j de mars, 30^j d'avril et 26^j de mai : en tout, 91^j. Si l'année est bissextile, 1^j de plus, provenant du mois de février, c-à-d, en tout, 92^j [b].

E. 11. En revendant une maison 39 625^f, on gagne 9 %$_0$ du prix d'achat. Trouvez ce prix. — **S.** 39 625^f représentent les 109 centièmes du prix d'achat. Le centième de ce prix est donc $\dfrac{39\,625}{109}$, et le prix lui-même $\dfrac{39\,625 \times 100}{109}$, c-à-d 36 353^f,21.

E. 12. Quel poids d'or pur dans la boîte d'une montre [c] en or, au 2e titre, pesant 15^g? — **S.** 15$^g \times$ 0,840, c-à-d 12^g,60.

---

pentes douces. C'est une sorte de montagne qui n'est ni élevée, ni escarpée.

(a) Rappelez aux élèves, avant de résoudre cette question, l'énoncé du théorème sur lequel il faut s'appuyer.

(b) Toutes les fois que l'intervalle de temps à évaluer en jours contient la durée du mois de février, il faut distinguer deux cas, suivant que l'année est commune ou bissextile.

(c) On nomme horlogers ceux qui fabriquent ou vendent les horloges, les pendules et les montres. Leur industrie ou leur commerce porte le nom d'horlogerie.

182. — La pyramide et le tronc de pyramide.

Question. Qu'est-ce qu'une *pyramide?* — **Réponse.**
Une **pyramide**[a] est un *polyèdre* compris sous un

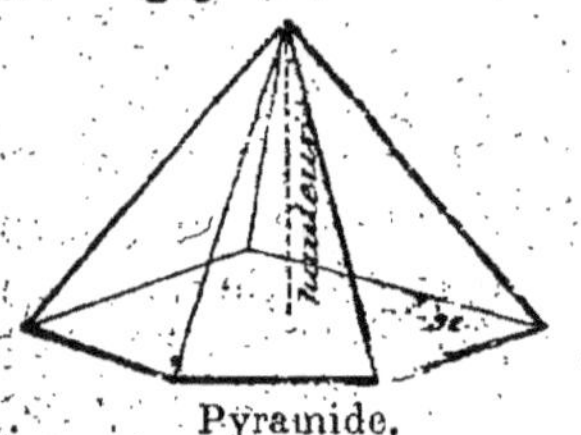

Pyramide.

polygone quelconque, qui est la *base*, et sous une suite de *triangles*[b] placés autour d'un *point* unique, qui est le *sommet*.

Q. Qu'est-ce que la *hauteur* de la pyramide? — **R.** La *hauteur* de la *pyramide* est la *perpendiculaire* abaissée du *sommet* sur le *plan* de la *base*[c].

Q. Comment évalue-t-on la *surface totale* de la pyramide? — **R.** Pour évaluer la *surface totale* de la *pyramide*, on fait la *somme* des *aires* de toutes ses *faces*.

Q. Comment évalue-t-on le *volume* de la pyramide? — **R.** Pour évaluer le *volume*[d], on évalue l'*aire* de la *base*, on mesure la *hauteur*, on fait le *produit* des nombres obtenus, puis on le *divise* par 3.

p. 252   **Q.** Qu'est-ce que le *tronc de pyramide?* — **R.** Le **tronc de pyramide** est le *volume* qui reste après qu'on a coupé une *pyramide* par un *plan* parallèle à la *base* et qu'on a enlevé la *pyramide* du haut[e].

(a) Comme exemple de *pyramides*, on peut citer les clochers ou les flèches d'un grand nombre d'églises. On peut citer aussi les trois grandes pyramides d'Égypte, qui sont des pyramides à *base carrée*, dont la plus élevée a une hauteur de 146m.

(b) Ces triangles forment tous ensemble la *surface latérale* de la pyramide. Les droites qui joignent le sommet de la pyramide aux différents sommets du polygone de base sont les *arêtes latérales*.

(c) Une pyramide est *triangulaire, quadrangulaire, pentagonale*, etc., suivant que sa *base* est un *triangle*, un *quadrilatère*, un *pentagone*, etc. — Une pyramide est *régulière*, lorsque sa *base* est un *polygone régulier*, et que sa *hauteur* tombe au *centre* de sa *base*.

(d) On appelle polyèdre *convexe* un polyèdre tel qu'aucune droite n'en puisse percer la surface en plus de deux points. Tout prisme et toute pyramide ayant pour base un polygone convexe est nécessairement un polyèdre *convexe*.

(e) Il sera bon de montrer aux élèves des *pyramides* et des *troncs de pyramides*.

Q. Que sont les *bases* et la *hauteur* du tronc? — **R.** Le *tronc* a pour *base inférieure* la base de la py- 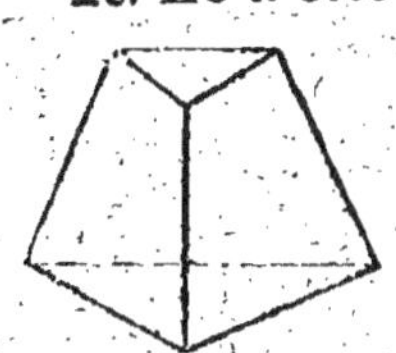ramide donnée, pour *base supérieure* la base de la pyramide enlevée : sa *hauteur* est la perpendiculaire qui me- sure la *distance* de ses deux *bases*.

Tronc de pyramide.

Q. A quoi est égale la *surface totale* du tronc? — **R.** La *surface totale* du *tronc de pyramide* est la *somme* des *aires* de toutes ses *faces*.[a]

Q. A quoi est équivalent le *volume* du tronc? — **R.** Le *volume* du *tronc de pyramide* est équivalent à la *somme* des *volumes* de trois *pyramides*, qui auraient toutes même *hauteur* que le tronc, et dont les bases seraient : 1° la *base inférieure* du tronc; 2° la *base supérieure*; 3° une *moyenne proportionnelle* entre ces deux bases[b].

Exercice 1. Trouvez le *volume* d'une *pyramide* dont la base est de 7^{dmq},83 et la hauteur de 45^{cm}. — **Solution.** $\dfrac{783 \times 45}{3}$, c-à-d 11745^{cmc}, ou 11^{dmc},745.

E. 2. Le *volume* d'une *pyramide* est de 3428^{cmc}, sa base est de 5^{dmq},9. Quelle est sa hauteur? — **S.** En divisant le volume 3428 par la base 590, on trouve 5,8 pour le *tiers* de la hauteur. Celle-ci est donc 5,8 $\times$ 3, c-à-d 17^{cm},4.

E. 3. Calculez le volume d'un *tronc de pyramide* qui a sa base inférieure de 27^{dmq}, sa base supérieure de 12^{dmq}, et sa hauteur de 6^{dm}. — **S.** La *moyenne proportionnelle* entre 27 et 12 est 18. Donc le volume cherché est égal à $\dfrac{27 \times 6 + 12 \times 6 + 18 \times 6}{3}$, [c] c-à-d à 114^{dmc}.

[a] La *surface latérale* du tronc de pyramide est l'ensemble de toutes les *faces* autres que les bases : c'est une somme de *trapèzes*.

[b] On voit, par cet énoncé, combien il importe de savoir exactement ce qu'on entend par *moyenne proportionnelle* entre deux nombres.

[c] Dans l'évaluation du volume soit de la pyramide, soit du tronc de pyramide, on rencontre finalement une division par 3. Ce diviseur 3 se rencontre fréquemment dans la mesure des volumes; il ne se rencontre jamais dans celle des surfaces. Ce fait, qui s'explique très facilement par les mathématiques supérieures, ne peut être, à l'école primaire, que l'objet d'une simple remarque.

E. 4. Un cristal [a] a la forme d'un *prisme*. Son volume est de 8^{cmc},7 et sa hauteur de 4^{cm},2. Trouvez sa base. — **S.** 8,7 : 4,2, c-à-d 2^{cmq},07.

E. 5. Une chambre a la forme d'un *parallélépipède rectangle*. Son volume est de 73^{mc},287 et sa base de 19^{mq},56. Dites sa hauteur. — **S.** 73,287 : 19,56, c-à-d 3^{m},7.

E. 6. Combien de *florins* d'Autriche pour payer 500^f? — **S.** Autant qu'il y a de fois 2^f,4691 dans 500^f, c-à-d 202^{flor},50.

E. 7. Convertissez 7 *trente-deuxièmes* en fraction décimale. — **S.** 0,21875, exactement [b].

E. 8. Trouvez le *ppcm* de 3937 et 4867. — **S.** 618409.

E. 9. Calculez avec 3 décimales $\frac{1}{2}\sqrt{2+\sqrt{2}}$. — **S.** 0,923.

E. 10. La potasse pure est un composé d'oxygène et de potassium [c] où les poids de ces corps sont dans le rapport de 8 à 39. Dites la composition de 23^{Dg},5 de potasse. — **S.** En partageant 23^{Dg},5 proportionnellement à 8 et 39, on trouve 4^{Dg},0 et 19^{Dg},5, exactement.

p. 233 — **E. 11.** On peut remplacer 2 billets, l'un de 365^f,15 payable dans 46^j, l'autre de 473^f,30 payable dans 53^j, par un billet unique de 850^f payable dans 105^j. Quel est le taux de l'escompte? — **S.** La valeur *actuelle* du 3e billet est égale à la somme des valeurs *actuelles* des deux premiers. Or la valeur *nominale* du 3e billet dépasse de 11^f,55 la somme des valeurs *nominales* des deux premiers. Donc l'*escompte* du 3e billet dépasse de 11^f,55 la somme des *escomptes* des deux premiers. Les nombres *représentatifs* des escomptes sont : pour le 3e billet 89250; pour les deux premiers 16796,90 et 25084,90.

---

[a] Certaines substances, abandonnées après qu'elles ont été dissoutes ou fondues, prennent d'elles-mêmes, en se solidifiant, la forme de *polyèdres*. On dit alors qu'elles se transforment en *cristaux*, qu'elles se *cristallisent*. On trouve, dans le sol, beaucoup de minéraux *cristallisés* naturellement.

[b] Cette fraction *ordinaire* se transforme exactement en une fraction *décimale* limitée, parce que son dénominateur ne contient aucun facteur premier autre que 2. En effet, 32 est la cinquième puissance de 2.

[c] Le *potassium* est un métal brillant, mou comme la cire, qui fond à une température très peu élevée. Exposé à l'air, il s'*oxyde* et se ternit très rapidement. — La *potasse* sert surtout au nettoyage et entre dans la composition de la plupart des savons.

Le premier de ces 3 nombres dépasse la somme des deux autres de 47368^f,20. C'est ce nombre qui, multiplié par le taux et divisé par 36000, donne 11^f,55. Donc le *taux* est égal à $\dfrac{11,55 \times 36000}{47368,20}$, c-à-d à 8^f,77 pour cent.

E. 12. Un bassin[a] a 3^m,57 de long, 1^m,38 de large et 0^m,56 de profondeur. Dites le poids de l'eau qui le remplit. — **S.** Le volume de l'eau est 3,57 $\times$ 1,38 $\times$ 0,56, c-à-d 2^{mc},758896. Son poids est donc 2^T,758896.

---

183. — Volume d'un polyèdre quelconque, volume du tas de pierres.

Question. Comment évalue-t-on le *volume* d'un polyèdre quelconque? — **Réponse.** Pour évaluer le *volume* d'un *polyèdre* quelconque, il suffit de décomposer ce polyèdre en *pyramides*[b], d'évaluer les volumes de toutes ces pyramides, et de faire la *somme* des nombres obtenus.

Q. Qu'est-ce que le *tas de pierres?* — **R.** Le **tas de pierres**[c] est un *polyèdre* compris sous deux *bases* parallèles qui sont des *rectangles,* et quatre *faces latérales* qui sont dès *trapèzes isocèles.*

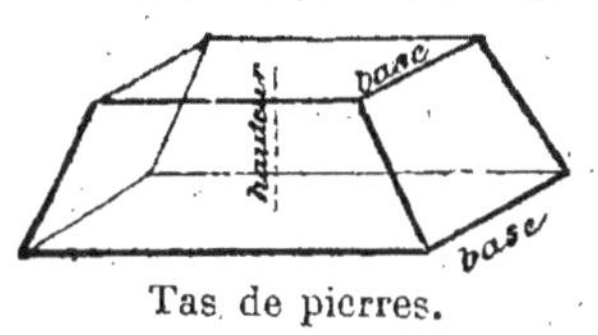

Tas de pierres.

Q. Qu'est-ce que la *hauteur* du tas de pierres? — **R.** La *hauteur* du *tas de pierres* est la *perpendiculaire* qui mesure la *distance* de ses deux *bases.*

Q. A quoi est équivalent le *volume* du tas de pierres? —

---

[a] Le mot *bassin* a des sens très différents. Tantôt il désigne un grand plat creux, tantôt un réservoir ou une pièce d'eau. En géographie, le *bassin d'un fleuve* est la région entière qu'arrosent ce fleuve et ses affluents.

[b] On peut regarder comme évident que tout *polyèdre* peut être décomposé en une somme de *pyramides.*

[c] Ce volume est ainsi appelé, parce que c'est celui des *tas de pierres* qu'on voit au bord des routes. On le nomme souvent aussi volume du *ponton.* — Le volume du *tas de pierres* peut, dans certains cas particuliers, devenir celui d'un *tronc* de *pyramide;* mais, en général, il n'en est pas ainsi.

R. Le *volume* du *tas de pierres* est équivalent à la *somme* des volumes de trois *pyramides*, qui auraient toutes pour *hauteur* la moitié de la hauteur du tas, et dont les *bases* seraient : 1° le *rectangle inférieur*; 2° le *rectangle supérieur*; 3° un *rectangle* ayant pour *longueur* la somme des longueurs des deux précédents, et pour *largeur* la somme de leurs *largeurs* [a].

Exercice 1. La hauteur d'un *tas de pierres* est de $0^m,68$; les dimensions de la base inférieure sont $2^m,35$ et $1^m,27$; celles de la base supérieure sont $1^m,96$ et $0^m,75$. Trouvez le volume. — **Solution.** Les aires des trois *bases* à considérer sont : $2,35 \times 1,27$, c-à-d $2^{mq},9845$; $1,96 \times 0,75$, c-à-d $1^{mq},4700$; et $(2,35 + 1,96) \times (1,27 + 0,75)$, c-à-d $8^{mq},7062$. Les volumes des trois *pyramides* correspondantes sont : $\dfrac{2,9845 \times 0,34}{3}$, $\dfrac{1,4700 \times 0,34}{3}$ et $\dfrac{8,7062 \times 0,34}{3}$. En effectuant les calculs et ajoutant les résultats, on trouve $1^{mc},491\,546$.

E. 2. Un tombereau [b] a la forme d'un *tas de pierres* renversé. Les dimensions de l'ouverture sont $2^m,1$ et $1^m,4$; celles du fond $1^m,8$ et $1^m,2$. Le volume est de $2^{mc},5$. Quelle est la hauteur? — **S.** Les aires des trois *bases* à considérer sont : $2,1 \times 1,4$, c-à-d $2^{mq},94$; $1,8 \times 1,2$, c-à-d $2^{mq},16$; et $(2,1 + 1,8) \times (1,4 + 1,2)$, c-à-d $10^{mq},14$. Pour avoir le volume, il faudrait multiplier la *somme* des aires de ces bases, par la moitié de la hauteur, puis diviser par 3. En divisant le triple du volume, qui est $7,5$, par cette somme des aires, qui est $15,24$, on trouve $0^m,49$: c'est la *moitié* de la hauteur. Cette hauteur est donc $0^m,98$.

p. 254 **E. 3.** Dites l'arête d'un *cube* ayant un volume de $1^{mc},347$. — **S.** $\sqrt[3]{1,347}$, c-à-d $1^m,104$.

E. 4. Le volume d'une *pyramide* est de 458^{dmc}; la hau-

---

[a] Il est facile de voir que ce *troisième rectangle* est le *quadruple* de la *section moyenne*, c-à-d de la *section* qu'on obtiendrait en coupant le volume considéré par un plan parallèle aux bases et équidistant des deux bases.

[b] Beaucoup de *fossés*, beaucoup de *réservoirs* ont la forme de *tas de pierres* renversés. Il en est de même des *cuvettes* en porcelaine dont se servent les chimistes et les photographes.

teur est de 15^{dm}. Calculez l'aire de la base. — **S.** Il suffit de diviser le volume par le *tiers* de la hauteur[a]. On trouve ainsi 91^{dmq},8.

E. 5. Quelle est la *surface totale* d'une pyramide triangulaire[b] dont les 4 faces sont des *triangles équilatéraux* ayant 28^{cm},5 de côté. — **S.** L'aire de chaque triangle est $\sqrt{42,75 \times (14,25)^3}$, c-à-d 351^{cmq},71. La surface totale de la pyramide est *quadruple*, c-à-d 1406^{cmq},84.

E. 6. Calculez avec 3 décimales la *racine carrée* de $\frac{4}{7}$. — **S.** 0,755.

E. 7. Dites le plus petit nombre *entier*, autre que 1, qui soit à la fois un *carré* et un *cube*. — **S.** 64, qui est le carré de 8 et le cube de 4.

E. 8. Exprimez $100\,000^{lignes}$ en *toises, pieds, pouces* et *lignes*. — **S.** 115^{toises} 4^{pieds} 5^{pouces} 4^{lignes}.

E. 9. Trouvez l'aire du cercle qui a 0^m,50 de rayon. — **S.** $3,1416 \times (0,50)^2$, c-à-d 0^{mq},7854.

E. 10. Exprimez en *minutes* et *secondes* l'angle sous lequel on voit[c] la lune, et qui est de $1868''$,18. **S.** $31'\ 8''$,18.

E. 11. On fond 3^{Kg},78 d'argent au titre de 0,907 avec 175^g de cuivre. Quel sera le titre de l'alliage final? — **S.** Le poids de l'argent pur est $3^{Kg},78 \times 0,907$, c-à-d 3^{Kg},42846. Le poids total de l'alliage sera $3^{Kg},78 + 0^{Kg},175$, c-à-d 3^{Kg},955. Le *titre* sera donc $3,42846 : 3,955$, c-à-d 0,866.

E. 12. *Cent* francs de rente 3 °/₀ coûtent 2770^f. A quel cours? — **S.** Le capital qui rapporte 100^f est 2770^f. Le capital qui rapporte 3^f est $2770^f \times \frac{3}{100}$, c-à-d 83^f,10.

(a) Cela résulte immédiatement de ce que le volume est égal au *produit* de la *base* par le *tiers* de la *hauteur*.

(b) Une *pyramide triangulaire* est un polyèdre dont les faces sont toutes des *triangles* et sont au nombre de *quatre*. Aussi désigne-t-on souvent la pyramide triangulaire par le mot de *tétraèdre*, lequel est formé de deux mots grecs, qui signifient précisément *quatre faces*. Le tétraèdre du présent exercice est un *tétraèdre régulier*. — Un tétraèdre est toujours forcément un polyèdre *convexe*.

(c) L'angle sous lequel on voit un objet, c'est l'angle formé par les rayons visuels qui vont de l'œil de l'observateur aux deux bords opposés de cet objet. Plus l'objet est rapproché, plus l'angle sous lequel on le voit est grand; plus l'objet est éloigné, plus cet angle est petit. — L'angle sous lequel on voit un astre s'appelle aussi le *diamètre apparent* de cet astre.

CHAPITRE V

LES CORPS RONDS

—

184. — Le cylindre.

Question. Qu'est-ce que le *cylindre?* — **Réponse.** Le *cylindre* est le *corps rond* engendré par un *rectangle* tournant autour d'un de ses côtés [a].

Q. Entre quelles surfaces le *cylindre* est-il compris? — **R.** Le *cylindre* est compris entre deux *bases* circulaires planes et une *surface latérale* courbe [b].

Cylindre.

Q. Qu'est le côté autour duquel le *rectangle* tourne? — **R.** Le côté autour duquel le rectangle a tourné est l'*axe* [c] ou la *hauteur* du cylindre : il mesure la distance des plans des deux bases.

Q. Dites la mesure de la *surface latérale* du cylindre? — **R.** La *surface latérale* du cylindre a pour mesure le *produit* de sa *circonférence de base* par sa *hauteur*. Pour en déduire la *surface totale*, il suffit d'y ajouter les *aires* des deux *bases* [d].

[a] Les mesures de capacité, les rouleaux de toute nature, les tuyaux de nos poêles, la plupart des fromages, un grand nombre de tours et de puits nous présentent la forme de *cylindres* pleins ou creux.

[b] Si l'on développait sur un plan, en la déroulant pour ainsi dire, la *surface latérale* d'un cylindre, on obtiendrait un *rectangle* qui aurait même *hauteur* que le cylindre, et dont la *base* aurait même longueur que la circonférence de base du cylindre.

[c] On donne, en général, le nom d'*axes* aux droites qui restent fixes, dans les figures qui, au moins en partie, sont en mouvement. En particulier, lorsqu'une figure tourne autour d'une droite fixe, comme une roue autour de son essieu, cette droite fixe prend le nom d'*axe de rotation*.

[d] Si l'on désigne par R le *rayon* du cylindre, par H sa *hauteur*, par s sa *surface latérale*, par S sa *surface totale*, on a, en supprimant les signes de multiplication, $s = 2\pi RH$ et $S = 2\pi RH + 2\pi R^2$.

Q. Dites la mesure du *volume* du cylindre? — **R.** Le *vo-*p. 255 *lume* du cylindre a pour mesure le *produit* de l'*aire* d'une de ses *bases* par sa *hauteur* [a].

Exercice 1. Trouvez le *volume* d'un *cylindre* [b] ayant une hauteur de 13^{cm} et un rayon de base de 8^{cm}. — **Solution.** L'aire de la base est 3,1416 × 8^2, c-à-d 201^{cmq},0624. Le volume est 201,0624 × 13, c-à-d 2613^{cmc},8112.

E. 2. Calculez la *surface latérale* de ce même *cylindre*. — **S.** La circonférence de base est 50^{cm},2656. La surface latérale est donc 50,2656 × 13, c-à-d 653^{cmq},4528.

E. 3. La base d'un *cylindre* a 98^{cmq}. Le volume est de 1^{dmc},789. Quelle est la hauteur? — **S.** 1789 : 98, c-à-d 18^{cm},25.

E. 4. Le volume d'un prisme est de 0^{mc},016. Sa hauteur est de 5^{dm}. Trouvez l'aire de sa base. — **S.** 16 : 5, c-à-d 3^{dmq},2.

E. 5. Dites la surface totale du cube [c] ayant 15^{cm} de côté. — **S.** Chaque face a une aire égale à 15^2, c-à-d à 225^{cmq}. Comme il y a 6 faces, la surface totale est 225 × 6, c-à-d 750^{cmq}.

E. 6. Divisez $\frac{5}{6}$ par $\frac{55}{66}$. — **S.** Ces deux fractions sont égales. Donc le quotient est 1.

E. 7. Décomposez 108170 en *facteurs premiers*. **S.** 2 × 5 × 29 × 373.

E. 8. Combien de *pouces carrés* dans 1 *toise carrée*? — **S.** Une toise linéaire vaut 72^{pouces}. Donc 1 toise carrée vaut 72 × 72, c-à-d 5184$^{pouces\ carrés}$.

E. 9. Calculez la racine cubique de 2 avec trois décimales. — **S.** 1,259.

E. 10. Le salpêtre [d] se compose de potassium, d'a-

[a] Soient R le *rayon*, H la *hauteur* et V le *volume*. On aura V = $\pi R^2 H$.

[b] On fera remarquer aux élèves que le volume du cylindre s'évalue de la même façon que le volume du prisme, et qu'il y a la plus grande analogie entre le *cylindre* et le *prisme droit*.

[c] Le *cube* se nomme aussi *hexaèdre*, précisément parce qu'il a *six faces*. Il est d'ailleurs l'*hexaèdre régulier*.

[d] Le *salpêtre* résulte de la combinaison de l'acide azotique avec la potasse. On le nomme aussi *nitre*. C'est un sel blanc, facilement cristallisable, qui se forme spontanément dans les murs de nos étables, de nos

zote[a] et d'oxygène, les poids de ces corps y étant proportionnels à 39, 14 et 8. Dites la composition d'une livre de salpêtre. — **S.** En partageant 500^g proportionnellement à 39, 14 et 8, on trouve : 319^g,6 de potassium, 114^g,7 d'azote et 65^g,5 d'oxygène.

E. 11. Rédigez la lettre de change de 1237^f,95, payable le 17 juillet prochain, que Charles tire sur Pierre. — **S.** Au 17 juillet prochain, il vous plaira payer, à M. Charles ou à son ordre, la somme de mille deux cent trente-sept francs quatre-vingt-quinze centimes, valeur reçue en marchandises. — Signé : Charles. — Monsieur Pierre.

E. 12. Un tapis de table carré a 1^m,30 de côté et coûte 11^f,75. A combien revient le mètre carré? — **S.** L'aire de ce tapis est 1,30 $\times$ 1,30, c-à-d 1^{mq},6900. Le mètre carré revient à 11^f,75 : 1,69, c-à-d à 6^f,95.

185. — Cubage [b] d'un tronc d'arbre, jaugeage d'un tonneau.

Question. A quoi est équivalent un *tronc d'arbre* abattu? — **Réponse.** Un **tronc d'arbre** *abattu* est, à très peu près, équivalent à un *cylindre* qui aurait pour *hauteur* la longueur du tronc, et pour *base* sa section moyenne [c].

Q. Qu'est-ce que la *section moyenne*? — **R.** La *section*

caves, de nos rez-de-chaussée humides. Il s'en forme aussi à la surface du sol dans certains pays chauds tels que l'Inde et l'Egypte. — Le salpêtre est l'un des principaux éléments de la poudre à canon.

(a) L'air que nous respirons est un mélange de deux gaz : l'*azote* et l'*oxygène*. C'est l'*oxygène* qui entretient la *vie* des animaux et qui est l'agent principal de la plupart des *combustions*. L'azote, au contraire, n'a pour ainsi dire que des propriétés négatives : les animaux y *meurent* et les corps allumés s'y *éteignent*.

(b) Le mot *cubage* désigne l'action de *cuber*. Cuber un tronc d'arbre, un amas de terre, un massif de maçonnerie, c'est en évaluer le *volume*. — On emploie souvent, surtout dans les mathématiques élevées, à la place du mot *cubage*, le mot *cubature*, qui a exactement le même sens.

(c) En réalité, un tronc d'arbre ressemble plus à un tronc de cône qu'à un cylindre ; mais le procédé qu'on donne ici est un procédé très simple, qui donne une expression très approchée du volume cherché.

moyenne du tronc est le *cercle* qu'on obtiendrait en coupant le tronc au *milieu* de sa longueur.

Q. A quoi un *tronc d'arbre* sur *pied* est-il équivalent? — **R.** Un *tronc d'arbre* sur *pied* est équivalent, à très peu près, aux *trois quarts* d'un *cylindre* qui aurait pour *base* la section faite à 1^m,33 au-dessus du sol [a].

Q. Comment obtient-on le *rayon* d'une section? — **R.** Pour arriver à connaître soit le rayon, soit la surface d'une section, il suffit de mesurer, à l'aide d'un mètre en ruban, la circonférence de cette section [b].

Q. Qu'est-ce que *jauger* un tonneau? — **R.** **Jauger** un tonneau, c'est en déterminer la *capacité* [c].

Q. A quoi équivaut la *capacité* d'un tonneau? — **R.** La *capacité* d'un tonneau équivaut au volume d'un cylindre qui aurait pour *hauteur* la *longueur* du tonneau, et pour *rayon* de *base* les *cinq huitièmes* du rayon du *bouge*, plus les *trois huitièmes* du rayon du *fond* [d].

Q. Qu'est-ce que le *bouge*? — **R.** Le *bouge* est l'endroit où le tonneau est le plus renflé. Pour en déterminer le diamètre, on introduit par la bonde un mètre gradué, et l'on a soin de déduire l'épaisseur d'une douve [e].

Q. Comment détermine-t-on le *diamètre* du fond? — **R.** Le diamètre du fond se détermine immédiatement.

Q. Comment obtient-on la *longueur intérieure*? — **R.** Pour obtenir la longueur intérieure du tonneau, on mesure la lon-

---

[a] C'est l'expérience qui a enseigné à quelle hauteur il faut prendre cette section.

[b] Rappelez à ce sujet aux élèves par quels procédés, lorsqu'on connait la *circonférence* d'un cercle, on en calcule soit le *rayon*, soit la surface.

[c] *Jauger*, en général, c'est déterminer une capacité, un volume. Le mot *jaugeage* s'applique même, très souvent, à la détermination de la capacité d'une embarcation quelconque.

[d] Il existe beaucoup de procédés différents pour évaluer la capacité d'un tonneau. Celui que nous donnons nous paraît le meilleur, en raison surtout de sa simplicité. Il est dû à *Dez*, ancien professeur à l'Ecole militaire.

[e] *On* donne le nom de *douves*, de *douelles* et, plus rarement, de *douvelles* aux planches longues et étroites qui forment la partie courbe de la surface d'un tonneau.

gueur extérieure, et l'on en retranche les saillies des douelles[a] et les épaisseurs des deux fonds[b].

Exercice 1. La longueur d'un *tronc d'arbre abattu* est de $11^m,52$. Sa section moyenne a $3^{dmq},87$. Quel est son volume? — **Solution.** $3,87 \times 115,2$, c-à-d $445^{dmc},824$.

E. 2. La hauteur d'un *tronc d'arbre debout* est de $8^m,9$. Son rayon, à $1^m,33$ du sol, est de $0^m,18$. Trouvez son volume. — **S.** L'aire de la section considérée est $0^{mq},10178$. Le cylindre qui aurait cette section pour base, et une hauteur de $8^m,9$, aurait un volume de $0,10178 \times 8,9$, c-à-d de $0^{mc},905842$. Le volume de l'arbre est les 3 *quarts* de ce nombre : il est donc $0^{mc},679381$.

E. 3. Un tonneau a $1^m,12$ de *long*. Le rayon du *bouge* est de $0^m,35$; celui du *fond*, de $0^m,27$. Trouvez la capacité[c]. — **S.** Le rayon du cylindre équivalent serait $0^m,35 \times \frac{5}{8} + 0^m,27 \times \frac{3}{8}$, c-à-d $0^m,32$. La base de ce cylindre serait donc $0^{mq},3216$; et son volume $0,3216 \times 1,12$, c-à-d $0^{mc},360192$, ou $360^l,192$.

E. 4. Un vase cylindrique a une capacité de $2^l,83$. Sa profondeur est de $0^m,19$. Trouvez son rayon intérieur. — **S.** L'aire du fond est $2,83 : 1,9$, c-à-d $1^{dmq},489$. En divisant $1,489$ par $3,1416$, on trouve $0,4739$, qui est le carré du rayon. En extrayant la racine carrée de $0,4739$, on trouve, pour le rayon cherché, $0^{dm},68$.

E. 5. Une boîte a la forme d'un *parallélépipède*[d]. Le

(a) On donne le nom de *jauge* à une verge ou règle graduée, qu'on introduit, en divers sens, dans le tonneau à mesurer. Par cette opération, on détermine plusieurs *nombres*; et une *table*, dressée une fois pour toutes, fait connaître la capacité cherchée, dès que ces *nombres* sont déterminés.

(b) On fabrique depuis quelques années, notamment pour l'arrosage, des *tonneaux* en fer, exactement *cylindriques*. Le volume d'un pareil tonneau n'est que le volume d'un cylindre, et s'évalue comme tel.

(c) Comme la capacité d'un tonneau s'évalue toujours en *litres*, on aurait pu, dans cet exercice, prendre, dès le commencement, le décimètre pour unité de longueur.

(d) En tout *parallélépipède*, il y a 8 sommets, et l'on nomme *diagonale* toute droite qui joint deux sommets opposés. Lorsque le parallélépipède est *rectangle*, le *carré* de la *diagonale* est égal à la *somme* des carrés des trois *arêtes* partant d'un même sommet. — C'est là un théorème analogue à celui de *Pythagore*.

volume est de 2^{dmc}; la profondeur, de $0^m,07$. Dites l'aire du fond. — **S.** $2 : 0,7$, c-à-d $2^{dmq},85$.

E. 6. Calculez à moins de $0,1$ la racine cubique de $35\,429$. — **S.** $32,8$.

E. 7. Que savez-vous sur les *entiers* terminés par 02, ou 27, ou 52, ou 77? — **S.** Divisés par 25, ils donnent tous pour reste 2.

E. 8. Combien de *lieues carrées* dans 1^{Mmq}? — **S.** 1^{Mm} $= 10^{Km} = 2^{lieues},5$. Donc 1^{Mmq} vaut $2,5 \times 2,5$, c-à-d $6^{l.\ carrées},25$.

E. 9. Calculez avec trois décimales $\frac{1}{2}\left(\sqrt{5} - 1\right)$. **S.** $0,618$.

E. 10. Le méridien terrestre a une longueur de $40\,000\,000^m$. Dites la longueur de l'arc de $1'$. — **S.** 360° $= 21\,600'$. La longueur de l'arc cherché est donc $40\,000\,000^m : 21\,600$, c-à-d 1852^{m} [a].

E. 11. Quel poids d'or pur faut-il fondre avec $0^{Kg},739$ d'or au titre de $0,750$ pour élever le titre à $0,825$? — **S.** A 1^{Kg} du lingot donné, il manque 75^g d'or pur. Sur les $0^{Kg},739$, il en manque $75^g \times 0,739$, c-à-d $55^g,425$. Or, sur 1^{Kg} d'or pur, il y a 175^g d'or pur en trop. Donc, il faut prendre autant de kilogrammes d'or pur qu'il y a de fois 175 dans $55,425$, c-à-d $0^{Kg},316$.

E. 12. Sur une lettre de change de $956^f,45$, on retient, à $6\ ^o/_o$, un escompte de $5^f,75$. Dans combien de jours l'échéance? — **S.** 100^f rapportent 6^f en 360^j. Pour que $956^f,45$ rapportent $5^f,75$, il faut donc un nombre de jours égal à $360^j \times \dfrac{5,75}{6} \times \dfrac{100}{956,45}$, c-à-d 36^j.

---

186. — Le cône et le tronc de cône. p. 257

Question. Qu'est-ce que le *cône?* — **Réponse.** Le cône est le *corps rond* engendré par un *triangle rec-*

---

[a] L'arc de $1'$ s'appelle aussi le *mille marin* de 60 au *degré.* — Le *mille géographique* de 15 au degré de l'équateur est de 7422^m; la *lieue* de 18 au degré du méridien, de 6174^m; la *lieue* de 25 au degré du méridien, de 4445^m; la *lieue marine* ou géographique de 20 au degré, de 5557^m.

tangle tournant autour d'un des *côtés* de son angle droit[a].

Q. Entre quelles surfaces le *cône* est-il compris? — **R.** Le *cône* est compris entre une *base* circulaire plane et une *surface latérale* courbe.

Q. Qu'est le côté autour duquel le triangle a tourné? — **R.** Le *côté* autour duquel le triangle a tourné est l'*axe* ou la *hauteur* du *cône* : il mesure la *distance* du *sommet* au *plan* de la *base*. L'*hypoténuse* du triangle est l'*arête latérale*[b] du cône.

Q. Dites la mesure de la *surface latérale* du cône. — **R.** La *surface latérale* du cône a pour mesure le *demi-produit* de sa *circonférence* de base par son *arête latérale*. Pour en déduire la *surface totale*, il suffit d'y ajouter l'*aire* de la *base*[c].

Q. Dites la mesure du volume du cône. — **R.** Le *volume* du *cône* a pour mesure le *tiers* du *produit* de l'aire de sa *base* par sa *hauteur*[d].

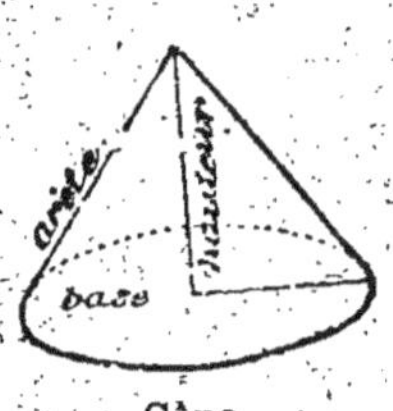

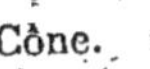

Cône.

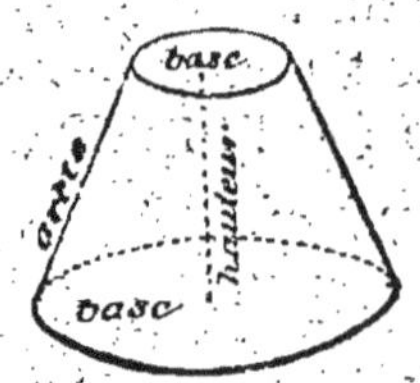

Tronc de cône.

Q. Qu'est-ce que le *tronc de cône?* — **R.** Le **tronc de cône** est le *volume* qui reste après que l'on a coupé

(a) Pour les enfants, comme pour bien des grandes personnes, le vrai type du *cône* est le pain de sucre.

(b) Si l'on développait sur un plan, en l'y déroulant pour ainsi dire, la *surface latérale* d'un cône, on trouverait un *secteur* de cercle qui aurait un *rayon* égal à l'*arête* du cône et un arc égal en longueur à la *circonférence* de base du cône.

(c) Soient R le *rayon* de base, A l'*arête*, s la *surface latérale* et S la *surface totale* du cône, on a, en supprimant les signes de multiplication, $s = \pi R A$ et $S = \pi R A + \pi R^2$.

(d) Si l'on désigne par R le *rayon* de base, par H la *hauteur* et par V le *volume* du cône, on a $V = \frac{1}{3}\pi R^2 H$.

un *cône* par un plan parallèle à la *base* et que l'on a enlevé le *cône* du haut[a].

Q. Entre quelles surfaces le tronc de cône est-il compris? — **R.** Le *tronc de cône* est compris entre deux *bases* circulaires planes et une *surface latérale*[b] courbe.

Q. Qu'est-ce que la *hauteur* du tronc? — **R.** La *hauteur* du tronc est la *distance* des deux *bases*, son *arête* est la portion de l'*arête du cône* comprise entre ces *bases*.

Q. Quelle est la mesure de la *surface latérale* du tronc? — **R.** La *surface latérale* du tronc a pour mesure le *demi-produit* de la somme des *circonférences* des bases par l'*arête*. Pour en déduire la *surface totale*, il suffit d'y ajouter les aires des *bases*.

Q. A quoi le *volume* d'un tronc de cône est-il équivalent? — **R.** Le *volume* d'un *tronc de cône* équivaut à la somme des *volumes* de trois *cônes* qui auraient tous même *hauteur* que le tronc, et dont les bases seraient : 1° la *base inférieure* du tronc; 2° sa *base supérieure*; 3° une *moyenne proportionnelle*[c] entre ses deux bases[d]. p. 258

Exercice 1. Trouvez le volume d'un *cône* qui a $0^m,09$ de rayon de base et $0^m,10$ de hauteur. — **Solution.** L'aire de la base est $0^{mq},025446$. Le volume est donc $\dfrac{0,025446 \times 0,10}{3}$, c-à-d $0^{mc},000\,848\,232$, c-à-d $848^{cmc},232$.

---

[a] Beaucoup d'objets présentent la forme de *troncs de cône* creux : tels sont certains verres à boire, certaines timbales et la plupart des pots à fleurs.

[b] Les abat-jour en papier que l'on place autour des lampes nous offrent le plus souvent la *surface latérale* d'un tronc de cône. On voit que, si l'on coupe le papier dont ils sont formés, cette surface peut se développer exactement sur un plan.

[c] Si l'on appelle R et r les rayons des deux bases du tronc, ces bases ont pour surfaces πR^2, πr^2, et la moyenne proportionnelle entre ces deux bases a pour surface πRr.

[d] Il faut le faire remarquer, en y insistant, le *cône* et le *tronc de cône* sont tout à fait analogues à la *pyramide* et au *tronc de pyramide* : ils donnent lieu aux mêmes calculs.

E. 2. Trouvez la surface totale d'un *cône* qui a un rayon de base de 6^{cm} et une arête de 10^{cm}. — **S.** L'aire de la base est $113^{cmq},09$. La circonférence de base est $37^{cm},69$. La surface latérale est $\dfrac{37,69 \times 10}{2}$, c-à-d $188^{cmq},45$. Donc la surface totale est $113^{cmq},09 + 188^{cmq}$, c-à-d $301^{cmq},54$.

E. 3. Trouvez le volume d'un *tronc de cône* dont la hauteur est de 7^{cm} et dont les rayons de bases sont de 4^{cm} et 5^{cm}. — **S.** Les trois bases à considérer ont pour aires : $50^{cmq},265$; $78^{cmq},540$ et $62^{cmq},832$. Les 3 pyramides correspondantes ont pour volumes $\dfrac{50,265 \times 7}{3}$, $\dfrac{78,540 \times 7}{3}$ et $\dfrac{62,832 \times 7}{3}$. La somme de leurs volumes est $(50,265 + 78,540 + 62,832) \times \dfrac{7}{3}$, c-à-d $191,637 \times \dfrac{7}{3}$, ou $447,153$. Le volume du tronc est donc $447^{cmc},153$.

E. 4. Trouvez la surface latérale d'un *tronc de cône*, la demi-somme des circonférences de bases[a] étant de $8^{dm},7$, et l'arête de $1^{dm},8$. — **S.** $8,7 \times 1,8$, c-à-d $15^{dmq},66$.

E. 5. Calculez la surface latérale d'un rouleau cylindrique dont le rayon est de 33^{cm} et la longueur de $1^{m},56$. — **S.** La circonférence de base est $2^{m},07$. La surface latérale est $3^{mq},2292$.

E. 6. Multipliez $\dfrac{15}{28}$ par $\dfrac{14}{45}$. — **S.** $\dfrac{1}{6}$.

E. 7. Le nombre $9\,743$ est-il *premier?* — **S.** Il est premier.

E. 8. Exprimez en francs $5\,367$ *dollars.* — **S.** $5^{f},1825 \times 5\,367$, c-à-d $27\,814^{f},47$.

E. 9. Calculez avec 3 décimales la racine cubique de $\dfrac{1}{2}$. — **S.** $0,793$.

E. 10. Cinquante grammes de poudre de chasse[b] sont

(a) Il est bon de le faire observer aussi : le procédé qui donne la *surface latérale* du *tronc de cône* est analogue à celui qui donne la *surface* du *trapèze* ; le procédé qui donne la *surface latérale* du cône est analogue à celui qui donne la *surface* du *triangle*, et à celui aussi qui donne la *surface* du *secteur.*

(b) Il y a différentes sortes de poudre. Dans la plupart des poudres proprement dites, c'est le *salpêtre* qui est le principal élément. —

formés de 39ᵍ de salpêtre, 6ᵍ de charbon[a] et 5ᵍ de soufre. Dites la composition de 1225ᵍ de poudre. — **S.** En partageant 1225ᵍ proportionnellement à 39,6 et 5, on trouve : 955ᵍ,5 de salpêtre, 147ᵍ,0 de charbon et 122ᵍ,5 de soufre.

E. 11. Au *débit* du compte de Jean, le total est de 3568ᶠ,35. Au *crédit*, il est de 5943ᶠ,10. Dites la nature et le montant du *solde*. — **S.** Le solde est *créditeur* et s'élève à 2374ᶠ,75.

E. 12. Une roue fait 15 tours en 1ˢ. Combien en 3ᵐ 30ˢ? — **S.** 3ᵐ 30ˢ = 210ˢ. Donc en 3ᵐ 30ˢ la roue fait 15 × 210, c-à-d 3150ᵗᵒᵘʳˢ.

---

187. — La sphère.

Question. Qu'est-ce que la *sphère?* — **Réponse.** La **sphère** est le *corps rond* engendré par un *demi-cercle* tournant autour de son *diamètre*[b].

Q. Qu'est-ce que la *surface* de la sphère? — **R.** La *surface* de la *sphère* est une surface courbe, dont tous les points sont également éloignés d'un *point intérieur* appelé **centre** de la sphère.

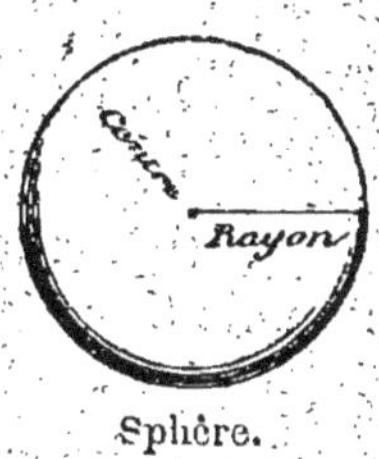

Sphère.

Q. Qu'appelle-t-on *rayon?* — **R.** On appelle **rayon** p. 259 une *droite* qui joint le *centre* de la sphère à un *point* quelconque de sa surface.

D'ailleurs, il existe beaucoup de matières explosives qui ne sont pas des poudres : par exemple, le fulmi-coton, la dynamite, la mélinite, etc., etc.

[a] Le *charbon* qu'on emploie à la fabrication de la poudre est toujours un *charbon de bois* très léger. — Il existe beaucoup d'espèces de charbons : le charbon de bois, la houille ou charbon de terre, l'anthracite, le graphite ou plombagine. Le charbon pur se désigne en chimie par le nom de *carbone*. Chose remarquable, et connue depuis deux siècles : le *diamant* n'est que du carbone, dans un état particulier.

[b] La *sphère* n'est autre chose qu'un *globe*, qu'une *boule*. Les billes de billard, les melons et les courges, les fruits tels que les cerises, les pommes, les pêches, les oranges nous donnent l'idée d'une sphère. La terre, la lune, les planètes, le soleil ont la forme de sphères.

Q. Que savez-vous sur les *rayons?* — **R.** Tous les *rayons* sont *égaux* [a].

Q. Qu'appelle-t-on *plan tangent?* — **R.** On appelle **plan tangent** à une *sphère* un plan qui *touche* seulement cette sphère, c-à-d qui n'a qu'un point commun avec elle.

Q. Comment se nomme ce *point commun?* — **R.** Ce point commun unique se nomme *point de contact.* Le *plan tangent* est *perpendiculaire* sur le *rayon* qui aboutit au *point de contact* [b].

Q. Qu'appelle-t-on *plan sécant?* — **R.** On appelle **plan sécant** à une *sphère* un plan qui *coupe* cette sphère.

Q. Qu'obtient-on en coupant une *sphère* par un plan? — **R.** En coupant une *sphère* par un *plan*, on obtient un *cercle*, dont le rayon est d'autant plus grand que le plan sécant est plus voisin du *centre* de la sphère [c].

Q. A quoi est égale la *surface* de la sphère? — **R.** La *surface* de la sphère est juste le *quadruple* de celle d'un *cercle* de même rayon [d].

Q. Écrivez la *formule* qui donne cette surface. — **R.** Si l'on appelle S la surface de la sphère et R son rayon, on a $S = 4 \times \pi \times R^2$.

Q. Comment évalue-t-on le *volume* de la sphère? — **R.** Pour évaluer le *volume* d'une sphère, il suffit de *multiplier* sa *surface* par le *tiers* de son *rayon* [e].

[a] Le *diamètre* d'une sphère est une droite qui va d'un point à un autre de sa surface en passant par son centre. On peut mener dans toute sphère une infinité de diamètres. Chacun d'eux est le double du rayon.

[b] Lorsqu'une sphère, une bille de billard, par exemple, repose sur un plan, ce plan lui est évidemment *tangent.*

[c] Lorsque le plan sécant passe par le centre, le cercle qu'on obtient a même rayon que la sphère : c'est ce qu'on appelle un *grand cercle.* Les méridiens sont des *grands cercles* de la sphère terrestre. Il en est de même de l'équateur. — Tout grand cercle d'une sphère partage la surface totale de cette sphère en deux moitiés ou *hémisphères.* — Bien que le mot *sphère* soit du genre féminin, *hémisphère* est du masculin.

[d] Il s'ensuit que, si l'on coupe par un plan passant par le centre une sphère solide en deux parties égales, dans chacune de ces parties la portion courbe de la surface est juste le double de la portion plane.

[e] Nous retrouvons ici encore, dans l'expression d'un volume, la division par 3.

Q. Ecrivez la *formule* qui donne ce volume. — **R.** Si l'on appelle V le volume de la sphère [a], on a $V = \dfrac{4 \times \pi \times R^3}{3}$.

Exercice 1. Dites le volume [b] d'une *sphère* de 7^{cm} de rayon. — **Solution.** $\dfrac{4 \times 3,1416 \times 7^3}{3}$, c-à-d 1436^{cmc},754.

E. 2. Trouvez le rayon de la *sphère* dont le volume est de 1^{mc}. — **S.** En divisant le volume par $\dfrac{4 \times 3,1416}{3}$, on obtient le cube du rayon. Donc, dans le cas actuel, ce cube du rayon est égal à $\dfrac{3}{4 \times 3,1416}$, c-à-d à 0,23873. En extrayant la racine cubique de ce nombre, on trouve pour le rayon 0^m,620.

E. 3. Dites la surface d'un globe de 0^m,32 de rayon. — **S.** $4 \times 3,1416 \times 0,32^2$, c-à-d 1^{mq},2867.

E. 4. Trouvez le rayon d'une boule dont la surface est de 1^{mq}. — **S.** En divisant la surface par $4 \times 3,1416$, on trouve le carré du rayon. Ce carré est donc $\dfrac{1}{4 \times 3,1416}$, c-à-d 0,07957. En extrayant la racine carrée de ce nombre, on trouve, pour le rayon, 0^m,282.

E. 5. Le volume d'un cône est de 2^{dmc},87. Sa hauteur est de 0^m,19. Trouvez l'aire de sa base. — **S.** En divisant le volume par la hauteur, on a le *tiers* de la base. Ce *tiers* est donc $\dfrac{2,87}{1,9}$. La base est donc $\dfrac{2,87 \times 3}{1,9}$, c-à-d 4^{dmq},53.

E. 6. Retranchez $\dfrac{3}{125}$ de 0,578. — **S.** $\dfrac{3}{125} = 0,024$. La différence cherchée est donc 0,578 — 0,024, c-à-d 0,554.

E. 7. Trouvez le *pgcd* de 18187 et 6283. — **S.** 1 : ces nombres sont *premiers entre eux* [c].

[a] En supprimant les signes de multiplication, on réduit cette formule à la forme $V = \dfrac{4}{3}\pi R^3$, et la précédente à la forme $S = 4\pi R^2$.

[b] On démontre, dans les mathématiques supérieures : que, sur le plan, la *circonférence* est, de toutes les lignes de même longueur, celle qui comprend la plus grande *aire*; et que, dans l'espace, la sphère est, de toutes les *surfaces* de même étendue, celle qui comprend le plus grand *volume*.

[c] On le voit très vite, en cherchant directement leur *pgcd*. Ce serait assez long, si l'on voulait décomposer ces deux nombres en leurs *facteurs premiers*.

E. 8. Combien de *werstes* et *sagènes* dans 129^{Mm}? — **S.** Autant de *sagènes* qu'il y a de fois 2^m,133 dans 1290000^m, c-à-d 604781^{sagènes}, ou 1209^{werstes} 281^{sagènes}.

E. 9. Dites l'aire du secteur de 60° dans le cercle de 1^m de rayon. — **S.** L'aire du cercle est de 3^{mq},1416. Le secteur de 60° en est le sixième. Son aire est donc 0^{mq},5236.

E. 10. Exprimez en *degrés, minutes* et *secondes* le diamètre apparent du soleil [a], qui est de 1923″,64. **S.** 32′ 3″,64.

p. 260   **E. 11.** Les actions de l'Est-Algérien [b] rapportent 30^f par an et coûtent 647^f,50. Quel est le taux du revenu? — **S.** 647^f,50 rapportent 30^f. Donc 100^f rapportent $30^f \times \dfrac{100}{647,50}$, c-à-d 4^f,63. Tel est le *taux*.

E. 12. Une bille [c] plongée dans un verre plein d'eau en fait sortir 3^g,58. Dites son volume. — **S.** 3^{cmc},58.

---

188. — Équivalence et similitude dans l'espace.

Question. Dans quel cas deux *polyèdres* sont-ils *équivalents?* — **Réponse.** Deux *polyèdres* ou *corps ronds* sont **équivalents,** lorsqu'ils ont même *volume* sans avoir même *forme.*

Q. Dans quel cas deux *polyèdres* sont-ils *semblables?* — **R.** Deux *polyèdres* ou *corps ronds* sont **semblables,** lorsqu'ils ont même *forme,* sans avoir même *volume* [d].

[a] Bien que le *soleil* soit beaucoup plus gros que la *lune,* son *diamètre apparent* est à peu près celui de la lune. Cela tient à ce qu'il est beaucoup plus éloigné de nous.

[b] L'Est-Algérien, on l'a déjà dit en note, est le chemin de fer qui réunit Constantine à Sétif.

[c] Les *billes* dont les enfants se servent dans leurs jeux sont en terre, en marbre, en verre ou en agate. Les *billes* de billard sont en *ivoire,* on en fabrique aussi en une nouvelle substance, nommée *celluloïde.*

[d] Dans l'espace, comme sur le plan, la comparaison de deux figures conduit aux trois notions d'*équivalence,* de *similitude* et d'*égalité;* et les définitions de ces notions sont les mêmes dans l'espace que sur le plan.

Q. Que savez-vous sur les *surfaces* de deux corps semblables? — **R.** Lorsque deux corps sont *semblables*,
leurs *surfaces* sont entre elles comme les *carrés* de
leurs *arêtes* ou *dimensions* correspondantes[a].

Q. Qu'est-ce que cela signifie? — **R.** Si les arêtes du second sont 2, 3, 4, ... fois plus grandes que celles du premier,
la surface du second sera 4, 9, 16, ... fois plus grande que
celle du premier[b].

Q. Que savez-vous sur les *volumes* de deux corps sem-
blables? — **R.** Lorsque deux corps sont *semblables*[c],
leurs *volumes* sont entre eux comme les *cubes* de leurs
arêtes ou *dimensions* correspondantes.

Q. Qu'est-ce que cela signifie? — **R.** Si les arêtes du second sont 2, 3, 4, ... fois plus grandes que celles du premier,
le volume du second sera 8, 27, 64, ... fois plus grand que
celui du premier[d].

Exercice 1. Deux cylindres sont *semblables*[e]. Le rayon
du 1er est de 1^{dm},78 et sa hauteur de 5^{dm},08. Le rayon
du 2e est de 0^m,84. Quelle est sa hauteur? — **Solu-**
tion. 5^{dm},08 $\times \dfrac{8,4}{1,78}$; c-à-d 23^{dm},97.

E. 2. Deux cônes *semblables*[f] ont des arêtes de 0^m,27 et
0^m,38. Dites le rapport des surfaces latérales. —
S. $\left(\dfrac{0,27}{0,38}\right)^2$, c-à-d $\dfrac{729}{1444}$, ou 0,504.

---

[a] Ce mot *correspondant* est très clair. On le remplace d'ordinaire
par le mot *homologue*, qui vient du grec et qui a la même signification.

[b] Cette relation, entre les *surfaces semblables*, est celle que nous
avions trouvée déjà, pour le cas particulier des *surfaces planes semblables*.

[c] Deux *polyèdres* sont *semblables* lorsque leurs *angles dièdres* sont
égaux chacun à chacun, et que leurs *faces* correspondantes sont *semblables* chacune à chacune.

[d] C'est ce qui explique pourquoi, dans le système métrique, les
unités de volume sont de *mille* en *mille* fois plus grandes ou plus
petites. Il faut bien faire remarquer que 8, 27, 64,... sont les *cubes*
respectifs de 2, 3, 4,...

[e] Deux *cylindres* sont *semblables* lorsqu'ils sont engendrés par deux
rectangles semblables, tournant autour de deux côtés correspondants.

[f] De même, deux *cônes* sont *semblables*, lorsqu'ils sont engendrés
par deux triangles rectangles semblables, tournant autour de deux côtés
correspondants.

E. 3. Une sphère a un rayon de 18^{cm}. Dites le rayon d'une autre sphère, qui a un volume 7 fois plus grand. — **S.** $18^{cm} \times \sqrt[3]{7}$, c-à-d $18^{cm} \times 1,912$, ou $34^{cm},416$.

E. 4. Le volume d'un cône est de $4^{dmc},39$. Sa base est de $2^{dmq},8$. Calculez sa hauteur. — **S.** $(4,39 \times 3) : 2,8$, c-à-d $4^{dm},70$.

E. 5. Trouvez le volume de la sphère ayant 4^{mq} de surface [a]. — **S.** Le cercle de même surface que la sphère couvre 1^{mq}. En divisant 1 par π, on trouve $0,31831$, qui est le carré du rayon. En extrayant la racine carrée de $0,31831$, on trouve, pour le rayon, $0^{m},564$. Le volume cherché est donc $\dfrac{4 \times 0,564}{3}$, c-à-d $0^{m},752$.

E. 6. Calculez la racine carrée de $543,2$ à moins de $0,001$. — **S.** $23,306$.

E. 7. Formez le *cube* de $2 \times 3^4 \times 7^2$. **S.** $2^3 \times 3^{12} \times 7^6$.

E. 8. Quel poids d'étain dans 58 *sous*? — **S.** 58 sous pèsent $5^g \times 58$, c-à-d 290^g. Sur 100^g de bronze monnayé, il y a 4^g d'étain. Sur 290^g, il y en a $4^g \times \dfrac{290}{100}$, c-à-d $11^g,60$.

E. 9. Calculez l'*inverse* [b] de π avec 4 décimales. **S.** $0,3183$.

p. 261 **E. 10.** Dans 25^g de carbonate de chaux [c], il y a 14^g de chaux [d] et 11^g d'acide carbonique. Combien de chaux

---

[a] On appelle *segment de sphère* la portion du volume de la sphère qui est comprise entre deux *plans sécants* parallèles. On possède une règle simple pour évaluer tous les volumes de la géométrie élémentaire qui sont compris entre deux *bases parallèles*. Chacun de ces volumes est égal à la *somme des volumes de trois pyramides ou cônes* ayant tous : pour hauteur, la moitié de la distance des bases; et, pour bases, les deux bases du volume donné, plus le quadruple de la section moyenne, c-à-d de la section faite, dans le volume considéré, par le plan équidistant des deux bases. — Cette règle unique s'étend au tronc de pyramide, au tronc de cône, au segment de sphère, aux troncs d'arbres et aux tonneaux.

[b] Il est parfois utile de savoir *par cœur* l'inverse de π. Pour diviser un nombre par π, il suffit de multiplier ce nombre par l'inverse de π.

[c] Le *carbonate de chaux* est le sel qui résulte de la combinaison de l'*acide carbonique* avec la *chaux*. Les pierres dites *calcaires* ne sont autre chose que du carbonate de chaux. Il en est de même du marbre, de la craie, des coquillages, etc., etc.

[d] La *chaux*, si employée pour la confection des *mortiers* et le *crépissage* des murailles, n'est autre chose qu'un *oxyde de calcium*,

dans un bloc de carbonate de chaux pesant $2^Q,359$? —
S. $14^g \times \dfrac{235\,900}{25}$, c-à-d $132\,104^g$, ou $1^Q,32104$.

E. 11. Quelles quantités de vin à $0^f,65$ et de vin à $0^f,52$ faut-il mélanger pour obtenir 300^l à $0^f,67$ le litre ? — **S.** Problème impossible, le prix cherché n'étant pas compris entre les deux prix donnés.

E. 12. *Trois* élèves ont fait, dans une dictée, l'un 2 fautes, l'autre 3, le dernier 5. Partagez entre eux 124 bons points en *raison inverse* des nombres de fautes. — **S.** Il faut partager 124 proportionnellement à $\frac{1}{2}$, $\frac{1}{3}$, $\frac{1}{5}$, c-à-d proportionnellement à $\frac{15}{30}$, $\frac{10}{30}$, $\frac{6}{30}$, ou à 15, 10, 6. En faisant le calcul, on trouve 60, 40, 24, exactement.

CHAPITRE VI

LE LEVÉ [a] DES PLANS ET L'ARPENTAGE

—

189. — Plan d'un terrain, levé à la chaîne.

Question. Qu'est-ce que le *plan* d'un terrain ? — **Réponse.** Le **plan** d'un *terrain* est un *dessin* qui représente en petit tous les détails de ce terrain [b].

Q. Qu'est-ce que *lever* ce plan ? — **R.** **Lever** ce *plan*, c'est construire ce *dessin*.

Plan d'un terrain.

Q. Comment peut être regardé un terrain étendu ? — **R.** Tout terrain étendu peut être regardé comme ne présentant que des lignes *droites*, car toute *courbe*

c-à-d qu'une combinaison du gaz *oxygène* avec un métal particulier, nommé *calcium*. On obtient la chaux par la calcination du *carbonate de chaux*, dans des fours spéciaux, nommés précisément *fours à chaux*.

(a) On écrit, à volonté, le *lever* ou le *levé* des plans.

(b) Il sera bon de montrer aux enfants le *plan* de la classe, celui de la maison d'école, celui du village, etc.

peut y être remplacée par une *ligne brisée* qui en diffère très peu.

Q. Comment les éléments du terrain sont-ils reproduits sur le *dessin?* — **R.** Sur le *dessin*, toutes les *droites* du terrain sont reproduites : leurs *angles* sont *conservés*, mais leurs *longueurs* sont toutes *réduites* dans la même *proportion* [a].

Q. Comment réduit-on les *longueurs?* — **R.** Pour réduire toutes les longueurs dans la même proportion, on convient de représenter le mètre par une longueur moindre, 1^{mm} par exemple. Une longueur de 3^m sera alors représentée par 3^{mm}; une longueur de 5^m, par 5^{mm} [b]; etc.

Q. Parlez-nous de l'*échelle* du dessin. — **R.** On trace, en général, dans un coin du dessin, une *ligne droite* où l'on marque les petites longueurs qui correspondent à 1^m, à 10^m, à 100^m, etc. Cette droite est ce qu'on appelle l'*échelle* du dessin ou du plan.

Q. Comment lève-t-on le *plan* d'un terrain à l'aide de la *chaîne d'arpenteur?* — **R.** Pour *lever le plan* d'un terrain à l'aide de la *chaîne d'arpenteur* [c], on décompose ce terrain en *triangles* et on mesure les *côtés* de tous ces *triangles*.

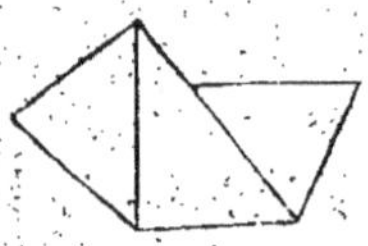

Q. Que fait-on ensuite? — **R.** On *réduit* ensuite, dans la même *proportion*, toutes les longueurs trouvées.

Terrain décomposé en triangles.

Q. Comment *finit*-on? — **R.** Enfin, avec les *longueurs réduites*, on construit sur le *dessin* des *triangles* correspondant aux triangles du terrain [d].

Q. Et si le terrain est *petit?* — **R.** Si le terrain est petit, au lieu de la *chaîne*, on emploie le *mètre* [e].

[a] Si le terrain présente une *surface plane*, son plan n'est autre chose qu'une figure *semblable*, mais beaucoup plus petite.

[b] On dit alors que le plan est à l'échelle de 1^{mm} pour mètre, ou simplement à l'échelle de $\dfrac{1}{1000}$.

[c] Il sera bon de faire voir une *chaîne d'arpenteur* aux élèves, ou, tout au moins, de leur montrer une corde ou un ruban ayant 10^m de long.

[d] La construction du plan revient ainsi à celle de plusieurs triangles, dans chacun desquels les trois côtés sont connus.

[e] Lorsque, au contraire, les droites à mesurer sont un peu longues, avant

Exercice 1. Trouvez l'arête d'un cône qui a une hauteur de 345^{mm} et un rayon de base de 68^{mm}. — **Solution.** Cette arête est l'hypoténuse d'un triangle rectangle [a] dont les deux côtés de l'angle droit ont 345^{mm} et 68^{mm}. Le carré de cette arête est donc 345^2 + 68^2, c-à-d 123 649. En extrayant la racine carrée, on trouve pour l'arête 351^{mm},6.

E. 2. Trouvez la surface de la sphère dont le volume est de 1^{dmc}. — **S.** En divisant le volume par $\dfrac{4 \times 3,1416}{3}$, on trouve 0,23873, qui est le cube du rayon. Le rayon est donc la racine cubique de 0,23873, c-à-d 0,620. En divisant le volume par le tiers du rayon, on trouve la surface, qui est 4^{dmq},85.

E. 3. L'angle obtus d'un triangle est de 126° 39′ 45″. Dites la somme des deux autres.

S. 180° — 126° 39′ 45″, c-à-d 53° 20′ 15″.

E. 4. Un coffre [b] a la forme d'un parallélépipède rectangle dont les dimensions sont de 45^{cm}; 1^m,23 et 3^{dm},8. Quelle en est la surface totale? — **S.** Le double de 45 × 123 + 123 × 28 + 38 × 45, c-à-d le double de 11 919^{cmq}, c-à-d 23 838^{cmq}, ou 2^{mq},3838.

E. 5. Un cylindre creux a intérieurement 11^{cm} de haut et 11^{cm} de diamètre. Trouvez sa capacité. — **S.** L'aire de la base intérieure est 3,1416 × (5,5)^2, c-à-d 95^{cmq},0334. Le volume est donc 95,0334 × 11, c-à-d 1045^{cmc},3674.

E. 6. Calculez $\dfrac{4}{5} + \dfrac{5}{6} + \dfrac{1}{7}$. — **S.** $\dfrac{263}{240}$, ou $\dfrac{121}{70}$.

E. 7. Le nombre 10 807 est-il *premier?* — **S.** Non, car il est divisible par 101 [c].

E. 8. Combien de secondes dans 2^j 6^h 59^m 53^s?

S. 197 993^s.

de les mesurer ou les *jalonne*. Au reste, sur le terrain, la mesure d'une longue droite est une opération difficile, qui comporte peu de précision.

[a] Cet exercice n'est, on le voit, qu'une application du théorème de Pythagore.

[b] On donne, en général, le nom de *coffre* à toutes sortes de caisses. — Un *coffre-fort* est une caisse garnie de fer, où l'on serre l'argent, les titres ou valeurs, en un mot tous les objets précieux. On construit des coffres-forts, tout en fer, qui sont, dit-on, *incrochetables* et *incombustibles*.

[c] 101 est même le plus petit facteur premier du nombre donné.

E. 9. Calculez la racine cubique de 3 avec 2 décimales. — **S.** 1,44.

E. 10. La longitude de Berne est de 5° 6′ 12″ Est. Celle de Moscou [a] est de 35° 14′ 4″ Est. Calculez la différence. — **S.** 35° 14′ 4″ — 5° 6′ 12″, c-à-d 30° 7′ 52″ [b].

E. 11. Jules souscrit à Pierre un billet de 258ᶠ,45 payable le 13 novembre prochain. Rédigez ce billet. — **S.** B. P. F. 258ᶠ,45. — Au 13 novembre prochain, je paierai à M. Pierre ou à son ordre la somme de deux cent cinquante-huit francs quarante-cinq centimes, valeur reçue en marchandises. — Jules.

E. 12. Trouvez le rayon d'une sphère de 328ᵍ, en porcelaine [c] massive, dont la densité est 2,38. — **S.** En divisant par 2,38, nous trouvons, pour le volume 137ᶜᵐᶜ,815. En divisant ce volume par $\frac{4 \times \pi}{3}$, nous trouvons 32,799 qui est le cube du rayon. En prenant la racine cubique de ce nombre, nous trouvons pour le rayon 3ᶜᵐ,2.

---

190. — Levé à l'équerre.

Question. De quelle *équerre* se sert-on dans le *levé* des plans ? — **Réponse.** L'*équerre* dont on se sert est l'**équerre d'arpenteur**.

p. 263   **Q.** Décrivez l'*équerre d'arpenteur.* — **R.** L'*équerre d'arpenteur* se compose d'une boîte métallique, portée sur un bâton et présentant quatre ouvertures, qui déterminent deux directions rectangulaires. Si l'une de ces directions, ou *lignes de visée,*

---

[a] *Moscou* est une ville très étendue et très peuplée, située au centre de la Russie, dont elle est, pour ainsi dire, la seconde capitale.

[b] La *longitude* d'un lieu est le nombre de degrés, minutes et secondes de l'arc de l'équateur qui est compris entre le méridien de Paris et le méridien de ce lieu. Les lieux placés à l'*est* du méridien de Paris ont une longitude *orientale;* ceux qui sont à l'*ouest* ont une longitude *occidentale.*

[c] La *porcelaine* se fabrique avec une terre particulière, nommée *kaolin,* que l'on trouve en certains lieux, notamment aux environs de Limoges. Les porcelaines les plus renommées sont celles de la *Chine,* du *Japon,* de la *Saxe,* et, par-dessus tout, celles de la manufacture nationale de *Sèvres.*

coïncide avec une certaine droite, l'autre direction donne immédiatement une seconde droite *perpendiculaire* à la première [a].

Q. Comment, sur le terrain, abaisse-t-on une *perpendiculaire* d'un point sur une droite? — **R.** Pour *abaisser* d'un *point* O du terrain la *perpendiculaire* sur la *droite* AB, on marche sur cette droite jusqu'à ce qu'on trouve un point C tel que, l'une des directions données par l'*équerre* coïncidant avec AB, l'autre passe par le *point* O. La *droite* OC est la *perpendiculaire* cherchée.

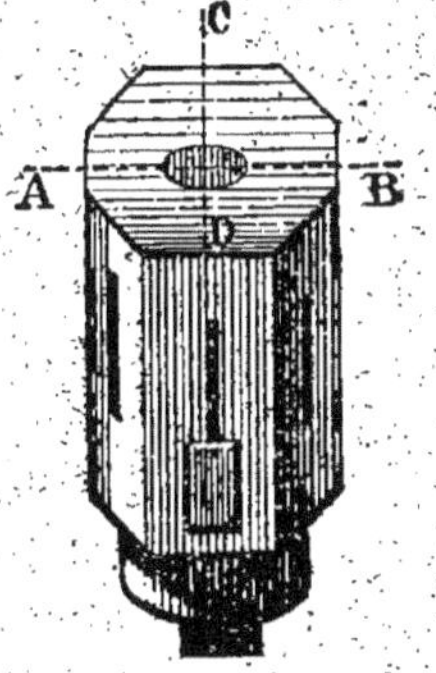

Équerre d'arpenteur.

Q. Comment *lève*-t-on le plan d'un terrain à l'aide de l'*équerre*? — **R.** Pour *lever le plan* d'un terrain ABCDE, on mène la *diagonale* [b] AD, puis on *abaisse* sur cette diagonale [c] les *perpendiculaires* BF, CG, EH.

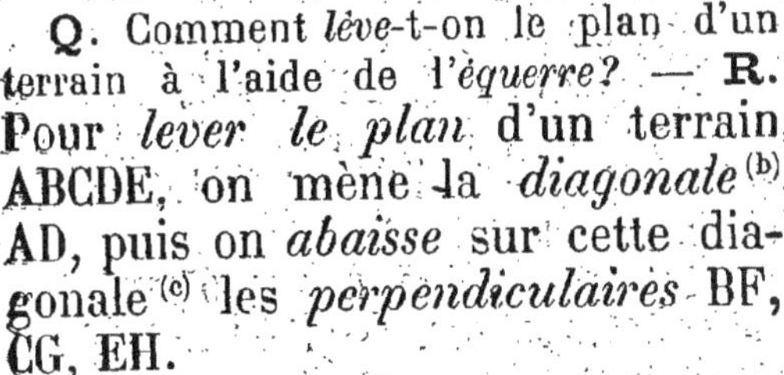

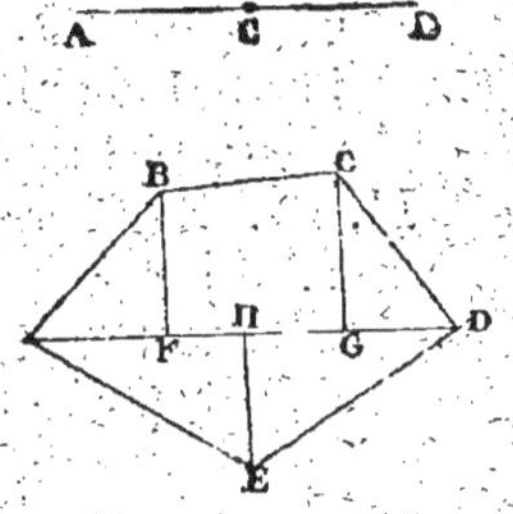

Q. Que fait-on ensuite? — **R.** On mesure ensuite les proportions de la *diagonale* AD, ainsi que les *perpendiculaires*, et l'on réduit toutes ces *longueurs* dans la même *proportion*.

Q. Que reste-t-il encore à faire? — **R.** Il ne reste plus qu'à construire sur le papier [d], avec les longueurs *réduites*, une figure *semblable* à celle du terrain.

(a) Si l'on possède une *équerre d'arpenteur*, on la montrera aux élèves et on leur en apprendra l'usage.

(b) Nous l'avons déjà dit, on appelle *diagonale* toute droite qui joint deux sommets non consécutifs d'un polygone. Un *triangle* n'a pas de diagonale; un *quadrilatère* en a deux; un *pentagone* en a cinq, etc.

(c) Dans la pratique, on choisit, en général, la plus longue des diagonales.

(d) Il va sans dire que, sur le papier, ces constructions s'effectuent à l'aide de l'*équerre* ordinaire.

Exercice 1. Trouvez l'aire d'un triangle dont les côtés sont de 7^{cm}, 8^{cm}, 9^{cm}. — **Solution.** $\sqrt{12\times5\times4\times3}$, c-à-d $\sqrt{720}$, ou $26^{cmq},83$.

E. 2. Deux cônes sont *semblables*. La hauteur du 1er est de $0^m,12$; son arête de $0^m,139$. La hauteur du 2e est de $0^m,438$. Dites son arête. — **S.** $0^m,139\times\dfrac{0,438}{0,12}$, c-à-d $0^m,507$.

E. 3. Trouvez la hauteur du cylindre dont le diamètre est de 21^{cm} et le volume de 12^{dmc}. — **S.** L'aire de la base est $346^{cmq},36$. Le volume est $12\,000^{cmc}$. La hauteur est donc $12\,000 : 346,36$, c-à-d $34^{cm},6$.

E. 4. Quelle est la plus grande des fractions $\dfrac{41}{80}$ et $\dfrac{47}{92}$. — **S.** La première [a].

p. 264 **E. 5.** Par quel chiffre finit la 4e *puissance* d'un nombre *entier* non *divisible* par 5? — **S.** Un entier, non divisible par 5, se termine par l'un des chiffres 1, 2, 3, 4, 6, 7, 8 ou 9. Son carré se termine par l'un des chiffres 1, 4, 9 ou 6. Sa 4e puissance, qui est le carré de son carré, se termine donc par 1 ou 6 [b].

E. 6. Évaluez en *millimètres* 5^{pieds} 8^{pouces} 9^{lignes}. — **S.** 5^{pieds} 8^{pouces} $9^{lignes} = 825^{lignes}$. Or $1^{toise} = 864^{lignes}$ et vaut $1^m,949$. Donc la longueur donnée vaut $1^m,949 \times\dfrac{825}{864}$, c-à-d $1^m,860$.

E. 7. Calculez $\dfrac{1}{2}\left(\sqrt{5}+1\right)$ avec 5 décimales. — S. $1,61804$.

E. 8. Évaluez le *mètre* en *pieds* et fractions décimales du *pied*. — **S.** $1^m,949$ vaut 1^{toise}, c-à-d 6^{pieds}. Donc 1^m vaut $\dfrac{1}{1,949}$, c-à-d $3^{pieds},078$.

E. 9. L'heure de Constantinople [c] avance de 1^h 46^m 33^s

[a] La première de ces fractions dépasse $\dfrac{1}{2}$ de $\dfrac{1}{40}$; la seconde, de $\dfrac{1}{92}$. Comme $\dfrac{1}{40}$ est plus grand que $\dfrac{1}{92}$, c'est la première de ces fractions qui es la plus grande. — On trouve, dans une foule de cas, des moyens particuliers qui, comme celui-ci, dispensent de recourir à la méthode générale.

[b] Il s'ensuit que, quand un nombre n'est pas divisible par 5, sa 4e puissance, divisée par 5, donne toujours pour reste 1.

[c] *Constantinople* est une ville très ancienne, très grande, très

sur celle de Paris. Il est 7^h 58^m 55^s à Paris. Quelle heure est-il à Constantinople? — **S.** 7^h 58^m 55^s $+ 1^h$ 46^m 35^s, c-à-d 9^h 45^m 28^s.

E. 10. Sur une facture de 3 948^f,55, on obtient une *bonification* de 5,5 °/₀. Qu'a-t-on à payer? — **S.** La bonification s'élève à 3 948^f,55 $\times$ 0,055, c-à-d à 217^f,17. On n'a donc à payer que 3 948^f,55 — 217^f,17, c-à-d que 3731^f,38.

E. 11. Quel poids d'or pur faut-il allier à 425^g d'or au *titre de* 0,855, pour élever le titre à 0,958? — **S.** A 1^{Kg} du lingot donné, il manque 95^g d'or pur. A 0^{Kg},425, il en manque donc 95^g $\times$ 0,425, c-à-d 40^g,375. Or, sur 1^{Kg} d'or pur, il y a 50^g d'or pur de plus qu'on n'en veut. Donc il faut allier autant de kilogrammes d'or pur qu'il y a de fois 50^g dans 40^g,375, c-à-d 40,375 : 50, ou 0^{Kg},8075, ou enfin 807^g,5.

E. 12. Une *carpette*[a] a 1^m,70 de long et 2^m,40 de large. Elle coûte 27^f,50. A combien le mètre carré? — **S.** L'aire est de 1,70 $\times$ 2,40, c-à-d de 4^{mq},0800. Le mètre carré revient donc à 27^f,50 : 4,08, c-à-d à 6^f,74.

---

191. — Levé au graphomètre.

Question. Qu'appelle-t-on *alidade?* — **Réponse.** On appelle **alidade** une *règle* dont les extrémités, rele-

Alidade.

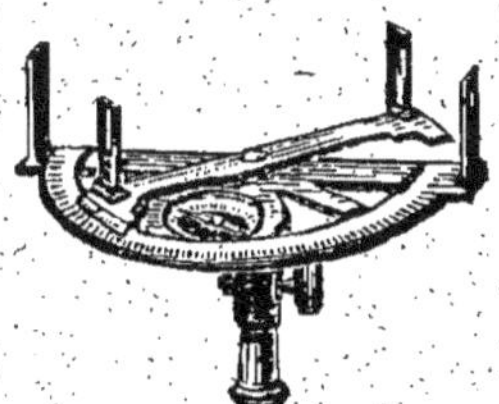

Graphomètre.

wées à *angle droit*, présentent deux ouvertures[b], qui déterminent une certaine direction.

peuplée, située sur le Bosphore, dans un site admirable. Elle est la capitale de la Turquie d'Europe et de tout l'Empire ottoman.

(a) Le mot *carpette* vient de l'anglais. Il est, pour ainsi dire, passé dans notre langue et désigne une sorte de tapis.

(b) Ces ouvertures se nomment *pinnules*. — Le mot *alidade* est dû

Q. De quoi se compose le *graphomètre?* — **R.** Le **gra-phomètre** se compose d'un *demi-cercle* divisé, porté sur un pied, et muni de deux *alidades*[a].

Q. Comment mesure-t-on, sur le terrain, l'*angle* de deux droites? — **R.** Pour mesurer, sur le terrain, l'*angle* de deux *droites*, il suffit de diriger les *alidades* suivant ces droites, et de lire, sur le *demi-cercle*, le nombre de *degrés* correspondant[b].

Q. Comment *lève*-t-on le plan d'un terrain à l'aide du *graphomètre?* — **R.** Pour *lever le plan* d'un terrain à l'aide du *graphomètre,* on relève d'abord le **polygone topographique**, puis on y rattache les différents points remarquables du terrain.

p. 265   **Q.** Qu'est-ce que le polygone *topographique?* — **R.** Le *polygone topographique*[c] est, en général, le contour même du terrain. On en mesure tous les *angles*[d] et tous les *côtés.* On le dessine en conservant les angles, et en réduisant toutes les longueurs dans la même *proportion.*

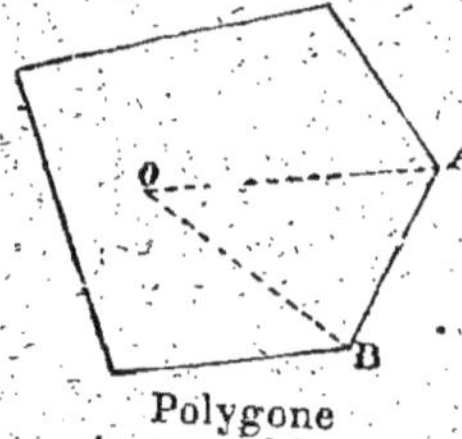
Polygone topographique.

Q. Comment rattache-t-on un *point* au polygone topographique? — **R.** Pour rattacher un *point* O au *polygone*

genre féminin; il vient de l'arabe, comme une foule d'autres termes scientifiques, appartenant principalement aux mathématiques, à l'astronomie et à la chimie. Nous citerons, à titre d'exemples, les mots *algèbre, almanach, alcali.*

[a] Il sera bon, si l'on possède un *graphomètre*, de le montrer aux élèves et de leur apprendre à s'en servir. On leur fera remarquer que, quand on l'emploie au levé des plans, il en faut placer bien horizontalement le demi-cercle divisé. Dans la figure ci-dessus, ce demi-cercle porte une *boussole.* On construit des *graphomètres* de précision, où il porte un *niveau,* et où les *alidades* sont remplacées par des *lunettes.*

[b] Le *graphomètre* n'est pas le seul instrument qui serve à la mesure des angles. On peut citer encore le *théodolite* et le *cercle répétiteur* employés par les astronomes, le *sextant* employé par les marins, le *goniomètre* employé par les minéralogistes.

[c] L'adjectif *topographique*, que nous avons déjà rencontré, désigne, en général, tout ce qui se rattache à la *topographie*, c-à-d à l'art de *lever les plans.* — Les mots *graphomètre* et *topographie* sont dérivés du grec.

[d] Sur le terrain, la mesure des *angles* s'effectue avec beaucoup plus de facilité et d'exactitude que la mesure des *longueurs.*

topographique, il suffit de mesurer sur le terrain les deux *angles* OAB, OBA, puis de les construire sur le *dessin* : les *côtés* de ces *angles*, par leur *intersection*, déterminent le *point* O.

Exercice 1. Combien de mètres de galon [a] pour border un tapis circulaire ayant $0^m,57$ de rayon ? — **Solution**. La circonférence de ce tapis est $2 \times 3,1416 \times 0,57$, c-à-d $3^m,58$. Tel est le nombre de mètres cherché.

E. 2. Dites le volume d'un dé à jouer [b] ayant son arête de $0^m,011$. — **S.** $(0,011)^3$, c-à-d $0^{mc},000\,001\,331$, ou $1^{cmc},331$.

E. 3. Un réservoir cylindrique en tôle a $4^m,25$ de hauteur et $2^m,08$ de rayon. Trouvez sa surface latérale. — **S.** La circonférence de base est $2 \times 3,1416 \times 2,08$, c-à-d $13^m,069$. La surface latérale du cylindre est $13,069 \times 4,25$, c-à-d $55^{mq},5432$.

E. 4. Calculez la racine carrée de $32\,326\,327$ à moins d'une unité. — **S.** $5\,685$.

E. 5. Calculez le *ppcm* de $9\,610$ et $18\,290$. — **S.** $566\,990$.

E. 6. Il est midi. Les 2 aiguilles d'une horloge sont l'une sur l'autre. Dans combien de temps ce même fait se reproduira-t-il ? — **S.** Dès que la grande aiguille aura fait juste 1^{tour} de plus que la petite. Or, dans 1^h, la grande aiguille parcourt $360°$ et la petite parcourt $30°$. La grande fait donc $330°$ de plus que la petite. Pour qu'elle fasse

---

[a] On nomme *galon* une sorte de ruban de laine, de soie, d'argent ou d'or, dont on se sert soit pour orner, soit pour border les étoffes. — Ce mot *galon* n'a aucun rapport avec le mot anglais *gallon*, qui prend deux *l*, et qui représente une mesure anglaise de capacité.

[b] Le *dé à jouer* nous offre la figure du *cube*, et le *cube* est le type des *polyèdres réguliers*. — Un *polyèdre régulier* est un polyèdre dont toutes les faces sont des *polygones réguliers égaux*. Il existe *cinq* polyèdres réguliers convexes, ni plus ni moins, savoir : le *tétraèdre régulier*, dont les 4 faces sont des triangles équilatéraux ; le *cube* ou *hexaèdre régulier*, dont les 6 faces sont des carrés ; l'*octaèdre régulier*, dont les 8 faces sont des triangles équilatéraux ; le *dodécaèdre régulier*, dont les 12 faces sont des pentagones réguliers ; et l'*icosaèdre régulier*, dont les 20 faces sont encore des triangles équilatéraux. — Si l'on possède des modèles de ces polyèdres, on fera bien de les montrer aux élèves.

juste 1^{tour}, c-à-d 360° de plus, il lui faut $1^h \times \dfrac{360}{330}$, c-à-d $\dfrac{12}{11}$ d'heure, c-à-d $1^h \ 5^m \ 27^s,2$ [a].

E. 7. Que pèseraient 1200^f en monnaie de bronze? — **S.** 1200^f valent $120\,000^c$, et pèsent, en monnaie de bronze, $120\,000^g$, c-à-d 120^{Kg}.

E. 8. Calculez avec 3 décimales les 4 *tiers* de π. **S.** 4,188.

E. 9. Calculez avec 2 décimales la racine cubique de $\dfrac{1}{3}$. — **S.** 0,69.

E. 10. Combien de *millimètres* dans un *pied*? — **S.** $1^{toise} = 1^m,949$. Donc 1^{pied} vaut $1^m,949 : 6$, c-à-d $0^m,324$.

E. 11. Un *septuagénaire* [b] veut se créer une rente viagère immédiate de 1250^f. Le taux est 12,15 %. Combien doit-il verser? — **S.** Pour se créer une rente de $12^f,15$, il devrait verser 100^f. Pour s'en créer une de 1250^f, il versera $100^f \times \dfrac{1250}{12,15}$, c-à-d $10\,288^f,06$.

E. 12. Un tapis ayant $1^m,4$ de large et 2^m de long coûte $18^f,75$. Que coûterait un tapis ayant $1^m,70$ de large et $2^m,4$ de long? — **S.** $18^f,75 \times \dfrac{1,70}{1,4} \times \dfrac{2,4}{2}$, c-à-d $27^f,32$.

---

192. — Levé à la planchette.

Question. Qu'est-ce que la *planchette*? — **Réponse.** La **planchette** dont on se sert n'est autre chose qu'une planche à *dessin*, portée sur un *pied* [c].

p. 266 **Q.** Comment a-t-on soin de la *placer*? — **R.** On a soin, quand on se sert de la *planchette*, de la placer bien *horizontalement* [d], et de déterminer bien exactement, à l'aide d'un *fil*

(a) On pourra demander de trouver, entre *midi* et *minuit*, toutes les heures où les deux aiguilles sont ainsi superposées.

(b) On appelle *sexagénaire, septuagénaire, octogénaire, nonagénaire, centenaire*, une personne âgée de 60^{ans}, 70^{ans}, 80^{ans}, 90^{ans}, 100^{ans}.

(c) Il faut que la *planchette* soit exécutée avec grand soin et qu'elle soit bien *plane*. On devra éviter tout ce qui pourrait la *gauchir*, ou, comme on dit, la *voiler*.

(d) Pour voir si elle est bien *horizontale*, on peut se servir d'un *niveau*, ou, plus simplement, laisser tomber sur elle une bille un peu lourde : il faut que cette bille ne roule d'aucun côté.

à plomb, le *point* du terrain situé au-dessous d'un *point* donné de la planchette.

Q. Comment *lève*-t-on le plan d'un terrain à la *planchette?* —**R.** Pour *lever* à la *planchette* le *plan* d'un terrain ABCDE, on trace sur la planchette la *droite ab* qui représente AB. On place la planchette en A, de façon que le point *a* soit juste au-dessus de A et que la droite *ab* ait la direction AB; puis l'on trace les *droites* qui, partant de *a*, iraient passer par C, D et E. On place ensuite la planchette en B, de façon que le point *b*

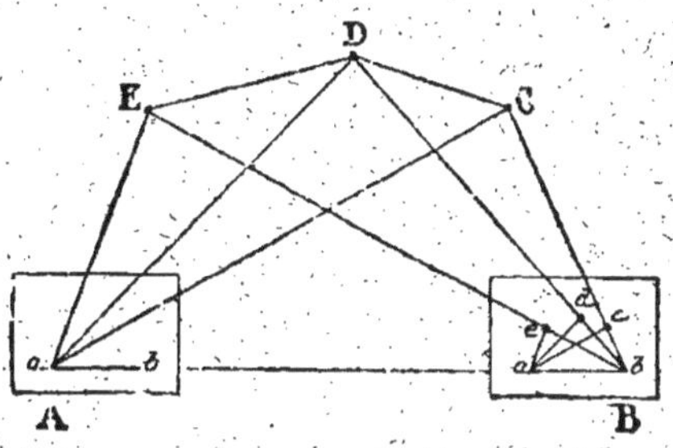

soit juste au-dessus de B et que la droite *ba* ait la direction BA; puis l'on trace les *droites* qui, partant de *b*, iraient passer par C, D et E. Ces *droites* coupent les précédentes aux *points c, d, e* qui représentent, sur le plan, les *points* C, D, E du terrain [a].

> **Exercice 1.** Exprimez en *hectares* l'étendue d'un champ triangulaire, la base étant de 1475^m et la hauteur de 988^m.—**Solution.** L'aire est $\dfrac{1475\times988}{2}$, c-à-d 728 650^{mq}, ou 72^{Ha},8650.
>
> **E. 2.** Une portion de toit a la forme d'un trapèze [b]. Son aire est de 72^{mq},89; la demi-somme de ses bases est de 17^m,50. Quelle est la hauteur? — **S.** 72,89 : 17,50, c-à-d 4^m,16.
>
> **E. 3.** Un clocher [c] a la forme d'une pyramide dont la

[a] Le *levé à la planchette* donne immédiatement le plan du terrain, sans mesure d'angle, ni de longueur. Si l'on veut connaître l'*échelle* du plan, il suffit de mesurer la droite *ab* du papier et la droite AB du terrain, puis de prendre le rapport des deux nombres trouvés.

[b] On peut le remarquer sur les maisons et les édifices publics, la plupart des portions *planes* des toitures affectent la forme de *triangles* ou de *trapèzes*.

[c] On donne, en général, le nom de *clochers* aux tours des églises, des couvents, des collèges qui contiennent les *cloches*. — Lorsqu'une

hauteur est de 11^m et la base de $9^{mq}.8$. Quel serait le volume? — **S.** $\dfrac{9,8 \times 11}{3}$, c-à-d $35^{mc},9$.

E. 4. Réduisez $\dfrac{8\,621}{10\,249}$ à sa *plus simple expression*. — **S.** En divisant les deux termes de cette fraction par leur *pgcd* 37, on trouve $\dfrac{233}{277}$.

E. 5. Un entier, *carré parfait*, est décomposé en *facteurs premiers*. Que savez-vous sur les *exposants* de ces facteurs? — **S.** Ils sont tous pairs, car ils sont les doubles des exposants des facteurs premiers du nombre entier qui est la racine carrée exacte du nombre donné [a].

E. 6. Combien de *setiers* et *boisseaux* dans $3^{Hl},769$? — **S.** Autant de boisseaux qu'il y a de fois 13^l dans $376^l,9$, c-à-d $28^{boisseaux},9$, ou $2^{setiers}$ $4^{boiss.},9$.

E. 7. Calculez avec 4 décimales la racine carrée de $\dfrac{1}{6}$. — **S.** $0,4082$.

E. 8. Exprimez 1^m en *toises* et fractions décimales de la *toise*. — **S.** $1^m,949 = 1^{toise}$. Donc 1^m vaut, en toises, $\dfrac{1}{1,949}$, c-à-d $0^{toise},513$.

E. 9. La superficie de Paris [b] est de $7\,802^{Ha}$. Combien de *kilomètres carrés*? — **S.** $7\,802^{Ha} = 7\,802^{Hmq}$, c-à-d $78^{Kmq},02$.

p. 267 **E. 10.** Deux personnes ont mis dans une entreprise, la première $8\,746^f,15$ pendant 56^j; la seconde $6\,324^f,55$ pendant 71^j. Partagez entre elles le bénéfice, qui s'élève à $1\,536^f,25$. — **S.** Il faut partager $1\,536^f,25$ proportionnellement à $8\,746,15 \times 56$ et $6\,324,55 \times 71$, c-à-d à $489\,784,40$ et $449\,043,05$. En faisant le calcul, on trouve, pour les deux parts, $801^f,45$ et $734^f,79$.

---

mairie, un hôtel de ville présente une tour contenant une cloche, cette tour ne se nomme pas un clocher : elle porte d'ordinaire le nom de *beffroi*.

[a] Il suit de là que, quand un nombre entier est décomposé en facteurs premiers, on voit aussitôt s'il est ou n'est pas *carré parfait*. S'il est *carré parfait*, il suffit, pour en obtenir la *racine*, de diviser tous les exposants par 2.

[b] C-à-d l'aire comprise dans l'*enceinte fortifiée* continue qui enveloppe tout Paris. Cette enceinte sert de mur d'octroi. C'est en dehors d'elle, à des distances très diverses, que se trouvent tous les *forts détachés*.

E. 11. On achète pour $16991^f,45$ d'obligations qui rapportent 15^f par an. Le cours est de $395^f,15$. Quel sera le revenu annuel? — **S.** $395^f,15$ rapportent 15^f. Donc $16991^f,45$ rapportent $15^f \times \dfrac{16991,45}{395,15}$, c-à-d 645^f.

E. 12. Que pèse une brique [a] rouge dont les dimensions sont $0^m,22$; $0^m,11$ et $0^m,055$? La densité est $2,17$. — **S.** Le volume est, en centimètres cubes, $22 \times 11 \times 5,5$, c-à-d 1331^{cmc}. Or 1^{cmc} de cette brique pèse $2^g,17$. Donc la brique pèse $2^g,17 \times 1331$, c-à-d $2888^g,27$, ou $2^{kg},88827$.

---

193. — L'arpentage.

Question. Quel est l'objet de l'*arpentage*? — **Réponse.** L'**arpentage** [b] a pour objet l'évaluation de la *surface* des terrains.

Q. Comment évalue-t-on cette *surface*? — **R.** Pour évaluer cette *surface*, on peut décomposer le terrain en *triangles*, comme dans le levé à la chaîne, puis faire la *somme* des *aires* de tous ces *triangles*.

Q. Comment obtient-on l'*aire* de ces triangles? — **R.** Pour obtenir l'*aire* d'un quelconque de ces triangles, on en mesure les trois côtés, puis on opère sur les trois nombres trouvés d'après la règle connue [c].

Q. Peut-on *décomposer* le terrain autrement? — **R.** On peut aussi, comme dans le *levé à l'équerre*, décompo-

[a] Les *briques* sont des pierres artificielles, présentant le plus souvent la forme de *parallélépipèdes rectangles*. Toujours composées d'argile, elles sont tantôt *crues*, tantôt *cuites*. On les emploie dans tous les genres de maçonnerie, surtout dans la maçonnerie des fours, fourneaux et cheminées.

[b] Le mot *arpentage* vient du vieux mot *arpent*, qui désignait, comme on l'a vu, une mesure de superficie. *Arpenter*, c'est évaluer la surface d'un terrain; l'*arpenteur* est celui qui évalue cette surface. — A la campagne, on donne souvent le nom de *géomètre* à ceux qui font profession de *lever les plans* et d'*arpenter*. En bon français, *géomètre* se dit de tout homme qui est savant dans les *sciences mathématiques* et qui y fait des découvertes : *Archimède, Descartes, Leibniz et Newton* sont les plus grands *géomètres* qui aient jamais existé.

[c] A cause des *extractions de racines carrées*, ce procédé est très laborieux. Il ne devient commode que quand on emploie les *logarithmes*.

ser le terrain en *triangles* et en *trapèzes*, puis faire la *somme* des *aires* de toutes ces figures [a].

Q. Comment mesure-t-on l'étendue du *terrain* ainsi décomposé? — **R.** Supposons le terrain décomposé comme dans la figure ci-contre. On mesure toutes les portions de la diagonale, ainsi que toutes les perpendiculaires. Dans le triangle rectangle AFB, on connaît la base AF et la hauteur FB, et il en est de même dans tous les

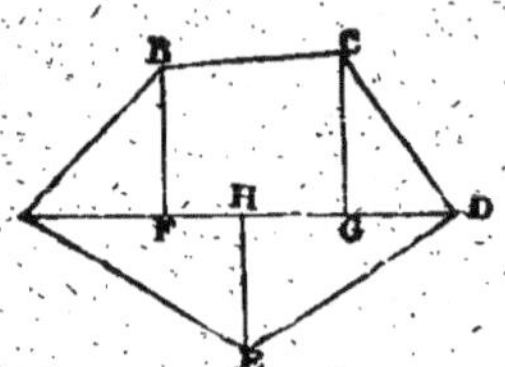

autres. Dans le trapèze BCGF, on connaît les deux bases BF, CG, et la hauteur FG.

Q. Que fait-on si l'on ne peut pas pénétrer sur la *surface à* évaluer? — **R.** Si l'on ne peut pas pénétrer sur la surface à évaluer, on évalue une surface plus grande qui contient la première, puis on en *retranche* ce que cette grande surface a de trop.

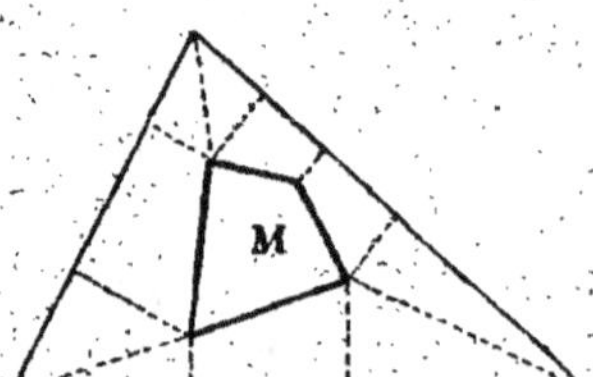

Q. Donnez un exemple. — **R.** Soit p. 268 à évaluer la surface d'une mare. On considère, par exemple, un triangle qui la contient; et, de la surface de ce triangle, on retranche les aires de tous les petits triangles et trapèzes qu'on peut former autour de la mare, à l'intérieur de ce triangle [b].

Exercice 1. Un tronc d'arbre abattu a $8^m,37$ de long et une circonférence moyenne de $1^m,86$? Dites son volume. — **Solution.** En divisant par 4π le carré de 1,86, on trouve l'aire de la section moyenne, qui est $0^{mq},2750$. Le volume du tronc d'arbre est donc $0,2750 \times 8,37$, c-à-d $2^{mc},301750$.

E. 2. Une roue tourne de 36° 25′ 17″ en 1^s. De combien

<hr>

(a) Ce nouveau procédé est beaucoup plus avantageux que le précédent, les calculs auxquels il conduit étant moins longs et moins *compliqués*.

(b) Dans les questions d'arpentage, il faut se rappeler toujours, avec grand soin, la relation qui doit exister entre l'unité de longueur et l'unité de superficie. Si l'on veut évaluer le terrain qu'on arpente en *centiares*, il faut prendre les longueurs en *mètres;* si l'on veut l'évaluer en *ares*, il faut les prendre en *décamètres;* si l'on veut l'évaluer en *hectares*, il faut les prendre en *hectomètres*.

en $2^m 7^s$? — **S.** $36° 25' 17'' = 131117''$; de même $2^m 7^s = 127^s$. Donc en $2^m 7^s$ la roue tourne de $131117''$ $\times 127$, c-à-d de $16651859''$, ou $12^{tours} 305° 30' 59''$.

E. 3. Dites la surface d'un miroir [a] circulaire ayant $0^m,88$ de diamètre. — **S.** $3,1416 \times (0,44)^2$, c-à-d $0^{mq},6082$.

E. 4. Réduisez au *plus petit dénominateur commun* $\frac{7}{9}, \frac{5}{12}, \frac{11}{54}$. — **S.** $\frac{84}{108}, \frac{45}{108}, \frac{22}{108}$.

E. 5. Décomposez 106330 en *facteurs premiers*. **S.** $2 \times 5 \times 7^3 \times 31$.

E. 6. Exprimez en *hectares* 938647^{ca}. — **S.** $93^{Ha},8647$.

E. 7. Dites la somme de deux arcs, l'un de $58° 47' 58'',9$, l'autre de $144° 57' 45'',3$. — **S.** $203° 45' 44'',2$.

E. 8. Calculez avec 3 décimales $\frac{1}{4} \sqrt{10 - 2\sqrt{5}}$.

S. $0,587$ [b].

E. 9. Combien de *millimètres* dans un *pouce?* — **S.** $1^{toise} = 1^m,949$. Or $1^{toise} = 72^{pouces}$. Donc 1^{pouce} vaut $1^m,949 : 72$, c-à-d $0^m,027$.

E. 10. Exprimez en *jours, heures* et *minutes* la durée de la rotation de la planète Mercure [c] sur elle-même, cette durée étant de 86450^s. — **S.** $1^j 0^h 0^m 50^s$.

E. 11. Quel poids d'argent pur dans un lingot d'argent, au 1er titre, pesant $968^g,7$? — **S.** $968^g,7 \times 0,950$, c-à-d $920^g,265$.

E. 12. Trouvez la *valeur nominale* d'un billet payable dans 37^j, dont la *valeur actuelle* est de $1648^f,50$. Le taux de l'escompte est $4,7$. — **S.** Si la valeur *nominale*

[a] Les *miroirs* sont des surfaces très polies qui, en réfléchissant la lumière, montrent les images des objets. On les nomme souvent *glaces*. Ils se composent ordinairement d'une plaque de verre ou de cristal, étamée à sa face postérieure, c-à-d couverte, sur cette face, d'un *amalgame d'étain*, nommée *tain*. La plupart des miroirs sont *plans*, mais on en fabrique aussi de courbes : tels sont ceux qu'on emploie dans la construction des *télescopes*.

[b] La marche à suivre pour arriver à ce résultat, c'est de calculer d'abord $\sqrt{5}$, d'en prendre le double, de le retrancher de 10, d'extraire la racine carrée de la différence trouvée, et, enfin, de prendre le quart de cette racine.

[c] De toutes les *planètes* connues, *Mercure* est la plus rapprochée du soleil : elle en est environ *trois* fois moins éloignée que la terre. Elle tourne autour du soleil en $87^j,9$. Son volume n'est guère que le *vingtième* de celui de la terre.

était 36 000^f, l'escompte serait $\dfrac{4,7 \times 36\,000 \times 37}{36\,000}$, c-à-d
4,7 $\times$ 37, ou 173^f,90 ; et la valeur *actuelle* serait
36 000^f — 173^f,90, c-à-d 35 826^f,10. Ainsi, dans les
conditions de l'énoncé, quand la valeur *actuelle* est
35 826^f,10, la valeur *nominale* est 36 000^f. Donc, quand
la valeur *actuelle* est 1648^f,50, la valeur *nominale* est
36 000^f $\times$ $\dfrac{1\,648,50}{35\,826,10}$, c-à-d 1656^f,50.

194. — Terrains accidentés, plans cotés.

Question. Qu'est-ce que la *projection* d'un point sur un
plan ? — **Réponse.** La **projection** d'un *point* sur un
plan est le *pied* de la *perpendiculaire*
abaissée de ce *point* sur ce *plan* [a].

Q. Qu'est-ce que la *projection* d'une
figure ? — **R.** La *projection* d'une figure
sur un plan est la figure formée, sur
ce plan, par les *projections* de tous les *points* de la
première figure [b].

Q. Qu'a-t-on supposé dans ce qui précède sur le *levé des
plans* ? — **R.** Dans tout ce qui précède, nous avons supposé la
surface du terrain *plane* et *horizontale*. Lorsqu'il n'en est pas
ainsi, le terrain est *accidenté*.

Q. Que représente le *plan* d'un terrain *accidenté* ? —
R. Lorsqu'un terrain est *accidenté* [c], le *plan* de ce
terrain représente, non pas ce terrain lui-même, *mais*
sa *projection* sur un *plan horizontal*.

Q. Comment se *lève* le *plan* d'un *terrain accidenté* ? —
R. Le plan d'un terrain *accidenté* se lève par les procédés ordinaires. Seulement on a grand soin : en mesurant les longueurs, de tendre la chaîne bien *horizontalement* ; en mesurant

[a] La *perpendiculaire* abaissée du point sur le plan se nomme parfois
la *ligne projetante*, ou, simplement, la *projetante*.

[b] Lorsqu'une figure est *plane*, et que son plan est *parallèle* au plan
de projection, il est évident que sa projection lui est identique. On dit
alors que la figure se projette en *vraie grandeur*.

[c] Sauf dans les pays tout à fait plats, le terrain, dès qu'il est un
peu grand, est toujours *accidenté*.

les angles, de placer bien *horizontalement* le demi-cercle du graphomètre.

Q. Qu'appelle-t-on *plan de comparaison?* — **R.** On appelle **plan de comparaison** un *plan horizontal* arbitraire, choisi de telle sorte que tous les points du terrain soient placés au-dessus de lui.

Q. Que savez-vous sur ce *plan?* — **R.** C'est sur ce plan qu'on suppose tous ces points projetés.

Q. Qu'appelle-t-on *cote* d'un point? — **R.** On appelle **cote** d'un point la *hauteur* de ce point au-dessus du *plan de comparaison.*

Q. Comment détermine-t-on le *plan de comparaison?* — **R.** On détermine la position même du *plan de comparaison* en donnant à volonté la *cote* d'un *point* du terrain [a].

Q. Qu'est-ce qu'un *plan coté?* — **R.** Un **plan coté** est un *plan* qui représente un terrain *accidenté* et où sont marquées les *cotes* des différents *points* de ce terrain [b].

Q. Que nomme-t-on *plan topographique?* — **R.** On nomme *plan topographique* le plan d'un terrain assez grand, par exemple le plan d'une ville [c].

Q. Qu'est-ce qu'une *carte?* — **R.** Une *carte* [d] n'est autre chose que la représentation d'un terrain d'une extrême étendue [e].

[a] Si l'on dit, par exemple, que tel point du terrain a une *cote* égale à 8^m, cela signifie que le *plan de comparaison* est un plan horizontal passant à 8^m au-dessous du point considéré.

[b] Les plans cotés se répandent de plus en plus. Ils sont beaucoup plus précis et instructifs que les plans ordinaires. Les plans des fortifications sont presque toujours des plans cotés.

[c] Nous avons déjà dit que la *topographie* est l'art de *lever les plans*. C'est un art assez facile, dont l'étude est indispensable aux architectes, aux ingénieurs et aux officiers.

[d] La construction des *cartes* est beaucoup plus difficile que le *levé des plans*, vu qu'il y faut tenir compte de la *sphéricité* de la terre; elle s'appuie principalement sur la *trigonométrie* soit rectiligne, soit sphérique; elle constitue la *géodésie*, l'une des parties les plus importantes des mathématiques appliquées.

[e] Certaines cartes sont analogues aux plans cotés, en ce qu'elles font connaître l'*altitude* de leurs différents points, c-à-d la hauteur de ces points au-dessus du *niveau de la mer*, supposé sphérique et prolongé à l'intérieur des terres. Ces cartes présentent souvent des *lignes* ou *courbes de niveau*, c-à-d des lignes dont tous les points ont la même altitude.

Exercice 1. Trouvez la hauteur d'une pyramide à base carrée dont le volume est de $7^{dmc},89$ et le côté de base de $2^{dm},07$. — **Solution.** L'aire de la base est $4^{dmq},2849$. En divisant le *triple* du volume, c-à-d 23,67, par l'aire de la base, on trouve, pour la hauteur, $5^{dm},52$.

E. 2. Evaluez le volume d'un tronc d'arbre debout, dont la hauteur est de $9^{m},58$, et la circonférence, à $1^{m},33$ du sol, de $1^{m},17$. — **S.** En divisant par 4π le carré 1,3689 de la circonférence, on trouve, pour l'*aire* de la section considérée, $0^{mq},1087$. Le volume du tronc d'arbre est donc $0,1087 \times 9,58 \times \frac{3}{4}$, c-à-d $0^{mc},780$.

E. 3. Quel est le côté du triangle *équilatéral* dont l'aire est de $42^{mq},68$? — **S.** Si l'on appelle x le côté du triangle cherché, l'aire de ce triangle est $\sqrt{\frac{3}{2} \times x \times \frac{x}{2} \times \frac{x}{2} \times \frac{x}{2}}$, c-à-d $\sqrt{\frac{3 \times x^4}{2^4}}$, c-à-d $\frac{x^2}{2^2}\sqrt{3}$, c-à-d $x^2 \times \frac{1,442}{4}$, ou $x^2 \times 0,360$. En divisant l'aire donnée 42,68 par 0,360, on trouve 118,55 pour le carré du côté x. En extrayant la racine carrée de 118,55, on trouve 10,88. Le côté cherché a donc pour longueur $10^{m},88$.

E. 4. Calculez à moins d'une unité $\sqrt{56\,328\,941}$.
    S. 7505.

E. 5. Le produit de 3 *entiers consécutifs* peut-il être un *cube?* — **S.** Jamais. En effet, si ce produit était un cube parfait, il serait le cube du deuxième *entier*. *Le produit* des deux autres entiers serait donc le carré de ce deuxième entier, ce qui n'est pas [a].

E. 6. Que valent $45^{Hg},18$ de monnaie de bronze? — **S.** $45^{Hg},18 = 4518^{g}$. Donc ce poids de monnaie *de bronze* vaut 4518^{c}, c-à-d $45^{f},18$.

p. 270 **E. 7.** Combien de *milreis* pour payer 1891^{f}? — **S.** Autant qu'il y a de fois $5^{f},60$ dans 1891^{f}, c-à-d 1891 : 5,60, ou $337^{milreis},678$.

E. 8. Exprimez 1^{m} en *pouces* et fractions décimales du *pouce*. — **S.** $1^{m},949 = 72^{pouces}$. Donc 1^{m} vaut $\frac{72}{1,949}$, c-à-d $36^{pouces},96$.

---

[a] On peut le voir facilement : le *produit* des entiers extrêmes est toujours *inférieur*, d'une *unité*, au *carré* de l'entier moyen.

E. **9**. Calculez avec 3 décimales le rapport de 4 à π. — S. 1,273.

E. **10**. L'heure de New-York [a] retarde de $5^h\ 5^m\ 22^s$ sur l'heure de Paris. Il est à présent $2^h\ 35^m\ 34^s$ à Paris. Quelle heure est-il à New-York? — **S.** $12^h + 2^h\ 35^m\ 34^s$ — $5^h\ 5^m\ 22^s$, c-à-d $9^h\ 30^m\ 12^s$.

E. **11**. Bouvier achète à Simon 3 douzaines de serviettes à $9^f,75$ la *douzaine*. Comment Simon relate-t-il cette vente sur son *journal?* — **S.** Du... — Doit Bouvier — $3^{douz.}$ serviettes à $9^f,75$ la douz..... $29^f,25$.

E. **12**. Pour fabriquer une tente, il faut 137^m d'une toile ayant $0^m,76$ de large. Combien en faudrait-il d'une toile ayant $0^m,82$? — **S.** $137^m \times \dfrac{0,76}{0,82}$, c-à-d $126^m,97$.

---

195. — Nivellement.

Question. Quel est le but du *nivellement?* — **Réponse.** Le **nivellement** [b] a pour but la détermination des *cotes* des différents *points* d'un terrain.

Q. Que suffit-il de savoir *déterminer?* — **R.** Comme on prend toujours à volonté la *cote* [c] d'un premier point, il suffit,

pour déterminer les *cotes* de tous les autres, de savoir déterminer la *différence des cotes* de deux points.

[a] New-York est une ville très grande, très peuplée et très florissante, située sur la côte orientale des Etats-Unis de l'Amérique du Nord. Elle est en relation continuelle avec tous les grands ports du monde. Les grands vaisseaux dits *transatlantiques* ne mettent guère qu'une huitaine de jours pour faire la traversée du Havre à New-York.

[b] *Nivellement* vient de *niveau*. Le verbe *niveler* signifie mettre de niveau : *niveler* un terrain, c'est en rendre la surface *plane* et *horizontale*.

[c] Le mot *cote* n'a aucun rapport avec le mot *côte;* il ne prend pas d'accent circonflexe, et il se prononce comme s'il avait deux *t*.

Q. A l'aide de quels instruments se détermine la différence des cotes? — **R.** La *différence des cotes* de deux *points* se détermine à l'aide du **niveau d'eau** et de la **mire**.

Q. De quoi se compose le *niveau d'eau*? — **R.** Le *niveau d'eau* se compose d'un *tube* métallique monté sur un *pied* et dont les extrémités, relevées à *angle droit*, portent deux *manchons* de verre.

Q. De quoi *remplit*-on l'appareil? — **R.** On remplit l'appareil, presque complètement, d'un *liquide coloré*. Les *surfaces* de ce liquide dans les deux *manchons* sont sur un même *plan horizontal*. En visant ces deux surfaces, on obtient une *ligne de visée* parfaitement *horizontale* [a].

p. 271 **Q.** De quoi se compose la *mire*? — **R.** La **mire** se compose d'une *règle verticale* divisée sur laquelle se meut un **voyant** [b].

Q. Qu'est-ce que le *voyant*? — **R.** Le *voyant* est une *plaque carrée*, partagée en quatre carrés égaux, peints d'ordinaire deux en blanc et deux en rouge. L'*horizontale* qui traverse le *voyant* se nomme *ligne de foi*.

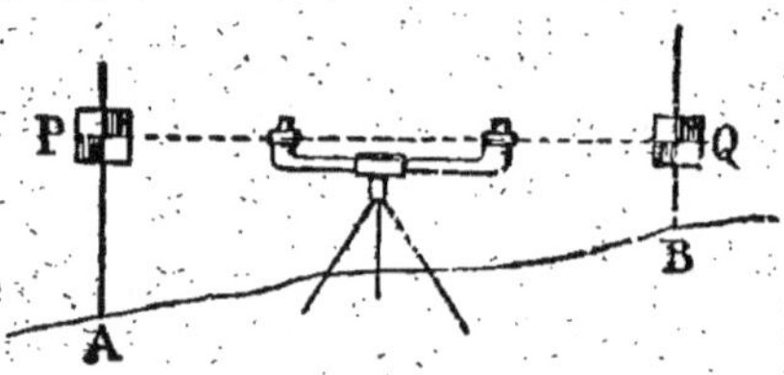

Q. Comment mesure-t-on la différence des *cotes* de deux points? — **R.** Pour mesurer la *différence des cotes* de deux *points* A et B, l'opérateur se place, avec son *niveau d'eau*, sur la ligne qui joint ces deux points. Un aide porte la *mire* en A, amène la *ligne de foi* du voyant sur l'horizontale de visée, et lit sur la règle la hauteur AP. Répétant la même opération en B, il lit la hauteur BQ [c].

(a) Si l'on possède un *niveau d'eau*, on le montrera aux élèves et on leur apprendra à s'en servir. Sinon, on le leur décrira; on leur dira que le tube du niveau est en fer-blanc, qu'il a environ 1^m de long et que le liquide *coloré* qu'on y verse n'est, le plus souvent, que de l'*eau rougie*.

(b) Le mot *voyant* s'explique de lui-même. Quant au mot *mire*, c'est le même que dans *point de mire* : il vient du verbe *mirer*, qui signifie *regarder* ou plutôt *viser*.

(c) Si les points A et B étaient trop éloignés l'un de l'autre pour qu'il suffit d'une seule station intermédiaire, on en prendrait plusieurs; on déterminerait les différences de cotes des stations voisines; et, de proche en proche, on arriverait à connaître celle des points A et B.

Q. A quoi est égale cette différence? — **R.** La *différence des cotes* est égale à la *différence* des *longueurs* AP, BQ.

Q. Quel est le plus *élevé* des deux points? — **R.** Evidemment, le *plus élevé* des points A et B est celui pour lequel la longueur lue est la *plus petite* [a].

Exercice 1. Dans un *nivellement*, si l'on place la mire en A, on y lit $1^m,34$; si on la place en B, on y lit $0^m,96$. Dites la différence des cotes des points A et B. — Solution. $1^m,34 — 0^m,96$, c-à-d $0^m,38$ [b].

E. 2. Les deux bases d'un tronc de pyramide ont l'une $5^{dmq},75$, l'autre $4^{dmq},15$. La hauteur a 364^{mm}. Dites le volume. — **S.** L'aire de la troisième base à considérer est $4^{dmq},88$. Les trois pyramides à considérer ont pour volumes $\dfrac{5,75 \times 3,64}{3}$, $\dfrac{4,15 \times 3,64}{3}$ et $\dfrac{4,88 \times 3,64}{3}$. La somme de ces volumes est $(5,75 + 4,15 + 4,88) \times \dfrac{3,64}{3}$, c-à-d $17^{dmc},933$.

E. 3. Quelle est la capacité d'un tonneau où le rayon du bouge est de 35^{cm}, celui du fond de 31^{cm}, et la longueur de $1^m,09$? — **S.** Le rayon du cylindre équivalent au tonneau est $35 \times \dfrac{5}{8} + 31 \times \dfrac{3}{8}$, c-à-d $33^{cm},5$. La base de ce cylindre est donc $3525^{cmq},66$. Le volume est $3525,66 \times 109$, c-à-d 384296^{cmc}, c-à-d $384^{dmc},296$, ou $384^{l},296$.

E. 4. Trouvez le rayon de la circonférence où l'arc de $74° 28' 11''$ a pour longueur $0^m,572$. — **S.** $74° 28' 11'' = 268091''$. Donc la longueur de cette circonférence est $0^m,572 \times \dfrac{1296000}{268091}$, c-à-d $2^m,765$. En divisant ce nombre par π, on trouve, pour le diamètre $0^m,880$; et par suite, pour le rayon $0^m,440$.

E. 5. Réduisez $57 + \dfrac{19}{57}$ en une *seule fraction*. — **S.** $\dfrac{172}{3}$.

---

[a] Les opérations de *nivellement* sont de la plus grande utilité, notamment pour le *tracé* et la *construction* des chemins de fer.

[b] Supposons que les points A, B et C soient de plus en plus bas; que la différence des cotes de A et B soit de $2^m,3$ et celle des cotes de B et C de $1^m,8$: la différence des cotes des points A et C sera évidemment de $2^m,3 + 1^m,8$, c-à-d de $4^m,1$.

E. 6. Le nombre 10 001 est-il *premier* [a]? — **S.** Non, car il est divisible par 73.

E. 7. Que valent $129^g,02$ d'or monnayé? — **S.** $3^f,10 \times 129,02$, c-à-d $399^f,96$.

E. 8. Exprimez en *décagrammes* $0^Q,768532$.
S. $7685^{Dg},32$.

E. 9. Calculez avec 3 décimales $\frac{1}{4}\sqrt{10 + 2\sqrt{5}}$.

S. $0,951$.

E. 10. Exprimez 1^m en *lignes* et fractions décimales de la *ligne*. — **S.** $1^{toise} = 864^{lignes}$. Donc $1^m,949 = 864^{lignes}$. Donc 1^m vaut $\frac{864}{1,949}$, c-à-d $443^{lignes},5$.

p. 272

E. 11. Quel poids d'or pur dans un collier en or, pesant $33^g,7$, au 3e titre? — **S.** $33^g,7 \times 0,750$, c-à-d $25^g,275$.

E. 12. En combien de jours, à $3,7\ ^o/_o$, un capital de 32845^f rapporte-t-il $275^f,25$? — **S.** Pour que 100^f, à $3,7\ ^o/_o$, rapportent $3^f,70$, il faut 360^j. Pour que 32845^f, à $3,7\ ^o/_o$, rapportent $275^f,25$, il faut $360^j \times \frac{100}{32845} \times \frac{275,25}{3,70}$, c-à-d $81^j,5$ [b].

---

196. — Représentation d'une maison.

Question. Comment représente-t-on une *maison?* — **Réponse.** On représente une *maison* par **plan, élévation** et **coupe**.

Q. Que représente le *plan?* — **R.** Le *plan* d'une maison représente la *projection* de cette maison sur un *plan horizontal.*

Q. Fait-on plusieurs *plans?* — **R.** On fait d'ordinaire un *plan* par *étage* [c].

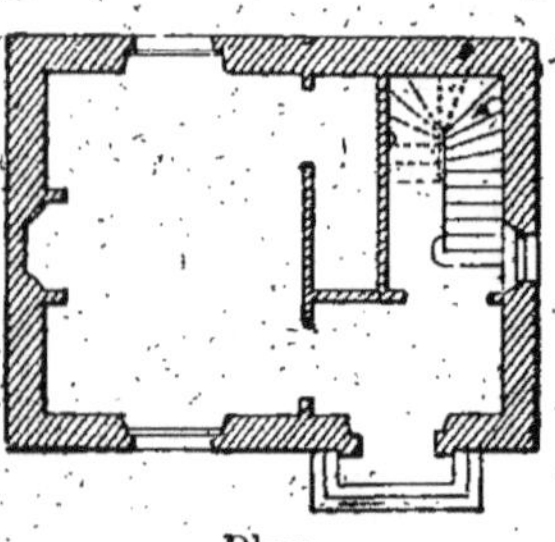
Plan.

(a) On voit immédiatement que, si un entier commence par 1, finit par 1, et présente entre ses extrêmes un nombre *pair* de chiffres, qui soient tous des zéros, cet entier est toujours divisible par 11, et, par conséquent, n'est jamais premier. Mais cette remarque ne s'applique pas à 10 001, parce que le nombre des zéros y est *impair*.

(b) En résolvant ainsi le présent exercice, nous le traitons comme une *règle de trois composée*.

(c) On fera bien de montrer aux élèves le *plan* d'une maison, ou plutôt les *plans* des différents étages d'une maison qu'ils connaissent bien.

Q. Que représente l'*élévation?* — **R.** L'*élévation* repré-sente la *projection* d'une *façade* sur un *plan verti-cal*, parallèle à cette *fa-çade*.

Q. Fait-on plusieurs *éléva-tions?* — **R.** On fait d'ordi-naire une *élévation* par *fa-çade* [a].

Q. Comment obtient-on une *coupe?* — **R.** Pour obtenir une *coupe*, on suppose la maison coupée par un *plan vertical*, et l'on *projette* sur ce *plan* tout ce qu'il cacherait au spectateur [b].

Q. Fait-on plusieurs *coupes?* — **R.** On fait d'ordinaire plu-sieurs *coupes*, soit transver-sales, soit longitudinales [c].

Exercice 1. Trouvez l'aire de la base d'un prisme dont le volume est de 0^{mc},246 et la hau-teur de 58^{cm}. — **Solution.** 0,246 : 0,58, c-à-d 0^{mq},4241.

E. 2. Calculez le rayon d'une colonne cylindrique [d] dont le volume est de 457^{dmc} et la hauteur de 2^m,17. — **S.** L'aire de la base est 457 : 21,7, c-à-d 21^{dmq},05. En divisant 21,05 par 3,1416, on trouve 6,7002, qui est

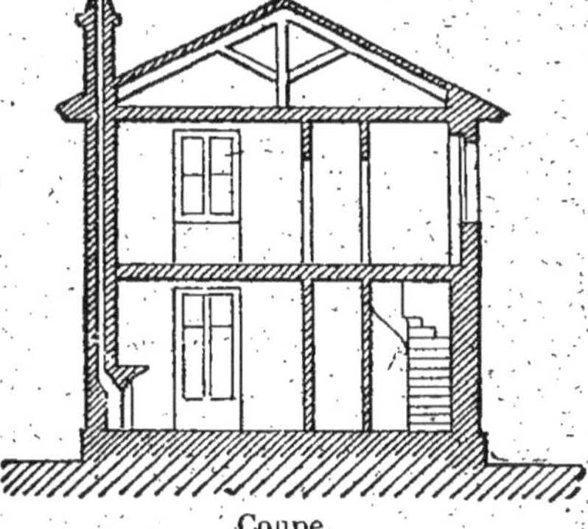
Élevation

Coupe.

p. 273

---

[a] La plupart des maisons ou édifices possèdent *quatre façades :* une façade principale, une façade postérieure, et deux façades latérales.

[b] Dans les différentes coupes que l'on fait d'un édifice, on pousse parfois l'exactitude jusqu'à représenter tous les détails intérieurs, y compris même le mobilier.

[c] Les machines se représentent à très peu près de la même façon. — On nomme *géométrie descriptive* la partie des mathématiques appliquées qui enseigne à représenter, d'une façon absolument exacte, les objets à trois dimensions à l'aide de figures planes. Ces figures ou dessins constituent ce qu'on nomme des *épures*.

[d] Les *colonnes* qui existent dans les édifices sont rarement cylin-driques. D'abord, elles sont, en général, moins larges en haut qu'en bas; ensuite, leurs arêtes sont des lignes courbes, sur une partie au moins de leur longueur.

le carré du rayon. En extrayant la racine carrée de ce nombre, on trouve pour le rayon 2^{dm},58.

E. 3. Quelle est, dans un cercle de 0^m,68 de rayon, l'aire du secteur de 120°? — **S.** L'aire du cercle est 1^{mq},4526. Celle du secteur en est le *tiers*, c-à-d 0^{mq},4842.

E. 4. Multipliez $7 + \frac{1}{7}$ par $8 - \frac{1}{8}$. — **S.** $\frac{225}{4}$, ou 56,25.

E. 5. Quel est le *pgcd* de 1024, 924 et 648? — **S.** 4.

E. 6. Combien de *livres*, *sous* et *liards* dans $36\,024^{deniers}$? — **S.** 150^{livres} 2^{sous}.

E. 7. Combien de *jours*, *heures*, etc., dans $1\,328\,947\,563^s$? — **S.** 42^{ans} 51^j 8^h 6^m 3^s, les années étant comptées de 365^j.

E. 8. Calculez avec 4 décimales la racine carrée de $\frac{1}{5}$. — **S.** 0,4472 [a].

E. 9. Exprimez en *millimètres* la longueur d'une *ligne*. — **S.** $1^{toise} = 1^m$,949, ou 1949^{mm}. Or $1^{toise} = 864^{lignes}$. Donc 1^{ligne} vaut 1949^{mm} : 864, c-à-d 2^{mm},2.

E. 10. Le grain du blé dur [b] d'Afrique contient 58,62 % de son poids d'amidon. Combien d'amidon dans 3^Q,478 de ce blé? — **S.** 3^Q,478 $\times$ 0,5862, c-à-d 2^Q,0388.

E. 11. On mélange 728^l de vin à 0^f,63 le litre avec 4^{Hl},53 à 49^f l'hectolitre. Dites le prix du litre du mélange. — **S.** Le prix total du mélange est 0^f,63 $\times$ 728 $+ 0^f$,49 $\times$ 453, c-à-d 680^f,61. Le nombre des litres est $728 + 453$, c-à-d 1181. Le prix du litre du mélange est donc 680^f,61 : 1181, c-à-d 0^f,57.

E. 12. En revendant en bloc une bibliothèque formée peu à peu, on gagne 945^f,70, c-à-d 13,2 % du prix d'achat. Quel était ce prix? — **S.** Les 13,2 % du prix d'achat font 945^f,70. Donc 1 % du prix d'achat est $\frac{945,70}{13,2}$, et les 100 % du prix d'achat donnent pour ce prix lui-même $\frac{945,70 \times 100}{13,2}$, c-à-d $7\,164^f$,39.

---

[a] La racine carrée de $\frac{1}{5}$ est *incommensurable*. Quelque grand nombre de décimales que l'on calcule à cette racine, on n'obtiendra jamais une suite *périodique*. Si, en effet, on trouvait une suite périodique, on pourrait remplacer cette suite par sa fraction ordinaire génératrice, et la racine cherchée serait simplement *fractionnaire*.

[b] Le *blé dur* d'Afrique est la variété de blé qu'on emploie le plus souvent pour la fabrication de la *semoule*.

LIVRE VIII

COMPLÉMENTS

CHAPITRE PREMIER

SUR LES NOMBRES ENTIERS

---

197. — Les chiffres romains.

Question. Par qui ont été inventés les *chiffres* 1, 2, 3,...? — **Réponse.** Les *chiffres* 1, 2, 3, 4, 5, 6, 7, 8, 9 et 0 ont été inventés par les Indous. Ce sont les Arabes qui les ont introduits en Europe [a], aussi les nomme-t-on **chiffres arabes**.

Q. Que sont les *chiffres romains?* — **R.** Les **chiffres romains**, qui étaient employés auparavant, sont des *lettres* de l'alphabet, auxquelles on attribue des *valeurs numériques*, et que l'on nomme, pour cette raison, **lettres numérales** [b].

Q. Combien y a-t-il de *lettres numérales?* — **R.** Il y a *sept lettres numérales :* I, un ; V, cinq ; X, dix ; L, cinquante ; C, cent ; D, cinq cents ; M, mille.

Q. Que savez-vous sur les nombres écrits en *chiffres romains?* — **R.** Dans tout nombre écrit en *chiffres romains*, les *lettres numérales* s'ajoutent.

---

[a] Cette introduction s'est faite au moyen âge, par l'Italie et l'Espagne.
[b] Les Grecs se servaient aussi des lettres de leur alphabet pour représenter les nombres.

Q. Donnez un exemple. — **R.** CCLXVI représente $100 + 100 + 50 + 10 + 5 + 1$, c-à-d 266[a].

Q. N'y a t-il pas des *exceptions*? — **R.** Cependant, quand une *lettre numérale* est placée à la *gauche* d'une autre, de valeur supérieure, elle s'en *retranche*.

Q. Donnez un exemple. — **R.** IV signifie $5 - 1$ [b], c-à-d 4; IX signifie $10 - 1$, c-à-d 9; XL signifie 40; etc [c].

Exercice 1. Ecrivez 1895 en *chiffres romains*. — **Solution.** — MDCCCLXXXXV.

E. 2. Ecrivez 1746 en *chiffres romains*. — **S.** MDCCXXXXVI.

p. 275

E. 3. Ecrivez MDLIX en *chiffres arabes*. — **S.** 1559.

E. 4. Ecrivez MDCCCXL en *chiffres arabes*. — **S.** 1840.

E. 5. Deux triangles sont *semblables*. Dans le premier la base est de $0^m,54$ et la hauteur de $0^m,39$. Dans *le second*, la base est de 787^{mm}. Trouvez la hauteur. — **S.** $0^m,39 \times \dfrac{0,787}{0,54}$, c-à-d $0^m,568$ [d].

E. 6. Une pierre de taille en forme de parallélépipède rectangle a un volume de $1^{mc},248$. Les dimensions de sa base sont $1^m,7$ et $0^m,88$. Trouvez sa hauteur. **S.** $\dfrac{1,248}{1,7 \times 0,88}$, c-à-d $0^m,834$.

E. 7. Trouvez le *quotient exact* de 47 par 15. — **S.** $\dfrac{47}{15}$, c-à-d $3 + \dfrac{2}{15}$.

E. 8. Combien de *roubles* et *kopecks* pour faire $6543^f,80$? — **S.** Autant de roubles qu'il y a de fois 4^f dans $6543^f,80$, c-à-d $1635^{roubles},95$. On sait de plus que le kopeck est le centième du rouble.

[a] Les *chiffres romains* sont de très mauvais signes : ils ne sont point en rapport avec la numération parlée, qui était décimale chez les Romains comme elle l'est chez nous; et ils ne se prêtent nullement au calcul. — De nos jours, on s'en sert quelquefois encore, notamment dans les inscriptions, pour l'écriture des dates et des numéros d'ordre.

[b] Le nombre *quatre*, qui, en chiffres romains, s'écrit d'ordinaire IV, parfois aussi s'écrit IIII. C'est cette dernière forme qu'on trouve sur la plupart de nos cadrans de montres, de pendules ou d'horloges.

[c] Les chiffres romains présentent plusieurs autres combinaisons qu'on ne peut guère enseigner à l'école primaire. Ainsi, IↃ représente 500; IↃↃ représente 5000; CCIↃↃ signifie 10000; etc., etc.

[d] Les problèmes sur les dimensions des polygones semblables ne sont jamais autres choses que des *règles de trois*.

E. 9. Convertissez $\frac{1}{24}$ en fraction décimale.

S. 0,416666... [a].

E. 10. Exprimez la *toise carrée* en *mètres carrés*. —
S. 1^toise carrée $= (1,749)^2$, c-à-d 3^mq,7947.

E. 11. Que rapportent 138.495^f, en 5^ans, à 3,7 °/₀, et à
intérêts composés? — **S.** Cette somme devient 166.078^f
et rapporte, par conséquent, 166.078^f — 138.495^f, c-à-d.
27.583^f.

E. 12. Quel est le titre d'un alliage formé de 325^g de
cuivre et de 29^Hg,47 d'argent pur? — **S.** Le poids du
métal précieux est 2.947^g; celui de l'alliage total, 2.947^g
+ 325^g, c-à-d 3.272^g. Le titre [b] est donc 2.947 : 3.272,
c-à-d 0,900.

---

198. — Les différents systèmes de numération.

Question. Quelle est la *base* de notre système de numération? — **Réponse.** Dans notre *système* de *numération*,
les *unités* des différents *ordres* sont de *dix* en *dix* fois
plus grandes; aussi dit-on que ce système a pour *base*
le nombre *dix* [c].

Q. Et si les *unités* étaient de 8 en 8 fois plus grandes? —
R. Si les *unités* des différents *ordres* étaient de 8 en
8 fois plus grandes, la *base* serait *huit*. Si elles étaient
de 12 en 12 fois plus grandes, la *base* serait *douze*,
etc., etc. [d].

Q. En tout système de numération, combien emploie-t-on
de *chiffres?* — **R.** En tout *système*, on emploie le *zéro*,
plus autant de *chiffres significatifs* qu'il y a d'unités
dans le nombre immédiatement inférieur à la *base*.

[a] Cette fraction décimale périodique présente *deux* chiffres *irréguliers*, parce que le dénominateur 24 de la fraction ordinaire donnée
contient deux fois le facteur 2.

[b] Il est bon de faire redire très souvent aux élèves la définition du
titre d'un alliage.

[c] L'importance si grande du nombre 10 tient, sans doute, à ce que
les premiers hommes ont compté sur leurs doigts, qui sont au nombre
de dix. Voilà pourquoi notre numération, soit parlée, soit écrite, a pour
base 10, pourquoi elle est *décimale*.

[d] Le nombre 12, ayant beaucoup de *diviseurs*, eût été une *base*
excellente. C'est pour cela justement que, dans les nombres complexes,
la division par 12 se rencontre à chaque instant.

Q. Donnez des exemples. — **R.** Quand la base est 10, on a 9 chiffres significatifs. Si elle était 8, on en aurait 7. Si elle était 12, on en aurait 11[a].

Q. Un nombre étant écrit dans un système *quelconque*, peut-on l'écrire dans le système *décimal?* — **R.** Un nombre étant écrit dans un *système quelconque*, on peut toujours l'écrire dans le *système décimal.*

Q. Donnez un exemple. — **R.** Soit 7 245, écrit avec la *base* 8[b]. Ce nombre contient 7 unités du 4e ordre, qui en valent 8×7 ou 56 du 3^* ; donc il en contient $56 + 2$ ou 58 du 3e. Ces 58 unités du 3e ordre en valent 8×58 ou 464 du 2e : donc le nombre contient $464 + 4$ ou 468 unités du 2e ordre. Ces 468 unités du 2e ordre en valent 8×468 ou 3 744 du 1er : donc le nombre contient $3 744 + 5$ ou 3 749 unités simples ; il n'est autre chose que le nombre 3 749 de la numération décimale.

Q. Un nombre étant écrit dans le système *décimal*, peut-on l'écrire dans un système *quelconque?* — **R.** Un nombre étant écrit dans le *système décimal*, on peut toujours l'écrire dans un *système* quelconque dont la *base* est donnée.

Q. Donnez un exemple. — **R.** Soit 769 à écrire dans le système dont la *base* est 8. Divisant 769 par 8, nous trouvons pour quotient 96 et pour reste 1. Donc, dans la base 8, ce nombre contient 96 unités du 2e ordre, plus 1 unité simple. En divisant 96 par 8, nous trouvons que le nombre contient exactement 12 unités du 3e ordre. En divisant 12 par 8, nous trouvons que le nombre contient 1 unité du 4e ordre, plus 4 du 3e. Donc, dans le système dont la base est 8, le nombre considéré s'écrit 1401.

Q. Les *règles* des opérations changent-elles quand la *base* de la numération change? — **R.** En tout système de *numération*, les *opérations* de l'arithmétique se font par les mêmes *règles* : il n'y a de différence que pour les

---

[a] Pour écrire des nombres dans le système dont la base est 12, il faut donc ajouter, aux neuf chiffres arabes, deux chiffres nouveaux, représentant l'un le nombre *dix*, l'autre le nombre *onze*. On emploie souvent, à cet effet, les deux premières lettres grecques qui sont α (alpha) et β (béta).

[b] Le système dont la base est 8 se nomme parfois système *octaval*.

retenues. Quand la *base* est 10, on retient des *dizaines;* quand elle est 8, on retient des *huitaines;* quand elle est 12, des *douzaines*, etc.[a]

> **Exercice 1.** Un nombre est représenté par 322 dans le système dont la *base* est 4. Ecrivez-le dans le *système décimal*. — **Solution.** Dans le système décimal, on trouve le nombre 58.
>
> **E. 2.** Un nombre est représenté par 705 dans le système dont la *base* est 8. Ecrivez-le dans le *système décimal*. — **S.** Dans le système décimal, on trouve 453.
>
> **E. 3.** Ecrivez 798 dans le système dont la *base* est 5. — **S.** Dans le système dont la base est 5, ce nombre est représenté par 11143.
>
> **E. 4.** Ecrivez 5346 dans le système dont la *base* est 7. — **S.** Dans le système dont la base est 7, ce nombre est représenté par 21405 [b].
>
> **E. 5.** Ecrivez 1749 en *chiffres romains*. — **S.** MDCCIL.
>
> **E. 6.** Un pain de sucre[c] conique a un rayon de base de $9^{cm},2$ et une hauteur de $43^{cm},4$. Dites son volume. — **S.** L'aire de la base est $265^{cmq},9050$. Son volume est $\dfrac{265,9050 \times 43,4}{3}$, c-à-d $3846^{cmc},759$.
>
> **E. 7.** Que devient l'égalité $7 + 8 = 20 - 5$ quand on ajoute 5 à ses deux membres? — **S.** Elle devient $7 + 8 + 5 = 20$.
>
> **E. 8.** Quel poids d'or pur dans 16 pièces de 50^f? — **S.** Ces 16 pièces valent 800^f et pèsent $258^g,064$. Comme le titre est 0,900, le poids d'or pur qu'elles renferment est $258^g,064 \times 0,900$, c-à-d $232^g,257$.

[a] Dans la pratique, on ne se sert jamais que du *système décimal*. Néanmoins, il sera bon de faire écrire des nombres dans d'autres systèmes, et même de faire exécuter quelques calculs sur les nombres ainsi écrits. Rien n'est plus propre à faire bien comprendre la numération écrite, ainsi que 'e mécanisme des opérations fondamentales de l'arithmétique.

[b] Lorsque l'on en a l'habitude, le passage d'un système de numération à un autre s'effectue avec la plus grande facilité, d'une façon pour ainsi dire mécanique.

[c] Le *sucre*, dont il se fait une si grande consommation, se tirait autrefois exclusivement de la *canne à sucre*, sorte de grand roseau qu'on cultive dans les parties les plus chaudes de l'Asie et de l'Amérique. On est parvenu, il y a un siècle environ, à le tirer de la *betterave*. Aussi maintenant, dans la plupart des régions tempérées, cultive-t-on la betterave en grand, et fabrique-t-on beaucoup de sucre.

E. 9. Calculez avec 3 décimales la racine cubique de 6.
— **S.** 1,817 [a].

E. 10. Exprimez le *pied carré* en *mètres carrés*. — **S.** Un pied linéaire vaut $0^m,324$. Donc $1^{\text{pied carré}}$ vaut $0,324 \times 0,324$, c-à-d $0^{mq},104976$.

E. 11. Que valent 1355^f de rente 3 %, au cours de $82^f,95$? — **S.** 3^f de rente valent $82^f,95$; donc 1355^f valent $82^f,95 \times \frac{1355}{3}$, c-à-d $37.465^f,75$.

E. 12. Quel poids d'or pur dans $3^{Hg},265$ d'or au 1er titre?
— **S.** $3^{Hg},265 \times 0,920$, c-à-d $3^{Hg},00380$.

---

p. 277

199. — Formation d'une table de nombres premiers.

Question. Comment forme-t-on la table des *nombres premiers* non supérieurs à un nombre donné?—**Réponse.** Pour former la *table* [b] de tous les *nombres premiers* non supérieurs à un nombre donné, on écrit la suite de tous les *nombres entiers* depuis l'*unité* jusqu'à ce *nombre*; puis on y *barre* d'abord tous les *multiples* de 2.

Q. Comment ces *multiples* se succèdent-ils? — **R.** Ces multiples se succèdent de *deux* en *deux* : le premier qu'on ait à barrer est 4, qui est juste le *carré* de 2.

Q. Que *barre*-t-on ensuite? — **R.** A partir de 2, le plus petit nombre non barré est 3. On *barre* tous les *multiples* de 3.

Q. Comment ces *multiples* se succèdent-ils? — **R.** Ces multiples se succèdent de *trois* en *trois* : le premier qu'on ait à barrer est 9, qui est juste le *carré* de 3.

Q. Que barre-t-on ensuite? — **R.** A partir de 3, le plus petit nombre non barré est 5. On *barre* tous les *multiples* de 5.

(a) Les racines soit carrées, soit cubiques des nombres 2, 3 et 6 se présentent à chaque instant dans les problèmes de géométrie. Il ne serait point mauvais d'en retenir les valeurs, avec deux ou trois décimales.

(b) Il existe des tables de nombres premiers qui ne contiennent que les *nombres premiers*. Il en existe d'autres qui ne comprennent que les *nombres composés* non divisibles par 2, 3, 5 ou 11, et qui font connaître, pour chacun de ces *nombres composés*, son plus petit *diviseur premier*.

Q. Comment ces *multiples* se succèdent-ils? — **R.** Ces multiples se succèdent de *cinq* en *cinq* : le premier qu'on ait à barrer est 25, qui est juste le *carré* de 5 [a].

Q. Jusqu'à quel moment *continue*-t-on ainsi? — **R.** On continue ainsi de suite jusqu'au moment où le premier *multiple* à *barrer* dépasse la *limite* de la table. L'opération est alors terminée : les nombres qui restent *non barrés* sont les *nombres premiers* cherchés [b].

> **Exercice 1.** Formez la table des *nombres premiers* inférieurs à 200. — **Solution.** On s'arrête après avoir effacé les multiples de 13 [c]. La table est ainsi composée : 1, 2, 3, 5, 7, 11, 13, 17, 19, 23, 29, 31, 37, 41, 43, 47, 53, 59, 61, 67, 71, 73, 79, 83, 89, 97, 101, 103, 107, 109, 113, 127, 131, 137, 139, 149, 151, 157, 163, 167, 173, 179, 181, 191, 193, 197, 199 [d].
>
> **E. 2.** Ecrivez dans le *système décimal* le nombre qui est représenté par 643 dans le système dont la *base* est 7. — **S.** 325.
>
> **E. 3.** Ecrivez MCD en *chiffres arabes*. — **S.** 1400 [e].
>
> **E. 4.** Réduisez en *secondes* 77° 48′ 13″. — **S.** 280093″.
>
> **E. 5.** L'aire d'un cercle est de $4^{\mathrm{dmq}},78$. Trouvez le rayon. — **S.** En divisant 4,78 par π, on trouve 1,5214 : c'est le carré du rayon. En extrayant la racine carrée de ce nombre, on trouve, pour le rayon, $1^{\mathrm{dm}},23$.
>
> **E. 6.** Deux sociétés savantes [f] se réunissent, l'une tous

[a] Le fait est général : lorsqu'on suit la méthode indiquée et que l'on barre les multiples d'un *nombre premier* quelconque, le premier que l'on ait à barrer est toujours le *carré* de ce *nombre premier*.

[b] La méthode que nous venons d'indiquer, pour former une table des nombres premiers inférieurs à une certaine limite, a été imaginée, plus de deux siècles avant notre ère, par Eratosthène, bibliothécaire du Musée d'Alexandrie ; aussi porte-t-elle le nom de *crible d'Eratosthène*.

[c] Le nombre premier qui suit 13 est 17, dont le carré dépasse la limite de la table.

[d] Il sera bon de faire établir cette table bien méthodiquement, et avec le plus grand soin.

[e] Le nombre 1400 s'écrit aussi, en *chiffres romains*, sous la forme MCCCC.

[f] Il existe, dans tous les pays civilisés, des sociétés savantes qui se réunissent à jours fixes, pour s'occuper soit des sciences, en général, soit d'un ordre particulier de sciences. On donne le nom d'*académies* à celles

les 7ʲ, l'autre tous les 13ʲ. Elles se réunissent toutes les deux aujourd'hui. Dans combien de jours le même fait se reproduira-t-il? — **S.** Dans un nombre de jours égal au *plus petit commun multiple* de 13 et 7, c-à-d dans 91ʲ.

E. 7. Exprimez en *milligrammes* $0^{Dg},00459$.
S. $45^{mg},9$.

E. 8. Calculez avec 3 décimales la racine carrée de 15. — **S.** 3,872.

E. 9. Exprimez en *mètres cubes* le volume du *pied cube*. — **S.** La longueur du pied est de $0^m,324$. Le volume du pied cube est donc $(0,324)^3$, c-à-d, si l'on s'arrête aux centimètres cubes, $0^{mc},034012$.

p. 278 **E. 10.** L'heure de Copenhague[a] avance de $0^h 40^m 58^s$ sur celle de Paris. Quelle heure est-il à Paris quand il est midi à Copenhague? — **S.** $12^h - 0^h 40^m 58^s$, c-à-d $11^h 19^m 2^s$.

E. 11. *Trois* associés ont apporté dans une entreprise 16354^f, 25652^f et 31083^f. Le bénéfice à partager est de 3452^f. Que revient-il à chacun? — **S.** En partageant 3452^f proportionnellement aux apports, on trouve que les parts revenant à chacun sont $772^f,4$; $1211^f,5$ et $1468^f,0$.

E. 12. Un tapis d'Orient[b], ayant $3^m,50$ de large et $4^m,50$ de long, coûte 450^f. Dites le prix du *mètre carré*. — **S.** La surface du tapis est $3,50 \times 4,50$, c-à-d $15^{mq},75$. Le prix du mètre carré est $450^f : 15,75$, c-à-d $28^f,57$.

---

200. — Calcul des diviseurs d'un nombre.

Question. Pour calculer les *diviseurs* d'un nombre, que faut-il faire d'abord? — **Réponse.** Pour calculer les

de ces sociétés qui n'ont qu'un nombre limité de membres. Parmi les académies de notre pays, on peut citer l'Académie des sciences, qui s'occupe des sciences mathématiques, des sciences physiques et des sciences naturelles. Parmi les sociétés savantes, qui ne sont pas des académies, on peut citer la *Société mathématique de France*, qui a pour objet l'avancement et la propagation des sciences mathématiques pures et appliquées.

(a) *Copenhague* est une grande et belle ville, sur la mer Baltique. C'est la capitale du royaume de Danemark. L'heure de Copenhague avance sur celle de Paris, parce que Copenhague est situé à l'est de Paris.

(b) Les tapis d'Orient, en particulier ceux de la Turquie d'Asie, de la Perse et des Indes, sont célèbres, depuis la plus haute antiquité. On en fabrique maintenant en France qui ne sont pas moins beaux.

diviseurs d'un *nombre*, on décompose d'abord ce *nombre* en ses *facteurs premiers* [a].

Q. Donnez un exemple. — **R**. Pour calculer, par exemple, les *diviseurs* de 360, on décompose d'abord 360 en ses *facteurs premiers* : on trouve $360 = 2^3 \times 3^2 \times 5$.

Q. Que fait-on ensuite? — **R**. On écrit ensuite : sur une première ligne, l'*unité*; sur une deuxième, toutes les *puissances* du plus petit *facteur premier*, depuis la première jusqu'à celle qui figure dans la décomposition ; — et ainsi de suite.

Q. Donnez un exemple. — **R**. En appliquant cette règle à 360, on trouve

$$
\begin{array}{ccc}
1 & & \\
2 & 2^2 & 2^3 \\
& 3 & 3^2 \\
& 5 &
\end{array}
\qquad \text{ou bien} \qquad
\begin{array}{ccc}
1 & & \\
2 & 4 & 8 \\
& 3 & 9 \\
& 5 &
\end{array}
$$

Q. Quels sont alors les *diviseurs* du nombre? — **R**. Les *diviseurs* du nombre donné sont alors : 1° *l'unité*; — 2° tous les *nombres* de la deuxième ligne du tableau précédent; — 3° tous les *produits* qu'on obtient en *multipliant* les *diviseurs* précédents par les *nombres* de la troisième ligne; — 4° tous les *produits* qu'on obtient en *multipliant* les *diviseurs* précédents par les *nombres* de la quatrième ligne; — et ainsi de suite [b].

Q. Donnez un exemple. — **R**. Les diviseurs de 360 sont ainsi :

$$
\begin{array}{l}
1 \\
2,\ 4,\ 8, \\
3,\ 6,\ 12,\ 24,\ 9,\ 18,\ 36,\ 72, \\
5,\ 10,\ 20,\ 40,\ 15,\ 30,\ 60,\ 120,\ 45,\ 90,\ 180,\ 360 \ [c].
\end{array}
$$

[a] La *recherche des diviseurs* d'un nombre est peut-être le seul des problèmes usuels pour lequel la *décomposition en facteurs premiers* soit une opération indispensable.

[b] Cette méthode, pour former tous les diviseurs d'un nombre, doit être appliquée méthodiquement, avec le plus grand soin : elle exige beaucoup d'attention. C'est, d'ailleurs, la seule méthode qu'on puisse donner aux élèves.

[c] On voit combien le nombre 360 a de diviseurs. C'est ce grand nombre de diviseurs qui l'a fait choisir pour la division de la circonférence en degrés; et qui l'a fait choisir aussi pour le nombre des jours de l'année commerciale.

Q. Comment trouve-t-on combien un nombre a de *diviseurs?*

p. 279 — **R.** Pour trouver combien un *nombre* donné a de *diviseurs* [a], on décompose ce nombre en ses *facteurs premiers* ; on prend les *exposants* de tous ces facteurs ; on les *augmente* chacun d'une *unité* ; enfin, on fait le *produit* de tous les *exposants* ainsi *augmentés*.

Q. Donnez un exemple. — **R.** Dans 360, les *exposants* sont 3, 2, 1. En les augmentant chacun d'une *unité*, on trouve 4, 3, 2. Or $4 \times 3 \times 2 = 24$. Donc 360 admet 24 *diviseurs* [b].

Exercice 1. Quels sont les *diviseurs* de 24? — **Solution.** 1, 2, 3, 4, 6, 8, 12, 24 [c].

E. 2. Combien 36 a-t-il de *diviseurs?* — **S.** $36 = 2^2 \times 3^2$. Donc le nombre de ses diviseurs est $(2+1) \times (2+1)$, c-à-d 9.

E. 3. Écrivez 9953 dans le système dont la base est 4. — **S.** Dans le système dont la base est 4, ce nombre est représenté par 2123201.

E. 4. Écrivez 1840 en *chiffres romains*. — **S.** MDCCCXL.

E. 5. Un presse-papier cubique, en onyx [d] des Alpes, a un volume de $0^{dmc},283$. Dites la longueur de son arête. — **S.** $\sqrt[3]{0,283}$, c-à-d $0^{dm},65$.

E. 6. Quelle est la surface d'un cornet conique dont l'arête est de $15^{cm},2$, et le rayon d'ouverture de $2^{cm},4$. — **S.** La demi-circonférence de base est $3,1416 \times 2,4$, c-à-d $7^{cm},539$. La surface cherchée est $7,539 \times 15,2$, c-à-d $114^{cmq},5928$.

(a) Avant de former les diviseurs d'un entier donné, il est bon de calculer le nombre de ces diviseurs. Sachant combien on doit trouver de diviseurs, on ne sera point exposé à en omettre aucun.

(b) Certains nombres sont égaux à la somme de tous leurs diviseurs, eux-mêmes exceptés. Tel est le nombre 6 qui est égal à $1 + 2 + 3$. De pareils nombres se nomment *nombres parfaits*.

(c) Le *plus petit* diviseur d'un nombre est toujours l'*unité* ; le *plus grand* est toujours le *nombre* lui-même. Quand les diviseurs d'un nombre sont rangés par ordre de grandeurs croissantes, le *produit* de deux diviseurs, équidistants des extrémités de cette suite, est toujours égal au nombre donné. Dans le cas du présent exercice, chacun des produits 1×24, 2×12, 3×8, 4×6 est égal à 24.

(d) L'*onyx* est une pierre susceptible du plus beau poli, qui ressemble à l'agate et présente des raies parallèles de teintes variées. On tire d'Algérie des onyx translucides du plus bel effet.

E. 7. Extrayez avec 2 décimales la racine cubique de $\frac{6}{7}$.
— S. 0,94.

E. 8. Quel poids de cuivre dans 50 pièces de 0^f,50? —
S. Ces 50 pièces pèsent 2^g,5 $\times$ 50, c-à-d 125^g. Leur
titre étant 0,835, elles contiennent 125^g $\times$ 0,835,
c-à-d 104^g,375 d'argent pur. Le poids du cuivre est
donc 125^g — 104^g,375, c-à-d 20^g,625.

E. 9. Calculez avec 3 décimales le quotient de 6 par π.
— S. 1,909.

E. 10. Exprimez une *once* en *grammes*. — S. La livre ancienne vaut 489^g,51. L'once vaut donc 489^g,51 : 16,
c-à-d 30^g,594.

E. 11. Trente-huit actions d'une compagnie coûtent
43 901^f,40. Quel en est le cours? — S. 43 901^f,40 : 38,
c-à-d 1155^f,40.

E. 12. En 1887, il s'est consommé dans Paris 159 493 000^{Kg}
de viande de boucherie [a]. Combien par jour en moyenne?
— S. 159 493 000^{Kg} : 365, c-à-d 436 967^{Kg}.

CHAPITRE II

ERREURS ET APPROXIMATIONS

—

201. — Définitions.

Question. Dans les calculs, sur quels *nombres* opère-t-on?
— **Réponse.** Dans les calculs, la plupart des nombres
sur lesquels on opère sont des *nombres approchés* [b].

Q. Donnez des exemples de *nombres approchés*. — **R.** Supposons qu'en mesurant une longueur, on la trouve comprise p. 280

[a] Dans ce compte de la viande consommée dans Paris en 1887, on
comprend, sous le nom de viande de boucherie, le bœuf, le mouton, le
bouc, la chèvre sortant des abattoirs ou provenant de l'extérieur. La
viande de porc n'y est pas comprise : il s'en est consommé, en cette
même année, 22 007 000^{Kg}.

[b] A l'exception des nombres donnés par la théorie pure et des
entiers obtenus par le dénombrement d'objets distincts, tous les nombres
qui entrent dans les calculs sont des *nombres approchés*.

entre 3^m,25 et 3^m,26. Ces deux *nombres* sont *approchés*, le premier *par défaut*, le second *par excès* [a].

Q. Qu'appelle-t-on *erreur absolue?* — **R.** On appelle **erreur absolue** la *différence* entre le nombre *approché* et le nombre *exact*.

Q. Connaît-on l'*erreur absolue?* — **R.** En général on ne connaît pas l'*erreur absolue* [b] : on sait seulement qu'elle est moindre qu'un nombre donné.

Q. Donnez un exemple. — **R.** Quand on prend pour la longueur considérée plus haut le nombre 3^m,25, l'*erreur absolue* est plus petite que 0^m,01. Il en est de même si l'on prend 3^m,26.

Q. Dans quel cas dit-on qu'un nombre est *approché* à moins de 0,1 ? — **R.** On dit qu'un *nombre* est *approché* à moins de 0,1, de 0,01, etc., lorsque l'*erreur absolue* commise sur ce nombre est moindre que 0,1, que 0,01 [c], etc.

Q. Dans quel cas dit-on qu'un nombre est connu avec *une décimale* exacte? — **R.** Un *nombre* est *connu* avec une, deux, trois, ... *décimales exactes,* suivant que l'*erreur absolue* commise sur ce nombre est *moindre* que 0,1, que 0,01, que 0,001, ...

Q. Donnez des exemples. — **R.** Dans l'exemple ci-dessus, le nombre 3,25 est connu avec 2 *décimales exactes*; et il en est de même du nombre 3,26 [d].

[a] Les quantités, nous l'avons vu, sont de deux sortes : les quantités *continues*, les quantités *discontinues*. Les quantités *discontinues* conduisent, par *dénombrement*, à des nombres *entiers* qui peuvent être *exacts* : on peut connaître *exactement* le nombre des soldats d'un régiment, le nombre des moutons d'un troupeau, le nombre des pièces de monnaie contenues dans un sac. Les quantités *continues* conduisent, par *mesurage*, à des nombres dont nous ne pouvons *jamais* affirmer l'*exactitude* : on ne peut jamais affirmer l'exactitude du nombre qu'on a obtenu en mesurant une longueur, un poids, un temps, un angle, etc., etc.

[b] Si, en effet, on connaissait l'*erreur absolue*, en la retranchant du *nombre approché* ou en l'y ajoutant, on obtiendrait le *nombre exact*.

[c] On pourrait dire, de même, qu'un grand nombre est approché à moins de *mille*, de *cent*, etc.

[d] On dit parfois qu'un nombre est connu avec 3, 4, 5,... chiffres exacts, lorsque, depuis le premier chiffre significatif de gauche inclusivement jusqu'au dernier chiffre exact de droite, inclusivement aussi, le nombre des chiffres est 3, 4, 5,... Le nombre 3,25 que nous considérons est connu avec 3 chiffres exacts.

Exercice 1. Un nombre est compris entre 0,327 et 0,328. On prend 0,327 pour valeur approchée. Que savez-vous sur l'*erreur absolue?* — **Solution.** L'erreur absolue est moindre que 0,001 [a].

E. 2. Un nombre est compris entre 2,48 et 2,49. On prend 2,48 pour valeur approchée. Combien de *décimales exactes?* — **S.** Deux [b].

E. 3. Calculez tous les *diviseurs* de 30. — **S.** 1, 2, 3, 5, 6, 10, 15, 30.

E. 4. Ecrivez dans le système *décimal* le nombre représenté par 315 dans le système dont la *base* est 6. — **S.** 119.

E. 5. Trouvez le nombre de *degrés, minutes* et *secondes* de l'arc qui, dans le cercle de $2^m,67$ de rayon, a $3^m,49$ de longueur. — **S.** La circonférence a pour longueur $16^m,776$ et contient $1296000''$. Le nombre de secondes de l'arc considéré est donc $1296000'' \times \dfrac{3,49}{16,776}$, c-à-d $269613''$, ou $74° 53' 33''$ [c].

E. 6. Trouvez la surface de la base d'une pyramide qui a un volume de $17^{mc},368$ et une hauteur de $19^m,6$. — **S.** En divisant, par la hauteur, le *triple* du volume, c-à-d 52,104, on trouve 2,65. L'aire de la base est donc $2^{mq},65$.

E. 7. Convertissez 1,875 en *fraction ordinaire.* — **S.** $\dfrac{1875}{1000}$, c-à-d $\dfrac{15}{8}$.

E. 8. Exprimez en *mètres cubes* $3846^{MI},4$. — **S.** 38464^{KI}, c-à-d 38464^{mc}.

E. 9. Calculez avec 3 *décimales* la racine cubique de $\dfrac{1}{6}$. — **S.** 0,550 [d].

E. 10. Combien de *milligrammes* dans un *grain?* — **S.** La livre ancienne pèse $489^g,51$ et contient 9216^{grains}. Donc 1^{grain} vaut $489^g,51 : 9216$, c-à-d $0^g,053$, c-à-d 53^{mg}.

E. 11. Un article du *journal* commence par « *Doit Simon* ».

---

[a] 0,327 est approché par *défaut;* 0,328, par *excès.*

[b] Ce nombre approché 2,48 est connu avec 3 chiffres exacts.

[c] Puisque l'arc qui a même longueur que le rayon est de $57° 17'$, on voit *à priori*, c-à-d à l'avance, sans calcul, que la longueur de l'arc cherché sera sensiblement à $57° 17'$ comme 3,49 est à 2,67.

[d] Il faut absolument conserver ici le zéro final. Sans cette précaution, on ne verrait pas que cette racine est approchée à moins de 0,001.

A quelle partie du *grand-livre* faut-il le porter? — **S.** Au *débit* du compte de Simon.

E. 12. Que coûtent 9 ^{Q},62 de saindoux, 50^{Kg} coûtant 56^f,25? — **S.** 56^f,25 $\times \frac{962}{50}$, c-à-d 1082^f,25.

---

p. 281　　**202. — Addition et soustraction abrégées.**

Question. Comment obtient-on une *somme* avec plusieurs décimales exactes? — **Réponse.** Pour obtenir, avec plusieurs *décimales exactes*, la *somme* de différents nombres approchés, il suffit, en général, de conserver, dans chacun de ces nombres, *une décimale* de plus qu'on n'en veut.

Q. Donnez un exemple. — **R.** Soit à trouver, avec deux décimales exactes, la somme des nombres 3,2508; 4,87912; 9,568; 0,334622. Prenant chacun d'eux avec trois décimales, on additionne 3,250; 4,879; 9,568; 0,334. On trouve 18,031, et l'on prend pour total 18,03, qui est connu aver deux décimales exactes [a].

Q. Tient-on compte du dernier *chiffre* calculé? — **R.** On eût pris pour total 18,05, si le dernier chiffre du résultat calculé eût dépassé 5 [b].

Q. Comment obtient-on une *différence* avec plusieurs décimales exactes? — **R.** Pour obtenir, avec plusieurs *décimales exactes*, la *différence* de deux nombres approchés, il suffit de conserver, dans chacun de ces nombres, *une décimale* de plus qu'on n'en veut.

Q. Donnez un exemple. — **R.** Soit à trouver, avec deux

[a] On peut facilement justifier ce procédé. En effet, en prenant les quatre nombres donnés chacun avec 3 décimales, nous commettons, sur chacun d'eux, en plus ou en moins, une erreur absolue moindre que 0,001. Donc l'erreur commise sur le total sera moindre que 0,004, c-à-d que 0,010 ou 0,01. Donc ce total sera connu avec deux décimales exactes. — Ce raisonnement montre que le procédé pourrait être en défaut, s'il y avait plus de 10 nombres donnés. En pareil cas, on prendrait, dans chacun des nombres donnés, *deux décimales* de plus qu'on n'en veut au résultat.

[b] C'est ce qu'on appelle *forcer* le dernier chiffre. Il est tout naturel d'opérer ainsi, car, si un nombre est compris entre 0,455 et 0,460, il est évidemment plus voisin de 0,46 que de 0,45.

décimales exactes, la différence des deux nombres approchés 13,56789 et 8,9765. Prenant ces deux nombres avec trois décimales, on retranche 8,976 de 13,567. On trouve 4,591, et l'on prend pour différence 4,59, qui est connu avec deux décimales exactes.

Q. Tient-on compte du dernier *chiffre* calculé? — **R.** On eût pris 4,60, si le dernier chiffre du résultat calculé eût dépassé 5 [a].

Exercice 1. Calculez avec 2 décimales exactes la *somme* de 0,327; 1,549; 2,6784. — **Solution.** En ajoutant 0,327; 1,549; 2,678, on trouve 4,554. En ne gardant, de ce résultat, que les deux premières décimales, on a 4,55.

E. 2. Calculez avec 2 décimales exactes l'*excès* de 3,4986 sur 2,4577. — **S.** En retranchant 2,457 de 3,498, on trouve 1,041. En ne gardant que les deux premières décimales, on a 1,04.

E. 3. Un nombre est compris entre 28,793 et 28,794. On prend 28,794 pour valeur approchée. Que savez-vous sur l'*erreur absolue* [b]? — **S.** Elle est moindre que 0,01.

E. 4. Les bases d'un tronc de cône ont pour rayons, l'une $3^{dm},49$, l'autre $2^{dm},78$. La hauteur du tronc est de $17^{cm},4$. Trouvez le volume. — **S.** Les trois bases à considérer ont pour aires respectives $38^{dmq},264$; $24^{dmq},279$ et $30^{dmq},480$. Les trois cônes correspondants ont pour volumes respectifs $38,264 \times \frac{1,74}{3}$; $24,279 \times \frac{1,74}{3}$; $30,480 \times \frac{1,74}{3}$. Le volume cherché est donc $(38,264 + 24,279 + 30,480) \times \frac{1,74}{3}$, c-à-d $53^{dmc},953$.

E. 5. Dans un cercle de $3^{mq},1568$ de surface, un secteur

<hr>

[a] Lorsque l'on sait, pour tous les nombres donnés, s'ils sont approchés par excès ou par défaut, on peut souvent, mais non pas toujours, dire si le résultat d'un calcul effectué sur eux est approché par *excès* ou par *défaut*.

[b] Dans tout ce qui précède, nous disons constamment l'*erreur absolue* et non pas simplement l'*erreur*. C'est qu'il existe, outre l'*erreur absolue*, ce qu'on appelle l'*erreur relative*. L'*erreur relative* d'un nombre approché est le *quotient* de l'erreur absolue par le nombre exact. On n'a jamais l'erreur relative elle-même : on a seulement une limite de cette erreur. — L'erreur relative est plus importante que l'erreur absolue; mais, comme elle est plus difficile à comprendre, nous n'en disons rien.

occupe $1^{mq},7952$. Évaluez son arc en *degrés, minutes et secondes.* — **S.** Le nombre de secondes de ce secteur est $1296\,000'' \times \dfrac{1,7952}{3,1568}$, c-à-d $732\,900'',1$, ou $203°\,35'\,0'',1$.

E. 6. Cherchez le *pgcd* de $36\,830$ et $78\,010$. — **S.** 290.

E. 7. Exprimez en *grammes* $2^{\text{livres}}\,6^{\text{onces}}\,8^{\text{gros}}$. — **S.** $2^{\text{livres}}\,6^{\text{onces}}\,8^{\text{gros}} = 2^{\text{livres}}\,7^{\text{onces}}$, ou 39^{onces}. Or 1^{livre} contient 16^{onces} et vaut $489^{\text{g}},51$. Donc le poids donné vaut $489^{\text{g}},51 \times \dfrac{39}{16}$, c-à-d $1193^{\text{g}},18$.

p. 282

E. 8. Quelle est, dans un cercle de 1^{m} de rayon, la longueur de l'arc de $1°$? — **S.** La longueur de la circonférence est $6^{m},2832$. Celle de l'arc de $1°$ est $6^{m},2832 : 360$, c-à-d $0^{m},0174$ [a].

E. 9. Le seigle [b] contient $67,65\ °/_\circ$ d'amidon. Quel poids d'amidon dans $3^{Q},754$ de seigle ? — **S.** $3^{Q},754 \times 0,6765$, c-à-d $2^{Q},53958$.

E. 10. Que rapportent $88\,957^{f},60$, à $4,3\ °/_\circ$, en $7^{\text{mois}}\,20^{\text{jon}^{rs}}$? — **S.** Dans l'année commerciale, on suppose tous les mois de 30^{j} : donc $7^{\text{mois}}\,20^{j} = 230^{j}$. L'intérêt cherché est donc $\dfrac{4,3 \times 88\,957,60 \times 230}{36\,000}$, c-à-d $2\,443^{f},86$.

E. 11. Pour assurer 100^{f} à ses héritiers, un sexagénaire [c] doit payer une prime annuelle de $5^{f},20$. Quelle prime pour assurer $11\,783$? — **S.** $5^{f},20 \times \dfrac{11\,783}{100}$, c-à-d $612^{f},72$.

E. 12. Combien faut-il allier d'argent au titre de $0,750$ et d'argent au titre de $0,849$, pour obtenir $4^{Kg},56$ au titre de $0,820$? — **S.** A 1^{Kg} du premier lingot, il manque 70^{g} d'argent pur ; sur 1^{Kg} du second, il y en a 29^{g} de trop. Si l'on prenait 29^{Kg} du premier lingot et 70^{Kg} du second, il y aurait compensation, et l'on aurait 99^{Kg} du lingot demandé. Pour en avoir $4^{Kg},56$, il faut donc prendre $4^{Kg},56 \times \dfrac{29}{99}$ et $4^{Kg},56 \times \dfrac{70}{99}$, c-à-d $1^{Kg},335$ du premier lingot et $3^{Kg},224$ du second.

---

[a] Cela nous donne une idée de la petitesse du degré par rappo.t à la circonférence.

[b] Le *seigle* est une céréale, comme le blé, l'orge et l'avoine. On le cultive principalement dans le Nord. Il fournit un bon fourrage pour les bestiaux, et sa farine donne un pain de bonne qualité, plus léger que celui du blé, mais un peu moins nourrissant.

[c] Comme nous l'avons déjà vu, un *sexagénaire* est un homme âgé de *soixante* ans.

203. — Multiplication abrégée.

Question. Que fait-on d'abord pour calculer un *produit* avec plusieurs décimales exactes ? — **Réponse.** Pour obtenir, avec plusieurs décimales exactes[a], le *produit* de deux nombres approchés, on marque, au multiplicande, la dernière des décimales qu'on obtient en y prenant *deux décimales* de plus qu'on n'en veut.

Q. Comment écrit-on le *multiplicateur ?* — **R.** Au-dessous du multiplicande, on écrit le multiplicateur renversé, en plaçant son chiffre des unités sous la *décimale* marquée du multiplicande.

Q. Que fait-on ensuite ? — **R.** Sans s'occuper des virgules, on multiplie par chaque chiffre du multiplicateur toute la partie du multiplicande qui est au-dessus et à gauche[b] de ce chiffre.

Q. Enfin, comment termine-t-on ? — **R.** Enfin, on place les produits partiels les uns sous les autres, de façon que leurs derniers chiffres soient dans une même colonne verticale ; on les additionne ; on sépare au total deux décimales de plus qu'on n'en veut, et on supprime les *deux dernières* de ces *décimales*[c].

Q. Donnez un exemple. — **R.** Soit à trouver, avec une décimale exacte, le produit de 3,141593 par 21,526475. On marque la 3ᵉ décimale du multiplicande. Au-dessous du multiplicande, on écrit le multiplicateur renversé, de façon que son chiffre des unités soit juste sous la décimale marquée. On multiplie : par le chiffre 2 du multiplicateur la partie 3,1415 du multiplicande qui est au-dessus et

```
     3,141593
  574625,12
  ───────────
      62830
       3141
       1570
         62
         18
  ───────────
      67,621
```

<hr>

[a] Comme nous l'avons déjà dit, les nombres provenant de mesures ne sont jamais que des nombres approchés. Les résultats des calculs que l'on effectue sur de pareils nombres ne sont donc aussi que des nombres approchés. Il est évident que l'approximation d'un résultat ne peut dépasser celle des données. Dans la pratique, il est bon de se faire, à l'avance, une idée de cette approximation et de se fixer le nombre des décimales que l'on veut avoir au résultat.

[b] On verra très bien, par l'exemple qui suit, ce que signifient ces mots *au-dessus et à gauche.*

[c] Dans la pratique, il faut appliquer cette règle d'une façon abso-

p. 283 à gauche; par le chiffre 1, la partie 3,441 qui est au-dessus et à gauche; et ainsi de suite. On additionne les produits partiels obtenus. On trouve ainsi 67.621. On sépare trois décimales sur cette somme; on supprime les deux dernières; et l'on a, avec une décimale exacte, le produit 67,6.

Q. Tient-on compte des deux derniers *chiffres* calculés? — **R.** On eût pris pour produit 67,7, si le nombre formé par les deux chiffres supprimés eût dépassé 50 [a].

Exercice 1. Calculez avec 2 décimales exactes le *produit* de 1,52893 par 2,545454. — **S.** 3,89.

E. 2. Calculez avec 3 décimales exactes le *produit* de 4,5678987 par 0,25364758. — **S.** 1,158.

E. 3. Calculez avec 2 décimales exactes la *somme* de 4,56789; 0,34521; 15,67823. — **S.** 4,821 [b].

E. 4. Écrivez MDCCLXXIX en *chiffres arabes.* — **S.** 1779.

E. 5. Un cercle a 0^m,32 de rayon. Dites l'aire du cercle qui a un rayon triple. — **S.** L'aire de ce cercle est 0^{mq},321699. Celle du cercle qui a un rayon triple est 0,321699 $\times$ 9, c-à-d 2^{mq},895291.

E. 6. Dans une pyramide, la surface latérale est formée de 5 triangles isoscèles [c] égaux ayant tous 0^m,58 de base et 0^m,73 de hauteur. Calculez cette surface. — **S.** L'aire de chacun de ces triangles est 0,29 $\times$ 0,73, c-à-d 0^{mq},2117. La surface latérale cherchée est donc 0,2117 $\times$ 5, c-à-d 1^{mq},0585.

E. 7. Calculez *à moins d'une unité* $\sqrt[3]{37.859}$. — **S.** 33.

E. 8. D'un angle de 148° 39′ 45″,7, on ôte un angle [d]

lument littérale : on ne saurait jamais calculer avec trop de méthode et de soin.

[a] La raison en est la même que pour l'addition et la soustraction.

[b] Ce résultat, comme celui de l'exercice précédent, est connu avec 4 chiffres exacts. Il est rare, dans la pratique, qu'un nombre, *donnée* ou *résultat*, soit connu avec plus de 4 chiffres exacts.

[c] Le mot *isoscèle* s'écrit souvent sans *s* avant le *c*. Cette omission n'est pas une faute grave, mais elle rend le mot moins conforme à *son* étymologie.

[d] Parmi les grandeurs, ou quantités *continues*, les *angles* sont de celles que l'on peut mesurer avec la plus grande approximation. Les grands instruments qu'on emploie dans les observatoires permettent, en effet, de pousser l'approximation jusqu'aux *secondes* et même aux *dixièmes de seconde.* Quant aux instruments dont on se sert dans le *levé des plans* et l'*arpentage*, c'est à peine s'ils permettent d'arriver aux *minutes.*

de 39° 56′ 52″,8. Que reste-t-il? — **S.** 108° 42′ 52″,0.

E. 9. Calculez avec 2 décimales la *racine carrée* de π. — **S.** 1,77.

E. 10. En 1887, il est entré dans Paris 20 910 000 bottes de fourrages[a] secs, pesant chacune 5^{Kg}. Combien de tonnes? — **S.** 5^{Kg} × 20 910 000, c-à-d 104 550 000^{Kg}, ou 104 550^T.

E. 11. Des obligations au cours de 387^f,15 rapportent 15^f par an. Quel est le taux de l'intérêt? — **S.** 387^f,15 rapportent 15^f. Donc 100^f rapportent $15^f \times \dfrac{100}{387,15}$, c-à-d 3^f,87 : tel est le taux de l'intérêt.

E. 12. Quel poids d'or dans une chaîne en or, au 2e titre, pesant 48^g,56? — **S.** 48^g,56 × 0,840, c-à-d 40^g,790[b].

---

204. — Division abrégée.

Question. Quelle est la première chose à faire pour obtenir un *quotient* avec plusieurs décimales exactes? — **Réponse.** Pour obtenir, avec plusieurs *décimales exactes*, le *quotient*[c] de deux nombres approchés, on cherche d'abord combien le quotient aura de chiffres, en regardant comme le premier chiffre du quotient son premier chiffre significatif à gauche.

Q. Que fait-on ensuite? — **R.** Sans s'occuper des virgules des nombres donnés, ni des zéros qui peuvent figurer à leur gauche, on prend : sur la gauche du p. 284 diviseur, deux chiffres de plus qu'il n'y en aura au quotient; et, sur la gauche du dividende, assez de

(a) Le mot *fourrage* désigne la *paille*, le *foin*, les *herbes* de toute nature dont on se sert pour nourrir les chevaux et les bestiaux.

(b) Les *balances de précision*, celles, par exemple, qu'on emploie dans les laboratoires, sont peut-être le plus parfait des instruments de mesure. Elles permettent, grâce à la méthode des *doubles pesées*, d'évaluer les *poids* avec 6 *chiffres exacts*. Mais, dans les pesées ordinaires, on n'emploie ni les balances de précision, ni la méthode des doubles pesées, et les poids ne s'évaluent plus qu'avec 3 ou 4 *chiffres exacts*.

(c) Il existe plusieurs règles de *division abrégée*. Celle que nous donnons ici est peut-être la plus simple de toutes. Elle est due au géomètre anglais *Oughtred*.

chiffres pour former un nombre au moins égal à ce diviseur réduit.

Q. Comment continue-t-on ? — **R.** On divise le dividende réduit par le diviseur réduit, comme dans une division ordinaire ; seulement, après avoir calculé chaque reste, on supprime le dernier chiffre du diviseur employé [a].

Q. Comment termine-t-on ? — **R.** Quand on a obtenu au quotient le nombre de chiffres voulu, il n'y a plus qu'à séparer par une virgule, sur la droite de ce résultat, le nombre demandé de *décimales exactes* [b].

Q. Donnez un exemple. — **R.** Soit à calculer, avec deux décimales exactes, le quotient de 17,32589 par 8,1765923. Le quotient aura trois chiffres. On obtient le premier diviseur 81765 en prenant les

$$
\begin{array}{r|l}
173\,258 & 81\,765 \\ \cline{2-2}
9\,728 & 2,11 \\
1\,552 & \\
735 &
\end{array}
$$

cinq premiers chiffres du diviseur donné. On obtient le premier dividende 173258, en prenant, sur la gauche du dividende donné, ce qu'il faut pour contenir le diviseur réduit. Divisant 173258 par 81765, on trouve 2 pour premier chiffre du quotient et 9728 pour reste. Supprimant le dernier chiffre 5 du diviseur et divisant 9728 par 8176, on trouve 1 au quotient et 1552 pour reste. Supprimant le dernier chiffre 6 du diviseur et divisant 1552 par 817, on trouve 1 pour dernier chiffre du quotient et 735 pour reste. Le quotient demandé, avec deux décimales exactes, est le nombre 2,11 [c].

Exercice 1. Calculez avec 3 décimales exactes le *quotient* de 0,75 par 3,1415926536. — **Solution.** 0,238.

E. 2. Calculez avec 2 décimales exactes le *quotient* de 360 par 3,45678910423. — **S.** 104,14.

E. 3. Calculez à moins de 0,01 le carré de 2,71828 1828 [d]. — **S.** 7,38.

<hr>

[a] On le voit, dans la *division abrégée* comme dans la *multiplication abrégée*, à mesure qu'on avance dans l'opération, les calculs deviennent de plus en plus simples. C'est évidemment, pour le calculateur, un fait des plus avantageux.

[b] Il faut encore appliquer ce procédé d'une façon littérale, avec beaucoup de méthode et de soin.

[c] Nous ne donnons de démonstration de nos règles ni pour la *multiplication abrégée*, ni pour la *division abrégée*. Les démonstrations de ces règles sont longues et compliquées. Nous pensons que, à l'école primaire, on ne peut pas, on ne doit pas les donner.

[d] Ce nombre, dont nous demandons qu'on calcule le *carré*, exprime

E. 4. Combien 48 a-t-il de *diviseurs?* — **S.** $48 = 2^4 \times 3$. Le nombre de ses diviseurs est donc $(4 + 1) \times (1 + 1)$, c-à-d 10.

E. 5. Trouvez la fraction *génératrice* de 0,7636363. — **S.** $\frac{42}{55}$.

E. 6. L'arête[a] d'un tronc de cône est de $0^m,38$; les rayons des bases sont de $0^m,49$ et $0^m,56$. Dites la surface latérale. — **S.** La demi-somme des circonférences de bases est 3,298. En la multipliant par l'arête, on trouve, pour la surface latérale, $1^{mq},2532$.

E. 7. Calculez le troisième angle d'un triangle, sachant que les deux premiers sont, l'un de $57° 58' 59'',7$, l'autre de $73° 45' 44'',8$. — **S.** La somme des deux premiers angles est $131° 44' 44'',5$. Le troisième est égal à $180° - 131° 44' 44'',5$, c-à-d à $48° 15' 15'',5$.

E. 8. Un réservoir a la forme d'un tas de pierres renversé. La profondeur est de $1^m,56$; les dimensions du fond sont de $3^m,75$ et $5^m,39$; celles de l'ouverture, de $4^m,84$ et $8^m,97$. Calculez la capacité. — **S.** Les trois bases à considérer ont pour surfaces $3,75 \times 5,39$; $4,84 \times 8,97$; et $(3,75 + 4,84) \times (5,39 + 8,97)$; c-à-d $20^{mq},2125$; $43^{mq},4148$; et $123^{mq},3524$. Les trois pyramides correspondantes ont pour volumes $\frac{20,2125 \times 0,78}{3}$, $\frac{43,4148 \times 0,78}{3}$ et $\frac{123,3524 \times 0,78}{3}$. La capacité cherchée en est la somme; elle est donc $(20,2125 + 43,4148 + 123,3524) \times \frac{0,78}{3}$, c-à-d $186,9797 \times 0,26$, ou $48^{mc},614722$.

p. 285

E. 9. Quel poids d'argent pur dans $3^f,20$ en pièces d'argent? — **S.** $3^f,20$ en argent pèsent $5^g \times 3,20$, c-à-d 16^g. Comme le titre est 0,835, le poids d'argent pur est $16^g \times 0,835$, c-à-d $13^g,360$.

E. 10. Il est midi. Les deux aiguilles d'une horloge sont superposées. A quelle heure, pour la première fois, se-

la valeur approchée d'un nombre *incommensurable*, qu'on désigne par e, et qui joue, dans les mathématiques un peu élevées, un rôle presque aussi important que celui du nombre π.

[a] Les *longueurs* sont, de toutes les quantités continues, les plus difficiles à bien mesurer. Quelque soin qu'on apporte à cette mesure, on n'obtient jamais plus de 4 *chiffres exacts.*

ront-elles à angle droit [a] ? — **S.** Lorsque la grande aiguille aura parcouru 90° de plus que la petite. Or, dans 1^h, la grande aiguille parcourt 330° de plus que la petite. Donc les deux aiguilles seront, pour la première fois, à angle droit dans $\frac{90}{330}$ d'heure, c-à-d dans $\frac{3}{11}$ d'heure, ou $0^h 16^m 21^s,8$. Il sera alors midi $16^m 21^s,8$.

E. 11. Un flacon a une capacité de $0^{dmc},325$. Dites le poids de l'eau qui le remplit. — **S.** $0^{Kg},325$.

E. 12. Un arpenteur achète un double-décimètre de $0^f,35$, une équerre de $0^f,45$, et un décamètre en fil de fer, avec ses fiches [b], de $6^f,75$. Faites la facture. — **S.** On rédigera la facture d'après le modèle donné. Le total s'élève à $7^f,55$.

CHAPITRE III

MESURE DE DIVERSES QUANTITÉS

205. — Mesure des vitesses.

Question. Que décrit un *point* en mouvement? — **Réponse.** Tout *point* en *mouvement* décrit une *ligne*, qui se nomme sa **trajectoire** [c].

Q. Dans quel cas le mouvement est-il *rectiligne?* — **R.** Le mouvement est dit *rectiligne, circulaire*, etc., suivant que la trajectoire est une *droite*, un *cercle*, etc [d].

Q. Dans quel cas le mouvement est-il *uniforme?* — **R.** Le

[a] On peut généraliser ce problème en demandant à quelle heure les deux aiguilles feront entre elles un angle donné quelconque.

[b] On donne le nom de *fiches* à de petits jalons ordinairement en fer.

[c] Quand un corps quelconque se meut, on considère d'habitude un point particulier de ce corps, le centre, par exemple, si le corps est une sphère, et c'est la ligne parcourue par ce point que l'on nomme la *trajectoire* du corps.

[d] Dans son mouvement autour du soleil, la terre décrit sensiblement une *ellipse*, son mouvement est *elliptique*. Un corps qu'on lance, un projectile d'arme à feu, par exemple, décrit sensiblement une *parabole*, son mouvement est *parabolique*. — Nous définirons bientôt l'*ellipse* et la *parabole*.

mouvement est **uniforme**, lorsque le point mobile parcourt, sur sa trajectoire, des *longueurs égales* en *temps égaux*, quelque petits [a] que soient ces temps.

Q. Qu'appelle-t-on *vitesse* dans un mouvement uniforme? — R. Dans tout *mouvement uniforme*, on appelle **vitesse** le nombre de *mètres* parcourus en une *seconde*.

Q. Donnez un exemple. — R. On dit ainsi une *vitesse* de 3^m par seconde [b].

Q. Que savez-vous sur un corps qui *tourne* autour d'un *axe*? — R. Lorsqu'un corps *tourne* autour d'une droite ou *axe*, ce corps a un mouvement de **rotation**, et la perpendiculaire abaissée d'un quelconque de ses points sur l'axe décrit évidemment des angles.

Q. Dans quel cas le mouvement de rotation est-il *uniforme*? — R. Le *mouvement de rotation* est *uniforme*, lorsque p. 286 cette perpendiculaire décrit des *angles égaux* en *temps égaux*, quelque petits que soient ces temps.

Q. Qu'appelle-t-on *vitesse angulaire?* — R. Dans tout *mouvement* de *rotation uniforme*, on appelle **vitesse angulaire** le nombre de *degrés* décrits en une *seconde*.

Q. Donnez un exemple. — R. On dit ainsi une *vitesse angulaire* de 35° par seconde [c].

[a] Ce dernier point est essentiel. Un mobile qui parcourrait toujours le même chemin dans une heure, mais qui irait plus vite pendant la première moitié de l'heure que pendant la seconde, n'aurait pas un mouvement *uniforme*.

[b] On emploie quelquefois d'autres unités que le *mètre* et la *seconde*. On dit ainsi qu'une locomotive parcourt tant de *kilomètres* par *heure*. Pour déterminer une vitesse, il faut toujours donner une *longueur* et un *temps*.

[c] Comme exemples de *rotations*, on peut citer les meules des moulins, les volants des machines, et aussi les astres, tels que le soleil, la lune et les planètes, qui tournent tous sur eux-mêmes. La sphère terrestre tourne sur elle-même autour d'un de ses diamètres. Ce sont les extrémités de ce diamètre qu'on nomme les deux *pôles*, et le grand cercle perpendiculaire à ce diamètre qu'on appelle l'*équateur*. Le mouvement de *rotation* de la *terre* sur elle-même est absolument *uniforme*. Le temps qu'elle met pour faire un tour entier est ce qu'on appelle le *jour sidéral*.

Q. Que nomme-t-on mouvement *varié*? — **R.** On nomme *mouvement* **varié** tout mouvement qui n'est pas *uniforme* [a].

Exercice 1. Un cheval parcourt, d'un mouvement *uniforme* $542^{Dm},8$ en 45^m. Dites sa vitesse. — **Solution.** $542^{Dm},8 = 5428^m$; et $45^m = 2700^s$. Donc, en 1^s, ce cheval parcourt $5428^m : 2700$, c-à-d $2^m,01$: telle est la vitesse.

E. 2. Le son parcourt $337^m,2$ par seconde [b]. Combien de secondes entre l'instant où a lieu une explosion et celui où le bruit en arrive à $3^{Km},436$? — **S.** Autant qu'il y a de fois $337^m,2$ dans $3\,436^m$, c-à-d $10^s,1$.

E. 3. Une roue tourne d'un mouvement *uniforme*, avec une *vitesse* [c] *angulaire* de $44°\,15'\,13''$. De quel angle tournera-t-elle en $3^s,2$? — **S.** $44°\,15'\,13'' = 159\,313''$. Dans $3^s,2$, cette roue tournera de $159\,313'' \times 3,2$, c-à-d de $509\,801'',6$, c-à-d de $141°\,36'\,41'',6$.

E. 4. Écrivez $34\,798$ dans le système dont la *base* est 9. — **S.** $52\,654$.

E. 5. Un *cube parfait* est décomposé en facteurs premiers. Que savez-vous sur les exposants de ces facteurs? — **S.** Ils sont tous divisibles par 3 [d].

E. 6. Convertissez $\dfrac{5}{88}$ en fraction décimale. — **S.** $0,056\,818\,18\ldots$

E. 7. Une boîte cylindrique a $1^{dm},78$ de hauteur et $2^{cm},5$ de rayon. Quelle en est la surface totale? — **S.** La demi-circonférence de base est $7^{cm},854$; la surface laté-

<hr>

[a] La plupart des mouvements sont *variés*. Tel est celui d'un corps qui tombe suivant la verticale. Quand le corps va de plus en plus *vite*, le mouvement est *accéléré*; quand le corps va de plus en plus *lentement*, le mouvement est *retardé*.

[b] Cette vitesse de propagation du son varie un peu suivant la température. Elle est beaucoup plus grande dans l'eau que dans l'air, et encore plus grande dans certains corps solides, tels que le bois et les métaux.

[c] Toute vitesse exige la connaissance d'un temps. Le temps est l'une des quantités continues. Dans sa mesure, on s'en tient le plus souvent aux minutes; mais, dans les observatoires, et dans les laboratoires de physique, on va jusqu'aux *dixièmes de seconde*.

[d] Si, en effet, on considère le nombre entier qui est la racine cubique exacte de ce cube parfait, si on décompose cet entier en ses facteurs premiers, il faudra, pour en former le cube, c-à-d pour retrouver le cube parfait, multiplier par 3 les exposants de tous les facteurs premiers.

rale est donc $7,854 \times 17,8$, c-à-d $139^{cmq},8012$. L'aire de chaque base est $19^{cmq},6350$. Donc la surface totale est $139,8012 + 19,6350 \times 2$, c-à-d $179^{cmq},0712$.

E. 8. Un terrain a la forme d'un parallélogramme. L'aire est de $3^{Ha},47$ et la base de 428^{m}. Dites la hauteur. — **S.** $34700 : 428$, c-à-d $81^{m},07$.

E. 9. Les deux bases d'un tas de pierres cassées[a] ont pour dimensions, l'une $0^{m},56$ et $1^{m},23$; l'autre $0^{m},42$ et $0^{m},98$. Le volume est de $0^{mc},544$. Trouvez la hauteur[b]? — **S.** Les trois bases à considérer ont pour aires $0^{mq},6888$; $0^{mq},4116$; $2^{mq},1638$. Leur somme est $3,2662$. En divisant le volume par cette somme, on trouve $0,166$, ce qui représente le *tiers* de la *moitié* de la hauteur, c-à-d le *sixième* de la hauteur. Cette hauteur est donc $0^{m},166 \times 6$, c-à-d $0^{m},996$.

E. 10. Une forêt[c] couvre une étendue de $27^{Kmq},5498$. Combien d'hectares? — **S.** $2754^{Ha},98$.

E. 11. On allie $2^{Kg},568$ d'argent au titre de $0,778$, avec 150^{g} d'argent pur. Quel sera le titre final? — **S.** Le poids de l'argent pur est $2^{Kg},568 \times 0,778 + 0^{Kg},150$, c-à-d $2^{Kg},147904$. Le poids total de l'alliage est $2^{Kg},568 + 0^{Kg},150$, c-à-d $2^{Kg},718$. Le titre final est donc $2,147904 : 2,718$, c-à-d $0,790$.

E. 12. Quelle retenue subit, à $5,2\ ^o/_o$, un billet de $1437^f,45$, payable dans 57^j? — **S.** $\dfrac{5,2 \times 1437,45 \times 57}{36000}$, c-à-d $11^f,83$.

___

206. — Mesure des forces.

p. 287

Question. Qu'appelle-t-on *force*? — **Réponse.** On appelle **force** toute cause qui fait *mouvoir* ou tend à *faire mouvoir* un corps.

[a] Les *pierres cassées* s'emploient surtout pour *ferrer* les routes et fabriquer le *macadam*.

[b] D'après ce que nous avons dit, les nombres provenant de mesures ne nous présentent, en général, que 3 *chiffres exacts*. Il est mauvais, dans les énoncés des problèmes, de faire figurer des données ou de demander des résultats présentant une foule de chiffres. On risque, en opérant ainsi, de faire naître dans l'esprit des élèves des idées tout à fait *fausses*.

[c] Une *forêt* est une grande étendue de terrain couverte d'*arbres*.

Q. Donnez un exemple. — **R.** Quand on pousse ou qu'on tire une voiture, on exerce une *force* [a].

Q. Comment les *forces* s'évaluent-elles ? — **R.** Les *forces* s'évaluent en *kilogrammes*, à l'aide du **dynamomètre** [b].

Q. Décrivez le *dynamomètre*. — **R.** Le *dynamomètre* le plus commun se compose d'un ressort d'acier AOB, en forme de V. A la branche OA du ressort est fixé un arc métallique AC, qui traverse la branche OB et se termine par un crochet C. A la branche OB est fixé un arc métallique BD qui traverse la branche OA et se termine par un anneau D.

Q. Qu'arrive-t-il quand on suspend au crochet des *poids* de plus en plus forts ? — **R.** Si l'on fixe l'anneau et qu'on suspende au crochet des poids de plus en plus forts, les deux branches du ressort se rapprochent de plus en plus. L'arc BD du dynamomètre porte une suite de traits ou divisions marqués 1^{Kg}, 2^{Kg}, 3^{Kg}, ... : ils correspondent aux positions que vient occuper la branche OA quand on suspend au crochet des poids [c] de 1^{Kg}, 2^{Kg}, 3^{Kg}, ...

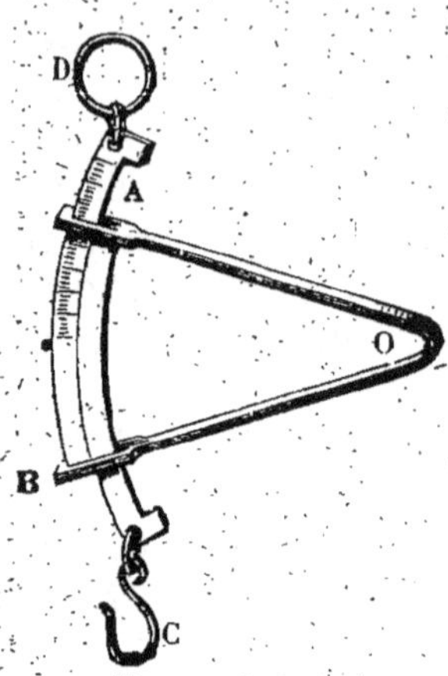

Dynamomètre.

Q. Comment mesure-t-on une *force* ? — **R.** Pour *mesurer* une *force*, on fixe l'anneau D du dynamomètre ; on applique la force au crochet C ; on lit sur l'arc BD le numéro en face duquel se place la branche OA : ce numéro exprime, en *kilogrammes*, la *mesure* de la *force* [d].

Bien qu'il y ait moins de forêts qu'autrefois, la France en compte encore plusieurs de fort grandes. — Un *bois* n'est qu'une petite *forêt*.

[a] L'idée de *force* est l'une de celles que l'on acquiert le plus facilement.

[b] *Dynamomètre* vient de deux mots grecs, signifiant le premier *force* et le second *mesure*.

[c] Nous avons déjà, en lui donnant le nom de *peson*, mentionné le dynamomètre que nous décrivons ici, parmi les instruments, autres que les balances, qu'on peut employer à peser les corps.

[d] On voit ainsi que les *forces* se ramènent aux *poids*. Il n'y a pas

Q. Donnez un exemple. — **R.** Pour évaluer, par exemple, la force d'un cheval traînant une voiture, on fixe à la voiture l'anneau du dynamomètre; on fait agir le cheval sur une corde attachée au crochet; si le dynamomètre marque alors 67, la force développée est de 67^{Kg}.

Exercice 1. Une roue ayant un mouvement *uniforme* fait un *tour* en 42^m 25^s. Trouvez sa *vitesse angulaire*. — **Solution.** 1^{tour} = 1 296 000″; et 42^m 25^s = 2545^s. Donc, en 1^s, la roue tourne de 1 296 000″ : 2545, c-à-d de 509″,2, ou de 8′ 29″,2.

E. 2. Une longueur est comprise entre 0^m,987 et 0^m,988. p. 288 On prend 0^m,987 pour valeur approchée. Combien de *décimales exactes?* — **S.** 3, et aussi 3 *chiffres exacts* [a].

E. 3. Calculez avec 2 décimales 3,1416 — 0,2718. **S.** 2,87.

E. 4. Ecrivez 1809 en *chiffres romains*. — **S.** MDCCCIX.

E. 5. Un entier étant décomposé en facteurs premiers, tous les exposants de ces facteurs sont *pairs*. Que savez-vous sur ce nombre? — **S.** Ce nombre est un *carré parfait*. Pour en obtenir la racine, il suffit d'y remplacer chaque exposant par sa moitié.

E. 6. Calculez avec 3 décimales la *racine carrée* de $\frac{11}{13}$. — **S.** 0,919.

E. 7. Calculez le volume d'un boulet sphérique [b] dont le rayon est de 0^{dm},42. — **S.** $\dfrac{4 \times 3,1416 \times (0,42)^3}{3}$, c-à-d 0^{dmc},310 339.

E. 8. Une étiquette rectangulaire a 7^{cm},4 de long, et 3^{cm},1 de large. Quelle est sa surface? — **S.** 7,4 $\times$ 3,1, c-à-d 22^{cmq},94.

lieu de s'en étonner, le *poids* d'un corps n'étant autre chose qu'une *force*, la force qui tend à le faire tomber, la force qui l'attire vers le centre de la terre. — Cette dernière force n'est qu'un cas particulier de l'*attraction universelle*, c-à-d de la force par laquelle les astres s'attirent les uns les autres.

(a) Il existe beaucoup de procédés pour abréger les *calculs numériques*. Nous citerons les *machines à calcul* dont plusieurs sont très perfectionnées; la *règle à calcul*, et enfin les *tables* de toute nature, dont les plus précieuses sont les tables de *logarithmes*.

(b) Les projectiles des bouches à feu actuelles n'ont plus la forme sphérique. Ce sont des *obus* présentant la forme d'un *cylindre* terminé par une sorte de *cône*, ou, suivant l'expression consacrée, la forme *cylindro-conique*.

E. 9. Une colonne de basalte [a] a la forme d'un prisme hexagonal droit. L'aire de sa section est de $15^{dmq},9$. Son volume est de $2^{mc},467$. Trouvez sa hauteur. — **S.** $2467 : 15,9$, c-à-d $155^{dm},15$.

E. 10. Calculez avec 3 décimales l'inverse du *carré* de π. — **S.** $0,101$.

E. 11. Que rapportent $423715^{f},15$, placés sur hypothèques, à $4,5$ °/₀, en un an? — **S.** $423715^{f},15 \times 0,045$, c-à-d $19067^{f},18$.

E. 12. Que coûtent 17 essuie-mains à $9^{f},75$ la douzaine? — **S.** $9^{f},75 \times \dfrac{17}{12}$, c-à-d $13^{f},81$.

------

207. — Pressions exercées par les liquides.

Question. Qu'arrive-t-il quand un *liquide* est contenu dans un vase? — **Réponse.** Quand un *liquide* est contenu dans un vase, il exerce une certaine **pression** [b] sur le *fond* de ce vase et sur ses *parois latérales*.

Q. A quoi est égale la *pression* sur le fond? — **R.** La *pression* sur le *fond*, supposé plan et horizontal, est égale au *poids* d'une *colonne cylindrique* [c] du liquide, qui aurait pour base le fond même du vase et pour hauteur la distance de ce fond à la surface libre du liquide.

Q. Donnez un exemple. — **R.** Supposons que le vase contienne du mercure, que son fond ait 1^{dmq} et que le liquide s'y élève à la hauteur de 1^{dm}. Le volume du liquide sera de 1^{dmc}; son poids sera de $13^{kg},59$: telle sera aussi la *pression*.

Q. La *pression* sur le *fond* dépend-elle de la *forme* du vase?

[a] Le *basalte* est une roche brune ou noire, dure, cassante, que l'on trouve dans la plupart des pays volcaniques, et, en France notamment, dans le Velay, le Vivarais et l'Auvergne.

[b] Cette *pression* est due, évidemment, au *poids* même du liquide.

[c] Le mot *cylindrique* ainsi employé a un sens très général; il comprend le mot *prismatique*. Si la surface du fond est, en effet, celle d'un polygone, la colonne cylindrique à considérer a la forme d'un *prisme droit*.

— **R.** Il est à remarquer que cette *pression* ne dépend pas de la *forme* du vase [a].

Q. Et la *pression* sur les *parois latérales* du vase? — **R.** La *pression* du liquide sur une portion des *parois laté-* p. 280 *rales* est plus difficile à évaluer : elle dépend de l'étendue de cette portion de paroi, et de sa position au-dessous du niveau du liquide [b].

Exercice 1. Un vase contient du mercure [c]. La surface du *fond* est de $0^{dmq},75$; la hauteur du liquide, de $1^{dm},8$. Dites la *pression* sur le fond. — **Solution.** La colonne de mercure qui donne la pression a pour volume $0,75 \times 1,8$, c-à-d $1^{dmc},350$. Or 1^{dmc} de mercure pèse $13^{Kg},59$. La pression sur le fond est donc $13^{Hg},59 \times 1,350$, c-à-d $18^{Kg},3465$.

E. 2. Un vase contient de l'éther. La surface du *fond* est de $0^{dmq},38$; la *pression* sur ce fond, de $0^{Kg},425$. Dites la hauteur de l'éther. — **S.** La densité de l'éther étant $0,73$, le volume de la colonne qui donne la pression est $0,425 : 0,73$, c-à-d $0^{dmc},582$. La hauteur de l'éther est donc $0,582 : 0,38$, c-à-d $1^{dm},53$.

E. 3. Un vase contient de l'alcool. La hauteur du liquide est de $0^m,28$; la *pression* sur le fond, de $1^{Kg},105$. Trouvez l'aire du *fond*. — **S.** La densité de l'alcool étant $0,81$, le volume de la colonne est $1,105 : 0,81$, c-à-d $1^{dmc},364$. L'aire du fond est donc $1,364 : 2,8$, c-à-d $0^{dmq},48$.

E. 4. Un vase contient de l'huile d'olive jusqu'à une hauteur de $2^{dm},5$. L'aire du *fond* est de $1^{dmq},4$ et la *pression* sur ce fond de $3^{Kg},2025$. Trouvez la densité de l'huile. — **S.** Le volume de la colonne d'huile est $1,4 \times 2,5$, c-à-d $3^{dmc},50$. La densité de l'huile est donc $3,2025 : 3,50$, c-à-d $0,915$.

[a] On le démontre, dans les cours de physique, à l'aide d'appareils divers, dont l'un des plus simples est dû à Haldat, physicien français du dix-huitième siècle. Il suit de ce fait que l'on peut exercer une très grande pression sur le fond d'un vase, à l'aide d'une quantité assez faible de liquide : on n'a, pour cela, qu'à donner à ce vase un petit diamètre et une grande hauteur.

[b] La pression exercée sur une paroi ou portion de paroi ne peut pas s'évaluer par les mathématiques élémentaires.

[c] Le *mercure*, étant le plus lourd de tous les liquides, c'est lui qui exerce les plus fortes pressions. On ne peut donc le transporter que dans des récipients très solides.

E. 5. Un obus sort du canon avec une *vitesse* de 542^m par seconde [a]. Quelle distance parcourrait-il en 5^m 15^s, s'il se mouvait en *ligne droite*, d'un mouvement *uniforme* ? — **S.** 5^m 15^s = 315^s. Donc l'obus parcourrait 542^m × 315, c-à-d 170 730^m.

E. 6. Combien un nombre *premier* a-t-il de *diviseurs* ? — **S.** Deux, savoir : lui-même et l'unité.

E. 7. Quel poids de cuivre dans 257 pièces de 5^f en argent ? — **S.** Ces 257 pièces pèsent 25^g × 257, c-à-d 6 425^g. Puisqu'elles sont au titre de 0,900, le poids de l'argent pur qu'elles contiennent est 6 425^g × 0,900, ou 5782^g,5. Le poids du cuivre est donc 642^g,5.

E. 8. Trouvez le *ppcm* de 107 770 et 1 062 100. — **S.** 880 480 900.

E. 9. Trouvez le rayon d'une sphère en cuivre pesant 1^{Kg},256. — **S.** La densité du cuivre étant 8,85, le volume de cette sphère est 1,256 : 8,85, c-à-d 0^{dmc},141. En divisant ce nombre par $\dfrac{4 \times \pi}{3}$, c-à-d par 4,188, on trouve 0,03365, qui est le cube du rayon. En extrayant la racine cubique de ce nombre, on trouve, pour le rayon cherché, 0^{dm},32.

E. 10. Une moquette [b] a 0^m,68 de large. On veut en couvrir un plancher de 27^{mq},46. Combien de mètres faut-il en acheter ? — **S.** Cette moquette doit former un rectangle ayant une aire de 27^{mq},46 et une hauteur de 0^m,68. Sa longueur, c-à-d la base du rectangle, sera donc 27,46 : 0,68, ou 40^m,38.

E. 11. On remplace un billet de 526^f,25, payable dans 51^j, et un billet de 739^f,60, payable dans 72^j, par un billet unique de 1265^f,85. Dans combien de jours l'échéance de ce dernier ? — **S.** Comme la valeur *nominale* du troisième billet est la somme des valeurs nominales des deux premiers, il suffit que le nombre représentatif de l'escompte du troisième billet soit la somme des nombres représentatifs des escomptes des deux premiers. Or cette somme est 80 089,95. Donc le nombre

---

[a] La *vitesse* d'un projectile, au sortir de la pièce, n'est pas toujours la même : elle dépend de la forme et de la grandeur de la pièce, du poids du projectile, du poids et de la nature de la poudre employée.

[b] La *moquette* est une étoffe de laine, une sorte de velours très épais, dont on se sert pour faire des tapis et garnir les meubles.

de jours cherché est 80089,95 : 1265,85, c-à-d 63ʲ.

E. 12. Quel poids de cuivre faut-il allier à 2^{Kg},746 d'argent au titre de 0,923, pour abaisser le titre à 0,870 ? — **S.** 1^{Kg} du lingot donné contient, en trop, 53^g d'argent pur ; 2^{Kg},746 en contiennent en trop $53^g \times 2,746$, ou 145^g,538. Or, sur 1^{Kg} de cuivre, il manque 870^g d'argent pur. Donc, il faut prendre autant de kilogrammes de cuivre qu'il y a de fois 870 dans 145,538, c-à-d 0^{Kg},167.

---

208. — Le principe d'Archimède.

Question. Enoncez le *principe d'Archimède.* — **Réponse.** Tout corps plongé dans un liquide subit une **poussée** de *bas* en *haut* égale au *poids* du *liquide* qu'il *déplace* : c'est là le **principe d'Archimède** [a].

Q. Donnez un exemple. — **R.** Si un corps plongé dans l'eau a un volume de 3^{cmc}, il déplace 3^g d'eau et subit une *poussée* de bas en haut égale à 3^g.

Q. Dites les trois cas qui peuvent se présenter quand on *plonge* un corps dans un liquide. — **R.** Quand un corps a p. 290 une densité *supérieure* à celle du liquide où on le plonge, ce corps va au *fond*, parce que son *poids* l'emporte sur la *poussée*. — Quand un corps a une densité *égale* à celle du liquide où on le plonge, ce corps reste en *équilibre*, parce que son *poids* est égal à la *poussée*. — Quand un corps a une densité *inférieure* à celle du liquide, ce corps remonte et *flotte* à la surface, parce que la *poussée* l'emporte sur son *poids* [b].

[a] *Archimède*, mort 213 ans avant notre ère, est le plus grand géomètre de l'antiquité. Il a fait, en géométrie, en mécanique et en physique, des découvertes admirables. Tous ses ouvrages étaient écrits en grec : ceux qui subsistent encore ont été traduits en latin et en français.

[b] On voit par là qu'un corps qu'on laisse tomber dans l'eau *surnage* ou *va au fond*, suivant que sa densité est inférieure ou supérieure à 1. — La densité moyenne du corps humain est à peu près égale à l'unité. Voilà pourquoi il nous suffit de quelques mouvements pour nous maintenir à la surface de l'eau.

Q. Quel *effort* suffit-il de faire pour soutenir un corps dans un liquide? — **R.** Pour *soutenir*, dans un liquide, un corps dont la densité dépasse celle du liquide, il suffit d'un effort égal à l'*excès* du *poids* du corps sur la *poussée* du liquide.

Q. Que résulte-t-il de là? — **R.** Il s'ensuit que, si l'on pèse un corps plongé dans un liquide, en le suspendant par un fil à l'un des plateaux d'une balance, on lui trouve un *poids moindre* que son poids dans l'air : la *différence* est égale à la *poussée* [a].

Q. Comment peut-on trouver, physiquement, le *volume* d'un corps? — **R.** Pour trouver le *volume* d'un corps, il suffit de *peser* ce corps d'abord dans l'*air*, ensuite dans l'*eau* [b]. La *différence* des deux poids obtenus est le *poids* de l'eau déplacée : on en déduit le *volume* du corps.

Q. Donnez un exemple. — **R.** Supposons que le corps considéré pèse 14^{Kg} de moins dans l'eau que dans l'air. L'eau déplacée pèse 14^{Kg}; son volume est de 14^{dmc} : c'est aussi le volume du corps.

Q. Que savez-vous sur les corps *flottants?* — **R.** Quand un corps *flotte* sur un liquide, son *poids* est juste égal au *poids* du liquide qu'il déplace.

Q. Donnez un exemple. — **R.** Si un bateau pèse $25\,000^{Kg}$, il déplace $25\,000^{Kg}$ d'eau, c-à-d 25^{mc} d'eau [c].

> **Exercice 1.** Un corps a un volume de 273^{cmc}. *On le* plonge dans l'eau. Quelle *poussée* subit-il? — **Solution.** Le poids de l'eau déplacée est 273^{g}. Telle est aussi la poussée.
>
> **E. 2.** Un corps pèse $1^{Kg},423$ et a un volume de $0^{dmc},246$.

[a] C'est pour cela qu'on dit souvent : « *un corps plongé dans un liquide y perd une partie de son poids.* » Cette phrase est fautive : le corps ne perdant rien de son poids, mais subissant simplement une poussée.

[b] On pèse un corps dans l'eau à l'aide d'une balance particulière, nommée *balance hydrostatique.*

[c] Lorsque la charge du bateau augmente, le volume d'eau déplacée augmente aussi. Quand le bateau est très chargé, ses bords s'élèvent donc très peu au-dessus de la surface de l'eau.

Quel est l'*effort* nécessaire, lorsqu'on le plonge dans l'eau, pour l'empêcher d'aller au fond? — **S.** La poussée est de $0^{Kg},246$. L'effort nécessaire est donc $1^{Kg},423 - 0^{Kg},246$, c à-d $1^{Kg},177$.

E. 3. Un corps pèse $3^{Kg},429$ dans l'air. Il a un volume de $1^{dmc},215$. Quel *poids* lui trouverait-on en le pesant dans l'eau? — **S.** La poussée est de $1^{Kg},215$. Le poids qu'on trouverait serait donc $3^{Kg},429 - 1^{Kg},215$, c-à-d $2^{Kg},214$.

E. 4. Un corps pesant $15^{Kg},17$ *flotte* sur l'eau [a]. Quel vo- p. 291 lume en déplace-t-il? — **S.** Le poids de l'eau déplacée est $15^{Kg},17$. Son volume est donc $15^{dmc},17$.

E. 5. Un tube [b] vertical a $11^m,5$ de haut et son fond a une surface de $0^{dmq},63$. Il est plein d'eau. Calculez la *pression* sur le fond. — **S.** Le volume de la colonne d'eau qui donne la pression est $0,63 \times 115$, c-à-d $72^{dmc},45$. Son poids, c-à-d la pression, est $72^{Kg},45$ [c].

E. 6. Un entier est décomposé en facteurs premiers. Les exposants de tous ces facteurs sont divisibles par 3. Que savez-vous sur cet entier? — **S.** Ce nombre est un *cube parfait*. Pour en obtenir la racine cubique, il suffit d'y remplacer chaque exposant par son *tiers*.

E. 7. Évaluez en *grammes* 4^{livres} 15^{onces} 7^{gros}. — **S.** 4^{livres} 15^{onces} $7^{gros} = 639^{gros}$. Or $1^{livre} = 128^{gros}$. Donc 4^{livres} 15^{onces} 7^{gros} valent $489^g,51 \times \frac{639}{128}$, c-à-d $2443^g,72$.

[a] C'est sur le principe d'Archimède que sont fondés divers instruments nommés, suivant les cas, pèse-alcools, pèse-sels, pèse-acides, etc., et que l'on comprend tous sous le nom générique d'*aréomètres*. Ils consistent en cylindres de verres, renflés le plus souvent à la partie inférieure. Ils sont assez légers pour flotter à la surface du liquide et *lestés* de façon à s'y tenir verticalement. Plus la densité du liquide est faible, plus ils s'y enfoncent. Des divisions, gravées sur le verre et numérotées, permettent de se faire une idée de la densité du liquide.

[b] Un *tube* n'est autre chose qu'un cylindre *creux*. On fabrique des tubes rigides en verre, en fer, en cuivre, en plomb et des tubes flexibles en caoutchouc. On donne le nom de *conduites* aux gros tubes de fonte qui servent à la distribution de l'eau et à celle du gaz d'éclairage. Les tubes très-fins qu'on trouve dans certains appareils de physique ont parfois un diamètre qui ne dépasse pas celui d'un *cheveu* : on les nomme tubes *capillaires*.

[c] Le diamètre de ce tube, à partir d'une certaine hauteur au-dessus du fond, deviendrait très faible, se réduirait à 1^{cm}, par exemple, que la pression sur le fond ne changerait point. Il se pourrait que sa valeur $72^{Kg},45$ dépassât de beaucoup le poids de toute l'eau contenue dans ce tube.

E. 8. Divisez 2 *neuvièmes* par 4 *vingt-septièmes*. — **S.** $\frac{3}{2}$.

E. 9. Trouvez la surface d'un *cube* de 235^{mm} d'arête. — **S.** Chaque face a une aire de $(235)^2$, c-à-d de 55 225^{mmq}. La surface totale de ce cube est donc 55 225 $\times$ 6, c-à-d 331 350^{mmq}, ou 33^{dmq},1350.

E. 10. Trouvez la surface d'un globe[a] de 0^m,32 de rayon. — **S.** $4 \times 3,1416 \times (0,32)^2$, c-à-d 1^{mq},2867.

E. 11. Un vase hémisphérique[b] peut contenir 3^{Kg},257 d'eau. Dites sa capacité. — **S.** 3^l,257.

E. 12. On achète pour 27 465^f,50 de 3 °/$_0$ français, au cours de 84^f,25. Quel sera le revenu annuel ? — **S.** 84^f,25 rapportent 3^f. Donc 27 465^f,50 rapportent $3^f \times \frac{27465,50}{84,25}$, c-à-d 978^f.

---

209. — Pressions exercées par les gaz.

Question. Qu'appelle-t-on *pression atmosphérique?* — **Réponse.** L'*atmosphère*, c-à-d la masse d'air qui nous enveloppe, exerce par son poids, sur tous les corps, une *pression* qu'on appelle **pression atmosphérique**.

Q. Que suffit-il de connaître pour évaluer cette *pression?* — **R.** Pour évaluer cette *pression*, il suffit de connaître la **hauteur barométrique**, c-à-d la hauteur du mercure dans le **baromètre**.

Q. Décrivez le *baromètre*. — **R.** Le *baromètre*[c] se compose essentiellement d'un tube de verre vertical, fermé par le haut, ouvert par le bas, et plongeant dans un bain de mercure. Ce tube étant vide d'air, la *pression* de l'*atmosphère*[d]

---

[a] Dans cet exercice, le mot *globe* signifie *sphère*. Il en est souvent ainsi : on dit couramment le *globe terrestre*. -

[b] Théoriquement, il suffit, pour obtenir un tel vase, de couper une *sphère* creuse par un *plan* qui en contienne le centre. Si le plan ne contenait pas ce centre, il partagerait la surface de la sphère en deux parties, nommées l'une et l'autre *calottes* sphériques.

[c] Le *baromètre* a été inventé, au dix-septième siècle, par *Torricelli*, physicien italien.

[d] C'est *Pascal* qui a montré que c'était la pression atmosphérique qui produisait l'ascension du mercure dans le baromètre. On disait avant

sur la surface du bain y refoule une colonne AB de mercure : c'est la hauteur AB de cette colonne qu'on appelle *hauteur barométrique* [a].

Q. A quoi est égale la *pression* exercée sur une surface plane? — **R. La** *pression* exercée par l'*atmosphère* sur une surface plane quelconque est égale au *poids* d'une colonne cylindrique de *mercure* qui aurait pour base cette surface, et pour hauteur la *hauteur barométrique.*

Q. Donnez un exemple. — **R.** Supposons la hauteur barométrique de $7^{dm},2$ et la surface de 3^{dmq}. La colonne de mercure aurait pour volume $7,2 \times 3$, c-à-d $21^{dmc},6$; son poids, c-à-d la pression, serait $21,6 \times 13,59$, c-à-d $293^{kg},544$.

Q. Qu'arrive-t-il quand un *gaz* est contenu dans une enveloppe fermée? — **R.** Lorsqu'un *gaz*, ou une *vapeur* [b], est contenu dans une enveloppe fermée, ce gaz exerce, en vertu de sa **force élastique**, une certaine *pression* sur toutes les parties de son enveloppe.

p. 202

Baromètre.

lui que le mercure montait dans le tube parce que la nature a horreur du vide. — Pascal, né à Clermont-Ferrand, en Auvergne, vivait au milieu du dix-septième siècle. Il a été grand écrivain, grand physicien et grand géomètre.

[a] Au sommet d'une haute montagne, la pression atmosphérique est moindre qu'à la base. C'est sur ce fait, pour ainsi dire évident, qu'est fondée la mesure de la hauteur des montagnes à l'aide du baromètre. — En un même lieu, la pression augmente, en général, quand le temps se met au beau, et diminue dans le cas contraire. C'est sur ce fait qu'est fondé l'emploi du baromètre pour la prévision du beau et du mauvais temps.

[b] Les *gaz* et les *vapeurs* sont analogues à l'air que nous respirons, aussi les appelle-t-on souvent *fluides aériformes*. Les *molécules* des gaz, c-à-d les plus petites parties de matière qui les composent, se repoussent sans cesse, de façon que les gaz tendent toujours à occuper le plus grand volume possible. C'est pour cela que tout gaz ou vapeur, contenu dans une enveloppe fermée, l'emplit tout entière et exerce une pression sur toutes les parties de cette enveloppe.

Q. Comment se mesure la *force élastique* d'un gaz? — **R.** La *force élastique* d'un gaz se mesure par la *hauteur* de la colonne de mercure qu'elle pourrait soulever.

Q. Que signifient ces mots « la *force élastique* est de 941^{mm} »? — **R.** Dire que cette force élastique est de 941^{mm}, c'est dire qu'elle pourrait soulever une colonne de mercure de 941^{mm}.

Q. A quoi est égale la *pression* exercée par un gaz sur une portion plane de son enveloppe? — **R.** La *pression* exercée par un *gaz* sur une portion plane de son enveloppe est égale au *poids* d'une *colonne* cylindrique de *mercure*, qui aurait pour base cette portion plane, et pour hauteur la hauteur de la colonne de mercure qui mesure la *force élastique* du gaz.

Q. Comment s'évalue cette *pression?* — **R.** Cette *pression* s'évalue, on le voit, comme la *pression atmosphérique*.

Q. Qu'appelle-t-on pression d'une *atmosphère?* — **R.** On appelle *force élastique* ou *pression* d'une **atmosphère** [a] la force élastique capable de soulever une colonne de mercure de 760^{mm}.

Exercice 1. La hauteur du *baromètre* est de 755^{mm}. Quelle *pression* exerce l'atmosphère sur une surface de $3^{dmq},8$? — **Solution.** Le volume de *la colonne de mercure* qui donne la pression est $3,8 \times 7,55$, ou $28^{dmc},690$. Or, la densité du mercure est $13,59$. Donc la pression est $389^{Kg},8971$.

E. 2. Dans une chaudière [b], la *pression* de la vapeur d'eau est de $2030^{mm},3$. Trouvez la *pression* sur un piston [c] de $0^{mq},256$. — **S.** Le volume de la colonne de mercure

---

[a] Le mot *atmosphère*, ainsi employé, n'a plus son sens habituel : il désigne une certaine *unité* de pression.

[b] Le mot *chaudière* s'applique à tous les grands récipients métalliques destinés au chauffage des liquides. Les machines à vapeur en possèdent d'énormes, où l'on chauffe l'eau pour la vaporiser. Celles des locomotives sont formées d'une multitude de *tubes* et dites, pour cette raison, chaudières *tubulaires*.

[c] On appelle piston un *disque* plein qui, sous l'action de la vapeur, va et vient dans un *cylindre* creux, appelé *corps de pompe*. Au piston est fixée, par l'une de ses extrémités, une *tige* rigide, dite *tige du piston*, dont l'autre extrémité est articulée avec la *bielle* qui communique le mouvement à toute la machine.

serait $25,6 \times 20,303$, c-à-d $519^{dmc},7568$. La pression serait donc de $519,7568 \times 13,59$, c-à-d de $7063^{Kg},494$.

E. 3. Un gaz exerce une pression de $3^{Kg},428$ sur chaque décimètre carré de son enveloppe. Évaluez sa *force élastique* en millimètres de mercure. — **S.** Le poids de la colonne de mercure étant $3^{Kg},428$, son volume est $3,428 : 13,59$, c-à-d $0^{dmc},252$. La hauteur du mercure est donc $0,252 : 1$, c-à-d $0^{dm},252$, ou $25^{mm},2$.

E. 4. A combien d'*atmosphères* correspond la pression de $3^m,56$ de mercure? — **S.** A autant d'atmosphères qu'il y a de fois $0,76$ dans $3,56$, c-à-d à $4^{atm},68$.

E. 5. Un corps pèse dans l'air $42^{Hg},26$. En le pesant dans l'eau, on ne trouve que $25^{Hg},16$. Dites son volume. — **S.** La poussée est $42^{Hg},26 - 25^{Hg},16$, c-à-d $17^{Hg},10$, ou $1^{Kg},710$. L'eau déplacée pèse donc $1^{Kg},710$. Le volume du corps est donc $1^{dmc},710$.

E. 6. Il est 6^h. Les aiguilles de ma montre sont dans le prolongement l'une de l'autre. Dans combien de temps en sera-t-il de même[a]? — **S.** Lorsque la grande aiguille aura fait juste 1^{tour} de plus que la petite. Or dans 1^h la grande aiguille parcourt $330°$ de plus que *la petite*. Le temps cherché est donc $1^h \times \dfrac{360}{330}$, c-à-d $1^h\ 5^m\ 27^s,2$. Les deux aiguilles seront donc encore dans le prolongement l'une de l'autre à $7^h\ 5^m\ 27^s,2$. p. 293

E. 7. Dites le *triple* de $47°\ 17'\ 29'',6$. — **S.** $141°\ 52'\ 28'',8$.

E. 8. Calculez *à moins d'une unité* $\sqrt[3]{9836544}$. — **S.** 214.

E. 9. Un pierre de taille a la forme d'un prisme. Sa hauteur est de 87^{cm} et son volume de $0^{mc},733$. Trouvez l'aire de sa base. — **S.** $0,733 : 0,87$, ou $0^{mq},8425$.

E. 10. Quel est le rayon de la sphère qui a juste 1^{mq} de surface? — **S.** En divisant 1 par 4π, on a le carré du rayon. On trouve pour quotient de cette division $0,07957$. En extrayant la racine carrée de ce nombre, on trouve, pour le rayon, $0^m,28$[b].

---

[a] Cet exercice est un cas particulier du problème où l'on demande à quel instant les deux aiguilles font entre elles un angle donné. Quand les deux aiguilles sont dans le prolongement l'une de l'autre, elles font entre elles un angle de $180°$.

[b] On peut, à l'avance, se faire une idée grossière du volume d'une sphère dont on connaît le rayon. On a, en effet, $V = \frac{4}{3}\pi R^3$. Or, π étant

E. 11. Au *débit* du compte de Jean-Pierre, le total s'élève à 4 945^f,15. Au *crédit*, il est de 3 438^f,95. *Dites la nature et le montant du solde.* — **S.** Le solde est débiteur. Il s'élève à 1506^f,20.

E. 12. Combien faut-il mélanger de vin à 0^f,65 le litre et de vin à 0^f,52, pour obtenir 3^{Hl},27 à 0^f,55 le litre? — **S.** Pour 1^l du premier vin, le prix est trop fort de 10^c; pour 1^l du second, il est trop faible de 3^c. Si l'on prenait 3^l du premier vin et 10^l du second, il y aurait compensation, et l'on obtiendrait 13^l du mélange demandé. Pour en obtenir 3^{Hl},27, on prendra 3^{Hl},27 $\times \dfrac{3}{13}$ et 3^{Hl},27 $\times \dfrac{10}{13}$, c-à-d 0^{Hl},754 du premier vin et 2^{Hl},515 du second.

---

210. — Travail et puissance des machines.

Question. Quelle *unité* emploie-t-on pour évaluer le *travail?* — **Réponse.** Pour évaluer le **travail**[a] effectué par les *machines*, l'unité qu'on emploie est le **kilogrammètre**.

Q. Qu'est-ce que le *kilogrammètre?* — **R.** Le *kilogrammètre* est le *travail* nécessaire pour élever un poids de 1^{Kg} à la hauteur de 1^m.

Q. Donnez un exemple d'évaluation de *travail?* — **R.** Le *travail* nécessaire pour élever un poids de 7^{Kg} à la hauteur de 3^m serait de 7 $\times$ 3, c-à-d de 21 *kilogrammètres*.

Q. Quelle *unité* emploie-t-on pour évaluer la *puissance* des machines? — **R.** Pour évaluer la **puissance** des *machines*, l'unité qu'on emploie est le **cheval-vapeur**[b].

voisin de 3, on peut supprimer le facteur $\dfrac{\pi}{3}$ comme voisin de l'unité, et l'on voit par là que V ne doit pas différer beaucoup de 4R³.

[a] Nous ne donnons pas de définition du *travail* : ce mot se comprend de lui-même. La définition exacte supposerait quelques notions de mécanique, très simples, il est vrai, mais que nos élèves ne possèdent pas.

[b] La puissance d'un *cheval* vivant est de beaucoup inférieure à celle des machines de la puissance d'un *cheval-vapeur*.

Q. Qu'est-ce que le *cheval-vapeur?* — **R.** Le *cheval-vapeur* est la *force* ou *puissance* nécessaire pour élever, en 1 *seconde*, un poids de 75^{Kg} à une hauteur de 1^m.

Q. Pourrait-on s'exprimer autrement? — **R.** On pourrait dire aussi que c'est la *force* capable d'effectuer, en 1 *seconde*, un travail de 75 *kilogrammètres* [a].

Q. Dans quel cas une machine est-elle de la force de 2 *chevaux-vapeur?* — **R.** Une machine est de la force ou puissance de 2, 3, 4, ... *chevaux-vapeur*, lorsqu'elle est capable d'élever, en 1 seconde, à 1^m de haut, un poids égal à 2 fois, 3 fois, 4 fois ... 75^{Kg} [b].

Exercice 1. Dites le *travail* nécessaire pour élever à 35^m,5 un poids de 110^{Kg}. — **Solution.** 35,5 $\times$ 110, c-à-d 3 905 kilogrammètres.

E. 2. Trouvez la *puissance* d'une machine [c] capable d'éle- p. 294 ver en 3^s, à 15^m de hauteur, un poids de 2^T,569. — **S.** Le travail produit en ces 3^s est 2 569 $\times$ 15, ou 38 535 kilogrammètres. Le travail produit en 1^s sera 12 845 kilogrammètres. La puissance de la machine sera d'autant de chevaux-vapeur qu'il y a de fois 75 dans 12 845, c-à-d de 171 chevaux-vapeur.

E. 3. Qu'est-ce qu'un travail de 348 *kilogrammètres?* — **S.** C'est le travail nécessaire pour élever 348^{Kg} à 1^m de hauteur.

E. 4. Qu'est-ce qu'une machine de 345 *chevaux-vapeur* [d]? — **S.** C'est une machine capable de faire, en 1^s, un travail de 345 $\times$ 75, ou de 25 875 kilogrammètres.

---

[a] Il faut remarquer que la notion du temps entre dans la définition du *cheval-vapeur*, mais n'entre aucunement dans celle du *kilogrammètre.*

[b] Ou un poids de 1^{Kg} à une hauteur égale à 2 fois, 3 fois, 4 fois,... 75^m.

[c] Une *machine* n'est autre chose qu'un système de corps solide, grâce auquel une force, dite force *motrice*, accomplit un certain *travail.* — Le mot *machine* et le mot *mécanique*, que l'on emploie souvent l'un pour l'autre, ne sont point synonymes. La *mécanique* est la science des *forces* et du *mouvement.* Les *machines* sont des appareils, dont l'étude constitue l'une des parties de la *mécanique appliquée.*

[d] Il existe des machines à vapeur de plusieurs milliers de chevaux-vapeur, telles sont celles qui mettent en mouvement les très grands vaisseaux.

E. 5. Évaluez 46 *atmosphères* en millimètres de mercure. — **S.** $760^{mm} \times 46$, c-à-d 34960^{mm} de mercure.

E. 6. Un corps pèse 4825^g et a un volume de 5644^{cmc}. Il flotte sur l'eau. Dites le volume de la partie non immergée. — **S.** Le poids de l'eau déplacée étant 4825^g, son volume est 4825^{cmc}, c'est aussi le volume de la partie immergée. Celui de la partie non immergée est donc $5644^{cmc} - 4825^{cmc}$, c-à-d 819^{cmc}.

E. 7. Combien le *carré* d'un nombre *premier* a-t-il de diviseurs? — **S.** 3, savoir : l'unité, le nombre premier et le carré de ce nombre [a].

E. 8. Exprimez en *millimètres cubes* $0^{Dmc},000\,000\,053$. — **S.** $53\,000^{mmc}$.

E. 9. Un champ de manœuvres [b] carré a une étendue de $2^{Kmq},78$. Dites la longueur de son côté. — **S.** $\sqrt{2,78}$, c-à-d $1^{Km},667$.

E. 10. Un coffre en forme de parallélépipède rectangle a pour dimensions 45^{cm}; $5^{dm},6$ et $1^m,15$. Quelle est sa capacité? — **S.** $45 \times 56 \times 115$, c-à-d $289\,800^{cmc}$, ou $289^{dmc},800$.

E. 11. Pour assurer son mobilier contre l'incendie, un particulier paie une prime annuelle de $38^f,45$. Le tarif est de $0^f,75$ pour $1\,000^f$. A combien son mobilier est-il évalué? — **S.** Si la prime était de $0^f,75$, le mobilier serait évalué à $1\,000^f$. Puisqu'elle est de $38^f,45$, il est évalué à $1\,000 \times \dfrac{38,45}{0,75}$, c-à-d à $51\,266^f,66$.

E. 12. La densité du gypse est de 2,33. Un morceau de gypse [c] pèse $18^{Kg},174$. Quel est son volume? — **S.** $18,174 : 2,33$, c-à-d $7^{dmc},8$.

---

[a] On peut demander de même combien le *cube*, la 4e *puissance*, la 5e *puissance*,... d'un *nombre premier* admet de *diviseurs*.

[b] On appelle *champs de manœuvres* les terrains très étendus où l'on exerce les troupes. Ces terrains se nomment souvent *Champs de Mars*, en l'honneur de *Mars*, le dieu de la *guerre* chez les Grecs et les Romains.

[c] Le *gypse* n'est autre chose que le *sulfate de chaux naturel*, c-à-d qu'un composé, que l'on trouve dans la nature, et qui résulte de la combinaison de l'*acide sulfurique* et de la *chaux*. Il existe plusieurs variétés de gypse, et quelques-unes se trouvent, dans certains terrains, en masses très étendues et très profondes. C'est en chauffant fortement le *gypse* que l'on obtient le *plâtre*.

211. — Mesure des températures.

Question. Que dit-on quand un corps est *très chaud?* — **Réponse.** Quand un corps est *très chaud*, on dit que sa **température** est *élevée;* quand il est *très froid,* que sa *température* est *basse.*

Q. A l'aide de quel instrument se mesurent les *températures?* — **R.** Les *températures* se mesurent à l'aide du **thermomètre** [a].

Q. De quoi se compose le *thermomètre?* — **R.** Le *thermomètre* se compose d'un *tube* de verre, terminé inférieurement par une boule, et contenant soit du mercure, soit de l'alcool coloré.

Q. Qu'arrive-t-il quand on le *chauffe?* — **R.** Quand on *chauffe* l'appareil, le liquide qu'il contient se *dilate* et son niveau *s'élève;* quand on le *refroidit,* le liquide se *contracte* et son niveau *s'abaisse.*

Thermomètre.

Q. Qu'y a-t-il de tracé sur le tube du *thermomètre?* — **R.** Sur le tube du *thermomètre* [b], ou à côté de lui, est tracée une *échelle,* c-à-d une suite de traits équidistants numérotés.

Q. A quoi correspond le chiffre *zéro?* — **R.** Le chiffre *zéro* p. 293 correspond au trait où le niveau du liquide s'abaisse quand on plonge l'instrument dans la *glace fondante.*

Q. A quoi correspond le nombre 100? — **R.** Le nombre 100

(a) *Thermomètre* vient de deux mots grecs, qui signifient, le premier, *chaleur,* et le second, *mesure.* On retrouve la première partie de *thermomètre* dans *eaux thermales,* dans *thermes* et dans *thermidor.* Les *eaux thermales* sont des eaux qui sortent de terre à une température un peu élevée; les *thermes* sont des établissements de bains chauds; et le mois de *thermidor* est, dans le calendrier républicain, le mois le plus chaud de l'année.

(b) On ne s'accorde pas sur l'invention du *thermomètre.* L'opinion la plus probable est celle qui l'attribue à Galilée, illustre physicien et astronome italien, né en 1564, mort en 1642.

correspond au trait où le niveau du liquide s'élève quand on plonge l'instrument dans la vapeur de *l'eau bouillante* [a].

Q. Comment se nomme la distance entre deux *traits* consécutifs? — **R.** La distance entre deux *traits* consécutifs se nomme un **degré**.

Q. Donnez un exemple d'une *température* élevée. — **R.** Supposons que, par une *grande chaleur*, le niveau du liquide s'élève à la 35ᵉ division *au-dessus* du zéro. On dira que la *température* est de 35° au-dessus de zéro.

Q. Donnez un exemple d'une *température* basse. — **R.** Supposons que, par un *grand froid*, le niveau s'abaisse à la 19ᵉ division *au-dessous* du zéro. On dira que la *température* est de 19° au-dessous de zéro [b].

Exercice 1. Un jour d'hiver, à 3^h de l'après-midi, la *température* est de 7° au-dessus de zéro. Elle était, à 4^h du matin, de 5°,2 au-dessous. Combien de *degrés* de différence? — **Solution.** 7° + 5° 2, c-à-d 12° 2 [c].

E. 2. Sur une surface de 2^{mq},8, la *pression atmosphérique* est de 3^{Kg},050. Dites la *hauteur barométrique*. — **S.** La colonne de mercure pesant 3^{Kg},050, son volume est 3,050 : 13,59, c-à-d 0^{dmc},224. Sa hauteur est donc 0,224 : 28, c-à-d 8^{dm}, ou 800^{mm}.

E. 3. Un corps pèse 45^{Hg},7. Dans l'eau, il subit une *poussée* de 3^{Kg},98. Trouvez sa densité. — **S.** Le poids de l'eau déplacée est 3^{Kg},98. Donc la densité est 4,57 : 3,98, c-à-d 1,148.

E. 4. Calculez avec 3 décimales l'*inverse* de 2,718281828... — **S.** 0,367.

[a] Le point correspondant à la température de la glace fondante et celui qui correspond à la température de l'eau bouillante sont ce qu'on appelle les deux *points fixes* du thermomètre. Dans le thermomètre qu'on emploie le plus souvent en France, l'intervalle entre les deux points fixes comprend 100 degrés; aussi ce thermomètre se nomme-t-il thermomètre *centigrade* : il est dû à *Celsius*. Dans le thermomètre de *Réaumur*, l'intervalle entre les deux points fixes est divisé en 80 degrés seulement; dans celui de *Fahrenheit*, en 180.

[b] On fabrique aussi des thermomètres métalliques, où n'entre aucun liquide, et qui sont fondés sur l'inégale dilatabilité des métaux.

[c] Sans l'invention du thermomètre, on ne pourrait ni mesurer, ni comparer les températures. L'impression de chaud ou de froid que nous ressentons ne saurait suffire : elle varie d'une personne à l'autre; et dépend de plusieurs causes, par exemple, de l'humidité de l'atmosphère, de l'agitation de l'air, de notre état de santé, etc., etc.

E. 5. Que savez-vous sur les entiers qui ont un nombre *impair* de diviseurs? — **S.** Un entier étant décomposé en facteurs premiers, le nombre de ses diviseurs est égal au produit de tous les exposants, augmentés chacun d'une unité. Puisque ce produit est *impair*, tous ces exposants sont *pairs*. L'entier considéré est donc un *carré parfait*.

E. 6. Quel poids de cuivre dans 2540^f en pièces d'or? — **S.** Ces 2540^f pèsent $819^g,35$. Le poids de l'or pur est $819^g,35 \times 0,900$, c-à-d $737^g,415$. Le poids du cuivre est donc $819^g,35 - 737^g,415$, c-à-d $81^g,935$.

E. 7. Multipliez $\dfrac{7}{11}$ par $\dfrac{22}{91}$. — **S.** $\dfrac{2}{13}$.

E. 8. Une colline en forme de cône [a] a un volume de 1^{Kmc}. Sa hauteur est de 234^m. Dites l'aire de sa base. — **S.** $1 : 0,234$, c-à-d $4^{Kmq},27$.

E. 9. Les côtés de l'angle droit d'une équerre sont de 12^{cm} et de 5^{cm}. Calculez l'hypoténuse. — **S.** $\sqrt{12^2 + 5^2} = 13$ [b].

E. 10. Quel est le volume d'un cristal prismatique dont la hauteur est de 65^{mm} et la base de $4^{cmq},23$? — **S.** $4,23 \times 6,5$, c-à-d $27^{cmc},495$.

E. 11. Que coûtent 27 actions au cours de $1245^f,70$? — **S.** $1245^f,70 \times 27$, c-à-d $33633^f,90$.

E. 12. On a 148^l de vin à $0^f,46$ le litre. Combien faut-il y mélanger de vin à $0^f,72$ pour obtenir du vin à $0^f,66$? — **S.** Le prix d'un litre du premier vin est trop faible de 20^c. Le prix des 148^l est donc trop faible de $20^c \times 148$, c-à-d de 2960^c. Le prix d'un litre du second vin est trop fort de 6^c. Donc, il faut prendre autant de litres du second vin qu'il y a de fois 6 dans 2960, c-à-d qu'il en faut prendre 460^l.

---

[a] Les montagnes en forme de *cône* prennent souvent le nom de *pics*.

[b] Des trois nombres 13, 5 et 12, le carré du premier est égal à la somme des carrés des deux autres. Ces trois entiers forment ce qu'on appelle un *triangle rectangle en nombres*. Il existe une infinité de pareils groupes de trois entiers.

p. 206

CHAPITRE IV

SUR LES PROBLÈMES USUELS

—

212. — Escompte en dedans.

Question. Qu'est-ce que l'*escompte en dedans?* — **Réponse.** L'**escompte en dedans** est l'*excès* de la *valeur nominale* du billet sur la *somme* qui, placée au taux donné, du jour de l'*escomptage*[a] à celui de l'*échéance*, deviendrait égale à cette valeur nominale.

Q. Comment obtient-on l'*escompte en dedans?* — **R.** Pour obtenir l'*escompte en dedans*[b], il suffit donc de calculer cette dernière somme et de la *retrancher* de la valeur nominale du billet.

Q. Donnez un exemple. — **R.** Soit à trouver l'escompte en dedans, à 5,2 %, d'un billet de 2 625^f payable dans 37^j. On cherche la somme qui, placée à 5,2 %, pendant 37^j, devient 2 625^f. On raisonne ainsi : 36 000^f, placés à 5,2 %, pendant 37^j, rapportent $\dfrac{36\,000 \times 5,2 \times 37}{36\,000}$, c-à-d 5,2 $\times$ 37, ou 192^f,4; et, par conséquent, deviennent 36 192^f,4. Donc, pour obtenir, dans les conditions données, 36 192^f,4, il faut placer 36 000^f. Donc, pour obtenir 1^f, il faut placer $\dfrac{36\,000}{36\,192,4}$; et, pour obtenir 2 625^f, il faut placer $\dfrac{36\,000 \times 2\,625}{36\,192,4}$, c-à-d 2 611^f,04. L'escompte en dedans cherché est, par conséquent, de 2 625^f — 2 611^f,04, c-à-d de 13^f,96.

Q. L'escompte en dedans diffère-t-il beaucoup de l'escompte

---

[a] Le jour de l'*escomptage*, c'est le jour où le billet est *escompté*. — Le mot *escomptage* ne figure pas dans les dictionnaires; mais, dans la pratique, il est fort employé; et, en tous cas, il se comprend immédiatement : l'*escomptage* est l'opération d'*escompter*, comme le *mesurage* est celle de *mesurer*.

[b] Escompte *en dedans* est opposé à escompte *en dehors*. Celui-ci est l'escompte commercial, que nous avons déjà étudié.

commercial? — **R.** L'*escompte en dedans* diffère *très peu* de l'es-compte *commercial :* il est toujours un peu *plus petit* [a].

Q. L'*escompte en dedans* est-il très employé? — **R.** Dans les affaires, l'escompte en dedans est pour ainsi dire inusité [b].

Exercice 1. Calculez l'*escompte en dedans*, à 4,6 %, sur une traite de 768^f,50, payable dans 64^j. — **Solution.** 36 000^f, à 4,6 %, pendant 64^j rapportent 294^f,40 et deviennent 36 294^f,40. Ainsi la somme qui, dans les conditions de l'énoncé, devient 36 294^f,40 est 36 000^f. La somme qui devient 768^f,50 est donc $36\,000^f \times \dfrac{768,50}{36\,294,40}$, c-à-d 762^f,26. L'escompte en dedans est donc 768^f,50 — 762^f,26, c-à-d 6^f,24.

E. 2. Calculez l'*escompte ordinaire* sur la même traite. — **S.** L'escompte ordinaire est $\dfrac{4,6 \times 768,50 \times 64}{36\,000}$, c-à-d 6^f,28.

E. 3. Un corps a un volume de 427^{cmc},3. On le plonge dans l'alcool. Calculez la poussée [c] qu'il subit. — **S.** Le volume de l'alcool déplacé est 427^{cmc},3. Son poids est donc 427,3 $\times$ 0,81, c-à-d 345^g,87. Telle est la poussée.

E. 4. La *hauteur barométrique* [d] étant de 755^{mm}, trouvez la *pression* exercée par l'atmosphère sur une aire de 3^{dmq},56. — **S.** Le volume de la colonne de mercure qui donne la pression est 3,56 $\times$ 7,55, c-à-d 26^{dmc},878. Son poids, qui mesure la pression, est donc 26,878 $\times$ 13,59, c-à-d 365^{kg},272.

E. 5. Formez tous les *diviseurs* de 96. — **S.** 1, 2, 3, 4, 6, 8, 12, 16, 24, 32, 48, 96 [e].

[a] L'escompte *en dedans* est plus petit que l'escompte en dehors, parce qu'il est l'intérêt d'une *somme* inférieure à la *valeur nominale* du billet.

[b] L'escompte en dedans n'est, à proprement parler, qu'une *fiction* des mathématiciens.

[c] La poussée que subit un corps plongé dans un liquide est égale au poids du liquide déplacé par ce corps. Elle est donc d'autant plus grande que le liquide est plus lourd, d'autant plus faible qu'il est plus léger. La poussée est moindre dans l'alcool que dans l'eau; et plus grande dans l'eau salée que dans l'eau douce. Voilà pourquoi il est plus facile de nager dans la mer que dans un lac.

[d] En général, la hauteur barométrique augmente par le beau temps, diminue par le mauvais, fournissant ainsi, pour la prévision du temps, de précieuses indications à la *météorologie*.

[e] On peut vérifier, dans cette suite, que deux diviseurs placés à

p. 207 **E. 6.** Quel poids d'argent pur dans 49 pièces de 5^f en argent? — **S.** Ces 49 pièces pèsent 25$^g \times$ 49, ou 1225^g, et contiennent un poids d'argent pur égal à 1225$^g \times$ 0,900, c-à-d à 1102^g,5.

E. 7. Retranchez $\frac{11}{45}$ de $\frac{89}{90}$. — **S.** $\frac{67}{90}$.

E. 8. Un verre [a] en forme de cône renversé a un rayon d'ouverture de 3^{cm},5 et un volume de 0^{dmc},207. Quelle est sa profondeur? — **S.** L'aire de la base du cône formé est 3,1416 $\times$ (3,5)^2, ou 38^{cmq},4846. En divisant le triple 621 du volume par la base 38,4846, on obtient la profondeur, qui est de 16^{cm},1.

E. 9. Trouvez la longueur de l'arc de 136° 8′ 55″,3 dans un cercle ayant 0^{dm},78 de diamètre. — **S.** 136° 8′ 55″,3 = 490135″,3. Or cette circonférence contient 1 296 000″ et a une longueur de 2^{dm},450. La longueur de l'arc considéré est donc de 2^{dm},450 $\times \dfrac{490135,3}{1\,296\,000}$, c-à-d de 0^{dm},926 [b].

E. 10. Un polyèdre a un volume de 13^{dmc},749. Dites le volume d'un polyèdre semblable, ayant des dimensions triples. — **S.** 13^{dmc},749 $\times$ 3^3, c-à-d 371^{dmc},223.

E. 11. Que devient au bout de 6 ans, au taux de 4,5 °/$_0$, et à intérêts composés, un capital de 63 649^f,75? — **S.** 82 888^f,52.

E. 12. Un tapis ayant 2^m,40 sur 1^m,70 coûte 32^f. Que coûterait un tapis ayant 3^m,75 sur 2^m,50? — **S.** 32$^f \times \dfrac{3,75}{2,40} \times \dfrac{2,50}{1,70}$, c-à-d 73^f,52.

égales distances des extrémités ont un produit constant toujours égal à 96.

(a) Le *verre* est connu depuis la plus haute antiquité. Chimiquement, il n'est qu'un composé de *silice* et de *potasse*, de *soude*, de *chaux* ou de *plomb*. On prépare le *verre* dans des usines nommées *verreries*, et les ouvriers de ces usines se nomment *verriers*. On fabrique, avec le verre, une multitude d'objets, notamment des *verres à boire*, des *bouteilles*, des *ballons*, des *bocaux*, des *vitres*, des *glaces*, des *tubes*, etc., etc.

(b) Il existe des tables qui permettent de trouver, par de simples additions, dans le cercle de rayon égal à 1, la longueur d'un arc dont on connaît le nombre de degrés, minutes et secondes. Ces mêmes tables permettent, par de simples soustractions, de résoudre le problème inverse, c-à-d de déterminer le nombre de degrés, minutes et secondes d'un arc dont on connaît la longueur dans le cercle dont le rayon est égal à 1.

213. — Les chèques.

Question. En général garde-t-on tout son *argent* chez soi ? — **Réponse.** Beaucoup de personnes ne gardent chez elles que de faibles sommes et *déposent* la plus grande partie de leurs *fonds* dans les caisses d'un *banquier* ou d'une *société financière* [a].

Q. Comment se nomme la personne qui a fait le *dépôt ?* — **R.** La personne qui a fait le *dépôt* est alors le *déposant* ; le banquier est le *dépositaire* [b].

Q. Que fait le *déposant* lorsqu'il veut payer une certaine somme ? — **R.** Lorsque le déposant veut *payer* une certaine somme, par exemple à l'un de ses créanciers, il lui remet un **chèque** [c], c-à-d un *mandat de paiement*, dont le créancier va toucher le montant chez le banquier.

Q. Donnez un modèle de *chèque.* — **R.** Voici un modèle de chèque :

B. P. F. 425

Paris, ce 2 juillet 1888.

Payez à **M.** *Henry la somme de quatre cent vingt-cinq francs dont vous débiterez mon compte.*

H. *Charles,*
15, *rue Gay-Lussac.*

A **M.** *Louis Lefèvre, banquier à Paris.*

Q. A quoi ressemble un *chèque ?* — **R.** Un *chèque* res-

---

[a] Il importe d'être très prudent dans le choix de ce banquier, ou de cette société financière.

[b] Le plus souvent l'argent ainsi déposé rapporte un certain intérêt ; mais le *taux* de cet intérêt est *très faible :* dans certains cas, il ne dépasse pas $\frac{1}{2}$ °/o.

[c] L'invention des *chèques* et le mot *chèque* lui-même sont d'origine anglaise. En Angleterre, l'usage des chèques est tellement répandu, que les particuliers ne gardent presque pas d'argent chez eux, et ne paient pour ainsi dire jamais en *numéraire.* En France, où les *chèques* ont été introduits en 1865 seulement, l'usage s'en répand de plus en plus. — Le mot *numéraire* désigne les espèces d'or et d'argent. Dans beaucoup de cas, on l'emploie pour désigner la totalité de ces espèces qui sont en circulation.

semble à une *lettre de change* [a] : le *déposant* est le *tireur* ; le *banquier* est le *tiré* [b].

Q. Un *chèque* est-il *daté?* — **R.** Le *chèque* est *daté* en toutes lettres et *signé* par le *tireur;* il est payable à **vue,** c-à-d à première *présentation* [c].

Q. De quelle manière le *chèque* peut-il être *souscrit?* — **R.** Le *chèque* peut être souscrit soit au porteur, soit à une personne désignée, soit à cette personne ou à *son ordre* : dans ce dernier cas, le *chèque* est transmissible, comme le billet à ordre, par voie d'*endossement.*

Q. Le *chèque* est-il toujours *valable?* — **R.** Le *chèque* n'est valable que s'il existe entre les mains du tiré une *somme* au moins *égale* au *montant du chèque* : cette somme se nomme **provision** [d].

Exercice 1. Paul reçoit de Jean-Louis un *chèque* de 546^f,25. Comment passe-t-il cet article à son journal? — **Solution.** Avoir Jean-Louis — son chèque de 546^f,25.

E. 2. L'eau de mer a une densité de 1,026. Quel effort pour y soutenir un corps pesant 9^{Kg},62 et ayant un volume de 1^{dmc},35? — **S.** Le poids de l'eau de mer déplacée est 1,35 $\times$ 1,026, c-à-d 1^{Kg},385. Donc l'effort demandé est de 9^{Kg},62 — 1^{Kg},385, c-à-d de 8^{Kg},235.

E. 3. Quel est le nombre qui, dans le système ayant pour *base* 5, est représenté 3204? — **S.** 429.

E. 4. A 101°, la *force élastique* de la vapeur d'eau [e] est

<hr>

[a] Mais il ne constitue pas forcément, comme la *lettre de change,* un *acte de commerce.*

[b] Le banquier donne ordinairement au déposant un *carnet de chèques* imprimés. Lorsque le déposant veut faire un paiement, il détache une des feuilles du carnet, en remplit les blancs et la signe. Il garde d'ailleurs, dans le carnet même, un *talon* correspondant à la feuille détachée.

[c] En France, depuis 1871, les *chèques* sont soumis à un *droit de timbre,* qui est de 0^f,10.

[d] Le *porteur* d'un chèque en doit réclamer le payement dans un délai très court : de cinq jours, si le chèque est payable dans la ville d'où il est tiré; de huit jours, s'il est payable dans une autre ville. Encore le jour de la date est-il compris dans ces délais.

[e] C'est la force élastique de la *vapeur d'eau* qui met en mouvement

de 787^{mm},59. Dites la pression exercée sur 1^{dmq}. —
S. Le volume de la colonne de mercure qui mesure
cette pression est 1 × 7,8759, ou 7^{dmc},8759. Son poids
est 7,8759 × 13,59, ou 107^{Kg},033. Telle est la pression demandée.

E. 5. Un piéton parcourt 518^{Dm},4 en 58^m. Dites sa *vitesse*.
— **S.** 58^m = 3480^s. La vitesse est donc de 5184^m
: 3480, c-à-d de 1^m,489.

E. 6. Un corps pèse dans l'air 4^{Kg},548. Son volume est
de 0^{dmc},542. Quel poids trouve-t-on en le pesant dans
l'eau? — **S.** La poussée est de 0^{Kg},542. Le poids qu'on
trouve est donc 4^{Kg},548 — 0^{Kg},542, c-à-d 4^{Kg},006 [a].

E. 7. L'aire du fond d'un vase est de 458^{cmq}. Ce vase
contient de l'éther qui exerce sur ce fond une pression
de 0^{Kg},349. Dites la hauteur de l'éther. — **S.** Le volume de la colonne d'éther qu'il faut considérer est 0,349
: 0,73, ou 0^{dmc},478. La hauteur de l'éther est donc
0,478 : 4,58, ou 0^{dm},104.

E. 8. Trouvez le *quart* d'un angle de 79° 49′ 47″.
S. 19° 57′ 26″,75.

E. 9. Quel est le volume d'une sphère dont la surface est
de 2^{mq},439? — **S.** En divisant la surface par 4π, on
trouve 0,194161, qui est le carré du rayon. En extrayant
la racine carrée de ce nombre, on trouve, pour le rayon,
0^m,440. Pour obtenir le volume, il suffit de multiplier la
surface par le *tiers* du rayon, ce qui donne finalement
0^{mc},356094.

E. 10. Combien d'*ares* dans l'*arpent* de Paris? — **S.** La
perche de Paris est un carré qui a 18^{pieds}, ou 3^{toises}, ou
5^m,847 de côté. Elle vaut donc 34^{mq},18. Or l'arpent de
Paris vaut 100 perches de Paris. Donc il vaut 34^a,18.

E. 11. La densité du vin de Bordeaux [b] est de 0,994.

---

toutes les machines dites *machines à vapeur*. Ces machines, qui ont
opéré dans l'industrie une révolution véritable, ont été inventées en 1690
par *Denis Papin*, physicien français, né à Blois, en 1647.

[a] Le *principe d'Archimède* s'applique aux *gaz* comme aux *liquides*.
Tout corps, plongé dans un gaz, subit une poussée de bas en haut, égale
au poids du gaz déplacé. Si donc le corps est plus lourd que le gaz, il
tombe; s'il est plus léger, il s'élève. Les *ballons* ou *aérostats* sont plus
légers que l'air qu'ils déplacent, voilà pourquoi ils s'élèvent. — Les
aérostats ont été inventés par les frères Montgolfier. Le premier aérostat
qui ait été lancé l'a été par eux, à Annonay (Ardèche), le 5 juin 1783.

[b] La densité des vins ne diffère jamais beaucoup de celle de l'eau;
mais elle lui est toujours inférieure. Elle varie d'ailleurs d'un vin à

Que pèse le vin contenu dans un fût de 229^l?

S. 229 × 0,994, c-à-d 227^{KG},626.

E. **12**. Quel est le capital qui, à 4,7 °/$_0$, rapporte 56^f,25 en un mois? — **S.** 36 000^f, à 4,7 °/$_0$, en 30^j, rapportent 141^f. Le capital qui, dans les mêmes conditions, rapporte 56^f,25 est donc 36 000^f × $\frac{56,25}{141}$, c-à-d 14 361^f,70.

---

214. — Comptes-courants d'intérêts.

Question. Qu'appelle-t-on *comptes-courants d'intérêts?* — **Réponse.** On appelle **comptes-courants d'intérêts** des *comptes particuliers* où chaque somme inscrite, soit au débit, soit au crédit, porte des *intérêts*.

p. 299   **Q.** A partir de quel jour ces *intérêts* courent-ils? — **R.** Ces intérêts courent pour chaque somme, à partir d'un jour déterminé appelé *jour de sa* **valeur**, jusqu'au jour du **règlement** du *compte* [a].

Q. Que savez-vous sur le *taux?* — **R.** Le *taux* de cet intérêt est convenu à l'avance. Il est le même pour toutes les sommes du compte [b].

Q. Comment *règle-t-on* un *compte-courant d'intérêts?* — **R.** Pour *régler* ou *arrêter* un compte-courant d'intérêts, on calcule d'abord, pour chaque somme, le *nombre représentatif* des intérêts qu'elle produit; on fait la *somme* de tous les nombres représentatifs correspondant au *débit;* celle de tous les nombres représentatifs correspondant au *crédit;* et on prend la *différence* de ces deux sommes.

Q. Que fait-on ensuite? — **R.** On *multiplie* ensuite cette *différence* par le *taux;* on divise le produit par 36000; on porte le *solde des intérêts* ainsi obtenu

l'autre, suivant la richesse de ce vin en alcool. La densité du vin de Bordeaux est de 0,994; celle du vin de Bourgogne est de 0,991.

[a] Lorsqu'on dépose de l'argent chez un banquier, ce banquier vous ouvre un compte-courant, qui est un *compte-courant d'intérêts.*

[b] Comme nous l'avons déjà dit, dans les comptes de *chèques*, ce taux est, en général, très faible.

dàns la partie du compte où la somme des nombres représentatifs est la plus grande ; et le *règlement* du compte s'achève comme à l'ordinaire [a].

Exercice 1. Le *compte-courant d'intérêts* de Bernard présente, au moment où on l'arrête : au *débit* 3246^f,50 portant intérêts depuis 51^j, et 955^f,75 portant intérêts depuis 35^j ; au *crédit*, 4599^f,25 portant intérêts depuis 44^j. Le taux est 3,7. Dites la nature et le montant du *solde* du compte. — **Solution.** Le solde est *créditeur* et s'élève à 397^f,34.

E. 2. Un gaz [b] exerce une pression de 2^{Kg},7 par centimètre carré. Dites sa *force élastique* en millimètres de mercure. — **S.** Par décimètre carré, ce gaz exerce une pression de 270^{Kg}. Le volume de la colonne correspondante de mercure est 270 : 13,59, c-à-d 19^{dmc},867. La hauteur de la colonne est donc 19,867 : 1, c-à-d 19^{dm},867. Ainsi la force élastique est de 1986^{mm},7 de mercure [c].

E. 3. Un nombre est compris entre 42,56 et 42,57. On prend 42,56 pour valeur approchée. Que savez-vous sur *l'erreur absolue* ? — **S.** Elle est moindre que 0,01.

E. 4. Un vaisseau pèse 428^T,56. Quel volume d'eau déplace-t-il ? — **S.** 428^{mc},56.

E. 5. Calculez avec 2 décimales 4,7899 + 5,0368 + 26,93774. — **S.** 36,76.

E. 6. La *force élastique* [d] de la vapeur d'eau à 230° équi-

[a] Il existe plusieurs méthodes différentes pour *régler* ou *arrêter* un compte-courant d'intérêts. Il existe même des livres entiers qui n'ont pas d'autre objet que l'exposition de ces méthodes. Celle que nous donnons ici est peut-être la plus simple de toutes, celle que les élèves comprennent le mieux, qui est le plus à leur portée.

[b] Les corps se présentent à nous sous trois états : l'état *solide*, l'état *liquide*, l'état *gazeux*. L'eau, quand il fait très froid, est solide, c'est la *glace ;* à la température ordinaire, elle est liquide ; lorsqu'elle bout, elle se transforme en *vapeur*, c-à-d en un gaz. — Lorsqu'un solide devient liquide, il *fond ;* lorsqu'un liquide devient gazeux, il se *vaporise*. Inversement, un gaz qui devient liquide se *liquéfie ;* un liquide qui devient solide se *solidifie*.

[c] Cette force élastique, on le voit, est d'environ deux *atmosphères* et demie.

[d] La force élastique de la vapeur d'eau varie beaucoup avec la température : elle croit rapidement, quand la température s'élève. A 100°, elle est d'une atmosphère ; à 122°, de 2^{atm} ; à 144°, de 4^{atm} ; à 180°, de 10^{atm} ; à 200°, de 15^{atm},3 ; à 230°, de 27^{atm},5.

vaut à 20 926^{mm},4 de mercure. Combien d'*atmosphères?* — **S.** Autant qu'il y a de fois 760^{mm} dans 20 926^{mm},4, c-à-d 27^{atm},5.

E. 7. Évaluez la *toise cube* en *mètres cubes.* — **S.** La toise cube est un cube ayant 1^m,949 d'arête. Son volume est donc (1,949)^3, c-à-d 7^{mc},392.

E. 8. Décomposez 1 079 300 en *facteurs premiers.* — **S.** 2$^2 \times$ 5$^2 \times$ 43 $\times$ 251.

E. 9. Un trapèze a 5^m,78 de hauteur. Ses bases sont de 6^m,49 et 7^m,55. Dites sa superficie. — **S.** La demi-somme des bases est 7^m,02. La superficie est donc 7,02 $\times$ 5,78, c-à-d 40^{mq},5756.

E. 10. Trouvez la *moyenne proportionnelle* entre 75 et 48. — **S.** 60.

E. 11. Une traite de 959^f,95, payable dans 60^j, subit une retenue de 10^f,15. Quel est le taux de l'escompte? — **S.** 956^f,95, en 60^j, rapportent 10^f,15. Donc 100^f, en 360^j, rapportent 10^f,15 $\times \dfrac{100}{956,25} \times \dfrac{360}{60}$, c-à-d 6^f,36. Tel est le taux.

p. 300   **E. 12.** Pour tapisser un mur, il a fallu 233^m de papier peint [a] ayant 0^m,48 de large. Combien en faudrait-il si la largeur était de 0^m,43 ? — **S.** 233$^m \times \dfrac{0,48}{0,43}$, c-à-d 260^m,09.

---

215. — Frais de négociation des titres et valeurs.

Question. Qu'appelle-t-on *frais* de négociation? — **Réponse.** On appelle **frais de négociation** les *frais* qui grèvent l'*achat* ou la *vente* des titres et valeurs [b].

Q. Pour les titres au *porteur*, ces *frais* sont de combien de sortes? — **R.** Pour les titres et valeurs *au porteur*, les frais de négociation sont de deux sortes : le **droit de timbre** et le **courtage** de l'*agent de change.*

[a] Les *papiers peints* pour tenture se vendent au mètre : un *rouleau* de papier peint est tout à fait analogue à une *pièce* d'étoffe. Ce n'est que vers la fin du dix-septième siècle qu'on a commencé, en France, à fabriquer des papiers peints.

[b] Dans tous les exercices sur les titres ou valeurs, où nous ne faisons nulle mention des *frais*, il n'en faut tenir aucun compte.

Q. Qu'est-ce que le *droit de timbre?* — **R.** Le *droit de timbre* est un *droit fixe* de 0^f,60 par bordereau inférieur à 10000^f.

Q. A combien s'élève le *courtage?* — **R.** Le *courtage* de l'agent est de 1/8 °/₀ du montant de la négociation[a].

Q. Comment calcule-t-on 1/8 °/₀ d'une somme quelconque? — **R.** Pour calculer 1/8 °/₀ d'une somme quelconque, on prend le centième de cette somme, puis le huitième de ce centième.

Q. Donnez un exemple de calcul de *frais.* — **R.** Supposons qu'on ait acheté 10 obligations au porteur des chemins de fer de l'Est de l'Espagne, au cours de 307^f,625. Le montant de la négociation s'élève à 3 076^f,25; le centième de cette somme est 30^f,76; le courtage est le huitième de 30^f,76, c-à-d 3^f,84. Les frais de timbre et de courtage s'élèvent donc ensemble à 0^f,60 + 3^f,84, c-à-d à 4^f,44.

Q. Pour les titres *nominatifs,* ces frais sont de combien de sortes? — **R.** Pour les valeurs et titres *nominatifs,* les frais de négociation sont de trois sortes : le *droit de timbre, le courtage* de l'agent, et le coût du **transfert**[b].

Q. Que sont le *timbre* et le *courtage?* — **R.** Le *timbre* et le *courtage* sont les mêmes pour les titres nominatifs que pour les titres au porteur.

Q. Quel est le *coût* du *transfert?* — **R.** Le *coût du transfert* est de 1/2 °/₀ de la *valeur totale* des titres négociés[c].

Q. Comment calcule-t-on 1/2 °/₀ d'une somme quelconque? — **R.** Pour calculer 1/2 °/₀ d'une somme quelconque,

---

[a] $\frac{1}{8}$ °/₀ représente 1^f par 800^f, ou 1^f,25 par 1000^f. — Lorsqu'un bordereau ne s'élève pas au-dessus de 800^f, qu'il soit d'ailleurs égal ou inférieur à cette somme, le courtage est toujours de 1^f. Cette valeur de 1^f est un *minimum* au-dessous duquel le droit de courtage ne descend jamais.

[b] Le *transfert* est l'opération par laquelle un titre *au porteur* est converti en un titre *nominatif,* ou, inversement, un titre *nominatif* en un titre *au porteur.*

[c] $\frac{1}{2}$ °/₀ représente 0^f,50 par 100^f.

on prend le centième de cette somme, puis la moitié de ce centième.

Q. Donnez un exemple de calcul de *frais*. — **R.** Supposons qu'on ait acheté 8 actions nominatives de la Banque de France, au cours de 3720^f. Le montant de cet achat sera de 29760^f, dont le demi-centième est de 148^f,80. Le coût du transfert étant de 148^f,80, le timbre étant toujours de 0^f,60, et le courtage s'élevant à 1/8 °/$_o$ de 29760^f, c-à-d à 37^f,20, les frais de cette négociation seront de 0^f,60 + 37^f,20 + 148^f,80, c-à-d de 186^f,60 [a].

Exercice 1. On achète 5 obligations des chemins de fer du Nord, au cours de 409^f,75. Calculez le *courtage* [b]. — **Solution.** Ces 5 obligations valent ensemble 409^f,75 ✕ 5, c-à-d 2048^f,75. Le courtage est $\frac{1}{8}$ °/$_o$ de cette somme, c-à-d 2^f,56.

E. 2. On vend trois actions du Crédit Foncier de France au cours de 1337^f,50. Quel est le *droit de timbre?* — **S.** Comme le montant de l'opération est inférieur à 10000^f, le droit de timbre est de 0^f,60.

E. 3. On achète 7 actions *nominatives* des chemins fer du Midi au cours de 1168^f,75. Dites le *transfert?* — **S.** La valeur totale des titres négociés est 1168^f,75 ✕ 7, c-à-d 8181^f,25. Le coût du transfert est la moitié du centième de cette somme, c-à-d 40^f,90.

E. 4. Un angle mesure 37° 45′ 50″; un autre 49° 50′ 25″. Trouvez le *rapport* du premier au second. — **S.** 37° 45′ 50″ = 135950″, et 49° 50′ 25″ = 179425″. Le rapport demandé est donc $\frac{135950}{179425}$, ou $\frac{5438}{7177}$.

E. 5. Calculez *à moins d'une unité* $\sqrt[3]{73\,000\,328}$. S. 417.

E. 6. Le *rayon* de la lune est d'environ les $\frac{3}{11}$ de celui de

---

[a] Dans tout le présent ouvrage, nous ne parlons, en fait d'opérations de bourse, que des achats et des ventes au *comptant*. Les achats ou ventes *à terme* constituent un véritable jeu, qu'on tolère, mais qu'on devrait peut-être interdire. Il ne saurait, à l'école primaire, être question d'opérations *à terme*.

[b] Le *courtage* s'appelle aussi, parfois, la *commission* de l'agent de change.

la terre. Que savez-vous sur la *surface* de la lune? — S. Elle est les $\frac{9}{121}$ de celle de la terre [a].

E. **7**. Calculez l'arête d'un cône qui a 31^{cm} de hauteur et 7^{cm} de rayon de base. — S. $\sqrt{31^2 + 7^2}$, c-à-d $31^{cm},780$ [b].

E. **8**. Une machine peut élever 53725^{Kg} à 56^{m} de haut, en 7^{s}. Évaluez sa puissance en *chevaux-vapeur*. — S. Le travail effectué en 7^{s} est 53725×56, ou 3008600 kilogrammètres. Le travail effectué en 1^{s} est $3008600 : 7$, ou 429800 kilogrammètres. Le nombre de chevaux-vapeur est donc $429800 : 75$, ou 5730.

E. **9**. Écrivez MDCIL en *chiffres arabes*. — S. 1649.

E. **10**. Un corps plongé dans le mercure y subit une *poussée* [c] de $3^{Kg},72$. Quel est son volume? — S. Le poids du mercure déplacé est $3^{Kg},72$. Son volume est $3,75 : 13,59$, c-à-d $0^{dmc},275$. C'est aussi le volume du corps.

E. **11**. Partagez 57968^{f} en parties proportionnelles à $\frac{1}{2}$, $\frac{1}{3}$ et $\frac{1}{5}$. — S. Les fractions données sont respectivement égales à $\frac{15}{31}$, $\frac{10}{31}$, $\frac{6}{31}$. Tout revient donc à partager 57968^{f} proportionnellement aux numérateurs $15, 10, 6$. En faisant le calcul, on trouve, pour les trois parts : $28049^{f},03 ; 18699^{f},35 ; 11219^{f},61$.

E. **12**. Quels poids d'or au 1er titre et d'or au 3e titre faut-il allier, pour obtenir 715^{g} d'or au 2e titre? — S. 1^{Kg} au premier titre contient 80^{g} d'or pur en trop ; et, à 1^{Kg} au troisième titre, il en manque 90^{g}. Si l'on prenait 90^{Kg} au 1er titre et 80^{Kg} au 3e, il y aurait compensation. Il suffit donc de partager 715^{g} proportionnellement aux nombres 90 et 80. On trouve ainsi qu'il faut prendre $378^{g},5$ d'or au premier titre et $336^{g},4$ d'or au troisième titre.

---

[a] C'est environ le *treizième* de la surface de la terre.
[b] Cet exercice n'est qu'une application du théorème de Pythagore.
[c] Le mercure étant le plus lourd de tous les liquides, c'est dans le mercure que les corps plongés subissent la plus forte poussée. Aussi la plupart des corps flottent-ils sur le mercure.

216. — Revenu net des titres et valeurs.

Question. Qu'est-ce que le revenu annuel *brut* d'un titre? — **Réponse.** Le *revenu annuel* **brut** d'un titre, c'est l'*intérêt* ou le *dividende* qui lui est attribué dans l'année par la société qui l'a émis.

Q. Le propriétaire du titre touche-t-il cet intérêt ou dividende *tout entier?* — **R.** Le propriétaire du titre ne touche pas cet intérêt ou dividende *tout entier* : l'Etat en retient une *partie*.

Q. Qu'est-ce que le revenu *net?* — **R.** Le *revenu* **net** [a], c'est le *revenu brut*, diminué de la *retenue* opérée par l'Etat.

Q. Sur les titres nominatifs, en quoi consiste la *retenue?* — **R.** Pour les valeurs ou titres *nominatifs*, la *retenue* n'est autre chose que l'**impôt sur le revenu** [b].

Q. Dites le montant de l'*impôt sur le revenu?* — **R.** L'impôt sur le revenu est des 3 % du *revenu brut*.

p. 302 **Q.** Donnez un exemple. — **R.** Soit une action *nominative* dont le revenu *brut* est de 96^f. La retenue sera de 96^f $\times$ 0,03, c-à-d de 2^f,88. Le revenu annuel *net* sera donc de 96^f — 2^f,88, c-à-d de 93^f,12.

Q. Pour les titres *au porteur*, de quoi se compose la *retenue?* — **R.** Pour les titres et valeurs *au porteur*, la retenue se compose de deux parties : l'*impôt sur le revenu*, et le **droit de transmission** [c].

Q. Que savez-vous touchant l'*impôt sur le revenu?* — **R.**

[a] Le mot *brut* et le mot *net* se rencontrent à chaque instant lorsqu'on parle du poids des marchandises. Le poids *brut*, c'est le poids de la marchandise tout emballée. Le poids *net*, c'est le poids *brut*, diminué de la *tare*.

[b] Cet impôt frappe tous les titres et valeurs. Les *rentes sur l'Etat* en sont seules *exemptées*.

[c] Le *droit de transmission* remplace, pour les titres et valeurs *au porteur*, le *transfert* des *titres nominatifs*. Comme le *transfert* ne se paie qu'une fois, tandis que le *droit de transmission* revient à chaque échéance de coupons, il est plus avantageux, si l'on veut garder un titre longtemps, de le prendre *nominatif*.

L'impôt sur le revenu est le même pour les titres au porteur que pour les titres nominatifs.

Q. Que savez-vous touchant le *droit* de *transmission?* — **R.** Le *droit de transmission* est, par an, de 1/5 °/₀ de la valeur du titre[a].

Q. Calculez le revenu *net* d'un titre au *porteur?* — **R.** Soit une obligation de chemin de fer au porteur coûtant 320^f et rapportant 15^f brut par an. L'impôt sur le revenu est de 15^f × 0,03, c-à-d de 0^f,45 ; le droit de transmission est le cinquième du centième de 320^f, c-à-d 0^f,64. La retenue est 0^f,45 + 0^f,64, c-à-d 1^f,09. Le revenu annuel net est donc 15^f — 1^f,09, c-à-d 13^f,91. — Si ce revenu se paie en deux coupons semestriels, chaque coupon, dont la valeur brute est de 7^f,50, vaudra net 6^f,955.

> **Exercice 1.** Quel est le revenu annuel *net* d'une obligation *au porteur* qui coûte 407^f,30 et rapporte 15^f brut? — **Solution.** L'impôt sur le revenu est égal à 15^f × 0,03, ou 0^f,45. Le droit de transmission est $\frac{407,30}{500}$, ou 0^f,81. Le revenu net est donc 15^f — 0^f,45 — 0^f,81, c-à-d 13^f,74.
>
> **E. 2.** Des actions *nominatives* coûtent 1456^f,60 et donnent un dividende *brut* de 57^f. Dites le dividende *net*. — **S.** L'impôt sur le revenu est 57^f × 0,03, ou 1^f,71. Le dividende *net* est donc 57^f — 1^f,71, c-à-d 55^f,29.
>
> **E. 3.** Calculez les *frais* d'achat de 16 obligations *au porteur* coûtant chacune 387^f,75. — **S.** Le courtage est $\frac{1}{8}$ °/₀ de 387^f,75 × 16, ou de 6.204^f : il s'élève donc à 7^f,75. Le timbre est de 0^f,60. Les frais d'achat s'élèvent donc à 7^f,75 + 0^f,60, c-à-d à 8^f,35.
>
> **E. 4.** Une roue tourne uniformément avec une *vitesse angulaire* de 2′ 13″. De quel angle tourne-t-elle[b] en 5^m 46^s? — **S.** 2′ 13″ = 133″, et 5^m 46^s = 346^s. Donc en 346^s la roue tourne de 133″ × 346, c-à-d de 46.018″, ou 12° 46′ 58″.

(a) $\frac{1}{5}$ °/₀ représente 0^f,20 par 100^f.

(b) Il existe des appareils de physique où certaines rotations s'effectuent avec des vitesses de plusieurs centaines de tours en 1^s. Tels sont les appareils employés pour la mesure directe de la vitesse de la lumière.

E. 5. Exprimez en *millimètres* de mercure une pression de 8 *atmosphères*. — **S.** 760^{mm} ✕ 8, c-à-d 6 080^{mm}.

E. 6. Le fond d'une carafe a une surface de 1^{dmq},24. La hauteur de l'eau est de 19^{cm}. Évaluez la pression sur le fond. — **S.** La colonne d'eau qui mesure la pression a un volume de 1,24 ✕ 1,9, c-à-d de 2^{dmc},356. Elle pèse donc 2^{Kg},356 : telle est la pression.

E. 7. Un corps flottant a un volume de 3^{mc},456 et pèse 1^{T},556[a]. Quel est le volume de la portion non immergée? — **S.** Le poids de l'eau déplacée est 1^{T},556. Son volume est 1^{mc},556. Le volume de la portion non immergée est 3^{mc},456 — 1^{mc},556, c-à-d 1^{mc},900.

E. 8. D'un angle de 138° 9′ 17″, on retranche un angle de 85° 34′ 41″. Évaluez l'angle restant. — **S.** 52° 34′ 36″.

E. 9. Calculez le *pgcd* de 100 570 et 86 330. — **S.** 890.

E. 10. Dites le diamètre d'un puits qui a 4^{m},55 de tour. — **S.** 4^{m},55 : 3,1416, c-à-d 1^{m},448.

p. 303   **E. 11.** *Onze* obligations de la ville de Paris coûtent 5 738^{f},15. Quel en est le cours? — **S.** 5 738^{f},15 : 11, c-à-d 521^{f},65.

E. 12. La demi-livre de laine de Saxe[b] coûte 2^{f},25. Que coûtent 6^{Kg},250? — **S.** La demi-livre pèse 250^{g}. Les 6^{Kg},250 coûtent donc 2^{f},25 ✕ $\frac{6250}{250}$, c-à-d 56^{f},25.

CHAPITRE V

COMPTABILITÉ EN PARTIE DOUBLE

—

217. — Les comptes généraux.

Question. Quels *comptes* existent dans la comptabilité en *partie simple?* — **Réponse.** Dans la *comptabilité* en

---

[a] Quelle que soit la densité d'un corps, on peut construire, avec ce corps, un objet qui flotte sur l'eau. Ainsi, le platine est, de tous les corps connus, celui qui a la plus grande densité, et l'on peut construire avec le platine des capsules hémisphériques qui flottent sur l'eau.

[b] La Saxe est un royaume, dont la capitale est Dresde, et qui fait partie de l'empire d'Allemagne.

partie simple, il n'existe que des comptes person-nels[a] : les comptes des personnes avec lesquelles on fait des affaires. On les nomme **comptes particu-liers**.

Q. Et dans la comptabilité en *partie double?* — **R.** Dans la *comptabilité* en *partie double*[b], il existe, outre les comptes particuliers, des comptes qui ne sont pas per-sonnels. On les nomme **comptes généraux.**

Q. Que remplacent les *comptes généraux?* — **R.** Les *comptes généraux* remplacent en quelque sorte les *livres auxiliaires*[c] ; leur nombre et leurs titres varient suivant la nature et l'importance du commerce que l'on fait[d].

Q. Quels sont les *comptes généraux* qui existent dans tous les genres de commerce? — **R.** Certains *comptes généraux* existent dans tous les genres de commerce. Tels sont les comptes intitulés : **Marchandises, Caisse, Effets à recevoir, Effets à payer, Frais gé-néraux, Profits et pertes.**

Q. Les *comptes généraux* figurent-ils au *grand-livre?* — **R.** Les *comptes généraux* figurent au *grand-livre* ; chacun d'eux a son *débit* et son *crédit* : nous verrons qu'on les traite comme des comptes particuliers[e].

[a] Il faut bien le rappeler aux élèves, tout compte est un tableau qui présente, en regard, deux parties appelées *débit* et *crédit* et portant au-dessus d'elles les mots *Doit* et *Avoir*.

[b] Toute opération de commerce a lieu entre deux parties, l'une qui reçoit, l'autre qui *donne*. Dans la *partie simple*, l'énoncé de chaque article du journal ne mentionne que l'une de ces parties, de là l'expres-sion de *partie simple*. Dans la *partie double*, il les mentionne toutes les deux, de là le nom de *partie double*.

[c] Il est à remarquer que les livres auxiliaires dont nous avons déjà parlé présentaient chacun deux parties : les *entrées* et les *sorties*, pour le *livre de magasin;* les *recettes* et les *dépenses* pour le *livre de caisse*. Il était tout naturel d'arriver à regarder ces *livres* comme des *comptes* : c'est ce qu'on fait dans la *partie double*.

[d] Le système des comptes généraux varie beaucoup : il n'est pas le même dans le commerce que dans l'agriculture ou l'industrie.

[e] La *comptabilité de l'État* est une comptabilité en *partie double*. Les livres dont elle se compose sont tenus par les fonctionnaires de l'administration des finances, sous la surveillance des *Inspecteurs des finances*, et le contrôle final de la *Cour des Comptes*.

Exercice 1. Calculez, à moins de 0,01, le *produit* de 0,345678 par 9,876543. — **Solution.** 3,41.

p. 304   **E. 2.** L'atmosphère exerce présentement sur une aire de 2^{cmq} une pression de 2^{Kg},128. Quelle est la hauteur du *baromètre ?* — **S.** Sur 1^{cmq}, la pression est 1^{Kg},064. Sur 1^{dmq}, elle est de 106^{Kg},4. La colonne correspondante de mercure a donc un volume de 106,4 : 13,59, c-à-d de 7^{dmc},82. La hauteur du baromètre [a] est donc 7,82 : 1, c-à-d 7^{dm},82, ou 782^{mm}.

E. 3. Combien 54 a-t-il de *diviseurs ?* — **S.** 54 = 2 × 3³. Le nombre cherché est (1 + 1) × (3 + 1), c-à-d 8.

E. 4. Un lingot d'aluminium pèse 8^{Kg},625. Dans l'eau, il subit une poussée de 3^{Kg},330. Quelle est la densité ? — **S.** 8,625 : 3,330, c-à-d 2,590 [b].

E. 5. Il est midi. Les 2 aiguilles de ma montre sont l'une sur l'autre. A quelle heure feront-elles un angle de 60° ? — **S.** Lorsque la grande aiguille aura parcouru 60° de plus que la petite. Or, en 1^h, la grande parcourt 330° de plus que la petite. Donc, pour qu'elle parcoure 60° de plus, il lui faut 1^h × $\frac{60}{330}$, c-à-d 10^m 54^s,5

E. 6. Trouvez la somme de deux angles, l'un de 36° 35′ 34″, l'autre de 121° 8′ 46″. — **S.** 157° 44′ 20″.

E. 7. Calculez la racine cubique de 5 *sixièmes.* — **S.** 0,941 [c].

E. 8. Réduisez en *secondes* 16^h 17^m 56^s. — **S.** 60 476^s.

E. 9. Calculez la surface de la sphère qui a un volume de 3^{dmc},756. — **S.** En divisant 3,756 par $\frac{4\pi}{3}$, on trouve 0,896669, qui est le cube du rayon. En extrayant la racine cubique de ce nombre, on trouve, pour le rayon, 0^{dm},96. En divisant le volume par le *tiers* du rayon, c-à-d par 0,32, on trouve, pour la surface cherchée, 11^{dmq},73.

---

[a] Il est très rare, à Paris, que le baromètre atteigne cette hauteur de 782^{mm}. Cela n'arrive que par les plus beaux temps.

[b] On l'a déjà fait remarquer, l'*aluminium* est de beaucoup le *plus léger* de tous les métaux usuels.

[c] $\frac{5}{6}$ = 0,833..... Donc la racine cubique de $\frac{5}{6}$ est plus grande que $\frac{5}{6}$. On a vu qu'il en est ainsi pour la racine, soit carrée, soit cubique, de tout nombre inférieur à l'unité : cette racine est plus grande que le nombre.

E. 10. Un tapis carré a $4^m,76$ de côté. Quelle est sa surface? — **S,** $22^{mq},6576$.

E. 11. On considère 7 nombres entiers consécutifs, croissants, dont le premier est 3 648. Quelle en est la *moyenne arithmétique* [a]? — **S.** La somme de ces 7 nombres est 25 557. Le septième de cette somme est 3 651.

E. 12. Que rapportent par an 25 620^f, placés en 3 °/₀ français, au cours de 85^f,40? — **S.** 85^f,40 rapportent 3^f.

Donc 25 620^f rapportent $3^f \times \dfrac{25\,620}{85,40}$, c-à-d 900^f.

---

218. — Le Journal.

Question. Combien y a-t-il de *parties* dans une opération commerciale? — **Réponse.** En toute *opération commerciale*, il y a *deux parties* : l'une qui *reçoit*, l'autre qui *donne*.

Q. Que savez-vous touchant la partie qui *reçoit*? — **R.** La partie qui reçoit *doit* à l'autre [b].

Q. Les deux *parties* figurent-elles dans la *partie double*? — **R.** Dans la *partie double*, en tête de chaque article du *journal*, et quelle que soit l'opération relatée en cet article, figurent les *deux parties* entre lesquelles s'est effectuée cette opération [c].

Q. Comment commence chaque *article* du *journal*? — **R.** Soient A le nom de la partie qui *reçoit* et B celui de la partie qui *donne* : A *doit*. L'article commencera par

$$A \text{ à } B,$$

formule abrégée, qui signifie A *doit à* B [d].

---

[a] Si l'on écrit ces 7 nombres dans l'ordre naturel, on constate que leur *moyenne arithmétique* est égale au 4ᵉ d'entre eux, c-à-d à celui qui est au milieu de la suite qu'ils forment.

[b] La partie qui *reçoit* est *débitrice*, celle qui *donne* est *créditrice* ou *créancière*.

[c] C'est là ce qui a valu, à ce système de comptabilité, le nom de *partie double*.

[d] Ce titre de l'article, A à B, doit s'écrire seul sur sa ligne, au milieu de cette ligne, en caractères très gros et très lisibles.

Q. Donnez un exemple. — **R.** Supposons que Simon nous ait acheté 11 volumes à 3ᶠ. Simon *reçoit*, nos marchandises *donnent* : c'est Simon qui doit. L'article se passe ainsi :

p. 305 ──────────── 7 *août* 1888 ────────────

Simon à Marchandises.

11 vol. à 3ᶠ . . . . 33ᶠ　»

─────────────　　　─────────────

Le titre *Simon à Marchandises* signifiant : Simon *doit* à Marchandises [a].

Q. Donnez un second exemple. — **R.** Supposons que Simon, quelques jours après, nous paie ces 33ᶠ. Notre caisse *reçoit*, Simon *donne* : c'est la caisse qui *doit*. L'article se passe ainsi :

──────────── 13 *août* 1888 ────────────

Caisse à Simon.

paiement de notre facture du 7 août . . . . 33ᶠ　»

─────────────　　　─────────────

Le titre *Caisse à Simon* signifiant : Caisse *doit* à Simon [b].

Exercice 1. Laurent m'achète 15ᵐ,25 de drap à 8ᶠ,75 le mètre. En quels termes, dans la *partie double*, dois-je porter cet article à mon *journal?* — **Solution.** *Laurent à Marchandises* [c]. — Acheté par lui 15ᵐ,25 de drap à 8ᶠ,75 le mètre... 133ᶠ,43.

E. 2. Jean-Paul me paie 4528ᶠ,75 qu'il me devait. En quels termes, dans la *partie double*, dois-je mentionner ce payement au *journal?* — **S.** *Caisse à Jean-Paul* [d]. — paiement fait par lui d'une somme qu'il me devait... 4528ᶠ,75.

E. 3. Un inconnu achète et paye comptant 53ᴷᵍ d'huile de colza [e] épurée à 1ᶠ,24 le kilogramme. Comment doit-on, dans la *partie double*, relater cette opération au

[a] On voit que les *marchandises* sont considérées comme une personne. Le compte général *Marchandises* se comporte donc comme un compte particulier.

[b] Ici, c'est la *Caisse* qui est regardée comme une personne.

[c] Évidemment, c'est *Laurent* qui *reçoit*; les *Marchandises* qui *donnent*.

[d] Ici, c'est la *Caisse* qui *reçoit*, et c'est *Jean-Paul* qui *donne*.

[e] Le *colza* est une sorte de *chou*, qu'on cultive en grand dans le nord de la France. On tire de sa graine une *huile*, très connue, qui sert surtout à l'éclairage et à la préparation des cuirs et des peaux.

journal? — **S.** *Caisse à Marchandises.* — Vendu comptant 53^{Kg} d'huile à $1^f,24$ le kilog... $65^f,72$.

E. 4. A midi, ces trois derniers jours, la température a été de $14°,2$; $14°,9$; $15°,3$. Faites la *moyenne.* — **S.** $14°,8$.

E. 5. Une roue tourne uniformément de $24° 7' 12''$ en 15^s. Quelle est sa *vitesse angulaire* de rotation? — **S.** Le *quinzième* de $24° 7' 12''$, c-à-d $1° 36' 28'',8$.

E. 6. Trouvez le *pgcd* de 4453, 4819 et 7747. — **S.** 61.

E. 7. Combien de *pouces carrés* dans une *toise carrée?* — **S.** La toise carrée est un carré dont le côté a 72^{pouces} de long. Sa surface est donc de $5184^{pouces\ carrés}$.

E. 8. Convertissez en *secondes* $179° 59' 59''$. — **S.** $647999''$[a].

E. 9. On mène d'un point à un cercle une tangente et une sécante. Les longueurs des deux segments de la sécante sont de 38^{mm} et 56^{mm}. Dites la longueur de la tangente. — **S.** $\sqrt{38 \times 56}$, c-à-d $46^{mm},1$.

E. 10. Combien de *degrés* dans la somme des angles d'un polygone de 7 côtés? — **S.** Cette somme vaut $2 \times (7 - 2)$, c-à-d 10 angles droits. Elle vaut donc $90° \times 10$, c-à-d $900°$.

E. 11. Des obligations de chemin de fer coûtent $385^f,90$ et rapportent 15^f. Dites le taux du placement. — **S.** $385^f,90$ rapportent 15^f. Donc 100^f rapportent $15^f \times \dfrac{100}{385,90}$, c-à-d $3^f,88$. Tel est le taux.

E. 12. Quel poids d'or pur dans un lingot, au 3e titre[b], pesant $97^{Dg},8$? — **S.** $97^{Dg},8 \times 0,750$, c-à-d $73^{Dg},350$.

---

219. — Le Grand-Livre. p. 306

Question. Dans la *partie double,* comment se rédige le *grand-livre?* — **Réponse.** Dans la *partie double,* le

---

[a] $647999'' = 648000'' - 1'' = 180° - 1''$. On le voyait immédiatement, car, si l'on ajoute $1''$ à $179° 59' 59''$, on trouve $180°$.

[b] Le 3e titre est fort inférieur au titre de l'or monnayé. L'orfèvre qui vendrait un objet en or pour son poids d'or monnayé ferait donc, sur la matière même de l'objet, un bénéfice qui pourrait dépasser de beaucoup le prix de la *façon* ou, comme on dit, de la *main-d'œuvre.*

grand-livre se rédige comme dans la *partie simple*; mais, à *chaque article* du *journal*, correspondent *deux articles* du *grand-livre*.

Q. Donnez un exemple. — **R.** Soit l'article « *Simon à Marchandises* » du paragraphe précédent. Dans l'opération qui y figure, Simon est *débiteur* de 33[f] : ces 33[f] doivent donc être portés au *débit* du compte de Simon; le compte Marchandises est *créditeur* de 33[f] : ces 33[f] doivent donc être portés au *crédit* de ce compte [a].

Q. Donnez un second exemple. — **R.** Soit l'article « *Caisse à Simon* ». Dans l'opération qui y figure, le compte Caisse est *débiteur*, Simon est *créditeur*. La somme énoncée en cet article doit donc être portée au *débit* de Caisse et au *crédit* de Simon [b].

Q. Une même *somme* figure combien de fois au grand-livre? — **R.** Dans la *partie double*, toute somme figurant au *journal* figure *deux fois* au *grand-livre* : au *débit* d'un certain compte et au *crédit* d'un autre [c].

Q. Que suit-il de là? — **R.** Il suit de là un moyen de vérifier les écritures. Si l'on additionne, en effet : 1° toutes les sommes figurant au *journal*; 2° toutes les sommes figurant aux *débits* des différents comptes; 3° toutes les sommes figurant à leurs *crédits*, ces trois *additions* doivent donner le *même résultat* [d].

Exercice 1. Un article du *journal* commence par *Jacques à Caisse*. A quelles parties du *grand-livre* faut-il le re-

______

[a] En tête de chaque article du journal se trouvent les noms de deux *comptes*. C'est toujours le premier qui est *débiteur*, le second qui est *créditeur*. L'article du journal doit donc toujours être reporté au *débit* du premier et au *crédit* du second.

[b] Dans la pratique, on rencontre parfois, au journal, des articles dans le titre desquels figurent plus de deux comptes. Supposons que nous recevions aujourd'hui de l'argent de Pierre, de Paul et de Jean. Beaucoup de teneurs de livres ne passeront, pour ces trois opérations, qu'un seul article au journal. Cet article sera intitulé *Caisse à Divers*. — Cette manière de faire abrège, il est vrai, les écritures, mais est la cause de fréquentes erreurs. Nous ne conseillons pas de l'employer.

[c] Cela résulte immédiatement de ce que chaque article du journal est porté au *débit* d'un certain compte et au *crédit* d'un autre.

[d] Il est bon de faire de temps en temps ces vérifications. — Règle générale : il faut, dans la tenue des livres, faire des vérifications fréquentes, pour découvrir les erreurs, pour ainsi dire au moment même qu'elles se commettent.

porter? — **Solution**. Au *débit* du compte de *Jacques*, et au *crédit* du compte de *Caisse*.

E. **2**. Un article du *journal* est intitulé *Marchandises à Bernard*. A quelles parties du *grand-livre* faut-il le reporter? — **S**. Au *débit* du compte de *Marchandises* et au *crédit* du compte de *Bernard*.

E. **3**. Un cube de fer a un côté de 23^{mm}. Il est plongé dans l'éther. Quelle *poussée* y subit-il? — **S**. Le volume de l'éther déplacé est $(23)^3$, c-à-d 12167^{mmc}, ou $12^{cmc},167$. Son poids est $12,167 \times 0,73$, c-à-d $8^g,881$: telle est la poussée [a].

E. **4**. Une action *au porteur*, au cours de $1256^f,25$ donne un dividende *brut* de $59^f,45$. Quel est le revenu *net*? — **S**. L'impôt sur le revenu est $59^f,45 \times 0,03$, c-à-d $1^f,78$. Le droit de transmission est le cinquième du centième de $1256^f,25$, c-à-d $2^f,51$. Le revenu net est donc $59^f,45 — 1^f,78 — 2^f,51$, c-à-d $55^f,16$.

E. **5**. Un liquide s'élève dans un vase à une hauteur de $3^{dm},25$; la surface du fond est de $94^{cmq},8$; et la pression sur ce fond, de $3^{Kg},5$. Dites la densité de ce liquide [b]. — **S**. Le volume de la colonne qui donne la pression est $3,25 \times 0,948$, c-à-d $3^{dmc},081$. La densité est donc $3,5 : 3,081$, c-à-d $1,13$.

E. **6**. Calculez *à moins d'une unité* $\sqrt{4546479}$. — **S**. 2132.

E. **7**. Combien de *pieds carrés* dans la *perche* de Paris? — **S**. $(18)^2$, c-à-d $324^{pieds\ carrés}$.

E. **8**. Retranchez $56° 55' 49'',3$ de $62°$. — **S**. $5° 4' 10'',7$.

E. **9**. Une pyramide a pour base un carré de $23^m,6$ de côté. Les arêtes joignant le sommet de cette pyramide aux 4 sommets de ce carré ont chacune $37^m,4$. Calculez la surface latérale de cette pyramide. — **S**. En évaluant l'aire de chaque triangle à l'aide de ses trois côtés, on trouve, pour cette aire, $418^{mq},78$. La surface latérale est donc $418^{mq},78 \times 4$, c-à-d $1675^{mq},12$. p. 307

---

[a] Dans l'eau, la poussée serait plus forte de beaucoup : elle serait de $12^g,167$.

[b] Lorsque l'on a, dans un même vase, des liquides qui ne se mélangent pas, ces liquides se superposent par ordre de densités décroissantes. La pression sur le fond du vase est alors égale au poids d'une colonne cylindrique, ayant ce fond pour base, et composée de tous les

E. 10. Un cercle a une superficie de $58^{dmq},47$. Un autre cercle a un rayon *quintuple*. Dites sa surface. — — **S.** $58,47 \times 25$, c-à-d $1461^{dmq},75$[a].

E. 11. On mélange 375^l de vin à $0^f,63$ le litre avec 196^l de vin à $0^f,74$. Quel est le prix d'un litre du mélange? — **S.** Le prix total du mélange est $0^f,63 \times 375 + 0^f,74 \times 196$, ou $381^f,29$. Le nombre total des litres est $375^l + 196^l$, ou 571^l. Le prix d'un litre du mélange est donc $381^f,29 : 571$, c-à-d $0^f,66$.

E. 12. Que rapportent $97458^f,95$, à $4,9$ %, en 152^j? — **S.** $\dfrac{4,9 \times 97458,95 \times 152}{36\,000}$, c-à-d $2016^f,21$.

CHAPITRE VI

SUR LA GÉOMÉTRIE

—

220. — Symétrie.

Question. Dans quel cas deux *points* sont-ils *symétriques* par rapport à une *droite?* — **Réponse.** Deux *points* sont

Points et figures symétriques par rapport à un axe[b].

liquides superposés, pris chacun avec l'épaisseur ou hauteur qu'il a dans le vase même.

[a] La multiplication par 25 peut se faire plus facilement si l'on remarque que $25 = \dfrac{100}{4}$. On multiplie le multiplicande par 100, puis l'on divise le produit par 4. — De même, pour multiplier par 5, on multiplie par $\dfrac{10}{2}$; pour diviser par 5, on multiplie par $\dfrac{2}{10}$; pour diviser par 25, on multiplie par $\dfrac{4}{100}$.

[b] La première de ces figures nous présente deux points *symétriques*

symétriques par rapport à une *droite* ou *axe*, lorsqu'ils sont placés sur une même perpendiculaire à cet axe, de part et d'autre et à égales distances de cet axe.

Q. Dans quel cas deux *figures* sont-elles *symétriques* par rapport à un axe? — **R.** Deux *figures* sont *symétriques* par rapport à un *axe*, lorsque les *points* qui les composent sont *symétriques* deux à deux par rapport à cet *axe*.

Points et figures symétriques par rapport à un plan (a).

Q. Dans quel cas deux *points* sont-ils *symétriques* par rapport à un *plan?* — **R.** Deux *points* sont *symétriques* par rapport à un *plan*, lorsqu'ils sont placés sur une même perpendiculaire à ce plan, de part et d'autre et à égales distances de ce plan.

p. 308

Q. Dans quel cas deux *figures* sont-elles *symétriques* par rapport à un *plan?* — **R.** Deux *figures* sont *symétriques* par rapport à un *plan* lorsque les *points* qui les composent sont *symétriques* deux à deux par rapport à ce *plan* (b).

par rapport à un axe; la seconde, deux triangles *symétriques* aussi par rapport à un axe. Il est évident que, si l'on fait tourner l'un de ces points ou de ces triangles de 180° autour de l'axe de symétrie, il vient s'appliquer exactement sur l'autre, il vient *coïncider* avec lui.

(a) La première de ces figures représente deux points symétriques par rapport à un plan; la seconde, deux tétraèdres symétriques aussi par rapport à un plan. Ce plan est dit *plan de symétrie*. Deux figures planes, symétriques par rapport à un plan sont toujours deux figures superposables; mais deux figures non planes, symétriques par rapport à un plan, ne peuvent pas, en général, être superposées, parce que leurs éléments, égaux d'ailleurs chacun à chacun, ne sont pas placés dans le même ordre.

(b) Les figures *symétriques*, soit par rapport à un *axe*, soit par rapport à un *plan*, se rencontrent à chaque instant. La plupart des meubles, la plupart des édifices nous présentent ainsi des parties symétriques. Un objet et son image, dans un miroir plan, sont deux figures symétriques

Exercice 1. — Quelle est la *pression* qu'exerce l'atmosphère sur une surface de 1^{mq},25, lorsque la *hauteur barométrique* est de 761^{mm}? — **Solution.** La colonne de mercure correspondante a pour volume $1,25 \times 0,761$, ou 0^{mc},95125. Son poids est $0,95125 \times 13,59$, c-à-d 12^T,92748.

E. 2. Un article du *journal* en *partie double* est intitulé *Caisse à Effets à recevoir*. A quelles parties du *grand-livre* doit-on le reporter? — **S.** Au *débit* du compte de *Caisse*, et au *crédit* du compte d'*Effets à recevoir*.

E. 3. Un nombre est compris entre 56,428 et 56,429. On prend pour valeur approchée 56,428. Combien de *décimales exactes?* — **S.** 3 [a].

E. 4. Calculez l'*escompte en dedans*, à 5,7 °/₀, sur une traite de 1 249^f,20, payable dans 90^j. — **S.** 36 000^f, à 5,7 °/₀, en 90^j, rapportent 513^f, et deviennent 36 513^f. Le capital qui, dans les mêmes conditions, devient 1 249^f,20 est donc $36\,000^f \times \dfrac{1\,249,20}{36\,513}$, c-à-d 1 231^f,65.

L'escompte en dedans [b] est donc de $1\,249,20 - 1\,231,65$, c-à-d de 17^f,55.

E. 5. On achète 14 obligations *nominatives*, au cours de 407^f,85. Calculez les *frais*. — **S.** Le droit de *timbre* est 0^f,60; le *courtage* est le huitième du centième de $407^f,85 \times 14$, c-à-d de 5 709^f,90 : il s'élève donc à 7^f,13; le coût du *transfert* est la moitié du centième de 5 709^f,90 : il est donc 28^f,54. Le total des frais est $0^f,60 + 7^f,13 + 28^f,54$, c-à-d 36^f,27.

E. 6. Le nombre 6 661 est-il *premier?* — **S.** Il est premier.

E. 7. Une feuille de tôle [c] a 1^m,25 de long et 78^{cm} de

par rapport à la surface de ce miroir. Nos deux mains, nos deux pieds sont des figures symétriques, et l'on voit bien qu'elles ne sont pas superposables. Le corps de l'homme, comme celui de la plupart des animaux, se compose de deux parties, symétriques par rapport à un *plan médian.*

[a] Le nombre des chiffres exacts est 5.

[b] Nous avons dit déjà que l'escompte en dedans est toujours moindre que l'escompte en dehors, mais que la différence entre ces deux escomptes est très faible. On a fait cette remarque curieuse que cette *différence* est égale à l'escompte en dehors de l'escompte en dedans, et aussi à l'escompte en dedans de l'escompte en dehors.

[c] Comme nous l'avons déjà dit, on donne le nom de *tôle* à des plaques minces de fer. Il y a aussi des *tôles* d'acier.

large. Dites sa superficie. — **S.** 1,25 × 0,78, c-à-d 0^{mq},9750.

E. 8. D'un point extérieur à un cercle, on lui mène deux sécantes. Les deux segments de la première ont 37^{cm},8 et 43^{cm},9. L'un des segments de la seconde a 57^{cm},3. Calculez l'autre. — **S.** $\frac{37,8 \times 43,9}{57,3}$, c-à-d 28^{cm},9.

E. 9. A quel angle correspond le secteur de cercle équivalent au carré construit sur le rayon? — **S.** Ce secteur est au cercle comme 1 est à π. Donc son angle est égal à 1 296 000″ : 3,1416, c-à-d à 412 516″,8, ou à 114^b 35′ 16″,8 [a].

E. 10. Une douzaine de couteaux [b] de table coûte 27^f,50. Que coûtent 54 couteaux? — **S.** 27^f,50 × $\frac{54}{12}$, c-à-d 123^f,75.

E. 11. Partagez un bénéfice de 4 648^f,50 entre trois associés dont les apports sont de 2 000^f, 3 000^f et 4 000^f. — **S.** En partageant 4 648^f,50 proportionnellement à 2, 3, 4, on trouve 1 033^f,00; 1 549^f,50; 2 066^f,00.

E. 12. *Treize* actions du Crédit Lyonnais [c] coûtent 8 368^f,75. Quel en est le cours? — **S.** 8 368^f,75 : 13, c-à-d 643^f,75.

---

221. — Généralités sur les courbes. p. 309

Question. Combien y a-t-il de sortes de *courbes*? — **Réponse.** Il existe deux sortes de *courbes* : les **courbes planes** et les courbes non planes, appelées aussi **courbes gauches** [d].

[a] Cet arc est juste le *double* de celui qui a même longueur que le rayon. On peut le voir *à priori*.

[b] Les *couteaux*, les *ciseaux*, les *canifs*, les *rasoirs* sont les produits principaux de la *coutellerie*, et se vendent chez les *couteliers*. La *coutellerie* anglaise est très renommée. Il en est de même de celles de Langres, de Châtellerault, de Saint-Étienne, etc., etc.

[c] Le *Crédit Lyonnais* est une société financière, fondée à Lyon en 1863, et qui a maintenant des succursales dans la plupart des villes de la France et de l'étranger.

[d] Les courbes *gauches* se nomment aussi parfois courbes à *double courbure*; mais la raison de cette dernière dénomination ne saurait être donnée aux commençants.

Q. Dans quel cas une courbe est-elle *plane?* — **R.** Une courbe est *plane* lorsque tous ses points sont situés dans un *même plan :* la *circonférence* est une *courbe plane.*

Q. Citez d'autres courbes *planes.* — **R.** Comme *courbes planes,* on peut citer encore l'**ellipse** et la **parabole.**

Q. Qu'est-ce que l'*ellipse?* — **R.** L'*ellipse* est une *courbe fermée* [a] telle que la somme des distances MF, MG de l'un quelconque M de ses points à deux points fixes F, G, appelés *foyers,* est constamment égale à une longueur donnée.

Q. Comment trace-t-on une *ellipse?* — **R.** Pour tracer une *ellipse,* on attache aux *foyers* F et G les deux extrémités d'un fil FMG ; puis on fait mouvoir, en tendant ce fil, un crayon dont la pointe est en M [b].

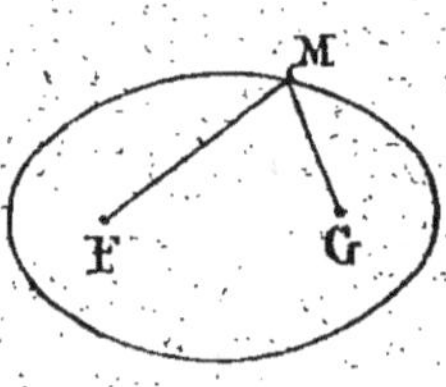

Ellipse.

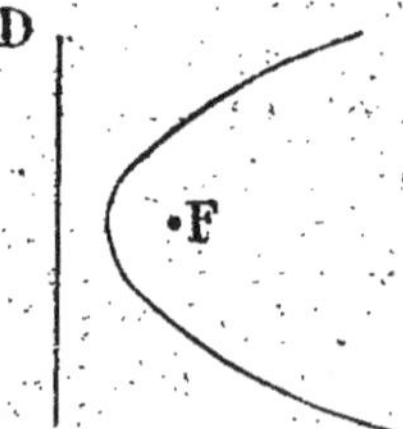

Parabole.

Q. Qu'est-ce que la *parabole?* — **R.** La *parabole* est une courbe dont tous les points sont équidistants d'un point fixe F, appelé *foyer,* et d'une droite fixe D, appelée *directrice* [c].

Q. La *parabole* est-elle fermée ? — **R.** La *parabole* n'est *pas fermée :* ses deux parties se prolongent à l'infini, en s'écartant de plus en plus l'une de l'autre [d].

Hélice.

[a] La terre, dans son mouvement autour du soleil, décrit une ellipse dont le soleil occupe un des foyers. Il en est de même de toutes les autres planètes.

[b] Il existe de petits appareils pour construire l'*ellipse* d'un mouvement continu. Cette opération est *impossible* à l'aide du compas ordinaire, parce qu'une *ellipse* n'est point composée d'arcs de *cercle.*

[c] Un corps qu'on lance suivant une ligne autre que la verticale, un obus, par exemple, décrit une ligne qui est une *parabole.* Les *jets d'eau,* les *fusées* des feux d'artifices nous donnent aussi des exemples de *paraboles.* — Les *comètes* qui reviennent périodiquement décrivent des *ellipses;* celles qui ne reviennent jamais décrivent des *paraboles.*

[d] Il existe une infinité de lignes, autres que la droite et le cercle.

Q. Dans quel cas une courbe est-elle *gauche?* — **R.** Une courbe est *gauche,* lorsqu'il n'existe aucun plan qui en contienne tous les points.

Q. Quelle est la plus simple des courbes *gauches?* — **R.** La plus simple des *courbes gauches* est l'**hélice,** que nous figurent les *ressorts à boudin* [a].

Q. Comment obtient-on une *hélice?* — **R.** Pour obtenir une p. 310 *hélice,* il suffit de tracer une *droite* sur un *papier,* puis d'enrouler ce papier autour d'un *cylindre* : par cet enroulement, la *droite* devient une *hélice* [b].

Exercice 1. Calculez avec 3 *décimales exactes* l'excès de 2,543146 sur 1,937864. — **Solution.** 0,605.

E. 2. Ecrivez 1589 en *chiffres romains.* — **S.** MDLXXXIX.

E. 3. Evaluez en *kilogrammètres* le travail nécessaire pour monter 985^{Kg} de briques à une hauteur de $11^m,50$. — **S.** $985 \times 11,50$, c-à-d, en kilogrammètres, $11\,327,50$.

E. 4. Jean me donne un billet à ordre de $728^f,50$ en paiement des $728^f,50$ qu'il me doit. Comment, dans la *partie double,* dois-je relater ce fait sur mon *journal?* — **S.** *Effets à recevoir à Jean.* — Son billet de $728^f,50$, en paiement de ce qu'il me doit..... $728^f,50$ [c].

E. 5. La lumière parcourt $300\,400^{Km}$ par seconde. Combien met-elle de temps pour nous arriver du soleil lorsque cet astre est à $150\,956\,000^{Km}$ de la terre [d]? — **S.** Autant de secondes qu'il y a de fois $300\,400^{Km}$ dans $150\,956\,000^{Km}$, c-à-d $502^s,5$, ou $8^m\,22^s,5$.

Les plus simples sont l'*ellipse,* la *parabole* et l'*hyperbole.* Cette dernière se compose de deux branches infinies, qui n'ont aucun point commun. — L'*ellipse,* l'*hyperbole* et la *parabole* se nomment les trois *sections coniques,* parce que ce sont elles qu'on obtient en coupant un *cône* par un plan.

[a] Les *ressorts à boudin* se rencontrent à chaque instant, par exemple, dans nos sommiers et dans nos meubles.

[b] Il suit immédiatement de là que le plus petit arc d'*hélice,* entre deux points de la surface d'un cylindre, est le *plus court chemin* pour aller, sur cette surface, d'un de ces points à l'autre.

[c] Le compte d'*effets à recevoir* comprend tous les effets, non souscrits par moi, qui me sont donnés en paiement.

[d] La vitesse de la lumière a été calculée, pour la première fois, en 1676, par *Rœmer,* astronome danois, qui la déduisit de l'observation des éclipses des satellites de Jupiter. De nos jours, elle a été déterminée, à l'aide d'une méthode directe, par **M.** Fizeau, illustre physicien français.

E. 6. Calculez avec 2 décimales $\sqrt[3]{62\,429,5}$. — **S**. 39,67.

E. 7. Trouvez la somme de deux angles, l'un de $26°\,33'\,56''\!,2$, l'autre de $48°\,47'\,33''\!,7$.
S. $75°\,21'\,29''\!,9$.

E. 8. Quelle est la capacité d'un vase, en forme de tronc de cône renversé, dont les bases ont des rayons de $9^{cm}\!,3$ et $11^{cm}\!,7$, et dont la hauteur est de $14^{cm}\!,1$? — **S**. Les aires des trois bases à considérer sont $3,1416 \times 86,49$; $3,1416 \times 136,89$; et $3,1416 \times 108,81$. Leur somme est donc $3,1416 \times (86,49 + 136,89 + 108,81)$, c-à-d $1043^{cmq}\!,60$. Il suffit de multiplier ce nombre par le *tiers* de la hauteur, pour obtenir le volume du vase. En opérant ainsi, on trouve $4904^{cmc}\!,9$.

E. 9. Calculez la surface totale d'un parallélépipède rectangle ayant pour dimensions $2^{m}\!,2$; $3^{m}\!,3$; $4^{m}\!,4$. — **S**. Il y a deux faces ayant chacune pour aire $2,2 \times 3,3$, c-à-d $7^{mq}\!,26$; il y en a deux ayant chacune pour aire $3,3 \times 4,4$, c-à-d $14^{mq}\!,52$; enfin il y en a deux ayant chacune pour aire $4,4 \times 2,2$, c-à-d $9^{mq}\!,68$. En ajoutant ces six aires, on trouve pour la surface totale $62^{mq}\!,92$.

E. 10. Que rapportent $103\,827^{f}$, en 5 ans, à $4,3\ ^{o}/_{o}$, et à intérêts composés ? — **S**. Placé dans ces conditions, ce capital devient $128\,153^{f}\!,76$; et, par conséquent, rapporte $128\,153^{f}\!,76 - 103\,827^{f}$, c-à-d $24\,326^{f}\!,76$.

E. 11. Que coûtent $7\,825^{f}$ de rente $3\ ^{o}/_{o}$ français, au cours de $84^{f}\!,15$? — **S**. 3^{f} de rente coûtent $84^{f}\!,15$. Donc $7\,825^{f}$ coûtent $84^{f}\!,15 \times \dfrac{7\,825}{3}$, c-à-d $219\,491^{f}\!,25$.

E. 12. On fond ensemble $4\,758^{g}$ d'argent pur et $48^{Dg}\!,7$ de cuivre. Trouvez le titre de l'alliage formé. — **S**. Le poids du métal précieux est $4\,758^{g}$. Le poids total de l'alliage est $4\,758^{g} + 487^{g}$, c-à-d $5\,245^{g}$. Le titre est donc $5\,758 : 4\,245$, c-à-d $0,907$ [a].

---

[a] Il est bon, lorsqu'on montre aux élèves la manière de résoudre une question, de leur rappeler tout ce qui s'y rapporte. Dans le cas présent, on leur rappellera la *définition* du *titre* d'un alliage, et on leur fera observer que la méthode de calcul qu'on emploie ici dérive immédiatement de cette définition.

222. — Généralités sur les surfaces.

Question. Qu'appelle-t-on *surface de révolution?* — **Réponse.** On appelle **surface de révolution** toute *surface* engendrée par une *ligne* quelconque, qui tourne autour d'une *droite* où *axe* fixe.

Q. Citez une *surface de révolution*. — **R.** La surface de la *sphère* [a] est la surface de *révolution* engendrée par une *demi-circonférence* tournant autour de son *diamètre* [b].

Q. Qu'appelle-t-on *surface réglée?* — **R.** On appelle **surface réglée** toute *surface* engendrée par une *droite indéfinie* qui se meut.

Q. Citez des *surfaces réglées.* — **R.** Parmi les *surfaces* réglées, on distingue principalement les surfaces *cylindriques* et les surfaces *coniques* [c]. p. 311

Q. Qu'appelle-t-on *surface cylindrique?* — **R.** On appelle **surface cylindrique** toute *surface* engendrée par une *droite indéfinie* qui se meut, en restant constamment *parallèle* à une *droite fixe* et en s'appuyant constamment sur une *ligne fixe* quelconque, nommée *directrice*.

Q. Donnez un exemple. — **R.** La *surface latérale* du *cylindre* est une portion de *surface cylindrique*.

Q. Qu'appelle-t-on *surface conique?* — **R.** On appelle

[a] Toute ellipse admet deux *axes de symétrie* : le plus grand passe par les deux foyers, l'autre est perpendiculaire au premier et passe par le milieu de la distance qui sépare ces foyers. En tournant autour de son grand axe, l'ellipse engendre un *ellipsoïde de révolution allongé;* en tournant autour du petit, elle engendre un *ellipsoïde de révolution aplati.* La terre est un *ellipsoïde de révolution aplati,* mais l'aplatissement est si faible qu'on peut la regarder comme une *sphère.*

[b] Quand on coupe une *surface de révolution* par un plan passant par l'axe, on obtient une courbe qu'on nomme *méridien.* Dans une même surface de révolution, tous les méridiens sont égaux. — Quand on coupe une *surface de révolution* par un plan *perpendiculaire* à l'axe, on obtient une *circonférence,* qui a son *centre* sur l'*axe* et qui se nomme un *parallèle* de la surface.

[c] On donne le nom de *génératrice* à la ligne, quelle qu'elle soit, qui, en se déplaçant, engendre la surface. La surface est *réglée* quand la génératrice est une *droite.*

surface conique toute *surface* engendrée par une *droite indéfinie* qui se meut, en passant constamment par un *point fixe* nommé *sommet*, et en s'appuyant constamment sur une *ligne fixe* quelconque, nommée *directrice*.

Q. Donnez un exemple. — **R.** La *surface latérale* du *cône* est une portion de *surface conique* [a].

Q. Dans quel cas une surface est-elle dite *développable*? — **R.** On dit qu'une *surface* est **développable**, lorsqu'on peut l'*appliquer* exactement sur un *plan*, sans la *plisser* ni la *déchirer*.

Q. Citez des surfaces *développables*. — **R.** Les *surfaces cylindriques* et les *surfaces coniques* sont *développables*. La surface de la *sphère* ne l'est pas [b].

Exercice 1. Un vase contient du mercure jusqu'à une hauteur de $11^{cm},2$. La surface du fond est de $1^{dmq},8$. Quelle *pression* ce fond supporte-t-il? — **Solution**. Le volume de [la colonne qui mesure la pression est $1,8 \times 1,12$, c-à-d $2^{dmc},016$. Son poids est $2,016 \times 13,59$, c-à-d $27^{Kg},397$.

E. 2. Martin donne à Jean, son propriétaire, pour lui payer un terme [c] de son loyer, un *chèque* de $347^{f},50$. Rédigez ce chèque. — **S. B. P. F. 347,50.** — Payez à M. Jean la somme de trois cent quarante-sept francs cinquante centimes, dont vous débiterez mon compte. — Martin.

[a] Lorsqu'une droite tourne autour d'un axe fixe, elle engendre, suivant les cas, trois surfaces de révolution différentes : 1° si elle rencontre l'axe, elle engendre une surface *conique* de révolution; 2° si est parallèle à l'axe, elle engendre une surface *cylindrique* de révolution; 3° si elle ne rencontre pas l'axe ni ne lui est parallèle, elle engendre une surface de révolution, analogue à la surface latérale d'une *gerbe*, et qu'on nomme soit surface *gauche* de révolution, soit *hyperboloïde* de révolution à *une nappe.*

[b] C'est pour cela qu'il est impossible de représenter exactement, sur un *plan*, une portion un peu grande de la surface d'une *sphère*. C'est pour cela que les *planisphères*, *mappemondes* et *cartes générales* sont toujours très défectueuses. Pour donner une idée juste de la *terre*, rien ne peut remplacer un bon *globe* terrestre.

[c] A Paris, les loyers des appartements se paient par *quarts*, les 15 janvier, 15 avril, 15 juillet et 15 octobre de chaque année. Chaque *quart* se nomme un *terme*, et le jour où ce terme doit être payé est le *jour du terme.* — Dans certaines villes, les loyers se paient par *moitiés*.

E. 3. Quel *effort* faut-il faire pour soutenir, lorsqu'il est plongé dans l'alcool, un corps pesant $42^{Dg},7$ et ayant un volume de $65^{cmc},2$. — **S.** Le poids de l'alcool déplacé est $65,2 \times 0,81$, ou $52^g,812$. L'effort à faire est donc égal à $427^g — 52^g,812$, c-à-d à $374^g,188$.

E. 4. La *force élastique* de la vapeur d'eau contenue dans une chaudière équivaut à 133^{mm} de mercure. Quelle *pression* exerce cette vapeur sur un piston ayant $0^{mq},67$ de surface? — **S.** La colonne de mercure mesurant cette pression aurait pour volume $0,67 \times 0,133$, c-à-d $0^{mc},08911$. Son poids serait $0,08911 \times 13,59$, c-à-d $1^T,211$. Telle est la pression cherchée [a].

E. 5. Un article d'un *journal* en *partie double* est intitulé *Caisse à Laurent*. A quelles parties du *grand-livre* doit-on le reporter? — **S.** Au *débit* du compte de *Caisse*, et au *crédit* du compte de *Laurent* [b].

E. 6. Calculez $\sqrt{7}$ avec 4 *décimales*. — **S.** 2,6457.

E. 7. Le volume d'une pyramide est de $0^{mc},758$; sa hauteur est de 99^{cm}. Calculez l'aire de sa base. — **S.** $0,758 : 0,99$, c-à-d $0^{mq},7656$ est le *tiers* de la base.

E. 8. Calculez le nombre de *degrés, minutes* et *secondes* de p. 312 l'arc qui a 3^m de long dans une circonférence de $1^m,26$ de rayon. — **S.** La longueur de cette circonférence est $7^m,9168$. Le nombre de secondes de l'arc donné est donc $1296000'' \times \dfrac{3}{7,9168}$, c-à-d $491407''$, ou $136°25'7''$.

E. 9. Un vase cylindrique a une profondeur de $3^{dm},2$, et un rayon intérieur de $5^{cm},3$. Quelle est sa capacité? — **S.** La surface du fond est $0^{dmq},8824$. La capacité est donc $0,8824 \times 3,2$, c-à-d $2^{dmc},823$, ou $2^l,823$.

E. 10. On vend une vigne 3683^f, en gagnant $798^f,50$. Combien pour cent du prix d'achat? — **S.** Le prix d'achat est $3683^f — 798^f,50$, c-à-d $2884^f,50$. Ainsi,

---

[a] Le mercure étant le plus lourd de tous les liquides, la pression qui correspond à une hauteur assez faible de mercure est souvent énorme : c'est ce qui arrive dans le présent exercice. — C'est cette grande densité du mercure qui l'a fait choisir pour liquide *barométrique*. Un baromètre à eau devrait avoir une hauteur de plus de 10^m.

[b] On peut demander aussi aux élèves, en leur citant le titre seulement d'un article du journal, de dire le genre d'opération relaté en cet article. Un article intitulé *Caisse à Laurent* signifie que la caisse a reçu, que Laurent a donné : il relate un paiement ou versement quelconque effectué par Laurent.

pour 2 884^f,50, le bénéfice est 798^f,50; pour 100^f, il serait 798^f,50 $\times \dfrac{100}{2884,50}$, c-à-d 27^f,68.

E. 11. Pendant combien de jours faut-il placer 27 644^f, à 4,2 °/$_0$, pour qu'ils rapportent 633^f,45? — **S.** Pour que 100^f rapportent 4^f,20, il faut les placer pendant 360^j. Pour que 27 644^f rapportent 633^f,45, il faut les placer pendant 360^j $\times \dfrac{100}{27644} \times \dfrac{633,45}{4,20}$, c-à-d pendant 196^j.

E. 12. Dites la *valeur actuelle* d'une traite de 941^f,25, payable dans 72^j, le taux de l'escompte étant 5,7 °/$_0$. — **S.** L'escompte est $\dfrac{5,7 \times 941,25 \times 72}{36\,000}$, c-à-d 10^f,73. La valeur actuelle est donc 941^f,25 — 10^f,73, c-à-d 930^f,52 [a].

223. — Mesure des distances.

Question. Enoncez le premier problème sur les *distances.* — **Réponse.** Problème I : *Trouvez la distance d'un point accessible* A *à un point inaccessible* I.

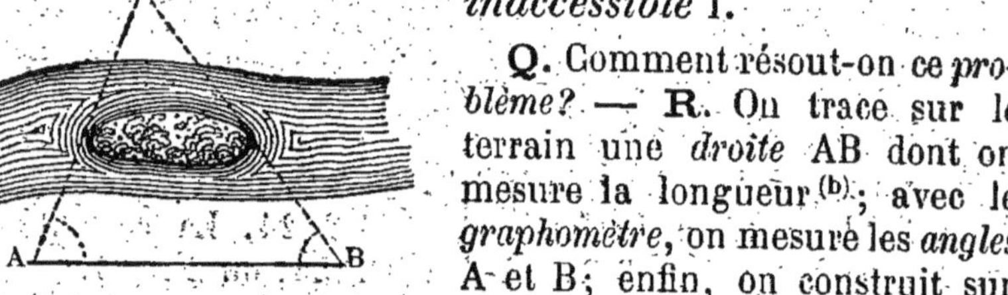

Q. Comment résout-on ce *problème?* — **R.** On trace sur le terrain une *droite* AB dont on mesure la longueur [b]; avec le *graphomètre*, on mesure les *angles* A et B; enfin, on construit sur le papier un *triangle abi semblable* [c] au *triangle* ABI et dans lequel *ab* soit, par exemple, le *centième* de AB. Le côté *ai* de

(a) On fera observer aux élèves que les calculs de cet exercice se simplifient beaucoup, si l'on remarque que 72 est le *double* de 36.

(b) Il semble à bien des gens tout à fait impossible de trouver la *distance* du *point* où l'on est à un *point inaccessible.* Le mode de résolution que nous donnons prouve que ce problème non seulement n'est pas impossible, mais est même assez facile. C'est, au fond, par ce procédé simple que l'on mesure la distance qui sépare de nous la lune, le soleil, les planètes et aussi les étoiles les moins éloignées.

(c) Nous n'avons pas mis, sur la figure, ce petit triangle *abi*, laissant à l'élève le soin de le tracer. — Dans le problème II, qui suit, nous ne figurons pas non plus le petit triangle *iaj*.

ce triangle, qu'on peut facilement mesurer, est le *centième* de la *distance cherchée* AI [a].

Q. Énoncez le second problème sur les *distances.* — **R.** Problème II : *Trouvez la distance d'un point inaccessible* I *à un autre point inaccessible* J [b].

Q. Comment résout-on ce *problème?* — **R.** On trace sur le terrain une *droite* AB que l'on mesure ; en appliquant deux fois la solution du problème précédent, on trouve les *distances* AI et AJ ; on mesure l'*angle* IAJ [c] ; enfin, on

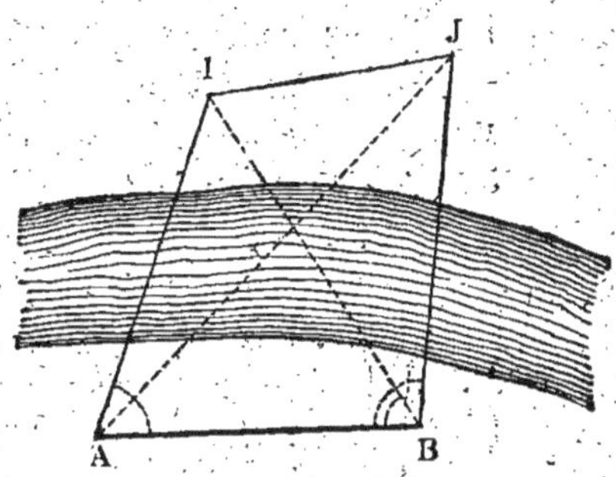

construit sur le papier un *triangle iaj semblable* au *triangle* IAJ et dans lequel, par exemple, *ai* soit le *centième* de AI et *aj* le *centième* de AJ. Le côté *ij* de ce triangle est le *centième* de la p. 313 *distance cherchée* IJ.

Exercice 1. Une locomotive parcourt, d'un mouvement uniforme, 41 lieues en 2^h 30^m. Dites sa *vitesse.* — **Solution.** $41^{lieues} = 164^{Km}$, et 2^h $30^m = 9\,000^s$. Donc la vitesse est de $164\,000^m : 9\,000$, c-à-d de $18^m,22$.

E. 2. Un morceau de fer a un volume de 328^{cmc}. On le pèse plongé dans l'eau. Quel poids lui trouve-t-on ? — **S.** Son poids dans l'air est $328 \times 7,20$, ou $2\,361^g,6$. La poussée qu'il subit est de 328^g. Donc, quand on le pèse dans l'eau, on trouve $2\,361^g,6 - 328^g$, c-à-d $2\,033^g,6$.

E. 3. Le fond d'un bassin a une superficie de $37^{mq},28$. L'eau contenue dans le bassin exerce sur ce fond une *pression* de $45^T,643$. Quelle est la profondeur de l'eau ?

---

[a] On a inventé divers instruments, le *stadia*, par exemple, pour évaluer directement, sans dessin ni calcul, la distance du point où l'on est à un point inaccessible ; mais ces instruments, qu'on perfectionnera, sans doute, sont encore incommodes et trop compliqués.

[b] Au premier abord, ce problème semble plus difficile que le précédent. Il se résout par un procédé presque aussi simple.

[c] Il semble sur la figure que l'angle IAJ soit la différence des angles IAB et JAB. C'est ce qui a lieu, en effet, lorsque les trois droites AI, AJ et AB sont dans un même plan. Mais, comme cette condition est très rarement remplie, l'angle IAJ n'est point, en général, égal à cette différence, et il faut, par conséquent, le mesurer directement.

— **S.** La colonne d'eau correspondant à la pression aurait un volume de $45^{mc},643$. La profondeur de l'eau serait donc 45,643 : 37,28, c-à-d $1^m,22$.

E. 4. Un gaz comprimé dans un récipient en fer exerce sur la paroi une pression de $3^{kg},29$ par centimètre carré. Exprimez sa *force élastique* en millimètres de mercure. — **S.** La pression sur un décimètre carré est 329^{kg}. Le volume de la colonne correspondante de mercure est 329 : 13,59, c-à-d $24^{dmc},20$. La hauteur est donc 24,20 : 1, ou $24^{dm},20$, ou 2.420^{mm} (a).

E. 5. Une action *nominative* est au cours de $1628^f,50$. Son revenu *brut* est de 15^f. Calculez son revenu *net*. — **S.** L'impôt sur le revenu est de $15^f \times 0,03$, c-à-d $0^f,45$. Le revenu *net* est donc $15^f — 0^f,45$, c-à-d $14^f,55$ (b).

E. 6. Les côtés d'un triangle ont pour longueurs 25^{cm}, 26^{cm} et 27^{cm}. Trouvez sa superficie. — **S.** Le demi-périmètre est de 39^{cm}; et les excès de ce demi-périmètre sur les trois côtés sont 14, 13 et 12. L'aire est *donc la racine carrée du produit* $39 \times 14 \times 13 \times 12$. Elle est égale à $292^{cmq},83$.

E. 7. Un cube a un volume de $0^{mc},433$. Un autre a un volume 27 fois moindre. Quelle est l'arête de ce dernier? — **S.** L'arête du premier est $\sqrt[3]{0,433}$, c-à-d $0^m,756$. L'arête du second en est le tiers, c-à-d $0^m,252$.

E. 8. Calculez la surface latérale d'un cône ayant un rayon de base de $0^{dm},57$ et une arête latérale de $32^{cm},8$. — **S.** La demi-circonférence de base est $3,1416 \times 0,57$, c-à-d $1^{dm},790$. La surface latérale est $1,790 \times 3,28$, c-à-d $5^{dmq},8712$.

E. 9. Trouvez la hauteur du cylindre qui a un volume de $0^{dmc},57$ et un rayon de base de $9^{cm},6$. — **S.** L'aire de la base est $0^{dmq},9216$. La hauteur est donc 0,57 : 0,9216, c-à-d $0^{dm},618$.

E. 10. Les obligations d'un chemin de fer sont cotées (c)

(a) Un peu plus de 3 atmosphères. — On a construit, notamment pour la liquéfaction des gaz, des récipients qui peuvent résister à une pression de plusieurs centaines d'atmosphères.

(b) Comme on l'a déjà fait remarquer, le revenu *net* serait un peu moindre, si l'action considérée, au lieu d'être une action *nominative*, était une action *au porteur.*

(c) Dire que ces actions sont *cotées* $396^f,25$, c'est dire qu'elles sont au cours de $396^f,25$. Le tableau des cours des différentes valeurs se nomme

396^f,25, et rapportent 15^f. On en achète pour 4358^f,75. Quel revenu se fera-t-on ? — **S.** $15^f \times \dfrac{4358,75}{396,25}$, c-à-d 165^f.

E. 11. Partagez un bénéfice de 27846^f entre deux associés qui ont mis dans une entreprise, l'un 48000^f pendant 7 mois, l'autre 56000^f pendant 5 mois. — **S.** Il s'agit de partager 27846^f proportionnellement aux produits 48000×7 et 56000×5, ou aux nombres 336 et 280. En faisant le calcul, on trouve pour les deux parts 15188^f,72 et 12657^f,27.

E. 12. Un capital de 59643^f,35 rapporte 947^f,25 en 4 mois. Quel est le taux de l'intérêt ? — **S.** 100^f, en 12^{mois}, rapportent $947^f,25 \times \dfrac{100}{59643,35} \times \dfrac{12}{3}$, ou 6^f,35 : tel est le taux.

---

221. — Mesure des hauteurs.

Question. Enoncez le premier problème sur les *hauteurs*. — **Réponse.** Problème I : *Trouvez la hauteur d'une tour*[a].

Q. Comment résout-on ce *problème?* — **R.** Soit T la *tour*, dont on suppose la base sur un *plan horizontal* et le pied *accessible*. Pour en trouver la *hauteur* AB, on place le *graphomètre* en un point C, on mesure l'*horizontale* CD qui va du point C à la tour, et on mesure aussi l'angle DCB. On construit sur le papier un *triangle rectangle dcb* [b] *semblable* à DCB, et dont le côté *cd* soit, par exemple, le *centième* de CD. Le côté *db* sera le *centième* de DB, et, DB étant connu, il suffira d'y ajouter la *hauteur* AD du pied du graphomètre pour obtenir la hauteur AB de la *tour*.

p. 314

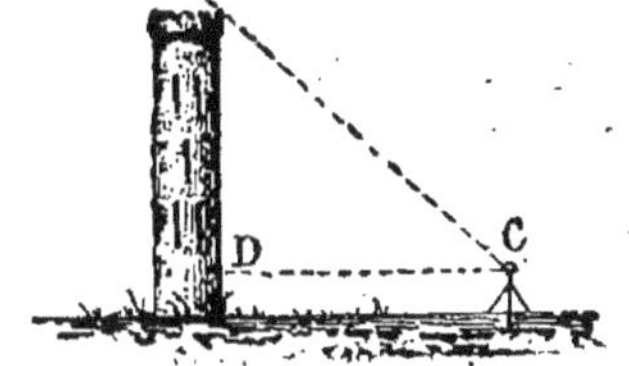

---

la *cote* de la Bourse. — Ce mot *cote* est celui que nous avons déjà écrit, dans les paragraphes relatifs au levé des plans et au nivellement.

[a] Ce problème s'énonce souvent sous cette forme : « *Evaluez une hauteur dont le pied est accessible.* »

[b] *Dans ce problème, comme dans le suivant, nous nous dispensons encore de tracer, sur la figure, le petit triangle dcb.*

Q. Énoncez le second problème sur les *hauteurs.* — **R.** Problème II : *Trouvez la hauteur d'une montagne*[a].

Q. Comment résout-on ce *problème?* — **R.** Soit S le

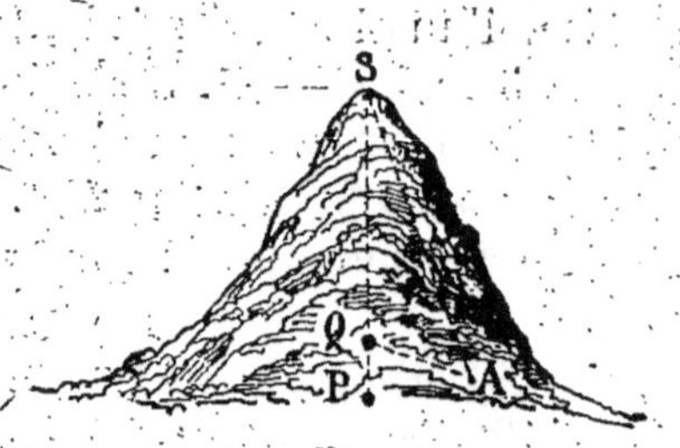

sommet de la montagne : sa *hauteur,* c'est la portion SP de la *verticale* du sommet comprise entre ce point et le *plan horizontal* où l'on se trouve. Soit A le point où on place le centre du *graphomètre*[b]. Appliquant le procédé indiqué plus haut, on détermine la *distance* AS du point *accessible* A au point *inaccessible* S. Disposant le graphomètre de façon que le plan en soit vertical et contienne le point S, et que l'alidade fixe soit horizontale, c-à-d dirigée suivant AQ, on mesure l'*angle* QAS. Puis on construit sur le papier un *angle a* égal à QAS, on prend sur l'un des côtés de l'angle *a* une longueur *as* qui soit, par exemple, le *centième* de AS, et l'on abaisse de *s* la perpendiculaire *sq* sur l'autre côté de l'angle *a.* Cette longueur *sq* sera le *centième* de SQ. Connaissant SQ, en y ajoutant la *hauteur* QP du pied du graphomètre, on obtiendra la *hauteur* SP de la *montagne*[c].

Exercice 1. Une longueur est comprise entre 457^{mm} et 458^{mm}. On prend 457^{mm} pour sa valeur approchée. Que savez-vous sur l'*erreur absolue?* — **Solution.** Elle est moindre que 1^{mm}.

E. 2. Je paie à Louis $1509^{f},50$ que je lui devais. Comment, dans la *partie double*, dois-je passer cette opération

(a) Ce problème s'énonce aussi très souvent : «*Evaluez une hauteur dont le pied est inaccessible.* »

(b) Les procédés que nous donnons pour mesurer les distances et les hauteurs sont théoriquement parfaits; mais, dans la pratique, ils ne donnent qu'une assez faible approximation. Ce défaut provient de deux causes : 1° de l'emploi du *graphomètre,* qui est un instrument peu précis; 2° de l'emploi d'une *construction graphique,* qui ne comporte pas non plus une grande précision.

(c) On a mesuré, par ce procédé, la hauteur de plusieurs montagnes. Evidemment, on pourrait aussi mesurer, de proche en proche, la hauteur d'une montagne par les procédés du nivellement. Enfin, il existe des formules qui permettent d'évaluer ces hauteurs à l'aide d'observations barométriques.

à mon *journal?* — **S.** *Louis à Caisse.* — Payé à Louis ce que je lui devais... 1 509^f,50 [a].

E. 3. Un morceau de métal pèse dans l'air 495^g. Plongé dans l'eau, on ne trouve, en le pesant, que 447^g. Quel est son volume? — **S.** La poussée est de 495^g—447^g, c-à-d de 48^g. Le volume de l'eau déplacée est donc 48^{cmc}: c'est aussi le volume cherché.

E. 4. Calculez avec *deux décimales* la somme des trois p. 315 nombres 0,346789; 2,57604; 3,786591. — **S.** 6,71.

E. 5. La *force élastique* d'un gaz comprimé est de 7594^{mm} de mercure. Combien d'atmosphères? — **S.** Autant qu'il y a de fois 760 dans 7 594, c-à-d 9^{atm},9.

E. 6. Calculez, à moins de 1^{cm}, l'arête d'un cube dont le volume est de 3^{mc},564. — **S.** $\sqrt[3]{3,564}$, c-à-d 1^m,52.

E. 7. Trouvez le rayon du cercle équivalent à un carré de 20^{cm} de côté. — **S.** La surface de ce cercle est de 400^{cmq}. En divisant ce nombre par 3,1416, on trouve 127,3200, qui est le carré du rayon cherché. En extrayant la racine carrée de ce nombre, on trouve, pour ce rayon, 11^{cm},28 [b].

E. 8. Réduisez en *secondes* 54° 47′ 49″,8. **S.** 197269″,8.

E. 9. Un arrosoir [c] a la forme d'un cône renversé. Sa profondeur est de 27^{cm},2, et son rayon d'ouverture de 8^{cm},4. Dites sa capacité. — **S.** L'aire de la base est 221^{cmq},6712. La capacité cherchée est donc $\frac{221,6712 \times 27,2}{3}$, c-à-d 2009^{cmc},818, ou 2^l,009818.

E. 10. En payant *comptant* une facture de 324^f,75, j'obtiens une *bonification* de 4 °/₀. Combien ai-je à débourser? — **S.** La bonification s'élève à 324^f,75 ×0,04, ou 12^f,99. Je n'ai donc à débourser que 324^f,85 — 12^f,99, ou 311^f,76.

E. 11. Partagez 4527^f,50 en trois parties, *inversement proportionnelles* aux nombres 6, 7 et 8. — **S.** On partage

(a) On devra, sur le *grand-livre*, reporter cet article au *débit* de Louis et au *crédit* de Caisse.

(b) Comme on l'a déjà dit, il est impossible de construire, avec la *règle* et le *compas*, soit un *carré* équivalent à un *cercle* donné, soit un *cercle* équivalent à un *carré* donné.

(c) Les *arrosoirs* sont de formes très différentes. Aujourd'hui, on se sert aussi beaucoup, pour l'arrosage, de *lances* analogues à celles des pompiers.

proportionnellement à $\frac{1}{6}$, $\frac{1}{7}$, $\frac{1}{8}$. Mais ces fractions équivalent à $\frac{28}{168}$, $\frac{24}{168}$, $\frac{21}{168}$. Il suffit donc de partager proportionnellement aux nombres 28, 24, 21. On trouve ainsi pour les trois parts 1736^f,57 ; 1488^f,49 ; 1302^f,43.

E. 12. Une action de la Compagnie Algérienne est cotée 407^f,50 et donne cette année un dividende de 27^f,50. Trouvez le taux de l'intérêt. — **S.** 407^f,50 rapportent 27^f,50. Donc 100^f rapportent $27^f,50 \times \frac{100}{407,50}$, c-à-d 6^f,74. Tel est le taux [a].

CHAPITRE VII

NOTIONS D'ALGÈBRE

—

225. — Préliminaires.

Question. En *algèbre*, comment représente-t-on les *nombres*? — **Réponse.** En **algèbre** [b], on représente souvent les *nombres* par des *lettres*.

Q. Comment se représentent les *nombres connus*? — **R.** Les nombres *connus* se représentent d'ordinaire par les *premières lettres de l'alphabet* ; les nombres *inconnus* par les *dernières* [c].

Q. Comment s'indiquent les *opérations*? — **R.** Les *opérations* s'indiquent en *algèbre* par les *mêmes signes* qu'en *arithmétique*.

Q. Qu'y a-t-il à remarquer sur le signe $\times$? — **R.** Toutefois, en *algèbre*, on remplace souvent le signe $\times$ par un simple

---

[a] En réalité, le *taux* est un peu moindre, parce que le revenu *net* est inférieur à 27^f,50.

[b] Le mot *algèbre* est d'origine arabe, comme alidade, almanach, alcool, etc., etc.

[c] En d'autres termes, les nombres *connus* se représentent par a, b, c, … ; les nombres *inconnus* par x, y, z, …

point; parfois même on le *supprime* [a]. Ainsi $a.b$ et ab ont la même signification que $a \times b$.

Q. Que savez-vous sur un calcul *indiqué* à l'intérieur d'une *parenthèse?* — **R.** Tout calcul *indiqué* à l'intérieur d'une *parenthèse* doit être regardé comme *effectué*.

Q. Donnez un exemple. — **R.** Ainsi $(7 + 8 - 9)$ représente p. 316 le résultat du calcul indiqué par $7 + 8 - 9$, c-à-d le nombre 6.

Q. Qu'est-ce qu'une *expression algébrique?* — **R.** Une **expression algébrique** est un ensemble quelconque de *nombres*, de *lettres* et de *signes* indiquant des opérations à effectuer sur ces nombres et sur ces lettres.

Q. Donnez un exemple. — **R.** $2a - b + \sqrt{c}$ est une *expression algébrique*.

Q. Qu'est-ce que la *valeur numérique* d'une *expression algébrique?* — **R.** La **valeur numérique** d'une expression algébrique, c'est le *nombre* qu'on obtient en remplaçant, dans cette expression, toutes les lettres par les nombres qu'elles représentent, et en effectuant ensuite tous les calculs indiqués.

Q. Donnez un exemple. — **R.** Soit l'expression $2a - b + \sqrt{c}$, où a, b, c représentent les nombres 7, 5, 9. La *valeur numérique* de cette expression est $2 \times 7 - 5 + \sqrt{9}$, c-à-d $14 - 5 + 3$, c-à-d 12 [b].

Q. Qu'est-ce qu'une *équation?* — **R.** Une **équation** est une *égalité* [c] où il entre une ou plusieurs *inconnues*, c-à-d une ou plusieurs *lettres* représentant des nombres *inconnus*.

[a] On ne peut pas supprimer le signe $\times$, ni le point entre deux nombres écrits l'un et l'autre en chiffres. Cette suppression ferait confondre par exemple le produit 2×4, ou 2.4, avec le nombre 24.

[b] Deux expressions algébriques sont *équivalentes* lorsque, par quelques nombres qu'on remplace les lettres qui y figurent, on trouve toujours, pour ces deux expressions, une même *valeur numérique*. Ainsi $a + b$ et $b + a$ sont deux expressions algébriques *équivalentes*. Il en est de même des expressions $(a + b)^2$ et $a^2 + 2ab + b^2$; et d'une infinité d'autres.

[c] Il sera bon de rappeler aux élèves ce qu'on nomme *premier membre* et *second membre* d'une *égalité*.

Q. Donnez un exemple. — **R.** $2x + 7 = 13$ est une équation à *une inconnue*; $x - 3y = 11$ est une équation à *deux inconnues* [a].

Exercice 1. Il y a *a* moutons dans un troupeau et *b* dans un autre. Combien dans les deux ? — **Solution.** $a + b$.

E. 2. Une armée compte *n* bataillons de *h* hommes chacun. Combien d'hommes ? — **S.** hn [b].

E. 3. Trouvez la *valeur numérique* de $a + bc - \sqrt{d}$, sachant que *a*, *b*, *c*, *d* ont pour valeurs respectives 111, 83, 29 et 289. — **S.** $111 + 83 \times 29 - \sqrt{289}$, ou 2 501.

E. 4. Calculez $(a + b)c$, sachant que *a*, *b*, *c* ont pour valeurs respectives 7, 8 et 6. — **S.** $(7 + 8) \times 6$, ou 90.

E. 5. Exprimez en *chevaux-vapeur* la puissance d'une machine capable d'élever $57^T,8$ à $33^m,2$ de hauteur, en 2^s. — **S.** Le travail effectué en 2^s est $57\,800 \times 33,2$ ou $1\,918\,960$ kilogrammètres. Le travail effectué en 1^s est donc $959\,480$ kilogrammètres : autant de chevaux-vapeur qu'il y a de fois 75 dans $959\,480$, c-à-d 12 793 chevaux-vapeur.

E. 6. Un article du *journal*, en *partie double*, est intitulé *Lucien à Effets à payer*. A quelles parties du *grand-livre* faut-il le reporter ? — **S.** Au *débit* du compte de *Lucien*, et au *crédit* du compte de *Effets à payer* [c].

E. 7. En pesant un corps dans l'air, on trouve $628^g,9$. En le pesant dans l'eau, on trouve $556^g,9$. Dites le volume de ce corps. — **S.** Le poids de l'eau déplacée est 72^g; son volume est donc 72^{cmc} : c'est le volume du corps.

p. 317   **E. 8.** Quelle serait la longueur du mur d'enceinte [d] d'une

[a] Toute *équation* doit s'écrire au milieu d'une ligne, et être seule sur cette ligne. Ce n'est qu'à cette condition que les écritures algébriques deviennent claires et commodes. Si, dans le présent livre, nous écrivons des équations au milieu du texte, c'est simplement pour gagner de la place, et ne pas rendre le livre trop gros.

[b] Il conviendra de faire dire aux élèves : « le nombre d'hommes sera *n* fois *h*, c-à-d $h \times n$, ou *hn*. »

[c] Il sera utile de demander aux élèves le genre de l'opération relatée en cet article. Évidemment *Lucien* reçoit, *Effets à payer* donnent. En d'autres termes, nous avons remis à *Lucien* un *effet à payer*.

[d] La plupart des villes fortes ont des murs d'*enceinte*, qu'on utilise presque toujours comme murs d'*octroi*.

ville circulaire dont le diamètre serait de 8^{Km},36? —
S. 8^{Km},36 $\times$ 3,1416, c-à-d 26^{Km},263.

E. **9.** Dites la hauteur d'un parallélépipède dont le volume
est de 0^{mc},249, et la surface de base de 0^{mq},74. —
S. 0,249 : 0,74, c-à-d 0^m,336.

E. **10.** Dans deux triangles *semblables*, le rapport des aires
est de 0,4297. Trouvez le rapport de deux dimensions
homologues. — S. $\sqrt{0,4297}$, c-à-d 0,655.

E. **11.** Une traite de 849^f,25 subit une retenue de 11^f,75.
Le taux de l'escompte [a] est 4,8. Dans combien de jours
l'échéance? — S. Pour que 100^f rapportent 4^f,80, il
faut 360^j. Pour que 849^f,25 rapportent 11^f,75, il faut
360^j $\times \dfrac{100}{849,25} \times \dfrac{11,75}{4,80}$, c-à-d 103^j.

E. **12.** Le 3 %$_0$ français amortissable est au cours de
86^f,35. Quel est le taux du revenu? — S. 86^f,35 rap-
portent 3^f. Donc 100^f rapportent 3^f $\times \dfrac{100}{86,35}$, c-à-d 3^f,47 :
tel est le taux.

---

226. — Équations à une inconnue.

Question. Peut-on faire subir des *transformations* à une
équation? — **Réponse.** On peut, en général, faire subir
à toute *équation* certaines *transformations.*

Q. Indiquez quelques *transformations.* — **R.** On peut *ajouter* ou *retrancher* un même nombre aux deux membres d'une
équation; — on peut *multiplier* ou *diviser* ces deux membres
par un même nombre; — on peut les *élever* tous les deux
au carré ou au cube; — on peut en *extraire* les racines carrées
ou les racines cubiques [b].

Q. Qu'est-ce que *résoudre* une équation? — **R. Résoudre**
une *équation* à *une inconnue*, c'est trouver un

[a] Quand dans un énoncé nous parlons simplement d'*escompte*, il ne
peut être question que de l'*escompte* proprement dit, c-à-d de l'*escompte
commercial.*

[b] Dans les cours d'algèbre on démontre en toute rigueur que, sauf
certaines restrictions, toutes ces transformations sont permises. A l'école
primaire, il faut admettre qu'il en est ainsi sans aucune démonstration.

nombre[a] qui, mis à la place de l'*inconnue* dans cette équation, donne aux deux *membres* la même *valeur numérique*.

Q. Comment *résout-on* une *équation* à une *inconnue?* — **R.** Pour *résoudre* une équation à *une inconnue*, il suffit de faire subir à cette équation une ou plusieurs des *transformations* indiquées plus haut[b].

Q. Donnez un exemple. — **R.** Soit à résoudre l'équation $\dfrac{x}{2} - 12 = \dfrac{x}{5} + 6$. Multiplions-en les deux membres par 2, nous trouvons $x - 24 = \dfrac{2x}{5} + 12$. Multiplions encore les deux membres par 5, nous trouvons $5x - 120 = 2x + 60$. Retranchons $2x$ de chacun d'eux[c], nous avons $3x - 120 = 60$. Ajoutons 120 aux deux membres, il vient $3x = 180$. Divisons enfin les deux membres par 3, nous trouvons $x = 60$.

Q. Comment *vérifie*-t-on le nombre trouvé? — **R.** Pour voir si 60 est bien la valeur de x, mettons 60 à la place de x dans l'équation donnée. Nous trouvons l'égalité[d] $\dfrac{60}{2} - 12 = \dfrac{60}{5} + 6$, qui est bien exacte, puisque ses deux membres ont la même *valeur numérique* 18.

Exercice 1. Résoudre l'*équation* $x + 7 = 19 - 3$. — **Solution.** En retranchant 7 aux deux membres, on trouve $x = 19 - 3 - 7$, c-à-d $x = 9$[e].

[a] Ce nombre s'appelle la *valeur numérique* de l'inconnue. On l'appelle aussi la *racine* de l'équation. C'est un nouveau sens du mot *racine*.

[b] On énonce parfois cette *règle* : « Pour résoudre une équation à » une inconnue, il faut : 1° chasser tous les dénominateurs; 2° faire » passer dans un membre tous les termes contenant l'inconnue, dans » l'autre tous ceux qui ne la contiennent pas; 3° réduire chaque membre » à un seul terme; 4° enfin, diviser les deux membres par le facteur » numérique qui multiplie l'inconnue. »

[c] Dans les termes $5x$ et $2x$, le facteur numérique qui multiplie x s'appelle *coefficient* du terme. Dans $5x$, le coefficient est 5; dans $2x$, il est 2.

[d] Les *égalités* sont de deux sortes : les *identités* et les *équations*. Une *identité* est une égalité telle que $5 = 3 + 2$, qui est vraie et ne contient pas de lettre, ou que $a + b = b + a$, qui contient des lettres, mais est vérifiée par toutes les valeurs possibles des lettres. Une *équation* contient forcément une ou plusieurs lettres, et n'est vérifiée que pour certaines valeurs de ces lettres : $3x + 2 = 23$, est une *équation* qui n'est vérifiée que pour la valeur 7 de x.

[e] Lorsqu'on retranche 7 aux deux membres, le terme $+7$ disparaît

E. 2. Résoudre l'*équation* $3x - 8 = 16$. — **S.** En ajoutant 8 aux deux membres, on trouve $3x = 24$. En divisant par 3 les deux nouveaux membres, on trouve $x = 8$.

E. 3. Résoudre l'*équation* $11x - 5 = 7x + 31$. — **S.** En ajoutant 5 et retranchant $7x$ aux deux membres, on trouve $4x = 36$. En divisant les deux nouveaux membres par 4, on a $x = 9$.

E. 4. Résoudre l'*équation* $4x + \frac{5}{12} = 2x + \frac{4}{3}$. — **S.** En multipliant tout par 12, on trouve $48x + 5 = 24x + 16$. En retranchant 5 et $24x$ aux deux nouveaux membres, on a $24x = 11$. En divisant par 24, on a finalement $x = \frac{11}{24}$.

E. 5. On achète 7 actions de $536^f,40$, *au porteur*. Calculez les *frais* de cet achat. — **S.** Le *droit de timbre* est de $0^f,60$. Le *courtage* est le *huitième* du *centième* de $536^f,40 \times 7$, ou de $3\,754^f,80$: il est donc de $4^f,69$. Le total des frais est $0^f,60 + 4^f,69$, c-à-d $5^f,29$.

E. 6. Je donne à Charles, en paiement des $539^f,75$ que je lui dois, un *billet à ordre* de $539^f,75$. Comment, dans la *partie double*, l'article du *journal* relatant cette opération sera-t-il intitulé ? — **S.** *Charles à Effets à payer* [a].

E. 7. De combien de *degrés, minutes* et *secondes* la petite aiguille d'une montre tourne-t-elle en $4^h\ 23^m$? — **S.** Elle tourne de $30°$ en 1^h, c-à-d de $30'$ en 1^m. Or $4^h\ 23^m = 263^m$. En ce temps elle tourne donc de $30' \times 263$, c-à-d de $7\,890'$, ou de $131°\ 30'$.

E. 8. Une action *nominative*, cotée $1\,338^f,40$, rapporte 63^f *brut*. Dites le revenu *net*. — **S.** L'impôt sur le revenu est $63^f \times 0,03$, ou $1^f,89$. Le revenu net est donc $63^f - 1^f,89$, c-à-d $61^f,11$.

E. 9. Trouvez l'aire du secteur correspondant à un arc de $120°$ dans un cercle de $0^m,56$ de rayon. — **S.** L'aire de ce cercle est $0^{mq},9852$. Le secteur de $120°$ est le *tiers* du cercle ; son aire est donc $0^{mq},3284$.

E. 10. Quel est le rayon de base d'un cylindre qui a

du premier, pour réapparaître au second sous la forme — 7. C'est là un fait particulier, qui rentre dans ce principe général : « On peut toujours, » dans une équation, faire passer un terme d'un membre dans l'autre, » en changeant son signe. »

(a) Cet article du journal devra être reporté au grand-livre : d'une part au *débit* de *Charles* ; de l'autre, au *crédit* de *Effets à payer*.

$23^{cm},2$ de hauteur, et un volume de $5^{dmc},434$? — S. L'aire de la base est $5,434 : 2,32$, ou $2^{dmq},34$. En divisant ce nombre par $3,1416$, on trouve $0,7448$, qui est le carré du rayon. En extrayant la racine carrée de $0,7448$, on trouve, pour le rayon, $0^{dm},86$.

E. 11. Que rapportent $63\,945^f,15$, à $3,85\,°/_0$, en 57^j? — S. $\dfrac{3,85 \times 63\,945,15 \times 57}{36\,000}$, c-à-d $389^f,79$.

E. 12. En revendant une propriété [a] au prix de $32\,947^f$, on perd les $16\,°/_0$ du prix d'achat [b]. Trouvez ce prix. — **S.** Le prix de vente est les 84 centièmes du prix d'achat. Donc ces 84 centièmes valent $32\,947^f$; 1 centième vaut $\dfrac{32\,947}{84}$, et le prix d'achat tout entier est $\dfrac{32\,947 \times 100}{84}$, c-à-d $39\,222^f,61$.

---

227. — Problèmes à une inconnue.

Question. Comment *résout*-on par l'algèbre un *problème à une* inconnue? — **Réponse.** Pour résoudre par l'algèbre un *problème à une inconnue* : 1° on désigne cette *inconnue* par x; — 2° on déduit de l'énoncé du problème une *équation* contenant x [c]; — 3° on tire de cette équation la *valeur* de x; — 4° enfin, on *vérifie* si cette valeur satisfait bien à l'énoncé du problème [d].

(a) On donne, en général, le nom de *propriété* ou de *domaine* à une certaine étendue de terre, pouvant contenir des constructions et appartenant à une même personne. *Affermer* une propriété, c'est en concéder la jouissance, moyennant le paiement d'un *fermage* annuel, payé par le *fermier*.

(b) Dans l'expression *pour cent*, lorsqu'on l'écrit $°/_0$, on sépare les deux zéros par une barre placée en *biais*. Dans les *fractions ordinaires*, il ne faut jamais opérer ainsi. Dans les équations, en particulier, les barres de fraction doivent toujours être bien horizontales, et exactement sur la même ligne que le trait horizontal des signes $+$ ou $-$ qui les précèdent ou les suivent.

(c) Pour déduire cette équation, c-à-d pour mettre, suivant l'expression consacrée, le *problème en équation*, il suffit de regarder x comme une quantité connue, et d'écrire que cette quantité répond à la question.

(d) Nous disons à l'*énoncé* et non pas à l'*équation* du problème, car

Q. Enoncez un problème à *une* inconnue. — **R.** Problème : *Deux cavaliers partent au même instant de deux points distants de* 76^{Km}. *Ils vont à la rencontre l'un de l'autre, et parcourent le premier* 8^{Km} *et le second* 11^{Km} *par heure. Dans combien d'heures se rencontreront-ils ?*

p. 319

Q. Comment obtenez-vous une *équation* pour résoudre ce problème? — **R.** Désignons par x le nombre d'heures cherché [a]. En x heures, le premier cavalier parcourt $8^{Km} \times x$, ou $8x$ kilomètres ; le second en parcourt $11x$. Au bout de ces x heures, ils ont donc parcouru à eux deux $8x + 11x$ kilomètres. Mais, puisque à ce moment ils se rencontrent, c'est qu'ils ont parcouru à eux deux les 76^{Km} qui les séparaient. Donc on a l'*équation*

$$8x + 11x = 76 \ ^{(b)}.$$

Q. *Résolvez* cette équation. — **R.** Cette équation peut s'écrire $19x = 76$. Divisons-en les deux membres par 19 : nous trouvons

$$x = \frac{76}{19} = 4.$$

Donc les deux cavaliers se rencontreront au bout de 4^h.

Q. Comment *vérifiez*-vous le résultat obtenu ? — **R.** Pour *vérifier* ce résultat, on raisonne ainsi : dans ces 4^h le premier cavalier a parcouru $8^{Km} \times 4$, ou 32^{Km} ; le second en a parcouru 11×4, ou 44 : or, $32 + 44 = 76$.

> **Exercice 1.** Des pièces de 5^f et des pièces de 10^f en nombre égal font ensemble 120^f. Combien de pièces de chaque sorte? — **Solution.** Soit x le nombre des pièces de chaque sorte. Les x pièces de 5^f valent $5x^f$, les x pièces de 10^f valent $10x^f$. Toutes ensemble valent donc $5x + 10x$, ou $15x$. Donc $15x = 120$; donc $x = 8$.
>
> **E. 2.** Quel est le nombre dont la *moitié* et le *tiers* font

il se pourrait que l'équation fût inexacte, c-à-d qu'on se fût trompé en mettant le problème en équation.

[a] Il ne faut jamais permettre qu'on dise simplement *désignons par x le temps cherché.* Il faut que l'unité de temps qu'on emploie soit indiquée avec précision. — Cette remarque s'applique à tous les problèmes d'algèbre où l'*inconnue* est un *nombre concret.*

[b] Faites-le bien remarquer, pour trouver cette équation, on traite x comme si c'était une quantité *connue.*

ensemble 35 ? — **S.** Soit x ce nombre [a]. On a $\frac{x}{2} + \frac{x}{3} = 35$. Nous déduisons de là $3x + 2x = 210$, d'où $5x = 210$, d'où $x = 42$.

E. 3. Le *quart* et le *quadruple* d'un nombre ont une somme égale à 68. Quel est ce nombre ? — **S.** Soit x ce nombre. On a $\frac{x}{4} + 4x = 68$. On tire de là $x + 16x = 272$, d'où $17x = 272$, d'où $x = 16$.

E. 4. Une inondation [b] a renversé le *tiers*, puis le *quart*, puis le *cinquième* des maisons d'une ville. Il n'en reste plus que 104. Combien y en avait-il ? — **S.** Soit x le nombre des maisons qu'il y avait. L'énoncé nous donne immédiatement $x - \frac{x}{3} - \frac{x}{4} - \frac{x}{5} = 104$. Multipliant les deux membres par 60, nous trouvons $60x - 20x - 15x - 12x = 6240$; d'où $13x = 6240$; d'où $x = 480$.

E. 5. Trouvez le nombre dont le *huitième* et le *neuvième* diffèrent entre eux de 26. — **S.** Soit x ce nombre, on a $\frac{x}{8} - \frac{x}{9} = 26$. En multipliant les deux membres par 72, on trouve $9x - 8x = 1872$; d'où $x = 1872$.

E. 6. En ajoutant le *quotient* exact d'un nombre divisé par 7 avec le *dividende* et le *diviseur* de cette division, on trouve 527. Quel est ce nombre ? — **S.** Soit x ce nombre. Le quotient est $\frac{x}{7}$; le dividende, x; le diviseur, 7. On a donc $\frac{x}{7} + x + 7 = 527$; d'où $\frac{8x}{7} = 520$; d'où $8x = 3640$, et $x = 455$ [c].

E. 7. Exprimez en *millimètres* de mercure une force élastique de 9 *atmosphères*. — **S.** $760^{\text{mm}} \times 9$, ou 6840^{mm}.

E. 8. Un article du *journal*, dans la *partie double*, est intitulé *Effets à recevoir à Hubert*. A quelles parties du

[a] Ici, il n'y a pas d'unité à indiquer, parce que le nombre cherché est un nombre *abstrait*. — Même remarque pour l'exercice suivant.

[b] Les *inondations* produisent, presque périodiquement, des ravages immenses. En France, le Rhône et la Loire débordent fréquemment, et il en est de même d'une foule d'autres fleuves, rivières ou torrents.

[c] Dans cet exercice, comme d'ailleurs dans tous les problèmes d'algèbre, il faut *vérifier* avec soin que le nombre *trouvé* satisfait bien à l'énoncé.

grand-livre faut-il le reporter ? — **S.** Au *débit* du compte *Effets à recevoir*, et au *crédit* du compte de *Hubert* [a].

E. 9. Un liquide dont la densité est 1,7 exerce sur le fond p. 320 d'un vase une pression de $4^{Kg}{,}75$. Sa hauteur est de $0^m{,}08$. Trouvez l'aire du fond du vase. — **S.** La colonne liquide correspondant à cette pression a pour volume 4,75 : 1,7, c-à-d $2^{dmc}{,}794$. L'aire du fond du vase est donc 2,794 : 0,8, c-à-d $3^{dmq}{,}49$.

E. 10. Quel est le volume d'une pierre de taille, ayant la forme d'un cube, dont l'arête est de $0^m{,}72$? — **S.** $(0{,}72)^3$; c-à-d $0^{mc}{,}373\,248$ [b].

E. 11. Trouvez la surface latérale d'un tuyau cylindrique qui a $3^m{,}25$ de long et 4^{cm} de rayon extérieur. — **S.** La circonférence extérieure a pour longueur $25^{cm}{,}1328$. La surface cherchée est donc $25{,}1328 \times 325$, c-à-d $8168^{cmq}{,}16$.

E. 12. Cent francs de rente 3 °/₀ français coûtent $2824^f{,}50$. A quel cours? — **S.** 100^f de rente coûtent $2824^f{,}50$; donc 3^f coûtent $2824^f{,}50 \times \frac{3}{100}$, c-à-d $84^f{,}735$.

---

228. — Equations à plusieurs inconnues.

Question. Considère-t-on des équations isolées à *plusieurs* inconnues? — **Réponse.** On ne considère pas d'ordinaire des équations isolées à plusieurs inconnues [c]. En général, on considère des *systèmes* composés d'autant d'*équations* qu'il y a d'*inconnues*.

Q. Donnez un exemple. — **R.** $3x - y = 7$ et $5x + 3y$

[a] Quelle est l'opération de commerce relatée en cet article du journal? — *Effets à recevoir* reçoit; *Hubert* donne. Donc nous avons reçu, de Hubert, un effet quelconque dont nous aurons à *toucher* le montant.

[b] Nous gardons ici beaucoup trop de décimales. En réalité, l'*arête* de cube n'est connue qu'avec *deux* chiffres exacts. Il est évidemment impossible que le *volume* soit connu avec *six*.

[c] Cela est vrai de l'*algèbre élémentaire*, mais non point de toutes les autres branches des mathématiques. Dans l'*analyse indéterminée*, dans la théorie des *formes algébriques*, dans la *géométrie analytique* soit à deux, soit à trois dimensions, on considère constamment des équations isolées à deux ou plusieurs inconnues.

= 49 composent un système de deux *équations* à deux *inconnues.*

Q. Qu'est-ce que *résoudre* un *système* d'équations? — **R.** *Résoudre* un *système d'équations* à plusieurs *inconnues,* c'est trouver des nombres qui, mis à la place des inconnues, *vérifient* toutes les *équations* du système [a].

Q. Comment résout-on un *système* de *deux* équations à *deux* inconnues? — **R.** Pour résoudre un *système* de deux équations à deux inconnues, x et y, le plus important, c'est d'en déduire *une* équation à *une* seule inconnue [b]. On y arrive en regardant, par exemple, x comme connue; en tirant de l'une des équations l'expression de y à l'aide de x; et en remplaçant y par cette expression, dans l'autre équation du système [c].

Q. Donnez un exemple. — **R.** Soit à résoudre le système $3x - y = 7$, $5x + 3y = 49$. A l'aide des transformations habituelles, on tire de la première équation $y = 3x - 7$. En remplaçant y par $3x - 7$ dans la seconde équation, on trouve $5x + 3(3x - 7) = 49$, c-à-d $5x + 9x - 21 = 49$, c-à-d $14x = 70$, d'où $x = \dfrac{70}{44} = 5$. Connaissant x, on porte sa valeur 5 dans l'équation $y = 3x - 7$, et l'on trouve $y = 3 \times 5 - 7 = 15 - 7$, c-à-d $y = 8$.

Q. Comment *vérifiez*-vous les valeurs trouvées? — **R.** Pour *vérifier* ces nombres 5 et 8, mettons-les à la place de x et de y dans les deux équations données. Nous trouvons p. 321 $3 \times 5 - 8 = 7$ et $5 \times 5 + 3 \times 8 = 49$, ce qui est exact. Les nombres 5 et 8 sont donc bien les valeurs des inconnues x et y [d].

Q. Comment résout-on un *système* de *trois* équations à *trois* inconnues? — **R.** Pour résoudre un *système* de trois

[a] On appelle *solution* d'un système un groupe de valeurs numériques des inconnues, qui satisfont à toutes les équations du système.

[b] Trouver une équation ne contenant plus l'une des deux inconnues, c'est ce qu'on appelle *éliminer* cette inconnue.

[c] Remplacer y par sa valeur exprimée à l'aide de x, c'est *éliminer* y par la méthode de *substitution.*

[d] Il ne faut pas dire 5 est une solution, 8 en est une autre. Le système actuel n'admet qu'une solution, composée des deux nombres 5 et 8, pris simultanément, 5 pour la valeur de x et 8 pour celle de y,

équations à trois inconnues, le plus important, c'est d'en déduire *une* équation à *une* seule inconnue[a]. On y arrive par des procédés tout à fait analogues à ceux qu'on vient d'employer dans le cas de deux inconnues.

Exercice 1. Résolvez le *système* des deux équations $3x + 2y = 13$ et $4x - 3y = 6$. — **Solution.** On tire de la première $x = \dfrac{13 - 2y}{3}$. En portant cette valeur dans la seconde, on trouve $4 \times \dfrac{13 - 2y}{3} - 3y = 6$; d'où $4(13 - 2y) - 9y = 18$; d'où $52 - 17y = 18$; d'où $34 = 17y$; d'où $y = 2$. En portant cette valeur de y dans l'expression de x, on trouve $x = \dfrac{13 - 4}{3}$, c-à-d $x = 3$.

E. 2. Résolvez le *système* des deux équations $5x + y = 26$ et $4x - 8y = 12$. — **S.** De la première, on tire $y = 26 - 5x$. En portant cette valeur dans la seconde, on trouve $4x - 8(26 - 5x) = 12$, équation en x, qui nous donne $x = 5$. On en déduit $y = 1$.

E. 3. Résolvez le *système* des deux équations $8x + 10y = 4$ et $12x - 5y = 5$. — **S.** On tire de la seconde $y = \dfrac{12x - 5}{5}$. En portant cette valeur dans la première, on trouve $8x + 2(12x - 5) = 4$, équation en x, qui nous donne $x = \dfrac{7}{16}$. On en déduit $y = \dfrac{1}{20}$.

E. 4. Résolvez le *système* des trois équations $x + y + z = 9$, $x + 2y = 8$ et $3x + 2 = 10$. — **S.** On tire de la troisième $x = \dfrac{8}{3}$. En portant cette valeur dans la deuxième, on trouve $\dfrac{8}{3} + 2y = 8$, équation en y, qui nous donne $y = \dfrac{8}{3}$. En portant ces valeurs de x et de y dans la première équation, on trouve $\dfrac{8}{3} + \dfrac{8}{3} + z = 9$, d'où $z = \dfrac{11}{3}$[b].

E. 5. Trouvez un nombre tel que son *quintuple* dépasse 39

[a] Former cette équation ne contenant plus qu'une des trois inconnues, c'est encore *éliminer* les deux autres *inconnues*.
[b] Ce système, on le voit, n'admet qu'une *solution*, composée des

d'autant que 39 dépasse ce nombre. — **S.** Soit x ce
nombre. On a $5x - 39 = 39 - x$; d'où $6x = 78$; d'où
$x = 13$.

E. 6. Quel est le nombre qui, ajouté aux deux termes de
la fraction $\frac{7}{13}$, la rend égale à $\frac{4}{5}$? — **S.** Soit x ce nombre.
On a $\frac{7+x}{13+x} = \frac{4}{5}$. On en tire $35 + 5x = 52 + 4x$, d'où
$x = 17$ [a].

E. 7. Je paie un billet à ordre échéant aujourd'hui. Comment, dans la *partie double*, sera intitulé l'article du
journal relatif à cette opération? — **S.** *Effets à payer à
Caisse.*

E. 8. Un corps a un volume de $4^{mc},678$ et pèse 387^{Kg}. Il
flotte sur l'eau. Quel volume est hors de l'eau? — **S.** Le
poids de l'eau déplacée est 387^{Kg}; son volume est 387^{dmc}
ou $0^{mc},387$. Le volume hors de l'eau est donc $4^{mc},678$
— $0^{mc},387$, c-à-d $4^{mc},291$.

E. 9. La pression que l'atmosphère [b] exerce sur un carré de
$1^{dm},8$ de côté est de $203^{Kg},7$. Dites la hauteur du *baromètre*. — **S.** Le volume de la colonne correspondante de
mercure est $203,7 : 13,59$, ou $14^{dmc},988$. L'aire de sa
base est $3^{dmq},24$. Sa hauteur est donc $4^{dm},62$, ou 462^{mm}.

E. 10. Calculez l'aire de la base d'un prisme qui a une
hauteur de $35^{cm},4$ et un volume de $17^{dmc},439$. —
S. $17,439 : 3,54$, c-à-d $4^{dm},92$.

E. 11. Quelle est la longueur du rayon de la circonférence
où l'arc de $115° 17' 20''$ a une longueur de $1^m,56$? —
S. $115° 17' 20'' = 415040''$. La longueur de la circon-
férence est donc $1^m,56 \times \frac{1\,296\,000}{415\,040}$, c-à-d $4^m,8712$. En

trois nombres $\frac{8}{3}$, $\frac{8}{3}$ et $\frac{11}{3}$, pris simultanément, le premier pour la valeur de x, le deuxième pour celle de y, le troisième pour celle de z.

(a) Dans cet exercice, comme dans le précédent, il faut vérifier que le
nombre trouvé satisfait bien, non pas à l'équation écrite, mais à l'*énoncé*
même de la question.

(b) L'*atmosphère terrestre*, c-à-d la couche d'air qui enveloppe la
terre, a une épaisseur qui ne dépasse guère une *quinzaine* de lieues.
C'est elle qui rend la *vie* possible à la surface de notre planète; c'est
elle aussi qui l'empêche de se *refroidir* trop vite et qui produit le phénomène du *crépuscule*. — On croit que certains astres, la *lune*, par
exemple, ne possèdent pas d'atmosphère.

divisant ce nombre par π[a], on trouve, pour le *diamètre*, $1^m,550$; et, par suite, pour le *rayon*, $0^m,775$.

E. 12. Trouvez la *valeur actuelle* d'un billet de $915^f,20$, payable dans 72^j, l'escompte étant à $5,6~\%$. — **S.** L'escompte est $\dfrac{5,6 \times 915,20 \times 72}{36\,000}$, ou $10^f,25$. La valeur actuelle est donc $915^f,20 - 10^f,25$, c-à-d $904^f,95$.

---

229. — Problèmes à plusieurs inconnues. p. 322

Question. Comment *résout*-on par l'algèbre un *problème* à *plusieurs* inconnues? — **Réponse.** Pour résoudre par l'algèbre un *problème* à *plusieurs inconnues* : 1° on désigne ces *inconnues* par les lettres x, y, ...; — 2° on déduit de l'énoncé du problème autant d'*équations* qu'il y a d'inconnues[b]; — 3° on tire de ces équations les *valeurs* des inconnues; — 4° enfin, on *vérifie* si ces valeurs satisfont bien à l'énoncé du problème[c].

Q. Enoncez un problème à *deux* inconnues. — **R.** Problème : *Sachant que 3 sacs de charbon de bois et 5^{hl} de coke coûtent ensemble 22^f; sachant aussi que 4 sacs de charbon de bois*[d] *et 7^{hl} de coke coûtent ensemble 30^f, trouver le prix du sac de charbon de bois et le prix de l'hectolitre de coke.*

Q. Comment trouvez-vous les *équations* de ce problème? — **R.** Soient, en francs[e], x le prix du sac de charbon de bois, et

---

[a] Dans les calculs, au lieu de diviser par π, on multiplie, en général, par l'inverse de π, qui est $0,3183$.

[b] Déduire ces équations de l'énoncé, c'est encore ce qu'on appelle mettre le *problème en équation*.

[c] Ici encore, il faut *vérifier* que les *nombres trouvés* satisfont à l'*énoncé* du problème et non pas aux équations écrites, car ces équations pourraient être fausses.

[d] Le *charbon de bois* s'obtient dans les forêts par la carbonisation du bois. La plus grande partie du charbon de bois que l'on consomme à Paris y arrive, par eau, des départements de l'Yonne et de la Marne.

[e] Faites encore remarquer aux élèves qu'il faut, dans le cas actuel, indiquer l'unité de *monnaie* et l'unité de *capacité* employées. Il ne suffirait point de dire simplement : soit x le prix du charbon de bois et y celui du coke.

y le prix de l'hectolitre de coke. Évidemment, 3 sacs de charbon coûtent $x \times 3$, ou $3x$ francs, et 5^{Hl} de coke coûtent $y \times 5$, ou $5y$ francs : on a donc $3x + 5y = 22$. De même, 4 sacs coûtent $4x$ francs, 7^{Hl} coûtent $7y$ francs, et l'on a $4x + 7y = 30$. On est donc ramené à résoudre le système des deux équations à deux inconnues $3x + 5y = 22$ et $4x + 7y = 30$ [a].

Q. Comment résolvez-vous ce *système* de deux équations ? — **R.** De la première, à l'aide des transformations habituelles, on tire $y = \dfrac{22 - 3x}{5}$. En portant cette expression de y dans la seconde équation, on trouve $4x + 7\dfrac{22 - 3x}{5} = 30$, ou $4x + \dfrac{154 - 21x}{5} = 30$. Multiplions tout par 5, il vient $20x + 154 - 21x = 150$, d'où $154 - 150 = 21x - 20x$, d'où $4 = x$: le prix du sac de charbon de bois est donc de 4^f. Portons ce nombre 4 à la place de x dans $y = \dfrac{22 - 3x}{5}$, il vient $y = \dfrac{22 - 3 \times 4}{5} = \dfrac{22 - 12}{5} = \dfrac{10}{5} = 2$: l'hectolitre de coke coûte 2^f.

Q. Comment *vérifiez*-vous les prix trouvés ? — **R.** Pour *vérifier* les prix trouvés, 4^f et 2^f, calculons d'abord ce que coûtent, à ces prix, 3 sacs de charbon plus 5^{Hl} de coke : ils coûtent ensemble $4^f \times 3 + 2^f \times 5$, c-à-d $12^f + 10^f$, ou 22^f ; p. 323 calculons de même ce que coûtent 4 sacs de charbon plus 7^{Hl} de coke : ils coûtent ensemble $4^f \times 4 + 2^f \times 7$, c-à-d $16^f + 14^f$, ou 30^f. Ces deux résultats 22^f et 30^f étant ceux de l'énoncé, les prix trouvés sont exacts.

Exercice 1. Deux frères ont 58^{ans} à eux deux. L'aîné a 6^{ans} de plus que le cadet. Trouvez leurs deux âges. — **Solution.** Soient, en années, x l'âge de l'aîné, et y celui du cadet. On a les deux équations $x + y = 58$, $x - y = 6$. On tire de là $x = 32$ et $y = 26$.

E. 2. Deux colis pèsent ensemble $74^{Kg},7$, et le plus lourd pèse $4^{Kg},8$ de plus que l'autre. Trouvez leurs deux poids. — **S.** Soient, en kilogrammes, x le poids du colis le plus lourd, et y celui de l'autre. On a les deux équations

---

(a) Pour mettre le problème en équations, on raisonne sur x et y comme s'ils étaient connus. Il en est toujours ainsi dans la solution de tous les problèmes d'algèbre possibles.

$x + y = 74,7$ et $x - y = 4,8$. On en tire $x = 39^{\text{kg}},75$ et $y = 34^{\text{kg}},95$.

E. 3. Partagez 648^{f} entre deux personnes de façon que l'une ait 57^{f} de plus que l'autre. — **S.** Soient, en francs, x la plus grosse part, et y l'autre. On a $x + y = 648$, et $x - y = 57$. On tire de là $x = 352^{\text{f}},50$ et $y = 295^{\text{f}},50$.

E. 4. Il faut 7^{h} 30^{m} pour faire deux ouvrages différents. Le premier demande 26^{m} de plus que le second. Combien de temps pour chacun? — **S.** 7^{h} $30^{\text{m}} = 450^{\text{m}}$. Appelons x le nombre de minutes nécessaire pour faire le premier ouvrage et y celui qui est nécessaire pour faire le second. Nous avons $x + y = 450$ et $x - y = 26$. Il s'ensuit $x = 238^{\text{m}}$, c-à-d 3^{h} 58^{m}, et $y = 212^{\text{m}}$, c-à-d 3^{h} 32^{m} [a].

E. 5. Partagez 1262^{f} en deux parties telles que l'excès de la plus grande sur la plus petite soit égal au *quart* de celle-ci plus 29^{f}. — **S.** Soient, en francs, x la plus grande partie et y l'autre. On a $x + y = 1262$ et $x - y = \dfrac{y}{4} + 29$. On tire de là $x = 714$ et $y = 548$.

E. 6. Partagez 4770^{f} entre trois personnes, de façon que la première reçoive 730^{f} de plus que la deuxième, et la deuxième 520^{f} de plus que la troisième. — **S.** Soient x, y, z les 3 parties évaluées en francs. On a, d'après l'énoncé, $x + y + z = 4770$, $x = y + 730$, et $y = z + 520$. On tire de là $x = 2250^{\text{f}}$, $y = 1520^{\text{f}}$ et $z = 1000^{\text{f}}$.

E. 7. Combien le *cube* d'un nombre *premier* a-t-il de diviseurs? — **S.** 4, savoir : l'unité, le nombre, son carré et son cube [b].

E. 8. J'achète et paie comptant 2654^{f} de marchandises. En quels termes, dans la *partie double*, dois-je relater cette opération sur mon *journal*? — **S.** *Marchandises à Caisse.*

(a) En ajoutant, *membres à membres*, les deux équations $x + y = 450$ et $x - y = 26$, on trouve $2x = 476$, d'où $x = 238$. En retranchant, *membres à membres*, la seconde de la première, on trouve $2y = 424$, d'où $y = 212$. — Cette manière de combiner les équations, *membres à membres*, soit par addition, soit par soustraction, permet, dans beaucoup de cas, d'en simplifier, d'en abréger la résolution.

(b) On verrait de même que la 4e puissance d'un nombre premier a 5 diviseurs; que la 5e puissance en a 6; et, en général, que la n^{me} puissance en a $n + 1$.

— Acheté et payé comptant des marchandises diverses pour..... 2654^f.

E. 9. Le soufre fond à 115° et l'étain à 235°. Combien de degrés de différence entre ces deux températures [a] ? — **S.** 235° — 115°, c-à-d 120°.

E. 10. Un morceau de métal pèse 3^{Kg},645 dans l'air; et seulement 3^{Kg},118 dans l'eau. Trouvez sa densité. — **S.** Le poids de l'eau qu'il déplace est 3^{Kg},645 — 3^{Kg},118, ou 0^{Kg},527. La densité est donc 3,645 : 0,527, c-à-d 6,916.

E. 11. Evaluez la capacité d'un tonneau dont la longueur est de 1^m,21 ; le rayon du bouge, de 0^m,39 ; et le rayon du fond, de 0^m,35. — **S.** Le rayon du cylindre équivalent est 0^m,39 $\times \frac{5}{8}$ + 0^m,35 $\times \frac{3}{8}$, c-à-d 0^m,375. Le volume de ce cylindre est 0^{mc},5344. La capacité de ce tonneau est donc de 534^l,4.

E. 12. Trouvez l'aire d'un triangle dont la base est de 0^m,452, et la hauteur de 0^m,386. — **S.** $\frac{0,452 \times 0,386}{2}$, c-à-d 0^{mq},0872 [b].

---

230. — Problèmes généraux.

Question. Qu'appelle-t-on *problèmes généraux?* — **Réponse.** On appelle **problèmes généraux** ceux où les *données* sont représentées par des *lettres* [c].

Q. Comment obtient-on des *problèmes généraux?* — **R.** Si, dans l'énoncé d'un *problème particulier,* on remplace les nombres par des lettres, on obtient un *problème général,* qui

[a] Lorsqu'on chauffe suffisamment un corps, ce corps passe de l'état *solide* à l'état *liquide,* il *fond.* Cette fusion s'opère à une température qui varie d'un corps à l'autre, mais qui, pour un même corps, est toujours la même. Cette température fixe pour un corps déterminé s'appelle le *point de fusion* de ce corps.

[b] Maintenant qu'on sait résoudre les problèmes par l'algèbre, on peut s'exercer à résoudre, par ce nouveau moyen, tous les problèmes de l'arithmétique. Il sera bon de résoudre ainsi la plupart des problèmes un peu difficiles proposés dans l'appendice, notamment les *vingt-cinq* derniers.

[c] Par opposition, on appelle *problèmes particuliers* les problèmes où les données ont des valeurs numériques déterminées.

contient ce problème particulier, et tous ceux qui n'en p. 324
diffèrent que par les valeurs numériques des données [a].

Q. Donnez un exemple. — **R.** En opérant ainsi sur le premier problème relatif aux intérêts, on obtient ce problème général : *Quel est l'intérêt produit par le capital C, placé pendant A années, au taux T* [b]?

Q. Comment les *problèmes généraux* se résolvent-ils? — **R.** Les *problèmes généraux* se résolvent par les mêmes procédés que les *problèmes particuliers*.

Q. Donnez un exemple. — **R.** Soit à résoudre le *problème* précédent. On dira : 100^f en 1 an rapportent T francs ; 1^f en un an rapporte 100 fois moins, c-à-d $\frac{T}{100}$; C francs en 1 an rapportent C fois plus, c-à-d $\frac{TC}{100}$; C francs en A années rapportent A fois plus, c-à-d $\frac{TCA}{100}$. Si donc on désigne par I l'intérêt cherché, on a $I = \frac{TCA}{100}$ [c].

Exercice 1. Trouvez deux nombres dont la *somme* soit s et la différence d. — **Solution.** Soient x le plus grand de ces nombres et y le plus petit. On a $x + y = s$ et $x - y = d$. On tire de là $x = \frac{s+d}{2}$ et $y = \frac{s-d}{2}$.

E. 2. On mélange a litres de vin à p francs le litre avec b litres à q francs. Quel sera le prix du litre du mélange? — **S.** Soit x le prix du litre du mélange. Comme le nombre des litres est $a + b$, le prix total du mélange est $x(a+b)$. Mais ce prix est aussi égal à $pa + qb$. Donc on a $x(a+b) = pa + qb$. Donc $x = \frac{pa+qb}{a+b}$.

E. 3. Résolvez l'*équation* $x + \frac{x}{3} = 5 + \frac{x}{2}$ [d]. — **S.** $x = 6$.

(a) Par conséquent tout *problème particulier* est un cas particulier d'un *problème général*.

(b) Pour soulager la mémoire du calculateur, nous représentons le capital, le nombre d'années et le taux par les lettres C, A, T qui sont les initiales des mots *capital, année* et *taux*. — Il va sans dire que le *capital* et le *taux* sont exprimés en *francs*.

(c) En résumé, que les *lettres* représentent des nombres *connus* ou *inconnus*, on traite toujours les *lettres* comme on traiterait des *nombres connus*.

(d) Cette équation est du *premier degré*, parce que l'inconnue n'y

E. 4. Résolvez le *système* des deux équations $4x + 7y = 23$ et $6x + 5y = 18$. — **S.** $x = \frac{1}{2}$, $y = 3$.

E. 5. Trois encriers et cinq portefeuilles coûtent ensemble $4^f,75$; six encriers et deux portefeuilles coûtent ensemble $4^f,30$. Trouvez le prix d'un encrier et celui d'un portefeuille. — **S.** Soit x le prix d'un encrier; soit y celui d'un portefeuille, ces prix étant exprimés en *francs*. On aura d'abord $3x + 5y = 4,75$; on aura ensuite $6x + 2y = 4,30$. En résolvant ce système de deux équations [a], on trouve $x = 0^f,50$ et $y = 0^f,65$.

E. 6. Pour donner 5^f à chacun de ses ouvriers, il manque 7^f à un patron. S'il leur donne 4^f seulement, il a 12^f de reste. Dites le nombre des ouvriers et la somme que possède le patron. — **S.** Soit x le nombre des ouvriers; soit y le nombre de francs que possède le patron. On a d'abord $5x = y + 7$. On a ensuite $4x = y - 12$. On tire de là $x = 19$, $y = 88$.

E. 7. Un cavalier, parti de Paris il y a $2^h\,30^m$, fait 11^{Km} à l'heure. On envoie après lui un autre cavalier, qui fait 13^{Km} à l'heure. Dans combien de temps, et à quelle distance de Paris, le second cavalier atteindra-t-il le premier? — **S.** $2^h\,30^m = 150^m$. Soit x le nombre de minutes cherché et soit y le nombre de kilomètres mesurant la distance demandée. Le 1er cavalier a une avance de $\frac{11}{60} \times 150$. En x minutes cette avance disparaît: donc $\frac{13}{60}x - \frac{11}{60}x = \frac{11}{60} \times 150$. Quant à la distance, elle est donnée par l'équation $y = \frac{13}{60}x$. On tire de ces équations $x = 825$, et $y = 178,75$. La rencontre aura donc lieu dans 825^m, c-à-d dans $13^h\,45^m$, à $178^{Km},75$ de Paris.

entre qu'à la *première puissance*. Elle serait du *deuxième degré* si l'inconnue y entrait à la *deuxième puissance*, sans y entrer à aucune puissance supérieure. Elle serait du *troisième degré*, si l'inconnue y entrait à la *troisième puissance*, sans y entrer à aucune puissance supérieure. Et ainsi de suite. L'équation $x^2 + 12 = 7x$ est une équation du *deuxième degré*.

(a) Il sera bon de faire toujours résoudre les systèmes de deux ou trois *équations* auxquels conduisent nos exercices par la méthode des *substitutions*. Le résultat une fois obtenu par ce procédé, on pourra indiquer les combinaisons d'équations propres à abréger les calculs.

E. 8. *Vingt-huit* personnes, écoliers et maîtres, mangent dans une auberge. Chaque écolier paye $1^f,15$, et chaque maître $1^f,90$. La dépense totale se monte à $34^f,45$. Combien d'écoliers et combien de maîtres? — **S.** Soient x le nombre des écoliers et y celui des maîtres. On a $x + y = 28$, et $1,15x + 1,90y = 34,45$. D'où $x = 25$ et $y = 3$.

E. 9. Évaluez le volume d'un tronc de pyramide dont la hauteur est de 17^{cm}, et dont les bases ont pour superficies $2^{dmq},58$ et $2^{dmq},11$. — **S.** L'aire de la troisième base à considérer est $\sqrt{2,58 \times 2,11}$, c-à-d $2^{dmq},33$. Les trois pyramides à considérer ont donc pour volumes $2,58 \times \frac{1,7}{3}$; $2,11 \times \frac{1,7}{3}$; $2,33 \times \frac{1,7}{3}$. Le volume du tronc est donc $(2,58 + 2,11 + 2,33) \times \frac{1,7}{3}$, c-à-d $3^{dmc},978$.

E. 10. L'aire d'un triangle équilatéral est de $13^{cmq},72$. p. 325 Quel en est le côté? — **S.** Soit x ce côté, exprimé en mètres. Le demi-périmètre est $\frac{3x}{2}$ et les trois excès sont chacun $\frac{x}{2}$. L'aire est donc la racine carrée de $\frac{3x}{2} \cdot \frac{x}{2} \cdot \frac{x}{2} \cdot \frac{x}{2}$, c-à-d de $\frac{3x^4}{16}$. On a donc $\frac{3x^4}{16} = (13,72)^2$; d'où $3x^4 = (13,72)^2 \times 16$; d'où $x^2 \sqrt{3} = 13,72 \times 4$; d'où $x^2 = \frac{13,72 \times 4}{\sqrt{3}}$, c-à-d $31,6849$; d'où $x = \sqrt{31,6849}$, c-à-d $5,62$. Le côté est donc de $5^{cm},62$ [a].

E. 11. Calculez la *vitesse angulaire* de la petite aiguille d'une montre. — **S.** Cette aiguille tourne de $30°$ en 1^h; donc de $30'$ en 1^m; donc de $30''$ en 1^s. Sa vitesse angulaire est donc de $30''$.

E. 12. Des obligations communales du Crédit Foncier, au porteur, coûtent $478^f,15$ et rapportent 15^f *brut*. Trouvez leur revenu *net*. — **S.** L'impôt sur le revenu est de $15^f \times 0,03$, c-à-d de $0^f,45$. Le droit de transmission est le cinquième du centième de $478^f,15$, c-à-d $0^f,95$. Le revenu *net* est donc $15^f - 0^f,45 - 0^f,95$, c-à-d $13^f,60$.

[a] Le procédé employé pour résoudre cette question n'est, au fond, qu'un procédé *algébrique*.

231. — Formules algébriques.

Question. Qu'appelle-t-on *formule algébrique?* — **Réponse.** On appelle **formule algébrique** toute *égalité* indiquant les *opérations* à effectuer sur les *données* d'un problème pour obtenir la valeur de l'*inconnue*.

Q. Donnez un exemple. — **R.** La formule $I = \dfrac{TCA}{100}$ est une *formule algébrique*, puisqu'elle indique les *opérations* à effectuer sur les *données* T, C, A pour obtenir l'*inconnue* I [a].

Q. Que donne une *formule algébrique?* — **R.** Toute *formule algébrique* donne la *solution* d'un *problème général*, et, par suite, la *solution* d'une infinité de *problèmes particuliers.*

Q. Donnez un exemple. — **R.** La formule $I = \dfrac{TCA}{100}$ donne ainsi la solution de tous les *problèmes particuliers* où l'on cherche l'*intérêt*, connaissant le *taux*, le *capital* et le *temps* [b].

Q. Une *formule algébrique* permet-elle de résoudre plusieurs *problèmes généraux?* — **R.** Toute *formule algébrique* permet de résoudre autant de *problèmes généraux* qu'elle contient de *lettres* [c].

Q. Donnez un exemple. — **R.** Soit la formule $I = \dfrac{TCA}{100}$. Elle exprime une relation entre les quatre *quantités* I, T, C, A. Elle permet de résoudre tous les *problèmes* où, donnant *trois* de ces quantités, on demande la *quatrième*. Supposons, par exemple, qu'on donne I, A, T et qu'on demande C. En multipliant les deux membres de la formule par 100, puis en

(a) Nous avons fait connaître, dans nos notions de *géométrie*, plusieurs autres formules, par exemple, celles qui donnent la longueur de la circonférence, la surface du cercle, la surface de la sphère, le volume de la sphère.

(b) La plupart des règles que l'on donne pour résoudre certains problèmes se réduisent immédiatement en *formule*. La règle qu'on donne pour calculer la longueur de la circonférence se traduit littéralement par la *formule* $L = 2\pi R$.

(c) Ainsi, étant donné un problème général, celui-ci conduit à une formule, et cette formule à son tour permet de résoudre d'autres problèmes généraux, renfermant chacun une infinité de problèmes particuliers. On voit par là toute la puissance, toute la fécondité de l'algèbre.

les divisant par A et T, on trouve $C = \dfrac{100\,I}{AT}$, et cette égalité résout le problème[a].

Exercice 1. La base d'un rectangle est de b mètres, et sa hauteur de h mètres. Écrivez la *formule* qui donne sa surface. — **Solution.** Si l'on désigne cette surface par S, on a $S = bh$.

E. 2. La hauteur d'un trapèze est h; ses bases sont B p. 326 et b. Écrivez la *formule* qui donne sa surface. — **S.** Soit S la surface, on a $S = \dfrac{B + b}{2}\,h$.

E. 3. Trouvez la *formule* qui donne la somme des angles d'un polygone de n côtés. — **S.** Soit x cette somme, on a $x = 2(n - 2)$; cette somme étant exprimée à l'aide de l'angle droit regardé comme unité d'angle.

E. 4. Trouvez la *formule* qui donne le volume d'un tronc de cône ayant pour hauteur h et pour rayons de ses bases R et r. — **S.** Les trois bases à considérer ont pour surfaces πR^2, πr^2 et $\pi R r$. Les trois cônes correspondants ont pour volumes respectifs $\pi R^2 \dfrac{h}{3}$, $\pi r^2 \dfrac{h}{3}$, $\pi R r \dfrac{h}{3}$ [b]. Si l'on désigne par V le volume du tronc, on a donc $V = \dfrac{\pi h}{3}(R^2 + r^2 + R r)$.

E. 5. Trouvez la *formule* qui donne la capacité d'un tonneau ayant pour longueur l, pour rayon du bouge R, et pour rayon du fond r. — **S.** Le rayon du cylindre équivalent est $\dfrac{5R + 3r}{8}$; sa hauteur est l. Donc, si l'on

[a] Certains problèmes renferment, parmi leurs données, des lettres et des nombres. Ces problèmes, qui sont déjà des problèmes généraux, se généralisent encore si l'on remplace, dans leur énoncé, tous les nombres par des *lettres*.

[b] Il est à remarquer que la moyenne proportionnelle entre πR^2 et πr^2 est égale à $\pi R r$. Il est à remarquer aussi que, dans chacun des trois volumes qu'on vient d'écrire, $\dfrac{\pi h}{3}$ se trouve en facteur. Dans la somme des trois volumes, on n'écrit qu'une fois ce facteur, comme on le voit sur la formule qui donne V. Écrire ainsi, c'est ce qu'on appelle mettre $\dfrac{\pi h}{3}$ en *facteur commun*.

désigne par V le volume du tonneau, $V = \pi l \dfrac{(5R + 3r)^2}{64}$.

E. 6. Trois personnes donnent ensemble 62^f à une œuvre de bienfaisance [a]. La deuxième donne 5^f de plus que la première, et la troisième autant que les deux autres ensemble. Que donne chaque personne? — **S.** Soient x, y, z les dons des trois personnes. D'abord $x + y + z = 62$. Ensuite, $y = x + 5$. Enfin $z = x + y$. On tire de ces trois équations $x = 13^f$; $y = 18^f$; $z = 31^f$.

E. 7. Un père a 48^{ans}; son fils en a 9. Dans combien d'années l'âge du père sera-t-il le *quadruple* de celui du fils? — **S.** Soit x ce nombre. Le père aura, après ces x années, $48 + x$; le fils aura $9 + x$; et par conséquent nous aurons l'équation $48 + x = 4(9 + x)$. On tire de là $x = 4$.

E. 8. Combien le *produit* de deux nombres *premiers* a-t-il de diviseurs? — **S.** Soient a et b ces deux nombres premiers. Le produit ab aura 4 diviseurs, savoir : 1, a, b, ab [b].

E. 9. Un tronc d'arbre debout a 13^m de haut et 31^{cm} de rayon, à $1^m,33$ au-dessus du sol. Quel en est le volume? — **S.** $\pi(0,31)^2 . 13 . \dfrac{3}{4}$, c-à-d $2^{mc},943$.

E. 10. L'aire d'un trapèze est de $29^{mq},56$. Sa hauteur est de $8^m,7$. Trouvez la somme de ses bases. — **S.** Le double de l'aire est $59^{mq},12$. En divisant ce nombre par $8,7$, on trouve $6,79$. La somme des bases est donc $6^m,79$.

E. 11. Un article du *journal* en *partie double* est intitulé *Frais généraux à Caisse*. A quelles parties du *grand-livre* doit-on le reporter? — **S.** Au *débit* du compte de *Frais généraux*, et au *crédit* du compte de *Caisse* [c].

E. 12. Un liquide s'élève dans un vase à $1^{dm},88$ de hauteur, au-dessus d'un fond de $1^{dmq},23$. La pression qu'il exerce sur ce fond est de $2^{Kg},008$. Quelle est sa densité?

---

[a] Les mots *bienfaisance, philanthropie, charité* désignent tous l'action de faire du bien aux hommes; mais leurs sens ne sont pas tout à fait identiques; ils présentent des différences légères, mais réelles.

[b] Si l'on cherchait combien le produit de *trois* nombres premiers a de *diviseurs*, on trouverait qu'il en a 8.

[c] Du titre de l'article, il résulte que les *Frais généraux* reçoivent, que la *Caisse* donne. Donc l'opération relatée en cet article n'est autre chose que le paiement de certains frais, tels que location, éclairage, chauffage, impôts, etc., etc.

— **S.** Le volume de la colonne liquide qui mesure la pression est $1,23 \times 1,88$, c-à-d $2^{dmc},312$. Ce volume d'eau pèserait $2^{Kg},312$. La densité est donc $2,008 : 2,312$, c-à-d $0,868$.

---

232. — Progressions arithmétiques.

Question. Qu'appelle-t-on *progression arithmétique*? — **Réponse.** On appelle **progression arithmétique** une *suite* de *nombres* tels que chacun d'eux soit égal au précédent augmenté d'un *nombre constant*, appelé **raison** de la *progression*[a].

Q. Donnez-en un exemple. — **R.** La suite 2, 5, 8, 11, 14, 17, ... est une *progression arithmétique*, car chacun de ses nombres est égal au précédent, augmenté du *nombre constant* 3, qui est la *raison* de la progression[b].

Q. Comment se nomment les *nombres* qui composent la progression? — **R.** Les *nombres* qui composent la *progres-* p. 327 *sion* sont dits les **termes** de la *progression*. Quand la progression est limitée, le *premier terme* et le *dernier* en sont les *extrêmes*[c].

Q. Représentez algébriquement les *termes* d'une progression arithmétique? — **R.** Si l'on désigne par a le *premier terme* d'une *progression arithmétique* quelconque, et par d[d] sa *raison*, les *termes* successifs de la progression sont :

$$a, \; a+d, \; a+2d, \; a+3d, \; ...$$

Q. A quoi est égal un *terme* quelconque de la progression?

---

[a] Les progressions arithmétiques se nomment aussi progressions par *différences*, parce que les *différences* qu'on obtient, en y retranchant chaque nombre du suivant, ont une valeur toujours la même, qui n'est autre que la *raison*.

[b] La suite des nombres entiers, celle des nombres pairs, celle des nombres impairs, celle des multiples d'un nombre quelconque sont autant d'exemples de *progressions arithmétiques*.

[c] La progression 1, 3, 5, 7..., par exemple, peut être prolongée indéfiniment vers la droite. Mais nous ne pouvons pas la prolonger indéfiniment vers la gauche, car, en la prolongeant de ce côté, nous arriverions à des nombres *négatifs*, c-à-d à des nombres dont il ne saurait être question à l'école primaire.

[d] La lettre d rappelle le mot *différence*, dont elle est l'initiale.

— **R.** *En toute progression arithmétique, un terme quelconque est égal au premier terme, plus autant de fois la raison qu'il y a de termes avant ce terme quelconque.*

Q. Exprimez ce fait par une *formule*. — **R.** Soient a le *premier terme*, d la *raison*, x le *terme* qui en a k avant lui [a], on a $x = a + kd$.

Q. A quoi est égale la *somme* des termes d'une progression arithmétique? — **R.** *La somme des termes de toute progression arithmétique limitée est égale à la demi-somme des extrêmes, multipliée par le nombre des termes.*

Q. Exprimez ce résultat par une *formule*. — **R.** Soient a le *premier terme*, l le *dernier*, n le *nombre* total des termes. La *somme* s des n termes de cette progression est donnée [b] par la formule $s = \dfrac{a+l}{2} n$.

Exercice 1. Quel est le $n^{\text{ième}}$ nombre *pair?* — **Solution.** Les nombres *pairs* forment une progression arithmétique dont le premier terme est 2, et dont la raison est 2. Le $n^{\text{ième}}$ nombre pair est donc $2 + (n-1)2$, c-à-d $2n$.

E. 2. Quel est le $n^{\text{ième}}$ nombre *impair?* — **S.** Les nombres *impairs* forment une progression arithmétique dont le premier terme est 1 et la raison 2. Le $n^{\text{ième}}$ nombre impair est donc $1 + (n-1)2$, c-à-d $2n-1$.

E. 3. Trouvez la *somme* des n premiers nombres *entiers*. — **S.** Ces n nombres forment une progression arithmétique ayant pour premier terme 1 et dernier terme n. La demi-somme des termes extrêmes est $\dfrac{n+1}{2}$. La somme des n termes est $\dfrac{n(n+1)}{2}$.

E. 4. Trouvez la *somme* des n premiers nombres *impairs*.

(a) La formule qu'on trouve pour x contient 4 lettres, elle permet donc de résoudre 4 problèmes généraux. Il sera bon de donner des exemples de ces 4 problèmes. — Il faudra faire remarquer que, dans le problème où k est l'inconnue, cette inconnue est forcément un nombre entier.

(b) La formule qu'on trouve pour s, contenant encore 4 lettres, permet encore de résoudre 4 problèmes généraux. Par sa nature même, le nombre n doit toujours être entier.

— **S.** Les termes extrêmes sont 1 et $2n - 1$. Leur demi-somme est n. La somme demandée est donc nn, c-à-d n^2, c-à-d [a] le carré de n.

E. 5. Trouvez la *somme* des 50 premiers *multiples* de 3. — **S.** Ces multiples sont 3×1, 3×2, 3×3, ..., 3×50. Ils forment une progression arithmétique dont les termes extrêmes sont 3 et 150. Leur somme est donc $\dfrac{3 + 150}{2} \times 50$, c-à-d $3\,825$.

E. 6. Partagez 504 en deux parties telles que le *tiers* de l'une et le *quart* de l'autre fassent ensemble 138[f]. — **S.** Soit x et y ces deux parties. On a $x + y = 504$, et $\dfrac{x}{3} + \dfrac{y}{4} = 138$. On tire de là $x = 144$ et $y = 360$.

E. 7. La tête d'un poisson a 18^{cm} de long ; la queue est aussi longue que la tête plus la *moitié* du corps ; le corps a la même longueur que la tête et la queue ensemble. Trouvez la longueur du corps et celle de la queue. — **S.** Soient x la longueur du corps et y celle de la queue. On a d'abord $y = 18 + \dfrac{x}{2}$. On a ensuite $x = 18 + y$. On tire de ces deux équations $x = 72^{cm}$ et $y = 54^{cm}$.

E. 8. Pierre et Louis se mettent au jeu [b], Pierre avec 34 billes et Louis avec 22. A la fin de la partie, Pierre a 3 fois plus de billes que n'en a Louis. Combien en a-t-il gagné [c] ? — **S.** Soit x le nombre des billes que Pierre a gagnées. A la fin de la partie, Pierre a $34 + x$ billes, Louis en a $22 - x$. Donc $34 + x = 3(22 - x)$. On tire de là $x = 8$.

E. 9. Un polygone a n côtés. Combien y peut-on mener de *diagonales*, c-à-d de droites, autres que les côtés, joignant un sommet à un autre ? — **S.** D'un sommet quelconque, on peut mener $n - 3$ diagonales. Des n sommets, on en peut donc mener $(n - 3)n$. Mais chaque diagonale est

---

[a] C'est un fait très remarquable que la somme des n premiers nombres *impairs* soit juste égale au *carré* de n.

[b] Il ne faut jamais *jouer* de l'argent, de peur d'en prendre l'habitude et la passion. La passion du jeu est terrible et cause presque toujours la ruine du joueur.

[c] On voit par ces exercices quelle multitude de problèmes on peut résoudre par l'algèbre. Presque tous les problèmes de l'arithmétique se peuvent résoudre ainsi, plus facilement et plus vite que par les procédés purement arithmétiques.

ainsi comptée deux fois, savoir : parmi celles qu'on a menées d'une de ses extrémités et parmi celles qu'on a menées de l'autre. Le nombre exact[a] de toutes les diagonales est donc $\dfrac{(n-3)n}{2}$.

E. 10. Trouvez le volume d'une pyramide dont la base a $4^{dmq},76$, et la hauteur 46^{cm}. — S. $\dfrac{4,76\times4,6}{3}$, c-à-d $7^{dmc},298$.

E. 11. Évaluez le *quadruple* d'un arc de $36°\,24'\,55'',3$. — S. $145°\,39'\,41'',2$.

E. 12. La tour Eiffel a 300^m de haut[b]. Quel *travail* doit effectuer, pour monter jusqu'à son sommet, un homme pesant 65^{kg}? — S. 65×300, c-à-d $19\,500$ kilogrammètres.

233. — Généralités sur les progressions géométriques.

Question. Qu'appelle-t-on *progression géométrique?* — **Réponse.** On appelle **progression géométrique** une *suite* de *nombres* tels que chacun d'eux soit égal au précédent *multiplié* par un *facteur constant,* appelé **raison** de la *progression*[c].

Q. Donnez-en un exemple. — **R.** La suite 3, 6, 12, 24, 48, ... est une *progression géométrique,* car chacun de ses nombres

[a] Si l'on appelle x le nombre des diagonales, on a $x=\dfrac{(n-3)n}{2}$.

Cette formule renfermant deux lettres, x et n, permet de résoudre deux problèmes généraux. Mais celui de ces deux problèmes où n est l'inconnue ne peut être résolu par nous, vu qu'il conduit à une équation du second degré.

[b] La tour Eiffel, construite toute en fer, est l'édifice le plus élevé du monde. Viennent après lui : l'obélisque de Washington, qui a 169^m de haut; les tours de la cathédrale de Cologne, 156^m; la flèche de la cathédrale de Rouen, 150^m; la plus haute des pyramides d'Égypte, 146^m; la tour de Strasbourg (le Munster), 142^m; la tour de Saint-Étienne à Vienne, 138^m; la coupole de Saint-Pierre de Rome, 132^m; la flèche de l'église d'Anvers, 126^m; etc., etc.

[c] Les progressions géométriques se nomment aussi progressions par *quotients,* parce que les quotients qu'on obtient, en y divisant chaque nombre par le précédent, sont tous égaux à un même nombre, qui est précisément la *raison.*

est égal au précédent *multiplié* par le *facteur constant* 2, qui est la *raison* de la *progression* [a].

Q. Comment se nomment les *nombres* qui composent la progression? — **R.** Les *nombres* qui composent la *progression* sont dits les *termes* de la *progression*. Quand la progression est limitée, le *premier terme* et le *dernier* en sont les *extrêmes*.

Q. Exprimez ces *termes* algébriquement. — **R.** Si l'on désigne par a le *premier terme* d'une *progression géométrique* quelconque, et par q sa *raison* [b], les *termes* successifs de la progression sont a, aq, aq^2, aq^3,...

Q. A quoi est égal un *terme* quelconque? — **R.** *En toute progression géométrique, un terme quelconque est égal au premier terme multiplié par une puissance de la raison marquée par le nombre des termes qui précèdent ce terme quelconque.*

Q. Exprimez ce fait par une *formule*. — **R.** Soient a le *premier terme*, q la *raison*, x le *terme* qui en a k avant lui [c], on a $x = aq^k$.

Q. A quoi est égal le *produit* des *termes* d'une progression géométrique? — **R.** *Le produit des termes de toute progression géométrique limitée est égal à la racine carrée du produit des extrêmes, élevée à une puissance marquée par le nombre des termes* [d].

Q. Exprimez ce résultat par une *formule*. — **R.** Soient a le

[a] Les puissances successives d'un même nombre forment une *progression géométrique*, qui a ce nombre pour *raison*.

[b] La lettre q est précisément l'initiale du mot *quotient*.

[c] La *formule* qu'on trouve pour x contient 4 lettres et peut servir à résoudre 4 *problèmes généraux*; mais deux de ces problèmes ne sont pas possibles pour nous, vu la nature des équations auxquelles ils conduisent.

[d] Il sera bon de faire remarquer que ce paragraphe sur les progressions *géométriques* correspond, alinéa par alinéa, à notre paragraphe sur les progressions *arithmétiques*. Pour passer des progressions arithmétiques aux progressions géométriques, il suffit de remplacer, dans tous les *énoncés* et dans toutes les *formules*, l'addition par la multiplication, la soustraction par la division, la multiplication par l'élévation à une puissance, la division par l'extraction d'une racine. C'est par l'étude de ces analogies entre les deux sortes de progressions, que *Néper*, mathématicien écossais du commencement du dix-septième siècle, a été conduit à l'admirable invention des *logarithmes*.

premier *terme*, *l* le *dernier*, *n* le *nombre* total des termes, le produit *p* des *n* termes est donné par la formule $p = \left(\sqrt{al}\right)^n$.

p. 329 **Exercice 1.** Ecrivez les six premiers *termes* de la *progression géométrique* commençant par 5 et ayant pour *raison* 3. — **Solution.** 5, 15, 45, 135, 405, 1 215.

E. 2. Quel est le *cinquième* terme de la *progression géométrique* commençant par 1 et ayant pour *raison* 4? — **S.** 1×4^4, c-à-d 256.

E. 3. Calculez le *produit* des 11 premières puissances de 2. — **S.** Le produit des termes extrêmes est 2×2^{11}, ou 2^{12}. Sa racine carrée est 2^6. Le produit cherché est donc $\left(2^6\right)^{11}$, c-à-d 2^{66}.

E. 4. Il y a 7 enfants dans une famille [a]. Le cadet a 8^{ans}, et chacun des six autres a 2 ans de plus que son frère puîné [b]. Dites la *somme* de tous ces âges. — **S.** Ces âges forment une progression arithmétique ayant pour premier terme 8 et pour raison 2. Le dernier terme est $8 + 2 \times 6$, ou 20. La somme des âges est donc $\dfrac{8 + 20}{2} \times 7$, ou 98^{ans}.

E. 5. Pierre et Paul ont des billes. Si Pierre en donnait 7 à Paul, ils en auraient tous deux le même nombre. Si Paul en donnait 5 à Pierre, Pierre en aurait 3 fois plus que n'en a Paul. Combien en ont-ils chacun ? — **S.** Soient x le nombre des billes de Pierre et y celui des billes de Paul. Si Pierre en donnait 7 à Paul, on aurait, d'après l'énoncé, $x - 7 = y + 7$. Si Paul en donnait 5 à Pierre, on aurait $x + 5 = 3(y - 5)$. On tire de ces deux équations $x = 31$, $y = 17$.

E. 6. Trouvez trois nombres tels, que la somme des deux derniers soit 202; la somme du dernier et du premier, 174; et la somme des deux premiers, 118. — **S.** Soient x, y, z ces nombres. On a $y + z = 202$, $z + x = 174$,

[a] Dans cet exercice, le mot *famille* désigne le groupe restreint formé par le *père*, la *mère* et les *enfants*.

[b] On trouve, dans les arithmétiques un peu anciennes, des problèmes qu'on appelle règles de *fausse position*. On peut les résoudre par l'arithmétique seule, à l'aide de quelques artifices ; mais l'algèbre permet d'en obtenir la solution directement et facilement. Il est donc inutile de faire une étude particulière de ces problèmes. Le mieux est de n'en pas parler.

$x + y = 118$. On tire de ces trois équations $x = 292$, $y = 320$, $z = 376$.

E. 7. Un père est 4 fois plus âgé que n'est son fils, et la somme des deux âges est de 60^{ans}. Quel est l'âge du père? Quel est celui du fils? — **S.** Soient x l'âge du père et y celui du fils [a]. On a $x = 4y$ et $x + y = 60$. Il en résulte $x = 48$ et $y = 12$.

E. 8. Calculez le 57e terme de la *progression arithmétique* commençant par 2, 5, 8, 11, ... — **S.** La raison étant 3, ce 57e terme est $2 + 3 \times 56$, c-à-d 170.

E. 9. Trouvez la *somme* des 45 premiers nombres entiers dont le dernier chiffre est un 3. — **S.** Ces nombres sont 3, 13, 23, ... : ils forment une progression arithmétique dont la raison est 10. Le dernier d'entre eux est $3 + 10 \times 44$, c-à-d 443. La somme de tous ces nombres est donc $\dfrac{3 + 443}{2} \times 45$, c-à-d 10 035 [b].

E. 10. Calculez les *frais* d'achat de trois actions *nominatives* au cours de 1 565^f,40. — **S.** Le droit de timbre est de 0^f,60 ; le courtage, de $\dfrac{1\,565,40 \times 3}{800}$, c-à-d de 5^f,87 ; et le transfert, de $\dfrac{1\,565,40 \times 3}{200}$, c-à-d de 23^f,48. Le total des frais s'élève à 30^f,34.

E. 11. Quelle est la hauteur d'une pyramide dont la base a une superficie de 9^{mq},48, et dont le volume est de 28^{mc},749. — **S.** $\dfrac{28\,749 \times 3}{9,48}$, c-à-d 9^m,097.

E. 12. Évaluez le volume d'un tronc d'arbre abattu, qui a 17^m,5 de long, et dont la circonférence moyenne est de 2^m,07. — **S.** En divisant le carré de 2,07 par 4π, on obtient, pour l'aire de la section moyenne, 0^{mq},3 409. Le volume est donc $0,3\,409 \times 17,5$, c-à-d 5^{mc},965.

[a] On s'amuse parfois à *deviner* un nombre *pensé* par une autre personne. On demande pour cela à cette personne d'effectuer sur le nombre pensé par elle certaines opérations plus ou moins compliquées, et finalement de faire connaître le dernier résultat de ses calculs. Presque toujours, la découverte du nombre *pensé* revient à la résolution d'une *équation* très simple, du premier degré.

[b] Les nombres entiers qui finissent par *un* même chiffre forment toujours une progression *arithmétique* dont la *raison* est 10. Ceux qui finissent par les *deux* mêmes chiffres en forment une dont la *raison* est 100. Et ainsi de suite.

234. — Somme des termes d'une progression géométrique.

Question. Une progression géométrique est-elle dite croissante ou décroissante? — Réponse. Une *progression géométrique* est dite **croissante** ou **décroissante**, selon que ses *termes* vont en *croissant* ou en décroissant.

Q. Dans quel cas une progression géométrique est-elle *croissante* ou *décroissante*? — **R.** Une *progression géométrique* est *croissante*, quand sa *raison* est *plus grande* que *1*; *décroissante*, quand sa *raison* est *moindre* que *1*[a].

p. 330

Q. Donnez des exemples. — **R.** La *progression* 1, 3, 9, 27, …, dont la *raison* est 3, est une progression géométrique *croissante*. La *progression* $3, \frac{3}{2}, \frac{3}{4}, \frac{3}{8}, \ldots$, dont la *raison* est $\frac{1}{2}$, est une progression géométrique *décroissante*.

Q. Comment obtient-on la *somme* des termes d'une progression géométrique *limitée*? — **R.** Pour obtenir la somme des termes d'une progression géométrique limitée : 1° on prend la *différence* entre le premier terme et le produit du dernier multiplié par la raison; — 2° on prend la *différence* entre l'unité et la raison; — 3° on *divise* la première de ces différences par la seconde.

Q. Exprimez ce résultat par une *formule*, lorsque la progression est *croissante*. — **R.** Supposons la progression *croissante* et désignons par a, l, q et s le *premier terme*, le *dernier* terme, la *raison* et la *somme* des termes. Comme les termes vont en croissant, la première *différence* est $lq - a$; la seconde est $q - 1$, et l'on a $s = \dfrac{lq - a}{q - 1}$.

Q. Exprimez ce même résultat par une *formule*, lorsque la progression est *décroissante*. — **R.** Supposons, au contraire[b],

<hr>

[a] Si la raison était juste *égale* à 1, la progression ne serait ni *croissante*, ni *décroissante*. Tous ses *termes* seraient *égaux* entre eux.

[b] On peut remarquer que, dans la *règle* donnée pour calculer cette somme, nous ne distinguons pas entre les progressions croissantes et les

la progression *décroissante*; et conservons les notations précédentes. Comme les termes vont en décroissant, la première *différence* est $a - lq$, la seconde est $1 - q$, et l'on a $s = \dfrac{a - lq}{1 - q}$.

Q. Qu'arrive-t-il lorsqu'une progression géométrique décroissante est *illimitée?* — **R.** Lorsqu'une progression géométrique décroissante est illimitée, si l'on y prend, en partant toujours du commencement, un nombre de termes de plus en plus grand, la *somme* de ces termes va en augmentant et tend à devenir égale [a] au *quotient* qu'on obtient en *divisant* le *premier terme* de la progression par l'*excès* de l'*unité* sur la *raison*.

Q. Vers quelle *expression algébrique* tend donc cette *somme?* — **R.** Si l'on désigne toujours par a et q le premier terme et la raison, cette *somme* tend donc vers la valeur $\dfrac{a}{1-q}$.

Q. Une progression géométrique *décroissante illimitée* a-t-elle une *somme?* — **R.** A cause précisément de ce qui précède, on dit souvent qu'une progression géométrique *décroissante illimitée* a une *somme* [b], et que cette somme est égale à $\dfrac{a}{1-q}$.

Exercice 1. Quelle est la *somme* des 10 premiers termes d'une *progression géométrique* commençant par 1 et ayant pour raison 2? — **Solution.** Le dixième terme est 1×2^9, ou 512. La somme des 10 premiers termes est donc $\dfrac{512 \times 2 - 1}{2 - 1}$, c-à-d 1 023.

E. 2. Calculez la *somme* des termes de la *progression* géométrique 1, $\dfrac{1}{2}$, $\dfrac{1}{4}$, $\dfrac{1}{8}$, ..., qui est décroissante et illi-

p. 331

progressions décroissantes. Si, en établissant les *formules* qui découlent de cette règle, nous faisons cette distinction, c'est uniquement afin d'éviter les nombres *négatifs*.

[a] C'est ici l'un des premiers cas où se présentent, en mathématiques, l'idée de *quantité variable* et l'idée de *limite*.

[b] La première progression *géométrique, décroissante et illimitée,* qui ait été considérée et *sommée,* l'a été par Archimède. C'est la progression $1 + \dfrac{1}{4} + \dfrac{1}{16} + \dfrac{1}{64} + \ldots$ dont la raison est $\dfrac{1}{4}$. Sa somme est $\dfrac{4}{3}$.

mitée. — **S.** Cette somme est $\dfrac{1}{1-\frac{1}{2}}$, c-à-d 2 [a].

E. 3. Trouvez la *somme* des n premiers *multiples* de a. — **S.** Ces multiples sont $1a$, $2a$, $3a$,...., na. Ils forment une progression arithmétique. Leur somme est donc $\dfrac{a+na}{2}n$, c-à-d $\dfrac{n\,(n+1)}{2}a$.

E. 4. Un particulier dépense en voyage le *tiers*, puis le *quart*, puis le *cinquième* de ce qu'il avait emporté. Au retour, il a encore 39^f. Combien avait-il au départ? — **S.** Soit x ce qu'il avait au départ. Au retour, il a $x-\dfrac{x}{3}-\dfrac{x}{4}-\dfrac{x}{5}$. Donc $x-\dfrac{x}{3}-\dfrac{x}{4}-\dfrac{x}{5}=39$. Cette équation nous donne $x=180^f$.

E. 5. Résolvez l'*équation* $\dfrac{45}{2x+3}=\dfrac{57}{4x-5}$. — **S.** $x=6$.

E. 6. Un homme a cinq fils. Chacun d'eux a 3^{ans} de plus que son frère puîné, et l'âge de l'aîné est *quadruple* de celui du cadet [b]. Trouvez les âges de ces cinq fils. — **S.** Soit x l'âge du cadet. Celui de l'aîné est $x+3\times 4$, c-à-d $x+12$. On a donc $x+12=4x$. Il en résulte $x=4$. Les âges sont donc 4^{ans}, 7^{ans}, 10^{ans}, 13^{ans}, 16^{ans}.

E. 7. Résoudre le *système* des deux équations $4x+7y=47$ et $11x=6y+3$. — **S.** $x=3$, $y=5$ [c].

E. 8. Quand on ajoute 4 aux deux termes d'une certaine fraction, elle devient égale à $\dfrac{1}{5}$. Quand on retranche 4 de ces deux termes, elle devient égale à $\dfrac{1}{13}$. Trouvez cette fraction. — **S.** Soit $\dfrac{x}{y}$ cette fraction. On a $\dfrac{x+4}{y+4}=\dfrac{1}{5}$, et

[a] Si l'on porte, sur une droite ayant 2^m de long, à partir d'une extrémité de cette droite et les unes à la suite des autres, des longueurs égales à 1^m, $\frac{1}{2}$ mètre, $\frac{1}{4}$, $\frac{1}{8}$, $\frac{1}{16}$,.... de mètre, on se rapproche de plus en plus de l'autre extrémité de cette droite; mais on n'y arrive jamais, parce qu'on n'ajoute, à chaque fois, que la moitié de ce qu'il faudrait pour y arriver.

[b] Dans une famille où il y a plusieurs enfants, le premier-né est l'*aîné*; le dernier-né se nomme le *cadet*.

[c] Ce système d'équations n'a qu'une *solution*, qui se compose des deux nombres 3 et 5. Il en est ainsi de toutes les équations ou systèmes d'équations proposés dans nos exercices, et aussi de tous les problèmes d'algèbre qui y figurent, parce que les *équations* à résoudre, dans ces différents cas, sont toutes des *équations* du *premier degré*. Les équa-

$\frac{x-4}{y-4}=\frac{1}{13}$. En résolvant ce système de deux équations, on trouve $x=8$ et $y=56$.

E. 9. On a des pièces de 5^f et des pièces de 2^f. Combien en faut-il donner de chaque sorte, pour payer 54^f avec 15 de ces pièces ? — **S.** Soient x le nombre des pièces de 5^f et y celui des pièces de 2^f. On a $5x+2y=54$, et $x+y=15$. On tire de là $x=8$, $y=7$.

E. 10. Trois ouvriers mettraient séparément a heures, b heures, c heures, pour faire un certain ouvrage. Combien y mettraient-ils d'heures, s'ils y travaillaient tous les trois en même temps [a]? — **S.** En 1^h, le premier fait $\frac{1}{a}$ de l'ouvrage, le deuxième $\frac{1}{b}$, le troisième $\frac{1}{c}$. Soit x le nombre d'heures cherché. En ces x heures, les ouvriers en font ensemble $\frac{x}{a}+\frac{x}{b}+\frac{x}{c}$. Donc on a $\frac{x}{a}+\frac{x}{b}+\frac{x}{c}=1$. Il en résulte $x=\dfrac{abc}{bc+ca+ab}$.

E. 11. Calculez *l'escompte en dedans*, à $5{,}3\ °/_\circ$, pour une traite de $823^f{,}35$, payable dans 35^j. — **S.** A $5{,}3\ °/_\circ$, en 35^j, un capital de $36\,000^f$ rapporte $185^f{,}50$ et devient $36\,185^f{,}50$. Le capital qui, dans les mêmes conditions, devient $823^f{,}35$ est $36\,000^f\times\dfrac{823{,}35}{36\,185{,}50}$, c-à-d $823^f{,}35$ — $819^f{,}12$, ou $4^f{,}23$.

E. 12. Quelle est la superficie d'un plateau circulaire [b] de $0^m{,}27$ de rayon ? — **S.** $3{,}1416\times(0{,}27)^2$, c-à-d $0^{mq}{,}2290$.

[a] Il sera bon de faire résoudre aux élèves tous les problèmes généraux auxquels conduisent les questions de mélanges, d'alliage, de partages proportionnels, etc., etc.

[b] On fait de magnifiques plateaux soit en *laque*, soit en *métal*. — Dans la géographie, on donne le nom de *plateaux* à des *plaines* fort élevées au-dessus du niveau de la mer.

tions d'un degré supérieur au premier ont, en général, plusieurs solutions. L'équation du second degré, $x^2+15=8x$, admet ainsi les deux solutions $x=3$ et $x=5$.

APPENDICE

Problèmes donnés dans les Examens et Concours.

Problème 1. Un négociant a acheté 235 sacs de farine à 29^f,35 l'un, et un certain nombre de sacs d'avoine à 19^f,25 le sac. Il se propose de payer le tout avec 310 sacs de farine vendus à 39^f,20 le sac. Combien a-t-il acheté de sacs d'avoine? — **Solution.** La vente des 310 sacs de farine produit 39^f,20 $\times$ 310, ou 12.152^f. Or les 235 sacs de farine achetés coûtent 29^f,35 $\times$ 235, ou 6897^f,25. Donc l'avoine achetée coûte 12152^f — 6.897^f,25, ou 5.254^f,75. Donc on a acheté autant de sacs d'avoine qu'il y a de fois 19^f,25 dans 5254^f,75, c-à-d 273.

P. 2. Une fermière a 52 poules qui ont pondu 83 œufs chacune par an. Elle vend les œufs 0^f,90 la douzaine et donne le 13e en plus. Quel produit retirera-t-elle de ses œufs, sachant que, pour la nourriture de ses poules, elle dépense 0^f,70 de grains par jour? — **S.** Le nombre des œufs pondus est 83 $\times$ 52, ou 4316, lesquels forment autant de *douzaines* qu'il y a de fois 13 dans 4316, c-à-d 332 douzaines, valant 0^f,90 $\times$ 332, ou 298^f,80. La dépense est 0^f,70 $\times$ 365, ou 255^f,50. Le produit net est donc 298^f,80 — 255^f,50, ou 43^f,20.

P. 3. Une société d'hommes et de femmes a dépensé dans une fête 479^f,70; sur cette somme, les hommes ont payé 348^f,60 et les femmes le reste. L'écot des hommes a été de 4^f,20; celui des femmes, de 2^f,30. Combien y avait-il d'hommes et de femmes? — **S.** Il y avait autant d'hommes qu'il y a de fois 4^f,20 dans 348^f,60, c-à-d 83 hommes. Il y avait autant de femmes qu'il y a de fois 2^f,30 dans 479^f,70 — 348^f,60, c-à-d 57 femmes.

P. 4. Un marchand a acheté 600 fagots à raison de 15^f le cent; on lui en donne 13 pour 12. Il les a tous revendus en détail à raison de 16 centimes la pièce. Combien a-t-il gagné par fagot? — **S.** Un fagot coûtait 0^f,15; donc la douzaine coûtait 0^f,15 $\times$ 12, ou 1^f,80. Mais, pour le prix d'une douzaine, on en recevait

13. Donc, chaque fagot revenait à 1f,80 : 13, c-à-d 0f,138. Le marchand a donc gagné 0f,16 — 0f,138, c-à-d 0f,022 par fagot.

P. 5. Un ouvrier gagne 5f,50 par jour pendant 305j de l'année. Chaque mois, il paie 15f pour son loyer et dépense en moyenne 75f pour son entretien et celui de sa famille. Il économise le reste, afin d'acheter une maison estimée 2385f. Après combien d'années aura-t-il mis cette somme de côté ?— **S.** Cet ouvrier gagne 5f,50 × 305, ou 1677f,50 par an. Il dépense 15f + 75f, ou 90f par mois ; et, par conséquent, 90f × 12, ou 1080f par an. Ses économies annuelles se montent donc à 1677f,50 — 1080f, c-à-d à 597f,50. Donc, il lui faut autant d'années pour mettre de côté 2385f, qu'il y a de fois 597f,50 dans 2385f, c-à-d à peu près 4ans.

Problème 6. Un enfant détruit en une saison 12 nids contenant chacun 6 œufs ou petits ; chaque petit devenu grand mange 100 insectes par jour. En admettant que 1.000 insectes font 0f,05 de dégâts par an, et que ces insectes se multiplient dans la proportion de 1 à 100, calculez : 1° pour 1 an ; 2° pour 3 ans, la perte que cet enfant a causée à l'agriculture par cette destruction d'oiseaux. — **Solution.** Le nombre des oiseaux détruits est 6 × 12, ou 72 ; ceux-ci auraient mangé, en 1 an, 100 × 365 × 72, ou 2628000 insectes. La première année, les dégâts causés par ces insectes s'élèvent à 0f,05 × 2628, ou 131f,40. La deuxième année, ils s'élèvent à 131f,40 × 100, ou à 13140f. La troisième, à 13140f × 100, ou à 1314000f. Pour les trois années, le total des dégâts est de 1327271f,40.

P. 7. Un employé verse les 3 dixièmes de ses appointements à la caisse d'épargne ; au bout de 7mois, son livret comporte une économie de 350f, intérêts non compris ; combien gagne-t-il par an ? — **S.** En 1mois, il économise 350f : 7, ou 50f ; en 12mois, il économise 50f × 12 ou 600f. Donc les 3 dixièmes de ses appointements sont de 600f ; le dixième est de 600f : 3, ou de 200f ; et ses appointements sont de 2000f.

P. 8. Un père et son fils doivent faire un travail en 15j. Le fils fait 3 fois moins d'ouvrage que son père. Au moment de commencer, le fils tombe malade et le père travaille seul. Au bout de combien de jours aura-t-il achevé le travail ? — **S.** Le père, si son fils eût travaillé, n'eût fait que les 3 *quarts* du travail. Ainsi, pour faire les 3 *quarts* du travail, il met 15j. Pour en faire le *quart*, il met 15 : 3, ou 5j. Pour le faire tout entier, il mettra 5j × 4, ou 20j.

P. 9. Deux personnes achètent un tas de bois qui a 8m de longueur, 1m,30 de largeur et 1m,50 de hauteur, pour 218f,40. La première en prend les 5 sixièmes, et la deuxième, le reste. Quelle est la somme due par chaque personne ?— **S.** La seconde personne prend un *sixième* du bois; elle doit donc payer 218^f,40 : 6, ou 36^f,40. La première doit payer 218^f,40 — 36^f,40, ou 182^f.

P. 10. Deux personnes se sont partagé un tas de bois de 6^m de longueur, 1^m,50 de largeur et 0^m,88 de hauteur. La première en a pris les 5 huitièmes, et la seconde, le reste. Combien chacune en a-t-elle payé, si le tas a coûté en tout 128^f,80? — **S.** La première a payé les 5 *huitièmes* de 128^f,80, ou $\frac{128,80 \times 5}{8}$, ou 80^f,50. La seconde, 128^f,80 — 80^f,50, ou 48^f,30.

Problème 11. Le percepteur me réclame les 3 douzièmes de mes contributions. Je donne un billet de 100^f sur lequel il me rend 15^f,40, et je me trouve en avance de 4 mois. A combien s'élèvent mes contributions? — **Solution.** Puisque je suis en avance de 4 mois, j'ai payé les 3 mois réclamés, plus 4 mois, c-à-d 7 mois. Ainsi, pour 7 mois, je paie 100^f — 15^f,40, ou 84^f,60; pour 1 mois, je paie $\frac{84,60}{7}$, et, pour l'année, $\frac{84,60 \times 12}{7}$, ou 145^f,03.

P. 12. Un ouvrier a travaillé pendant 9j $\frac{2}{3}$ et a reçu 25^f,75. Combien reçoit-il par jour? — **S.** En 9j $+ \frac{2}{3}$, c-à-d en $\frac{29}{3}$ de jour, l'ouvrier a gagné 25^f,75. En $\frac{1}{3}$ de jour, il gagne $\frac{25,75}{29}$, et, en 1j entier, $\frac{25,75 \times 3}{29}$, c-à-d 2^f,66.

P. 13. Une personne a dépensé mal à propos les $\frac{3}{8}$ de son argent, et il lui reste encore 13^f $\frac{1}{5}$. Combien avait elle d'abord? — **S.** Il lui reste encore les $\frac{5}{8}$ de son argent. Puisque ces $\frac{5}{8}$ valent 13^f,20, $\frac{1}{8}$ vaut $\frac{13,20}{5}$, et les $\frac{8}{8}$ valent $\frac{13,20 \times 8}{5}$, c-à-d 21^f,12.

P. 14. Une personne a placé les $\frac{2}{5}$ de sa fortune et possède encore 15 000^f. Quelle est sa fortune totale? — **S.** Il lui reste encore les $\frac{3}{5}$ de sa fortune. Donc ces $\frac{3}{5}$ valent 15 000^f; donc $\frac{1}{5}$ vaut $\frac{15\,000}{3}$, ou 5000^f; et la fortune tout entière est de 5000$^f \times 5$, c-à-d de 25 000^f.

P. 15. Un cultivateur a vendu les $\frac{2}{5}$ de sa récolte pour 3 260^f; combien aurait-il dû en vendre les $\frac{3}{4}$? — **S.** Les $\frac{2}{5}$ de la récolte valant 3 260^f, le cinquième vaut $\frac{3\,260}{2}$ ou 1630^f, et la récolte entière vaut 1630$^f \times 5$, ou 8150^f. Les $\frac{3}{4}$ en valent donc 8150 $\times \frac{3}{4}$, ou 6112^f,50.

Problème 16. Un ouvrier chargé d'un travail, qui en a fait d'abord les $\frac{4}{10}$, puis la moitié du reste, termine enfin son ouvrage et reçoit 9^f pour cette dernière partie. Quelle somme p. 331 lui a rapportée l'ouvrage entier? — **Solution.** Le premier reste était des $\frac{6}{10}$ du travail, dont la moitié est des $\frac{3}{10}$. Le dernier reste est donc les $\frac{3}{10}$ du travail. Ainsi, les $\frac{3}{10}$ du travail rapportent 9^f; $\frac{1}{10}$ rapporte $\frac{9}{3}$ ou 3^f; et les $\frac{10}{10}$ rapportent $3^f \times 10$, c-à-d 30^f.

P. 17. Un particulier a dépensé successivement le tiers, le quart, le cinquième de sa fortune, qui s'élevait à $100\,000^f$. Combien lui reste-t-il? — **S.** Le *tiers* de $100\,000^f$ est de $33\,333^f,33$; le *quart* est de $25\,000^f$; le *cinquième*, de $20\,000^f$. La dépense totale est donc $33\,333^f,33 + 25\,000^f + 20\,000^f$, ou $78\,333^f,33$. Il reste $100\,000^f - 78\,333^f,33$, c-à-d $21\,666^f,67$.

P. 18. Un certain ouvrage pourrait être fait en 2^h par un homme, en 18^h par une femme et en 30^h par un enfant. Combien mettront-ils de temps pour le faire en y travaillant ensemble? — **S.** En 1^h, l'homme fait la *moitié* de l'ouvrage; la femme, le *dix-huitième*; l'enfant, le *trentième*. Ensemble, ils en font $\frac{1}{2} + \frac{1}{18} + \frac{1}{30}$, c-à-d les $\frac{53}{90}$. Ainsi, pour faire les $\frac{53}{90}$, il faut 1^h; pour $\frac{1}{90}$, il faut $\frac{1^h}{53}$; pour les $\frac{90}{90}$, il faut $\frac{90}{53}$, ou $1^h + \frac{37}{53}$, ou 1^h 42^m.

P. 19. Il reste à un ouvrier $\frac{1}{4}$ de ce qu'il a gagné après avoir dépensé 954^f. Combien a-t-il travaillé de jours à raison de 6^f par jour? — **S.** Puisqu'il ne lui reste que le *quart* de son *gain*, c'est qu'il en a dépensé les $\frac{3}{4}$. Donc les $\frac{3}{4}$ de son gain valent 954^f; donc le quart vaut $\frac{954}{3}$, et les 4 quarts $\frac{954 \times 4}{3}$, c-à-d $1\,272^f$. Il a travaillé autant de jours qu'il y a de fois 6 dans 1272, c-à-d 212^j.

P. 20. On occupe 12 hommes et 7 enfants dans un atelier. Au bout de 6^j de travail, ils ont reçu $325^f,50$. Quel est le prix de la journée d'un homme et de celle d'un enfant, sachant que les enfants gagnent moitié moins que les hommes? — **S.** 7 journées d'enfant valent 3,5 journées d'homme. Donc on paie chaque jour $12 + 3,5$ ou 15,5 journées d'homme. Or on paie chaque jour $325^f,50 : 6$, ou $54^f,25$. Donc 15,5 journées d'homme valent $54^f,25$; une journée d'homme vaut $54^f,25 : 15,5$, ou $3^f,50$; une journée d'enfant vaut $3^f,50 : 2$, ou $1^f,75$.

Problème 21. Une famille a pu économiser dans une

année 850^f. Elle a dépensé les $\frac{4}{9}$ de son revenu pour sa nourriture, $\frac{1}{10}$ pour son logement, et les $\frac{4}{15}$ pour son entretien. On demande quel était ce revenu. — **Solution.** $\frac{4}{9} + \frac{1}{10} + \frac{4}{15}$ font $\frac{73}{90}$: donc cette famille a dépensé les $\frac{73}{90}$ de son revenu ; donc elle en a économisé les $\frac{17}{90}$. Ainsi les $\frac{17}{90}$ de ce revenu valent 850^f ; $\frac{1}{90}$ vaut $\frac{850}{17}$; et les $\frac{90}{90}$ valent $\frac{850 \times 90}{17}$, c-à-d 4 500^f. Tel est le revenu demandé.

P. 22. Un marchand a acheté à la campagne 6 000 œufs à 0^f,05 la pièce ; il les a revendus en ville 0^f,90 la douzaine. Sachant que les frais de transport sont la moitié des droits d'entrée et que ces droits sont $\frac{1}{15}$ du prix d'achat, on demande combien il a gagné à son marché. — **S.** Le prix d'achat est 0^f,05 $\times$ 6 000, ou 300^f ; les droits d'entrée sont le *quinzième* de 300^f, c-à-d 20^f ; les frais de transport sont la *moitié* de 20^f ou 10^f : ainsi le prix total de revient est 300^f + 20^f + 10^f, qu 330^f. Le prix de vente est $\frac{0,90 \times 6000}{12}$, ou 450^f. Le marchand a donc gagné 450^f — 330^f, c-à-d 120^f.

P. 23. On a partagé une certaine somme entre 4 personnes : la 1re a eu $\frac{1}{5}$ de la somme totale ; la 2e, les $\frac{4}{9}$ du reste ; la 3e, les $\frac{2}{5}$ du deuxième reste ; et la 4e, qui a eu le dernier reste, se trouve avoir 2 400^f. Quelle somme a-t-on partagée, et quelle est la part de chaque personne ? — **S.** Le premier reste est les $\frac{4}{5}$ de la somme totale. La deuxième personne en prend les $\frac{4}{9}$; donc il en reste les $\frac{5}{9}$, c-à-d les $\frac{4}{5} \times \frac{5}{9}$ ou les $\frac{4}{9}$ de la somme totale ; c'est le deuxième reste. La troisième personne en prenant les $\frac{2}{5}$, il en reste les $\frac{3}{5}$, c-à-d les $\frac{4}{9} \times \frac{3}{5}$ ou les $\frac{4}{15}$ de la somme totale : c'est le dernier reste. Donc les $\frac{4}{15}$ de la somme totale valent 2 400^f ; $\frac{1}{15}$ vaut 2 400^f : 4, ou 600^f ; et la somme totale est de 600^f $\times$ 15, c-à-d de 9 000^f. La première personne a eu 9 000^f $\times$ $\frac{1}{5}$ ou 1 800^f, et le premier reste a été 9 000^f — 1 800^f, ou 7 200^f. La deuxième personne a eu 7 200^f $\times$ $\frac{4}{9}$ ou 3 200^f ; et le deuxième reste a été de 7 200^f — 3 200^f ou 4 000^f. La troisième personne a eu 4 000^f $\times$ $\frac{2}{5}$ ou 1 600^f ; et le troisième reste a été 4 000^f — 1 600^f, ou 2 400^f, part de la quatrième personne.

P. 24. Après avoir perdu successivement les $\frac{3}{8}$ de sa fortune, le $\frac{1}{9}$ du reste, puis les $\frac{5}{12}$ du nouveau reste, une personne hérite de 60.800^f. La perte est ainsi réduite à la moitié de la fortune primitive. On demande combien cette personne possédait p. 335 d'abord, et combien elle a successivement perdu. — **S.** Après la première perte, il lui reste les $\frac{5}{8}$ de sa fortune; après la deuxième, elle n'a plus que les $\frac{8}{9}$ du premier reste, ou les $\frac{5}{8} \times \frac{8}{9}$, ou les $\frac{5}{9}$ de sa fortune primitive; après la troisième, elle n'a plus que les $\frac{7}{12}$ du deuxième reste, c-à-d que les $\frac{5}{9} \times \frac{7}{12}$, ou les $\frac{35}{108}$ de sa fortune primitive. Elle en a donc perdu les $\frac{73}{108}$, c-à-d $\frac{54}{108} + \frac{19}{108}$, ou la moitié plus les $\frac{19}{108}$. Puisque l'héritage de 60.800^f réduit la perte à la moitié, c'est que les $\frac{19}{108}$ de la fortune primitive valent juste 60.800^f. Donc $\frac{1}{108}$ valait $\frac{60.800}{19}$, et cette fortune tout entière était de $\frac{60.800 \times 108}{19}$, c-à-d de 345.600^f. La première perte s'élevait à 345.600$^f \times \frac{3}{8}$, ou 129.600^f; la deuxième, à $\frac{345.600 - 129.600}{9}$, ou 24.000^f; la troisième, à $(345.600 - 129.600 - 24.000) \times \frac{5}{12}$, ou 80.000^f.

P. 25. Un marchand achète de la toile à 2^f,50 le mètre. Il veut la vendre de manière à gagner sur 28^m le prix de vente des trois derniers. Combien doit-il vendre le mètre ? — **S.** Puisque le gain est le prix de vente des 3 derniers mètres, le prix de vente des 25 premiers est égal au prix d'achat des 28^m. Ce prix d'achat est 2^f,50 $\times$ 28, ou 70^f. Le prix de vente de chaque mètre est donc 70^f : 25, ou 2^f,80.

Problème 26. Une ouvrière a confectionné 3 douzaines de chemises pour lesquelles elle a fourni la toile. Il faut 5^m de toile pour 2 chemises, et cette toile coûte 3^f,20 le mètre. Cet ouvrage l'a occupée pendant 45^j et il lui a été payé 361^f,50. Trouver le prix de sa journée, sachant qu'elle a dépensé 6^f de fournitures. — **Solution.** Il faut 2^m,50 de toile pour 1 chemise; pour 3^{douz}, c-à-d pour 36 chemises, il en faut 2^m,50 $\times$ 36, ou 90^m, qui coûtent 3^f,20 $\times$ 90, c-à-d 288^f. L'ouvrière a donc dépensé 288^f + 6^f, c-à-d 294^f. Elle a reçu 361^f,50. Donc elle a gagné 361^f,50 — 294^f, ou 67^f,50 en 45^j. En 1j, elle gagne 67^f,50 : 45, c-à-d 1^f,50.

P. 27. Un marchand achète 658^m d'étoffe. Il revend 159^m de cette étoffe pour 740^f et le reste à raison de 3^f,75 le mètre.

Sachant qu'il a fait un bénéfice de 268^f,75, on demande combien lui avait coûté le mètre de cette étoffe. — **S.** Le reste se compose de 658^m —159^m ou 499^m et se vend 3^f,75 × 499 ou 1871^f,25. Le marchand reçoit donc 740^f + 1871^f,25 ou 2611^f,25. Il avait dépensé 2611^f,25 — 268^f,75, ou 2342^f,50. Donc le mètre d'étoffe lui avait coûté 2342^f,50 : 658, ou 3^f,56.

P. 28. Un marchand achète deux pièces de drap, l'une de 72^m à raison de 12^f,75 le mètre, et l'autre de 62^m,25 à raison de 9^f,85 le mètre; il revend les $\frac{3}{4}$ de la première pièce en faisant un bénéfice de 3^f,25 par mètre, et le reste au prix coûtant. Combien devra-t-il revendre le mètre de la 2e pièce pour réaliser un bénéfice total de 300^f? — **S.** Les 3 *quarts* de 72^m sont de 54^m. Sur la première pièce, le marchand gagne 3^f,25 × 54 ou 175^f,50. Il devra donc, sur la seconde, gagner 300^f — 175^f,50, ou 124^f,50, ce qui donne, par mètre, 124^f,50 : 62,25 ou 2^f. Il devra donc vendre le mètre de la deuxième pièce 9^f,85 + 2^f, ou 11^f,85.

P. 29. Un marchand a vendu en détail 650^m d'étoffe, savoir : 150^m pour 975^f et le reste à 5^f,50 le mètre. A ce marché, il a gagné 2^f,25 par mètre. A quel prix avait-il acheté d'abord le mètre d'étoffe ? — **S.** Les 650^m — 150^m, ou 500^m restants se sont vendus 5^f,50 × 500, ou 2750^f. Le produit de toute la vente est donc 975^f + 2750^f, ou 3725^f. Le prix de vente du mètre est donc, en moyenne, 3725^f : 650, ou 5^f,73. Le prix d'achat était 5^f,73 — 2^f,25, ou 3^f,48.

P. 30. Pour faire une robe, on achète 5^m,50 d'étoffe qui ont coûté 23^f,65. Il manque 1^m,75 que l'on paie 0^f,30 par mètre de plus que la première fois. Les fournitures et la façon coûtent 6^f,50. A combien revient la robe? — **S.** La première fois, le mètre d'étoffe a coûté 23^f,65 : 5,50, ou 4^f,30; et la seconde, 4^f,30 + 0^f,30, ou 4^f,60. Le prix total de l'étoffe est 23^f,65 + 4^f,60 × 1,75, ou 31^f,70; et la robe revient à 31^f,70 + 6^f,50, c-à-d à 38^f,20.

Problème 31. On veut garnir un certain nombre de lits de 2 paires de draps chacun; chaque drap doit avoir 3^m,15 de longueur et une largeur double de celle de la toile employée. Le mètre de cette toile coûte 2^f,15. Combien pourra-t-on garnir de lits si on veut employer une somme de 812^f,70? —**Solution.** Pour chaque drap, il faut 3^m,15 × 2, ou 6^m,30 de toile; pour chaque lit, il faut 6^m,30 × 4, ou 25^m,20, coûtant 2^f,15 × 25,20, ou 54^f,18. Le nombre des lits qu'on pourra garnir sera donc 812,70 : 54,18, c-à-d 15.

P. 32. Un négociant a acheté 9 pièces d'étoffe de laine de chacune 45^m de longueur, à raison de 3^f,75 le mètre ; il en a revendu 2 pièces à 4^f,20 le mètre ; 2 pièces à 4^f,50 ; une pièce à 4^f et le reste à 4^f,35. Combien a-t-il gagné — **S.** Le prix total d'achat est $3^f,75 \times 45 \times 9$, ou 1518^f,75. Les deux pièces vendues à 4^f,20 le mètre ont donné $4^f,20 \times 45 \times 2$, ou 378^f : les deux pièces à 4^f,50 ont donné $4^f,50 \times 45 \times 2$, ou 405^f ; la pièce à 4^f a donné $4^f \times 45$, ou 180^f ; le reste, composé de 4 pièces, a donné $4^f,35 \times 45 \times 4$, ou 738^f. Le prix total de vente a donc été $378^f + 405^f + 180^f + 783^f$, ou 1746^f. Donc le négociant a gagné $1746^f - 1518^f,75$, c-à-d 227^f,25.

P. 33. Une pièce d'étoffe de 11^m,25 coûte 170^f au marchand. Combien doit-il vendre 6^m,30 de cette étoffe, sachant qu'il veut gagner 2^f,20 par mètre ? — **S.** 1^m de cette étoffe revient à $\frac{170}{11,25}$; 6^m,30 reviennent à $\frac{170 \times 6,30}{11,25}$, ou à 95^f,20. Le bénéfice étant $2^f,20 \times 6,30$, ou 13^f,86, le marchand devra vendre ces 6^m,30 au prix total de $95^f,20 + 13^f,86$, c-à-d de 109^f,06.

P. 34. Un tronc de chêne a fourni 35 planches ; ce tronc a coûté 55^f,50 et chaque planche a 1^m,60 de longueur. On a employé, pour le débiter, 2 ouvriers pendant 2^j à 3^f,50 par jour. Quel est le prix de revient du mètre linéaire de cette planche ? — **S.** Pour débiter ce tronc, on a dépensé $3^f,50 \times 2 \times 2$, ou 14^f. Donc le prix total de revient est $55^f,50 + 14^f$, ou 69^f,50. Le nombre des mètres linéaires produits est $1^m,60 \times 35$, ou 56^m. Donc le mètre linéaire revient à $69^f,50 : 56$, c-à-d à 1^f,24.

P. 35. Une ménagère fait confectionner 6 douzaines et demie de chemises avec de la toile valant 2^f,75 le mètre. Il faut 9^m,20 pour 3 chemises, et l'on donne à l'ouvrière 12^f pour 6^j de travail. Cette ouvrière fait 7 chemises en 4^j. Combien coûtent les 6 douzaines et demie de chemises ? Quel est le prix de revient d'une chemise ? — **S.** Pour 1 chemise, il faut $\frac{9,20}{3}$ de toile ; et, pour 6 douzaines et demie, ou 78 chemises, il en faut $\frac{9,20 \times 78}{3}$, ou 239^m,20, coûtant $2^f,75 \times 239,20$, ou 657^f,80. Pour faire 1 chemise, l'ouvrière met $\frac{4}{7}$ de jour ; pour en faire 78, elle met $\frac{4 \times 78}{7}$; et, comme on la paie 2^f par jour, on lui donne $\frac{2 \times 4 \times 78}{7}$, ou 89^f,14. Les 6 douzaines et demie de chemises coûtent donc $657^f,80 + 89^f,14$, ou 746^f,94. Une chemise revient à $746^f,94 : 78$, c-à-d à 9^f,57.

Problème 36. Les $\frac{3}{4}$ d'une pièce de toile ont été vendus 86^f,40, au prix de 1^f,60 le mètre. Quelles étaient la longueur et la valeur de la pièce entière ? — **Solution.** Le *quart* de la pièce a été vendu 86ᶠ,40 : 3, ou 28ᶠ,80; et la pièce entière 28ᶠ,80 × 4, ou 115ᶠ,20. Elle contenait autant de mètres qu'il y de fois 1ᶠ,60 dans 115ᶠ,20, c-à-d 72ᵐ.

P. 37. On a vendu d'abord $\frac{1}{5}$ d'une pièce de drap, ensuite les $\frac{3}{4}$ de ce qui reste, et, après cette seconde vente, il ne reste plus qu'un coupon de 16ᵐ. Quelle est la longueur de la pièce de drap ? — **S.** Après la première vente, il reste les $\frac{4}{5}$ de la pièce; après la seconde, il reste le *quart* des $\frac{4}{5}$, c-à-d $\frac{1}{5}$. Donc le *cinquième* de la pièce est de 16ᵐ; la pièce entière était de 16ᵐ × 5, c-à-d de 80ᵐ.

P. 38. On voudrait diviser en 6 parties égales un bâton de 8ᵐ $\frac{2}{3}$ de longueur. Quelle sera la longueur de chaque partie ? — **S.** $8 + \frac{2}{3} = \frac{26}{3}$. La longueur de chaque partie sera donc $\frac{26}{3 \times 6}$, ou $\frac{13}{9}$, ou 1ᵐ $+ \frac{4}{9}$.

P. 39. Un terrassier a 160ᵐ de fossé à curer; le 1ᵉʳ jour il en fait $\frac{1}{5}$; le 2ᵉ jour, les $\frac{11}{32}$; le 3ᵉ jour, les $\frac{5}{16}$. Qué reste-t-il à faire ? — **S.** $\frac{1}{5} + \frac{11}{32} + \frac{5}{16} = \frac{137}{160}$. Or, les $\frac{137}{160}$ de 160ᵐ sont 137ᵐ. Il reste donc à faire 160ᵐ — 137ᵐ, ou 23ᵐ.

P. 40. La taille d'André est les $\frac{4}{5}$ de celle de Jules son condisciple, lequel dépasse le premier de $\frac{6}{20}$ de mètre. Quelle est la grandeur de chacun des deux élèves ? — **S.** La différence est le *cinquième* de la taille de Jules : donc le *cinquième* de la taille de Jules est de $\frac{6}{20}$ de mètre, ou de 0ᵐ,3. Donc la taille de Jules est de 0ᵐ,3 × 5, ou de 1ᵐ,50; et celle d'André est de 0ᵐ,3 × 4, ou de 1ᵐ,20.

Problème 41. On a bordé un tapis rectangulaire de 1ᵐ,80 de longueur avec des franges, coûtant 1ᶠ,20 le mètre courant. La largeur du tapis est les $\frac{2}{3}$ de sa longueur. Combien a-t-on dépensé ? — **Solution.** La largeur est 1ᵐ,80 × $\frac{2}{3}$, ou 1ᵐ,20. Le contour entier du tapis est 1ᵐ,80 × 2 + 1ᵐ,20 × 2, ou 6ᵐ. La dépense sera donc 1ᶠ,20 × 6, ou 7ᶠ,20.

p. 337 **P. 42.** Pour 162ᶠ, on a 15ᵐ de soie de deux qualités : 9ᵐ de la première et 6ᵐ de la seconde. Le prix du mètre de la seconde qualité est les $\frac{3}{4}$ du prix du mètre de la première.

Quel sera le prix du mètre de chaque sorte ? — **S.** 1^m de la seconde coûte autant que 3 *quarts* de mètre, ou 0^m,75, de la première. Donc 6^m de la seconde valent 0^m,75 $\times$ 6, ou 4^m,50, de la première. Donc, pour 162^f, on aurait 9^m + 4^m,50, ou 13^m,50, de la première. Donc 1^m de la première coûte 162^f : 13,50, ou 12^f; et 1^m de la seconde coûte les 3 *quarts* de 12^f, c-à-d 9^f.

P. 43. Une fermière est venue à la ville acheter de l'étoffe pour faire 4 robes et du drap pour faire 2 pantalons. Elle a pris 6$^m\frac{3}{4}$ d'étoffe pour chaque robe et 1$^m\frac{1}{4}$ de drap pour chaque pantalon. Elle se souvient que l'étoffe lui a coûté 2^f,50 le mètre et que le marchand lui a rendu 1^f,75 sur un billet de 100^f. Elle voudrait retrouver ce qu'on lui a fait payer le mètre de drap. — **S.** La fermière a payé 100^f — 1^f,75, ou 98^f,25. L'étoffe achetée a une longueur de 6^m,75 $\times$ 4, ou de 27^m, et vaut 2^f,50 $\times$ 27, ou 67^f,50. Le drap vaut donc 98^f,25 — 67^f,50, c-à-d 30^f,75. Or on en a acheté 1^m,25 $\times$ 2, ou 2^m,50. Donc 1^m de ce drap coûte 30^f,75 : 2,5, c-à-d 12^f,30.

P. 44. Les frais de construction d'un chemin vicinal qui relie 5 localités ont été supportés de la manière suivante : $\frac{1}{3}$ par la première; $\frac{1}{4}$ par la seconde; $\frac{1}{6}$ par la troisième; $\frac{1}{12}$ par la quatrième. La cinquième a fait pour sa part une longueur de 800^m. Sachant que les frais se sont élevés à 2 500^f par kilomètre, on demande de déterminer la dépense supportée par chaque localité, et la longueur du chemin. — **S.** Les quatre premières localités ont fait ensemble un *tiers*, plus un *quart*, plus un *sixième*, plus un *douzième*, c-à-d les 5 *sixièmes* du chemin. La cinquième localité en a donc fait un *sixième*. Donc la longueur du chemin est 800^m $\times$ 6, ou 4^{Km},8; et la dépense totale est 2 500^f $\times$ 4,8 ou 12 000^f. La première localité paiera 12 000^f : 3, ou 4 000^f; la deuxième, 12 000^f : 4, ou 3 000^f; la troisième, 12 000^f : 6, ou 2 000^f; la quatrième, 12 000^f : 12, ou 1 000^f; la cinquième enfin, 12 000^f : 6, ou 2 000^f.

P. 45. Deux trains de chemin de fer font le trajet de Paris à Lyon, l'un en 8^h 50^m, l'autre en 18^h. Le premier fait 29^{Km},517 à l'heure de plus que le second. Calculer à 1^{Km} près la distance de Paris à Lyon. — **S.** 8^h 50^m font 530^m. En 1^m, le premier train fait donc $\frac{1}{530}$ du chemin. En 1^h, il en fait $\frac{60}{530}$, ou $\frac{6}{53}$. En 1^h, le second train en fait $\frac{1}{18}$. Donc le premier fait $\frac{6}{53} - \frac{1}{18}$ ou $\frac{55}{954}$ du trajet. Donc les $\frac{55}{954}$ du trajet valent 29^{Km},517; $\frac{1}{954}$ vaut $\frac{29,517}{55}$; et le trajet entier est $\frac{29,517 \times 954}{55}$, c-à-d 512^{Km}.

Problème 46. La Meuse, à sa source, est à 409^m d'altitude. A son entrée dans le département de la Meuse, après un cours de 65^{Km}, elle est à 267^m d'altitude; et, à sa sortie, après un cours de 215^{Km} dans le département, elle est à 162^m d'altitude. On demande : 1° quelle est en moyenne, sur les 65 premiers kilomètres, puis sur les 215 suivants, la différence d'altitude en millimètres entre deux points distants de 1^{Mm}; 2° quelle est en myriamètres la longueur totale de la Meuse si, à sa sortie du département auquel elle donne son nom, elle est au quart de sa course? — **Solution.** Sur les 65 premiers kilomètres, la différence totale d'altitude est 409^m — 267^m, ou 142^m; la différence pour 1^{Mm} est donc $142 : 6,5$, ou $21^m,846$, ou 21846^{mm}. Sur les 215 kilomètres suivants, la différence totale d'altitude est 267^m — 162^m, ou 105^m; la différence pour 1^{Mm} est donc $\frac{105}{21,5}$, ou $4^m,883$, ou 4883^{mm}. — A sa sortie du département, la Meuse a déjà $65^{Km} + 215^{Km}$, ou 280^{Km} : sa longueur totale est donc de $280^{Km} \times 4$, c-à-d de 1120^{Km}, ou 112^{Mm}.

P. 47. En rangeant le long d'une règle 45 pièces de 1^f, on obtient une longueur qui dépasse celle du mètre de 35^{mm}. Quel est le diamètre d'une pièce? — **S.** La longueur totale est $1000^{mm} + 35^{mm}$, ou 1035^{mm}. Le diamètre d'une pièce est donc $1035^{mm} : 45$, ou 23^{mm}.

P. 48. Les 4 murs et le plafond d'une salle ont une superficie totale de $1^{Dmq},2708$. Combien, à raison de $4^f,75$ le mètre carré, paiera-t-on pour la peinture de cette salle, sachant que, sur la surface totale des murs, on doit retrancher $1^{mq},58$ pour chacune des 10 ouvertures? — **S.** La surface des 10 ouvertures est $1^{mq},58 \times 10$, ou $15^{mq},80$. La surface à peindre est donc $127^{mq},08$ — $15^{mq},80$, ou $111^{mq},8$. La dépense sera donc de $4^f,75 \times 111,8$, c-à-d de $528^f,58$.

P. 49. La surface d'une classe est de $50^{mq},40$. La place assignée à chaque élève présente une superficie de 70^{dmq}. L'estrade du maître occupe une surface égale à la place de 6 élèves; enfin les vides nécessaires à la circulation comprennent ensemble un espace de $14^{mq},70$. Combien cette classe peut-elle recevoir d'enfants? — **S.** L'estrade occupe une surface de $0^{mq},70 \times 6$, ou $4^{mq},20$. Il reste donc, pour les élèves, $50^{mq},40$ — $4^{mq},20$ — $14^{mq},70$, ou $31^{mq},50$. La classe peut contenir autant d'enfants qu'il y a de fois $0^{mq},70$ dans $31^{mq},50$, c-à-d 45 enfants.

P. 50. Les frais d'exploitation d'un hectare de terrain cultivé en blé s'élèvent à 178^f; d'autre part, le produit de l'hectare est de $17^{Hl},5$ de blé et d'une quantité de paille estimée 32^f. A quel prix faut-il que se vende l'hectolitre de ce blé pour que le cultivateur gagne 225^f par hectare? — **S.** L'hectare doit rapporter 178^f + 225^f, ou 403^f. La vente du blé doit donc produire 403^f — 32^f, ou 371^f. Donc l'hectolitre de blé doit se vendre 371^f : 17,5; c-à-d 21^f,20.

Problème 51. Sept hectares 9 ares de vigne valent 15 hectares 30 ares de prairie, et 28 hectares de prairie valent 62 hectares 5 ares de bois. Quel est le prix d'un hectare de bois quand l'hectare de vigne vaut 5 300^f?—**Solution.** 62^{Ha},05 de bois valant 28^{Ha} de prairie, 1^{Ha} de bois vaut $\frac{28}{62,05}$ de prairie. Or, 15^{Ha},30 de prairie valant 7^{Ha},09 de vigne, 1^{Ha} de prairie vaut $\frac{7,09}{15,30}$ de vigne. Donc 1^{Ha} de bois vaut $\frac{7,09 \times 28}{15,30 \times 62,05}$, ou 0^{Ha},2091 de vigne. Donc 1^{Ha} de bois vaut 5 300^f × 0,2091, c-à-d 1108^f,23.

P. 52. Un marchand de biens refuse de vendre une propriété 15 000^f. La superficie est de 30 ares 8 centiares. Il la revend à une autre personne à raison de 5^f,50 le mètre carré. Combien a-t-il gagné en refusant le premier marché? — **S.** L'étendue de la propriété est 30^a,08, ou 3 008^{mq}. Le marchand la vend 5^f,50 × 3 008, ou 16 544^f. En refusant le premier marché, il a gagné 16 544^f — 15 000^f, c-à-d 1544^f.

P. 53. La superficie du département de la Meuse est de 623 110^{Ha}; sa plus grande longueur, du nord au sud, est de 133^{Km}; sa plus grande largeur, de l'est à l'ouest, est de 75^{Km}. Si l'on enferme ce département dans un rectangle ayant pour dimensions cette plus grande longueur et cette plus grande largeur, quelle sera, en ares, la surface des échancrures? — **S.** 1^a = 1^{Dmq}. Les dimensions du rectangle sont 13 300^{Dm} et 7 500^{Dm}; sa superficie est de 13 300 × 7 500, ou de 99 750 000^a. Celle du département est de 62 311 000^a. La surface des échancrures sera de 99 750 000^a — 62 311 000^a, c-à-d de 37 439 000^a.

P. 54. Dans un champ de 2^{Ha} 58^a on a récolté 33^{Hl},49 de blé qu'on a vendu à raison de 23^f,20 l'hectolitre. On demande quel a été le rendement et le produit en argent par hectare. — **S.** L'hectare produit 33^{Hl},49 : 2,58, ou 12^{Hl},98, valant 23^f,20 × 12,98, c-à-d 301^f,14.

P. 55. Un cultivateur a vendu pour 4 282^f,50 de blé à raison de 16^f,50 l'hectolitre; trouver la surface du champ qui a produit ce blé, sachant qu'on a récolté 8^l,50 par are. — **S.** Le cultivateur a récolté autant d'hectolitres qu'il y a de fois 16^f,50 dans 4 282^f,50, c-à-d 259^{Hl},5454. Or, par hectare, on a récolté 8^{Hl},50. Donc le champ contient autant d'hectares qu'il y a de fois 8,50 dans 259,5454, c-à-d 30^{Ha},53.

Problème 56. Un vigneron possède une vigne rectangulaire ayant 168^m sur 37. Elle rapporte 85^l de vin par are. La pièce de 225^l est vendue 65^f, et les frais de travail sont de 310^f par hectare. Quel est le bénéfice du vigneron? — **Solution.** La superficie de cette vigne est 168×37, c-à-d 6.216^{mq}, ou 62^a,16. Elle produit 85^l×62,16, ou 5283^l,60, qui valent $\frac{65}{225}$×5283,60, ou 1526^f,37. Les frais, étant de 3^f,10 par are, s'élèvent à 3^f,10×62,16, ou 192^f,69. Le bénéfice est donc de 1526^f,37 — 192^f,69, c-à-d de 1333^f,68.

p. 339   **P. 57.** Une propriété est divisée en trois parcelles : la première est les $\frac{3}{8}$ de la propriété totale, et la deuxième en est les $\frac{5}{12}$. La troisième ayant 5856^{mq} de superficie, on demande, en hectares, ares et centiares, la contenance de toute la propriété et celle de chacune des deux premières parcelles. — S. $\frac{3}{8} = \frac{9}{24}$ et $\frac{5}{12} = \frac{10}{24}$. Les deux parcelles forment donc les $\frac{19}{24}$ de toute la propriété. Donc la troisième en est les $\frac{5}{24}$. Ainsi les $\frac{5}{24}$ de la propriété occupent 0^{Ha},5856; $\frac{1}{24}$ occupe $\frac{0,5856}{5}$, et les $\frac{24}{24}$ occupent $\frac{0,5856 \times 24}{5}$, ou 2^{Ha},81088 : telle est la superficie de toute la propriété. Celle de la première parcelle est $\frac{2,81088 \times 3}{8}$, ou 1^{Ha},05408; celle de la deuxième est $\frac{2,81088 \times 5}{12}$, ou 1^{Ha},17120.

P. 58. On achète une maison et un champ pour la somme de 22000^f. La maison coûte les $\frac{3}{8}$ du champ qui contient 2 hectares 5 ares. Quel est le prix de la maison et celui d'un mètre carré du terrain? — **S.** Le prix total de la maison et du champ est donc les $\frac{3}{8}$ plus les $\frac{8}{8}$, c-à-d les $\frac{11}{8}$ du prix du champ. Le *huitième* du prix du champ est donc 22000 : 11, ou 2000^f; le prix du champ est donc 2000^f×8, ou 16000^f; et le prix de la maison, 2000^f×3, ou 6000^f. La superficie du champ est 2^{Ha},05, ou 20500^{mq}. Donc le mètre carré du terrain coûte 16000^f : 20500, ou 0^f,78.

P. 59. Un terrain de 3^{Ha},25 a été payé 27500^f. Combien doit-on revendre le mètre carré pour gagner 17^f par are? — **S.** 1^{mq} a coûté 27500^f : 32500, c-à-d 0^f,846. On veut gagner 0^f,17 par mètre carré. Donc 1^{mq} devra se vendre 0^f,846 + 0^f,17, c-à-d 1^f,016.

P. 60. Une vache laitière mise au piquet dans un pâturage mange par jour l'herbe de 80^{ca}. En 92^j elle a donné 1779^l de lait, contenant 64^{Kg} de beurre. On demande la surface du pâturage nécessaire pour produire : 1° un litre de lait; 2° un kilogramme de beurre.' — **S**. Pour avoir 1779^l de lait, il faut l'herbe de 80^{ca} × 92, ou 7360^{ca}. Pour 1^l de lait, il faut l'herbe de 7360^{ca} : 1779, c-à-d de 4^{ca},13, ou 4^{mq},13. Pour 1^{Kg} de beurre, il faut l'herbe de 7360^{ca} : 64, c-à-d de 115^{ca}, ou 115^{mq}.

Problème 61. Un ouvrier achetait chaque jour 1^l $\frac{1}{2}$ de vin pour la consommation de sa famille. Maintenant il achète son vin à la pièce. La pièce de 225^l lui revient à 145^f. Quel avantage trouve-t-il par an à ce nouveau mode, sachant qu'il payait le vin au détail 0^f,70 le litre? — **Solution**. Dans son année, il consomme 1^l,5 × 365, ou 547^l,5. Or, les 225^l coûtant 145^f, un litre coûte $\frac{145}{225}$ et la dépense par an est maintenant $\frac{145 \times 547,5}{225}$, ou 352^f,83. Elle était auparavant de 0^f,70 × 547,5, ou 383^f,25. Le bénéfice est 383^f,25 — 352^f,83, ou 30^f,42.

P. 62. Chaque élève d'une pension boit 0^l,35 de vin par jour; la pension compte 72 élèves. Il y a dans l'année 50^j de congé pendant lesquels la moitié des élèves est absente, et, pendant 58^j de vacances, il ne reste au pensionnat que $\frac{1}{6}$ des élèves. Quelle sera la consommation annuelle? — **S**. Les jours ordinaires sont au nombre de 365 — 50 — 58, ou 257. Pendant ces jours ordinaires, on consomme 0^l,45 × 72 × 257, ou 8326^l,8. Pendant les 50^j de congé, on consomme 0^l,45 × 36 × 50, ou 810^l. Pendant les 58^j de vacances, on consomme 0^l,45 × 12 × 58, ou 313^l,2. La consommation totale est donc 8326^l,8 + 810^l + 313^l,2, ou 9450^l.

P. 63. Combien $\frac{5}{8}$ de litre valent-ils de centimètres cubes?

— **S**. 1^l = 1^{dmc} = 1000^{cmc}. Donc $\frac{5}{8}$ de litre valent 1000^{cmc} × $\frac{5}{8}$, c-à-d 625^{cmc}.

P. 64. Un réservoir a une contenance de 1^{mc} et se trouve plein d'eau. On en retire 37 seaux de 13^l,8 chacun. Quelle est la quantité d'eau qui reste dans le réservoir? — **S**. Les 37 seaux contiennent 13^l,8 × 37, ou 510^l,6. Or 1^{mc} = 1000^l. Donc il reste 1000^l — 510^l,6, ou 489^l,4 d'eau.

P. 65. Une ménagère a tiré de son poulailler 684 œufs qu'elle a vendus, savoir : 228 à 0^f,85 la douzaine, 171 à 1^f,20 la douzaine, et le reste à 0^f,84 la douzaine. Pour la nourriture de ses volailles, elle a acheté 12^{Dl},5 de graines à 0^f,13 le litre et pour 7^f,69 de son. Dites le prix de revient d'un œuf, et le profit total qu'a réalisé la ménagère. — **S**. Le prix de revient des 684 œufs est de 0^f,13 × 125 + 7^f,69, ou 23^f,94. Le prix de revient d'un œuf est donc $\frac{23,94}{684}$, ou 0f,035. Les 228 premiers œufs ont rapporté $\frac{0,85 \times 228}{12}$, ou 16f,15; les 171 suivants, $\frac{1,20 \times 171}{12}$, ou 17f,10; et les 285 derniers, $\frac{0,84 \times 285}{12}$, ou 19f,95. Le total de la recette est 53f,20. Le bénéfice est donc de 53f,20 — 23f,94, c-à-d de 29f,26.

p. 340   **Problème 66.** Un cultivateur a vendu sa récolte de froment à raison de 27f,75 l'hectolitre; il en a retiré 13 320f. On sait que le terrain qu'il avait ensemencé a produit 18f par are. Quelle est la superficie de ce terrain? — **Solution.** Le nombre des hectolitres récoltés est 13 320 : 27,75, ou 480Hl; c-à-d 48 000l. Le nombre des ares ensemencés est 48 000 : 18, c-à-d 2 666a,66.

P. 67. Un cultivateur a 5Ha 48a de terrain plantés en pommiers à raison de 65 par hectare. Chaque arbre donne 18Dl de pommes et chaque hectolitre de pommes 45l de cidre. Il réserve 25Hl de cidre pour sa consommation et vend le reste 14f,30 l'hectolitre. Que reçoit-il? — **S.** Le nombre des pommiers est 65 × 5,48, ou 356. Le nombre des hectolitres de pommes est 1Hl,8 × 356, ou 640Hl,8; celui des hectolitres de cidre est 0Hl,45 × 640,8, ou 288Hl,36. Ce cultivateur vend 288Hl,36 — 25Hl, c-à-d 263Hl,36 de cidre. Il reçoit donc 14f,30 × 263,36, c-à-d 3 766f,05.

P. 68. L'hectolitre de pommes de terre pèse environ 80Kg. Un marchand achète à la campagne 54Hl de pommes de terre à raison de 1f,75 le double décalitre. Le transport lui coûte 22f. Il vend ensuite sa marchandise 0f,15 le kilogramme. Quel sera son bénéfice sur cette opération? — **S.** Les 54Hl achetés pèsent 80Kg × 54, ou 4 320Kg, et coûtent 1f,75 × 5 × 54, c-à-d 472f,50. Avec les frais de transport, ils reviennent à 472f,50 + 22f, c-à-d à 494f,50. Le prix total de vente est 0f,15 × 4 320, ou 648f. Le bénéfice est donc de 648f — 494f,50, c-à-d de 153f,50.

P. 69. Un particulier achète 27Hl de pommes à 1f,75 le demi-hectolitre. Le transport et la main-d'œuvre coûtent 39f,80, et il a dû payer 0f,60 de droits d'entrée par hectolitre de pommes. A combien lui revient le litre de cidre, sachant qu'un hectolitre de pommes donne 4Dl de cidre? — **S.** Les pommes coûtent 1f,75 × 2 × 27, ou 94f,50. Les droits d'entrée s'élèvent à 0f,60 × 27, c-à-d à 16f,2. La dépense totale est donc 94f,50 + 39f,80 + 16f,20, ou 150f,50. Les pommes achetées donnent 40l × 27, ou 1 080l de cidre. — Donc 1l de cidre revient à 150f,50 : 1 080, c-à-d à 0f,139.

P. 70. D'une barrique de vin entièrement pleine, un marchand retire d'avance le $\frac{1}{4}$ de ce qu'elle contient, puis une seconde fois le $\frac{1}{9}$ de ce qui reste. Il vend ensuite au détail tout le vin qu'elle contient encore, à raison de $0^f,60$ le litre, et il en retire $91^f,20$. On demande la capacité de la barrique. — **S.** Après avoir retiré $\frac{1}{4}$ du vin, il en reste les $\frac{3}{4}$. Après avoir retiré $\frac{1}{9}$ de ce qui reste, on n'en a plus que les $\frac{8}{9}$, c-à-d on n'a plus que les $\frac{3}{4} \times \frac{8}{9}$, ou les $\frac{2}{3}$ de la barrique. Ceux-ci contiennent autant de litres qu'il y a de fois $0^f,60$ dans $91^f,20$, c-à-d 152^l. Les $\frac{2}{3}$ de la barrique contiennent donc 152^l. Le *tiers* en contient 76^l. Les trois *tiers*, ou la barrique elle-même, en contiennent $76^l \times 3$, ou 228^l.

———

Problème 71. Une vigne produit 45^{Hl} de vin par hectare. Quelle est son étendue, sachant que le propriétaire a récolté un nombre de décalitres dont la onzième partie est égale à 27^{Dl}? — **Solution.** La récolte s'est élevée à $27^{Dl} \times 11$, ou 297^{Dl}, ou $29^{Hl},7$. La vigne contient donc autant d'hectares qu'il y a de fois 45^{Hl} dans $29^{Hl},7$, c-à-d $0^{Ha},66$, ou 66^a.

P. 72. On achète des pommes de terre à $7^f,25$ l'hectolitre; on les revend à $1^f,80$ le double-décalitre. Combien devra-t-on revendre d'hectolitres pour faire un bénéfice de 150^f? — **S.** Le prix de vente de l'hectolitre est $1^f,80 \times 5$, ou 9^f. On gagne donc $9^f - 7^f,25$, ou $1^f,75$ par hectolitre. Il faudra donc vendre autant d'hectolitres qu'il y a de fois $1^f,75$ dans 150^f, c-à-d $85^{Hl},71$.

P. 73. Un cultivateur vend pour 1758^f de blé à raison de $3^f,75$ le double-décalitre. On demande la surface du terrain qui a produit ce blé, sachant qu'un hectare en produit en moyenne $18^{Hl}\frac{1}{2}$. — **S.** L'hectolitre vaut $3^f,75 \times 5$, ou $18^f,75$; et l'hectare rapporte $18^f,75 \times 18,5$, ou $346^f,875$. Le terrain contient autant d'hectares qu'il y a de fois $346^f,875$ dans 1758^f, c-à-d $5^{Ha},0684$.

P. 74. Un père de famille a acheté des graines à deux reprises différentes et au même prix; il en avait d'abord pour 85^f; puis pour 119^f. Sachant que la seconde fois il en a 8 décalitres de plus que la première, dire combien il a acheté de doubles-décalitres en tout. — **S.** 8^{Dl}, ou 4 doubles-décalitres qu'il a en plus coûtent $119^f - 85^f$, ou 34^f. Donc le double-décalitre coûte $34^f : 4$, ou $8^f,50$. Il a dépensé en tout $85^f + 119^f$, ou 204^f. Donc il a acheté autant de doubles-décalitres qu'il y a de fois $8^f,50$ dans 204^f, c-à-d 24 doubles-décalitres.

p. 341

P. 75. On achète pour 250^f de haricots au prix de 5^f le double-décalitre. Combien faut-il les revendre pour gagner 65^f sur le tout? — **S.** On achète autant de doubles-décalitres qu'il y a de fois 5^f dans 250^f, c-à-d 50 doubles-décalitres. Pour gagner 65^f sur le tout, il faut gagner, sur chaque double-décalitre, 65^f,50 : 50, ou 1^f,31. Il faut donc les vendre 6^f,31 le double-décalitre, ou 6^f,31 : 20, c-à-d 0^f,315 le litre.

Problème 76. J'achète 300^l de vin que je mets dans des bouteilles de 0^l,75 ; le vin me coûte 12^f le double-décalitre ; les bouteilles, 15^f le cent ; les bouchons, 20^f le mille ; à combien reviendra chaque bouteille de vin? — **Solution.** 1^l de ce vin coûte 12^f : 20, ou 0^f,60. Le vin contenu dans une bouteille coûte 0^f,60 × 0,75, ou 0^f,45 ; la bouteille coûte 0^f,15 ; le bouchon, 0^f,02. Chaque bouteille revient donc à 0^f,45 + 0^f,15 + 0^f,02, c-à-d à 0^f,62.

P. 77. Un marchand a acheté 25^{Dl} de châtaignes à 2^f,80 le double-décalitre ; il compte ses châtaignes et en trouve 1 380 par double-décalitre. En les revendant ensuite au détail, il en donne 12 pour 0^f,05. Combien a-t-il gagné? — **S.** 1^{Dl} de châtaignes coûte 1^f,40 ; donc 25^{Dl} coûtent 35^f. Comme 1^{Dl} de châtaignes en contient 690, le nombre total des châtaignes est 690 × 25, ou 17 250. Or, une châtaigne se vend 0^f,05 : 12 ; donc toutes les châtaignes, vendues au détail, produisent $\dfrac{0,05 \times 17\,250}{12}$, ou 71^f,87. Le bénéfice net est 71^f,87 — 35^f, c-à-d 36^f,87.

P. 78. Une machine à battre le blé, conduite par 4 chevaux, employant 14 ouvriers, peut battre 92^{Hl} de blé par jour. Le loyer de la machine coûte 4^f,50 par jour ; la journée d'un cheval, 3^f,10 ; celle d'un homme, 1^f,85. A combien reviendra le battage d'un hectolitre de blé? — **S.** Pour 92^{Hl}, on dépense : loyer de la machine, 4^f,50 ; journées des chevaux, 3^f,10 × 4, ou 12^f,40 ; journées des hommes, 1^f,85 × 14, ou 25^f,90 : total, 42^f,80. Pour 1^{Hl}, on dépensera 42^f,80 : 92, ou 0^f,46.

P. 79. Un cultivateur a vendu 48^{Hl},5 de blé à 2^f,35 le décalitre. Avec le produit de cette vente, il achète un jardin d'une contenance de 30^a. On demande à combien revient le mètre carré de ce terrain. — **S.** 48^{Hl},5 = 485^{Dl}. Le produit de la vente est 2^f,35 × 485, ou 1 139^f,75. Or 30^a = 3 000^{mq}. Donc 1^{mq} revient à 1 139^f,75 : 3 000, c-à-d à 0^f,38.

P. 80. Dans un champ de 125^a, on a semé 220^l de blé. Le rendement a été de 350 gerbes, et 100 gerbes ont donné 7^{Hl} de blé. On demande quel est le produit : 1° d'un hectare ; 2° d'un litre de semence. — **S.** Une gerbe donne 7^l ; donc les 350 gerbes ont donné 7^l × 350, ou 2 450^l de blé. L'are produit donc 2 450^l : 125, ou 19^l,6 ; et l'hectare, 19^{Hl},6. Un litre de semence a produit 2 450^l : 220, ou 11^l,13.

Problème 81. On veut mettre en bouteilles un fût de vin contenant $3^{Hl},7$. La bouteille contient $\frac{2}{3}$ de litre. Combien devra-t-on en employer? — **Solution.** Autant qu'il y a de fois $\frac{2}{3}$ dans 370, c-à-d $370 : \frac{2}{3}$, ou $\frac{370 \times 3}{2}$, ou 555 bouteilles.

P. 82. Un boulanger achète du blé à $21^f,50$ l'hectolitre; il vend, au prix de $0^f,33$, le kilogramme de pain qui provient de ce blé. Chaque hectolitre de blé donne au boulanger 81^{Kg} de pain. Il dépense : 1° 150^f par mois pour son entretien; 2° 2500^f par an pour son exploitation; il vend par an le pain produit par 982^{Hl} de blé. Quel est son bénéfice annuel? — **S.** Le prix du pain vendu est $0^f,33 \times 81 \times 992$, c-à-d $26516^f,16$. Le prix du blé employé est $21^f,50 \times 992$, ou 21328^f. L'argent déboursé s'élève donc à $21328^f + 150^f \times 12 + 2500^f$, c-à-d à 25628^f. Le bénéfice est donc de $26516^f,16 - 25628^f$, c-à-d de $888^f,16$.

P. 83. Le département de la Meuse produit chaque année p. 342 1350000^{Hl} de blé; il en consomme les $\frac{5}{9}$. Quel est le nombre de litres consommés en moyenne par personne, s'il y a 289861 habitants? — **S.** Ces 289861 habitants consomment ensemble $1350000^{Hl} \times \frac{5}{9}$, c-à-d 750000^{Hl}, ou 75000000^l de blé. Chacun d'eux en consomme, en moyenne, $\frac{75000000}{289861}$, ou 258^l.

P. 84. Dix hectares 25 ares d'orge ont donné 462^{Hl} de grain à $1^f,85$ le décalitre, et 18450^{Kg} de paille à 36^f le quintal. Quelle somme a rapportée l'hectare? — **S.** Le grain vaut $18^f,50 \times 462$, ou 8547^f. La paille vaut $36^f \times 184,5$, ou 6642^f. Le produit total est $8547^f + 6642^f$, ou 15189^f. L'hectare a donc rapporté $15189^f : 10,25$, ou $1481^f,85$.

P. 85. Le poids de l'hectolitre de bon blé est d'environ 80^{Kg}. Quel sera le poids du blé récolté dans un champ qui a produit 3954 gerbes, sachant que 9 gerbes fournissent $\frac{1}{2}$ hectolitre de blé? — **S.** 9 gerbes fournissent $0^{Hl},5$, pesant $80^{Kg} \times 0,5$, c-à-d 40^{Kg} de blé. Donc 1 gerbe en fournit $\frac{40}{9}$; et 3954 gerbes en fournissent $\frac{40 \times 3954}{9}$, ou 17573^{Kg}.

Problème 86. Un propriétaire a vendu sa récolte de froment à raison de $27^f,75$ l'hectolitre. Il en a retiré 13340^f. On sait que le terrain ensemencé a produit 18^l par are. Quelle est, en hectares, ares et centiares, la superficie du terrain? — **Solution.** Ce propriétaire a récolté autant d'hectolitres qu'il y a de fois 27^f,75 dans 13340^f, c-à-d 480^{Hl},72, ou 48072^l. Le terrain contient autant d'ares qu'il y a de fois 18^l dans 48072^l, c-à-d 2670^a,66, ou 26^{Ha} 70^a 66^{ca}.

P. 87. Un marchand en détail paye l'hectolitre de noix 20^f; il se trouve qu'un décalitre de noix en contient 512. Combien doit-il donner de noix pour 0^f,05, s'il veut gagner les $\frac{3}{5}$ du prix d'achat? — **S.** L'hectolitre de noix en contient 5120, que le marchand doit vendre 20^f + 20^f $\times \frac{3}{5}$, ou 32^f. Ainsi, pour 32^f, il donnera 5120 noix; pour 1^f, il en donnera $\frac{5120}{32}$; et, pour 0^f,05, il en donnera $\frac{5120 \times 0,05}{32}$, c-à-d 8.

P. 88. Un épicier a payé 240^f,85 pour un hectolitre d'huile d'olive; il la revend à 2^f,90 le kilogramme. Si un litre d'huile pèse 915^g, quel bénéfice a-t-il réalisé? — **S.** 1^l d'huile pesant 915^g, un hectolitre pèse 915$^g \times$100, ou 91500^g, ou 91^{Kg},500. Le prix total de vente est 2^f,90$\times$91,500, ou 265^f,35. Le bénéfice est donc de 265^f,35 — 240^f,85, c-à-d de 24^f,50.

P. 89. Un cultivateur a récolté, dans un champ de 4^{Ha},08, mille gerbes de blé. Quelle somme a rapportée le mètre carré de ce terrain, si une gerbe produit 1 décalitre 2 décilitres de blé et si l'hectolitre de blé vaut 28^f? — **S.** 1 gerbe produit 10^l,2 de blé; 1000 gerbes en produisent 10^l,2$\times$1000, c-à-d 10200^l, ou 102^{Hl}, et valent 28$^f \times$102, ou 2856^f. La superficie du champ est de 40800^{mq}. Donc le mètre carré rapporte 2856^f : 40800, c-à-d 0^f,07.

P. 90. Un épicier achète les $\frac{3}{5}$ d'une pièce de drap de 28^m,65 à raison de 8^f,50 le mètre; il offre de payer en nature, savoir : 2 pains de sucre de 7^{Kg},36 chacun à 1^f,05 le kilogramme, et le reste en vin à 65^f l'hectolitre. Combien devra-t-il donner de litres de vin? — **S.** Le prix du drap est 8^f,50 $\times$28,65$\times \frac{3}{5}$, ou 146^f,115. La valeur des deux pains de sucre est 1^f,05 $\times$7,36$\times$2, ou 15^f,456. Donc l'épicier doit donner pour 146^f,115 —15^f,456, c-à-d pour 130^f,659 de vin. Or, 1^l de vin vaut 0^f,65. Donc il devra donner autant de litres qu'il y a de fois 0^f,65 dans 130^f,659, c-à-d 201^l de vin.

Problème 91. Un fermier a récolté 330 mesures de pommes. Il en vend $\frac{1}{3}$ à raison de 2^f,50 la mesure. Il fait avec le reste du cidre à raison de 3^{Hl} pour 15 mesures de pommes. Combien retirera-t-il de sa récolte de pommes, si le cidre vaut 18^f l'hectolitre? — **Solution.** Ce fermier vend 330 : 3, ou 110 mesures, qui lui rapportent 2^f,50 $\times$ 110, ou 275^f. Il lui en reste 330 — 110, ou 220 mesures. Or 1 mesure de pommes donne $\frac{3}{15}$ d'hectolitre de cidre. Donc 220 mesures donnent $\frac{3 \times 220}{15}$, ou 44^{Hl}, qui valent 18^f $\times$ 44, au 792^f. Donc la récolte tout entière rapporte 285^f + 792^f, ou 1067^f.

P. 92. Un agriculteur a ensemencé en colza une pièce de p. 343 terre de 12^{Ha} 3^a 4^{ca}. Les frais de culture se sont élevés à 189^f,50 par hectare. La terre est louée 22^f,50 l'arpent de 42^a. La récolte a été de 18^{Hl} $\frac{3}{4}$ par hectare et on l'a revendue 19^f,50 l'hectolitre. Calculez le bénéfice net de cette culture sur la pièce totale. — **S.** Les frais de culture sont de 189^f,50 $\times$ 12,0304, ou 2279^f,76. La location s'élève à $\frac{22,50 \times 12,0304}{0,42}$, ou 644^f,48. La dépense totale est 2279^f,76 + 644^f,48, ou 2924^f,24. La recette est de 19^f,50 $\times$ 18,75 $\times$ 12,0304 ou 4398^f,61. Le bénéfice est donc de 4398^f,61 — 2924^f,24, c-à-d de 1474^f,37.

P. 93. Trouvez le nombre d'hectolitres de vin récoltés en 1884 par un vigneron qui a vendu les $\frac{3}{8}$ de sa récolte et qui en consomme $\frac{1}{4}$, sachant que le reste, à raison de 4^f,25 le décalitre, vaut 828^f,75. — **S.** Ce qu'il a vendu et ce qu'il consomme forment $\frac{3}{8} + \frac{1}{4}$, ou les $\frac{5}{8}$ de sa récolte. Le reste en est les $\frac{3}{8}$. Ces $\frac{3}{8}$ valent 828^f,75. Donc $\frac{1}{8}$ de la récolte vaut $\frac{828,75}{3}$, et la récolte entière $\frac{828,75 \times 8}{3}$, ou 2210^f. Or l'hectolitre vaut 42^f,50. Donc la récolte contient autant d'hectolitres qu'il y a de fois 42,50 dans 2210, c-à-d 52^{Hl}.

P. 94. Un brasseur du département de l'Aisne a employé dans une année 26634^{Dl} d'orge; 100^{Hl} d'orge donnent 109^{Hl} de malt; et 1^{Hl} de bière exige 53^l,88 de malt plus 265^g de houblon. — 1° Combien d'hectolitres de bière a-t-il obtenus? — 2° Que lui coûtent-ils? L'orge vaut 14^f l'hectolitre, le houblon 3^f,15 le kilogramme; il paie en outre un droit de fabrication de 3^f,60 par hectolitre de bière. — 3° A combien lui revient l'hectolitre de bière? — **S.** Puisque 0^{Hl},5388 de malt donnent 1^{Hl} de bière, 1^{Hl} de malt donne $\frac{1}{0,5388}$ de bière. Puisque 100^{Hl} d'orge donnent 109^{Hl} de malt, 1^{Hl} d'orge donne 1^{Hl},09 de malt. Donc les 2663^{Hl},4 d'orge employés donnent 1,09 $\times$ 2663,4, ou 2903^{Hl},106 de malt, lesquels donnent $\frac{2\,903,106}{0,5388}$, ou $5388^{Hl},1$ de bière. — Le prix total de l'orge est $14^f \times 2\,663,4$, ou $37\,287^f,60$; le prix total du houblon est $3^f,15 \times 0,265 \times 5388,1$, ou $4497^f,72$; les droits de fabrication s'élèvent à $3^f,60 \times 5388,1$, ou à $19\,397^f,16$. La dépense totale est donc $37\,287^f,60 + 4497^f,72 + 19\,397^f,16$, ou $61\,182^f,48$. — L'hectolitre de bière revient à $61\,182^f,48 : 5388,1$, c-à-d à $11^f,35$.

P. 95. Une barrique de vin de Bordeaux, contenant 220^l, a coûté 250^f. On a payé en plus $3^f,65$ de droits et $10^f,35$ de transport. A combien revient la bouteille de 75^{cl}? — **S.** Les 220^l coûtent $250^f + 3^f,65 + 10^f,35$, ou 264^f. Le litre revient donc à $\frac{264}{220}$, et la bouteille à $\frac{264 \times 0,75}{220}$, c-à-d à $0^f,90$.

Problème 96. Combien coûterait 1^{dl} si le contenu d'un vase qui mesure 3725^{cmc} coûtait $1^f,49$? — **Solution.** 1^{cmc} coûte $\frac{1,49}{3\,725}$. Or $1^{dl} = 100^{cmc}$. Donc 1^{dl} coûterait $\frac{1,49 \times 100}{3\,725}$, ou $0^f,04$.

P. 97. Une cuve a $0^{mc},235$ de capacité. Combien contient-elle de doubles-décilitres d'eau? — **S.** $0^{mc},235 = 235^l = 2\,350^{dl}$. Le nombre des doubles-décilitres est donc $2\,350 : 2$, ou $1\,175$.

P. 98. Une pièce de vin de 228^l a coûté $160^f,35$ d'achat, $24^f,50$ de transport et $18^f,65$ de droits. Ce vin est mis dans des bouteilles de 60 centilitres. Combien faut-il de bouteilles, et quel est, à moins de 1 centime près, le prix du vin contenu dans une de ces bouteilles? — **S.** Il faut autant de bouteilles qu'il y a de fois $0^l,60$ dans 228^l, ou 380 bouteilles. La dépense totale est $160^f,35 + 24^f,50 + 18^f,65$, ou $203^f,50$. Chaque bouteille revient donc à $203^f,50 : 380$, c-à-d à $0^f,53$.

P. 99. Un stère de bois vaut 23^f; on sait que 21st de bois valent autant que 133^{Hl} de charbon. Quel est le prix de 16^{Hl} de charbon? — **S.** 133^l de charbon valent $23^f \times 21$, ou 483^f. Donc 1^{Hl} de charbon vaut $\frac{483}{133}$, et 16^{Hl} valent $\frac{483 \times 16}{133}$; c-à-d $58^f,10$.

P. 100. Quel est le prix de 9^{Dst} de bois vendus à raison de 27^f le quintal, sachant que 1^{dst} de ce bois pèse 50^{Kg}? — **S.** 1^{dst} pèse 50^{Kg}; donc 1^{Dst} pèse $50^{Kg} \times 10 \times 10$, ou $5\,000^{Kg}$, c-à-d 50 Q. Donc 1^{Dst} coûte $27^f \times 50$, et 9^{Dst} coûtent $27^f \times 50 \times 9$, c-à-d $12\,150^f$.

---

p. 344 **Problème 101.** Un tisserand a fait en 12^j de travail une pièce de toile de 128^m. Il a employé 54^{Kg} de fil à $4^f,50$ le kilogramme. Combien devra-t-il vendre le mètre de cette toile pour gagner 3^f,25 par jour? — **Solution**. Le prix du fil est 4^f,50 × 54, ou 243^f; la main-d'œuvre s'élève à 3^f,25 × 12, ou 39^f. Les 128^m doivent donc se vendre 243^f + 39^f, ou 282^f. Le mètre devra se vendre 282^f : 128, c-à-d 2^f,20.

P. 102. Une femme a acheté 3 morceaux de savon pesant 1^{Kg} $\frac{3}{4}$, 2^{Kg} $\frac{5}{6}$ et 2^{Kg} $\frac{7}{8}$. Quel est le poids total du savon? — **S.** 1 + $\frac{3}{4}$ + 2 + $\frac{5}{6}$ + 2 + $\frac{7}{8}$, ou 7^{Kg} + $\frac{11}{24}$.

P. 103. En supposant qu'une vache donne 6^l de lait par jour, et que 35^l de lait donnent 2^{Kg} de beurre, quelle quantité de beurre peut faire par semaine une fermière qui a 29 vaches? — **S.** Les 29 vaches donnent, par semaine, 6^l × 7 × 29, ou 1 218^l de lait. Or 35^l de lait donnent 2^{Kg} de beurre. Donc 1^l de lait en donne $\frac{2}{35}$, et 1 218^l en donnent $\frac{2 \times 1218}{35}$, c-à-d 69^{Kg},6.

P. 104. Pour tricoter des bas pesant 18^{Dg} la paire, une femme achète de la laine à 8^f,50 le kilogramme. Sachant que dans deux mois elle a tricoté 4 douzaines de paires de bas, on demande combien elle doit vendre la paire si elle veut gagner 84^f,96 pour son travail. — **S.** La laine employée pèse 0^{Kg},18 × 12 × 4, ou 8^{Kg},64, et coûte 8^f,50 × 8,64, ou 73^f,44. Les 48 paires de bas doivent se vendre 73^f,44 + 84^f,96, ou 158^f,40. La paire doit donc se vendre 158^f,40 : 48, c-à-d 3^f,30.

P. 105. Un fermier a 24 vaches qui donnent chacune environ 15^l de lait par jour. Sachant qu'il faut 35^l de lait pour faire 1^{Kg} de beurre, vendu 2^f,90, dire quelle somme le fermier recevra par semaine pour la vente de son lait. — **S.** En 1 semaine, les vaches donnent 15^l × 24 × 7, ou 2 520^l de lait. Or 1^l de lait, transformé en beurre, rapporte $\frac{2,90}{35}$. Donc ces 2 520^l de lait rapportent $\frac{2,90 \times 2520}{35}$, c-à-d 208^f,80.

Problème 106. A 46^f le sac de farine de 159^{Kg}, toile comprise, combien gagne sur 100^{Kg} de pain un boulanger qui vend 0^f,70 le pain de 2^{Kg}? On sait que 5^{Kg} de farine peuvent fournir 6^{Kg} de pain, que les frais de fabrication sont évalués à 11^f,50 par sac, enfin que le poids de la toile est de 2^{Kg}. — **Solution.** Le sac contient seulement 159^{Kg} — 2^{Kg}, ou 157^{Kg} de farine. Or 5^{Kg} de farine donnent 6^{Kg} de pain; donc 1^{Kg} de farine donne $\frac{6}{5}$ ou 1^{Kg},2, et le sac tout entier donne 1^{Kg},2 × 157, ou 188^{Kg},4 de pain, qui reviennent à 46ᶠ + 11ᶠ,50, ou à 57ᶠ,50. Donc 1ᴷᵍ de pain revient à $\frac{57,50}{188,4}$, et 100ᴷᵍ à $\frac{57,50 \times 100}{188,4}$, ou à 30ᶠ,52. Mais 1ᴷᵍ de pain se vend 0ᶠ,35. Donc les 100ᴷᵍ se vendent 35ᶠ. Le bénéfice est donc de 35ᶠ — 30ᶠ,52, c-à-d de 4ᶠ,48.

P. 107. Une division de 3 000 soldats a des vivres pour 40ʲ, en en donnant quotidiennement 750ᵍ par homme. La situation oblige le chef de cette division à demander 1 200 hommes de plus. On les lui accorde, mais en lui déclarant qu'il est impossible d'augmenter la quantité de vivres qu'il a à sa disposition. On demande quelle sera la ration donnée à chaque homme pour que les vivres durent le même temps. — **S.** La consommation journalière devra rester la même. Or elle est de 750ᵍ × 3 000, ou 2 250 000ᵍ. En partageant ces vivres entre 3 000 + 1,200, ou 4200 soldats, on donnera à chacun d'eux 2 250 000 : 4200, c-à-d 535ᵍ.

P. 108. Une femme emploie de la laine qui lui coûte 6ᶠ le kilogramme et il lui en faut un demi-kilogramme pour faire 5 bas. Sachant qu'elle les revend 3ᶠ,60 la paire et qu'elle met 16ʲ pour en faire 6 paires, on demande combien elle gagne par jour. — **S.** En 16ʲ, cette femme fait 6 paires de bas valant 3ᶠ,60 × 6, ou 21ᶠ,60. Or, pour faire 1 bas, il lui faut 0ᴷᵍ,5 : 5, ou 0ᴷᵍ,1 de laine; pour 1 paire, il en faut 0ᴷᵍ,2, et pour 6 paires 0ᴷᵍ,2 × 6, ou 1ᴷᵍ,02. Le prix de cette laine est 6ᶠ × 1,2, ou 7ᶠ,20. Donc, en 16ʲ, cette femme gagne 21ᶠ,60 — 7ᶠ,20, ou 14ᶠ,40. En 1ʲ, elle gagne 14ᶠ,40 : 16, ou 0ᶠ,90.

P. 109. Pesez 180ᵍ avec le moins de poids possible; lesquels prendrez-vous ? — **S.** Deux poids, savoir : le double-hectogramme qu'on placera dans l'un des plateaux de la balance, et le double-décagramme qu'on mettra dans l'autre.

p. 345 **P. 110.** Un baril contenant 1225ᵈˡ est rempli d'huile. Quelle est la valeur de cette huile à raison de 1ᶠ,85 le kilogramme ? Le litre d'huile pèse 9ᴴᵍ,15. — **S.** Le baril contient 122ˡ,5 d'huile, qui pèsent 0ᴷᵍ,915 × 122,5, ou 112ᴷᵍ,0875. La valeur de cette huile est 1ᶠ,85, × 112,0875, ou 207ᶠ,36.

Problème 111. On vend 25ᶠ une caisse de bougies. La caisse renferme 20 paquets de chacun $\frac{1}{2}$ kilogramme. Le contenu de chaque paquet ne pèse en réalité que 487ᵍ. Combien coûte véritablement le kilogramme de bougies ? — **Solution.** Le poids total est réellement 0ᴷᵍ,487 × 20, ou 9ᴷᵍ,740. Le kilogramme de bougies coûte donc 25ᶠ : 9,740, c-à-d 2ᶠ,56.

P. 112. Une pièce de vin de 228ˡ pèse 264ᴷᵍ, fût compris, et coûte 127ᶠ,50 d'achat, 6ᶠ,75 de transport par 100ᴷᵍ, et

17^f,50 d'entrée par 100^l; le fût est revendu par l'acheteur 7^f,25. A combien revient le litre ? — **S.** Le transport coûte 6^f,75 $\times$ 2,64, ou 17^f,82; et l'entrée, 17^f,50 $\times$ 2,28, ou 39^f,90. Les 228^l de vin coûtent 127^f,50 $+$ 17^f,82 $+$ 39^f,90 $-$ 7^f,25, ou 177^f,97; et le litre revient à 177^f,97 : 228, c-à-d à 0^f,78.

P. 113. Une lampe brûle 18^g d'huile par heure : on la laisse allumée en moyenne 3^h 20^m par soirée. Le demi-kilogramme d'huile coûtant 0^f,65, on demande quelle sera la dépense pour 30^j. — **S.** Cette lampe brûle $\frac{18}{60}$ par minute; or, 3^h 20^m font 200^m; donc elle brûle $\frac{18 \times 200}{60}$ par soirée; et $\frac{18 \times 200 \times 30}{60}$, c-à-d 1800^g en 30^j. Or, 1^g d'huile coûte $\frac{0,65}{500}$; donc 1800^g coûtent $\frac{0,65 + 1800}{500}$, ou 2^f,34.

P. 114. Le gaz d'éclairage pèse, à volume égal, les 0,57 du poids de l'air; et 1^l d'air pèse 1^g,293. Dans un magasin, il y a 15 becs brûlant chacun 123^l de gaz par heure, et chacun d'eux reste allumé 5^h par soirée d'hiver. Calculez : 1° le poids du gaz dépensé par mois; 2° la dépense de l'éclairage, sachant que le gaz coûte 0^f,29 le mètre cube. — **S.** Le nombre de litres de gaz brûlés en 1^{mois} est 123 $\times$ 15 $\times$ 5 $\times$ 30, ou 276750^l. Or, 1^l de gaz pèse 1^g,293 $\times$ 0,57, ou 0^g,73704 : tout le gaz brûlé pèse donc 203967^g, ou 203^{Kg},967. Or, 276750^l = 276^{mc},750. La dépense s'élève donc à 0^f,29 $\times$ 276,750, c-à-d à 80^f,25.

P. 115. Un boucher a acheté 5 moutons à 24^f,60 l'un; il a acquitté, en outre, pour chaque mouton, les frais suivants : octroi, 1^f,65; abattoir, 1^f,50; divers, 1^f,10. Chaque bête a donné 175^{Hg} de viande vendue 2^f,20 le kilogramme, 254^{Dg} de suif vendu 0^f,80 le kilogramme et 23^{Hg},5 de peau vendue 0^f,85 le kilogramme. Combien a-t-il gagné ou perdu? — **S.** Chaque mouton revient à 24^f,60 $+$ 1^f,65 $+$ 1^f,50 $+$ 1^f,10, c-à-d à 28^f,85. Chaque mouton a donné pour 2^f,20 $\times$ 17,5, ou 38^f,50 de viande; pour 0^f,80 $\times$ 2,54, ou 2^f,03 de suif; pour 0^f,85 $\times$ 2,35, ou 2^f de peau : total, 42^f,53. On gagne donc, sur un mouton, 42^f,53 $-$ 28^f,85, ou 13^f,68; et, sur les 5 moutons, 13^f,68 $\times$ 5, ou 68^f,40.

Problème 116. Un négociant a acheté 360000^{Kg} de houille à raison de 5^f,80 les 100^{Kg}. Il revend cette houille à raison de 6^f l'hectolitre. Trouver le bénéfice total, sachant que l'hectolitre de houille pèse 90^{Kg}. — **Solution.** Le prix d'achat est 5^f,80 $\times$ 3600, ou 20880^f. Le nombre d'hectolitres étant $\frac{360000}{90}$, ou 4000, le prix de vente est 6^f $\times$ 4000, ou 24000^f. Le bénéfice est donc 24000^f $-$ 20880^f, c-à-d 3120^f.

P. 117. Un champ de $2^{Ha},5$ a produit 23^{Hl} de blé par hectare. Combien peut-on faire de kilogrammes de farine avec ce blé, sachant que le double-décalitre de blé pèse $15^{Kg},250$ et que le quintal de blé donne 85^{Kg} de farine? — **S.** Ce champ a produit $23^{Hl} \times 2,5$, ou $57^{Hl},50$ de blé. Or, 1^{Hl} de blé pèse $15^{Kg},250 \times 5$, ou $76^{Kg},250$. Tout ce blé pèse donc $76^{Kg},250 \times 57,50$, ou $4384^{Kg},375$, et donne $0^{Kg},85 \times 4384,375$, c-à-d $3726^{Kg},719$ de farine.

P. 118. On verse 35^{cmc} de vin dans une mesure d'un demi-litre; combien faut-il ajouter de grammes d'eau pour achever de la remplir? — **S.** $1^l = 1000^{cmc}$. Donc le demi-litre contient 500^{cmc}. Pour achever de le remplir, il faut ajouter $500 - 35$, ou 465^{cmc} d'eau, c-à-d 465^g d'eau.

p. 346 **P. 119.** Un fermier vend à un marchand de grains 45^Q de froment à 18^f le quintal. Le marchand revend ce blé à $15^f,75$ l'hectolitre de 80^{Kg}. Quel est son gain? — **S.** 80^{Kg} se vendent $15^f,75$. Donc 1^{Kg} se vend $\dfrac{15,75}{80}$, et $1Q$ se vend $\dfrac{15,75 \times 100}{80}$, c-à-d $19^f,6875$. Le gain est donc de $1^f,6875$ par quintal. Pour 45^Q, il est de $75^f,94$.

P. 120. L'hectolitre de blé pèse 18^{Kg}. En France, 1^{Ha} de terrain produit en moyenne 1100^{Kg} de blé. Quelle est, en hectolitres, la production de blé en France, où la surface cultivée est de 2470000^{Ha}? — **S.** Le poids total du blé produit est de $1100^{Kg} \times 2470000$, c-à-d de 2717000000^{Kg}. Le nombre d'hectolitres est égal à $2717000000 : 18$, c-à-d à 150944444^{Hl}.

Problème 121. Le thé coûte en gros $8^f,50$ le kilogramme et est revendu en détail à raison de $0^f,45$ les 30^g. Dites le bénéfice d'un marchand qui a débité $8^{Kg} 4^{Dg}$ de ce thé. — **Solution.** 30^g se vendant $0^f,45$, le gramme se vend $\dfrac{0,45}{30}$ et le kilogramme $\dfrac{0,45 \times 1000}{30}$, ou 15^f. Le bénéfice est donc, par kilogramme, de $15^f - 8^f,50$, c-à-d de $6^f,50$. Pour $8^{Kg},04$ le bénéfice sera de $6^f,50 \times 8,04$, c-à-d de $52^f,26$.

P. 122. Une famille a consommé en une année pour $36^f,30$ de sucre à 110^f le quintal métrique. Quelle a été, en poids, la consommation moyenne par jour? — **S.** Pour 110^f, on a 100^{Kg} de sucre. Pour 1^f, on en a $\dfrac{100}{110}$. Pour $36^f,30$, on en a $\dfrac{100 \times 36,30}{110}$, ou 33^{Kg}. Ainsi, en 1^{an}, cette famille a consommé 33^{Kg} ou 33000^g de sucre. En 1^j, en moyenne, elle a consommé $\dfrac{33000}{365}$, ou 90^g.

P. 123. On fait clore un champ de 60^m de longueur sur 47^m

de largeur avec un treillage de 1^m de hauteur. Combien coûtera l'enclos de ce champ, en supposant que le treillage pèse 3$^{Kg}\frac{1}{2}$ par mètre carré et que le quintal coûte 46^f? — **S.** La longueur du treillage est 60^m × 2 + 47^m × 2, ou 214^m. Comme sa hauteur est de 1^m, sa surface est de 214^{mq}; son poids, de 3^{Kg},5 × 214 ou de 749^{Kg}; son prix, de 0^f,46 × 749, c-à-d de 344^f,54.

P. 124. On admet que 6^{Kg},7 de carottes équivalent à 2^{Kg},12 de foin estimé 8^f,50 le quintal. Que vaut la récolte d'un champ de carottes d'une étendue de 42^a,20, sachant que le rendement d'un hectare est de 32000^{Kg} de racines? — **S.** Le rendement du champ est de 32000^{Kg} × 0,4220, ou de 13504^{Kg} de carottes. Or, 1^{Kg} de foin vaut 0^f,085; 2^{Kg},12 de foin valent 0^f,085 × 2,12, ou 0^f,1802; et, par suite, 1^{Kg} de carottes vaut $\frac{0,1802}{6,7}$. Les 13504^{Kg} valent donc $\frac{0,1802 × 13504}{6,7}$, c-à-d 363^f,20.

P. 125. Une personne a payé 35^f pour 5^{Kg} de chocolat et 3^{Kg} de café. Une autre a payé 40^f pour 5^{Kg} de chocolat et 4^{Kg} de café de même qualité que les précédentes denrées. — Calculez : 1° le prix du kilogramme de café; 2° le prix du kilogramme de chocolat. — **S.** La seconde personne a acheté les mêmes choses que la première plus 1^{Kg} de café; elle a dépensé 5^f de plus; donc 1^{Kg} de café coûte 5^f. La première personne a donc acheté pour 5^f × 3, c-à-d pour 15^f de café. Puisqu'elle a dépensé 35^f en tout, elle a acheté pour 35^f — 15^f, ou pour 20^f de chocolat. Donc 1^{Kg} de chocolat coûte 20^f : 5, c-à-d 4^f.

Problème 126. Dans un ménage, on consomme tous les mois 8 bougies qui coûtent 1^f,28 le paquet de 4 bougies. On pourrait user pendant le même temps 2^{Kg},500 d'huile qui coûte 0^f,65 le demi-kilogramme. Combien coûte chaque mode d'éclairage pendant une année, et quel est le plus économique? — **Solution.** Le prix des bougies serait, pour 1^{mois}, de 1^f,28 × 2 ou de 2^f,56; il serait, pour 1^{an}, de 2^f,56 × 12, ou de 30^f,72. Le kilogramme d'huile vaut 0^f,65 × 2, ou 1^f,30; en 1^{mois}, on brûlerait pour 1^f,30 × 2,500, c-à-d pour 3^f,25 d'huile; en 1^{an}, on en brûlera pour 3^f,25 × 12, c-à-d pour 39^f. L'éclairage à la bougie produit donc une économie de 39^f — 30^f,72, ou de 8^f,28 par an.

P. 127. J'ai acheté 10 caisses de savon de 100^{Kg} chacune pour 650^f. Il se trouve 120^{Kg} avariés qui ne seront vendus que les $\frac{3}{4}$ de ce qu'ils ont coûté. Combien dois-je revendre le kilogramme du reste pour faire néanmoins un bénéfice de 10 °/₀ sur mes déboursés? — **S.** Je veux gagner 650^f × 0,10, ou 65^f. Je dois donc vendre le tout 650^f + 65^f, c-à-d 715^f. Or, les 1 000^{Kg} achetés ayant coûté 650^f, chaque kilogramme a coûté 0^f,65. Les 120^{Kg} avariés ont coûté 0^f,65 $\times$ 120, ou 78^f, et ils ne seront revendus que 78$^f \times \frac{3}{4}$, c-à-d que 58^f,50. Les 880^{Kg} non avariés devront donc être revendus 715^f — 58^f,50, ou 656^f,50. Le kilogramme devra donc se revendre 656^f,50 : 880, ou 0^f,746.

p. 347 **P. 128.** Que valent 18 quintaux métriques de houille à raison de 34^f,50 la tonne? — **S.** 18Q valent 1^T,8. Ils coûtent donc 34^f,50 $\times$ 1,8, ou 62^f,10.

 P. 129. Lorsque le quintal métrique de froment vaut 23^f,50, l'hectolitre vaut 18^f,80. Quel doit être alors le poids de l'hectolitre de froment? — **S.** Pour 23^f,50 on a 100^{Kg} de froment. Pour 1^f, on en a $\frac{100}{23,50}$; et, pour 18^f,80 on en a $\frac{100 \times 18,80}{23,50}$, c-à-d 80^{Kg}. Tel est le poids cherché.

 P. 130. Un pré de 4^{Ha},35 a produit 2 680 bottes de foin qui ont été vendues 7^f,80 le quintal métrique. Chaque botte pesant 5^{Kg}, combien ce pré rapporte-t-il par hectare? — **S.** Le poids total du foin est 5$^{Kg} \times$ 2 680, ou 13 400^{Kg}, ou 134Q. Son prix est 7^f,80 $\times$ 134, ou 1 045^f,20. L'hectare de ce pré rapporte donc 1 045^f,20 : 4,35, c-à-d 240^f,27.

 Problème 131. Une machine brûle 15^{Kg} de charbon et réduit en vapeur 250^l d'eau par heure. On demande combien de temps elle pourrait fonctionner avec 2 quintaux de charbon et quelle serait la quantité d'eau vaporisée? — **Solution.** 2Q font 200^{Kg}. La machine pourra donc fonctionner autant d'heures qu'il y a de fois 15 dans 200, c-à-d 13^h + $\frac{1}{3}$, ou 13^h 20^m. La quantité d'eau vaporisée sera 250$^l \times \left(13 + \frac{1}{3}\right)$, ou 250$^l \times \frac{40}{3}$, ou 3 333^l + $\frac{1}{3}$.

 P. 132. L'hectolitre de froment de bonne qualité pèse 78^{Kg}. Dans un ménage, on consomme tous les mois 14^{Hl},5 de ce froment. Combien la ménagère économisera-t-elle chaque année en faisant son pain au lieu de le faire faire par le boulanger, qui prend 6^f par quintal métrique? — **S.** On consomme par an 14^{Hl},5 $\times$ 12 ou 174^{Hl} de froment, qui pèsent 78$^{Kg} \times$ 174 ou 13 572^{Kg}, ou 135Q,72. On économise donc 6$^f \times$ 135,72, ou 814^f,32.

 P. 133. Un bateau à vapeur qui dépense par heure 8 quintaux de houille entreprend une traversée qui durera 16^j. Combien doit-il emporter au moins d'hectolitres de houille, si l'hectolitre pèse 125^{Kg}? — **S.** Pour 1^j, il faut 8Q $\times$ 24 ou 192Q de houille; pour 16, il en faut 1920 × 16, ou 30720, ou 307200^{Kg}. Il faudra autant d'hectolitres qu'il y a de fois 125^{Kg} dans 307200^{Kg}, ou 2457^{Hl},6.

P. 134. Lorsque la farine coûte 81^f les 150^{Kg}, que doit coûter le kilogramme de pain? On sait que 5^{Kg} de farine donnent 6^{Kg} de pain, et que le boulanger gagne 9^f par quintal de farine. — **S.** 1^{Kg} de farine donne $\frac{6}{5}$ ou 1^{Kg},2 de pain; et 150^{Kg} de farine en donnent 1^{Kg},2 × 150, ou 180^{Kg}. Or, pour 150^{Kg}, le gain du boulanger est 9^f × 1,5, ou 13^f,50. Donc 180^{kg} de pain coûtent 81^f + 13^f,50, ou 94^f,50. Donc 1^{Kg} de pain coûte 0^f,525.

P. 135. Un fourneau brûle 0,3 de stère de bois par semaine. Si l'on remplace le bois par la houille, l'économie sera de 2^f,10. Calculez ce qu'on brûlerait de houille en 18 semaines, sachant que le bois vaut 17^f le stère et la houille 4^f,50 les 100^{Kg}. — **S.** Ce fourneau brûle pour 17^f × 0,3, ou 5^f,10 de bois par semaine. Il ne brûlerait donc que pour 5^f,10 — 2^f,10, ou 3^f, de houille. En 18 semaines, il en brûlerait pour 3^f × 18, ou 54^f; il brûlerait donc autant de quintaux de houille qu'il y a de fois 4^f,50 dans 54^f, c-à-d 12^Q, ou 1200^{Kg}.

Problème 136. Un marchand a acheté 540 doubles-décalitres de blé qu'il a payés à raison de 20^f,50 l'hectolitre. Il a fait conduire ce blé au marché et l'a revendu 35^f le quintal. Quel a été le bénéfice du marchand, sachant que le double-décalitre de ce blé pèse 19^{Kg},4 et que l'on évalue à 10^f les frais de transport? — **Solution.** Le nombre des hectolitres achetés est 540 : 5, ou 108^{Hl}, et le prix d'achat est 20^f,50 × 108, ou 2214^f. Le prix de revient est donc 2214^f + 10^f, ou 2224^f. Le poids de tout ce blé est 19^{Kg},4 × 540, c-à-d 10476^{Kg} ou 104^Q,76. Le prix de vente a donc été 35^f × 104,76, ou 3666^f,60. Le bénéfice s'élève à 3666^f,60 — 2224^f, c-à-d à 1442^f,60.

P. 137. Un épicier achète 546 pains de sucre pesant chacun 9^{Kg},5 à raison de 945^f la tonne. Il en revend la moitié en gros à 104^f,50 le quintal et l'autre moitié en détail à 0^f,58 le demi-kilogramme. Quel est son bénéfice? — **S.** Le poids total du sucre acheté est 9^{Kg},5 × 546, ou 5187^{Kg}. Le prix total d'achat est 0^f,945 × 5187, ou 4901^f,72. La première moitié vendue pèse 2593^{Kg},5 et rapporte 1^f,045 × 2593,5 ou 2710^f,21; la seconde moitié rapporte 0^f,58 × 2 × 2593^f,5, ou 3008^f,46. Le prix total de vente est donc 2710^f,21 + 3008^f,46, ou 5718^f,67; le bénéfice est donc de 5718^f,67 — 4901^f,72, c-à-d de 816^f,95.

P. 138. Dans une usine, qui n'est ouverte que 24^J par p. 343 mois, en moyenne, on consomme 31^{Hl},50 de houille par jour. L'hectolitre pèse 90^{Kg}, et la houille se paye à raison de 24^f,30 la tonne. Quelle est la dépense annuelle? — **S.** En 1ʲ, on consomme 90ᴷᵍ × 31,50, c-à-d 2 835ᴷᵍ, ou 2ᵀ,835 de houille. En 1ᵐᵒⁱˢ, on en consomme 2ᵀ,835 × 24, ou 68ᵀ,040; et, en un an, 68ᵀ,040 × 12, ou 816ᵀ,48. La dépense annuelle est donc de 24ᶠ,30 × 816,48, c-à-d de 19 840ᶠ,46.

P. 139. Le vin paye à l'entrée de Paris pour l'octroi 22ᶠ,50 par hectolitre, plus 0ᶠ,25 par franc pour droit à l'Etat. Le transport, par chemin de petite vitesse, coûte 0ᶠ,14 par tonne et par kilomètre. A combien revient à Paris une pièce de vin de 2ᴴˡ,2, pesant brut 250ᴷᵍ, achetée à raison de 32ᶠ l'hectolitre, et à 490ᴷᵐ de Paris? Le transport à domicile coûte en plus 2ᶠ. — **S.** Le prix d'achat a été 32ᶠ × 2,2, ou 70ᶠ,40. On a payé 22ᶠ,50 × 2,2, ou 49ᶠ,50 pour l'octroi et 0ᶠ,25 × 70,40, ou 17ᶠ,60 pour droit à l'Etat. Le transport jusqu'à Paris a coûté 0ᶠ14 × 0,250 × 490, ou 17ᶠ,15, et le transport à domicile 2ᶠ. La pièce de vin revient donc à 70ᶠ,40 + 49ᶠ,50 + 17ᶠ,60 + 17ᶠ,15 + 2ᶠ, c-à-d à 156ᶠ,65.

P. 140. Une poule pond par an 60 œufs à 0ᶠ,90 la douzaine. Il faut pour la nourrir 1ˡ d'avoine tous les 5ʲ; le quintal d'avoine coûte 20ᶠ. Quelle somme cette poule rapporte-t-elle annuellement à son maître? (L'avoine pèse 2 fois moins que l'eau.) — **S.** La poule consomme, en 1ʲ, un cinquième de litre d'avoine. En 1ᵃⁿ, elle en consomme $\frac{365}{5}$, ou 73ˡ. Or, 73ˡ d'eau pèsent 73ᴷᵍ; donc 73ˡ d'avoine pèsent 36ᴷᵍ,5 et coûtent 0ᶠ,20 × 36,5 ou 7ᶠ,30. — Un œuf vaut $\frac{0,90}{12}$; donc 60 œufs valent $\frac{0,90 \times 60}{12}$, ou 4ᶠ,50. — Donc le maître de la poule perd 7ᶠ,30 — 4ᶠ,50, ou 2ᶠ,80 par an.

Problème 141. Un chemin de fer prend pour le transport des charbons 0ᶠ,75 par tonne et par myriamètre. On paye, en outre, un droit fixe de 2ᶠ,12 par wagon contenant 125ᴴˡ; l'hectolitre de charbon pèse 78ᴷᵍ. Cela posé, on sait que le chef d'une usine a payé dans une année 2 580ᶠ pour le transport de ses charbons, le parcours étant de 2ᴹᵐ,35. Calculez le nombre d'hectolitres transportés. — **Solution.** Pour le transport d'une tonne, on paie 0ᶠ,75 × 2,35, ou 1ᶠ,762. Pour 1ᴴˡ, qui pèse 0ᵀ,078, on paie 1ᶠ,762 × 0,078, ou 0ᶠ,137. Le droit fixe est, par hectolitre, de 2ᶠ,12 : 125, ou de 0ᶠ,017. Le total des frais de transport, pour 1ᴴˡ, est donc de 0ᶠ,137 × 0ᶠ,017, ou 0ᶠ,154. On a donc transporté autant d'hectolitres qu'il y a de fois 0ᶠ,154 dans 2 580ᶠ, c-à-d 16 753ᴴˡ.

P. 142. On offre à un cultivateur d'acheter son blé à 19ᶠ,75 l'hectolitre. Il préfère le vendre à raison de 29ᶠ les 100ᴷᵍ parce que de la sorte il en retirera 14ᶠ,50 de plus. Sachant que ce blé pèse 75ᴷᵍ l'hectolitre, on demande combien il avait de doubles-décalitres à vendre. — **S.** A 19ᶠ,75 l'hectolitre, le double-décalitre se vendrait 19f,75 : 5, ou 3f,95. A 29f les 100Kg, un double-décalitre, pesant 75Kg : 5, ou 15Kg, se vendrait 0f,29 × 15, ou 4f,35. Le bénéfice sera donc de 4f,35 — 3f,95, ou de 0f,40 par double-décalitre. Le cultivateur avait donc autant de doubles décalitres à vendre qu'il y a de fois 0f,40 dans 14f,50, c-à-d 36,25, ou 36 doubles-décalitres et un quart.

P. 143. La récolte faite sur une certaine propriété a été de 28 hectolitres et demi de blé et de 900 bottes de paille par hectare. Le tout a été vendu pour 25 530f,70, à raison de 26f,50 le quintal de blé et de 13f les 100 bottes de paille. Sachant qu'un double-décalitre de blé pesait 15Kg,450, on demande quelle est la surface de la propriété en hectares. — **S.** 1DI de blé pèse 15Kg,450 : 2, ou 7Kg,725; donc 1Hl pèse 77Kg,25, ou 0Q,7725. Donc le blé récolté sur 1Ha vaut 26f,50 × 0,7725 × 28,5, ou 583f,43. La paille récoltée sur 1Ha vaut 13f × 9, ou 117f. Donc 1Ha rapporte 583f,43 + 117f, ou 700f,43. La propriété contient donc autant d'hectares qu'il y a de fois 700f,43 dans 25 530f,70, c-à-d 36Ha,45.

P. 144. Une pierre plongée dans un vase plein d'eau fait sortir de ce vase 2Kg,72 d'eau, on demande quel est le volume de cette pierre. — **S.** 2Kg,72 d'eau ont un volume de 2l,72, c-à-d de 2dmc,72. Tel est le volume de la pierre.

P. 145. Un seau plein d'eau pèse 16Kg,35. Quand on retire la moitié de l'eau qu'il contient, il ne pèse plus que 9Kg,4. Quel est le poids du vase vide ? — Quelle est sa capacité ? — **S.** La moitié de l'eau pèse 16Kg,35 — 9Kg,4, ou 6Kg,95. Le poids du seau vide est donc 9Kg,4 — 6Kg,95, ou 2Kg,45. Le poids total de l'eau est 6Kg,95 × 2, ou 13Kg,90. Donc la capacité du seau est de 13l,90.

Problème 146. Un vase est placé sur l'un des plateaux p. 349 d'une balance; on y fait équilibre avec 27 pièces de 2f et 18 pièces de 0f,50. On le remplit d'eau, et, pour rétablir l'équilibre, il faut ajouter 6f,75 de monnaie de bronze et 20f en or. On demande le poids et la capacité du vase. — **Solution.** 27 pièces de 2f pèsent 10g × 27, ou 270g; 18 pièces de 0f,50 pèsent 2g,5 × 18, ou 45g. Donc le poids du vase est 270g + 45g, ou 315g. — Les 6f,75 de monnaie de bronze pèsent 675g; les 20f en or pèsent 20 : 3,1, ou 6g,4. Le poids de l'eau contenue dans le vase est donc de 675g + 6g,4, ou de 681g,4. La capacité du vase est donc de 681cmc,4.

P. 147. Lorsque le litre d'huile se vend 2f,75, que vaut le demi-kilogramme? La densité de l'huile est 0,95. — **S.** Un litre d'huile pèse 1Kg × 0,95, c-à-d 0Kg,950, ou 950g. Les 950g se vendant 2f,75, le gramme se vend $\frac{2,75}{950}$, et les 500g se vendent $\frac{2,75 \times 500}{950}$, c-à-d 1f,45.

P. 148. L'argent pèse 10 fois $\frac{1}{2}$ autant que l'eau. Quel est le poids d'un lingot d'argent de 8^{dmc},025? — **S.** 8^{dmc},025 ou 8^l,025 d'eau pèsent 8^{Kg},025. Le lingot d'argent pèse donc 8^{Kg},025 $\times$ 10,5, ou 84^{Kg},2625.

P. 149. Plein de lait, un vase pèse 38^{Kg},3 ; vide, il pèse 22^{Dg},5 ; la densité du lait est 1,03. Quelle est la contenance du vase ? — **S.** Le poids du lait est 38^{Kg},3 — 0^{Kg},225, ou 38^{Kg},075. Le litre de lait pèse 1^{Kg},03. La capacité du vase est donc 38,075 : 1,03, ou 36^l,96.

P. 150. Quel est le poids d'un bloc de marbre de 0^{mc},7 ? On sait que la densité du marbre est 5,8. — **S.** 0^{mc},7 d'eau pèsent 0^T,7. Donc ce bloc de marbre pèse 0^T,7 $\times$ 5,8, ou 4^T,06.

Problème 151. Un litre d'air pèse 1^g,3 ; combien faudrait-il de mètres cubes d'eau pour peser autant que 10.000^{mc} d'air ? — **Solution.** 1^{mc} = 1000^l ; donc 1^{mc} d'air pèse 1300^g, ou 1^{Kg},3. Donc 10000^{mc} d'air pèsent 1^{Kg},3 $\times$ 10000, ou 13000^{Kg}, ou 13^T. Mais 1^{mc} d'eau pèse juste 1^T. Donc il faudrait 13^{mc} d'eau.

P. 152. Un vase vide pèse 124^{Dg} ; plein d'eau, il pèse 33^{Hg}. Combien pèserait-il, s'il était rempli d'alcool de densité 0,725? — **S.** L'eau qui remplit ce vase pèse 3300^g — 1240^g, ou 2060^g. L'alcool pèserait seulement 2060^{Kg} $\times$ 0,725, c-à-d 1493^g,5, ou 1^{Kg},4935.

P. 153. Une personne achète pour 124^f un baril d'huile de 86^l. Elle revend cette huile au détail 1^f,80 le kilogramme. Quel est son bénéfice ? La densité de l'huile est 0,920. — **S.** L'huile achetée pèse 0^{Kg},920 $\times$ 86, ou 79^{Kg},120. Elle se vend donc 1^f,80 $\times$ 79,120, ou 142^f,42. Le bénéfice est 142^f,42 — 124^f, ou 18^f,42.

P. 154. Une pièce pleine de vin pèse 302^{Kg},292 ; vide, elle pèse 24^{Kg} ; la densité du vin est 0,993. Quelle est la capacité de la pièce ? — **S.** Le poids du vin est 302^{Kg},292 — 24^{Kg}, ou 278^{Kg},292. Or le litre de vin pèse 0^{Kg},993. Donc la pièce contient autant de litres qu'il y a de fois 0^{Kg},993 dans 278^{Kg},292, c-à-d 280^l,25.

P. 155. Une tonne d'huile pèse 245^{Kg} ; vide, elle pèse 9 254^g. Quel est le prix de cette huile, à raison de 1^f,30 le litre, si sa densité est 0,945? — **S.** Le poids de l'huile est 245^{Kg} — 9^{Kg},254, ou 235^{Kg},746. Le litre de cette huile pèse 0^{Kg},945. Donc la tonne contient autant de litres qu'il y a de fois 0,945 dans 235,746, c-à-d 249^l,47. Le prix de toute cette huile est 1^f,30 $\times$ 249,47, ou 324^f,30.

Problème 156. On a vendu les $\frac{5}{8}$ d'une barrique contenant 248^l de vin. Quel est le poids total de la barrique après cette vente, sachant que le fût seul pèse 22^{Kg},5 et que le poids du vin est les $\frac{9}{10}$ de celui de l'eau? — **Solution.** Il reste les $\frac{3}{8}$ du vin, c-à-d. 248$^l \times \frac{3}{8}$, ou 93^l. Or 93^l d'eau pèsent 93^{Kg}. Donc ces 93^l de vin pèsent 93$^{Kg} \times 0,9$, ou 83^{Kg},7; et le poids total est 22^{Kg},5 $\times$ 83^{Kg},7, c-à-d 106^{Kg},2.

P. 157. On demande quelle est, en litres, la capacité d'un vase, sachant que l'eau qui le remplirait pèse autant que 25 pièces de 5^f en argent plus 64^f en monnaie de bronze. — **S.** Les 25 pièces de 5^f en argent pèsent 25$^g \times$ 25, ou 625^g. Les 64^f en monnaie de bronze pèsent 100$^g \times$ 64, ou 6400^g. Le poids de l'eau serait donc 625$^g \times$ 6400^g, ou 7025^g. La capacité du vase est donc de 7025^{cm³}, c-à-d de 7^l,025.

P. 158. Un épicier achète un fût d'huile pesant brut 140^{Kg}. Le tonneau vide pèse 17^{Kg},050. Sachant que la densité de l'huile est 0,915, que l'épicier l'a payée 1^f,60 le kilogramme et l'a revendue 2^f,20 le litre, on demande ce qu'il a gagné en tout. — **S.** Le poids de l'huile est 140^{Kg} — 17^{Kg},050, ou 122^{Kg},95; le prix total d'achat est donc 1^f,60 $\times$ 122,95, ou 196^f,72. Le volume de l'huile est 122,95 : 0,915, ou 134^l,37; le prix total de vente est donc 2^f,20 $\times$ 134,37, ou 295^f,61. Le bénéfice est 295^f,61 — 196^f,72, c-à-d 98^f,89.

P. 159. Quel est le poids de 9920^f en or? — **S.** 1^g d'or p. 350 monnayé vaut 3^f,10. Donc cette somme pèse autant de grammes qu'il y a de fois 3^f,10 dans 9920^f, c-à-d 3200^g, ou 3^{Kg},200.

P. 160. Quel est le poids d'une somme de 1000^f, moitié en or, moitié en argent? — **S.** Les 500^f en argent pèsent 5$^g \times$ 500, ou 2500^g. Les 500^f en or pèsent 15,5 fois moins, ou 2500^g : 15,5, c-à-d 161^g,3. Le poids total est 2500^g + 161^g,3, ou 2661^g,3.

Problème 161. Un sac rempli de pièces de 5^f en argent pèse 4^{Hg}; vide, il pèse 75^g. Quelle somme renferme-t-il? — **Solution.** Le poids de l'argent est 400^g — 75^g, ou 325^g. Or 1^g d'argent monnayé vaut 0^f,20. Donc la somme renfermée dans le sac est de 0^f,20 $\times$ 325, c-à-d de 65^f.

P. 162. Dites le poids du cuivre, de l'étain et du zinc que contient une somme de 35^f en monnaie de bronze. — **S.** 1^f en monnaie de bronze pèse 100^g, et, sur 100^g de cette monnaie, il y a 95^g de cuivre, 4^g d'étain et 1^g de zinc. Donc, dans une somme de 35^f, il y a 95$^g \times$ 35, ou 3325^g de cuivre; 4$^g \times$ 35, ou 140^g d'étain; et 35^g de zinc.

P. 163. Quelle est en litres la capacité d'un vase, sachant que la quantité d'eau nécessaire pour le remplir pèse autant que 34 pièces de 5^f en argent, plus 65 pièces de 0^f,10? — **S.** Une pièce de 5^f en argent pèse 25^g; une pièce de 0^f,10 est en bronze et pèse 10^g. Le poids total de l'eau est donc 25^g × 34 + 10^g × 65, ou 1500^g. Son volume est 1500^{cmc}, ou 1^{dmc},5, c-à-d 1^l,5.

P. 164. Un sac contient 1^{Kg} de pièces d'argent et 2^{Kg},925 de pièces de bronze. Cette somme est le prix d'une pièce de drap qui a 12^m de long. A combien revient 1^m de ce drap? — **S.** 1^{Kg} de pièces d'argent vaut 0^f,20 × 1000, ou 200^f; et 2^{Kg},925 de pièces de bronze valent 0^f,01 × 2925, ou 29^f,25. Les 12^m de drap coûtent donc 200^f + 29^f,25, ou 229^f,25; le mètre revient donc à 229^f,25 : 12, c-à-d à 19^f,10.

P. 165. Un sac renferme 1000^f dont 500^f en argent et 450^f en or; le reste est en monnaie de bronze. Combien pèse le contenu? — **S.** Les 500^f en argent pèsent 5^g × 500, ou 2500^g; les 450^f en or pèsent autant de grammes qu'il y a de fois 3^f,10 dans 450^f, c-à-d 145^g,161; les 50^f en monnaie de bronze pèsent 5000^g. Le poids total est donc 2500^g + 145^g,161 + 5000^g, c-à-d 7645^g,161.

Problème 166. Une boîte a pour fond un rectangle de 296^{mm} de longueur sur 111^{mm} de largeur. Combien peut-on placer de piles verticales de pièces de 5^f en argent sur le fond, et combien y aura-t-il de pièces, si les piles ont une hauteur de 35^{cm}? On sait que la pièce de 5^f en argent a 37^{mm} de diamètre et 2^{mm},5 d'épaisseur. — **Solution.** 296 : 37 donne 8, et 111 : 37 donne 3; donc, sur le fond, on peut placer 3 piles de 8 pièces chacune, et par conséquent 8 × 3, ou 24 piles. Chaque pile contiendra 350 : 2,5, ou 140 pièces. Le nombre total des pièces sera donc 140 × 24, ou 3360.

P. 167. Deux poids, dont l'un est double de l'autre, sont placés sur les plateaux d'une balance. Si l'on ajoute d'un côté 310^f en argent et de l'autre 310^f en or, l'équilibre est rétabli. Quels étaient les deux poids? — **S.** 310^f en argent pèsent 5^g × 310, ou 1550^g; 310^f en or pèsent 15,5 fois moins, ou 100^g; la différence des deux poids cherchés est donc 1550^g — 100^g, ou 1450^g. Le poids le plus faible est donc de 1450^g; et l'autre de 1450^g × 2, ou de 2900^g.

P. 168. J'ai acheté de la viande pour 0^f,45; le kilogramme est vendu 1^f,80. Le boucher s'est servi, pour la peser, du poids de 2^{Hg} et des deux doubles-décagrammes. Quelle somme en argent aurait-il fallu ajouter à ces trois poids pour obtenir l'équilibre? — **S.** Pour 1^f,80, on a 1^{Kg} de viande;

pour 1^f, on en a $\frac{1}{1,80}$; et, pour $0^f,45$, on en a $\frac{1 \times 0,45}{1,80}$, c-à-d $0^{Kg},250$, ou 250^g. Or, les poids employés par le boucher pèsent ensemble $200^g + 20^g \times 2$, ou 240^g. Donc, il faudrait ajouter une somme d'argent pesant 10^g, c-à-d une somme de 2^f en argent.

P. 169. On a un lingot d'argent pur du poids de $3^{Kg},060$. Combien faudra-t-il y ajouter de cuivre pour faire des pièces de 5^f? — Quel sera le nombre de ces pièces? — **S.** Dans les pièces d'argent de 5^f, le poids du cuivre est le neuvième du poids de l'argent; donc il faudra ajouter un poids de cuivre égal à $3^{Kg},060 : 9$, c-à-d $0^{Kg},340$ de cuivre. Le poids total des pièces de 5^f sera donc $3^{Kg},060 + 0^{Kg},340$, ou $3^{Kg},400$, ou 3400^g. Comme une pièce de 5^f pèse 25^g, le nombre de ces pièces sera $3400 : 25$, ou 136.

P. 170. Un marchand de blé a acheté 540 doubles-décalitres qu'il a payés à raison de $20^f,50$ l'hectolitre; il a donné en paiement 100 pièces de 2^f, 4 pièces de 1^f, et un certain nombre de pièces de 5^f en argent. On demande le nombre et le poids de ces dernières pièces. — **S.** 540 doubles-décalitres forment 540×2, ou 1080^{Dl}, ou 108^{Hl}; et coûtent $20^f,50 \times 108$, ou 2214^f. On a donné, en pièces de 2^f et de 1^f, la somme de $2^f \times 100 + 1^f \times 4$, ou 204^f. Il reste à payer $2214^f - 204^f$, ou 2010^f. Le nombre des pièces de 5^f sera donc $2010 : 5$, ou 402; leur poids sera $25^g \times 402$, ou 10050^g, ou $10^{Kg},050$.

Problème 171. Un paysan rapporte du marché $0^{Kg},34$ p. 351 de pièces en or; $0^{Kg},230$ de pièces en argent; $0^{Kg},150$ de pièces en bronze. Cette somme représente le prix du blé qu'il a vendu, à raison de $24^f,75$ l'hectolitre. Combien avait-il apporté de décalitres de blé? — **Solution.** Les pièces d'or valent $3^f,10 \times 340$, ou 1054^f; les pièces d'argent $0^f,20 \times 230$, ou 46^f; et les pièces de bronze $0^f,01 \times 150$, ou $1^f,50$. La somme rapportée est donc $1054^f + 46^f + 1^f,50$, ou $1101^f,50$. Le paysan avait apporté autant de décalitres de blé qu'il y a de fois $2^f,475$ dans $1101^f,50$, c-à-d 445^{Dl}.

P. 172. On demande de combien une barre de fer ayant 5^{cm} de largeur, 27^{mm} d'épaisseur et 1^m de longueur est plus lourde qu'une somme de 1000^f en monnaie d'argent et 15^f en monnaie de cuivre. Densité du fer, $7,78$. — **S.** Le volume de cette barre de fer est $5 \times 2,7 \times 100$, ou 1350^{cmc}; son poids est $7^g,78 \times 1350$, ou 10503^g, ou $10^{Kg},503$. En monnaie d'argent, 1000^f pèsent $5^g \times 1000$, ou 5000^g, ou 5^{Kg}; et, en monnaie de bronze, 15^f pèsent $100^g \times 15$, ou 1500^g, ou $1^{Kg},500$. Toute la monnaie considérée pèse $5^{Kg} + 1^{Kg},5$, ou $6^{Kg},5$. L'excès du poids de la barre de fer est $10^{Kg},503 - 6^{Kg},500$, ou $4^{Kg},003$.

P. 173. Un propriétaire vend pour 1800^f de blé à 30^f le quintal. Le double-décalitre de ce blé pèse $15^{Kg},650$. Combien a-t-il vendu de sacs de 120ˡ? — Quel est le poids de cette somme en or? — A combien revient l'hectolitre de ce blé? — **S.** Le nombre de quintaux vendus est 1800 : 30, ou 60Q. Or 15ᴷᵍ,650 de blé occupant un volume de 20ˡ, le kilogramme occupe un volume de $\frac{20}{15,650}$, et les 60Q, ou 6000ᴷᵍ, occupent un volume de $\frac{20\times6000}{15,650}$, c-à-d de 7668ˡ. Le nombre des sacs de 120ˡ est égal à 7668 : 120, c-à-d à 64. Comme 1ᵍ d'or monnayé vaut 3ᶠ,10, le poids de 1800ᶠ en or est 1800 : 3,10, c-à-d 580ᵍ,65. Le prix de l'hectolitre de blé est de 1800ᶠ : 76,68, c-à-d de 23ᶠ,47.

P. 174. Un ouvrier travaille 300ʲ dans l'année; il gagne 4ᶠ,25 pendant la moitié du temps et 3ᶠ,10 pendant l'autre moitié. Les jours de travail, sa dépense journalière est de 2ᶠ,35; elle est de 3ᶠ les autres jours. Lui reste-t-il quelque chose au bout de l'année? Combien? — **S.** Le gain de cet ouvrier est 4ᶠ,25×150 + 3ᶠ,10×150, ou 1102ᶠ,50. Sa dépense est 2ᶠ,35×300 + 3ᶠ×65, ou 900ᶠ. Au bout de l'année, il lui reste 1102ᶠ,50 — 900ᶠ, c-à-d 202ᶠ,50.

P. 175. Un ouvrier économise en un an sur son salaire 265ᶠ,75. Sa dépense est en moyenne de 2ᶠ,80 par jour. Calculer son salaire par journée de travail, sachant que sur les 365ʲ de l'année il y a eu 62ʲ de repos. — **S.** Sa dépense est de 2ᶠ,80×365, ou 1022ᶠ. Son gain est donc de 1022ᶠ + 265ᶠ,75, ou 1287ᶠ,75. Or cet ouvrier travaille 365ʲ — 62ʲ ou 303ʲ par an. Donc son salaire, par journée de travail, est de 1287ᶠ,75 : 303, c-à-d de 4ᶠ,25.

Problème 176. On commence le 1ᵉʳ juin à tirer du vin d'un tonneau de 228ˡ de capacité. Combien restera-t-il de litres, à la fin du mois, dans le tonneau, si chaque jour on en tire 1ˡ$\frac{2}{3}$? — **Solution.** Chaque jour on tire 1ˡ + $\frac{2}{3}$, ou $\frac{5}{3}$ de litre.

Dans le mois de juin, qui est de 30ʲ, on en tire donc $\frac{5}{3}$×30, ou 50ˡ. Donc, à la fin du mois, il en reste 228ˡ — 50ˡ, ou 178ˡ.

P. 177. Un bassin contient 2ᵐᶜ,025. On demande combien il faudrait de temps à 3 robinets coulant ensemble pour remplir ce bassin, sachant que le premier verse 8ˡ en 1ᵐ, le deuxième 9ˡ et le troisième 10ˡ dans le même temps. — **S.** Les 3 robinets, en 1ᵐ, versent ensemble 8ˡ + 9ˡ + 10ˡ, ou 27ˡ. Or 2ᵐᶜ,025 = 2025ˡ. Donc il faudra autant de minutes qu'il y a de fois 27ˡ dans 2025ˡ, c-à-d 75ᵐ, ou 1ʰ 15ᵐ.

P. 178. Un bec de gaz brûle 4ˡ,32 par minute; sachant que le mètre cube de ce gaz coûte 0ᶠ,30, quelle sera la dé-

pense par mois de 30ʲ, le bec étant allumé 4ʰ ½ par jour. — **S.**
Ce bec, en 1ʰ, brûle 4ˡ,32 × 60, ou 259ˡ,20. En 1ᵐᵒⁱˢ, il brûle 259ˡ,20
× 4,5 × 30, ou 34992ˡ, ou 34ᵐᶜ,992. La dépense par mois est donc
0ᶠ,30 × 34,992, ou 10ᶠ,50.

P. 179. Un laboureur emploie 63ᵐ pour tracer 9 sillons.
Combien tracera-t-il de sillons en 2ʰ 48ᵐ? — **S.** En 1ᵐ, il trace
$\frac{9}{63}$ de sillons. En 2ʰ 48ᵐ, c-à-d en 168ᵐ, il trace $\frac{9 \times 168}{63}$, ou 24 sillons.

P. 180. Une fontaine qui donne 13 500ˡ d'eau en $\frac{3}{4}$ d'heure
met 40ᵐ pour remplir un bassin. Quelle est la capacité de ce
bassin? — **S.** $\frac{3}{4}$ d'heure contiennent 45ᵐ. En 45ᵐ, la fontaine verse
13 500ˡ. En 1ᵐ, elle verse 13 500ˡ : 45, ou 300ˡ. En 40ᵐ, elle donne
300ˡ × 40, ou 12 000ˡ. Telle est la capacité du bassin.

Problème 181. Deux trains de chemin de fer partent en p. 35.
même temps, l'un de Paris pour Lyon, l'autre de Lyon pour
Paris, avec des vitesses différentes. Au bout de 2ʰ 5ᵐ, la distance des deux trains a diminué de 200ᴷᵐ; et la rencontre de
ces deux trains a lieu quand le premier a parcouru les $\frac{5}{8}$ de la
distance de Paris à Lyon. Trouvez les vitesses des deux trains.
— **Solution.** Le premier train parcourt, en un temps quelconque, les
$\frac{5}{8}$ de la distance parcourue en ce même temps par les deux trains. Donc,
en 2ʰ 5ᵐ, ou 125ᵐ, il parcourt 200ᴷᵐ × $\frac{5}{8}$, ou 125ᴷᵐ; et, en 1ᵐ, il
parcourt juste 1ᴷᵐ. Or, en 125ᵐ, le second train parcourt seulement
200ᴷᵐ × $\frac{3}{8}$, ou 75ᴷᵐ. Donc, en 1ᵐ, il parcourt 0ᴷᵐ,6.

P. 182. Une fontaine qui donne 15ˡ par minute doit remplir un bassin en 30ʰ. Quelle est la contenance de ce bassin?
— Chercher combien il faudrait de temps à cette fontaine
pour le remplir, en supposant que, par une fissure, il perde
3ᴴˡ d'eau par heure. — **S.** En 1ʰ, la fontaine donne 15ˡ × 60, ou
900ˡ; et, en 30ʰ, elle donne 900ˡ × 30, ou 27 000ˡ : telle est la contenance du bassin. — La fissure ferait perdre 300ˡ : 60, ou 5ˡ, en 1ᵐ; donc,
si elle existait, le bassin ne recevrait que 10ˡ par minute, il faudrait
donc, pour le remplir, 2 700ᵐ, c-à-d 45ʰ.

P. 183. Un ouvrier calcule que, s'il dépense 3ᶠ,75
par jour, il lui manquera 1ᶠ,15 au bout de la semaine, dimanche compris. Loin de dépenser plus qu'il ne gagne, il veut
économiser 2ᶠ par semaine. A combien doit s'élever au plus sa

dépense journalière, et combien gagne-t-il par semaine? —
S. S'il dépense 3f,75 par jour, dans la semaine il dépense 3f,75 × 7,
ou 26f,25. Puisqu'il lui manque alors 1f,15, c'est qu'il ne gagne que
26f,25 — 1f,15, ou 25f,10 par semaine. S'il veut économiser 2f par semaine, il ne doit dépenser, par semaine, que 25f,10 — 2f, ou 23f,10;
donc il ne doit dépenser par jour que 23f,10 : 7, c-à-d que 3f,30.

P. 184. Deux voyageurs partent à 6ʰ du matin d'un même
point; et, pendant que le premier fait 10ᴷᵐ, le second en fait 8.
A midi le premier voyageur a parcouru 30ᴷᵐ, et il s'arrête; à
quelle heure l'autre voyageur l'aura-t-il rejoint? — **S.** Pendant
que le premier a fait 30ᴷᵐ, le second n'en a fait que 30 × 0,8, ou 24.
Donc, à midi, le second se trouve en arrière de 30ᴷᵐ — 24ᴷᵐ, ou 6ᴷᵐ.
Or, le second fait 24ᴷᵐ en 6ʰ, ou 4ᴷᵐ à l'heure. Pour faire les 6ᴷᵐ qui
lui feront atteindre le premier, il lui faut donc autant d'heures qu'il y a
de fois 4ᴷᵐ dans 6ᴷᵐ, c-à-d 1ʰ + $\frac{1}{2}$. Donc le second voyageur atteindra
le premier à 1ʰ 30ᵐ.

P. 185. Deux individus partent des deux extrémités de
l'avenue du Roule, à Neuilly, et vont à la rencontre l'un de
l'autre. Le premier marche au pas accéléré (2 pas de 0ᵐ,75
par seconde); le second va au pas gymnastique (170 pas de
0ᵐ,80 par minute). La rencontre de ces deux individus ayant
lieu au bout de 8ᵐ, on demande quelle est la longueur de
l'avenue; quelle est la largeur, si la surface vaut 533ᵃ,36. —
S. En 1ˢ, le premier parcourt 0ᵐ,75 × 2, ou 1ᵐ,50; en 1ᵐⁱⁿ., il parcourt 1ᵐ,50 × 60 ou 90ᵐ; et, en 8ᵐⁱⁿ., il parcourt 90ᵐ × 8, ou 720ᵐ.
En 1ᵐⁱⁿ., le second parcourt 0ᵐ,80 × 170, ou 136ᵐ; en 8ᵐⁱⁿ., il parcourt 136ᵐ × 8, ou 1088ᵐ. La longueur de l'avenue est donc de 720ᵐ
+ 1088ᵐ, ou de 1808ᵐ. Sa surface est de 53336ᵐq. Sa largeur est donc
de 53336 : 1808, c-à-d de 29ᵐ,50.

Problème 186. La distance de Paris à Bordeaux est de
578ᴷᵐ. Un train express part de Paris à 9ʰ 30ᵐ du matin et
arrive à Bordeaux à 10ʰ 30ᵐ du soir. On demande quelle est
la vitesse moyenne de ce train, et à quelle heure arrivera à
Bordeaux le train rapide qui part de Paris $\frac{3}{4}$ d'heure avant le
précédent et dont la vitesse moyenne surpasse celle de l'autre
de 19ᴷᵐ,064 par heure. — **Solution.** Le train express fait le
trajet en 13ʰ. Sa vitesse moyenne est donc 578ᴷᵐ : 13, c-à-d 44ᴷᵐ,462.
Le train rapide fait par heure 44ᴷᵐ,462 + 19ᴷᵐ,064, ou 63ᴷᵐ,526. Il
met donc autant d'heures pour aller à Bordeaux qu'il y a de fois 63ᴷᵐ,526
dans 578ᴷᵐ, c-à-d 9ʰ 6ᵐ. Il est parti de Paris à 8ʰ 45ᵐ. Il arrive donc
à 8ʰ 45ᵐ + 9ʰ 6ᵐ, c-à-d à 5ʰ 51ᵐ.

P. 187. Un industriel achète en Angleterre de la fonte de fer au prix de 47 shillings 6 pence la tonne anglaise. Sachant que le shilling vaut 1^f,16 et se divise en 12 pence, et que la tonne anglaise pèse 1015^{Kg}, on demande de calculer en francs p. 353 et centimes, à un demi-centime près, le prix d'une tonne française de cette fonte. — **S.** 47^{sh}· 6^{pen}· valent 1^f,16 $\times$ 47,5, ou 55^f,10. Donc 1015^{Kg} de fonte, c-à-d 1^T,015 valent 55^f,10. Donc la tonne française vaut 55^f,10 : 1,015, c-à-d 54^f,29.

P. 188. La graine de navette fournit les $\frac{26}{100}$ de son poids d'huile. Combien 542^{Kg},6 de cette graine fourniront-ils de kilogrammes d'huile? — Quel poids en colza faudra-t-il pour obtenir la même quantité d'huile, si le colza fournit en huile les $\frac{30}{100}$ de son poids? — **S.** 100^{Kg} de graine de navette fournissent 26^{Kg} d'huile; 1^{Kg} de graine fournit 0^{Kg},26 d'huile; et 542^{Kg},6 fournissent 0^{Kg},26 $\times$ 542,6, ou 141^{Kg},076. Pour faire 30^{Kg} d'huile de colza, il faut 100^{Kg} de colza; pour faire 1^{Kg} d'huile, il faut $\frac{100}{30}$; donc, pour faire 141^{Kg},076 d'huile, il faut $\frac{100 \times 141,076}{30}$, c-à-d 470^{Kg},253 de colza.

P. 189. Cinq moissonneurs ont mis 4^j pour faucher 12^{Ha},75 de blé. Quelle étendue 8 moissonneurs faucheront-ils en 3^j? — **S.** En 1^j, cinq moissonneurs fauchent $\frac{12,75}{4}$, et un moissonneur fauche $\frac{12,75}{4 \times 5}$. En 3^j, un moissonneur fauchera $\frac{12,75 \times 3}{4 \times 5}$, et 8 moissonneurs faucheront $\frac{12,75 \times 3 \times 8}{4 \times 5}$, c-à-d 15^{Ha},30.

P. 190. Quinze ouvriers ont employé 12^j pour faire 120^m d'un certain ouvrage; on veut savoir combien 35 ouvriers feront de mètres du même ouvrage en travaillant 8^j. — **S.** Si le nombre d'ouvriers variait seul, le nombre de mètres deviendrait 120^m $\times \frac{35}{15}$. Comme le nombre de jours varie aussi, le nombre de mètres devient finalement 120^m $\times \frac{35}{15} \times \frac{8}{12}$, c-à-d $\frac{120 \times 35 \times 8}{15 \times 12}$, ou 186^m,67.

Problème 191. Un laboureur, travaillant en hiver 8^h par jour, a mis 30^j à labourer un champ de 9^{Ha}. Combien en été, où il travaille 13^h par jour, emploiera-t-il de jours pour labourer un champ de 125 400^{mq}? — **Solution.** Ce laboureur met 30^j, à raison de 8^h par jour, pour labourer 90 000^{mq}. A raison de 1^h par jour, il mettrait 30^j $\times$ 8 pour labourer 90 000^{mq}; et, pour labourer 1^{mq}, il mettrait $\frac{30 \times 8}{90 000}$. Pour labourer 125 400^{mq}, à raison de 1^h par jour, il mettra $\dfrac{30 \times 8 \times 125\,400}{90\,000}$; à raison de 13ʰ par jour, il mettra $\dfrac{30 \times 8 \times 125\,400}{90\,000 \times 13}$, c-à-d 25ʲ 9ʰ.

P. 192. Un fût de 945ˡ a été rempli de cidre pur ; on en retire 187ˡ que l'on remplace par de l'eau. Combien y a-t-il de cidre pur dans 1ˡ du mélange ? — **S.** Sur les 945ˡ du mélange, il y a 945ˡ — 187ˡ, ou 758ˡ de cidre pur. Sur 1ˡ du mélange, il y en a donc 758ˡ : 945, ou 0ˡ,802.

P. 193. On a rempli de vin les 0,85 d'une pièce dont la capacité est de 226ˡ. On a achevé de remplir avec de l'eau, et le litre du mélange ainsi obtenu vaut 0ᶠ,68. Quel était le prix du vin versé primitivement ? — **S.** Le mélange vaut 0ᶠ,68 × 226, ou 153ᶠ,68. Il contient 226ˡ × 0,85, ou 192ˡ,10 du premier vin. Donc 1ˡ de ce premier vin valait 153ᶠ,60 : 192,10, ou 0ᶠ,80.

P. 194. On a une pièce de vin de 200ˡ qui vaut 0ᶠ,80 le litre. On voudrait, en y ajoutant de l'eau, ramener la valeur à 0ᶠ,50. Combien faut-il ajouter de litres d'eau ? — **S.** Tout ce vin coûte 0ᶠ,80 × 200, ou 160ᶠ. Le mélange cherché contiendra autant de litres qu'il y a de fois 0ᶠ,50 dans 160ᶠ, c-à-d 320ˡ. Le nombre des litres d'eau devra donc être 320ˡ — 200ˡ, ou 120ˡ.

P. 195. On a 60ˡ de vin à 9ᶠ le décalitre ; en les mélangeant avec 84ˡ d'une autre qualité, on obtient du vin qui revient à 60ᶠ l'hectolitre. Quel est le prix du vin de la seconde qualité ? — **S.** Les 60ˡ du premier vin valent 0ᶠ,90 × 60, ou 54ᶠ. Les 144ˡ du mélange valent 0ᶠ,60 × 144, ou 86ᶠ,40. Les 84ˡ du second vin valent donc 86ᶠ,40 — 54ᶠ, ou 32ᶠ,40. Donc, 1ˡ de ce second vin vaut 32ᶠ,40 : 84, c-à-d 0ᶠ,386.

Problème 196. Dans une cuve d'une capacité de 2ᵐᶜ,278, on a versé 3 barriques de vin contenant 228ˡ chacune, du prix de 65ᶠ l'hectolitre, et 5 autres barriques, de 215ˡ chacune, du prix de 54ᶠ l'hectolitre. On achève de remplir la cuve avec de l'eau. A combien revient l'hectolitre ? — **Solution.** Le volume total du mélange, c-à-d le volume de la cuve, est de 22ᴴᴸ,78. Le premier vin coûte 65ᶠ, × 2,28 × 3, ou 444ᶠ,60 ; le second coûte 54ᶠ × 2,15 × 5, ou 580ᶠ,50 : le mélange tout entier coûte 444ᶠ,60 + 580ᶠ,50, ou 1025ᶠ,10. Donc 1ᴴᴸ du mélange revient à 1025ᶠ,10 : 22,78, c-à-d à 45ᶠ.

p. 354 **P. 197.** Un cultivateur échange du blé contre de l'avoine. L'hectolitre de blé coûte 18ᶠ ; l'hectolitre d'avoine 12ᶠ. Le nombre total d'hectolitres de blé et d'avoine échangés est de 170. Combien y en avait-il de chaque sorte ? — **S.** 12ᴴᴸ de blé coûtent 18ᶠ × 12 ; et 18ᴴᴸ d'avoine coûtent 12ᶠ × 18, c-à-d la même somme : on peut donc échanger 12ᴴᴸ de blé contre 18ᴴᴸ d'avoine ; donc sur 12 + 18, ou 30^{Hl} échangés, il y en a 12 de blé et 18 d'avoine. Sur 1^{Hl} échangé, il y a $\frac{12}{30}$ de blé et $\frac{18}{30}$ d'avoine; sur 170^{Hl}, il y a $\frac{12 \times 170}{30}$ ou 68^{Hl} de blé; et $\frac{18 \times 170}{30}$, ou 102^{Hl} d'avoine.

P. 198. On veut acheter, avec une dépense totale de 100^f, une provision de café à 4^f,50 le kilogramme, et un poids 3 fois plus grand de sucre à 1^f,10 le kilogramme; quel poids de café et quel poids de sucre achètera-t-on? — **S.** Pour 1^{Kg} de café valant 4^f,50, on prend 3^{Kg} de sucre valant 3^f,30. Donc, pour une dépense de 4^f,50 + 3^f,30, ou 7^f,80, on a 1^{Kg} de café. Pour une dépense de 1^f, on aurait $\frac{1}{7,80}$. Pour une dépense de 100^f, on aura $\frac{100}{7,80}$, c-à-d 12^{Kg},820 de café, et, par suite, 12^{Kg},820 $\times$ 3, ou 38^{Kg},460 de sucre.

P. 199. On a 450^l de vin à 75^f l'hectolitre. Combien d'eau faudrait-il y ajouter pour que le litre du mélange ne revînt qu'à 0^f,60? — En supposant que l'on consomme 75^{dl} par jour, combien de temps durerait-il? — **S.** 1^l du vin donné coûte 0^f,75 et, par suite, 0^f,15 de plus qu'on ne veut; les 450 litres coûtent donc, de trop, 0^f,15 $\times$ 450, ou 67^f,50. A chaque litre d'eau qu'on ajoute, on gagne 0^f,60. Donc, il faut ajouter autant de litres d'eau qu'il y a de fois 0^f,60 dans 67^f,50, c-à-d 112^l,5. Le mélange contient donc 450^l $\times$ 112^l,5, c-à-d 562^l,5. Il durera autant de jours qu'il y a de fois 7^l,5 dans 562^l,5, c-à-d 75^J.

P. 200. Un marchand a du vin à 0^f,65 et à 0^f,40 le litre. On demande : 1° quelle quantité il devra prendre de chaque qualité pour obtenir 1^{Hl} de vin revenant à 0^f,50 le litre; 2° combien il devra ajouter de litres de vin à 0^f,40 à 1^{Hl} à 0^f,65 pour obtenir du vin lui revenant également à 0^f,50. — **S.** Le prix du litre du premier vin est trop fort de 0^f,15, et celui du second est trop faible de 0^f,10. Si l'on prend 10^l du premier vin et 15^l du second, le prix des premiers est trop fort de 0^f,15 $\times$ 10, celui des seconds est trop faible de 0^f,10 $\times$ 15 : il y a compensation. Ainsi, pour avoir 10^l + 15^l, ou 25^l du mélange, il suffit d'en prendre 10 du premier vin et 15 du second. Pour avoir 1^{Hl}, c-à-d 4 fois plus, il faudra prendre 10^l $\times$ 4 ou 40^l du premier, avec 15^l $\times$ 4 ou 60^l du second. — Quand on prend 10^l du premier vin, il en faut prendre 15 du second; quand on en prend 1 du premier, il en faut 1,5 du second; quand on en prend 100 du premier, il en faut prendre 1,5 $\times$ 100, ou 150 du second.

Problème 201. Un marchand a reçu deux caisses de thé contenant chacune 150^{Kg}. Il les a payées ensemble 4 800^f, et l'une lui a coûté 600^f de plus que l'autre. Il veut faire un envoi de 100^{Kg} qu'on lui paiera 2 000^f. Combien doit-il prendre de chaque espèce de thé pour gagner 3^f,20 par kilogramme? — **Solution.** 4800ᶠ représentent 2 fois le prix de la seconde caisse plus 600ᶠ; 4800ᶠ — 600ᶠ, ou 4200ᶠ, représentent 2 fois le prix de la seconde caisse : donc cette seconde caisse coûte 2100ᶠ et la première 2100ᶠ + 600ᶠ, ou 2700ᶠ. Le kilogramme du thé de la seconde caisse revient à 2100ᶠ : 150, ou à 14ᶠ; le kilogramme du thé de la première revient à 2700ᶠ : 150, ou à 18ᶠ. Le prix de vente de chaque kilogramme qu'on veut envoyer sera 2000ᶠ : 100, au 20ᶠ. Comme le marchand veut gagner 3ᶠ,20 par kilogramme, il faut que le kilogramme du mélange lui revienne à 20ᶠ — 3ᶠ,20, ou à 16ᶠ,80. Le second prix d'achat est trop faible de 16ᶠ,80 — 14ᶠ, ou 2ᶠ,80; le premier est trop fort de 18ᶠ — 16ᶠ,80, ou de 1ᶠ,20. Si l'on prend 1ᴷᵍ,20 du second thé, le prix sera trop faible de 2ᶠ,80 × 1,20; si l'on prend en même temps 2ᴷᵍ,8 du premier, le prix sera trop fort de 1ᶠ,20 × 2,80 : il y a compensation. Donc, pour obtenir 1ᴷᵍ,20 + 2ᴷᵍ,80, ou 4ᴷᵍ du mélange, il suffit de prendre 1ᴷᵍ du second thé, et 2ᴷᵍ,80 du premier. Pour obtenir 100ᴷᵍ ou 25 fois plus, il suffit de prendre 1ᴷᵍ,20 × 25 ou 30ᴷᵍ du second thé, avec 2ᴷᵍ,80 × 25 ou 70ᴷᵍ du premier.

P. 202. On ajoute à 495ᵍ de cuivre la quantité d'argent nécessaire pour faire de l'argent monnayé. Combien pourra-t-on faire de pièces de 1ᶠ ? — **S.** Les pièces de 1ᶠ sont au titre de 0,835. Donc elles contiennent les 165 millièmes de leur poids de cuivre. Il y a donc 5ᵍ × 0,165 ou 0ᵍ,825 de cuivre dans une pièce de 1ᶠ. On pourra donc faire autant de pièces de 1ᶠ qu'il y a de fois 0ᵍ,825 dans 495ᵍ, c-à-d 600.

P. 203. Quel poids d'argent pur faut-il ajouter à 3960ᵍ de cuivre pour que l'alliage soit propre à fabriquer : 1° des pièces de 5ᶠ; 2° des pièces de 2ᶠ? — Combien aura-t-on de ces pièces? — **S.** Dans les pièces de 5ᶠ, le poids de l'argent pur est à celui du cuivre comme 9 est à 1 : donc le poids d'argent pur à ajouter est 3960ᵍ × 9, ou 35640ᵍ; le poids du lingot formé sera 3960ᵍ + 35640ᵍ, ou 39600ᵍ; et le nombre des pièces sera 39600 : 25, ou 1584. — Dans les pièces de 2ᶠ, le poids de l'argent pur est à celui du cuivre comme 835 est à 165 : donc le poids d'argent pur à ajouter est $3960ᵍ × \frac{835}{165}$, ou 20040ᵍ; le poids du lingot formé sera 3960ᵍ + 20040ᵍ, ou 24000ᵍ; et le nombre des pièces sera 24000 : 10, ou 2400.

P. 204. Le bronze est un alliage de 89 parties de cuivre rouge et de 11 parties d'étain. On sait que le cuivre coûte 290ᶠ et l'étain 265ᶠ les 100ᴷᵍ. Calculer d'après cela les poids de ces deux métaux qui entrent dans un alliage de bronze, sachant que la dépense totale pour l'acquisition du cuivre et de l'étain s'est élevée à 942ᶠ,20. — **S.** 100ᴷᵍ de bronze coûtent 2ᶠ,90 × 89 + 2ᶠ,65 × 11, ou 187ᶠ,25. Un kilogramme de bronze coûte 2ᶠ,8725, et l'alliage coûtant 942ᶠ,20 pèse autant de kilogrammes qu'il y a de fois 2ᶠ,8725 dans 942ᶠ,20, ou 328ᴷᵍ. Le poids du cuivre est 328ᴷᵍ × 0,89, ou 291ᴷᵍ,92; le poids de l'étain est 328ᴷᵍ × 0,11, ou 36ᴷᵍ,08.

P. 205. Un lingot d'argent pur pèse 7ᴷᵍ,515. Combien, avec ce lingot transformé en argent monnayé, pourra-t-on obtenir :

1° de pièces de 2^f; 2° de pièces de 5^f? — **S.** Chaque pièce de 2^f contient 10^g $\times$ 0,835, ou 8^g,35, d'argent pur : on pourra donc obtenir 7515 : 8,35, ou 900 pièces de 2^f. — Chaque pièce de 5^f contient 25^g $\times$ 0,900, ou 22^g,5 d'argent pur : on pourra donc obtenir 7515 : 22,5, ou 334 pièces de 5^f.

Problème 206. Un banquier a reçu une somme de p. 355 28 000^f composée d'un nombre égal de pièces de 5^f et de 2^f en argent. Quel est le poids de l'argent pur et le poids du cuivre contenu dans cette somme, et quel serait le titre de l'alliage obtenu en fondant ensemble toutes ces pièces ? — **Solution.** Une pièce de 5^f et une de 2^f font ensemble 7^f. Donc on a autant de pièces de chaque sorte qu'il y a de fois 7 dans 28 000, c-à-d 4000 pièces. Les 4000 pièces de 5^f pèsent 25^g $\times$ 4000, ou 100 000^g; elles contiennent 100 000^g $\times$ 0,9, ou 90,000^g d'argent pur, et 100 000^g — 90 000^g, ou 10 000^g de cuivre. Les 4000 pièces de 2^f pèsent 10^g $\times$ 4000, ou 40 000^g; elles contiennent 40 000^g $\times$ 0,835, ou 33 400^g d'argent pur, et 40 000^g — 33 400^g, ou 6600^g de cuivre. Le poids total de l'argent pur est 90 000^g + 33 400^g, ou 123 400^g, ou 123^{K}g,4. Le poids total du cuivre est 10 000^g + 6600^g, ou 16 600^g, ou 16^{K}g,6. Le poids total des deux métaux est 100 000^g + 40 000^g, ou 140 000^g, ou 140^{K}g. Le titre est 123,4 : 140, ou 0,881.

P. 207. Quelle somme doit retirer une personne qui place 2 350^f à 5 °/$_0$, intérêt et capital compris, pendant un an et demi ? — **S.** L'intérêt produit est $\dfrac{5 \times 2350 \times 1,5}{100}$, ou 176^f,25. Donc on retirera en tout 2 350^f + 176^f,25, c-à-d 2 526^f,25.

P. 208. Une personne a acheté pour la somme de 2 250^f un pré qu'elle loue 165^f par an, et pour lequel elle paie 12^f,50 de contributions. A quel taux a-t-elle placé son argent ? — **S.** Ces 2250^f rapportent net 165^f — 12^f,50, ou 152^f,50. Donc 1^f rapporte $\dfrac{152,50}{2250}$, et 100^f rapportent $\dfrac{152,50 \times 100}{2250}$, ou 6^f,78 : tel est le taux cherché.

P. 209. Un père en mourant a laissé un capital qui permet d'assurer 650^f de rente à chacun de ses 5 enfants au taux de 4 °/$_0$. Quel est ce capital? — **S.** La rente totale est 650 $\times$ 5, ou 3250^f. Or, au taux de 4 °/$_0$, pour rapporter 4^f, il faut 100^f; pour rapporter 1^f, il faut $\dfrac{100}{4}$, ou 25^f; pour rapporter 3250^f, il faut 25 $\times$ 3250, c-à-d 81 250^f.

P. 210. Un ouvrier a des économies qui lui rapportent 1^f,75 de rente tous les jours. Quel en est le montant, sachant qu'elles sont placées à 4 $\frac{1}{2}$ °/$_0$? — **S.** En 1^{an}, le revenu de cet ouvrier est de 1^f,75 $\times$ 365, ou de 638^f,75. Or, au taux donné, pour rapporter 4^f,50, il faut 100^f; pour rapporter 1^f, il faut $\frac{100}{4,50}$; donc, pour rapporter 638^f,75, il faut $\frac{100 \times 638,75}{4,5}$, c-à-d 14194^f,44 : tel est le montant de ces économies.

***

Problème 211. Une personne emprunte à 5 °/$_0$ une somme de 4800^f et la rembourse en donnant 236^f pour les intérêts. Combien de temps a-t-elle gardé cette somme? — **Solution.** A 5 °/$_0$, en un an, 4800^f rapportent 4800$^f \times 0,05$, ou 240^f. En 1^j, ils rapportent $\frac{240}{360}$, ou $\frac{2}{3}$ de franc. Donc cette somme a été gardée pendant autant de jours qu'il y a de fois $\frac{2}{3}$ dans 236, c-à-d pendant 236 : $\frac{2}{3}$, ou $236 \times \frac{3}{2}$, ou 354^j.

P. 212. Une vigne de 36^a,60 a été achetée au prix de 158^f l'are; elle produit en moyenne 64^{Hl},8 de vin par an. Ce vin se vend 4^f,50 le décalitre. Les dépenses annuelles et les contributions s'élèvent à 1340^f. Combien rapporte pour cent le prix d'achat de cette vigne? — **S.** La récolte annuelle vaut $4^f,50 \times 10 \times 64,8$, ou 2916^f; le revenu net est 2916^f — 1340^f, ou 1576^f. Or la vigne a coûté $158^f \times 36,6$, ou 5782^f,80. Donc 1^f rapporte $\frac{1576}{5782,80}$, et 100^f rapportent $\frac{1576 \times 100}{5782,80}$, ou 27,25 °/$_0$.

P. 213. Une somme de 476^f,80 formant les $\frac{4}{7}$ d'un capital est placée à 5 °/$_0$ par an. Quel serait l'intérêt du capital total, placé dans les mêmes conditions, pendant 5 mois? — **S.** Les $\frac{4}{7}$ du capital considéré font 476^f,80; donc le septième fait 476^f,80 : 4, ou 119^f,20, et les 7 septièmes font $119^f,20 \times 7$, ou 834^f,40. L'intérêt de ce capital, en 1^{an}, est de $834^f,40 \times 0,05$, ou de 41^f,72; en 5^{mois}, il est 41^f,72 $\times \frac{5}{12}$, ou 17^f,38.

P. 214. Quel est le capital qui, placé à $5\frac{1}{4}$ °/$_0$ pendant 4 mois, a produit un intérêt de 1345^f,60? — **S.** Pour produire 5^f,25 en 1^{an}, ou 360^j, il faut 100^f. Pour produire 1^f, en 360^j, il faut $\frac{100}{5,25}$. Pour produire 1^f en 1^j, il faut $\frac{100 \times 360}{5,25}$. Pour produire 1345^f,60 en 1^j, il faut $\frac{100 \times 360 \times 1345,60}{5,25}$. Pour les produire en 4^{mois}, c-à-d en 120^j, il faut $\frac{100 \times 360 \times 1345,60}{5,25 \times 120}$, ou 76891^f,43.

P. 215. Le premier janvier 1885 on a prêté une somme,

à 5 °/₀, jusqu'au 1ᵉʳ avril 1886. Capital et intérêts compris s'élèvent à 5100ᶠ. Quel est le capital ? — **S.** 1ᶠ, en 1ʲ, rapporte $\frac{5}{36000}$; en 1ᵃⁿ 3ᵐᵒⁱˢ, c-à-d en 450ʲ, il rapporte $\frac{5 \times 450}{36000}$, ou 0ᶠ,0625; et il devient 1ᶠ,0625. Le capital cherché est donc d'autant de francs qu'il y a de fois 1ᶠ,0625 dans 5100ᶠ, c-à-d de 4800ᶠ.

Problème 216. Quel est le montant des contributions foncières que paiera un propriétaire possédant 29ᴴᵃ,30 de terres de 1ʳᵉ classe, d'un revenu de 75ᶠ par hectare, et 82ᴴᵃ,70 de terres de 2ᵉ classe, d'un revenu moyen de 34ᶠ par hectare, sa- p. 356 chant que le centime le franc (impôt à payer pour chaque franc de revenu) est de 0ᶠ,0235 dans la commune où se trouvent ces terres ? — **Solution.** Les premières terres donnent un revenu de 75ᶠ × 29,30, ou 2197ᶠ,50; les secondes, un revenu de 34ᶠ × 82,70, ou 2811ᶠ,80. Le revenu total étant 2197ᶠ,50 + 2811ᶠ,80, ou 5009ᶠ,30, le montant des contributions sera de 0ᶠ,0235 × 5009,30, c-à-d de 117ᶠ,72.

P. 217. Un cultivateur pouvait vendre 200ᵠ de blé à 25ᶠ,50 les 100ᴷᵍ; au bout de 6 mois, il le revend à raison de 26ᶠ,60. Combien a-t-il gagné ou perdu, sachant qu'il pouvait placer son argent à 4 °/₀ ? — **S.** En vendant le quintal 25ᶠ,50, il en eût retiré 25ᶠ,50 × 200, ou 5100ᶠ, lesquels, en 6ᵐᵒⁱˢ, lui eussent rapporté 5100ᶠ × 0,02, ou 102ᶠ : donc il eût tiré de son blé 5202ᶠ. En le vendant 26ᶠ,60, il en tire 26ᶠ,60 × 200, ou 5320ᶠ. Son bénéfice est donc de 5320ᶠ — 5202ᶠ, c-à-d de 118ᶠ.

P. 218. Un propriétaire convertit en pâture 3ᴴᵃ de terre qui lui rapportent 110ᶠ par hectare, soit 5 °/₀ du prix d'achat. Cette transformation lui coûte 12ᶠ,50 l'are. Le revenu annuel est alors de 950ᶠ. Quelle est la valeur de la propriété ainsi trans- formée; combien rapporte-t-elle pour cent ? — **S.** La propriété rapportait 110ᶠ × 3, ou 330ᶠ, qui formaient les 5 °/₀, ou le vingtième du prix d'achat : celui-ci était donc 330ᶠ × 20, ou 6600ᶠ. La transforma- tion a coûté 12ᶠ,50 × 300, ou 3750ᶠ. La valeur actuelle de la propriété est donc 6600ᶠ + 3750ᶠ, ou 10350ᶠ. Cette somme rapporte 950ᶠ; 1ᶠ rap- porte donc $\frac{950}{10350}$; et 100ᶠ rapportent $\frac{950 \times 100}{10350}$, ou 9ᶠ,18.

P. 219. Une somme placée à $4\frac{1}{2}$ °/₀ a produit au bout de 9 ans un intérêt qui a été employé à l'achat d'un champ dont la surface est de 1ᴴᵃ 6ᵃ vendu à raison de 0ᶠ,45 le mètre carré. Quelle est cette somme ? — **S.** La surface du champ est 1ᴴᵃ,06, ou 10600ᵐ𐞥; son prix est 0ᶠ,45 × 10600, ou 4770ᶠ : la somme placée rap- porte donc, en 1ᵃⁿ, 4770 : 9, ou 530ᶠ. Or, au taux considéré, pour ob- tenir 4ᶠ,50, il faut placer 100ᶠ; pour obtenir 1ᶠ, il faut placer $\frac{100}{4,50}$; pour obtenir 530^f, il faut placer $\dfrac{100 \times 530}{4,50}$, c-à-d 11 777^f,78. Telle est la somme cherchée.

P. 220. Trois ouvriers ont placé ensemble une somme de 1 200^f. Après 8 ans, ils ont retiré pour le capital et les intérêts simples : le premier 792^f; le deuxième 528^f; et le troisième 264^f. Quelle était la mise de chacun et à quel taux leur en a-t-on payé l'intérêt ? — **S.** Les 1 200^f sont devenus 792^f + 528^f + 264^f, ou 1 584^f; en 8^{ans}, ils ont rapporté 1 584^f — 1 200^f, ou 384^f; donc, en 1^{an}, 1 200^f rapportent 384^f : 8 ou 48^f, et 100^f rapportent 48^f : 12, ou 4^f : tel est le taux. Placé à ce taux, 1^f, en 8^{ans}, devient 1^f,32. Donc les trois mises étaient $\dfrac{792}{1,32}$, $\dfrac{528}{1,32}$ et $\dfrac{264}{1,32}$, c-à-d 600^f, 400^f et 200^f.

Problème 221. Pendant combien de temps faudra-t-il placer à intérêts simples une somme de 785^f à 5 °/$_0$ pour acheter avec ses intérêts 17^m d'une étoffe coûtant 9^f,75 le demi-décamètre ? — **Solution.** Le mètre de cette étoffe coûte 9^f,75 : 5, ou 1^f,95; donc 17^m coûtent 1^f,95 $\times$ 17, ou 33^f,15. Pour que 100^f rapportent 5^f, il faut 360j; pour que 100^f rapportent 1^f, il faut $\dfrac{360}{5}$ de jour; pour que 1^f rapporte 1^f, il faut $\dfrac{360 \times 100}{5}$; pour que 785^f rapportent 1^f, il faut $\dfrac{360 \times 100}{5 \times 785}$; enfin, pour que 785^f rapportent 33^f,15, il faut $\dfrac{360 \times 100 \times 33,15}{5 \times 785}$, c-à-d 304j, ou 10^{mois} 4^{jours}.

P. 222. On place un capital pendant 3 mois et demi, au taux de 5 °/$_0$ par an; au bout des 3 mois et demi, on retire (capital et intérêts compris) une somme de 34 090^f. Quel était le capital placé ? — **S.** 100^c rapportent 5^c en 1^{an}; en 3^{mois} et demi, c-à-d en $\dfrac{7}{24}$ d'année, 100^c rapportent $\dfrac{5 \times 7}{24}$, et, par conséquent, deviennent (capital et intérêts compris) $100 + \dfrac{35}{24}$, ou $\dfrac{2435}{24}$. Le capital placé contient donc autant de francs qu'il y a de fois $\dfrac{2435}{24}$ de centime dans 3 409 000^c, ou 3 409 000 : $\dfrac{2435}{24}$, ou $\dfrac{3 409 000 \times 24}{2435}$, c-à-d 33 600^f.

P. 223. Un capital, augmenté des intérêts qu'il a produits en 10 mois, donne 29 760^f. Ce même capital, diminué des intérêts qu'il a produits en 17 mois, égalait 27 168^f. Quels sont le capital et le taux ? — **S.** En retranchant 27 168^f de 29 760^f, on trouve 2 592^f : c'est ce que le capital cherché a produit en 27^{mois}. Donc, en 1^{mois}, il produit 2 592^f : 27 ou 96^f; et en 10^{mois}, 960^f. Le capital est donc de 29760f — 960f, c-à-d de 28800f. Donc 28800f rapportent 96f en 1mois et, par suite, 96f × 12, ou 1152f en 1an, Donc 1f rapporte $\frac{1152}{28800}$, et 100f rapportent $\frac{1152 \times 100}{28800}$, c-à-d 4f. Tel est le taux.

P. 224. Un cultivateur a récolté 57^{Hl},6 de blé dans un champ mesurant 25 600^{mq}. — Calculer : 1° le rendement d'un hectare, exprimé en décalitres ; 2° le prix de la récolte entière si le blé vaut 3f,60 le double-décalitre ; 3° l'intérêt que lui rapporterait annuellement le prix de la récolte entière placé à 3 $\frac{3}{4}$ °/₀.

— S. 2^{Ha},5600 ont donné 576^{Dl} de blé ; donc 1^{Ha} en donne $\frac{576}{2,56}$, ou 225^{Dl}. Le décalitre valant 3f,60 : 2, ou 1f,80, l'hectolitre vaut 1f,80 × 10, ou 18f ; et la récolte tout entière vaut 18f × 57,6, c-à-d 1036f,80. A 3 + $\frac{3}{4}$ °/₀, 100f rapportent 3f,75 ; 1f rapporte $\frac{3,75}{100}$; et 1036f,80 rapportent $\frac{3,75 \times 1036,80}{100}$, c-à-d 38f,88.

P. 225. Un propriétaire vend un champ à raison de 0f,25 le p. 357 mètre carré. Avec un tiers du produit de cette vente, il s'acquitte d'une dette qu'il avait contractée. Il place les deux autres tiers à 4 °/₀ et se fait une rente annuelle de 1160f. Quelle était l'étendue de la propriété en hectares, ares, centiares ? — **S.** Pour obtenir 4f d'intérêts, il faut placer 100f. Pour obtenir 1f, il faut placer 100f : 4 ou 25f. Pour obtenir 1160f, il faut placer 25f × 1160, ou 29000f. Ainsi les 2 tiers de la propriété valent 29000f ; le tiers vaut 29000 : 2, ou 14500f ; et la propriété entière vaut 14500f × 3, ou 43500f. L'étendue de la propriété est donc 43500 : 0,25, c-à-d 17400^{mq}, ou 17^{Ha},40.

Problème 226. Un vigneron a récolté 60^{Hl} de vin rouge et 45^{Hl} de vin blanc. Il vend $\frac{1}{3}$ du vin rouge à 42f,35 l'hectolitre et le reste à 40f,50 ; puis les $\frac{2}{5}$ du vin blanc à 26f,75 l'hectolitre et le reste à 24f,40. Quelle somme recevra t-il 5 mois après, l'intérêt étant compté à 5 °/₀ ? — **Solution.** Le premier tiers du vin rouge est de 60^{Hl} : 3, ou de 20^{Hl}, et produit 42f,35 × 20, ou 847f ; les 40^{Hl} restants produisent 40f,50 × 40, ou 1620f. Les $\frac{2}{5}$ du vin blanc, c-à-d 45^{Hl} × $\frac{2}{5}$, ou 18^{Hl}, produisent 26f,75 × 18, ou 481f,50 ; et les 27^{Hl} restants produisent 24f,40 × 27, ou 658f,80. Le total de la vente est 847f + 1620f + 481f,50 + 658f,80, ou 3607f,30. En 5mois, cette somme rapporte 3607f,30 × 0,05 × $\frac{5}{12}$, ou 75f,15. Donc on touchera finalement 3607f,30 + 75f,15, ou 3682f,45.

P. 227. Une certaine somme a été placée à intérêts simples pendant 3 ans. L'intérêt annuel était égal au vingtième du capital. Sachant que, si l'on ajoute à ce capital les intérêts produits pendant les 3 ans, la somme est égale à 4 025^f, on demande : 1° quel était le taux ; 2° quelle était la somme placée. — **S.** 100^f rapportent, en 1^{an}, 100^f : 20, ou 5^f ; donc le taux est de 5 °/$_o$. — A 5 °/$_o$, 1^f rapporte 0^f,05 en 1^{an} ; 0^f,15 en 3^{ans} ; et devient ainsi 1^f,15. La somme placée valait donc autant de francs qu'il y a de fois 1^f,15 dans 4 025^f, c-à-d 3 500^f.

P. 228. Une personne a placé la moitié d'une somme à 4,5 °/$_o$ par an ; elle dépose l'autre moitié dans une banque où l'intérêt est seulement de 2 °/$_o$ par an. Elle retire cette seconde moitié au bout de 4 mois, et l'intérêt qu'elle touche est inférieur de 50^f à celui que la première moitié aurait rapporté au bout du même temps. Quelle est la somme ? — **S.** En 4^{mois}, ou en 1 tiers d'année, la différence est 50^f. En 1^{an}, elle serait 50$^f \times$ 3, ou 150^f. Ces 150^f représentent l'intérêt de la moitié de la somme, au taux de 4,5 — 2, ou de 2,5 °/$_o$. Or, à ce taux, pour rapporter 2^f,50, il faut 100^f. Pour rapporter 1^f, il faut $\frac{100}{2,50}$; pour rapporter 150^f, il faut $\frac{100 \times 150}{2,50}$ ou 6 000^f. La moitié de la somme est 6 000^f. La somme totale est donc de 12 000^f.

P. 229. Une personne qui avait placé de l'argent à 4 $\frac{1}{2}$ °/$_o$ le retire au bout de 8 mois et touche, pour le capital et les intérêts, la somme de 4 635^f. Elle emploie les intérêts et replace le capital à 5 °/$_o$. Au bout de combien de jours ce nouveau placement lui aura-t-il rapporté le même intérêt que le premier, et quel est le capital placé ? — **S.** A 4,5 °/$_o$, 100^f rapportent 4^f,50, en 1 an ; $\frac{4,50}{12}$ en 1^{mois} ; et $\frac{4,50 \times 8}{12}$, ou 3^f en 8^{mois}. Donc, au bout de 8^{mois}, 100^f deviennent 103^f ; et 1^f devient 1^f,03. Donc le capital primitif était 4 635 : 1,03, c-à-d 4 500^f. — Pour produire un certain intérêt, au taux de 4,5 °/$_o$, il faut 8^{mois} ou 240^j. Pour le produire au taux de 1 °/$_o$, il faut 240$^j \times$ 4,5 ; pour le produire au taux de 5 °/$_o$, il faudra $\frac{240 \times 4,5}{5}$, ou 216^j.

P. 230. Une personne dépose chez un notaire une certaine somme qui doit produire intérêt à 3 °/$_o$ l'an. Au bout de 16 mois elle retire la somme et reçoit, capital et intérêts simples réunis, 6 656^f. Quelle somme avait-elle déposée, et de combien la somme reçue serait-elle augmentée si le banquier avait capitalisé les intérêts du dépôt à la fin du 12° mois, comme il serait rationnel de le faire ? — **S.** 100^f à 3 °/$_o$ rapportent 3^f en 1^{an} et 1^f en 4^{mois}, c-à-d 4^f en 16^{mois}. Donc le capital qui est devenu 104^f

était primitivement 100^f; celui qui est devenu 1^f était $\frac{100}{104}$; celui qui est devenu 6656^f était $\frac{100 \times 6656}{104}$, c-à-d 6400^f. En 1^{an}, 6400^f rapportent 6400$^f \times$ 0,03, ou 192^f. En ajoutant ces intérêts à 6400^f, on a, au bout de l'année, 6592^f qui, placés pendant 4^{mois}, rapportent $\frac{3 \times 6592}{300}$, ou 65^f,92. Donc le capital serait devenu finalement 6592^f + 65^f,92, ou 6657^f,92. On eût obtenu 6657^f,92 — 6656^f, c-à-d 1^f,92 de plus.

Problème 231. Qne coûtent 120^f de rente 3 °/₀, au cours p. 358 de 79^f,25? — **Solution.** 3^f coûtent 79^f,25; 1^f coûte $\frac{79,25}{3}$; et 120^f coûtent $\frac{79,25 \times 120}{3}$, ou 3170^f.

P. 232. Vaut-il mieux acheter de la rente 3 °/₀ au cours de 82^f que de la rente 4$\frac{1}{2}$ °/₀ au cours de 109^f? — Quelle somme faudrait-il pour acheter 50^f de rente 3 °/₀ au cours de 82? — **S.** 1^f de rente 3 °/₀ coûte $\frac{82}{3}$, ou 27^f,33; 1^f de rente 4,5 °/₀ coûte $\frac{109}{4,5}$, ou 24^f,22 : donc il vaut mieux acheter du 4$\frac{4}{2}$ °/₀. — Un franc de rente 3 °/₀ coûtant 27^f,33, les 50^f considérés coûteront 1366^f.

P. 233. Une personne possède de la rente 4$\frac{1}{2}$ °/₀ sur l'Etat. Elle la vend au cours de 100^f et achète avec le produit 10 obligations de chemin de fer, au cours de 330^f, rapportant 13^f,70 par an, impôts déduits. On demande quel était le revenu de cette personne, et de combien il se trouve actuellement augmenté. — **S.** Son capital est de 330$^f \times$ 10, ou 3300^f. Placé en 4$\frac{1}{2}$ °/₀, il rapporterait $\frac{4,50 \times 3300}{100}$, ou 148^f,50. Placé en obligations, il rapporte 13^f,70 $\times$ 10, ou 137^f. Le revenu se trouve donc diminué de 148^f,50 — 137^f, c-à-d de 11^f,50.

P. 234. Un ménage dépense par mois en moyenne 254^f, et il a un revenu annuel de 3800^f. S'il achète en fin d'année, avec le surplus du revenu sur la dépense, de la rente 3 °/₀ au prix de 81^f, de combien son revenu sera-t-il augmenté pour l'année suivante? — **S.** La dépense annuelle est de 254$^f \times$ 12, ou 3048^f. L'excès du revenu sur la dépense sera donc 3800^f — 3048^f, ou 752^f. Or, avec 81^f, on achète 3^f de rente; avec 1^f, on achète $\frac{3}{81}$; et, avec 752^f, on achète $\frac{3 \times 752}{81}$, ou 27^f. Donc son revenu sera augmenté de 27^f.

P. 235. Une personne achète de la rente 4$\frac{1}{2}$ °/₀ sur l'Etat.

Le capital qu'elle emploie à cet achat se trouve ainsi placé à $4\frac{1}{11}$ °/₀. Dire à quel cours la rente a été achetée. On ne tiendra pas compte des frais de courtage. — **S.** Pour rapporter $4 + \frac{1}{11}$, ou $\frac{45}{11}$ de franc, il faut 100ᶠ; pour rapporter $\frac{1}{11}$ de franc, il faut $\frac{100}{45}$; pour rapporter 1ᶠ, il faut $\frac{100 \times 11}{45}$; et, pour rapporter 4ᶠ,50, il faut $\frac{100 \times 11 \times 4,50}{45}$, c-à-d 110ᶠ : tel est le cours cherché.

Problème 236. Une somme de 5.980ᶠ a été placée à intérêts simples à $4\frac{1}{2}$ °/₀ pendant 3ᵃⁿˢ 5ᵐᵒⁱˢ 18ʲᵒᵘʳˢ. Au bout de ce temps on la retire avec les intérêts pour acheter de la rente 3 °/₀ au cours de 84ᶠ,50. Quelle sera la valeur de la rente trimestrielle produite par ce deuxième placement ? — **Solution.** Les intérêts produits en 3ᵃⁿˢ 5ᵐᵒⁱˢ 18ʲᵒᵘʳˢ, c-à-d en 1248ʲ, sont de $\frac{4,5 \times 5980 \times 1248}{36000}$, ou de 932ᶠ,88. On consacre donc, à l'achat de la rente, 5980ᶠ + 932ᶠ,88, ou 6912ᶠ,88. Or, pour 84ᶠ,50, on a une rente trimestrielle de 0ᶠ,75. Pour 1ᶠ, cette rente est $\frac{0,75}{84,50}$; pour 6912ᶠ,88, elle est $\frac{0,75 \times 6912,88}{84,50}$, c-à-d 61ᶠ,35.

P. 237. La rente française 3 °/₀ étant à 79,50 et la rente $4\frac{1}{2}$ °/₀ à 108,90, combien faut-il échanger de la première contre autant de la seconde pour réaliser un bénéfice de 5175ᶠ? — **S.** 1ᶠ de rente 3 °/₀ coûte 79ᶠ,50 : 3, ou 26ᶠ,50; 1ᶠ de rente $4\frac{1}{2}$ °/₀ coûte 108ᶠ,90 : 4,5, ou 24ᶠ,20. Ainsi, en échangeant 1ᶠ de rente 3 °/₀ contre 1ᶠ de rente $4\frac{1}{2}$ °/₀, on fait un bénéfice de 26ᶠ,50 — 24ᶠ,20, c-à-d de 2ᶠ,30. Il faudra donc échanger autant de francs de rente qu'il y a de fois 2ᶠ,30 dans 5175ᶠ, c-à-d 2250ᶠ de rente.

P. 238. La rente 3 °/₀ est à 82ᶠ,50; le $4\frac{1}{2}$ °/₀ est à 104ᶠ,60. Quelle rente vaut-il mieux acheter, et de combien pour cent une cote est-elle supérieure à l'autre? — **S.** 82ᶠ,50 rapportent 3ᶠ; 1ᶠ rapporte $\frac{3}{82,50}$; 100ᶠ rapportent $\frac{3 \times 100}{82,50}$, ou 3ᶠ,63 : le taux du premier placement est donc 3,63 °/₀. Pour le second placement, 104ᶠ,60 rapportent 4ᶠ,50; 1ᶠ rapporte $\frac{4,50}{104,60}$; 100ᶠ rapportent $\frac{4,50 \times 100}{104,60}$, ou 4ᶠ,30 : le taux est 4,30 °/₀. C'est donc le second placement qui est le plus avantageux. La différence des taux est 4,30 — 3,63, c-à-d 0,67 °/₀.

P. 239. Dans une famille, le père et un grand fils travaillent 6ʲ par semaine et gagnent par jour, le premier 5ᶠ,50, le second 2ᶠ,50. La mère ne travaille que 20ʲ par mois et gagne 2ᶠ par jour. — Quelle doit être la dépense annuelle de cette famille si elle veut mettre en réserve, pour la fin de l'année, la somme nécessaire à l'achat d'un titre de rente 3 % au cours de 79ᶠ,50 ? — **S.** Le père et le fils gagnent ensemble : en 1j, 5ᶠ,50 + 2ᶠ,50, ou 8ᶠ; en 1 semaine, 8ᶠ × 6, ou 48ᶠ; en 1 an, 48ᶠ × 52, ou 2 496ᶠ. La mère gagne : en 1 mois, 2ᶠ × 20 ou 40ᶠ; en 1 an, 40ᶠ × 12, ou 480ᶠ. Le gain total est donc 2 496ᶠ + 488ᶠ, ou 2 976ᶠ. On veut acheter 3ᶠ de rente 3 %, qui coûtent 79ᶠ,50. Il faut donc que la dépense ne s'élève qu'à 2 976ᶠ — 79ᶠ,50, ou à 2 896ᶠ,50. (p. 359)

P. 240. On achète une propriété du prix de 84 000ᶠ, composée de champs, de prés et de bois. Les prés valent les $\frac{6}{11}$ de la valeur des champs, et les bois les $\frac{2}{3}$ de ce que valent les prés. Les champs rapportent 3 %, les prés 4 % et les bois 2 %. On demande le revenu de la propriété, et quel revenu on aurait en achetant de la rente 3 % à raison de 69ᶠ, au lieu de la propriété. — **S.** Les bois valent les $\frac{2}{3}$ de ce que valent les prés, et par conséquent les $\frac{6}{11} \times \frac{2}{3}$, ou les $\frac{4}{11}$ de ce que valent les champs. Donc la valeur des champs, plus les $\frac{6}{11}$, plus les $\frac{4}{11}$, c-à-d les $\frac{11 + 6 + 4}{11}$ ou les $\frac{21}{11}$ de la valeur des champs valent 84 000ᶠ. Donc, la valeur des champs est 84 000 : $\frac{21}{11}$, ou $\frac{84 000 \times 11}{21}$, ou 44 000ᶠ; celle des prés est $\frac{44 000 \times 6}{11}$, ou 24 000ᶠ; celle des bois $\frac{24 000 \times 2}{3}$, ou 16 000ᶠ. Les champs rapportent 44 000ᶠ × 0,03, ou 1 320ᶠ; les prés, 24 000ᶠ × 0,04, ou 960ᶠ; les bois, 16 000ᶠ × 0,02, ou 320ᶠ. Le rendement total de la propriété est donc 1 320ᶠ + 960ᶠ + 320ᶠ, ou 2 600ᶠ. Au cours indiqué pour le 3 %, 69ᶠ rapportent 3ᶠ; 1ᶠ rapporte $\frac{3}{69}$; et 84 000ᶠ rapportent $\frac{3 \times 84 000}{69}$, c-à-d 3 652ᶠ,17.

Problème 241. On a acheté, au cours de 386ᶠ, douze obligations de la Compagnie de l'Ouest et on reçoit tous les ans 171ᶠ,60 d'intérêts; à quel taux l'argent est-il placé ? — **Solution.** Ces 12 obligations coûtent 386ᶠ × 12, ou 4 632ᶠ. Donc 1ᶠ rapporte $\frac{171,60}{4 632}$, et 100ᶠ rapportent $\frac{171,60 \times 100}{4 632}$, ou 3ᶠ,70 : tel est le taux.

P. 242. Deux sœurs veulent acheter pour 3 000ᶠ de rente.

Quel capital devront-elles fournir, sachant que $117^f,25$ rapportent 5^f et que les frais s'élèvent à 8^f pour $1\,000^f$? — **S.** Pour acheter 5^f de rente, il faut donner $117^f,25$. Pour 1^f, on donnera $\dfrac{117,25}{5}$; et, pour $3\,000^f$, on donnera $\dfrac{117,25 \times 3000}{5}$, ou $70\,350^f$. Les frais s'élèveront à $70\,350^f \times 0,008$, c-à-d à $562^f,80$. La dépense totale sera donc $70\,350^f + 562^f,80$, ou $70\,912^f,80$.

P. 243. Un petit marchand achète à 9^f la douzaine des objets qu'il revend en détail à $0^f,90$ la pièce. On lui fait une remise de $5\,°/_0$ sur le prix d'achat et on lui a donné le treizième en sus de la douzaine. Quel est le bénéfice du marchand sur la vente totale et sur chaque objet? — **S.** Le marchand reçoit 13 objets pour $9^f — 9^f \times 0,05$, c-à-d pour $8^f,55$. Il les revend $0^f,90 \times 13$, ou $11^f,70$. Son bénéfice total est donc $11^f,70 — 8^f,55$, ou $3^f,15$. Son bénéfice sur chaque objet est $3^f,15 : 13$, ou $0^f,242$.

P. 244. La graine de colza contient environ $47\,°/_0$ de son poids d'huile; mais on ne retire guère par la pression que les $\dfrac{8}{11}$ de cette huile; le litre d'huile de colza pèse 92^{Dg}. Combien devra-t-on presser de kilogrammes de graine pour avoir un hectolitre d'huile? — **S.** 1^{Kg} de colza contient 470^g d'huile; mais on n'en retire que $470 \times \dfrac{8}{11}$, ou $341^g,818$. Or 1^{Hl} d'huile pèse $920^g \times 100$, ou $92\,000^g$. Donc, il faudra autant de kilogrammes de graine qu'il y a de fois $341^g,818$ dans $92\,000^g$, c-à-d 269^{Kg}.

P. 245. Le lait donne environ $12\,°/_0$ de son poids de crème, et la crème produit environ $30\,°/_0$ de son poids de beurre. Combien 75^l de lait donneront-ils de kilogrammes de beurre, la densité du lait étant $1,03$? — **S.** 75^l de lait pèsent $1^{Kg},03 \times 75$, ou $77^{Kg},25$; ils donnent $77^{Kg},25 \times 0,12$, ou $9^{Kg},270$ de crème; lesquels produisent $9^{Kg},270 \times 0,30$, c-à-d $2^{Kg},781$ de beurre.

Problème 246. On veut confectionner une douzaine et demie de chemises; chacune exige $3^m,15$ de calicot à raison de $0^f,95$ le mètre, et coûte $1^f,75$ de façon. Combien coûteront toutes ces chemises, si le marchand de calicot accorde une remise de $5\,°/_0$ au comptant? — **Solution.** Il faudra $3^m,15 \times 18$, ou $56^m,70$ de calicot, qui valent $0^f,95 \times 56,70$, ou $53^f,865$. La remise est de $53^f,865 \times 0,05$, ou de $2^f,693$. Le prix du calicot est donc $53^f,865 — 2^f,693$, c-à-d $51^f,172$. La façon revient à $1^f,75 \times 18$, ou à $31^f,50$. Donc les chemises coûtent $51^f,17 + 31^f,50$, c-à-d $82^f,67$.

p. 360   **P. 247.** Une vigne estimée $2\,900^f$ contient 64^a. Elle produit en moyenne par année 14 pièces de 228^l d'un vin qui vaut 28^f l'hectolitre. Les dépenses de toute nature s'élèvent à 300^f. Quel est le revenu net pour cent du capital foncier? — **S.** La valeur de tout le vin est de 28^f × 2,28 × 14, ou de 893^f,76. Le revenu net est 893^f,76 — 300^f, ou 593^f,76. Donc 2900^f rapportent 593^f,76. Donc 100^f rapportent 593^f,76 : 29, ou 20^f,47.

P. 248. Une marchande de poisson, ayant reçu de la marée peu fraîche, a été obligée de la revendre avec 20 % de perte. Elle a reçu ainsi 160^f. Quel avait été le prix d'achat? — **S.** Le prix de vente ne représente donc que 80 % du prix d'achat. Ainsi les 80 centièmes du prix d'achat sont de 160^f; le centième est de $\frac{160}{80}$, ou de 2^f, et le prix total d'achat est de 200^f.

P. 249. Une barrique contenant 205^l d'huile d'olive a été payée 295^f,20. Combien faut-il vendre le kilogramme de cette huile, si l'on veut faire un bénéfice de 15 % du prix d'achat? On sait qu'un litre d'huile pèse 918^g. — **S.** Toute cette huile pèse 0^{Kg},918 × 205, ou 188^{Kg},19. On veut en la vendant faire un bénéfice de 295^f,20 × 0,15, ou de 44^f,28. Donc le prix total de vente doit être 295^f,20 + 44^f,28, ou 339^f,48. Donc le kilogramme doit se vendre 339^f,48 : 188,19, c-à-d 1^f,80.

P. 250. Un sac de farine du poids de 151^{Kg} est estimé 54^f. Trouver le prix du quintal de farine, sachant que l'on est convenu de faire une déduction de 1^{Kg} pour cent pour le poids de la toile. — **S.** La farine seule pèse 151^{Kg} — 1^{Kg},51, ou 149^{Kg},49, ou 1Q,4949. Le prix du quintal de farine est donc 54 : 1,4949, c-à-d 36^f,12.

Problème 251. — Un pré rectangulaire de 160^m de longueur sur 45^m de largeur a produit par are 240^{Kg} d'herbe verte. Le foin perdant 75 % par la dessiccation, on demande quelle sera la valeur de la récolte, sachant que le foin sec vaut 8^f,40 le quintal. — **Solution.** La superficie du pré est 160 × 45, ou 7200^{mq}, ou 72^a. Le poids de l'herbe verte est 240^{Kg} × 72, ou 17 280^{Kg}. Le poids du foin sec est 17280 × 0,25, ou 4320^{Kg}, ou 43Q,2. Sa valeur est donc 8^f,40 × 43,2, ou 362^f,88.

P. 252. Un pépiniériste a vendu 475 pommiers à 3^f,25 l'un et accorde 2 % d'escompte. Combien doit-il livrer de pommiers, s'il s'est engagé à en donner 104 pour 100, et quelle somme doit-il recevoir? — **S.** Il doit donner en plus autant de fois 4 pommiers qu'il y a de centaines dans 475, c-à-d 4 × 4,75, ou 19 : il doit donc livrer 475 + 19, ou 494 pommiers. — Les 475 pommiers valent 3^f,25 × 475, ou 1543^f,75; l'escompte est 1543^f,75 × 0,02, ou 30^f,87; la somme à recevoir est donc 1543^f,75 — 30^f,87, ou 1512^f,88.

P. 253. Le prix de revente d'une propriété de 250^h est de

15 120^f; celui qui l'a revendue a fait un bénéfice de 5 °/$_0$ sur son prix d'achat. Combien avait-il acheté l'hectare? — **S.** 15 120^f représentent 105 fois le centième du prix d'achat; ce centième est donc 15 120^f : 105, ou 144^f; et le prix total d'achat est 14 400^f. L'are a donc coûté 14 400^f : 250, ou 57^f,60; et l'hectare 57^f,60 × 100, ou 5 760^f.

P. 254. Combien peut-on faire de pains de 2^{Kg} avec 75 sacs de blé pesant net 125^{Kg} chacun? On sait que le blé donne en farine 76 °/$_0$ et que 5^{Kg} de farine donnent 6^{Kg} $\frac{2}{5}$ de pain. —

S. Ces 75 sacs de blé pèsent 125^{Kg} × 75, ou 9 375^{Kg}, et donnent 9 375^{Kg} × 0,76, ou 7 125^{Kg} de farine. Or 5^{Kg} de farine donnent 6^{Kg},400 de pain. Donc 1^{Kg} de farine donne 6^{Kg},400 : 5, ou 1^{Kg},280 de pain; les 7 125^{Kg} de farine donnent 1^{Kg},280 × 7 125, ou 9 120^{Kg} de pain. Le nombre des pains de 2^{Kg} qu'on peut faire est donc 9 120 : 2, ou 4 560.

P. 255. On a acheté une maison 18 500^f; elle est bâtie au milieu d'un champ rectangulaire de 76^m,20 de longueur sur 18^m,90 de largeur. Le terrain est payé 8 700^f l'hectare. Combien faut-il louer la propriété pour qu'elle rapporte 5 °/$_0$? On compte qu'il faudra chaque année pour 250^f de réparations. — **S.** La superficie du champ est 76,20 × 28,90, ou 2 202^{mq},18, ou 0^{Ha},220218. Son prix est de 8 700^f × 0,220218, ou de 1 915^f,90. La propriété coûte donc 18 500^f + 1 915^f,90, c-à-d 20 415^f,90. A 5 °/$_0$, l'intérêt de cette somme est 20 415,90 × 0,05, ou 1 020^f,80. Donc il faudra louer la propriété 1 020^f,80 + 250^f, c-à-d 1 270^f,80.

Problème 256. Les frais nécessaires pour extraire le cuivre d'un quintal de minerai s'élèvent à 6^f,75. On achète une certaine quantité de minerai dont la teneur en cuivre est de 12 °/$_0$, au prix de 18^f le quintal. Le cuivre perdu dans l'opération s'élève aux $\frac{9}{100}$ de celui que le minerai contient. A quel prix reviendra le quintal de cuivre? — **Solution.** Dans 100^{Kg} de minerai, il y a 12^{Kg} de cuivre; mais on n'en tire que les 91 centièmes, c-à-d que 12^{Kg} × 0,91, ou 10^{Kg},92. Ainsi 10^{Kg},92 de cuivre reviennent à 18^f + 6^f,75, ou 24^f,75. Donc 1^{Kg} revient à $\frac{24,75}{10,92}$, et 1Q à $\frac{24,75 \times 100}{10,92}$, c-à-d à 226^f,65.

P. 257. On a acheté 14 douzaines de livres à 1^f,80 la pièce; on a eu le treizième gratis et on a obtenu en outre une remise de 3 °/$_0$ du prix d'achat. Combien gagnerait-on sur le tout en revendant chaque volume 2^f,25? — **S.** Le prix d'achat est 1^f,80 × 12 × 14, ou 302^f,4; mais la remise s'élevant à 302^f,4 × 0,03, ou à 9^f,07, on ne paie que 302^f,40 — 9^f,07, ou 293^f,33. Le nombre des volumes reçus est 13×14, ou 182. Le prix de vente est $2^f,25 \times 182$, ou 409^f,50. Le bénéfice serait donc de 409^f,50 — 293^f,33, c-à-d de 116^f,17.

P. 258. Pour construire une maison d'école, on a acheté un terrain rectangulaire de 75^m,50 de longueur sur 28^m,25 de large, à raison de 45^f,50 l'are. On a payé 270^f,40 pour les frais d'actes et d'enregistrement; 14 525^f pour les travaux de construction; et, de plus, les 5 centièmes de cette dernière somme pour les honoraires de l'architecte. Combien a-t-on dépensé en tout? — **S.** La superficie du terrain est $75,50 \times 28,25$, ou 2 132^{mq},75, ou 21^a,3275; son prix est donc $45^f,50 \times 21,3275$, ou 970^f,45. Les honoraires de l'architecte se montent à $14525^f \times 0,05$, ou 726^f,25. La dépense totale est donc de 970^f,45 + 270^f,40 + 14 525^f + 726^f,25, c-à-d de 16 492^f,10.

P. 259. Un commerçant achète 110 sacs de blé de la contenance de 15^{Dl}, qu'il revend ensuite pour la somme de 4 029^f,30, avec un bénéfice de 11 % sur le prix d'achat. Combien avait-il payé le quintal métrique de ce blé, le double-décalitre pesant 15^{Kg}? — **S.** Le prix d'achat n'est que les $\frac{100}{111}$ du prix de vente : il est donc $4029^f,30 \times \frac{100}{111}$, ou 3 630^f. Le décalitre de blé pesant 7^{Kg},5, tout le blé acheté pèse $7^{Kg},5 \times 15 \times 110$, c-à-d 12 375^{Kg}, ou 123^Q,75. On a donc payé le quintal de blé $3.630^f : 123,75$, ou 29^f,33.

P. 260. Un négociant en grains expédie à Lyon, par le canal, un bateau contenant 1 900 sacs de blé pesant 110^{Kg} chacun; les frais de transport sont de 0^f,90 par sac. En revendant ce blé 22^f les 100^{Kg}, il fait un bénéfice de 5 % sur le prix d'achat. On demande ce que lui coûtait le quintal métrique. — **S.** Les frais de transport sont de $\frac{0,90}{1,10}$ pour 1^Q, c-à-d de 0^f,82. Donc 22^f — 0^f,82, ou 21^f,18 représentent le prix d'achat du quintal plus les 5 % de ce prix, c-à-d les 105 centièmes du prix d'achat. Le centième du prix d'achat est donc $\frac{21,18}{105}$, et le prix d'achat lui-même est de $\frac{21,18 \times 100}{105}$, c-à-d de 20^f,17.

Problème 261. Une couturière achète 135^m de soie à 6^f,20 le mètre. Elle en fait 9 robes qu'elle veut vendre 165^f la pièce. Si elle gagne 15 % sur la soie, combien estime-t-elle la façon d'une robe? — **Solution.** Le prix total de la soie est $6^f,20 \times 135$, ou 837^f. Le prix de la soie entrant dans une robe est le neuvième de 837^f, c-à-d 93^f. Sur la soie d'une robe, la couturière gagne $93^f \times 0,15$, ou 13^f,95 : elle compte donc cette soie 93^f + 13^f,95, ou 106^f,95. Par conséquent, elle estime la façon d'une robe à 165^f — 106^f,95, c-à-d à 58^f,05.

P. 262. Une personne a acheté 19^{Hl} de blé pesant 76^{Kg} chacun, à raison de 20^f,70 l'hectolitre; en revendant ce blé, elle a gagné 15 °/₀ sur son marché; quel est le prix de vente du quintal? — **S.** Le prix d'achat est 20^f,70 × 19, ou 393^f,30. Le bénéfice est 393^f,30 × 0,15, ou 59^f. Le prix de vente est donc 393^f,30 + 59^f, ou 452^f,30. Or le poids total du blé est 76^{Kg} × 19, c-à-d 1444^{Kg}, ou 14Q,44. Le prix de vente du quintal est donc de 452^f,30 : 14,44, c-à-d de 31^f,32.

P. 263. Un employé gagne 1 250^f par an; à partir du commencement du troisième trimestre, on l'augmente de 120^f par an. Combien aura-t-il reçu dans toute son année, si on lui retient 5 °/₀ pour la caisse des retraites? — **S.** Cet employé ne profite de son augmentation que pendant la seconde moitié de l'année: donc elle ne lui rapporte que 120^f : 2, ou 60^f. Donc son traitement, pour cette année-là, est 1 250^f + 60^f, ou 1310^f. La retenue est de 1 310^f × 0,05, c-à-d de 65^f,50. Donc il ne touche que 1 310^f — 65^f,50, c-à-d que 1 244^f,50.

P. 264. Un épicier en gros a acheté 1 378^{Kg} de sucre à 95^f le quintal; 275 paquets de bougies pesant chacun 482^g, à 2^f le kilogramme. S'il avait acheté ces marchandises quelques mois avant, il n'aurait dépensé que 1 400^f. Combien aurait-il gagné pour cent sur la somme qu'il a réellement dépensée, sachant que son argent ne lui a rien rapporté pendant l'intervalle? — **S.** Cet épicier a payé le sucre 0^f,95 × 1 378, ou 1 309^f,10, et les bougies 2^f × 0,482 × 275, ou 265^f,10. Sa dépense totale est donc 1 309^f,10 + 265^f,10, ou 1 574^f,20. S'il n'eût dépensé que 1 400^f, il eût gagné 1 574^f,20 — 1 400^f, ou 174^f,20 sur 1 574^f,20. Sur 1^f, il eût gagné $\frac{174,20}{1\,574,20}$ et sur 100^f, il eût gagné $\frac{174,20 \times 100}{1\,574,20}$, c-à-d 11^f,07.

P. 265. Un marchand a acheté 285^m de drap à 18^f,50 le mètre. Il en a revendu les $\frac{3}{5}$ avec 16 °/₀ de bénéfice, et le reste avec 8,50 °/₀ de perte sur le prix d'achat. On demande combien il a gagné? — **S.** Les $\frac{3}{5}$ de 285^m sont 285^m × $\frac{3}{5}$, ou 171^m; ils ont coûté 18^f,50 × 171, ou 3 163^f,50, et produit un bénéfice de 3 163^f,50 × 0,16, c-à-d de 506^f,16. Le reste est de 285^m — 171^m, ou de 114^m; il a coûté 18^f,50 × 114, ou 2 109^f, et occasionné une perte de 2 109^f × 0,085, c-à-d de 179^f,265. Le marchand a donc gagné 506^f,16 — 179^f,265, ou 326^f,895.

Problème 266. Un marchand a acheté du blé pesant 80^{Kg} par hectolitre, à raison de 4^f,50 le double-décalitre. Sachant que ce blé, en se desséchant, a perdu $\frac{1}{25}$ de son poids, on demande combien le marchand devra vendre le quintal métrique pour gagner 15 °/₀ sur le prix d'achat. — **Solution.** 25^{Kg} de blé, en se desséchant, se réduisent à 24. Donc, pour avoir finalement 24^{Kg} de blé, il fallait en prendre 25. Pour en avoir finalement 1, il en faut prendre $\frac{25}{24}$; et, pour en avoir 100, il en faut prendre $\frac{25 \times 100}{24}$, ou 104^{Kg},167. Or 1^{Hl}, qui pèse 80^{Kg}, coûtait 4^f,50 $\times$ 5, ou 22^f,50; donc 1^{Kg} coûtait $\frac{22,50}{80}$, et 104^{Kg} coûtaient $\frac{22,50 \times 104}{80}$, ou 29^f,28. Le bénéfice doit s'élever à 29^f,28 $\times$ 0,15, c-à-d à 4^f,39. Donc le quintal métrique doit se vendre 29^f,28 + 4^f,39, ou 33^f,67.

P. 267. Un marchand de biens achète un bois de 32^{Ha} au prix de 2 620^f l'hectare. Il vend sur pied la coupe de ce bois 32 500^f. Il revend ensuite 15^{Ha} de bois au prix de 1 900^f l'un. Combien doit-il revendre l'hectare du reste pour réaliser un bénéfice de 12 °/₀ sur le prix d'achat? — **S.** Le prix d'achat est 2 620$^f \times$ 32, ou 83 840^f. Le bénéfice doit être 83 840$^f \times$ 0,12, ou 10 060^f,80; donc le prix total de vente doit être 83 840^f + 10 060^f,80, ou 93 900^f,80. On a déjà reçu 32 500^f + 1900$^f \times$ 15, ou 61 000^f. Donc le reste, qui se compose de 32^{Ha} — 15^{Ha}, ou 17^{Ha}, doit être vendu 93 900^f,80 — 61 000^f, ou 32 900^f,80. Donc l'hectare du reste doit être vendu 32 900^f,80 : 17, c-à-d 1935^f,34.

P. 268. Un marchand de vin achète 20^{Hl} $\frac{1}{2}$ à 45^f l'hectolitre et 62^{Hl} à 36^f,50. Il mélange ce vin et y ajoute 60^l d'alcool à 125^f l'hectolitre et 1^{Hl},90 d'eau; puis il revend à 0^f,45 le litre de ce mélange. Combien a-t-il gagné pour cent? — **S.** Le premier vin coûte 45$^f \times$ 20,5, ou 922^f,50; le second, 36^f,50 $\times$ 62, ou 2263^f; l'alcool 125$^f \times$ 0,60, ou 75^f : la dépense totale est 922^f,50 + 2263^f + 75^f, ou 3 260^f,50. Le nombre d'hectolitres produits est 20^{Hl},5 + 62^{Hl} + 0^{Hl},60 + 1^{Hl},90, ou 85^{Hl}, qui rapportent 45$^f \times$ 85, ou 3 825^f. Ainsi, pour un prix d'achat de 3 260^f,50, le bénéfice est 3 825^f — 3 260^f,50, ou 564^f,50; pour 1^f, il est $\frac{564,50}{3 260,50}$; pour 100^f, il est $\frac{564,50 \times 100}{3 260,50}$, ou 17^f,31.

P. 269. Un propriétaire achète une vigne de 35^a,50, à raison de 96^f l'are. Cette vigne produit chaque année 6^{Hl} $\frac{1}{5}$ de vin, se vendant 5^f,20 le décalitre. Les dépenses annuelles pour travaux et contributions s'élèvent à 165^f. Combien rapporte pour cent la somme qui a été consacrée à l'achat de cette vigne? — **S.** Le prix d'achat est 96$^f \times$ 35,50, ou 3 408^f. L'hectolitre de vin se vendant 52^f, le produit brut est 52$^f \times$ 6,2, ou 322^f,40. Le produit net est donc, par an, 322^f,40 — 165^f, c-à-d 157^f,40. Ainsi 3 408^f rapportent 157^f,40; 1^f rapporte $\frac{157,40}{3 408}$; et 100^f rapportent $\frac{157,40 \times 100}{3 408}$, c-à-d 4^f,62.

P. 270. Un voyageur de commerce est payé à raison de 11^f,50 par jour de tournée, non compris un bénéfice de 2 °/$_0$ sur les commissions qu'il prend. Après 70^j de voyage, il se trouve avoir économisé ainsi 411^f. Sa dépense quotidienne s'élevant à 13^f,20, on demande de déterminer le chiffre des affaires faites par lui. — **S.** Le voyageur a dépensé 13^f,20 $\times$ 70, ou 924^f ; il a donc touché 924^f + 411^f, ou 1335^f. Or des journées de 11^f,50 n'ont produit que 11^f,50 $\times$ 70, ou 805^f. Donc son bénéfice de 2 °/$_0$ a produit 1335^f — 805^f, ou 530^f. Ainsi les 2 centièmes du chiffre des affaires qu'il a faites s'élève à 530^f ; le centième à 265^f ; et, par suite, ce chiffre lui-même, à 26 500^f.

Problème 271. Une construction communale est mise en adjudication au rabais. Un premier soumissionnaire offre de la faire pour 14 861^f ; un second demande 46^f,20 de plus que le premier, et il fait ainsi un rabais de 3,2 °/$_0$ sur le montant du devis. Quel est le montant de ce devis et quel rabais pour cent offrait le premier soumissionnaire? — **Solution.** Le second offre de faire la construction pour 14 861^f + 46^f,20, ou 14 907^f,20, et cette somme ne représente que les 100 — 3,2, ou les 96,8 centièmes du montant du devis. Donc le centième du devis est $\frac{14\,907,20}{96,8}$, et le devis tout entier est $\frac{14\,907,20 \times 100}{96,8}$, ou 15 400^f. Le premier soumissionnaire faisait un rabais de 15 400^f — 14 851^f, c-à-d de 539^f. Sur 1^f, le rabais eût été $\frac{539}{15\,400}$; et, sur 100^f, il eût été de $\frac{539 \times 100}{15\,400}$, c-à-d de 3,5 °/$_0$.

P. 272. Une personne fait placer à chacune des deux fenêtres d'une chambre une paire de petits rideaux de mousseline de 1^m,85 de hauteur et une paire de grands rideaux de perse de 2^m,70. On demande à combien lui revient l'ensemble de ces garnitures de fenêtre, sachant : 1° que le mètre de perse coûte 3^f,60, et le mètre de mousseline $\frac{1}{5}$ du mètre de perse ; 2° que la façon et la pose représentent 25 °/$_0$ du prix d'acquisition. — **S.** On a employé 2^m,70 $\times$ 4, ou 10^m,80 de perse, qui ont coûté 3^f,60 $\times$ 10,80, ou 38^f,88. On a employé 1^m,85 $\times$ 4, ou 7^m,40 de mousseline à 3^f,60 : 5, ou 0^f,72 le mètre : ils ont coûté 0^f,72 $\times$ 7,40, ou 5^f,32. Le prix total d'acquisition est donc 38^f,88 + 5^f,32, ou 44^f,20. La façon et la pose s'élèvent à 44^f,20 $\times$ 0,25, ou à 11^f,05. Donc les deux garnitures reviennent à 55^f,25.

P. 273. Une personne vend 6 pièces de drap de chacune 46^m,50, à raison de 40^f les 3^m. Combien gagne-t-elle sur le tout, et combien pour cent sur son prix d'achat, si elle a payé le mètre 11^f,25 ? — **S.** Le nombre de mètres est 46^m,50 $\times$ 6, ou 279^m. Un mètre est vendu $\frac{40}{3}$; le tout est donc vendu $\frac{40 \times 279}{3}$, ou 3720^f. Le prix d'achat était 11^f,25 $\times$ 279, ou 3138^f,75. Le bénéfice total est donc 3720^f — 3138^f,75, ou 581^f,25. Pour 1^f du prix d'achat, le bénéfice est $\frac{581,25}{3138,75}$. Pour 100^f, il est $\frac{581,25 \times 100}{3138,75}$, ou 18^f,52.

P. 274. Un aubergiste a acheté un certain nombre de litres de vin ; il les revend au détail à 0^f,60 le litre, en faisant un bénéfice de 20 %. Sachant que le prix de vente de 15^l représente les $\frac{3}{40}$ du prix de tous les litres, on demande : 1° quel était le prix d'achat du litre ; 2° combien de litres l'aubergiste avait achetés. — **S.** Puisque l'aubergiste fait un bénéfice de 20 %, le prix de 0^f,60 représente les 120 centièmes du prix d'achat du litre. Donc le centième de ce prix est $\frac{0,60}{120}$, et ce prix lui-même $\frac{0,60 \times 100}{120}$, ou $\frac{60}{120}$, ou 0^f,50. Le prix de vente de 15^l est 0^f,60 $\times$ 15, ou 9^f. Donc les 3 quarantièmes du prix total de vente sont 9^f ; le quarantième est 9^f : 3, ou 3^f ; et le prix total de vente est 3^f $\times$ 40, ou 120^f. On avait acheté autant de litres qu'il y a de fois 0^f,60 dans 120^f, c-à-d 200^l.

P. 275. Un négociant a acheté 12 pièces de drap de chacune 40^m à raison de 11^f le mètre ; il veut faire, en revendant le tout, un bénéfice de 20 % sur le prix d'achat. Il en a déjà vendu 230^m à 12^f,50. Combien doit-il vendre le mètre de ce qui reste pour arriver à réaliser les 20 % de bénéfice total, et quel sera son bénéfice pour cent sur le prix de vente ? — **S.** Les 12 pièces de drap contiennent 40^m $\times$ 12, ou 480^m, et coûtent 11^f $\times$ 480, c-à-d 5280^f. Le bénéfice que le négociant veut faire est de 5280^f $\times$ 0,20, ou de 1056^f ; donc il doit vendre le tout 5280^f + 1056^f, c-à-d 6336^f. Les 230^m déjà vendus lui ont donné 12^f,50 $\times$ 230, ou 2875^f. Il reste encore 480^m — 230^m, ou 250^m, qui doivent être vendus 6336^f — 2875^f, ou 3461^f. Le mètre devra donc être vendu 3461^f : 250, c-à-d 13^f,845. Sur les 6336^f du prix de vente, le bénéfice est de 1056^f. Sur 1^f, il serait de $\frac{1056}{6336}$; et, sur 100^f, de $\frac{1056 \times 100}{6336}$, c-à-d de 16^f,67.

Problème 276. Un marchand a acheté pour 4000^f de bois de chauffage qui remplit aux $\frac{2}{3}$ un magasin dont les dimensions sont 5^m, 7^m et 9^m. Combien doit-il vendre 5400^{Kg} de ce bois pour réaliser un bénéfice de 12 % sur cette vente ? On sait que le centimètre cube de ce bois pèse 68^{cg} et que les vides font $\frac{3}{7}$ du volume total. — **Solution.** Le volume du magasin est 5 $\times$ 7

$\times 9$, ou 315^{mc}; le bois en occupe les $\frac{2}{3}$, c-à-d 315$^{\text{mc}} \times \frac{2}{3}$, ou 210^{mc}; mais, à cause des vides, le volume réel du bois n'est que les $\frac{4}{7}$ de 210^{mc}; c-à-d que 210$^{\text{mc}} \times \frac{4}{7}$, ou 120^{mc}. Or 1^{cmc} pèse 0^{g},68; 1^{mc} pèse donc 0^{T},680; et tout le bois 0^{T},680$\times$120, c-à-d 81^{T},600. Donc 81^{T},600 coûtent 4000^{f}; 1^{T} coûte $\frac{4000}{81,6}$, et 5^{T},4 coûtent $\frac{4000 \times 5,4}{81,6}$, c-à-d 264^{f},70. Le bénéfice devra être 264^{f},70$\times$0,12, ou 31^{f},76. Donc le prix de vente devra être 264^{f},70 $+$ 31^{f},76, ou 296^{f},46.

P. 277. Un marchand achète 18 sacs de blé de 1^{Hl},50 chacun à 3^{f},85 le double-décalitre. Il en revend les $\frac{3}{5}$ avec un bé-
p. 364 néfice de 11 °/₀ et il perd 3 °/₀ sur le reste. Calculer : 1° le prix d'achat; 2° le prix de vente. — **S.** Le volume du blé est 1^{Hl},50 $\times$18, ou 27^{Hl}. Le décalitre coûte 3^{f},85 : 2, ou 1^{f},925, et l'hectolitre 19^{f},25 : le prix total d'achat est donc 19^{f},25 $\times$ 27, ou 519^{f},75. Dans la première vente, on vend 27$^{\text{Hl}} \times \frac{3}{5}$, ou 16^{Hl},2, qui ont coûté 19^{f},25 $\times$16,2, ou 311^{f},85, en gagnant 311^{f},85$\times$0,11, ou 34^{f},30 : la première vente produit donc 311^{f},85 $+$ 34^{f},3, ou 346^{f},15. Dans la seconde, on vend 27^{Hl} —16^{Hl},2, ou 10^{Hl},8, qui ont coûté 19^{f},25$\times$10,8, ou 207^{f},90, en perdant 207^{f},90$\times$0,03, ou 6^{f},24 : la seconde vente produit donc 207^{f},90 — 6^{f},24, ou 201^{f},66. Le prix total de vente est 346^{f},15 $+$ 201^{f},66, c-à-d 547^{f},81.

P. 278. Un tisserand a employé 9^{j} pour fabriquer une pièce de toile de 60^{m},75 de longueur. La quantité de fil nécessaire pour faire 4^{m},50 est 1^{Kg},125. Chaque écheveau pèse 0^{Kg},36 et l'on a 34 écheveaux pour 36^{f},72. D'ailleurs le tisserand est payé à raison de 9^{f},90 par semaine de 6^{j}. On demande, d'après cela, combien le tisserand devra vendre le mètre pour gagner 20 °/₀ sur le prix de revient. — **S.** Pour faire 1^{m} de toile, il faut 1^{Kg},125 : 4,50, ou 0^{Kg},25 de fil. Pour toute la pièce, il en a fallu 0^{Kg},25 $\times$60,75, ou 15^{Kg},1875. Or 0^{Kg},36 de fil coûtent $\frac{36,72}{34}$, ou 1^{f},08. Donc le prix total du fil est $\frac{1,08 \times 15,1875}{0,36}$, ou 45^{f},56. La façon sera de $\frac{9,90 \times 9}{6}$ ou de 14^{f},85. Le prix total de revient sera donc de 45^{f},56 $+$14,85, ou 60^{f},41, dont les 20 °/₀ sont de 60^{f},41 $\times$0,20, ou de 12^{f},08. La pièce entière devra donc se vendre 60^{f},41 $+$ 12^{f},08, ou 72^{f},49. Le prix de vente du mètre devra donc être de 72^{f},49 : 60,75, c-à-d de 1^{f},19.

P. 279. Un métallurgiste, qui établit ses prix de vente sur un bénéfice de 8 °/₀, vend la tonne de fer 266^{f}. Il emploie dans son usine un minerai qui renferme 70 °/₀ de fer; mais le traitement de ce minerai entraîne un déchet de 4 °/₀ du fer qu'il contient. Combien ce métallurgiste a-t-il traité de tonnes

de minerai, dans une année où il a gagné 28 600^f,32? — **S.**
Quand le prix de revient est de 100^f, le bénéfice est de 8^f, et le prix de
vente de 108^f. Donc le bénéfice est les $\frac{8}{108}$ du prix de vente ; donc le
bénéfice par tonne de fer vendue est $\frac{266 \times 8}{108}$; donc le nombre des tonnes
de fer vendues est $28\,600,32 : \frac{266 \times 8}{108}$, c-à-d $\frac{28\,600,32 \times 108}{266 \times 8}$, ou 1 451^T,52.
Or, 1^T de minerai ne contient que 70 $^o/_o$ ou 0^T,70 de fer, dont on perd
0^T,70 $\times$ 0,04, c-à-d 0^T,028. Donc 1 000^{Kg} de minerai donnent
700^{Kg} — 28^{Kg}, ou 672^{Kg} de fer. Donc, pour avoir 672^{Kg} de fer, il faut
1 000^{Kg} de minerai ; pour avoir 1^{Kg} de fer, il faut $\frac{1\,000}{672}$ de kilogramme
de minerai ; pour avoir 1^T de fer, il faut $\frac{1\,000}{672}$ de tonne de minerai. Pour
avoir 1 451^T,52 de fer, il a fallu traiter $\frac{1\,000 \times 1\,451,52}{672}$, ou 2 160^T de
minerai.

P. 280. Un libraire a vendu 328 exemplaires d'un ouvrage,
la moitié au prix du catalogue, la moitié avec une remise
de 10 $^o/_o$ sur ce prix. Il avait obtenu lui-même de l'éditeur
une remise de 25 $^o/_o$ sur la totalité de la livraison. Il a ainsi
gagné 196^f,80. Quel est le prix porté au catalogue ? — **S.** Sur
la moitié des exemplaires, il gagne 25 $^o/_o$ du prix du catalogue, et, sur
l'autre moitié 25 — 10, ou 15 $^o/_o$. Or 25 $^o/_o$, sur la moitié du tout,
équivalent à 12,50 $^o/_o$ sur le tout ; et 15 $^o/_o$, sur la seconde moitié,
équivalent à 7,5 $^o/_o$ sur le tout. Ainsi le libraire a gagné, sur le prix
total porté au catalogue, 12,5 + 7,5, ou 20 $^o/_o$, ou $\frac{1}{5}$. Donc les 328 exemplaires, au prix du catalogue, valent 196^f,80 $\times$ 5, ou 984^f. Donc, le prix
porté sur le catalogue, pour un seul exemplaire, est 984 : 328, ou 3^f.

Problème 281. Une couturière et son apprentie confec-
tionnent ensemble 3 douzaines de chemises à raison de 2^f,20
par chemise. Elles font 3 chemises en 2^j. Le travail de l'apprentie étant évalué à la moitié de celui de sa maîtresse, on
demande le gain total et le salaire journalier de chacune. —
Solution. Le gain total est 2^f,20 $\times$ 12 $\times$ 3, ou 79^f,20. Or, pour
faire une chemise, elles mettent $\frac{2}{3}$ de jour ; pour en faire 36, elles mettent
$\frac{2}{3} \times$ 36, ou 24^j. En 1^j, elles gagnent ensemble 79^f,20 : 24, ou 3^f,30. L'apprentie gagne 3^f,30 : 3, ou 1^f,10 ; la couturière gagne 1^f,10 $\times$ 2, ou 2^f,20.

P. 282. On partage entre trois ouvrières 19^f,50. La première
travaille 5^j et 10^h par jour ; la deuxième, 3^j et 12^h par jour ; la

troisième, 2^j et 8^h par jour. Dire ce qui revient à chacune d'elles.
— **S.** La première travaille 10^h × 5, ou 50^h; la deuxième, 12^h × 3,
ou 36^h; la troisième 8^h × 2, ou 16^h. Toutes ensemble travaillent
50^h + 36^h + 16^h, ou 102^h. Donc 102^h sont payées 19^f,50; et 1^h est
payée $\frac{19,50}{102}$. La première ouvrière recevra donc $\frac{19,50 \times 50}{102}$, ou 9^f,56; la
deuxième recevra $\frac{19,50 \times 36}{102}$, ou 6^f,88; la troisième recevra $\frac{19,50 \times 16}{102}$
ou 3^f,06.

P. 283. Une somme a été partagée en parties proportionnelles
à trois nombres dont le plus petit est 17,21. Trouvez les deux
autres nombres, sachant que les trois parts sont : 1567,831 ;
1823,822 ; 2288,432. — **S.** Le rapport du plus petit nombre à la
part correspondante, c-à-d à la plus petite part, est $\frac{17,21}{1567,831}$, ou $\frac{17210}{1567831}$, ou
$\frac{1}{91,1}$. Donc les deux nombres cherchés seront 1823,822 : 91,1 et
2228,432 : 91,1, c-à-d 20,02 et 25,12.

P. 284. On a partagé 27 en parties proportionnelles à
trois nombres dont les deux premiers sont $\frac{3}{4}$ et $\frac{5}{6}$, et on a obtenu 8 pour la troisième partie. Quel est le troisième nombre
et quelles sont les deux premières parties ? — **S.** Les deux premières parties font ensemble 27 — 8, ou 19; elles sont proportionnelles
à $\frac{3}{4}$ et $\frac{5}{6}$, c-à-d à $\frac{9}{12}$ et $\frac{10}{12}$, c-à-d à 9 et 10 : donc elles sont 9 et 10. Les
trois parties étant 9, 10 et 8 sont proportionnelles à $\frac{9}{12}$, $\frac{10}{12}$, $\frac{8}{12}$, c-à-d
à $\frac{3}{4}$, $\frac{5}{6}$, $\frac{2}{3}$. Donc le troisième nombre est $\frac{2}{3}$.

P. 285. Trois associés ont placé dans une entreprise : le premier 9 700^f; le deuxième 7 500^f; le troisième 6 800^f. Le bénéfice réalisé ayant été de 3 600^f, quelle doit être la part de
chaque associé? — **S.** Le total des apports est 9 700^f + 7 500^f + 6 800^f,
ou 24 000^f. Si le bénéfice eût été de 24 000^f, les parts eussent été égales
aux apports. Pour un bénéfice de 1^f, elles seraient $\frac{9700}{24000}$, $\frac{7500}{24000}$, $\frac{6800}{24000}$.
Pour un bénéfice de 3 600^f, elles seront $\frac{9700 \times 3600}{24000}$, $\frac{7500 \times 3600}{24000}$,
$\frac{6800 \times 3600}{24000}$, c-à-d 1 455^f, 1 125^f, 1 020^f.

---

p. 365　**Problème 286.** Une somme d'argent doit être partagée
entre deux personnes. Le total de ce qu'elles réclament dépasse
de 4 090^f le montant de la somme. Le partage étant fait proportionnellement à leurs demandes, la première personne

reçoit 20 250^f et la deuxième 16 560^f. Combien chacune réclame-t-elle? — **Solution.** Elles ont reçu ensemble 20 250^f + 16 560^f, ou 36 810^f. Elles demandaient ensemble 36 810^f + 4 090^f, ou 40 900^f. Il s'agit donc de partager 40 900^f en parties proportionnelles à 20 250 et 16 560. La première personne demande donc $\dfrac{40\,900 \times 20\,250}{36\,810}$ ou 22 500^f, et la seconde $\dfrac{40\,900 \times 16\,560}{36\,810}$, ou 18 400^f.

P. 287. Un propriétaire possède 45 moutons et un autre 36. Ils les font garder par un seul berger qu'ils nourrissent et à qui ils donnent 0^f,75 de gages par jour. La dépense de chaque propriétaire doit être en rapport avec l'importance de son troupeau. On demande combien de jours chacun d'eux devra nourrir le berger et quelle somme il lui donnera pour 180^j. — **S.** Le nombre total des moutons est 45 + 36, ou 81. Le premier en possède les $\frac{45}{81}$, c-à-d les $\frac{5}{9}$, et le second les $\frac{36}{81}$, c-à-d les $\frac{4}{9}$. Le premier devra donc nourrir le berger pendant 180$^j \times \frac{5}{9}$, ou 100^j; le second, pendant 180$^j \times \frac{4}{9}$, ou 80^j. Le premier donnera 0^f,75 $\times$ 100, ou 75^f; et le second 0^f,75 $\times$ 80, ou 60^f.

P. 288. Une personne a acheté un certain nombre de mètres d'étoffe; elle a acheté les $\frac{2}{7}$ de ce nombre de mètres à raison de 3^f,50 le mètre, les $\frac{3}{8}$ de ce nombre de mètres à raison de 4^f,20 le mètre, et le reste au prix de 2^f,75 le mètre. Le total de la dépense est 526^f,50. Combien a-t-elle eu de mètres de chaque espèce d'étoffe? — **S.** Les nombres de mètres des deux premières étoffes forment les $\frac{2}{7} + \frac{3}{8}$, ou les $\frac{37}{56}$ du tout : le reste en est donc les $\frac{19}{56}$. Ainsi les nombres de mètres sont respectivement les $\frac{16}{56}$, les $\frac{21}{56}$ et les $\frac{19}{56}$ du tout : ils sont proportionnels à 16, 21 et 19. Les prix sont donc proportionnels à 3,50 $\times$ 16; 4,20 $\times$ 21; 2,75 $\times$ 19, c-à-d à 56; 88,2; 52,25. En partageant 526^f,50 proportionnellement à ces trois nombres, on trouve 150^f,08; 236^f,38; 140^f,03. Le nombre de mètres de chaque espèce est donc : 150,08 : 3,50, ou 42^m,88; 236,38 : 4,20, ou 56^m,28; 140,03 : 2,75, ou 50^m,92.

P. 289. Un commissionnaire en marchandises achète une pièce de drap de 20^m de longueur. Il en garde $\frac{1}{4}$ et cède le reste en 3 coupons dont les longueurs sont proportionnelles aux nombres 11, 15 et 24. Sachant que ces 3 coupons ont été cédés, le premier à raison de 24^f le mètre, le deuxième à 18^f et le troisième à 25^f le mètre, que, de plus, le bénéfice ainsi réalisé est de 8 °/₀ du prix d'achat, on demande de calculer : 1° quel est ce prix d'achat; 2° à quel prix le commissionnaire devrait vendre le coupon qui lui reste pour obtenir un bénéfice de 33 °/₀. — **S.** Le commissionnaire garde 5^m et en vend 15. S'il en vendait 11^m + 15^m + 24^m, ou 50^m, les coupons seraient de 11^m, 15^m et 24^m. S'il vendait 1^m, les coupons seraient $\frac{11}{50}$, $\frac{15}{50}$ et $\frac{24}{50}$.

Comme il vend 15^m, les coupons sont de $\frac{11 \times 15}{50}$, $\frac{15 \times 15}{50}$, $\frac{24 \times 15}{50}$, c-à-d de 3^m,30; 4^m,50 et 7^m,20; et produisent 24^f × 3,30 + 18^f × 4,50 + 25^f × 7,20, c-à-d 340^f,20. Comme le bénéfice est de 8 °/₀, 340^f,20 forment les 108 centièmes du prix d'achat. Donc $\frac{1}{100}$ du prix d'achat est $\frac{340,20}{108}$, et le prix d'achat même est $\frac{340,20 \times 100}{108}$, c-à-d 315^f. Pour gagner 33 °/₀, c-à-d 315 × 0,33, ou 136^f,95, il faudrait que la vente produisît 315^f + 136^f,75, ou 451^f,95. Or les trois coupons produisent 340^f,20; les 5^m conservés devront donc se vendre 451^f,95 — 340^f,20, ou 111^f,75, c-à-d se vendre à raison de 111^f,75 : 5, ou de 22^f,35 le mètre.

P. 290. Un pré de forme carré a 214^m,80 de contour. Il a coûté 1 421^f,30. A combien revient l'are? — **S.** Le côté de ce carré est 214^m,80 : 4, ou 53^m,70. Sa superficie est 53,70 × 53,70, ou 2 883^{mq},69, ou 28^a,8369. L'are revient donc à 1 421^f,30 : 28,8369, c-à-d à 49^f,28.

Problème 291. Dans une feuille de tôle de 0^m,75 sur 0^m,56, on découpe un carré ayant 0^m,25 de côté. Cette tôle pesant 145^g par décimètre carré, quel sera le poids de la feuille après l'opération? — **Solution.** La surface restante est 0,75 × 0,56 — 0,25 × 0,25, c-à-d 0^{mq},3575, ou 35^{dmq},75. Son poids est 145^g × 35,75, c-à-d 5 183^h,75, ou 5^{kg},18375.

P. 292. On a récolté 18^{Hl} de blé par hectare dans un champ rectangulaire de 560^m sur 355^m. Quelle est la valeur de la récolte à raison de 25^f l'hectolitre? — **S.** La surface de ce champ est 560 × 355, ou 198 800^{mq}, ou 19^{Ha},88. La récolte totale est de 18^{Hl} × 19,88, ou de 357^{Hl},84, qui valent 25^f × 357,84, c-à-d 8 946^f.

P. 293. Un terrain rectangulaire a coûté 3 600^f. Quelle p. 366 est la largeur de ce terrain, si sa longueur est de 128^m, et sachant que le mètre carré a coûté 0^f,80? — **S.** Le terrain contient autant de mètres carrés qu'il y a de fois 0^f,80 dans 3 600^f, c-à-d 4 500^{mq}. Sa largeur est donc 4 500 : 128, ou 35^m,16.

P. 294. Combien faudrait-il de dés cubiques de 2^{cm} de côté pour recouvrir un rectangle de $0^m,80$ de longueur sur $0^m,30$ de largeur? — **S.** Chaque dé couvre un carré dont la superficie est 2×2, ou 4^{cmq}. La superficie du rectangle est 80×30, ou 2400^{cmq}. Il faut donc autant de dés qu'il y a de fois 4 dans 2400, c-à-d 600 dés.

P. 295. On veut clore un jardin qui a 60^m sur 47 avec un treillis en fer de 1^m de hauteur et pesant $3^{kg},5$ le mètre carré. Combien coûtera la clôture, à raison de 46^f le quintal? — **S.** La longueur du treillis sera $60^m \times 2 + 47^m \times 2$, ou 214^m; sa surface sera 1×214, ou 214^{mq}; et son poids $3^{kg},5 \times 214$, ou 749^{kg}, ou $7^q,49$. Il coûtera donc $46^f \times 7,49$, ou $344^f,54$.

Problème 296. On veut faire un tapis de $5^m,60$ de longueur sur $4^m,25$ de largeur avec de l'étoffe ayant $0^m,85$ de largeur. Le prix du mètre courant de l'étoffe est de $3^f,25$. Quelle sera la dépense? — **Solution.** La surface de ce tapis sera $5,60 \times 4,25$, ou $23^{mq},80$. La surface du mètre courant d'étoffe est $0,85 \times 1$, ou $0^{mq},85$. Il faudra donc autant de mètres courants d'étoffe qu'il y a de fois 0,85 dans 23,80, c-à-d 28^m. La dépense sera de $3^f,25 \times 28$, c-à-d de 91^f.

P. 297. Un appartement a 12 fenêtres à 8 carreaux chacune. Pour faire vitrer ces fenêtres, on a dépensé $110^f,352$. Que coûte le mètre carré de vitre si chaque carreau mesure $0^m,55$ sur $0^m,38$? — **S.** La surface de chaque carreau est de $0,55 \times 0,38$, ou de $0^{mq},2090$. La surface totale du verre employé est de $0^{mq},2090 \times 8 \times 12$, ou de $20^{mq},0640$. Donc 1^{mq} de vitre coûte $110^f,352 : 20,0640$, c-à-d $5^f,50$.

P. 298. Un jardin a 45^m de longueur sur 28^m de largeur. On établit tout autour une allée de 1^m de largeur. Quelle surface reste-t-il à cultiver? — **S.** Il reste à cultiver un terrain rectangulaire qui a $45^m - 2^m$, ou 43^m de long sur $28^m - 2^m$, ou 26^m de large. La surface de ce terrain est 43×26, ou 1118^{mq}.

P. 299. Un propriétaire achète à 60^f l'are un pré rectangulaire dont la longueur est de 285^m et la largeur les $\frac{2}{5}$ de la longueur. Comme il paie comptant, on lui fait une remise de 5 %. Quelle somme versera-t-il? — **S.** La largeur est $285^m \times \frac{2}{5}$, ou 114^m; la superficie est 285×114, c-à-d 32490^{mq}, ou $324^a,90$. Le prix du pré est $60^f \times 324,90$, ou 19494^f. La remise sera $19494^f \times 0,05$, ou $974^f,70$. On devra donc verser $19494^f - 974^f,70$, c-à-d $18519^f,30$.

P. 300. Un terrain de 14^a de surface, ayant 20^m de largeur, est entouré de piquets placés à 5^m les uns des autres.

Quel est le nombre de ces piquets? — **S**. La surface du terrain est de 1400^{mq}; sa largeur étant 20^m, sa longueur est 1400 : 20, ou 70^m. Son pourtour est donc 20^m $\times$ 2 + 70^m $\times$ 2, ou 180^m. Il y a autant de piquets qu'il y a de fois 5^m dans 180^m, c-à-d 36 piquets.

Problème 301. Une boiserie rectangulaire de 3^m,25 de hauteur a été livrée au prix de 15^f le mètre carré. Les $\frac{2}{3}$ de sa valeur sont payés en un lot de toile de 162^m,50 de longueur, à 1^f,50 le mètre. Quelle est la largeur de la boiserie? — **Solution**. La toile vaut 1^f,50 $\times$ 162,50, ou 243^f,75. Donc les $\frac{2}{3}$ de la boiserie coûtent 243^f,75; $\frac{1}{3}$ coûte $\frac{243,75}{2}$; et la totalité, $\frac{243,75 \times 3}{2}$, ou 365^f,625. La boiserie contient autant de mètres carrés qu'il y a de fois 15^f dans 365^f,625, ou 24^{mq},375. Sa largeur est donc de 24,375 : 3,25, c-à-d de 7^m,5.

P. 302. J'ai une prairie rectangulaire de 2^{Ha},075625 de superficie. La largeur est de 112^m,5; je la fais entourer de trois lignes parallèles de fil de fer fixées à des poteaux en chêne espacés de 4^m,5; chaque pieu coûte 1^f,35; le mètre courant de fil pèse 1^{Kg},7, et le kilogramme revient à 0^f,28. J'ai payé, en outre, pour la main-d'œuvre, 14 journées à 3^f,50 l'une. Quelle est la dépense totale? — **S**. La superficie de la prairie est 20756^{mq},25, et sa longueur est 20756,25 : 112,5, ou 184^m,5. Le périmètre de la prairie est 112^m,5 $\times$ 2 + 184^m,5 $\times$ 2, ou 594^m. Les pieux sont au nombre de 594 : 4,5, ou 132, et coûtent 1^f,35 $\times$ 132, ou 178^f,20. La longueur du fil est 594^m $\times$ 3, ou 1782^m; son poids est 1^{Kg},7 $\times$ 1782, ou 3029^{Kg},4; et son prix 0^f,28 $\times$ 3029,4, ou 848^f,23. La main-d'œuvre s'élève à 3^f,50 $\times$ 14, ou 49^f. La dépense totale est donc 178^f,20 + 848^f,23 + 49^f, ou 1075^f,43.

p. 367 **P. 303**. On pourrait faire une robe avec 6^m,50 d'étoffe de 1^m,20 de largeur. Mais l'étoffe dont on dispose n'a que 0^m,70 de largeur et elle coût 2^f,60 le mètre. Le montant de la façon et des fournitures devant s'élever à 15^f, quel sera le prix de la robe faite avec la seconde étoffe? — **S**. La superficie de l'étoffe doit être 6,50 $\times$ 1,20, ou 7^{mq},80. La longueur de la seconde étoffe doit donc être 7,80 : 0,70, ou 11^m,14. Le prix de cette étoffe sera 2,60 $\times$ 11,14, ou 28^f,97; et le prix total de la robe sera 28^f,97 + 15^f, c-à-d 43^f,97.

P. 304. Un are de terrain produit en moyenne 18^l de blé; les frais de culture s'élèvent à 125^f par hectare. Sachant que le blé est vendu 17^f,50 l'hectolitre, quel est le revenu net d'un champ rectangulaire de 475^m sur 86^m? — **S**. Un hectare produit

18ᴵ × 100, ou 1.800ᴵ, ou 18ᴴᴵ de blé, valant 17ᶠ,50 × 18, ou 315ᶠ, et donnant un bénéfice net de 315ᶠ — 125ᶠ, c-à-d de 190ᶠ par hectare. Or le champ considéré a une superficie de 475 × 86, c-à-d de 40850ᵐq, ou de 4ᴴᵃ,0850. Donc son revenu net est 190ᶠ × 4,0850, ou 776ᶠ,15.

P. 305. Un champ rectangulaire de 165ᵐ de longueur et de 74ᵃʳᵉˢ 66ᶜᵃ,25 de surface est entouré d'une haie formée de pieds d'aubépine qui coûtent 4ᶠ le cent tout plantés. Ces pieds sont espacés de 0ᵐ,28. Quelle a été la dépense? — **S.** La superficie du champ étant 7466ᵐq,25, sa largeur est de 7466,25 : 165, ou de 45ᵐ,25. Le périmètre du champ est donc de 165ᵐ × 2 + 45ᵐ,25 × 2, ou de 420ᵐ,50. On y a planté autant de pieds d'aubépine qu'il y a de fois 0ᵐ,28 dans 420ᵐ,50, c-à-d 1502 pieds. Or le pied coûte 0ᶠ,04. Donc la dépense a été de 0ᶠ,04 × 1502, c-à-d de 60ᶠ,08.

Problème 306. Un particulier a acheté deux terrains rectangulaires. Le premier, qui a 95ᵐ de longueur, a été payé 7125ᶠ, à raison de 300ᶠ l'are. Le second, qui a 57ᵐ de longueur, coûte les $\frac{24}{25}$ du prix du premier. Sachant d'ailleurs qu'à surface égale l'acquéreur a payé 2 fois autant pour le second terrain que pour le premier, on demande la largeur de chacun des deux terrains. — **Solution.** Le premier terrain contient autant d'ares qu'il y a de fois 300ᶠ dans 7125ᶠ, c-à-d 23ᵃ,75, ou 2375ᵐq. Sa largeur est donc 2375 : 95, ou 25ᵐ. Le second terrain a coûté 7125ᶠ × $\frac{24}{25}$, ou 6840ᶠ. Il contient autant d'ares qu'il y a de fois 600ᶠ dans 6840ᶠ, c-à-d 11ᵃ,40, ou 1140ᵐq. Sa largeur est donc 1140 : 57, ou 20ᵐ.

P. 307. Un particulier a acheté un champ rectangulaire de 105ᵐ sur 83ᵐ. Il en revend les $\frac{6}{7}$ à raison de 0ᶠ,21 le mètre carré, et reçoit ainsi exactement la somme qu'il a payée pour le tout. Dire : 1° la surface du champ; 2° le prix d'achat de l'are. — **S.** La surface du champ est 105 × 83, ou 8715ᵐq. On en revend 8715ᵐq × $\frac{6}{7}$, ou 7470ᵐq, pour 0ᶠ,21 × 7470, ou 1568ᶠ,70. Tel est le prix d'achat.

P. 308. Un taillis de forme rectangulaire, ayant 123ᵐ,50 de longueur et 78ᵐ,35 de largeur, peut donner par are 1ˢᵗ,9 de bois valant 7ᶠ,50 le stère, et 13 fagots à 28ᶠ le cent. Quelle sera la valeur du rendement total? — **S.** 1ˢᵗ,9 de bois vaut 7ᶠ,50 × 1,9, ou 14ᶠ,25. Les 13 fagots valent 0ᶠ,28 × 13, ou 3ᶠ,64. L'are rapporte donc 14ᶠ,25 + 3ᶠ,64, ou 17ᶠ,89. Or la surface du taillis est 123,50 × 78,35, c-à-d 9676ᵐq,225, ou 96ᵃ,762. Le rendement total est donc 17ᶠ,89 × 96,762, ou 1731ᶠ,07.

P. 309. Une prairie de forme rectangulaire ayant 128^m,50 de longueur sur 84^m,10 de largeur est estimée 850^f l'hectare. Elle doit être échangée contre un terrain valant 7^f,80 l'are. Quelle sera la contenance de ce terrain? Quelle en sera la longueur, si on le prend dans un champ de 70^m de largeur? — **S.** La surface de la prairie est 128,50 × 84,10, c-à-d 10 806^{mq},85, ou 1^{Ha},080 685; sa valeur est 850^f × 1,080 685, ou 918^f,58225. Le terrain contiendra autant d'ares qu'il y a de fois 7^f,80 dans 918^f,58225, c-à-d 117^a,7669, ou 11 776^{mq},69. Sa longueur sera 11 776,69 : 70, c-à-d 168^m,23.

P. 310. Pour faire carreler une salle de 5^m,25 de longueur sur 4^m,40 de largeur, j'ai dû payer 57^f,75. Combien me faudra-t-il payer pour une salle de 6^m,80 de longueur sur 5^m,20 de largeur? — **S.** La surface de la première salle est 5,25 × 4,40, ou 23^{mq},10; la surface de la seconde est 6,80 × 5,20, ou 35^{mq},36. Pour faire carreler 1^{mq}, j'ai payé $\frac{57,75}{23,10}$; pour faire carreler 35^{mq},36, je paierai $\frac{57,75 \times 35,36}{23,10}$, c-à-d 88^f,40.

---

p. 368 **Problème 311.** Un champ rectangulaire a 126^m de longueur; sa largeur est égale aux $\frac{5}{7}$ de la longueur. Le propriétaire vend ce champ, et le prix de vente placé à 5 °/$_0$ pendant 8 mois lui a rapporté 94^f,50. Combien a-t-il vendu l'are? — **Solution.** 100^f, en 8^{mois}, rapportent 5^f × $\frac{8}{12}$. Pour rapporter $\frac{40}{12}$, ou $\frac{10}{3}$ de franc, il faut donc un capital de 100^f. Pour rapporter 1^f, il faut 100^f : $\frac{10}{3}$, ou 100^f × $\frac{3}{10}$, ou 30^f. Pour rapporter 94^f,50, il faut 30^f × 94,50, ou 2835^f : tel est le prix de vente du champ. Or, la largeur est 126^m × $\frac{5}{7}$, ou 90^m; la superficie est 126 × 90, c-à-d 11 340^{mq}, ou 113^a,40. Donc l'are s'est vendu 2835^f : 113,40, c-à-d 25^f.

P. 312. Combien faudrait-il de rouleaux de papier ayant chacun 9^m,50 de longueur et 0^m,80 de largeur pour tapisser une salle de 7^m,30 de longueur, 5^m,85 de largeur et 3^m,65 de hauteur, sachant que les ouvertures et les boiseries occupent un espace de 38^{mq},50? — **S.** Les deux plus petites parois ont chacune pour surface 5,85 × 3,65, ou 21^{mq},3525. Les deux plus grandes ont chacune 7,30 × 3,65, ou 26^{mq},6450. La surface à tapisser est 21^{mq},3525 × 2 + 26^{mq},6450 × 2 — 38^{mq},50, c-à-d 57^{mq},4950. Or un rouleau de papier couvre 9,50 × 0,80, ou 7^{mq},60. Donc il faudra autant de rouleaux qu'il y a de fois 7^{mq},60 dans 57^{mq},4950, c-à-d 7,5, ou 7 rouleaux et demi.

P. 313. Une cuisine a 4ᵐ,50 de longueur sur 4ᵐ,25 de largeur. On veut la paver avec des carreaux de 0ᵐ,15 de côté. Combien faudra-t-il de carreaux? — Quelle sera la dépense, sachant que le mille de ces carreaux se vend 85ᶠ, et que l'ouvrier prend 0ᶠ,65 par mètre carré pour la pose? — **S.** La surface de la cuisine est 4,50 × 4,25, ou 19ᵐᑫ,125; celle d'un carreau est 0,15 × 0,15, ou 0ᵐᑫ,0225 : il faut donc un nombre de carreaux égal à 19,125 : 0,0225, c-à-d à 850. — Le prix des carreaux est de 0ᶠ,085 × 850, ou de 72ᶠ,25; la pose coûte 0ᶠ,65 × 19,125, ou 12ᶠ,43; la dépense totale est donc de 72ᶠ,25 + 12ᶠ,43, c-à-d de 84ᶠ,68.

P. 314. Un propriétaire possède un terrain rectangulaire ayant 57ᵐ,20 de longueur et 27ᵐ,50 de largeur. Il le vend; puis il emploie les $\frac{2}{3}$ de l'argent qu'il retire à payer une dette et place le reste à 5 %. Au bout d'un an un mois et six jours, il retire pour le capital et les intérêts réunis 11 616ᶠ,605. Quel est le prix du mètre carré? On comptera l'année de 360ʲ et le mois de 30ʲ. — **S.** 100ᶠ, à 5 %, en 1ᵃⁿ 1ᵐᵒⁱˢ 6ʲᵒᵘʳˢ, ou 396ʲ, rapportent $\frac{5 \times 396}{360}$, ou 5ᶠ,50, et deviennent 105ᶠ,50; 1ᶠ deviendrait donc 1ᶠ,055. La somme placée est donc 11 616,605 : 1,055, ou 11 011ᶠ. Le prix du terrain est 11 011ᶠ × 3, ou 33 033ᶠ. Comme sa superficie est 57,20 × 27,50, ou 1573ᵐᑫ, le prix de 1ᵐᑫ est de 33 033ᶠ : 1573, c-à-d de 21ᶠ.

P. 315. Un marchand a acheté 30 barils d'huile à 160ᶠ l'hectolitre. Il a revendu le tout avec un bénéfice de 15 % sur son prix d'achat. Avec ce bénéfice, il pourrait acquérir une pièce de terre rectangulaire de 52ᵐ,60 de long sur 37ᵐ,50 de large, qui vaut 60ᶠ l'are. Combien chaque baril contenait-il de litres d'huile? — **S.** La superficie de cette terre est 52,60 × 37,50, c-à-d 1972ᵐᑫ,50, ou 19ᵃ,7250. Sa valeur est donc 60ᶠ × 19,725, ou 1183ᶠ,50. Les 15 centièmes du prix d'achat de l'huile valent donc 1183ᶠ,50; le centième vaut 1183ᶠ,50 : 15, ou 78ᶠ,90; et le prix total est 7890ᶠ. Le nombre des hectolitres achetés est donc 7890 : 160, ou 49ᴴˡ,3125, ou 4931ˡ,25. Chaque baril contient donc 4931ˡ,25 : 30, ou 164ˡ,375.

Problème 316. Une prairie de forme carrée a 1236ᵐ de pourtour. Combien pourra-t-elle donner de bottes de foin du poids de 25ᴷᵍ, si l'are produit 89ᴷᵍ de foin? On tiendra compte d'un chemin, large de 8ᵐ, qui traverse la prairie sur une longueur de 225ᵐ. — **Solution.** Le côté du carré est de 1236ᵐ : 4, c-à-d de 309ᵐ. La superficie de la prairie est donc 309 × 309, ou 95 481ᵐᑫ. La superficie du chemin est 225 × 8, ou 1800ᵐᑫ. La superficie productive est donc 95 481ᵐᑫ — 1800ᵐᑫ, c-à-d 93 681ᵐᑫ, ou 936ᵃ,81; elle produit 89ᴷᵍ × 936,81, ou 83 376ᴷᵍ,09 de foin. Le nombre des bottes de foin est 83 376,09 : 25, ou 3335.

P. 317. On veut recouvrir le parquet d'une chambre ayant 5ᵐ de longueur et 4ᵐ de largeur avec un tapis formé de bandes de 0ᵐ,80 de largeur, cousues les unes aux autres et valant 3ᶠ,75 le mètre courant. Le tapis doit être doublé avec de la toile ayant 0ᵐ,95 de largeur et valant 0ᶠ,75 le mètre courant. A combien reviendra ce tapis, sachant qu'on a payé 2ᶠ,50 pour la main-d'œuvre? — **S.** La superficie du parquet est 5×4, ou 20ᵐq. Or 1ᵐ courant de bande présente une superficie de 0ᵐq,80. Donc il faut autant de mètres courants de bandes qu'il y a de fois 0ᵐq,80 dans 20ᵐq, c-à-d 25ᵐ. Leur prix est de 3ᶠ,75×25, ou 93ᶠ,75. Un mètre courant de toile présente une superficie de 0ᵐq,95. Il faut donc autant de mètres courants de toile qu'il y a de fois 0ᵐq,95 dans 20ᵐq, c-à-d 21ᵐ. Leur prix est 0ᶠ,75×21, ou 15ᶠ,75. Le tapis revient donc à 93ᶠ,75 + 15ᶠ,75 + 2ᶠ,50, c-à-d à 112ᶠ.

p. 369 **P. 318.** J'achète un champ qui a la forme d'un quadrilatère; la diagonale qui le partage en deux triangles a 108ᵐ,70; la hauteur de l'un des triangles est 91ᵐ,50, et celle de l'autre 68ᵐ,4. Quelle est la surface de ce champ? — **S.** L'aire du premier triangle est $\frac{108,70 \times 91,50}{2}$, ou 4973ᵐq,025; celle du second est $\frac{108,70 \times 68,4}{2}$, ou 3717ᵐq,54. La surface totale est 4973ᵐq,025 + 3717ᵐq,54, ou 8690ᵐq,565.

P. 319. Il faut un hectolitre de froment pour ensemencer un champ de 35ᵃ; quelle quantité faut-il pour ensemencer un champ triangulaire ayant 235ᵐ de base et 84ᵐ de hauteur? — **S.** La surface de ce champ triangulaire est $\frac{235 \times 84}{2}$, ou 9870ᵐq, ou 98ᵃ,70. Or, pour ensemencer 1ᵃ, il faut $\frac{1}{35}$ d'hectolitre de froment. Donc, pour ensemencer 98ᵃ,70, il faut $\frac{1 \times 98,70}{35}$, ou 2ᴴˡ,82 de froment.

P. 320. Quel sera le prix, à raison de 5ᶠ,75 le mètre carré, des $\frac{5}{8}$ d'un terrain ayant la forme d'un triangle dont la base est de 185ᵐ,80 et la hauteur de 86ᵐ? — **S.** La surface de ce triangle est $\frac{185,80 \times 86}{2}$, ou 7989ᵐq,4. Les $\frac{5}{8}$ de cette surface seront 7989ᵐq,4 × $\frac{5}{8}$, ou 4993ᵐq,375. Leur prix sera de 5ᶠ,75 × 4993,375, c-à-d de 28711ᶠ,90.

Problème 321. L'aire d'un losange est égale à 26ᵐq et l'une des diagonales à 1ᵐ,90; trouver l'autre diagonale à 1ᶜᵐ près. — **Solution.** 26ᵐq est le double de l'aire de chacun des riangles en lesquels le losange est partagé par la première diagonale. En divisant 26 par 1,90, on trouve 13^m,684 pour la hauteur de l'un de ces triangles. La seconde diagonale est 13^m,684 × 2, ou 26^m,37.

P. 322. Une pièce de terre en forme de trapèze a une grande base de 65^m; sa petite base est de 53^m et sa hauteur de 21^m. Elle a été bêchée en 10^j par un ouvrier qui travaillait 12^h par jour et que l'on payait 0^f,40 l'heure. Combien aurait-on à payer pour bêcher un demi-hectare de ce terrain ? — **S.** La surface de ce terrain est $\frac{65 + 53}{2} \times 2,1$, ou 1239^{mq}. Pour le bêcher, on a payé 0^f,40 × 12 × 10, ou 48^f. Pour bêcher 1^{mq}, on paie donc $\frac{48}{1239}$; et, pour bêcher un demi-hectare, c-à-d 5 000^{mq}, on paiera $\frac{48 \times 5\,000}{1239}$, ou 193^f,70.

P. 323. Un particulier a une propriété formant un trapèze dont les bases sont de 465^m et 806^m, et la hauteur 550^m. Dans l'intérieur est un grand bassin carré de 45^m de côté. On demande : 1° la superficie totale de la propriété ; 2° celle du bassin ; 3° celle du terrain à cultiver. — **S.** La demi-somme des bases du trapèze est de 635^m,5. La superficie du trapèze, c-à-d la superficie totale est donc 349525^{mq}, ou 34^{Ha},9525. Celle du bassin est 45 × 45, ou 2025^{mq}, ou 0^{Ha},2025. Celle du terrain à cultiver est la différence, c-à-d 34^{Ha},7500.

P. 324. Un jardin a une surface de 384^{mq} ; c'est un losange dont une diagonale a 24^m. Quelle serait la dépense pour entourer ce jardin avec une clôture coûtant toute posée 2^f,50 le mètre courant ? — **S.** Cette diagonale partage le losange en deux triangles égaux ayant chacun pour surface 384^{mq} : 2, ou 192^{mq}. En divisant 192 par la base 24, on trouve 8, qui est la moitié de la hauteur de ce triangle, et, par suite, le quart de la seconde diagonale : celle-ci est donc de 32^m. Les deux diagonales du losange le partagent en quatre triangles rectangles, ayant pour côtés les demi-diagonales, c-à-d 12^m et 16^m. L'hypoténuse de l'un d'eux est donc $\sqrt{12^2 + 16^2}$, ou 20^m. Le côté du losange étant de 20^m, le pourtour est de 20^m × 4, ou 80^m; et la clôture coûte 2^f,50 × 80, ou 200^f.

P. 325. La grande roue d'une voiture fait 50 tours à la minute. La vitesse restant la même, combien cette voiture parcourt-elle de kilomètres en 2^h 30^m, sachant que le rayon de la roue est 0^m,70 ? — **S.** La circonférence de la roue est 0^m,70 × 2 × 3,1416, ou 4^m,39824. La voiture parcourt donc 4^m,39824 × 50, ou 219^m,912. En 2^h 30^m, c-à-d en 150^m elle parcourra 219^m,912 × 150, c-à-d 32 986^m,80, ou 32^{Km},9868.

Problème 326. Sachant que la longueur d'un arc du méridien terrestre de 15° 30′ 48″ est de 883 487 toises 3 pieds 4 pouces, on demande quelle est la valeur de la toise en mètres, et réciproquement. — **Solution.** 15° 30′ 48″ contiennent 55 848″. Or l'arc de 90°, c-à-d de 324 000″ vaut 10 000 000^m. Donc l'arc de 1″ vaut $\frac{10\,000\,000}{324\,000}$, et l'arc considéré vaut $\frac{10\,000\,000 \times 55\,848}{324\,000}$, c-à-d 1 723 703^m,70. Mais 883 487 toises 3 pieds 4 pouces contiennent 63 611 104 pouces. Donc 1 723 703^m,704 valent 63 611 104 pouces. Donc 1^m vaut $\frac{63\,611\,104}{1\,723\,703,704}$, ou 36 pouces 11 lignes, ou 3 pieds 0 pouce 11 lignes. Donc 1 pouce vaut $\frac{1\,723\,703,704}{63\,611\,104}$, et 1 toise vaut $\frac{1\,723\,703,704 \times 72}{63\,611\,104}$, c-à-d 1^m,949.

P. 327. Calculez la surface d'un cercle dont la circonférence mesure 51^m,5224. — **S.** D'après une règle du cours, on élève 51,5224 au carré, ce qui donne 2 654,557 701 76, et l'on divise ce résultat par 4, puis par π. En divisant par 4 on trouve 663,639 425 44. En divisant par π, on trouve 211,2425. La surface est donc 211^{mq},2425.

p. 370   **P. 328.** Dans un bassin circulaire de 4^m de diamètre sont ouverts deux robinets, dont l'un fournit 30^l et l'autre 36^l d'eau par minute. — On les laisse fonctionner pendant 2^h moins 1^m. A quelle hauteur l'eau s'élève-t-elle alors dans le bassin ? — **S.** Les deux robinets versent ensemble 30^l + 36^l, ou 66^l, en 1^m. En 2^h moins 1^m, c-à-d en 119^m, ils versent 66^l × 119, c-à-d 7 854^l, ou 7^{mc},854. Le fond du bassin a un rayon de 2^m; par conséquent, sa surface est 3,1416 × 4, ou 12^{mq},5664; et la hauteur à laquelle l'eau s'élève est 7,854 : 12,5664, ou 0^m,625.

P. 329. On remplit de haricots une caisse cubique qui mesure 1^m,25 de côté. Que valent ces haricots à raison de 30^f l'hectolitre ? — **S.** Le volume de la caisse est (1,25)^3, ou 1^{mc},953 125, ou 19^{Hl},53125. Les haricots valent donc 30^f × 19,53125, ou 585^f,94.

P. 330. On a payé 9^f,60 pour la taille d'une pierre cubique, à 1^f,60 par mètre carré. Quel est le côté de cette pierre ? — **S.** On a payé pour chaque face 9^f,60 : 6, ou 1^f,60. Donc chaque face a une superficie de 1^{mq}. Donc le côté de cette pierre est de 1^m.

Problème 331. Quelle surface peut-on recouvrir avec le développement des faces d'un cube de 0^m,50 d'arête ? — **Solution.** L'aire de chaque face est 0,50 × 0,50, ou 0^{mq},25. On peut donc recouvrir une surface de 0^{mq},25 × 6, c-à-d de 1^{mq},5.

P. 332. Un bassin cubique de 2^m,45 de côté est aux $\frac{3}{4}$

rempli d'eau. On y fait couler, en les ouvrant à 8ʰ précises du matin, deux robinets dont l'un donne 3ˡ,5 d'eau par minute et l'autre 2ˡ,45. Trouvez, à une minute près, l'heure à laquelle le bassin sera rempli. — **S.** La capacité du bassin est 2,45³, ou 14ᵐᶜ,706125, ou 14706ˡ,125. Il reste à remplir le quart du bassin, c-à-d 14706ˡ,125 : 4, ou 3676ˡ,53. Or les deux robinets versent ensemble 3ˡ,5 + 2ˡ,45, ou 5ˡ,95 par minute. Pour achever de remplir le bassin, il faudra autant de minutes qu'il y a de fois 5ˡ,95 dans 3676ˡ,53, c-à-d 618ᵐ, ou 10ʰ 18ᵐ. Le bassin sera donc rempli à 6ʰ 18ᵐ du soir.

P. 333. Dans une grande cuve pleine d'eau, on enfonce une pierre de 1ᵐ,25 de longueur sur 0ᵐ,45 de largeur et 0ᵐ,35 d'épaisseur. Combien cette pierre fait-elle sortir de litres d'eau? — **S.** Le volume de l'eau qui sort est égal au volume de la pierre, c-à-d à 1,25 × 0,45 × 0,35, ou à 0ᵐᶜ,196875, ou à 196ˡ,875.

P. 334. J'achète, à 6ᶠ,50 le décistère, 12 pièces de bois équarries de 3ᵐ,20 de longueur sur 0ᵐ,22 d'équarrissage. Combien dois-je? — **S.** Le volume de chaque pièce est 0,22 × 0,22 × 3,20, ou 0ᵐᶜ,15488; le volume total est 0ᵐᶜ,15488 × 12, c-à-d 1ᵐᶜ,85856, ou 18ᵈˢᵗ,5856. Je dois donc 6ᶠ,50 × 13,5856, ou 120ᶠ,80.

P. 335. On veut empierrer un chemin sur une longueur de 1ᴷᵐ et une largeur de 7ᵐ. L'épaisseur de l'empierrement est de 0ᵐ,25, et le mètre cube de cailloux cassés coûte 2ᶠ,15. A combien s'élèvera la dépense? — **S.** Le volume de cailloux sera 1000 × 7 × 0,25, ou 1750ᵐᶜ. La dépense sera 2ᶠ,15 × 1750, ou 3762ᶠ,50.

Problème 336. On veut former un double-stère de bois avec des bûches de 0ᵐ,8 de longueur; quelle sera la hauteur du tas, si on place les bûches entre des pieux éloignés de 1ᵐ,90? — **Solution.** Le volume du tas doit être de 2ᵐᶜ. Sa base a une surface de 0,8 × 1,90, ou de 1ᵐq,52. Sa hauteur est donc de 2 : 1,52, c-à-d de 1ᵐ,31.

P. 337. Quelle hauteur faut-il donner aux montants d'un stère placés à 1ᵐ l'un de l'autre, pour avoir un stère de bois scié à 0ᵐ,82? — **S.** Le volume de ce bois sera de 1ᵐᶜ. Il formera un parallélépipède dont la base sera de 1 × 0,82, ou de 0ᵐq,82. Donc sa hauteur sera de 1 : 0,82, c-à-d de 1ᵐ,22.

P. 338. Sur un champ rectangulaire de 74ᵐ sur 67ᵐ, on a répandu régulièrement 186ᵐᶜ de terre végétale. Trouvez à 0ᵐ,001 près l'épaisseur de la terre ainsi répandue. — **S.** La surface du champ est 74 × 67, ou 4958ᵐq. L'épaisseur de la couche est 186 : 4958, ou 0ᵐ,038, ou 38ᵐᵐ.

P. 339. Sur une cour rectangulaire de 60^m de longueur et d'une largeur égale aux $\frac{3}{8}$ de la longueur, on étend 10mo de sable. Quelle est l'épaisseur de la couche ? — **S.** La largeur est 69 $\times$ $\frac{3}{8}$, ou 22^m,5 ; la surface est 60 $\times$ 22,5, ou 1 350^{mq}. L'épaisseur demandée est donc de 10 : 1 350, ou de 0^m,0074.

p. 371   **P. 340.** Un bloc de pierre a les dimensions suivantes : longueur 2^m,17, largeur 1^m,75, hauteur 9^m,83. Quel sera le poids du bloc, sachant que le décimètre cube pèse 7^{Kg},325 ? — **S.** Le volume du bloc est 2,17 $\times$ 1,75 $\times$ 9,83, ou 37^{mc},329 425, ou 37 329^{dmc},425. Son poids est donc 7^{Kg},325 $\times$ 37 329,425, c-à-d 273 438^{Kg},038, ou 273^T,438.

Problème 341. Un coffre ayant un mètre de longueur et de largeur est plein de blé jusqu'à une hauteur de 0^m,20. Quelle est la valeur de ce blé, à raison de 3^f,50 le double-décalitre ? — **Solution.** Le volume du blé est 1 $\times$ 1 $\times$ 0,20, ou 0^{mc},20, ou 200^l, ou 10 doubles-décalitres. La valeur du blé est donc 3^f,50 $\times$ 10, c-à-d 35^f.

P. 342. Une chambre de 2^m,80 de longueur, 2^m de largeur et 1^m,80 de hauteur est remplie de blé. On demande le prix de ce blé à raison de 25^f l'hectolitre. — **S.** Le volume de la chambre est 2,80 $\times$ 2 $\times$ 1,80, ou 10^{mc},08, ou 100^{Hl},8. Le prix de tout le blé est donc 25^f $\times$ 100,8, ou 2 520^f.

P. 343. Une rivière est encaissée entre deux murs distants de 26^m. L'eau a 2^m,50 de profondeur et coule avec une vitesse de 2^m par seconde. Combien de mètres cubes d'eau passe-t-il par heure à cet endroit de la rivière ? — **S.** En 1^s, il passe un volume d'eau égal à 2,50 $\times$ 26 $\times$ 2, c-à-d à 130^{mc}. En 1^h, il passe un volume égal à 130^{mc} $\times$ 60 $\times$ 60, ou à 468 000^{mc}.

P. 344. Combien, dans un morceau de bois cubique de 4^{dm} de côté, pourrait-on faire de planches de 4^{dm} de longueur sur 2^{dm} de largeur et un quart de décimètre d'épaisseur ? — **S.** Le volume du morceau de bois est 4^3, ou 64^{dmc}. Le volume d'une planche est 4 $\times$ 2 $\times$ 0,25, ou 2^{dmc}. Donc on peut faire autant de planches qu'il y a de fois 2 dans 64, c-à-d 32 planches.

P. 345. La densité du mercure étant 13,57, on en remplit aux $\frac{3}{4}$ un vase rectangulaire dont les dimensions intérieures sont 15^{cm}, 12^{cm} et 7^{cm}. Calculez le volume d'eau dont le poids serait égal à celui du mercure, à 1^{cl} près. — **S.** Prenons le décimètre pour unité de longueur. Le volume du vase sera

$1,5 \times 1,2 \times 0,7$, ou $1^{dmc},26$, ou $1^l,26$. Le volume du mercure sera $1^l,26 \times \frac{3}{4}$, ou $0^l,945$. Le poids du mercure sera $0,945 \times 13,57$, ou $12^{Kg},82$. Le volume de l'eau ayant le même poids sera $12^l,82$.

Problème 346. — On achète des briques, à raison de 28^f le mille, pour construire un mur dont les dimensions sont 36^m de longueur, $2^m,50$ de hauteur et $0^m,80$ d'épaisseur. Que coûtera cette construction, si les maçons emploient 750 briques par mètre cube et si les autres frais s'élèvent à 908^f? — **Solution.** Le volume du mur est $36 \times 2,50 \times 0,80$, ou 72^{mc}. Le nombre des briques employées est 750×72, ou 54000. Le prix des briques est $28^f \times 54$, ou 1512^f; et la dépense totale est $1512^f + 908^f$, c-à-d 2420^f.

P. 347. Pour faire un plancher, on emploie une poutre qui a $7^m,20$ de longueur, $0^m,38$ de largeur et $0^m,40$ d'épaisseur, et 36 solives ayant chacune $3^m,25$ de longueur, $0^m,12$ de largeur et $0^m,20$ d'épaisseur. La poutre a coûté 90^f le mètre cube et les solives 80^f. Quelle est la valeur du plancher? — **S.** Le volume de la poutre est $7,20 \times 0,38 \times 0,40$, ou $1^{mc},0944$; son prix est $90^f \times 1,0944$, ou $98^f,496$. Le volume total des solives est $3,25 \times 0,12 \times 0,20 \times 36$, ou $2^{mc},808$; leur prix est $80^f \times 2,808$, ou $224^f,64$. La valeur du plancher est donc $98^f,50 + 224^f,64$, c-à-d $323^f,14$.

P. 348. Sur une partie de chemin qui a 692^m de longueur et $3^m,60$ de largeur, on fait mettre une couche régulière de pierres ayant $0^m,13$ d'épaisseur. La main-d'œuvre a exigé 37 journées à $3^f,75$ chacune, et le prix de la pierre est de $4^f,90$ le mètre cube. Quelle somme a-t-il fallu payer? — **S.** Les pierres ont un volume de $692 \times 3,60 \times 0,13$, c-à-d de $323^{mc},856$; elles coûtent donc $4^f,90 \times 323,856$, ou $1586^f,89$. La main-d'œuvre coûte $3^f,75 \times 37$, ou $138^f,75$. Il a donc fallu payer $1586^f,89 + 138^f,75$, ou $1725^f,64$.

P. 349. Un bassin à base rectangulaire a $3^m,25$ de longueur, et $2^m,69$ de largeur. On y verse 30 fois l'eau contenue dans un tonneau dont la capacité est de $3^{Hl},21$. Quelle hauteur cette eau atteindra-t-elle dans le bassin? — **S.** Le volume de cette eau sera $3^{Hl},21 \times 30$, c-à-d $96^{Hl},30$, ou $9^{mc},630$. Le fond du bassin ayant une surface de $3,25 \times 2,69$, ou de $8^{mq},7425$, l'eau s'élèvera à la hauteur de $9,630 : 8,7425$, ou de $1^m,10$. p. 372

P. 350. Un bassin a une contenance de 7020^l. Un robinet peut le remplir en 9^h. On demande: 1° combien ce robinet donne de litres par minute; 2° quelle est la profondeur du bassin de forme rectangulaire à base carrée, sachant qu'il occupe une surface de 6^{mq}; 3° quel est son côté à 1^{mm} près. — **S**. $9^h = 60^m \times 9 = 540^m$. En 1^m, le robinet verse donc $7\,020^l : 540$, ou 13^l. Le volume du bassin est $7^{mc},020$. Donc sa profondeur est de $7,020 : 6$, c-à-d de $1^m,17$. Son côté est $\sqrt{6}$, c-à-d $2^m,449$.

Problème 351. Un bassin rectangulaire contient, lorsqu'il est plein, $26\,400^l$ d'eau. Sa largeur est de $1^m,20$ et la surface du fond est égale à $9^{mq},60$. Déterminez la longueur et la profondeur. — **Solution**. La surface du fond étant $9^{mq},60$ et la largeur $1^m,20$, la longueur est de $9,60 : 1,20$, ou de 8^m. — Le volume étant de $26^{mc},400$, et la surface du fond de $9^{mq},60$, la profondeur est de $26,400 : 9,60$, ou de $2^m,75$.

P. 352. Un chêne a fourni 650 planches dont chacune avait $2^m,50$ de longueur, $0^m,06$ de largeur et $0^m,025$ d'épaisseur. Il y a eu un quarantième de déchet pour façonner ces planches. Quel était en stères le volume de l'arbre? — **S**. Le volume de chaque planche est $2,50 \times 0,06 \times 0,025$, ou $0^{mc},00375$. Le volume de toutes les planches est donc $0^{mc},00375 \times 650$, ou $2^{mc},4375$. Ainsi les 39 quarantièmes du volume du chêne sont de $2^{mc},4375$; 1 quarantième est de $\frac{2,4375}{39}$; et les 40 quarantièmes sont de $\frac{2,4375 \times 40}{39}$ ou $2^{mc},5$, ou encore $2^{st},5$.

P. 353. Un chêne de $4^m,40$ de hauteur et de $0^m,45$ d'équarrissage est vendu à 9^f le décistère. Quel en est le prix? — L'acheteur en fait faire des madriers de $0^m,15$ d'épaisseur qu'il vend 28^f l'un. Combien gagne-t-il? — **S**. Le volume du chêne est $0,45 \times 0,45 \times 4,40$, ou $0^{mc},891$, ou $8^{dst},91$. Son prix est donc $9^f \times 8,91$, ou $80^f,19$. — On peut faire autant de madriers qu'il y a de fois $0^m,15$ dans $0^m,45$, c-à-d 3. En les vendant, on touchera $28^f \times 3$, ou 84^f; et le bénéfice sera de $84^f - 80^f,19$, c-à-d de $3^f,81$.

P. 354. Un fermier qui récolte annuellement 8400 gerbes de blé veut construire, pour loger son grain, un grenier de forme rectangulaire de 6^m de largeur. La hauteur de la couche doit être $0^m,80$. Quelle devra être la longueur de ce grenier, si chaque gerbe donne $4^l \frac{1}{2}$ de blé? — **S**. Le volume du blé est $4^l,5 \times 8400$, c-à-d $37\,800^l$, ou $37^{mc},800$. La hauteur devant être de $0^m,80$, la surface de base sera $37,800 : 0,80$, ou $47^{mq},25$; et, comme la largeur de cette base est de 6^m, sa longueur sera $47,25 : 6$, ou $7^m,87$.

P. 355. Un tas de bois est vendu 396^f, à raison de 12^f le stère. Quelle est sa longueur, sachant qu'il a 2^m de hauteur et que la longueur des bûches est de $1^m,10$? — **S**. Ce tas contient autant de stères qu'il y a de fois 12 dans 396, c-à-d 33st, ou 33^{mc}. En divisant 33 par 2, on trouve que la surface du rectangle qui forme la base du tas est de $16^{mq},50$. Or la largeur de ce rectangle est de $1^m,10$. Donc sa longueur est $16,50 : 1,10$, c-à-d 15^m.

——————

Problème 356. Une boîte a $1^m,50$ de hauteur, $0^m,71$ de largeur et $0^m,80$ de longueur. On demande quelle sera la hauteur de la partie vide quand on y aura versé le contenu de 5 sacs de blé de $1^{Hl}\frac{1}{2}$ chacun? — **Solution.** Le volume du blé est $0^{mc},150 \times 5$, ou $0^{mc},750$. L'aire du fond de la boîte est $0,71 \times 0,80$, ou $0^{mq},568$. La hauteur du blé sera $0,750 : 0,568$, ou $1^m,32$. Celle de la partie vide sera donc $1^m,50 - 1^m,32$, c-à-d $0^m,18$.

P. 357. Une citerne ayant $6^m,40$ de longueur, $4^m,60$ de largeur et $3^m,30$ de profondeur est remplie d'eau aux $\frac{3}{5}$. Combien manque-t-il de doubles-décalitres pour qu'elle soit entièrement pleine? — **S.** La hauteur de la partie vide est $6^m,40 \times \frac{2}{5}$, ou $2^m,56$. Le volume qui reste à remplir est donc $4,60 \times 3,30 \times 2,56$, ou $38^{mc},8608$, ou $3886^{Dl},08$. Le nombre cherché des doubles-décalitres est la moitié du nombre précédent, c-à-d $1943,04$.

P. 358. Une fontaine donne $2^l\frac{1}{3}$ d'eau par minute. Combien mettra-t-elle de minutes pour remplir un bassin de $1^m,50$ de longueur sur $0^m,40$ de largeur et $0^m,35$ de profondeur? — **S.** La capacité du bassin est $1,50 \times 0,40 \times 0,35$, c-à-d $0^{mc},210$, ou 210^l. La fontaine donnant $\frac{7}{3}$ de litre par minute, il faudra autant de minutes pour remplir le bassin qu'il y a de fois $\frac{7}{3}$ dans 210, c-à-d $210 : \frac{7}{3}$, ou $210 \times \frac{3}{7}$, ou 90 minutes.

p. 373

P. 359. Une pierre taillée, de forme cubique, a $0^m,65$ d'arête. La pierre vaut $7^f,75$ le mètre cube et la taille a coûté $1^f,25$ le mètre carré. Quel est le prix total de cette pierre taillée? — **S.** Le volume de la pierre est 065^3, ou $0^{mc},274625$; son prix, sans la taille, est donc $7^f,75 \times 0,274625$, ou $2^f,13$. La pierre ayant 6 faces, sa surface totale est $0,65^2 \times 6$, ou $2^{mq},5350$; la taille coûte donc $1^f,25 \times 2,5350$, ou $3^f,17$. Le prix total de la pierre taillée est donc $2^f,13 + 3^f,17$, ou $5^f,30$.

P. 360. Une pile de bois à brûler ayant la forme d'un prisme rectangulaire a $10^m,60$ de longueur sur $1^m,14$ de largeur. A raison de 15^f le stère, elle a été vendue $271^f,89$. Quelle en était la hauteur? — **S.** Le nombre des stères est $271,89 : 15$, ou $18^{st},126$. Le volume de la pile est $18^{mc},126$. La surface de sa base est $10,60 \times 1,14$, ou $12^{mc},084$. Sa hauteur est donc $18,126 : 12,084$, c-à-d $1^m,5$.

Problème 361. Une pompe fournit $2^l \frac{1}{4}$ d'eau par coup de balancier et donne 15 coups par minute. En combien de temps, heures et minutes, cette pompe remplira-t-elle un réservoir dont les dimensions sont $3^m,60$, $2^m,40$, et 1^m? — **Solution.** Le volume du réservoir est $3,60 \times 2,40 \times 1$, c-à-d $8^{mc},640$, ou 8.640^l. Or la pompe fournit $2^l,25 \times 15$, ou $33^l,75$ par minute. Il faudra donc autant de minutes qu'il y a de fois $33^l,75$ dans 8.640^l, c-à-d 256^m, ou $4^h 16^m$.

P. 362. Le poids de l'air contenu dans une chambre rectangulaire est égal à $117^{Kg},208$, et on sait qu'un litre d'air pèse $1^g,3$. On demande quel est le volume de cette chambre, et aussi quelle est sa longueur, sachant que sa largeur et sa hauteur sont respectivement de $4^m,90$ et de $3^m,20$. — **S.** 1^{mc} d'air pèse $1^{Kg},3$. Le volume de la chambre est donc $117,208 : 1,3$, ou $90^{mc},16$. La surface du plancher est $90,16 : 3,20$, ou $28^{mq},18$; et la longueur cherchée est $28,18 : 4,90$, ou $5^m,75$.

P. 363. On a un fil métallique dont la section est un carré de 7 dixièmes de millimètre de côté, et dont la longueur est de 850^m. Pour dorer ce fil, on a employé 35^g d'or. Quelle est l'épaisseur de la couche d'or? — La densité de l'or est $19,5$. — **S.** 35^g d'eau auraient un volume de 35^{cmc}; donc 35^g d'or ont un volume de $35^{cmc} : 19,5$, ou $1^{cmc},7949$, ou $1794^{mmc},9$. La surface dorée est assimilable à un rectangle ayant pour dimensions $0^{mm},7 \times 4$, ou $2^{mm},8$, et 850000^{mm}. Cette surface est de 2380000^{mmq}. L'épaisseur de la couche est donc $1794 : 2380000$, ou $0^{mm},00075$.

P. 364. On admet que le litre de blé pèse 750^g et fournit $89 °/_0$ de farine et le reste de son. Quels poids de son et de farine retirera-t-on du blé renfermé dans un grenier plein de $2^m,60$ de longueur sur $1^m,40$ de largeur et $1^m,30$ de hauteur? — Quel serait le prix de ce blé à $4^f,35$ le double-décalitre? — **S.** Ce blé aura un volume de $2,60 \times 1,40 \times 1,30$, c-à-d de $4^{mc},732$, ou 4732^l, et pèsera $0^{Kg},750 \times 4732$, ou 3549^{Kg}. Le poids de la farine produite sera $3549^{Kg} \times 0,89$, ou $3158^{Kg},61$. Le poids du son sera $3549^{Kg} - 3158^{Kg},61$, ou $390^{Kg},39$. L'hectolitre de blé se vendant $4^f,35 \times 5$, ou $21^f,75$, le prix de tout ce blé sera $21^f,75 \times 47,32$, ou $1029^f,21$.

P. 365. On veut construire un mur qui doit avoir 20^m de longueur, $2^m,50$ de hauteur, $0^m,36$ d'épaisseur, avec des briques de $0^m,20$ de longueur, $0^m,12$ de largeur et $0^m,06$ d'épaisseur. Combien faudra-t-il de briques, et que coûtera le mur à raison de 60^f le mille de briques mises en place? — **S.** Le volume du mur est $20 \times 2,50 \times 0,36$, ou 18^{mc}. Le volume d'une brique est $0,20 \times 0,12 \times 0,06$, ou $0^{mc},00144$. Il faudra autant de briques qu'il y a de fois $0^{mc},00144$ dans 18^{mc}, c-à-d 12500 briques. La dépense sera donc de $60^f \times 12,5$, c-à-d de 750^f.

Problème 366. On veut entourer de murs un jardin rectangulaire dont les dimensions sont 48^m,6 et 17^m. Les fouilles destinées à recevoir les murs coûtent 0^f,35 par mètre courant. La maçonnerie revient à 12^f le mètre cube. A quelle somme s'élèvera la dépense si les murs ont 0^m,40 d'épaisseur et 2^m,50 p. 374 de hauteur, y compris les fondations ? — **Solution.** Le contour du jardin est 48^m,6 $\times$ 2 + 17^m $\times$ 2, ou 131^m,2. Le prix total des fouilles est 0^f,35 $\times$ 131,2, ou 45^f,92. Le volume de la maçonnerie est 2,50 $\times$ 0,40 $\times$ 131,2, ou 131^{mc},2 ; son prix total est 12^f $\times$ 131,2, ou 1 574^f,40. La dépense totale est donc de 45^f,92 + 1 574^f,40, c-à-d de 1 620^f,32.

P. 367. Un entrepreneur s'est chargé de la construction d'un mur de clôture de 340^m de longueur sur 0^m,40 de largeur et 4^m,50 de hauteur, au prix de 15^f,60 le mètre cube. Il lui faut, par mètre cube de maçonnerie, 1^{mc},2 de pierres brutes qu'il paie à raison de 6^f le mètre cube ; 2^f,50 de chaux et 0^f,75 de sable. De plus, les ouvriers chargés de cette construction exigent pour la main-d'œuvre 4^f,50 par mètre cube de travail. Cet entrepreneur emploie 82^j à faire exécuter ce travail ; combien gagne-t-il par jour ? — **S.** Le volume du mur est 340 $\times$ 0,40 $\times$ 4,5, ou 612^{mc}. Le mètre cube revient à l'entrepreneur à 6^f $\times$ 1,2 + 2^f,50 + 0^f,75 + 4^f,50, ou 14^f,95. Il gagne donc, sur un mètre cube, 15^f,60 — 14^f,95, ou 0^f,65 ; et, sur tout le mur, 0^f,65 $\times$ 612, ou 397^f,80. En 1j, il gagne 397^f,80 : 82, c-à-d 4^f,85.

P. 368. Un épicier achète de l'huile d'olive contenue dans 10 petites caisses en fer-blanc, ayant toutes pour base un carré de 0^m,25 de côté. Leur hauteur égale 0^m,40 ; la densité de l'huile est 0,914. Sachant que l'épicier l'a payée à raison de 1^f,80 le kilogramme, combien doit-il la revendre le litre pour gagner 85^f sur le tout ? — **S.** La capacité de chaque caisse est 0,25 $\times$ 0,25 $\times$ 0,40, c-à-d 0^{mc},025, ou 25^l. Le volume total de l'huile est donc 25^l $\times$ 10, ou 250^l. Son poids total est 250^{Kg} $\times$ 0,914, ou 228^{Kg},5. Le prix d'achat a été de 1^f,80 $\times$ 228,5, c-à-d de 411^f,30. Le prix de vente doit être de 411^f,30 + 85^f, c-à-d de 496^f,30. Donc 1^l doit être vendu 496^f,30 : 250, c-à-d 1^f,98.

P. 369. Un wagon ayant intérieurement 3^m,50 de longueur, 2^m,15 de largeur et 0^m,70 de hauteur est rempli de chaux valant 1^f,45 l'hectolitre. Quelle est la valeur de cette chaux et quelle surface pourra-t-elle amender à raison d'un quintal par are, sachant que l'hectolitre pèse 135^{Kg}? — **S.** Le volume de la chaux est 3,50 $\times$ 2,15 $\times$ 0,70, ou 5^{mc},2675, ou 52^{Hl},675. Son prix est de 1^f,45 $\times$ 52,675, ou 76^f,38. Le poids de cette chaux est de 135^{Kg} $\times$ 52,675, ou de 7111^{Kg},125, ou de 71^Q,11. On pourra donc en amender 71^a,11.

P. 370. Un boulanger achète un tas de bois de 14^m,25

de longueur et $2^m,30$ de hauteur, à raison de 145^f le déca-stère, puis 1 820 bourrées qui lui coûtent 16^f le cent. Combien doit-il payer, si les morceaux de bois ont $1^m,20$ de longueur, si on lui donne 104 bourrées pour 100 qu'il paie, et si on lui fait une remise de $2\frac{1}{2}\,^{o}/_{o}$? — **S.** Le volume du tas de bois est $14,25 \times 2,30 \times 1,20$, c-à-d $39^{mc},33$, ou $39^{st},33$, ou $3^{Dst},933$; son prix est de $145^f \times 3,933$, ou $570^f,285$. Pour les bourrées, on paye autant de fois 16^f qu'il y a de fois 104 dans 1 820, c-à-d $16^f \times 17,5$, ou 280^f. Le prix total est $570^f,285 + 280^f$, ou $850^f,285$. La remise est de $850^f,285 \times 0,025$, ou $21^f,26$. Donc on doit payer $850^f,28 - 21^f,26$, ou 829^f.

Problème 371. On a fait creuser autour d'une propriété rectangulaire, de 275^m sur 153^m, un fossé de $0^m,55$ de profondeur et $0^m,90$ de largeur. L'ouvrier prend $3^f,50$ par mètre cube de terre enlevée. Que lui devra-t-on? — **Solution.** On peut regarder le fossé tout entier comme se composant de deux fossés de 275^m de long, et de deux fossés de $153^m - 0^m,90 \times 2$, c-à-d de $151^m,20$ de long. Le volume des deux premiers ensemble est $275 \times 0,90 \times 0,55 \times 2$, ou $272^{mc},25$. Le volume des deux derniers est $151,2 \times 0,90 \times 0,55 \times 2$, ou $149^{mc},688$. Le volume total est donc $272^{mc},25 + 149^{mc},688$, ou $421^{mc},938$. On devra donc à l'ouvrier $3^f,50 \times 421,938$, c-à-d $1476^f,78$.

P. 372. Une des pierres cylindriques d'un fût de colonne de marbre, dont l'épaisseur est de 352^{mm}, pèse juste $\frac{3}{4}$ de tonne. On demande son diamètre, sachant qu'un morceau de ce marbre, qui pesait 456^g, plongé dans un verre plein d'eau, a fait sortir de ce vase 17^{cl} de liquide. — **S.** $17^{cl} = 170^{cmc}$. Donc 456^g de ce marbre ont un volume de 170^{cmc}. Donc 456^T ont un volume de 170^{mc}. Donc 1^T a un volume de $\frac{170}{456}$, et $\frac{3}{4}$ de tonne ont un volume de $\frac{170 \times 3}{456 \times 4}$, c-à-d de $0^{mc},279$. La hauteur du cylindre étant $0^m,352$, l'aire du cercle de base est $0,279 : 0,352$, c-à-d $0^{mq},7926$. En divisant $0,7926$ par π, on trouve $0,25$, qui est le carré du rayon. Donc le rayon est la racine de $0,25$; donc il est de $0^m,5$, et le diamètre est de 1^m.

P. 373. Un tronc de cône a $1^m,80$ de rayon de base inférieure, $0^m,45$ de rayon de base supérieure, hauteur $1^m,15$. Calculer le volume de ce tronc de cône. — **S.** La superficie de la base inférieure est $\pi \times 1,80^2$; celle de la base supérieure est $\pi \times 0,45^2$; celle de la moyenne proportionnelle entre ces deux bases est $\pi \times 1,80 \times 0,45$. Les 3 cônes dont la somme donne le volume du tronc ont pour volumes respectifs $\pi \times 1,80^2 \times \frac{1,15}{3}$; $\pi \times 0,45^2 \times \frac{1,15}{3}$; $\pi \times 1,80 \times 0,45 \times \frac{1,15}{3}$. Le volume du tronc est donc $\pi \times \frac{1,15}{3} \times (1,80^2 + 0,45^2 + 1,80 \times 0,45)$, ou $\pi \times \frac{1,15}{3} \times 4,2525$, ou $5^{mc},1212$.

P. 374. Quel est le poids d'une boule sphérique en fonte dont le diamètre est de 0^m,40 et l'épaisseur de 0^m,01 ? Densité de la fonte 7,2. — **S.** Le rayon extérieur est 20^cm et le rayon intérieur 19^cm. Le volume extérieur est $\frac{4}{3} \times \pi \times 20^3$; le volume intérieur, $\frac{4}{3} \times \pi \times 19^3$. Le volume de la fonte est donc $\frac{4}{3} \times \pi \times (20^3 - 19^3)$, ou $\frac{4}{3} \times \pi \times 1141$, ou 4779^cmc,4. Le poids de la boule est donc 4779^g,4 $\times$ 7,2, ou 34412^g, ou 34^Kg,412.

P. 375. On a payé 196^f,40 pour 34^m de calicot et 68^m de toile. On demande quel est le prix du mètre de chaque étoffe, sachant que le mètre de toile coûte 2^f,20 de plus que le mètre de calicot. — **S.** Si l'on eût acheté 34^m + 68^m, ou 102^m de calicot, on eût payé seulement 196^f,40 — 2^f,20 × 68, ou 46^f,80. Donc 1^m de calicot coûte 46^f,80 : 102, ou 0^f,46 ; et 1^m de toile coûte 0^f,46 + 2^f,20, ou 2^f,66.

Problème 376. Deux personnes ont le même revenu. La première économise le quart de son revenu ; la deuxième fait 75^f de dettes, et dépense 535^f de plus que la première. Quel est le revenu ? — **Solution.** Si la seconde n'eût pas fait de dettes, elle eût dépensé seulement 535^f — 75^f, ou 460^f de plus que la première. Ces 460^f représentent ce que la première a économisé. Donc le quart du revenu est 460^f. Donc le revenu est 460^f × 4, ou 1840^f.

P. 377. J'ai dans ma bourse une somme de 1315^f formée de pièces de 20^f et de 5^f ; le nombre des pièces de 5^f surpasse de 28 celui des pièces de 20^f. Combien en ai-je de chaque sorte ? — **S.** Ces 28 pièces de 5^f forment 5^f × 28, ou 140^f. Si donc il y avait seulement autant de pièces de 5^f que de pièces de 20^f, j'aurais seulement 1315^f — 140^f, ou 1175^f. Or, une pièce de 5^f et une de 20^f forment ensemble 25^f. Il y a donc autant de pièces de 20^f qu'il y a de fois 25^f dans 1175^f, c-à-d 47. Le nombre des pièces de 5^f est 47 + 28, ou 75.

P. 378. Un père fait avec son fils la convention suivante : quand celui-ci obtiendra dans sa classe la place de premier, il recevra de son père 20^f ; mais, quand il ne sera pas premier, il rendra à son père 12^f. Après 12 compositions, le fils se trouve possesseur de 112^f. Combien de fois a-t-il été premier, et combien de fois ne l'a-t-il pas été ? — **S.** Si le fils avait été toujours premier, il aurait 20^f × 12, ou 240^f ; et, par suite, 240^f — 112^f ou 128^f de plus qu'il n'a. Or, chaque fois qu'il n'est pas premier, il perd 32^f, savoir : 20^f qu'on ne lui donne pas, plus 12^f qu'il donne. Donc, il a manqué la première place autant de fois qu'il y a de fois 32 dans 128, c-à-d 4 fois. Donc, il a été seulement 8 fois premier.

P. 379. Un sac renferme 65 pièces de monnaie d'argent,

les unes de 2^f, les autres de 5^f. La somme totale est de 232^f. Combien y a-t-il de pièces de chaque espèce. Quel est le poids total ? — **S.** S'il y avait dans le sac 65 pièces de 2^f, la somme serait seulement 2$^f \times$ 65, ou 130^f : elle serait de 102^f inférieure à la somme donnée. Or, chaque fois qu'on remplace une pièce de 2^f par une pièce de 5^f, la somme augmente de 3^f. Donc il y a autant de pièces de 5^f qu'il y a de fois 3 dans 102, c-à-d 34 pièces de 5^f. Le nombre des pièces de 2^f est donc 65 — 34, ou 31. Le poids total est 10$^g \times$ 31 + 25$^g \times$ 34, c-à-d 1160^g.

P. 380. Une personne parcourt une route en 3^h 42^m : au retour, comme elle fait 16$^m \frac{2}{3}$ de moins par minute, elle met 4^h 37$^m \frac{1}{2}$ à parcourir le même chemin. Quelle est la longueur de la route ? Quel est le temps employé pour parcourir un kilomètre tant à l'aller qu'au retour ? — **S.** 3^h 42^m = 222^m; 4^h 37^m,5 = 277^m,5. A l'aller, en 1^m, cette personne fait $\frac{1}{222}$ de la route; au retour elle n'en fait que $\frac{1}{277,5}$, ou $\frac{2}{555}$: la différence est $\frac{1}{222} - \frac{2}{555}$, ou $\frac{1}{1110}$. Ainsi $\frac{1}{1110}$ de la route vaut 16$^{mètres} + \frac{2}{3}$. La longueur de la route est donc $\left(16^m + \frac{2}{3}\right) \times$ 1110, ou 18^{Km},500. A l'aller, pour faire 1^{Km}, on mettait 222 : 18,5, ou 12 minutes; au retour, on met 277,5 : 18,5, ou 15 minutes.

___

Problème 381. Dans une fabrique, on emploie chaque jour 7 hommes, 4 femmes et 2 enfants. Ils gagnent ensemble 54^f,25 par jour. On demande le salaire de chacun par jour, sachant que la paie d'une femme est les $\frac{2}{3}$ de celle d'un homme et que celle d'un enfant est la moitié de celle d'une femme. — **Solution.** Un salaire de femme vaut 2 salaires d'enfant, et un salaire d'homme en vaut 3. Donc le nombre des salaires d'enfant qu'on paie chaque jour est 3 $\times$ 7 + 2 $\times$ 4 + 2, ou 31. Donc un salaire d'enfant vaut 54^f,25 : 31, c-à-d 1^f,75; un salaire de femme, 1^f,75 $\times$ 2, c-à-d 3^f,50; un salaire d'homme, 1^f,75 $\times$ 3, c-à-d 5^f,25.

p. 376   **P. 382.** Au moment où un propriétaire se dispose à vendre son blé et son vin, il survient une baisse de 6^f par hectolitre sur le prix du vin, et une hausse de 2^f,50 sur le prix de l'hectolitre de blé. S'il vendait tout, les nouvelles conditions du marché lui feraient perdre 300^f. Il vend la totalité du blé, mais seulement les $\frac{2}{3}$ du vin, et retire de cette vente ce qu'il en aurait retiré aux anciennes conditions. Combien avait-il de blé et de vin à vendre ? — **S.** S'il vendait tout, il vendrait le dernier tiers de son vin de plus. C'est donc ce dernier tiers qui lui ferait perdre 300^f. Or, on perd 6^f sur 1^{Hl} de vin. Donc pour perdre 300^f, il faut vendre autant d'hectolitres qu'il y a de fois 6 dans 300, c-à-d 50^{Hl}. Donc le tiers du vin est de 50^{Hl}, et la quantité totale du vin est 50$^{Hl} \times 3$, ou 150^{Hl}. Sur les $\frac{2}{3}$ du vin, c-à-d sur 100^{Hl}, le marchand perd 6$^f \times 100$, ou 600^f. Donc, sur tout son blé, il gagne 600^f. Donc il a autant d'hecto-litres de blé qu'il y a de fois 2^f,50 dans 600^f, c-à-d 240^{Hl}.

P. 383. Deux ouvriers de force inégale travaillent à un même ouvrage qu'ils peuvent faire ensemble en 12^j. Après 4^j de travail, le plus habile tombe malade; l'autre achève l'ouvrage en 18^j. Combien chacun d'eux, travaillant seul, aurait-il mis de temps pour faire l'ouvrage entier ? — **S.** En 4^j de travail, les deux ouvriers ont fait ensemble les $\frac{4}{12}$ ou le tiers de l'ouvrage. Le moins habile fait, en 18^j, les $\frac{2}{3}$ restants; donc il fait en 1^j, les $\frac{2}{3 \times 18}$, ou $\frac{1}{27}$ de l'ouvrage; donc, à lui seul, il mettrait 27^j pour faire l'ouvrage entier. En 1^j, les deux ouvriers ensemble font $\frac{1}{12}$ de l'ouvrage; donc le plus habile en fait $\frac{1}{12} - \frac{1}{27}$, ou $\frac{5}{108}$. Celui-ci, pour faire l'ouvrage entier, mettra donc $\frac{108}{5}$ de jour, ou 21$^j + \frac{3}{5}$.

P. 384. Deux personnes séparées par une distance de 3 600^m partent au même moment et vont l'une vers l'autre. La ren-contre a lieu à 2 000^m de l'un des deux points de départ. Si, les vitesses restant les mêmes, la personne la plus lente était partie 6^m avant l'autre, la rencontre aurait eu lieu à moitié route. Combien chaque personne parcourt-elle par minute ? — **S.** Dans le premier cas, la personne la plus lente a parcouru 3 600^m — 2 000^m, ou 1 600^m, tandis que la plus rapide en a parcouru 2 000 : en un temps donné, la plus lente parcourt donc seulement les $\frac{1600}{2000}$, ou les $\frac{4}{5}$ du chemin parcouru par l'autre. Dans le second cas, pendant que la plus rapide a parcouru 3 600^m : 2, ou 1 800^m, la plus lente a parcouru 1 800$^m \times \frac{4}{5}$, ou 1 440^m. Comme, au moment de la seconde rencontre, la personne la plus lente a aussi parcouru 1 800^m, elle a parcouru 1 800^m — 1 440^m, ou 360^m, pendant les 6 minutes qui se sont écoulées avant le départ de la plus rapide. Donc, la personne la plus lente parcourt 360^m : 6, ou 60^m par minute. Ces 60^m ne sont que les $\frac{4}{5}$ de ce que la plus rapide parcourt en 1 minute. Le cinquième de ce dernier nombre est donc 60^m : 4 ou 15^m, et les cinq cinquièmes sont 15$^m \times 5$, ou 75^m.

P. 385. Deux trains partent, l'un de Paris pour Mantes à 8^h, l'autre de Mantes pour Paris à 7^h 56^m; tous les deux marchent sans arrêt et à raison de 55^{Km} à l'heure. La distance de Paris à Mantes est de 58^{Km}. A quelle heure se rencontreront-ils et à quelle distance de Paris ? — **S.** Dans les 4^m qui ont précédé 8^h, le train parti de Mantes a fait les $\frac{4}{60}$, ou $\frac{1}{15}$ de 55^{Km}, c-à-d 3^{Km},667. A 8^h, la distance qui sépare les deux trains n'est plus que 58^{Km} — 3^{Km},667, ou 54^{Km},333. La rencontre aura lieu au milieu de cette distance, c-à-d à 27^{Km},166 de Paris. Chaque train fait, par minute, 55^{Km} : 60, ou 0^{Km},917. Il s'écoulera donc, avant la rencontre, autant de minutes qu'il y a de fois 0^{Km},917 dans 27^{Km},166, c-à-d 29^m. La rencontre aura donc lieu à 8^h 29^m.

Problème 386. En ajoutant 390^g d'argent pur à une certaine somme d'argent monnayé au titre de 0,835, on a porté le titre à 0,9. Quelle est cette somme ? — **Solution.** Sur 1 000^g d'argent au titre de 0,835, il y a 165^g de cuivre. Donc le poids de l'argent monnayé était les $\frac{1\,000}{165}$ du poids du cuivre. Après qu'on a ajouté l'argent pur, le poids total est 10 fois celui du cuivre. Donc la différence des deux poids, c-à-d 390^g, est égale à 10 — $\frac{1\,000}{165}$, ou aux $\frac{650}{165}$ du poids du cuivre. Le poids du cuivre est donc 390^g $\times$ $\frac{165}{650}$, ou 99^g. Or, sur une pièce de 1^f, qui est au titre de 0,835, il y a 5^g $\times$ 0,165, ou 0^g,825 de cuivre. Donc la somme cherchée vaut autant de francs qu'il y a de fois 0^g,825 dans 99^g, c-à-d 120^f.

P. 387. En revendant une pièce d'étoffe à raison de 4^f,50 les $\frac{3}{4}$ de mètre, on fait un bénéfice de 82^f ; en la revendant au prix de 3^f les $\frac{2}{3}$ de mètre, on fait une perte de 41^f. On demande : 1° la longueur de la pièce ; 2° son prix d'achat. — **S.** Les $\frac{3}{4}$ de mètre se vendant 4^f,50, le mètre se vend 4^f,50 : $\frac{3}{4}$, ou $\frac{4,50 \times 4}{3}$, ou 6^f. Les $\frac{2}{3}$ de mètre se vendant 3^f, le mètre se vend 3^f : $\frac{2}{3}$, ou 3^f $\times$ $\frac{3}{2}$, ou 4^f,50. En vendant à 4^f,50 au lieu de 6^f, on diminue le prix de vente de 1^f,50 par mètre. Or le prix total de la vente a diminué de 82^f $+$ 41^f ou de 123^f. Donc la pièce avait autant de mètres qu'il y a de fois 1^f,50 dans 123^f, c-à-d 82^m. En la vendant à 6^f le mètre, on a un prix total de vente égal à 6^f $\times$ 82, ou 492^f. Puisqu'on fait alors un bénéfice de 82^f, le prix d'achat a été 492^f — 82^f, c-à-d 410^f.

P. 388. Pour border complètement un tapis rectangulaire dont la longueur a 75^{cm} de plus que la largeur, on a employé 24^m,50 de bordure. Quelles sont les dimensions de ce tapis, et combien faudrait-il de mètres de toile à 90^{cm} de largeur pour le doubler sur toute sa surface ? — **S.** La longueur et la largeur forment ensemble 24^m,50 : 2, ou 12^m,25. Le double de la largeur est 12^m,25 — 0^m,75, ou 11^m,50 ; la largeur est 11^m,50 : 2, ou 5^m,75 ; et la longueur 5^m,75 + 0^m,75, ou 6^m,50. La surface totale du tapis, et par conséquent de la toile, est 6,50 × 5,75, ou 37^{mq},375. La longueur de la toile sera donc 37,375 : 0,90, ou 41^m,53.

P. 389. Un aubergiste a vendu au détail un fût rempli de p. 377 vin qui lui avait coûté 410^f et il a gagné dans cette vente une somme de 71^f,75. On sait que, sur le quart de la quantité vendue, il a gagné 0^f,05 par litre, et sur le reste 0^f,10 par litre. On demande : 1° la contenance du fût ; 2° le prix d'achat du litre et les deux prix de vente. — **S.** Dans la seconde vente, l'aubergiste a vendu 3 fois plus de vin et gagné 2 fois plus par litre que dans la première ; donc il a gagné 6 fois plus. Dans la première vente, le bénéfice est donc le septième du bénéfice total ; il est donc égal à 71^f,75 : 7, c-à-d à 10^f,25. Dans la première vente, on a donc vendu autant de litres qu'il y a de fois 0^f,05 dans 10^f,25, c-à-d 205^l. La contenance du fût était donc 205^l × 4, ou 820^l. Le prix d'achat du litre était 410^f : 820, ou 0^f,50. Le premier prix de vente a été 0^f,50 + 0^f,05, ou 0^f,55 ; le second, 0^f,50 + 0^f,10, ou 0^f,60.

P. 390. Un capital augmenté de ses intérêts pendant 10 mois donne 33 604^f. On obtiendrait la même somme en augmentant le taux de 1^f et en diminuant le temps de 2 mois. On demande le capital et le taux. — **S.** L'intérêt, dans les deux cas, est le même : donc le produit du taux par le temps est le même. Or le second temps est les $\frac{8}{10}$, ou les $\frac{4}{5}$ du premier ; donc le second taux est les $\frac{5}{4}$ du premier ; et, puisqu'il le dépasse de 1^f, le premier taux est de 1^f × 4, ou de 4 °/₀. A ce taux, 1^f, en 10^{mois}, c-à-d en 300^j, rapporte $\frac{4 \times 1 \times 300}{36\,000}$, ou $\frac{1}{30}$ de franc, et devient 1^f + $\frac{1}{30}$, ou $\frac{31}{30}$ de franc. Le capital cherché est donc d'autant de francs qu'il y a de fois $\frac{31}{30}$ dans 33 604, c-à-d 33 604 : $\frac{31}{30}$, ou 33 604 × $\frac{30}{31}$, ou 32 520^f.

Problème 391. Un chariot a 4 roues ; la circonférence des deux roues de devant mesure 2^m et est les $\frac{5}{8}$ de la circonférence des deux roues de derrière. On demande quelle est la distance parcourue par le chariot, lorsque les deux roues de devant ont fait 360 tours de plus que les roues de derrière. — **Solution.** 1 tour d'une roue de devant vaut $\frac{5}{8}$ de tour d'une roue de derrière. Donc 8 tours d'une roue de devant en valent 5 d'une roue de derrière. Donc, quand une roue de devant a fait 3 tours de plus qu'une roue de derrière, cette roue de devant a fait 8 tours, c-à-d que le chariot a parcouru 2^m × 8, ou 16^m. Quand la roue de devant a fait seulement 1 tour de plus, le chariot a parcouru $\frac{16}{3}$ de mètre; quand elle a fait 360 tours de plus, le chariot a parcouru $\frac{16 \times 360}{3}$, ou 1920^m.

P. 392. Une certaine somme formée de pièces de 5^f, les unes en or, les autres en argent, pèse 825^g; le nombre de pièces d'or est 31 fois plus grand que celui des pièces d'argent. Combien y a-t-il des unes et des autres? — **S.** Une pièce d'or de 5^f pèse 15,5 fois moins qu'une pièce de 5^f en argent; mais, comme il y a 31 fois plus de pièces d'or, et que 31 est le double de 15,5, le poids total des pièces d'or est le double du poids total des pièces d'argent. Donc 825^g est le triple du poids total des pièces d'argent; donc ce dernier poids est 825^g : 3, ou 275^g. Mais une pièce d'argent de 5^f pèse 25^g. Donc il y a autant de pièces de 5^f en argent qu'il y a de fois 25 dans 275, c-à-d 11. Le nombre des pièces d'or est 11 × 31, ou 341.

P. 393. Une famille consomme par jour 3^{kg},5 de pain. Sa dépense, dans un mois de 30^j, pour cet objet de consommation, s'est élevée à 32^f,90. On sait que, du 1er du mois à un certain jour, elle a payé le pain 0^f,30 le kilogramme et que, pendant le reste du mois, elle l'a payé 0^f,32 le kilogramme. Trouver pendant combien de jours elle a payé le pain à raison de chacun de ces deux prix. — **S.** Lorsqu'elle consomme du pain à 0^f,30, sa dépense est, par jour, de 0^f,30 × 3,5, c-à-d de 1^f,05, et, par mois, de 31^f,50. Or sa dépense a été de 32^f,90. Donc elle a dépensé 32^f,90 — 31^f,50, ou 1^f,40 de plus. Quand elle prend du second pain, elle dépense 0^f,32 × 3,5, ou 1^f,12, et, par conséquent, 1^f,12 — 1^f,05, ou 0^f,07 de plus par jour. Donc elle a consommé du second pain pendant autant de jours qu'il y a de fois 0^f,07 dans 1^f,40, c-à-d pendant 20^j. Elle a donc consommé du premier pendant 10^j seulement.

P. 394. Une personne, après avoir dépensé $\frac{1}{4}$ plus $\frac{1}{5}$ de son argent, dépense encore 75^f, et il lui reste la moitié de ce qu'elle possédait au début moins 18^f. Quelle somme reste-t-il? — **S.** Si cette personne, en troisième lieu, avait dépensé seulement 75^f — 18^f, ou 57^f, il lui resterait juste la moitié de la somme qu'elle avait d'abord. Or, ses deux premières dépenses représentent $\frac{1}{4} + \frac{1}{5}$, ou $\frac{9}{20}$ de cette somme; ce qui lui reste finalement en représente la moitié ou les $\frac{10}{20}$. On trouve ainsi les $\frac{19}{20}$ de cette somme. Les 57^f dépensés en troisième lieu en représentent donc le dernier vingtième. Donc cette somme était 57 × 20, dont la moitié est 57 × 10, ou 570^f. En retranchant 18^f de cette moitié, on trouve 552^f : c'est tout ce qui reste.

P. 395. Deux personnes, en contestation pour le partage d'une somme d'argent, choisissent un arbitre. S'il accordait à chacune ce qu'elle demande, la somme serait trop faible de 800^f,

Il retranche $\frac{1}{4}$ sur la demande de la première, $\frac{1}{3}$ sur celle de la seconde ; la somme se trouve alors partagée par moitié entre les deux personnes. Quelle est la somme à partager et que demandait chaque personne ? — **S.** Les $\frac{3}{4}$ de la première somme demandée forment la moitié de la somme à partager : donc le quart de cette première somme demandée est le sixième de la somme à partager. Les $\frac{2}{3}$ de la seconde somme demandée forment l'autre moitié de la somme à partager : donc le tiers de la seconde somme demandée est le quart de la somme à partager. Donc $\frac{1}{6} + \frac{1}{4}$ ou les $\frac{5}{12}$ de la somme à partager valent 800^f ; donc $\frac{1}{12}$ vaut $\frac{800}{5}$, et la somme à partager vaut $\frac{800 \times 12}{5}$ ou 1 920^f. Les $\frac{3}{4}$ de la première somme demandée valent 960^f ; donc cette première somme est 960 : $\frac{3}{4}$, ou 960 $\times$ $\frac{4}{3}$, ou 1 280^f. Les $\frac{2}{3}$ de la seconde somme demandée valent aussi 960^f ; donc cette seconde somme est 960 : $\frac{2}{3}$, ou 960 $\times$ $\frac{3}{2}$, ou 1 440^f.

Problème 396. Un marchand reçoit une pièce de drap p. 378 qui lui a été facturée à raison de 12^f le mètre. En la mesurant, il trouve que la pièce contient 5^m de plus qu'il ne croyait ; mais le drap est de mauvaise qualité et il ne pourra le revendre qu'au prix de 10^f,75 le mètre. La pièce étant vendue à ce prix, il ne fait qu'une perte de 4 $\frac{4}{9}$ $^o/_o$. Combien de mètres portait la facture ? — **Solution.** Sur 1^m, le marchand perd 12^f — 10^f,75, ou 1^f,25, ou les $\frac{125}{1200}$, ou les $\frac{5}{48}$ du prix d'achat. Si la pièce n'avait pas 5^m de plus, la perte serait donc les $\frac{5}{48}$ du prix d'achat total. Or elle n'en est que les $\frac{40}{9}$ $^o/_o$, c-à-d que les $\frac{40}{90}$, ou les $\frac{2}{45}$. La différence est $\frac{5}{48} - \frac{2}{45}$, ou les $\frac{43}{720}$ du prix total d'achat. Or, cette différence provient de 5^m en plus, qui ont été vendus 10^f,75 $\times$ 5, ou 53^f,75. Donc les $\frac{43}{720}$ du prix d'achat font 53^f,75 ; donc $\frac{1}{720}$ est $\frac{53,75}{43}$; et le prix total est $\frac{53,75 \times 720}{43}$, ou 900^f. La facture portait autant de mètres qu'il y a de fois 12 dans 900, c-à-d 75^m.

P. 397. On enroule sur une aiguille cylindrique un fil d'épaisseur constante, et l'on trouve que 200 tours juxtaposés recouvrent les $\frac{3}{10}$ de la longueur totale de l'aiguille. On enroule ensuite sur la même aiguille un autre fil d'épaisseur constante, et l'on trouve que 300 tours juxtaposés recouvrent les $\frac{48}{100}$ de la longueur totale de l'aiguille. On demande : 1° quel est celui des deux fils dont le diamètre est le plus petit ; 2° quel est le diamètre de chacun d'eux en fraction décimale de l'aiguille ; 3° quelle est la plus petite longueur de l'aiguille que puissent recouvrir des nombres entiers de tours des deux fils. — **S.** Puisque 200 tours du premier fil recouvrent les $\frac{3}{10}$ de l'aiguille, 1 tour en recouvre $\frac{3}{10 \times 200}$ ou $\frac{3}{2000}$; puisque 300 tours du second fil recouvrent les $\frac{48}{100}$ de l'aiguille, 1 tour en recouvre $\frac{48}{100 \times 300}$, ou $\frac{48}{30\,000}$. Or $\frac{3}{2000} = \frac{15}{10\,000}$, et $\frac{48}{30\,000} = \frac{16}{10\,000}$; c'est donc le premier fil qui a le plus petit diamètre. Le diamètre du premier fil est les 0,0015 de l'aiguille ; celui du second en est les 0,0016. La plus petite longueur qui puisse être recouverte par un nombre entier de tours soit du premier, soit du second fil est d'un nombre de dix-millièmes égal au plus petit commun multiple de 15 et 16, qui est 240 : c'est donc 0,0240.

P. 398. Des ouvriers qui travaillent ensemble sont répartis en trois groupes, dont le premier comprend 5 ouvriers de plus que le second et 8 de plus que le troisième. Les ouvriers du premier groupe sont payés à raison de $2^f,25$ par jour et par homme ; ceux du second, $3^f,25$; ceux du troisième, $4^f,25$. La totalité des salaires s'élève par jour à $144^f,75$. Combien y a-t-il d'ouvriers dans chaque groupe ? — **S.** Si le premier groupe comptait $8^{ouv.}$ de moins, et le deuxième $3^{ouv.}$ de moins, le total des salaires diminuerait de $2^f,25 \times 8 + 3^f,25 \times 3$, c-à-d de $27^f,75$, et il deviendrait $144^f,75 - 27^f,75$ ou 117^f. Mais alors les deux premiers groupes contiendraient le même nombre d'ouvriers que le troisième. Or $1^{ouv.}$ du premier groupe, 1 du deuxième et 1 du troisième gagnent ensemble $2^f,25 + 3^f,25 + 4^f,25$, ou $9^f,75$ par jour. Donc le troisième groupe contient autant d'ouvriers qu'il y a de fois $9^f,75$ dans 117^f, c-à-d 12. Le deuxième en contient 15, et le premier 20.

P. 399. Deux capitaux placés à intérêts simples, l'un à 5 °/₀ et l'autre à $4\frac{1}{2}$ °/₀ sont entre eux dans le rapport de 3 à 5. L'intérêt annuel produit par le capital placé à $4\frac{1}{2}$ °/₀ surpasse de 117^f l'intérêt annuel du capital placé à 5 °/₀. Calculer les deux capitaux. — **S.** Les intérêts produits par ces deux capitaux sont proportionnels aux nombres 3×5 et $5 \times 4,5$, c-à-d 15 et 22,5 ; leur différence est alors proportionnelle à 7,5 : elle est donc la moitié du premier intérêt. Donc le premier capital rapporte $117^f \times 2$, ou 234^f par an. Or, pour rapporter 5^f, il faut 100^f, et, pour rapporter 234^f, il faut $100 \times \frac{234}{5}$, ou 4680^f : tel est le premier capital. Le second intérêt est 117$^f \times 3$, ou 351^f. Or, pour rapporter 4^f,50, il faut 100^f; pour rapporter 351^f, il faut $100^f \times \frac{351}{4,5}$, ou 7800^f : c'est le second capital.

P. 400. Un marchand a acheté une pièce de drap à 12^f,25 le mètre; il en a vendu le quart à 15^f,50, le sixième à 15^f, le tiers à 14^f,50, et le reste à 15^f,25. Il a ainsi gagné 266^f sur le marché. Combien de mètres avait la pièce de drap? — **S.** Si la pièce avait 12^m, les 3^m formant le premier quart eussent produit 15^f,50 $\times 3$, ou 46^f,50; les 2^m formant le sixième eussent produit 15$^f \times 2$, ou 30^f; les 4^m formant le tiers, 14^f,50 $\times 4$, ou 58^f; enfin les 3^m restants, 15^f,25 $\times 3$, ou 45^f,75. La pièce eût donc rapporté 46^f,50 $+ 30^f + 58^f + 45^f$,75, ou 180^f,25; et donné un bénéfice de 180^f,25 $- 12^f$,25 $\times 12$, ou de 33^f,25. Pour que le bénéfice fût de 33^f,25, il faudrait donc que la pièce eût 12^m; pour qu'il fût de 1^f, il faudrait qu'elle eût $\frac{12}{33,25}$; pour qu'il soit de 266^f, il faut qu'elle ait $\frac{12 \times 266}{33,25}$, c-à-d 96^m.

TABLE DES MATIÈRES

VII-02. — SAINT-CLOUD. — IMPRIMERIE BELIN FRÈRES.